SJ
ALLEZEIT WACH
1842

Reine und angewandte Metallkunde in Einzeldarstellungen
Band 26

Gase und Kohlenstoff in Metallen

Herausgegeben von

E. Fromm E. Gebhardt

Springer-Verlag Berlin Heidelberg New York 1976

Herausgeber

Dr. rer. nat. ECKEHARD FROMM   Prof. Dr.-Ing. habil. ERICH GEBHARDT

Max-Planck-Institut für Metallforschung
Institut für Werkstoffwissenschaften, Stuttgart

Mit 510 Abbildungen

ISBN-13:978-3-642-80944-6   e-ISBN-13:978-3-642-80943-9
DOI: 10.1007/978-3-642-80943-9

Library of Congress Cataloging in Publication Data. Main entry under title: Gase und Kohlenstoff in Metallen. (Reine und angewandte Metallkunde in Einzeldarstellungen; Bd. 26.) Includes bibliographies and index. 1. Gases in metals. 2. Metals – Carbon content. I. Fromm, Eckehard, 1932- II. Gebhardt, Erich, 1913- III. Series.
TN 673.G 28   669'.9   76-14804   ISBN-13:978-3-642-80944-6

Erster Teil

Grundlagen

Autoren der Beiträge

ECKEHARD FROMM, GERHARD HÖRZ,
HERMANN JEHN und HANS-DIETER SEGHEZZI

Zweiter Teil

Daten

Redaktionelle Bearbeitung

ECKEHARD FROMM

Autoren der Einzelkapitel

FRITZ ALDINGER, DIETER G. ALTENPOHL, HEINRICH BECKER, EGINHART BIEDERMANN, WOLFGANG DIETZ, WOLFGANG DÜRRSCHNABEL, KLAUS-DIETER FISCHMANN, ECKEHARD FROMM, ERICH GEBHARDT, ULRICH HEUBNER, GERHARD HÖRZ, GERHARD IBE, HERMANN JEHN, JOACHIM KRÜGER, HANS-DIETER KUNZE, WALTER MANNCHEN †, ALBERT MELIN, PETER PAETZ, GÜNTER PETZOW, ERNST RAUB, ROLF ROTHENBACHER, HANS-EBERHARD SCHMIDT, EBERHARD SCHÜRMANN, FRANZ SPERNER, HUGO VOSSKÜHLER †, HORST WITTIG, GERT WOLF und ULRICH ZWICKER

Verzeichnis der Autoren

ALDINGER, FRITZ, Dr. rer. nat., Max-Planck-Institut für Metallforschung, Institut für Werkstoffwissenschaften, 7000 Stuttgart

ALTENPOHL, DIETER G., Dr. rer. nat., Schweizerische Aluminium AG, CH-8034 Zürich

BECKER, HEINRICH, Dipl.-Ing., Institut für Werkstoffwissenschaften II, Universität Erlangen-Nürnberg, 8520 Erlangen

BIEDERMANN, EGINHART, Dr. rer. nat., IBM Laboratorium Deutschland, 7030 Böblingen

DIETZ, WOLFGANG, Dipl.-Ing., Interatom Intern. Atomreaktorbau GmbH, 5060 Bensberg

DÜRRSCHNABEL, WOLFGANG, Dr. rer. nat., Wieland-Werke AG, 7900 Ulm

FISCHMANN, KLAUS-DIETER, Dipl.-Chem., Interatom Intern. Atomreaktorbau GmbH, 5060 Bensberg

FROMM, ECKEHARD, Dr. rer. nat., Max-Planck-Institut für Metallforschung, Institut für Werkstoffwissenschaften, 7000 Stuttgart

GEBHARDT, ERICH, Prof. Dr.-Ing. habil., Max-Planck-Institut für Metallforschung, Institut für Werkstoffwissenschaften, 7000 Stuttgart

HEUBNER, ULRICH, Dr.-Ing., Metallgesellschaft AG, Metall-Laboratorium, 6000 Frankfurt/M.

HÖRZ, GERHARD, Dr. rer. nat., Max-Planck-Institut für Metallforschung, Institut für Werkstoffwissenschaften, 7000 Stuttgart

IBE, GERHARD, Dr. rer. nat., Vereinigte Aluminiumwerke AG, Leichtmetall-Forschungs-Institut, 5300 Bonn

JEHN, HERMANN, Dr. rer. nat., Max-Planck-Institut für Metallforschung, Institut für Werkstoffwissenschaften, 7000 Stuttgart

KRÜGER, JOACHIM, Priv.-Doz. Dr.-Ing., Lurgi Chemie und Hüttentechnik GmbH, 6000 Frankfurt/M., Rheinisch-Westfälische Technische Hochschule Aachen

KUNZE, HANS-DIETER, Priv.-Doz., Dr.-Ing., Edelstahlwerk Witten AG, 5810 Witten, Technische Universität Clausthal

MANNCHEN †, WALTER, Prof. Dr.-Ing., Bergakademie Freiberg, Sektion Chemie, DDR-9200 Freiberg/Sachsen

MELIN, ALBERT, Dr.-Ing., Stolberg Ingenieurberatung GmbH, 5190 Stolberg

PAETZ, PETER, Dr.-Ing., Interatom Intern. Atomreaktorbau GmbH, 5060 Bensberg

PETZOW, GÜNTER, Prof. Dr. rer. nat., Max-Planck-Institut für Metallforschung, Institut für Werkstoffwissenschaften, 7000 Stuttgart

RAUB, ERNST, Prof. Dr. phil., Forschungsinstitut für Edelmetalle und Metallchemie, 7070 Schwäbisch Gmünd

ROTHENBACHER, ROLF, Dr. rer. nat., Max-Planck-Institut für Metallforschung, Institut für Werkstoffwissenschaften, 7000 Stuttgart

SCHMIDT, HANS-EBERHARD, Dr. rer. nat., Euratom Transuran-Institut, 7500 Karlsruhe

SCHÜRMANN, EBERHARD, Prof. Dr.-Ing., Institut für Gießereiwesen der Technischen Universität Clausthal, 3392 Clausthal-Zellerfeld

SEGHEZZI, HANS-DIETER, Dr. rer. nat., Hilti AG, FL-9494 Schaan/Liechtenstein

SPERNER, FRANZ, Dr. rer. nat., W. C. Heraeus GmbH, 6450 Hanau

VOSSKÜHLER †, HUGO, Dr.-Ing., Wieland-Werke AG, 7900 Ulm

WITTIG, HORST, Dr.-Ing., F. W. Bröckelmann Aluminiumwerk KG, 5760 Neheim-Hüsten

WOLF, GERT, Dr. sc. nat., Bergakademie Freiberg, Sektion Chemie, DDR-9200 Freiberg/Sachsen

ZWICKER, ULRICH, Prof. Dr. rer. nat., Institut für Werkstoffwissenschaften II, Universität Erlangen—Nürnberg, 8520 Erlangen

Vorwort

Die physikalischen und mechanischen Eigenschaften metallischer Werkstoffe werden durch gelöste Gase und Kohlenstoff stark verändert, und die damit zusammenhängenden Fragen sind deshalb von großer technischer und wissenschaftlicher Bedeutung. Für die meisten Metalle stehen heute Daten zur Verfügung, um theoretisch voraussagen zu können, in welchen Temperatur- und Druckbereichen Gase oder Kohlenstoff aufgenommen oder abgegeben werden und welche Eigenschaftsänderungen dadurch zu erwarten sind. Die für Berechnungen und Abschätzungen benötigten Angaben mußten jedoch bisher aus verschiedenen Sammelwerken, Monographien und für viele Systeme auch aus Originalarbeiten zusammengetragen werden. Aus dieser Situation heraus ist der Plan entstanden, in Zusammenarbeit mit kompetenten Fachkollegen die verfügbaren Daten und Angaben über Mischkristalle und Schmelzen zu sammeln und in einem Buch zusammenzustellen.

Die Darstellung der Daten im zweiten Teil des Buches ist weitgehend vereinheitlicht worden, damit das Auffinden der benötigten Werte erleichtert und der Zeitaufwand für Umrechnungsarbeiten auf ein Minimum reduziert wird. Dabei wird nicht eine Bibliographie für sämtliche Arbeiten aus diesem Gebiet angestrebt, sondern eine Sammlung kritisch ausgewählter Daten. Diese geben für jede Größe jeweils nur eine Beziehung an, die nach dem Urteil des Autors die Verhältnisse optimal beschreibt. Dem speziell interessierten Leser wird durch zusätzliche Literaturhinweise das Auffinden von Originalarbeiten über das entsprechende Teilgebiet erleichtert.

Im ersten Teil des Buches werden dieser Datensammlung fünf einführende Kapitel über Thermodynamik, Reaktionskinetik und Mechanismen, Eigenschaftsänderungen, experimentelle Methoden und technische Verfahren vorangestellt sowie ein Abschnitt mit Umrechnungsformeln und Angaben über reine Gase und Metalle. Dort werden vor allem Fragen behandelt, die erfahrungsgemäß bei der experimentellen Ermittlung oder bei der theoretischen Abschätzung von Daten sowie bei der Beurteilung von gesteuerten oder unerwünschten Gas-Metall-Reaktionen auftreten. Mit Hilfe der angegebenen Beziehungen, Diagramme und typischen Beispiele sollte auch der Nichtfachmann relativ rasch entscheiden können, ob Gas-Metall-Reaktionen bei seinen speziellen Problemen eine Rolle spielen oder nicht.

Die Sichtung der Literaturangaben durch die Autoren und die einheitliche Darstellung der Daten und Abbildungen war sehr mühevoll und erforderte insgesamt einen Zeitaufwand von mehreren Jahren. Um auch noch wichtige neue Arbeiten berücksichtigen zu können, wurde am Max-Planck-Institut für Metallforschung, Institut für Werkstoffwissenschaften, von Herrn Dr. H. Jehn eine Dokumentation aufgebaut, die die einschlägigen Veröffentlichungen ab

1970 erfaßt. So konnten zahlreiche Daten und neuere Ergebnisse noch bei der endgültigen Durchsicht in die Manuskripte eingefügt werden.

Mehrfach erhob sich die Frage, ob die Daten schon in den neuen SI-Einheiten angegeben werden sollten. Wir haben uns für die Beibehaltung der seither gebräuchlichen Einheiten entschieden, weil diese auch in den ausgewerteten Originalarbeiten und Datensammlungen fast durchweg verwendet worden sind. Eine Umrechnung sämtlicher Daten in die vorerst noch etwas ungewohnten SI-Einheiten würde dem Benutzer den Vergleich mit den zitierten Originalarbeiten und mit anderen Datensammlungen erschweren.

Es ist uns ein besonderes Anliegen, allen Autoren für ihre Mitarbeit und für die gute Zusammenarbeit zu danken, ohne die das vorliegende Buch nicht hätte entstehen können. Dies gilt vor allem für die Autoren des Datenteils.

Herr Dr. G. Hörz und Herr Dr. H. Jehn haben maßgeblich an den vorbereitenden Überlegungen und an der Ausarbeitung der Richtlinien für die endgültige Fassung des Buches mitgewirkt, Herrn Prof. Dr. Carl Wagner, Göttingen, sind wir für viele wertvolle Diskussionen zu besonderem Dank verpflichtet. Die Fertigstellung der Manuskripte besorgten Frau R. Riek, Frau S. Zinser-Kalnins und Frau G. Kiessler, die auch die Mehrzahl der Abbildungen umzeichnete. Herr Dr. H. Jehn beteiligte sich an der kritischen Durchsicht der Manuskripte und an der Korrektur der Druckfahnen. Ihnen allen sprechen wir unseren aufrichtigen Dank aus.

Nicht zuletzt gilt unser Dank dem Springer-Verlag, Berlin, für sein bereitwilliges Eingehen auf unsere Wünsche und für die gute Ausstattung des Buches.

Stuttgart, im Mai 1976 E. Fromm E. Gebhardt

Inhaltsverzeichnis

Erster Teil: **Grundlagen**

Kapitel A. **Thermodynamik**

E. Fromm

Kapitel B. **Kinetik und Mechanismen**

G. Hörz

Kapitel C. **Eigenschaftsänderungen**

G. Hörz

Kapitel D. **Experimentelle Untersuchungen**

H. Jehn

Kapitel F. **Tabellen und Formeln**

H. Jehn

Zweiter Teil: **Daten**

Actiniden

IVa-Metalle

Va-Metalle

G. HÖRZ, E. FROMM

VIa-Metalle

H. JEHN

VIIa-Metalle

H. JEHN

Eisenmetalle

J. Krüger, H.-D. Kunze, E. Schürmann

Platinmetalle

E. Raub

Ib-Metalle

Leichtmetalle

Weitere Hauptgruppenmetalle

Halbleiter

E. BIEDERMANN

·Erster Teil

Grundlagen

Kapitel A

Thermodynamik

(Literatur S. 82)

E. Fromm

Einleitung

Die chemische Thermodynamik beschäftigt sich mit der Änderung von Energiegrößen bei chemischen Reaktionen und Phasenumwandlungen sowie mit deren Temperatur- und Druckabhängigkeit. Es werden Beziehungen hergeleitet, mit deren Hilfe nicht bekannte Daten aus bereits gemessenen Zahlenwerten berechnet werden können. Dabei wird vor allem von der Tatsache Gebrauch gemacht, daß in isotherm-isobaren Systemen, auf die die Mehrzahl der thermodynamischen Überlegungen angewandt wird, im Gleichgewichtszustand die Gibbs-Energie G ein Minimum hat. Diese Aussage ist identisch mit der Forderung, daß im Gleichgewicht die chemischen Potentiale $\mu_{i\alpha}$ der Komponenten i in allen Phasen α gleich groß sein müssen. Aus diesen Gleichgewichtsbedingungen können die meisten Beziehungen der chemischen Thermodynamik verhältnismäßig einfach abgeleitet werden.

Da die Thermodynamik zu den klassischen Fächern der Physik, der Chemie und der Metallurgie zählt, existieren bereits zahlreiche ausgezeichnete Standardwerke (z. B. [1 bis 13]), die die Grundbegriffe und deren Anwendung auf eine Vielzahl von Problemen behandeln. Eine ganze Reihe grundsätzlicher Fragen, die bei der Beschreibung von Metall-Gas-Lösungen auftauchen, werden in Lehrbüchern bisher kaum besprochen. Sie müssen aus Hinweisen in Originalarbeiten entnommen oder vom Bearbeiter selbst gelöst werden. Um dies zu erleichtern, werden in diesem Kapitel Beziehungen und Formeln zusammengestellt und diskutiert, die bei der Bearbeitung von Metall-Gas-Systemen häufig auftreten, wobei der Schwerpunkt auf der praktischen Anwendung der abgeleiteten Beziehungen liegt. Die Anwendung thermodynamischer Gleichungen kann unter verschiedenen Gesichtspunkten erfolgen. Entweder wird aus bereits vorhandenen Daten ein Zahlenwert zur Beurteilung eines speziellen Problems gesucht oder es wird angestrebt, die erhaltenen experimentellen Befunde optimal auszuwerten.

Um den unterschiedlichen Fragestellungen Rechnung zu tragen, ist dieses

Kapitel in zwei Abschnitte unterteilt. Im ersten Teil (I bis VI) sind die für einfachere Berechnungen und Abschätzungen notwendigen Beziehungen zusammengestellt und Angaben zur Benutzung von Datensammlungen enthalten. Außerdem werden die verschiedenen Darstellungsmöglichkeiten für Metall-Gas-Systeme gezeigt und typische Beispiele für Berechnungen von Gas-Metall-Reaktionen besprochen. In einem zweiten, mehr theoretisch ausgerichteten Teil (VII—IX) werden dann noch einige Grundbegriffe der chemischen Thermodynamik und der Konstitutionslehre näher erläutert, die jedoch nur dann benötigt werden, wenn experimentelle Befunde in Metall-Gas-Systemen vollständig ausgedeutet oder etwas kompliziertere Umrechnungen und Abschätzungen vorgenommen oder nachvollzogen werden sollen.

Herrn Professor Carl Wagner, Göttingen, danke ich für wertvolle Anregungen und für die kritische Durchsicht des Manuskriptes. Weiterhin gilt mein Dank Herrn Dr. H. Jehn und Herrn Dr. G. Hörz für zahlreiche Diskussionen und Hinweise.

Verzeichnis der Formelzeichen

A_i		Atomgewicht des Elementes i
a_i, $a_{i\alpha}$		Aktivität der Komponente i in der Phase α, Standardzustand i. a. reine Komponente i
a'_i		Aktivität kondensierter Phasen, Standardzustand ideal verdünnte Lösung von i
c_i, $c_{i\alpha}$		Konzentration der Komponente i in der Phase α
c_{pi}	=	$\frac{\partial h_i}{\partial T}$, partielle Molwärme des Stoffes i
E		elektrische Spannung
F		Faraday-Konstante
g	=	$G/\sum_{i,\alpha} n_{i\alpha}$, molare freie Enthalpie (molare Gibbs-Energie) eines Systems
g^i		molare freie Enthalpie des reinen Stoffes i
g^α	=	$G/\sum_i n_{i\alpha}$, molare freie Enthalpie der Phase α
g^M	=	$\sum_i x_i(g_{i\alpha} - g^i)$, molare freie Mischungsenthalpie der Phase α
g^*	=	$g^\alpha - \sum_i x_i g^i$
g_i, $g_{i\alpha}$	=	$\mu_{i\alpha} = \frac{\partial G^\alpha}{\partial n_{i\alpha}}$, partielle molare freie Enthalpie der Komponente i in der Phase α
$g^0{}_i$		molare freie Standardenthalpie der Komponente i in einer Mischphase, Standardzustand i. a. reine Komponente i
$g^{0\prime}{}_i$		molare freie Standardenthalpie der Komponente i in einer Mischphase, Standardzustand ideal verdünnte Lösung von i
$g^M{}_i$	=	$g_{i\alpha} - g^0{}_i$, partielle molare freie Mischungsenthalpie der Komponente i in der Mischphase α
$g^E{}_i$	=	$g^M{}_i - RT \ln x_i$, partielle molare freie Exzeßenthalpie der Komponente i in der Phase α
G	=	$H - TS$, gesamte freie Enthalpie (gesamte Gibbs-Energie) eines Systems
G^α		gesamte freie Enthalpie der Phase α
ΔG		freie Reaktionsenthalpie
ΔG^0		Standardwert der freien Reaktionsenthalpie
h	=	$H/\sum_{i,\alpha} n_{i\alpha}$, molare Enthalpie eines Systems
h^i		molare Enthalpie der reinen Komponente i
h^α	=	$H/\sum_i n_{i\alpha}$, molare Enthalpie der Phase α

h_i, $h_{i\alpha}$	=	$\frac{\partial H}{\partial n_{i\alpha}}$, partielle molare Enthalpie der Komponente i in der Phase α
$h^0{}_i$		partielle molare Standardenthalpie
$h^M{}_i$	=	$h_{i\alpha} - h^i$, partielle molare Mischungsenthalpie der Komponente i in der Phase α
$h^E{}_i$	=	$h^M{}_i$, partielle molare Exzeßenthalpie der Komponente i in der Phase α
H	=	$U + pV$, gesamte Enthalpie eines Systems
H^α		gesamte Enthalpie der Phase α
ΔH		Reaktionsenthalpie
k_i		Henrysche Konstante
$K_p(T)$	=	K, Gleichgewichtskonstante, wenn für Gase gilt: $a_i = p_i$
$K_x(p, T)$		Gleichgewichtskonstante, wenn für Gase gilt: $a_i = x_i$
L^i		molare Schmelzenthalpie der reinen Komponente i
n		Anzahl der Mole in einem System
n^k		Anzahl der Mole der Komponente k in einem System
n_i, $n_{i\alpha}$		Anzahl der Mole der Komponente i in der Phase α
n^α	=	$\sum_i n_{i\alpha}$, Anzahl der Mole aller Komponenten in der Phase α
N		Anzahl der Teilchen in einem System
N^α		Anzahl der Teilchen in der Phase α
p		Druck
$p^0{}_i$		Dampfdruck der reinen Komponente i
p_i		Partialdruck der Komponente i
$p^+{}_i$		Fugazität der Komponente i in der Gasphase
q		elektrische Ladung
Q		Wärmemenge, die von einem System aufgenommen wird
Q_{rev}		Wärmemenge, die von einem System bei einem reversiblen Prozeß aufgenommen wird
s	=	$S/\sum_{i,\alpha} n_{i\alpha}$, molare Entropie eines Systems
s^i		molare Entropie der reinen Komponente i
s^α	=	$S/\sum_i n_{i\alpha}$, molare Entropie der Phase α
s_i, $s_{i\alpha}$	=	$\frac{\partial S}{\partial n_{i\alpha}}$, partielle molare Entropie der Komponente i in der Phase α
$s^0{}_i$		partielle molare Standardentropie
$s^M{}_i$	=	$s_{i\alpha} - s^i$, partielle molare Mischungsentropie der Komponente i in der Phase α
$s^E{}_i$	=	$s^M{}_i - R \ln x_i$, partielle molare Exzeßentropie der Komponente i in der Phase α
S		gesamte Entropie eines Systems
S^α		gesamte Entropie der Phase α
ΔS		Reaktionsentropie
ΔS^0		Standardwert der Reaktionsentropie
T		Temperatur
U		gesamte innere Energie eines Systems
U^α		gesamte innere Energie der Phase α
v		Molvolumen eines Systems
v^i		Molvolumen der reinen Komponente i
v^α		Molvolumen der Phase α
v_i, $v_{i\alpha}$	=	$\frac{\partial V}{\partial n_{i\alpha}}$, partielles Molvolumen der Komponente i in der Phase α
$v^M{}_i$	=	$v_{i\alpha} - v^i$, partielles molares Mischungsvolumen der Komponente i in der Phase α
$v^E{}_i$	=	$v^M{}_i$, partielles molares Exzeßvolumen der Komponente i in der Phase α
V		Gesamtvolumen eines Systems
v^α		Gesamtvolumen der Phase α
ΔV		Reaktionsvolumen
w		Freiheiten eines Gleichgewichtszustandes
x_i, $x_{i\alpha}$		Molenbruch der Komponente i in der Phase α
Z		Ladungszahl eines Ions

γ_i, $\gamma_{i\alpha}$	Aktivitätskoeffizient der Komponente i in einer kondensierten Mischphase oder in der Gasphase, Standardzustand i. a. reine Komponente i
γ'_i	Aktivitätskoeffizient der Komponente i in einer kondensierten Mischphase, Standardzustand ideal verdünnte Lösung von i
$\varkappa$	Kompressibilität
μ_i, $\mu_{i\alpha}$	$= g_{i\alpha}$, chemisches Potential der Komponente i in der Phase α
μ^0_i	chemisches Standardpotential in einer Mischphase, Standardzustand i. a. reine Komponente i bzw. in der Gasphase $p = 1$
$\mu^{0\prime}_i$	chemisches Standardpotential in einer Mischphase, Standardzustand ideal verdünnte Lösung von i
μ^M_i	Mischungsanteil des chemischen Potentials
ν	stöchiometrische Faktoren
ϱ	Dichte
ξ	Reaktionslaufzahl
Al(g)	gasförmiges Al
Al(l)	flüssiges Al
Al(s)	festes Al
Al(in α)	Al, gelöst in α

Definitionen

Extensive Größe. Größe, die bei der Zerlegung einer Phase, die sich im Zustand des inneren Gleichgewichts befindet, proportional zur Masse ist, z. B. V, U, S, H, G.

Exzeßfunktion. Siehe Zusatzfunktion.

Gleichgewichtszustand. Wahrscheinlichster Makrozustand, wenn die zur vollständigen Beschreibung des Systems gewählten unabhängigen Variablen konstant gehalten werden.

Nonvariantes Gleichgewicht. Gleichgewichtszustand, bei dem kein Parameter (z. B. T) geändert werden kann, ohne daß sich die Zahl der Phasen verringert.

Univariantes Gleichgewicht. Gleichgewichtszustand, bei dem ein Parameter (z. B. T) geändert werden kann, ohne daß sich die Zahl der Phasen verringert.

Bivariantes Gleichgewicht. Gleichgewichtszustand, bei dem zwei Parameter (z. B. T, p) geändert werden können, ohne daß sich die Zahl der Phasen verringert.

Integrale molare Größe einer Phase α. Extensive Größe der Phase α, geteilt durch die Anzahl der Mole der darin vorkommenden Stoffe, z. B.

$$g^\alpha = \frac{G^\alpha}{n_{1\alpha} + n_{2\alpha} + \dots}$$

Intensive Größe. Größe, die bei der Zerlegung einer im Zustand des inneren Gleichgewichtes befindlichen Phase unabhängig von der Masse ist, z. B. p, T, $c_{i\alpha}$, $\gamma_{i\alpha}$, $\mu_{i\alpha}$, $g_{i\alpha}$, $s_{i\alpha}$.

Komplexionenzahl. Zahl der Mikrozustände, die zu demselben Makrozustand gehören.

Komponente (Stoff). Teilchenart eines Systems, die unter den betrachteten Verhältnissen nicht aus anderen Komponenten gebildet werden kann (Atome, chemisch stabile Moleküle bzw. Ionen).

Makrozustand. Beschreibung des Zustandes eines Systems durch einige leicht meßbare makroskopische Parameter, z. B. p, T, $x_{i\alpha}$.

Mikrozustand. Beschreibung des momentanen Zustandes eines Systems durch Festlegung der Koordinaten (Quantenzustände) aller Teilchen (Atome, Moleküle, Ionen).

Mischungsfunktion. Konzentrationsabhängiger Anteil einer thermodynamischen Funktion für eine Mischphase (s. Tab. 1).

Partielle molare Größe eines Stoffes i in der Phase α. Partielle Ableitung einer extensiven Größe bei konstantem p und T nach $n_{i\alpha}$, z. B.

$$g_{i\alpha} = \left.\frac{\partial G(p, T, n_k)}{\partial n_{i\alpha}}\right|_{p,T,n_k \neq n_{i\alpha}}$$

Alle partiellen molaren Größen sind intensive Größen.

Phase. Bereich eines Systems mit homogener Verteilung der darin vorkommenden Komponenten.

Standardfunktion. Thermodynamische Funktion ohne die konzentrationsabhängige Mischungsfunktion (s. Tab. 1).

Stoff. Siehe Komponente.

System. Teil der Welt, über den thermodynamische Betrachtungen angestellt werden.

Abgeschlossenes System. Thermodynamisches System, das mit der Umgebung keine Wärme, keine Arbeit und keine Materie austauscht, d. h. $U =$ konst., $V =$ konst., $N =$ konst.

Geschlossenes System. Thermodynamisches System, das mit der Umgebung nur Wärme und Arbeit austauschen kann, d. h. $N =$ konst.

Offenes System. Thermodynamisches System, das mit der Umgebung Wärme, Arbeit und Materie austauschen kann.

Zusatzfunktion. Abweichung einer thermodynamischen Funktion für eine Mischphase vom idealen Verhalten (s. Tab. 1).

Zustandsfunktion. Eindeutige Funktion der unabhängigen Zustandsvariablen.

Zustandsvariable, Zustandsparameter. Meßbare Größe, die zur makroskopischen Beschreibung eines Zustandes (meist Gleichgewichtszustandes) dient.

Tabelle 1. Einige thermodynamische Funktionen nicht idealer Systeme.

Funktion	Standardfunktion	Mischungsfunktion	Zusatzfunktion
$\mu_i = g_i$	$\mu^0{}_i = \mu^0{}_i(T)$	$\mu^{\mathrm{M}}{}_i = RT \ln x_i\gamma_i$	$\mu^{\mathrm{E}}{}_i = RT \ln \gamma_i$
h_i	$h^0{}_i = -T^2 \frac{\partial(\mu^0{}_i/T)}{\partial T}$	$h^{\mathrm{M}}{}_i = -RT^2 \frac{\partial \ln \gamma_i}{\partial T}$	$h^{\mathrm{E}}{}_i = -RT^2 \frac{\partial \ln \gamma_i}{\partial T}$
s_i	$s^0{}_i = -\frac{\partial \mu^0{}_i}{\partial T}$	$s^{\mathrm{M}}{}_i = -R \ln x_i\gamma_i - RT \frac{\partial \ln \gamma_i}{\partial T}$	$s^{\mathrm{E}}{}_i = -R \ln \gamma_i - RT \frac{\partial \ln \gamma_i}{\partial T}$
v_i	$v^0{}_i = \frac{\partial \mu^0{}_i}{\partial p}$	$v^{\mathrm{M}}{}_i = RT \frac{\partial \ln \gamma_i}{\partial p}$	$v^{\mathrm{E}}{}_i = RT \frac{\partial \ln \gamma_i}{\partial p}$

Beziehungen und Formeln für die praktische Anwendung

I. Grundlegende Gleichungen

1. Gleichgewichtsbedingungen

Die meisten Betrachtungen der chemischen Thermodynamik gehen von der Gleichgewichtsbedingung aus

$$\delta G|_{p,T,N} = 0. \tag{I.1}$$

Dies bedeutet, daß in einem System mit konstanter Teilchenzahl die Gibbs-Energie G im Gleichgewicht ein Minimum besitzt, wenn p und T konstant gehalten werden. G ist eine Zustandsfunktion, die mit der inneren Energie U, der Enthalpie H und der Entropie S des Systems über die Beziehungen zusammenhängt

$$G = H - TS \tag{I.2}$$

$$H = U + pV. \tag{I.3}$$

Die chemische Thermodynamik befaßt sich vornehmlich mit der Änderung der Größen G, H und S in isotherm-isobaren Systemen, in denen chemische Reaktionen und Phasenübergänge stattfinden. Diese Reaktionen werden durch Reaktionsgleichungen definiert, wie z. B.

$$\nu_{\mathrm{A}}\mathrm{A} + \nu_{\mathrm{B}}\mathrm{B} = \nu_{\mathrm{C}}\mathrm{C},$$

wobei ν stöchiometrische Faktoren sind. In einem geschlossenen System können jedoch die Molzahlen der verschiedenen Molekülsorten durch eine Reaktion nur so verändert werden, daß sie durch einen einzigen Parametern, nämlich die Reaktionslaufzahl ξ, beschrieben werden. Es gilt

$$\delta n_{\mathrm{A}} = -\nu_{\mathrm{A}}\delta\xi; \qquad \delta n_{\mathrm{B}} = -\nu_{\mathrm{B}}\delta\xi; \qquad \delta n_{\mathrm{C}} = \nu_{\mathrm{C}}\partial\xi. \tag{I.4}$$

Die Gleichgewichtsbedingung Gl. (1) erhält damit für ein System, in dem nur eine Reaktion ablaufen kann, die Form

$$\left.\frac{\partial G}{\partial \xi}\right|_{p,T} = 0 \tag{I.5}$$

Nach Einführung der Definitionen

$$\begin{aligned}
&\text{Gibbs-Reaktionsenergie} && \Delta G = (\partial G/\partial\xi)_{p,T}\\
&\text{Reaktionsenthalpie} && \Delta H = (\partial H/\partial\xi)_{p,T}\\
&\text{Reaktionsentropie} && \Delta S = (\partial S/\partial\xi)_{p,T}\\
&\text{Reaktionsvolumen} && \Delta V = (\partial V/\partial\xi)_{p,T}
\end{aligned} \tag{I.6}$$

geht Gl. (5) über in

$$\Delta G = \Delta H - T\,\Delta S = 0. \tag{I.7}$$

Die durch Gl. (6) festgelegten Differenzbeträge geben somit die Änderung der betreffenden Zustandsfunktionen an, wenn im System die Reaktion gerade um einen Formelumsatz, ausgedrückt in Molen, fortschreitet.

Dieselbe Veränderung kann auch erreicht werden, wenn man annimmt, daß die bei der Reaktion in einem geschlossenen System entstandenen Moleküle einem offenen System von außen zugeführt und die verschwindenden Moleküle entfernt werden. Bei dieser Betrachtungsweise geht man von der Beziehung

$$G = \sum_{i,\alpha} n_{i\alpha}\mu_{i\alpha} \tag{I.8}$$

mit

$$\mu_{i\alpha} = g_{i\alpha} = \left.\frac{\partial G}{\partial n_{i\alpha}}\right|_{p,T,n_k \neq n_{i\alpha}} \tag{I.9}$$

aus, die besagt, daß die Gibbs-Energie G eines Systems sich additiv aus den chemischen Potentialen $\mu_{i\alpha}$ der verschiedenen Bestandteile i in den Phasen α zusammensetzt. Damit erhält man alternativ zu Gl. (5) und (7) die Gleichgewichtsbeziehung

$$\Delta G = \sum_{i,\alpha} \nu_i\mu_{i\alpha} - \sum_{j,\alpha} \nu_j\mu_{j\alpha} = 0, \tag{I.10}$$

in der mit den Indices i die entstehenden und mit den Indices j die verschwindenden Reaktionsteilnehmer bezeichnet werden. Für Übergänge der Stoffe i von der Phase α zur Phase α' gilt für jede Komponente i die wichtige Gleichgewichtsbedingung

$$\mu_{i\alpha} = \mu'_{i\alpha}. \tag{I.11}$$

Die Berechnung praktischer Probleme geht meist von Gl. (10) oder (11) aus, d. h., man benötigt vor allem Beziehungen für die chemischen Potentiale der reagierenden Stoffe in den verschiedenen Phasen.

Für einen Stoff i in der Gasphase kann für nicht zu hohe Drücke fast immer

$$\mu_i = \mu^0{}_i(T) + RT \ln p_i \tag{I.12}$$

angesetzt werden und für feste oder flüssige reine Stoffe und stöchiometrische Verbindungen

$$\mu_i = \mu^0{}_i(T) = g^i \tag{I.13}$$

mit g^i = molare Gibbs-Energie des Stoffes i.

Für einen Stoff in einer kondensierten Mischphase gilt

$$\begin{aligned} \mu_i &= \mu^0{}_i(T) + RT \ln a_i \\ \mu_i &= \mu^0{}_i(T) + RT \ln \gamma_i x_i \\ \mu_i &= \mu^0{}_i(T) + \mu^{\mathrm{M}}{}_i(x_1, .. x_n, p, T). \end{aligned} \tag{I.14}$$

Die nur von der Temperatur abhängigen Größen $\mu^0{}_i$ heißen chemische Standardpotentiale. Sie gelten für $p_i = 1$ bzw. $a_i = 1$ und hängen deshalb von der Definition der Aktivität a_i ab. Der Ausdruck $RT \ln a_i$ wird als Mischungsfunktion $\mu^{\mathrm{M}}{}_i$ des chemischen Potentials bezeichnet. In idealen Mischphasen gilt $a_i = x_i$ mit $x_i =$ Molenbruch $n_i/\sum_j n_j$. Für reale Mischungen ist a_i jedoch eine temperatur- und konzentrationsabhängige Funktion.

Der Ausdruck für das chemische Potential μ_i eines Stoffes kann mit Gl. (2) und (9) auch umgeschrieben werden in

$$\mu_i = g_i = h_i - Ts_i\,, \tag{I.15}$$

wobei gilt

$$h_i = h_{i\alpha} = \left.\frac{\partial H}{\partial n_{i\alpha}}\right|_{p,T,n_k \neq n_{i\alpha}} \tag{I.16}$$

$$s_i = s_{i\alpha} = \left.\frac{\partial S}{\partial n_{i\alpha}}\right|_{p,T,n_k \neq n_{i\alpha}}\,. \tag{I.17}$$

In Mischphasen kann nun sowohl die partielle molare Enthalpie h_i als auch die partielle molare Entropie s_i in der gleichen Weise wie das chemische Potential $\mu_i = g_i$ aufgespalten werden in Standardfunktionen $h^0{}_i$, $s^0{}_i$ und in Mischungsfunktionen $h^{\mathrm{M}}{}_i$, $s^{\mathrm{M}}{}_i$.

Ideale Mischungen werden dadurch definiert, daß folgende einfache Beziehungen gelten

$$\mu^{\mathrm{M}}{}_i = -Ts^{\mathrm{M}}{}_i = RT \ln x_i\,; \qquad h^{\mathrm{M}}{}_i = 0. \tag{I.18}$$

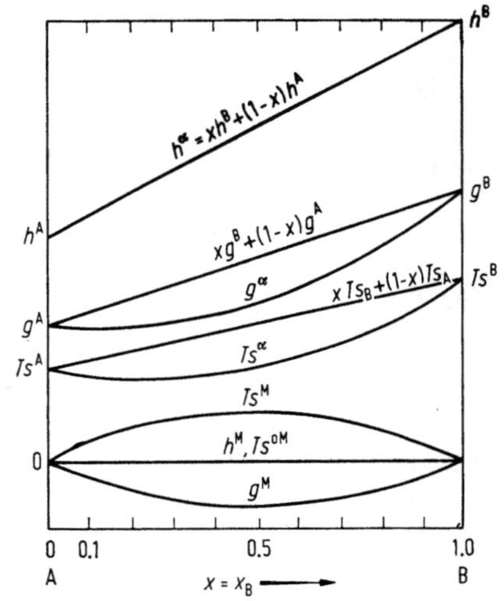

Abb. 1. Integrale molare Größen und Mischungsfunktionen einer idealen binären Mischung α (schematisch).

In binären idealen Mischungen erhält man damit für die Gibbs-Energie der gesamten Phase α pro Mol der Stoffe A und B (integrale molare Gibbs-Energie g^α) den Ausdruck

$$g^\alpha = x_A h^A + x_B h^B - T(x_A s^A + x_B s^B) + RT(x_A \ln x_A + x_B \ln x_B) \quad (I.19)$$

sowie

$$g^M = -Ts^M = RT(x_A \ln x_A + x_B \ln x_B) \quad (I.20)$$

$$h^M = 0.$$

Zur Veranschaulichung dieser Beziehungen sind die integralen Größen h^α, g^α und Ts^α einer idealen Mischung, bestehend aus einem Mol (A + B), als Funktion der Konzentration x_B in Abb. 1 aufgetragen. Am Rand beginnen diese Kurven jeweils mit den molaren Größen der reinen Komponenten. Die Mischungsgrößen stellen die Differenz zwischen den Werten für die Mischung und den Werten der beiden Komponenten vor dem Mischen dar, welche durch eine die beiden molaren Größen verbindende Gerade wiedergegeben werden kann.

Bei *realen Mischungen* kann neben der Aufteilung von μ_i, h_i und s_i in Standardfunktion und Mischungsfunktion auch eine Aufteilung dieser Größen in den Anteil für die ideale Mischung und in eine Zusatzfunktion (Exzeßfunktion) erfolgen, die die Abweichung vom idealen Verhalten charakterisiert. Diese Zusatzfunktionen stehen demzufolge in engem Zusammenhang mit dem Aktivitätskoeffizienten γ_i, der als a_i/x_i definiert ist. In Tabelle 1 sind die Definitionsgleichungen der wichtigsten Standard-, Mischungs- und Zusatzfunktionen für partielle molare Größen zusammengestellt. Für die integralen molaren Größen einer Phase und für die Reaktionsgrößen gelten analoge Beziehungen für die entsprechenden Summenausdrücke.

Mit Hilfe der in Gl. (12) bis (14) vorgenommenen Aufteilung der chemischen Potentiale in Standardpotentiale und Mischungspotentiale kann die Gleichgewichtsbedingung Gl. (10) unter Verwendung der Abkürzung

$$\Delta G^0 = \sum_i \nu_i \mu^0{}_i - \sum_j \nu_j \mu^0{}_j \quad (I.21)$$

umgeschrieben werden in

$$\frac{\Pi_i p_i^{\nu_i} \cdot a_i^{\nu_i}}{\Pi_j p_j^{\nu_j} \cdot a_j^{\nu_j}} = K_p(T) = \exp\left(-\frac{\Delta G^0}{RT}\right). \quad (I.22)$$

Dieser Ausdruck ist das bekannte Massenwirkungsgesetz. Zur Auswertung des Massenwirkungsgesetzes muß man die Gibbs-Standardreaktionsenergie ΔG^0 und die Aktivitäten der beteiligten Reaktionspartner in Gl. (22) einsetzen. Aus Gleichgewichtsmessungen läßt sich dann jeweils eine dieser Größen bestimmen, wenn alle anderen bekannt sind.

2. Ermittlung von ΔG^0-Werten

Kalorische Messungen. Kalorische Messungen liefern Reaktionsenthalpien ΔH und spezifische Wärmen c_p. Wegen

$$h(T) = h(T_0) + \int_{T_0}^{T} c_p(T)\,\mathrm{d}T$$

und

$$s(T) = s(T_0) + \int_{T_0}^{T} \frac{c_p(T)}{T}\,\mathrm{d}T$$

lassen sich zusammen mit dem Postulat

$$s(T = 0\ \mathrm{K}) = s(0) = 0$$

und der Konvention, daß für chemische Elemente

$$h(T = 298\ \mathrm{K}) = h(298) = 0$$

gilt, die molaren Größen $h(T)$, $s(T)$ und damit $g(T) = h - Ts$ für reine Stoffe und stöchiometrische Verbindungen berechnen, wenn die entsprechenden c_p-Werte und für Verbindungen $h(298)$ bekannt sind.

Zur Bestimmung von ΔG^0 kann die Beziehung

$$\Delta G^0 = \Delta H^0 - T\,\Delta S^0 = \sum_i \nu_i \mu^0{}_i - \sum_j \nu_j \mu^0{}_j \tag{I.23}$$

herangezogen werden, wenn die Werte für $\mu^0{}_i = g^0{}_i$ aller Reaktionsteilnehmer im Standardzustand bekannt sind. Weiterhin kann ΔG^0 durch eine geeignete Kombination von bereits bekannten $\Delta G^0{}_k$-Werten für andere Reaktionen k nach der Beziehung

$$\Delta G^0 = \sum_k \nu_k\,\Delta G^0{}_k \tag{I.24}$$

gewonnen werden.

Gleichgewichtskonstante. Sind alle Aktivitäten einer Reaktion bekannt, so kann ΔG^0 aus der Gleichgewichtskonstanten K_p über die Beziehung

$$\Delta G^0 = -RT \ln K_p \tag{I.25}$$

erhalten werden.

Elektrochemische Messungen. Für Reaktionen, die reversibel in einer elektrochemischen Zelle durchgeführt werden können, gilt

$$\Delta G^0 = -Z \cdot E^0 \cdot F. \tag{I.26}$$

$Z \cdot F$ gibt die pro Formelumsatz benötigte Ladungsmenge an und E^0 ist die EMK, wenn die reagierenden Komponenten im Standardzustand vorliegen ($a_{i\alpha} = 1$).

3. Ermittlung von Aktivitäten

Die Aktivität eines Stoffes i in einer Mischphase ist definiert als

$$RT \ln a_i = \mu_i - \mu^0{}_i. \tag{I.27}$$

Sie wird experimentell dadurch bestimmt, daß eine Phasenübergangsreaktion aus einer Mischphase in eine Phase bekannter Aktivität (z. B. die Gasphase) gemessen wird.

Dampfdruckmessungen. Ist $p^0{}_i(T)$ der Gleichgewichtsdampfdruck der reinen Komponente i, so gilt die Beziehung

$$a_i(T) = \frac{p_i^{\text{über }\alpha}}{p^0{}_i} \;;\; \gamma_i = \frac{p_i^{\text{über }\alpha}}{x_{i\alpha} \cdot p^0{}_i}. \tag{I.28}$$

Gleichgewichtskonstante. Sind für eine Reaktion der ΔG^0-Wert und alle Aktivitäten bis auf eine bekannt, so kann diese aus Gl. (22) berechnet werden. Besonders geeignet hierfür sind Reaktionen mit der Gasphase (reine Gase, Gasgemische wie H_2/H_2O, H_2/CH_4, H_2/H_2S und CO/CO_2), weil dort die Aktivität durch Druck- und Konzentrationsänderungen leicht variiert werden kann. Auch Phasenübergänge in kondensierte Phasen bekannter Aktivität können dafür herangezogen werden.

Elektrochemische Messungen. Läßt man in einer elektrochemischen Zelle eine Phasenübergangsreaktion ablaufen, so gilt

$$RT \ln \frac{a_{i(\text{in } \alpha_I)}}{a_{i(\text{in } \alpha_{II})}} = -Z_i \cdot E \cdot F,$$

wobei Z_i die Wertigkeit der Komponente i im Elektrolyten und E die EMK ist. $a_{i(\text{in } \alpha_I)}$ muß hierbei bekannt sein. Auch eine Auswertung komplizierterer elektrochemischer Reaktionen kann benutzt werden, wenn man alle Größen bis auf a_i in der Beziehung

$$Z \cdot F \cdot (E - E^0) = RT(\ln \Pi_j a_j^{\nu_j} + \ln a_i)$$

kennt.

Kalorische Daten. Aus kalorischen Daten erhält man primär den Wert der integralen Mischungswärme h^M einer Phase. Daraus können Aktivitäten berechnet werden, wenn binäre Systeme und ideal verdünnte oder reguläre Mischungen vorliegen. In diesem Fall wird angenommen, daß die Mischungsentropie s^M gleich der idealen Mischungsentropie ist und es gilt

$$RT \ln \gamma_i = h^M{}_i = h^M + (1 - x_i) \frac{dh^M}{dx_i}.$$

II. Chemische Potentiale und Aktivitäten

1. Definitionen

Das chemische Potential für ein ideales Gas lautet

$$\mu_i(p, T) = \mu^0{}_i(p = 1\,\text{atm}, T) + RT \ln p_i \tag{II.1}$$

und für eine ideale Mischphase

$$\mu_i(T) = \mu^0{}_i(T) + RT \ln x_i. \tag{II.2}$$

Um diese einfachen Beziehungen für thermodynamische Berechnungen beibehalten zu können, werden reale Systeme dadurch beschrieben, daß in Gl. (1) anstelle von p_i die Fugazität $p^+{}_i(p, T, x_1, \ldots)$ und in Gl. (2) anstelle von x_i die Aktivität $a_i(T, x_1, \ldots)$ eingesetzt wird. Die Abweichungen vom idealen Verhalten werden dann durch die Aktivitätskoeffizienten

$$\gamma_i(p, T, x_1, \ldots) = \frac{p^+{}_i}{p_i} \quad \text{bzw.} \quad \gamma_i(T, x_1, \ldots) = \frac{a_i}{x_i}$$

festgelegt, die meist aus Meßwerten bestimmt werden.

Bei *Gasen* ist die freie Standardenthalpie $\mu^0(T)$ eine reine Temperaturfunktion, für die gilt

$$\mu^0{}_i(T, 1\,\text{atm}) = g^0{}_i(298\,\text{K}, 1\,\text{atm}) + \int_{298}^{T} c_{pi}\,\mathrm{d}T - T \cdot \int_{298}^{T} \frac{c_{pi}}{T}\,\mathrm{d}T$$

$$= g^0{}_i(298\,\text{K}, 1\,\text{atm}) - T \cdot \int_{298}^{T} \left[\int_{298}^{\vartheta} c_{pi}(\tau)\,\mathrm{d}\tau \right] \frac{\mathrm{d}\vartheta}{\vartheta^2}, \tag{II.3}$$

wobei $c_{pi} = (\partial h_i/\partial T)_p$ die partielle Molwärme der Komponente i ist. Für Elemente, die bei 298 K und 1 atm gasförmig sind, ist in der Thermochemie für das stabilste Molekül (z. B. N_2) definitionsgemäß $h_i = h^i = 0$ und damit $g^0{}_i = -Ts^0{}_i$(298 K, 1 atm). Bei gasförmigen Verbindungen ist $g^0{}_i$(298 K, 1 atm) gleich der Gibbs-Standardreaktionsenergie ΔG^0 für die Bildung von einem Mol der Verbindung aus den Elementen bei 298 K plus den Standardentropiewerten der Elemente.

Bei *kondensierten Phasen* kann die freie Standardenthalpie $\mu^0(T, p)$ meist ebenfalls als reine Temperaturfunktion aufgefaßt werden, weil die Druckabhängigkeit für nicht zu hohe Drücke ($p \lesssim 1$ atm) sehr gering ist. Für sie gilt

$$\mu^0(p, T) = \mu^{++}(T) + pv_i(1-0{,}5\varkappa p), \tag{II.4}$$

mit $\mu^{++} = \mu^0(p = 0, T)$, v_i = Molvolumen für $p = 0$ und der Kompressibilität $\varkappa = 1/v_i \cdot (\partial v_i/\partial p)_T$. Der zweite Term in Gl. (4) liegt für $p = 1$ atm in der Größenordnung von 0,5 cal/mol und kann deshalb fast immer vernachlässigt werden.

Die Temperaturabhängigkeit von $\mu^0(T)$ läßt sich ebenfalls nach Gl. (3) bestimmen. Für Elemente gilt wieder $h_i(298) = 0$ und damit $g^0{}_i(298) = -Ts_i(298)$ und für Verbindungen ist $g^0{}_i(298)$ gleich der molaren Gibbs-Standardreaktionsenergie ΔG^0 für die Bildung aus den Elementen plus den Standardentropiewerten der Elemente.

In *realen Systemen* sind die Aktivitäten durch die Beziehung

$$RT \ln a_i = \mu_i - \mu^0{}_i \quad \text{mit} \quad \mu^0{}_i = g^i \tag{II.5}$$

definiert. Häufig ist es jedoch günstig, die Aktivität, die ja die Abweichung des chemischen Potentials eines Stoffes in einer Mischphase vom chemischen Potential des reinen Stoffes g^i bei derselben Temperatur festlegt, auf andere Standardzustände $\mu^0{}_i$ zu beziehen wie z. B. auf den idealen verdünnten Zustand. Dadurch wird eine neue Aktivitätsgröße definiert, die sich jedoch von der ursprünglichen Aktivität nur durch einen temperaturabhängigen Faktor k_i unterscheidet.

2. Gase

Ideal verdünnte Gase. Für nicht zu hohe Drücke ($p \lesssim 1$ atm) und für Temperaturen, die hinreichend weit von der kritischen Temperatur entfernt sind, gilt Gl. (1) sowie

$$p^+{}_i = p_i; \quad \gamma_i = 1; \quad s_i(p_i,T) = s^+{}_i(T) - R \ln p_i$$

$$u = u(T); \quad h(T) = u(T) + RT; \quad RT = p_i \cdot v,$$

mit u = molare innere Energie. Die Gasphase kann bei fast allen thermodynamischen Berechnungen als ideales Gas behandelt werden.

Reale Gase. Bei hohen Drücken ($p \gg 1$ atm) und bei tiefen Temperaturen ($T \approx T_\text{k}$) beeinflußt die Wechselwirkung zwischen den Gasatomen die innere Energie und es gilt

$$\mu_i = \mu^0{}_i(T) + RT \ln p^+{}_i = \mu^0{}_i(T) + RT \ln \gamma_i p_i.$$

Der Aktivitätskoeffizient γ_i hängt über die Beziehung

$$RT \ln \gamma_i = \int_{p=0}^{p} (v_i - v_i^{\text{id}})\,\text{d}p = \int_{p=0}^{p} \left(v_i(p) - \frac{RT}{p}\right) \text{d}p$$

mit der Abweichung des Molvolumens $v_i(p)$ vom Wert für ideal verdünnte Gase zusammen. Wenn die Abweichungen realer Gase vom idealen Verhalten durch Koeffizienten in den entsprechenden Zustandsgleichungen gegeben sind (van der Waalssche Zustandsgleichung, Virialkoeffizienten), so läßt sich der Aktivitätskoeffizient auch durch diese Koeffizienten beschreiben [8].

Ideale Gasgemische. ($p \lesssim 1$ atm, $T \gg T_k$)

$$\mu_i(T, p, x_i) = \mu^0{}_i(T) + RT \ln p + RT \ln x_i$$
$$\mu_i(T, p_i) = \mu^0{}_i(T) + RT \ln p_i$$

mit

$$p_i = p \cdot x_i; \qquad \sum_i p_i = p$$

$\mu^0{}_i(T)$ ist identisch mit $\mu^0{}_i(T, p = 1 \text{ atm})$ in Gl. (1) und (3).

Reale Gasgemische. ($p \gg 1$ atm, $T \approx T_\text{k}$)

$$\begin{aligned}\mu_i(T, p_i) &= \mu^0{}_i(T) + RT \ln p^+{}_i(p_1, \ldots, p_n, T)\\ &= \mu^0{}_i(T) + RT \ln p_i + RT \ln \gamma_i(p_1, \ldots, p_n, T).\end{aligned}$$

Die Fugazität $p^+{}_i$ und der Aktivitätskoeffizient γ_i hängen außer von T auch von allen p_i bzw. von p und $n - 1$ Molenbrüchen x_i ab.

Dämpfe. Für das Dampfdruckgleichgewicht von Elementen oder reinen Stoffen gilt

$$\mu_i(T) = g^i = \mu^0_{i(\text{g})}(T, p_i = 1 \text{ atm}) + RT \ln p^0{}_i$$

mit $p^0{}_i(T)$ = Gleichgewichtsdampfdruck und g^i = Standardpotential des kondensierten reinen Stoffes. Damit folgt für beliebige Partialdrücke $\mu_{i(\text{g})} = \mu_{i(\text{g})}(p, T)$ entweder

$$\mu_{i(\text{g})}(T) = \mu^0_{i(\text{g})}(T, p_i = 1 \text{ atm}) + RT \ln p_i; \qquad a_i = p_i$$

oder

$$\mu_{i(\text{g})}(T) = g^i(T) + RT \ln \frac{p_i}{p^0{}_i}; \quad a_i = \frac{p_i}{p^0{}_i}.$$

3. Kondensierte Phasen

Reine Stoffe. Unter reinen Stoffen sollen die Komponenten i eines Systems verstanden werden (meist chemische Elemente)

$$\mu_i(T) = \mu^0{}_i(T) = g^i(T); \qquad a_i = 1.$$

Verbindungen. Bei festen oder flüssigen Verbindungen, von denen im Rahmen der untersuchten Probleme angenommen wird, daß sie nur als stöchiometrische Phase auftreten können, gilt

$$\mu_\text{V}(T) = \mu^0{}_\text{V}(T) = g^\text{V}(T); \qquad a_\text{V} = 1.$$

Obwohl die Aktivitäten der Komponenten einer festen oder flüssigen Verbindung sehr stark von Abweichungen von der stöchiometrischen Zusammensetzung abhängen [1, 2], bleibt die integrale Gibbs-Energie g^V pro Mol der darin enthaltenen Komponenten jedoch für Verbindungen mit engem Homogenitätsbereich nahezu konstant, weil sich die Konzentrationsabhängigkeit der chemischen Potentiale in der Beziehung

$$g(T, x_i) = \sum_i x_i \mu_i(T, x_i) \approx g^V(T)$$

nahezu kompensiert. Deshalb kann in Fällen, wo in der Reaktionsgleichung nur die Verbindung als Ganzes erscheint, die Aktivität $a_V = 1$ in die Gleichgewichtskonstante eingesetzt werden.

Geht jedoch bei einer Reaktion nur eine Komponente der Verbindung in eine andere Phase über, so muß deren Aktivität in der Verbindung als Funktion der Abweichung von der stöchiometrischen Zusammensetzung bekannt sein. Für Mehrphasengleichgewichte ist sie jeweils identisch mit der Aktivität dieser Komponente in der Gleichgewichtsphase und kann für die Gleichgewichtszusammensetzung der Verbindung berechnet werden (s. z. B. Gl. (IX.3)).

4. Mischphasen

Ideale Mischungen. Kondensierte Mischphasen verhalten sich selten ideal, denn dies setzt voraus, daß für die Bindungsenergie E_{AB} zwischen zwei ungleichen Atomen gilt

$$E_{AB} = \frac{1}{2} (E_{AA} + E_{BB}),$$

d. h. sie muß gleich dem Mittelwert für die Bindungsenergie zwischen gleichen Atomen E_{AA} bzw. E_{BB} sein. Weiterhin müssen beide Atomsorten etwa dieselbe Größe haben und auf gleichen Gitterplätzen sitzen (Substitutionsmischkristalle, Schmelzen). Unter diesen speziellen Voraussetzungen gelten folgende Beziehungen

$$\mu_i(x_i, T) = \mu^0{}_i(T) + RT \ln x_i$$

$$a_i = x_i; \qquad \gamma_i = 1; \qquad \mu^0{}_i(T) = g^i$$

$$\mu_i(x_i, T) = h^i - Ts^i + RT \ln x_i.$$

Ideal verdünnte Lösungen. Für den Grenzfall $x_i \to 0$ geht in realen Mischungen der gelöste Stoff i in den Zustand der ideal verdünnten Lösung über, für den wieder relativ einfache Beziehungen gelten. Die Gesetze der ideal verdünnten Lösungen spielen bei der Lösung von Gasen in Metallen eine wichtige Rolle, weil sie häufig für den gesamten Lösungsbereich gelten.

Die Aktivitäten der beiden Komponenten einer binären Mischung gehorchen den beiden wichtigen Grenzgesetzen

Lösungsmittel L:	$a_L = x_L = (1 - x_i)$	Raoultsches Gesetz	(II.6)
gelöster Stoff i:	$a_i = k_i(T) \cdot x_i$	Henrysches Gesetz	(II.7)

Der Aktivitätskoeffizient $\gamma_i(T) = k_i(T)$ ist hier als Grenzwert für $x_i \to 0$ definiert und nicht von der Konzentration abhängig. Er wird auch Henrysche Konstante k_i genannt.

Man kann die Gültigkeit dieser Beziehungen leicht einsehen, wenn man beachtet, daß bei starker Verdünnung die Atome L praktisch nur von Atomen L (Lösungsmittel) und die Atome i (gelöste Komponente) ebenfalls nur von Atomen L umgeben sind. Bei einer geringfügigen Änderung von x_i ändern sich deshalb die Bindungsverhältnisse nicht. Somit kann man für beide Komponenten wieder schreiben

$$\mu_i = \mu^0{}_i(T) + RT \ln x_i . \tag{II.8}$$

Für das Lösungsmittel L ist die Standardfunktion $\mu^0{}_L(T)$ identisch mit der molaren Gibbs-Energie g^L des reinen Stoffes L. Der Standardzustand des gelösten Stoffes $\mu^{0\prime}{}_i$ weicht dagegen stark vom Zustand der reinen Komponente i ab und es gilt hier

$$\begin{aligned} \mu^{0\prime}{}_i &= \lim_{x_i \to 0} [\mu_i(x_i, T) - RT \ln x_i] \\ &= g^i + RT \ln k_i . \end{aligned} \tag{II.9}$$

Für den gelösten Stoff i kann damit das Standardpotential auch auf den ideal verdünnten Zustand bezogen werden

$$\mu_i = \mu^{0\prime}{}_i(T) + RT \ln a'_i \tag{II.10}$$

mit

$$a'_i = a_i/k_i = \gamma'_i \cdot x_i \quad \text{und} \quad \gamma'_i = \gamma_i/k_i; \qquad \gamma'_i = 1 \quad \text{für} \quad x_i \to 0 .$$

Die Henrysche Konstante k_i ist nach Gl. (9) und (10) identisch mit der Gleichgewichtskonstanten der Reaktion $i(\text{in L}) = i$. Ihre Temperaturabhängigkeit wird durch $\Delta H = h_i - h^i$ (Lösungswärme von i) bestimmt.

Ideal verdünnte atomare Lösung zweiatomiger Gase in kondensierten Phasen. Die Lösungsreaktion lautet hier z. B. $1/2\, H_2 = H(\text{in}\,\alpha)$. Wird als Standardzustand des gelösten Gases $1/2\, \mu^0_{H_2}(T)$, d. h. der Standardzustand von 1/2 Mol H_2-Gas beim Druck $p = 1$ atm, gewählt (ideale Mischung), so gilt nach Gl. (I.10)

$$\frac{1}{2}\mu^0_{H_2}(T) + \frac{1}{2} RT \ln p_{H_2} = \frac{1}{2}\mu^0_{H_2}(T) + RT \ln a_{H(\text{in}\,\alpha)} .$$

Aus der Definitionsgleichung für die Aktivität

$$\mu_{H(\text{in}\,\alpha)} = \mu^0_{H(\text{in}\,\alpha)}(T) + RT \ln a_{H(\text{in}\,\alpha)}$$

erhält man wegen

$$\mu^0_{H(\text{in}\,\alpha)}(T) = \frac{1}{2}\mu^0_{H_2}(T)$$

schließlich

$$a_{H(\text{in}\,\alpha)} = \sqrt{p_{H_2}}$$

sowie

$$\gamma_{\mathrm{H(in}\,\alpha)} = \frac{\sqrt{p_{\mathrm{H_2}}}}{x_{\mathrm{H(in}\,\alpha)}}.$$

$p_{\mathrm{H_2}}$ ist der Gleichgewichtsdruck von H_2 über der Lösung. Für den Aktivitätskoeffizienten $\gamma_{\mathrm{H(in\alpha)}}$ gilt bei idealer Verdünnung

$$\gamma_{\mathrm{H(in}\,\alpha)} = k_{\mathrm{H(in}\,\alpha)}.$$

Die Henrysche Konstante k_{H} ist wiederum durch die Konstante K_p des Sievertsschen Gesetzes festgelegt, denn es gilt

$$\frac{\sqrt{p_{\mathrm{H_2}}}}{x_{\mathrm{H(in}\,\alpha)}} = K_p = \gamma_{\mathrm{H(in}\,\alpha)} = k_{\mathrm{H(in}\,\alpha)}.$$

Wird dagegen als Standardpotential das Potential des gelösten Gases bei idealer Verdünnung eingeführt, so erhält man mit Gl. (10)

$$\mu_{\mathrm{H(in}\,\alpha)}(x_{\mathrm{H}}, T) = \mu^{0'}_{\mathrm{H(in}\,\alpha)}(T) + RT \ln a'_{\mathrm{H(in\alpha)}}$$

Im Grenzfall $x_{\mathrm{H(in\alpha)}} \to 0$ gelten dann die einfachen Beziehungen

$$a'_{\mathrm{H(in}\,\alpha)} = x_{\mathrm{H(in}\,\alpha)}; \qquad \gamma'_{\mathrm{H(in\alpha)}} = 1.$$

Zwischen $\mu^{0'}_{\mathrm{H(in\alpha)}}$ und $\mu^{0}_{\mathrm{H(in\alpha)}}$ besteht der Zusammenhang

$$\mu^{0'}_{\mathrm{H(in}\,\alpha)}(T) = \mu^{0}_{\mathrm{H\,(in\alpha)}}(T) + RT \ln \gamma_{\mathrm{H(in}\,\alpha)}$$

$$= \frac{1}{2}\,\mu^{0}_{\mathrm{H_2}}(T) + RT \ln k_{\mathrm{H(in}\,\alpha)}$$

oder

$$RT \ln \gamma_{\mathrm{H(in\alpha)}} = RT \ln k_{\mathrm{H(in\alpha)}} = RT \ln \frac{\sqrt{p_{\mathrm{H_2}}}}{x_{\mathrm{H(in\alpha)}}}$$

$$= \mu^{0'}_{\mathrm{H(in\alpha)}}(T) - \frac{1}{2}\,\mu^{0}_{\mathrm{H_2}}(T, p = 1\ \mathrm{atm})$$

$$= \Delta G^0,$$

wobei ΔG^0 die freie Standardreaktionsenthalpie der Lösungsreaktion $1/2\ H_2 = \mathrm{H(in}\ \alpha)$ ist.

Mischungen mit idealer Mischungsentropie (*reguläre Lösungen*). Die reguläre Lösung ist das einfachste Modell zur Beschreibung einer realen Mischung. Hierbei wird angenommen, daß eine endliche integrale Mischungswärme h^{M} vorliegt; die Mischungsentropie s^{M} wird jedoch durch den Wert für die ideal verdünnte Lösung angenähert. Im einfachsten Fall einer binären Mischung, bestehend aus den

Komponenten A und B, wird folgender Ansatz gebraucht

$$s^{M} = s^{M,id} = R[x_B \ln x_B + (1 - x_B) \ln (1 - x_B)] \tag{II.11}$$

$$h^{M} = -x_B(1 - x_B)\,\Omega = (1 - x_B)\,h^{M}{}_{A} + x_B h^{M}{}_{B}. \tag{II.12}$$

Ω ist eine Konstante, die unter speziellen Voraussetzungen als Unterschied der Bindungsenergie zwischen gleichen und ungleichen Atompaaren in einer Mischung angesehen werden kann. Aus Gl. (11) und (12) folgt

$$h^{M}{}_{A} = -x_B{}^2\Omega; \qquad h^{M}{}_{B} = -(1 - x_B)^2\Omega$$

$$\ln a_A = \ln (1 - x_B) - x_B{}^2 \frac{\Omega}{RT}$$

$$\ln \gamma_A = -x_B{}^2 \frac{\Omega}{RT}$$

$$\ln a_B = \ln x_B - (1 - x_B)^2 \frac{\Omega}{RT}$$

$$\ln \gamma_B = -(1 - x_B)^2 \frac{\Omega}{RT}.$$

Das Modell der regulären Mischung führt zu folgenden Ergebnissen: Alle integralen Größen sind symmetrisch zu $x_B = 1/2$. Wenn Ω positiv ist, entmischt sich eine reguläre Mischung unterhalb der kritischen Temperatur $T_k = \Omega/2RT$. Die Gleichgewichtskonzentrationen der beiden Mischungen α_I und α_{II} gehorchen der Beziehung

$$\frac{1}{(1 - 2x_B)} \cdot \ln \frac{x_B}{1 - x_B} = \frac{\Omega}{RT}.$$

Obwohl die Bedingungen der regulären Mischungen nur für Systeme erfüllt werden, die sich nahezu ideal verhalten, werden diese Beziehungen mit Erfolg benützt, um einfache Entmischungssysteme oder Solidus- und Liquiduslinien zu berechnen [2, 9]. Neben diesem symmetrischen Ansatz für h^{M} können unsymmetrische h^{M}-Kurven in binären Systemen auch durch mehrgliedrige Ausdrücke mit Faktoren $A \cdot x_B{}^k \cdot (1 - x_B)^l$ angenähert werden und die Aktivitätskoeffizienten über die Beziehungen

$$RT \ln \gamma_A = h^{M}{}_{A} = h^{M} - x_B \frac{dh^{M}}{dx_B}$$

$$RT \ln \gamma_B = h^{M}{}_{B} = h^{M} + (1 - x_B) \frac{dh^{M}}{dx_B}$$

gewonnen werden.

Den ursprünglichen Voraussetzungen entsprechend ist das Modell der regulären Lösung auf Substitutionsmischkristalle beschränkt. Es sind jedoch auch Rechnungen durchgeführt worden, die dieses Konzept auf interstitielle Mischphasen ausdehnen [14, 15].

5. Beschreibung von realen Mischphasen

Zur mathematischen Beschreibung des chemischen Potentials oder der Aktivität eines Stoffes in einer realen kondensierten Phase kann man zwei Wege wählen. Entweder trifft man Vereinbarungen über eine geeignete Darstellung von gemessenen Aktivitätskoeffizienten, wobei eine dem Formalismus thermodynamischer Rechnungen angepaßte Reihenentwicklung gewählt wird, oder man versucht mit Hilfe der statistischen Thermodynamik das chemische Potential aus der atomistischen Struktur der Phase abzuleiten [2, 4, 12, 13], was allerdings häufig nur durch eine Anpassung der durch das Modell vorgegebenen freien Parameter erreicht wird.

Reihenentwicklung. Um die experimentell bestimmten Aktivitätskoeffizienten oder andere Mischungsgrößen realer Systeme in thermodynamische Rechnungen einbeziehen zu können, wird deren Konzentrationsabhängigkeit durch die Koeffizienten von Potenzreihen festgelegt [2]. Wird der Aktivitätskoeffizient γ_B einer binären Mischung A + B in der Nähe von $x_B = 1$ in eine Reihe der Form

$$\ln \gamma_B = \alpha_0 + \alpha_1(1 - x_B) + \alpha_2(1 - x_B)^2 + \alpha_3(1 - x_B)^3 + \dots$$

entwickelt, so müssen wegen der Gültigkeit des Raoultschen Gesetzes Gl. (6) und der Duhemschen Beziehungen Gl. (VII, 13) α_0 und α_1 verschwinden und man erhält

$$\ln \gamma_B = \alpha_2(1 - x_B)^2 + \alpha_3(1 - x_B)^3 + \dots$$

oder

$$\frac{\ln \gamma_B}{(1 - x_B)^2} = \alpha_2 + \alpha_3(1 - x_B) + \dots\ .$$

In erster Näherung ist $\ln \gamma_B$ proportional zu $(1 - x_B)^2$ (vgl. reguläre Mischungen) und in der zweiten Näherung wird die Funktion $\ln \gamma_B/(1 - x_B)^2$ durch eine Gerade wiedergegeben, die oft für ausgedehnte Konzentrationsbereiche gilt [2, 3]. Mit dieser oder analogen Reihenentwicklungen können Aktivitätskoeffizienten und andere Mischungsfunktionen dargestellt werden.

Zur Beschreibung der gegenseitigen Beeinflussung der Aktivitätskoeffizienten verschiedener gelöster Stoffe werden ebenfalls Reihenentwicklungen vorgeschlagen. Die Lösung des allgemeinen Problems stößt auf Schwierigkeiten. Für einige wichtige Grenzfälle können jedoch geeignete Näherungsverfahren entwickelt werden. Ein besonders wichtiges Problem in diesem Zusammenhang ist die gegenseitige Beeinflussung von gelösten Elementen in einem Lösungsmittel, das im Überschuß vorhanden ist [2]. Vor allem für Stahlschmelzen wird häufig der Einfluß von Zusatzelementen auf die Aktivitätskoeffizienten einzelner Elemente benötigt. Wenn angenommen wird, daß die Elemente 2 bis n in 1 gelöst sind, so kann für $\ln \gamma_2$ wieder eine Reihenentwicklung angesetzt werden.

$$\ln \gamma_2(x_2, \ldots, x_n) = \ln \gamma_2^0 + x_2 \frac{\partial \ln \gamma_2}{\partial x_2} + \cdots + x_n \frac{\partial \ln \gamma_2}{\partial x_n}$$
$$+ \frac{1}{2}\left[x_2{}^2 \frac{\partial^2 \ln \gamma^2}{\partial x_2{}^2} + x_2 x_3 \frac{\partial^2 \ln \gamma_2}{\partial x_2\, \partial x_3} + \ldots \right.$$
$$\left. + x_2 x_n \frac{\partial^2 \ln \gamma_2}{\partial x_2\, \partial x_n}\right] + \ldots .$$

Berücksichtigt man nur die ersten Ableitungen und führt die Abkürzungen

$$\varepsilon_2^2 = \frac{\partial \ln \gamma_2}{\partial x_2}; \quad \varepsilon_2^3 = \frac{\partial \ln \gamma_2}{\partial x_3}; \ldots$$

ein, so gilt

$$\ln \gamma_2 = \ln \gamma_2^0 + x_2 \varepsilon_2^2 + \cdots + x_n \varepsilon_2^n .$$

Die Größen ε werden Wirkungsparameter genannt. Man kann zeigen, daß allgemein gilt

$$\varepsilon_i^j = \varepsilon_j^i .$$

Durch diese Beziehung wird die Zahl der unabhängigen Wirkungsparameter erheblich verringert. Weitere Umrechnungsformeln für Wirkungsparameter sind in Abschnitt F. 5 angegeben.

Neben diesen Formeln, die sehr häufig benutzt werden, sind andere Näherungsverfahren vorgeschlagen worden, die z. T. etwas weitergehende Ansätze verwenden oder auf theoretischen Modellvorstellungen beruhen [16, 22—28]. Diese bauen jedoch ebenfalls auf Reihenentwicklungen dieser oder ähnlicher Art auf. Auch aus atomistischen Modellen für ternäre Legierungen, die γ_2 für den Konzentrationsbereich $0 < x_3 < 1$; $x_2 \ll 1$ angeben, lassen sich Wirkungsparameter aus Grenzwertbetrachtungen ableiten [17—21, 53—57].

Statistische Modelle [2, 12—15, 29, 30]. Mit Hilfe der Quantenstatistik kann das chemische Potential einer Komponente in einer kondensierten Mischphase im Prinzip bestimmt werden, wenn man folgende Angaben besitzt:

1. Für jede mögliche Verteilung der verschiedenen Atome und Fehlstellen auf die Gitterplätze, d. h. für jeden Makrozustand der Phase, muß die Änderung der Gesamtenergie U, bezogen auf einen Standardzustand, bekannt sein.
2. Man muß die Anzahl der Vertauschungen kennen, die für je zwei gleiche Teilchen vorgenommen werden können, ohne daß sich die vorgegebene Atomverteilung ändert (Vertauschungsentropie S_p).
3. Der Teilbetrag der Entropie S_v, der durch die Gitterschwingungen hervorgerufen wird, muß als Funktion der Atomverteilung bekannt sein.

Um die Rechnungen praktisch durchführen zu können, sind erhebliche Vereinfachungen notwendig. So wird z. B. fast immer angenommen, daß die Schwingungsentropie S_V nicht von der Verteilung abhängt, sondern sich additiv aus den Teilbeträgen der Komponenten zusammensetzt. Die wahrscheinlichste Verteilung der Atome, die eigentlich erst als Resultat der Rechnung erscheinen sollte, wird meist schon durch den Ansatz weitgehend festgelegt. Dabei geht man entweder von der vollkommen statistischen Verteilung aus (schwache Wechselwirkungs-

kräfte) oder von einer geordneten Verteilung, wie z. B. in einer Verbindung (starke Wechselwirkungskräfte).
Der Zusammenhang zwischen Gesamtenergie und Verteilung wird dann durch einfache Parameter, wie z. B. durch den Molenbruch x oder durch den Fehlordnungsgrad α charakterisiert. Die Rechnung verläuft häufig so, daß über den zusätzlich eingeführten Parameter die Abweichungen von der im Ansatz postulierten Verteilung bestimmt werden. Eine der Hauptschwierigkeiten derartiger Rechnungen besteht darin, die Wechselwirkungsenergie ΔU^{M} richtig zu erfassen. Sie kann folgende Anteile enthalten [2, 12, 29]: Chemische Bindungskräfte zwischen Ionen oder Atomen, Spannungsenergien (Volumeneffekte), Anteile der Leitungselektronen und magnetische Effekte.

Obwohl für einige einfachere Systeme statistische Berechnungen wertvolle Beiträge zur Deutung der im festen und flüssigen Zustand beobachteten Erscheinungen geleistet haben, ist es im allgemeinen nicht möglich, die komplizierten energetischen Wechselwirkungen für beliebige kondensierte Phasen mit hinreichender Genauigkeit theoretisch zu erfassen und daraus die benötigten thermodynamischen Funktionen abzuleiten.

6. Einlagerungsmischkristalle

Aufgrund ihres relativ geringen Volumens lagern sich Gasatome und Kohlenstoff bevorzugt in Gitterlücken der Metallmatrix ein, d. h. auf Plätzen, die von Metallatomen nicht besetzt werden können. Bei der Berechnung der Vertauschungsentropie muß man deshalb hier nur die Verteilung der Komponente B auf die Zwischengitterplätze berücksichtigen und man kann in erster Näherung davon ausgehen, daß die Metallatome ihre Plätze nicht vertauschen werden [2, 14, 15]. Für die Mischungsentropie von B-Atomen in Lücken des A-Gitters kann man dann den folgenden Ausdruck angeben

$$S^{\mathrm{M}} = R \ln \frac{N_{\mathrm{B}}}{ZN_{\mathrm{A}} - N_{\mathrm{B}}} = R \ln \frac{\theta}{1 - \theta}.$$

Z soll die Zahl der Lücken im Gitter pro A-Atom sein, die in manchen Modellen noch durch einen Ausschließungsfaktor für benachbarte Plätze modifiziert wird, und $\theta = N_{\mathrm{B}}/ZN_{\mathrm{A}}$ ist die relative Besetzungshäufigkeit der vorhandenen Plätze, die anstelle des Molenbruches x_{B} als Konzentrationsmaß dient.

Für das chemische Potential wird dann angesetzt

$$\mu_{\mathrm{B}} = \mu^0{}_{\mathrm{B}}(T) + RT \ln \frac{\theta}{1 - \theta} \tag{II.15}$$

mit $$\mu^0{}_{\mathrm{B}} = \mu_{\mathrm{B}} \quad \text{für} \quad \theta = \frac{1}{2}.$$

Durch Einsetzen der Beziehung $\theta = x_{\mathrm{B}}/[Z(1 - x_{\mathrm{B}})]$ erhält man weiterhin

$$\mu_{\mathrm{B}} = \mu^0{}_{\mathrm{B}}(\theta = 1/2) + RT \ln \frac{x_{\mathrm{B}}}{Z - x_{\mathrm{B}}(1 + Z)} \tag{II. 16}$$

mit $$\mu^0{}_B(\theta = 1/2) = \mu_B \quad \text{für} \quad x_B = Z/(Z+2)$$

oder $$\mu_B = \mu^{0\prime}{}_B + RT \ln \frac{x_B}{1 - x_B(1+Z)/Z} = \mu^{0\prime}{}_B + RT \ln \gamma x_B \tag{II.17}$$

mit $$\mu^{0\prime}{}_B = \mu^0{}_B(\theta = 1/2) - RT \ln Z \quad \text{und} \quad \gamma = \frac{1}{1 - x_B(1+Z)/Z}.$$

In Gl. (16) ist der Standardzustand auf einen Mischkristall bezogen, bei dem die Zwischengitterplätze zur Hälfte besetzt sind, während in Gl. (17) der ideal verdünnte Mischkristall als Standardzustand gewählt ist.

Über die Beziehung

$$g^\alpha = x_B \mu_B + (1 - x_B)\, \mu_A$$

erhält man für die integrale molare Gibbs-Energie

$$g^\alpha = x_B \mu^0{}_B(\theta = 1/2) + (1 - x_B)\, g^A + x_B \cdot RT \ln \frac{x_B}{Z - x_B(1+Z)} \tag{II.18}$$

mit $$g^M = x_B \cdot RT \ln \frac{x_B}{Z - x_B(1+Z)}.$$

In Abb. 2 sind die Faktoren der Mischungsentropie s^M bzw. g^M/RT für den idealen Substitutionsmischkristall mit den Werten von idealen Einlagerungsmischkristallen mit $Z = 0{,}5$; 1 und 2 verglichen. Für $x_B < 0{,}03\, Z$ weichen die Kurven für ideale Substitutionsmischkristalle und für ideale Einlagerungsmischkristalle nur unwesentlich voneinander ab. Deshalb unterscheiden sich die Ausdrücke für μ^0 von verdünnten Einlagerungsmischkristallen ($c \lesssim 1$ At.-%) lediglich um den konstanten Faktor $RT \ln Z$ von den entsprechenden μ^0-Werten von

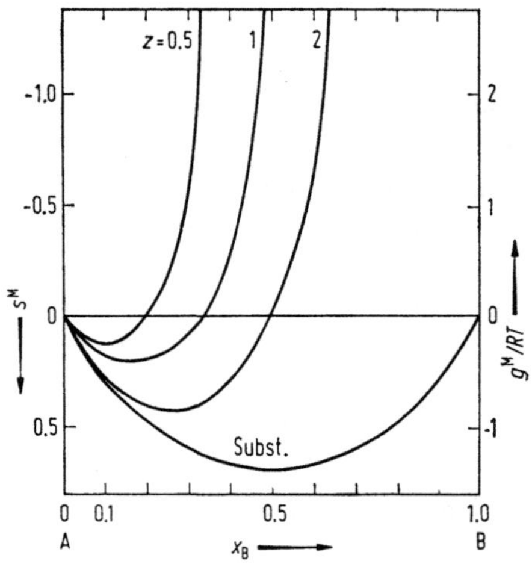

Abb. 2. Mischungsentropie für ideale Einlagerungsmischkristalle ($Z = 0{,}5$; 1; 2) und Substitutionsmischkristalle.

Substitutionsmischkristallen. Für Z gelten folgende Werte: In kubisch-flächenzentrierten und hexagonal-dichtest-gepackten Gittern ist $Z = 1$ für Oktaederlücken und 3 für Tetraederlücken. Im kubisch-raumzentrierten Gitter ist $Z = 3$ für Oktaederlücken und 6 für Tetraederlücken.

III. Auswertung experimenteller Daten

1. Gleichgewichtskonstanten

Nach Gl. (I.10) gilt für das Gleichgewicht einer beliebigen Reaktion

$$\Delta G = \left.\frac{\partial G}{\partial \xi}\right|_{p,T} = \sum_i \nu_i \mu_i - \sum_j \nu_j \mu_j = 0. \tag{III.1}$$

Für μ_i wird dann $\mu_i = \mu^0{}_i(T) + RT \ln a_i$ gesetzt, wobei für reine Stoffe und exakt stöchiometrische Verbindungen $a_i = 1$, für Gase $a_i = \gamma_i p_i$ und für Komponenten einer Mischphase $a_i = \gamma_i x_i$ ist. Damit erhält man

$$\frac{\Pi_i a_i^{\nu_i}}{\Pi_j a_j^{\nu_j}} = \exp\left(-\frac{\sum_i \nu_i \mu^0{}_i - \sum_j \nu_j \mu^0{}_j}{RT}\right) = \exp\left(-\frac{\Delta G^0}{RT}\right) = K_p(T). \tag{III.2}$$

Dieser Ausdruck ist für konstantes p und T eine Konstante, weil die $\mu^0{}_i$-Werte nicht von den Molenbrüchen x_i abhängen. Der Zahlenwert K_p wird durch die Definition der einzelnen Standardzustände $\mu^0{}_i$ festgelegt. Für einen gelösten Stoff kann z. B. das chemische Potential $\mu^0{}_i = g^i$ des reinen Stoffes i gewählt werden oder das chemische Potential $\mu^{0\prime}{}_i$ des Stoffes i im Zustand idealer Verdünnung. Zwischen den dadurch definierten Aktivitäten a_i und a'_i besteht dann die Beziehung

$$\begin{aligned} RT \ln a_i = \mu_i \quad \mu^0{}_i &= \mu_i - \mu^{0\prime}{}_i + (\mu^{0\prime}{}_i - \mu^0{}_i) \\ &= RT \ln k_i a'_i \end{aligned} \tag{III.3}$$

mit

$$RT \ln k_i = \mu^0{}_i - \mu^{0\prime}{}_i, \tag{III.4}$$

wobei k_i die Henrysche Konstante ist. Wird weiterhin noch der Aktivitätskoeffizient γ'_i eingeführt, der die Konzentrationsabhängigkeit der Aktivität in ideal verdünnten Lösungen berücksichtigt, so gilt

$$a_i = \gamma_i x_i = k_i \gamma'_i x_i \quad \text{mit} \quad \gamma_i = k_i \gamma'_i. \tag{III.5}$$

Damit erhält man die mit Gl. (2) identische Beziehung

$$\frac{\Pi_i (k_i \gamma'_i x_i)^{\nu_i} \cdot \Pi_l (\gamma_l p_l)^{\nu_l}}{\Pi_j (k_j \gamma'_j x_j)^{\nu_j} \cdot \Pi_m (\gamma_m p_m)^{\nu_m}} = \exp\left(-\frac{\Delta G^0}{RT}\right) = K_p(T), \tag{III.6}$$

die umgeschrieben werden kann in

$$\frac{\Pi_i(\gamma'_i x_i)^{\nu_i}\cdot\Pi_l(\gamma_l p_l)^{\nu_l}}{\Pi_j(\gamma'_j x_j)^{\nu_j}\cdot\Pi_m(\gamma_m p_m)^{\nu_m}}=\frac{\Pi_j k_j^{\nu_j}}{\Pi_i k_i^{\nu_i}}\exp\left(-\frac{\Delta G^0}{RT}\right)$$

$$=\exp\left(-\frac{\Delta G^{0\prime}}{RT}\right)=K_p'(T) \qquad \text{(III.7)}$$

mit

$$\Delta G^{0\prime}=\Delta G^0+RT\left(\sum_i \nu_i\ln k_i-\sum_j \nu_j\ln k_j\right). \qquad \text{(III.8)}$$

Für den Fall, daß an der Reaktion nur reine Stoffe und stöchiometrische Verbindungen teilnehmen, ist Gl. (6) und Gl. (7) identisch.

Bei Messungen werden zunächst nur die zusammengehörigen p_i und x_i einer Reaktion bestimmt. Daraus kann man ein experimentelles Gleichgewichtsverhältnis

$$K_p^{\exp}(T,p_i,x_i)=\frac{\Pi_l\, x_i^{\nu_i}\cdot\Pi_l\, p_l^{\nu_l}}{\Pi_i x_j^{\nu_j}\cdot\Pi_m p_m^{\nu_m}}=\frac{\Pi_j\gamma'_j{}^{\nu_j}\cdot\Pi_m\gamma_m{}^{\nu_m}}{\Pi_i\,\gamma'_i{}^{\nu_i}\cdot\Pi_l\gamma_l{}^{\nu_l}}\cdot K_p'(T) \qquad \text{(III.9)}$$

bilden, das für ideal verdünnte Phasen identisch wird mit $K_p'(T)$. In diesem Fall hat man damit den Standardwert der Gibbs-Reaktionsenergie $\Delta G^{0\prime}$ festgelegt, welcher nicht von x_i abhängt. Über die Helmholtzsche Beziehung erhält man daraus die Reaktionsenthalpie

$$\Delta H=\Delta H^{0\prime}=-R\,\frac{\partial\ln K_p^{\exp}}{\partial\frac{1}{T}} \qquad \text{(III.10)}$$

und weiterhin den Standardwert der Reaktionsentropie $\Delta S^{0\prime}$

$$\Delta S^{0\prime}=R\ln K_p^{\exp}-\frac{R}{T}\cdot\frac{\partial\ln K_p^{\exp}}{\partial\frac{1}{T}}. \qquad \text{(III.11)}$$

Für nicht ideale Systeme, deren Standardzustände auf den ideal verdünnten Zustand bezogen werden, gilt (vgl. Tab. 1)

$$\Delta H=-R\,\frac{\partial\ln K_p^{\exp}}{\partial\frac{1}{T}}$$

$$=-R\left[\frac{\partial\ln K_p'}{\partial\frac{1}{T}}-\sum_i\nu_i\frac{\partial\ln\gamma'_i}{\partial\frac{1}{T}}+\sum_j\nu_j\frac{\partial\ln\gamma'_j}{\partial\frac{1}{T}}-\sum_l\nu_l\frac{\partial\ln\gamma_l}{\partial\frac{1}{T}}+\sum_m\nu_m\frac{\partial\ln\gamma_m}{\partial\frac{1}{T}}\right]$$

(III.12)

oder

$$\Delta H = \Delta H^{0\prime} + \sum_i \nu_i h^E{}_i - \sum_j \nu_j h^E{}_j + \sum_l \nu_l h^E{}_l - \sum_m \nu_m h^E{}_m$$
$$= \Delta H^{0\prime} + \Delta H^E.$$

Dieser Ausdruck besagt, daß sich die tatsächliche Reaktionsenthalpie ΔH zusammensetzt aus der Reaktionsenthalpie $\Delta H^{0\prime}$ für die gewählten Standardzustände und der Zusatzreaktionsenthalpie ΔH^E, die von x_i, T und eventuell auch noch von p abhängt. Für den Grundbetrag der Reaktionsentropie gilt entsprechend

$$\Delta S - \Delta S^{M,id} = R \ln K_p{}^{exp} - \frac{R}{T} \cdot \frac{\partial \ln K_p{}^{exp}}{\partial \frac{1}{T}} \tag{III.13}$$

$$\Delta S - \Delta S^{M,id} = \Delta S^{0\prime} + \sum_i \nu_i s^E{}_i - \sum_j \nu_j s^E{}_j + \sum_l \nu_l s^E{}_l - \sum_m \nu_m s^E{}_m \tag{III.14}$$
$$= \Delta S^{0\prime} + \Delta S^E$$

mit

$$\Delta S^{0\prime} = R \ln K_p{}' - \frac{R}{T} \cdot \frac{\partial \ln K_p{}'}{\partial \frac{1}{T}}$$

und

$$s^E{}_i = -R \ln \gamma'_i + \frac{R}{T} \frac{\partial \ln \gamma'_i}{\partial \frac{1}{T}}$$

(für Gase ist $\gamma'_i = \gamma_i$ zu setzen).

Mit Hilfe von Gl. (6) bis (14) können folgende Daten aus gemessenen Werten für $K_p{}^{exp}(T, p, x_i)$ berechnet werden:

1. ΔG, ΔH, $\Delta S - \Delta S^{M,id}$ als Funktion von T, p und x_i. Für ideal verdünnte Systeme erhält man sofort $\Delta G^{0\prime}$, $\Delta H^{0\prime}$ und $\Delta S^{0\prime}$, d. h. die Standardreaktionswerte als Funktion von T.

2. Wenn die μ^0-Werte und damit ΔG^0 in Gl. (6) sowie die Faktoren $\gamma'_i\, k_i$ bzw. γ_i für alle Reaktionsteilnehmer bis auf einen bekannt sind, so kann der unbekannte Aktivitätskoeffizient $\gamma_i = k_i \gamma'_i$ bzw. γ_i als Funktion von p, T und x_i aus Gl. (6) bestimmt werden. Durch eine Extrapolation auf $x_i = 0$ kann außerdem k_i und $\gamma'_i(x_i)$ getrennt ermittelt werden. Über die Beziehungen

$$\mu^{0\prime}{}_i(T) - \mu^0{}_i(T) = (h^{0\prime}{}_i - h^0{}_i) - T(s^{0\prime}{}_i - s^0{}_i) = RT \ln k_i$$

und

$$h^{0\prime}{}_i - h^0{}_i = R \frac{\partial \ln k_i}{\partial \frac{1}{T}} \tag{III.15}$$

sowie

$$s^{0\prime}_i - s^0_i = -R \ln k_i + \frac{R}{T} \frac{\partial \ln k_i}{\partial \frac{1}{T}} \tag{III.16}$$

erhält man damit außerdem die partielle molare Lösungsenthalpie und den Grundbetrag der Lösungsentropie der Komponente i im ideal verdünnten Zustand (s. II.4). Setzt man statt k_i in Gl. (15) und (16) auf der rechten Seite $\gamma_i(x, T) = k_i \gamma'_i$ ein, so stehen auf der linken Seite die partiellen molaren Lösungsgrößen $h_i - h^0_i$ bzw. $s_i - s^0_i + RT \ln x_i$, die für die x_i-Werte gelten, bei denen gemessen wird. Durch Einsetzen von γ'_i erhält man schließlich die entsprechenden Zusatzfunktionen $h_i - h^{0\prime}_i$ und $s_i - s^{0\prime}_i + RT \ln x_i$, die die Abweichungen vom ideal verdünnten Zustand angeben.

Die Betrachtungen dieses Abschnittes gelten entsprechend, wenn anstelle des ideal verdünnten Zustandes ein anderer Zustand (z. B. 1 Gew.-%) als Standardzustand gewählt wird.

Beispiel für die Interpretation gemessener Gleichgewichtswerte. Die Bedeutung der aus der gemessenen Gleichgewichtskonstante berechneten ΔG^0-Werte ist relativ einfach zu erkennen, wenn die Formel für die Gleichgewichtskonstante nach folgendem Schema aufgestellt wird. Als Beispiel soll die Stickstoffaufnahme eines Metalls in einem NH_3/H_2-Gemisch dienen.

1. Es wird eine Reaktionsgleichung für die untersuchte Reaktion angeschrieben, z. B.

a) $2NH_3 = 2N(\text{in } \alpha) + 3H_2$

oder auch

b) $NH_3 = N(\text{in } \alpha) + \frac{3}{2} H_2$.

2. Anstelle der chemischen Symbole wird das chemische Potential eingesetzt, z. B. für a)

$$2\mu_{NH_3} = 2\mu_{N(\text{in}\,\alpha)} + 3\mu_{H_2} \tag{III.17}$$

3. Jedes der chemischen Potentiale wird aufgeteilt in das Standardpotential und in die Mischungsgröße

$$\mu_i = \mu^0_i(T) + RT \ln a_i.$$

Die Wahl der Aktivitätsgrößen kann so erfolgen, daß die Rechnung möglichst einfach wird. Es ist jedoch wichtig, daß genau feststeht, auf welchen Zustand sich die jeweiligen Standardpotentiale μ^0_i beziehen. Für gasförmige Komponenten kann man beispielsweise ansetzen

$$\mu_{H_2} = \mu^0_{H_2} + RT \ln p_{H_2}(\text{atm}),$$

d. h. $\mu^0_{H_2} = \mu^0_{H_2}(T, p = 1 \text{ atm})$

oder

$$\mu_{H_2} = \mu^0_{H_2} + RT \ln p_{H_2}(\text{Torr}),$$
$$\text{d. h. } \mu^0_{H_2} = \mu^0_{H_2}(T, p = 1\ \text{Torr}).$$

Wenn für den Zustand von N(in α) die Bedingungen der idealen Verdünnung erfüllt sind, so können folgende Standardpotentiale gewählt werden

$$\mu_{N(\text{in}\alpha)} = \mu^0_{N(\text{in}\alpha)} + RT \ln k_N x_N,$$
$$\text{d. h. } \mu^0_{N(\text{in}\alpha)} = \frac{1}{2}\,\mu_{N_2}(T, p = 1\ \text{atm})$$

oder

$$\mu_{N(\text{in}\alpha)} = \mu^0_{N(\text{in}\alpha)} + RT \ln x_N,$$
$$\text{d. h. } \mu^0_{N(\text{in}\alpha)} = \mu^{0\prime}(T, x_N = 1)$$

oder

$$\mu_{N(\text{in}\alpha)} = \mu^0_{N(\text{in}\alpha)} + RT \ln c_N(\text{At.-\%})$$
$$\text{d. h. } \mu^0_{N(\text{in}\alpha)} = \mu^{0\prime\prime}(T, c_N = 1\ \text{At.-\%}).$$

4. Die gewählten Ausdrücke für μ_i werden in Gl. (17) eingesetzt und man erhält die Gleichgewichtsbeziehung

$$K_p(T) = \frac{a^2_{N(\text{in}\alpha)} \cdot p^3_{H_2}}{p^3_{NH_3}} = \exp\left[-\frac{2\mu^0_{N(\text{in}\alpha)} + 3\mu^0_{H_2} - 2\mu^0_{NH_3}}{RT}\right]$$

mit

$$\Delta G^0 = 2\mu^0_{N(\text{in}\alpha)} + 3\mu^0_{H_2} - 2\mu^0_{NH_3}.$$

Der so erhaltene ΔG^0-Wert gibt die Änderung der Gibbs-Energie ΔG^0 pro Formelumsatz für ein System an, in dem die verschiedenen Komponenten in den gewählten Standardzuständen vorliegen. Wird dieser ΔG^0-Wert mit Literaturwerten verglichen, so müssen die Reaktionsgleichungen und Standardzustände aufeinander abgestimmt werden (vgl. Abschnitt V).

Bei der Angabe eines gemessenen Zahlenwertes für die freie Reaktionsenthalpie ΔG^0 muß daher einmal festgelegt sein, was unter „Formelumsatz" verstanden wird (z. B. pro mol N_2 oder pro mol N) und zum andern müssen die Standardzustände eindeutig definiert sein.

Aus der Gibbs-Helmholtz-Gleichung erhält man

$$\left.\frac{\partial \frac{\Delta G}{T}}{\partial \frac{1}{T}}\right|_{p,x_i} = \Delta H(p, x_i) = -R\,\frac{\partial \ln K_p}{\partial \frac{1}{T}} = -4{,}574\,\frac{\partial \log K_p}{\partial \frac{1}{T}}. \qquad \text{(III.18)}$$

Bei der praktischen Auswertung von Gleichgewichtsmessungen wird ΔH aus der Temperaturabhängigkeit von experimentell bestimmten K_p^{exp}-Werten für konstante x_i ermittelt, indem $\log K_p^{\text{exp}}$ gegen $1/T$ aufgetragen wird. Aus der

Steigung im Punkt $T = T'$ ergibt sich der für diese Temperatur T' gültige Wert der Reaktionsenthalpie ΔH (isobare Reaktionswärme) aus Gl. (18). Normalerweise ist er für einen großen Temperaturbereich im Rahmen der Meßgenauigkeit temperaturunabhängig.

In einer ($\ln K_p^{\text{exp}}, 1/T$)-Darstellung gibt nach Gl. (13) der Schnittpunkt der Tangente im Punkt $1/T'$ mit der Ordinatenachse $1/T = 0$ den Grundbetrag der Reaktionsentropie $\Delta S - \Delta S^{\text{M,id}}$ an. Die bei der ΔH-Bestimmung entstandenen Fehler ändern jedoch die Steigung der Tangente und können deshalb erhebliche Fehler bei der ΔS-Berechnung verursachen. Aus Gl. (13) geht hervor, daß der Fehler gleich $\Delta(\Delta H)/T$ ist. Das heißt, wenn ΔH bei $T = 1000$ K einen Fehler von ± 1000 cal/mol aufweist, dann ist die Entropieangabe mit einem Fehler von einer Entropieeinheit behaftet. Weiterhin gehen auch systematische Meßfehler wie z. B. Eichfaktoren direkt in den berechneten Entropiewert ein. Wenn der Absolutwert der Gleichgewichtskonstanten um den Faktor 2 vom wahren Wert abweicht, so ergibt dies bereits einen absoluten Fehler von 1,4 Entropieeinheiten. Man erkennt daraus, daß die nach dieser Methode errechneten Entropiewerte (second law values) ohne weiteres mit einer Unsicherheit von mehreren Entropieeinheiten behaftet sein können. In vielen Fällen kann der Fehler die Größenordnung der Reaktionsentropie selbst erreichen.

Bestimmung der Reaktionsenthalpie $\Delta H(298)$ *aus experimentellen* $\Delta G^0(T)$ *und* c_p*-Werten (third law values)* [7, 9]. Für eine beliebige Reaktion gilt

$$\Delta H^0(298) - \Delta G^0(T) = -T \sum_i \nu_i \frac{g^0_i(T) - h^0_i(298)}{T}. \qquad \text{(III.19)}$$

Sind von allen Reaktionspartnern die Werte der Funktion $(g^0 - h^0)/T$ und die freie Standardreaktionsenthalpie ΔG^0, die sich aus der gemessenen Gleichgewichtskonstante $K_p'(T)$ ergibt, bekannt, so kann damit unmittelbar die Standardreaktionsenthalpie für 298 K angegeben werden. Häufig fehlen für einen oder mehrere Reaktionspartner genaue $(g^0 - h^0)/T$-Werte oder die entsprechenden c_p^0-Werte, aus denen sie nach Gl. (IV.20) berechnet werden können. Da jedoch die c_p^0-Werte für Gasmoleküle aus spektroskopischen Daten [7, 31, 42] sehr zuverlässig berechnet und für kondensierte Phasen nach empirischen Regeln [7, 9] abgeschätzt werden können, sind die nach Gl.(19) bestimmten $\Delta H^0(298)$-Werte häufig wesentlich genauer als die aus der Temperaturabhängigkeit der Gleichgewichtskonstanten bestimmten Werte. Aus $\Delta H^0(298)$-Werten lassen sich nach Gl. (IV.20), (IV.25) bis (IV.29) ΔG^0-, ΔH^0- und ΔS^0-Werte für beliebige Temperaturen berechnen, wenn die entsprechenden c_p^0-Werte zugänglich sind.

Druckabhängigkeit der Gleichgewichtskonstanten K_x. Die Bildung einer gasförmigen Verbindung $A_{\nu_1}B_{\nu_2}$ aus den Gasatomen A und B nach der Reaktion $\nu_1 A + \nu_2 B = A_{\nu_1}B_{\nu_2}$ führt für ideale Gasgemische auf die Gleichgewichtskonstante

$$\frac{p_{A_{\nu_1}B_{\nu_2}}}{p_A^{\nu_1} \cdot p_B^{\nu_2}} = K_p = \exp\left[-\frac{\Delta G^0(T)}{RT}\right].$$

Häufig ist es bequemer, die Zusammensetzung eines Gasgemisches nicht durch die Partialdrücke festzulegen, sondern durch den Gesamtdruck p und die Molenbrüche x_i, die bei idealen Gasgemischen identisch mit den Volumenanteilen sind. Aus der Beziehung $p_i = x_i p$ folgt dann

$$\frac{x_{A_{\nu_1}B_{\nu_2}}}{x_A{}^{\nu_1} \cdot x_B{}^{\nu_2}} = p^{(\nu_1+\nu_2-1)} \cdot K_p = K_x .$$

Für die Druckabhängigkeit der Gleichgewichtskonstanten K_x gilt allgemein

$$K_x(p, T) = p^{(\sum_j \nu_j - \sum_i \nu_i)} \cdot K_p(T),$$

wobei i entstehende und j verschwindende gasförmige Komponenten sind.

2. Elektrochemische Messungen

Bei der Messung einer chemischen Reaktion in einer elektrochemischen Zelle wird diese in zwei Elektrodenreaktionen aufgeteilt. An den Elektroden findet dann jeweils ein Übergang von neutralen Atomen in eine Elektrolytphase statt, in der die Atome als Ionen vorliegen. Durch freiwerdende oder aufgenommene Elektronen wird der elektronenleitende Teil der Elektrode aufgeladen. Diese Aufladung bringt die Elektrodenreaktion schließlich zum Stillstand. Werden die beiden Elektroden nur über den Elektrolyten miteinander verbunden, so kommt die Reaktion schließlich ebenfalls zum Stillstand und zwischen den elektronenleitenden Teilen der beiden Elektroden baut sich eine Potentialdifferenz E auf, die elektromotorische Kraft (EMK) genannt wird. Die Reaktion läuft erst dann weiter, wenn die elektronenleitenden Teile der beiden Elektroden miteinander verbunden werden, so daß ein elektrischer Strom fließen kann. Zwischen dem ΔG-Wert der Reaktion und der EMK gilt die einfache Beziehung

$$\Delta G = -Z \cdot F \cdot E, \tag{III.20}$$

wobei Z die Ladung der Ionen im Elektrolyten und $Z \cdot F$ die Ladungsmenge ist, die pro Formelumsatz in Molen durch die Zelle fließen würde.

Über EMK-Messungen kann somit nach Gl. (20) der ΔG-Wert einer Reaktion bestimmt werden. Liegen in den Elektroden die Reaktionspartner im Standardzustand vor, so ist $\Delta G = \Delta G^0$. Sind die Elektroden Mischphasen oder gasumspülte Metallelektroden (z. B. H_2, Cl_2), so hängt die EMK von der Aktivität, d. h. vom Druck bzw. von der Konzentration, der reagierenden Stoffe ab und es gilt

$$\begin{aligned} \Delta G &= \Delta G^0 + RT \sum_i \nu_i \ln a_i \\ &= -Z \cdot F \cdot E = -Z \cdot F(E^0 + E'). \end{aligned} \tag{III.21}$$

Wird eine elektrochemische Zelle so konstruiert, daß in ihr nur der Übergang eines Elementes von einer Phase in eine andere abläuft, so erhält man die einfache

Beziehung

$$RT \ln \frac{a_{i,\alpha_I}}{a_{i,\alpha_{II}}} = -Z_i \cdot F \cdot E, \tag{III.22}$$

wobei $Z_i = Z$ die Wertigkeit des Ions im Elektrolyten und E die Potentialdifferenz $\varphi_{\alpha_I} - \varphi_{\alpha_{II}}$ ist. Aus Gl. (I.7) und Gl. (20) folgt ferner

$$\Delta S = Z \cdot F \left.\frac{\partial E}{\partial T}\right|_{p,a_i} \tag{III.23}$$

und

$$\Delta H = -Z \cdot F \left[E - T \left.\frac{\partial E}{\partial T}\right|_{p,a_i} \right] \tag{III.24}$$

Bei elektrochemischen Messungen muß durch eine sorgfältige Analyse der Meßmethode und der an den Elektroden ablaufenden Teilreaktionen sichergestellt werden, daß in der verwendeten Zelle die Reaktion auch tatsächlich wie vorgesehen reversibel abläuft [2, 9, 39].

IV. Verwendung von Literaturwerten

Zur Berechnung der Gleichgewichtsbedingungen für chemische Reaktionen stehen Tabellenwerke zur Verfügung [9, 31—38]. Sie enthalten entweder direkt die Gleichgewichtskonstanten K_p für die Bildung von Verbindungen aus den Elementen oder die entsprechenden ΔG^0-Werte als Funktion der Temperatur. Für die Gleichgewichtskonstante gilt

$$\log K_p = -\frac{\Delta G^0}{4{,}574\, T}. \tag{IV.1}$$

Oft werden auch andere Funktionen tabelliert, mit deren Hilfe die Gleichgewichtskonstanten berechnet werden können. Weitere Hinweise auf thermodynamische Datensammlungen finden sich auch in den Büchern von Darken und Gurry [3] und Lewis und Randall [7].

1. Abschätzung von ΔG^0 aus ΔH^0 (298) und ΔS^0(298)

Für 25 °C gilt $\Delta G^0(298) = \Delta H^0(298) - T\,\Delta S^0(298)$. Die Werte für $\Delta H^0(298)$ und $S^0(298)$ sind für wichtige Verbindungen in Lehrbüchern, Monographien und Tabellenwerken zur finden. Oberhalb von 25 °C hängen ΔH^0 und ΔS^0 meist nicht sehr stark von der Temperatur ab. Für Abschätzungen, bei denen es im wesentlichen nur auf die Größenordnung der Gleichgewichtskonstanten ankommt, stellt deshalb die Beziehung

$$\Delta G^0(T) = \Delta H^0(298) - T\,\Delta S^0(298) \tag{IV.2}$$

eine gute Näherung dar. Steht nur $\Delta H^0(298)$ zur Verfügung, so können für $\Delta S^0(298)$ folgende Richtwerte benützt werden: Bei Reaktionen zwischen festen und flüssigen Substanzen ist ΔS^0 verhältnismäßig klein, so daß bereits durch die Beziehung

$$\Delta G^0(T) \approx \Delta H^0(298) \tag{IV.3}$$

der ΔG^0-Wert angenähert beschrieben wird. Wenn bei einer Reaktion ein gasförmiger Stoff entsteht, so liegt der ΔS^0-Wert in der Größenordnung $+30 \pm 10$ cal/K pro Mol Gas und ist dementsprechend $-30\ \text{cal} \cdot \text{mol}^{-1} \cdot \text{K}^{-1}$ beim Verschwinden eines gasförmigen Reaktionspartners. Für grobe Überschlagsrechnungen kann die Beziehung

$$\Delta G^0(T) \approx \Delta H^0(298) - T\,\Delta n_{\text{Gas}} \cdot 30 \tag{IV.4}$$

verwendet werden, wobei Δn_{Gas} die Zahl der Mole Gas bedeutet, die pro Formelumsatz zusätzlich entstehen.

2. Tabellenwerte für $\Delta G^0(T)$

In manchen Tabellenwerken werden für chemische Verbindungen die ΔG^0-Werte von Raumtemperatur bis zum Schmelzpunkt in Abständen von 100° aufgeführt [32, 34], während andere Autoren die Temperaturabhängigkeit der ΔG^0-Werte für die Bildung von Verbindungen durch die Formel

$$\Delta G^0(T) = A + B \cdot T \log T + C \cdot T \tag{IV.5}$$

angeben [9]. Werden die ΔG^0-Werte im Temperaturbereich $T_1 < T < (T_1 + \Delta T)$ gegen T aufgetragen, so erkennt man, daß die tabellierten Werte oder die durch Gl. (5) gegebenen ΔG^0-Kurven auch für relativ große Temperaturbereiche ohne größeren Fehler linearisiert werden können, indem eine mittlere Gerade durch die leicht gekrümmte ΔG^0-Kurve gelegt wird und die maximale Abweichung von der ursprünglichen ΔG^0-Kurve möglichst klein gemacht wird. Für die Berechnung von Gleichgewichtsbedingungen, bei denen ohnehin relativ unsichere ΔG^0-Werte verwendet werden müssen, ist es jedoch bequemer, auch für genauer bekannte ΔG^0-Werte einen linearen Ausdruck in T zu benützen. Die folgenden Näherungsformeln geben diese optimale Gerade als Funktion der tabellierten Konstanten A, B und C an. Wenn

$$\Delta G^0 = A + B \cdot T \log T + C \cdot T \qquad \text{für} \qquad T_1 < T < (T_1 + \Delta T)$$

durch

$$\Delta G^0 = a + c \cdot T \tag{IV.6}$$

ausgedrückt werden soll, so gilt

$$a = A - BT_1 \cdot \left[\left(0{,}434 + 0{,}1 \cdot \frac{\Delta T}{T_1}\right) + \frac{1}{2} \log \left(1 + 0{,}45\,\frac{\Delta T}{T_1}\right)\right] \tag{IV.7}$$

$$c = C + B \cdot [0{,}434 + \log (T_1 + 0{,}45\,\Delta T)]. \tag{IV.8}$$

Der maximale Fehler F, der dabei entsteht, ist

$$F = \frac{B \cdot \Delta T}{2} \cdot \left[0{,}2 - \frac{T_1}{\Delta T} \log \left(1 + 0{,}45\,\frac{\Delta T}{T_1}\right)\right]. \tag{IV.9}$$

Man sieht, daß für kleine B oder kleine ΔT der Fehler klein wird. Meist ist er auch für große ΔT-Bereiche wesentlich kleiner als die Unterschiede in den Angaben verschiedener Autoren.

Man kann für den Temperaturbereich $T_1 < T < (T_1 + \Delta T)$ auch aus Tabellenwerten für $\Delta G^0(T)$ eine lineare ΔG^0-Beziehung mit minimalem Fehler aufstellen. Hierfür benötigt man die Werte $\Delta G^0(T_1)$, $\Delta G^0(T_1 + 0{,}45\,\Delta T)$ und $\Delta G^0\,(T_1 + \Delta T)$. Dann gilt

$$a = \Delta G^0(T_1) \cdot \left[\frac{T_1}{\Delta T} + 0{,}72\right] - \Delta G^0\,(T_1 + \Delta T) \cdot \left[\frac{T_1}{\Delta T} + 0{,}22\right] \qquad \text{(IV.10)}$$
$$+ 0{,}5\,\Delta G^0\,(T_1 + 0{,}45\,\Delta T)$$

und

$$c = \frac{\Delta G^0\,(T_1 + \Delta T) - \Delta G^0\,(T_1)}{\Delta T}. \qquad \text{(IV.11)}$$

Hier beträgt der maximale Fehler F

$$\mathrm{F} = 0{,}28\,\Delta G^0\,(T_1) + 0{,}22\,\Delta G^0\,(T_1 + \Delta T) - 0{,}5\,\Delta G^0\,(T_1 + 0{,}45\,\Delta T). \qquad \text{(IV.12)}$$

3. Berechnung von ΔG^0 aus c_p-Werten

Wenn die c_{pi}-Werte (genauer die c^0_{pi}-Werte in den entsprechenden Standardzuständen) aller Reaktanten und Reaktionsprodukte durch die Näherung

$$c_{pi} = a + bT - \frac{c}{T^2} \qquad \text{(IV.13)}$$

angegeben werden [9, 36, 38], so erhält man durch Integration von Gl. (II.3)

$$\Delta G^0 = A + C \cdot T - \Delta a \cdot T \ln T - \frac{\Delta b}{2}\,T^2 + \frac{\Delta c}{2\,T}. \qquad \text{(IV.14)}$$

A und C sind Integrationskonstanten und Δa, Δb, Δc sind die Summen der Konstanten a_i, b_i, c_i, die aus Beziehungen der Form $\Delta a = \sum_i \nu_i a_i$ bestimmt werden.

Wenn die Gleichgewichtskonstante $K_p(T)$ bekannt ist, so kann man wegen $-\Delta G = RT \ln K_p$ schreiben

$$\frac{A}{T} + C = RT \ln K_p(T) + \Delta a \cdot T \ln T + \frac{\Delta b}{2}\,T - \frac{\Delta c}{2\,T^2}. \qquad \text{(IV.15)}$$

Trägt man die rechte Seite dieser Gleichung gegen $1/T$ auf, so entsteht eine Gerade, die A und C festlegt. Man erkennt, daß Gl. (14) eine Erweiterung von Gl. (5) darstellt, wobei die beiden zusätzlichen Glieder die Temperaturabhängigkeit der spezifischen Wärme berücksichtigt.

Sind alle c_{pi}-Werte in der in Gl. (13) angegebenen analytischen Form gegeben und ist außerdem ΔH^0 und ΔS^0 für T_0 bekannt (meist ist $T_0 = 298$ K), so folgt aus der Helmholtzschen Beziehung

$$\frac{\Delta G^0(T)}{T} - \frac{\Delta G^0(T_0)}{T_0} = -\int_{T_0}^{T} \frac{\Delta H^0(\vartheta)}{\vartheta^2} \mathrm{d}\vartheta \tag{IV.16}$$

$$= -\int_{T_0}^{T} \frac{\Delta H^0(T_0) + \sum_i \nu_i \left[h^0{}_i(\vartheta) - h^0{}_i(T_0)\right]}{\vartheta^2} \mathrm{d}\vartheta$$

und mit $\frac{\Delta G^0(T_0) - \Delta H^0(T_0)}{T_0} = -\Delta S^0(T_0)$ und

$$\int_{T_0}^{T} \frac{\sum_i \nu_i \left[h^0{}_i(\vartheta) - h^0{}_i(T_0)\right]}{\vartheta^2} \mathrm{d}\vartheta = \int_{T_0}^{T} \left[\int_{T_0}^{\vartheta} \sum_i \nu_i c_{pi}(\tau)\, \mathrm{d}\tau\right] \frac{\mathrm{d}\vartheta}{\vartheta^2} \tag{IV.17}$$

erhält man

$$\Delta G^0(T) = \Delta H^0(T_0) - T\,\Delta S^0(T_0) - T \cdot \int_{T_0}^{T} \left[\int_{T_0}^{\vartheta} \sum_i \nu_i c_{pi}(\tau)\, \mathrm{d}\tau\right] \frac{\mathrm{d}\vartheta}{\vartheta^2}. \tag{IV.18}$$

Werden in Gl. (18) für die c_{pi}-Werte Ausdrücke wie in Gl. (13) eingesetzt, so folgt damit

$$\begin{aligned} \Delta G^0(T) = {} & \left[\Delta H^0(T_0) - \Delta a T_0 - \frac{\Delta b}{2} T_0^2 - \frac{\Delta c}{T}\right] \\ & - T\left[\Delta S^0(T_0) - \Delta a\,(1 + \ln T_0) - \Delta b T_0 - \frac{\Delta c}{2\,T_0^2}\right] \\ & - \Delta a T \ln T - \frac{\Delta b}{2} T^2 + \frac{\Delta c}{2\,T}. \end{aligned} \tag{IV.19}$$

Treten bei den Reaktionen zwischen T_0 und T Phasenumwandlungen auf, so muß die Integration in mehreren Schritten vorgenommen werden, wobei die Umwandlungsenthalpien h^{U} und die Umwandlungsentropien $h^{\mathrm{U}}/T_{\mathrm{U}}$ entsprechend zu berücksichtigen sind.

4. Berechnung von $\Delta G^0(T)$ mit Hilfe der Funktionen $\frac{g^0(T) - h^0(T_0)}{T}$ und $h^0(T) - h^0(T_0)$

Gl. (18) läßt sich umschreiben in

$$\sum_i \nu_i \frac{g^0{}_i(T) - h^0{}_i(T_0)}{T} = -\sum_i \nu_i s^0{}_i(T_0) - \sum_i \nu_i \int_{T_0}^{T} \left[\int_{T_0}^{\vartheta} c_{pi}(\tau)\, \mathrm{d}\tau\right] \frac{\mathrm{d}\vartheta}{\vartheta^2}, \tag{IV.20}$$

wobei gilt

$$\int_{T_0}^{T}\left[\int_{T_0}^{\vartheta} c_{pi}(\tau)\,\mathrm{d}\tau\right]\frac{\mathrm{d}\vartheta}{\vartheta^2} = -\frac{1}{T}\cdot\int_{T_0}^{T} c_{pi}(\vartheta)\,\mathrm{d}\vartheta + \int_{T_0}^{\vartheta} c_{pi}(\vartheta)\frac{\mathrm{d}\vartheta}{\vartheta}. \qquad \text{(IV.21)}$$

Wird $T_0 = 0$ K gesetzt, so verschwinden nach dem dritten Hauptsatz alle $s^0{}_i(T_0)$. Somit kann durch Integration aus den $c_{pi}(T)$-Werten für die Reaktionspartner eine eindeutig bestimmte Funktion $[g^0{}_i(T) - h^0{}_i(T = 0)]/T$ (free energy function) aufgestellt werden, die genauso addiert werden kann, wie die entsprechenden chemischen Potentiale. Außerdem kann die Beziehung

$$h^0{}_i(T) - h^0{}_i(T_0) = \int_{T_0}^{T} c_{pi}(T)\,\mathrm{d}T \qquad \text{(IV.22)}$$

durch Integration über c_{pi} gewonnen werden.

In Tabellen, in denen diese beiden Funktionen für verschiedene Temperaturen angegeben werden, ist T_0 entweder 0 K oder 298 K, wobei für die Umrechnung gilt

$$\frac{g^0{}_i(T) - h^0{}_i(298)}{T} = \frac{g^0{}_i(T) - h^0{}_i(0)}{T} - \frac{1}{T}[h^0{}_i(298) - h^0{}_i(0)] \qquad \text{(IV.23)}$$

und

$$[h^0{}_i(T) - h^0{}_i(298)] = [h^0{}_i(T) - h^0{}_i(0)] - [h^0{}_i(298) - h^0{}_i(0)]. \qquad \text{(IV.24)}$$

Mit Hilfe der beiden Funktionen Gl. (20) und (22) werden die benötigten thermodynamischen Daten nach folgenden Beziehungen ermittelt

$$\Delta G^0(T) = \sum_i \nu_i\,\Delta H^0{}_i(298) - \sum_i \nu_i[h^0{}_i(298) - h^0{}_i(0)] + T\sum_i \nu_i\,\frac{g^0{}_i(T) - h^0{}_i(0)}{T} \qquad \text{(IV.25)}$$

oder

$$\Delta G^0(T) = \sum_i \nu_i\,\Delta H^0{}_i(298) + T\sum_i \nu_i\,\frac{g^0{}_i(T) - h^0{}_i(298)}{T}. \qquad \text{(IV.25a)}$$

Hierbei sind $\Delta H^0{}_i(298)$ die Standardenthalpien für die an der Reaktion teilnehmenden Verbindungen, die wegen der Beziehung $h^i(298) = 0$ oder $\sum_i \nu_i\,\Delta H^0{}_i = \sum_i \nu_i h^0{}_i$ anstelle von $h^0{}_i(298)$ verwendet werden dürfen. Weiterhin gilt

$$\Delta H^0(T) = \Delta H^0(298) + \sum_i \nu_i[h^0{}_i(T) - h^0{}_i(0)] - \sum_i \nu_i[h^0{}_i(298) - h^0{}_i(0)] \qquad \text{(IV.26)}$$

oder

$$\Delta H^0(T) = \Delta H^0(298) + \sum_i \nu_i[h^0{}_i(T) - h^0{}_i(298)] \qquad \text{(IV.26a)}$$

und

$$\Delta S^0(T) = \sum_i \nu_i \frac{h^0{}_i(T) - h^0{}_i(T_0)}{T} - \sum_i \nu_i \frac{g^0{}_i(T) - h^0{}_i(T_0)}{T}. \qquad \text{(IV.27)}$$

T_0 kann in den tabellierten Funktionen 0 oder 298 K bedeuten.

Weiterhin gelten noch die folgenden Beziehungen

$$h^0{}_i(T) - h^0{}_i(T_0) = \frac{\mathrm{d}}{\mathrm{d}\frac{1}{T}} \left[\frac{g^0{}_i(T) - h^0{}_i(T_0)}{T}\right] \qquad \text{(IV.28)}$$

und

$$c_{pi}(T) = \frac{\mathrm{d}}{\mathrm{d}T} \left[h^0{}_i(T) - h^0{}_i(T_0)\right]. \qquad \text{(IV.29)}$$

Wenn die tabellierten Funktionen hinreichend genau bekannt sind, so sind die auf diese Weise berechneten ΔG^0-Werte am zuverlässigsten, weil hier die c_{pi}-Werte nicht durch Näherungsformeln beschrieben, sondern direkt verwendet werden.

5. Berechnung von $\Delta G^0(T)$ aus ΔG^0-Werten bekannter Reaktionen

In den Tabellenwerken findet man nur ΔG^0-Werte für die Bildung von Verbindungen aus den Elementen. Nehmen an einer Reaktion mehrere Verbindungen teil, so kann der ΔG^0-Wert der Reaktion mit Hilfe der ΔG^0-Werte der beteiligten Verbindungen nach dem Schema des folgenden Beispiels berechnet werden:

Gesucht: $2\,H_2 + MeO_2 = 2\,H_2O(g) + Me;\ \Delta G^0(T)$ (IV.30)

Gegeben: $H_2 + \frac{1}{2}\,O_2 = H_2O(g);\qquad \Delta G^0{}_1(T)$ (IV.31)

$Me + O_2 = MeO_2;\qquad \Delta G^0{}_2(T)$ (IV.32)

Gl. (30) ergibt sich, wenn Gl. (31) verdoppelt und Gl. (32) davon abgezogen wird. Wegen Gl. (I.10) kann man jedoch auch schreiben:

$$\Delta G^0(T) = 2\,\Delta G^0{}_1(T) - \Delta G^0{}_2(T). \qquad \text{(IV.33)}$$

Das heißt, die ΔG^0-Werte dürfen in derselben Weise addiert und multipliziert werden wie die entsprechenden Reaktionsgleichungen. Wenn bei derartigen Rechnungen ein Stoff in zwei verschiedenen Gleichungen auftritt, müssen die Aktivitäten auf denselben Standardzustand bezogen werden, weil sich sonst das chemische Potential — z. B. für O_2 in der Differenz zwischen Gl. (31) und (32) — nicht heraushebt.

In derselben Weise können umgekehrt auch freie Bildungsenthalpien für Verbindungen berechnet werden, die nicht direkt meßbar sind. Dazu müssen der ΔG^0-Wert einer leicht zu messenden Reaktion bekannt sein, an der diese Verbindung teilnimmt sowie die ΔG^0-Werte für die Bildung der restlichen an der Reaktion beteiligten Verbindungen. Für die so berechneten ΔG^0-Werte können die Fehler jedoch relativ groß werden, weil sich die Unsicherheiten der verwendeten ΔG^0-Werte addieren können. In unserem Beispiel kann der Gesamtfehler $F = 2\,F_1 + F_2$ betragen. Wenn z. B. die verwendeten ΔG^0-Werte auf ± 3 kcal genau bekannt sind, weist der berechnete ΔG_0-Wert eine Unsicherheit von maximal ± 9 kcal auf.

6. Graphische Darstellung von ΔG^0-Werten

Die freien Bildungsenthalpien von Oxiden und anderen Verbindungen werden oft gemeinsam in einer (ΔG^0, T)-Darstellung aufgetragen, wobei anstelle von ΔG^0 auch $RT \ln p_{O_2}$ an die Ordinate angeschrieben wird (vgl. Abb. 3). Diese Dar-

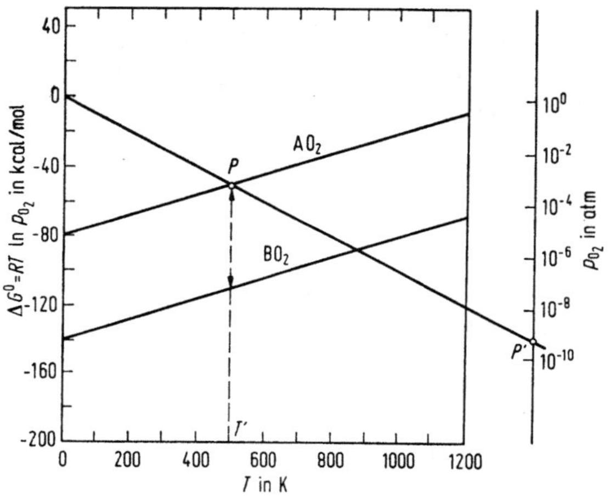

Abb. 3. (ΔG^0, T)-Diagramm für Oxide (schematisch).

stellung erfordert, daß die freien Bildungsenthalpien auf ein Mol O_2 normiert werden, d. h. sie beziehen sich bei Monoxiden auf zwei Mole, bei Dioxiden auf ein Mol und bei n-Oxiden auf $2/n$ Mole der Verbindung. Die Reaktionsgleichung hat demnach die Form $O_2 + y\,Me = Me_yO_2$. Aus (ΔG^0, T)-Diagrammen oder ähnlichen Darstellungen kann die Stabilität der einzelnen Oxide in Gegenwart von Metallen unmittelbar entnommen werden. Der ΔG^0-Wert der Reaktion $A + BO_2 = AO_2 + B$ kann analog zu dem oben besprochenen Beispiel als Differenzbetrag der freien Bildungsenthalpien dargestellt werden. Das ist aber für eine bestimmte Temperatur T gerade gleich dem Abstand zwischen zwei übereinanderliegenden Punkten auf den ΔG^0-Kurven. Die Oxide mit den größten negativen ΔG^0-Werten sind am stabilsten, sie werden von Metallen, deren Oxide einen kleineren negativen ΔG^0-Wert besitzen, nicht reduziert.

Häufig möchte man nicht ΔG^0, sondern den Zersetzungsdruck p_{O_2} eines Oxids kennen. Geht man von der Beziehung $\Delta G^0 = RT \ln p_{O_2}$ aus, so erkennt man, daß in Abb. 3 die Steigung der Hilfslinie O—P, die durch den ΔG^0-Wert für T'

und durch den Ursprung O geht, gleich $R \ln p_{O_2}$ ist. Man kann deshalb auf der rechten Seite in Abb. 3 eine logarithmische Skala anbringen, die unmittelbar p_{O_2} für T' angibt, wenn die Hilfsgerade OP bis zum Schnittpunkt P′ mit dieser Skala verlängert wird. Analoge Skalen können auch für Partialdruckverhältnisse in CO_2/CO- oder H_2O/H_2-Mischungen angegeben werden. Die Geraden müssen dann jedoch nicht durch den Koordinatenursprung, sondern durch entsprechende Fixpunkte auf der Ordinate ($T = 0$ K) gezogen werden.

V. Beispiele zur Berechnung von ΔG^0-Werten von Gas-Metall-Reaktionen

1. Grundreaktionen

Bildung einer Verbindung. Bei der Bildung stöchiometrischer Verbindungen aus nicht gasförmigen Elementen liegen besonders einfache Verhältnisse vor. Für die Karbidbildung Me + C = MeC gilt z. B.

$$\Delta G = \mu_{\mathrm{MeC}} - \mu_{\mathrm{Me}} - \mu_{\mathrm{C}} = \Delta G^0(T),$$

weil die Aktivitäten der drei Komponenten jeweils gleich 1 gesetzt werden können. Das Gleichgewicht wird durch die Beziehung $\Delta G^0(T) = 0$ charakterisiert. $\Delta G^0(T)$ ist normalerweise eine monoton ansteigende oder abfallende Funktion der Temperatur. Ein Gleichgewicht, in dem die drei kondensierten Phasen Me, C und MeC nebeneinander vorhanden sind, kann deshalb nur bei einer einzigen Temperatur, nämlich der Temperatur des Schnittpunktes der ΔG^0-Kurve mit der Kurve $\Delta G^0 = 0$ vorliegen. Im Temperaturbereich, wo ΔG^0 positiv ist, wird das vorhandene Karbid in seine Bestandteile zerfallen und dort, wo ΔG^0 negativ ist, wird sich so lange Karbid bilden, bis entweder das Metall oder der Kohlenstoff verbraucht ist.

Außerhalb der Gleichgewichtstemperatur ist der Betrag des ΔG^0-Wertes ein Maß für die Stabilität einer Verbindung. Sehr stabile Verbindungen haben einen großen negativen ΔG^0-Wert. Ein positiver ΔG^0-Wert besagt, daß die Verbindung thermodynamisch nicht stabil ist, sondern zerfällt.

Bildung einer Metall-Gas-Verbindung. Betrachtet man die Bildung eines Oxides

$$\mathrm{Me} + \frac{1}{2}\,\mathrm{O_2} = \mathrm{MeO},$$

so gilt nach Gl. (I.12) für das Gleichgewicht

$$\frac{1}{2} \ln p_{O_2} = \frac{\Delta G^0(T)}{RT}.$$

Dadurch ist für jeden ΔG^0-Wert und für jede Temperatur ein O_2-Gleichgewichtsdruck definiert. Stabile Verbindungen mit einem großen negativen ΔG^0-Wert besitzen sehr niedrige Gleichgewichtsdrücke, während leicht zersetzliche Verbindungen mit entsprechend hohen Gleichgewichts- oder Zersetzungsdrücken kleinere negative ΔG^0-Werte aufweisen.

Gleichgewicht Gas-Lösung. Betrachtet man z. B. die Reaktion

$$\alpha\text{-Mischkristall} + \frac{1}{2}\,O_2 = O(\text{in }\alpha) + \alpha\text{-Mischkristall},$$

so heben sich bei der Bestimmung der Gleichgewichtskonstanten die chemischen Potentiale für die Lösung heraus. Dies ist wegen Gl. (I.21) auch dann der Fall, wenn die chemischen Potentiale stark von der Sauerstoffkonzentration abhängen. Die Reaktionsgleichung kann deshalb in der verkürzten Form geschrieben werden

$$\frac{1}{2}\,O_2 = O(\text{in }\alpha).$$

Daraus folgt

$$\ln a_{O(\text{in}\alpha)} - \frac{1}{2}\ln p_{O_2} = -\frac{\Delta G^0}{RT}$$

oder

$$a_{O(\text{in}\alpha)} = \sqrt{p_{O_2}}\cdot\exp\left(-\frac{\Delta G^0}{RT}\right).$$

Dies ist das bekannte Sievertssche $\sqrt{p}$-Gesetz, das bei der Lösung eines idealen zweiatomigen Gases in einer Mischphase allgemein gilt, wenn das Gas atomar gelöst wird. Würde das Gas molekular gelöst, so müßte gelten $a_{O(\text{in}\alpha)} \sim p_{O_2}$. Für den Fall, daß Gasmoleküle der Zusammensetzung A_xB_y atomar in α gelöst werden, gilt entsprechend

$$A_xB_y(g) = x\cdot A(\text{in }\alpha) + y\cdot B(\text{in }\alpha)$$

$$a^{x}_{A(\text{in}\alpha)}\cdot a^{y}_{B(\text{in}\alpha)} = p_{A_xB_y(g)}\cdot\exp\left(-\frac{\Delta G^0}{RT}\right).$$

Gleichgewicht zwischen einer stöchiometrischen Verbindung und einer Lösung. Steht in einem binären System eine Verbindung im Gleichgewicht mit der festen Lösung der einen Komponente im Metall (z. B. FeO und O(in α-Fe)), so wird das Zweiphasengleichgewicht (α-Fe + FeO) durch folgende Reaktion definiert

$$A_xB_y(s) = x\cdot A(\text{in }\alpha) + y\cdot B(\text{in }\alpha)$$

und die Gleichgewichtskonstante lautet

$$\frac{a_A{}^x\cdot a_B{}^y}{a_{A_xB_y}} = K_p = \exp\left(-\frac{\Delta G^0}{RT}\right).$$

Wird die Lösung auf den ideal verdünnten Zustand der Komponente B in A bezogen und ist die Verbindung A_xB_y stöchiometrisch, so gilt

$$a_{A_xB_y} = 1; \qquad a_B = \gamma'_B\, x_B$$
$$a_A = x_A = (1 - x_B) \approx 1.$$

Daraus folgt

$$x_B{}^y = \frac{1}{(\gamma'_B)^y} \cdot \exp\left(-\frac{\Delta G^0}{RT}\right).$$

Zersetzung einer Metall-Gas-Verbindung β in α-Mischkristalle und Gas. Beispiel: Zersetzung eines nicht stöchiometrischen Hydrides MeH_{x_1} in H_2 und α-Mischkristalle der Zusammensetzung $H/Me = x_2$. Entsprechend der Reaktionsgleichung

$$MeH_{x_1} = \frac{x_1 - x_2}{2} H_2 + x_2\, H(\text{in } \alpha) + Me(\text{in } \alpha)$$

erhält man folgende Beziehung für die chemischen Potentiale

$$\mu_{MeH_{x_1}} = \frac{x_1 - x_2}{2} \mu_{H_2} + x_2 \mu_{H(\text{in}\alpha)} + \mu_{Me(\text{in}\alpha)}.$$

Da im Dreiphasengleichgewicht außerdem gilt

$$\frac{1}{2} \mu_{H_2} = \mu_{H(\text{in}\alpha)},$$

kann vereinfacht werden zu

$$\frac{2}{x_1} \mu_{MeH_{x_1}} = \mu_{H_2} + \frac{2}{x_1} \mu_{Me(\text{in}\alpha)}.$$

Aus dem Gleichgewichtsdruck über dem Dreiphasengleichgewicht ($\alpha + \beta + H_2$) kann demnach der ΔG^0-Wert der Reaktion

$$\frac{2}{x_1} MeH_{x_1} = H_2 + \frac{2}{x_1} Me(\text{in } \alpha)$$

bestimmt werden.

Zerlegt man $\mu_{MeH_{x_1}} = \mu_\beta$ in $\mu_{Me(\text{in}\beta)} + x_1 \mu_{H(\text{in}\beta)}$ und beachtet, daß im Dreiphasengleichgewicht $\mu_{Me(\text{in}\alpha)} = \mu_{Me(\text{in}\beta)}$ gilt, so erkennt man, daß $RT \ln p_{H_2}$ auch den ΔG^0-Wert der Reaktion

$$H_2 = 2\, H(\text{in } \beta)$$

angibt. Als Standardzustand des Wasserstoffs in der β-Phase ist hierbei $\mu_{H(\text{in}\beta)}(T, x_1)$ angenommen worden, d. h. das chemische Potential bei der Zusammensetzung x_1 des Dreiphasengleichgewichtes. Da x_1 häufig temperaturabhängig ist, wird ΔG^0 in diesem Fall eine Größe, bei der nicht alle Konzentrationswerte konstant sind, sondern bei der x_1 in definierter Weise von T abhängt.

2. Berechnung von ΔG^0-Werten aus Daten bekannter Reaktionen

Die in diesem Abschnitt besprochenen Beispiele sollen zeigen, wie aus thermodynamischen Daten und Zustandsdiagrammen die Gleichgewichtskonstanten wichtiger Gas-Metall-Reaktionen berechnet werden können. Wenn die Aktivitäten gelöster Stoffe auf den ideal verdünnten Zustand bezogen und in Molenbrüchen ausgedrückt werden und außerdem die Drücke in Atmosphären angegeben sind, so können die im Tabellenteil des Buches verwendeten Daten benutzt werden, um ΔG^0-Werte nicht bekannter Reaktionen zu berechnen. Werden nur die Gleichgewichtskonstanten gesucht, so können die im Tabellenteil unter den Stichworten Löslichkeit, Löslichkeitsgrenze oder Zersetzungsdruck angegebenen Gleichungen in analoger Weise addiert werden wie die ΔG^0-Werte. Die Drücke sind in diesem Fall jedoch in Torr und die Konzentrationen gelöster Stoffe in At.-% anzugeben. In Tabelle F.1 sind weiterhin einige ΔG^0- und $\log K_p$-Werte für häufig benötigte Gleichgewichte zusammengestellt.

Berechnung des Gleichgewichtsdruckes über sauerstoffhaltigen α-Mischkristallen aus der Sättigungskonzentration und aus der freien Bildungsenthalpie des Gleichgewichtsoxides. Durch Addition der beiden Gleichungen

$$\frac{1}{2}\,O_2 + \nu\,Me = Me_\nu O; \qquad -\Delta G^0{}_1 = -\frac{1}{2}\,RT\ln p_{O_2} \tag{V.1}$$

$$Me_\nu O = O(\text{in}\,\alpha) + \nu\,Me(\text{in}\,\alpha); \qquad -\Delta G^0{}_2 = RT\ln a_{O(\text{in}\alpha)}\cdot a^{\nu}_{Me(\text{in}\alpha)} \tag{V.2}$$

erhält man

$$\frac{1}{2}\,O_2 + \nu\,Me = O(\text{in}\,\alpha) + \nu\,Me(\text{in}\,\alpha).$$

Wenn bei der Sättigungskonzentration die Lösung noch ideal verdünnt ist, so ist $a_O = x_O$ und $a_{Me} = (1 - x_O) \approx 1$. Die Bedingungen sind für $c_O \lesssim 1$ At.-% meist noch erfüllt. Damit gilt:

$$\frac{1}{2}\,O_2 = O(\text{in}\,\alpha); \qquad -\Delta G^0{}_3 = -(\Delta G^0{}_1 + \Delta G^0{}_2) = RT\ln\frac{x_O}{p_{O_2}^{1/2}}. \tag{V.3}$$

Berechnung der freien Bildungsenthalpie des Gleichgewichtsoxides aus der Sättigungskonzentration und dem O_2-Gleichgewichtsdruck. Aus Gl. (2) und Gl. (3) erhält man

$$\frac{1}{2}\,O_2 + \nu\,Me(\text{in}\,\alpha) = Me_\nu O$$

und wegen $a_{Me(\text{in}\alpha)} \approx a_{Me} = 1$ gilt

$$\Delta G^0{}_1 = \Delta G^0{}_3 - \Delta G^0{}_2.$$

Durch die Kombination von $\Delta G^0{}_1$ und $\Delta G^0{}_3$ kann auch die Löslichkeitsgrenze aus Gleichgewichtsdrücken über dem α-Mischkristall und der Gibbs-Bildungsenergie der Gleichgewichtsverbindung erhalten werden.

Berechnung des Stickstoffgleichgewichtsdruckes aus NH_3/H_2-Gleichgewichten. Mit

$$NH_3 = \frac{3}{2} H_2 + N(\text{in } \alpha); \qquad -\Delta G^0{}_4 = RT \ln \frac{p_{H_2}^{3/2} \cdot a_{N(\text{in}\alpha)}}{p_{NH_3}} \qquad (V.4)$$

und Gl. (I), Tab. F.1 erhält man

$$\frac{1}{2} N_2 = N(\text{in } \alpha); \qquad -\Delta G_5 = -(\Delta G^0{}_4 + \Delta G^0{}_I) = RT \ln \frac{a_{N(\text{in}\alpha)}}{p_{N_2}^{1/2}}. \qquad (V.5)$$

Bei der Bestimmung des Stickstoffgleichgewichtsdruckes nach Gl. (5) muß sichergestellt sein, daß die Reaktion 4 tatsächlich im Gleichgewicht ist. In strömenden NH_3—H_2-Gemischen kann bei höheren Temperaturen eventuell N_2 aus der Probe entweichen und abtransportiert werden. Die N-Konzentration der α-Phase wird dann nicht durch die Gleichgewichtskonstante der Reaktion 4 bestimmt, sondern sie ist die Folge eines stationären Zustandes zwischen der Stickstoffaufnahme nach Gl. (4) und der Stickstoffabgabe nach der Reaktion N(in α) $= 1/2\,(N_2)$.

Bestimmung der Kohlenstoffaktivität durch Gleichgewichtsmessungen in CO/CO_2-Gemischen. Wird die Gleichgewichtskonstante der Reaktion

$$2\,CO = C(\text{in } \alpha) + CO_2; \qquad -\Delta G^0{}_6 = RT \ln \frac{a'_C \cdot p_{CO_2}}{p_{CO}^2} \qquad (V.6)$$

bestimmt und dabei $a'_C = x_C$ gesetzt, so ist die Aktivität des Kohlenstoffs auf den ideal verdünnten Zustand bezogen. Für Stabilitätsbetrachtungen ist es jedoch häufig notwendig, den Standardzustand des Kohlenstoffs auf Graphit zu beziehen. In diesem Fall muß neben der Gl. (6) noch das Boudouard-Gleichgewicht (Gl. (II), Tab. F.1) berücksichtigt werden

$$CO_2 + C(s) = 2\,CO; \quad -\Delta G^0_{II} = RT \ln \frac{p_{CO}^2}{p_{CO_2} \cdot 1}.$$

Durch Addition von Gl. (6) und (Gl. II) erhält man formal die Reaktion

$$C(s) = C(\text{in } \alpha); \qquad -\Delta G^0{}_7 = -(\Delta G^0{}_6 + \Delta G^0{}_{II}) = RT \ln x_C \qquad (V.7)$$

und für die Henrysche Konstante k in ideal verdünnten Lösungen gilt

$$k = \frac{a_C}{a'_C} = \frac{1}{x_C} = \exp\left(-\frac{\Delta G^0{}_6 + \Delta G^0{}_{II}}{RT}\right). \qquad (V.8)$$

In Systemen, wo $x_C < a_C$ wird, gibt daher die Beziehung $x_{C(\text{in}\alpha)} = k^{-1}$ näherungsweise die Löslichkeitslinie im Gleichgewicht mit Graphit an. Wenn stabile Karbidphasen existieren, beschreibt sie jedoch nur die Löslichkeitslinie der α-Mischkristalle im metastabilen Gleichgewicht mit Graphit, die in vielen Fällen keine reale Bedeutung hat.

Bestimmung der Sauerstoffaktivität durch Gleichgewichtsmessungen in CO/CO_2-Gemischen. Die Gleichgewichtskonstante der folgenden Reaktion sei bekannt

$$CO_2 = O(\text{in } \alpha) + CO; \qquad -\Delta G^0{}_9 = RT \ln \frac{a'_O \cdot p_{CO}}{p_{CO_2}}. \qquad (V.9)$$

Wenn für kleine Konzentrationen die Sauerstoffaktivität wieder auf den ideal verdünnten Zustand bezogen wird, so gilt $a'_O = x_O$. Zur Bestimmung der Gleichgewichtskonstanten für die Lösungsreaktion muß die Zerfallsreaktion für CO_2 herangezogen werden (Gl. (III), Tab. F.1)

$$CO_2 = \frac{1}{2} O_2 + CO; \qquad -\Delta G^0_{III} = RT \ln \frac{p_{O_2}^{1/2} \cdot p_{CO}}{p_{CO_2}}.$$

Gl. (9) und Gl. (III) ergibt für kleine x_O

$$\frac{1}{2} O_2 = O(\text{in } \alpha); \qquad -\Delta G^0{}_{10} = -(\Delta G^0{}_9 - \Delta G^0_{III}) = RT \ln \frac{x_O}{p_{O_2}^{1/2}}. \qquad (V.10)$$

Dies ist das Sievertssche Gesetz. Durch entsprechende Kombinationen von $\Delta G^0{}_{10}$ mit den Gleichungen der Sättigungskonzentration oder mit den ΔG^0-Werten des Gleichgewichtsoxides können auch noch die mit Hilfe von Gl. (1) bis (3) möglichen Abschätzungen vorgenommen werden.

Berechnung thermodynamischer Daten aus CO-Gleichgewichtsdrücken in Me—C—O-Systemen. Wenn bei der Versuchstemperatur T in einem Me—C—O-System gilt

$$\log p_{O_2} < 5{,}06 - 29500/T \quad (p_{O_2} \text{ in atm}) \qquad (V.11)$$

oder für die Reaktion von einem Mol O_2 mit den kondensierten Phasen (Oxidbildung, Lösungsbildung)

$$\Delta G^0(T) < -135000 + 23{,}2\,T, \qquad (V.12)$$

so liegt der CO_2-Gehalt der Gasphase unter 1 Vol.-%, d. h. der Gesamtdruck ist in diesem Fall praktisch gleich dem CO-Druck. Durch die Kombination der Reaktion

$$MeO + C = Me + CO; \qquad -\Delta G^0{}_{13} = RT \ln p_{CO} \qquad (V.13)$$

mit Gl. (IV), Tab. F.1

$$C + \frac{1}{2} O_2 = CO; \qquad -\Delta G^0_{IV} = RT \ln \frac{p_{CO}}{p_{O_2}^{1/2}}$$

erhält man

$$\frac{1}{2} O_2 + Me = MeO; \qquad -\Delta G^0{}_{14} = -(\Delta G^0{}_{IV} - \Delta G^0{}_{13}) = -RT \ln p_{O_2}^{1/2}. \qquad (V.14)$$

Man kann somit aus dem CO-Gleichgewichtsdruck über dem zweiphasigen Gemisch C + MeO die freie Bildungsenthalpie des Oxids berechnen.

Diese Methode kann auch für Lösungsgleichgewichte angewandt werden. Dort gilt $CO = C(\text{in } \alpha) + O(\text{in } \alpha)$. Durch die Kombination mit der freien Bildungsenthalpie des Kohlenmonoxids kann hier die Aktivität des gelösten Sauerstoffs berechnet werden, wenn die Kohlenstoffaktivität der Lösung (bezogen auf Graphit) bekannt ist. Entsprechend kann auch die Kohlenstoffaktivität bestimmt werden, wenn die Sauerstoffaktivität im Mischkristall (bezogen auf $p_{O_2} = 1$ atm) bereits ermittelt worden ist [40].

Berechnung der Sauerstoffaktivität aus Gleichgewichtsmessungen in H_2O/H_2-Gemischen. Mit den Gleichungen

$$H_2O = H_2 + O(\text{in } \alpha); \qquad -\Delta G^0{}_{15} = RT \ln \frac{a_O \cdot p_{H_2}}{p_{H_2O}} \qquad (V.15)$$

und Gl. (VI), Tab. F.1

$$H_2 + \frac{1}{2} O_2 = H_2O; \qquad -\Delta G^0_{IV} = RT \ln \frac{p_{H_2O}}{p_{H_2} \cdot p_{O_2}^{1/2}}$$

erhält man die Lösungsreaktion

$$\frac{1}{2} O_2 = O(\text{in } \alpha); \qquad -\Delta G^0{}_{16} = -(\Delta G^0{}_{15} + \Delta G^0{}_{VI}) = RT \ln \frac{a_O}{p_{O_2}^{1/2}}. \qquad (V.16)$$

Wird Gl. (15) durch

$$H_2O + Me = H_2 + MeO; \qquad -\Delta G^0{}_{17} = RT \ln \frac{p_{H_2}}{p_{H_2O}} \qquad (V.17)$$

ersetzt, so gilt für die Oxidbildung entsprechend

$$Me + \frac{1}{2} O_2 = MeO; \quad -\Delta G^0{}_{18} = -(\Delta G^0{}_{17} + \Delta G^0{}_{VI}) = -RT \ln p_{O_2}^{1/2}. \qquad (V.18)$$

Berechnung der Kohlenstoffaktivität aus Gleichgewichten in CH_4/H_2-Gemischen. Aus gemessenen ΔG^0-Werten für die Reaktion

$$CH_4 = 2\,H_2 + C(\text{in } \alpha); \qquad -\Delta G^0{}_{19} = RT \ln \frac{a_C \cdot p_{H_2}^2}{p_{CH_4}} \qquad (V.19)$$

und Gl. (VII), Tab. F.1

$$2\,H_2 + C = CH_4; \qquad -\Delta G^0_{VII} = RT \ln \frac{p_{CH_4}}{p_{H_2}^2}$$

folgt

$$C = C(\text{in } \alpha); \qquad -\Delta G^0{}_{20} = -(\Delta G^0{}_{19} + \Delta G^0_{VII}) = RT \ln a_C. \qquad (V.20)$$

Entsprechend erhält man aus

$$CH_4 + Me = 2\,H_2 + MeC; \qquad -\Delta G^0{}_{21} = RT \ln \frac{p^2_{H_2}}{p_{CH_4}} \qquad (V.21)$$

die Beziehungen

$$Me + C = MeC; \qquad -\Delta G^0{}_{22} = -(\Delta G^0{}_{21} + \Delta G^0_{VII}). \qquad (V.22)$$

Wasserstoffaktivität in wasserstoffhaltigen Gasgemischen (CH_4/H_2, NH_3/H_2 *und* H_2O/H_2). Für die oben betrachteten Reaktionen in wasserstoffhaltigen Gasgemischen existiert noch das Gleichgewicht für die Reaktion: $1/2\ H_2 = H(\text{in } \alpha)$. In den α-Mischkristallen ist deshalb auch eine durch die Gleichgewichtskonstante dieser Reaktion festgelegte Wasserstofflöslichkeit vorhanden, die jedoch meist sehr klein ist. Soll der Wasserstoffgehalt der Proben bei Glühungen in wasserstoffhaltigen Gasgemischen möglichst niedrig gehalten werden, so ist nicht nur darauf zu achten, daß das Mischungsverhältnis auf die entsprechenden Kohlenstoff-, Stickstoff- oder Sauerstoffaktivität eingestellt wird, sondern daß auch der Wasserstoffpartialdruck selbst niedrig gehalten wird, damit die Gleichgewichtskonzentration des Wasserstoffs unterhalb der gewünschten Grenze bleibt.

Dissoziation von Gasen bei hohen Temperaturen. Bei Temperaturen oberhalb von 1500 °C und bei Drücken von einer Atmosphäre und darunter sind von den permanenten Gasen nur noch Stickstoff, Kohlenmonoxid und Wasserdampf stabil, während Wasserstoff, Methan, Ammoniak und Kohlendioxid schon weitgehend dissoziiert sind. In Metall-Gas-Systemen enthält daher die Gasphase bei hohen Temperaturen und niedrigen Drücken einen erheblichen Anteil an Dissoziationsprodukten (H, O usw.). Betrachtet man z. B. den Gleichgewichtsdruck über einem sauerstoffhaltigen Mischkristall, so gilt für den O_2-Partialdruck die unter Gl. (1) bis (3) abgeleitete Beziehung. Zur Berechnung des zugehörigen O-Druckes muß man jedoch Gl. (3) mit Gl. (X), Tab. F. 1 kombinieren, und man erhält

$$O = O(\text{in } \alpha); \qquad -\Delta G^0{}_{23} = -(\Delta G^0{}_3 + \Delta G^0_X) = RT \ln \frac{a_O}{p_O}. \qquad (V.23)$$

Wenn keine flüchtigen Oxide auftreten, setzt sich dann der Gesamtdruck über dem Mischkristall aus p_{Me}, p_{O_2} und p_O zusammen.

Gleichgewichte zwischen flüchtigen Verbindungen und kondensierten Phasen. In vielen Systemen, vornehmlich in Sauerstoffsystemen, treten bei hohen Temperaturen flüchtige Verbindungen auf. Wird der Gleichgewichtsdruck über einer Phase bekannter Zusammensetzung gemessen, so kann aus der Gleichgewichtskonstanten der ΔG^0-Wert der Abdampfreaktion berechnet werden. Für diesen Reaktionstyp seien folgende Beispiele aufgeführt:

a) Abdampfen von MeO aus α-Mischkristallen

$$O(\text{in } \alpha) + Me(\text{in } \alpha) = MeO(g); \qquad -\Delta G^0{}_{24} = RT \ln \frac{p_{MeO(g)}}{a_O \cdot a_{Me}}. \qquad (V.24)$$

a_{Me} kann für verdünnte Mischungen wieder gleich 1 gesetzt werden. Durch Kombination mit Gl. (3) erhält man den ΔG^0-Wert der Reaktion

$$\frac{1}{2}\,O_2 + Me(in\ \alpha) = MeO(g); \qquad -\Delta G^0{}_{25} = RT \ln \frac{p_{MeO}}{p_{O_2}^{1/2}}. \qquad (V.25)$$

Derartige Reaktionen spielen bei Entgasungsglühungen in vielen Sauerstoffsystemen eine wichtige Rolle [40, 41].

b) Zersetzung von $Me_\nu O$-Oxid unter Abdampfen von MeO(g)

$$Me_\nu O(s) = (\nu - 1)\,Me(in\ \alpha) + MeO(g); \qquad -\Delta G^0{}_{26} = RT \ln \frac{p_{MeO(g)} \cdot a_{Me}^{(\nu-1)}}{a_{Me_\nu O}}. \quad (V.26)$$

$a_{Me}^{\nu-1}$ kann für verdünnte Lösungen wieder gleich 1 gesetzt werden.

VI. Darstellung der Gleichgewichtsbedingungen für Metall-Gas-Systeme in Zustandsschaubildern

Die bisherigen Überlegungen beschränkten sich auf das chemische Gleichgewicht einer einzelnen Reaktion. In realen Systemen laufen jedoch zwischen den verschiedenen Komponenten i in den Phasen α meist mehrere Prozesse gleichzeitig ab. Bei konstantem Druck und konstanter Temperatur hängt die Gleichgewichtskonstante jeder Reaktion nur von den Molenbrüchen und den Aktivitätskoeffizienten der Komponenten in den verschiedenen Phasen ab. Wenn nun ein Stoff i in der Phase α an mehreren Reaktionen gleichzeitig teilnimmt, so muß im Gleichgewicht der Molenbruch dieses Stoffes in allen Gleichgewichtskonstanten gleich groß sein. Wegen dieser Bedingung sind die verschiedenen Reaktionen nicht unabhängig voneinander, sondern miteinander gekoppelt.

Man kann nachweisen (s. Abschnitt VIII.1), daß durch die Bedingung Gl. (I.1) für das thermodynamische Gleichgewicht in isotherm-isobaren Systemen bereits festgelegt wird, wie viele Phasen α maximal im Gleichgewicht vorhanden sind und wie viele intensive Parameter (z. B. p, T, x_i) noch verändert werden können, ohne daß eine der Phasen verschwindet (Zahl der Freiheiten w), wenn die Zahl der Komponenten k des Systems feststeht. Dieser Zusammenhang wird durch die Gibbssche Phasenregel festgelegt

$$w = 2 + k - \Phi. \qquad (VI.1)$$

Die Zahl der noch in gewissen Grenzen zu variierenden intensiven Parameter w ist somit von der Zahl der koexistierenden Phasen Φ und der Zahl der Komponenten k des Systems abhängig. Gl. (1) zeigt, daß ein binäres Metall-Gas-System, bei dem die Gleichgewichte stark vom Druck abhängen, durch ein dreidimensionales (p, T, x)-Diagramm dargestellt werden kann, in dem die Einphasengleichgewichte durch Räume, die Zweiphasengleichgewichte durch die Grenzflächen dieser Räume und die Dreiphasengleichgewichte durch drei auf einer gemeinsamen Fläche liegende Gleichgewichtskurven wiedergegeben werden. Vierphasengleichgewichte werden durch den Schnitt von drei Flächen für Dreiphasengleichgewichte, d. h. durch vier Punkte auf einer Geraden markiert. Die Beschreibung von ternären Systemen erfordert bei Metall-Gas-Systemen bereits eine vierdimensionale Darstellung, die nur durch dreidimensionale Schnitte anschaulich beschrieben werden kann.

1. Zweistoffsysteme

Für ein relativ einfaches eutektisches System mit nur einer sich zersetzenden Verbindung β ist das dreidimensionale (p, T, x)-Diagramm schematisch in Abb. 4 gezeigt. Die dort gewählte perspektivische Darstellung der verschiedenen Ein- und Zweiphasenräume, der Dreiphasen-Flächen und der Vierphasenlinie ist schon für dieses einfache System ziemlich unübersichtlich. Deshalb ist es meist günstiger, das System durch geeignete Schnitte oder Projektionen zu beschreiben.

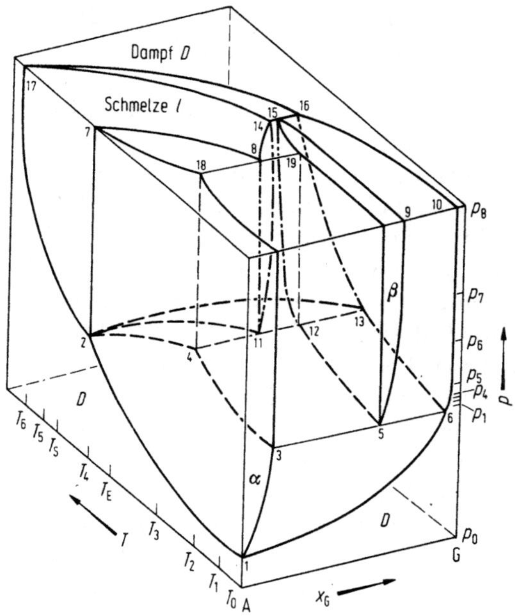

Abb. 4. Vollständige (p, T, x)-Darstellung eines einfachen binären Metall-Gas-Systems (schematisch). G = Gaskomponente, A = Metall.

(p, T, x)-Darstellung wichtiger Phasengrenzflächen. Die Phasengrenzflächen, die die Zweiphasengebiete $D + \alpha$, $D + \beta$, $D + l$ gegen die Phasenräume der kondensierten Phasen α, β und l abgrenzen, sind von besonderer Bedeutung, weil in realen Metall-Gas-Systemen stets ein Gleichgewicht zwischen der Gasphase D und kondensierten Phasen vorliegt. Werden nur diese Flächen in einem dreidimensionalen Zustandsdiagramm aufgezeichnet, so enthalten sie bereits die wesentlichen Informationen, die für das Verständnis der Gleichgewichtszustände von

Interesse sind. Für unser System sind diese Flächen in Abb. 5 herausgezeichnet. Die räumliche Darstellung eines Metall-Gas-Systems in dieser Weise hat gegenüber der in Abb. 4 gewählten vollständigen Beschreibung den Vorteil, übersichtlicher zu sein, ohne auf die zum Verständnis des Systems notwendige dreidimensionale Darstellung vollständig verzichten zu müssen.

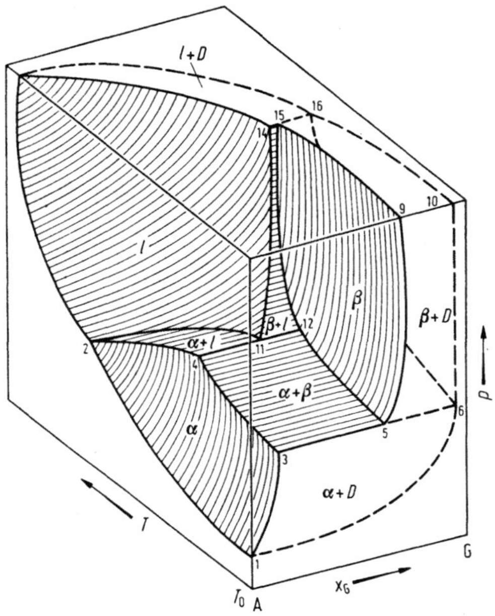

Abb. 5. (p, T, x)-Darstellung der Phasengrenzflächen zwischen kondensierten Phasen und Zweiphasenräumen, die die Gasphase enthalten.

(T, x)-Projektion mit eingezeichneten Isobaren. Wenn in die bei der Darstellung von kondensierten Phasen gebräuchlichen (T, x)-Diagramme die Isobaren des Gleichgewichtsdruckes der gasförmigen Komponenten eingetragen werden, so erhält man das in Abb. 6 gezeigte Zustandsschaubild. Die dickeren Linien zwischen den Punkten 2, 3, 4, 5, 11, 14 und 15 sind dabei identisch mit den entsprechenden Linien für den isobaren Schnitt beim Druck p_8 in Abb. 4, wo sie druckunabhängige Bereiche der Phasenräume kondensierter Phasen angeben. Die Isobaren stellen die Höhenlinien für die geneigten Phasengrenzflächen in Abb. 5 dar, welche die zylindrischen Räume einphasiger Bereiche für kondensierte Phasen am unteren Ende gegen die Zweiphasenräume $\alpha + D$, $\beta + D$ und $l + D$ abgrenzen.

Besteht die Gasphase im wesentlichen nur aus einer Molekülart, wie z. B. H_2 oder N_2, so ist es für praktische Überlegungen meist ausreichend, anstelle des Gesamtdruckes nur den Gleichgewichtsdruck der Gaskomponente einzuzeichnen und den Metalldampfdruck oder den Gleichgewichtsdruck dissoziierter Gase und gasförmiger Verbindungen zu vernachlässigen. Der Druck in den Zweiphasengebieten, d. h. über zwei kondensierten Phasen, muß nach den Gesetzen der heterogenen Gleichgewichte unabhängig von der Konzentration sein. Über einer kondensierten Phase nimmt die isobare Gleichgewichtslöslichkeit mit steigender Temperatur ab, wenn die Lösungswärme ΔH negativ ist (exotherme Lösungsreaktion) und mit steigender Temperatur zu, wenn sie positiv ist (endotherme Reaktion).

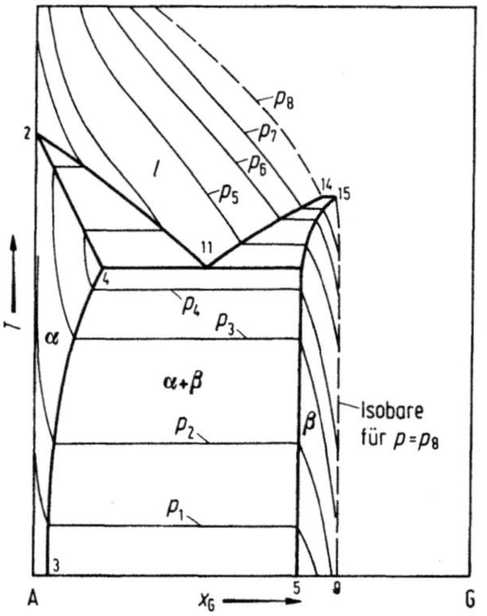

Abb. 6. (T, x)-Projektion der kondensierten Phasen mit eingezeichneten Isobaren.

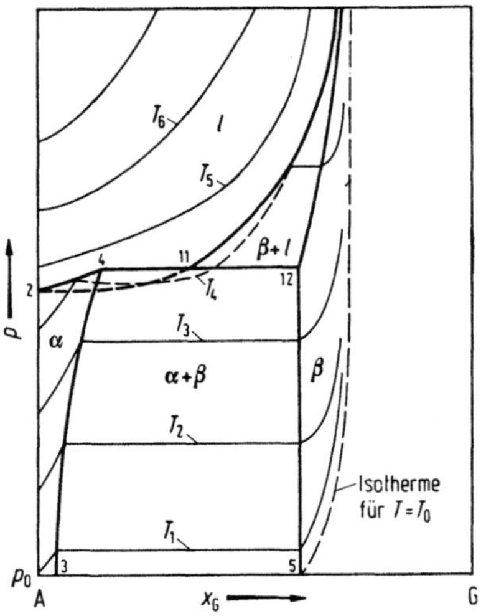

Abb. 7. (p, x)-Projektion der kondensierten Phasen mit eingezeichneten Isothermen.

Löslichkeitskurven. Häufig werden lediglich die Kurven für die isobare Löslichkeit bei einer Atmosphäre als Funktion der Temperatur angegeben. Ist für die α-Phase und die Schmelze nur je eine Gleichgewichtsisobare bekannt, so kann der Verlauf der übrigen Isobaren abgeschätzt werden, wenn man annimmt, daß für nicht zu hohe Konzentrationen bei zweiatomigen Gasen das Sievertssche $\sqrt{p}$-Gesetz in beiden Phasen erfüllt ist. Ist weiterhin noch die Löslichkeitsgrenze der α-Phase (Linie 3—4 in Abb. 6) und die Solidus- und Liquiduslinie (2—4, 2—11) bekannt, so reichen diese Anhaltspunkte aus, um das (p, T, x)-Diagramm für niedrige Gasgehalte aufzustellen.

(p, x)-Projektion mit eingezeichneten Isothermen. Wird der Gleichgewichtsdruck bei konstanter Temperatur in Abhängigkeit von der Konzentration gemessen, so erhält man eine Isothermenschar, wie dies in Abb. 7 gezeigt ist. Sie beschreiben wiederum die Projektion für die Phasengrenzflächen der Zweiphasenräume $\alpha + \beta$, $\beta + D$ und $l + D$ gegen die Phasenräume der kondensierten Phasen (vgl. Abb. 4 und 5), diesmal jedoch von der Ebene $T = T_0$ aus gesehen. Diese Isothermen stellen in vielen einfachen Metall-Gas-Systemen im wesentlichen den Gleichgewichtsdruck der Gaskomponente über den verschiedenen kondensierten Phasen dar (z. B. $p = p_{H_2}$). In diesem Fall müssen die Isothermen des Gleichgewichtsdruckes für zweiatomige Gase bei niedrigen Konzentrationen entsprechend dem Sievertsschen Gesetz $\left(c \sim \sqrt{p}\right)$ ansteigen. Über dem Zweiphasengebiet$(\alpha + \beta)$ verlaufen die Isothermen auch hier horizontal.

(p, T)-Projektion. Bei dieser Darstellung wird das System in Abb. 4 von der linken Seite aus betrachtet (s. Abb. 8). Es erscheinen die Phasengrenzlinien der reinen Komponente A (1—2, 2—7 und 2—17) sowie die ebenfalls als Striche erscheinenden Dreiphasenflächen. Die eingezeichneten Linien geben die Temperaturabhängigkeit des Druckes in Dreiphasengleichgewichten an, d. h. den Gesamtdruck über zweiphasigen Legierungen sowie den Metalldampfdruck über festem und flüssigem Metall A. Man kann in eine solche Darstellung auch noch Isosteren einzeichnen. Das sind Kurven, welche die Temperaturabhängigkeit des Gleichgewichtsdruckes über Proben konstanter Zusammensetzung festlegen.

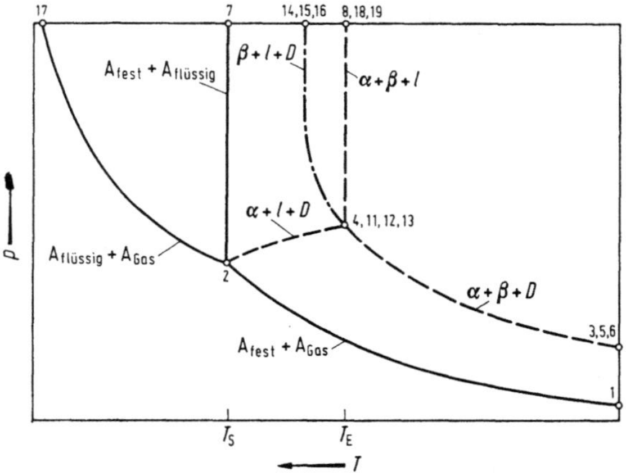

Abb. 8. (p, T)-Projektion.

(p, x)-Schnitte bei konstanter Temperatur. Die in Abb. 4 deutlich erkennbare Schnittebene bei $T = T_0$ stellt einen isothermen Schnitt dar (s. auch Abb. 10a). Sie gibt die Abhängigkeit der Zusammensetzung des Systems vom Gleichgewichtsdruck an. Der Punkt 1 ist gleich dem Dampfdruck des Metalles A und die Linie 1—3 kennzeichnet die Druckabhängigkeit der Gleichgewichtskonzentration der α-Phase. Bei höheren Gasdrücken, wo der Metalldampfdruck in vielen Systemen vernachlässigt werden kann, hat diese Linie dem Sievertsschen Gesetz entsprechend einen parabolischen Verlauf. Der Druck beim Dreiphasengleichgewicht 3—5—6 ist identisch mit dem Zersetzungsdruck der β-Phase und die Linie 5—9 gibt den Gleichgewichtsdruck über der β-Phase in Abhängigkeit von deren Zusammensetzung an. Die Linie 1—6—10 wird Reifkurve genannt. Wird der Druck in einem Gasgemisch A + G so weit erhöht, daß diese Kurve überschritten wird, so entsteht ein Kondensat α oder β, dessen Zusammensetzung durch den Endpunkt der durch die ursprüngliche Gaszusammensetzung x festgelegten Konode definiert ist. Die Linienfolge 1—3—5—9 ist identisch mit der Isotherme des Gleichgewichtsdruckes bei $T = T_0$ für die Legierungen des Systems A—G. Wenn die Gasphase im wesentlichen nur aus G_2-Molekülen besteht, so gibt diese Linie den G_2-Druck in Abhängigkeit von x an. Für die Konstruktion der Zustandsdiagramme von Metall-Gas-Systemen ist die Ermittlung dieser Linie deshalb von besonderer Bedeutung, weil die Phasengrenzlinien für Gleichgewichte zwischen konden-

sierten Phasen vertikal verlaufen und die Linie 6—10 durch die Gerade $x_G \approx 1$ angenähert werden kann, wenn $p_A \ll p_{G_2}$ gilt. Die Reifkurve ist für ideale Systeme mit einatomigen Metalldämpfen durch die Kurve $p_R = p_A/x_A$ gegeben (p_A = Dampfdruck von reinem A).

(T, x)-Schnitte bei konstantem Druck. In Abb. 9 ist ein (T, x)-Schnitt durch Abb. 4 für $p = p_2$ gezeigt. Derartige Diagramme geben Auskunft, wie sich eine Probe konstanter Zusammensetzung verhält, wenn man sie bei konstantem Druck erhitzt. Wird eine ursprünglich zweiphasige Probe ($x = x_2$) erhitzt, so zersetzt sich die β-Phase bei T_1 in α- und G_2-Moleküle. Bei T_2 schmilzt die α-Phase auf und bei T_5 verdampft die Schmelze. Für eine Probe der Zusammensetzung x_1 nimmt zwischen T_3 und T_4 die Schmelze alle Gasatome auf und sie wird durch den kon-

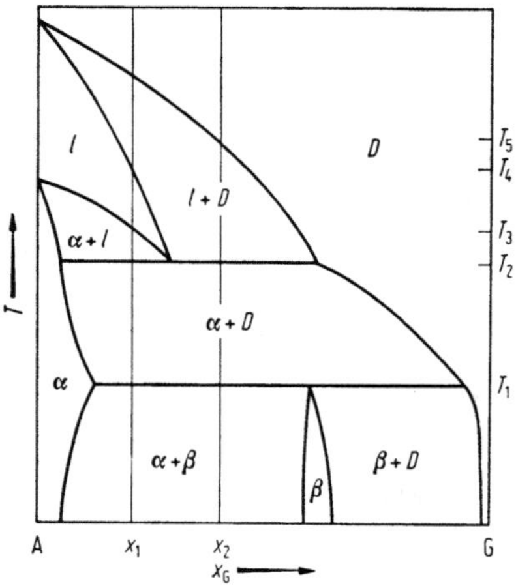

Abb. 9. Isobarer Schnitt bei $p = p_2$.

stanten Druck p_2 etwas komprimiert, so daß p_2 hier einen statischen Druck darstellt, der auf die kondensierte Phase wirkt. Einen anderen isobaren Schnitt des Systems erkennt man in Abb. 4 als Abschlußebene des Systems bei $p = p_8$.

Zersetzen und kongruentes Verdampfen von Verbindungen. Die Gasphase über kondensierten Gas-Metall-Legierungen enthält immer Metallatome A und Gasatome, wie z. B. G oder G_2. Daneben treten in vielen Systemen im Gleichgewicht auch noch flüchtige Verbindungen auf (z. B. MoO_3, TaO, VO, NbO_2, ZrO usw.), die sogar den Hauptbestandteil der Gasphase bilden können. Um zu zeigen, welchen Einfluß die Zusammensetzung der Gasphase auf das Aussehen von (p, T, x)-Diagrammen hat, sind in Abb. 10 für zwei einfache Fälle (p, x)-Schnitte gezeigt. In Abb. 10a ist der bereits besprochene Fall einer sich zersetzenden Verbindung β dargestellt, bei dem die Gasphase nur aus A-Atomen und G_2-Molekülen bestehen soll, während in Abb. 10b angenommen worden ist, daß die Verbindung AG kongruent verdampft. Außerdem soll links von x_1 die Gasphase im wesentlichen nur aus A-Atomen und AG-Molekülen bestehen, d. h., aus den α-Mischkristallen sollen außer A-Atomen nur AG-Moleküle entweichen können. Rechts von x_1 enthält die Gasphase noch die überschüssigen G_2-Moleküle. Man erkennt, daß im Falle a) der (p, x)-Schnitt einem „peritektischen" und im Fall b) einem „eutektischen" (T, x)-Schnitt entspricht. In wirklichen Systemen treten nicht nur diese beiden einfachen Grenzfälle auf, sondern die Gasphase wird häufig G_2-Moleküle neben einer oder mehreren flüchtigen Gas-Metall-Verbindungen enthalten. Die Linien in (p, x)-Schnitten gehorchen denselben Regeln wie die entsprechenden Phasengrenzlinien in den gewohnten (T, x)-Diagrammen. (p, T, x)-Zustandsdiagramme von Systemen mit flüchtigen Verbindungen lassen sich ebenfalls aufstellen, wenn der Dampfdruck aller Gasmoleküle in Abhängigkeit von T und x_G bekannt ist [43, 44].

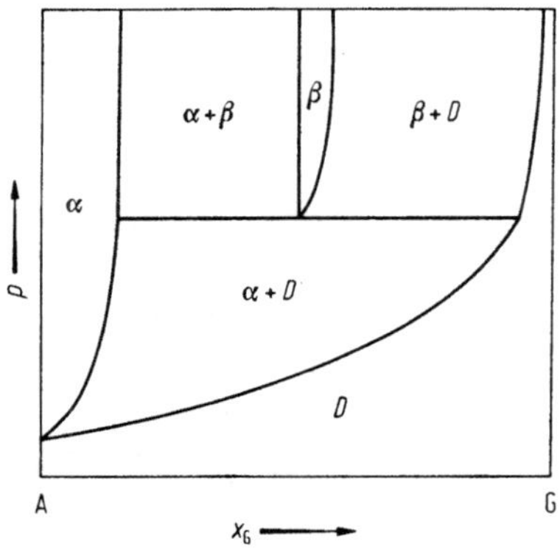

Abb. 10a. (p, x)-Schnitt für eine sich zersetzende Verbindung β.

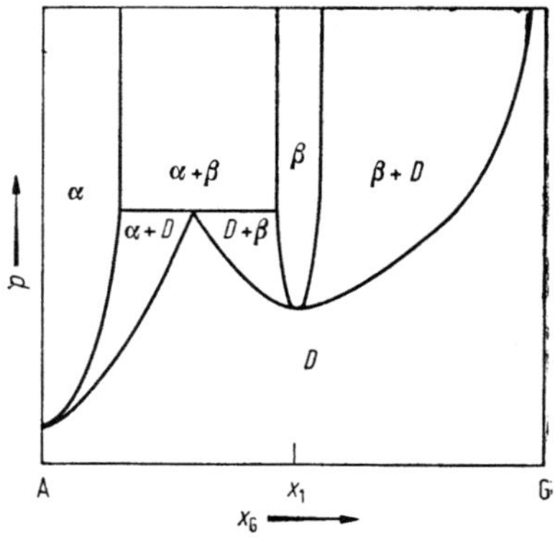

Abb. 10b. (p, x)-Schnitt für eine kongruent verdampfende Verbindung β.

2. Dreistoffsysteme

Zur anschaulichen Darstellung von ternären Metall-Gas-Systemen müssen zwei- oder dreidimensionale Schnitte durch ein vierdimensionales Phasendiagramm gelegt werden. Das heißt von den vier unabhängigen Variablen p, T, x_1, x_2 werden jeweils zwei konstant gehalten. Die mit diesem Problem zusammenhängenden Fragen können hier nicht im einzelnen erörtert werden, sondern es soll lediglich auf einige wesentliche Punkte hingewiesen werden.

Gleichgewichtsdruckänderungen bei konstanter Temperatur. Wenn in einem Metall-Gas-System mit den beiden metallischen Komponenten A und B isotherme Begasungen vorgenommen werden (x_A/x_B = konstant), so gelten folgende Regeln:

1. Über einphasigen Legierungen steigt der Gleichgewichtsdruck mit zunehmender Gaskonzentration an, bei geringen Gasgehalten gilt das Sievertssche $\sqrt{p}$-Gesetz.
2. Über zweiphasigen Legierungen steigt der Druck mit zunehmendem Gasgehalt langsamer an als über einphasigen Legierungen.
3. Über dreiphasigen Legierungen ist der Gleichgewichtsdruck konstant.
4. Für die auf derselben Konode eines zweiphasigen Gebietes liegenden Legie-

rungen ist der Gleichgewichtsdruck und die Zusammensetzung der Gasphase gleich. Nur dann, wenn bei einer Begasung oder Entgasung die Zusammensetzung des Gesamtsystems entlang einer Konode geändert wird, bleibt der Druck auch über zweiphasigen Legierungen konstant.

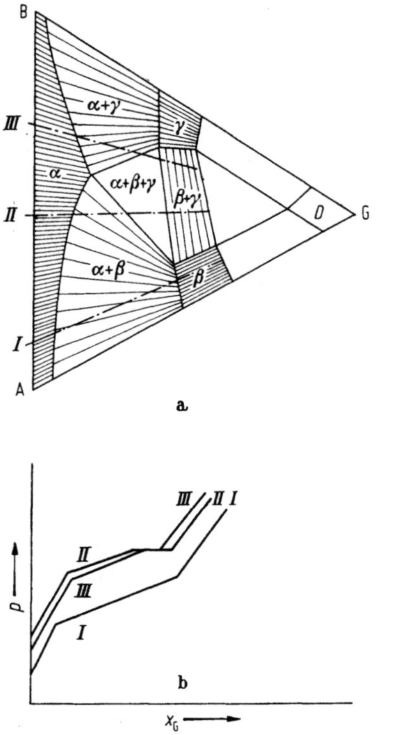

Abb. 11. Ternäres Metall-Gas-System A — B — G (A, B Metalle)
a) Projektion in den c-Raum bei konstanter Temperatur;
b) Isothermen des Gleichgewichtsdruckes bei konstantem x_A/x_B.

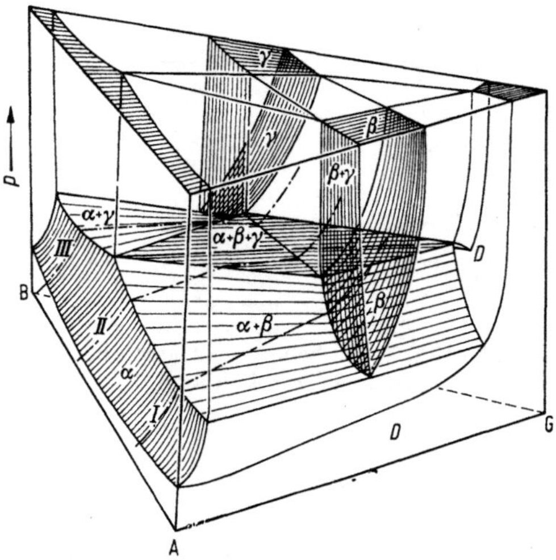

Abb. 12. Räumliche Darstellung des isothermen Gleichgewichtsdruckes in einem ternären Metall-Gas-System.

In Abb. 11 ist der Verlauf des Druckes längs der Linien I bis III für das dort gezeigte einfache Dreistoffsystem A, B, G eingezeichnet. Wird für dieses System der Gesamtdruck über dem isothermen Schnitt in Abb. 11 räumlich aufgezeichnet, so führt dies wieder zu der Darstellung der Phasengrenzflächen derjenigen Mehrphasenräume, die die Gasphase enthalten (vgl. Abb. 5). Dabei soll jedoch T konstant gehalten werden. In Abb. 12 sind diese Flächen deutlich zu erkennen. Die dunkle Vierphasenfläche $\alpha + \beta + \gamma + D$ und die dünn eingezeichneten Konoden der Zweiphasenflächen verlaufen parallel zur Grundfläche ABG. Die über den Geraden AG und BG befindlichen Außenflächen entsprechen dem in Abb. 10a gezeigten isothermen Schnitt eines Zweistoffsystems.

Gleichgewichtstemperaturen bei konstantem Druck. Nach derselben Methode kann auch die Temperaturabhängigkeit der Zusammensetzung der einzelnen Phasen bei konstantem Gesamtdruck dargestellt werden (s. Abb. 13). Legierungen, die beim gewählten Gesamtdruck p miteinander im Gleichgewicht stehen, können wieder durch Konoden verbunden werden. Ein Vierphasengleichgewicht beim Druck p kann nur bei einer ganz bestimmten Temperatur eingestellt werden. Deshalb sind die in Abb. 13 gezeigte Vierphasenebene und die dort nicht eingezeichneten Konoden wieder parallel zur Basisfläche BGA.

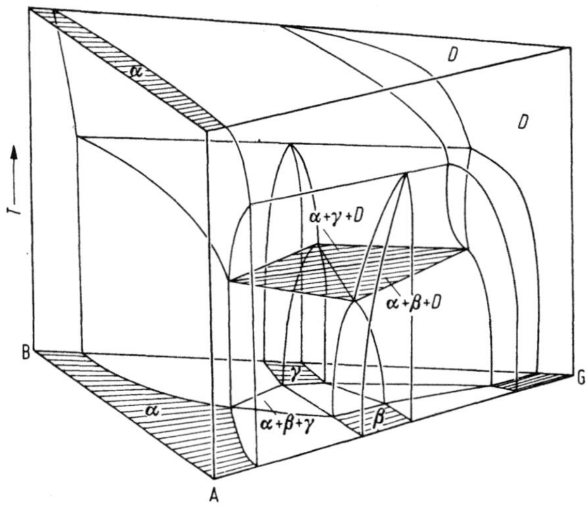

Abb. 13. Räumliche Darstellung der isobaren Gleichgewichtstemperatur in einem ternären Metall-Gas-System.

Ähnliche Diagramme werden z. B. zur Veranschaulichung von thermodynamischen Abschätzungen in Me—C—O-Systemen verwendet, wobei meist nicht der Gesamtdruck, sondern der CO-Druck konstant gehalten und normalerweise auf 1 atm bezogen wird. Wenn die freien Bildungsenthalpien der Karbid- und Oxidphasen bekannt sind, so kann die Temperatur der Dreiphasengleichgewichte zwischen je drei kondensierten Phasen berechnet werden, für die $p_{CO} = 1$ ist. Diese Gleichgewichtstemperaturen werden dann in die entsprechenden Dreiphasenfelder eingetragen [45, 46] (vgl. auch Abschnitt IX.3).

Theoretische Grundlagen

VII. Grundbegriffe der chemischen Thermodynamik

1. Thermodynamisches Gleichgewicht

Zur Beschreibung des Gleichgewichtszustandes wird in der Thermodynamik zunächst stets ein abgeschlossenes System betrachtet, in dem N_1 Atome 1, N_2 Atome 2 usw. in einem konstanten Volumen V enthalten sind und die Gesamtenergie U besitzen. Da N_i eine Zahl in der Größenordnung 10^{23} ist, kann jeder

Makrozustand, d. h. jeder mit makroskopischen Parametern zu beschreibende Zustand durch sehr viele Mikrozustände des Systems realisiert werden. Die Anzahl der Mikrozustände, die zu einem Makrozustand gehören (Komplexionenzahl W), ist ein Maß für dessen Wahrscheinlichkeit. Wegen der großen Anzahl der Teilchen in einem System ist die relative Wahrscheinlichkeit des wahrscheinlichsten Makrozustandes praktisch gleich 1 und selbst nahe benachbarte Makrozustände sind relativ unwahrscheinlich. Dieser wahrscheinlichste Zustand ist der thermodynamische Gleichgewichtszustand. Für ihn gilt

$$\mathrm{d}W = 0 \quad \text{oder} \quad \mathrm{d}S = 0; \quad S = k \ln W \qquad \text{(VII.1)}$$

mit S = Entropie eines Makrozustandes und k = Boltzmannkonstante. Dies führt zum zweiten Hauptsatz der Thermodynamik, der besagt

$$\delta S \geqq 0,$$

d. h., S kann in einem abgeschlossenen System nur zunehmen, weil das System stets von einem unwahrscheinlicheren Makrozustand in einen wahrscheinlicheren übergehen wird.

Im Gleichgewicht sind alle Konzentrationen $x_{i\alpha}$ der Stoffe i in den Phasen α nicht mehr vom Ort abhängig und p und T ist an jedem Punkt des gesamten Systems gleich groß. Wenn man im folgenden unter S immer nur $S_{\max}(U, V, N_i)$, d. h. die Entropie des Gleichgewichtszustandes, versteht, so ist S eine Zustandsfunktion, die nur von den unabhängigen Zustandsvariablen U, V und N_i abhängt. S ist eine extensive Größe, weil W exponentiell mit der Teilchenzahl zunimmt.

Abgeschlossene Systeme sind für praktische Berechnungen wenig geeignet, weil die Zustandsvariablen U und V schlecht konstant gehalten werden können. Dagegen läßt sich p und T leicht messen und konstant halten. Deshalb verwendet man anstelle von Gl. (1) lieber ein Gleichgewichtstheorem, das sich auf eine Zustandsfunktion bezieht, die von den Zustandsvariablen p, T und N_i abhängt. Bei der Herleitung dieser neuen Gleichgewichtsbedingung geht man von einem nicht abgeschlossenen System I aus, das mit einem sehr großen äußeren Badsystem B verbunden ist, mit dem es Wärme und Volumenarbeit $p \cdot \mathrm{d}V$ austauschen kann und das dafür sorgt, daß p und T konstant bleiben. Aus der Bedingung $dS = 0$ für das Gesamtsystem (B + I) folgt dann, daß das betrachtete nicht abgeschlossene Teilsystem für konstantes p, T, N_i die Gleichgewichtsbedingung erfüllt

$$\mathrm{d}G \mid_{p,T,N_i} = 0. \qquad \text{(VII.2)}$$

Im Gleichgewicht hat G ein Minimum.

Die chemische Thermodynamik interessiert sich vor allem für die Änderung der Gibbs-Energie ΔG, die ein System erfährt, wenn in ihm chemische Reaktionen oder Phasenübergänge stattfinden. Sie versucht diese Größe mit Meßgrößen zu verknüpfen und Beziehungen aufzustellen, die es erlauben, aus bereits bekannten Reaktionen die Gleichgewichtswerte für noch nicht gemessene Reaktionen zu berechnen. Laufen die Reaktionen bei konstantem p und T ab, so gilt

$$\Delta G = \Delta U + p\,\Delta V - T\,\Delta S = \Delta H - T\Delta S. \qquad \text{(VII.3)}$$

Um ΔG, ΔH und ΔS für eine chemische Reaktion berechnen zu können, betrachtet man das nicht abgeschlossene System I, in der die Reaktion stattfindet und das umgebende Badsystem B, wobei beide Systeme zusammen ein abgeschlossenes System bilden sollen. Vor und nach der Reaktion soll in beiden Systemen Gleichgewicht bezüglich p, T und der Atomverteilung herrschen. Im System I wird G_{I} durch die Reaktion um ΔG_{I} verändert sowie H_{I} um ΔH_{I} und S_{I} umd ΔS_{I}. Die Änderung der thermodynamischen Größen im äußeren System hängt davon ab, wie die Reaktion abgelaufen ist. Wegen des zweiten Hauptsatzes gilt jedoch

$$\Delta S_{\mathrm{B}} \geqq -\Delta S_{\mathrm{I}}. \qquad \text{(VII.4)}$$

Man kann sich vorstellen, daß durch spezielle Vorrichtungen der ablaufende Prozeß so gesteuert wird, daß stets $\mathrm{d}S_{\mathrm{B}} = -\mathrm{d}S_{\mathrm{I}}$ gilt. In diesem Fall ist die Reaktion jederzeit umkehrbar, d. h. sie läuft bei währendem Gleichgewicht im Gesamtsystem (B + I) ab. Obwohl bei wirklich ablaufenden Reaktionen stets zusätzlich Entropie erzeugt wird, lassen sich idealisierte Prozesse angeben, die diese Bedingung theoretisch erfüllen (isothermer Wärmeaustausch, isobare Kompression, Trennung von Gasgemischen durch bewegliche semipermeable Wände, elektrochemische Reaktionen in idealisierten Zellen usw.). Sie werden reversible Prozesse genannt. Man kann nachweisen, daß bei reversibler Versuchsführung die vom System I aufgenommene Wärmemenge Q mit der Entropieänderung ΔS_{I} über die Beziehung

$$\Delta S_{\mathrm{I}} = \frac{Q_{\mathrm{rev}}}{T} \qquad \text{(VII.5)}$$

zusammenhängt. Damit kann für die zunächst abstrakt definierte Größe ΔS_{I} eine Vorschrift angegeben werden, mit deren Hilfe sie aus dem für reversible Prozesse bestimmten Austausch von Wärmeenergie berechnet werden kann.

Neben dem Grenzfall einer vollständig reversiblen Versuchsführung gibt es noch den Grenzfall einer vollständig irreversiblen Reaktion. Hier wird die durch die chemische Reaktion erzeugte Entropie ΔS_{I} nicht durch eine Entropieabnahme des Badsystems B kompensiert, sondern die Entropie des Gesamtsystems nimmt um ΔS_{I} zu, weil im Bad B keine zusätzlichen irreversiblen Prozesse ablaufen sollen. Dieser Grenzfall läßt sich z. B. in einem Kalorimeter realisieren.

Die verschiedenen Differenzbeträge in Gl. (3) haben somit folgende Bedeutung:

ΔU gesamte Energie, die das System I während der Reaktion aufnimmt. Bei vollständig irreversibler Versuchsführung (z. B. im Kalorimeter) ist die bei konstantem V_{I} abgegebene Wärmemenge $-\Delta U$.

$-p\,\Delta V$ Kompressionsarbeit, die die Umgebung leisten muß, um p im System I konstant zu halten.

ΔH aufgenommene Energie plus der Kompressionsarbeit bei isobarer Versuchsführung. Bei vollständig irreversibler Versuchsführung (z. B. im Kalorimeter) ist die bei konstantem p abgegebene Wärmemenge $-\Delta H$.

$T\,\Delta S$ bei reversibler Versuchsführung von der Umgebung aufgenommene Wärmemenge.

ΔG bei reversibler Versuchsführung von der Umgebung aufgenommene Arbeit. Dem System kann die Energie $-\Delta G$ als „Nutzarbeit" der Reaktion entnommen werden (z. B. als $E\Delta q$ bei einer elektrochemischen Reaktion).

Die Gleichgewichtsbedingung $dG = 0$ für isotherm-isobare Systeme bedeutet demnach: Im System I kann kein Prozeß mehr ablaufen, der bei reversibler Versuchsführung Arbeit an die Umgebung abgibt. Damit hat aber auch das Gesamtsystem B + I seinen maximalen Entropiewert erreicht, denn eine Entropiezunahme kann nur dann erfolgen, wenn im Teilsystem I Nutzarbeit ($-\Delta G$) durch einen irreversiblen Prozeß in Wärme umgewandelt wird.

2. Beschreibung von G als Summe chemischer Potentiale

Um das chemische Gleichgewicht für ein isotherm-isobares System festlegen zu können, ist es notwendig, die Zustandsfunktion G als Funktion der Molenbrüche $x_{i\alpha}$ aufzustellen und diejenigen Konzentrationen anzugeben, die die Gibbs-Energie G zu einem Minimum machen. Da G, H und S für konstantes p und T additive Größen sind, kann die Gibbs-Energie G für ein mehrphasiges System aus den entsprechenden Größen der einzelnen Phasen zusammengesetzt werden,

$$G = \sum_\alpha G^\alpha = \sum_\alpha H^\alpha - T \sum_\alpha S^\alpha . \qquad \text{(VII.6)}$$

Um G für ein System zu bestimmen, muß man die G^α-Werte für die darin enthaltenen Phasen α als Funktion von p, T und allen Faktoren $n_{i\alpha}$ kennen ($n_{i\alpha}$ = Anzahl der Mole i in α).

Da die Gibbs-Energie einer Phase eine extensive Größe ist, verdoppelt sich ihr Zahlenwert, wenn die Zahl aller in der Phase enthaltenen Stoffe $n_{i\alpha}$ verdoppelt wird. Bei einer Vermehrung aller Komponenten um einen konstanten Faktor k gilt dann

$$G^\alpha(p, T, k \cdot n_{i\alpha}) = k \cdot G^\alpha(p, T, n_{i\alpha}) . \qquad \text{(VII.7)}$$

Ohne die Gültigkeit dieser Beziehung einzuschränken, kann man setzen

$$k = n^\alpha = \sum_i n_{i\alpha} \quad \text{und} \quad x_{i\alpha} = \frac{n_{i\alpha}}{n^\alpha}$$

(n^α = Zahl der Mole aller Komponenten i in der Phase α und $x_{i\alpha}$ = Molenbruch der Komponente i). Damit erhält man

$$G^\alpha(p, T, n^\alpha \cdot x_{i\alpha}) = n^\alpha \cdot g^\alpha(p, T, x_{i\alpha}) \qquad \text{(VII.8)}$$

mit $g^\alpha = G^\alpha/n^\alpha$ (molare Gibbs-Energie g^α der Phase α).

Gl. (8) besagt, daß die Gibbs-Energie G^α einer beliebigen Phase gleich dem Wert der molaren Gibbs-Energie g^α ist, welcher bei konstantem p und T nur von den Molenbrüchen $x_{i\alpha}$ abhängt, mal der insgesamt in α vorhandenen Mole n^α.

Im folgenden soll nur eine einzige Phase betrachtet werden, deshalb werden ab jetzt die Indices α z. T. weggelassen.

Man kann zeigen, daß für Funktionen, die Gl. (8) gehorchen (homogene Funktion ersten Grades), generell folgende Beziehungen gelten

$$\sum_i n_i \left.\frac{\partial G}{\partial n_i}\right|_{p,T,n_1,n_2\ldots} = G \qquad \text{(VII.9)}$$

$$\sum_i x_i \left.\frac{\partial G}{\partial n_i}\right|_{p,T,n_1,n_2\ldots} = g \qquad \text{(VII.9a)}$$

Die partiellen Differentialquotienten $\partial G/\partial n_i$ sind die wichtigsten Rechengrößen der chemischen Thermodynamik. Man nennt sie partielle molare Gibbs-Energie $g_{i\alpha}$ oder chemische Potentiale $\mu_{i\alpha}$ der Komponenten i in der Phase α. Nach Gl. (9) läßt sich die gesamte Gibbs-Energie der Phase α additiv aus den mit den Molenzahlen $n_{i\alpha}$ multiplizierten chemischen Potentialen ihrer Komponenten i zusammensetzen

$$G = \sum_i n_i \cdot \mu_i(p, T, x_1, \ldots, x_i, \ldots) \qquad \text{(VII.10)}$$

und für die molare Gibbs-Energie gilt entsprechend

$$g = \sum_i x_i \cdot \mu_i(p, T, x_1, \ldots, x_i, \ldots). \qquad \text{(VII.10a)}$$

Anschaulich kann das chemische Potential beschrieben werden als derjenige Betrag, um den die Gibbs-Energie G einer sehr großen Phase erhöht wird, wenn ein Mol des Stoffes i zugegeben wird. Die Konzentrationen aller Stoffe i in der Phase α sollen dabei praktisch konstant bleiben. Die chemischen Potentiale sind intensive Größen und sie hängen deshalb nicht von den Molenzahlen n_i, sondern nur von den Molenbrüchen x_i ab. Für die Ableitung der chemischen Potentiale nach n_i bzw. nach x_i gelten ferner die wichtigen Gibbs-Duhemschen Beziehungen

$$\sum_i n_i \frac{\partial^2 G}{\partial n_i\, \partial n_j} = 0 \qquad \text{(VII.11)}$$

oder

$$\sum_i n_i \frac{\partial \mu_i}{\partial n_j} = 0 \qquad \text{(VII.11a)}$$

sowie

$$\sum_i x_i \frac{\partial \mu_i}{\partial x_j} = 0. \qquad \text{(VII.11b)}$$

Analoge Zusammenhänge wie für G gelten auch für die anderen extensiven Zustandsfunktionen einer Phase wie V, U, S, H usw. Dabei müssen diese Größen als Funktion des Druckes, der Temperatur und der Molenzahlen n_i angegeben sein.

3. Eigenschaften partieller molarer Größen

Um zu zeigen, daß die Beziehungen (9) bis (11) für partielle molare Größen unmittelbar aus der Definitionsgleichung (8) für extensive thermodynamische Funktionen wie G folgen, ist in Abb. 14 für eine binäre Mischphase die Funktion $G(n_1, n_2)$ in einer dreidimensionalen (G, n_1, n_2)-Darstellung als Fläche a—b—0 über der n_1-n_2-Ebene eingezeichnet. Wegen Gl. (8) muß die G-Fläche eine Kegelfläche sein, die von Nullpunktgeraden aufgespannt wird, welche durch Punkte

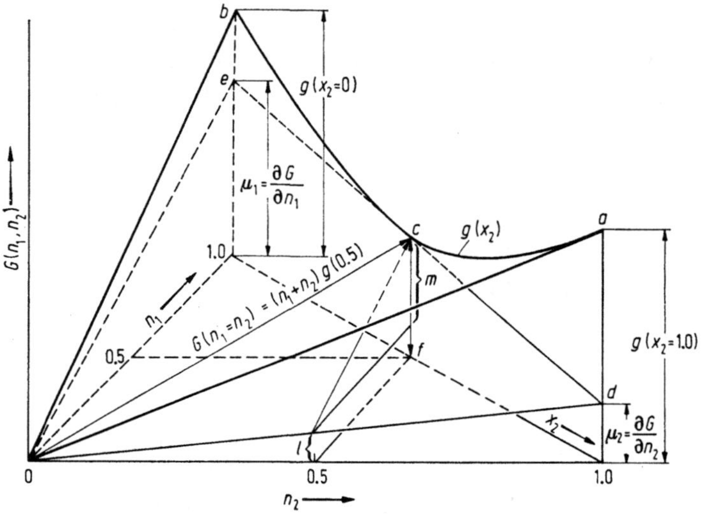

Abb. 14. (G, n_1, n_2)-Diagramm einer binären Mischphase in einem rechtwinkligen Koordinatensystem.

auf der Kurve a—b für die molare freie Enthalpie g^α gehen. Diese Kegelfläche setzt sich auch für n^α-Werte größer als 1 fort. Die chemischen Potentiale μ_1 und μ_2 für den Punkt c ($n_1 = 0{,}5$, $n_2 = 0{,}5$) geben die Steigungen der G-Fläche für diesen Punkt in Richtung der n_1- und der n_2-Achse an und sie spannen damit die Tangentialfläche 0—d—e auf. Auf der Kegelfläche $G(n_1, n_2)$ gehört zu allen Punkten auf der Geraden 0—c dieselbe Tangentialfläche 0—d—e, was unmittelbar erkennen läßt, daß die chemischen Potentiale μ_1 und μ_2 nur von der Richtung der Geraden 0—c abhängen, d. h. nur vom Verhältnis n_1/n_2 und damit nur vom Molenbruch

$$n_2/(n_1 + n_2) = x_2.$$

Gl. (10) besagt, daß der Wert von G ($n_1 = 0{,}5$, $n = 0{,}5$), der durch die Strecke c—f gegeben ist, sich additiv aus den beiden Strecken l und m zusammensetzen läßt. Da die chemischen Potentiale wegen $x_1 = 1 - x_2$ nur von x_2 abhängen, kann zur Verdeutlichung von Gl. (10a) und (11b) die übersichtlichere (g, x_2)-Darstellung in Abb. 15 gewählt werden, welche identisch ist mit dem Schnitt a—b in Abb. 14. Durch die gestrichelten Hilfslinien wird die Gültigkeit von Gl. (10a) für binäre Systeme nachgewiesen. Weiterhin besagt Gl. (11), daß die Konzentrationsabhängigkeit der chemischen Potentiale μ_1 und μ_2 nicht unabhängig voneinander ist. Die beiden μ-Werte werden in Abb. 15 durch die Tangente an die g-Kurve festgelegt. Erhöht man die Konzentration x_2 um dx_2, so ergibt sich eine neue Tangente und die μ-Werte werden um die Beträge $d\mu_1/dx_2$ und $d\mu_2/dx_2$ verändert. Nach dem Strahlensatz gilt jedoch für diese Veränderung in binären Systemen die wichtige Duhem-Margulessche Beziehung

$$x_2 \frac{d\mu_2(x_2)}{dx_2} + (1 - x_2) \frac{d\mu_1(x_2)}{dx_2} = 0. \tag{VII.13}$$

Damit kann aus der Konzentrationsabhängigkeit von $\mu_2(x_2)$ das chemische Potential $\mu_1(x_2')$ für die Konzentration x_2' über die Formel

$$\mu_1(x_2') = \mu_1(x_2 = 0) - \int_0^{x_2'} \frac{x_2}{(1 - x_2)} \frac{d\mu_2}{dx_2} \, dx_2$$

unmittelbar errechnet werden.

Aus Abb. 15 kann weiterhin entnommen werden, daß für die x_2-Abhängigkeit der molaren Gibbs-Energie g, d. h. für die integrale Gibbs-Energie pro Mol $(1 + 2)$ gilt

$$\frac{dg}{dx_2} = \mu_2 - \mu_1 . \tag{VII.14}$$

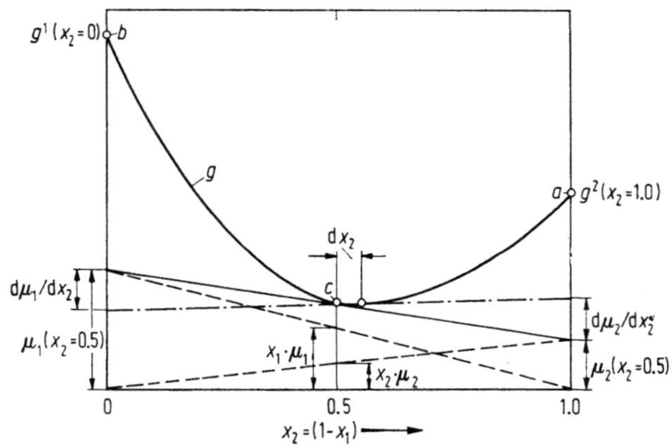

Abb. 15. Beziehungen zwischen chemischen Potentialen und der freien Enthalpie g einer Mischphase.

Außerdem besteht zwischen der integralen molaren Gibbs-Energie $g(x_2)$ und der partiellen molaren Gibbs-Energie $\mu_2(x_2)$ noch die wichtige Beziehung

$$\mu_2(x_2) = g(x_2) + (1 - x_2) \frac{dg(x_2)}{dx_2} .$$

Wenn in einer n-komponentigen Mischphase im Ausdruck für die integrale Gibbs-Energie $g(x_1, \ldots, x_n)$ x_1 durch $1 - (x_2 + \cdots x_n)$ ersetzt wird, so gelten anstelle von Gl. (13) $(n - 1)$ Differentialgleichungen der Form

$$\sum_{i=2}^{n} x_i \frac{\partial \mu_i(x_2, \ldots, x_n)}{\partial x_j} + [1 - (x_2 + \cdots + x_n)] \cdot \frac{\partial \mu_1(x_2, \ldots, x_n)}{\partial x_j} = 0, \tag{VII.13a}$$

aus denen im Prinzip $\mu_{n\alpha}(x_2, \ldots, x_n)$ berechnet werden kann. Anstelle von Gl. (14) erhält man $(n - 1)$ Beziehungen

$$\frac{\partial g(x_2, \ldots, x_n)}{\partial x_i} = \mu_i - \mu_1 \tag{VII.14a}$$

Ist in einem binären System die Aktivität a_2 oder der Aktivitätskoeffizient γ_2 der Komponente 2 als Funktion von x_2 bekannt, so kann aus Gl. (13) die Beziehung

$$\ln \gamma_1(x_2') = \ln \gamma_1(x_2 = 0) - \int_{\ln \gamma_2(x_2=0)}^{\ln \gamma_2(x_2')} \frac{x_2}{1 - x_2} \, \mathrm{d} \ln \gamma_2 \tag{VII.15}$$

abgeleitet werden [2]. Durch partielle Integration erhält man daraus alternativ

$$\ln \gamma_1(x_2') = \ln \gamma_1(x_2 = 0) - \frac{x_2'}{1 - x_2'} \ln \gamma_2(x_2') + \int_0^{x_2'} \frac{\ln \gamma_2(x_2)}{(1 - x_2)^2} \, \mathrm{d}x_2. \tag{VII.16}$$

Nach beiden Gleichungen kann $\gamma_1(x_2')$ graphisch ermittelt werden. Entweder wird $x_2/(1 - x_2)$ gegen $\ln \gamma_2$ aufgetragen oder man trägt zur Bestimmung des Integrals in Gl. (16) $(\ln \gamma_2(x_2))/(1 - x_2)^2$ gegen x_2 auf. Gl. (16) hat den Vorteil, daß für kleine x_2-Werte $\ln \gamma_2$ häufig proportional $(1 - x_2)^2$ ist [2, 9].

4. Beziehungen zwischen partiellen und integralen Größen

Berechnung partieller molarer Größen aus integralen Größen. Wenn in einem binären System die integrale molare Gibbs-Energie g für eine Phase mit ausgedehntem Konzentrationsbereich als Funktion der Konzentration bekannt ist, so lassen sich daraus die chemischen Potentiale der beiden Komponenten berechnen

$$\mu_2(x_2) = g(x_2) + (1 - x_2) \frac{\mathrm{d}g(x_2)}{\mathrm{d}x_2} \tag{VII.17}$$

$$\mu_1(x_2) = g(x_2) - x_2 \frac{\mathrm{d}g(x_2)}{\mathrm{d}x_2}. \tag{VII.18}$$

Aus Abb. 15 sind diese Beziehungen unmittelbar zu entnehmen.

Für ternäre Phasen soll $g(x_1, x_2, x_3)$ als Funktion der beiden unabhängigen Variablen x_1 und x_2 durch $g(x_1, x_2, (1 - x_1 - x_2))$ gegeben sein. Dann gilt (s.

Abb. 16)

$$\left.\frac{\partial g}{\partial x_1}\right|_{x_2} = \mu_1 - \mu_3 \quad \text{und} \quad \left.\frac{\partial g}{\partial x_2}\right|_{x_1} = \mu_2 - \mu_3 \qquad \text{(VII.19)}$$

sowie

$$x_1\mu_1 + x_2\mu_2 + (1 - x_1 - x_2)\,\mu_3 = g(x_1, x_2). \qquad \text{(VII.20)}$$

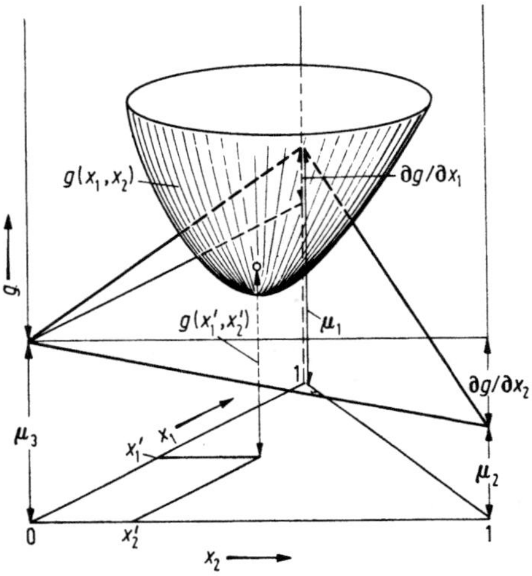

Abb. 16. Zusammenhang zwischen der molaren freien Enthalpie $g(x_1, x_2)$ einer ternären Phase und den chemischen Potentialen μ_1, μ_2 und μ_3 in einer rechtwinkligen (g, x_1, x_2)-Darstellung.

Aus diesen Beziehungen erhält man

$$\mu_1 = g(x_1, x_2) + (1 - x_1)\,\frac{\partial g\,(x_1, x_2)}{\partial x_1} - x_2\,\frac{\partial g\,(x_1, x_2)}{\partial x_2} \qquad \text{(VII.21)}$$

$$\mu_2 = g(x_1, x_2) - x_1\,\frac{\partial g\,(x_1, x_2)}{\partial x_1} + (1 - x_2)\,\frac{\partial g\,(x_1, x_2)}{\partial x_2} \qquad \text{(VII.22)}$$

$$\mu_3 = g(x_1, x_2) - x_1\,\frac{\partial g\,(x_1, x_2)}{\partial x_1} - x_2\,\frac{\partial g\,(x_1, x_2)}{\partial x_2}. \qquad \text{(VII.23)}$$

Für ein n-Stoff-System, in dem $g(x_1, \ldots, x_n)$ wegen $x_n = 1 - x_1 - \cdots - x_{n-1}$ in $g(x_1, \ldots, x_{n-1})$ umgeschrieben werden darf, gilt entsprechend

$$\mu_{j=n} = g(x_1, \ldots, x_{n-1}) - \sum_{i=1}^{n-1} x_i\,\frac{\partial g\,(x_1, \ldots, x_{n-1})}{\partial x_i} \qquad \text{(VII.24)}$$

und

$$\mu_{j\neq n} = g(x_1, \ldots, x_{n-1}) + \frac{\partial g\,(x_1, \ldots, x_{n-1})}{\partial x_j} - \sum_{i=1}^{n-1} x_i\,\frac{\partial g\,(x_1, \ldots, x_{n-1})}{\partial x_i}. \qquad \text{(VII.25)}$$

Zur Berechnung anderer partieller molarer Größen aus den entsprechenden integralen molaren Größen können analoge Beziehungen benutzt werden.

Berechnung von integralen Größen aus partiellen molaren Größen. Durch Gleichgewichtsdruckmessungen, durch EMK-Messungen und aus Löslichkeitslinien im Zustandsdiagramm wird häufig nur das chemische Potential einer Komponente in einer Phase festgelegt. In Zweistoffsystemen kann $g(x_2)$ aus Gl. (17) berechnet werden, indem diese umgeschrieben wird in

$$\frac{\mathrm{d}\,\dfrac{g(x_2)}{(1-x_2)}}{\mathrm{d}x_2} = \frac{\mu_2(x_2)}{(1-x_2)^2}; \qquad \text{(VII.26)}$$

daraus folgt

$$g(x_2') = (1-x_2')\cdot\left[g(x_2=0) + \int_0^{x_2'} \frac{\mu_2(x_2)}{(1-x_2)^2}\,\mathrm{d}x_2\right], \qquad \text{(VII.27)}$$

$g(x_2')$ ist die integrale molare freie Enthalpie pro Grammatom Legierung mit der Konzentration x_2'. Analoge Beziehungen gelten auch für die Berechnung anderer integraler Größen aus den entsprechenden partiellen molaren Größen [2].

In ternären Phasen kann g nach derselben Methode berechnet werden, wenn zwei μ-Werte, μ_1 und μ_2, als Funktion der Konzentrationen x_1 und x_2 bekannt sind. Hierzu legt man durch das (g, x_1, x_2)-Schaubild (16) einen quasibinären Schnitt $0 - b$ (s. Abb. 17).

Für alle x_2-Werte auf diesem Schnitt gilt $x_2 = \lambda \cdot x_1$ mit $\lambda = x_2/x_1$ = Konstante. Das eine chemische Potential dieses quasibinären Systems ist μ_3 und das andere entspricht der Strecke $a - b$, für die gilt

$$x_{1,\max}\cdot\mu_1(x_1'', \lambda) + x_{2,\max}\cdot\mu_2(x_1'', \lambda) = g(x_1'', \lambda) + (x_{1,\max} - x_1'')\cdot\frac{\mathrm{d}g\,(x_1'', \lambda)}{\mathrm{d}x_1} \qquad \text{(VII.28)}$$

mit $x_{1,\max} = \dfrac{1}{1+\lambda} = \dfrac{x_1}{x_1+x_2}$, $\quad x_{2,\max} = \dfrac{\lambda}{1+\lambda} = \dfrac{x_2}{x_1+x_2}$

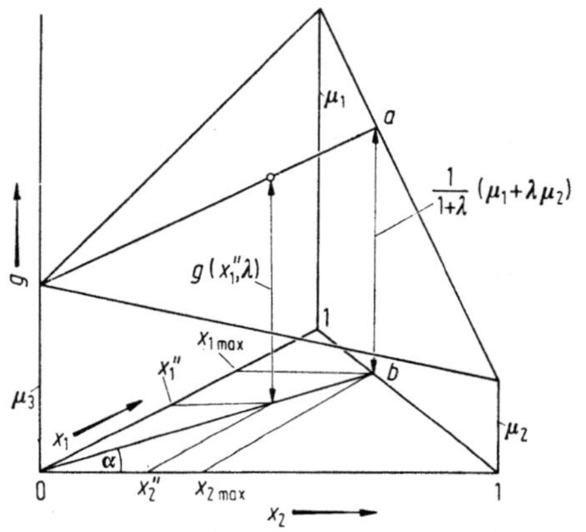

Abb. 17. Geometrische Veranschaulichung von Gl. (VII.28).

oder, wenn für x_1'' nur x_1 geschrieben wird

$$\frac{1}{1+\lambda}\left[\mu_1(x_1,\lambda)+\lambda\mu_2(x_1,\lambda)\right]=g(x_1,\lambda)+\left(\frac{1}{1+\lambda}-x_1\right)\cdot\frac{\mathrm{d}g(x_1,\lambda)}{\mathrm{d}x_1}. \qquad \text{(VII.28a)}$$

Durch Umformen in

$$\frac{\mathrm{d}}{\mathrm{d}x_1}\left[\frac{g(x_1,\lambda)}{1-x_1(1+\lambda)}\right]=\frac{\mu_1+\lambda\mu_2}{[1-x_1(1+\lambda)]^2} \qquad \text{(VII.29)}$$

erhält man die zu Gl. (27) analoge Formel

$$g(x_1',\lambda)=\big(1-x_1'(1+\lambda)\big)\cdot\left[g(x_1=0,\lambda)+\int_0^{x_1'}\frac{\mu_1+\lambda\mu_2}{[1-x_1(1+\lambda)]^2}\,\mathrm{d}x_1\right]. \qquad \text{(VII.30)}$$

Bei n-Stoff-Systemen liegen entsprechend $(n-1)$ unabhängige Konzentrationsvariable x_i vor und es müssen $(n-1)$ μ-Werte bekannt sein. Außerdem hat man $(n-2)$ λ_i-Werte x_i/x_1 einzuführen, und es gilt

$$x_{1,\max}\cdot(1+\lambda_2+\cdots+\lambda_{(n-1)})=1.$$

Damit ergibt sich anstelle von Gl. (30) die Beziehung

$$g(x_1',\lambda_2,\ldots,\lambda_{n-1})=[1+x_1'(1+\lambda_2+\cdots+\lambda_{n-1})]$$
$$\times\left[g(x_1=0,\lambda_2,\cdots,\lambda_{n-1})+\int_0^{x_1'}\frac{\mu_1+\lambda_2\mu_2+\cdots+\lambda_{n-1}\mu_{n-1}}{[1-x_1(1+\lambda_2+\cdots+\lambda_{n-1})]^2}\,\mathrm{d}x_1\right]. \qquad \text{(VII.31)}$$

VIII. Konstitution

1. Phasenregel

Durch die Koppelung von chemischen Reaktionen und Phasenübergängen werden die Gleichgewichtsbetrachtungen in realen Systemen wesentlich komplizierter als bei der Untersuchung einer einzelnen Reaktion. Da jedoch der Gleichgewichtszustand eines geschlossenen Systems durch die Zahl der darin enthaltenen Atome sowie durch zwei zusätzliche Parameter (z. B. p und T) eindeutig festgelegt ist, sind damit auch die Gleichgewichtswerte jeder einzelnen Reaktion bestimmt. Außerdem zeigt sich, daß nicht beliebig viele Phasen miteinander im Gleichgewicht stehen können. Ihre Anzahl wird durch die Gibbssche Phasenregel festgelegt. Diese Gleichung ist die Grundlage der Konstitutionslehre. Die

Herleitung dieser wichtigen Regel zeigt auch, welche Angaben benötigt werden, um den Gleichgewichtszustand eines Systems berechnen zu können. Da Zustandsdiagramme von Metall-Gas-Systemen häufig nicht direkt meßbar sind, sondern berechnet werden müssen, soll dieses Thema hier kurz besprochen werden.

In einem geschlossenen System, das zunächst aus insgesamt N_H Atomen H und N_O Atomen O bestehen soll, können durch chemische Reaktionen z. B. folgende Teilchen gebildet werden: H(g), O(g), H_2(g), O_2(g), H_2O(g), H_2O(l), H_2O(s), O_2(in H_2O(l)), O_2(in H_2O(s)), H_2(in H_2O(l)), H_2(in H_2O(s)), H^+(in H_2O(l)), OH^-(in H_2O(l)). Dabei bedeutet (g) gasförmig, (l) flüssig und (s) fest. Das sind insgesamt sieben verschiedene Teilchenarten, die sich auf drei Phasen verteilen. Fünf dieser Molekülsorten können jedoch durch chemische Reaktionen aus den beiden Stoffen oder Komponenten O und H gebildet werden und sind deshalb keine unabhängigen Bestandteile des Systems. Aus der Definition des thermodynamischen Gleichgewichtes folgt, daß der Gleichgewichtszustand dieses Systems durch die vier Variablen p, T, N_H, N_O und die Bedingung $dG = 0$ eindeutig bestimmt ist. Diese Größen reichen aus, um die Konzentrationen der Komponenten in den verschiedenen Phasen und die Menge der einzelnen Phasen festzulegen. Die Koppelung der chemischen Reaktionen und Phasenübergänge hat jedoch zur Folge, daß die verschiedenen kondensierten Phasen nur unter bestimmten Druck- und Temperaturbedingungen stabil sind. Die Gasphase verschwindet dagegen nur dann, wenn entweder definiert wurde, daß das System an der Oberfläche der kondensierten Phasen endet oder wenn man den Druck so hoch wählt, daß dadurch das Volumen des Systems auf das Volumen der kondensierten Phasen komprimiert wird, wobei dann auf dieses noch zusätzlich ein statischer Druck ausgeübt werden kann.

Wenn man sich zunächst nicht für die Anzahl n^α der Mole der Komponenten interessiert, die insgesamt in jeder der koexistierenden Phasen α vorhanden sind, sondern nur für die Gleichgewichtskonzentrationen $x_{i\alpha}$ der verschiedenen Molekülsorten i in den verschiedenen Phasen α, so benötigt man zur Beschreibung des Systems die Parameter $p, T, x_{1,1}, \ldots, x_{c,1}, \ldots, x_{1,\Phi}, \ldots, x_{c,\Phi}$. Das sind bei c Molekülsorten und Φ Phasen insgesamt $2 + c\Phi$ Parameter, wenn alle Molekülsorten in allen Phasen vorhanden sind. Zur Berechnung dieser Parameter stehen folgende Gleichungen zur Verfügung:

1. Zwischen den $c\Phi$ chemischen Potentialen $\mu_{i\alpha}(p, T, x_{1\alpha}, \ldots, x_{c\alpha})$ gelten für die Phasenübergänge $c(\Phi - 1)$ Gleichungen der Form $\mu_{i\alpha} = \mu_{i\alpha'}$, wobei α und α' zwei verschiedene Phasen bezeichnen sollen.

2. Die zwischen den Molekülarten möglichen chemischen Reaktionen liefern außerdem jeweils eine Gleichgewichtsbedingung $\sum_{i,\alpha} \nu_{i\alpha}\mu_{i\alpha} = 0$. Da jedoch nur die unabhängigen chemischen Reaktionen gezählt werden dürfen, sind dies bei einem System, in dem insgesamt c Molekülsorten vorkommen (d. h. k Komponenten und $c - k$ aus Komponenten gebildete Moleküle), $r = c - k$ Reaktionsgleichungen. Hierfür können z. B. die r Reaktionen zur Bildung der aus den k Komponenten zusammengesetzten Molekülsorten gewählt werden. Die Gleichgewichtskonstanten aller anderen Reaktionen, die im betrachteten System noch möglich sind, lassen sich aus den Gleichgewichtskonstanten dieser r Reaktionen und den Gleichgewichtskonstanten für die Phasenübergänge berechnen.

3. Schließlich gilt für die Φ Phasen noch jeweils die Bedingung $\sum_i x_{i\alpha} = 1$, was Φ weitere Gleichungen liefert.

Vergleicht man die Zahl der Gleichungen, die für ein System erfüllt sein müssen, in dem die c Molekülsorten in allen Φ Phasen vorkommen, mit der Zahl der intensiven Variablen (p, T, $x_{i\alpha}$), die zur Verfügung stehen, um diese Bedingungen zu erfüllen, so erkennt man, daß die maximale Anzahl von Phasen Φ, die miteinander im Gleichgewicht stehen können, von der Zahl der Molekülsorten abhängt. Es gilt

$$\Phi_{\max} = 2 + c - r \tag{VIII.1}$$

oder, weil $c - r = k$, d. h. gleich der Zahl der im System vorkommenden Komponenten ist

$$\Phi_{\max} = 2 + k. \tag{VIII.2}$$

Treten eine oder mehrere der Molekülsorten nicht in allen Phasen auf oder sind stöchiometrische Verbindungen vorhanden, so wird diese Zahl nicht verändert. Bei unlöslichen Komponenten fällt zwar eine Bedingungsgleichung $\mu_{i\alpha} = \mu_{i\alpha'}$ weg, aber gleichzeitig entfällt durch die Aussage $x_{i\alpha} = 0$ auch einer der zu bestimmenden Parameter. Treten in einem System stöchiometrische Verbindungen wie z. B. AB auf, so entfallen jeweils zwei Gleichungen für die Phasenübergänge ($\mu_{\mathrm{A,AB}} = \mu_{\mathrm{A},\alpha}$ und $\mu_{\mathrm{B,AB}} = \mu_{\mathrm{B},\alpha}$). Gleichzeitig werden dadurch jedoch auch zwei Konzentrationswerte festgelegt, nämlich $x_{\mathrm{A,AB}} = 1/2$ und $x_{\mathrm{B,AB}} = 1/2$.

Gl. (1) und Gl. (2) besagen demnach, daß die Zahl der Phasen im thermodynamischen Gleichgewicht maximal gleich der Zahl der Komponenten k plus 2 sein kann. Diese maximale Zahl von Phasen ist jedoch nur dann stabil, wenn alle $x_{i\alpha}$ sowie T und p genau definierte Werte besitzen, nämlich die Werte für ein nonvariantes Gleichgewicht. Die Bedingungen für das Auftreten nonvarianter Gleichgewichte können für Ein- oder Mehrstoffsysteme mehrfach erfüllt sein, wenn daran verschiedene Phasen beteiligt sind. Betrachtet man dagegen ein System bei einer bestimmten Temperatur, die nicht identisch mit dem Wert für ein nonvariantes Gleichgewicht sein soll, so stehen nur noch $1 + c\Phi$ Parameter zur Verfügung, um für eine maximale Zahl von Phasen die Gleichgewichtsbedingungen zu erfüllen. Es können deshalb höchstens noch $\Phi_{\max} - 1 = 1 + k$ Phasen miteinander im Gleichgewicht stehen. Wird die Temperatur dieses Gleichgewichtszustandes etwas geändert, so bleibt die Zahl der koexistenten Phasen erhalten, wenn für alle anderen Parameter wieder die entsprechenden Gleichgewichtswerte eingestellt werden. Die Temperatur kann somit in gewissen Grenzen geändert werden, ohne daß die Zahl der Phasen verringert wird. Man spricht daher von einem univarianten Gleichgewicht, weil einer der intensiven Parameter (T oder wahlweise p bzw. ein $x_{i\alpha}$-Wert) geändert werden kann, ohne daß sich die Zahl der Phasen verändert.

Die Zahl der Parameter, die in gewissen Grenzen willkürlich geändert werden kann, ohne daß eine der Phasen eines Gleichgewichtszustandes verschwindet, nennt man die Zahl der Freiheiten w des Gleichgewichtszustandes. Für ihn gilt

$$w = 2 + (c - r) - \Phi \tag{VIII.3}$$

oder

$$w = 2 + k - \Phi. \qquad \text{(VIII.4)}$$

Dies ist die bekannte Gibbssche Phasenregel, die die Grundlage der heterogenen Gleichgewichte und damit der Konstitutionslehre bildet. Interessiert man sich nur für die praktisch druckunabhängigen Gleichgewichte zwischen kondensierten Phasen, so kann man den Druck festlegen (z. B. auf 1 atm). Damit wird rein formal die Zahl der unabhängigen Parameter um eins erniedrigt und dementsprechend auch die Zahl der Freiheiten. Es gilt dann

$$w = 1 + k - \Phi. \qquad \text{(VIII.5)}$$

2. Vollständige Beschreibung des Gleichgewichtszustandes

Im folgenden soll die Frage besprochen werden, wie viele Zustandsparameter zur vollständigen Beschreibung eines Systems benötigt werden [8]. Hierzu gehören neben den $2 + c\Phi$ intensiven Variablen (p, T, $x_{i\alpha}$), die bei den bisherigen Gleichgewichtsbetrachtungen allein berücksichtigt worden sind, auch noch die Φ extensiven Variablen n^α. Das sind die in den verschiedenen Phasen α insgesamt vorhandenen Mole $n^\alpha = \sum_i n_{i\alpha}$, mit deren Hilfe die Masse der verschiedenen Phasen im Gleichgewicht festgelegt werden kann. Zu ihrer Berechnung benötigt man zusätzliche Bestimmungsgleichungen. Neben den oben unter (1) bis (3) angeführten Gleichungen müssen noch k Schließungsbedingungen

$$n^k = \sum_i n^\alpha \cdot x_{i\alpha} \cdot \nu_{ik} \qquad \text{(VIII.6)}$$

erfüllt sein, die aussagen, daß die Anzahl der in allen Molekülsorten i enthaltenen Komponenten k (meist Atomsorten k) insgesamt n^k Mole beträgt. ν_{ik} sind dabei stöchiometrische Faktoren. Zur Bestimmung der $2 + (c + 1)\,\Phi$ Variablen stehen dann $(c + 1)\,\Phi$ Gleichungen zur Verfügung. Dies bedeutet, daß der Gleichgewichtszustand für ein geschlossenes System, bei dem kein Austausch von Materie mit der Umgebung möglich ist (n^k gegeben), generell durch die Zahlenwerte für zwei Variable festgelegt wird. Diese zwei Variablen können intensiv (p, T, $x_{i\alpha}$) oder extensiv (V, n^α, V^α) sein.

Man kann zeigen, daß in einem nonvarianten Gleichgewicht hierfür nur zwei extensive Variable in Betracht kommen, weil die intensiven Variablen bereits durch die Forderung „nonvariantes Gleichgewicht" festgelegt sind. Bei einem univarianten Gleichgewicht muß einer der beiden Parameter extensiv sein und erst bei bi- oder mehrvarianten Systemen können beide Parameter auch intensive Größen sein (z. B. p, T).

Um diese Regel zu veranschaulichen, soll ein binäres System betrachtet werden. Wenn alle $\mu_{i\alpha}(p, T, x_1, x_2)$ wegen $x_2 = 1 - x_1$ bereits als $\mu_{i\alpha}(p, T, x_1)$ angegeben werden und die chemischen Potentiale der zusammengesetzten Molekülsorten vernachlässigt werden, weil sie später zwanglos über die entsprechenden Gleichgewichtskonstanten eingeführt werden können, so reduzieren sich die Bedingungen für das Gleichgewicht auf die wesentlichen Gleichungen $\mu_{i\alpha}(p, T, x_1)$

$= \mu_{i\alpha'}(p, T, x_1)$. Werden zunächst die Zweiphasengleichgewichte betrachtet, so können die beiden intensiven Variablen p und T zur Beschreibung benutzt werden. Aus $\mu_{1\alpha'} = \mu_{i\alpha'}$; $\mu_{2\alpha} = \mu_{2\alpha'}$ lassen sich dann die beiden intensiven Zustandsvariablen $x_{1\alpha}, x_{1\alpha'}$ bestimmen und Gl. (6) ergibt zwei Beziehungen zur Berechnung der Menge der beiden Phasen n^α und $n^{\alpha'}$, welche über die Dichte $\varrho^\alpha(p, T, x_{i\alpha})$ mit $\varrho^\alpha = n^\alpha/V^\alpha$ und $V = V^\alpha + V^{\alpha'}$ auch die Volumina der beiden Phasen und des Gesamtsystems festlegen. Durch die intensiven Variablen p und T sind damit alle Parameter für das bivariante Gleichgewicht in dem betrachteten geschlossenen System eindeutig bestimmt.

Interessiert man sich dagegen für Dreiphasengleichgewichte, so ist es notwendig, zur Lösung der 4 Gleichungen $\mu_{i\alpha} = \mu_{i\alpha'}$ neben den drei Konzentrationen $x_{i\alpha}$ z. B. auch noch p als abhängige Variable zu behandeln, d. h. es liegt ein univariantes Gleichgewicht vor, bei dem von den intensiven Variablen nur noch T nicht eindeutig festgelegt ist. Zur vollständigen Beschreibung dieses Zustandes benötigt man neben der Temperatur T des Dreiphasengleichgewichtes auch noch einen der extensiven Parameter n^α, weil jetzt durch die beiden Schließungsbedingungen der Gl. (6) nur zwei der drei Parameter n^α bestimmt werden können. Anstelle von einem n^α-Wert, der die Menge einer der Phasen festlegt, ist es jedoch meist günstiger, das Gesamtvolumen V als extensiven Zustandsparameter zu wählen. Aus analogen Überlegungen folgt, daß ein binäres System im nonvarianten Vierphasengleichgewicht erst dann eindeutig beschrieben ist, wenn zwei extensive Parameter, wie z. B. das Gesamtvolumen und die Molzahl einer Phase n^α, bekannt sind.

Diese Betrachtungen zeigen, daß die vollständige Beschreibung eines Systems, das insgesamt $n^1, \ldots, n^i$ Mole der Komponenten 1 bis i enthält, folgendermaßen lauten kann:

1. Nonvariantes Gleichgewicht zwischen den Phasen $\alpha_1 \ldots \alpha_\Phi$, festgelegt durch zwei extensive Größen (z. B. V und V^1 oder V und $n_{1,1}$).

2. Univariantes Gleichgewicht zwischen den Phasen $\alpha_1 \ldots \alpha_\Phi$, festgelegt durch zwei extensive oder durch eine extensive und eine intensive Größe.

3. Bi- oder mehrvariantes Gleichgewicht zwischen den Phasen $a_i \ldots \alpha_\Phi$, festgelegt durch zwei Größen, die extensiv oder intensiv sein können.

3. Zustandsdiagramme, (g, x)-Diagramme

Die Phasenregel legt nur fest, für wie viele Phasen in einem n-Stoffsystem die Gleichgewichtsbedingungen $\mu_{i\alpha} = \mu_{i\alpha'}$ erfüllt werden können (1 bis $\Phi_{\max}$) und sie macht noch Aussagen darüber, wie viele der intensiven Zustandsparameter noch willkürlich verändert werden dürfen, ohne daß eine der Phasen verschwindet. Diese Überlegungen gelten sowohl für stabile als auch für metastabile Gleichgewichtszustände. Will man jedoch wissen, welche Phasen im thermodynamischen Gleichgewicht tatsächlich vorhanden sind, so muß man nach Kriterien suchen, die stabile Gleichgewichtszustände von metastabilen Gleichgewichtszuständen unterscheiden.

Im folgenden soll wieder für ein Zweistoffsystem (A + B) gezeigt werden, daß die in diesem System möglichen stabilen und metastabilen Gleichgewichtszustände aus den hier als bekannt vorausgesetzten Werten für die molare Gibbs-Energie g^α der verschiedenen denkbaren Phasen ermittelt werden können. Als Zustandsvariable werden wieder p, T und die Konzentration x_B der Komponente B gewählt und das System wird auf ein Mol (A + B) normiert, was nach Gl. (VII.8) die Gültigkeit der nachfolgenden Aussagen nicht beeinflußt.

Zunächst soll in einem (g, x)-Diagramm für alle denkbaren Phasen α die molare freie Enthalpie g oder die folgende Funktion für konstantes p und T aufgetragen werden

$$g^* = g^\alpha(x) - x \cdot g^B - (1 - x)\, g^A$$

oder

$$g^* = x \cdot RT \ln a_B + (1 - x) \cdot RT \ln a_A. \qquad \text{(VIII.7)}$$

Dies ist der Unterschied zwischen der molaren Gibbs-Energie g^α der Phase α und einem System gleicher Zusammensetzung, das nur aus den beiden reinen Komponenten A und B besteht. Für Mischungen ist dies gerade der Mischungsanteil der integralen molaren Gibbs-Energie g^M (vgl. Abb. 1) und für stöchiometrische Verbindungen ist dies gleich der molaren Reaktionsenthalpie $g^{A_\nu B_{\nu'}}$ pro Mol (A + B).

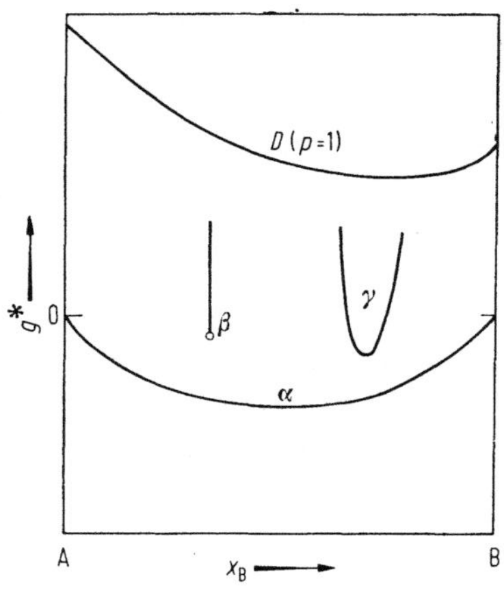

Abb. 18. Molare freie Enthalpie für verschiedene Phasen in einem Zweistoffsystem ($T = T_1$).

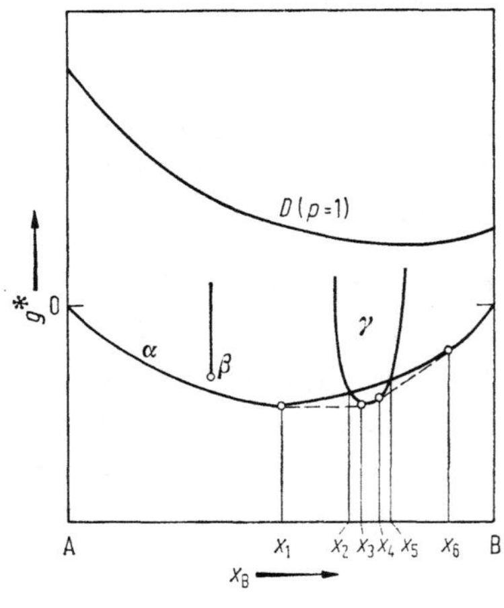

Abb. 19. Molare freie Enthalpie für verschiedene Phasen in einem Zweistoffsystem ($T = T_2$).

In Abb. 18 sind g^*-Werte für insgesamt vier Phasen eingezeichnet. Die Kurve α soll für eine durchgehende Mischung der beiden Komponenten gelten. Kurve β sei der Wert $\Delta G/3$ für die stöchiometrische Verbindung A_2B, Kurve γ stellt den g^*-Wert für eine Phase mit ausgedehntem Konzentrationsbereich dar und die mit D bezeichnete Kurve beschreibt die Gasphase beim Druck $p = 1$. Die g^*-Werte der Gasphase D für $x = 0$ und $x = 1$ geben jeweils die freie Verdampfungsenthalpie von einem Mol der reinen Stoffe A und B bei einem Dampfdruck von einer Atmosphäre an. Da im Gleichgewicht g und damit auch g^* bei jeder Konzentration ein Minimum haben muß, ist in Abb. 18 bei allen Konzentrationen nur die α-Phase stabil. Wird nun die Temperatur von T_1 auf T_2 geändert, so verschieben sich die g^*-Kurven und nehmen eventuell auch eine etwas andere Form an. In Abb. 19 liegt die Kurve γ zwischen x_2 und x_5 tiefer als die α-Kurve. Man kann zeigen, daß der g^*-Wert eines Gemisches aus 2 Phasen mit den Konzentrationen x_1 und x_3 durch die Gerade repräsentiert wird, die den g^*-Wert der α-Phase für x_1 und den g^*-Wert der γ-Phase für x_3 verbindet. Demnach kann durch das Anlegen einer gemeinsamen Tangente an die Kurven für die α- und γ-Phase zwischen x_1 und x_3 sowie zwischen x_4 und x_6 für g^* der niedrigste Wert erreicht werden. Nach Abb. 15 ist in einer (g, x)-Darstellung das Anlegen einer

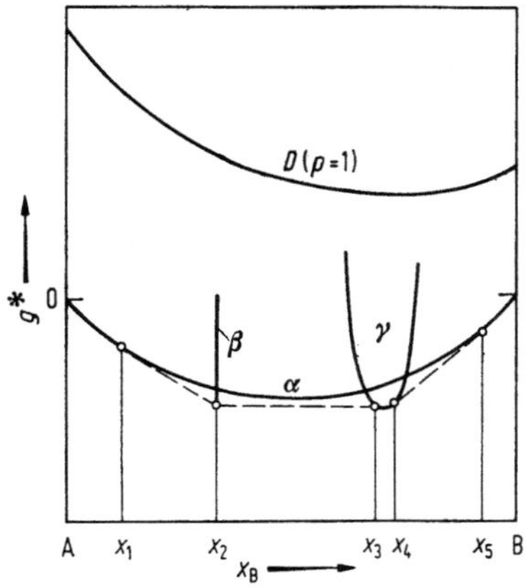

Abb. 20. Molare freie Enthalpie für verschiedene Phasen in einem Zweistoffsystem ($T = T_3$).

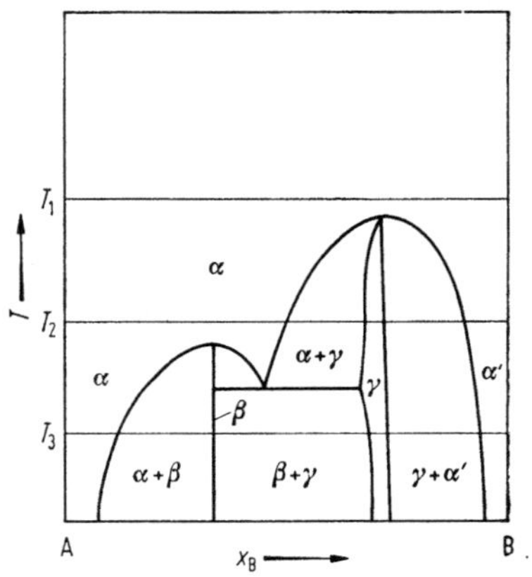

Abb. 21. (T, x)-Schaubild des Zweistoffsystems A-B.

gemeinsamen Tangente an zwei Phasen identisch mit der Aussage $\mu_{A\alpha} = \mu_{A\gamma}$ und $\mu_{B\alpha} = \mu_{B\gamma}$. Dasselbe gilt auch für (g^*, x)-Kurven, weil dort die Schnittpunkte der Tangente mit den Ordinaten $x = 0$ und $x = 1$ die Größen $\mu_A^* = \mu_A - g^A$ bzw. $\mu_B^* = \mu_B - g^B$ angeben. Wenn man somit die Kurve der kleinsten g^*-Werte in Abhängigkeit von x aufzeichnet, so besteht sie zwischen $x = 0$ und x_1 aus der α-Kurve. Dort ist im Gleichgewicht nur α stabil. Zwischen x_1 und x_3 besteht ein Zweiphasengleichgewicht zwischen der α-Phase mit der Zusammensetzung x_1 und der γ-Phase der Zusammensetzung x_3. Es folgt zwischen x_3 und x_4 der einphasige γ-Bereich, an den sich wieder ein zweiphasiger Bereich $\gamma + \alpha$ anschließt. Zwischen x_6 und $x = 1$ ist das System wieder einphasig. In Abb. 20 ist die Temperatur so gewählt, daß auch noch die β-Phase stabil ist.

Wenn man auf diese Weise die Gleichgewichtskonzentration der stabilen Phasen für verschiedene Temperaturen bestimmt, so können die Felder der einphasigen und zweiphasigen Gleichgewichtszustände in das übliche (T, c)-Zustandsbild eingezeichnet und damit die Phasengrenzkonzentration übersichtlich dargestellt werden. Abb. 21 gibt ein (T, c)-Diagramm wieder, das mit den besprochenen (g^*, x)-Bildern 18 bis 20 im Einklang steht.

4. Gleichgewichtswerte der Gasphase im (g, x)-Diagramm

Die unter 3. besprochene Methode kann auch benützt werden, um den Gleichgewichtsdruck und die Zusammensetzung der Gasphase anschaulich zu deuten. Man geht dabei wieder von (g^*, x)-Diagrammen aus und betrachtet die (g^*, x)-Kurven der verschiedenen Phasen bei konstanter Temperatur in Abhängigkeit vom Druck. Die g^*-Werte kondensierter Phasen hängen sehr wenig vom Druck ab, so daß sich nur die g^*-Kurve der Gasphase stärker verändert. Dies ist sehr leicht einzusehen, wenn man zunächst annimmt, die Gasphase enthalte nur die beiden Komponenten A und B, d. h. den Dampf, der als fest angenommenen Komponenten A und B. Da sich die Gasphase unter normalen Bedingungen wie eine ideale Mischung verhält, gilt

$$g^* = x \cdot (\mu^0_{B(g)} - g^{B(s)}) + (1 - x) \cdot (\mu^0_{A(g)} - g^{A(s)}) + RT\left(x \ln p_B + (1 - x) \ln p_A\right) \quad \text{(VIII.8)}$$

oder

$$g^* = (\mu^0_{A(g)} - g^{A(s)}) + x \cdot [(\mu^0_{B(g)} - \mu^0_{A(g)}) - (g^{B(s)} - g^{A(s)})] + RT[x \cdot \ln x + (1 - x) \ln (1 - x)] + RT \ln p. \quad \text{(VIII.9)}$$

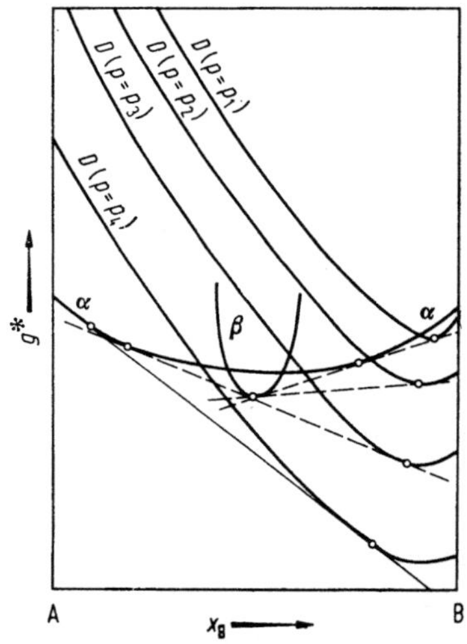

Abb. 22. Gleichgewicht zwischen kondensierten Phasen (α, β) und der Gasphase (D) für ein Zweistoffsystem in einer (g^*, x)-Darstellung.

Die beiden ersten Terme in Gl. (9) stellen eine Gerade zwischen den beiden Punkten für die molare freie Verdampfungsenthalpie der reinen Komponenten A und B bei T dar und der dritte Term ist identisch mit der Mischungsentropie idealer Systeme (vgl. Abb. 1). Da sich die Dampfdrücke von zwei Elementen im allgemeinen erheblich unterscheiden, ergibt die Summe dieser beiden Terme eine leicht nach unten durchgebogene steile Kurve. Wenn nun bei konstanter Temperatur der Druck geändert wird, so verschiebt sich in einem (g^*, x)-Diagramm wegen des vierten Terms in Gl. (9) nur die g^*-Kurve für die Gasphase, ohne deren

Neigung zu verändern. In Abb. 22 sind für verschiedene Drücke g^*-Kurven für die Gasphase eingetragen. Über den kondensierten Phasen der Zusammensetzung x stellen sich im Gleichgewicht die Drücke wegen $\mu_{\mathrm{AD}} = \mu_{\mathrm{A}\alpha}$ so ein, daß die g^*-Kurve der Gasphase jeweils dieselbe Tangente hat, wie die g^*-Gleichgewichtskurve der betrachteten kondensierten Phasen α und β. Die Zusammensetzung der Gasphase wird wie bei den Zweiphasengleichgewichten kondensierter Phasen durch den Berührungspunkt der gemeinsamen Tangente angegeben.

5. Gleichgewichte in Mehrstoffsystemen

Die Festlegung der Phasengleichgewichte in Drei- und Mehrstoffsystemen geht wieder auf die Bedingung zurück, daß die chemischen Potentiale in allen Phasen gleich groß sein müssen. Zur Berechnung kann man entweder von den Gibbs-Energien g^α für die verschiedenen Phasen oder von den chemischen Potentialen μ_i als Funktion der Konzentrationen $x_{i\alpha}$ ausgehen. Dabei ist zu beachten, daß auch hier wegen der Bedingung $\sum_i x_{i\alpha} = 1$ nur $n - 1$ Molenbrüche in jeder Phase eines n-Stoffsystems als unabhängige Variable auftreten. Zur Veranschaulichung des vorliegenden Problems sollen für ein ternäres System Ausgangsgleichungen besprochen werden, die zur Festlegung der Gleichgewichtskonzentration von Zwei- und Dreiphasengleichgewichten führen. Der Druck und die Temperatur sollen konstant sein und x_{A}, x_{B}, x_{C} seien die Molenbrüche der drei Komponenten A, B, C.

Berechnung von Zustandsdiagrammen aus den chemischen Potentialen. Wenn die chemischen Potentiale μ_i aller Phasen α als Funktion der $x_{i\alpha}$ gegeben sind, so stehen für ein Dreiphasengleichgewicht zur Berechnung der sechs unabhängigen Konzentrationsvariablen ($x_{\mathrm{A}\alpha}$, $x_{\mathrm{B}\alpha}$, $x_{\mathrm{A}\beta}$, $x_{\mathrm{B}\beta}$, $x_{\mathrm{A}\gamma}$, $x_{\mathrm{B}\gamma}$) in den drei Phasen sechs Gleichungen ($\mu_{\mathrm{A}\alpha} = \mu_{\mathrm{A}\beta} = \mu_{\mathrm{A}\gamma}$, $\mu_{\mathrm{B}\alpha} = \mu_{\mathrm{B}\beta} = \mu_{\mathrm{B}\gamma}$ und $\mu_{\mathrm{C}\alpha} = \mu_{\mathrm{C}\beta} = \mu_{\mathrm{C}\gamma}$) zur Verfügung. Die drei abhängigen Konzentrationen $x_{\mathrm{C}\alpha}$, $x_{\mathrm{C}\beta}$ und $x_{\mathrm{C}\gamma}$ sollen zuvor durch Einsetzen von $x_{\mathrm{C}\alpha} = 1 - x_{\mathrm{A}\alpha} - x_{\mathrm{B}\alpha}$ usw. eliminiert worden sein. Damit sind die Konzentrationen der drei Phasen eindeutig festgelegt.

Für Zweiphasengleichgewichte sind zur Bestimmung der vier Variablen $x_{\mathrm{A}\alpha}$, $x_{\mathrm{B}\alpha}$, $x_{\mathrm{A}\beta}$, $x_{\mathrm{B}\beta}$ nur drei Gleichungen $\mu_{\mathrm{A}\alpha} = \mu_{\mathrm{A}\beta}$, $\mu_{\mathrm{B}\alpha} = \mu_{\mathrm{B}\beta}$ und $\mu_{\mathrm{C}\alpha} = \mu_{\mathrm{C}\beta}$ vorhanden. Daraus kann man jedoch für jede der beiden Phasen die Linie der Phasengrenzkonzentration $x_{\mathrm{B}\alpha} = F_{\alpha\beta}(x_{\mathrm{A}\alpha})$ bzw. $x_{\mathrm{B}\beta} = F_{\beta\alpha}(x_{\mathrm{A}\beta})$ berechnen. Weiterhin lassen sich die Konodengleichungen bestimmen, indem man die Ausgangsgleichungen ($\mu_{\mathrm{A}\alpha} = \mu_{\mathrm{A}\beta}$) nach $x_{\mathrm{A}\alpha} = F(x_{\mathrm{A}\beta})$ auflöst. Werden die beiden zusammengehörenden Punkte $x_{\mathrm{A}\alpha}$ und $x_{\mathrm{A}\beta}$ auf den beiden Phasengrenzlinien $x_{\mathrm{B}\alpha} = F_{\alpha\beta}(x_{\mathrm{A}\alpha})$ und $x_{\mathrm{B}\beta} = F_{\beta\alpha}(x_{\mathrm{A}\beta})$ durch Geraden verbunden, so kennzeichnen diese Konoden die Zusammensetzung der beiden Phasen, die jeweils miteinander im Gleichgewicht stehen. In Abb. 23 sind diese Zusammenhänge schematisch für einen isotherm-isobaren Schnitt in einem rechtwinkligen (x_{A},x_{B})-Schaubild dargestellt. Wenn die Zusammensetzung des Gesamtsystems durch einen x_{A}', x_{B}'-Wert repräsentiert wird, der in einen zweiphasigen Bereich fällt, so gibt die Konode, die durch diesen Punkt geht, die Zusammensetzung der beiden Gleichgewichtsphasen an. Die Mengenanteile dieser Phasen (ausgedrückt in Molenbrüchen) können nach dem Hebelgesetz aus den Konodenabschnitten (l_{I}, l_{II} in Abb. 23) bestimmt werden.

Es gilt

$$\frac{n^\alpha}{n^\beta} = \frac{l_{\mathrm{I}}}{l_{\mathrm{II}}} = \frac{x_{\mathrm{A}}' - x_{\mathrm{A}\beta}}{x_{\mathrm{A}\alpha} - x_{\mathrm{A}}'} = \frac{x_{\mathrm{B}}' - x_{\mathrm{B}\beta}}{x_{\mathrm{B}\alpha} - x_{\mathrm{B}}'}. \tag{VIII.10}$$

In Abb. 23 wird z. B. mit $x_{\mathrm{B}\beta} = F_{\beta\alpha}(x_{\mathrm{A}\beta})$ die Kurve der Sättigungskonzentration der Phase β im Gleichgewicht mit der Phase α bezeichnet. In dem Punkt, wo sich die beiden Linien $x_{\mathrm{B}\beta} = F_{\beta\alpha}(x_{\mathrm{A}\beta})$ und $x_{\mathrm{B}\beta} = F_{\beta\gamma}(x_{\mathrm{A}\beta})$ schneiden, liegt ein Dreiphasengleichgewicht vor und die beiden Konoden in diesem Punkt spannen die Dreiphasenfläche $\alpha + \beta + \gamma$ des Zustandsdiagramms auf. Links von diesem Punkt wird das Zweiphasengleichgewicht $\alpha + \beta$ metastabil.

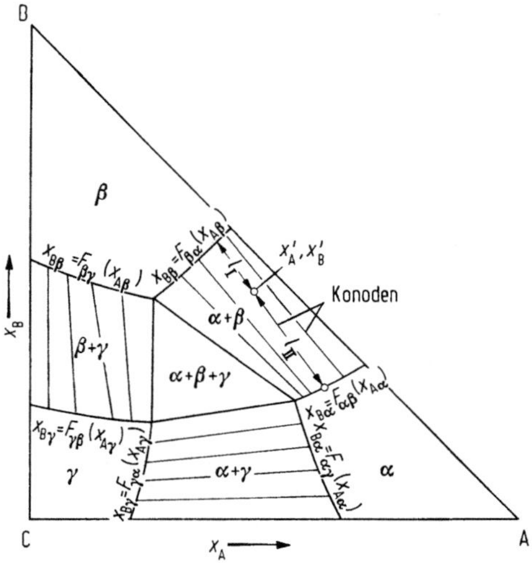

Abb. 23. $(x_{\mathrm{A}}, x_{\mathrm{B}})$-Darstellung der Phasengrenzflächen und Konoden eines Dreistoffsystems (p, T = const).

Ob ein Zweiphasengleichgewicht stabil ist, läßt sich häufig schon aus der Lage der Dreiphasengleichgewichte im Zustandsschaubild ablesen. Wo dies nicht möglich ist, kann im Schnittpunkt $x_{\mathrm{A}}^{\mathrm{s}}$, $x_{\mathrm{B}}^{\mathrm{s}}$ von zwei Konoden für zwei konkurrierende Zweiphasengleichgewichte der g-Wert bestimmt werden. Für jedes der beiden Zweiphasengleichgewichte gilt eine Gleichung der Form

$$g(x_{\mathrm{A}}^{\mathrm{s}}, x_{\mathrm{B}}^{\mathrm{s}}) = g^\alpha(x_{\mathrm{A}\alpha}, x_{\mathrm{B}\alpha}) + \frac{x_{\mathrm{A}}^{\mathrm{s}} - x_{\mathrm{A}\alpha}}{x_{\mathrm{A}\beta} - x_{\mathrm{A}\alpha}} [g^\beta(x_{\mathrm{A}\beta}, x_{\mathrm{B}\beta}) - g^\alpha(x_{\mathrm{A}\alpha}, x_{\mathrm{B}\alpha})]. \tag{VIII.11}$$

Falls $x_{\mathrm{A}\alpha}$ zufällig gleich $x_{\mathrm{A}\beta}$ sein sollte, kann ohne weiteres der Faktor $(x_{\mathrm{A}}^{\mathrm{s}} - x_{\mathrm{A}\alpha})/(x_{\mathrm{A}\beta} - x_{\mathrm{A}\alpha})$ durch $(x_{\mathrm{B}}^{\mathrm{s}} - x_{\mathrm{B}\alpha})/(x_{\mathrm{B}\beta} - x_{\mathrm{B}\alpha})$ ersetzt werden. Für g^α und g^β setzt man jeweils $g(x_{\mathrm{A}}, x_{\mathrm{B}}) = x_{\mathrm{A}}\mu_{\mathrm{A}} + x_{\mathrm{B}}\mu_{\mathrm{B}} + (1 - x_{\mathrm{A}} - x_{\mathrm{B}})\,\mu_{\mathrm{C}}$. Das stabile Gleichgewicht ist dann dasjenige Zweiphasengleichgewicht, das im Punkt $x_{\mathrm{A}}^{\mathrm{s}}$, $x_{\mathrm{B}}^{\mathrm{s}}$ den kleineren g-Wert besitzt.

Berechnung von Zustandsschaubildern aus den integralen molaren freien Enthalpien g^α. Die Bedingungsgleichungen erhalten eine andere Form, wenn für die verschiedenen Phasen nicht die chemischen Potentiale μ gegeben sind, sondern die freie Enthalpie $g^\alpha(x_A, x_B)$. Die dritte Konzentrationskoordinate x_C soll wieder mit $x_C = 1 - x_A - x_B$ eliminiert worden sein. Man kann in diesem Fall $g^\alpha(x_A, x_B)$ der Phase α für die Konzentration x_A, x_B durch die folgende Beziehung angeben (vgl. Abb. 16 mit $x_1 = x_A$, $x_2 = x_B$, $\mu_3 = \mu_C$)

$$g^\alpha(x_{A\alpha}, x_{B\alpha}) = \mu_C(x_{A\alpha}, x_{B\alpha}) + x_{A\alpha} \frac{\partial g^\alpha}{\partial x_{A\alpha}} + x_{B\alpha} \frac{\partial g^\alpha}{\partial x_{B\alpha}}. \qquad \text{(VIII.12)}$$

Dies ist die Gleichung der Tangentialebene an die g^α-Fläche im Punkt $x_{A\alpha}$, $x_{B\alpha}$ in der dreidimensionalen (g, x_A, x_B)-Darstellung. Sie wird durch den g-Wert dieser Ebene für $x_A = 0$, $x_B = 0$, d. h. durch $\mu_C(x_{A\alpha}, x_{B\alpha})$ und die beiden Steigungen $\partial g^\alpha/\partial x_{A\alpha}$, $\partial g^\alpha/\partial x_{B\alpha}$ festgelegt. Das Gleichgewicht zwischen zwei Phasen bestimmter Zusammensetzung wird nun dadurch charakterisiert, daß die beiden zusammengehörigen Punkte auf der jeweiligen g-Fläche dieselben Tangentialebenen haben. Es gilt daher

$$\frac{\partial g^\alpha}{\partial x_A} = \frac{\partial g^\beta}{\partial x_A}; \qquad \frac{\partial g^\alpha}{\partial x_B} = \frac{\partial g^\beta}{\partial x_B}, \qquad \text{(VIII.13)}$$

sowie $\mu_{C\alpha} = \mu_{C\beta}$, was sich mit Hilfe von Gl. (12) und (13) umformen läßt in

$$g^\alpha(x_{A\alpha}, x_{B\alpha}) - g^\beta(x_{A\beta}, x_{B\beta}) = (x_{A\alpha} - x_{A\beta}) \frac{\partial g^\alpha}{\partial x_A} + (x_{B\alpha} - x_{B\beta}) \frac{\partial g^\alpha}{\partial x_B}. \qquad \text{(VIII.14)}$$

Damit liegen wiederum drei Bedingungsgleichungen (Gln. (13), (14)) zur Bestimmung der vier Grenzkonzentrationen $x_{A\alpha}$, $x_{A\beta}$, $x_{B\alpha}$, $x_{B\beta}$ vor, aus denen die Phasengrenzlinien und die Konodenbeziehungen berechnet werden können. Für Dreiphasengleichgewichte können die sechs Konzentrationswerte aus vier Bedingungsgleichungen für die Steigungen (analog zu Gl. (13)) und zwei für die μ_C-Werte (analog zu Gl. (14)) eindeutig bestimmt werden.

Für einfache Dreistoffsysteme sind derartige Ansätze durchgerechnet worden [45—49]. Normalerweise reichen die bisher vorhandenen thermodynamischen Daten nicht aus, um die Zustandsdiagramme beliebiger Mehrstoffsysteme zuverlässig bestimmen zu können. Eine weitere Schwierigkeit besteht darin, daß nicht theoretisch vorausgesagt werden kann, ob in einem speziellen Mehrstoffsystem stabile ternäre Phasen auftreten werden, die in den Randsystemen fehlen.

6. Änderung der Zustandsparameter p, T, x_i koexistenter Phasen bei währendem Gleichgewicht

Wird ein mehrphasiges System durch die Änderung einer Zustandsvariablen von einem Gleichgewichtszustand in einen benachbarten Gleichgewichtszustand gebracht, so muß in beiden Fällen für den Phasenübergang jeder Komponente wieder gelten

$$\mu_{i\alpha} = \mu_{i\beta}. \qquad \text{(VIII.15)}$$

Die chemischen Potentiale müssen sich deshalb in beiden Phasen α und β um den gleichen Betrag

$$\mathrm{d}\mu_{i\alpha} = \mathrm{d}\mu_{i\beta} \tag{VIII.16}$$

ändern. In einer Phase mit n Komponenten hängen die $\mu_{i\alpha}$ jeweils von p, T und $(n-1)$ unabhängigen Konzentrationsvariablen ab und sie sollen deshalb hier als Funktion dieser $(n+1)$ Parameter gegeben sein. Für $\mathrm{d}\mu_{i\alpha}$ erhält man damit das totale Differential

$$\mathrm{d}\mu_{i\alpha} = \frac{\partial \mu_{i\alpha}}{\partial T}\,\mathrm{d}T + \frac{\partial \mu_{i\alpha}}{\partial p}\,\mathrm{d}p + \sum_{j=1}^{n-1} \frac{\partial \mu_{i\alpha}}{\partial x_j}\,\mathrm{d}x_j \tag{VIII.17}$$

mit

$$\frac{\partial \mu_{i\alpha}}{\partial T} = -s_{i\alpha} \quad \text{und} \quad \frac{\partial \mu_{i\alpha}}{\partial p} = v_{i\alpha}. \tag{VIII.18}$$

Die partiellen Differentialquotienten sollen nun etwas eingehender betrachtet werden. Wenn sowohl in g^α als auch in allen $\mu_{i\alpha}$ die Konzentration x_n durch $1-(x_1+\cdots+x_{n-1})$ ersetzt worden ist, so gilt nach Gl. (VII.14a)

$$\frac{\partial g^\alpha}{\partial x_{i\alpha}} = \mu_{i\alpha} - \mu_{n\alpha}$$

und damit für die $(n-1)$ Faktoren in Gl. (17) mit $j \leqq (n-1)$

$$\frac{\partial \mu_{i\alpha}}{\partial x_j} = \frac{\partial^2 g^\alpha}{\partial x_i\,\partial x_j} + \frac{\partial \mu_{n\alpha}}{\partial x_j}. \tag{VIII.19}$$

Nach Gl. (VII.24) ist jedoch für $i = n$

$$\frac{\partial \mu_{n\alpha}}{\partial x_j} = -\sum_{k=1}^{n-1} x_k \frac{\partial}{\partial x_j}\left(\frac{\partial g^\alpha(x_1, \ldots, x_{n-1})}{\partial x_k}\right). \tag{VIII.20}$$

Damit wird Gl. (19) für $i \leqq n-1$

$$\frac{\partial \mu_{i\alpha}}{\partial x_j} = \frac{\partial^2 g^\alpha}{\partial x_i\,\partial x_j} - \sum_{k=1}^{n-1} x_k \frac{\partial}{\partial x_j}\left(\frac{\partial g^\alpha}{\partial x_k}\right). \tag{VIII.21}$$

Für zweikomponentige Phasen $(n = 2)$, bestehend aus A und B, erhält man aus Gl. (20) und (21) (s. auch Abb. 15)

$$\frac{\partial \mu_{\mathrm{A}\alpha}}{\partial x_{\mathrm{B}}} = -x_{\mathrm{B}\alpha} \frac{\partial^2 g^\alpha(x_{\mathrm{B}})}{\partial {x_{\mathrm{B}}}^2}$$

und (VIII.22)

$$\frac{\partial \mu_{\mathrm{B}\alpha}}{\partial x_{\mathrm{B}}} = (1 - x_{\mathrm{B}\alpha}) \frac{\partial^2 g^\alpha(x_{\mathrm{B}})}{\partial {x_{\mathrm{B}}}^2}.$$

Geht man mit Gln. (17), (18) und (22) in Gl. (16), so ergeben sich für zwei binäre Mischphasen α und β mit den Komponenten A und B die Beziehungen

$$(s_{A\alpha} - s_{A\beta})\,dT - (v_{A\alpha} - v_{A\beta})\,dp + x_{B\alpha}\frac{\partial^2 g^\alpha}{\partial x_{B\alpha}^2}\,dx_{B\alpha} - x_{B\beta}\frac{\partial^2 g^\beta}{\partial x_{B\beta}^2}\,dx_{B\beta} = 0$$

$$(s_{B\alpha} - s_{B\beta})\,dT - (v_{B\alpha} - v_{B\beta})\,dp$$

$$+ (1 - x_{B\beta})\frac{\partial^2 g^\beta}{\partial x_{B\beta}^2}\,dx_{B\beta} - (1 - x_{B\alpha})\frac{\partial^2 g^\alpha}{\partial x_{B\alpha}^2}\,dx_{B\alpha} = 0. \qquad \text{(VIII.23)}$$

Damit können beispielsweise für $dp = 0$ die Änderungen der beiden Gleichgewichtszusammensetzungen mit der Temperatur

$$\left.\frac{dx_{B\alpha}}{dT}\right|_{\text{koex}} \quad \text{und} \quad \left.\frac{dx_{B\beta}}{dT}\right|_{\text{koex}}$$

berechnet werden.

Bei Zweiphasengleichgewichten in Einstoffsystemen entfallen die Konzentrationsglieder und man kann sofort aus der oberen der beiden Gleichungen (23) die Abhängigkeit des Druckes im Zweiphasengleichgewicht von der Temperatur angeben als

$$\frac{dp}{dT} = \frac{s_\alpha - s_\beta}{v_\alpha - v_\beta}.$$

Die hier besprochenen Gleichungen eignen sich weniger dazu, explizit die Koexistenzlinien und -flächen durch eine Integration zu erhalten, weil hierfür nur in ganz einfachen Fällen Daten für die benötigten partiellen molaren Größen vorliegen. Sie haben jedoch große Bedeutung, wenn die Bedingungen für besonders interessante Punkte des Zustandsdiagrammes diskutiert werden, wie z. B. für

$$\left.\frac{dx_B}{dT}\right|_{\text{koex}} = 0,$$

oder wenn allgemeingültige Prinzipien abgeleitet werden, wie z. B. das Prinzip von Le Chaltelier-Braun. Eine ausführlichere Behandlung dieser Fragen findet sich in einigen Standardwerken der chemischen Thermodynamik, wie z. B. [1] und [8].

IX. Zusammenhang zwischen Zustandsdiagrammen und thermodynamischen Daten

1. Zweiphasengleichgewichte binärer kondensierter Phasen

Die Phasengrenzkonzentrationen eines Systems können ebenfalls zur Gewinnung thermodynamischer Daten herangezogen werden [9]. Vor allem der Verlauf der Sättigungskonzentration der α-Mischkristalle kann verhältnismäßig leicht gedeutet werden, wenn man annimmt, daß für die feste Lösung das Henrysche Gesetz gilt. Weiterhin geben die Umwandlungsenthalpien (Schmelzwärmen) und die Schmelztemperaturen der reinen Stoffe eines Zweistoffsystems bereits Hinweise auf den Verlauf der Solidus- und Liquiduslinie. Nachfolgend soll dies durch einige Beispiele verdeutlicht werden.

Binäre Systeme mit schwacher gegenseitiger Löslichkeit. Unter der Voraussetzung (s. Abb. 24)

$a_{B\alpha} = \gamma_B(T) \cdot x_{B\alpha}$ für $x_B \ll 1$ (Henrysches Gesetz)

$a_{B\beta} = x_{B\beta}$ für $x_{B\beta} \approx 1$ (Raoultsches Gesetz)

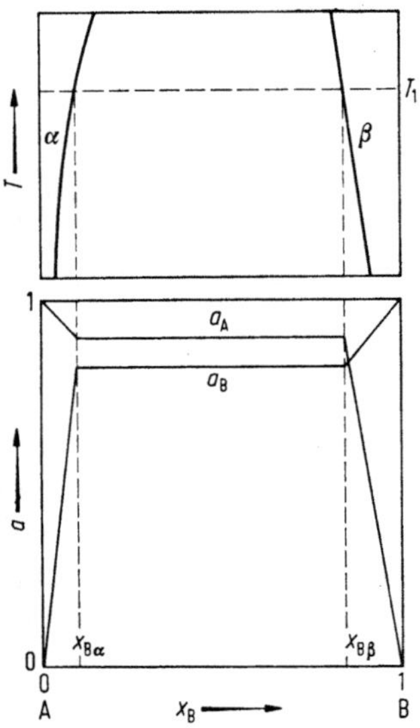

Abb. 24. Aktivitäten a_A und a_B in einem Entmischungssystem bei der Temperatur T_1.

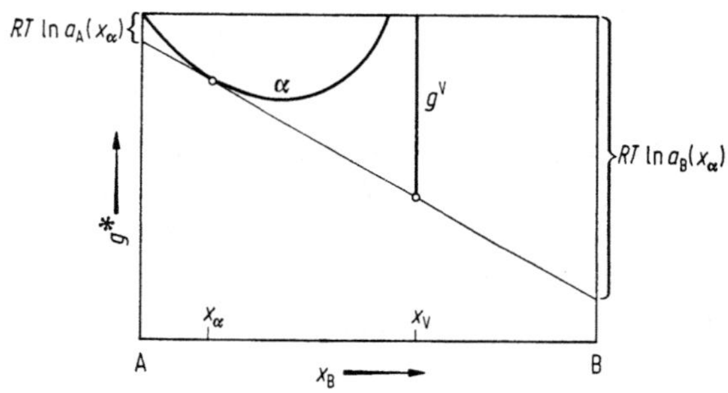

Abb. 25. Aktivitäten in einem Verbindungssystem.

erhält man

$$\gamma_B(T) = \frac{x_{B\beta}(T)}{x_{B\alpha}(T)} \tag{IX.1}$$

und entsprechend

$$\gamma_A(T) = \frac{x_{A\beta}(T)}{x_{A\alpha}(T)} = \frac{(1 - x_{B\beta})}{(1 - x_{B\alpha})}.$$

Aus diesen beiden Gleichungen kann einmal $\gamma_A(T)$ und $\gamma_B(T)$ aus dem Verlauf der Löslichkeitslinien berechnet werden. Nach Gl. (II.10) sind die Aktivitätskoeffizienten γ_B (Henrysche Konstanten k) gleich dem Grundbetrag der partiellen molaren freien Enthalpie $\mu^0{}_B$ von gelöstem B in A. Sind dagegen die Aktivitätskoeffizienten als Funktion der Temperatur bekannt, so können umgekehrt die

Löslichkeitslinien angegeben werden. In Abb. 24 ist der Zusammenhang zwischen der Löslichkeit und den Aktivitätskoeffizienten für $T = T_1$ gezeigt. Man erkennt daraus, daß in Entmischungssystemen für beide Komponenten $\gamma > 1$ sein muß.

Gleichgewicht zwischen einer Lösung und einer Verbindung. Die Gleichgewichtsbedingungen lassen sich in diesem Fall aus den (g^*, x)-Kurven ableiten. Wenn g^{V} die Gibbs-Bildungsenergie pro Mol der in der Verbindung enthaltenen Komponenten ist ($g^{\mathrm{V}} = \Delta G/\Sigma\nu$) und die Aktivitäten a_{A} und a_{B} jeweils auf den Zustand der reinen Komponenten A und B als Standardzustand bezogen werden ($\mu^0{}_{\mathrm{A}} = g^{\mathrm{A}}$, $\mu^0{}_{\mathrm{B}} = g^{\mathrm{B}}$), so folgt nach Abb. 25

$$g^{\mathrm{V}} = RT \cdot [x_{\mathrm{V}} \ln a_{\mathrm{B}} + (1 - x_{\mathrm{V}}) \ln a_{\mathrm{A}}]. \qquad \text{(IX.3)}$$

Weiterhin gilt $a_{\mathrm{B}} = \gamma_{\mathrm{B}} x_\alpha$, $a_{\mathrm{A}} = \gamma_{\mathrm{A}}(1 - x_\alpha)$. Dabei soll x_{V} die Konzentration von B in der Verbindung und x_α die Sättigungskonzentration von B in der α-Phase angeben. Damit erhält man

$$\frac{g^{\mathrm{V}}}{RT} - x_{\mathrm{V}} \ln x_\alpha - (1 - x_{\mathrm{V}}) \ln (1 - x_\alpha) = x_{\mathrm{V}} \ln \gamma_{\mathrm{B}} + (1 - x_{\mathrm{V}}) \ln \gamma_{\mathrm{A}}. \qquad \text{(IX.4)}$$

Ist die Lösung ideal verdünnt, so gilt wegen $\ln \gamma_{\mathrm{A}} = 0$

$$\ln \gamma_{\mathrm{B}} = \frac{g^{\mathrm{V}}}{x_{\mathrm{V}} \cdot RT} - \ln x_\alpha - \frac{(1 - x_{\mathrm{V}})}{x_{\mathrm{V}}} \cdot \ln (1 - x_\alpha) \qquad \text{(IX.5)}$$

oder wegen $\ln (1 - x_\alpha) \approx 0$

$$\ln \gamma_{\mathrm{B}} \approx \frac{g^{\mathrm{V}}}{x_{\mathrm{V}} \cdot RT} - \ln x_\alpha.$$

Damit kann entweder γ_{B} aus g^{V} und x_α berechnet werden oder auch wahlweise x_α oder g^{V}, wenn die beiden anderen Größen bekannt sind.

2. Phasenumwandlungen, Schmelzdiagramme

Vollständig mischbare Systeme. Bei reinen Stoffen i gilt für die Schmelzreaktion

$$\Delta G = g^{i(\mathrm{l})} - g^{i(\mathrm{s})} = h^{i(\mathrm{l})} - h^{i(\mathrm{s})} - T_{\mathrm{s}}(s^{i(\mathrm{l})} - s^{i(\mathrm{s})}) = 0$$

$$\Delta G = L^i - T_{\mathrm{s}}\, \Delta s^i{}_{\mathrm{L}} = 0 \qquad \text{(IX.6)}$$

oder

$$\Delta s^i{}_{\mathrm{L}} = L^i/T_{\mathrm{s}}.$$

Da die Schmelzwärme $L^i = h^{i(\mathrm{l})} - h^{i(\mathrm{s})}$ und die Schmelzentropie $\Delta s^i{}_{\mathrm{L}} = s^{i(\mathrm{l})} - s^{i(\mathrm{s})}$ nicht stark von der Temperatur abhängen, ist oberhalb und unterhalb der Schmelztemperatur T_{s} die freie Enthalpie für die jeweils instabile Phase um den Betrag $\Delta g^i = L^i(1 - T/T_{\mathrm{s}})$ größer als für die stabile Phase. Wenn zwei vollständig mischbare Komponenten mit unterschiedlichem Schmelzpunkt vorliegen, so erhält man die in Abb. 26 gezeigten g-Kurven für die feste und flüssige Phase. In idealen Mischungen gilt für die feste Phase α (Indizes $A\alpha$ bedeuten A(in α), ...)

$$\mu_{A\alpha} = \mu^{A} + RT \ln (1 - x_{B\alpha}) \tag{IX.7}$$

$$\mu_{B\alpha} = \mu^{B} + RT \ln x_{B\alpha} \tag{IX.8}$$

und für die flüssige Phase l (Indizes Al bedeuten A(in l), ...)

$$\mu_{Al} = \mu_{A} + L_{A}(1 - T/T_{sA}) + RT \ln (1 - x_{Bl}) \tag{IX.9}$$

$$\mu_{Bl} = \mu^{B} + L_{B}(1 - T/T_{sB}) + RT \ln x_{Bl} . \tag{IX.10}$$

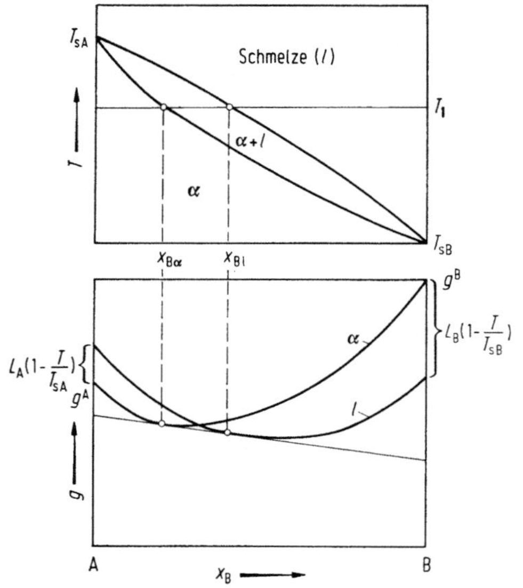

Abb. 26. Bestimmung von $x_{B\alpha}$ und x_{Bl} in einem vollständig mischbaren idealen System für $T = T_1$.

Im Gleichgewicht fest-flüssig ist dann $\mu_{A\alpha} = \mu_{Al}$ und $\mu_{B\alpha} = \mu_{Bl}$. Daraus folgt für die Zusammensetzung der Schmelze

$$x_{Bl}(T) = \frac{\exp\left[\frac{L_A}{R}\left(\frac{1}{T} - \frac{1}{T_{sA}}\right)\right] - 1}{\exp\left[\frac{L_A}{R}\left(\frac{1}{T} - \frac{1}{T_{sA}}\right)\right] - \exp\left[\frac{L_B}{R}\left(\frac{1}{T} - \frac{1}{T_{sB}}\right)\right]} \tag{IX.11}$$

und für die Konzentration der festen Phase α

$$x_{B\alpha}(T) = \frac{\exp\left[-\frac{L_A}{R}\left(\frac{1}{T} - \frac{1}{T_{sA}}\right)\right] - 1}{\exp\left[-\frac{L_A}{R}\left(\frac{1}{T} - \frac{1}{T_{sA}}\right)\right] - \exp\left[-\frac{L_B}{R}\left(\frac{1}{T} - \frac{1}{T_{sB}}\right)\right]} . \tag{IX.12}$$

Für nicht ideale Systeme können in die Rechnung geeignete Näherungsformeln für die chemischen Potentiale eingeführt werden [8, 12].

Entmischungssysteme. Soll das Schmelzdiagramm eines Entmischungssystems berechnet werden, so sind die chemischen Potentiale von drei Phasen (α, β, l) zu betrachten (vgl. Abb. 27). Die chemischen Potentiale der beiden Mischphasen α und β können in erster Näherung aus den Löslichkeitslinien berechnet werden (s. oben).

$$\begin{aligned} \mu_{B\alpha} &= \mu^0{}_B + RT \ln \gamma_{B\alpha}(T) + RT \ln x_{B\alpha} \\ \mu_{A\alpha} &= \mu^0{}_A + RT \ln (1 - x_{B\alpha}) \\ \mu_{B\beta} &= \mu^0{}_B + RT \ln x_{B\beta} \\ \mu_{A\beta} &= \mu^0{}_A + RT \ln \gamma_{A\beta}(T) + RT \ln (1 - x_{B\beta}). \end{aligned} \qquad \text{(IX.13)}$$

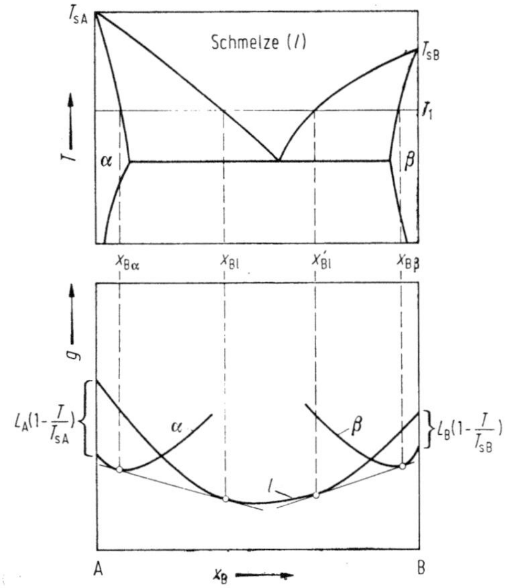

Abb. 27. Bestimmung der Solidus- und Liquidus-Konzentrationen in einem Entmischungssystem für $T = T_1$.

Die Schmelze kann entweder als ideale Mischung angesetzt werden

$$\begin{aligned} \mu_{Al} &= \mu^A + L_A \left(1 - \frac{T}{T_{sA}}\right) + RT \ln (1 - x_{Bl}) \\ \mu_{Bl} &= \mu^B + L_B \left(1 - \frac{T}{T_{sB}}\right) + RT \ln x_{Bl} \end{aligned} \qquad \text{(IX.14)}$$

oder man wählt einen anderen Ansatz, wie z. B. die reguläre Lösung. Dann gilt für das Zweiphasengleichgewicht $\alpha + l$

$$\mu_{A\alpha} = \mu_{Al} \quad \text{und} \quad \mu_{B\alpha} = \mu_{Bl} \qquad \text{(IX.15)}$$

und für die Zweiphasengleichgewichte $\beta + l$

$$\mu_{A\beta} = \mu_{Al} \quad \text{und} \quad \mu_{B\beta} = \mu_{Bl}.$$

Die Rechnung läuft analog wie bei den oben besprochenen Mischungssystemen. Der Schnittpunkt der beiden Liquiduslinien ergibt den eutektischen Punkt.

Nichtmischbare Systeme. Hier gelten neben den Gleichungen (14) für die Schmelze folgende Beziehungen für die festen Phasen

$$\mu_{A\alpha} = \mu^A, \quad \mu_{B\alpha} = 0, \quad \mu_{A\beta} = 0, \quad \mu_{B\beta} = \mu^B. \tag{IX.16}$$

Wenn die Schmelze als ideale Mischung angesetzt wird, nehmen die Formeln für die beiden Liquiduslinien die einfache Form an

$$x_{Bl} = \exp\left[-\frac{L_B}{R}\left(\frac{1}{T} - \frac{1}{T_{sB}}\right)\right]$$

und (IX.17)

$$x_{Al} = 1 - \exp\left[-\frac{L_A}{R}\left(\frac{1}{T} - \frac{1}{T_{sA}}\right)\right].$$

Diese Näherung wird allerdings bei nicht mischbaren Systemen normalerweise nicht ausreichen, weil hier auch für die Schmelze Abweichungen vom idealen Verhalten zu erwarten sind.

Ist neben der Schmelzentropie $\Delta s^A{}_L = L_A/T_{sA}$ und der Schmelzenthalpie L_A auch noch die partielle molare Mischungsenthalpie h^M_{Al} und die Mischungsentropie s^M_{Al} (s. Tab. 1) für A in der Schmelze (l) bekannt, so gilt bei der eutektischen Temperatur die Beziehung

$$\mu^{A(s)} = \mu^M_{Al}(x_e) = g^{A(s)} + [g^{A(l)} - g^{A(s)}] + [\mu_{Al}(x_e) - g^{A(l)}]$$

mit x_e = eutektische Konzentration, $g^{A(l)} - g^{A(s)} = L_A(1 - T_e/T_{sA})$ und $\mu_{Al}(x_e) - g^{A(l)} = h^M_{Al} - Ts^M_{Al}$.
Damit erhält man für die eutektische Temperatur T_e

$$T_e = \frac{h^M_{Al} + L_A}{s^M_{Al} + L_A/T_{sA}}.$$

Die hier skizzierten Möglichkeiten zur Berechnung von Zustandsdiagrammen scheinen zunächst wegen der einfachen Ansätze für die chemischen Potentiale ziemlich grob zu sein. Die Überprüfung dieser Abschätzungen haben jedoch gezeigt, daß in vielen Systemen, für die heute zuverlässige experimentelle Werte vorliegen, die Genauigkeit der berechneten Zustandsdiagramme in der gleichen Größenordnung liegt wie die der experimentell bestimmten Diagramme. Besonders bei Temperaturen unterhalb von 1000 °C, wo die Einstellung von Gleichgewichtszuständen sehr lange dauern kann, sind berechnete Gleichgewichtskurven oft sicherer als die gemessenen [50, 51]. Werden dagegen thermodynamische Daten aus Zustandsdiagrammen berechnet, so kann man aus demselben Grund nur dort zuverlässige Werte erwarten, wo die Phasengrenzlinie sehr exakt ($\Delta T < 0{,}5$ °C) bestimmt worden ist.

3. Abschätzung von ternären Zustandsdiagrammen aus den ΔG^0-Werten der Verbindungen der Randsysteme

In Abb. 28 sind in das Dreistoffsystem ABC mit den binären Verbindungen D, E, F, G und H sechs Dreiphasenbereiche eingezeichnet. Wenn alle Verbindungen stöchiometrisch sind und keine ternären Phasen existieren, ist diese Darstellung korrekt. Nimmt man an, daß alle ΔG^0-Werte der auftretenden Verbindungen in Abhängigkeit von der Temperatur gegeben sind, so muß zunächst geklärt werden, welche der beiden Dreiphasengleichgewichte, die zwischen D, E, G und H auftreten, stabil sind. Entweder lauten sie D + E + G und E + G + H oder D + G + H und D + E + H. Man kann dies entscheiden, wenn man die Reaktionsgleichung für das Vierphasengleichgewicht $\nu_1 D + \nu_2 H = \nu_3 G + \nu_4 E$

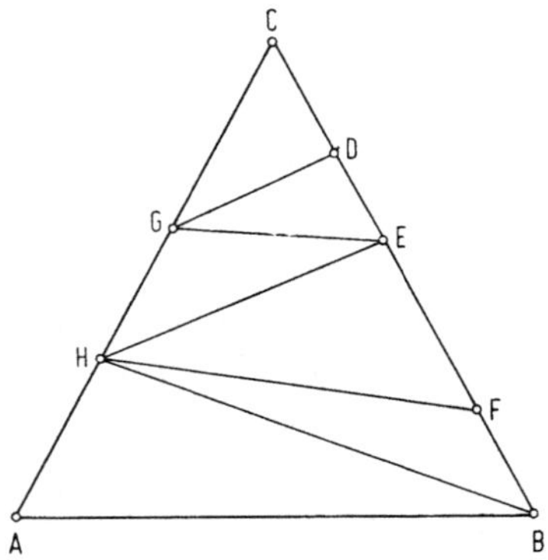

Abb. 28. Dreistoffsystem mit fünf binären Verbindungen.

aufstellt und den ΔG^0-Wert ermittelt. Für Gleichgewichte zwischen kondensierten Phasen hängt ΔG^0 meist nur wenig von der Temperatur ab, so daß in fast allen Fällen das Gleichgewicht ganz auf der einen Seite liegt. In unserem Beispiel würde dann gelten $\nu_3\, \Delta G^0{}_G + \nu_4\, \Delta G^0{}_E < \nu_1\, \Delta G^0{}_D + \nu_2\, \Delta G^0{}_H$, d. h. wenn D und H nebeneinander vorliegen, zerfallen sie in G und E. Tritt in einem System bei T' ein Vierphasengleichgewicht auf (ΔG^0 der Vierphasenreaktion $= 0$), so findet bei dieser Temperatur der Übergang zwischen den beiden oben besprochenen Unterteilungen in je zwei Dreiphasengleichgewichte statt. Nach dieser Methode können stabile Dreiphasengleichgewichte auch dann bestimmt werden, wenn ternäre Phasen mit definierter stöchiometrischer Zusammensetzung beteiligt sind.

Wenn in einem Dreiphasengleichgewicht zwischen festen oder flüssigen Verbindungen zusätzlich noch eine Reaktion ablaufen kann, bei der eine gasförmige Verbindung entsteht, wie z. B. O_2 bei Oxidsystemen oder CO bei C—O-Systemen, so erhält man eine Beziehung $RT \ln p = \Delta G^0(T)$, die den Gleichgewichtsdruck der betrachteten Gaskomponente im Dreiphasengleichgewicht als Funktion der Temperatur festlegt. Deshalb kann in solchen Systemen Abb. 28 entweder als isothermer Schnitt aufgefaßt werden, bei dem in die Dreiphasenfelder die Gleichgewichtspartialdrücke der interessierenden Gase geschrieben werden, oder als isobarer Schnitt bezüglich des Partialdruckes einer Gaskomponente, wobei in diesem Fall in die Dreiphasenfelder die entsprechenden Gleichgewichtstemperaturen eingetragen werden. Formal wäre es befriedigender, wenn der Gesamtdruck ($\sum_i p_i$) als Parameter gewählt würde (s. Abschnitt VI, 1), der bei einer vorgegebenen Temperatur im Vierphasengleichgewicht (3 kondensierte Phasen und die Gasphase) ebenfalls festgelegt ist. Dies ist jedoch wesentlich unübersichtlicher, weil hier zumeist mehrere temperaturabhängige Dampfdrücke für die verschiedenen Gaskomponenten berücksichtigt werden müssen.

Die Berechnung des isothermen Gleichgewichtspartialdruckes p_i oder der isobaren Gleichgewichtstemperatur bezüglich einer Gaskomponente kann folgendermaßen geschehen. Man trägt für die betrachteten Dreiphasengleichgewichte $\log p_i = -\Delta G^0/(4{,}574\,T)$ gegen $1/T$ auf. Dabei läßt sich ΔG^0 mit Hilfe der freien Bildungsenthalpie der an den Dreiphasenreaktionen beteiligten Verbindungen berechnen. Hierzu möge folgendes Beispiel dienen. Betrachtet man das System Nb—C—O, so gilt z. B. für das Dreiphasengleichgewicht $Nb_2C + NbO + NbO_2$ die Reaktionsgleichung $Nb_2C + 3NbO_2 = 5NbO + CO$. Daraus folgt

$$\log p_{CO} = \exp\left[\frac{-(\Delta G^0_{CO} + 5\Delta G^0_{NbO} - \Delta G^0_{Nb_2C} - 3\Delta G^0_{NbO_2})}{4{,}574\,T}\right].$$

Derartige ($\log p_{CO}$, 1/T)-Kurven müssen für alle Dreiphasengleichgewichte in diesem System gezeichnet werden. Bei isothermen Schnitten muß man dann lediglich die Schnittpunkte der Geraden $1/T = \text{konst.}$ mit diesen Kurven bestimmen und die abgelesenen p_{CO}-Werte in die entsprechenden Dreiphasenfelder eintragen. Für isobare Schnitte benötigt man dagegen die Schnittpunkte für die Gerade $\log p_i = \text{const}$ und man kann damit die Gleichgewichtstemperaturen festlegen.

Eine genauere Diskussion von Methoden zur Beschreibung von Gleichgewichtstemperaturen isobarer Dreiphasengleichgewichte wird z. B. in Arbeiten über thermodynamische Beziehungen in speziellen C—O-Systemen gegeben [45, 46].

Literatur zu Kapitel A

1 Schottky, W.; Ulich, H.; Wagner, C.: Thermodynamik, Berlin: Springer 1929.
2 Wagner, C.: Thermodynamics of Alloys, Reading/Mass.: Addison-Wesley 1952.
3 Darken, L. S.; Gurry, R. W.: Physical Chemistry of Metals, New York: McGraw-Hill 1953.
4 Haase, R.: Thermodynamik der Mischphasen, Berlin, Göttingen, Heidelberg: Springer 1956.
5 Guggenheim, E. A.: Thermodynamics, 2. ed., Amsterdam: North-Holland Publ. 1957.
6 Denbigh, K.: Prinzipien des Thermodynamischen Gleichgewichtes, Darmstadt: Steinkopf 1959.
7 Lewis, G. N.; Randall, M.: Thermodynamics, 2. ed., K. S. Pitzer, L. Brewer, New York: McGraw-Hill 1961.
8 Prigogine, J.; Defay, R.: Chemische Thermodynamik, Leipzig: VEB Deutscher Verlag für Grundstoffindustrie 1962.
9 Kubaschewski, O.; Evans, E. Ll.; Alcock, C. B.: Metallurgical Thermochemistry, 4. ed., London: Pergamon 1967.
10 Vogel, R.: Die heterogenen Gleichgewichte, 2. Aufl., Leipzig: Akad. Verlagsges. Geest & Portig 1959.
11 Rhines, F. N.: Phase Diagrams in Metallurgy, New York: McGraw-Hill 1956.
12 Fowler, R.; Guggenheim, E. A.: Statistical Thermodynamics, Cambridge: University Press 1960.
13 Münster, A.: Statistische Thermodynamik, Berlin, Göttingen, Heidelberg: Springer 1956.
14 Hoch, M.: Trans. AIME 230 (1964) 138.
15 McLellan, R. B.: Trans. AIME 230 (1964) 1468.

16 Darken, L. S.: Trans. AIME 239 (1967) 80.
17 Lupis, C. H. P.; Elliott, J. F.: Acta Met. 14 (1966) 529.
18 Lupis, C. H. P.; Elliott, J. F.: Acta Met. 14 (1966) 1019.
19 Lupis, C. H. P.; Elliott, J. F.: Acta Met. 15 (1967) 265.
20 Alcock, C. B.; Richardson, F. D.: Acta Met. 6 (1958) 385.
21 Alcock, C. B.; Richardson, F. D.: Acta Met. 8 (1960) 882.
22 Schenck, H.; Frohberg, M. G.; Steinmetz, E.: Arch. Eisenhüttenw. 31 (1960) 671.
23 Schenck, H.; Steinmetz, E.: Stahleisen-Sonderberichte, Heft 7, Düsseldorf: Verlag Stahleisen 1966.
24 Chipman, J.: Trans. AIME 239 (1967) 1332.
25 Scheil, E.: Arch. Eisenhüttenw. 22 (1951) 38, 315.
26 Schürmann, E.; Kunze, H. D.: Giess. Forsch. 19 (1967) 101.
27 Kunze, H. D.; Schürmann, E.: Giess. Forsch. 20 (1968) 35.
28 Schürmann, E.; Kramer, D.: Giess. Forsch. 21 (1969) 29.
29 Speiser, R.; Müller, W. M.: Energetics in Metallurgical Phenomena I, New York: Gordon and Breach 1965, S. 67.
30 Darken, L. S.: Trans. AIME 239 (1967) 90.
31 Hultgren, R.; Orr, R.; Andersen, T. D.; Kelley, K.: Selected Values of Thermodynamic Properties of Metals and Alloys, New York: Wiley 1963.
32 JANAF: Thermochemical Tables, 2. ed., Dow Chem. Comp. Midland Michigan, Washington, DC: US Government Printing Office 1971.
33 Hilsenrath, J. et al.: Tables of Thermodynamics and Transport Properties of Air, Ar, CO_2, CO, H_2, N_2, O_2 and Steam, London: Pergamon 1960.
34 Elliott, J. F.; Gleiser, M.: Thermochemistry for Steelmaking, Reading/Mass: Addison-Wesley 1960.
35 Rossini, F. D. et al.: Selected Values of Thermodynamic Properties, Nat. Bureau of Standards Circular 500, Washington, DC.: US Government Printing Office 1952.
36 Kelley, K. K.: Contributions to the Data on Theoretical Metallurgy XII High Temperature Heat Contents, Heat Capacity and Entropy Data of Inorganic Compounds, Bureau of Mines Bulletin 584, Washington, DC.: US Government Printing Office 1960.
37 Coughlin, J. P.: Contributions to the Data on Theoretical Metallurgy XII Heats and Free Energies of Formation of Inorganic Oxides, Bureau of Mines Bulletin 542, Washington, DC.: US Government Printing Office 1954.
38 Landolt-Börnstein, Zahlenwerte und Funktionen aus Physik, Chemie, Astronomie, Geophysik und Technik, Bd. II, 4. Teil, Berlin, Göttingen, Heidelberg: Springer 1961.
39 Vetter, K. J.: Electrochemical Kinetics, New York: Academic Press 1967.
40 Fromm, E., J. Less-Common: Metals 14 (1968) 113.
41 Drowart, J.; Goldfinger, P.: Angew. Chem. 79 (1967) 589.
42 Crawford, B. L.; Parr, R. G.: J. Chem. Phys. 16 (1948) 233.
43 Fromm, E.: Z. Metallkde. 57 (1966) 540.
44 Ackermann, R. J.; Rauh, E. G.: J. Phys. Chem. 67 (1963) 2596.
45 Worrell, W. L.; Chipman, J.: Trans. AIME 230 (1964) 1682.
46 Worrell, W. L.: Trans. AIME 233 (1965) 1173.
47 Rudy, E.: Z. Metallkde. 54 (1963) 112, 213.
48 Hillert, M.: Calculation of Phase Equilibria, in Phase Transformations, Metals Park/Ohio: ASM 1970.
49 Kaufman, L.; Bernstein, H.: Computer Calculations of Phase Diagrams, New York: Academic Press 1970.
50 Kubaschewski, O.; Chart, T. G.: J. Inst. Metals 93 (1964—65) 329.
51 Kubaschewski, O.: In Symp. on Thermodynamics with Emphasis on Nuclear Materials and Atomic Transport in Solids, Wien: International Atomic Energy Agency 1966.
52 Fromm, E.; Jehn, H.: Vacuum 19 (1969) 191.
53 Richardson, F. D.: Physical Chemistry of Melts in Metallurgy, London: Academic Press 1974.
54 Wagner, C.: Acta Met. 21 (1973) 1297.
55 Grabke, H.-J.: Z. Metallkde. 66 (1975) 286.
56 Schwerdtfeger, K.: Z. Metallkde. 66 (1975) 139.
57 Jacob, K. T.; Alcock, C. B.: Acta Met. 20 (1972) 221.

Kapitel B

Kinetik und Mechanismen

(Literatur S. 198)

G. Hörz

Einleitung

Die chemische Thermodynamik ermöglicht die Aussage, ob in einem Gemisch verschiedener Komponenten unter gegebenen Bedingungen von Zusammensetzung, Druck und Temperatur Reaktionen ablaufen können. Sie gibt die Richtung dieser Reaktionen an und macht unter Ausnützung des Massenwirkungsgesetzes Angaben über die Konzentrationen der Reaktionskomponenten im Gleichgewichtszustand. Damit läßt sich der maximal mögliche Umsatz berechnen. Die Thermodynamik enthält aber nicht den Zeitbegriff und kann deshalb auch nicht vorhersagen, ob das thermodynamische Gleichgewicht überhaupt in endlicher Zeit erreicht wird. Weiterhin ist der Weg, auf dem das Gleichgewicht erreicht wird, ohne Bedeutung, entscheidend sind nur Ausgangs- und Endzustand. Die chemische Reaktionskinetik ergänzt nun die Thermodynamik in der Weise, daß sie Aussagen über Reaktionsgeschwindigkeiten und Reaktionswege, d. h. Reaktionsmechanismen, gestattet.

Ganz allgemein befaßt sich die Reaktionskinetik zunächst mit der Geschwindigkeit chemischer und physikalischer Prozesse in Abhängigkeit von den Reaktionsbedingungen, d. h. von Temperatur, Druck und Konzentration der einzelnen Reaktionsteilnehmer. In vielen Fällen lassen sich die entsprechenden experimentellen Ergebnisse in Form von Geschwindigkeitsgleichungen bzw. Zeitgesetzen darstellen. Diese Gesetzmäßigkeiten sind von großem praktischen Nutzen, weil mit ihrer Hilfe die Zeit berechnet werden kann, die erforderlich ist, um ein Reaktionssystem unter speziell gewählten Bedingungen von einem definierten Zustand in einen bestimmten anderen Zustand zu überführen. Darüber hinaus kann die Analyse von reaktionskinetischen Ergebnissen zur Aufklärung von Reaktionsmechanismen und zur Festlegung von geschwindigkeitsbestimmenden Teilschritten beitragen. Diese Aufklärung von Mechanismen, die nur unter Ausnützung von zusätzlichen Informationen über die betrachtete Reaktion erfolgen kann, ist die Hauptaufgabe der Reaktionskinetik.

Zur theoretischen Ermittlung von Reaktionsgeschwindigkeiten gibt es zwar einige Ansätze; im allgemeinen ist es jedoch nicht möglich, quantitative Angaben über die Geschwindigkeitsgleichungen bzw. Zeitgesetze chemischer Reaktionen zu machen. Selbst der Einfluß der Konzentrationen der Reaktionskomponenten auf die Reaktionsgeschwindigkeit kann nicht allgemein angegeben werden. Dies liegt vor allem daran, daß sich der molekulare Ablauf fast aller chemischen Reaktionen nicht aus der stöchiometrischen Umsatzgleichung ablesen läßt. Das Geschwindigkeitsgesetz ergibt sich vielmehr im allgemeinen aus dem Zusammenwirken einer Reihe von Reaktionsstufen. Weiterhin ist zu berücksichtigen, daß Stoffe, die in der chemischen Umsatzgleichung nicht vorkommen, wie z. B. Katalysatoren und Verunreinigungen, die Reaktionsgeschwindigkeit entscheidend beeinflussen können.

Die Grundlagen der chemischen Reaktionskinetik werden in einer Reihe von Monographien, Lehrbüchern und Serienwerken behandelt [1—12]. In Abschnitt B I wird deshalb nur eine knappe Darstellung der Grundbegriffe der Reaktionskinetik und der Ansätze zur theoretischen Ermittlung der Reaktionsgeschwindigkeit gegeben, bevor auf die für die Aufklärung von Reaktionsmechanismen wichtige mathematische Behandlung komplexer Reaktionen und auf die Analyse reaktionskinetischer Ergebnisse eingegangen wird. Abschnitt B II befaßt sich mit den Teilvorgängen, die bei den Reaktionen von Metallen mit Gasen auftreten. Hierzu gehören z. B. die auch für katalytische Reaktionen wichtige Adsorptionserscheinungen [13—22] sowie Transportvorgänge [23—43]. In Abschnitt B III werden dann die Gesamtvorgänge bei der Aufnahme und Abgabe von Gasen oder Kohlenstoff besprochen. Dabei wird keine Vollständigkeit angestrebt. Es werden vielmehr anhand einiger typischer Reaktionen, die auch von technischem Interesse sind, mögliche Reaktionsmechanismen und die damit verknüpfte Reaktionskinetik erörtert. Diese Darstellung gründet sich im wesentlichen auf Originalarbeiten. Zur Verbindungsbildung werden in Abschnitt B IV nur einige grundsätzliche Angaben gemacht, da in der Literatur gute Übersichtsartikel vorhanden sind [44—49]. Auch zur Frage der Ausscheidungsvorgänge liegen zusammenfassende Darstellungen vor [50—60], so daß der abschließende Abschnitt B V, der ohnedies am Rande des Themas dieses Kapitels liegt, knapp gehalten werden kann.

Verzeichnis der verwendeten Symbole

Es läßt sich nicht vermeiden, daß in einigen Fällen dasselbe Symbol in verschiedener Bedeutung auftritt. Im Text werden außerdem die Zeichen a, b, c; A, B, C; u, α, β zur Kennzeichnung von Konstanten und Umrechnungsfaktoren verwendet. Zur Bedeutung der Symbole für Aktivierungsenergien E und Enthalpieänderungen ΔH bei der Gasaufnahme und Gasabgabe s. Tab. 4 und 7.

a	Gitterkonstante
A	vorexponentieller Faktor (Frequenzfaktor) aus der Arrhenius-Gleichung $k = A \exp(-E_{\text{exp}}/RT)$
b_i	Beweglichkeit der Teilchen der Sorte i (Geschwindigkeit pro Einheitskraft $b_i = D_i/k_B T$)
c_i	Konzentration der Komponente i (meist Volumkonzentration in Teilchenzahl pro cm^3); c_{0i} Anfangskonzentration zur Zeit $t = 0$ oder Konzentration für $x = 0$; $c_{\infty i}$ Endkonzentration zur Zeit $t \to \infty$ oder Konzentration im Innern der Probe $x \to \infty$; c_{ei} Gleichgewichtskonzentration

c_s	Konzentration an der Oberfläche
$\bar{c}$	mittlere Konzentration
c_{max}	Sättigungskonzentration
c_p	spezifische Wärme
d	Dichte
D_i	Diffusionskoeffizient von Teilchen der Sorte i
D_i^*	Tracer-Diffusionskoeffizient von Teilchen der Sorte i
$\tilde{D}_i$	partieller chemischer Diffusionskoeffizient ($\tilde{D}_i = -J_i/(\partial c_i/\partial x)$, für verdünnte Lösungen ist $\tilde{D}_i \equiv D_i$)
E	elektrische Feldstärke ($E = -\partial\Phi/\partial x$)
E	molare Energie
$\Delta E^{\neq}$	Aktivierungsenergie (Standardwert)
$\Delta E_0^{\neq}$	Aktivierungsenergie am absoluten Nullpunkt
E_{exp}	empirische (experimentelle) oder effektive Aktivierungsenergie aus der Arrhenius-Gleichung $k = A \exp(-E_{exp}/RT)$
$E_{j'}$	effektive Aktivierungsenergie E_{exp}, wenn der Reaktionsschritt j' geschwindigkeitsbestimmend ist ($E_{j'} = E_i + \Sigma\, a_j \Delta H_j$; E_i Aktivierungsenergie der geschwindigkeitsbestimmenden Elementarreaktion, ΔH_j Reaktionsenthalpien vorgelagerter Gleichgewichte)
E_m	Aktivierungsenergie der Diffusion von Zwischengitteratomen
f	Sättigungsgrad oder Entgasungsgrad bei diffusionskontrollierter Gasaufnahme oder Gasabgabe $f = (\bar{c} - c_0)/(c_s - c_0)$
F	Faraday-Konstante
F	Probenoberfläche
g	Erdbeschleunigung
G	molare freie Enthalpie (Gibbs-Energie)
ΔG	Änderung der freien Enthalpie
$\Delta G^0{}_i$	molare freie Standard-Bildungsenthalpie des Stoffes i
ΔG^0	molare freie Standard-Reaktionsenthalpie
$\Delta G^{\neq}$	freie Aktivierungsenthalpie (Standardwert)
ΔG_m	freie Aktivierungsenthalpie der Diffusion von Zwischengitteratomen
h	halbe Dicke einer Platte bzw. eines Bleches
h	Plancksches Wirkungsquantum
H	molare Enthalpie
$\Delta H^{\neq}$	Aktivierungsenthalpie (Standardwert)
$\Delta H_0^{\neq}$	Aktivierungsenthalpie am absoluten Nullpunkt
ΔH_m	Aktivierungsenthalpie der Diffusion von Zwischengitteratomen
ΔH_j	Reaktionsenthalpie des Teilschrittes j
$\Delta\bar{H}$	partielle molare Enthalpieänderung (z. B. $\Delta\bar{H}_s$ bei der Lösung)
i	Index für Komponente, Teilchensorte (i = A, B, ..., Me, G, ...)
$i, -i$	Index für Elementarreaktion (i Hinreaktion, $-i$ Rückreaktion, $i = 1, 2, \ldots$; $-i = -1, -2, \ldots$)
I	Keimbildungsgeschwindigkeit
j	Index für Reaktionsschritt (j = I, II, ...); j' geschwindigkeitsbestimmender Schritt
J	Materiestromdichte oder Flußdichte bei Transportvorgängen in Teilchen $\cdot$ $cm^{-2} \cdot s^{-1}$

k	Geschwindigkeitskonstante
k_i, k_{-i}	Geschwindigkeitskonstanten der Elementarreaktionen i, $-i$
$k_{j'}$	effektive Geschwindigkeitskonstante, wenn Reaktionsschritt j' geschwindigkeitsbestimmend ist ($k_{j'} = k_i \Sigma K_j^{a_j}$; k_i Geschwindigkeitskonstante der geschwindigkeitsbestimmenden Elementarreaktion; K_j Gleichgewichtskonstanten vorgelagerter Gleichgewichte)
k_B	Boltzmann-Konstante
K	Gleichgewichtskonstante
$K^{\neq}$	modifizierte Gleichgewichtskonstante für die Bildung des aktivierten Komplexes
K_j	Gleichgewichtskonstante für den Reaktionsschritt j ($K_j = k_i/k_{-i}$)
l	Länge einer Probe
l	Sprungweite bei Platzwechselvorgängen
L	charakteristische Länge eines Körpers
m	Geradensteigung
m	Zeitexponent bei Ausscheidungsvorgängen
m	Masse eines Teilchens
Δm	Gewichtsänderung
M	Molekulargewicht
n	Gesamtreaktionsordnung
n_i	Reaktionsordnung bezüglich der Komponente i
n_i	Molzahl der Komponente i
N_i	Teilchenzahl der Komponente i
p	Druck (p_c konstanter Druck, p_0 Anfangsdruck, p_f Enddruck, p_e Gleichgewichtsdruck)
p_i	Partialdruck der Komponente i
P	sterischer Faktor
q_i	Zustandssumme der Komponente i
Q	Gasmenge
Q^*	Transportwärme beim Thermotransport
r	Zylinderkoordinate, Kugelkoordinate
r	Radius (Kugelradius r_0, Zylinderradius r_0, Radius kugelförmiger Ausscheidungen r_a, Radius wachstumsfähiger Ausscheidungen r_c, Blasenradius r_B)
r	Reaktionskoeffizient ($r = v/v_{Tr}$, v Reaktionsgeschwindigkeit, v_{Tr} Geschwindigkeit des Antransportes)
R	Gaskonstante
R	Atomzahlverhältnis ($R = N_G/N_{Me}$)
s	Weg
s	Haftwahrscheinlichkeit (sticking probability)
S	Saugvermögen
S	molare Entropie
$\Delta S^{\neq}$	Aktivierungsentropie (Standardwert)
ΔS_m	Aktivierungsentropie der Diffusion von Zwischengitteratomen
t	Zeit (meist Reaktionszeit)
$t_{1/2}$	Halbwertszeit
t_s	Verweilzeit

t_i Überführungszahl der Teilchensorte i ($t_i = \sigma_i/\sum \sigma_j$)
T absolute Temperatur
u Strömungsgeschwindigkeit
$\overline{u}_i$ mittlere molekulare Geschwindigkeit der Teilchensorte i
U elektrische Spannung ($U = El = -(\partial\Phi/\partial x)\, l$)
U_{Th} Thermokraft
v Nettoreaktionsgeschwindigkeit im quasi-stationären Zustand für die Umwandlung der Ausgangsstoffe in die Endprodukte ($v = v_j$)
v_i Geschwindigkeit der Konzentrationsänderung der Komponente i
v_i, v_{-i} Reaktionsgeschwindigkeiten der Elementarreaktionen i, $-i$
v_j^* virtuelle Maximalgeschwindigkeit des Teilschrittes j
V Volumen eines Körpers
V_i Molvolumen des Stoffes i
w Ausscheidungsgrad $w = (c_0 - \bar{c})/(c_0 - c_e)$; $1 - w$ Bruchteil der überschüssig gelösten Metalloidmenge, der noch nicht ausgeschieden ist
W_j Reaktionswiderstand des Teilschrittes j
x Ortskoordinate
Δx Dicke einer Deckschicht
x Molenbruch
x Umsatzvariable
z Zahl der nächsten Zwischengitterplätze
z_i Ladungszahl des Ions i
Z Stoßzahl

α Kondensationskoeffizient (Energie-Akkomodationskoeffizient)
β Stoffübergangskoeffizient ($\beta = D/\delta$)
γ Grenzflächenspannung (freie Grenzflächenenthalpie)
γ' thermischer Ausdehnungskoeffizient
Γ Platzwechselfrequenz
δ Dicke der effektiven Grenzschicht beim Stoffübergang
ε_{0i} molekulare Nullpunktsenergie des Stoffes i
$\Delta\varepsilon_0$ molekulare Reaktionsenergie am absoluten Nullpunkt
$\Delta\varepsilon_0^{\ddagger}$ molekulare Aktivierungsenergie am absoluten Nullpunkt
η dynamische Viskosität
η' kinematische Viskosität ($\eta' = \eta/d$)
η relativer Metallverlust
ϑ Oberflächenkonzentration der physisorbierten Moleküle
Θ Bedeckungsgrad der Metalloberfläche mit chemisorbierten Atomen, $1 - \Theta$ Bruchteil der freien Oberfläche
$\varkappa$ Durchlässigkeitsfaktor
Λ mittlere freie Weglänge
μ Schubmodul (μ_0 Schubmodul am absoluten Nullpunkt)
μ_i chemisches Potential der Komponente i
ν_i stöchiometrischer Faktor der Reaktionskomponente i
ν_s Schwingungsfrequenz (ν_D Debye-Frequenz)
ξ spezielle Ortskoordinate
ϱ spezifischer elektrischer Widerstand

σ	elektrische Leitfähigkeit ($\sigma = \Sigma\sigma_i$)
τ	Abklingkonstante, Relaxationszeit
Φ	elektrisches Potential
ω	Sprungfrequenz
$G_2(g)$	zweiatomiges Gas in der Gasphase (z. B. $O_2(g)$)
G(g)	dissoziiertes Gas in der Gasphase
$G_2(ad)$	physisorbiertes Gas
G(ad)	dissoziiertes, chemisorbiertes Gas
G(in α)	in der α-Phase gelöstes Gas
Me(s)	festes Metall
MeG(g)	gasförmige Verbindung
S	aktive Oberflächenplätze, aktive Zentren
Z	Zwischengitterplätze

I. Einführung in die Reaktionskinetik

1. Grundbegriffe und Definitionen

1.1 Reaktionsklassen und Untersuchungssysteme

Reaktionen lassen sich nach verschiedenartigen Gesichtspunkten in Reaktionsklassen einteilen:

a) Nach dem Reaktionsmechanismus unterscheidet man zwischen einfachen Reaktionen oder Elementarreaktionen, die in einem einzigen Reaktionsschritt ablaufen, und komplexen Reaktionen, die sich aus mehreren Reaktionsschritten zusammensetzen.

b) Ausgehend von der speziellen Natur des Reaktionssystems (homogen oder heterogen) spricht man von homogenen Reaktionen, die in einer einzigen Phase ablaufen, und von heterogenen Reaktionen, wenn die Reaktionsteilnehmer verschiedenen Phasen angehören bzw. wenn die Reaktion als Teilschritt eine Phasengrenzreaktion enthält. Zur umfangreichen Gruppe der heterogenen Reaktionen zählen die durch feste Katalysatoren beeinflußten Gasreaktionen und die Gas-Metall-Reaktionen.

c) Nach der Art der Phase, in welcher die Reaktion abläuft, können die homogenen Reaktionen in Gasreaktionen, Reaktionen in Lösung und Festkörperreaktionen eingeteilt werden.

d) Beim Vorliegen von speziellen Geschwindigkeitsgleichungen (s. I.1.4) ist eine Unterscheidung von Reaktionen nach der Reaktionsordnung möglich. Man spricht dann von Reaktionen nullter, erster, zweiter und dritter Ordnung.

e) Schließlich lassen sich Reaktionen entsprechend den molekularen Vorgängen und den dabei auftretenden Wechselwirkungen in chemische und physikalische Reaktionen einteilen. Zu den letzteren gehören z. B. Diffusionsprozesse und Durchtrittsreaktionen durch Grenzflächen. Die Gas-Metall-Reaktionen sind gemischt chemisch-physikalische Prozesse.

Die Untersuchung von Reaktionen kann in geschlossenen Systemen (statische Systeme) oder in offenen Systemen (Fließsysteme) erfolgen. Im geschlossenen System werden bei der Reaktion keine Stoffe zu- oder abgeführt und das Gesamtvolumen bleibt konstant. Im offenen System wird ständig Materie zu- und abgeführt und der Gesamtdruck bleibt häufig konstant. Geschlossene und offene Untersuchungssysteme können sowohl homogen als auch heterogen sein. Im allgemeinen haben die offenen Systeme einen heterogenen Aufbau, wie z. B. bei Gas-Metall-Reaktionen. In diesem Fall ist das System außerdem meist isotherm, so daß die Temperatur als unabhängige Variable behandelt werden kann.

1.2 Reaktionsgleichung und Reaktionsmechanismus

Der Reaktionsgleichung

$$\nu_A A + \nu_B B = \nu_C C + \nu_D D \tag{I.1}$$

kann entnommen werden, daß die Ausgangsstoffe (Reaktanten) A und B unter Bildung der Reaktionsprodukte C und D miteinander reagieren. Dabei sind ν_A, ν_B, ν_C und ν_D die stöchiometrischen Faktoren der Reaktionskomponenten. Die Reaktionsgleichung sagt jedoch grundsätzlich nichts aus über den Weg, auf dem C und D aus A und B entstehen, d. h. Gl. (1) gibt keine Auskunft über den Reaktionsmechanismus.

Der Fall, daß sich die Endprodukte in einem einzigen Schritt, d. h. in einer Elementarreaktion, direkt aus den Ausgangsstoffen bilden, ist nicht sehr häufig und nur bei einfachen Reaktionen mit nicht mehr als drei teilnehmenden Ausgangsmolekülen denkbar. Ein Beispiel hierfür ist die homogene Jod-Wasserstoff-Reaktion

$$H_2 + J_2 = 2\,HJ, \tag{I.2}$$

die bei Temperaturen unterhalb von etwa 300 °C [10] über direkte Zweierstöße von je einem Wasserstoff- und einem Jodmolekül erfolgt. Für höhere Temperaturen wird ein komplexer Reaktionsmechanismus in Betracht gezogen [61]. Die zu Gl. (2) stöchiometrisch völlig analoge Bromwasserstoffbildung

$$H_2 + Br_2 = 2\,HBr \tag{I.3}$$

ist eine komplexe Reaktion, die nach dem Mechanismus

$$\begin{aligned} Br_2 &\rightleftharpoons 2\,Br \\ Br + H_2 &\rightleftharpoons HBr + H \\ H + Br_2 &\rightarrow HBr + Br \end{aligned} \tag{I.4}$$

in einer Folge von Elementarreaktionen unter Bildung der kurzlebigen Zwischenprodukte H und Br abläuft [10].

Ein Reaktionsmechanismus läßt sich also durch die Art und die zeitliche Folge der beteiligten Elementarreaktionen und durch die auftretenden Zwischenprodukte charakterisieren. Bei Gas-Metall-Reaktionen setzt sich der Reaktionsmechanismus aus Transportvorgängen und Grenzflächenreaktionen zusammen, wobei in vielen Fällen die Reaktionsschritte zeitlich nacheinander in einer Folge ablaufen. Als Zwischenprodukte treten adsorbierte Spezies auf.

1.3 Reaktionsgeschwindigkeit und Geschwindigkeitsgleichung

Die Reaktionsgeschwindigkeit läßt sich durch die zeitliche Änderung der Konzentration eines an der Reaktion teilnehmenden Stoffes definieren. Für die Reaktion Gl. (1) ergeben sich z. B. die Ausdrücke

$$v_A = -\frac{dc_A}{dt}, \quad v_B = -\frac{dc_B}{dt}, \quad v_C = +\frac{dc_C}{dt}, \quad v_D = +\frac{dc_D}{dt}, \tag{I.5}$$

wobei t die Zeit, c_A, c_B, c_C und c_D die Konzentrationen der Reaktionskomponenten bezeichnen und die Vorzeichen so gewählt sind, daß die Geschwindigkeiten v_i ($i = A, B, \ldots$) positiv werden. Die Geschwindigkeiten in Gl. (5) sind in einem geschlossenen System mit konstantem Volumen und bei eingestelltem quasistationären Zustand (s. I.3.3) durch die Stöchiometrie der Reaktionsgleichung (1) miteinander verknüpft, d. h. es gilt

$$v = -\frac{1}{\nu_A}\frac{dc_A}{dt} = -\frac{1}{\nu_B}\frac{dc_B}{dt} = \frac{1}{\nu_C}\frac{dc_C}{dt} = \frac{1}{\nu_D}\frac{dc_D}{dt}. \tag{I.6}$$

Damit ist v als einheitliche auf die Äquivalentkonzentrationen bezogene Geschwindigkeit der Reaktion Gl. (1) eingeführt. Bei homogenen Reaktionen können die Konzentrationen c_i ($i = A, B, \ldots$) z. B. in mol/l oder Moleküle/cm^3 ausgedrückt werden. Mit t in s hat somit v die Dimension mol $\cdot$ l^{-1} $\cdot$ s^{-1} oder Moleküle $\cdot$ cm^{-3} $\cdot$ s^{-1}. Bei den heterogenen Gas-Metall-Reaktionen wird in der Gasphase meist der Partialdruck, in der kondensierten Phase Gew.-% oder At.-% Gas oder Atomzahlverhältnis Gasatome/Metallatome als Maß für die Konzentrationen der Reaktionsteilnehmer gewählt. Die Reaktionsgeschwindigkeit hat dann z. B. die Dimension At.-%/s; häufig gibt man sie jedoch als Massenfluß durch die Metalloberfläche in mol $\cdot$ cm^{-2} $\cdot$ s^{-1}, Moleküle $\cdot$ cm^{-2} $\cdot$ s^{-1} oder g $\cdot$ cm^{-2} $\cdot$ s^{-1} bzw. mg $\cdot$ cm^{-2} $\cdot$ s^{-1} an.

Die Reaktionsgeschwindigkeit kann durch folgende Faktoren bestimmt werden:

a) Konzentrationen der Reaktionsteilnehmer

b) Temperatur

c) Konzentrationen weiterer in der Reaktionsgleichung nicht auftretender Stoffe (Katalysatoren und Inhibitoren).

Dabei sind Katalysatoren Stoffe, die die Reaktionsgeschwindigkeit erhöhen, ohne sich selbst wesentlich zu verändern oder in nennenswerter Menge im Reaktionsprodukt zu erscheinen. Durch Zusatz von Inhibitoren läßt sich die Reaktionsgeschwindigkeit herabsetzen. Im Gegensatz zum Katalysator wird aber der Inhibitor in der Regel bei der Reaktion verbraucht oder chemisch verändert. Wenn eine Reaktion durch ein entstehendes Produkt beschleunigt wird, spricht man von Autokatalyse. Verzögert ein Produkt den Reaktionsablauf, so liegt Autoinhibition vor. Der funktionale Zusammenhang zwischen der Reaktionsgeschwindigkeit v und den Faktoren a) bis c) wird durch die Geschwindigkeitsgleichung beschrieben. Hängt v nur von den Konzentrationen der Reaktionsteilnehmer c_i und von der Temperatur T ab, so lautet diese Gleichung

$$v = v(c_A, c_B, \ldots, T), \tag{I.7}$$

wobei für v die zeitliche Konzentrationsänderung eines Reaktionsteilnehmers einzusetzen ist (s. Gl. (5) und (6)) und $c_A, c_B, \ldots$ Zeitfunktionen sind. Die Geschwindigkeitsgleichung ist also eine Differentialgleichung. Ihre Form läßt sich grundsätzlich nicht aus der stöchiometrischen Reaktionsgleichung ableiten, sie wird vielmehr allein durch den Reaktionsmechanismus bestimmt.

Die Bildung von Bromwasserstoff aus den Elementen nach Gl. (3) entsprechend dem komplexen Mechanismus (4) gehorcht z. B. der komplizierten Geschwindigkeitsgleichung

$$v = \frac{dc_{HBr}}{dt} = \frac{k'(T) \cdot c_{H_2} \cdot c_{Br_2}{}^{1/2}}{1 + k''(T) \cdot c_{HBr}/c_{Br_2}}. \tag{I.8}$$

Demgegenüber wird für die Jodwasserstoffbildung nach der stöchiometrisch analogen Reaktionsgleichung (2) bei Vernachlässigung der Rückreaktion und bei nicht zu hohen Temperaturen T die einfache Geschwindigkeitsgleichung

$$v = k(T) \cdot c_{H_2} \cdot c_{J_2} \tag{I.9}$$

erhalten ($k(T)$, $k'(T)$, $k''(T)$ sind von T abhängige Konstanten) [10]. Dies liegt daran, daß diese Reaktion eine Elementarreaktion ist, die in einem einzigen Reaktionsschritt abläuft.

Auch für Reaktionen mit komplexen Reaktionsmechanismen erhält man in vielen Fällen relativ einfache Geschwindigkeitsgleichungen. Dabei läßt sich, ähnlich wie in Gl. (9), die Funktion $v = v(c_A, c_B, \ldots, T)$ durch einen Produktansatz

$$v = k(T) \cdot c_A{}^{n_1} \cdot c_B{}^{n_2} \ldots \tag{I.10}$$

darstellen. Hier ist die Reaktionsgeschwindigkeit einfach den Potenzen der Konzentrationen der Ausgangsstoffe proportional. Die Temperaturabhängigkeit ist in der konzentrationsunabhängigen Proportionalitätskonstanten $k(T)$ enthalten, die als Geschwindigkeitskonstante bezeichnet wird.

1.4 Reaktionsordnung und Molekularität

In Gl. (10) nennt man die Exponenten $n_1, n_2, \ldots$ der Konzentrationsausdrücke die Reaktionsordnungen bezüglich der Reaktionskomponenten und die Summe

$$n = n_1 + n_2 + \cdots \tag{I.11}$$

die Gesamtordnung der Reaktion. Konzentrationen c_i, die sich während der Reaktion nur unwesentlich ändern, können in die Geschwindigkeitskonstante k von Gl. (10) einbezogen werden. Man erhält dann eine Pseudo-Ordnung. Dieser Fall tritt z. B. auf, wenn ein Reaktionspartner in großem Überschuß gegenüber den übrigen Reaktionsteilnehmern vorhanden ist. Ist die Gesamtordnung $n = 1$, 2 oder 3, so sind die entsprechenden Geschwindigkeitsgleichungen und die diesen zugrundeliegenden Reaktionen von erster, zweiter oder dritter Ordnung. Bei der Jodwasserstoffbildung (2) handelt es sich also um eine Reaktion zweiter Ordnung, wobei die Geschwindigkeitsgleichung (9) sowohl bezüglich Wasserstoff als auch bezüglich Jod von erster Ordnung ist.

Wenn eine Elementarreaktion vorliegt, wie im Falle der Reaktion Gl. (2), werden die Exponenten n_i der Konzentrationen meist gleich den stöchiometrischen Faktoren ν_i der Reaktionsgleichung:

$$n_1 = \nu_A, \quad n_2 = \nu_B, \quad \ldots \tag{I.12}$$

und es gilt für die Gesamtordnung

$$n = \nu_A + \nu_B + \cdots, \tag{I.13}$$

wobei $n = 1$, 2 oder 3, aber nicht größer als 3 sein kann. Bei Elementarreaktionen ist deshalb im allgemeinen die Reaktionsordnung gleich der sogenannten Molekularität. Diese gibt die Zahl der Ausgangsmoleküle an, die am Elementarvorgang teilnehmen. Man bezeichnet Elementarreaktionen für $n = 1$, 2 oder 3 als monomolekular, bimolekular bzw. trimolekular.

Bei komplexen Reaktionen ist dagegen eine etwa vorhandene ganzzahlige Reaktionsordnung zunächst nur eine empirische Größe, die aber in speziellen Fällen Aufschluß geben kann über die Art und Anzahl der Moleküle oder Atome, die in der entscheidenden Elementarreaktion, d. h. im geschwindigkeitsbestimmenden Schritt (s. I.3.4), den aktivierten Komplex (s. I.2.1) aufbauen.

1.5 Geschwindigkeitskonstante und Aktivierungsenergie

Die durch die Geschwindigkeitsgleichung (10) als Proportionalitätskonstante eingeführte Geschwindigkeitskonstante $k(T)$ ist numerisch gleich derjenigen Geschwindigkeit, die sich ergibt, wenn alle Ausgangsstoffe in der Konzentration eins vorliegen. Für eine Reaktion erster Ordnung hat k die einfache Dimension einer reziproken Zeit, also z. B. s^{-1}.

Die Geschwindigkeitskonstante k einer thermisch aktivierten Elementarreaktion hängt von der absoluten Temperatur T im allgemeinen nach der Arrhenius-Gleichung ab:

$$k = A \exp\left(-E_{\exp}/RT\right). \tag{I.14}$$

Dabei ist A eine näherungsweise temperaturunabhängige Konstante, welche vorexponentieller Faktor oder Frequenzfaktor genannt wird; $E_{\exp}$ ist die experimentelle oder empirische Aktivierungsenergie, die auch als Arrheniussche Aktivierungsenergie bezeichnet wird. $E_{\exp}$ steht in engem Zusammenhang mit der Aktivierungsenthalpie ΔH^{+}, die aufgebracht werden muß, damit das Reaktionssystem aus dem Ausgangszustand in den aktivierten Zustand gelangen kann (s. I.2.1 und I.2.3).

Bei komplexen Reaktionen mit einer einfachen Reaktionsordnung kann die effektive Geschwindigkeitskonstante aus einer wahren Geschwindigkeitskonstanten und thermodynamischen Gleichgewichtskonstanten zusammengesetzt sein. In diesem Fall enthält die effektive Aktivierungsenergie E_{exp} noch Reaktionsenthalpien (s. I.3.4).

Aus Gl. (14) folgt durch Logarithmieren und Einsetzen des Wertes für die Gaskonstante R

$$\log k = \log A - \frac{E_{\text{exp}}}{4{,}574\, T}, \qquad \text{(I.15)}$$

d. h. durch Auftragen von $\log k$ gegen $1/T$ ergibt sich eine Gerade, aus deren Steigung E_{exp} ermittelt werden kann. E_{exp} läßt sich auch — allerdings ungenauer — aus den bei zwei verschiedenen Temperaturen T_1 und T_2 gemessenen Geschwindigkeitskonstanten k_1 und k_2 unmittelbar berechnen. Es gilt dann

$$E_{\text{exp}} = -\frac{4{,}574}{(1/T_1 - 1/T_2)} \log \frac{k_1}{k_2}. \qquad \text{(I.16)}$$

1.6 Einfache Zeitgesetze

Geschwindigkeitsgleichungen von der einfachen Form der Gl. (10) mit positiven ganzzahligen Exponenten n_i und dementsprechend ganzzahliger Gesamtordnung n sowie Geschwindigkeitsgleichungen nullter Ordnung lassen sich leicht integrieren. Diese Integration führt auf Zeitgesetze[1]. Solche Zeitgesetze sind in

Tabelle 1. Gesetzmäßigkeiten für Reaktionen mit einer Ordnung (für c und c_0 ist z. B. c_{A} bzw. $c_{0\text{A}}$ zu setzen, für $n = 2$ ist $t_{1/2} = t_{c_{\text{A}}/2}$).

Ordnung n	Elementarreaktion	Geschwindigkeitsgleichung	Zeitgesetz	Halbwertszeit $t_{1/2}$
0		$-\frac{dc}{dt} = k$	$c_0 - c = kt$	$\frac{c_0}{2k}$
1	A → P	$-\frac{dc}{dt} = kc$	$\ln \frac{c_0}{c} = kt$	$\frac{\ln 2}{k}$
2	2 A → P	$-\frac{dc}{dt} = kc^2$	$\frac{1}{c} - \frac{1}{c_0} = kt$	$\frac{1}{kc_0}$
2	A + B → P	$-\frac{dc_{\text{A}}}{dt} = kc_{\text{A}}c_{\text{B}}$	$\frac{1}{c_{0\text{A}} - c_{0\text{B}}} \ln \frac{c_{0\text{B}}c_{\text{A}}}{c_{0\text{A}}c_{\text{B}}} = kt$	$\frac{\ln(2 - c_{0\text{A}}/c_{0\text{B}})}{(c_{0\text{B}} - c_{0\text{A}})\,k}$
3	3 A → P	$-\frac{dc}{dt} = kc^3$	$\frac{1}{2c^2} - \frac{1}{2c_0^2} = kt$	$\frac{3}{2kc_0^2}$
$n \neq 1$		$-\frac{dc}{dt} = kc^n$	$\frac{1}{(n-1)}\left[\frac{1}{c^{n-1}} - \frac{1}{c_0^{n-1}}\right] = kt$	$\frac{2^{n-1} - 1}{(n-1)\,kc_0^{n-1}}$

[1] In der Literatur wird die Geschwindigkeitsgleichung häufig ebenfalls als Zeitgesetz bezeichnet. In diesem Kapitel wird jedoch unter Zeitgesetz nur die integrierte Form der Geschwindigkeitsgleichung verstanden.

Tab. 1 für die aufgeführten Geschwindigkeitsgleichungen mit den Reaktionsordnungen 0, 1, 2 und 3 zusammengestellt. Dabei bedeuten c und c_0 die Konzentrationen eines Ausgangsstoffes (z. B. von A) zur Zeit t bzw. zur Zeit $t = 0$.

Die Zeitgesetze sind im Hinblick auf die Analyse kinetischer Ergebnisse (s. I.4) in der Geradenform

$$f(c) = kt \tag{I.17}$$

dargestellt, wo sich die Geschwindigkeitskonstanten k als Steigungen der (f,t)-Geraden ergeben. Von Interesse sind weiterhin die Halbwertszeiten $t_{1/2}$, nach denen die Konzentration eines Ausgangsstoffes von c_0 auf die Hälfte $c_0/2$ abgefallen ist. Für diese gilt

$$f\left(c = \frac{c_0}{2}\right) = kt_{1/2}. \tag{I.18}$$

In Tab. 1 sind für $n = 1$, 2 und 3 auch die Reaktionsgleichungen von Elementarreaktionen aufgeführt, für die beispielsweise die angegebenen Gesetzmäßigkeiten gelten. Das Zeitgesetz nullter Ordnung, wo die Reaktionsgeschwindigkeit nicht konzentrationsabhängig ist, wird nur bei komplexen Reaktionen beobachtet. Weiterhin enthält Tab. 1 Angaben für den allgemeineren Fall, daß die Reaktionsordnung gleich n ($\neq 1$) ist. Dabei sind gebrochene Werte von n zugelassen, wie sie bei komplexen Reaktionen auftreten können.

Geschwindigkeitsgleichungen für $n = 2$ und $n = 3$ enthalten u. U. die Konzentrationen von zwei bzw. zwei oder drei Ausgangsstoffen (s. Tab. 1 für $n = 2$). In diesen Fällen muß die Geschwindigkeitsgleichung zur Integration so umgeformt werden, daß neben der Zeit nur eine Veränderliche auftritt. Hierzu wird die Umsatzvariable x eingeführt, die die Konzentrationsabnahme der Ausgangsstoffe bzw. die Konzentrationszunahme der Endprodukte während der Reaktion beschreibt, die quasi-stationär (s. I.3.3) ablaufen soll. Im Fall $n = 2$ erhält man z. B. für die Reaktionsgleichung

$$\mathrm{A} + \mathrm{B} \rightarrow \mathrm{P} \tag{I.19}$$

mit der Geschwindigkeitsgleichung

$$\frac{\mathrm{d}c_\mathrm{A}}{\mathrm{d}t} = -kc_\mathrm{A}c_\mathrm{B} \tag{I.20}$$

wegen

$$\mathrm{d}c_\mathrm{A} = \mathrm{d}c_\mathrm{B}, \quad \text{d. h.}\ c_{0\mathrm{A}} - c_\mathrm{A} = c_{0\mathrm{B}} - c_\mathrm{B} = x \tag{I.21}$$

die gewünschte Differentialgleichung für x

$$\frac{\mathrm{d}x}{\mathrm{d}t} = k(c_{0\mathrm{A}} - x)(c_{0\mathrm{B}} - x). \tag{I.22}$$

Aus dieser geht durch Integration das Zeitgesetz

$$\frac{1}{c_{0\mathrm{A}} - c_{0\mathrm{B}}} \ln \frac{c_{0\mathrm{B}}(c_{0\mathrm{A}} - x)}{c_{0\mathrm{A}}(c_{0\mathrm{B}} - x)} = kt \tag{I.23}$$

hervor, das mit Hilfe der Definition Gl. (21) in das entsprechende Gesetz in Tab. 1 umgeformt werden kann. Liegen die Ausgangsstoffe A und B in stöchiometrischem Verhältnis, d. h. hier in gleicher Konzentration vor, ist also $c_{0A} = c_{0B} \equiv c_0$, so erhält man mit $c_A = c_B \equiv c$ statt Gl. (23) das einfache Zeitgesetz

$$\frac{x}{c_0(c_0 - x)} = kt, \qquad (I.24)$$

das mit $c_0 - x = c$ formal in das Gesetz der Tab. 1 für $n = 2$ und einen einzigen Ausgangsstoff übergeht. Entsprechendes gilt für den Fall $n = 3$ für Reaktionen mit zwei oder drei verschiedenen Ausgangsstoffen.

2. Atomistische Behandlung von Elementarreaktionen

Zur theoretischen Ableitung der Geschwindigkeiten von Elementarreaktionen auf der Basis molekularer Modelle gibt es zwei grundlegende Theorien, und zwar die Stoßtheorie und die Theorie des Übergangszustandes. Dabei kommt im Hinblick auf die heterogenen Gas-Metall-Reaktionen nur der letztgenannten Theorie eine größere Bedeutung zu. Die Stoßtheorie bezieht sich dagegen vorzugsweise auf Elementarreaktionen in der Gasphase. Der Vollständigkeit halber und wegen einiger grundsätzlicher Aspekte wird sie hier trotzdem kurz charakterisiert. Zuvor sollen jedoch die energetischen Verhältnisse bei einer Elementarreaktion betrachtet werden.

2.1 Energetische Verhältnisse

Reagieren die Ausgangsstoffe A und B unter Bildung der Produkte C und D in einem Schritt, so wird im Reaktionsablauf ein Maximum der potentiellen Energie durchlaufen. In diesem Maximum liegen die Ausgangsstoffe in einer energetisch labilen Konfiguration $(AB)^{\ddagger}$ vor, in der vorhandene Bindungen gelockert und neue geknüpft werden. Die Konfiguration $(AB)^{\ddagger}$ wird als aktivierter Komplex bezeichnet. Diesen Sachverhalt kann man durch die Reaktionsgleichung

$$A + B \rightleftharpoons (AB)^{\ddagger} \rightarrow C + D \qquad (I.25)$$

sowie durch die in Abb. 1 in Abhängigkeit vom Reaktionsweg, d. h. von der Reaktionskoordinate eingetragenen molekularen Energien beschreiben. Dabei bedeuten $\varepsilon_{0A} + \varepsilon_{0B}$ die Summe der Nullpunktsenergien der Ausgangsstoffe A + B, $\varepsilon_{0C} + \varepsilon_{0D}$ die Summe der Nullpunktsenergien der Endprodukte C + D, $\Delta\varepsilon_0$ den Unterschied der Nullpunktsenergien zwischen Ausgangsmolekülen und Produktmolekülen und $\Delta\varepsilon_0^{\ddagger}$ die molekulare Aktivierungsenergie am absoluten Nullpunkt. Die Nullpunktsenergien der Moleküle werden jeweils als Abstand zur Energie der getrennten Atome in ihren Grundzuständen gemessen.

Die Energiekurve in Abb. 1 stellt den Aufriß des wirklichen Reaktionsweges auf der Energiehyperfläche (Potentialfläche) dar. Zur Definition dieser Fläche soll eine Kombination von reaktionsfähigen Molekülen mit N Atomkernen betrachtet werden. Die relative Lage der N Atomkerne zueinander kann für nichtlineare Molekülgebilde durch $f = 3N - 6$ unabhängige Variable (Zahl der Freiheitsgrade vermindert um je drei für die gemeinsame Translation und Rotation) beschrieben werden. Dann ist auch die potentielle Energie des N-atomigen Gebildes eine Funktion von f Variablen. Diese Funktion ist die f-dimensionale Energiehyperfläche im $(f + 1)$-dimensionalen Raum. Der Reaktionsweg ist der für das Reaktionssystem energetisch günstigste Weg auf der Energiehyperfläche. Dieser Weg führt über einen Punkt maximaler Energie, wobei diese Energie jedoch bei Berücksichtigung alternativer Wege eine Minimalenergie ist. Dies bedeutet, daß der Punkt höchster Energie auf dem Reaktionsweg eine Sattelpunktlage hat.

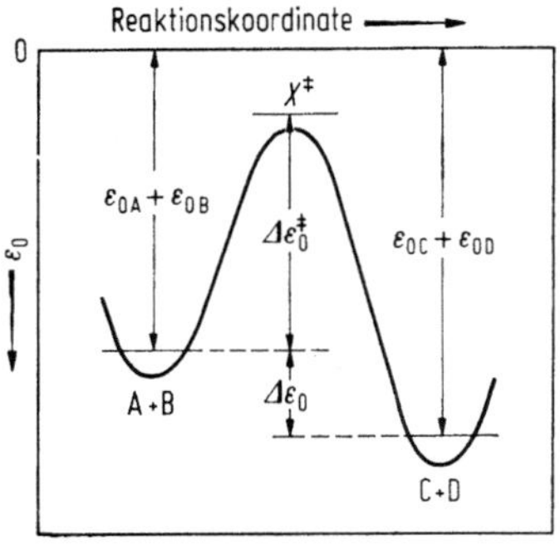

Abb. 1. Molekulare Nullpunktsenergien ε_0 für die Elementarreaktion $A + B \rightleftharpoons X^{\ddagger} \rightleftharpoons C + D$ (Energien ε_{0i} pro Molekül).

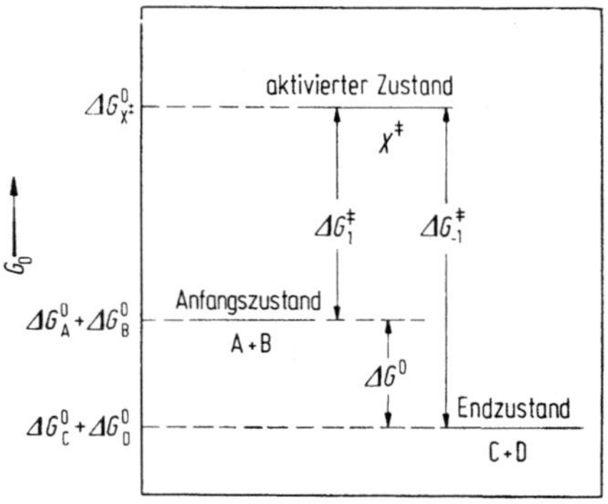

Abb. 2. Molare freie Standardenthalpien G^0 für die Elementarreaktion $A + B \rightleftharpoons X^{\ddagger} \rightleftharpoons C + D$.

Betrachtet man nun den Ablauf einer Elementarreaktion unter makroskopischen Verhältnissen, so können den Ausgangsstoffen, den Produkten und nach der Theorie des Übergangszustandes (s. I.2.3) auch dem aktivierten Komplex thermodynamische Funktionen zugeordnet werden. In Abb. 2 ist die Änderung der molaren freien Standardenthalpie während der Reaktion Gl. (25) dargestellt. Dabei sind $\Delta G^0{}_A$, $\Delta G^0{}_B$, $\Delta G^0{}_C$, $\Delta G^0{}_D$ und $\Delta G^0_{X^{\ddagger}}$ die freien Standard-Bildungsenthalpien der Reaktionskomponenten und des aktivierten Komplexes; ΔG^0 ist die Standard-Reaktionsenthalpie und $\Delta G_1^{\ddagger}$ bezeichnet die zusätzliche freie Enthalpie, die das Reaktionssystem benötigt, um vom Ausgangszustand in den aktivierten Zustand zu gelangen (freie Aktivierungsenthalpie). $\Delta G^{\ddagger}_{-1}$ ist die freie Aktivierungsenthalpie für eine mögliche Rückreaktion, so daß

$$\Delta G^0 = \Delta G_1^{\ddagger} - \Delta G^{\ddagger}_{-1}. \tag{I.26}$$

2.2 Stoßtheorie

Die Stoßtheorie versucht, den Frequenzfaktor A der Arrhenius-Gleichung (14) für elementare Gasreaktionen auf der Grundlage der kinetischen Gastheorie als Stoßzahl zu deuten. Dabei wird im einfachsten Ansatz [62] die Frequenz der Stöße der reagierenden Moleküle unter der Annahme abgeleitet, daß die Moleküle sich wie harte Kugeln verhalten. Dieses Modell vernachlässigt die innere Struktur der Moleküle und berücksichtigt nur die Translationsbewegungen sowie die Impuls- und Enregieübertragung beim Stoß. Bei komplizierteren Molekülen werden experimentell gravierende Abweichungen von den Aussagen der einfachen Stoßtheorie gefunden. Zur Anpassung an die wirklichen Verhältnisse wird deshalb ein sterischer Faktor P eingeführt, der berücksichtigen soll, daß eine Reaktion nur bei einer besonderen gegenseitigen Orientierung der Moleküle beim Stoß ablaufen kann. Für die Geschwindigkeitskonstante k einer bimolekularen Elementarreaktion ergibt sich dann der Ausdruck

$$k = PZ \exp(-E_0/RT) = BT^{1/2} \exp(-E_0/RT), \tag{I.27}$$

wobei E_0 die Aktivierungsenergie, Z die Stoßzahl, welche proportional zu $T^{1/2}$ ist, und B ein mit P und Z zusammenhängender Faktor sind. Die Beziehung führt jedoch ebenfalls zu Schwierigkeiten, insbesondere wenn reversible Reaktionen betrachtet werden (vgl. z. B. [10]).

2.3 Theorie des Übergangszustandes

In der Theorie des Übergangszustandes, die etwa zur selben Zeit von H. Eyring und Mitarbeitern [63, 64, 3] sowie von M. G. Evans und M. Polanyi [65, 66] entwickelt wurde, werden nicht die Einzelheiten des Zusammenstoßes von Molekülen, aber im Prinzip alle inneren Bewegungen der Moleküle berücksichtigt. Wesentlicher Bestandteil der Theorie nach H. Eyring [63] ist die Annahme, daß das Reaktionssystem auf dem Weg vom Ausgangszustand zum Endzustand einen Übergangszustand durchläuft, der durch ein Maximum der potentiellen Energie ausgezeichnet ist (vgl. Abb. 1) und dem der aktivierte Komplex (s. I.2.1) entspricht. Dieser aktivierte Komplex soll im Gleichgewicht mit den Ausgangsstoffen stehen und soll alle Eigenschaften eines normalen Moleküls haben mit der Besonderheit, daß ein Schwingungsfreiheitsgrad in einen Translationsfreiheitsgrad entartet. Diese Schwingung führt zum Zerfall des aktivierten Komplexes in Richtung der Produkte. Die beobachtete Reaktionsgeschwindigkeit wird dann durch die Geschwindigkeit festgelegt, mit der die aktivierten Komplexe in die Endprodukte zerfallen.

Wird also für die Reaktion Gl. (25) Gleichgewicht zwischen dem aktivierten Komplex $(AB)^{\ddagger} \equiv X^{\ddagger}$ und den Ausgangsstoffen A und B angenommen, so gilt für die Konzentration von $X^{\ddagger}$

$$c_{X^{\ddagger}} = K c_A c_B. \tag{I.28}$$

Dabei sind bei homogenen Reaktionen alle Konzentrationen auf die Volumeneinheit bezogen. Mit Hilfe der statistischen Thermodynamik folgt für die Gleichgewichtskonstante K der Ausdruck

$$K = \frac{q_{X^{\ddagger}}}{q_A q_B} \exp(-\Delta\varepsilon_0^{\ddagger}/k_B T). \tag{I.29}$$

Hier sind $q_{X^{\ddagger}}$, q_A und q_B die auf die Volumeneinheit bezogenen Zustandssummen der verschiedenen Spezies. $\Delta\varepsilon_0^{\ddagger}$ ist die Differenz der Nullpunktsenergien von aktiviertem Komplex und Ausgangsstoffen, d. h. die molekulare Aktivierungsenergie am absoluten Nullpunkt (vgl. Abb. 1). Die Zustandssumme der entarteten Schwingung, die zum Zerfall des aktivierten Komplexes führt, lautet

$$q_s^{\ddagger} = \frac{k_B T}{h\nu_s}, \tag{I.30}$$

wo ν_s die Frequenz der Schwingung, h das Plancksche Wirkungsquantum und k_B die Boltzmann-Konstante bezeichnet. Da sich die Gesamtzustandssumme eines Moleküls als Produkt einzelner Zustandssummen darstellen läßt, erhält man für die Zustandssumme des aktivierten Komplexes

$$q_{X^{\ddagger}} = \frac{k_B T}{h\nu_s} q_{\ddagger}, \tag{I.31}$$

wo nun in $q_{\ddagger}$ der entartete Schwingungsfreiheitsgrad fehlt. Die Reaktionsgeschwindigkeit ist dann bei Berücksichtigung von Gl. (28), (29) und (31) durch

$$v = \nu_s c_{X^{\ddagger}} = c_A c_B \frac{k_B T}{h} \frac{q_{\ddagger}}{q_A q_B} \exp\left(-\Delta\varepsilon_0^{\ddagger}/k_B T\right) \tag{I.32}$$

gegeben. Daraus folgt für die Geschwindigkeitskonstante k der Reaktion Gl. (25) die bekannte Beziehung

$$k = \frac{k_B T}{h} \frac{q_{\ddagger}}{q_A q_B} \exp\left(-\Delta\varepsilon_0^{\ddagger}/k_B T\right). \tag{I.33}$$

In der Exponentialfunktion kann $\Delta\varepsilon_0^{\ddagger}/k_B T$ durch $\Delta E_0^{\ddagger}/RT$ ersetzt werden, wobei $\Delta E_0^{\ddagger}$ die molare Aktivierungsenergie am absoluten Nullpunkt bezeichnet. Die Größe $k_B T/h$ hat die Dimension einer Frequenz und bei 300 K einen Wert von etwa $6 \cdot 10^{12}$ s^{-1}.

Der Gl. (33) liegt die Annahme zugrunde, daß jeder aktivierte Komplex in die Produkte zerfällt. Zur Berücksichtigung der Möglichkeit, daß aus dem aktivierten Komplex wieder die Ausgangsstoffe entstehen, wird der sogenannte Durchlässigkeitsfaktor $\varkappa$ in Gl. (33) eingeführt, wobei $\varkappa \leqq 1$ ist.

Die Berechnung von Geschwindigkeitskonstanten nach Gl. (33) setzt voraus, daß die Aktivierungsenergie am absoluten Nullpunkt sowie die Zustandssummen der Ausgangsstoffe und des aktivierten Komplexes bekannt sind. Was den aktivierten Komplex anbetrifft, so sind allenfalls Abschätzungen möglich. Grundsätzlich können die hierzu erforderlichen Parameter, ebenso wie die Aktivierungsenergie, aus den Energiehyperflächen (s. I.2.1) abgeleitet werden, die aber bisher nur für einfache Reaktionen quantenmechanisch berechnet worden sind.

Insbesondere für die Fälle, wo auch die Zustandssummen der Reaktanten schwer zugänglich sind, empfiehlt es sich, die Geschwindigkeitskonstante durch die thermodynamischen Funktionen auszudrücken. Setzt man etwas abweichend von Gl. (29)

$$K^{\ddagger} = \frac{q_{\ddagger}}{q_A q_B} \exp\left(-\Delta\varepsilon_0^{\ddagger}/k_B T\right), \quad \text{wo } K^{\ddagger} = \frac{h\nu_s}{k_B T} K, \tag{I.34}$$

so erhält man für die Geschwindigkeitskonstante

$$k = \frac{k_B T}{h} K^{\neq}. \tag{I.35}$$

$K^{\neq}$ kann mit der Änderung der freien Standardenthalpie beim Übergang des Reaktionssystems vom Ausgangszustand in den aktivierten Zustand, d. h. mit der freien Aktivierungsenthalpie $\Delta G^{\neq}$, verknüpft werden:

$$-RT \ln K^{\neq} = \Delta G^{\neq}. \tag{I.36}$$

Dabei gilt für den Zusammenhang zwischen $\Delta G^{\neq}$ und Aktivierungsenthalpie $\Delta H^{\neq}$ sowie Aktivierungsentropie $\Delta S^{\neq}$ (Standardwerte)

$$\Delta G^{\neq} = \Delta H^{\neq} - T\,\Delta S^{\neq}, \tag{I.37}$$

so daß Gl. (35) in die Beziehung

$$k = \frac{k_B T}{h} \exp(-\Delta G^{\neq}/RT) = \frac{k_B T}{h} \exp(\Delta S^{\neq}/R) \exp(-\Delta H^{\neq}/RT) \tag{I.38}$$

übergeht, die als Eyring-Gleichung bekannt ist. Danach ist die Reaktionsgeschwindigkeit um so größer, je kleiner $\Delta G^{\neq}$ und $\Delta H^{\neq}$ sind und je größer $\Delta S^{\neq}$ ist.

In der durch Gl. (34) definierten Gleichgewichtskonstanten $K^{\neq}$ ist die zum Zerfall des aktivierten Komplexes führende Schwingung nicht berücksichtigt. Diese Besonderheit gilt somit auch für die durch Gl. (36) und (37) eingeführten thermodynamischen Funktionen.

Ein Vergleich der Eyring-Gleichung (38) mit der Arrhenius-Gleichung (14) zeigt, daß die Aktivierungsenthalpie mit der empirischen Aktivierungsenergie E_{exp} gemäß der Beziehung[1])

$$E_{exp} = \Delta H^{\neq} + RT \tag{I.39}$$

zusammenhängt. Entsprechend kann die Aktivierungsentropie mit dem vorexponentiellen Faktor A verknüpft werden. Der Wert von $\Delta S^{\neq}$ liefert einen Hinweis zur Natur des aktivierten Komplexes. So kann eine positive Aktivierungsentropie auf einen locker gebundenen Komplex mit vielen Freiheitsgraden hindeuten. Meist wird jedoch eine Entropieabnahme beim Übergang zu einem stark gebundenen aktivierten Komplex festgestellt, in dem die Bewegungsmöglichkeiten der Ausgangsstoffe eingeschränkt sind. Dabei ist zu beachten, daß der Wert von $\Delta S^{\neq}$ von der Wahl des Standardzustandes abhängt [10].

3. Mathematische Behandlung komplexer Reaktionen

3.1 Typen komplexer Reaktionen

Die meisten Reaktionen, auch die Gas-Metall-Reaktionen, sind komplexe Reaktionen, die aus mehreren Elementarreaktionen zusammengesetzt sind. Folgereaktionen liegen vor, wenn die Endprodukte aus den Ausgangsstoffen in

[1] Häufig wird jedoch von Gl. (35) ausgegangen und mit $d \ln K^{\neq}/dT = \Delta E^{\neq}/RT^2$ statt Gl. (39) $E_{exp} = \Delta H^{\neq} - p\,\Delta V^{\neq} + RT$ ($\Delta V^{\neq}$ Volumänderung) erhalten [6].

einer Folge zeitlich nacheinander ablaufender Reaktionsschritte entstehen. Von Parallelreaktionen spricht man dagegen, wenn mehrere Reaktionswege möglich sind, wenn also verschiedene voneinander unabhängige Teilreaktionen gleichzeitig ablaufen und verschiedene Endprodukte liefern. Darüber hinaus können die einzelnen Reaktionsschritte umkehrbar, d. h. reversibel sein. Man hat es also mit den folgenden Grundtypen zu tun:

1. Reversible Reaktionen $A \rightleftharpoons B$
2. Folgereaktionen $A \rightarrow B \rightarrow C$
3. Parallelreaktionen $A \rightarrow B$, $A \rightarrow C$, $A \rightarrow D$

Durch Kombination dieser Grundtypen können beliebig komplizierte Reaktionen aufgebaut werden. Der mathematischen Behandlung solcher Reaktionen kommt im Hinblick auf die Analyse reaktionskinetischer Ergebnisse (s. I.4) eine große Bedeutung zu.

3.2 Strenge Ableitung theoretischer Zeitgesetze

Ziel der mathematischen Untersuchung von Reaktionsmechanismen ist die Ableitung von Geschwindigkeitsgleichungen bzw. Zeitgesetzen. Der Gang einer solchen Berechnung soll am Beispiel der Reaktion

$$A \rightarrow C$$

(Substanz A geht über in Substanz C) mit dem einfachen Mechanismus zweier aufeinanderfolgender Elementarreaktionen erster Ordnung

$$\begin{aligned} &(\mathrm{I}) \quad && A \xrightarrow{k_1} B \\ &(\mathrm{II}) \quad && B \xrightarrow{k_2} C \end{aligned} \tag{I.40}$$

durchgeführt werden. Dabei geht man zweckmäßigerweise wie folgt vor:

1. Aufstellung der Geschwindigkeitsgleichungen für die Elementarreaktionen:

$$\begin{aligned} v_1 &= k_1 c_A \\ v_2 &= k_2 c_B. \end{aligned} \tag{I.41}$$

2. Aufstellung des Systems gekoppelter Differentialgleichungen, das die zeitlichen Konzentrationsänderungen der Reaktionskomponenten unter Einschluß des Zwischenprodukts B mit den Reaktionsgeschwindigkeiten der Elementarreaktionen v_1 und v_2 verknüpft:

$$\frac{dc_A}{dt} = -v_1 \quad = -k_1 c_A \tag{I.42}$$

$$\frac{dc_B}{dt} = v_1 - v_2 = k_1 c_A - k_2 c_B \tag{I.43}$$

$$\frac{dc_C}{dt} = v_2 \qquad = k_2 c_B . \tag{I.44}$$

Dabei ist

$$\frac{dc_A}{dt} + \frac{dc_B}{dt} + \frac{dc_C}{dt} = 0, \tag{I.45}$$

d. h. die Geschwindigkeiten für den Verbrauch von A und die Entstehung von C sind verschieden:

$$v_A = -\frac{dc_A}{dt} \neq \frac{dc_C}{dt} = v_C, \tag{I.46}$$

so daß keine Geschwindigkeitsgleichung für den Gesamtvorgang angegeben werden kann (vgl. I.1.3).

3. Integration der Differentialgleichungen. Mit den Anfangsbedingungen

$$c_A = c_{0A}; \quad c_{0B} = c_{0C} = 0 \qquad \text{für } t = 0 \tag{I.47}$$

ergeben sich aus Gl. (42) bis (44) die Zeitgesetze

$$c_A = c_{0A}\, e^{-k_1 t} \tag{I.48}$$

$$c_B = c_{0A} \frac{k_1}{k_2 - k_1} (e^{-k_1 t} - e^{-k_2 t}) \tag{I.49}$$

$$c_C = c_{0A} \left[1 + \frac{1}{k_1 - k_2} (k_2\, e^{-k_1 t} - k_1\, e^{-k_2 t}) \right]. \tag{I.50}$$

In diesem Fall ist also eine strenge mathematische Lösung des Problems möglich. Aber bereits ein Reaktionsmechanismus mit Folgereaktionen höherer Ordnung führt zu wesentlich komplizierteren Verhältnissen, so daß eine geschlossene Lösung meist nicht mehr angegeben werden kann.

Der Befund, daß vielen komplexen Reaktionen trotz kompliziertem Mechanismus relativ einfache Geschwindigkeitsgleichungen und Zeitgesetze zugeordnet werden können, gibt jedoch einen Hinweis darauf, daß bei der mathematischen Behandlung von komplexen Reaktionsmechanismen offenbar wesentliche Vereinfachungen erlaubt sind. Bei diesen Vereinfachungen handelt es sich um die Näherungen des quasi-stationären Zustandes und des geschwindigkeitsbestimmenden Teilschrittes.

3.3 Näherung des quasi-stationären Zustandes

Ein quasi-stationärer Zustand ist dadurch ausgezeichnet, daß die zeitlichen Änderungen der Konzentrationen der Zwischenprodukte vernachlässigbar klein sind gegenüber den Konzentrationsänderungen der Endprodukte sowie der Ausgangsstoffe. Ein derartiger Zustand wird sich nach einer gewissen Anlaufzeit insbesondere dann einstellen, wenn die Zwischenprodukte Substanzen mit kurzer Lebensdauer sind (z. B. Radikale, adsorbierte Spezies bei Gas-Metall-Reaktionen), die nur in geringer Konzentration vorliegen. Es muß jedoch beachtet werden, daß in dem Fall, wo sich die Konzentrationen der Ausgangsstoffe ändern, kein echter stationärer Zustand vorliegt. Demgemäß erhält man in der Näherung des quasi-stationären Zustandes die Konzentrationen der Zwischenprodukte als Zeitfunktionen.

Dies wird deutlich, wenn die Näherung auf den Reaktionsmechanismus Gl. (40) angewendet wird. Wegen

$$\frac{dc_B}{dt} \ll \frac{dc_A}{dt}, \frac{dc_C}{dt} \tag{I.51}$$

kann

$$\frac{dc_B}{dt} = 0 \tag{I.52}$$

gesetzt werden. Mit dieser Quasi-Stationaritätsbedingung geht die Differentialgleichung (43) in eine algebraische Gleichung über:

$$c_B = \frac{k_1}{k_2} c_A. \tag{I.53}$$

Durch Einsetzen von Gl. (53) in Gl. (44) folgt der Zusammenhang

$$v_C = \frac{dc_C}{dt} = -\frac{dc_A}{dt} = v_A = k_1 c_A \equiv v, \tag{I.54}$$

d. h., die Geschwindigkeiten der Folgereaktionen (I) und (II) sind gleich groß und mit der Nettogeschwindigkeit v der Umwandlung von A in C identisch. In diesem Fall existiert also eine Geschwindigkeitsgleichung für den Gesamtvorgang: $v = v_1 = v_2 = k_1 c_A$. Anstelle der Zeitgesetze Gl. (49) und (50) erhält man nun die einfacheren Beziehungen

$$c_B = c_{0A} \frac{k_1}{k_2} e^{-k_1 t} \tag{I.55}$$

und

$$c_C = c_{0A} \left[1 - \left(1 + \frac{k_1}{k_2}\right) e^{-k_1 t}\right]. \tag{I.56}$$

Ein Vergleich von Gl. (55) und (56) mit Gl. (49) und (50) zeigt, daß die Näherungen aus den exakten Lösungen unter den Voraussetzungen

$$k_2 \gg k_1 \tag{I.57}$$

und

$$t \gg 1/k_2 \tag{I.58}$$

hervorgehen. Die erste Bedingung bedeutet, daß das Zwischenprodukt B sehr viel reaktionsfreudiger sein muß als der Ausgangsstoff A und somit nur in geringer Konzentration vorhanden ist. Die zweite Bedingung besagt, daß die Näherung erst nach einer gewissen Anlaufzeit angewendet werden darf. In den meisten Fällen, für die die Näherung des quasi-stationären Zustandes in Frage kommt, ist jedoch die Anlaufzeit kurz gegenüber der Reaktionsdauer.

3.4 Näherung des geschwindigkeitsbestimmenden Schrittes

Nicht umkehrbare Folgereaktionen

Die Forderung (57) läßt sich gleichzeitig als Bedingung dafür interpretieren, daß die Teilreaktion (I) geschwindigkeitsbestimmend ist. Damit soll ausgedrückt werden, daß die Geschwindigkeit v der Gesamtreaktion für $k_2 \gg k_1$ allein durch die Elementarreaktion (I) bestimmt wird. Häufig wird dieser Sachverhalt durch die Angabe beschrieben, die erste Teilreaktion sei sehr viel langsamer als die zweite Teilreaktion, oder die Reaktion (I) sei „langsam", die Reaktion (II) „schnell". Im eingestellten quasi-stationären Zustand sind in einem System aufeinanderfolgender Teilreaktionen jedoch die Geschwindigkeiten der einzelnen Schritte gleich groß und identisch mit der Nettogeschwindigkeit der Umwandlung des Ausgangsstoffes in das Endprodukt, wie Gl. (54) für den Reaktionsmechanismus Gl. (40) zeigt. Die Angabe „langsam" oder „schnell" bezieht sich also im allgemeinen nicht auf die Geschwindigkeit der einzelnen Schritte (Umsatz je Zeiteinheit), sondern auf die Verweildauer individueller Moleküle in den verschiedenen Reaktionsstufen.

Besteht jedoch für den Mechanismus (40) statt Gl. (57) die Forderung

$$k_2 \ll k_1 , \tag{I.59}$$

so reagiert das Zwischenprodukt B sehr viel langsamer weiter, als es gebildet wird, und es kann sich kein quasi-stationärer Zustand ausbilden. In diesem Fall ist die Teilreaktion (II) geschwindigkeitsbestimmend und läuft nun auch langsamer ab als die Teilreaktion (I). Statt Gl. (49) und (50) ergeben sich hier für c_B und c_C die Zeitgesetze

$$c_B = c_{0A}\, e^{-k_2 t} \tag{I.60}$$

$$c_C = c_{0A}(1 - e^{-k_2 t}) . \tag{I.61}$$

Die Geschwindigkeit der Bildung von C wird also nur durch die Geschwindigkeitskonstante k_2 von Schritt II bestimmt, weil sich der Ausgangsstoff A praktisch sofort in das Zwischenprodukt B umwandelt.

Umkehrbare Folgereaktionen

Bei reversiblen Teilreaktionen ist häufig die Näherung des geschwindigkeitsbestimmenden Schrittes auch dann anwendbar, wenn gleichzeitig ein quasi-stationärer Zustand vorausgesetzt wird. Enthält ein System von Folgereaktionen reversible und nicht-reversible Teilreaktionen, so muß jeweils der Reaktionsschritt, der auf eine nicht-umkehrbare Teilreaktion folgt, eine „schnelle" Reaktion sein, damit sich ein quasi-stationärer Zustand einstellen kann.

Es soll nun die Reaktion

$$\mathrm{A} \rightleftharpoons \mathrm{D},$$

bestehend aus einer Folge reversibler Teilreaktionen erster Ordnung

$$\begin{aligned} &(\mathrm{I}) && \mathrm{A} \underset{k_{-1}}{\overset{k_1}{\rightleftharpoons}} \mathrm{B} \\ &(\mathrm{II}) && \mathrm{B} \underset{k_{-2}}{\overset{k_2}{\rightleftharpoons}} \mathrm{C} \\ &(\mathrm{III}) && \mathrm{C} \underset{k_{-3}}{\overset{k_3}{\rightleftharpoons}} \mathrm{D}, \end{aligned} \tag{I.62}$$

betrachtet werden. Die mathematische Behandlung erfolgt in Anlehnung an das Schema in I.3.2.

1. Geschwindigkeitsgleichungen für die Elementarreaktionen

$$\begin{aligned} v_1 &= k_1 c_\mathrm{A}, & v_{-1} &= k_{-1} c_\mathrm{B} \\ v_2 &= k_2 c_\mathrm{B}, & v_{-2} &= k_{-2} c_\mathrm{C} \\ v_3 &= k_3 c_\mathrm{C}, & v_{-3} &= k_{-3} c_\mathrm{D}\,. \end{aligned} \tag{I.63}$$

2. System gekoppelter Differentialgleichungen

$$\frac{\mathrm{d}c_\mathrm{A}}{\mathrm{d}t} = -v_1 + v_{-1} = -k_1 c_\mathrm{A} + k_{-1} c_\mathrm{B} \tag{I.64}$$

$$\frac{\mathrm{d}c_\mathrm{B}}{\mathrm{d}t} = v_1 - v_{-1} - v_2 + v_{-2} = k_1 c_\mathrm{A} - k_{-1} c_\mathrm{B} - k_2 c_\mathrm{B} + k_{-2} c_\mathrm{C} \tag{I.65}$$

$$\frac{\mathrm{d}c_\mathrm{C}}{\mathrm{d}t} = v_2 - v_{-2} - v_3 + v_{-3} = k_2 c_\mathrm{B} - k_{-2} c_\mathrm{C} - k_3 c_\mathrm{C} + k_{-3} c_\mathrm{D} \tag{I.66}$$

$$\frac{\mathrm{d}c_\mathrm{D}}{\mathrm{d}t} = v_3 - v_{-3} = k_3 c_\mathrm{C} - k_{-3} c_\mathrm{D}\,. \tag{I.67}$$

3. Näherung des quasi-stationären Zustandes

$$\frac{\mathrm{d}c_\mathrm{B}}{\mathrm{d}t} \approx 0, \qquad \frac{\mathrm{d}c_\mathrm{C}}{\mathrm{d}t} \approx 0. \tag{I.68}$$

Damit gehen die Differentialgleichungen (65) und (66) in zwei algebraische Gleichungen für c_B und c_C über, die hier nicht wiedergegeben werden.

4. Geschwindigkeitsgleichung für den Gesamtvorgang. Um die Nettogeschwindigkeit des Gesamtvorgangs zu erhalten, setzt man die Konzentrationsausdrücke für c_B und c_C in Gl. (64) bzw. (67) ein und erhält unter Einführung der Gleichgewichtskonstanten für die Reaktionsschritte I bis III und für die Gesamtreaktion

$$K_I = \frac{k_1}{k_{-1}}, \quad K_{II} = \frac{k_2}{k_{-2}}, \quad K_{III} = \frac{k_3}{k_{-3}},$$
$$K = K_I \cdot K_{II} \cdot K_{III} = \frac{c_{eD}}{c_A} \tag{I.69}$$

die Beziehung

$$v = \frac{1 - c_D/(c_A K)}{\dfrac{1}{k_1 c_A} + \dfrac{1}{k_2 K_I c_A} + \dfrac{1}{k_3 K_{II} K_I c_A}}. \tag{I.70}$$

Diese Gleichung läßt sich umformen in

$$v = \frac{(c_{eD} - c_D)}{\dfrac{K}{k_1} + \dfrac{K}{k_2 K_I} + \dfrac{K}{k_3 K_{II} K_I}}, \tag{I.71}$$

wobei c_{eD} die Konzentration von D ist, die sich im Gleichgewicht mit A für c_A ergeben würde. In Gl. (71) können $(c_{eD} - c_D)$ als treibende Konzentrationsdifferenz Δc und die Terme im Nenner als Reaktionswiderstände W_j der Teilreaktionen aufgefaßt werden. Demnach nimmt Gl. (71) in Analogie zum Ohmschen Gesetz folgende Gestalt an:

$$v = \frac{\Delta c}{W} = \frac{\Delta c}{W_I + W_{II} + W_{III}}, \tag{I.72}$$

wo W der Gesamtwiderstand der Reaktion ist.

Führt man andererseits nach C. Wagner [67, 68] die virtuellen Maximalgeschwindigkeiten v_j^* der Einzelschritte ein, die man bei gegebenen Konzentrationen von A und D beobachten würde, falls für alle Schritte außer dem betrachteten Teilschritt praktisch Gleichgewicht eingestellt wäre:

$$\begin{aligned} v_I^* &= k_1(c_A - c_D/K) \\ v_{II}^* &= k_2 K_I (c_A - c_D/K) \\ v_{III}^* &= k_3 K_{II} K_I (c_A - c_D/K), \end{aligned} \tag{I.73}$$

so geht Gl. (70) über in

$$v = \frac{1}{\dfrac{1}{v_I^*} + \dfrac{1}{v_{II}^*} + \dfrac{1}{v_{III}^*}}. \tag{I.74}$$

5. Näherung des geschwindigkeitsbestimmenden Schrittes. Der Gl. (74) kann entnommen werden, daß die Nettogeschwindigkeit v der Reaktionsfolge (I), (II), (III) praktisch gleich der virtuellen Maximalgeschwindigkeit v_j^* des Schrittes I,

II oder III wird, falls die Bedingungen

$$v_{\mathrm{I}}^* \ll v_{\mathrm{II}}^*, v_{\mathrm{III}}^* \quad \text{für} \quad v \cong v_{\mathrm{I}}^*$$

bzw.

$$v_{\mathrm{II}}^* \ll v_{\mathrm{I}}^*, v_{\mathrm{III}}^* \quad \text{für} \quad v \cong v_{\mathrm{II}}^* \tag{I.75}$$

bzw.

$$v_{\mathrm{III}}^* \ll v_{\mathrm{I}}^*, v_{\mathrm{II}}^* \quad \text{für} \quad v \cong v_{\mathrm{III}}^*$$

erfüllt sind. Entsprechende Bedingungen können für Gl. (72) formuliert werden, d. h. v wird durch die Teilreaktion mit dem größten Reaktionswiderstand W_j bestimmt.

Die (hinreichenden) Bedingungen (75)

$$v_{j'}^* \ll v_{j \neq j'}^* \tag{I.76}$$

kennzeichnen ganz allgemein den geschwindigkeitsbestimmenden Schritt j'. Die Beziehung

$$v \cong v_{j'}^* \tag{I.77}$$

gilt bei Berücksichtigung der Definition (73) aber nur für den Fall $c_{\mathrm{D}}/c_{\mathrm{A}} \lesssim K$, wo die Rückreaktion im geschwindigkeitsbestimmenden Schritt j' merklich ist und sich demnach für alle Schritte $j \neq j'$ vor und hinter dem Schritt j' Gleichgewicht einstellt.

Für $c_{\mathrm{D}}/c_{\mathrm{A}} \ll K$ bzw. $c_{\mathrm{D}}/(c_{\mathrm{A}}K) \ll 1$ ist dagegen die Rückreaktion im geschwindigkeitsbestimmenden Schritt vernachlässigbar und es stellt sich ein Gleichgewicht nur vor dem geschwindigkeitsbestimmenden Schritt ein. In diesem Fall kann in Gl. (70) im Zähler der Term $c_{\mathrm{D}}/(c_{\mathrm{A}}K)$ gegen 1 vernachlässigt werden. Ist nun Schritt I, II oder III geschwindigkeitsbestimmend, so erhält man die folgenden Geschwindigkeitsgleichungen:

$$\begin{aligned} &\text{I:} && v = k_1 c_{\mathrm{A}} && = k_{\mathrm{I}} c_{\mathrm{A}} \\ &\text{II:} && v = k_2 K_{\mathrm{I}} c_{\mathrm{A}} && = k_{\mathrm{II}} c_{\mathrm{A}} \\ &\text{III:} && v = k_3 K_{\mathrm{II}} K_{\mathrm{I}} c_{\mathrm{A}} && = k_{\mathrm{III}} c_{\mathrm{A}}, \end{aligned} \tag{I.78}$$

wobei $v = -\mathrm{d}c_{\mathrm{A}}/\mathrm{d}t$ ist. Diese Gleichungen sind alle von erster Ordnung in c_{A}. Sie unterscheiden sich nur durch den Aufbau der effektiven Geschwindigkeitskonstanten $k_{j'}$. Man erkennt, daß k_{I} eine wahre Geschwindigkeitskonstante k_1 ist; k_{II} und k_{III} sind jedoch aus der Geschwindigkeitskonstanten der geschwindigkeitsbestimmenden Teilreaktion und den Gleichgewichtskonstanten K_{I} bzw. K_{I} und K_{II} der vorgelagerten Gleichgewichte zusammengesetzt. Damit ergeben sich auch unterschiedliche Temperaturabhängigkeiten der effektiven Geschwindigkeitskonstanten

$$k_{j'} = k_{0j'} \exp\left(-E_{j'}/RT\right), \tag{I.79}$$

weil für die effektive Aktivierungsenergie $E_{j'}$ die Beziehungen

$$E_{\mathrm{I}} = E_1, \quad E_{\mathrm{II}} = E_2 + \Delta H_{\mathrm{I}}, \quad E_{\mathrm{III}} = E_3 + \Delta H_{\mathrm{II}} + \Delta H_{\mathrm{I}} \tag{I.80}$$

bestehen. Im ersten Fall ist $E_{j'}$ gleich der Aktivierungsenergie der geschwindigkeitsbestimmenden Teilreaktion. In den beiden anderen Fällen setzt sich $E_{j'}$ aus der Aktivierungsenergie der geschwindigkeitsbestimmenden Teilreaktion und den Reaktionsenthalpien der vorgelagerten Gleichgewichte zusammen.

6. Integration der Geschwindigkeitsgleichungen. Durch Integration der Geschwindigkeitsgleichungen (78) ergeben sich die einfachen Zeitgesetze

$$c_A = c_{0A}\, e^{-k_{j'} t}. \tag{I.81}$$

Umkehrbare Folgereaktionen höherer Ordnung

Bei Beteiligung von Elementarreaktionen höherer Ordnung am Reaktionsmechanismus erhält man nach Einführung der Näherung des quasi-stationären Zustandes für die Geschwindigkeitsgleichung des Gesamtvorganges unübersichtliche Beziehungen; vielfach läßt sich ein geschlossener Ausdruck nicht mehr angeben. In solchen Fällen kann jedoch eine vereinfachte Betrachtungsweise angewendet werden, die direkt auf die Geschwindigkeitsgleichungen für verschiedene mögliche geschwindigkeitsbestimmende Schritte führt (s. I.3.5). Dabei bleibt die Bedingung (76) zur Kennzeichnung des geschwindigkeitsbestimmenden Schrittes gültig.

Energetische Verhältnisse bei Folgereaktionen

In Abb. 3 ist der Verlauf der freien Enthalpie für drei Folgereaktionen dargestellt. Dabei entsprechen die Enthalpieminima den Ausgangsstoffen, Zwischenprodukten und Endprodukten, die Maxima den Übergangszuständen $\ddot{U}Z_1$, $\ddot{U}Z_2$ und $\ddot{U}Z_3$, d. h. den aktivierten Komplexen. Eine Elementarreaktion wird also durch den Übergang von einem Minimum über den Übergangszustand zum nächsten Minimum beschrieben; $\Delta G_1^{\ddagger}$, $\Delta G_2^{\ddagger}$ und $\Delta G_3^{\ddagger}$ sind die entsprechenden freien Aktivierungsenthalpien.

Die Tiefe der Minima zwischen $\ddot{U}Z_1$, $\ddot{U}Z_2$ bzw. $\ddot{U}Z_3$ gibt einen Hinweis auf die Stabilität der Zwischenprodukte. Liegt ein tiefes Minimum vor, so ist das

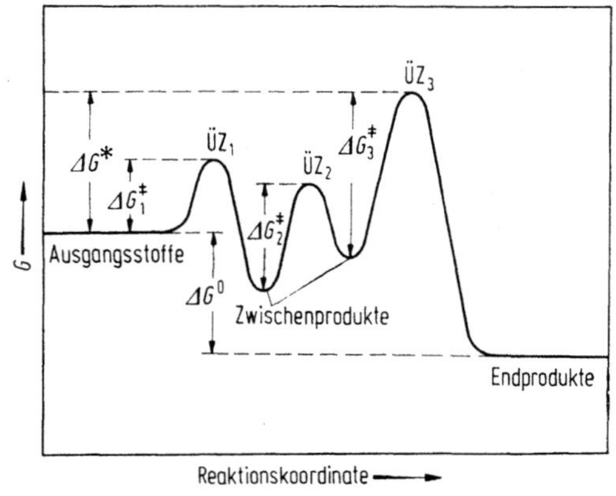

Abb. 3. Molare freie Standardenthalpie G bei einer in drei Folgereaktionen ablaufenden Reaktion.

betreffende Zwischenprodukt relativ stabil und dessen Konzentration wird zu Beginn der Reaktion zu merklichen Werten ansteigen. Wenn sich trotzdem nach einiger Zeit ein quasi-stationärer Zustand bezüglich aller Zwischenprodukte einstellt, dann wird die Nettogeschwindigkeit der Reaktion durch die Differenz ΔG^* zwischen freier Enthalpie des Ausgangszustandes und freier Enthalpie des höchsten Übergangszustandes bestimmt. Die höchste Barriere kennzeichnet somit den geschwindigkeitsbestimmenden Schritt; dies ist in Abb. 3 die dritte Elementarreaktion. Vor diesem Schritt stellen sich Gleichgewichte ein.

Parallelreaktionen

Bei Parallelreaktionen erster Ordnung nach dem Mechanismus

$$\begin{aligned} &\mathrm{A} \xrightarrow{k_1} \mathrm{B} \\ &A \xrightarrow{k_2} \mathrm{C} \end{aligned} \qquad (\mathrm{I.82})$$

ergibt sich für die Konzentrationsänderung von A ein Zeitgesetz erster Ordnung wie bei einer einfachen Reaktion:

$$c_\mathrm{A} = c_{0\mathrm{A}} \exp(-kt) \qquad \text{mit } k = k_1 + k_2 . \qquad (\mathrm{I.83})$$

Für $c_{0\mathrm{B}} = c_{0\mathrm{C}} = 0$ bei $t = 0$ ist das Verhältnis der Konzentrationen der Endprodukte gleich dem Verhältnis der entsprechenden Geschwindigkeitskonstanten

$$c_\mathrm{B} : c_\mathrm{C} = k_1 : k_2 . \qquad (\mathrm{I.84})$$

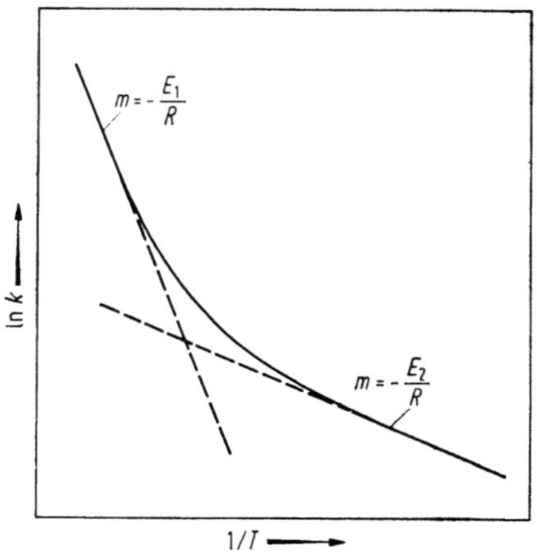

Abb. 4. Temperaturabhängigkeit der Geschwindigkeitskonstanten k für die Parallelreaktionen $\mathrm{A} \xrightarrow{k_1} \mathrm{B}$, $\mathrm{A} \xrightarrow{k_2} \mathrm{C}$.

Da jedes k_i einer Arrhenius-Gleichung gehorcht, wird die Temperaturabhängigkeit von k wegen Gl. (83) komplex, so daß sich bei der Auftragung $\ln k$ über $1/T$ im allgemeinen eine gekrümmte Kurve ergibt. Sind die Aktivierungsenergien für die beiden Teilreaktionen sehr unterschiedlich, so können Verhältnisse, wie in Abb. 4

dargestellt, auftreten, wo in bestimmten Temperaturbereichen praktisch nur noch eine Teilreaktion abläuft (lineare Kurvenäste). Dies ist dann die Reaktion mit dem größten k_i, die als schnellere Reaktion den Verbrauch des Ausgangsstoffes bestimmt.

Es muß noch darauf hingewiesen werden, daß die in Abb. 4 gezeigte Temperaturabhängigkeit der effektiven Geschwindigkeitskonstanten nicht nur bei homogenen Parallelreaktionen auftreten kann, sondern auch dann, wenn eine Reaktion über zwei verschiedene Mechanismen, z. B. als homogene und als heterogene Reaktion, verläuft. Entsprechend können bei Folgereaktionen in verschiedenen Temperaturbereichen verschiedene Teilreaktionen geschwindigkeitsbestimmend sein. Umgekehrt zu Abb. 4 wäre jedoch in diesem Fall die Teilreaktion I (Aktivierungsenergie E_1) bei großen Werten von $1/T$, die Teilreaktion II (Aktivierungsenergie E_2) bei kleinen Werten von $1/T$ geschwindigkeitsbestimmend.

3.5 Vereinfachte Ableitung theoretischer Zeitgesetze

Es liege eine Reaktion mit der Reaktionsgleichung

$$2\,\mathrm{A} \rightleftharpoons \mathrm{D}$$

und dem Reaktionsmechanismus

$$\text{(I)} \qquad \mathrm{A} \underset{k_{-1}}{\overset{k_1}{\rightleftharpoons}} \mathrm{B}$$

$$\text{(II)} \qquad 2\,\mathrm{B} \underset{k_{-2}}{\overset{k_2}{\rightleftharpoons}} \mathrm{C} \qquad \text{(I.85)}$$

$$\text{(III)} \qquad \mathrm{C} \xrightarrow{k_3} \mathrm{D}$$

vor. Dieser Mechanismus enthält in Teilreaktion(II) eine Elementarreaktion zweiter Ordnung.

Nimmt man an, daß sich ein quasi-stationärer Zustand eingestellt hat und daß ein geschwindigkeitsbestimmender Schritt existiert, so kann man den ausführlichen mathematischen Formalismus vermeiden und für verschiedene geschwindigkeitsbestimmende Schritte die entsprechenden Geschwindigkeitsgleichungen direkt anschreiben. Dabei wird vorausgesetzt, daß vor dem geschwindigkeitsbestimmenden Schritt ein Gleichgewicht besteht und daß im geschwindigkeitsbestimmenden Schritt die Rückreaktion vernachlässigt werden kann. Die Bedingungen dafür, daß Schritt I, II oder III geschwindigkeitsbestimmend ist, sind aus der Forderung $v_{j'} \ll v_{j+j'}$ abzuleiten (s. 1.3.4).

a) Teilreaktion A → B geschwindigkeitsbestimmend, d. h. $k_2 c_\mathrm{B} \gg k_{-1}$, $k_3 > k_{-2}$

$$v = k_1 c_\mathrm{A} = k_\mathrm{I} c_\mathrm{A}\,, \qquad \text{(I.86)}$$

b) Teilreaktion 2 B → C geschwindigkeitsbestimmend, d. h. $k_2 c_\mathrm{B} \ll k_{-1}$, $k_3 \gg k_{-2}$

$$v = k_2 c_\mathrm{B}^2 = k_2 K_\mathrm{I}^2 c_\mathrm{A}^2 = k_\mathrm{II} c_\mathrm{A}^2\,, \qquad \text{(I.87)}$$

c) Teilreaktion C $\rightarrow$ D geschwindigkeitsbestimmend, d. h. $k_2 c_B < k_{-1}$, $k_3 \ll k_{-2}$

$$v = k_3 c_C = k_3 K_{II} K_I^2 c_A^2 = k_{III} c_A^2. \qquad (I.88)$$

Im Fall a) erhält man demnach eine Geschwindigkeitsgleichung erster Ordnung, in den Fällen b) und c) dagegen Gleichungen von zweiter Ordnung in c_A. Dabei sind für b) und c) die effektiven Geschwindigkeitskonstanten Produkte der Geschwindigkeitskonstanten der geschwindigkeitsbestimmenden Teilreaktion und der Gleichgewichtskonstanten (in der ersten oder zweiten Potenz) der vorgelagerten Gleichgewichte. Die Gleichungen (86) bis (88) können unter Berücksichtigung von $v = -dc_A/dt$ einfach integriert werden (s. Tab. 1).

4. Analyse reaktionskinetischer Ergebnisse

Das eigentliche Ziel der Reaktionskinetik ist die Aufklärung von Reaktionsmechanismen, d. h. die Ermittlung der beteiligten Reaktionsschritte bzw. Elementarreaktionen und deren wechselseitige Verknüpfung. Darüber hinaus sollen Aussagen über die einzelnen Elementarreaktionen gewonnen werden, die sich z. B. auf Geschwindigkeitskonstante und Aktivierungsenergie beziehen. Schließlich ist der Zusammenhang zwischen der Struktur und der Reaktivität der Reaktanten von Interesse.

Ausgangspunkt der Aufklärung eines Reaktionsmechanismus sind die durch Kinetik-Untersuchungen gewonnenen experimentellen Ergebnisse. Diese liegen meist in Form des Zusammenhanges zwischen den Konzentrationen c_i der Reaktionspartner und der Reaktionszeit t für verschiedene Ausgangskonzentrationen c_{0i} und für verschiedene Temperaturen T vor. Im Falle der Gas-Metall-Reaktionen

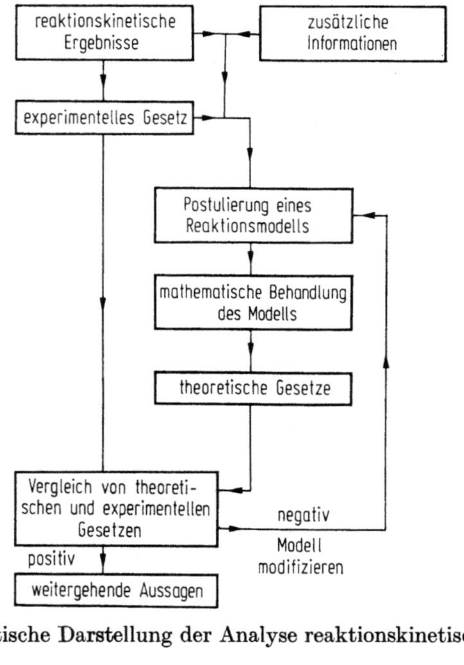

Abb. 5. Schematische Darstellung der Analyse reaktionskinetischer Ergebnisse.

sind die Verhältnisse insofern günstig, als man häufig mit nur einem Konzentrationsparameter c auskommt. Zur Frage der Untersuchungsmethoden und Konzentrationsbestimmungen sei auf Kapitel D verwiesen.

Die Analyse reaktionskinetischer Ergebnisse erfolgt zweckmäßigerweise nach dem Flußdiagramm in Abb. 5 in folgenden Schritten:

1. Es wird versucht, die experimentellen Ergebnisse in Form einer Geschwindigkeitsgleichung bzw. eines Zeitgesetzes darzustellen.
2. Aufgrund der reaktionskinetischen Ergebnisse, d. h. insbesondere der Geschwindigkeitsgleichung, sowie unter Berücksichtigung weiterer Informationen über die Reaktion wird als Modell ein möglichst einfacher Reaktionsmechanismus postuliert.
3. Das postulierte Reaktionsmodell wird mathematisch behandelt, wobei theoretische Gesetze erhalten werden.
4. Die theoretischen Gesetzmäßigkeiten werden mit dem experimentellen Gesetz verglichen.

4.1 Aufstellung des experimentellen Gesetzes

Die reaktionskinetischen Ergebnisse lassen sich immer dann leicht durch eine Geschwindigkeitsgleichung bzw. durch ein Zeitgesetz darstellen, wenn die betreffende Reaktion eine ganzzahlige positive Ordnung hat, d. h. wenn sich die Konzentrationsabhängigkeit der Reaktionsgeschwindigkeit als Produkt einfacher Potenzfunktionen der Konzentrationen der Ausgangsstoffe nach Art der Gl. (10) darstellen läßt. Ob dieser einfache Fall vorliegt, kann mit Hilfe der „Integrationsmethode“ und der „differentiellen Methode“ überprüft werden. Die differentielle Methode ist jedoch auch von Nutzen, wenn die betrachtete Reaktion keine einfache Ordnung hat.

Die Ermittlung der Ordnung der Gesamtreaktion wird wesentlich erleichtert, wenn die Ausgangsstoffe in stöchiometrischem Verhältnis vorliegen. Dann können die Konzentrationen c_i durch einen einzigen Konzentrationsparameter c ausgedrückt werden (s. I.1.6) und man erhält die einfache Geschwindigkeitsgleichung

$$v = -\frac{\mathrm{d}c}{\mathrm{d}t} = k(T)\, c^n. \qquad (I.89)$$

Soll die Reaktionsordnung bezüglich eines einzelnen Reaktanten ermittelt werden, so ist es vorteilhaft, alle Ausgangsstoffe bis auf den interessierenden Stoff in großem Überschuß einzusetzen, damit die Reaktionsgeschwindigkeit nur von der Konzentration dieser Komponente abhängt.

Die *Integrationsmethode* ist eine „Probiermethode“. Dabei wählt man Geschwindigkeitsgleichungen aus, die man für anwendbar hält, integriert diese und überprüft, ob der experimentell erhaltene Zusammenhang $c = c(t)$ durch eines der Zeitgesetze beschrieben werden kann. Hierzu wird man zunächst die einfachen Zeitgesetze der Tab. 1 heranziehen und die spezifischen Eigenschaften der verschiedenen Gesetze und der Ausdrücke für die Halbwertszeit ausnützen. Es ist also insbesondere zu prüfen, ob sich bei einer speziellen Auftragung der Konzentration c eines Ausgangsstoffes gegen die Reaktionszeit t eine Gerade ergibt und in welcher Weise die Halbwertszeit $t_{1/2}$ von der Anfangskonzentration c_0 abhängt.

Bei der *differentiellen Methode* geht man von den Reaktionsgeschwindigkeiten $v = -\mathrm{d}c/\mathrm{d}t$ aus, die sich durch Bestimmung der Steigungen der experimentellen Konzentration-Zeit-Kurven ergeben. Besitzt die Reaktion die Ordnung n, so folgt aus Gl. (89) durch Logarithmieren

$$\log v = \log k + n \log c\,. \tag{I.90}$$

Beim Auftragen von $\log v$ über $\log c$ ergibt sich somit eine Gerade, deren Steigung die Reaktionsordnung n angibt. Dabei handelt es sich um die Ordnung bezüglich der Zeit n_t. Wendet man dagegen die differentielle Methode auf die Anfangsgeschwindigkeit v_0 bei $t = 0$ für verschiedene Anfangskonzentrationen c_0 des Ausgangsstoffes an, so erhält man die Ordnung bezüglich der Konzentration n_c, die auch als die wahre Ordnung bezeichnet wird. Die beiden Ordnungen n_t und n_c können verschieden sein, wenn im Verlaufe der Reaktion entstehende Zwischenprodukte oder Endprodukte die Reaktion hemmen ($n_t > n_c$) oder beschleunigen ($n_t < n_c$, Autokatalyse).

4.2 Postulierung des Reaktionsmodells

Die Postulierung eines Modells für den Reaktionsmechanismus stützt sich einerseits auf eine Untersuchung der Form der Geschwindigkeitsgleichung oder des Zeitgesetzes und andererseits auf zusätzliche Informationen über die betreffende Reaktion.

Aus der Form des Zeitgesetzes allein kann der Reaktionsmechanismus grundsätzlich nicht abgeleitet werden. Viele komplexe Reaktionen mit komplizierten Mechanismen haben einfache Zeitgesetze mit Reaktionsordnungen, die sogar der Stöchiometrie der Reaktionsgleichungen entsprechen können. Die Verträglichkeit des Zeitgesetzes mit der stöchiometrischen Reaktionsgleichung ist jedoch ein notwendiges Kriterium dafür, daß es sich bei der betrachteten Reaktion um eine Elementarreaktion handelt.

Wichtig ist weiterhin, daß eine Geschwindigkeitsgleichung mit einer ganzzahligen Ordnung Auskunft geben kann über die Art und Anzahl der Moleküle, die den aktivierten Komplex des geschwindigkeitsbestimmenden Schrittes aufbauen. Über die Art und Anzahl der Moleküle, die in diesem Schritt miteinander reagieren, läßt sich jedoch zunächst nichts aussagen. Bei Gas-Metall-Reaktionen ist allerdings die Reaktionsordnung häufig gleich der Molekularität des geschwindigkeitsbestimmenden Schrittes. Über die nach dem geschwindigkeitsbestimmenden Schritt ablaufenden Reaktionsschritte sagt die Geschwindigkeitsgleichung nichts aus, solange die Rückreaktion vernachlässigbar bleibt.

Zusätzliche Informationen zur betrachteten Reaktion gründen sich z. B. auf:

a) Die Chemie der Reaktion. Hierzu zählen in erster Linie Kenntnisse über die Ausgangs-, End- und Zwischenprodukte der Reaktion und deren Verteilung, die bei Gas-Metall-Reaktionen u. U. durch massenspektrometrische Untersuchungen ermittelt werden können.

b) Die Auswirkung von plötzlichen Änderungen eines Versuchsparameters, wie z. B. der Konzentration eines Ausgangsstoffes, auf das Reaktionssystem.

c) Den Einfluß von plötzlich eingebrachten Isotopen auf die entstehenden Zwischenprodukte und Endprodukte.

d) Die Änderung des Reaktionsablaufes, wenn molekulare Reaktanten durch deren atomare Komponenten ersetzt werden.

Schließlich kann das Wissen über bekannte Mechanismen analoger Reaktionen zur Aufklärung von Reaktionsmechanismen beitragen. So sind z. B. von vornherein die wesentlichen Elementarreaktionen bekannt, die bei Gas-Metall-Reaktionen eine Rolle spielen.

Die Erfassung und Berücksichtigung möglichst vieler Informationen bei der Postulierung von Reaktionsmodellen ist außerordentlich wichtig, weil hierdurch der Spielraum für alternative Modelle eingeengt wird.

4.3 Mathematische Behandlung des Reaktionsmodells

Die theoretische Behandlung von Reaktionsmechanismen mit dem Ziel der Ableitung von Zeitgesetzen ist bereits in I.3 durchgeführt worden. Die Verhältnisse werden natürlich sehr kompliziert, wenn nicht nur Folgereaktionen erster Ordnung, sondern auch Reaktionen höherer Ordnung sowie Parallelreaktionen in den Mechanismus einbezogen werden. Wie in I.3.5 gezeigt, können die Zeitgesetze jedoch für Folgereaktionen unmittelbar angegeben werden, wenn die Näherungen des quasi-stationären Zustandes (s. I.3.3) und des geschwindigkeitsbestimmenden Teilschrittes (s.I.3.4) anwendbar sind.

4.4 Vergleich der theoretischen und experimentellen Gesetze

Beim Vergleich der theoretischen und experimentellen Gesetze wird geprüft, ob eines der für bestimmte geschwindigkeitsbestimmende Schritte berechneten Gesetze mit dem experimentellen Gesetz übereinstimmt. Ist das Modell mit den experimentellen Ergebnissen verträglich, so erhält man aufgrund der Modellaussagen weitergehende Informationen über den geschwindigkeitsbestimmenden Schritt, und damit zusammenhängend, über die Bedeutung der effektiven Geschwindigkeitskonstanten und der effektiven Aktivierungsenergie. Aus einer Übereinstimmung zwischen theoretischem und experimentellem Gesetz kann jedoch nicht auf die Richtigkeit des Reaktionsmodells geschlossen werden. Eine solche Übereinstimmung ist zwar eine notwendige, aber keine hinreichende Bedingung. Verschiedenartige Mechanismen können auf dieselben Zeitgesetze führen. Deshalb ist es wichtig, daß durch möglichst viele Zusatzinformationen über die betrachtete Reaktion das Reaktionsmodell gestützt wird und alternative Modelle weitgehend ausgeschlossen werden.

Besteht keine Übereinstimmung zwischen einem der aus dem Reaktionsmodell abgeleiteten theoretischen Gesetze und dem experimentellen Gesetz, so ist zunächst zu überprüfen, ob die in der Rechnung benutzten Näherungen des quasi-stationären Zustandes und des geschwindigkeitsbestimmenden Schrittes zulässig waren. Erst wenn dies mit einiger Wahrscheinlichkeit gesichert ist, muß ein modifiziertes Modell postuliert werden (s. Flußdiagramm in Abb. 5).

II. Teilvorgänge in Gas-Metall-Reaktionen

Gas-Metall-Reaktionen setzen sich i. allg. aus chemischen und physikalischen Teilreaktionen zusammen, unter denen auch Grenzflächenreaktionen sind. Es handelt sich also um komplexe heterogene Reaktionen. Die Teilvorgänge lassen sich einteilen in Transportprozesse in der Gasphase, im Metall oder in der Schmelze, in Adsorptions- und Desorptionsvorgänge, in Durchtrittsreaktionen durch Grenzflächen und in Umsetzungen auf Metall- oder Schmelzenoberflächen. Dabei kommt den Adsorptionserscheinungen, ebenso wie bei den an Metalloberflächen katalysierten Gasreaktionen, eine zentrale Bedeutung zu.

1. Grenzflächenreaktionen

1.1 Adsorption

Die Adsorption von Gasen an Festkörperoberflächen ist ein komplexes Phänomen. Es sind zahlreiche verschiedenartige Adsorptionszustände möglich, die durch typische, zum Teil zusammenhängende Merkmale, charakterisiert werden können, wie z. B. durch die Natur der auftretenden Wechselwirkungskräfte (physikalisch oder chemisch), die Art der Bindung der Gasmoleküle oder Atome (Adsorbat) an die Oberfläche (lokalisierte oder nichtlokalisierte Adsorption), die Beweglichkeit der adsorbierten Spezies (unbewegliches oder bewegliches Adsorbat), die Art der sich ausbildenden Adsorptionsschicht (Monolage oder mehrere Schichten) und schließlich durch die Natur der Oberfläche hinsichtlich der aktiven Adsorptionsplätze (homogen oder heterogen). Formal unterscheidet man zwei Adsorptionserscheinungen, und zwar die physikalische Adsorption, auch Physisorption genannt, und die Chemisorption.

Im Zustand der *Physisorption* werden die Moleküle durch wenig spezifische, schwache Van der Waals'sche Kräfte oder durch Dispersionskräfte nur locker an die Oberfläche gebunden. Dabei sind die Moleküle nicht an bestimmte Oberflächenplätze gebunden, sie sind auf der Oberfläche beweglich, und es können sich mehrere Molekülllagen ausbilden. Die Adsorptionswärme ist sehr klein und beträgt höchstens einige kcal/mol.

Bei der *Chemisorption* treten dagegen spezifische chemische Bindungskräfte zwischen Adsorbatmolekülen und den Atomen der Festkörperoberfläche auf, die wesentlich darauf zurückzuführen sind, daß die Valenzen der Oberflächenatome nicht voll abgesättigt sind. Man kann also von einer chemischen Reaktion zwischen Gasmolekülen und Metalloberflächenatomen sprechen, die häufig zu einer Dissoziation bzw. zu einem Zerfall der Gasmoleküle führt und durch eine große Adsorptionswärme (bis über 200 kcal/mol) ausgezeichnet ist.

Energetische Verhältnisse bei Physisorption und Chemisorption

In Abb. 6 ist die potentielle Energie E eines zweiatomigen Gasmoleküls bzw. die potentielle Energie der beiden Gasatome im dissoziierten Zustand in Abhängigkeit vom Abstand d von der Metalloberfläche aufgetragen. Die Potentialkurve Ph bezieht sich auf die Physisorption des Gasmoleküls G_2. Sie weist ein breites flaches Potentialminimum auf, dessen Tiefe gleich der Physisorptionsenthalpie $\Delta \overline{H}_{ph}$ ist. Die Potentialkurve C beschreibt die Chemisorption des dissoziierten Gases. Sie ist durch ein enges, tiefes Minimum ausgezeichnet, das durch die Größe der Chemisorptionsenthalpie $\Delta \overline{H}_c$ bestimmt wird. Die Aktivierungsenergie der Chemisorption E_c bezogen auf den molekularen Gaszustand als Nullzustand ergibt sich aus dem Schnittpunkt der beiden Potentialkurven Ph und C. Die Größe von E_c hängt also vom Verlauf der beiden Kurven ab. Für E_c sind im Prinzip alle Werte zwischen null und der Dissoziationsenergie ΔH_D möglich.

Folgt der Chemisorption eine Lösung des Gases im Metallinneren, so ist das Potentialdiagramm durch die Potentialkurve der gelösten Gasatome zu ergänzen. In Abb. 6 ist der Fall für eine endotherme Lösung mit der Lösungsenthalpie $\Delta \overline{H}_s$ gezeichnet (s. auch III.2.2, Abb. 19).

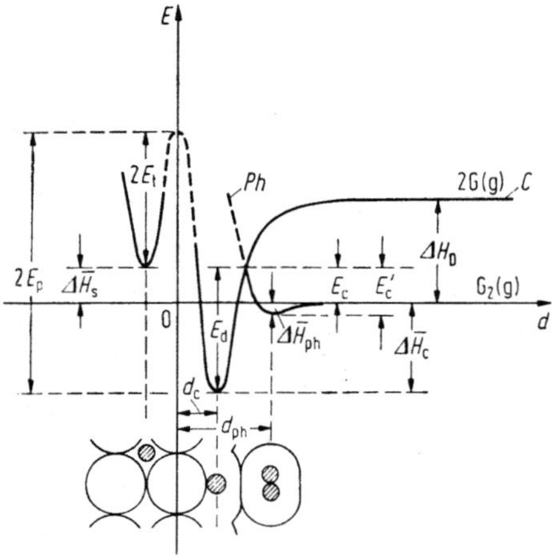

Abb. 6. Potentialkurven der Physisorption und Chemisorption eines zweiatomigen Gases an einer Metalloberfläche (E potentielle Energie, d Abstand von Metalloberfläche).

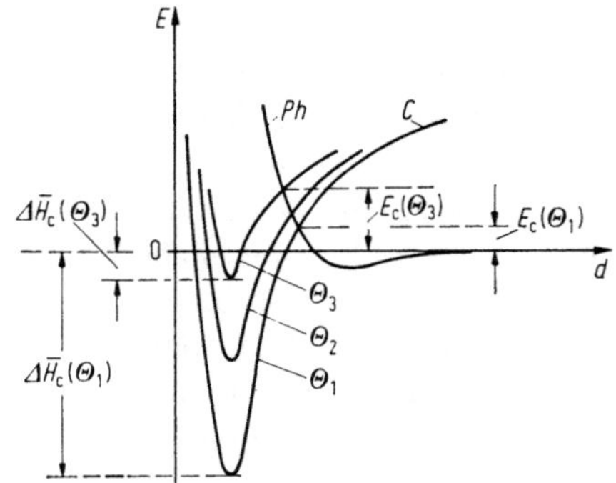

Abb. 7. Einfluß des Bedeckungsgrades Θ auf die Potentialkurve der Chemisorption ($\Theta_3 > \Theta_2 > \Theta_1$).

Der Übergang vom physikalisch adsorbierten in den chemisorbierten Zustand erfolgt meist nur an speziellen Oberflächenplätzen, den sogenannten aktiven Zentren. Als solche Zentren kommen Kristallitecken und -kanten, sowie Kristallbaufehler (Punktdefekte, Korngrenzen, Versetzungen) in Frage. Die aktiven Plätze werden im allgemeinen verschiedene Aktivität haben. Dies bedeutet, daß die Oberfläche energetisch nicht homogen sondern heterogen ist, und daß sich für jede Sorte von aktiven Plätzen ein Diagramm der Form wie in Abb. 6 ergibt. Die Gestalt der Kurve C hängt dann von der Art der Plätze ab, wobei der Betrag der Chemisorptionsenthalpie mit abnehmender Aktivität der Plätze kleiner und die Aktivierungsenergie der Chemisorption größer wird. Analoge Verhältnisse ergeben sich, wenn die Wechselwirkung der adsorbierten Gasatome berücksichtigt wird. Diese gewinnt mit zunehmendem Bedeckungsgrad Θ der Oberfläche an Bedeutung. Wie aus Abb. 7 hervorgeht, nimmt mit steigendem Θ die Größe $|\Delta \overline{H}_c|$ ab und die Größe E_c zu.

Im Zustand der Physisorption sind die Moleküle auf der Metalloberfläche frei beweglich. Bei der Chemisorption hängt es von der Stärke der Bindungen zwischen adsorbierten Metalloidatomen und aktiven Plätzen sowie von der Temperatur ab, ob die Atome sich auf der Oberfläche weiterbewegen können oder ob sie unbeweglich sind. Diese Verhältnisse werden durch Abb. 8 für eine homogene und eine heterogene Oberfläche veranschaulicht. Dabei charakterisieren die Potentialminima die aktiven Zentren, die in gleichen Abständen angeordnet sein sollen. Bei der homogenen Oberfläche ist die Energie $\bar{E}_d$ für die Desorption eines chemisorbierten Gasatomes für alle Plätze gleich groß, während bei der heterogenen Oberfläche zwei verschiedene Arten von Plätzen mit den Desorptionsenergien $\bar{E}'_d$ und $\bar{E}''_d$ angenommen worden sind. Die Energien V_0, V'_0 und V''_0 bezeichnen die Höhe der Potentialschwellen für die Oberflächendiffusion. Für $V_0 \cong k_B T$ ist bei der betreffenden Temperatur T Diffusion möglich und das Adsorbat somit bedingt beweglich.

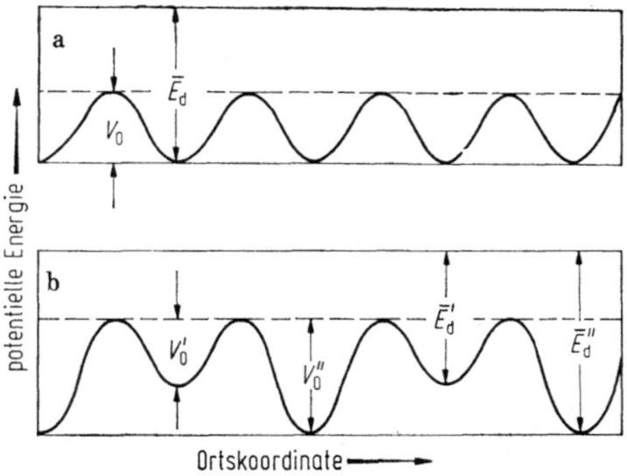

Abb. 8. Energiediagramm für die lokalisierte Adsorption auf einer homogenen a) und einer heterogenen b) Metalloberfläche.

Kinetik der Physisorption und Chemisorption

Die Physisorption und die Desorption aus dem physikalisch-adsorbierten Zustand können für ein zweiatomiges Gas durch die Reaktionsgleichung

$$G_2(g) \underset{k_{-1}}{\overset{k_1}{\rightleftharpoons}} G_2\,(ad) \tag{II.1}$$

beschrieben werden. Für die Reaktionsgeschwindigkeiten der Elementarreaktionen gilt

$$v_1 = k_1 p, \quad v_{-1} = k_{-1}\vartheta. \tag{II.2}$$

Dabei sind k_1 und k_{-1} die Geschwindigkeitskonstanten, p der Gasdruck und ϑ die Oberflächenkonzentration des physisorbierten Gases.

Nach der kinetischen Gastheorie beträgt die Zahl der Gasmoleküle G_2, die die Flächeneinheit der Metalloberfläche pro Zeiteinheit treffen $p/(2\pi m k_B T)^{1/2}$, wobei m die Masse eines Gasmoleküls, k_B die Boltzmann-Konstante und T die absolute Temperatur des Gases ist. Bezeichnet man mit α den Kondensationskoeffizienten, der den Bruchteil der auftreffenden Moleküle angibt, die auf der

Oberfläche physikalisch adsorbiert werden, so ergibt sich v_1 zu

$$v_1 = k_1 p = \alpha \frac{p}{(2\pi m k_B T)^{1/2}}. \tag{II.3}$$

Diese Geschwindigkeitsgleichung ist von erster Ordnung in p und nur wenig von der Temperatur abhängig. Demgegenüber ist die Desorption aus dem physikalisch adsorbierten Zustand schwach thermisch aktiviert und es gilt für die Geschwindigkeitskonstante k_{-1} eine Arrhenius-Gleichung

$$k_{-1} = k_{-01} \exp(-E_{-1}/RT), \tag{II.4}$$

wobei die Aktivierungsenergie gleich dem Betrag der Physisorptionsenthalpie ist:

$$E_{-1} = |\Delta \overline{H}_{ph}|. \tag{II.5}$$

Die dissoziative Chemisorption von G_2 aus dem Physisorptionszustand heraus kann aufgefaßt werden als Reaktion zwischen physikalisch adsorbierten Molekülen und aktiven Oberflächenplätzen S:

$$G_2(ad) + 2\,S \underset{k_{-2}}{\overset{k_2}{\rightleftharpoons}} 2\,(G - S). \tag{II.6}$$

Durch Zerfall der Adsorptionskomplexe (G — S) und Rekombination von 2 G entstehen in der Rückreaktion wieder physikalisch adsorbierte Moleküle.

Liegt eine homogene Oberfläche mit einheitlichen aktiven Plätzen S vor, so kann man als Maß für die Oberflächenkonzentration der chemisorbierten G-Atome den Bedeckungsgrad Θ einführen, der angibt, welcher Bruchteil der aktiven Plätze bzw. der Oberfläche mit Gasatomen belegt ist. Damit ergeben sich für die Geschwindigkeiten v_2 und v_{-2} der Chemisorption bzw. der Rekombination die Beziehungen

$$v_2 = k_2 \vartheta f_2(\Theta) = k_2 \vartheta\,(1 - \Theta)^2 \tag{II.7}$$

und

$$v_{-2} = k_{-2} f_{-2}(\Theta) = k_{-2}\Theta^2. \tag{II.8}$$

Die Funktion $f_2(\Theta)$ gibt den Oberflächenanteil an, der für die Chemisorption verfügbar ist. Für diese Funktion ist wesentlich, daß bei der dissoziativen lokalisierten Adsorption von G_2(ad) zwei nebeneinander liegende freie aktive Plätze vorhanden sein müssen. Sind die chemisorbierten Atome durch Diffusion beweglich, wie in Gl. (7) vorausgesetzt, so daß eine statistische Verteilung der Atome vorliegt, so kann $f_2(\Theta)$ durch $(1 - \Theta)^2$ ausgedrückt werden. Entsprechend muß bei der Rekombinationsreaktion beachtet werden, daß nur zwei nebeneinander sitzende Atome zum Molekül G_2 zusammentreten können. Bei beweglichen Atomen gilt dann $f_{-2}(\Theta) = \Theta^2$, wie in Gl. (8) angenommen.

Für die Temperaturabhängigkeit der Geschwindigkeitskonstanten k_2 und k_{-2} in Gl. (7) und (8) gelten die Arrhenius-Gleichungen

$$k_2 = k_{02} \exp(-E_c'/RT) \tag{II.9}$$

und

$$k_{-2} = k_{-02} \exp(-E_d/RT). \tag{II.10}$$

Dabei ist E'_c die Aktivierungsenergie für die Chemisorption von G_2 aus dem physikalisch adsorbierten Zustand und E_d die Aktivierungsenergie für die Rekombination von 2 G (s. Abb. 6). E_d ist gleich der Summe aus der Aktivierungsenergie E_c für die Chemisorption von G_2 aus dem Gaszustand und dem Betrag der Chemisorptionsenthalpie

$$E_d = E_c + |\Delta \bar{H}_c|. \tag{II.11}$$

Insbesondere bei höheren Bedeckungsgraden Θ muß eine Wechselwirkung zwischen den chemisorbierten Atomen berücksichtigt werden. In diesem Fall werden die Aktivierungsenergien E_c, E'_c und E_d Funktionen von Θ. Bei energetisch homogenen Oberflächen gilt oft ein linearer Zusammenhang

$$E_c = E_{0c} + a\Theta, \tag{II.12}$$

wo a eine Konstante ist. Bei energetisch inhomogenen Oberflächen tritt zusätzlich eine Verteilung von verschiedenen Aktivierungsenergien auf, über die integriert werden muß.

Betrachtet man nun den Gesamtprozeß reversible Physisorption mit nachfolgender Chemisorption ohne Rückreaktion, d. h. den Mechanismus

$$\begin{gathered} G_2(g) \underset{k_{-1}}{\overset{k_1}{\rightleftharpoons}} G_2(ad) \\ G_2(ad) + 2\,S \xrightarrow{k_2} 2\,(G - S) \end{gathered} \tag{II.13}$$

unter quasi-stationären Bedingungen, so ergibt sich bei Berücksichtigung der Beziehungen (2) bis (5) sowie (7) bis (9) für die Geschwindigkeitsgleichung [69, 70]

$$\begin{aligned} v &= \alpha \frac{p}{(2\pi m k_B T)^{1/2}} \cdot \frac{k_2(1-\Theta)^2}{k_{-1} + k_2(1-\Theta)^2} \\ &= \alpha \frac{p}{(2\pi m k_B T)^{1/2}} \cdot \frac{1}{1 + \dfrac{1}{(1-\Theta)^2} \dfrac{k_{-01}}{k_{02}} \exp[(E_2 - E_{-1})/RT]}, \end{aligned} \tag{II.14}$$

wobei $(E_2 - E_{-1})$ die Aktivierungsenergie für die Chemisorption E_c ist (s. Abb. 6).

Für den Bruchteil der auftreffenden Moleküle, die chemisorbiert werden, d. h. die Haftwahrscheinlichkeit (sticking probability) s, gilt unter Berücksichtigung von Gl. (3)

$$s = \frac{v}{v_1/\alpha} = \frac{\alpha}{1 + \dfrac{1}{(1-\Theta)^2} \dfrac{k_{-01}}{k_{02}} \exp[(E_2 - E_{-1})/RT]} \tag{II.15}$$

und mit $\alpha = 1$

$$\frac{s}{1-s} = (1-\Theta)^2 \frac{k_{02}}{k_{-01}} \exp[-(E_2 - E_{-1})/RT]. \tag{II.16}$$

Die Energiedifferenz $(E_2 - E_{-1})$ ergibt sich somit aus der Steigung von $(\ln[s/(1-s)]_\Theta, 1/T)$-Kurven.

Von Interesse ist der Zusammenhang zwischen der Haftwahrscheinlichkeit s und dem Bedeckungsgrad Θ bei konstanter Temperatur. Vernachlässigt man die Abhängigkeit der Aktivierungsenergien von Θ, so folgt aus Gl. (15) mit $\alpha = 1$

$$s = \frac{1}{1 + B\dfrac{1}{(1-\Theta)^2}}, \tag{II.17}$$

wobei die Bedeutung von B aus Gl. (15) hervorgeht. Man erkennt, daß die Haftwahrscheinlichkeit s bereits bei kleineren Bedeckungsgraden Θ stark von Θ abhängt, falls $B \gtrsim 1$ ist.

Im Gegensatz zu den bisherigen Betrachtungen, bei denen nach [70, 71] die Physisorption eine notwendige Voraussetzung für die Chemisorption ist, wird in Anlehnung an die ursprüngliche Langmuirsche Theorie [72, 13] häufig der direkte Übergang der Gasmoleküle in den Chemisorptionszustand ohne Beteiligung der Physisorption diskutiert. Danach ergibt sich für die Geschwindigkeit der dissoziativen Chemisorption von G_2

$$v_c = \frac{p}{(2\pi m k_B T)^{1/2}}\,\alpha'(1-\Theta)^2 \exp(-E_c/RT) \tag{II.18}$$

und für die Geschwindigkeit der Desorption unter Rekombination von 2G zu G_2

$$v_d = k_{0d}\Theta^2 \exp(-E_d/RT). \tag{II.19}$$

Hier ist k_{0d} eine Konstante und α' der Kondensationskoeffizient der Chemisorption. Dieser gibt den chemisorbierten Bruchteil derjenigen stoßenden Moleküle an, die einen freien Oberflächenplatz vorfinden und die Aktivierungsenergie E_c aufweisen.

Im thermodynamischen Gleichgewicht erhält man wegen $v_c = v_d$ die bekannte Langmuirsche Adsorptionsisotherme, die bei einer dissoziativen Adsorption die Gestalt

$$\Theta = \frac{(bp)^{1/2}}{1 + (bp)^{1/2}} \tag{II.20}$$

annimmt, wo b eine Konstante ist.

Reagieren *mehratomige Moleküle* mit Metallen, so folgt auf die Physisorption der Zerfall der Moleküle an der Metalloberfläche, wobei die Bruchstücke je nach den auftretenden Bindungskräften verschieden stark adsorbiert werden. Der Zerfall kann schrittweise erfolgen und es können sich neue Moleküle an der Oberfläche bilden, die anschließend desorbieren (s. II.1.3).

Beim Vorliegen von *Metallschmelzen* können die Überlegungen zur Energetik und Kinetik der Adsorption von Gasen an Festkörpern formal übernommen werden. Das Konzept aktiver Oberflächenplätze muß jedoch modifiziert werden und der blanken Oberfläche kann eine weitgehend einheitliche Aktivität zugeschrieben werden. Bei durch Konvektion bewegten Schmelzen wird die Oberfläche fortwährend erneuert, so daß die Adsorption stets an einer reinen Oberfläche einsetzt. Weiterhin ist zu berücksichtigen, daß bei einem hohen Bedeckungsgrad der Schmelzenoberfläche mit bestimmten Spezies, z. B. Sauerstoff auf flüssigem Eisen, die Bewegung der Schmelze an der Oberfläche verzögert und damit die Geschwindigkeit des Stoffübergangs durch die Diffusionsgrenzschicht erniedrigt wird (s. II.3.) [140].

1.2 Grenzflächendurchtritt

Bei den Durchtrittsreaktionen handelt es sich häufig um den Übergang von Gasatomen oder Kohlenstoffatomen aus dem chemisorbierten in den interstitiell gelösten Zustand oder um den umgekehrten Schritt. Für ein festes Metall kann der Durchtritt durch die Reaktionsgleichung

$$(\mathrm{G}-\mathrm{S})+\mathrm{Z} \underset{k'}{\overset{k}{\rightleftharpoons}} (\mathrm{G}-\mathrm{Z})+\mathrm{S} \qquad \text{(II.21)}$$

beschrieben werden. Dabei bezeichnet Z die Zwischengitterplätze, auf denen die Gasatome G eingelagert werden. Wenn berücksichtigt wird, daß von sehr vielen Zwischengitterplätzen nur einige besetzt sind, lauten die Geschwindigkeitsgleichungen für die Hin- und Rückreaktion bei kleinem Bedeckungsgrad Θ

$$v = k\Theta, \qquad v' = k'c, \qquad \text{(II.22)}$$

wo c die Konzentration der gelösten G-Atome unmittelbar unterhalb der Oberfläche des Metalls angibt. Die Temperaturabhängigkeit der Geschwindigkeitskonstanten k und k' gehorcht den Arrhenius-Gleichungen

$$k = k_0 \exp\left(-E_\mathrm{p}/RT\right)$$

und

$$k' = k'_0 \exp\left(-E_\mathrm{t}/RT\right). \qquad \text{(II.23)}$$

Die Bedeutung der Aktivierungsenergien E_p und E_t kann Abb. 6 entnommen werden. Dabei ist zu beachten, daß sich die Energiewerte in Abb. 6 auf ein Molekül G_2 oder auf zwei Atome G (bzw. 1 mol G_2 oder 2 g-Atom G) beziehen, während an der Elementarreaktion des Durchtritts jeweils nur ein G-Atom beteiligt ist.

Die Geschwindigkeitsgleichungen (22) können rein formal auch auf den Durchtritt von Gasatomen durch die Grenzfläche zwischen Gasphase und Metallschmelze angewendet werden.

1.3 Chemische Umsetzungen auf Oberflächen

Zu den Umsetzungsreaktionen auf Oberflächen gehören insbesondere die Bildung nichtflüchtiger und flüchtiger Verbindungen (s. IV.1 und III.3.4). Entstehen z. B. bei der Entgasung von Metallen die flüchtigen Oxide MeO oder MeO_2 entsprechend den Reaktionsgleichungen

$$(\mathrm{O}-\mathrm{S})+\mathrm{Me(s)} \xrightarrow{k} \mathrm{MeO(g)}+\mathrm{S}$$

bzw.

$$2(\mathrm{O}-\mathrm{S})+\mathrm{Me(s)} \xrightarrow{k'} \mathrm{MeO_2(g)}+2\mathrm{S}, \qquad \text{(II.24)}$$

so lauten die Geschwindigkeitsgleichungen

$$v = k\Theta \quad \text{bzw.} \quad v' = k'\Theta^2. \tag{II.25}$$

In Gl. (25) ist die Konzentration des im Überschuß vorhandenen Metalls in den Geschwindigkeitskonstanten enthalten und in Gl. (24) ist angenommen worden, daß die Oxide nach der Bildung sofort abdampfen, d. h. die Desorption der Oxide soll ein „schneller" Prozeß sein.

Von Bedeutung sind bei Entgasungsprozessen auch die Reaktionen von adsorbierten Gas- oder Kohlenstoffatomen, die aus dem Metallinneren stammen, mit adsorbierten Komponenten aus der Gasatmosphäre, wie z. B. der Vorgang

$$(\mathrm{C} - \mathrm{S}) + (\mathrm{O} - \mathrm{S}) \xrightarrow{k} \mathrm{CO(g)} + 2\mathrm{S} \tag{II.26}$$

mit der Geschwindigkeitsgleichung

$$v = k\Theta_\mathrm{C} \cdot \Theta_\mathrm{O}, \tag{II.27}$$

wobei Θ_C und Θ_O die Bedeckungsgrade hinsichtlich Kohlenstoff und Sauerstoff sind. In Gl. (26) können auch beide Metalloide aus dem Metallinneren kommen.

Schließlich gehört der Zerfall von komplizierten Molekülen an der Metalloberfläche unter Bildung neuer Moleküle zu den Umsetzungsreaktionen an Grenzflächen. Beispiele hierfür sind die Zersetzung von Kohlenwasserstoffen an Metallen unter Freisetzung von Wasserstoff (s. III.4.1).

Die hier erörterten chemischen Umsetzungen laufen auch an der Oberfläche von Metallschmelzen ab. Dabei können die Geschwindigkeitsgleichungen (25) und (27) formal übernommen werden.

2. Transportvorgänge im Metall

2.1 Diffusion

Die Diffusion von Gas- oder Kohlenstoffatomen im Metall wird häufig zum geschwindigkeitsbestimmenden Schritt von Gas-Metall-Reaktionen. Unter bestimmten energetischen Verhältnissen kann dieser Fall unabhängig von der Probendicke auftreten (s. III.2.2). Ganz allgemein wird die Diffusion jedoch immer dann geschwindigkeitsbestimmend, wenn die Proben hinreichend dick sind.

Bei diffusionskontrollierten Vorgängen ist die Konzentrationsverteilung im Metall in Abhängigkeit vom Ort (x, y, z) und von der Reaktionszeit t von Interesse, d. h. es wird der Zusammenhang $c = c(x, y, z, t)$ gesucht. Häufig genügt jedoch schon die Information über die Änderung der in einer Probe vorliegenden mittleren Konzentration $\bar{c}$ mit der Reaktionszeit t, die unmittelbar mit der aufgenommenen oder abgegebenen Gasmenge verknüpft ist. Ausgangspunkt für die Lösung dieses Problems sind die beiden Fickschen Gesetze.

Phänomenologische Beschreibung

Wenn in einem einphasigen Festkörper Konzentrationsunterschiede einer Stoffkomponente vorhanden sind, tritt ein Materietransport auf, der durch die Stromdichte $\boldsymbol{J}$ beschrieben werden kann. Der Vektor $\boldsymbol{J}$ gibt die Richtung des Materiestroms und die in der Zeiteinheit durch eine Flächeneinheit senkrecht zu dieser Richtung diffundierende Stoffmenge an. $\boldsymbol{J}$ ist proportional zum räumlichen Gefälle der Konzentration c, d. h. es gilt

$$\boldsymbol{J} = -D \operatorname{grad} c. \tag{II.28}$$

Dabei ist die Proportionalitätskonstante, d. h. der Diffusionskoeffizient D, im allgemeinsten Fall eine Funktion des Orts, der Zeit, der Konzentration und der Temperatur. Mit der Kontinuitätsgleichung

$$\operatorname{div} \boldsymbol{J} = -\frac{\partial c}{\partial t} \tag{II.29}$$

erhält man aus Gl. (28) für die zeitliche Konzentrationsänderung

$$\frac{\partial c}{\partial t} = \operatorname{div} (D \operatorname{grad} c), \tag{II.30}$$

wo D für isotrope Substanzen (kubische Kristallsysteme, Vielkristalle) eine skalare Größe ist.

Wenn Konzentrationsunterschiede nur in der x-Richtung auftreten, liegt ein eindimensionales Diffusionsproblem vor und Gl. (28) geht in das erste Ficksche Gesetz über:

$$J = -D \frac{\partial c}{\partial x}. \tag{II.31}$$

Ist weiterhin D unabhängig von der Konzentration c, so folgt aus Gl. (30) das zweite Ficksche Gesetz in der einfachen Form

$$\frac{\partial c}{\partial t} = D \frac{\partial^2 c}{\partial x^2}, \tag{II.32}$$

das die zeitliche Konzentrationsänderung mit der Änderung von c in der x-Richtung verknüpft.

Bei Zylindersymmetrie hängt die Konzentration nur von der Zylinderkoordinate r ab. Anstelle von Gl. (32) gilt dann

$$\frac{\partial c}{\partial t} = D \left[\frac{\partial^2 c}{\partial r^2} + \frac{1}{r} \frac{\partial c}{\partial r}\right], \tag{II.33}$$

während sich bei Kugelsymmetrie die Beziehung

$$\frac{\partial c}{\partial t} = D \left[\frac{\partial^2 c}{\partial r^2} + \frac{2}{r} \frac{\partial c}{\partial r}\right] \tag{II.34}$$

ergibt. Die Diffusionsgleichungen (32), (33) und (34) sind partielle Differentialgleichungen zweiter Ordnung, die für spezielle Anfangs- und Randbedingungen zu lösen sind.

Der einfachste Fall liegt vor, wenn sich ein *stationärer Zustand der Diffusion* einstellt, d. h. wenn die Konzentrationsverteilung in der Probe zeitlich konstant bleibt und somit

$$\frac{\partial c}{\partial t} = 0 \tag{II.35}$$

gilt. Es folgt dann aus Gl. (32)

$$D\frac{\partial^2 c}{\partial x^2} = 0 \quad \text{und} \quad \frac{\partial c}{\partial x} = \text{const.} \tag{II.36}$$

Ein Beispiel hierfür ist die Diffusion eines Gases durch eine Membrane der Dicke h unter den Randbedingungen $c = c_1$ für $x = 0$ und $c = c_2 < c_1$ für $x = h$. Aus Gl. (36) erhält man durch Integration einen linearen Konzentrationsverlauf

$$c = c_1 + \frac{c_2 - c_1}{h}\,x, \tag{II.37}$$

so daß der Materiestrom durch die Membrane nach Gl. (31) der einfachen Beziehung

$$J = -D\frac{c_2 - c_1}{h} \tag{II.38}$$

gehorcht. Stellt sich an den Membranoberflächen Gleichgewicht mit der Gasphase ein und handelt es sich um ein zweiatomiges Gas, das sich unter Dissoziation im Metall ideal löst, so gilt das Sievertssche Gesetz $c = S\sqrt{p}$ (S Konstante) und somit für $p_2 < p_1$

$$J = -DS\,\frac{\sqrt{p_2} - \sqrt{p_1}}{h}. \tag{II.39}$$

Dabei wird der Ausdruck DS als Permeabilität bezeichnet.

Schwieriger werden die Verhältnisse, wenn man zu *nicht-stationären Diffusionsvorgängen* übergeht. Hier soll zunächst die *Diffusion in einen unendlichen Halbraum* betrachtet werden. Dieser Fall liegt vor, wenn die Ausdehnung einer Probe in der Diffusionsrichtung (x-Richtung) sehr groß im Vergleich zur Entfernung ist, über die innerhalb der Reaktionszeit merkliche Konzentrationsänderungen auftreten. Unter den Anfangs- und Randbedingungen

$$\begin{aligned} c &= c_0 \quad \text{für} \quad 0 < x < \infty \quad \text{und} \quad t = 0 \\ c &= c_s \quad \text{für} \quad x = 0 \qquad\qquad \text{und} \quad t > 0 \end{aligned} \tag{II.40}$$

(Probe hat anfangs einheitliche Konzentration c_0; zur Zeit $t = 0$ wird Konzentration an der Oberfläche auf den Wert c_s gebracht und konstant gehalten) folgt bei konzentrationsunabhängigem D aus dem zweiten Fickschen Gesetz (32) als Lösung das Fehlerintegral

$$\frac{c - c_s}{c_0 - c_s} = \frac{2}{\sqrt{\pi}} \int_0^{x/(2\sqrt{Dt})} \exp(-\lambda^2)\, d\lambda \tag{II.41}$$

(λ Integrationsvariable) oder

$$\frac{c - c_0}{c_s - c_0} = 1 - \operatorname{erf}\left[\frac{x}{2\sqrt{Dt}}\right]. \tag{II.42}$$

Diese Funktion ist in Abb. 9 dargestellt und in Tab. F 10 tabelliert [32]. Danach wird z. B. der Wert $(c - c_0)/(c_s - c_0) = 0{,}5$ erreicht, wenn $x/\sqrt{Dt} = 0{,}9538 \approx 1$ ist, d. h. wenn die Beziehung $t \approx x^2/D$ erfüllt ist.

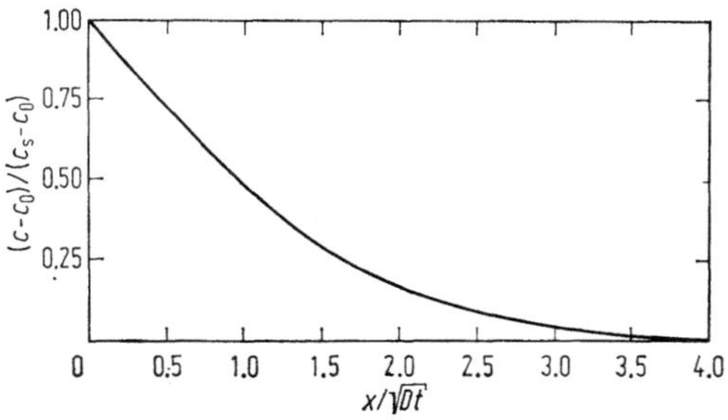

Abb. 9. Konzentrationsverteilung bei der Diffusion in einen unendlichen Halbraum ($0 < x < \infty$) mit der einheitlichen Anfangskonzentration c_0 und der konstanten Konzentration c_s an der Oberfläche (vgl. Tab. F 10, [32]).

Die Gesamtmenge der diffundierenden Komponente, die bis zur Zeit t pro Einheit der Oberfläche in die Probe eingedrungen ist, beträgt [32]

$$Q = \frac{2}{\sqrt{\pi}} \sqrt{Dt}\,(c_s - c_0). \tag{II.43}$$

Für die *Diffusion in eine Platte* (Blech mit der Dicke $2h$) hinein oder aus ihr heraus sollen die Anfangs- und Randbedingungen

$$\begin{aligned} c &= c_0 \quad \text{für} \quad -h < x < h \quad \text{und} \quad t = 0 \\ c &= c_s \quad \text{für} \quad x = -h \quad \text{und} \quad x = h \quad \text{und} \quad t > 0 \end{aligned} \tag{II.44}$$

erfüllt sein (s. Abb. 10). Ist weiterhin D konzentrationsunabhängig und ist der Materiestrom durch die Seitenflächen vernachlässigbar, so erhält man durch Lösung des zweiten Fickschen Gesetzes (32) die Abhängigkeit der Konzentration von Ort und Zeit in Form einer unendlichen Reihe

$$\frac{c - c_0}{c_s - c_0} = 1 - \frac{4}{\pi} \sum_{n=0}^{\infty} \frac{(-1)^n}{(2n+1)} \exp\left[-(2n+1)^2 \frac{\pi^2}{4} \frac{Dt}{h^2}\right] \cos\left(\frac{2n+1}{2} \pi \frac{x}{h}\right). \tag{II.45}$$

Um von den Kenngrößen des speziellen Diffusionssystems freizukommen, ist es zweckmäßig, die dimensionslosen Parameter

$$T = \frac{Dt}{h^2}, \quad X = \frac{x}{h} \tag{II.46}$$

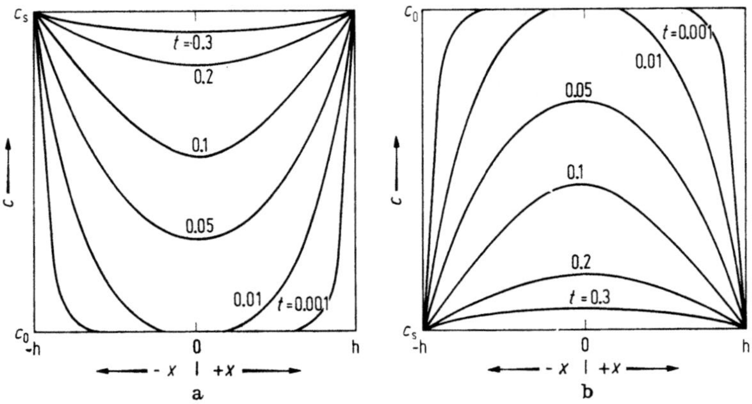

Abb. 10. Konzentrationsverlauf in einer Platte der Dicke $2h$ bei diffusionsbestimmter Gasaufnahme a) und Gasabgabe b) nach verschiedenen Reaktionszeiten t (c_0 einheitliche Anfangskonzentration, c_s konstante Konzentration an der Oberfläche, willkürliche Einheiten von c, x und t) [23].

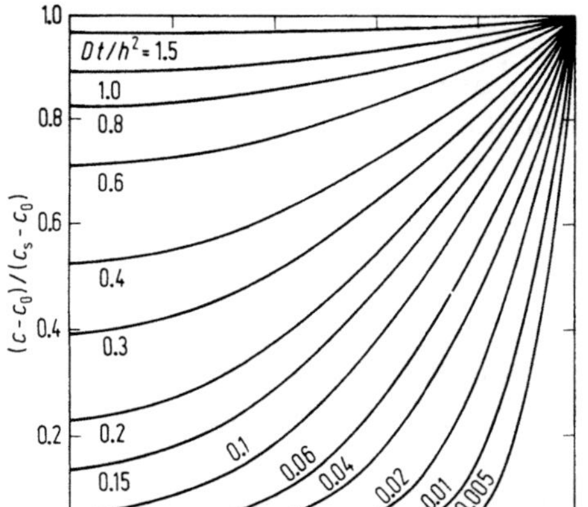

Abb. 11. Konzentrationsverteilung bei der Diffusion in einer Platte ($-h < x < h$) mit der einheitlichen Anfangskonzentration c_0 und der konstanten Konzentration c_s an der Oberfläche nach verschiedenen Zeiten (Dt/h^2) [26].

einzuführen. In Abb. 11 ist die Größe $(c - c_0)/(c_s - c_0)$ in Abhängigkeit vom Ort $X = x/h$ für verschiedene Zeiten $T = Dt/h^2$ aufgetragen [26].

Eine Vereinfachung wird erreicht, wenn man sich nur für die Abhängigkeit der durch

$$\bar{c} = \frac{1}{h} \int_0^h c \, \mathrm{d}x \tag{II.47}$$

definierten mittleren Konzentration $\bar{c}$ von der Reaktionszeit t interessiert. Aus Gl. (45) folgt dann

$$\frac{\bar{c} - c_0}{c_s - c_0} = 1 - \frac{8}{\pi^2} \sum_{n=0}^{\infty} \frac{1}{(2n+1)^2} \exp\left[-(2n+1)^2 \frac{\pi^2}{4} \frac{Dt}{h^2}\right]. \tag{II.48}$$

Wird von der Platte bis zur Zeit t die Gasmenge $Q(t)$ und nach unendlich langer Zeit die Gasmenge Q_∞ aufgenommen, so gilt

$$f = \frac{Q(t)}{Q_\infty} = \frac{\bar{c} - c_0}{c_s - c_0}. \tag{II.49}$$

Der Quotient f bezeichnet also den Sättigungsgrad. Entsprechend gibt f für Entgasungsvorgänge den Entgasungsgrad an.

Nach hinreichend langer Zeit t ist der erste Term in der Reihenentwicklung Gl. (48) eine gute Näherung:

$$\frac{\bar{c} - c_0}{c_s - c_0} \approx 1 - \frac{8}{\pi^2} \exp\left(-\frac{t}{\tau}\right) \quad \text{mit} \quad \tau = \frac{4h^2}{\pi^2 D}. \tag{II.50}$$

Wenn bei der Entgasung eines Bleches im Hochvakuum $c_s \approx 0$ ist, folgt aus dieser Beziehung das Zeitgesetz

$$\frac{\bar{c}}{c_0} = \frac{8}{\pi^2} \exp\left(-\frac{t}{\tau}\right), \tag{II.51}$$

dem die Geschwindigkeitsgleichung erster Ordnung

$$\frac{\mathrm{d}\bar{c}}{\mathrm{d}t} = -\frac{1}{\tau} \bar{c} = -k\bar{c} \quad \text{mit} \quad k = \frac{\pi^2}{4h^2} D \tag{II.52}$$

entspricht.

Für die Behandlung der *Diffusion in einem Vollzylinder* mit dem Radius r_0 sollen die Stirnflächen undurchlässig und D konzentrationsunabhängig sein. Unter den Anfangs- und Randbedingungen

$$\begin{aligned} c &= c_0 \quad \text{für } 0 < r < r_0 \quad \text{und} \quad t = 0 \\ c &= c_s \quad \text{für } r = r_0 \qquad \text{und} \quad t > 0 \end{aligned} \tag{II.53}$$

lautet die Lösung von Gl. (33) bei Einführung der mittleren Konzentration $\bar{c}$

$$\frac{\bar{c} - c_0}{c_s - c_0} = 1 - \sum_{n=1}^{\infty} \frac{4}{\zeta_n^2} \exp\left(-\zeta_n^2 \frac{Dt}{r_0^2}\right). \qquad \text{(II.54)}$$

Hier sind die ζ_n die Wurzeln der Gleichung $J_0(x) = 0$, wo $J_0(x)$ die Besselfunktion nullter Ordnung ist. Nach hinreichend langer Zeit t ergibt sich die Näherungslösung

$$\frac{\bar{c} - c_0}{c_s - c_0} \approx 1 - \frac{4}{(2{,}405)^2} \exp\left(-\frac{t}{\tau}\right) \quad \text{mit} \quad \tau = \frac{r_0^2}{(2{,}405)^2 D}. \qquad \text{(II.55)}$$

Entsprechend erhält man für die *Diffusion in einer Kugel* mit dem Radius r_0 unter den Randbedingungen Gl. (53) aus der Diffusionsgleichung (34) für die mittlere Konzentration

$$\frac{\bar{c} - c_0}{c_s - c_0} = 1 - \frac{6}{\pi^2} \sum_{n=1}^{\infty} \frac{1}{n^2} \exp\left(-n^2 \pi^2 \frac{Dt}{r_0^2}\right), \qquad \text{(II.56)}$$

sowie für hinreichend lange Zeiten die Näherungsgleichung

$$\frac{\bar{c} - c_0}{c_s - c_0} = 1 - \frac{6}{\pi^2} \exp\left(-\frac{t}{\tau}\right) \quad \text{mit} \quad \tau = \frac{r_0^2}{\pi^2 D}. \qquad \text{(II.57)}$$

In den Lösungen für die Platte, für den Zylinder und für die Kugel nach Gl. (48), (54) bzw. (56) treten in den Exponentialtermen Größen der allgemeinen Form Dt/L^2 bzw. $\sqrt{Dt}/L$ auf, wobei L eine charakteristische Länge des betrachteten Körpers ist. Die mittlere Konzentration $\bar{c}$ bei einer durch die Diffusion kontrollierten Gasaufnahme oder Gasabgabe ist also eine Funktion dieser Größe:

$$\bar{c} = \bar{c}\left(\frac{\sqrt{Dt}}{L}\right). \qquad \text{(II.58)}$$

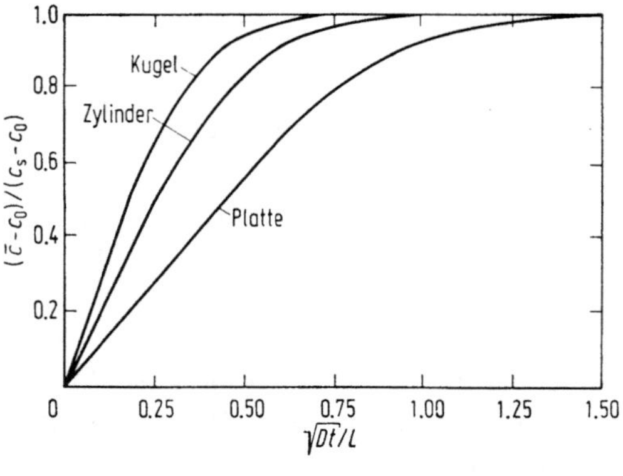

Abb. 12. Bruchteil des bei der Diffusion aufgenommenen oder abgegebenen Gases $(\bar{c} - c_0)/(c_s - c_0)$ bei einheitlicher Anfangskonzentration c_0 und konstanter Konzentration c_s an der Oberfläche in Abhängigkeit von der Reaktionszeit ($\sqrt{Dt}/L$) für Kugel (Radius L), Zylinder (Radius L) und Platte (Dicke $2L$) (vgl. Tab. F 11, [32]).

In Abb. 12 ist der Quotient $f = (\bar{c} - c_0)/(c_s - c_0)$ gegen $\sqrt{Dt}/L$ für eine Kugel ($L = r_0$), einen Zylinder ($L = r_0$) und eine Platte ($L = h$ = halbe Dicke) aufgetragen [32]. Dabei hat f die Bedeutung des Sättigungsgrades bzw. des Entgasungsgrades. Für $\bar{c} = c_0$ ist $f = 0$, für $c = c_s$ ist $f = 1$, d. h. die Gasaufnahme oder Gasabgabe ist vollständig abgelaufen. Die in Abb. 12 eingetragenen Funktionen sind in [32] tabelliert (s. Tab. F 11; in Tab. F 12 werden außerdem die Konzentrationen im Zentrum der Proben nach [32] angegeben). Diese Daten und die graphische Darstellung in Abb. 12 können in mehrfacher Weise angewendet werden:

1. Sind $\bar{c} = \bar{c}(t)$, c_0 und c_s bekannt, so kann D berechnet werden.
2. Bei Kenntnis von D läßt sich für vorgegebene Werte von c_0 und c_s der Verlauf $\bar{c} = \bar{c}(t)$ vorausbestimmen.
3. Wenn D bekannt ist, kann die Reaktionszeit berechnet werden, die erforderlich ist, um bestimmte Sättigungs- und Entgasungsgrade zu erzielen. Umgekehrt läßt sich der Sättigungs- oder Entgasungsgrad ermitteln, der sich nach einer bestimmten Reaktionszeit einstellt.

Dies soll an einigen Beispielen gezeigt werden:

a) Bei einer Entgasung, die durch die Diffusion bestimmt wird, kann den Entgasungsisothermen nach Gl. (51) und (52) der Diffusionskoeffizient entnommen werden (s. Abb. D 8).

b) Bei der Entgasung interessiert die Entgasungs-Halbwertszeit $t_{1/2}$, nach der die mittlere Konzentration $\bar{c}$ vom Anfangswert c_0 auf die Hälfte abgefallen ist. Setzt man $c_s = 0$ voraus, so wird die Zeit gesucht, für die $f = 0{,}5$ ist. Nach Abb. 12 und Tab. F 11 erhält man für

Platte:

(Dicke $2h$) $$\frac{Dt_{1/2}}{L^2} = \frac{Dt_{1/2}}{h^2} = 0{,}198, \quad t_{1/2} = 0{,}198\,\frac{h^2}{D} \qquad \text{(II.59)}$$

Zylinder:

(Radius r_0) $$\frac{Dt_{1/2}}{L^2} = \frac{Dt_{1/2}}{r_0^2} = 0{,}064, \quad t_{1/2} = 0{,}064\,\frac{r_0^2}{D} \qquad \text{(II.60)}$$

Kugel:

(Radius r_0) $$\frac{Dt_{1/2}}{L^2} = \frac{Dt_{1/2}}{r_0^2} = 0{,}03, \quad t_{1/2} = 0{,}03\,\frac{r_0^2}{D} \qquad \text{(II.61)}$$

c) Für ein Blech mit der Dicke $2h$ ist der Diffusionsvorgang zu 93% abgeschlossen, wenn

$$\frac{Dt}{L^2} = \frac{Dt}{h^2} \cong 1.$$

d) Ein Stahlblech mit 1 mm Dicke ($= 2h$) sei zunächst wasserstofffrei. Es soll bei 600°C eine Minute lang einer Wasserstoffatmosphäre ausgesetzt werden. Mit

$D = 10^{-4}$ cm²/s gilt

$$\frac{Dt}{L^2} = \frac{Dt}{h^2} = \frac{10^{-4} \cdot 60}{0{,}05^2} = 2{,}4, \quad \text{d. h.} \quad \frac{\sqrt{Dt}}{L} \approx 1{,}5.$$

Unter diesen Bedingungen ist nach Abb. 12 die Probe mit Wasserstoff gesättigt. Dies ist aber nur dann richtig, wenn die Diffusion beim Gesamtprozeß der Wasserstoffaufnahme geschwindigkeitsbestimmend ist.

Atomistische Deutung

Da Gasatome und Kohlenstoffatome in Metallen auf Zwischengitterplätzen eingelagert werden, braucht bei der Betrachtung von möglichen Diffusionsmechanismen nur der Zwischengitterplatz-Mechanismus berücksichtigt zu werden, bei dem die Metalloidatome unter Ausnutzung unbesetzter Zwischengitterplätze wandern. Zur atomistischen Deutung des Diffusionskoeffizienten D geht man von der statistischen Behandlung der Zufallsbewegung der Atome aus und erhält für kubische Gitter [24, 36, 137]

$$D = \frac{1}{6} l^2 \Gamma = g a_0^2 \Gamma. \qquad \text{(II.62)}$$

Die Größe Γ ist die Gesamtzahl der Sprünge eines interstitiell gelösten Atoms pro Zeiteinheit zu irgendeinem der möglichen Nachbarplätze (Platzwechselfrequenz); l ist die Sprungweite, a_0 die Gitterkonstante und g ein geometrischer Faktor, der ebenso wie l von der Kristallstruktur und von der Art der Zwischengitterplätze abhängt. Sitzen die Metalloidatome auf Oktaederplätzen, so gilt für l und g

$$\begin{aligned} &\text{krz-Gitter} \quad l = \frac{a}{2}, \quad g = \frac{1}{24} \\ &\text{kfz-Gitter} \quad l = \frac{a}{\sqrt{2}}, \quad g = \frac{1}{12}. \end{aligned} \qquad \text{(II.63)}$$

Γ ist proportional zur Zahl der Sprünge pro Zeiteinheit (Sprungfrequenz ω), mit der ein Atom zu einem bestimmten benachbarten, unbesetzten Zwischengitterplatz springt, und zur Anzahl z der nächsten Zwischengitterplätze:

$$\Gamma = z\omega, \qquad \text{(II.64)}$$

wobei $z = 4$ im krz-Gitter und $z = 12$ im kfz-Gitter ist. Damit geht Gl. (62) über in

$$D = \frac{1}{6} l^2 z\omega = g a_0^2 z\omega = g' a_0^2 \omega \qquad \text{(II.65)}$$

mit $g' = 1/6$ für krz-Gitter und $g' = 1$ für kfz-Gitter.

Die Sprungfrequenz ω kann mit Hilfe der Theorie des Übergangszustandes (vgl. I.2.3) abgeleitet werden [24, 36, 74, 138]. Dabei wird angenommen (s. Abb. 13), daß sich beim Platzwechsel ein Atom von einer stabilen Gleichgewichtslage (Ausgangszustand (a)) über ein Maximum der Energie (Übergangszustand, Sattelpunktlage (b)) in eine zweite stabile Gleichgewichtslage (Endzustand (c)) bewegt. In der Sattelpunktlage liegt das diffundierende Atom in einem aktivierten

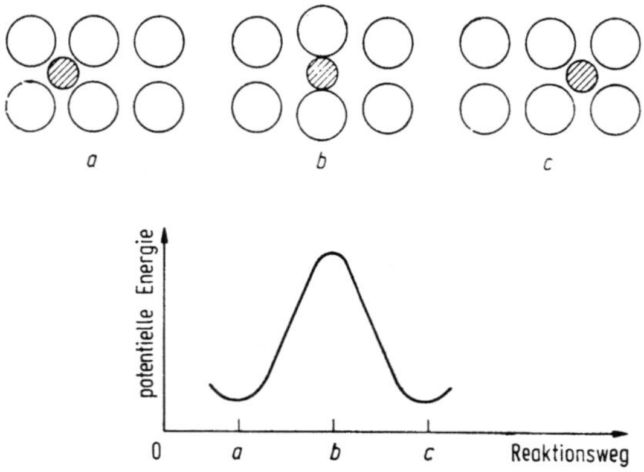

Abb. 13. Potentielle Energie und Konfiguration (a, b, c) beim Platzwechsel eines diffundierenden Zwischengitteratoms.

Zustand vor und bildet den aktivierten Komplex. Die Anzahl der pro Zeiteinheit springenden Atome wird durch die Konzentration der aktivierten Komplexe n_s und die Zerfallsfrequenz ν_s dieser Komplexe bestimmt (vgl. I.2.3). Für den Molenbruch n_s der aktivierten Komplexe, bezogen auf die Gesamtzahl der Komplexe, gilt

$$n_s = \exp\left(-\frac{\Delta G_m}{RT}\right) = \exp\left(\frac{\Delta S_m}{R}\right) \exp\left(-\frac{\Delta H_m}{RT}\right). \quad \text{(II.66)}$$

Hier ist ΔG_m die Erhöhung der freien Enthalpie des Systems bei der isothermen und isobaren Bildung von ein Mol aktivierter Komplexe (molare freie Aktivierungsenthalpie der Wanderung). ΔH_m und ΔS_m werden Aktivierungsenthalpie bzw. Aktivierungsentropie der Wanderung oder einfach Wanderungsenthalpie bzw. Wanderungsentropie genannt. Bei der Zerfallsfrequenz ν_s handelt es sich um die Frequenz, mit der die Atome durch die Sattelpunktlage durchschwingen. Der Wert von ν_s liegt in der Größenordnung der mittleren Schwingungsfrequenz eines Zwischengitteratoms um seine Gleichgewichtslage. Somit ist die Debye-Frequenz ν_D eine geeignete Näherung. Für die Sprungfrequenz ω ergibt sich dann

$$\omega = \nu_s n_s = \nu_D \exp\left(\frac{\Delta S_m}{R}\right) \exp\left(-\frac{\Delta H_m}{RT}\right). \quad \text{(II.67)}$$

Einsetzen dieses Ausdruckes in Gl. (65) führt auf die gesuchte Beziehung für den Diffusionskoeffizienten

$$D = D_0 \exp\left(-\frac{\Delta H_m}{RT}\right) \quad \text{mit} \quad D_0 = g' a_0^2 \nu_D \exp\left(\frac{\Delta S_m}{R}\right). \quad \text{(II.68)}$$

Die Größe der Aktivierungsenthalpie ΔH_m der Zwischengitterplatz-Diffusion läßt sich nach A. Ferro [73] grob abschätzen. Dabei wird angenommen, daß ΔH_m die Enthalpie darstellt, die erforderlich ist, um die elastische Gitterverzerrung in der Sattelpunktlage zu erzeugen. Die Verzerrungsenthalpie wird in Abhängigkeit vom Durchmesser des Zwischengitteratoms sowie der geometrischen und elastischen Konstanten (Schubmodul) des Grundgitters berechnet. Als Ergebnis folgt, wie zu erwarten, daß ΔH_m mit der Größe des Zwischengitteratoms ansteigt.

Zur Berechnung der Aktivierungsentropie ΔS_m existiert eine halbempirische Theorie von C. Zener [74]. Diese geht von der Gleichung

$$\Delta S_m = -\frac{d(\Delta G_m)}{dT} = -\Delta G_0 \frac{d(\Delta G_m/\Delta G_0)}{dT} \tag{II.69}$$

aus, wo ΔG_0 der Wert von ΔG_m bei $T = 0$ K ist. Da ΔG_m mit der Energie der Verzerrung des Gitters in der Sattelpunktkonfiguration verknüpft ist, läßt sich die Änderung von ΔG_m mit T durch die Temperaturabhängigkeit des Schubmoduls μ annähern. Wird ferner ΔG_0 durch ΔH_m ersetzt und berücksichtigt, daß der Schubmodul der meisten polykristallinen Metalle linear mit der Temperatur abnimmt [139], so ergibt sich schließlich für die Wanderungsentropie [74]

$$\Delta S_m = \beta_m \frac{\Delta H_m}{T_s} \quad \text{mit} \quad \beta_m = -d\left(\frac{\mu}{\mu_0}\right) \bigg/ d\left(\frac{T}{T_s}\right). \tag{II.70}$$

Hier ist μ und μ_0 der Schubmodul bei der Temperatur T bzw. bei 0 K, T_s die Schmelztemperatur des Metalls. Für die Mehrzahl aller Metalle liegt β_m bei 0,25 bis 0,45.

Es sei noch erwähnt, daß gewisse in kub. r. z. Metallen beobachtete Relaxationsphänomene mit der Diffusion von interstitiell gelösten Gas- oder Kohlenstoffatomen zusammenhängen (s. C. II. 4).

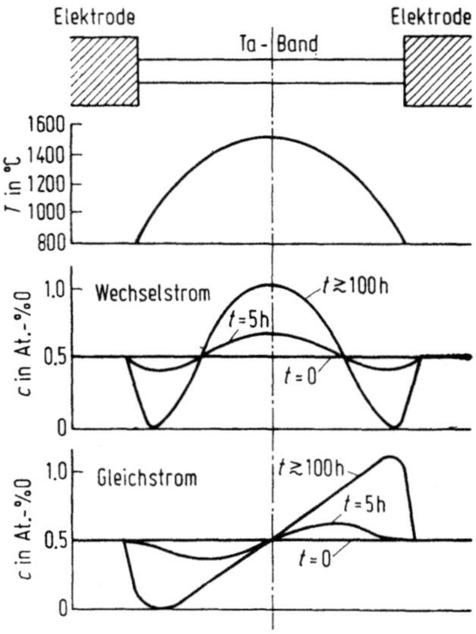

Abb. 14. Konzentrationsprofile in einem Metallband nach verschieden langer Glühung mit Wechselstrom oder Gleichstrom bei gegebener Temperaturverteilung (Ergebnisse aus dem System Ta—O [75, 76]).

2.2 *Thermotransport und Elektrotransport*

Gelöste Atome wandern nicht nur in einem Konzentrationsgefälle, sondern auch in einem Temperaturgefälle bzw. in einem elektrischen Feld. Die dabei auftretenden Phänomene werden als Thermotransport und Elektrotransport bezeichnet. Sie führen zu einer Konzentrationsverschiebung, so daß die Diffusion stets als Begleiterscheinung beobachtet wird. Als Beispiel sind in Abb. 14 die Konzentrationsprofile in einem sauerstoffhaltigen Tantalband für den angegebenen Temperaturverlauf nach Wechselstrom- bzw. Gleichstromglühungen wiedergegeben [75, 76].

Phänomenologische Beschreibung

Für Metall-Metalloid-Mischkristalle kann angenommen werden, daß die auf Zwischengitterplätzen eingelagerten Atome (H, C, N und O) wesentlich beweglicher sind als die Metallatome und daß für die Lösung das Henrysche bzw. Sievertssche Gesetz gilt. Betrachtet man ein eindimensionales Problem, so kann mit Hilfe der grundlegenden Gesetze der irreversiblen Thermodynamik [34, 35] folgende Beziehung für die Stromdichte einer Teilchensorte abgeleitet werden:

$$J = -D \frac{\partial c}{\partial x} - \frac{Dc}{RT^2} Q^* \frac{\partial T}{\partial x} - \frac{Dc}{RT} F Z^* \frac{\partial \Phi}{\partial x}. \qquad \text{(II.71)}$$

Dabei ist Φ das elektrische Potential, $-\partial\Phi/\partial x = E$ die elektrische Feldstärke, F die Faradaysche Konstante; Q^* und Z^* sind Materialkonstanten. Der Gesamtstrom der Teilchen setzt sich nach Gl. (71) aus drei Termen zusammen, die den Konzentrationsgradienten, den Temperaturgradienten und den Gradienten des elektrischen Potentials als treibende Kräfte enthalten und somit Diffusion, Thermotransport und Elektrotransport beschreiben. In allen drei Termen erscheint die Diffusionskonstante D, was ausdrückt, daß die Teilchenströme proportional zur Beweglichkeit $b = D/k_B T$ der Einlagerungsatome sind. Weiterhin sind die Teilchenströme beim Thermotransport und Elektrotransport proportional zur Konzentration c der gelösten Atome. Die zusätzlichen Angaben zur Charakterisierung von Thermotransport und Elektrotransport sind im wesentlichen in den Größen Transportwärme Q^* bzw. effektive Ladung Z^* enthalten.

Für die Beantwortung der Frage, ob in einem Temperaturgefälle oder beim Anlegen einer elektrischen Gleichspannung in einem Metall merkliche Teilchenströme auftreten und wie diese gerichtet sind, ist die absolute Größe sowie das Vorzeichen von Q^* und Z^* ausschlaggebend. Die Berechnung des Konzentrationsverlaufs als Funktion der Zeit mit Hilfe von Gl. (71) ist jedoch sehr schwierig, weil Q^* und Z^* ebenso wie D von der Konzentration und der Temperatur abhängen können.

Einfacher sind die Verhältnisse, wenn sich nach längerer Glühdauer *stationäre Zustände* einstellen, bei denen die durch den Thermo- bzw. Elektrotransport bedingten Teilchenströme durch den in entgegengesetzter Richtung fließenden Diffusionsstrom gerade kompensiert werden. Zur Erfüllung der Randbedingungen muß angenommen werden, daß die wandernden Atome an den Enden des Werkstückes aufgestaut werden bzw. verarmen. Dies kann in der Praxis entweder dadurch erreicht werden, daß dort Werkstoffe angrenzen, die vergleichsweise wenig Gas bzw. Kohlenstoff lösen, oder daß dort die Temperatur so niedrig ist, daß die Beweglichkeit der gelösten Atome nicht mehr berücksichtigt werden muß. Der stationäre Zustand stellt sich nach einem exponentiellen Zeitgesetz mit der Zeitkonstanten $\tau = L^2/\pi^2 D$ ein. Demnach ist nach einer Zeit von

$$t = (\ln 10)\,\frac{L^2}{\pi^2 D} \tag{II.72}$$

der stationäre Zustand zu 90% eingestellt. L ist eine charakteristische Länge des Werkstückes.

Für den *Elektrotransport* erhält man im stationären Zustand mit $\partial T/\partial x = 0$, d. h. $T = \text{const}$, für $J = 0$ aus Gl. (71) die Beziehung

$$\frac{\partial \ln c/\partial x}{\partial \Phi/\partial x} = -\frac{FZ^*}{RT}, \tag{II.73}$$

aus der bei Kenntnis von $E = -\partial\Phi/\partial x$ oder $U = El$ (U elektrische Spannung, l Probenlänge) und $\partial \ln c/\partial x$ die effektive Ladung Z^* ermittelt werden kann. Durch Integration folgt aus Gl. (73) für konstantes Z^* der exponentielle Konzentrationsverlauf (vgl. Abb. 15a) [75]

$$c(x) = c_1 \exp\left(\alpha\,\frac{x}{l}\right) \tag{II.74}$$

mit

$$\alpha = \frac{UFZ^*}{RT}. \tag{II.75}$$

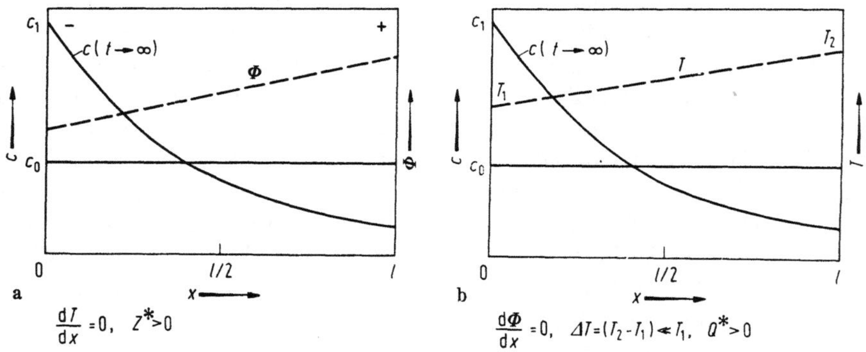

Abb. 15. Konzentrationsprofile längs einer Probe der Länge l mit der einheitlichen Anfangskonzentration c_0. a) Elektrotransport; b) Thermotransport.

Für die Konzentration c_1 an der Stelle $x = 0$ ergibt sich wegen der Bedingung

$$\int_0^l c\,\mathrm{d}x = c_0\, l \tag{II.76}$$

mit c_0 Ausgangskonzentration die Beziehung

$$c_1 = \frac{c_0\,\alpha}{\exp(\alpha) - 1}. \qquad \text{(II.77)}$$

Dabei wird c_1 für $\alpha < 0$ zur maximalen, für $\alpha > 0$ zur minimalen Konzentration. Eine positive effektive Ladung Z^* bedeutet Teilchentransport zum negativen Ende (Kathode), ein negatives Z^* Transport zum positiven Ende (Anode) der Probe.

Für den *Thermotransport* ergibt sich im stationären Zustand aus Gl. (71) mit $E = -\partial\Phi/\partial x = 0$ für $J = 0$ die Beziehung

$$\frac{\partial \ln c/\partial x}{\partial(1/T)/\partial x} = \frac{Q^*}{R}, \qquad \text{(II.78)}$$

aus der die Transportwärme Q^* ermittelt werden kann. Bei Kenntnis von Q^* lassen sich umgekehrt Konzentrationsgradienten aus bekannten Temperaturgradienten berechnen. Unter der Annahme, daß Q^* von c und T näherungsweise unabhängig ist, daß ein linearer Temperaturverlauf $\partial T/\partial x = (T_2 - T_1)/l = \Delta T/l$ vorliegt und daß die Bedingung

$$\Delta T = (T_2 - T_1) \ll T_1 \qquad \text{(II.79)}$$

erfüllt ist, kann Gl. (78) integriert und $1/T$ um T_1 in eine einfache Reihe entwickelt werden. Als Näherungslösung erhält man (s. Abb. 15b)

$$c(x) = c_1 \exp\left(-\beta \frac{x}{l}\right) \qquad \text{(II.80)}$$

mit

$$c_1 = \frac{c_0\,\beta}{1 - \exp(-\beta)} \quad \text{und} \quad \beta = \frac{\Delta T Q^*}{R T_1^2}. \qquad \text{(II.81)}$$

Die Konzentration c_1 an der Stelle $x = 0$ ist für $\beta < 0$ die minimale Konzentration, für $\beta > 0$ die maximale Konzentration. Eine positive Transportwärme Q^* bedeutet Teilchentransport vom heißen zum kälteren Ende der Probe, ein negatives Q^* Transport in der umgekehrten Richtung.

In Tab. 2 sind die in der Literatur [36, 37, 75, 76, 78—84] bekannt gewordenen Werte der Transportwärme Q^* und der effektiven Ladung Z^* für H, C, N und O in verschiedenen Metallen zusammengestellt.

Atomistische Deutung

Zur Deutung der Transportparameter Q^* und Z^* werden in der Literatur verschiedene Mechanismen diskutiert [36]. Für Zwischengitteratome sind offenbar nur die Modelle anwendbar, die von einer starken Wechselwirkung zwischen den gelösten Atomen und den Elektronen des Metallgitters ausgehen. Danach üben Elektronen und Defektelektronen, die im elektrischen Feld und im Temperatur-

Tabelle 2. Transportwärme Q^* und effektive Ladung Z^* für H, C, N, O in verschiedenen Metallen.

Me	Z	Transportwärme Q^*					Effektive Ladung Z^*				
		V	Q^*(kcal/mol)	T (°C)	c (At.-%)	Lit.	V	Z^*	T (°C)	c (At.-%)	Lit.
Cu	H						+	+5	40— 80		[36]
							—	—15 bis —20	700—1000		[36]
Y	H						—	—0,26 bis —0,9	775— 950		[36, 37]
	C						—	—0,5 bis —1,1	1235—1460		[36, 37]
	N						—	—0,9 bis —2,8	1235—1460		[36, 37]
	O						—	—1,2 bis —2,6	1235—1460		[36, 37]
Ce	C							kein Effekt			[37]
	O						—				[37]
Gd	C						—	—3,7 bis —1,4	1050—1265		[78]
	N						—	—2,6 bis —6,4	1050—1265		[78]
	O						—	—3,2 bis —1,2	1050—1265		[37, 78]
Lu	C						—	—2,4 bis —5,1	1330—1600		[36, 37]
	N						—	—3,2 bis —5,7	1330—1600		[36, 37]
	O						—	—2,9 bis —2,3	1330—1600		[36, 37]
Th	C						—	—1,9 bis —3,8	1440—1675	1,4	[36, 37]
	N						—	—4,4 bis —2,8	1480—1685	1	[36, 37]
	O						—	—2,4 bis —6	1450—1680	0,45	[36, 37]
U	O						—		900—1100		[37]
	C						—	—5,0	855— 995		[84]
Pu	C						+		500		[37]
α-Ti	H	+	4,5—7,7	275— 650		[36]					
	N	—?		830— 880		[36]					
	O	—?		830— 880		[36]					

Tabelle 2 (Fortsetzung)

Me	Z	Transportwärme Q^*					Effektive Ladung Z^*				
		V	Q^*(kcal/mol)	T (°C)	c (At.-%)	Lit.	V	Z^*	T (°C)	c (At.-%)	Lit.
β-Ti	H	−	−0,63 ± 0,2	320− 590		[36]					
	C	−	−1 ± 1	930− 990		[36]	+	0,32 bis 0,11	950−1650	0,1	[37, 80]
	N	+		880−1130		[36]	−	−0,14 bis −0,05	1335−1575	0,2	[80]
	O	+		880−1130		[36]	−	−0,7 bis −0,17	1127−1575	0,25	[36, 37, 80]
α-Zr	H	+	5,9	300− 500		[36]					
β-Zr	H	+	6−12	630− 860		[36]					
	C						−	−0,2 bis −0,1	1625−1800	0,4	[36]
	N	+	25; 30	1130−1580		[36]	−	−1,7 bis −0,9	1625−1800		[36]
	O	+	21,3 ± 2,9	1300−1500		[36]	−	−1,5	1625−1800		[36]
α-Hf	C						−	−1,9 bis −1,2	1650−1720	0,45	[79]
	N						−	−2,7 bis −1,9	1650−1720	0,3	[79]
	O						−	−1,5 bis −1,6	1670−1710	0,6	[79]
β-Hf	C						−	−0,49 bis −0,63	1890−2100	0,45	[79]
	N						−	−1,5 bis −1,1	1830−2110	0,3	[79]
	O						−	−1,9 bis −1,0	1815−2130	0,6	[79]
V	C	−	−4,5 ± 1	935−1000		[36]	+	2,2	1650−1830	0,063	[36]
	N						+	1,7	1650−1830	0,07	[36]
	O	+	5	1230−1790	0,3−1,0	[82]	+	1,2	1650−1830	0,065	[36]
Nb	C						+, −	+5,6 bis −3[b]	1870−2415		[36, 83]
	N		kein Effekt			[36]	+	1,7	1200	0,15	[75]
	O	−	−17 bis 1[a]	980−1840	0,15−1,2	[76]	+, −	+1,0 bis −0,2[b]	1230−2000	0,2−0,5	[81]
Ta	C						+	4 bis 2,6[b]	2200−2680		[36]
	N	−	− 7 bis −1[a]	700−1100	0,2−1,5	[36, 76]	+	3,4	1390	0,25	[75]
	O	−	−19 bis −2[a]	980−1480	0,3−2	[36, 76]	+	1,9−0,5[b]	1200−1600	0,2−1,5	[75]

Tabelle 2 (Fortsetzung)

Me	Z	Transportwärme Q^* V	Q^*(kcal/mol)	T (°C)	c (At.-%)	Lit.	Effektive Ladung Z^* V	Z^*	T (°C)	c (At.-%)	Lit.
Mo	C						+	2,3—1,8[b]	1890—2320		[84]
W	C						+		1800—2800	1,5	[36]
α-Fe	H, D	—	—8 bis —5,5	400— 600		[36]	+	0,24—0,38	440— 550		[36, 37]
	C	—	—24; —14	500— 800		[36]	+	3,5—13,7	500— 90	0,1—1,9	[36]
	N	—	—18	420— 800		[36]	+	4,3	890 5		[80]
γ-Fe	H						+		400— 800		[36]
	C	—	—1 bis —2	910—1200		[36]	+	11—2,7	800—1400	4,5	[36, 37]
	N						+	4	995		[80]
Co	C	+	1,5 ± 1,5	920— 980		[36]	+	6—10	600—1400	0,25—0,6	[36, 37]
Ni	H, D	—	—1,5 bis —0,2	400— 600		[36]	—	—12 bis —3	40— 80		[36]
							+	0,55—0,68	450— 650		[36]
	C	—	—1,6 ± 1,4	925—1000		[36]	+	6,2	1200	1	[36]
Pd	H	+	1,5	400— 550		[36]	+	0,5	20— 800		[36]
	C	+	8,4 ± 1,5	915— 960		[36]					

a) konzentrationsabhängig b) temperaturabhängig

gradienten eine Driftbewegung ausführen, eine Reibungskraft auf die Zwischengitteratome aus. Der dadurch hervorgerufene Teilchenstrom ist somit eng mit der Elektronenbewegung verknüpft und wie diese in komplizierter Weise von der elektronischen Struktur des Metalls abhängig.

Nach neueren theoretischen Ansätzen [36, 76] sollten für Übergangsmetalle die effektive Ladung Z^* mit der elektrischen Leitfähigkeit σ des Metalls und die Transportwärme Q^* mit der Thermokraft U_{th} über die Beziehungen

$$Z^* \sim \sigma \, \Delta\varrho \quad \text{und} \quad Q^* \sim U_{th} \, \Delta\varrho \tag{II.82}$$

verknüpft sein, wobei $\Delta\varrho$ der durch die gelösten Atome bedingte spezifische Zusatzwiderstand pro Konzentrationseinheit der gelösten Atome ist. In diesem Modell wird ein positives Vorzeichen von Z^* durch einen überwiegenden Beitrag der Defektelektronen erklärt.

3. Transportvorgänge in der Schmelze

• Der Stofftransport in einer Schmelze kann durch Mischvorgänge und thermische Bewegung der Atome, d. h. durch Konvektion und Diffusion, erfolgen. Darüber hinaus spielt bei Entgasungsvorgängen noch der Transport von gelösten Gasen in aufsteigenden Gasblasen eine Rolle.

3.1 Konvektion

Im Inneren einer Metallschmelze erfolgt meist ein rascher Ausgleich der Konzentration an gelösten Gas- oder Kohlenstoffatomen durch Konvektion. Die makroskopischen Mischvorgänge werden durch verschiedene Ursachen bewirkt. So unterscheidet man zwischen der durch Dichteunterschiede hervorgerufenen freien Konvektion und der durch Rühren oder durch Strömungsvorgänge aufgezwungenen Konvektion. Dichteunterschiede können z. B. entstehen, wenn durch Wärmeabstrahlung der Oberfläche die obersten Schichten der Schmelze kälter werden als die darunter liegenden. Eine Rührwirkung kann in Metallschmelzen durch induktives Erhitzen oder durch ein inertes Spülgas erzielt werden.

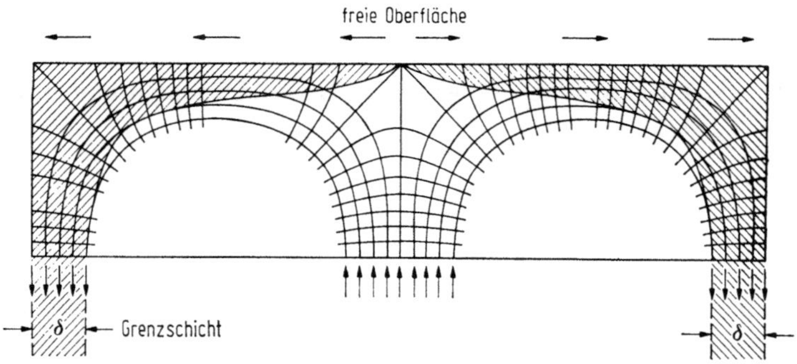

Abb. 16. Strömungslinien und Diffusionsgrenzschicht an der freien Oberfläche einer induktiv gerührten Metallschmelze.

Die durch Konvektion an der Oberfläche einer Schmelze hervorgerufenen Strömungsverhältnisse sind in Abb. 16 schematisch dargestellt. Bei der freien wie bei der durch induktives Erhitzen hervorgerufenen Konvektion sind die Strömungen aus dem Inneren der Schmelze zur Oberfläche gerichtet. Sie werden dort umgelenkt, laufen eine begrenzte Strecke parallel zu ihr weiter, um dann wieder in das Innere der Schmelze umzubiegen. Dementsprechend bewegen sich die einzelnen Volumelemente aus der Schmelze während einer gewissen Verweilzeit t_s parallel zur Oberfläche. Innerhalb dieser Zeit t_s entsteht eine Grenzschicht, durch die der Stoffaustausch über die Diffusion des gelösten Gases erfolgt. Die Dicke der Diffusionsgrenzschicht nimmt bis auf einen maximalen Wert zu, der durch den Diffusionskoeffizienten D der gelösten Komponente und die Verweilzeit t_s bestimmt wird. Wenn sich die Strömungsvorgänge und die Verweilzeit t_s mathematisch beschreiben lassen, kann die Diffusion durch die Grenzschicht berechnet werden. Modellvorstellungen über mögliche Strömungsvorgänge sind von E. S. Machlin [85] sowie von T. Kraus [86] entwickelt worden (s. auch [38]).

3.2. Diffusion

Für die Diffusion durch die Grenzschicht der Dicke δ unter den Randbedingungen $c = c_{ms}$ für $x = 0$ (Oberfläche) und $c = c_m$ für $x > \delta$ (Inneres der Schmelze) kann im quasi-stationären Zustand ein linearer Konzentrationsverlauf zwischen c_m und c_{ms} (s. Abb. 17) angenommen werden, so daß die Beziehung

$$\frac{dc}{dx} = \frac{c_m - c_{ms}}{\delta} \tag{II.83}$$

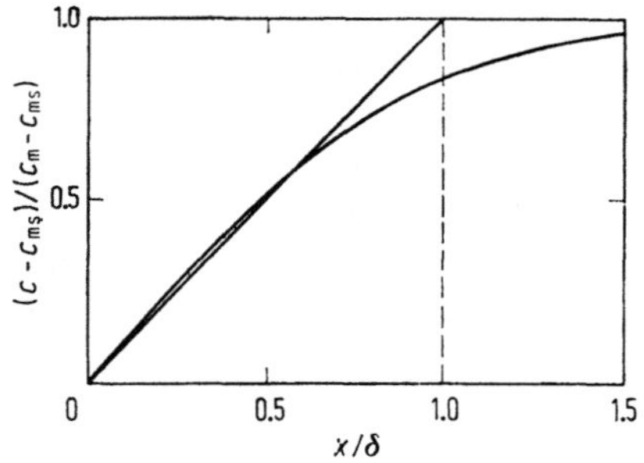

Abb. 17. Konzentrationsprofil in der Diffusionsgrenzschicht einer Schmelze (c_{ms} Konzentration an der Oberfläche für $x = 0$, c_m Konzentration im Schmelzeninneren für $x > \delta$, δ Dicke der effektiven Grenzschicht).

gilt. Mit dem ersten Fickschen Gesetz Gl. (31) erhält man für den Diffusionsstrom durch die Grenzschicht

$$J = -\frac{D}{\delta}(c_m - c_{ms}) = -\beta(c_m - c_{ms}). \tag{II.84}$$

Die mittlere Dicke der Grenzschicht nimmt mit der Quadratwurzel aus der Verweilzeit t_s eines strömenden Volumelements an der Schmelzenoberfläche zu [38]:

$$\delta \approx \sqrt{Dt_s}. \tag{II.85}$$

Für den Stoffübergangskoeffizienten β gilt dann

$$\beta = \frac{D}{\delta} \approx \sqrt{\frac{D}{t_s}} = \sqrt{D\,\frac{u}{s}}, \qquad \text{(II.86)}$$

wobei s der Weg ist, den ein Volumelement an der Schmelzenoberfläche zurücklegt und u die Strömungsgeschwindigkeit bezeichnet. Nach dem Strömungsmodell von T. Kraus [86] kann die Verweilzeit t_s bei einer reibungsfreien, laminaren Strömung durch

$$t_s = \frac{s}{u} = \sqrt{\eta c_p / g\gamma' q} \qquad \text{(II.87)}$$

beschrieben werden. Hier bedeuten η dynamische Viskosität, c_p spezifische Wärme, γ' thermischer Ausdehnungskoeffizient der Schmelze, q Dichte der aufwärts zur Oberfläche der Schmelze gerichteten Wärmeströmung bei freier Konvektion, g Erdbeschleunigung.

3.3 Gasblasen

Neben der Gasabgabe über die freie Oberfläche der Schmelze spielt unter bestimmten Bedingungen auch der Gastransport in Blasen eine Rolle, die aus dem Schmelzeninneren an die Oberfläche aufsteigen. Dabei kann die Austauschfläche zwischen Schmelze und Blasen zu Beginn der Entgasung wesentlich größer sein als die freie Oberfläche.

Voraussetzung für die Entgasung über Gasblasen ist die Existenz wachstumsfähiger Blasenkeime. Bei einem Gleichgewichtsdruck des in der Schmelze gelösten Gases von p_e kann sich in einer Blase höchstens ein Druck p_e einstellen. Damit eine Blase existenzfähig ist, muß jedoch p_e mindestens so groß sein, wie die Summe der von außen auf die Blase wirkenden Drücke. Dabei handelt es sich um den auf der Flüssigkeit lastenden Außendruck p_g, um den hydrostatischen Druck p_h der über der Gasblase befindlichen Flüssigkeitssäule und um den Druck p_s, der durch die Grenzflächenspannung γ verursacht wird. Es muß also gelten

$$p_e \geqq p_g + p_h + p_s = p_g + gd(h + r_B) + 2\gamma/r_B, \qquad \text{(II.88)}$$

wobei h der Abstand des oberen Blasenrandes von der Schmelzenoberfläche, r_B der Blasenradius und d die Dichte der Schmelze ist. Der kritische Blasenradius $r_{B,c}$ für wachstumsfähige Blasen ergibt sich aus Gl. (88) über die Bedingung

$$\frac{dp_e}{dr_B} = gd - \frac{2\gamma}{r_B^2} = 0 \qquad \text{(II.89)}$$

zu

$$r_{B,c} = \sqrt{2\gamma/gd}. \qquad \text{(II.90)}$$

Aus Gl. (88) und (90) kann der für die Bildung wachstumsfähiger Blasen erforderliche Gleichgewichtsdruck $p_{e,min}$ berechnet werden. Dieser beträgt in oberflächennahen Schichten bei $p_g \approx 0$ und $p_h \approx 0$ etwa

$$p_{e,\min} = \sqrt{2\gamma g d}. \tag{II.91}$$

Da die Grenzflächenspannung γ für Gasblasen in Metallschmelzen groß ist, kann $p_{e,\min}$, insbesondere in den unteren Schichten der Schmelze, beträchtliche Werte annehmen. Eine merkliche spontane, homogene Blasenbildung ist deshalb in der Schmelze wenig wahrscheinlich. In Frage kommt praktisch nur die heterogene Keimbildung an Festkörperoberflächen, z. B. an Schlackenteilchen oder an den Tiegelwandungen. Als Blasenquellen dienen Poren, Spalten und sonstige Vertiefungen an der Grenzfläche flüssig/fest. Unter diesen Bedingungen wird die Grenzflächenspannung für die Blasenbildung und damit auch der aufzubringende Blaseninnendruck $p_{e,\min}$ erniedrigt.

Für den Stofftransport von der Schmelze in die Gasblase ist die Aufsteiggeschwindigkeit der Blase sowie die Flüssigkeitsströmung entlang der Grenzfläche von Bedeutung. In dieser Strömung bildet sich, ähnlich wie an der Schmelzenoberfläche, eine Diffusionsgrenzschicht aus, durch die die gelöste Komponente über Diffusion in die Blase gelangt. Diese Verhältnisse werden in einem Modell von T. Kraus [86] theoretisch behandelt und auf die CO-Entgasung von Stahlschmelzen angewendet (s. auch [38]).

Die Kohlenmonoxid-Entgasung von Stahlschmelzen über Gasblasen ist das einzige Beispiel der Praxis, wo so hohe Gleichgewichtsdrücke erreicht werden, daß auch in großen Schmelztiefen noch Blasenkeime wachsen können. In anderen Fällen wird eine wirksame Entgasung über Gasblasen nur durch die Verwendung von Spülgas erzielt [38].

4. Transportvorgänge in der Gasphase

Der Stofftransport in Gasen kann wie in der Schmelze durch Strömung oder durch Diffusion erfolgen. Dabei sind zwei verschiedene Druckbereiche zu unterscheiden, bei denen entweder die Stöße zwischen Gasmolekülen untereinander oder die Stöße der Moleküle mit der Wand der Apparatur überwiegen. Diese beiden Druckbereiche lassen sich durch die Knudsenzahl $K = \Lambda/L$ gegeneinander abgrenzen, wobei Λ die mittlere freie Weglänge und L eine charakteristische Apparatedimension ist. Mit $\Lambda \cong 5 \cdot 10^{-3}/p$ für Luft (Λ und L in cm, p Druck in Torr) läßt sich folgende Bereichseinteilung angeben [43]:

$$\Lambda/L < 0{,}01 \quad \text{bzw.} \quad pL > 0{,}5 \qquad \text{Gasdiffusion, viskose Strömung} \tag{II.92}$$

$$\Lambda/L > 1 \quad \text{bzw.} \quad pL < 5 \cdot 10^{-3} \qquad \text{Knudsen-Diffusion, Molekularströmung} \tag{II.93}$$

4.1 Niedrige Drücke

Unter der Bedingung (93) erfolgt der Ausgleich von Konzentrations- bzw. Druckunterschieden über die Knudsen-Diffusion durch Stöße der Moleküle mit der Wand. Die Geschwindigkeit dieser Diffusion ist wesentlich kleiner als die normale Gasdiffusion. Die Anzahl der auf eine Oberfläche pro Flächen- und Zeiteinheit auftreffenden Teilchen ist nach der kinetischen Gastheorie durch die Flächenstoßrate gegeben. Für den Antransport v_{Tr} in $\mathrm{mg} \cdot \mathrm{cm}^{-2} \cdot \mathrm{s}^{-1}$ gilt

$$v_{\mathrm{Tr}} = 58{,}33\, p \sqrt{\frac{M}{T}}, \tag{II.94}$$

wo p der Partialdruck in Torr und M das Molekulargewicht des betreffenden Gases ist. Gleichzeitig bezeichnet Gl. (94) die maximal mögliche Geschwindigkeit, mit der die Gasaufnahme durch ein Metall erfolgen kann. Dieser Fall tritt ein, wenn die Reaktionen an der Grenzfläche Gas/Metall und die Diffusionsvorgänge im Metallinneren „schnelle" Reaktionen sind und der Antransport des Gases zur Metalloberfläche zum geschwindigkeitsbestimmenden Schritt wird (vgl. Abb. D 13).

Betrachtet man umgekehrt die Abgabe von Gas oder von flüchtigen Verbindungen bei der Entgasung von Metall-Gas-Lösungen im Bereich niedriger Drücke, so gibt Gl. (94) wiederum die maximal mögliche Reaktionsgeschwindigkeit an. In diesem Fall ist p nicht der wirkliche Gas- bzw. Dampfdruck im Rezipienten, sondern der Partialdruck des Gases oder der flüchtigen Verbindung, der sich im Gleichgewicht mit dem gelösten Gas einstellen würde. Der Druck p hängt somit von der Konzentration des gelösten Gases und von der Temperatur ab. Die maximale Geschwindigkeit Gl. (94) wird in der Praxis jedoch nur dann erreicht, wenn ein Grenzflächenprozeß für den Gesamtvorgang der Entgasung geschwindigkeitsbestimmend ist und für die Umkehrreaktion keine freie Aktivierungsenthalpie aufgebracht werden muß. Dieser Fall liegt z. B. bei der Sauerstoff-Entgasung hochschmelzender Metalle über abdampfende Oxide vor, falls die Werkstücke hinreichend dünn sind und somit die Diffusion des Sauerstoffs im Metallinneren ein schneller Prozeß ist (s. III.3.4).

4.2 Hohe Drücke

Auch bei hohen Drücken gibt Gl. (94) die Flächenstoßrate an, sofern für p der Druck in unmittelbarer Nähe der Oberfläche eingesetzt wird. Dampfen von der Oberfläche des Metalles bei hohen Temperaturen Metallatome und unter Umständen noch zusätzlich flüchtige Verbindungen ab, so können diese Spezies über Stoßprozesse mit den ankommenden Gasmolekülen in Wechselwirkung treten und eine Verarmung des reaktiven Gases über der Metalloberfläche herbeiführen. Dieser Vorgang hat eine Verringerung der Flächenstoßrate zur Folge.

Diffusion

Unter der Bedingung (92) ergibt sich nach der kinetischen Gastheorie für die Selbstdiffusion näherungsweise

$$D = \frac{1}{2} \Lambda \bar{u}_{\mathrm{m}} \varphi, \tag{II.95}$$

wobei Λ die mittlere freie Weglänge, $\bar{u}_m$ die mittlere molekulare Geschwindigkeit und φ ein Korrekturfaktor in der Größenordnung eins ist. Für die Diffusion der Komponente 1 in einem Gasgemisch der Molekülsorten 1 und 2 gilt entsprechend

$$D_1 = \frac{1}{2} \Lambda_1 \bar{u}_1 \varphi_1 . \tag{II.96}$$

Für die Temperatur- und Druckabhängigkeit erhält man

$$D_1 \sim T^n \quad \text{mit} \quad n\colon 1{,}5 \text{ bis } 2 \quad \text{für } p = \text{const}$$

sowie (II.97)

$$D_1 \sim 1/p \quad \text{für } T = \text{const}.$$

Die Größenordnung von D in Gasen beträgt unter Normalbedingungen 1 bis 10^{-1} cm²/s, so daß Konzentrationsunterschiede rasch ausgeglichen werden.

Strömungen, Stoffübertragung

Bei der viskosen Strömung von Gasen und Flüssigkeiten kann man zwischen laminarer und turbulenter Strömungsform unterscheiden. Laminare Strömungen treten bei kleinen Geschwindigkeiten auf und sind dadurch charakterisiert, daß sich die Geschwindigkeit in jedem Punkt des Raumes zeitlich nicht verändert und die Geschwindigkeiten zweier benachbarter Punkte parallel zueinander gerichtet sind. Die turbulente Strömung ist dagegen ungeordnet und die Geschwindigkeit ist in jedem Punkt ständigen regellosen Schwankungen unterworfen. Der Übergang von der laminaren zur turbulenten Strömung läßt sich durch die dimensionslose Reynoldsche Zahl $\mathrm{Re} = (u/\eta') L$ mit u Strömungsgeschwindigkeit, η' kinematische Zähigkeit und L charakteristische Dimension der Apparatur kennzeichnen. Im Gebiet der laminaren Strömung (kleine Re-Werte) erfolgt der Stofftransport senkrecht zur Strömungsrichtung durch Diffusion mit demselben Diffusionskoeffizienten wie in einem unbewegten System. Im Gebiet der turbulenten Strömung (große Re-Werte) steigt die Stofftransportgeschwindigkeit mit zunehmender Reynoldscher Zahl an.

Wenn nun ein Gasgemisch über die Oberfläche eines Metalles strömt und eine Komponente des Gases mit dem Metall reagiert, bildet sich in unmittelbarer Nähe der Oberfläche eine Grenzschicht aus. Im Strömungskern herrscht eine gleichmäßige Konzentration der reaktiven Komponente, während sich in der Grenzschicht ein Konzentrationsgefälle einstellt, durch das die reaktive Komponente (z. B. Sauerstoff in Argon oder Helium) zur Metalloberfläche diffundiert (Diffusionsgrenzschicht). Unter der Annahme stationärer Diffusion kann die Stoffübertragung durch diese Grenzschicht ähnlich wie in Schmelzen (s. II.3.2) durch die Beziehung

$$J = \beta(c_g - c_{gs}) = \frac{D}{\delta}(c_g - c_{gs}) = v_1 \tag{II.98}$$

beschrieben werden, wobei β der Stoffübergangskoeffizient, δ die Dicke der Grenzschicht, c_g die Konzentration der reaktiven Komponente im Strömungskern und

c_{gs} die Konzentration an der Metalloberfläche ist. Die Dicke δ der Diffusionsgrenzschicht hängt von der Strömungsgeschwindigkeit ab.

Die Geschwindigkeit der Reaktion an der Grenzfläche ist eine Funktion der Gaskonzentration c_{gs} direkt über der Metalloberfläche. Handelt es sich um eine nicht umkehrbare Reaktion erster Ordnung, so gilt

$$v_2 = k c_{gs}. \tag{II.99}$$

Bei einem quasi-stationären Reaktionsablauf werden die Geschwindigkeiten v_1 und v_2 gleich groß:

$$v_1 = \beta(c_g - c_{gs}) = k c_{gs} = v_2, \tag{II.100}$$

so daß

$$c_{gs} = \frac{\beta}{k + \beta} c_g \tag{II.101}$$

ist. Damit folgt für die Nettogeschwindigkeit des Gesamtvorganges

$$v = v_2 = k c_{gs} = \frac{c_g}{\frac{1}{\beta} + \frac{1}{k}} = \frac{c_g}{W_1 + W_2} = k^* c_g. \tag{II.102}$$

k^* ist die effektive Geschwindigkeitskonstante; die Größen $1/\beta$ und $1/k$ kann man als Reaktionswiderstände der Diffusion W_1 bzw. der Grenzflächenreaktion W_2 auffassen. Für $W_1 \gg W_2$, d. h. $\beta = D/\delta \ll k$, wird die Geschwindigkeit des Gesamtvorganges durch die Stoffübertragung bestimmt (Diffusionsgebiet), für $W_1 \ll W_2$, d. h. $\beta = D/\delta \gg k$, wird die Oberflächenreaktion geschwindigkeitsbestimmend (reaktionskinetisches Gebiet).

III. Aufnahme und Abgabe von Gasen oder Kohlenstoff

1. Systematik von Gas-Metall-Reaktionen

Gas-Metall-Reaktionen führen häufig zu einer Aufnahme oder Abgabe von Gasen oder Kohlenstoff durch das Metall. Man spricht dann von Absorptions- und Entgasungsreaktionen. Eine reine Absorption oder Entgasung ist jedoch nur unter bestimmten Bedingungen zu erwarten; häufig findet eine Überlagerung der beiden Prozesse statt. Bei der Absorption kann die Lösung von Metalloiden (H, C, N, O) im Metall oder aber die Bildung von festen oder flüchtigen Verbindungen an der Metalloberfläche im Vordergrund stehen. Ob einer dieser Grenzfälle auftritt, hängt von den thermodynamischen Verhältnissen im betreffenden Gas-Metall-System sowie von äußeren Bedingungen, wie Temperatur, Druck, Konzentration und Reaktionszeit, ab. So ist z. B. bei der Reaktion von Gasen mit Metallen, die ein geringes Lösungsvermögen für Gase aufweisen, allein die Verbindungsbildung von Bedeutung. Bei Metallen mit hoher Gaslöslichkeit überwiegt bei niedrigen Temperaturen und hohen Gasdrücken ebenfalls die Verbindungsbildung, während bei hohen Temperaturen, niedrigen Gasdrücken und hinreichend kurzen Reaktionszeiten die Lösung von Metalloiden dominiert.

Unter den *Lösungsreaktionen* sind besonders die folgenden Reaktionstypen von Bedeutung:

1. Zweiatomige Moleküle lösen sich unter Dissoziation im Metall, z. B.

$$H_2(g) \rightleftharpoons 2H(\text{in } \alpha) \tag{III.1}$$

$$N_2(g) \rightleftharpoons 2N(\text{in } \alpha) \tag{III.2}$$

$$O_2(g) \rightleftharpoons 2O(\text{in } \alpha) \tag{III.3}$$

$$CO(g) \rightleftharpoons C(\text{in } \alpha) + O(\text{in } \alpha). \tag{III.4}$$

Liegt bereits ein dissoziiertes Gas vor, so gilt

$$G(g) \rightarrow G(\text{in } \alpha), \tag{III.5}$$

wobei G = H, N oder O sein kann.

2. Kompliziertere Moleküle zerfallen an der Metalloberfläche; eine Atomsorte wird gelöst, während sich neue Moleküle bilden und in die Gasphase übergehen. Beispiele hierfür sind

$$H_2O(g) \rightleftharpoons O(\text{in } \alpha) + H_2(g) \tag{III.6}$$

$$2NH_3(g) \rightarrow 2N(\text{in } \alpha) + 3H_2(g) \tag{III.7}$$

$$C_2H_2(g) \rightarrow 2C(\text{in } \alpha) + H_2(g) \tag{III.8}$$

$$CH_4(g) \rightleftharpoons C(\text{in } \alpha) + 2H_2(g) \tag{III.9}$$

$$2CO(g) \rightleftharpoons C(\text{in } \alpha) + CO_2(g). \tag{III.10}$$

Unter bestimmten Bedingungen (rasch strömendes Gas) kann der Partialdruck des in den Reaktionen (6), (7) und (9) entstehenden $H_2(g)$ bzw. des in Reaktion (10) sich bildenden $CO_2(g)$ niedrig sein. In der Praxis findet jedoch die Aufnahme der Metalloide O, N oder C meist in Gemischen mit definierter Zusammensetzung statt (H_2O/H_2, NH_3/H_2, CH_4/H_2 bzw. CO/CO_2).

Entgasungsreaktionen lassen sich entsprechend der Art der Reaktionsteilnehmer einteilen in:

1. Entgasungsreaktionen, an denen „allein" die gelösten Atome beteiligt sind. Die gelösten Atome rekombinieren oder assoziieren an der Metalloberfläche zu Molekülen, die anschließend desorbieren. Zu diesen Reaktionen gehören die Umkehrreaktionen in Gl. (1) bis (4).

2. Entgasungsreaktionen, bei denen auf der Metalloberfläche flüchtige Metall-Gas-Verbindungen gebildet werden, die in den Gasraum abdampfen, z. B.

$$2Me(s) + 3O(\text{in } \alpha) \rightarrow MeO(g) + MeO_2(g). \tag{III.11}$$

3. Entgasungsreaktionen, an denen Moleküle aus der Gasphase teilnehmen. Dabei bilden sich auf der Metalloberfläche neue Moleküle, die in den Gasraum übertreten. Zu diesen Reaktionen gehören die Umkehrreaktionen in Gl. (6), (7), (9) und (10) und z. B. die Entgasung von kohlenstoffhaltigen Metallen im Sauerstoffstrom durch Kohlenmonoxidbildung

$$2C(\text{in } \alpha) + O_2(g) \rightarrow 2CO(g). \qquad \text{(III.12)}$$

Nachfolgend werden einige der aufgeführten Reaktionen, die als typische Beispiele anzusehen sind, besprochen. Mit Prozessen, die zur äußeren und inneren Verbindungsbildung sowie zur Ausscheidung von Verbindungen in übersättigten Metall-Metalloid-Mischkristallen führen, befaßt sich Abschnitt IV und V.

In Abschnitt III.1 bis III.5 werden als Reaktionspartner der Gase meist Metalle oder Legierungen im festen Zustand angenommen. Auf Besonderheiten im Reaktionsablauf bei Beteiligung von Metallschmelzen wird in Abschnitt III.6 eingegangen.

Weiterhin werden in den folgenden Abschnitten Diffusionsprozesse in der Gasphase nicht betrachtet. Behandelt wird nur der Fall, daß bei niedrigen Gasdrücken die Reaktion der Gasaufnahme durch das Gasangebot an der Metalloberfläche (Flächenstoßrate, Antransport) begrenzt wird. Bei höheren Drücken kann jedoch die Diffusion im Gasraum den Reaktionsablauf beeinflussen, wie z. B. die Aufnahme eines reaktiven Gases durch ein Metall aus strömendem Schutz- oder Trägergas. Beim Vorliegen einer laminaren Gasströmung läßt sich dieser Fall nach Abschnitt II.4.2 behandeln (s. auch [141]).

2. Reversible Aufnahme und Abgabe zweiatomiger Gase

2.1 Reaktionsmechanismus und Kinetik

Reaktionen der reversiblen Aufnahme und Abgabe von zweiatomigen Gasen G_2 können grundsätzlich gemäß dem in Abb. 18a schematisch wiedergegebenen einfachen Reaktionsmechanismus ablaufen [87]. Danach sind bei der Lösung von G_2 bei hohen Temperaturen folgende Teilschritte zu unterscheiden:

I. Transport der Gasmoleküle durch die Gasphase zur Metalloberfläche mit nachfolgender physikalischer Adsorption der Moleküle.

II. Dissoziation der Gasmoleküle unter gleichzeitiger Chemisorption der Gasatome.

III. Durchtritt der Gasatome durch die Metalloberfläche und

IV. Diffusion der Gasatome im Metallgitter.

Bei der Gasabgabe treten dieselben Schritte in umgekehrter Richtung auf. Zuletzt findet in Schritt II eine Rekombination der adsorbierten Atome zu Molekülen statt, die in Schritt I in den Gasraum abgegeben werden. Ein derartiges Verhalten wird in den Wasserstoff- und Stickstoffsystemen der Metalle sowie in einigen Metall-Sauerstoff-Systemen beobachtet. Modifiziert gilt das Reaktionsschema in Abb. 18a auch für die Aufnahme und Abgabe von Kohlenmonoxid.

Der reversiblen Aufnahme und Abgabe von zweiatomigen Gasmolekülen nach

$$G_2(g) \underset{k'}{\overset{k}{\rightleftharpoons}} 2G(\text{in } \alpha) \quad (III.13)$$

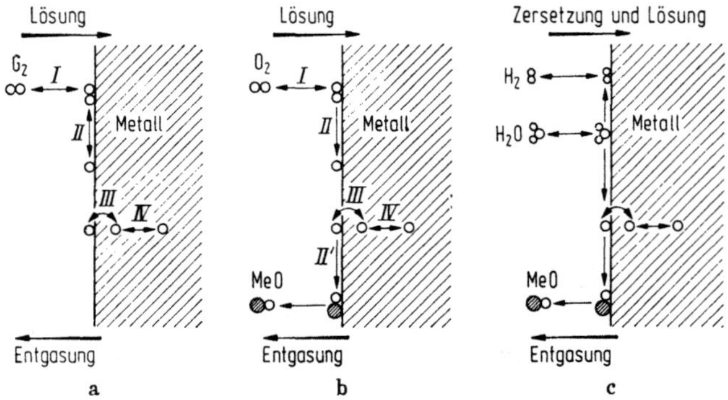

Abb. 18. Reaktionsmechanismen der Gasaufnahme und Gasabgabe. a) Reversible Aufnahme und Abgabe zweiatomiger Gase; b) molekulare Sauerstoffaufnahme und Oxidabdampfung; c) Zersetzung von Wasserdampf und Oxidabdampfung.

entspricht die Reaktionsfolge

(I) $$G_2(g) \underset{k_{-1}}{\overset{k_1}{\rightleftharpoons}} G_2(ad)$$

(II) $$G_2(ad) \underset{k_{-2}}{\overset{k_2}{\rightleftharpoons}} 2G(ad) \quad (III.14)$$

(III) $$G(ad) \underset{k_{-3}}{\overset{k_3}{\rightleftharpoons}} G(\text{in } \alpha)$$

(IV) Diffusion von G(in α).

Dabei bezeichnen $G_2(g)$ Gasmoleküle, $G_2(ad)$ physikalisch adsorbierte Moleküle, G(ad) chemisorbierte Atome und G(in α) gelöste Gasatome. Zur Vereinfachung sind in Schritt II und III die aktiven Plätze S als Reaktionspartner nicht aufgeführt. Da in Lösungen genügend Zwischengitterplätze Z zur Aufnahme der Gasatome zur Verfügung stehen, müssen diese in Schritt III nicht als Reaktionsteilnehmer berücksichtigt werden (Beschränkung auf verdünnte Lösungen).

Es soll nun angenommen werden, daß eine energetisch homogene Oberfläche vorliegt und daß dementsprechend alle Adsorptionsplätze dieselbe Aktivität haben. Fernerhin wird ideales Verhalten des Gases in allen Zuständen vorausgesetzt. Dann können als Konzentrationsmaße eingeführt werden: p der Partialdruck des Gases G_2 in Torr, ϑ die Konzentration des physikalisch adsorbierten Gases $G_2(ad)$ in Moleküle/cm², Θ der Bedeckungsgrad der Metalloberfläche mit chemisorbierten Gasatomen G(ad), $(1 - \Theta)$ der Bruchteil der Oberfläche der unbesetzt ist, c die Konzentration des im Metall gelösten Gases in Atome/cm³.

Für die Geschwindigkeiten v_i, v_{-i} der Elementarreaktionen von Schritt I bis III in Gl. (14) gilt nach I.3 (v_i, v_{-i} in Gasatome pro cm² Oberfläche und pro s; G_2

zählt als zwei Atome)

$$\begin{aligned} v_1 &= k_1 p & v_{-1} &= k_{-1}\vartheta \\ v_2 &= k_2\vartheta(1-\Theta)^2 & v_{-2} &= k_{-2}\Theta^2 \\ v_3 &= k_3\Theta & v_{-3} &= k_{-3}c(1-\Theta). \end{aligned} \tag{III.15}$$

Zwischen den Geschwindigkeitskonstanten der Teilschritte und den entsprechenden Gleichgewichtskonstanten bestehen die Beziehungen

$$K_{\mathrm{I}} = \frac{k_1}{k_{-1}}, \quad K_{\mathrm{II}} = \frac{k_2}{k_{-2}}, \quad K_{\mathrm{III}} = \frac{k_3}{k_{-3}}, \tag{III.16}$$

wobei nach Gl. (13)

$$K = \frac{k}{k'} = K_{\mathrm{I}} K_{\mathrm{II}} K_{\mathrm{III}}^2 \tag{III.17}$$

die Gleichgewichtskonstante der Gesamtreaktion ist. Die Geschwindigkeitsgleichungen (15) lassen sich vereinfachen, wenn man annimmt, daß bei hohen Temperaturen der Bedeckungsgrad der Metalloberfläche mit chemisorbierten Gasatomen sehr klein ist:

$$\Theta \ll 1, \quad \text{d. h.} \quad (1-\Theta) \approx 1. \tag{III.18}$$

Zur weiteren mathematischen Behandlung des Reaktionsmechanismus (14) wird nach I.3.5 vorausgesetzt, daß sich bezüglich der Zwischenprodukte G_2(ad) und G(ad) bei kleinen Werten von ϑ und Θ ein quasi-stationärer Zustand mit

$$\frac{d\vartheta}{dt} \approx 0 \quad \text{und} \quad \frac{d\Theta}{dt} \approx 0 \tag{III.19}$$

eingestellt hat und daß Schritt II, III oder IV die Reaktionsgeschwindigkeit kontrolliert.

Eine Kontrolle der Geschwindigkeit durch Schritt I ist nur für die reine Gasaufnahme denkbar, und zwar dann, wenn die Physisorption durch das Gasangebot an der Metalloberfläche, d. h. durch den Antransport des Gases zur Probenoberfläche, begrenzt wird (s. III.3.3). Bei der Entgasung wird der Übergang von Gasmolekülen aus dem physikalisch adsorbierten Zustand in den Gaszustand bei hohen Temperaturen ein „schneller" Vorgang sein, so daß er ohne Bedeutung ist. Dagegen kann der Abtransport des Gases aus dem Rezipienten eine Rolle spielen (s. III.2.3). In diesem Fall muß das Reaktionsschema (14) durch einen Schritt P ergänzt werden, der das Abpumpen des Gases beschreibt (Saugvermögen S):

(P) $$G_2(g) \xrightarrow{S} G_2(P). \tag{III.20}$$

a) Schritt II geschwindigkeitsbestimmend. Wenn die dissoziative Chemisorption für die Gaslösung und dementsprechend nach dem Prinzip der mikroskopischen Reversibilität [4] die Rekombination für die Gasabgabe geschwindigkeitsbestimmend ist, läßt sich die Geschwindigkeitsgleichung für die Gesamtreaktion unmittelbar anschreiben (vgl. I.3.5):

$$v = k_2\vartheta - k_{-2}\Theta^2. \tag{III.21}$$

Da für die Schritte I und III Gleichgewicht angenommen werden kann, folgt hieraus mit Gl. (16) und (17)

$$v = \frac{V}{F}\frac{dc}{dt} = k_2 K_I p - \frac{k_{-2}}{K_{III}^2} c^2 = k_2 K_I p \left(1 - \frac{c^2}{Kp}\right). \tag{III.22}$$

Dabei ist V/F ein Geometriefaktor mit F Probenoberfläche und V Probenvolumen. Im thermodynamischen Gleichgewicht ist in Gl. (22) $dc/dt = 0$ zu setzen. Bei konstantem Druck p_c ergibt sich dann für die Gleichgewichtskonzentration c_e das bekannte Sievertssche Gesetz

$$c_e = \sqrt{Kp_c}. \tag{III.23}$$

Mit dessen Hilfe läßt sich Gl. (22) bei Berücksichtigung von Gl. (16) und (17) in eine Differentialgleichung umformen, die nur die Konzentration c als Variable der Zeit t enthält:

$$\frac{V}{F}\frac{dc}{dt} = \frac{k_{-2}}{K_{III}^2}(c_e{}^2 - c^2). \tag{III.24}$$

Man entnimmt Gl. (24), daß die Konzentration c im Metall zunimmt oder abnimmt, je nachdem ob c kleiner oder größer als c_e ist. Demnach beschreibt Gl. (24) sowohl Gasaufnahme wie Gasabgabe. Durch Integration für konstanten Druck p_c und konstante Temperatur, d. h. konstante Werte von c_e, k_{-2} und K_{III}, erhält man

$$\ln\left|\frac{c_e + c}{c_e - c}\right| - \ln\left|\frac{c_e + c_0}{c_e - c_0}\right| = 2\frac{F}{V}\frac{k_{-2}}{K_{III}^2} c_e t = 2\frac{F}{V}\frac{k_{-2}}{K_{III}^2}\sqrt{Kp_c}\, t, \tag{III.25}$$

wo c_0 die Anfangskonzentration zur Zeit $t = 0$ ist. Auflösung von Gl. (25) nach c liefert [88]

$$c = c_e \frac{1 - \frac{c_e - c_0}{c_e + c_0}\exp\left(-2\frac{F}{V}\frac{k_{-2}}{K_{III}^2}\sqrt{Kp_c}\, t\right)}{1 + \frac{c_e - c_0}{c_e + c_0}\exp\left(-2\frac{F}{V}\frac{k_{-2}}{K_{III}^2}\sqrt{Kp_c}\, t\right)}. \tag{III.26}$$

b) Schritt III geschwindigkeitsbestimmend. Ist der Durchtritt durch die Metalloberfläche geschwindigkeitsbestimmend, so gilt die Geschwindigkeitsgleichung

$$v = k_3\Theta - k_{-3}c. \tag{III.27}$$

Für die Schritte I und II kann Gleichgewicht vorausgesetzt werden, so daß mit Gl. (16) und (17) die Beziehung

$$v = \frac{V}{F}\frac{dc}{dt} = k_3\sqrt{K_I K_{II} p} - k_{-3}c = k_3\sqrt{K_I K_{II} p}\left(1 - \frac{c}{\sqrt{Kp}}\right) \tag{III.28}$$

Tabelle 3. Kinetik der Gaslösung nach Reaktionsmechanismus Gl. (III. 14) bei kleinem Bedeckungsgrad Θ und quasi-stationärem Zustand für verschiedene geschwindigkeitsbestimmende Schritte; Druck $p_c = \text{const}$, Anfangskonzentration $c_0 = 0$, Endkonzentration $c_e = \sqrt{Kp_c}$, $\bar{c}$ mittlere Konzentration, K Gleichgewichtskonstante, F Probenoberfläche, V Probenvolumen, $k' = 8/\pi^2$ für Platte.

Geschwindigkeitsbestimmend	Chemisorption (II)	Durchtritt (III)	Diffusion (IV)
Voraussetzungen	$k_2 \ll k_{-1}$, $k_3 \gg k_{-2}\Theta$	$k_3 \ll k_{-2}\Theta$, $k_2 < k_{-1}$	t hinreichend lang, $c = c_e$ an Oberfläche für $t > 0$
Geschwindigkeitsgleichung	$\frac{dc}{dt} = k(c_e^2 - c^2)$	$\frac{dc}{dt} = k(c_e - c)$	$\frac{dc}{dt} = k(c_e - \bar{c})$
Zeitgesetz	$\frac{c}{c_e} = \tan(k\sqrt{Kp_c}\,t)$ (III. 26a)	$\frac{c}{c_e} = 1 - \exp(-kt)$ (III. 31a)	$\frac{\bar{c}}{c_e} = 1 - k' \exp(-kt)$ (II. 50a)
Zeitgesetz in Geradenform ($f(c) = mt + a$)	$\ln \frac{c_e + c}{c_e - c} = 2k\sqrt{Kp_c}\,t$ (III. 25a)	$\ln \frac{c_e}{c_e - c} = kt$ (III. 30a)	$\ln \frac{c_e}{c_e - \bar{c}} = kt - \ln k'$ (II. 50b)
Geradensteigung	$m = 2k\sqrt{Kp_c} = k^* \sqrt{p_c}$	$m = k = k^*$	$m = k = k^*$
Konstante	$k^* = 2\frac{F}{V}\frac{k_{-2}}{K_{III}^2}\sqrt{K}$	$k^* = \frac{F}{V} k_{-3}$	$k^* = \frac{\pi^2}{4h^2} D$ (Platte, Dicke 2 h)
Energiegrößen aus $-R \cdot d(\ln k^*)/d(1/T)$	$E^* = E_d - 2\Delta\bar{H}_p + \frac{1}{2}\Delta\bar{H}_s$ $= E_c - \frac{1}{2}\Delta\bar{H}_s$	$E^* = E_t = E_p - \Delta\bar{H}_p$	$E^* = E_m$

folgt, die für $\mathrm{d}c/\mathrm{d}t = 0$ und konstanten Druck p_c in das Sievertssche Gesetz (23) übergeht. Damit erhält man aus Gl. (28) die Differentialgleichung in c

$$\frac{V}{F}\frac{\mathrm{d}c}{\mathrm{d}t} = k_{-3}(c_e - c), \qquad \text{(III.29)}$$

die integriert werden kann. Das Zeitgesetz lautet

$$\ln\frac{c_e - c}{c_e - c_0} = -\frac{F}{V}\,k_{-3}t \qquad \text{(III.30)}$$

oder aufgelöst nach c

$$c = c_e + (c_0 - c_e)\exp\left(-\frac{F}{V}\,k_{-3}t\right). \qquad \text{(III.31)}$$

c) Schritt IV geschwindigkeitsbestimmend. Bei geschwindigkeitsbestimmender Diffusion können für Platte, Zylinder oder Kugel die in II.2.1 angegebenen Beziehungen für die Zeitabhängigkeit der mittleren Konzentration $\bar{c}$ im Metall angewendet werden (Gl. (II.50) für Platte, (II.55) für Zylinder, (II.57) für Kugel mit $c_s \equiv c_e$).

2.2 Lösungsbildung

Häufig benötigte Beziehungen für die Kinetik der Gasaufnahme nach dem Reaktionsmechanismus (14) sind in Tab. 3 unter der vereinfachenden Annahme $c_0 = 0$ ($t = 0$) für die verschiedenen geschwindigkeitsbestimmenden Teilschritte zusammengestellt. Dabei folgen die Zeitgesetze Gl. (25a) und (26a) unmittelbar aus Gl. (25) und (26), wenn $c_0 = 0$ gesetzt wird. Entsprechend können Gl. (30a) und (31a) aus Gl. (30) und (31) sowie Gl. (II.50a) aus Gl. (II.50) abgeleitet werden. Das Zeitgesetz (II.50a) ergibt sich formal auch aus Gl. (II.55) und (II.57) mit $c_0 = 0$, $c_s \equiv c_e$ und ist somit für Platte, Zylinder und Kugel gültig.

Die in der Geradensteigung m auftretende Konstante k^* hat bis auf Geometriefaktoren in Schritt III die Bedeutung der Geschwindigkeitskonstanten k_{-3} für den Übertritt der Gasatome aus dem gelösten in den chemisorbierten Zustand und in Schritt IV die Bedeutung der Diffusionskonstanten D, während sie in Schritt II eine zusammengesetzte Größe ist.

Die Konstante k^* hängt nach einer Arrhenius-Gleichung von der Temperatur T ab:

$$k^* = k_0^*\exp(-E^*/RT), \quad \text{wo} - R\,\frac{\mathrm{d}\ln k^*}{\mathrm{d}(1/T)} = E^*. \qquad \text{(III.32)}$$

Die Bedeutung der Energiegrößen E^* geht aus Tab. 4 und Abb. 19 [87] hervor, in der die energetischen Verhältnisse für eine stark exotherme und eine stark endotherme Gaslösung dargestellt sind. Dabei ist angenommen worden, daß im Falle der exothermen Lösung für die Gasaufnahme die dissoziative Chemisorption und dementsprechend für die Entgasung die Rekombination (Schritt II) geschwindigkeitsbestimmend ist, während im Falle der endothermen Lösung die Durchtrittsreaktionen (Schritt III) geschwindigkeitskontrollierend sein sollen.

Tabelle 4. Bedeutung der Energiegrößen in Abb. 19.

Größe	Bedeutung	Reaktion
E_c	Aktivierungsenergie der Chemisorption	$G_2(g) \rightarrow 2G(ad)$
E_p	Aktivierungsenergie für den Übergang chemisorbiert/gelöst	$G(ad) \rightarrow G(in\ \alpha)$
E_m	Aktivierungsenergie der Diffusion	
E_t	Aktivierungsenergie für den Übergang gelöst/chemisorbiert	$G(in\ \alpha) \rightarrow G(ad)$
E_d	Aktivierungsenergie für die Rekombination und Desorption	$2G(ad) \rightarrow G_2(g)$
E_A	Effektive Aktivierungsenergie der Lösung	$G_2(g) \rightarrow 2G(in\ \alpha)$
E_E	Effektive Aktivierungsenergie der Entgasung	$2G(in\ \alpha) \rightarrow G_2(g)$
ΔH_D	Dissoziationsenthalpie	$G_2(g) \rightarrow 2G(g)$
$\Delta \bar{H}_c$	Chemisorptionsenthalpie	$G_2(g) \rightarrow 2G(ad)$
$\Delta \bar{H}_s$	Lösungsenthalpie	$G_2(g) \rightarrow 2G(in\ \alpha)$
$\Delta \bar{H}_p$	Enthalpieänderung beim Übergang chemisorbiert/gelöst	$G(ad) \rightarrow G(in\ \alpha)$

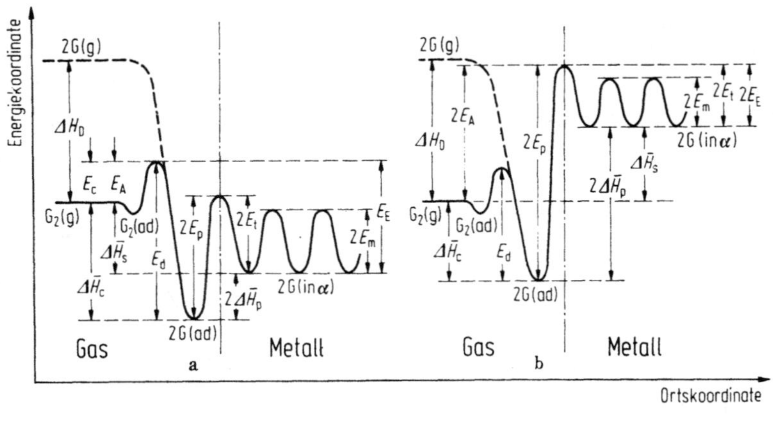

Abb. 19. Energiediagramme für die reversible Aufnahme und Abgabe eines zweiatomigen Gases. a) Exotherme Lösung; b) endotherme Lösung [87].

Im Hinblick auf die Ermittlung energetischer Größen sind die Grenzgesetze für die Anfangsgeschwindigkeit v_0 der Gaslösung bei kleinen Zeiten von Interesse, wo die Rückreaktion vernachlässigt werden kann. Unter Berücksichtigung der Temperaturabhängigkeit von v_0 erhält man für Lösungsvorgänge, die durch die Chemisorption (II) oder durch den Durchtritt (III) kontrolliert werden, aus

Gl. (22) bzw. (28) mit $c^2/(Kp) \ll 1$ bzw. $c/\sqrt{Kp} \ll 1$ die Beziehungen

$$\text{II:} \qquad v_0 = k_2 K_\text{I} p = k_0' \exp(-E_\text{c}/RT) \tag{III.33}$$

$$\text{III:} \qquad v_0 = k_3 \sqrt{K_\text{I} K_\text{II} p} = k_0'' \exp\left[-\left(E_\text{p} + \frac{1}{2}\Delta\bar{H}_\text{c}\right)\Big/RT\right]. \tag{III.34}$$

Dabei wird vorausgesetzt, daß sich bereits bei kleinen Reaktionszeiten ein quasistationärer Zustand eingestellt hat (s. hierzu jedoch [89]). In Gl. (33) und (34) ist E_c bzw. $(E_\text{p} + \Delta\bar{H}_\text{c}/2)$ die Aktivierungsenergie E_A der reinen Lösung (Absorption). Für die Aktivierungsenergie E_E der molekularen Entgasung, die durch Rekombination (II) oder Durchtritt (III) bestimmt wird, ergeben sich nach Abb. 19 $(E_\text{c} - \Delta\bar{H}_\text{s})$ bzw. E_t. Es gilt also

$$\text{II:} \qquad E_\text{A} = E_\text{c}, \quad E_\text{E} = E_\text{c} - \Delta\bar{H}_\text{s} \tag{III.35}$$

$$\text{III:} \qquad E_\text{A} = E_\text{p} + \frac{1}{2}\Delta\bar{H}_\text{c} = E_\text{t} + \frac{1}{2}\Delta\bar{H}_\text{s}, \quad E_\text{E} = E_\text{t}. \tag{III.36}$$

Aus Gl. (35) folgt $E_\text{A} - E_\text{E} = \Delta\bar{H}_\text{s}$, aus Gl. (36) $E_\text{A} - E_\text{E} = \Delta\bar{H}_\text{s}/2$, d. h. die Reaktionsenthalpie für die Lösung des Gases im Metall.

Zu den verschiedenen geschwindigkeitsbestimmenden Schritten (s. Tab. 3) werden nachfolgend einige ergänzende Hinweise gegeben.

a) Chemisorption (II) geschwindigkeitsbestimmend. Dieses Verhalten wird bei dünnen Proben in Systemen mit stark exothermer Lösung unter bestimmten Bedingungen beobachtet, wie z. B. in den Systemen Tantal-Stickstoff [90] und α-Eisen-Stickstoff [91]. Es gilt dann Gl. (25a) in Tab. 3; d. h. eine Auftragung des Konzentrationsglieds $\ln[(c_\text{e} + c)/(c_\text{e} - c)]$ gegen die Reaktionszeit t führt bei konstantem Druck p_c auf eine Gerade (vgl. Abb. 20 für die Stickstofflösung in Tantal). Aus der Temperaturabhängigkeit der Geradensteigung m bzw. der

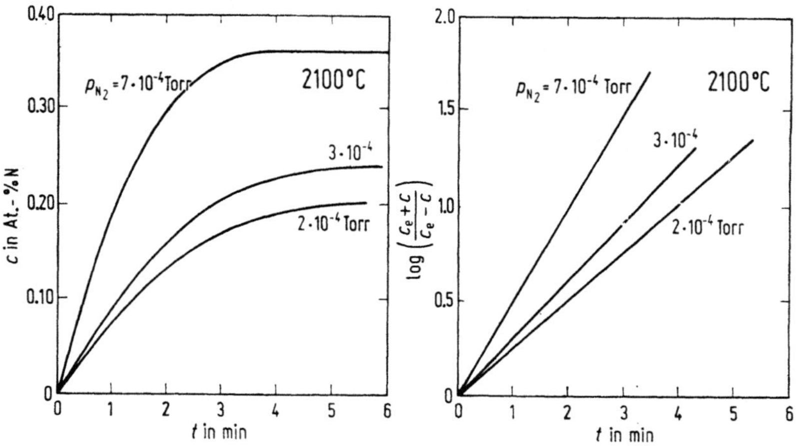

Abb. 20. Isobaren der Stickstoffaufnahme von Tantal (Drähte mit 0,5 mm Dmr.) bei 2100 °C (dissoziative Chemisorption geschwindigkeitsbestimmend, s. Tab. 3, Gl. (III. 25a)) [90].

Konstanten k^* (s. Gl. (32)) läßt sich die Differenz zwischen der Aktivierungsenergie der Chemisorption E_c und der halben Lösungsenthalpie $\Delta\bar{H}_s/2$ ermitteln. Die Temperaturabhängigkeit der Anfangsgeschwindigkeit v_0 liefert wegen Gl. (33) zusätzlich E_c, so daß $\Delta\bar{H}_s$ berechnet werden kann.

b) Durchtritt (III) geschwindigkeitsbestimmend. Wenn in Metall-Gas-Systemen mit stark endothermer Lösung dieser Fall auftritt, sollte Gl. (30a) in Tab. 3 erfüllt sein und demgemäß eine Auftragung von $\ln[c_e/(c_e - c)]$ gegen t eine Gerade ergeben. Aus der Temperaturabhängigkeit der Geradensteigung m bzw. der Konstanten k^* (s. Gl. (32)) wird die Energiedifferenz $E_p - \Delta\bar{H}_p$ erhalten, die gleich der Aktivierungsenergie der Entgasung $E_E = E_t$ ist. Aus der Anfangsgeschwindigkeit v_0 folgt ferner nach Gl. (34) die Aktivierungsenergie der Lösung $E_A = E_p + \Delta\bar{H}_c/2$. (Atomare Entgasung: $E_E = (\Delta H_D - \Delta\bar{H}_s)/2$ [142])

c) Diffusion (IV) geschwindigkeitsbestimmend. Diffusionskontrollierte Lösungsvorgänge sind grundsätzlich bei dicken Werkstücken zu erwarten. Sie sind aber auch in Metall-Gas-Systemen mit stark endothermer Lösung möglich, wenn ähnliche energetische Verhältnisse wie in Abb. 19b, jedoch mit $E_m > E_t$, vorliegen. Man entnimmt Tab. 3, daß die Zeitgesetze Gl. (50a) und (50b) den Zeitgesetzen Gl. (31a) und (30a) für geschwindigkeitsbestimmenden Durchtritt sehr ähnlich sind. Bei der Diffusion gilt jedoch für $t = 0$ nicht $c/c_e = 0$ wie beim Durchtritt, sondern $c/c_e = 1 - k'$ ($k' = 8/\pi^2$ für Platte). Dies hängt damit zusammen, daß Gl. (50a) und Gl. (50b) Näherungsgesetze für längere Reaktionszeiten sind. Aus der Temperaturabhängigkeit von k^* ergibt sich die Aktivierungsenergie der Diffusion E_m.

Der Fall, daß bei einem Reaktionsmechanismus (14) mit Rückreaktionen der *Antransport des Gases* zur Metalloberfläche *geschwindigkeitsbestimmend* wird, ist nicht zu erwarten [92]. Für die Geschwindigkeit v_1 des Antransportes mit nachfolgender physikalischer Adsorption gilt Gl. (II.3). Ist der Kondensationskoeffizient $\alpha = 1$, so erhält man die bei der Lösung maximal mögliche Reaktionsgeschwindigkeit v_{Tr} (s. auch Gl. (II.94)). Es ist zweckmäßig, für die durch nachfolgende Reaktionsschritte verlangsamte Reaktion einen *Reaktionskoeffizienten* r zu definieren, der das Verhältnis der beobachteten Geschwindigkeit v der Gaslösung zur maximalen Geschwindigkeit v_{Tr} des Antransportes des Gases angibt:

$$r = \frac{v}{v_{Tr}} = \frac{v}{v_1/\alpha}. \qquad \text{(III.37)}$$

Diese Definition entspricht der Einführung der Haftwahrscheinlichkeit (sticking probability) durch Gl. (II.15) und ist nur sinnvoll, wenn man gleichzeitige Entgasungsreaktionen vernachlässigen kann, wie bei der Anfangsgeschwindigkeit v_0, oder wenn irreversible Lösungsreaktionen ablaufen (vgl. III.3.3).

2.3 Entgasung

Die Entgasung nach dem Reaktionsmechanismus Gl. (14) kann bei konstantem Druck p_c durch die in III.2.1 angegebenen Beziehungen beschrieben werden. In der Praxis hat man es aber meist mit der Entgasung im Hochvakuum zu tun, wo der Druck vom Anfangswert p_0, welcher der Anfangskonzentration c_0 entspricht, auf den Enddruck p_f der Apparatur abfällt. Der Druck im Rezipienten wird bestimmt durch die Gaszufuhr aus der Probe, durch die Gaszufuhr über Lecks der Apparatur und Gasabgabe der Wände sowie durch den Gasabtransport durch die Pumpe. Für die zeitliche Änderung der Gasmenge Q im Rezipienten gilt also die Bilanzgleichung

$$\frac{\mathrm{d}Q}{\mathrm{d}t}_{\mathrm{Rez}} = \frac{\mathrm{d}Q}{\mathrm{d}t}_{\mathrm{Probe}} + \frac{\mathrm{d}Q}{\mathrm{d}t}_{\mathrm{Leck}} - \frac{\mathrm{d}Q}{\mathrm{d}t}_{\mathrm{Pumpe}} \tag{III.38}$$

oder

$$V_{\mathrm{R}} \frac{\mathrm{d}p}{\mathrm{d}t} = -\frac{V}{u}\frac{\mathrm{d}c}{\mathrm{d}t} + Sp_f - Sp, \tag{III.39}$$

wo V_R das Rezipientenvolumen in cm^3, u ein Umrechnungsfaktor in Atome · Torr^{-1} · cm^{-3} und S das Saugvermögen der Pumpe in cm^3/s ist, das druckunabhängig angenommen wird. Grundsätzlich ist also bei der Entgasung der Abpumpprozeß zu berücksichtigen, dem die Reaktionsgleichung (20) entspricht. Es sind zwei Grenzfälle möglich. Einmal kann der Absaugvorgang so langsam sein, daß er zum geschwindigkeitsbestimmenden Schritt der Entgasung wird. Zum anderen kann die Absaugung so schnell erfolgen, daß dadurch die Geschwindigkeit der Gasabgabe durch das Metall nicht beeinflußt wird und dementsprechend Diffusion im Metall, Durchtritt oder Rekombination mögliche geschwindigkeitsbestimmende Schritte werden.

In Tab. 5 sind die Formeln zur Beschreibung der Kinetik von Entgasungen im Hochvakuum nach dem Mechanismus Gl. (14) und (20) für verschiedene geschwindigkeitsbestimmende Teilschritte zusammengestellt [93]. Dabei bezieht sich die Näherung des quasi-stationären Zustandes auch auf das Gas im Rezipienten, d. h. es gilt $\mathrm{d}\Theta/\mathrm{d}t \approx 0$, $\mathrm{d}\vartheta/\mathrm{d}t \approx 0$ und $\mathrm{d}p/\mathrm{d}t \approx 0$. Weiterhin soll in Fall IV, III und II bei sehr großem Saugvermögen $S \gg k_1$ der Druck p im Rezipienten so klein sein, daß eine gleichzeitige Gasaufnahme über eine lange Reaktionsdauer vernachlässigt werden kann. Dies bedeutet, daß der Rezipientendruck p sehr viel kleiner sein muß als der Gleichgewichtsdruck p_e, der der momentanen Gaskonzentration c im Metall entspricht. Demgegenüber soll im Fall P bei sehr kleinem Saugvermögen $S \ll k_1$ die Entgasung im währenden Gleichgewicht unter der Bedingung $p(t) = p_e(t)$ ablaufen.

Der Zusammenhang zwischen zeitlicher Konzentrationsänderung $\mathrm{d}c/\mathrm{d}t$ in der Probe und Rezipientendruck p ergibt sich aus Gl. (III.39) für $dp/\mathrm{d}t \approx 0$ und $Sp_f \approx 0$ zu

$$-V\frac{\mathrm{d}c}{\mathrm{d}t} = uSp \quad \text{oder} \quad p = -\frac{1}{u}\frac{S}{V}\frac{\mathrm{d}c}{\mathrm{d}t}. \tag{III.39a}$$

Dabei ist die links stehende Gleichung die Geschwindigkeitsgleichung für den Abpumpprozeß (20).

Nachfolgend werden die Gesetzmäßigkeiten der Entgasung in Anlehnung an Tab. 5 kurz erläutert.

a) Geschwindigkeitsgleichungen. Nach Tab. 5 ist die Geschwindigkeitsgleichung von erster Ordnung, wenn die Diffusion (IV) oder der Durchtritt (III) geschwindigkeitsbestimmend sind. Sie ist dagegen von zweiter Ordnung, wenn die Re-

Tabelle 5. Kinetik der Entgasung im Hochvakuum nach Reaktionsmechanismus Gl. (III. 14) und Gl. (III. 20) bei kleinem Bedeckungsgrad Θ und quasi-stationärem Zustand für verschiedene geschwindigkeitsbestimmende Schritte; Anfangskonzentration c_0, Endkonzentration $c_e \approx 0$, $\bar{c}$ mittlere Konzentration, F Probenoberfläche, V Probenvolumen, K Gleichgewichtskonstante, S Saugvermögen, $k' = 8/\pi^2$ und $k'' = 0{,}198\ h^2$ für Platte der Dicke $2h$.

Geschwindigkeitsbestimmend	Diffusion (IV)	Durchtritt (III)	Rekombination (II)	Abpumpen (P)
Voraussetzungen	t hinreichend lang, $c = 0$ an Oberfläche für $t > 0$	$S \gg k_1,\ k_{-2}\Theta \gg k_3$; $k_{-1} \gg k_2$	$S \gg k_1,\ k_{-2}\Theta \ll k_3$; $k_{-1} \gg k_2$	$S \ll k_1,\ k_{-1} < k_2$; $k_{-2}\Theta < k_3$
Geschwindigkeitsgleichung	$\frac{dc}{dt} = -k\bar{c}$	$\frac{dc}{dt} = -kc$	$\frac{dc}{dt} = -kc^2$	$\frac{dc}{dt} = -kc^2$
Zeitgesetz	$\frac{\bar{c}}{c_0} = k' \exp(-kt)$	$\frac{c}{c_0} = \exp(-kt)$	$\frac{c}{c_0} = \frac{1}{kc_0t + 1}$	$\frac{c}{c_0} = \frac{1}{kc_0t + 1}$
Zeitgesetz in Geradenform ($f(c) = mt + a$)	$\ln \frac{\bar{c}}{c_0} = -kt + \ln k'$	$\ln \frac{c}{c_0} = -kt$	$\frac{c_0}{c} = kc_0t + 1$	$\frac{c_0}{c} = kc_0t + 1$
Geradensteigung	$m = -k$	$m = -k$	$m = kc_0$	$m = kc_0$
Halbwertszeit	$t_{1/2} = \frac{k''}{D}$	$t_{1/2} = \frac{\ln 2}{k}$	$t_{1/2} = \frac{1}{kc_0}$	$t_{1/2} = \frac{1}{kc_0}$
Geschwindigkeitskonstante	$k = \frac{\pi^2}{4h^2} D$ (Platte, Dicke $2h$)	$k = \frac{F}{V} k_{-3}$	$k = \frac{F}{V} \frac{k_{-2}}{K_{III}^2}$	$k = \frac{u}{V} \frac{S}{K}$
Effektive Aktivierungsenergie	$E_{exp} = E_m$	$E_{exp} = E_t$	$E_{exp} = (E_d - 2\,\Delta\bar{H}_p) = (E_c - \Delta\bar{H}_s)$	$E_{exp} = -\Delta\bar{H}_s$

kombination (II) oder der Absaugvorgang (P) den Gesamtprozeß kontrollieren. Die Geschwindigkeitsgleichungen für den Fall III bzw. II folgen unmittelbar aus den allgemeinen Gleichungen (28) bzw. (22), wenn bei kleinem Druck p der Druckterm gegen den Konzentrationsterm vernachlässigt wird. Bleibt die Entgasung auch dann quasi-stationär, wenn die Bedingung $\Theta \ll 1$ nicht mehr erfüllt ist, so ergibt sich im Fall II (Rekombination geschwindigkeitsbestimmend) bei beliebigem Bedeckungsgrad die Geschwindigkeitsgleichung [93]

$$\frac{V}{F}\frac{\mathrm{d}c}{\mathrm{d}t} = -k_{-2}\left[\frac{c/K_{\mathrm{III}}}{1 + c/K_{\mathrm{III}}}\right]^2 = -ac^n, \qquad \text{(III.40)}$$

wo $a = \text{const}$ und $0 \leqq n \leqq 2$. Beim Bedeckungsgrad $\Theta = 1$ wäre $n = 0$ und die Entgasung somit von nullter Ordnung. Im Fall P, wo der Absaugvorgang die Entgasung kontrolliert, ist dagegen die Geschwindigkeitsgleichung unabhängig vom Bedeckungsgrad stets von zweiter Ordnung.

b) Entgasungsgesetze. Diese gelten ebenso wie die Geschwindigkeitsgleichungen nur über eine gewisse Zeitdauer, weil die Gaskonzentration c nicht unbegrenzt abnehmen kann, sondern mit Annäherung des Rezipientendrucks p an den Enddruck der Apparatur[1] p_f einem Grenzwert c_f zustrebt. Berücksichtigt man die dem Enddruck p_f entsprechende Gasaufnahme, so ergibt sich im Fall II (Rekombination geschwindigkeitsbestimmend) das allgemeine Gesetz (25) bzw. (26), falls man $p_c = p_f$ und $c_e = c_f$ setzt. Entsprechend erhält man mit $c_e = c_f$ im Fall III (Durchtritt geschwindigkeitsbestimmend) das allgemeine Gesetz (30) bzw. (31).

c) Halbwertszeit. Darunter versteht man die Zeit, nach deren Ablauf die Gaskonzentration c im Metall vom Anfangswert c_0 auf die Hälfte $c_0/2$ abgesunken ist. Diese beträgt im Falle einer diffusionsbestimmten Entgasung (IV) für eine Platte der Dicke $2h$ bzw. für einen Draht mit dem Radius r_0

$$t_{1/2} = 0{,}198\,\frac{h^2}{D} \quad \text{bzw.} \quad t_{1/2} = 0{,}064\,\frac{r_0^2}{D} \qquad \text{(III.41)}$$

mit h, r_0 in cm, D in cm²/s und t in s. Während bei Drähten im Fall IV $t_{1/2}$ proportional zu r_0^2 ist, erhält man im Fall III eine Proportionalität zu r_0.

d) Effektive Aktivierungsenergien. Diese ergeben sich aus der Temperaturabhängigkeit der entsprechenden Geschwindigkeitskonstanten k. Ihre Bedeutung geht aus Tab. 5 und Abb. 19 hervor. So ist z. B. im Fall II (Rekombination geschwindigkeitsbestimmend) E_{exp} gleich der Differenz zwischen Aktivierungsenergie E_{d} der Rekombination und der doppelten Reaktionsenthalpie $2\Delta\overline{H}_{\mathrm{p}}$ für den Übergang chemisorbiert/gelöst oder gleich $(E_{\mathrm{c}} - \Delta\overline{H}_{\mathrm{s}})$, während im Fall P (Abpumpen geschwindigkeitsbestimmend) E_{exp} gleich der negativen Lösungsenthalpie $-\Delta\overline{H}_{\mathrm{s}}$ ist.

e) Zeitgesetze des Entgasungsdruckes. Die Zeitabhängigkeit des Entgasungsdruckes p im Rezipienten läßt sich trotz der Quasi-Stationaritätsbedingung $\mathrm{d}p/\mathrm{d}t \approx 0$ angeben (vgl. I.3.3 und [93]). Diese Funktion $p = p(t)$ ist eng mit dem

---

[1] p bzw. p_f ist stets der Partialdruck bzw. hier Endpartialdruck des gelösten Gases.

entsprechenden Zeitgesetz $c = c(t)$ verknüpft. Wenn die Rekombination (II) geschwindigkeitsbestimmend ist, ergibt sich mit Gl. (39a) [94, 95]

$$p = \frac{1}{u} \frac{F}{S} \frac{k_{-2}}{K_{\mathrm{III}}^2} c^2 \qquad \text{(III.42)}$$

(u Umrechnungsfaktor in Atome · $\mathrm{Torr}^{-1} \cdot \mathrm{cm}^{-3}$), woraus nach Einsetzen des entsprechenden Zeitgesetzes aus Tab. 5 die Beziehung

$$p^{-1/2} = \frac{\sqrt{uFS}}{V} \frac{\sqrt{k_{-2}}}{K_{\mathrm{III}}} t + \frac{1}{c_0} \sqrt{\frac{uS}{F}} \frac{K_{\mathrm{III}}}{\sqrt{k_{-2}}} \qquad \text{(III.43)}$$

oder

$$p^{-1/2} = a \frac{\sqrt{k_{-2}}}{K_{\mathrm{III}}} t + b \frac{K_{\mathrm{III}}}{\sqrt{k_{-2}}} = At + B \qquad \text{(III.44)}$$

folgt. Hier sind $a = \sqrt{uFS}/V$ und $b = (1/c_0)\sqrt{uS/F}$ temperaturunabhängige Konstanten, während k_{-2} und K_{III} exponentiell von der Temperatur abhängen. Es gilt dann z. B. (s. Tab. 5)

$$\frac{\mathrm{d}\left[\ln\left(\sqrt{k_{-2}}/K_{\mathrm{III}}\right)\right]}{\mathrm{d}(1/T)} = -\frac{1}{2R}(E_{\mathrm{d}} - 2\Delta\bar{H}_{\mathrm{p}}) = -\frac{1}{R}\frac{E_{\mathrm{exp}}}{2}. \qquad \text{(III.45)}$$

Aus der Temperaturabhängigkeit der Geradensteigung A und des Ordinatenabschnittes B kann also die Aktivierungsenergie für die durch die Rekombination kontrollierte Entgasung ermittelt werden.

Ist der Absaugvorgang (P) geschwindigkeitsbestimmend, so erhält man für den Zusammenhang zwischen Entgasungsdruck p und Gaskonzentration c im Metall mit Gl. (39a) [94, 95]

$$p = \frac{1}{K} c^2, \qquad \text{(III.46)}$$

d. h. das Sievertssche Gesetz für die dissoziative Lösung eines zweiatomigen Gases. Durch Einsetzen des Zeitgesetzes aus Tab. 5 folgt die Beziehung

$$p^{-1/2} = a \frac{1}{\sqrt{K}} t + b\sqrt{K} = At + B \qquad \text{(III.47)}$$

mit $a = uS/V$ und $b = 1/c_0$ sowie

$$\frac{\mathrm{d}\left[\ln\left(1/\sqrt{K}\right)\right]}{\mathrm{d}(1/T)} = \frac{1}{2R}\Delta\bar{H}_{\mathrm{s}} = -\frac{1}{R}\frac{E_{\mathrm{exp}}}{2}. \qquad \text{(III.48)}$$

Aus der Temperaturabhängigkeit der Steigung der Geraden Gl. (47) läßt sich also die Lösungsenthalpie $\Delta\bar{H}_{\mathrm{s}}$ ermitteln.

Beispiele für eine durch die Rekombination kontrollierte Entgasung finden sich in Metall-Gas-Systemen mit stark exothermer Gaslösung (vgl. Abb. 19a), wie z. B. in den Systemen Niob-Stickstoff [94, 96], Tantal-Stickstoff [95] und α-Eisen-Stickstoff [91]. Abb. 21 zeigt für die Stickstoffentgasung von Niob (dünne Proben) bei großem Saugvermögen die experimentellen $(c/c_0, t)$-Kurven für verschiedene Temperaturen und die hieraus durch eine $(c_0/c, t)$-Auftragung erhaltenen Geraden. Entsprechend ergeben sich bei einer $(p^{-1/2}, t)$-Darstellung Geraden, wobei die Auswertung nach Gl. (45) auf die halbe effektive Aktivierungsenergie führt [94]. Drosselt man das Saugvermögen, so daß das Abpumpen geschwindigkeitsbestimmend wird, so erhält man zwar wieder $(p^{-1/2}, t)$-Geraden; eine Auswertung nach Gl. (48) liefert jedoch die aus Gleichgewichtsmessungen bekannte Lösungsenthalpie $\Delta \overline{H}_s/2$ [94].

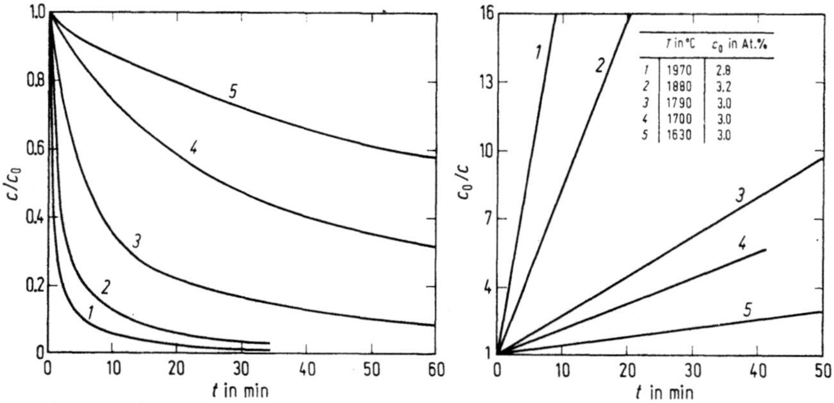

Abb. 21. Isothermen der Entgasung von stickstoffhaltigem Niob (Drähte mit 0,5 mm Dmr.) bei einer Anfangskonzentration c_0 von etwa 3 At.-% N (Rekombination geschwindigkeitsbestimmend, s. Tab. 5) [94, 96].

Andere Verhältnisse liegen bei der Entgasung von Systemen mit stark endothermer Gaslösung vor (vgl. Abb. 19b), wie z. B. in den Systemen Molybdän-Stickstoff und Wolfram-Stickstoff [97]. Hier wird die Gasabgabe, auch bei dünnen Werkstücken, durch die Diffusion kontrolliert. Nach Tab. 5 müssen sich dann die experimentellen Ergebnisse nach einer gewissen Anfangsperiode durch Geraden in einem $\left(\log (\bar{c}/c_0), t\right)$-Diagramm darstellen lassen, wie dies in Abb. D 8 für das System Molybdän-Stickstoff gezeigt ist. In diesem Fall ist also offenbar $E_m > E_t$ (vgl. Abb. 19b).

3. Aufnahme und Abgabe von Sauerstoff

3.1 *Reaktionsmechanismen und Kinetik*

Während in Metall-Wasserstoff- und Metall-Stickstoff-Systemen Gasabgabe und Gasaufnahme reversibel sind, trifft dies nur für wenige Sauerstoffsysteme, wie z. B. Sauerstoffsysteme von Edelmetallen, zu. Die Lösung von Sauerstoff erfolgt bei anderen Metallen zwar nach denselben Teilschritten I bis IV, wie sie z. B. bei der Stickstofflösung auftreten (vgl. III.2.1, Abb. 18a), dagegen läuft die Sauerstoffabgabe über einen anderen Mechanismus ab (s. Abb. 18b, [87]). Dabei wird nach dem Durchtritt eines Gasatoms durch die Grenzfläche (Schritt III) an der Metalloberfläche ein Metalloxidmolekül MeO gebildet (Schritt II'), das in den Gasraum abdampft. Meist werden verschiedenartige Oxidmoleküle gebildet, die gleichzeitig abdampfen. In einer Vakuumapparatur kondensieren die Oxide an der kalten Rezipientenwand und verschwinden dadurch aus dem Reaktionssystem.

Wenn Lösungs- und Entgasungsreaktionen gleichzeitig ablaufen, die Reaktionsgeschwindigkeiten gleich groß sind und die abdampfenden Oxide kondensieren, können sich in den Sauerstoffsystemen gleichgewichtsähnliche stationäre Zustände einstellen. Diese sind dadurch gekennzeichnet, daß zwar die Sauerstoffkonzentration im Metall konstant bleibt und eindeutig von Sauerstoffdruck und Temperatur abhängt, daß aber über die Oxidabdampfung fortlaufend Metall abtransportiert wird, was letztlich zur Zerstörung des Werkstoffes führt. Solche stationären Zustände können bei bestimmten Metallen auch beim Glühen in Wasserdampf auftreten, wobei der Wasserdampf an der Metalloberfläche zerfällt, Sauerstoff gelöst wird und Wasserstoff in die Gasphase übergeht (s. Abb. 18c).

Der Aufnahme und Abgabe von Sauerstoff nach

$$\begin{gathered} O_2(g) \xrightarrow{k} 2\,O(\text{in }\alpha) \\ 3\,O(\text{in }\alpha) + 2\,Me(s) \xrightarrow{k'} MeO(g) + MeO_2(g) \end{gathered} \tag{III.49}$$

entspricht nach Abb. 18b der Reaktionsmechanismus

$$\begin{array}{ll} \text{(I)} & O_2(g) \underset{k_{-1}}{\overset{k_1}{\rightleftharpoons}} O_2(ad) \\ \text{(II)} & O_2(ad) \xrightarrow{k_2} 2\,O(ad) \\ \text{(II')} & MeO(g) \xleftarrow{k'_{-2}} O(ad) + Me(s) \\ \text{(II'')} & MeO_2(g) \xleftarrow{k''_{-2}} 2\,O(ad) + Me(s) \\ \text{(III)} & O(ad) \underset{k_{-3}}{\overset{k_3}{\rightleftharpoons}} O(\text{in }\alpha) \\ \text{(IV)} & \text{Diffusion von } O(\text{in }\alpha), \end{array} \tag{III.50}$$

wobei die Abdampfung von zwei Oxiden MeO und Me_2O in Betracht gezogen wird. Liegt eine energetisch homogene Oberfläche vor und verhält sich der Sauerstoff ideal, so erhält man mit den in III.2.1 eingeführten Konzentrationen für die Geschwindigkeiten der im System (50) auftretenden Teilreaktionen (Dimension Atome $\cdot$ $cm^{-2} \cdot s^{-1}$)

$$\begin{array}{ll} v_1 = k_1 p & v_{-1} = k_{-1}\vartheta \\ v_2 = k_2\vartheta(1-\Theta)^2 & v'_{-2} = k'_{-2}\Theta \\ & v''_{-2} = k''_{-2}\Theta^2 \\ v_3 = k_3\Theta & v_{-3} = k_{-3}c\,(1-\Theta). \end{array} \tag{III.51}$$

Die zeitlichen Änderungen von p, ϑ, Θ und c sind mit diesen Geschwindigkeiten durch ein System gekoppelter Differentialgleichungen verknüpft (vgl. I.3):

$$
\begin{aligned}
a\,\frac{\mathrm{d}p}{\mathrm{d}t} &= -v_1 + v_{-1}\\
2\,\frac{\mathrm{d}\vartheta}{\mathrm{d}t} &= v_1 - v_{-1} - v_2\\
b\,\frac{\mathrm{d}\Theta}{\mathrm{d}t} &= v_2 - v_3 + v_{-3} - v'_{-2} - v''_{-2}\\
\frac{V}{F}\,\frac{\mathrm{d}c}{\mathrm{d}t} &= v_3 - v_{-3},
\end{aligned}
\qquad \text{(III.52)}
$$

wo a und b Umrechnungsfaktoren sind, die so gewählt werden, daß die linken Seiten der Gleichungen die Dimension Atome · $\mathrm{cm}^{-2} \cdot \mathrm{s}^{-1}$ haben. Bei Annahme eines quasi-stationären Zustandes kann nach Gl. (19) $\mathrm{d}\vartheta/\mathrm{d}t \approx 0$ und $\mathrm{d}\Theta/\mathrm{d}t \approx 0$ gesetzt werden, so daß zwei der Differentialgleichungen im Gleichungssystem (52) in algebraische Gleichungen übergehen. Damit ergeben sich die Beziehungen [98]

$$\vartheta = \frac{k_1 p}{k_{-1} + k_2\,(1-\Theta)^2} \qquad \text{(III.53)}$$

$$(k_3 + k'_{-2})\,\Theta + k''_{-2}\Theta^2 = k_2\vartheta\,(1-\Theta)^2 + k_{-3}c\,(1-\Theta) \qquad \text{(III.54)}$$

$$\frac{V}{F}\,\frac{\mathrm{d}c}{\mathrm{d}t} = k_3\Theta - k_{-3}c\,(1-\Theta) = k_2\vartheta\,(1-\Theta)^2 - k'_{-2}\Theta - k''_{-2}\Theta^2, \qquad \text{(III.55)}$$

die als Grundlage für die Behandlung einiger Spezialfälle dienen können.

3.2 Stationärer Zustand

Besonders einfach werden die Verhältnisse, wenn bei $p_c = \text{const}$ in Gl. (49) $v = v'$ wird und sich ein stationärer Zustand (ss) einstellt, für den

$$\frac{\mathrm{d}p}{\mathrm{d}t} = 0, \quad \left(\frac{\mathrm{d}\vartheta}{\mathrm{d}t}\right)_{\mathrm{ss}} = 0, \quad \left(\frac{\mathrm{d}\Theta}{\mathrm{d}t}\right)_{\mathrm{ss}} = 0, \quad \left(\frac{\mathrm{d}c}{\mathrm{d}t}\right)_{\mathrm{ss}} = 0 \qquad \text{(III.56)}$$

gilt.

Mit der Stationaritätsbedingung Gl. (56) können aus Gl. (53) bis (55) einfache Beziehungen abgeleitet werden [98, 99]. Zunächst folgt aus Gl. (55)

$$\Theta_{\mathrm{ss}} = \frac{(k_{-3}/k_3)\,c_{\mathrm{ss}}}{1 + (k_{-3}/k_3)\,c_{\mathrm{ss}}} = \frac{(1/K_{\mathrm{III}})\,c_{\mathrm{ss}}}{1 + (1/K_{\mathrm{III}})\,c_{\mathrm{ss}}} \qquad \text{(III.57)}$$

und hieraus für sehr kleinen Bedeckungsgrad $\Theta \ll 1$

$$\Theta_{\mathrm{ss}} = \frac{c_{\mathrm{ss}}}{K_{\mathrm{III}}}. \qquad \text{(III.58)}$$

Es existiert also Gleichgewicht zwischen chemisorbierten und gelösten Sauerstoffatomen. Damit geht Gl. (54) mit $(1 - \Theta) \approx 1$ in die Beziehung

$$v'_{ss} = \frac{k'_{-2}}{K_{III}} c_{ss} + \frac{k''_{-2}}{K^2_{III}} c^2_{ss} = k_2 \frac{k_1 p_c}{k_{-1} + k_2} = v_{ss} \qquad \text{(III.59)}$$

über, nach der die Geschwindigkeit der Gasabgabe v'_{ss} gleich der Geschwindigkeit der Gasaufnahme v_{ss} ist. Zwischen c_{ss} und p_c besteht der Zusammenhang

$$p_c = \frac{k_{-1} + k_2}{k_2 k_1} \left[\frac{k'_{-2}}{K_{III}} c_{ss} + \frac{k''_{-2}}{K^2_{III}} c^2_{ss} \right]. \qquad \text{(III.60)}$$

Solche stationären Zustände, wo zwei Oxide MeO und MeO_2 nebeneinander abdampfen, werden beim Glühen von Niob und Tantal in Sauerstoff oder Wasserstoff bei Temperaturen $> 1700\,°C$ und bei Drücken $< 10^{-3}$ Torr beobachtet [100—102]. Dabei überwiegt bei niedrigen Konzentrationen c_{ss} die Abdampfung von MeO und bei hohen Konzentrationen c_{ss} die Abdampfung von MeO_2. Entsprechend Gl. (60) ergibt sich für kleine Werte von c_{ss} der Zusammenhang $p_c \sim c_{ss}$, während für große c_{ss}-Werte $p_c \sim c^2_{ss}$ gilt (vgl. Abb. 22 für den stationären Zustand im System $Nb—O_2$).

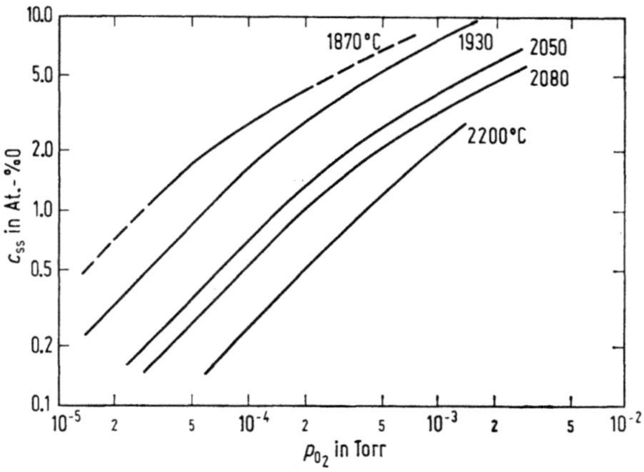

Abb. 22. Isothermen des stationären Zustandes beim Glühen von Niob in Sauerstoff [100].

3.3 *Lösungsbildung*

Die Beziehungen (53), (54), (55) erlauben auch die Beschreibung der *Übergangsperiode,* die verstreicht, bis sich der stationäre Zustand eingestellt hat. Hierbei können zwei Fälle unterschieden werden. Einmal kann für die Sauerstoffaufnahme der Antransport und die Chemisorption, für die Sauerstoffabgabe die Bildung und Abdampfung der Oxide geschwindigkeitsbestimmend sein (Fall A). Dann sind die Durchtrittsreaktionen ,,schnell" und es stellt sich Gleichgewicht zwischen adsorbiertem und gelöstem Sauerstoff ein. Zum anderen kann die Aufnahme und Abgabe von Sauerstoff durch den Durchtritt der Sauerstoffatome durch die Grenzfläche kontrolliert werden (Fall B). Hier sind die Geschwindigkeiten der Antransport- und Chemisorptionsvorgänge sowie der Abdampfprozesse so groß, daß sich bereits in der Übergangsperiode annähernd der stationäre Bedeckungsgrad Θ_{ss} einstellt.

Die mathematische Behandlung, auf die hier verzichtet wird, verläuft analog wie bei der reversiblen Gasaufnahme (vgl. III.2.1) [99]. Als Bezugszustand dient bei konstantem Druck p_c der stationäre Zustand mit der stationären Gaskonzentration c_{ss}. Dabei ergibt sich für Fall A bei $\Theta \ll 1$ aus Gl. (55) und (59) die integrierbare Differentialgleichung [99]

$$\frac{V}{F}\frac{dc}{dt} = \frac{k'_{-2}}{K_{III}}(c_{ss} - c) + \frac{k''_{-2}}{K^2_{III}}(c^2_{ss} - c^2), \tag{III.61}$$

wo der zweite Term der rechten Seite mit $c_{ss} = c_e$ und $k''_{-2} = k_{-2}$ in Gl. (24) übergeht. In Fall B erhält man aus Gl. (55) und (58) die Beziehung

$$\frac{V}{F}\frac{dc}{dt} = k_{-3}(c_{ss} - c), \tag{III.62}$$

die für $c_{ss} = c_e$ mit Gl. (29) identisch wird.

Bei hinreichend niedrigen Temperaturen ist der Fall der *reinen Lösung* ohne gleichzeitige Oxiddampfung möglich, der durch die Bedingung

$$v'_{-2} + v''_{-2} \ll v_2 \tag{III.63}$$

charakterisiert ist. Aus der Geschwindigkeitsgleichung (55) erhält man damit unter Berücksichtigung von Gl. (53) den einfacheren Zusammenhang [98]

$$v = \frac{V}{F}\frac{dc}{dt} = k_2\vartheta(1 - \Theta)^2 = \frac{k_1 p}{1 + \frac{1}{(1-\Theta)^2}\frac{k_{-1}}{k_2}}. \tag{III.64}$$

Für $k_1 = \alpha/(2\pi m k_B T)^{1/2}$ und geeignete Wahl der Einheiten ist diese Beziehung mit Gl. (II.14) identisch, die in II.1.1 für kombinierte Physisorption und Chemisorption abgeleitet worden ist. Gl. (II.14) gibt dort auch die Temperaturabhängigkeit von v an, die durch die Energiegröße $(E_2 - E_{-1}) = (E'_c - \Delta\bar{H}_{ph}) = E_c$, d. h. durch die Aktivierungsenergie der Chemisorption bestimmt wird (vgl. Abb. 6 und 19). Für den Reaktionskoeffizienten $r \equiv s$ gilt Gl. (II.15) und (II.16).

Es sind zwei Grenzfälle möglich [98]. Ist $k'_2 \gg k_{-1}$, so wird der Antransport (I) des Sauerstoffs zur Metalloberfläche zum geschwindigkeitsbestimmenden Schritt. In diesem Fall vereinfacht sich Gl. (64) weiter und es gilt $(k'_2 = k_2\,(1 - \Theta)^2)$

$$v = k_1 p, \quad \text{d. h. } r = \alpha. \tag{III.65}$$

Für $k'_2 \ll k_{-1}$ ist die Chemisorption (II) geschwindigkeitsbestimmend; hier ergibt sich mit $(1 - \Theta) \approx 1$ und $\alpha = 1$ (s. Gl. (II.15) und (II.16))

$$v = k_2 K_I p, \quad \text{d. h. } r \ll 1 \text{ und } \frac{r}{1-r} \approx r. \tag{III.66}$$

Am Beispiel der Sauerstofflösung in dünnen Vanadiumproben [103, 104] lassen sich diese Verhältnisse veranschaulichen. In Abb. 23 ist der Reaktionskoeffizient r sowie der Quotient $r/(1-r)$ halblogarithmisch gegen die reziproke Temperatur aufgetragen. Man erkennt, daß die $(r, 1/T)$-Kurve bei hohen Temperaturen asymptotisch die Gerade $r = 1$ annähert (Antransport geschwindigkeitsbestimmend und $\alpha = 1$), während bei niedrigeren Temperaturen die $(r, 1/T)$-Kurve in der halblogarithmischen Darstellung asymptotisch in die $\left(r/(1-r), 1/T\right)$-Gerade übergeht (Chemisorption geschwindigkeitsbestimmend).

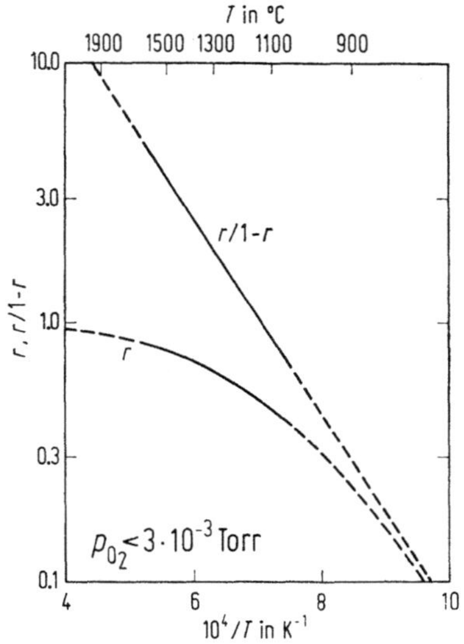

Abb. 23. Temperaturabhängigkeit des Reaktionskoeffizienten r und des Quotienten $r/(1-r)$ bei der Sauerstoffaufnahme von Vanadium [103].

Unter der Bedingung (63) und der Annahme eines quasi-stationären Zustandes mit $d\Theta/dt \approx 0$ kann der Übertritt (III) des Sauerstoffs aus dem chemisorbierten in den gelösten Zustand im Falle einer reinen Lösung nicht geschwindigkeitsbestimmend werden (s. I.3.4). Dagegen ist eine Kontrolle der Reaktionsgeschwindigkeit durch die Diffusion (IV) des Gases im Metall denkbar. Dieser Fall ist mathematisch schwer faßbar, weil die Randbedingung nicht so einfach ist wie bei der reversiblen Aufnahme und Abgabe von Gas. Setzt man jedoch die Anfangskonzentration $c_0 = 0$ $(t = 0)$ und nimmt man als Konzentration in der Nähe der Oberfläche die Sättigungskonzentration c_{max} des Sauerstoffs $(t > 0)$ an, so läßt sich die Reaktionsgeschwindigkeit für hinreichend lange Reaktionszeiten ausdrücken durch

$$v = k'D\,(c_{max} - \bar{c}). \qquad \text{(III.67)}$$

Demnach nimmt v mit zunehmender mittlerer Sauerstoffkonzentration $\bar{c}$ ab. Eine Abnahme von v auf null ist jedoch nicht möglich, weil nach Sättigung des Metalls mit Sauerstoff eine Oxidschicht auf der Metalloberfläche gebildet wird.

Tabelle 6. Kinetik der Entgasung im Hochvakuum nach Reaktionsmechanismus Gl. (III. 50) bei kleinem Bedeckungsgrad Θ und quasi-stationärem Zustand für verschiedene geschwindigkeitsbestimmende Schritte; Anfangskonzentration c_0, Endkonzentration $c_f \approx 0$, $\bar{c}$ mittlere Konzentration, F Probenoberfläche, V Probenvolumen; $k' = 8/\pi^2$ und $k'' = 0{,}198\ h^2$ für Platte der Dicke $2h$.

Geschwindigkeitsbestimmend	Diffusion (IV)	Durchtritt (III)	Verbindungsbildung und Abdampfung (II′)
Voraussetzungen	t hinreichend lang $c = 0$ an Oberfläche für $t > 0$	$k'_{-2} + k''_{-2}\Theta \gg k_3$	$k'_{-2} + k''_{-2}\Theta \ll k_3$ $k''_{-2}\Theta \ll k'_{-2}$
Geschwindigkeitsgleichung	$\frac{dc}{dt} = -k\bar{c}$	$\frac{dc}{dt} = -kc$	$\frac{dc}{dt} = -kc$
Zeitgesetz	$\frac{\bar{c}}{c_0} = k' \exp(-kt)$	$\frac{c}{c_0} = \exp(-kt)$	$\frac{c}{c_0} = \exp(-kt)$
Zeitgesetz in Geradenform ($f(c) = mt + a$)	$\ln\frac{\bar{c}}{c_0} = -kt + \ln k'$	$\ln\frac{c}{c_0} = -kt$	$\ln\frac{c}{c_0} = -kt$
Geradensteigung	$m = -k$	$m = -k$	$m = -k$
Halbwertszeit	$t_{1/2} = \frac{k''}{D}$	$t_{1/2} = \frac{\ln 2}{k}$	$t_{1/2} = \frac{\ln 2}{k}$
Geschwindigkeitskonstante	$k = \frac{\pi^2}{4h^2} D$ (Platte, Dicke $2h$)	$k = \frac{F}{V} k_{-3}$	$k = \frac{F}{V} \frac{k'_{-2}}{K_{III}}$
Effektive Aktivierungsenergie	$E_{exp} = E_m$	$E_{exp} = E_t$	$E_{exp} = E_f(MeO) - \Delta\bar{H}_p(O)$

3.4 Entgasung (Abdampfung flüchtiger Oxide)

Der Fall reiner Entgasung ist gegeben, wenn die Bedingung

$$v'_{-2} + v''_{-2} \gg v_2 \tag{III.68}$$

für sehr kleine Drücke p erfüllt ist. In Tab. 6 sind die entsprechenden Gesetzmäßigkeiten gemäß dem Reaktionsmechanismus Gl. (50) bei kleinem Bedeckungsgrad und eingestelltem quasi-stationärem Zustand für verschiedene geschwindigkeitsbestimmende Schritte zusammengestellt [98, 105]. Dabei ist angenommen worden, daß in dem Fall, wo die Verbindungsbildung geschwindigkeitsbestimmend ist (II', II''), nur das flüchtige Oxid MeO abdampft. Unter dieser Beschränkung, die bei den anderen Fällen III und IV nicht erfüllt sein muß, erhält man durchweg Geschwindigkeitsgleichungen und Zeitgesetze erster Ordnung. Unterschiede ergeben sich jedoch in den Ausdrücken für die Geschwindigkeitskonstante k und dementsprechend für die effektive Aktivierungsenergie E_{exp}.

Während der Entgasung durch Abdampfen von Oxidmolekülen bleibt der Druck im Rezipienten praktisch gleich dem Enddruck p_f. Eine gleichzeitige Sauerstofflösung kann so lange vernachlässigt werden, bis die Sauerstoffkonzentration im Metall in die Größenordnung der p_f entsprechenden stationären Konzentration c_{ss} abgefallen ist. Für lange Entgasungszeiten verlieren also die Geschwindigkeitsgleichungen und Zeitgesetze in Tab. 6 ihre Gültigkeit.

Die energetischen Verhältnisse bei der Entgasung über ein abdampfendes Oxid MeO sind in dem Energieniveauschema in Abb. 24 dargestellt [106]. Die Bedeutung der verschiedenen Energien bzw. Enthalpien geht aus Tab. 7 hervor.

Tabelle 7. Bedeutung der Energiegrößen in Abb. 24.

Größe	Bedeutung	Reaktion
$E_f(\text{MeO})$	Aktivierungsenergie der Bildung und Abdampfung von MeO	Me(s) + O(ad) → MeO(g)
E_E	Effektive Aktivierungsenergie der Entgasung	Me(s) + O(in α) → MeO(g)
$\Delta H_D(\text{MeO})$	Dissoziationsenthalpie	MeO(g) → Me(g) + O(g)
$\Delta \bar{H}_c(\text{O})$	Chemisorptionsenthalpie	O(g) → O(ad)
$\Delta \bar{H}_s(\text{O})$	Lösungsenthalpie	O(g) → O(in α)
$\Delta \bar{H}_p(\text{O})$	Enthalpieänderung beim Übergang chemisorbiert/gelöst	O(ad) → O(in α)
$\Delta H_K(\text{Me})$	Kondensationsenthalpie (Sublimationswärme)	Me(g) → Me(s)

$$\Delta \bar{H}_c(\text{O}) = \frac{1}{2}(\Delta \bar{H}_c(\text{O}_2) - \Delta H_D(\text{O}_2))$$

s. Tab. 4 und Abb. 19

$$\Delta \bar{H}_s(\text{O}) = \frac{1}{2}(\Delta \bar{H}_s(\text{O}_2) - \Delta H_D(\text{O}_2))$$

Dabei wird zwischen Metallatomen an der Oberfläche und im Inneren energetisch nicht unterschieden. Ist die Verbindungsbildung und Abdampfung (II′) geschwindigkeitsbestimmend, so ergibt sich nach Abb. 24 und Tab. 6 für die Aktivierungsenergie der Entgasung mit $\Delta\overline{H}_p \equiv \Delta\overline{H}_p(O) = \Delta\overline{H}_s(O) - \Delta\overline{H}_c(O)$

$$E_E = E_f(\mathrm{MeO}) - \Delta\overline{H}_p(O) = -\Delta\overline{H}_s(O) - \Delta H_K(\mathrm{Me}) - \Delta H_D(\mathrm{MeO}). \quad \text{(III.69)}$$

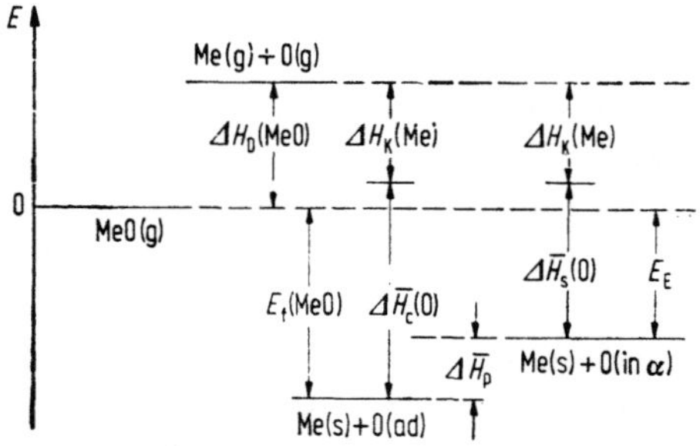

Abb. 24. Energieniveauschema für die Entgasung eines sauerstoffhaltigen Metalls über die Bildung und Abdampfung eines flüchtigen Oxids MeO [106].

Eine Entgasung über abdampfende Oxide wurde z. B. in den Systemen Vanadium-Sauerstoff (VO [107]), Niob-Sauerstoff ($NbO + NbO_2$ [105, 108]) und Tantal-Sauerstoff ($TaO + TaO_2$ [105, 109]) quantitativ verfolgt. In Abb. 25 wird am Beispiel der Entgasungsisothermen für sauerstoffhaltiges Vanadium gezeigt, daß bei einer halb-logarithmischen Auftragung von c/c_0 gegen t Geraden entstehen. Hieraus allein kann nach Tab. 6 allerdings noch nicht geschlossen werden, daß die Bildung von VO(g) geschwindigkeitsbestimmend ist. Dies folgt erst aus der sehr hohen empirischen Aktivierungsenergie von 136 kcal/mol, die wesentlich größer als die Aktivierungsenergie der Diffusion ist und etwa die Größe der Verdampfungsenergie des Oxids VO hat.

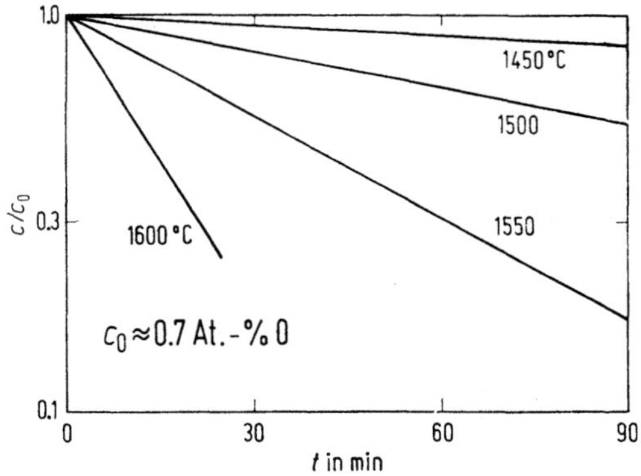

Abb. 25. Isothermen der Entgasung von sauerstoffhaltigem Vanadium (Drähte mit 0,5 mm Dmr.) bei einer Anfangskonzentration c_0 von etwa 0,7 At.-% O (Bildung und Abdampfung des flüchtigen Oxids VO geschwindigkeitsbestimmend, s. Tab. 6) [107].

Von Interesse ist die Frage, warum in den Stickstoffsystemen von Niob und Tantal die Entgasung über die Abgabe von molekularem Stickstoff, in den Sauerstoffsystemen derselben Metalle dagegen über die Abdampfung von Oxiden abläuft. Hierzu kann man die Aktivierungsenergie nach Gl. (69) mit dem entsprechenden Ausdruck in Gl. (35) vergleichen (Rekombination geschwindigkeitsbestimmend). Ob die Sauerstoffentgasung von dünnen Proben über molekulare Sauerstoffabgabe oder Oxidabdampfung erfolgt, hängt bei Vernachlässigung von Entropieeffekten von dem Verhältnis (s. Gl. (69) und (35))

$$Z = \frac{-\Delta \bar{H}_s(\mathrm{O}) - \Delta H_K(\mathrm{Me}) - \Delta H_D(\mathrm{MeO})}{E_c(\mathrm{O}_2) - \Delta \bar{H}_s(\mathrm{O}_2)} \qquad \text{(III.70)}$$

ab. Im System Niob-Sauerstoff ist z. B. [106, 110]

$$Z = \frac{152{,}5 + 173 - 180}{14 + 185} = \frac{145{,}5}{199}$$

(Zahlenangaben in kcal/mol bzw. kcal/g-Atom) und demnach die Entgasung über das Oxid NbO energetisch günstiger als die Entgasung über molekularen Sauerstoff O_2. Auch im Hinblick auf die Abgabe von atomarem Sauerstoff ($E_E = -\Delta \bar{H}_s(\mathrm{O}) = 152{,}5$ kcal/g-Atom) ist die Oxidabdampfung begünstigt (vgl. [142, 143]).

4. Aufnahme und Abgabe von Kohlenstoff

4.1 Aufkohlung

Bei der Reaktion von Metallen mit Kohlenwasserstoffen bei hohen Temperaturen und niedrigen Drücken zerfallen die Kohlenwasserstoffmoleküle an der heißen Metalloberfläche unter Absorption von Kohlenstoff und Abgabe von molekularem Wasserstoff. Besonders gut untersucht ist die *Aufkohlung in Methan* nach der Reaktionsgleichung

$$\mathrm{CH_4(g)} \underset{k'}{\overset{k}{\rightleftharpoons}} \mathrm{C(in}\ \alpha) + 2\,\mathrm{H_2(g)}. \qquad \text{(III.71)}$$

Es ist anzunehmen, daß der Zerfall des Methans schrittweise unter sukzessiver Abspaltung von H-Atomen und Bildung von CH_3-, CH_2- und CH-Radikalen an der Metalloberfläche erfolgt. Entsprechend ist bei der Rückreaktion eine schrittweise Hydrierung des C-Atoms wahrscheinlich. Man wird also von folgendem Reaktionsmechanismus für die Aufkohlung und Entkohlung ausgehen (s. auch [92]):

$$\begin{array}{lll} \text{(I)} & \mathrm{CH_4(g)} \rightleftharpoons \mathrm{CH_4(ad)} & \\ \text{(II)} & \mathrm{CH_4(ad)} \rightleftharpoons \mathrm{CH_3(ad)} + \mathrm{H(ad)} & \\ \text{(III)} & \mathrm{CH_3(ad)} \rightleftharpoons \mathrm{CH_2(ad)} + \mathrm{H(ad)} & \\ \text{(IV)} & \mathrm{CH_2(ad)} \rightleftharpoons \mathrm{CH(ad)} + \mathrm{H(ad)} & \text{(III.72)} \\ \text{(V)} & \mathrm{CH(ad)} \rightleftharpoons \mathrm{C(ad)} + \mathrm{H(ad)} & \end{array}$$

(VI) $C(ad) \rightleftharpoons C(gel)$

(VII) $H_2(ad) \rightleftharpoons 2\,H(ad)$

(VIII) $H_2(g) \rightleftharpoons H_2(ad)$,

falls für dünne Proben Diffusionsprozesse ohne Bedeutung sind.

Bei niedrigem Methandruck p_{CH_4} und großer Strömungsgeschwindigkeit des Methans bleibt der Wasserstoffpartialdruck in der Gasphase gering und die Aufkohlung erfolgt praktisch in reinem Methan. Unter diesen Verhältnissen wird im quasi-stationären Zustand die Geschwindigkeit der Abspaltung des ersten Wasserstoffatoms vom Methanmolekül (Schritt II) gemessen. Ist nämlich erst einmal das Radikal CH_3 gebildet, so muß dieses wegen der fehlenden Rückreaktion weiter zerfallen, bis im Schritt VI gelöster Kohlenstoff entsteht. Dabei sind im quasi-stationären Zustand alle Zerfallsgeschwindigkeiten gleich groß und gleich der Nettogeschwindigkeit der Gesamtreaktion. Setzt man bei hohen Temperaturen zusätzlich kleine Bedeckungsgrade und Gleichgewicht bezüglich des Adsorptionsschrittes I voraus, so ergibt sich für die Geschwindigkeit der Kohlenstofflösung [111]

$$v = \frac{dc}{dt} = k_2 K_I p_{CH_4}. \qquad \text{(III.73)}$$

Bei höheren Wasserstoffpartialdrücken in der Gasphase liegt dagegen eine Aufkohlung in Methan-Wasserstoff-Gemischen vor. In diesem Fall hängt es von der Lage des Gleichgewichts der Bruttoreaktion (71) ab, ob die Rückreaktion des Wasserstoffs mit Kohlenstoff zu Methan berücksichtigt werden muß.

Bei der Aufkohlung von Metallen der IVa- und Va-Gruppe des Periodensystems in Methan liegt das Gleichgewicht weit auf der rechten Seite von Gl. (71) [113, 114]. Demnach kann die Rückreaktion des Wasserstoffs bis zu hohen Wasserstoffdrücken vernachlässigt werden und es sollte bei dünnen Proben die Geschwindigkeitsgleichung (73) gelten. Experimentell bestätigt wurde diese Beziehung z. B. bei der Aufkohlung von Niob und Tantal [113, 115] sowie von α-Hafnium [114] in Methan.

Ganz anders sind die Verhältnisse bei der Aufkohlung von α-Eisen und γ-Eisen in Methan-Wasserstoff-Gemischen. Hier liegt das Gleichgewicht in Gl. (71) zwar auch rechts, doch lassen sich die Rückreaktionen des Wasserstoffs in Gl. (72) nicht mehr vernachlässigen. Dementsprechend sind kompliziertere Geschwindigkeitsgleichungen zu erwarten. Experimentell wurde sowohl für α-Eisen [112] als auch für γ-Eisen [111] gefunden, daß bei der Aufkohlung und somit auch bei der Entkohlung Schritt III in Gl. (72) geschwindigkeitsbestimmend ist, d. h. der Zerfall bzw. der Aufbau des CH_3-Radikals. In diesem Fall sollte sich unter der Annahme kleiner Bedeckungsgrade für alle adsorbierten Spezies die Geschwindigkeitsgleichung

$$v = k_3 \Theta_{CH_3} - k_{-3} \Theta_{CH_2} \Theta_H \qquad \text{(III.74)}$$

ergeben, wo Θ_{CH_3}, Θ_{CH_2} und Θ_H die Bedeckungsgrade hinsichtlich CH_3, CH_2 und H sind. Da sich vor und hinter Schritt III Gleichgewichte eingestellt haben, folgt aus Gl. (74)

$$v = \frac{V}{F}\frac{dc}{dt} = \frac{k_3 K_I K_{II}}{\sqrt{K_{VII} K_{VIII}}} \frac{p_{CH_4}}{p_{H_2}^{1/2}} - \frac{k_{-3}(K_{VII} K_{VIII})^{3/2}}{K_{IV} K_V K_{VI}} p_{H_2}^{3/2} \cdot c \qquad \text{(III.75)}$$

und hieraus mit der Gleichgewichtskonstanten der Gesamtreaktion Gl. (71)

$$K = \frac{k}{k'} = \frac{K_I K_{II} K_{III} K_{IV} K_V K_{VI}}{K_{VII}^2 K_{VIII}^2} = c_e \frac{p_{H_2}^2}{p_{CH_4}} \qquad \text{(III.76)}$$

die Differentialgleichung

$$\frac{V}{F}\frac{dc}{dt} = \frac{k_3 K_I K_{II}}{\sqrt{K_{VII} K_{VIII}}} \frac{p_{CH_4}}{p_{H_2}^{1/2}} \left[1 - \frac{c}{K(p_{CH_4}/p_{H_2}^2)}\right] \qquad \text{(III.77)}$$

bzw.

$$\frac{V}{F}\frac{dc}{dt} = \frac{k_{-3}(K_{VII} K_{VIII})^{3/2}}{K_{IV} K_V K_{VI}} p_{H_2}^{3/2} (c_e - c). \qquad \text{(III.78)}$$

Hier ist c die Kohlenstoffkonzentration im Metall und $c_e = K(p_{CH_4}/p_{H_2}^2)$ die dem konstanten $p_{CH_4}/p_{H_2}^2$-Verhältnis zugeordnete Gleichgewichts-Kohlenstoffkonzentration. Die Gl. (78) hat dieselbe Form wie Gl. (29) bei der reversiblen Aufnahme und Abgabe eines zweiatomigen Gases. Dementsprechend erhält man durch Integration ein Zeitgesetz, das ähnlich aufgebaut ist wie Gl. (30):

$$\ln \frac{c_e - c}{c_e - c_0} = -\frac{F}{V} \frac{k_{-3}(K_{VII} K_{VIII})^{3/2}}{K_{IV} K_V K_{VI}} p_{H_2}^{3/2} \cdot t, \qquad \text{(III.79)}$$

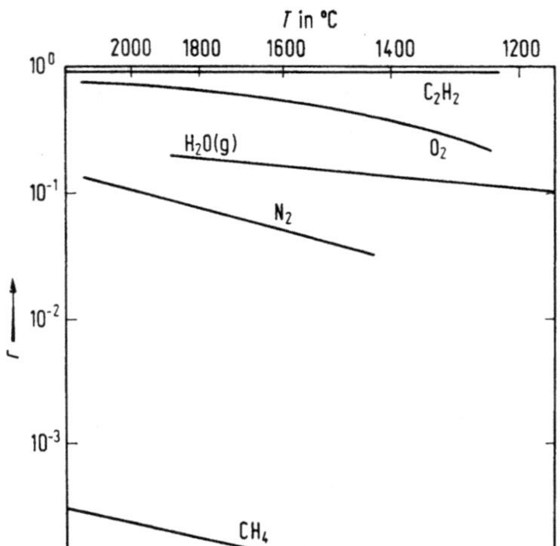

Abb. 26. Temperaturabhängigkeit des Reaktionskoeffizienten r für die Reaktion von Niob mit einigen Gasen (Probendicke $d \lesssim 1$ mm, kurze Reaktionszeiten, $p < 10^{-2}$ Torr) [113].

mit c_0 Anfangskonzentration. Gl. (78) und (79) gelten bei $p_{CH_4}/p_{H_2}{}^2 = \text{const}$ sowohl für Aufkohlung ($c < c_e$) als auch für Entkohlung ($c > c_e$)[1].

Eine ebenfalls häufig untersuchte Reaktion ist die *Aufkohlung in Acetylen*

$$C_2H_2(g) \rightarrow 2\,C(\text{in }\alpha) + H_2(g), \tag{III.80}$$

die bei nicht zu hohen Temperaturen nicht umkehrbar ist. Als Rückreaktion kommt wie in Gl. (71) die Bildung von Methan in Frage, die aber bei den IVa- und Va-Metallen keine Rolle spielt. Die Aufkohlung von Niob [113, 115], Tantal [113, 115] und α-Hafnium [114] in Acetylen wird bei dünnen Proben vorwiegend durch den Antransport des Acetylens zur Probenoberfläche kontrolliert, so daß sich Reaktionskoeffizienten r bis gegen eins ergeben. Diese sind um mehrere Größenordnungen größer als die r-Werte für die entsprechenden Aufkohlungsreaktionen in Methan [113—115]. In Abb. 26 sind für die Reaktionen von Niob mit Methan, Acetylen und weiteren Gasen die sehr unterschiedlichen Werte für die Reaktionskoeffizienten in Abhängigkeit von der Temperatur aufgetragen.

4.2 Entkohlung

Eine Reihe von Metallen, wie z. B. α- und γ-Eisen, können durch eine Glühung im Wasserstoffstrom nach Gl. (71) wirkungsvoll entkohlt werden [111, 112]. Ist im Reaktionsmechanismus Gl. (72) die Bildung von CH_3 aus CH_2 geschwindigkeitsbestimmend (Schritt III), so folgt für die Entgasungsgeschwindigkeit aus Gl. (75) bei Vernachlässigung des Terms mit p_{CH_4}

$$v = \frac{V}{F}\,\frac{dc}{dt} = -\frac{k_{-3}(K_{VII}K_{VIII})^{3/2}}{K_{IV}K_VK_{VI}}\,p_{H_2}{}^{3/2}\cdot c. \tag{III.81}$$

Durch Integration ergibt sich hieraus das Zeitgesetz Gl. (79) mit $c_e = 0$[1].

Im Falle der Va-Metalle Niob und Tantal ist eine Entkohlung im Wasserstoffstrom nicht durchführbar, weil das Gleichgewicht der Reaktion (71) sehr weit rechts liegt. Hier kann jedoch eine Entkohlung durch Glühen der Proben in einem Sauerstoffstrom bei niedrigen Drücken über die Bildung und Abgabe von Kohlenmonoxid erfolgen [113, 116]:

$$C(\text{in }\alpha) + O_2(g) \rightarrow CO(g). \tag{III.82}$$

Diese Reaktion ist nicht umkehrbar; die Reaktion von CO mit Niob oder Tantal führt vielmehr zur reversiblen Lösung von Kohlenstoff und Sauerstoff:

$$CO(g) \rightleftharpoons C(\text{in }\alpha) + O(\text{in }\alpha). \tag{III.83}$$

Eine Lösung von Sauerstoff im Metall kann auch direkt über die Reaktion

$$O_2(g) \rightarrow 2\,O(\text{in }\alpha) \tag{III.84}$$

---

[1] Weitere Reaktionen der Auf- und Entkohlung von α- und γ-Fe in CO-CO_2- oder O-H_2-H_2O-Gemischen werden in [92, 141] behandelt.

erfolgen. Man hat es also hier mit einem komplizierteren Reaktionsmechanismus zu tun, der in Abb. 27 schematisch dargestellt ist. Wesentlich ist, daß Schritt II nicht umkehrbar ist, und daß der Sauerstoff, der an der Metalloberfläche chemisorbiert wird, sich entweder nach der Teilreaktion III im Metall lösen kann oder nach der Teilreaktion V mit Kohlenstoff zu Kohlenmonoxid reagiert. Dies bedeutet, daß bei den Schritten III und V konkurrierende Prozesse vorliegen. Zwei Grenzfälle sind denkbar:

1. Der gesamte Sauerstoff, der an der Metalloberfläche chemisorbiert wird, reagiert mit Kohlenstoff zu Kohlenmonoxid, d. h. es wird praktisch kein Sauerstoff im Metall gelöst. In diesem Fall ist der Kohlenstoff an der Metalloberfläche im Überschuß vorhanden und die Entkohlung wird durch Antransport und Chemisorption des Sauerstoffs kontrolliert.

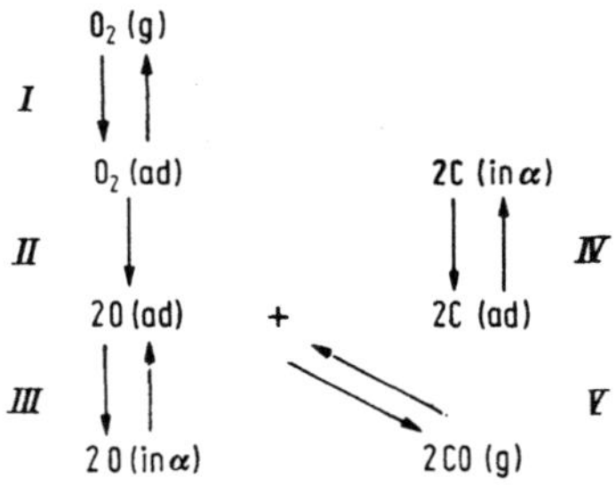

Abb. 27. Reaktionsmechanismus der Entkohlung von Metallen im Sauerstoffstrom [113, 116].

2. Der Sauerstoff ist an der Probenoberfläche im Überschuß vorhanden und wird zum Teil im Metall gelöst. Für die Bildung des Kohlenmonoxids ist die Nachlieferung des Kohlenstoffs aus dem Metallinneren wesentlich, d. h. die Geschwindigkeit der Entkohlung wird durch die Diffusion des Kohlenstoffs im Metall bestimmt.

Die mathematische Behandlung dieser Vorgänge ist wesentlich komplexer als die Diskussion der Entkohlung im Wasserstoffstrom. Einige Beziehungen können jedoch unmittelbar angegeben werden, wenn kleine Bedeckungsgrade und ein quasi-stationärer Zustand vorausgesetzt werden. So gelten bei vernachlässigbarer Rückreaktion des CO(g) für die Änderungen der Sauerstoff- und Kohlenstoffkonzentrationen im Metall

$$\frac{V}{F}\frac{\mathrm{d}c_{\mathrm{O}}}{\mathrm{d}t} = k_2\vartheta - k' p_{\mathrm{CO}} \tag{III.85}$$

und

$$\frac{V}{F}\frac{\mathrm{d}c_{\mathrm{C}}}{\mathrm{d}t} = -k' p_{\mathrm{CO}} \tag{III.86}$$

mit

$$\vartheta = \frac{k_1 p_{\mathrm{O}_2}}{k_{-1} + k_2}. \tag{III.87}$$

Der Fall 1, wo der Antransport und die Chemisorption des Sauerstoffs die Entkohlung kontrollieren, ist durch

$$\frac{dc_O}{dt} \approx 0, \quad \text{d. h.} \quad k' p_{CO} = k_2 \vartheta \tag{III.88}$$

charakterisiert, so daß

$$\frac{V}{F} \frac{dc_C}{dt} = -\frac{k_1 p_{O_2}}{1 + \frac{k_{-1}}{k_2}}. \tag{III.89}$$

Man erhält also eine analoge Beziehung wie für die reine Sauerstoffabsorption, die durch Antransport und Chemisorption kontrolliert wird (vgl. III.3.3, Gl. (III.64) für $(1 - \Theta) \approx 1$).

Im Fall 2, wo die Diffusion des Kohlenstoffs geschwindigkeitsbestimmend ist, kann von den Gesetzen der Diffusion ausgegangen werden (s. II.2.1). Liegen z. B. Drähte mit dem Radius r_0 vor, so erhält man für die mittlere Kohlenstoffkonzentration $\bar{c}_C$ im Metall nach einer hinreichend langen Anlaufzeit (s. Gl. (II.55))

$$\frac{\bar{c}_C}{c_{0C}} = \frac{4}{2{,}405^2} \exp\left(-\frac{2{,}405^2 D}{r_0^2} t\right), \tag{III.90}$$

falls c_{0C} die Anfangskonzentration ist und an der Probenoberfläche die Kohlenstoffkonzentration $c_s \approx 0$ vorliegt. Für den Kohlenmonoxidpartialdruck im Rezipienten folgt mit Gl. (90) bei geeigneter Wahl des Nullpunktes [116]

$$p_{CO} = p_{0,CO} \exp\left(-\frac{2{,}405^2 D}{r_0^2} t\right). \tag{III.91}$$

Diese Beziehung gestattet die Ermittlung des Diffusionskoeffizienten für C. Bei der Glühung von kohlenstoffhaltigem Niob im Sauerstoffstrom gehorcht die Entkohlung bei höheren Kohlenstoffkonzentrationen der Gl. (89), bei niedrigeren Kohlenstoffkonzentrationen jedoch der Gl. (90) bzw. (91) [113, 116].

5. Entgasung bei gleichzeitiger Abgabe von Metall

In Abschnitt III.2.3, III.3.4 und III.4.2 sind die Zeitgesetze der Entgasung für verschiedene Reaktionsmechanismen und verschiedene geschwindigkeitsbestimmende Teilschritte unter der Annahme abgeleitet worden, daß Metallverluste vernachlässigbar klein sind. Nachfolgend werden nun die Verhältnisse diskutiert, wenn neben der Gasabgabe gleichzeitig eine merkliche Metallabgabe über reine Metallverdampfung oder über die Abdampfung flüchtiger Verbindungen erfolgt [117, 118]. Dabei werden folgende Annahmen gemacht:

a) Es liegt eine ideal verdünnte Lösung eines zweiatomigen Gases in einem Metall vor.

b) Die Gasabgabe erfolgt atomar, molekular oder über eine abdampfende Verbindung:

$$G(\text{in } \alpha) \to G(g) \tag{III.92}$$

$$2\,G(\text{in } \alpha) \to G_2(g) \tag{III.93}$$

$$Me(s) + G(\text{in } \alpha) \to MeG(g) \tag{III.94}$$

c) Während der Entgasungsglühung treten praktisch keine örtlichen Konzentrationsunterschiede in der Metall-Gas-Lösung auf, d. h. die Geschwindigkeit der Gasabgabe wird durch Grenzflächenprozesse bestimmt.

d) Alle von der Oberfläche der Lösung verdampfenden Atome oder Moleküle kehren nicht wieder in die Lösung zurück. Insbesondere ist eine Gasaufnahme aus der Gasatmosphäre der Apparatur zu vernachlässigen.

Hat sich nun außerdem bei der Entgasung ein quasi-stationärer Zustand eingestellt und sind bei kleiner Gaskonzentration die Bedeckungsgrade der an der Metalloberfläche adsorbierten Spezies klein, so erhält man für die Geschwindigkeit der Gasabgabe

$$v_G = -\frac{dn_G}{dt} = F k_G x^n, \tag{III.95}$$

wo x der Molenbruch des gelösten Gases ist:

$$x = \frac{n_G}{n_{Me} + n_G}, \tag{III.96}$$

n_G ist die Zahl der Mole Gas und n_{Me} die Zahl der Mole Metall in der Metall-Gas-Lösung, F ist die Probenoberfläche in cm^2, k_G ist die Geschwindigkeitskonstante der Gasabgabe in Mole Gas $\cdot$ $cm^{-2} \cdot s^{-1}$ und n die Reaktionsordnung.

Eine Reaktionsordnung $n = 1$ kann auftreten, wenn bei allen drei Mechanismen Gl. (92), (93) und (94) die Gasabgabe durch den Grenzflächendurchtritt der Gasatome kontrolliert wird oder wenn bei der atomaren Gasabgabe nach Gl. (92) die Desorption der Gasatome von der Metalloberfläche oder bei der Gasabgabe über eine abdampfende Verbindung nach Gl. (94) die Bildung und Abdampfung der Verbindung geschwindigkeitsbestimmend sind. Die Reaktionsordnung $n = 2$ tritt auf, wenn das Gas nach Gl. (93) molekular abgegeben wird und dabei die Rekombination der Gasatome und die nachfolgende Desorption die Entgasungsgeschwindigkeit bestimmen.

Die Geschwindigkeit der Metallverdampfung kann für kleine Gaskonzentrationen x und kleine Bedeckungsgrade der an der Metalloberfläche adsorbierten Gasatome, Gasmoleküle oder Verbindungsmoleküle durch die einfache Beziehung

$$v_{Me} = -\frac{dn_{Me}}{dt} = F k_{Me} \tag{III.97}$$

beschrieben werden, wobei k_{Me} die Geschwindigkeitskonstante in Mole Metall $\cdot$ $cm^{-2} \cdot s^{-1}$ ist. In dem Fall, wo neben der Metallverdampfung noch Metallverluste durch die Abdampfung der Verbindung MeG auftreten, gilt für kleine Gaskonzentrationen x

$$v_{Me} = -\frac{dn_{Me}}{dt} = Fk_{Me} + Fk_G x. \tag{III.98}$$

Bei gleichzeitiger Abgabe von Gas und Metall sind in Gl. (96) n_G, n_{Me} und damit auch x Funktionen der Zeit t. Für die Änderung von x erhält man durch Differenzieren von Gl. (96) die allgemein gültige Differentialgleichung

$$\frac{dx}{dt} = \frac{n_{Me}}{(n_{Me} + n_G)^2} \frac{dn_G}{dt} - \frac{n_G}{(n_{Me} + n_G)^2} \frac{dn_{Me}}{dt} \tag{III.99}$$

oder

$$\frac{dx}{dt} = \frac{n_{Me}}{(n_{Me} + n_G)^2} \left[\frac{n_G}{n_{Me}} v_{Me} - v_G\right]. \tag{III.100}$$

5.1 Abnahme, Konstanz und Zunahme der Gaskonzentration

Mit Hilfe von Gl. (100) lassen sich nun Bedingungen dafür angeben, daß bei gleichzeitiger Abgabe von Gas und Metall die Gaskonzentration x in der Metall-Gas-Lösung abnimmt, konstant bleibt oder zunimmt, d. h. $dx/dt \lesseqgtr 0$ ist [117, 118]. Diese Bedingungen lauten in verschiedener Schreibweise:

$$\frac{v_G}{n_G} \gtreqless \frac{v_{Me}}{n_{Me}}, \quad \frac{v_G}{x} \gtreqless \frac{v_{Me}}{1 - x} \tag{III.101}$$

oder

$$R' = \frac{x'}{1 - x'} = \frac{v_G}{v_{Me}} \gtreqless \frac{n_G}{n_{Me}} = \frac{x}{1 - x} = R \tag{III.102}$$

oder

$$x' = \frac{v_G}{v_{Me} + v_G} \gtreqless \frac{n_G}{n_{Me} + n_G} = x, \tag{III.103}$$

wo x und x' den Molenbruch des Gases in der Lösung bzw. im abgehenden Dampfgemisch sowie R und R' das Molverhältnis oder Atomzahlverhältnis von Gas und Metall in der Lösung bzw. im Dampf bezeichnen. Das Zeichen $>$ bedeutet Abnahme, $=$ bedeutet Konstanz und $<$ Zunahme von x. Nach Gl. (103) ist eine Abnahme der Gaskonzentration x in der Metall-Gas-Lösung nur dann möglich, wenn die Konzentration x' des Gases im Dampf größer ist als x, d. h. wenn $x' > x$ gilt. Entsprechend erhält man nach Gl. (102) für eine Konzentrationsabnahme

$$\frac{R'}{R} = \frac{(N_G/N_{Me})_{Dampf}}{(N_G/N_{Me})_{Lösung}} > 1 \tag{III.104}$$

mit N_G Anzahl der Atome Gas und N_{Me} Anzahl der Atome Metall. Diese Beziehung war mehrfach der Ausgangspunkt für Überlegungen zur Entgasung von sauerstoffhaltigen Metallen über die Abdampfung flüchtiger Oxide (s. z. B. [120]). Dabei wurde diese Frage jedoch rein thermodynamisch und ohne Berücksichtigung reaktionskinetischer Aspekte behandelt und das Verhältnis $(N_G/N_{Me})_{Dampf}$

durch die entsprechenden Partialdrücke ausgedrückt. Wie Gl. (104) zeigt, ist die Forderung, daß der Dampfdruck des Oxids größer sein muß als der Dampfdruck des Metalls, damit x abnimmt [119], jedoch zu umfassend (s. hierzu [38]).

Um weitergehende Aussagen zu erhalten, welche die Kinetik der ablaufenden Prozesse berücksichtigen, muß man in die Bedingungen (101), (102) oder (103) die Geschwindigkeitsgesetze für die Gasabgabe Gl. (95) und für die Metallabgabe Gl. (97) oder Gl. (98) einsetzen. Unter Berücksichtigung von Gl. (96) ergibt sich dann für $x \ll 1$ die Bedingung

$$k_G x^n \gtreqless k_{Me} x \quad \text{d. h.} \quad x^{n-1} \gtreqless \frac{k_{Me}}{k_G} \tag{III.105}$$

für Abnahme (>), Konstanz (=) bzw. Zunahme (<) von x.

Ist die Reaktionsordnung $n = 1$, so folgt

$$\frac{k_{Me}}{k_G} \lesseqgtr 1 \quad \text{für} \quad \begin{matrix}\text{Abnahme}\\ \text{Konstanz}\\ \text{Zunahme}\end{matrix} \quad \text{von } x, \tag{III.106}$$

wobei die x-Werte auf den Bereich $0 < x \leqq 0{,}01$ zu beschränken sind. Für $n = 2$ gilt nach Gl. (105)

$$x \gtreqless \frac{k_{Me}}{k_G} = x_g \quad \text{für} \quad \begin{matrix}\text{Abnahme}\\ \text{Konstanz}\\ \text{Zunahme}\end{matrix} \quad \text{von } x \tag{III.107}$$

unter derselben Beschränkung für die x-Werte. Im Bereich $< 0{,}01$ hat das Verhältnis k_{Me}/k_G die Bedeutung einer Grenzkonzentration x_g, auf die die Gaskonzentrationen x während der Entgasungsglühung zustreben [118].

5.2 *Zeitgesetze*

Zur Ableitung des Zeitgesetzes $x = x(t)$ der Gaskonzentration in der Metall-Gas-Lösung bei gleichzeitiger Abgabe von Gas und Metall kann man direkt von Gl. (100) ausgehen. Unter Berücksichtigung von Gl. (95) und Gl. (97) oder (98) erhält man für $x \ll 1$ die Integro-Differentialgleichung

$$\frac{dx}{dt} = \frac{F(k_{Me}x - k_G x^n)}{n_{Me}(t)} = \frac{F(k_{Me}x - k_G x^n)}{n_{0Me} - \int\limits_0^t F k_{Me} dt}. \tag{III.108}$$

Dabei ist im Nenner $n_{Me}(t)$ die momentane Metallmenge in Molen, n_{0Me} die Metallmenge zu Beginn der Entgasung und $\int\limits_0^t F k_{Me}\, dt$ der Metallverlust zur Zeit t in Molen. In der vorliegenden Näherung sind etwaige Metallverluste über eine abdampfende Verbindung vernachlässigbar [118]. Bleibt die Probenoberfläche F

während der Entgasung konstant (z. B. Blech), so vereinfacht sich Gl. (108) zu

$$\frac{dx}{dt} = \frac{F(k_{Me}x - k_G x^n)}{n_{0Me} - F k_{Me} t}. \qquad (III.109)$$

Die Lösungen dieser Differentialgleichung [118] sind in Tab. 8 für $n = 1$ und $n = 2$ angegeben. Dabei gilt für das Verhältnis der Geschwindigkeitskonstanten von Metall- und Gasabgabe α und für den relativen Metallverlust η

$$\alpha = \frac{k_{Me}}{k_G}; \qquad \eta = \frac{F k_{Me} t}{n_{0Me}}. \qquad (III.110)$$

Zu beachten ist, daß stets $\eta \leqq 1$ sein muß.

Aus dem Zeitgesetz Gl. (117) für $n = 1$ in Tab. 8 entnimmt man, daß in Übereinstimmung mit Gl. (106) für $\alpha = 1$ die Gaskonzentration x konstant und gleich x_0 bleibt, während sie für $\alpha < 1$ bis auf null abnimmt und für $\alpha > 1$ zunimmt. Weiter zeigt Gl. (117), daß für $\alpha < 1$ die Endkonzentration $x = 0$ erst in der Grenze für verschwindende Metallmenge ($\eta \to 1$) erreicht wird.

Aus dem Zeitgesetz Gl. (120) für $n = 2$ in Tab. 8 folgen wie aus Gl. (107) die Aussagen, daß für $x_0 > \alpha$ die Gaskonzentration x bis auf $x_g = \alpha$ abnimmt, während sie für $x_0 < \alpha$ auf $x_g = \alpha$ zunimmt und für $x_0 = \alpha$ konstant bleibt. Dabei wird die Grenzkonzentration x_g nach Gl. (120) erst bei verschwindender Metallmenge erreicht. Wegen der Beschränkung x bzw. $x_0 \leqq 0{,}01$ ist für $\alpha > 0{,}01$ stets $x_0 < \alpha$ und deshalb nimmt x zu.

Aus Gl.(117) folgt unter den Bedingungen

$$\alpha = \frac{k_{Me}}{k_G} \ll 1 \quad \text{und} \quad \eta = \frac{F k_{Me} t}{n_{0Me}} \ll 1, \qquad (III.111)$$

d. h. bei vernachlässigbaren Metallverlusten, das Grenzgesetz

$$\frac{x}{x_0} = \exp\left(-\frac{F}{n_{0Me}} k_G t\right), \qquad (III.112)$$

das mit $x/x_0 = c/c_0$ und $F k_G / n_{0Me} \equiv k$ in die entsprechenden Gesetze der Tab. 5 und 6 übergeht. Entsprechend ergibt sich aus Gl. (120) mit

$$\alpha = \frac{k_{Me}}{k_G} \ll x_0, \quad \eta = \frac{F k_{Me} t}{n_{0Me}} \ll 1 \qquad (III.113)$$

das Grenzgesetz

$$\frac{x_0}{x} = \frac{F}{n_{0Me}} k_G x_0 t + 1, \qquad (III.114)$$

das mit $x_0/x = c_0/c$ sowie $F k_G x_0 / n_{0Me} \equiv k c_0$ mit dem Zeitgesetz für geschwindigkeitsbestimmende Rekombination in Tab. 5 identisch ist.

Tabelle 8. Kinetik der Entgasung im Hochvakuum bei gleichzeitiger Gas- und Metallabgabe für den Fall, daß die Gasabgabe nach einem Geschwindigkeitsgesetz erster oder zweiter Ordnung erfolgt; Gaskonzentration $x \ll 1$, Probenoberfläche F = const, x und x_0 Molenbruch des Gases in der Lösung zur Zeit t bzw. zur Zeit $t = 0$; k_{Me} und k_G Geschwindigkeitskonstante für Metall- bzw. Gasabgabe; Bedeutung von α und η s. Gl. (110).

Reaktionsordnung	Differentialgleichung	Zeitgesetz	Metallverluste
$n = 1$	$\frac{dx}{dt} = \frac{F(k_{Me} - k_G)\,x}{n_{0Me} - Fk_{Me}t}$ (III. 116)	$\frac{x}{x_0} + (1 - \eta)^{\frac{1}{\alpha} - 1}$ (III. 117)	$\eta = 1 - \left(\frac{x}{x_0}\right)^{\frac{\alpha}{1-\alpha}}$ (III. 118)
$n = 2$	$\frac{dx}{dt} = \frac{F(k_{Me} - k_G x)\,x}{n_{0Me} - Fk_{Me}t}$ (III. 119)	$\frac{x}{x_0} = \frac{\alpha/x_0}{\left(\frac{\alpha}{x_0} - 1\right)(1 - \eta) + 1}$ (III. 120)	$\eta = 1 - \frac{\frac{\alpha/x_0}{x/x_0} - 1}{(\alpha/x_0) - 1}$ (III. 121)

5.3 Metallverluste

In Tab. 8 ist in der letzten Spalte für $n = 1$ und $n = 2$ der Zusammenhang zwischen relativem Metallverlust η und relativer Gaskonzentration x/x_0 angegeben [118]. Diese Gesetze gelten mit $\eta = (n_{0\mathrm{Me}} - n_{\mathrm{Me}})/n_{0\mathrm{Me}} = \Delta n_{\mathrm{Me}}/n_{0\mathrm{Me}}$ für beliebige Zeitfunktionen von n_{Me}, d. h. auch für den Fall, wo sich die Probenoberfläche mit der Zeit ändert. In Gl. (118) ist $\alpha \neq 1$, in Gl. (121) $\alpha/x_0 \neq 1$ vorauszusetzen.

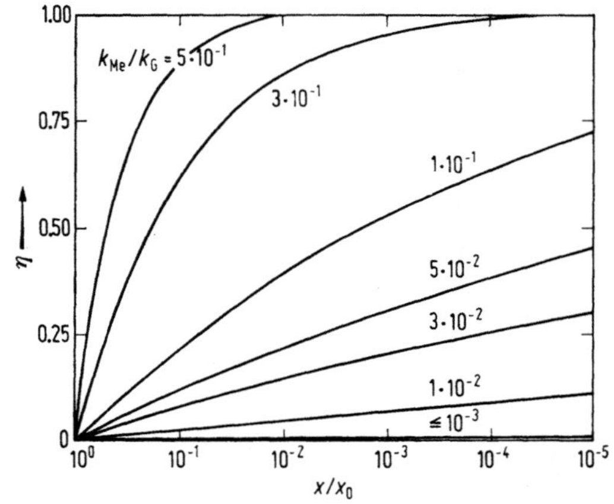

Abb. 28. Relativer Metallverlust η in Abhängigkeit von der relativen Gaskonzentration x/x_0 für verschiedene Werte des Verhältnisses $k_{\mathrm{Me}}/k_{\mathrm{G}}$ bei der Entgasung von verdünnten Metall-Gas-Lösungen; Gasabgabe nach einer Geschwindigkeitsgleichung 1. Ordnung [118].

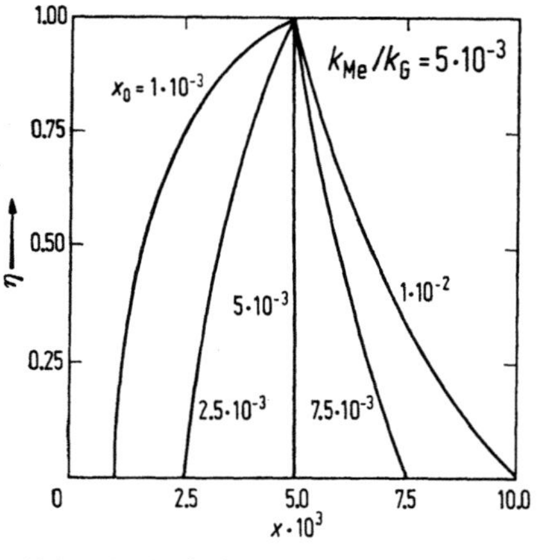

Abb. 29. Relativer Metallverlust η in Abhängigkeit von der Gaskonzentration x für $k_{\mathrm{Me}}/k_{\mathrm{G}} = 5 \cdot 10^{-3}$ und verschiedene Anfangskonzentrationen x_0 bei der Entgasung von verdünnten Metall-Gas-Lösungen; Gasabgabe nach einer Geschwindigkeitsgleichung 2. Ordnung [118].

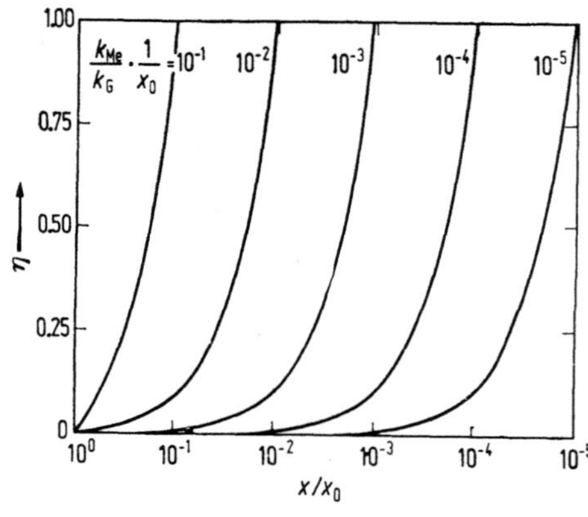

Abb. 30. Relativer Metallverlust η in Abhängigkeit von der relativen Gaskonzentration x/x_0 für verschiedene Werte von $k_{\mathrm{Me}}/(k_{\mathrm{G}}x_0)$ bei der Entgasung von verdünnten Metall-Gas-Lösungen; Gasabgabe nach einer Geschwindigkeitsgleichung 2. Ordnung [118].

Für den Fall $n = 1$ ist in Abb. 28 nach Gl. (118) η in Abhängigkeit von x/x_0 für verschiedene Werte von $\alpha = k_{Me}/k_G$ aufgetragen. Für $\alpha = 5 \cdot 10^{-2}$ erhält man bei $x/x_0 = 10^{-2}$, d. h. bei einer Erniedrigung der Gaskonzentration x auf 1/100 des Ausgangswertes x_0, bereits einen Metallverlust von etwa 20%. Solche Verhältnisse liegen z. B. bei der Sauerstoffentgasung von dünnen Vanadiumproben bei 1600 °C vor [107]. In Abb. 29 ist für den Fall $n = 2$ entsprechend Gl. (121) η als Funktion von x für ein fest gewähltes Verhältnis $\alpha = 5 \cdot 10^{-3}$ und für verschiedene Anfangskonzentrationen x_0 aufgetragen. Danach ändert sich die Gaskonzentration x in der Metall-Gas-Lösung jeweils in der Weise, daß der Grenzwert $x = x_g = \alpha$ erst bei $\eta = 1$, d. h. bei verschwindender Metallmenge, erreicht wird. Ein derartiges Verhalten wird bei der Entgasung von stickstoffhaltigen Vanadiumschmelzen beobachtet [117, 121]. Abb. 30 zeigt schließlich nach Gl. (121) den Zusammenhang zwischen η und x/x_0 für verschiedene Werte von $\alpha/x_0 < 1$. Dabei lassen sich die Kurven für $\alpha \ll x_0$ durch die Beziehung

$$\eta = \frac{\alpha/x_0}{x/x_0} \tag{III.115}$$

beschreiben, die als Näherung aus Gl. (121) folgt.

6. Reaktionen unter Beteiligung von Metallschmelzen

In Abschnitt III ist bisher davon ausgegangen worden, daß der metallische Reaktionspartner im festen Zustand vorliegt. Bei Beteiligung von Metallschmelzen können die beschriebenen Reaktionsmechanismen übernommen werden, wenn die Diffusion im Metall durch die Transportvorgänge in der Schmelze ersetzt wird. Dies bedeutet, daß die für verschiedene geschwindigkeitsbestimmende Grenzflächenreaktionen abgeleiteten Geschwindigkeitsgleichungen und Zeitgesetze für Schmelzen ihre Gültigkeit behalten. An Stelle der Formeln für die Diffusion im Metall treten hier jedoch die entsprechenden Beziehungen für den Stofftransport in der Schmelze (s. II.3).

Transportvorgänge in der Schmelze sind für die Kinetik metallurgischer Prozesse, vor allem bei der Stahlherstellung, häufig von entscheidender Bedeutung [140]. Als Beispiel sei die Entgasung einer Schmelze erörtert. Bei diesem Vorgang treten grundsätzlich folgende Teilreaktionen auf:

I. Transport in der Diffusionsgrenzschicht der Schmelze,
II. Phasenübergang (Grenzflächendurchtritt, chemische Umsetzung an der Schmelzenoberfläche, Desorption) und
III. Transport in der Grenzschicht der Gasphase.

Dabei können unter der Annahme, daß alle Grenzflächenreaktionen von erster Ordnung sind, diese zur Vereinfachung in einem pauschalen Schritt „Phasenübergang" zusammengefaßt werden. Für die Geschwindigkeiten der Teilreaktionen gilt (s. I.3.4, I.3.5, II.3 und II.4):

$$\begin{aligned} \text{I:} \quad & v_m = \beta_m(c_m - c_{ms}) \\ \text{II:} \quad & v_t = k_m c_{ms} - k_g c_{gs} \\ \text{III:} \quad & v_g = \beta_g(c_{gs} - c_g). \end{aligned} \tag{III.122}$$

c_m und c_g sind die Konzentrationen des Gases im Innern der Schmelze oder der Gasphase, c_{ms} und c_{gs} die entsprechenden Konzentrationen unmittelbar unter bzw. oberhalb der Schmelzenoberfläche; β_m und β_g bezeichnen die Stoffübergangskoeffizienten für die Diffusion in der Schmelze oder in der Gasphase; k_m und k_g sind Geschwindigkeitskonstanten für den Phasenübergang, wobei $k_m/k_g = K$ ist.

Stellt sich ein quasi-stationärer Zustand ein und sind die Bedeckungsgrade adsorbierter Spezies an der Schmelzenoberfläche sehr klein, so erhält man für die Nettogeschwindigkeit der Entgasung analog zu Gl. (I.71)

$$v = -\frac{V}{F}\frac{\mathrm{d}c_m}{\mathrm{d}t} = \frac{c_m[1 - c_g/(c_m K)]}{\dfrac{1}{\beta_m} + \dfrac{1}{k_m} + \dfrac{1}{\beta_g K}}, \tag{III.123}$$

wo V das Volumen und F die Oberfläche der Schmelze ist. Unter Einführung eines pauschalen Stoffübergangskoeffizienten β, entsprechend

$$\frac{1}{\beta} = \frac{1}{\beta_m} + \frac{1}{k_m} + \frac{1}{\beta_g K}, \tag{III.124}$$

geht Gl. (123) über in die Beziehung

$$v = -\frac{V}{F}\frac{\mathrm{d}c_m}{\mathrm{d}t} = \beta c_m[1 - c_g/(c_m K)],$$

die sich für sehr kleine Konzentrationen c_g im Gasraum (Entgasung im Hochvakuum) zu

$$v = -\frac{V}{F}\frac{\mathrm{d}c_m}{\mathrm{d}t} = \beta c_m \tag{III.125}$$

vereinfacht.

Nach Gl. (123) und (124) setzt sich der Gesamtwiderstand $1/\beta$ für den Stoffübergang aus der Summe der Einzelwiderstände in der Schmelze, beim Phasenübergang und im Gasraum zusammen. Der größte Einzelwiderstand bestimmt die Geschwindigkeit der Gesamtreaktion. Ist dies $1/\beta_m$, d. h. ist der Transport in der Schmelze geschwindigkeitsbestimmend, so gilt mit $c_g \approx 0$

$$v = -\frac{V}{F}\frac{\mathrm{d}c_m}{\mathrm{d}t} = \beta_m c_m. \tag{III.126}$$

Auf die Bedingungen, unter welchen die verschiedenen Einzelwiderstände in praktischen Fällen dominieren, wird in [38] eingegangen.

IV. Verbindungsbildung (Oxidation)

1. Äußere Verbindungsbildung

Reaktionen von Metallen mit Gasen führen unter bestimmten Bedingungen bereits nach kurzen Reaktionszeiten vorwiegend zur Verbindungsbildung an der Metalloberfläche (s. III.1). In zweiatomigen Gasen G_2 (z. B. O_2, N_2, H_2, Cl_2, Br_2)

wird das Metall nach der Reaktionsgleichung

$$Me(s) + \frac{\nu}{2} G_2(g) = MeG_\nu(s) \tag{IV.1}$$

mit einer Deckschicht des Reaktionsproduktes MeG_ν überzogen. Handelt es sich um die Ausbildung von dünnen Deckschichten, so spricht man von Anlaufvorgängen, während das Aufwachsen von dicken Schichten als Zundervorgang bezeichnet wird. Diese Einteilung hat ihren Ursprung in der Betrachtung von Oxidationsvorgängen und gründet sich auf das Auftreten verschiedener Reaktionsmechanismen.

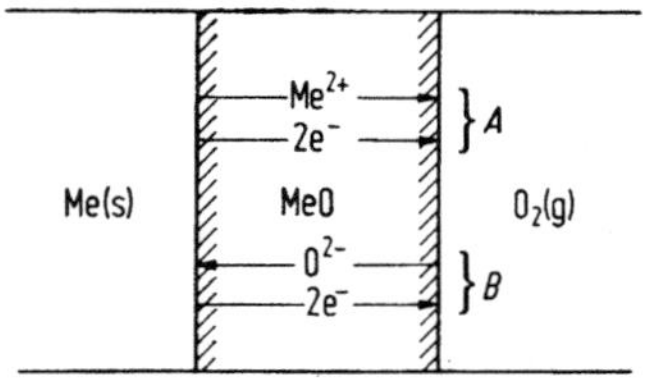

Abb. 31. Schematische Darstellung der Transportvorgänge beim Wachstum einer Zunderschicht aus MeO; *A* Kationenfehlordnung, *B* Anionenfehlordnung.

Bei der Entstehung von kompakten, haftenden Schichten werden die beiden Reaktionspartner voneinander getrennt. Eine weitergehende Reaktion ist dann nur möglich, wenn wenigstens einer der beiden Ausgangsstoffe durch die Deckschicht zum anderen Reaktionspartner diffundiert. Dies hat zur Folge, daß in vielen Fällen der Reaktionsablauf nicht mehr durch die eigentliche chemische Reaktion, sondern durch Transportvorgänge bestimmt wird. In Abb. 31 sind solche Vorgänge in einer oxidischen Deckschicht veranschaulicht und zwar für den Fall, daß bei einer Kationenfehlordnung im Oxidgitter die Metallionen zur Phasengrenze Deckschicht/Gasraum diffundieren und dort mit dem Sauerstoff zu MeO reagieren und für den Fall, daß bei einer Anionenfehlordnung im Oxidgitter die Sauerstoffionen zur Phasengrenze Metall/Deckschicht diffundieren und dort MeO bilden.

Wenn man von den Keimbildungsvorgängen absieht, treten bei der Verbindungsbildung grundsätzlich Phasengrenzreaktionen und Transportvorgänge auf. Zu den Phasengrenzreaktionen gehören:

a) Dissoziation der Gasmoleküle unter gleichzeitiger Chemisorption der entstehenden Gasionen.

b) Übertritt der chemisorbierten Ionen in das Gitter der Deckschicht.

c) Übertritt von Metallionen und Elektronen aus dem Metall in die Deckschicht.

d) Reaktion der an der Phasengrenze Metall/Deckschicht eintreffenden Nichtmetallionen mit Metallatomen oder/und Reaktion der an der Phasengrenze Deckschicht/Gasraum eintreffenden Metallionen mit Sauerstoffatomen.

Die Transportvorgänge umfassen:

a) Diffusion von Metallkationen und Nichtmetallanionen einzeln oder gegeneinander durch die Deckschicht über Fehlordnungsstellen, bedingt durch chemische Potentialgefälle; daneben Diffusion längs von Korngrenzen oder durch Poren;

b) Transportvorgänge in dünnen Deckschichten, bedingt durch Raumladungen und elektrische Felder.

Aus der Vielzahl von möglichen Teilreaktionen folgt nun auch eine Vielfalt von denkbaren Reaktionsmechanismen. Dementsprechend werden empirisch verschiedenartige Zeitgesetze der Verbindungsbildung erhalten. Dabei handelt es sich um das logarithmische, invers logarithmische, lineare, parabolische und kubische Zeitgesetz:

logarithmisch $\Delta m = k_{\log} \log t$ (IV.2)

invers logarithmisch $1/\Delta m = C - k_{\mathrm{il}} \log t$ (IV.3)

linear $\Delta m = k_{\mathrm{l}} t$ (IV.4)

parabolisch $(\Delta m)^2 = k_{\mathrm{p}} t$ (IV.5)

kubisch $(\Delta m)^3 = k_{\mathrm{c}} t .$ (IV.6)

Δm bezeichnet die Gewichtszunahme des Metalls pro Oberflächeneinheit; t ist die Reaktionszeit; $k_{\log}$, k_{il}, k_{l}, k_{p} und k_{c} sind die Geschwindigkeitskonstanten; C ist eine Konstante.

1.1 Parabolisches Zeitgesetz

Bei hohen Temperaturen verläuft die Reaktion (1) bei vielen Metallen nach dem parabolischen Zeitgesetz Gl. (5). Das Auftreten dieses wichtigsten Gesetzes der Deckschichtbildung deutet darauf hin, daß Transportvorgänge durch eine kompakte, fest haftende Deckschicht geschwindigkeitsbestimmend sind. Sind nämlich die Phasengrenzreaktionen schnelle Vorgänge, so stellt sich ein lineares Konzentrationsgefälle der diffundierenden Komponente ein, wobei aber der Gradient der Konzentration (genauer der Gradient des chemischen Potentials als die treibende Kraft der Diffusion) umgekehrt proportional zur momentanen Schichtdicke Δx ist. Demnach gilt für den Diffusionsstrom eine Proportionalität zu $1/\Delta x$ und somit für das Schichtwachstum

$$\frac{\mathrm{d}(\Delta x)}{\mathrm{d}t} = \frac{k'_{\mathrm{p}}}{\Delta x}, \quad (\Delta x)^2 = 2\, k'_{\mathrm{p}} t, \tag{IV.7}$$

wo k'_{p} die praktische (Tammansche) Zunderkonstante ist.

Das parabolische Zeitgesetz der Deckschichtbildung ist von C. Wagner [122, 123] abgeleitet worden. Diese Zundertheorie gilt in erster Linie für die Oxidation, aber auch für die parabolische Verbindungsbildung in einer halogen- oder schwefelhaltigen Atmosphäre. Die wesentlichen Voraussetzungen der Theorie sind: a) Sowohl an den Phasengrenzen $\mathrm{Me/MeG}_\nu$ und $\mathrm{MeG}_\nu/\mathrm{G}_2$(gas) als auch lokal in der kompakten, fest haftenden Reaktionsschicht MeG_ν besteht thermodynamisches Gleichgewicht, b) der Materiestrom durch die Deckschicht wird durch Ionen und elektronische Ladungsträger unter Wahrung der Elektroneutralität besorgt. Wandern Metallkationen (Me), Nichtmetallanionen (G) und Elektronen (e) im elektrochemischen Potentialgefälle durch die Deckschicht, so erhält man nach

C. Wagner [122, 123] für die von ihm eingeführte rationelle Zunderkonstante k_r (definiert durch die Zahl der Ionenäquivalente, die pro Flächen- und Zeiteinheit durch eine Schicht mit der Dicke eins wandern $d(n_{\text{äquiv}}/F')/dt = k_r/\Delta x$, F' = Fläche)

$$k_r = \frac{1}{z_{Me} F^2} \int_{\mu_{Me}^{(a)}}^{\mu_{Me}^{(i)}} (t_{Me} + t_G)\, t_e \sigma \, d\mu_{Me} \tag{IV.8}$$

oder

$$k_r = \frac{1}{z_G F^2} \int_{\mu_G^{(i)}}^{\mu_G^{(a)}} (t_{Me} + t_G)\, t_e \sigma \, d\mu_G . \tag{IV.9}$$

Hier bedeuten z_{Me} und z_G die Wertigkeiten der Metall- bzw. Gasionen; t_{Me}, t_G und t_e die Überführungszahlen der Kationen, Anionen und Elektronen; σ die elektrische Gesamtleitfähigkeit; μ_{Me} und μ_G die chemischen Potentiale von Metall und Gas. Die Integration erstreckt sich über die gesamte Zunderschichtdicke Δx zwischen den Phasengrenzen Me/MeG_ν(Index i) und MeG_ν/G_2(g)(Index a).

Aus Gl. (8) und (9) geht hervor, daß der Zundervorgang entscheidend von der Natur der Verbindungsschicht abhängt. Zu unterscheiden ist zwischen ionenleitenden und elektronenleitenden Deckschichten. Für Ionenleiter gilt $(t_{Me} + t_G) \gg t_e$, so daß die Elektronenleitung die Geschwindigkeit der Gesamtreaktion kontrolliert. Ein solches Verhalten wird jedoch bei der Oxidation nicht beobachtet. Die meisten Oxide weisen eine teilweise oder reine Elektronenleitung auf. Für $(t_{Me} + t_G) \ll t_e$, d. h. wegen $t_{Me} + t_G + t_e = 1$ für $t_e \cong 1$, wird der Stromtransport in der Zunderschicht praktisch ausschließlich von fehlgeordneten Elektronen übernommen, wo noch zu unterscheiden ist, ob die Leitung durch überschüssig im Gitter vorhandene Elektronen (n-Typ-Halbleiter) oder durch Defektelektronen (p-Typ-Halbleiter) erfolgt. In diesen Fällen wird die Geschwindigkeit der Oxidation durch den Transport von Kationen oder Anionen bestimmt.

Ersetzt man die Überführungszahlen und Leitfähigkeiten der Metallkationen und Gasanionen durch die Tracer-Diffusionskoeffizienten D^*_{Me} und D^*_G, so folgt nach C. Wagner [123] aus Gl. (9) für $t_e \approx 1$, d. h. für einen Elektronenhalbleiter, und mit $\mu_G = (1/2)\, \mu_{G_2} = RT \ln p_{G_2}$

$$k_r = c_G \int_{p_{G_2}^{(i)}}^{p_{G_2}^{(a)}} \left(\frac{z_{Me}}{z_G} D^*_{Me} + D^*_G \right) d \ln p_{G_2} , \tag{IV.10}$$

wo $p^{(a)}_{G_2}$ der Partialdruck des Gases in der Gasphase, $p^{(i)}_{G_2}$ der Partialdruck des Gases an der Me/MeG_ν-Grenzfläche (Gleichgewicht-Dissoziationsdruck des Oxids im Kontakt mit dem Metall) und c_G die Konzentration der Anionen im Oxid ist.

Die *Druck- und Temperaturabhängigkeit von* k_r hängt von der Defektstruktur der Zunderschicht sowie vom Dissoziationsdruck der Verbindung ab. Unter der

Annahme, daß der Dissoziationsdruck des Oxids gegenüber dem Sauerstoffpartialdruck in der Gasphase vernachlässigbar klein ist, ergeben sich folgende Verhältnisse [44]. Bei der Bildung einer Oxidschicht aus MeO mit Elektronenleitung (n-Typ-Halbleiter) ist k_r unabhängig vom Sauerstoffdruck, falls die Defektstruktur des Oxids vorwiegend Sauerstoffionen-Leerstellen enthält und $D_O^* \gg D_{Me}^*$ ist. Demgegenüber erhält man für eine Oxidschicht aus MeO mit Defektelektronenleitung (p-Typ-Halbleiter) eine Druckabhängigkeit der Zunderkonstanten gemäß $k_r \sim p_{O_2}{}^{1/n}$ mit $n \geqq 2$, falls die Defektstruktur des Oxids vorwiegend Metallionen-Leerstellen enthält und $D_{Me}^* \gg D_O^*$ ist. Die Temperaturabhängigkeit von k_r wird in beiden Fällen für n = const durch die Temperaturabhängigkeit des Diffusionskoeffizienten, d. h. durch die Aktivierungsenergie der Diffusion, bestimmt. Dabei enthält diese Aktivierungsenergie die Enthalpie zur Bewegung und zur Bildung der entsprechenden Defekte [44].

1.2 Lineare Zeitgesetze

Lineare Zeitgesetze der Verbindungsbildung treten auf, wenn Phasengrenzreaktionen (z. B. Chemisorption des Nichtmetalls, Einbau der Nichtmetallionen in das Gitter der Verbindung, Ausbau der Metallionen aus dem Metallgitter) geschwindigkeitsbestimmend werden [44, 46, 49]. Dieser Fall ist grundsätzlich zu Beginn der Reaktion sowie bei der Ausbildung poröser Deckschichten bis zu beliebigen Schichtdicken zu erwarten. Bildet sich jedoch eine kompakte Deckschicht, so gewinnt die Diffusion mit zunehmender Schichtdicke an Bedeutung, bis sie zum geschwindigkeitsbestimmenden Vorgang wird. Da die Phasengrenzreaktionen meist nur schwach, die Diffusion jedoch stark temperaturabhängig ist, kann die Diffusion bei niedrigen Temperaturen geschwindigkeitsbestimmend sein, während bei hohen Temperaturen die Phasengrenzreaktionen an Bedeutung gewinnen. Diese Verhältnisse lassen sich durch die Einführung des Diffusionswiderstandes W_D und die Summe der Reaktionswiderstände W_R beschreiben, wo für den Gesamtreaktionswiderstand $W = W_R + W_D$ gilt (s. II.4.2).

Phasengrenzreaktionen sind meist stark druckabhängig. Häufig werden Oxidationsgeschwindigkeiten proportional zu $p_{O_2}{}^{1/2}$ beobachtet, was auf einen geschwindigkeitsbestimmenden Schritt nach der dissoziativen Chemisorption des Sauerstoffs hindeutet.

1.3 Logarithmische und kubische Zeitgesetze

Die Bildung dünner Deckschichten (Anlaufschichten) auf Metallen bei niedrigen Temperaturen läßt sich in vielen Fällen durch invers-logarithmische, durch logarithmische oder durch kubische Zeitgesetze beschreiben [46, 49, 124, 125]. Derartige Gesetze ergeben sich, wenn der Einfluß elektrischer Felder auf die Wanderungsgeschwindigkeit der Ionen in der Schicht berücksichtigt werden muß. Die elektrischen Felder entstehen in Anlaufschichten auf Grund von Raumladungsrandschichten sowie von flächenhaften Ladungsanhäufungen an den Phasengrenzen.

Bei sehr dünnen Anlaufschichten (Größenordnung einige 10 Å) können Raumladungen vernachlässigt werden und die Schicht kann mit einem Kondensator verglichen werden, wobei die äußere Flächenladung durch negativ geladene chemisorbierte Gase (z. B. O_{ad}^{z-}) gegeben ist. Das einfach logarithmische Gesetz wird beispielsweise erhalten, wenn bei konstanter Flächenladung das Tunneln von Elektronen aus dem Metall durch die Schicht zur Phasengrenze gegen das Gas geschwindigkeitsbestimmend ist. Wird jedoch die Elektronenleitfähigkeit genügend groß und dementsprechend der Ionentransport im elektrischen Feld für das Schichtwachstum geschwindigkeitsbestimmend, so ergibt sich das inverslogarithmische Anlaufgesetz. Bei dickeren Anlaufschichten (einige 100 Å) müssen die Raumladungen berücksichtigt werden, durch die die elektrischen Felder modifiziert werden. Unter diesen Bedingungen kann das kubische Zeitgesetz auftreten [46, 49].

1.4 Zundervorgänge bei gleichzeitiger Lösungsbildung

Der Fall, daß neben der Deckschichtbildung gleichzeitig eine Lösung des Gases im Metall stattfindet, tritt in der Praxis ebenfalls häufig auf (s. Abb. 32). Wird lokales Gleichgewicht an den Phasengrenzen angenommen, so gehorcht der für das Wachstum der MeG-Schicht ($Me^{2+}G^{2-}$) verantwortliche Ionenfluß J_i durch die Deckschicht der Beziehung $J_i = k_r/2\xi$, wobei k_r die rationelle Zunderkonstante und ξ der Ort der momentanen Schichtdicke Δx sind. Zur Berechnung des Schichtdickenwachstums $d\xi/dt$ ist zu berücksichtigen, daß nur der um den Abfluß von G in das Metall verminderte Teil des Ionenflusses zum Dickenwachstum beiträgt. Da an der Gesamtreaktion ausschließlich Diffusionsvorgänge beteiligt sind, kann $\xi = \alpha\sqrt{t}$ gesetzt werden. Es gilt dann [49]

$$\frac{d\xi}{dt} = \frac{\alpha}{2\sqrt{t}} = V_{MeG}\left[\frac{k_r}{2\xi} + \tilde{D}_G\left(\frac{\partial c_G}{\partial x}\right)_\xi\right]. \qquad (IV.11)$$

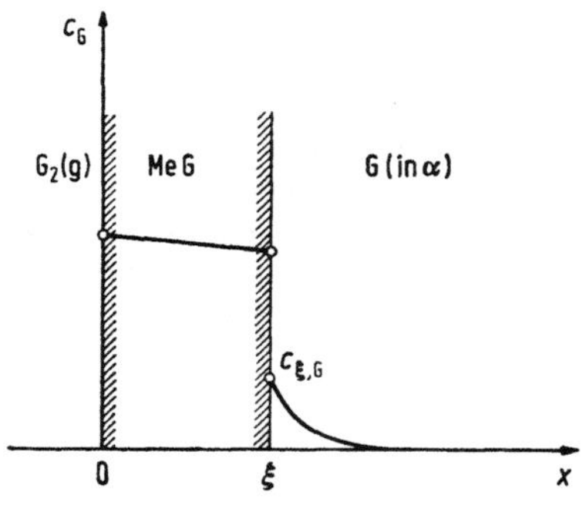

Abb. 32. Konzentrationsprofil der Gaskomponente G für die Bildung einer Zunderschicht bei gleichzeitiger Gaslöslichkeit im Metall.

Hier ist α eine Konstante, t die Reaktionszeit, V_{MeG} das Molvolumen der Verbindung MeG, c_G die Gaskonzentration und $\tilde{D}_G$ der partielle chemische Diffusionskoeffizient des Gases im Metall. Der erste Term in Gl. (11) beschreibt den Gesamtionenstrom, der zweite Term den Abtransport des Gases in das Metall entsprechend dem ersten Fickschen Gesetz. Andererseits läßt sich der Konzentrationsverlauf des Gases im Metall $c_G = c_G(x, t)$ durch Lösung des zweiten Fickschen Gesetzes unter den Randbedingungen $c_G = c_{\xi,G}$ für $x = \xi$, $c_{\infty,G} \to 0$ für $x \to \infty$ darstellen. Diese Funktion enthält als Unbekannte die Konstante α

aus Gl. (11). Verknüpft man die Ableitung $(\partial c_G/\partial x)$ von $c_G(x, t)$ an der Stelle ξ mit Gl. (11), so ergibt sich schließlich eine transzendente Gleichung für α, die bei bekanntem k_r, $\tilde{D}_G$ und V_{MeG} graphisch gelöst werden kann [49].

2. Innere Verbindungsbildung

Für das Verhalten von binären Legierungen in Gasatmosphären sind eine Reihe von Parametern von Bedeutung, so daß die Vorgänge vielfach sehr komplex sind. Grundsätzlich besteht die Möglichkeit, daß sich, wie bei den reinen Metallen, an der Oberfläche Deckschichten bilden, wobei diese aus der Metall-Gas-Verbindung nur einer Legierungskomponente, aus Metall-Gas-Verbindungen beider Komponenten oder aus Mischverbindungen aufgebaut sein können. Daneben ist jedoch auch eine Verbindungsbildung im Inneren der Legierung möglich. Liegt ein binärer metallischer Mischkristall A—B vor und können sich nur die beiden Metall-Gas-Verbindungen AG und BG bilden, so ist dieser Fall zu erwarten, wenn folgende Voraussetzungen erfüllt sind:

a) Es besteht eine merkliche Löslichkeit des Gases G im Mischkristall A—B.

b) Die Verbindung BG hat eine stärker negative freie Bildungsenthalpie als die Verbindung AG, d. h. es ist $|\Delta G^0_{BG}| \gg |\Delta G^0_{AG}|$; die Legierungskomponente B ist also wesentlich unedler als die Komponente A.

c) Die Beweglichkeit der gelösten Gasatome G ist wesentlich größer als die Beweglichkeit der unedleren Legierungskomponente B.

d) Die unedlere Legierungskomponente B ist in relativ kleiner Konzentration vorhanden.

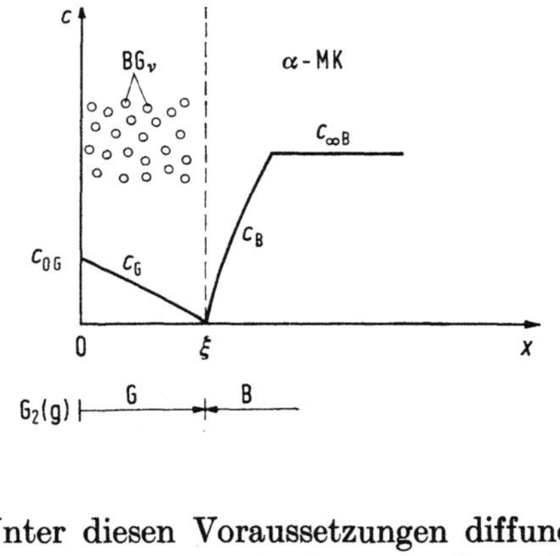

Abb. 33. Schematische Darstellung des Konzentrationsverlaufs von gelöstem Gas G (c_G) und Legierungsmetall B (c_B) bei der inneren Verbindungsbildung.

Unter diesen Voraussetzungen diffundiert das Gas in den Mischkristall ein und reagiert dort mit dem unedleren Legierungselement unter Bildung von Verbindungsteilchen. Diesen Vorgang nennt man je nach der Art des Gases innere Oxidation, innere Nitrierung etc. Die Konzentrationsverhältnisse in der Zone der inneren Verbindungsbildung und im α-Mischkristall vor der Fällungsfront sind in Abb. 33 schematisch dargestellt. Bei hinreichend negativem $|\Delta G^0_{BG}|$ ist im Bereich $x < \xi$, wo das gelöste Gas im Überschuß vorliegt, die Konzentration von B vernachlässigbar klein. Entsprechend ist im Bereich $x > \xi$ die Konzentration von G sehr klein. Sind Diffusionsvorgänge geschwindigkeitsbestimmend, so rückt die Front der inneren Verbindungsbildung nach einem parabolischen Zeitgesetz in den α-Mischkristall vor. Es gilt also [49]

$$\xi = 2\,\alpha\,\sqrt{D_G t} \qquad \text{oder} \qquad \xi^2 = 4\,\alpha^2\,D_G t = k_s t\,, \tag{VI.12}$$

wo α eine Konstante und k_s die Zunderkonstante des parabolischen Zeitgesetzes ist. Unter der Bedingung, daß der Transportkoeffizient des gelösten Gases G sehr groß gegenüber dem Transportkoeffizienten der unedleren Legierungskomponente B ist:

$$D_G c_G \gg D_B c_B\,, \tag{IV.13}$$

ergibt sich bei Ausfällung einer Verbindung BG_ν für α und k_s aus Gl. (12) [46, 49, 127]

$$\alpha = \left[\frac{c_{0G}}{2\nu c_{\infty B}}\right]^{1/2}, \qquad k_s = \frac{2\,D_G c_{0G}}{\nu c_{\infty B}} \tag{IV.14}$$

(c_{0G} Gaskonzentration an der Oberfläche des Metalles, $c_{\infty B}$ Konzentration der Komponente B vor der Ausfällungsfront). Da wegen Gl. (13) die Legierungskomponente B praktisch nicht diffundiert, stellt sich hinter der Reaktionsfront im Bereich $x < \xi$ unter Vernachlässigung von Vergröberungseffekten eine gleichmäßige Verteilung der Verbindungspartikel ein, wobei die Menge der Teilchen der Konzentration c_B der unedleren Komponente vor der Ausfällung entspricht.

Ist der Transportkoeffizient der Metallkomponente B nicht mehr sehr klein im Vergleich zum Transportkoeffizienten des gelösten Gases G, so kann trotzdem noch eine innere Verbindungsbildung auftreten. In diesem Fall ist in der Zone der Verbindungsbildung jedoch die Menge an BG_ν größer, als sie dem Ausgangsgehalt an B entspricht. Bei zunehmender Anreicherung von BG_ν kann dann der Übergang von der inneren zur äußeren Verbindungsbildung erfolgen. Diese Verhältnisse sind von C. Wagner [127] eingehend erörtert worden.

V. Ausscheidungsvorgänge

1. Voraussetzungen und Grundbegriffe

Voraussetzung für das Auftreten von Ausscheidungsvorgängen in Mischkristallen, die aus dem Metall A und der gelösten Komponente G (z. B. H, C, N, O) bestehen mögen, ist eine Übersättigung der Mischkristalle hinsichtlich der gelösten Komponente. Eine solche Übersättigung kann nur eingestellt werden, wenn die Sättigungskonzentration $c_{\max,G}$ von G mit abnehmender Temperatur abnimmt. Wird also nach Abb. 34 ein bei der Temperatur T_1 homogener α-Mischkristall abgekühlt, so findet bei der Temperatur T_2 ein Überschreiten der Löslichkeitslinie statt, so daß der Mischkristall bei noch niedrigeren Temperaturen übersättigt ist und zur Ausscheidung einer zweiten Phase neigt. Die isotherme Auslagerung des Mischkristalls bei $T = T_3$ sollte nach Abb. 34 zur Ausscheidung der β-Phase nach der Reaktionsgleichung

$$\alpha_0 \rightarrow \alpha_e + \beta \tag{V.1}$$

führen. Hier ist α_0 der Ausgangsmischkristall mit der Konzentration c_0 der gelösten Komponente, α_e ist die bei T_3 mit der ausgeschiedenen β-Phase (G-Konzentration c_β) im Gleichgewicht stehende α-Phase mit der Konzentration c_e.

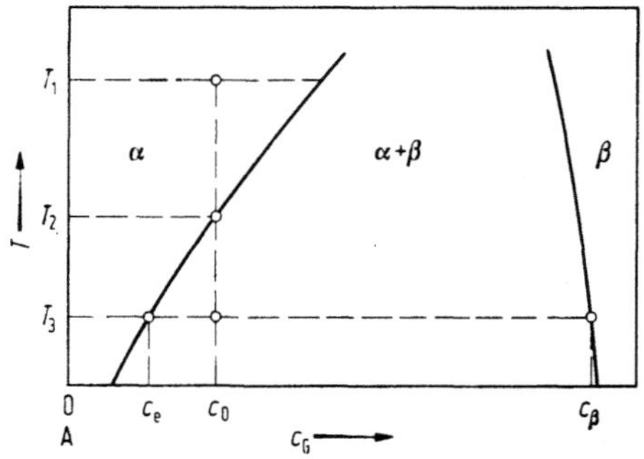

Abb. 34. Binäres (T, c)-Phasendiagramm mit Löslichkeitsgrenze von c_G in α-A.

Ausscheidungsvorgänge setzen sich im allgemeinen aus der Bildung von Keimen einer zweiten Phase, deren Zusammensetzung stark von der der Matrix abweicht, und aus dem Wachstum dieser Keime unter Beteiligung von Grenzflächen- und Diffusionsprozessen zusammen. Die Ausscheidung kann entweder kontinuierlich über die ganze Matrix des α-Mischkristalls gleichzeitig erfolgen oder aber diskontinuierlich längs einer sich in das Innere des übersättigten α-Mischkristalls hineinschiebenden Entmischungsfront. Dabei ändert sich die Konzentration des Mischkristalls kontinuierlich oder aber diskontinuierlich entlang der Reaktionsfront. Weiterhin besteht in Systemen mit einer Mischungslücke die Möglichkeit, daß in dem Konzentrations- und Temperaturgebiet, das durch die Spinodale begrenzt wird, eine spontane Entmischung des übersättigten Mischkristalls ohne Keimbildung erfolgt. Bei dieser kontinuierlichen Entmischung setzt die Reaktion im Bereich von Konzentrationsschwankungen des Ausgangsmischkristalls ein, deren Amplitude durch Bergauf-Diffusion allmählich zunimmt. Solche Vorgänge sollen hier aber nicht betrachtet werden.

Bei der Auslagerung übersättigter Mischkristalle können sich entsprechend Gl. (1) unmittelbar die Gleichgewichtsphasen bilden. Häufig wird jedoch bei niedrigeren Temperaturen in den Anfangsstadien des Ausscheidungsvorganges das Auftreten von metastabilen Phasen beobachtet, die in Metall-Metalloid-Systemen oft geordnete Strukturen aufweisen. Dabei wird zwar nicht die maximal mögliche Abnahme der freien Enthalpie des Systems erreicht, jedoch kann die freie Aktivierungsenthalpie zur Bildung der kritischen Keime der metastabilen Phasen wesentlich kleiner sein als für die Keimbildung der stabilen Phase. Dies liegt daran, daß die metastabilen Phasen oft kohärent oder teilkohärent in die Matrix eingefügt werden können und somit die aufzubringende Grenzflächenenergie relativ klein ist. Die Form solcher kohärenter Teilchen wird meistens durch die elastische Verzerrungsenergie bestimmt, die bei der Einpassung der Teilchen in die Matrix bei verschiedenen Molvolumina von Matrix und metastabiler Phase entsteht. Dagegen wird die Morphologie inkohärenter Teilchen überwiegend durch die Anisotropie der Grenzflächenenergie beeinflußt (z. B. Widmannstätten-Platten).

2. Keimbildung

Ein Ausscheidungsvorgang kann nur ablaufen, wenn sich zuvor wachstumsfähige Keime gebildet haben. Dabei unterscheidet man bei einer groben Betrachtungsweise homogene und heterogene Keimbildung. Für die homogene Keimbildung muß vorausgesetzt werden, daß kleine Volumelemente der Matrix strukturell, chemisch und energetisch identisch sind. In Wirklichkeit enthalten Festkörper jedoch Kristallbaufehler, wie Oberflächen, Korngrenzen, Versetzungen und Verunreinigungsatome, an denen die Keimbildung energetisch günstiger ist. Die Bildung von Keimen an bevorzugten Plätzen wird als heterogene Keimbildung bezeichnet.

2.1 Homogene Keimbildung

Die Beschreibung der Keimbildung in Festkörpern geht von der klassischen Theorie der homogenen Keimbildung von M. Volmer und A. Weber [128] sowie von R. Becker und W. Döring [129] aus. Dabei nimmt man zunächst an, daß die Energie der Grenzfläche zwischen Keim (β-Phase) und Matrix (α-Phase) unabhängig von der kristallographischen Orientierung ist und daß bei etwa gleichen Molvolumina von α- und β-Phase die Verzerrungsenergie durch den ausgeschiedenen Keim vernachlässigbar ist. Dann ist wegen des Prinzips der minimalen Oberflächenenergie die Bildung von kugelförmigen Keimen zu erwarten. Die Änderung der freien Enthalpie ΔG bei der Bildung des β-Keims mit dem Radius r innerhalb der α-Phase beträgt

$$\Delta G = \frac{4}{3}\pi r^3 \Delta G_V + 4\pi r^2 \gamma_{\alpha\beta}. \tag{V.2}$$

Hier ist ΔG_V die Differenz zwischen der freien Enthalpie von α und β pro Volumeneinheit von β; $\gamma_{\alpha\beta}$ ist die freie α-β-Grenzflächenenthalpie pro Einheit der Grenzfläche, die unabhängig von r sein soll. Der zweite Term ist immer positiv. Der erste Term ist ebenfalls positiv, wenn die α-Phase bezüglich der β-Phase stabil ist; er ist dagegen negativ, wenn die β-Phase gegenüber der α-Phase stabil ist.

Da die meisten Phasenumwandlungen mit einer Änderung des spezifischen Volumens der beteiligten Phasen verknüpft sind, treten bei der Keimbildung Verzerrungen auf, die einen positiven Beitrag ΔG_ε pro Einheit des Volumens des Keims zur Änderung der gesamten freien Enthalpie liefern. Bei Annahme eines kugelförmigen Keims gilt

$$\Delta G = (\Delta G_V + \Delta G_\varepsilon)\,\frac{4}{3}\pi r^3 + 4\pi r^2 \gamma_{\alpha\beta}. \tag{V.3}$$

In Abhängigkeit von r durchläuft ΔG ein Maximum, durch das die freie Aktivierungsenthalpie ΔG_c gegeben wird, die zur Bildung eines stabilen und wachstumsfähigen β-Keims mit dem kritischen Radius r_c notwendig ist. Für ΔG_c und r_c erhält man

$$\Delta G_c = \frac{16\pi\gamma_{\alpha\beta}^3}{3(\Delta G_V + \Delta G_\varepsilon)^2} \quad \text{und} \quad r_c = -\frac{2\gamma_{\alpha\beta}}{(\Delta G_V + \Delta G_\varepsilon)}. \tag{V.4}$$

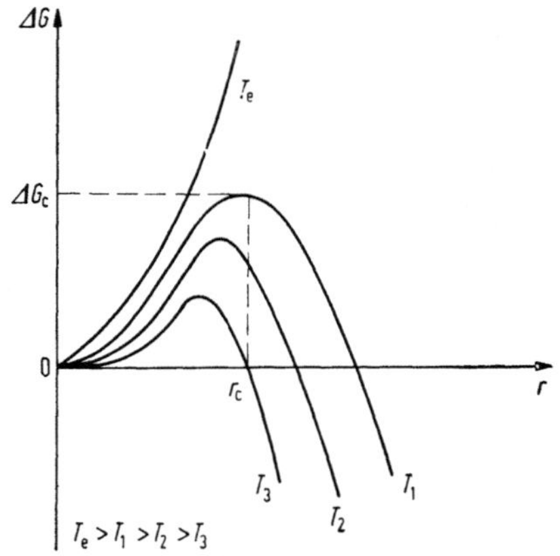

Abb. 35. Freie Bildungsenthalpie ΔG für kugelförmige Keime in Abhängigkeit vom Radius r für verschiedene Temperaturen T bei Vernachlässigung der freien Verzerrungsenthalpie, nach Gl. (V. 2).

Die freie Aktivierungsenthalpie wird demnach in dem Maße kleiner wie ΔG_V mit abnehmender Temperatur, d. h. zunehmender Übersättigung, negativer wird (s. Abb. 35 für eine Keimbildung mit $\Delta G_\varepsilon = 0$). Weiterhin hängt ΔG_c sehr stark von der Grenzflächenenergie $\gamma_{\alpha\beta}$ ab. Dies gilt dann auch für die Keimbildungsgeschwindigkeit I (Keime β pro Volumeinheit der Matrix und pro Zeiteinheit), für die sich in Anlehnung an die Volmer-Weber-Theorie [128] die Beziehung

$$\mathrm{I} = A' \exp\left[-(U_i + \Delta G_c)/k_B T)\right] \tag{V.5}$$

ergibt. Dabei ist A' eine Konstante und U_i die Aktivierungsenergie für den Durchtritt von Atomen durch die α-β-Grenzfläche. Bei „langsamer" Diffusion der gelösten Komponente G zu den Keimen kann U_i auch gleich der Aktivierungsenergie der Diffusion sein (ΔG_c bezieht sich hier wie U_i auf 1 Atom).

Verzichtet man wegen der auftretenden Verzerrungen auf die Annahme kugelförmiger Teilchen, so muß anstelle von Gl. (3) geschrieben werden

$$\Delta G = (\Delta G_V + \Delta G_\varepsilon)\, ai + bi^{2/3}\gamma_{\alpha\beta}. \tag{V.6}$$

Hier bedeutet i die Zahl der Atome im Keim, a das Atomvolumen im Keim und b einen Faktor, der von der Form des Keims abhängt.

Die Bilanz der freien Enthalpie nach Gl. (6) hängt stark davon ab, ob die Keimbildung kohärent, teilkohärent oder inkohärent erfolgt (vgl. Abb. 36). Bei kohärenter Keimbildung ist die Grenzflächenenergie wesentlich kleiner als im

Falle inkohärenter Keimbildung. Häufig laufen deshalb die Ausscheidungsvorgänge in frühen Stadien kohärent ab (vgl. hierzu Gl. (4) und (5)), während später bei wachsender Verzerrungsenergie der Einbau von Versetzungen in die Grenzfläche und damit der Übergang zur teilkohärenten oder zur inkohärenten Ausscheidung erfolgt.

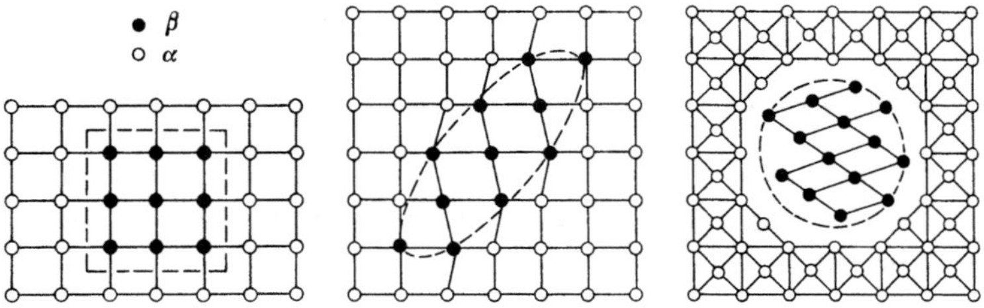

a b c

Abb. 36. Möglichkeiten der Keimbildung. a) und b) kohärent, c) inkohärent.

2.2 Heterogene Keimbildung

Nach den heutigen Erkenntnissen kann angenommen werden, daß eine homogene Keimbildung im strengeren Sinne im Festkörper nicht existiert. In Wirklichkeit wird deshalb eine heterogene Keimbildung vorliegen, die an Gitterfehlstellen wie Korngrenzen, Zwillingsgrenzen, Stapelfehlern, Versetzungen, Fremdatomen und Leerstellen erfolgt. Bilden sich die Keime an Gleichgewichtspunktfehlern, wie z. B. an Leerstellen, die regellos über die Matrix verteilt sind, so ergibt sich auch für die Ausscheidungskeime eine regellose Verteilung. In diesem Fall erscheint es noch sinnvoll, von einer „homogenen Keimbildung“ zu sprechen. Bei der Keimbildung an Gitterfehlern wird die Keimbildungsarbeit für den kritischen Keim herabgesetzt, und zwar über eine Verkleinerung der Grenzflächen- und Verzerrungsenergie sowie unter Umständen über einen zusätzlichen negativen Beitrag zur Änderung der freien Enthalpie als Folge des Verschwindens von Fehlstellen. Bildet sich der Keim z. B. an einer Korngrenze, so wird ein Teil der Grenzfläche durch die Korngrenzenfläche gebildet. Gl. (6) geht dann über in

$$\Delta G = (\Delta G_{\mathrm{v}} + \Delta G_{\varepsilon})\, ai + (b\gamma_{\alpha\beta} - c\gamma_{\alpha\alpha})\, i^{2/3}. \qquad \text{(V.7)}$$

Dabei ist $c\gamma_{\alpha\alpha}$ der Anteil der freien Grenzflächenenthalpie, der von der bereits vorhandenen Oberfläche übernommen wird.

3. Wachstum von Ausscheidungen

Das Wachstum von Ausscheidungsteilchen erfordert sowohl den Übertritt von Atomen durch die α-β-Grenzfläche als auch eine Neuverteilung der Mischkristallkomponenten. Bei interstitiellen Mischkristallen diffundiert meist nur die gelöste Komponente G zu der β-Ausscheidung, die einen höheren Gehalt an G aufweist als der α-Mischkristall. Die Geschwindigkeit des Wachstums einer Ausscheidung hängt also von der Geschwindigkeit ab, mit der die G-Atome zur

β-Phase transportiert werden sowie von der Geschwindigkeit, mit der diese Atome die α-β-Grenzfläche überschreiten. Während der Anfangsstadien des Wachstums kann bei kleiner α-β-Grenzfläche und bei kurzen Diffusionswegen der Grenzflächenprozeß geschwindigkeitsbestimmend sein. Demgegenüber wird bei größeren β-Teilchen mit großer Grenzfläche und bei weiten Diffusionswegen sowie abnehmendem Konzentrationsgradienten von G die Diffusion als geschwindigkeitsbestimmender Schritt begünstigt.

3.1 Diffusionskontrolliertes Wachstum von kugelförmigen Ausscheidungen

Es soll zunächst das Wachstum von Ausscheidungen in einem übersättigten Mischkristall unter folgenden Voraussetzungen betrachtet werden (vgl. Theorien von C. A. Wert und C. Zener [130—132] sowie von F. S. Ham [133], s. auch [51, 52]):

a) Zur Zeit $t = 0$ liegen pro Einheitsvolumen n statistisch verteilte Keime vor, die alle gleichzeitig zu wachsen beginnen; n ist unabhängig von t.

b) Die Teilchen wachsen als Kugeln mit dem Radius r_a, wobei $r_a = 0$ für $t = 0$.

c) Die Geschwindigkeit des Wachstums wird durch die Diffusion der gelösten Komponente G zur β-Phase bestimmt.

d) Jeder Ausscheidung wird ein kugelförmiger Einzugsbereich mit dem Radius r_z (halber Teilchenabstand) zugeordnet, aus dem der Zustrom der Komponente G erfolgt.

e) Einflüsse der Verzerrungs- und Grenzflächenenergie auf das Wachstum der Ausscheidungen werden vernachlässigt.

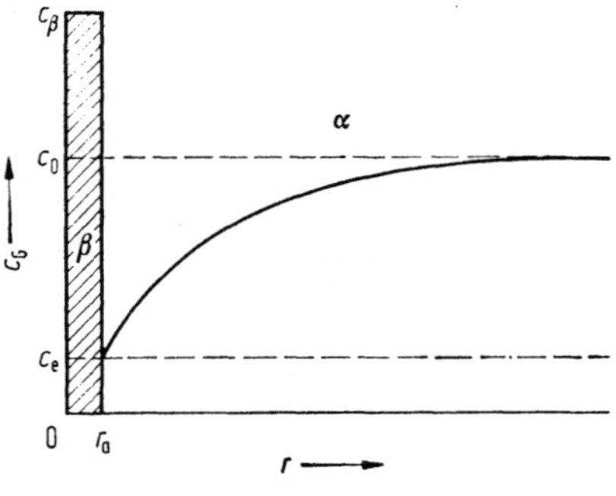

Abb. 37. Konzentrationsprofil der G-Komponente im α-Mischkristall in der Nähe einer wachsenden β-Ausscheidung mit dem Radius r_a (Diffusion geschwindigkeitsbestimmend).

Die Konzentrationsverhältnisse in der Umgebung einer wachsenden Ausscheidung sind in Abb. 37 für den Fall veranschaulicht, daß die Diffusion geschwindigkeitsbestimmend ist und sich dementsprechend an der α-β-Grenzfläche die Gleichgewichtskonzentration c_e der im α-Mischkristall gelösten Komponente G bezüglich der β-Phase mit der G-Konzentration c_β eingestellt hat; c_0 ist die Ausgangskonzentration von G zur Zeit $t = 0$. Bezeichnet man mit $\bar{c}(t)$ die momentane mittlere Konzentration von G in der Matrix, so läßt sich der ausgeschiedene Bruchteil w der Komponente G bzw. der nichtausgeschiedene Bruchteil $(1 - w)$ durch die Beziehungen

$$w(t) = \frac{c_0 - \bar{c}(t)}{c_0 - c_e}, \quad 1 - w(t) = \frac{\bar{c}(t) - c_e}{c_0 - c_e} \tag{V.8}$$

ausdrücken. Aufgabe der Theorie ist die Ableitung von Zeitgesetzen für $w(t)$ [51, 52].

Für wenig übersättigte Lösungen und kurze Reaktionszeiten können die Ausscheidungen mit dem Radius r_a als isoliert betrachtet werden, so daß sich die Einzugsbereiche mit dem Radius r_z nicht überlappen und an den Grenzen dieser Gebiete der Materiefluß verschwindet $(\partial c/\partial r)_{r_z} \approx 0$. Für den Anfangsverlauf der Ausscheidung mit $r_a \ll r_z$ erhält man als Lösung ($w < 0{,}2$)

$$w = kt^{3/2}, \quad \text{d. h.} \quad \frac{dw}{dt} = \frac{3}{2}\, kt^{1/2}, \tag{V.9}$$

wo k eine Konstante ist. Die Überlappung der Einzugsbereiche verschiedener Ausscheidungen bei stärker übersättigten Mischkristallen und bei längeren Reaktionszeiten kann durch Multiplikation der rechten Seite der zweiten Beziehung in Gl. (9) mit $(1 - w)$ zum Teil berücksichtigt werden [50]:

$$\frac{dw}{dt} = \frac{3}{2}\, kt^{1/2}\,(1 - w). \tag{V.10}$$

Hieraus folgt durch Integration das für hinreichend kurze Reaktionszeiten gültige allgemeinere Zeitgesetz ($w \lesssim 0{,}2$)

$$w = 1 - \exp\,(-kt^{3/2}] = 1 - \exp\left[-\left(\frac{t}{\tau}\right)^{3/2}\right]. \tag{V.11}$$

τ hat die Bedeutung einer Relaxationszeit (für $t = \tau$ wird $1 - w = 1/e$). Für lange Reaktionszeiten und dementsprechend große Werte von w wird das asymptotische Gesetz

$$w = 1 - 2\exp\left(-\frac{t}{\tau}\right) \tag{V.12}$$

angegeben [132].

3.2 Diffusionskontrolliertes Wachstum von Ausscheidungen beliebiger Gestalt

Das Zeitgesetz (11) für kleine Reaktionszeiten hat die allgemeine Gestalt

$$w = 1 - \exp\left[-\left(\frac{t}{\tau}\right)^{m}\right], \tag{V.13}$$

wobei der Zeitexponent m für das Wachstum von kugelförmigen Teilchen den Wert $m = 3/2$ hat. Die Annahme liegt nun nahe, daß der Exponent m grundsätzlich etwas über die Morphologie der ausgeschiedenen Teilchen aussagt. So sollte nach C. A. Wert und C. Zener [132] $m = 5/2$ bzw. $m = 2$ für Platten bzw. Stäbchen sein. Demgegenüber hat F. S. Ham [133] gezeigt, daß Rotationsellipsoide unabhängig davon, ob es sich um Kugeln, Platten oder Stäbchen handelt, mit konstantem Achsenverhältnis (c/b) wachsen und einheitlich auf einen Exponenten m von 3/2 führen. Voraussetzung ist, daß alle Keime bereits zur Zeit $t = 0$ vorhanden sind und daß die Ausscheidungen von vernachlässigbar kleinen

Dimensionen aus diffusionsbestimmt wachsen. Liegen lange Zylinder vor, die radial wachsen, dann wird nach F. S. Ham [133] $m = 1$. Auch bei diffusionskontrollierter und durch Gitterspannungen begünstigter Ausscheidung an Versetzungen soll $m = 1$ sein.

Die Überlegungen von F. S. Ham [133] stehen jedoch unter der einschränkenden Voraussetzung, daß alle Effekte, die mit der Grenzflächenenergie und Verzerrungsenergie zusammenhängen, vernachlässigbar sind. Weiter ist angenommen worden, daß die geometrische Form wachsender Phasengrenzen stabil bleibt. Nach W. W. Mullins und R. F. Sekerka [134] sollten sehr kleine Ausscheidungen bei Berücksichtigung der Grenzflächenspannung kugelförmig wachsen, während bei großen Teilchen Instabilitäten in der Grenzfläche auftreten können, wie z. B. bei der Dendritenbildung (zur Stabilität bewegter Phasengrenzen s. [135]). Die Verzerrungsenergie kann ein plattenförmiges Teilchenwachstum begünstigen.

Von Interesse ist die experimentell gewonnene Erfahrung, daß das Zeitgesetz (13) für $w < 0{,}5$ auch Ausscheidungsvorgänge befriedigend beschreibt, die völlig verschieden von den bisher erörterten Prozessen sind. So wird Gl. (13) z. B. bei Ausscheidungsvorgängen bestätigt, bei denen sich die Keimzahl mit der Reaktionszeit ändert und/oder bei denen Phasengrenzprozesse geschwindigkeitsbestimmend sind. Einen Überblick über die bei den verschiedenen Ausscheidungsmechanismen auftretenden Werte des Zeitexponenten m gibt Tab. 9 [50].

Tabelle 9. Auftreten verschiedener Werte von m im Zeitgesetz $w = 1 - \exp[-(t/\tau)^m]$; frühe Stadien des Ausscheidungsvorganges [50].

Reaktionsmodell	m
A. Diffusionskontrolliertes Wachstum von Teilchen beliebiger Gestalt, ausgehend von kleinen Dimensionen	
zunehmende Keimbildungsgeschwindigkeit	> 2,5
konstante Keimbildungsgeschwindigkeit	2,5
abnehmende Keimbildungsgeschwindigkeit	1,5–2,5
alle Keime zur Zeit $t = 0$ vorhanden	1,5
B. Diffusionskontrolliertes Wachstum von größeren Teilchen	1–1,5
Nadeln und Platten von endlicher Länge, Größe der Teilchen klein gegen Teilchenabstand	1
Dickenwachstum von langen Zylindern oder Nadeln	1
Dickenwachstum von sehr großen Platten	0,5
C. Diffusionskontrollierte Ausscheidung an Versetzungen	0,7
D. Wachstum einer konstanten Anzahl von Teilchen, bestimmt durch einen Grenzflächenprozeß	3

Zur Ermittlung von m formt man Gl. (13) in die Beziehung

$$\ln\left[\ln\frac{1}{1-w}\right] = m \ln\left(\frac{t}{\tau}\right) \qquad (V.14)$$

um. Eine Auftragung der linken Seite gegen ln (t/τ) sollte also auf Geraden mit der Steigung m führen. Als Beispiel hierfür kann die kontinuierliche Ausscheidung von Nb_2N aus übersättigten Niob-Stickstoff-Mischkristallen bei Temperaturen zwischen 450 und 600 °C herangezogen werden [136]. In Abb. 38a ist die Konzentration c des Stickstoffs im α-Mischkristall in Abhängigkeit von der Auslagerungszeit wiedergegeben. Bei diesen Kurven sind drei Bereiche zu unterscheiden und zwar 1. der Anfangsbereich, in dem sich c nur wenig ändert, da sich Keime erst bilden oder zu einer gewissen Größe heranwachsen, 2. der Mittelbereich, wo sich c stark ändert und in dem die eigentliche Ausscheidung abläuft und 3. der Endbereich, in dem nach Ablauf der Ausscheidung der Gleichgewichtszustand vorliegt.

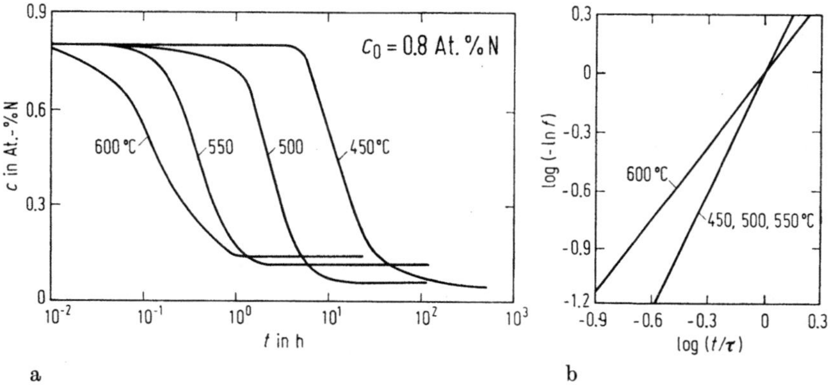

Abb. 38. Isothermen der Konzentration bei der Auslagerung von übersättigten Niob-Stickstoff-Mischkristallen mit 0,8 At.-% N (Erläuterungen im Text; es ist $f \equiv 1 - w$) [136].

Man erkennt, daß mit steigender Temperatur die Inkubationszeit kürzer wird und die Konzentration des im Gleichgewicht mit der ausgeschiedenen Phase gelösten Stickstoffs zunimmt. In Abb. 38b sind die Mittelbereiche der Anlaßkurven nach Abb. 38a entsprechend Gl. (14) dargestellt. Dabei erhält man für $0{,}1 < 1 - w < 0{,}9$ und 450, 500 und 550 °C eine Gerade mit der Steigung $m = 2$, für 600 °C eine Gerade mit der Steigung $m = 1{,}2$. Unter Berücksichtigung der Gefügebilder und weiterer Informationen lassen sich diese Ergebnisse durch die erörterten Ausscheidungstheorien (vgl. auch Tab. 9) wie folgt deuten. Im Falle $m = 1{,}2$ wird der Ausscheidungsvorgang durch die Diffusion kontrolliert, wobei praktisch alle Keime bereits zu Beginn der Auslagerung vorhanden sind. Im Falle $m = 2$ ist zwar auch die Diffusion geschwindigkeitsbestimmend, aber die Teilchenzahl nimmt mit der Zeit zu.

Zur Ermittlung der Temperaturabhängigkeit des Ausscheidungsvorganges vergleicht man die Anlaßzeiten, die demselben Ausscheidungszustand bei verschiedenen Temperaturen entsprechen. Man kann hierzu die Relaxationszeit τ (für $t = \tau$ ist $1 - w = 1/\mathrm{e}$) oder die Halbwertszeit $t_{1/2}$ (für $t = t_{1/2}$ ist $1 - w = 1/2$) heranziehen. Im vorliegenden Beispiel erhält man $t_{1/2} = t_0 \exp(E/RT)$, wobei die Energie E etwa der Aktivierungsenergie der Diffusion von Stickstoff in Niob entspricht. Solche einfachen Verhältnisse sind jedoch im allgemeinen nicht zu erwarten, weil bei diffusionsbestimmten Vorgängen die Relaxationszeit neben dem Diffusionskoeffizienten die Zahl n der wachsenden Ausscheidungen und die Gleichgewichtskonzentration c_e des im α-Mischkristall gelösten Stickstoffs enthält und n und c_e von der Auslagerungstemperatur abhängen. Die aus der Temperaturabhängigkeit eines Ausscheidungsvorganges ermittelte Aktivierungsenergie läßt sich deshalb im allgemeinen nicht einem Elementarprozeß zuordnen und hat somit nur eine phänomenologische Bedeutung.

Literatur zu Kapitel B

Reaktionskinetik

1 Benson, S. W.: The Foundations of Chemical Kinetics, New York: McGraw-Hill 1960.
2 Frost, A. A.; Pearson, R. G.: Kinetik und Mechanismen homogener chemischer Reaktionen, Weinheim: Verlag Chemie 1964 (Kinetics and Mechanism, A Study of Homogeneous Chemical Reactions, New York: John Wiley 1961).
3 Glasstone, S.; Laidler, K. J.; Eyring, H.: The Theory of Rate Processes, New York: McGraw-Hill 1941.
4 Laidler, K. J.: Chemical Kinetics, New York: McGraw-Hill 1965.
5 Laidler, K. J.: Theories of Chemical Reaction Rates, New York: McGraw-Hill 1965.
6 Laidler, K. J.: Reaktionskinetik I, Homogene Gasreaktionen, B. I. — Hochschultaschenbücher 290/290a, Mannheim: Bibliographisches Institut 1970 (Reaction Kinetics, Vol. I. Homogeneous Gas Reactions, London: Pergamon Press 1963).
7 Bamford, C. H.; Tipper, C. F. H. (Hrsg.): Comprehensive Chemical Kinetics, Vol. 1. The Practice of Kinetics, Vol. 2. The Theory of Kinetics, Amsterdam: Elsevier 1969.
8 Weston, Jr., R. F.; Schwarz, H. A.: Chemical Kinetics, Englewood Cliffs, New Jersey: Prentice-Hall 1972.
9 Skinner, G. B.: Introduction to Chemical Kinetics, New York: Academic Press 1974.
10 Schwetlick, K.; Dunken, H.; Pretschner, G.; Scherzer, K.; Tiller, H. J.: Chemische Kinetik, Fachstudium Chemie, Lehrbuch 6, Weinheim: Verlag Chemie 1973.
11 Kolditz, L. (Hrsg.): Anorganikum, Lehr- und Praktikumsbuch der anorganischen Chemie mit einer Einführung in die physikalische Chemie, Berlin: VEB Deutscher Verlag der Wissenschaften 1970, S. 156.
12 Moore, W. J.: Physikalische Chemie; bearbeitet und erweitert von D. O. Hummel, Berlin: Walter de Gruyter 1973, S. 356.

Adsorption und Heterogene Katalyse

13 Clark, A.: The Theory of Adsorption and Catalysis, New York: Academic Press 1970.
14 Bond, G. C.: Catalysis by Metals, London: Academic Press 1962.
15 Thomas, J. M.; Thomas, W. J.: Introduction to the Principles of Heterogeneous Catalysis, London: Academic Press 1967.
16 Flood, E. A. (Hrsg.): The Solid-Gas Interface, Vol. 1, New York: Marcel Dekker 1967.
17 Young, D. M.; Crowell, A. D.: Physical Adsorption of Gases, London: Butterworths 1962.
18 Trapnell, B. M. W.; Hayward, D. O.: Chemisorption, London: Butterworths 1964.
19 Wedler, G.: Adsorption, Eine Einführung in die Physisorption und Chemisorption, Chemische Taschenbücher 9, Weinheim Verlag Chemie: 1970.
20 Schlosser, E. G.: Heterogene Katalyse, Chemische Taschenbücher 18, Weinheim: Verlag Chemie 1972.
21 Hauffe, K.; Morrison, S. R.: Adsorption. Eine Einführung in die Probleme der Adsorption, de Gruyter Studienbuch, Berlin: Walter de Gruyter 1974.
22 Somorjai, G. A.: Principles of Surface Chemistry, Englewood Cliffs, New Jersey: Prentice-Hall 1972.

Transportvorgänge

23 Jost, W.: Diffusion in Solids, Liquids, Gases, New York: Academic Press 1960.
24 Shewmon, P. G.: Diffusion in Solids, New York: McGraw-Hill 1963.
25 Seith, W.: Diffusion in Metallen, Berlin, Göttingen, Heidelberg: Springer 1955.
26 Crank, J.: The Mathematics of Diffusion, Oxford: Clarendon Press 1967.
27 Carslaw, H. S.; Jaeger, J. C.: Conduction of Heat in Solids, Glasgow: Oxford University Press 1959.
28 Manning, J. R.: Diffusion Kinetics for Atoms in Crystals, Princeton: D. van Nostrand Comp. 1969.
29 Hauffe, K.: Reaktionen in und an festen Stoffen, 2. Aufl. Berlin, Heidelberg, New York: Springer 1966, S. 372.
30 Schmalzried, H.: Festkörperreaktionen, Chemie des festen Zustandes, Weinheim: Verlag Chemie 1971, S. 55.
31 Lazarus, D.: Intermetallic Diffusion, in: W. M. Mueller (Hrsg.), Energetics in Metallurgical Phenomena, Vol. I, New York: Gordon and Breach 1965, S. 1.
32 Darken, L. S.; Gurry, R. W.: Physical Chemistry of Metals, New York: McGraw-Hill 1953, S. 437.
33 Adda, Y.; Philibert, J.: La Diffusion dans les Solides, Paris: Presses Universitaires de France 1966.
34 Haase, R.: Thermodynamik der irreversiblen Prozesse, Darmstadt: Steinkopf 1963.
35 DeGroot, S. R.; Mazur, P.: Non-Equilibrium Thermodynamics, Amsterdam: North Holland Publ. Comp. 1962.
36 Wever, H.: Elektro- und Thermotransport in Metallen, Leipzig: Johann Ambrosius Barth 1973.
37 Pratt, J. N.; Sellors, R. G. R.: Electrotransport in Metals and Alloys, in: Y. Adda, A. D. LeClaire, L. M. Slifkin, F. H. Wöhlbier (Hrsg.), Diffusion and Defect Monograph Series, Trans. Tech. SA Riehen, Schweiz 1973.
38 Winkler, O.: Thermodynamics and Kinetics of Vacuum Metallurgy, in: O. Winkler, R. Bakish (Hrsg.) Vacuum Metallurgy, Chap. I, Amsterdam: Elsevier 1971, S. 1.
39 Brötz, W.: Grundriß der chemischen Reaktionstechnik, Weinheim: Verlag Chemie 1970.
40 Frank-Kamenetzki, D. A.: Stoff- und Wärmeübertragung in der chemischen Kinetik, Berlin, Göttingen, Heidelberg: Springer 1959.
41 Satterfield, C. N.: Mass Transfer in Heterogeneous Catalysis, Cambridge: M. I. T. Press 1970.
42 Szekely, J.; Themelis, N. J.: Rate Phenomena in Process Metallurgy, New York: Wiley-Interscience 1971.
43 Dushman, S.: Scientific Foundations of Vacuum Technique, New York: John Wiley 1962.

Verbindungsbildung (Oxidation)

44 Kofstad, P.: High-Temperature Oxidation of Metals, New York: John Wiley 1966.
45 Kubaschewski, O.; Hopkins, B. E.: Oxidation of Metals and Alloys, London: Butterworths 1962.
46 Hauffe, K.: Oxidation of Metals, New York: Plenum Press 1965.
47 Lawless, K. R.: Oxidation of Metals, in: W. M. Mueller (Hrsg.), Energetics in Metallurgical Phenomena, Vol. I, S. 345, New York: Gordon and Breach 1965.
48 Hauffe, K.: Reaktionen in und an festen Stoffen, 2. Aufl. Berlin, Heidelberg, New York: Springer 1966, S. 605.
49 Schmalzried, H.: Festkörperreaktionen, Chemie des festen Zustandes, Weinheim: Verlag Chemie 1971, S. 135.

Ausscheidungsvorgänge (Umwandlungsvorgänge)

50 Christian, J. W.: The Theory of Transformations in Metals and Alloys, Oxford: Pergamon Press 1965.
51 Fine, M. E.: Introduction to Phase Transformations in Condensed Systems, New York: The MacMillan Company 1965.

52 Burke, J.: The Kinetics of Phase Transformations in Metals, Oxford: Pergamon Press 1965.
53 Shewmon, P. G.: Transformation in Metals, New York: McGraw-Hill 1969.
54 Hardy, H. K. Heal, T. J.: Report on Precipitation, in Progr. Met. Phys. 5 (1954) 143.
55 Kelly, A. Nicholson, R. B.: Precipitation Hardening, in Progr. Mat. Sci. 10 (1963) 149.
56 Precipitation from Solid Solution, American Society of Metals, Cleveland, Ohio 1959.
57 Bever, M. B.: Nucleation Processes, in: W. M. Mueller (Hrsg.) Energetics in Metallurgical Phenomena, Vol. I, New York: Gordon and Breach 1965, S. 111.
58 Roberts, E. C.: Transformations, in: W. M. Mueller (Hrsg.) Energetics in Metallurgical Phenomena, Vol. I, New York: Gordon and Breach 1965, S. 161.
59 Phase Transformations, American Society of Metals, Metals Park, Ohio 1969.
60 The Mechanism of Phase Transformations in Crystalline Solids, The Institute of Metals, London 1968.

Spezielle Literatur

61 Raff, L. M.; Thompson, D. L.; Sims, L. B.; Porter, R. N.: J. Chem. Phys. 56 (1972) 5998.
62 McLewis, W. C.: J. Chem. Soc. 113 (1918) 471.
63 Eyring, H.: J. Chem. Phys. 3 (1935) 107.
64 Wynne-Jones, W. F. K.; Eyring, H.: J. Chem. Phys. 3 (1935) 492.
65 Evans, M. G.; Polanyi, M.: Trans. Faraday Soc. 31 (1935) 875; 33 (1937) 448.
66 Polanyi, M.: J. Chem. Soc. (1937) 629.
67 Wagner, C.: Z. Phys. Chem. 64 (1969) 49.
68 Wagner, C.: Advan. Catal. 21 (1970) 323.
69 Hörz, G.: Z. Metallkunde 59 (1968) 141.
70 Ehrlich, G.: J. Phys. Chem. 59 (1955) 473, J. Phys. Chem. Solids 1 (1956) 3.
71 Becker, J. A.; Hartman, C. D.: J. Phys. Chem. 57 (1953) 157.
72 Langmuir, I.: J. Am. Chem. Soc. 40 (1918) 1361.
73 Ferro, A.: J. Appl. Phys. 28 (1957) 895.
74 Zener, C. in: W. Shockley (Hrsg.) Imperfections in Nearly Perfect Crystals. New York: John Wiley 1952, S. 289.
75 Kirchheim, R.; Fromm, E.: Acta Met. 22 (1974) 1397.
76 Kirchheim, R.; Fromm, E.: Acta Met. 22 (1974) 1543.
77 Okabe, T.; Guy, A. R.: Met. Trans. 1 (1970) 2705.
78 Peterson, D. T; Schmidt, F. A.: J. Less-Common Metals 29 (1972) 321.
79 Carlson, O. N.; Schmidt, F. A.; Sever, J. C.: Met. Trans. 4 (1973) 2407.
80 Carlson, O. N.; Schmidt, F. A.; Lichtenberg, R. R.: Met. Trans. (1975).
81 Fromm, E.; Kirchheim, R.; Mathuni, G.: J. Less-Common Metals 43 (1975).
82 Fromm, E.; Carlson, O. N.; Mathuni, G., unveröffentl. Ergebnisse.
83 Hofmann, S.; Grünwald, W., private Mitteilung.
84 Schmidt, F. A.; Carlson, O. N.: private Mitteilung.
85 Machlin, E. S.: Trans. AIME 218 (1960) 314.
86 Kraus, T.: Schweiz. Arch. Angew. Wiss. Tech. 28 (1962) 452.
87 Hörz, G.: Met. Trans. 3 (1972) 3069.
88 Grünwald, W.; Haeßner, F.; Hemminger, W.; Lukas, H. L.: Z. Metallkunde 65 (1974) 184.
89 Rosner, D. E.; Feng, H. H.; Steinheil, E., in: Z. A. Foroulis, W. W. Smeltzer (Hrsg.): Metal-Slag-Gas Reactions and Processes, Elektrothermics and Metallurgy and Corrosion Divisions, The Electrochemical Society, Princeton/New Jersey 1975, S. 548.
90 Hörz, G., unveröffentlicht.
91 Grabke, H. J.: Ber. Bunsenges. 72 (1968) 541.
92 Grabke, H. J.: Arch. Eisenhüttenwes. 46 (1975) 75.
93 Hörz, G.: Z. Metallkunde 57 (1966) 703.
94 Hörz, G.; Gebhardt, E.: Z. Metallkunde 57 (1966) 737.
95 Hörz, G.; Gebhardt, E.: Z. Metallkunde 57 (1966) 812.
96 Gebhardt, E.; Dürrschnabel, W.; Hörz, G.: J. Nucl. Mater. 18 (1966) 149.
97 Fromm, E.; Jehn, H.: High Temperatures-High Pressures 3 (1972) 553.

98 Hörz, G.: Z. Metallkunde 59 (1968) 141.
99 Rosner, D. E.; Chung, H. M.; Feng, H. H.: J. Chem. Soc. (London) Faraday Transactions I.
100 Fromm, E.; Jehn, H.: Z. Metallkunde 58 (1967) 61.
101 Fromm, E.; Jehn, H.: Z. Metallkunde 58 (1967) 120.
102 Fromm, E.; Jehn, H.: Vacuum 19 (1969) 191.
103 Hörz, G.: Z. Metallkunde 59 (1968) 180.
104 Hörz, G.; Gebhardt, E.: Werkstoffe und Korrosion 21 (1970) 995.
105 Gebhardt, E.; Fromm, E.; Jakob, D.: Z. Metallkunde 55 (1964) 432.
106 Hörz, G., in: Thin Films and Surface Phenomena, Proceedings, Vacuum Congress, Postojna, 1973, Bilten 14, Ljubljana: Jugoslav Committee for Vacuum Techniques 1975, S. 55.
107 Hörz, G.: Z. Metallkunde 60 (1969) 50.
108 Jupille, J.; Michel, J. M.: J. Less-Common Metals 39 (1975) 17.
109 Rosner, D. E.; Chung H.; Feng, H.: Met. Trans. 5 (1974) 2305.
110 Hörz, G., unveröffentlichte Ergebnisse.
111 Grabke, H. J.: Ber. Bunsenges. 69 (1965) 409.
112 Grabke, H. J.; Martin, E.: Arch. Eisenhüttenwes. 44 (1973) 837.
113 Hörz, G.: Metall 27 (1973) 680.
114 Hörz, G.; Kanbach, H., in: Z. A. Foroulis, W. W. Smeltzer (Hrsg.): Metal-Slag-Gas Reactions and Processes, Electrothermics and Metallurgy and Corrosions Divisions, The Electrochemical Society, Princeton/New Jersey 1975, S. 534.
115 Hörz, G.; Lindenmaier, K.: J. Less-Common Metals 35 (1974) 85.
116 Hörz, G.; Lindenmaier, K.: Z. Metallkunde 63 (1972) 240.
117 Hörz, G.: Z. Metallkunde 60 (1969) 115, 121.
118 Hörz, G.: Z. Metallkunde 62 (1971) 409, 416.
119 Smith, H. R.; Hunt, Ch.; Hanks, Ch. W.: J. Metals 11 (1959) 112.
120 Brewer, L.; Rosenblatt, G. M.: Trans. AIME 224 (1962) 1268.
121 Gottwald, H. S.; Krone, K.; Krüger, J.: Metall 23 (1969) 1284.
122 Wagner, C.: Z. phys. Chem. B 21 (1933) 25.
123 Wagner, C.: Diffusion and High-Temperature Oxidation of Metals in: Seminar on Atom Movements, Amer. Soc. Metals, Cleveland 1951, S. 153.
124 Mott, N. F.: Trans. Faraday Soc. 35 (1939) 1175; 36 (1940) 472; 43 (1947) 429; J. Chim. phys. 44 (1947) 172; Research 2 (1949) 169.
125 Cabrera, N.; Mott, N. F.: Rpt. Progr. in Phys. 12 (1949) 163.
126 Rhines, F. N.; Johnson, W. A.; Anderson, W. A.: Trans. AIME 147 (1942) 205.
127 Wagner, C.: Z. Electrochem. 63 (1959) 772.
128 Volmer, M.; Weber, A.: Z. Phys. Chem. 119 (1925) 277.
129 Becker, R.; Döring, W.: Ann. Phys. 24 (1935) 719.
130 Wert, C. A.: J. Appl. Phys. 20 (1949) 943.
131 Zener, C.: J. Appl. Phys. 20 (1949) 950.
132 Wert, C. A.; Zener, C.: J. Appl. Phys. 21 (1950) 5.
133 Ham, F. S.: J. Phys. Chem. Solids 6 (1958) 335; J. Appl. Phys. 30 (1959) 915.
134 Mullins, W. W.; Sekerka, R. F.: J. Appl. Phys. 34 (1963) 323.
135 Schmalzried, H.: Festkörperreaktionen, Chemie des festen Zustandes, Weinheim: Verlag Chemie 1971, S. 128.
136 Gebhardt, E.; Dürrschnabel, W.; Hörz, G.: J. Nucl. Mater. 18 (1966) 134.
137 Fast, J. D.: Interaction of Metals and Gases, Vol. 2, Kinetics and Mechanisms, London: MacMillan Press 1971.
138 Seeger, A.: Theorie der Gitterfehlstellen, in: S. Flügge (Hrsg.): Handbuch der Physik, Bd. VII, Teil 1, Kristallphysik I, Berlin, Göttingen, Heidelberg: Springer 1955, S. 383.
139 Köster, W.: Z. Metallkunde. 39 (1948) 1.
140 Dahl, W.; Lange, K. W.; Papamantellos, D. (Hrsg.): Kinetik metallurgischer Vorgänge bei der Stahlherstellung, Düsseldorf: Verlag Stahleisen 1972.
141 Grabke, H. J.; Tauber, G.: Arch. Eisenhüttenwes. 46 (1975) 215.
142 G. Hörz: J. Less-Common Metals (demnächst).
143 Weber, B.; Cassuto, A.: Surface Sci. 39 (1973) 83.

Kapitel C

Eigenschaftsänderungen

(Literatur S. 221)

G. Hörz

I. Einführung

1. Überblick

Die Eigenschaften von Metallen und Legierungen können durch Gase und Kohlenstoff wesentlich verändert werden. Dabei hängt die Größe der Eigenschaftsänderungen von der Art und der Menge des Nichtmetalles ab. Sie wird außerdem durch den Zustand bestimmt, in dem das betreffende Metalloid wirksam wird. Wasserstoff, Kohlenstoff, Stickstoff und Sauerstoff treten als interstitiell im Metall gelöste Atome, als Komponenten in Verbindungsschichten an der Oberfläche des Metalles oder in Ausscheidungen im Metallinneren in Erscheinung.

Durch eine gezielte Behandlung von Metallen und Legierungen mit Gasen oder Kohlenstoff lassen sich einerseits bestimmte Materialeigenschaften verbessern. Es sei hier die Erhöhung der Festigkeitseigenschaften von Metallen, insbesondere der Verschleißfestigkeit, durch Nitrieren, Aufkohlen und Karbonitrieren erwähnt (s. Kapitel E) und an die Bedeutung des Kohlenstoffs und Stickstoffs in Stahl erinnert. Andererseits kann aber eine unkontrollierte Lösung von Wasserstoff, Kohlenstoff, Stickstoff und Sauerstoff in Metallen eine erhebliche Verschlechterung von Eigenschaften herbeiführen und unter ungünstigen Bedingungen eine vollständige Versprödung der Metalle bewirken. Bei der Bildung von Zunderschichten auf der Metalloberfläche werden die mechanischen Eigenschaften des Materials ebenfalls nachteilig verändert und es kann zu einer Zerstörung des Werkstoffes kommen. Auch Ausscheidungsvorgänge beeinflussen die Metalleigenschaften häufig ungünstig. Bei bestimmter Morphologie der ausgeschiedenen Teilchen, wie z. B. im System Tantal-Sauerstoff (plättchenförmige Ausscheidungen), oder bei Bildung von Ausscheidungen an den Korngrenzen, wie z. B. bei Molybdän und Wolfram, kann eine Beanspruchung zum Bruch des Materials führen. Vorteilhaft wirken sich dagegen Ausscheidungen bei der Ausscheidungs- oder Dispersionshärtung bestimmter Werkstoffe aus.

Dieses Kapitel befaßt sich vorwiegend mit Eigenschaftsänderungen von Metallen durch gelöste Nichtmetalle und deren Deutung. Wie dem Datenteil entnommen werden kann, liegen quantitative experimentelle Ergebnisse insbesondere für die Übergangsmetalle V, Nb und Ta sowie Ti, Zr und Hf der Va- bzw. IVa-Gruppe des Periodensystems vor, d. h. für Metalle mit relativ großem Lösungsvermögen für Gase und Kohlenstoff. Die Aussagen über die Konzentrationsabhängigkeit von Eigenschaftsänderungen beziehen sich deshalb vorwiegend auf diese beiden Metallgruppen.

Weiterhin sei darauf hingewiesen, daß bis heute nur für wenige der durch gelöste Metalloide verursachten Erscheinungen eine einheitliche theoretische Beschreibung möglich ist, wie z. B. für den Snoek-Effekt und den Gorsky-Effekt. Zur Mischkristallhärtung gibt es zwar eine Reihe von guten theoretischen Ansätzen, doch bereitet es immer noch Schwierigkeiten, im Einzelfall die Phänomene geschlossen zu deuten. Änderungen der elektrischen und magnetischen Eigenschaften durch gelöste Fremdatome können bisher im allgemeinen nur qualitativ verstanden werden, da bereits die elektronische Struktur der reinen Metalle, insbesondere der Übergangsmetalle, außerordentlich kompliziert ist.

Bevor die Eigenschaften im einzelnen behandelt werden, sollen zunächst einige grundsätzliche Bemerkungen zur Lösung von Gasen und Kohlenstoff in Metallen und zu den dadurch hervorgerufenen Effekten gemacht werden.

2. Zwischengitterplätze

Metalloide mit kleinem Atomradius, wie H, O, N, C, werden bei der Lösung in Metallen auf Zwischengitterplätzen eingelagert. In kubisch raumzentrierten (krz), kubisch flächenzentrierten (kfz) Gittern und in der hexagonal dichtesten Packung (hdP) existieren zwei verschiedene geometrisch ausgezeichnete Lücken, nämlich die Oktaederplätze und die Tetraederplätze (s. hierzu z. B. [1]).

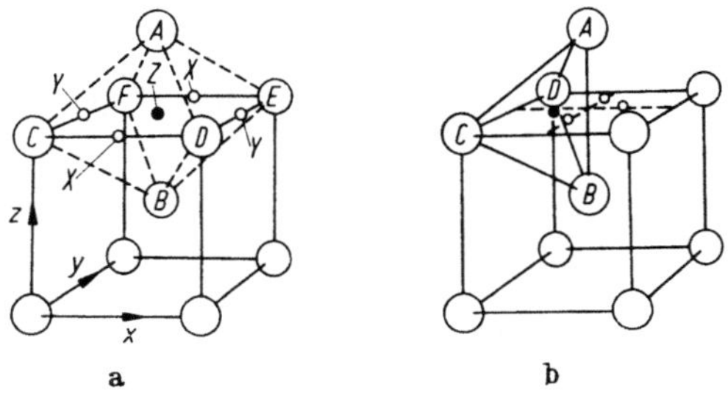

Abb. 1. Zwischengitterplätze im krz Gitter. a) Oktaederplätze in X-, Y- und Z-Position (kleine Kreise); oktaedrische Anordnung der Wirtsatome A, B, C, D, E und F um den gekennzeichneten Platz (ausgefüllter Kreis); b) Tetraederplätze (kleine Kreise) tetraedrische Anordnung der Wirtsatome A, B, C und D um den gekennzeichneten Platz (ausgefüllter Kreis).

Im krz Gitter liegen die Mittelpunkte der Oktaeder-Zwischengitterplätze auf den Mitten der Kanten und in den Zentren der Flächen der Einheitszelle des kubischen Gitters (s. Abb. 1a). Die sechs Metallatome, die einen Oktaederplatz umgeben, bauen ein irreguläres Oktaeder auf. Wie Abb. 1a zeigt, ist der Abstand AB gleich der Gitterkonstanten a der krz Struktur, während die Abstände CE und DF gleich $a/\sqrt{2}$ sind. Dabei zeigt die kurze Entfernung AB in dieselbe Richtung wie eine der Achsen der kubischen Einheitszelle. Es gibt im krz Gitter drei solche Richtungen, x, y, z, die aufeinander senkrecht stehen und dementsprechend auch drei verschiedene Gruppen von Oktaederplätzen. Die entsprechenden Plätze treten in gleicher Anzahl auf und werden als *X*-, *Y*- und *Z*-Plätze bezeichnet (s. Abb. 1a).

Die Zentren der Tetraederplätze befinden sich in der krz Struktur auf den Flächen der Einheitszelle (s. Abb. 1b). Jede Fläche enthält vier dieser Zentren, die auf den Mitten der Geraden vom Mittelpunkt der Fläche zu den vier Kantenmitten liegen. Der Tetraeder-Zwischengitterplatz ist der Mittelpunkt eines irregulären Tetraeders, das von zwei Ecken und zwei Zentren einer kubischen Einheitszelle aufgespannt wird.

Auf ein Metallatom kommen im krz Gitter drei Oktaeder- und sechs Tetraederplätze, die tetragonale Symmetrie besitzen. Die Oktaederplätze bieten in der krz Struktur weniger Platz als die Tetraederplätze, während im kfz Gitter und in der hdP Struktur die Verhältnisse umgekehrt sind. Bezeichnet r den Radius einer Kugel, die der Zwischengitterplatz aufnehmen kann, ohne daß das Gitter verzerrt wird und ist R der Radius eines kugelförmig angenommenen Metallatoms, so gilt [1]

$$\text{krz:} \quad r\,(\text{Oktaeder}) = 0{,}115R, \quad r\,(\text{Tetraeder}) = 0{,}291R \tag{I.1}$$

$$\text{kfz, hdP:} \quad r\,(\text{Oktaeder}) = 0{,}414R, \quad r\,(\text{Tetraeder}) = 0{,}225R. \tag{I.2}$$

Gl. (1) und (2) erlauben jedoch keine Rückschlüsse auf die Art der Plätze, die bei gegebenem Metall und Zwischengitteratom besetzt werden. Mit der Besetzung von Zwischengitterplätzen im krz Gitter befaßt sich z. B. eine Arbeit von D. N. Beshers [2]. Danach sollen O und N in Nb und Ta sowie N und C in V Tetraederplätze einnehmen, während O in V und C in Ta sowie N und C in α-Fe Oktaederplätze bevorzugen (weitere z. T. davon abweichende Ergebnisse s. [101, 102]).

3. Gitterverzerrungen (Größenfaktor, elastischer Dipol)

Die Atomradien der Zwischengitteratome H, O, N und C betragen nach L. Pauling [3] in einer kovalenten Umgebung: 0,30, 0,66, 0,70 und 0,77 Å (s. auch [103]). Diese Radien sagen jedoch wenig über die „Größe" der Metalloide im gelösten Zustand aus. Die Größe des Atoms bzw. Ions wird von der Umgebung, von der Bindung, von elektronischen Effekten etc. abhängen und so von Metall zu Metall verschieden sein. Sicher ist jedoch, daß die größeren Metalloidatome O, N, C mehr Platz beanspruchen als der Zwischengitterplatz anbieten kann [1]. Bei der Einlagerung dieser Atome kommt es deshalb aufgrund dieses „Größenfaktors" zu Verzerrungen des Metallgitters, die eine Gitteraufweitung zur Folge haben.

Die lokalen Verzerrungen, die um ein Zwischengitteratom entstehen, lassen sich mit Hilfe der Elastizitätstheorie beschreiben (s. z. B. [4, 5]). Besonders bewährt hat sich das Konzept des elastischen Dipols [6—9]. Dieser läßt sich mathematisch durch symmetrische Tensoren zweiter Stufe, und zwar den Verschiebungsdipol und den Kräftedipol beschreiben [7]. Häufig wird das Verhalten eines Defekts als elastischer Dipol auch durch den $\boldsymbol{\lambda}$-Tensor charakterisiert [9]. Der Tensor ist ebenfalls symmetrisch und kann deshalb durch eine Fläche zweiten Grades, d. h.

ein Ellipsoid mit drei aufeinander senkrechten Achsen, dargestellt werden. Im Hauptachsensystem liegt der $\boldsymbol{\lambda}$-Tensor in der Diagonalform vor:

$$\boldsymbol{\lambda} = \begin{pmatrix} \lambda_1 & 0 & 0 \\ 0 & \lambda_2 & 0 \\ 0 & 0 & \lambda_3 \end{pmatrix}. \tag{I.3}$$

Dabei sind λ_1, λ_2, λ_3 die Dehnungen pro Molenbruch des Defekts in den Hauptachsenrichtungen (Hauptwerte). Die Symmetrie des Tensors (3) entspricht der Symmetrie der Verzerrung, d. h. der Symmetrie des Defektes. Handelt es sich um einen kubischen Defekt, so ist

$$\lambda_1 = \lambda_2 = \lambda_3 \tag{I.4}$$

und das Ellipsoid entartet zu einer Kugel. Bei einem tetragonalen Defekt gilt

$$\lambda_1 \neq \lambda_2 = \lambda_3, \tag{I.5}$$

d. h. das Ellipsoid ist rotationssymmetrisch. In diesem Fall, der bei der interstitiellen Lösung von Fremdatomen in krz Gittern auftritt, sind zwei Hauptwerte gleich groß, während die dritte Hauptachse (Hauptwert λ_1) in die Hauptsymmetrierichtung des Defektes, d. h. in die Richtung einer der drei kubischen Achsen des Gitter, weist. Es existieren drei mögliche Orientierungen der tetragonalen λ_1-Achse, und zwar parallel zur [100]-, [010]- und [001]-Richtung. Das Dehnungsellipsoid kann durch den Formfaktor $(\lambda_1 - \lambda_2)$ gekennzeichnet werden, der ein Maß für die Tetragonalität des durch das Zwischengitteratom hervorgerufenen Verzerrungsfeldes ist.

Mit Hilfe des Konzepts des elastischen Dipols lassen sich eine Reihe von Erscheinungen in krz Gittern deuten. Hierzu gehören die innere Reibung durch die Relaxation von Defekten, repräsentiert durch elastische Dipole, in einem sich zeitlich periodisch ändernden Spannungsfeld, sowie die Mischkristallhärtung durch Zwischengitteratome, die auf der Wechselwirkung elastischer Dipole mit den Verzerrungsfeldern von Versetzungen beruht (s. [100]).

4. Elektronische Effekte

Neben der Gitterverzerrung tritt eine elektronische Wechselwirkung zwischen den interstitiell gelösten Atomen und dem Metall auf, die sich vor allem auf die elektrischen und magnetischen Eigenschaften der Metalle auswirkt. Dabei kann das Nichtmetallatom Elektronen aufnehmen oder abgeben. Für die Übergangsmetalle wird in einer Reihe von Arbeiten [10—15] (s. auch [1, 16]) ein Elektronenübergang von den Nichtmetallatomen in das nicht aufgefüllte d-Band der Metalle angenommen. Diese Möglichkeit wird insbesondere für die Lösung von Wasserstoff sowie für die Bildung der entsprechenden Metallhydride diskutiert (Protonentheorie [1, 12]). Umgekehrt ist jedoch auch ein Elektronenübergang vom Metall zum Nichtmetall in Betracht zu ziehen (Anionentheorie [1]).

Mit der Elektronenverteilung in der Umgebung von Fremdatomen in monovalenten Metallen befaßt sich eine theoretische Arbeit von J. Friedel [17]. Danach können sich bei der Abschirmung einer positiven Fremdladung (z. B. im Falle eines Protons) gebundene Zustände ausbilden. Besondere Verhältnisse liegen nach J. Friedel [18, 19] bei der Lösung von Fremdatomen vor, wenn diese Atome *p*-, *d*- oder *f*-Elektronenzustände besitzen und wenn die Energie eines Elektronenniveaus des Fremdatoms etwa von gleicher Größe ist wie die Fermienergie des Grundmetalles. Dann tritt ein Resonanzeffekt auf, der zu sogenannten virtuell gebundenen Zuständen führt. Solche Zustände verursachen eine starke Erhöhung des elektrischen Widerstands des Grundmetalles [18, 19]. Das Konzept virtuell gebundener Zustände ist jedoch bisher offenbar nur auf metallische Zusätze (Übergangsmetalle in normalen Metallen) angewendet worden [18].

In früheren Arbeiten wird angenommen, daß sich der Ladungszustand gelöster Metalloide aus Untersuchungen des Elektrotransportes ableiten läßt [1]. Heute weiß man jedoch, daß die effektive Ladung Z^* des Nichtmetallatoms wesentlich durch die Impulsübertragung wandernder Elektronen oder Löcher beeinflußt wird [1] (s. auch Kapitel B II.2.2). Aufschluß über den Ladungszustand interstitiell gelöster Atome kann aber in speziellen Fällen durch Untersuchungen des Elektrotransportes in Hall-Feldern (z. B. Kohlenstoff und Stickstoff in α-Eisen [104]) oder mit Hilfe der Mößbauerspektroskopie (z. B. Untersuchung des Mößbauer-Effektes in martensitischen und austenitischen Fe—C- und Fe—N-Legierungen [105]) erhalten werden.

II. Eigenschaften

1. Gitterparameter

Die Gitteraufweitung von Metallen durch interstitiell gelöste Fremdatome kann im Rahmen des Konzepts des elastischen Dipols (s. Abschnitt I.3) verstanden werden. Danach gilt für die relative Änderung der Gitterkonstanten a in kubischen Kristallen [8, 9]

$$\frac{1}{a_0}\frac{\mathrm{d}a}{\mathrm{d}c} = \frac{1}{3}(\lambda_1 + \lambda_2 + \lambda_3). \tag{II.1}$$

Die Gitterkonstante sollte also linear mit der Konzentration c der Defekte zunehmen, und zwar umso stärker je größer $(\lambda_1 + \lambda_2 + \lambda_3)$, d. h. je „größer" das Zwischengitteratom ist. Diese Aussage wird durch die experimentellen Befunde in Tab. 2 für die krz Metalle der Va-Gruppe des Periodensystems im wesentlichen bestätigt. Die Eigenschaftswerte der reinen Metalle sind in Tab. 1 zusammengestellt. Man entnimmt Tab. 2, daß die $\Delta a/\Delta c$-Werte in der Reihe H, O, N im allgemeinen ansteigen und absolute Werte von 0,002 bis 0,006 Å/At.-% annehmen (s. Abb. 2), was prozentualen Erhöhungen von etwa 0,07 bis 0,2% entspricht. Bei kfz Metallen ergeben sich ähnliche Werte (z. B. Pd—H, $\Delta a/\Delta c = 0{,}0026$ Å/At.-% H, 0,07% [44]; γ-Fe—N, $\Delta a/\Delta c = 0{,}0077$ Å/At.-% N, 0,2% [45]; γ-Fe—C, $\Delta a/\Delta c = 0{,}0073$ Å/At.-% C, 0,2% [46]).

Tabelle 1. Einige Eigenschaften von Vanadium, Niob und Tantal nach den Angaben im Datenteil.

Eigenschaft	Vanadium	Niob	Tantal
Gitterkonstante a bei 20°C in Å	3,0255	3,3000	3,3020
Spezifischer elektrischer Widerstand ϱ bei 10°C in $\mu\Omega \cdot$ cm	19,5	13,5	12,9
Spezifische magnetische Suszeptibilität χ bei 20°C in cm³/g	$5{,}82 \cdot 10^{-6}$	$2{,}28 \cdot 10^{-6}$	$0{,}93 \cdot 10^{-6}$
Vickershärte HV bei 20°C in kp/mm²	55	63	70
Belastung	300 p	50 p	500 p
Untere Streckgrenze σ_{su} bei 25°C in kp/mm²	5,0	3,5	12,5
Restgehalt an Metalloiden	0,1 At.-%	0,02 At.-%	0,1 At.-%
Dehngeschwindigkeit $\dot{\varepsilon}$	$4{,}7 \cdot 10^{-5}$ s^{-1}	$4{,}7 \cdot 10^{-5}$ s^{-1}	$4{,}7 \cdot 10^{-5}$ s^{-1}

2. Elektrischer Widerstand

Eine theoretische Deutung der Änderung des elektrischen Widerstands durch interstitiell gelöste Fremdatome stößt insbesondere bei den Übergangsmetallen auf große Schwierigkeiten. Grundsätzlich wird durch die Einlagerung von Fremdatomen auf Zwischengitterplätzen die Periodizität des Potentialfeldes im Metallgitter durch die Fremdatome selbst sowie durch die Verrückung der Nachbaratome gestört und damit der elektrische Widerstand des Metalles erhöht. Dabei ist der Ladungszustand des Fremdatoms und die Abschirmung der Fremdladung durch Leitungselektronen sowie die „Größe" des eingelagerten Atoms von Bedeutung [47, 48]. Außerdem können nach J. Friedel [17, 18] gebundene oder virtuell gebundene Zustände u. U. eine Rolle spielen. Weiterhin ist bei Über-

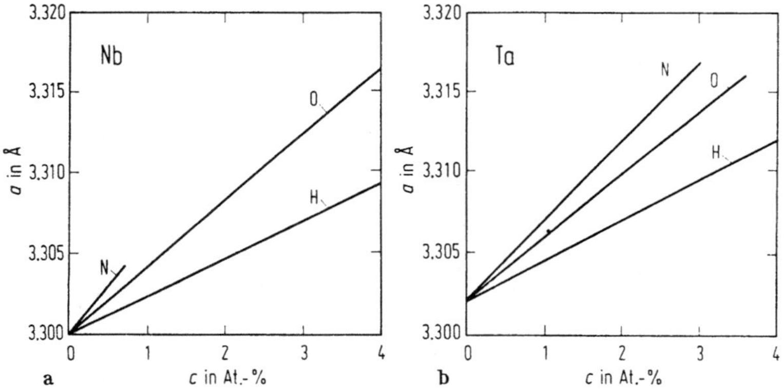

Abb. 2. Einfluß von N, O und H auf die Gitterkonstante a bei R. T. a) Niobsysteme [23—25]; b) Tantalsysteme [32, 33].

Tabelle 2. Eigenschaftsänderungen von Vanadium, Niob und Tantal durch 1 At.-% gelösten Wasserstoff, Stickstoff oder Sauerstoff nach den Angaben im Datenteil.

Eigenschaft	V—H	V—N	V—O	Nb—H	Nb—N	Nb—O	Ta—H	Ta—N	Ta—O
Gitterkonstante $\Delta a/\Delta c$ bei R. T. in Å/At.-%	[20] $2{,}1 \cdot 10^{-3}$	[21] $4{,}8 \cdot 10^{-3}$	[22] $4{,}8 \cdot 10^{-3}$	[23] $2{,}3 \cdot 10^{-3}$	[24] $6 \cdot 10^{-3}$	[25] $4{,}1 \cdot 10^{-3}$	[26] $2{,}5 \cdot 10^{-3}$	[27] $4{,}95 \cdot 10^{-3}$	[28] $3{,}9 \cdot 10^{-3}$
Spez. elektrischer Widerstand $\Delta\varrho/\Delta c$ bei R. T. in $\mu\Omega \cdot$ cm/At.-%	[29] 1,12	[22] 4,7	[22] 5,3	[30] 0,66	[31] 4,1	[25] 4,1	[32] 0,92	[33] 4,9	[33] 5,1
Spez. magnetische Suszeptibilität $\Delta\chi/\Delta c$ bei R. T. in $cm^3 \cdot g^{-1} \cdot (At.\text{-}\%)^{-1}$	[34] $-0{,}13 \cdot 10^{-6}$	[22] $-0{,}116 \cdot 10^{-6}$	[22] $-0{,}18 \cdot 10^{-6}$		[35] $-0{,}053 \cdot 10^{-6}$	[25] $-0{,}057 \cdot 10^{-6}$			[36] $-0{,}024 \cdot 10^{-6}$
Innere Reibung (Snoek-Effekt), spez. Relaxationsstärke $\Delta\Delta_r/\Delta c$ in $(At.\text{-}\%)^{-1}$ Frequenz		[37] 0,160 0,73 Hz	[37] 0,164 0,73 Hz		[31] 0,071 0,73 Hz	[38] 0,098 0,55 Hz		[27] 0,095 1 Hz	[36] 0,144 1 Hz
Vickershärte $\Delta HV/\Delta c$ bei R. T. in $kp \cdot mm^{-2} \cdot (At.\text{-}\%)^{-1}$ Belastung		[22] 175 300 p	[22] 175 300 p	[39] 6,9	[31] 180 50 p	[25] 120 50 p	[40] 6,3 1 kp	[41] 175 500 p	[42] 155 500 p
Untere Streckgrenze $\Delta\sigma_{su}/\Delta c$ bei R. T. in $kp \cdot mm^{-2} \cdot (At.\text{-}\%)^{-1}$ (Dehngeschwindigkeit $4{,}7 \cdot 10^{-5}\ s^{-1}$)		[43] 52	[43] 50		[43] 60,3	[43] 39,0		[43] 69	[43] 40

gangsmetallen offenbar ein Elektronenübergang von eingelagerten Nichtmetallatomen in das nicht aufgefüllte d-Band möglich (s. Abschnitt I.4). Hierbei kann bei größeren Metalloidkonzentrationen die Streuung von s-Elektronen in das d-Band (s-d-Streuung) herabgesetzt und damit ein negativer Beitrag zum elektrischen Widerstand bewirkt werden (z. B. Wasserstoff in Palladium [49]).

Die absolute Zunahme des elektrischen Widerstands durch 1 At.-% Gas beträgt bei den Va-Metallen bei R. T. zwischen 0,7 und 5,3 $\mu\Omega \cdot$ cm/At.-% (s. Tab. 2), entsprechend prozentualen Änderungen von 5 bis 40%. Auffallend ist der relativ geringe Einfluß von Wasserstoff und die wesentlich stärkeren aber etwa gleich großen Effekte durch Sauerstoff und Stickstoff bei allen drei Metallen. Der elektrische Widerstand der IVa-Metalle Ti, Zr, Hf, die unterhalb von 882, 862 bzw. 1740 °C eine hdP Struktur aufweisen, wird durch gelösten Sauerstoff oder Stickstoff bei R. T. etwa gleich stark um 8 bis 9 $\mu\Omega \cdot$ cm/At.-% erhöht [50, 51]. Bei größerem Grundwiderstand der reinen IVa-Metalle ergeben sich im Vergleich zu den Va-Metallen kleinere prozentuale Widerstandszunahmen von 18 bis 26%.

Vielfach geht man davon aus, daß für den durch gelöste Fremdatome verursachten elektrischen Zusatzwiderstand die Matthiessensche Regel (M. R.) [106]

$$\varrho(c, T) = \varrho(T) + \varrho_0(c) \tag{II.2}$$

für kleine c gilt. Hierbei ist $\varrho(c, T)$ der Gesamtwiderstand, $\varrho(T)$ der temperaturabhängige elektrische Widerstand des ungestörten Gitters und $\varrho_0(c)$ der temperaturunabhängige durch Fremdatome bedingte Zusatzwiderstand. Genauere Untersuchungen haben jedoch gezeigt, daß die M. R. nicht streng erfüllt ist und daß mehr oder weniger starke Abweichungen auftreten. Gl. (2) geht dann über in

$$\varrho(c, T) = \varrho(T) + \varrho_0(c) + \Delta(c, T), \tag{II.3}$$

wo $\varrho_0(c)$ der Zusatzwiderstand bei 0 K ist und $\Delta(c, T)$ die Abweichung von der M. R. beschreibt [107].

Der M. R. liegt die Annahme zugrunde, daß die Streuung der Elektronen an Phononen und an Fremdatomen Beiträge zum Gesamtwiderstand $\varrho(c, T)$ liefert, die unabhängig voneinander und additiv sind. Abweichungen von der M. R. treten also grundsätzlich auf, wenn bei größeren Fremdatomgehalten die Eigenschaften der metallischen Matrix, wie z. B. die Gitterparameter, die elastischen Konstanten oder die elektronische Struktur, verändert werden [47]. Als wesentliche Ursachen für Abweichungen von der M. R. erscheinen weiterhin inelastische und anistrope Elektronenstreuung (s. Übersichtsartikel von J. Bass [107]). Weiterhin ist eine Verletzung der M. R. zu erwarten, wenn zwei Leitungsbänder mit unterschiedlichem Beitrag zur Leitfähigkeit oder eine anisotrope Fermifläche vorliegen [48, 57, 107], wie dies bei den Übergangsmetallen der Fall ist.

Abweichungen von der M. R. finden sich praktisch in allen Systemen der Va- und IVa-Metalle mit Sauerstoff, Stickstoff und Kohlenstoff. Ein relativ geringer Effekt wird bei niedrigen Temperaturen (etwa 50 K) beispielsweise bei der Dotierung von Niob mit Stickstoff bis zu Gehalten von etwa 0,2 At.-% beobachtet [108]. Bei hohen Temperaturen oberhalb von etwa 1000 K nimmt der Zusatzwiderstand der Va- und IVa-Metalle (Differenz zwischen den elektrischen Widerständen des reinen Metalls und des Metall-Metalloid-Mischkristalls) bei konstantem Metalloidgehalt mit zunehmender Temperatur stark ab [22, 31, 52—56]. Dies zeigt Abb. 3 für die Systeme V—O und V—N [22] sowie für Zr—O [55]. Dabei ist der Zusatzwiderstand bei konstanter Temperatur bis zu Nichtmetallkonzentrationen von einigen At.-% praktisch proportional zur Konzentration.

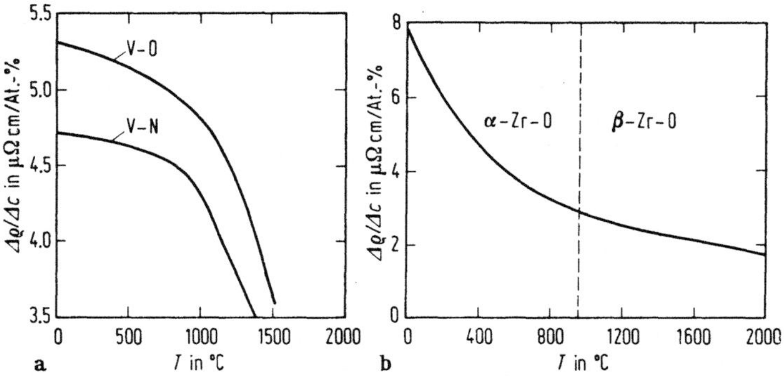

Abb. 3. Einfluß der Temperatur T auf den Zusatzwiderstand $\Delta\varrho/\Delta c$ durch gelöste Gase. a) System V—O und V—N [22]; b) System Zr—O [51, 55].

3. Magnetische Suszeptibilität

Die Abnahme der magnetischen Suszeptibilität beim Zusatz von Wasserstoff zu Palladium oder Nickel wird oft als Hinweis für die Ionisierung des Wasserstoffatoms und einen Elektronenübergang vom Wasserstoff in das *d*-Band des Metalles angesehen (Protonentheorie) [1, 12]. Es muß jedoch berücksichtigt werden, daß die entsprechenden Legierungen bei R. T. zweiphasig sind [12]. Besser fundierte Rückschlüsse sollten aufgrund der experimentellen Ergebnisse in den Gassystemen der Va-Metalle möglich sein. Tab. 2 zeigt, daß in diesen Systemen im α-Mischkristallbereich die magnetische Suszeptibilität mit zunehmender Gaskonzentration stets abnimmt. Diese Daten sprechen offenbar für einen Elektronenübergang in das *d*-Band. Doch muß in diesem Fall in Betracht gezogen werden, daß die magnetische Suszeptibilität auch durch eine Änderung des interatomaren Abstandes im Metallgitter beeinflußt wird. Eine Gitteraufweitung erfolgt nun sowohl bei der Einlagerung von Zwischengitteratomen in die Matrix der Va-Metalle als auch bei einer Temperaturerhöhung. Eine genauere Analyse der Ergebnisse in den Systemen Nb—N und Nb—O zeigt, daß sich für eine bestimmte Änderung des Gitterparameters Suszeptibilitätsabnahmen ähnlicher Größe ergeben, wenn einmal die Gitteraufweitung durch die Lösung von Stickstoff oder Sauerstoff und zum anderen durch eine Temperaturerhöhung erzeugt wird [31].

Nach Tab. 2 wird die absolute Abnahme der magnetischen Suszeptibilität durch gelöste Gase in der Reihenfolge V, Nb, Ta kleiner. In der gleichen Reihenfolge nehmen jedoch auch die Grundwerte für die reinen Metalle ab, so daß sich für gelösten Stickstoff und Sauerstoff wenig verschiedene prozentuale Änderungen von 2 bis 3% pro At.-% Gas ergeben.

4. Innere Reibung

4.1 Wesen und Einteilung der Prozesse

Wird in einem schwingenden Festkörper mechanische Schwingungsenergie aufgrund innerer Vorgänge in Wärme umgewandelt, so spricht man von innerer Reibung. Diese äußert sich in einer Dämpfung der Schwingungen, d. h. in einer Abnahme der Schwingungsamplitude des frei schwingenden Körpers. Die Dämpfung ist an ein nichtelastisches Verhalten gebunden. Dies bedeutet, daß unter dem Einfluß einer äußeren Spannung σ neben der elastischen Dehnung ε nach dem Hookeschen Gesetz noch zusätzliche Dehnungen ε_z auftreten, die den elastischen Modul M erniedrigen. Derartige nichtelastische Dehnungen sind darauf zurückzuführen, daß neben der reversiblen Verrückung der Atome des Kristallgitters noch andere irreversible Teilvorgänge ablaufen, die zu einer thermischen, magnetischen, elektrischen oder atomaren Umordnung führen. Dabei ist die spannungsinduzierte Einstellung einer neuen Anordnung von Gitterfehlstellen (interstitiell oder substitutionell gelöste Atome, Leerstellen, Versetzungen, Korngrenzen) hier von besonderem Interesse [1, 5, 8, 9, 58, 59].

Die bei der inneren Reibung ablaufenden Prozesse können eingeteilt werden nach der Spannungsabhängigkeit der Zusatzdehnung:

A) ε_z ist proportional zu σ ($\varepsilon_z = \alpha\sigma$),
B) ε_z ist eine eindeutige Funktion von σ ($\varepsilon_z = f(\sigma)$),
C) ε_z hängt nicht in eindeutiger Weise von σ ab,

und nach den Zeitfunktionen, welche die Vorgänge beschreiben:

1. Momentane Einstellung $f(t) = \text{const}$,
2. Ausgleichsvorgang $f(t) = \exp(-t/\tau)$,
3. Resonanzfall $f(t) = \exp(-\beta t)\exp(i\omega t)$

(t Zeit, τ Relaxationszeit; α, β Konstanten; ω Kreisfrequenz) [60]. Wichtig sind die Kombinationen A2, C1 und A3, d. h. Relaxationsprozesse, mechanische Hysterese und Resonanzvorgänge. Im folgenden werden nur Relaxationsprozesse näher behandelt.

4.2 Relaxation und Anelastizität

Ein Material vom Typ A2 wird von C. Zener [61] als „anelastisch“ oder als „linearer Standardfestkörper“ bezeichnet. Für diesen gilt anstelle des Hookeschen Gesetzes für elastische Körper

$$\sigma = M\varepsilon \tag{II.4}$$

die lineare Differentialgleichung

$$\sigma + \tau_\varepsilon\dot{\sigma} = M(\varepsilon + \tau_\sigma\dot{\varepsilon}). \tag{II.5}$$

Hier bedeuten σ Spannung, ε Dehnung; $\dot{\sigma}$ und $\dot{\varepsilon}$ sind Ableitungen nach der Zeit; τ_ε und τ_σ Relaxationszeiten; M ist der elastische Modul. Spezialfälle von Gl. (5) sind

a) *Relaxation unter konstanter Spannung* (s. Abb. 4a). Beim Anlegen der Spannung σ_0 zur Zeit $t = t_0$ stellt sich augenblicklich die elastische Dehnung ε_0 ein. Die nichtelastische Dehnung steigt exponentiell von ε_0 auf ε_∞ an. Bei Wegnahme der Spannung fällt die Dehnung sofort um ε_0 ab und geht dann exponentiell gegen Null. Dabei ist die Abklingkonstante gleich der Relaxationszeit τ_σ für konstante Spannung (elastische Nachwirkung).

b) *Relaxation unter konstanter Dehnung* (s. Abb. 4b). Zur Zeit $t = t_0$ wird die Dehnung ε_0 aufgebracht. Die Spannung fällt dann exponentiell vom Anfangswert σ_0 auf σ_∞ ab, wobei die Relaxationszeit τ_ε für konstante Dehnung auftritt.

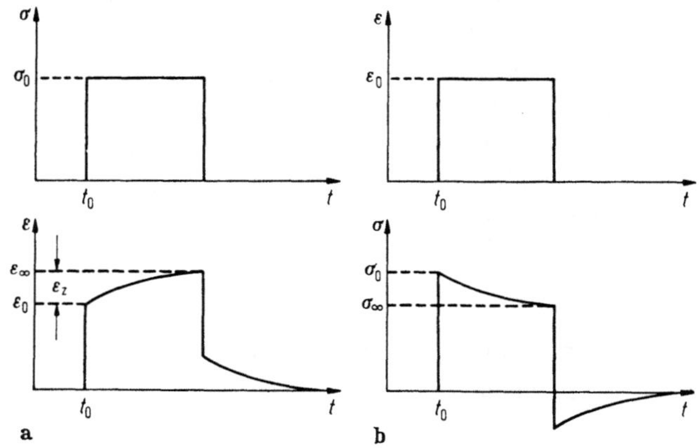

Abb. 4. Zeitabhängigkeit von Spannung σ und Dehnung ε bei einem Material mit Relaxationsverhalten. a) Relaxation der Dehnung unter konstanter Spannung; b) Relaxation der Spannung unter konstanter Dehnung.

Bei zyklischer Belastung mit der Kreisfrequenz ω ist die Dehnung ε mit der Spannung σ nicht in Phase. In komplexer Schreibweise ist also

$$\sigma = \sigma_0 e^{i\omega t} \quad \text{und} \quad \varepsilon = \varepsilon_0 e^{i(\omega t - \delta)}, \tag{II.6}$$

wo δ der Winkel der Phasenverschiebung ist. Setzt man Gl. (6) in Gl. (5) ein, so erhält man im eingeschwungenen Zustand für den Phasenwinkel

$$\tan \delta = \frac{\omega(\tau_\sigma - \tau_\varepsilon)}{1 + \omega^2 \tau_\sigma \tau_\varepsilon}. \tag{II.7}$$

Als dynamischer Modul $M(\omega)$ wird das Verhältnis der Spannung zu dem Teil der Dehnung (Realteil) definiert, der in Phase mit der Spannung ist:

$$M(\omega) = \frac{\sigma_0}{\mathrm{Re}\,\varepsilon} = M_r \frac{1 + \omega^2 \tau_\sigma^2}{1 + \omega^2 \tau_\sigma \tau_\varepsilon}. \tag{II.8}$$

Dabei ist M_r der auch in Gl. (5) auftretende relaxierte elastische Modul, der mit dem unrelaxierten Modul M_u über die Beziehung

$$M_u = \frac{\tau_\sigma}{\tau_\varepsilon} M_r \tag{II.9}$$

zusammenhängt. Wegen $M_u > M_r$ ist $\tau_\sigma > \tau_\varepsilon$. Mit der Abkürzung $\sqrt{\tau_\sigma \tau_\varepsilon} = \tau$ erhält man aus Gl. (8) unter Berücksichtigung von Gl. (9)

$$M(\omega) = M_u \left[1 - \frac{M_u - M_r}{M_u} \frac{1}{1 + \omega^2\tau^2}\right] \tag{II.10}$$

oder

$$M(\omega) = M_u \left[1 - \Delta \frac{1}{1 + \omega^2\tau^2}\right] \quad \text{mit } \Delta = \frac{M_u - M_r}{M_u}, \tag{II.11}$$

wobei für

$$\begin{aligned} \omega\tau &\ll 1 \qquad M(\omega) = M_r \\ \omega\tau &= 1 \qquad M(\omega) = (M_u + M_r)/2 \\ \omega\tau &\gg 1 \qquad M(\omega) = \frac{\tau_\sigma}{\tau_\varepsilon} M_r = M_u \end{aligned} \tag{II.12}$$

ist. Der relative Energieverlust pro Schwingung beträgt bei kleinen Verlustwinkeln δ

$$\frac{\Delta W}{W} = 2\pi \sin\delta \approx 2\pi \tan\delta = 2\pi\Delta \frac{\omega\tau}{1 + \omega^2\tau^2}. \tag{II.13}$$

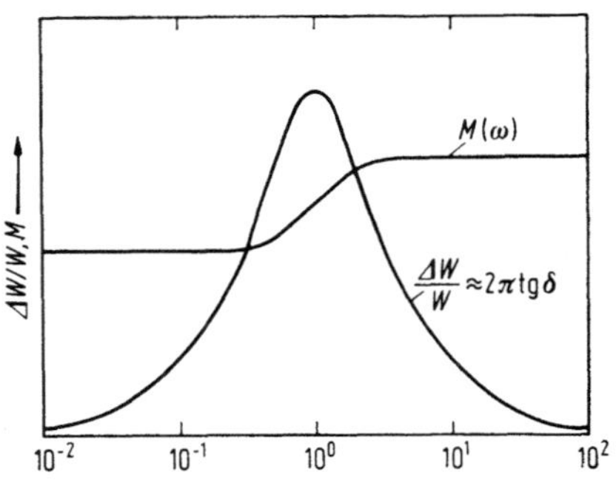

Abb. 5. Frequenzabhängigkeit der Dämpfung (Energieverlust $\Delta W/W$) und des elastischen Moduls M eines relaxierenden Materials.

In Abb. 5 sind nach Gl. (11) und (13) der dynamische Modul $M(\omega)$ und der Energieverlust $\Delta W/W$ über $\omega\tau$ im logarithmischen Maßstab aufgetragen. Beginnend bei niedrigen Werten von $\omega\tau$ steigt $M(\omega)$ von M_r auf M_u bei hohen $\omega\tau$-Werten an. $\Delta W/W$ durchläuft bei $\omega\tau = 1$ ein Maximum, wobei bei sehr niedrigen und bei sehr hohen Frequenzen die Verluste verschwinden. Soll die Relaxationszeit τ bestimmt werden, so muß die Lage des Maximums in der $\Delta W/W$-Kurve durch Variation der Frequenz ω ermittelt werden. Da jedoch τ meist eine Funktion der Temperatur ist, läßt sich das Maximum auch bei konstanter Frequenz durch Änderung der Temperatur festlegen.

Zur Beschreibung der Dämpfung von Schwingungen können neben dem Phasenwinkel δ und dem Energieverlust $\Delta W/W$ das logarithmische Dämpfungsdekrement ϑ und der reziproke Gütefaktor Q^{-1} („Dämpfung" oder „innere Reibung" genannt) benutzt werden. Zwischen diesen Größen besteht bei kleinen Effekten der Zusammenhang

$$\delta = \frac{\vartheta}{\pi} = \frac{1}{2\pi}\frac{\Delta W}{W} = Q^{-1}. \tag{II.14}$$

Von den in Metallen möglichen Relaxationserscheinungen werden in den beiden folgenden Unterabschnitten der Snoek-Effekt und der Gorsky-Effekt besprochen, die auf eine Neuverteilung von Zwischengitteratomen im Metallgitter bei der Anlegung äußerer Spannungen bzw. eines Dilatationsgradienten zurückgehen.

4.3 Snoek-Effekt

Der in krz Gittern auftretende Snoek-Effekt [1, 8, 9, 61—66] ist mit der spannungsinduzierten Diffusion von interstitiell gelösten Atomen verknüpft. Entdeckt wurde dieser Effekt in α-Fe, das geringe Mengen von gelöstem Kohlenstoff oder Stickstoff enthält. Dabei sitzen die Fremdatome auf Oktaederplätzen und verursachen tetragonale Verzerrungen. Wie in Abschnitt I.2 (s. Abb. 1a) ausgeführt, existieren drei verschiedene Arten von Oktaederpositionen (X, Y, Z), wobei die tetragonalen Achsen mit der x-, y- und z-Achse des kubischen Gitters zusammenfallen. Wenn keine äußeren Spannungen auf den Kristall wirken, ist jede der drei Platzarten mit einem Drittel der Einlagerungsatome besetzt. Beim Anlegen einer Spannung, z. B. in der z-Richtung, werden infolge Dehnung der z-Kante die Z-Plätze energetisch begünstigt. Deshalb wird die Gleichverteilung der Einlagerungsatome auf die drei Platzarten zugunsten der Z-Plätze verändert und es tritt eine Nachdehnung auf. Dabei erfolgen jedoch nur Platzwechsel zu benachbarten Zwischengitterplätzen, so daß die Relaxationszeit etwa von der Größenordnung der reziproken Platzwechselfrequenz Γ der Diffusion ist. Für Kohlenstoff oder Stickstoff in α-Fe wird bei R. T. etwa ein Sprung pro Sekunde beobachtet.

Relaxationszeit und Diffusionskonstante

Der Snoek-Effekt kann bei kleinen Konzentrationen der gelösten Komponente durch eine einzige Relaxationszeit τ_r beschrieben werden. Diese hängt mit der mittleren Verweildauer τ eines Zwischengitteratoms oder der mittleren Platzwechselfrequenz (Sprungfrequenz) $\Gamma = 1/\tau$ über die Beziehung

$$\tau_r = \frac{2}{3}\tau = \frac{2}{3}\frac{1}{\Gamma} \tag{II.15}$$

zusammen [1]. Unter Verwendung von Gl. (B II.62) und Gl. (B II.63) ergibt sich dann für den Diffusionskoeffizienten

$$D = \frac{1}{24} a_0^2 \Gamma = \frac{a_0^2}{36\tau_r}, \tag{II.16}$$

wo a_0 die Gitterkonstante ist. Dabei ist aber vorausgesetzt, daß die Zwischengitteratome im krz Gitter nur auf Oktaederplätzen sitzen und daß Sprünge der Atome nur zu einem benachbarten Oktaederplatz erfolgen.

Relaxationsstärke

Bei niedrigen Konzentrationen der Metalloide ist die Relaxationsstärke Δ_r durch den Ausdruck

$$\Delta_r = \frac{M_u - M_r}{M_r} = 2 Q_{max}^{-1} \tag{II.17}$$

definiert. Q_{max}^{-1} entspricht der maximalen Dämpfung für $\omega\tau_r = 1$. Δ_r ist ebenso wie Q_{max}^{-1} bei kleiner Konzentration c der Zwischengitteratome proportional zu c:

$$\Delta_r = \alpha c, \tag{II.18}$$

so daß $\Delta\Delta_r/\Delta c = \alpha$ die spezifische Relaxationsstärke pro Einheit der Konzentration ist. Für M ist in Gl. (17) bei Biegeschwingungen der Elastizitätsmodul E, bei Torsionsschwingungen der Schubmodul G einzusetzen. In einem Einkristall sind E und G und damit auch Δ_r von der Kristallorientierung abhängig.

Mit Hilfe des Konzepts des elastischen Dipols (s. Abschnitt I.3) kann die Relaxationsstärke mit den spezifischen Eigenschaften des Defekts verknüpft werden. Beim Vorliegen von Defekten tetragonaler Symmetrie in einem krz Einkristall erhält man beim Anlegen einer Spannung in $\langle 100 \rangle$- bzw. $\langle 111 \rangle$-Richtung [8]

$$\Delta_{E\langle 100 \rangle} = \frac{2}{9} \frac{cv}{k_B T} E_{\langle 100 \rangle} (\lambda_1 - \lambda_2)^2 \tag{II.19}$$

bzw.

$$\Delta_{E\langle 111 \rangle} = 0; \tag{II.20}$$

d. h. in $\langle 111 \rangle$-Richtung sollte der Snoek-Effekt verschwinden. In Gl. (19) ist c die Konzentration der Zwischengitteratome, ausgedrückt als Molenbruch, v das Atomvolumen des Metalls, $E\langle 100 \rangle$ der Elastizitätsmodul in $\langle 100 \rangle$-Richtung und k_B die Boltzmann-Konstante. Polykristallines Material zeigt zwar im wesentlichen ein isotropes Verhalten, jedoch kann hier die Relaxationsstärke von der Korngröße und von einer etwa vorhandenen Textur abhängen. Deshalb können die in Tab. 2 für Va-Metalle angegebenen spezifischen Relaxationsstärken nicht ohne weiteres miteinander verglichen werden.

Bei gegebenem Material sollte die spezifische Relaxationsstärke $\Delta\Delta_r/\Delta c$ von der „Größe" des Zwischengitteratoms abhängen, falls von Stickstoff und Sauerstoff die gleiche Gruppe von Zwischengitterplätzen besetzt wird. Nach Tab. 2 ergeben sich jedoch für die Systeme V—N und V—O bei gleichen Versuchsbedingungen und Materialeigenschaften etwa gleiche Werte von $\Delta\Delta_r/\Delta c$, während bei Niob und Tantal Sauerstoff jeweils die größere Relaxationsstärke verursacht. Bei anderer Auswahl der Literaturwerte läßt sich indessen auch die umgekehrte Tendenz feststellen [9, 76]. Die größten spezifischen Relaxationsstärken treten offenbar im System Fe—C mit 0,43 und im System Fe—N mit 0,40 auf [9, 76].

Einfluß der Temperatur

Für die Temperaturabhängigkeit des Diffusionskoeffizienten gilt

$$D = D_0 \exp(-\Delta H_m/RT), \tag{II.21}$$

wo ΔH_m die Wanderungsenthalpie ist. Mit Gl. (16) folgt dann die Beziehung

$$\tau_r = \tau_{0r} \exp(\Delta H_m/RT) \quad \text{mit} \quad \tau_{0r} = \frac{a_0^2}{36 D_0}. \tag{II.22}$$

Die Temperaturabhängigkeit der inneren Reibung Q^{-1} gehorcht der Gleichung [1]

$$Q^{-1} \approx \frac{Q^{-1}_{\max}}{\cosh\left[\frac{\Delta H_m}{R}\left(\frac{1}{T} - \frac{1}{T_m}\right)\right]} = Q^{-1}_{\max} \operatorname{sech}\left[\frac{\Delta H_m}{R}\left(\frac{1}{T} - \frac{1}{T_m}\right)\right]. \tag{II.23}$$

Hier ist T_m die Temperatur, bei der Q^{-1} für konstante Frequenz ω ein Maximum erreicht.

Wechselwirkungen

Bei höheren Konzentrationen der Metalloide, wie sie bei den krz Übergangsmetallen der Va-Gruppe des Periodensystems auftreten können, werden Abweichungen vom einfachen Snoek-Effekt beobachtet [1, 9, 37, 67—73]. Diese lassen sich auf die Bildung von Clustern aus zwei oder mehr Zwischengitteratomen zurückführen. Bilden sich Paare, so tritt eine Verbreiterung des Snoek-Peaks auf, wobei der Peak in zwei Einzelmaxima mit zwei Relaxationszeiten aufgelöst werden kann. Die Höhe des einen Maximums nimmt linear mit der Metalloidkonzentration zu (Relaxation von Einzelatomen); die Höhe des zweiten Maximums wächst proportional zum Quadrat der Konzentration (Relaxation von Paaren). Eine Wechselwirkung kann auch zwischen interstitiell und substitutionell gelösten Fremdatomen auftreten, die ebenfalls zu einer Verbreiterung des Snoek-Maximums führt [1, 9, 74, 75].

Snoek-Dämpfung in kfz Gittern

In kfz Gittern tritt an sich kein Snoek-Effekt auf, da die Zwischengitteratome eine Verzerrung mit kubischer Symmetrie verursachen. Eine innere Reibung kann erst bei höheren Konzentrationen durch die Relaxation von Zwischengitteratom-Paaren in Hantellage auftreten [1].

4.4 Gorsky-Effekt

Der Gorsky-Effekt wurde bereits 1935 vorausgesagt [77], aber erst in den letzten Jahren in Metall-Wasserstoff-Systemen bestätigt und genauer diskutiert [78, 79]. Messungen der elastischen Nachwirkung und der inneren Reibung wurden insbesondere in den Wasserstoffsystemen der Va-Metalle durchgeführt [80—84].

Der Gorsky-Effekt ist ein Diffusionsrelaxationsprozeß, der auftreten kann, wenn Zwischengitteratome im Metallgitter vorhanden sind, die eine Gitteraufweitung bewirken und die eine große Beweglichkeit aufweisen. Wird in der Probe ein Dilatationsgradient erzeugt, z. B. durch Biegen, so folgen die Zwischengitteratome diesem Gradienten und bauen einen Gradienten in der Defektkonzentration auf. Dabei müssen die Zwischengitteratome über Entfernungen diffundieren, die der Probenabmessung entsprechen. Dieser Vorgang führt zu einer zusätzlichen zeitabhängigen (anelastischen) Dehnung. Der Gorsky-Effekt wird durch die Relaxationszeit τ und die Relaxationsstärke Δ_E beschrieben. Dabei ist τ die Zeit, die verstreicht, bis sich der Konzentrationsgradient und damit die zusätzliche Dehnung ε_Z aufgebaut hat. Die Relaxationsstärke wird als Verhältnis von ε_Z zur aufgebrachten Dehnung ε definiert: $\Delta_E = \varepsilon_Z/\varepsilon$.

Die Dämpfung der Biegeschwingungen eines einseitig eingespannten Bleches der Dicke h läßt sich durch die Beziehung

$$Q^{-1} = \Delta_E \frac{96}{\pi^4} \sum_{m=1,3,5} \frac{1}{m^4} \frac{\omega\tau_m}{1 + (\omega\tau_m)^2} \tag{II.24}$$

beschreiben, wo für die Relaxationszeiten

$$\tau_m = \frac{h^2}{m^2\pi^2 D} \tag{II.25}$$

gilt. Innerhalb der experimentellen Genauigkeit können Glieder höherer Ordnung vernachlässigt werden, so daß

$$Q^{-1} = \Delta_E \frac{96}{\pi^4} \frac{\omega\tau_1}{1 + (\omega\tau_1)^2} \quad \text{mit} \quad \tau_1 = \frac{h^2}{\pi^2 D}. \tag{II.26}$$

Aus Messungen der inneren Reibung läßt sich also der Diffusionskoeffizient für die Diffusion von Wasserstoff ermitteln.

5. Härte

Die Härte ist zwar eine vielbenutzte, bequeme Größe zur Charakterisierung der Festigkeit eines Werkstoffes; sie ist jedoch physikalisch nicht definiert. Theoretische Überlegungen schließen sich deshalb an die im nächsten Abschnitt zu behandelnde Streckgrenze an. In Tab. 2 sind die Härteänderungen der Va-Metalle durch 1 At.-% gelösten Wasserstoff, Stickstoff und Sauerstoff bei R. T. und kleinen Belastungen zusammengestellt. Demnach beeinflußt Wasserstoff die Härte relativ wenig. Den absoluten Änderungen von 6 bis 7 kp/mm² pro At.-%

entsprechen prozentuale Änderungen von etwa 10% (vgl. Tab. 1). Demgegenüber wird die Härte durch gelösten Stickstoff und Sauerstoff außerordentlich stark um 120 bis 180 kp/mm² pro At.-%, d. h. um 190 bis nahezu 320% pro At.-% Gas, erhöht. Im Falle von Niob und Tantal härtet Stickstoff stärker als Sauerstoff. Der Härtungseffekt nimmt also mit zunehmender „Größe" der Gasatome zu. Wie Abb. 6 entnommen werden kann, steigt die Härte mit zunehmender Stickstoff- oder Sauerstoffkonzentration nichtlinear an. Die Härte des reinen Metalls wird demnach stärker beeinflußt als die Härte von bereits gashaltigem Metall (s. hierzu auch [85]).

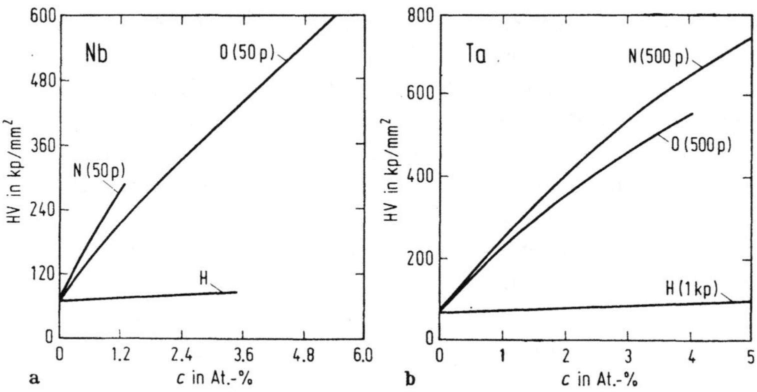

Abb. 6. Einfluß von N, O und H auf die Vickershärte HV bei R. T. a) Niobsysteme [25, 31, 39]; b) Tantalsysteme [40—42].

6. Streckgrenze (Mischkristallhärtung)

Nach Tab. 1 und 2 wird auch die untere Streckgrenze der Va-Metalle durch gelösten Stickstoff oder Sauerstoff sehr stark erhöht. Oberhalb von 0,1 At.-% (Vanadium und Tantal) bzw. 0,02 At.-% Gasgehalt (Niob) steigt die Streckgrenze bei R. T. linear an, wobei sich Zunahmen von 39 bis 60 kp/mm² pro At.-% Gas ergeben, entsprechend etwa 1000 bis 1700% bezogen auf den Ausgangswert des reinen Metalls. Wie bei der Härte sind die Streckgrenzerhöhungen bei Vanadium praktisch nicht, bei Niob und Tantal dagegen stark von der Gasart abhängig. Das Verhältnis der Härtungskoeffizienten α_N/α_O ($\alpha_G = \Delta\sigma/\Delta c$) für Stickstoff und Sauerstoff beträgt nach den Angaben in Tab. 2: V 1,04, Nb 1,55, Ta 1,73 [43]. Wie aus Abb. 7 für das System Ta—N hervorgeht, ist der Härtungskoeffizient im Bereich des linearen Anstiegs der Streckgrenze bei −60 bis 90 °C praktisch unabhängig von der Temperatur.

Die Streckgrenze der IVa-Metalle Ti, Zr, Hf, die bei R. T. in der hdP Struktur auftreten, wird durch Gase ebenfalls stark erhöht [50, 51]. Bei R. T. ergeben sich in den Zr- und Hf-Systemen folgende Härtungskoeffizienten $\alpha_G = \Delta\sigma/\Delta c$ in kp/mm² pro At.-% Gas [51]: Zr—N 36, Zr—O 29; Hf—N 38, Hf—O 12. Wie bei den Va-Metallen härtet also Stickstoff wesentlich stärker als Sauerstoff. In Abb. 8 ist der Einfluß von Sauerstoff auf die Streckgrenze von Titan bei verschiedenen

Temperaturen dargestellt. Der doppeltlogarithmischen Darstellung (Abb. 8b) kann entnommen werden, daß bei niedrigen Temperaturen eine parabolische ($\sigma \sim c^{1/2}$), bei hohen Temperaturen dagegen eine lineare ($\sigma \sim c$) Abhängigkeit der Streckgrenze von der Sauerstoffkonzentration vorliegt. Zu erwähnen ist noch, daß sich diese Ergebnisse wie auch diejenigen in Tab. 2 für die Va-Metalle auf Bambusstrukturen beziehen. Entsprechende Ergebnisse für Einkristalle können dem Datenteil entnommen werden (z. B. System Ta—N [109, 110]).

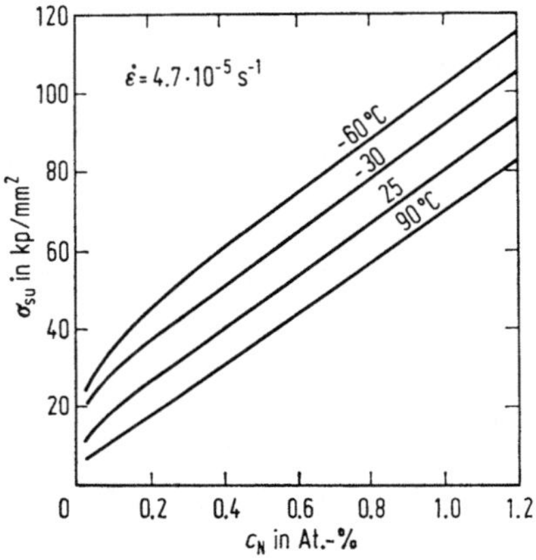

Abb. 7. Einfluß von N auf die untere Streckgrenze σ_{su} von Ta bei verschiedenen Temperaturen [43].

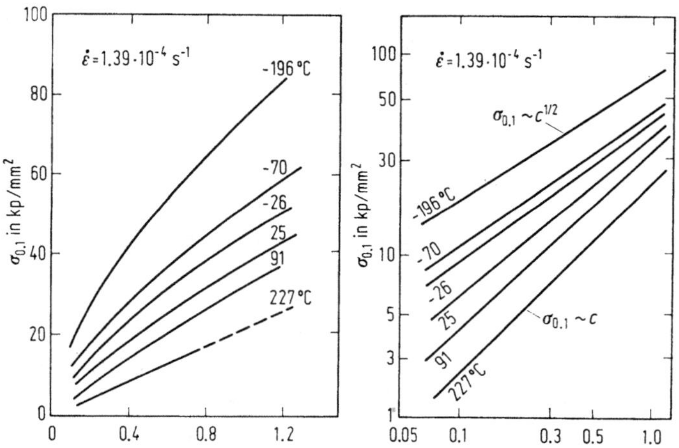

Abb. 8. Einfluß von O auf die Streckgrenze $\sigma_{0,1}$ von Ti bei verschiedenen Temperaturen [50]. a) Lineare Auftragung; b) doppeltlogarithmische Auftragung.

Der Anstieg der Streckgrenze mit dem Gehalt an Stickstoff oder Sauerstoff, d. h. die *Mischkristallhärtung*, beruht auf der Wechselwirkung von Versetzungen mit den im Metallgitter interstitiell gelösten Fremdatomen. Ausgangspunkt jeder Theorie zur Mischkristallhärtung ist die Berechnung der Wechselwirkungskraft, die ein Fremdatom auf eine Versetzung ausübt. In einem zweiten Schritt müssen die Wechselwirkungen vieler Fremdatome mit einer Versetzung endlicher Linienspannung statistisch aufsummiert werden. Die minimale Kraft, die notwendig ist, um die Versetzung über die Gleitebene zu bewegen, ergibt dann die kritische Schubspannung.

Man kann die Wechselwirkungskräfte zwischen Versetzungen und Fremdatomen in kurz- und weitreichende aufteilen und die Beiträge der beiden Anteile zur Schubspannung τ_A und τ_B getrennt diskutieren. Dabei ist die Komponente τ_B zur Überwindung weitreichender Spannungsfelder nur schwach temperaturabhängig. Die Komponente τ_A, die auf das Hindernis wirkt, ist dagegen temperaturabhängig, da Hindernisse mit kurzreichenden Wechselwirkungskräften mit Hilfe thermischer Aktivierung überwunden werden können.

Die verschiedenen Theorien zur Mischkristallhärtung unterscheiden sich nach dem Mechanismus der Wechselwirkung zwischen Fremdatom und Versetzung sowie nach der Aufsummierung der Wechselwirkungen vieler Fremdatome mit einer Versetzung. Zu erwähnen sind insbesondere die Theorien von R. L. Fleischer und J. Friedel [86—90], R. Labusch [91] und von G. Schöck und A. Seeger [92, 93] (s. auch [94—96]).

In krz Gittern verursachen interstitiell gelöste Fremdatome tetragonale Verzerrungen, die als elastische Dipole beschrieben werden können (s. Abschnitt I.3), und in starke elastische Wechselwirkung mit den Versetzungen treten [86, 97, 98]. Elastische Dipole, die in unmittelbarer Nähe der Gleitebene einer Versetzung liegen, üben kurzreichende Wechselwirkungskräfte aus. Dieser Fall kann durch die Theorie nach R. L. Fleischer und J. Friedel [89, 90] beschrieben werden. Dabei werden sehr verdünnte Mischkristalle und unbewegliche punktförmige Hindernisse vorausgesetzt. Unter Einführung eines mittleren Abstandes der durch die Versetzung berührten Fremdatome ergibt sich für die kritische Schubspannung τ_c bei 0 K die Beziehung

$$\tau_c = \beta \frac{F_{\max}^{3/2}}{b^2 E_L^{1/2}} c^{1/2}. \tag{II.27}$$

Hier ist β eine Konstante, c die Konzentration der Hindernisse, $F_{\max}$ die maximale Wechselwirkungskraft, E_L die Linienspannung und b der Betrag des Burgersvektors der Versetzung.

Für konzentriertere Mischkristalle geht R. Labusch [91] von einem Spektrum verschiedener Wechselwirkungskräfte bzw. verschiedener Entfernungen zwischen benachbarten von der Versetzung berührten Fremdatome aus. Er erhält nach einer statistischen Rechnung für die kritische Schubspannung τ_c bei 0 K die Gleichung

$$\tau_c = \beta' \frac{F_{\max}^{4/3} \cdot z^{1/3}}{b^{7/3} E_L^{1/3}} c^{2/3}, \tag{II.28}$$

wo β' eine Konstante und z der Abstand der Hindernisse von der Gleitebene ist.

Weitreichende Wechselwirkungen bewirken in krz Kristallen nach G. Schöck und A. Seeger [92, 93] einen induzierten Snoek-Effekt (s. Abschnitt II.4.3) der elastischen Dipole im Spannungsfeld der Versetzungen. Dabei stellen sich die Dipole energetisch möglichst günstig ein und bilden Snoek-Atmosphären, die bei niedrigen Versuchstemperaturen eingefroren sind. Die Versetzungen liegen dann in Potentialmulden und benötigen zu ihrer Bewegung eine Kraft. Diese äußert sich in einem Beitrag zur kritischen Schubspannung τ_c, der weitgehend temperaturunabhängig ist und proportional zur Konzentration der Femdatome zunimmt (s. auch W. Frank [95]).

Mit Hilfe der beschriebenen Theorien lassen sich einzelne Aspekte der Streckgrenzenerhöhungen bei den krz Va-Metallen deuten [43]. Insbesondere ist im Rahmen des Konzepts des elastischen Dipols der Befund verständlich, wonach Stickstoff im Vergleich zu Sauerstoff eine stärkere Mischkristallhärtung verursacht. Größere Schwierigkeiten ergeben sich jedoch bei der Deutung des Einflusses von gelösten Gasen auf die Streckgrenze von IVa-Metallen, die bei nicht zu hohen Temperaturen eine hdP Struktur aufweisen. In einem idealen hdP Gitter verursachen gelöste einzelne Fremdatome keine tetragonalen Verzerrungen. Trotzdem wird experimentell eine starke Erhöhung der Streckgrenze beobachtet. Zu ihrer Beschreibung gibt es einige Ansätze (s. [51]). So schlägt z. B. W. R. Tyson [99] kurzreichende Wechselwirkungen zwischen Versetzungen und Fremdatomen im Bereich des Versetzungskerns vor.

Literatur zu Kapitel C

1 Fast, J. D.: Interaction of Metals and Gases, Vol. 2, Kinetics and Mechanisms, London: Macmillan 1971.
2 Beshers, D. N.: J. Appl. Phys. 36 (1965) 290.
3 Pauling, L.: The Nature of the Chemical Bond and the Structure of Molecules and Crystals, New York: Cornell Univ. Press 1960.
4 Eshelby, J. D.: The Continuum Theory of Lattice Defects, in F. Seitz, D. Turnbull (Hrsg.), Solid State Physics, Vol. 3, New York: Academic Press 1956, S. 79.
5 Van Bueren, H. G.: Imperfections in Crystals, Amsterdam: North-Holland Publ. 1960.
6 Kröner, E.: Kontinuumstheorie der Versetzungen und Eigenspannungen, Berlin, Göttingen, Heidelberg: Springer 1958.
7 Dehlinger, U.; Kröner, E.: Z. Metallkunde 51 (1960) 457.
8 Berry, B. S.; Nowick, A. S.: Anelasticity and Internal Friction due to Point Defects in Crystals, in: W. P. Mason (Hrsg.), Physical Acoustics, New York: Academic Press 1966.
9 Nowick, A. S.; Berry, B. S.: Anelastic Relaxation in Crystalline Solids, New York: Academic Press 1972.
10 Robins, D. A.: J. Less-Common Metals 1 (1959) 396.
11 McQuillan, A. D.: AGARD Conference on Refractory Metals, Oslo Univ., Oxford: Pergamon Press (1963) M 1.
12 Ebisuzaki, Y.; O'Keefee, M.: The Solubility of Hydrogen in Transition Metals and Alloys, in: H. Reiss (Hrsg.), Progr. Solid-State Chem. Vol. 4, Oxford: Pergamon Press 1967, S. 187.
13 Ralls, K. M.; Wulff, J.: J. Less-Common Metals 11 (1966) 127.
14 Dempsey, E.: Phil. Mag. 8 (1963) 285.
15 Aronson, S.; Reilly, S. S.; Wiswall, Jr., R. H.: J. Less-Common Metals 21 (1970) 439.
16 Hörz, G.; Steinheil, E.: Z. Metallkunde 62 (1971) 849.
17 Friedel, J.: Phil. Mag. 43 (1952) 153.
18 Friedel, J.: Trans. AIME 230 (1964) 616.
19 Friedel, J. in: J. Friedel, A. Guinier (Hrsg.), Metallic Solid Solutions, New York: Benjamin (1963) XIX.
20 Maeland, A. J.: J. Phys. Chem. 68 (1964) 2197.
21 Hörz, G.: J. Less-Common Metals 35 (1974) 207.

22 Hörz, G.: Z. Metallkunde 61 (1970) 371.
23 Albrecht, W. M.; Goode, W. D.; Mallett, W. M.: J. Electrochem. Soc. 106 (1959) 981.
24 Volkov, A. K. et al.: Fiz. Metal. Metallov. 31 (1971) 330; Phys. Met. Metallogr. 31 (1971) Nr. 2, 103.
25 Gebhardt, E.; Rothenbacher, R.: Z. Metallkunde 54 (1963) 443.
26 Waite, T. R.; Wallace, W. E.; Craig, R. S.: J. Chem. Phys. 24 (1956) 634.
27 Gebhardt, E.; Seghezzi, H. D.; Dürrschnabel, W.: Z. Metallkunde 49 (1958) 577.
28 Gebhardt, E.; Seghezzi, H. D.: Z. Metallkunde 50 (1959) 521.
29 Westlake, D. G.: Trans. AIME 239 (1967) 1341.
30 Westlake, D. G.: Trans. AIME 245 (1969) 287.
31 Gebhardt, E.; Dürrschnabel, W.; Hörz, G.: J. Nucl. Mater. 18 (1966) 119.
32 Pryde, J. A.; Tsong, I. S. T.: Acta Met. 19 (1971) 1333.
33 Puhr-Westerheide, J., Dissertation, Universität Stuttgart 1973.
34 Zanowick, R. L.; Wallace, W. E.: J. Chem. Phys. 36 (1962) 2059.
35 Gebhardt, E.; Rothenbacher, R.; Kvernes, I.: Z. Metallkunde 58 (1967) 703.
36 Gebhardt, E.; Preisendanz, H.: Z. Metallkunde 46 (1955) 560.
37 Hörz, G.: Z. Metallkunde 59 (1968) 712.
38 Powers, R. W.; Doyle, M. V.: J. Appl. Phys. 30 (1959) 514.
39 Imgram, A. G.; Bartlett, E. S.; Ogden, H. R.: Trans. AIME 227 (1963) 131.
40 Perkins, R. H.: Rpt. LA-2136 (1957).
41 Popović, M.: Dissertation, Universität Stuttgart (1975).
42 Hörz, G.; Lele, S.: unveröffentlichte Ergebnisse.
43 Elssner, G.; Hörz, G.: Z. Metallkunde 62 (1971) 217.
44 Lewis, F. A.: The Palladium-Hydrogen System, London: Academic Press 1967.
45 Paranjpe, V. G.; Cohen, M.; Bever, M. B.; Floe, C. F.: Trans. AIME 188 (1950) 257.
46 Ridley, N.; Stuart, H.; Zwell, L.: Trans. AIME 245 (1969) 1834.
47 Ziman, J. M.: Electrons and Phonons, The Theory of Transport Phenomena in Solids, Oxford: Clarendon Press 1963.
48 Haug, A.: Theoretische Festkörperphysik, Bd. 2, Wien: Franz Deuticke 1970.
49 Maeland, A. J. in: L. H. Bennett (Hrsg.), Electronic Density of States, Nat. Bur. Stand. (US) (1971) 727.
50 Krohn, U.: Untersuchungen zur Mischkristallhärtung im System Titan-Sauerstoff, Diplomarbeit, Universität Stuttgart 1974.
51 Ruano, O.: Zur Mischkristallhärtung von Zirkonium und Hafnium mit Sauerstoff und Stickstoff, Dissertation, Universität Stuttgart 1975.
52 Hörz, G.; Lindenmaier, K.; Klaiss, R.: J. Less-Common Metals 35 (1974) 77.
53 Hörz, G.; Lindenmaier, K.: Z. Metallkunde 64 (1973) 348.
54 Hörz, G., unveröffentlicht.
55 Hörz, G.; Hammel, M.; Kanbach, H.: J. Nucl. Mater. 55 (1975) 291.
56 Kanbach, H.: Diplomarbeit, Universität Stuttgart (1974).
57 Fischer, K.: Phys. kondens. Materie 6 (1967) 171.
58 De Batist, R.: Internal Friction of Structural Defects in Crystalline Solids, Amsterdam: North-Holland Publ. 1972.
59 Dehlinger, U.: Theoretische Metallkunde, Berlin, Göttingen, Heidelberg: Springer 1955.
60 Schiller, P.: Z. Metallkunde 53 (1962) 9.
61 Zener, C.: Elasticity and Anelasticity of Metals, Chicago: Chicago Univ. Press 1948.
62 Snoek, J. L.: Physica 8 (1941) 711.
63 Snoek, J. L.: New Developments in Ferromagnetic Materials, Amsterdam: Elsevier 1947.
64 Polder, D.: Philips Res. Rep. 1 (1945) 5.
65 Dijkstra, L. S.: Philips Res. Rep. 2 (1947) 357.
66 Nowick, A. S.: Internal Friction in Metals, Progr. in Metal Phys. 4 (1953) 1.
67 Ahmad, M. S.; Szkopiak, Z. C.: J. Phys. Chem. Solids 31 (1970) 1799.
68 Ahmad, M. S.; Szkopiak, Z. C.: J. Mater. Sci. 7 (1972) 701.
69 Gibala, R.; Wert, C. A.: Acta Met. 14 (1966) 1095, 1105.
70 Powers, R. W.; Doyle, M. V.: Acta Met. 4 (1956) 233.
71 Hantel, M.; Schittko, F. J.: Z. angew. Phys. 24 (1968) 118.
72 Powers, R. W.; Doyle, M. V.: Trans. AIME 215 (1959) 655.

73 Powers, R. W.; Doyle, M. V.: J. Appl. Phys. 30 (1959) 514.
74 Wert, C. A.: J. Phys. Chem. Solids 31 (1970) 1771.
75 Dickenscheid, W.: Die Beeinflussung der Snoek-Dämpfung durch Gitterfehler und Fremdatome, Berlin: Gebr. Borntraeger 1964.
76 Tewari, S. N.: Scripta Met. 8 (1974) 59.
77 Gorsky, W. S.: Z. Physik. SU 8 (1935) 457.
78 Schaumann, G.; Völkl, J.; Alefeld, G.: Phys. Rev. Letters 21 (1968) 891.
79 Alefeld, G.; Völkl, J.; Schaumann, G.: Phys. Stat. Sol. 37 (1970) 337.
80 Schaumann, G.; Völkl, J.; Alefeld, G.: Phys. Stat. Sol. 42 (1970) 401.
81 Völkl, J.: Ber. Bunsenges. 76 (1972) 797.
82 Cantelli, R.; Mazzolai, F. M.; Nuovo, M.: Phys. Stat. Sol. 34 (1969) 597.
83 Cantelli, R.; Mazzolai, F. M.; Nuovo, M.: J. Phys. Chem. Sol. 31 (1970) 1811.
84 Cantelli, R.; Mazzolai, F. M.; Nuovo, M.: Appl. Phys. 1 (1973) 27.
85 Szkopiak, Z. C.: J. Less-Common Metals 19 (1969) 93.
86 Fleischer, R. L.: Acta Met. 10 (1962) 835.
87 Fleischer, R. L.: J. Appl. Phys. 33 (1962) 3504.
88 Fleischer, R. L. in: D. Peckner (Hrsg.), The Strengthening of Metals, London: Reinhold 1964, S. 93.
89 Fleischer, R. L.; Hibbard, W. R.: The Relation between Structure and Mechanical Properties, Conference at N. P. L., Vol. 1 (1963) 262.
90 Friedel, J.: Electron Microscopy and Strength of Crystals, Proc. 1st Berkeley Int. Mat. Conf., New York: Interscience 1963, p. 634.
91 Labusch, R.: Phys. Stat. Sol. 41 (1970) 659; Acta Met. 20 (1972) 917.
92 Schöck, G.: Phys. Rev. 102 (1956) 1458.
93 Schöck, G.; Seeger, A.: Acta Met. 7 (1959) 469.
94 Frank, W.: Z. Naturf. 22a (1967) 365.
95 Frank, W.: Z. Naturf. 22a (1967) 377.
96 Haasen, P.: Physikalische Metallkunde, Berlin, Heidelberg, New York: Springer 1974, S. 322.
97 Nabarro, R. F. N.: Report of a Conference on the Strength of Solids, London: The Physical Society 1958, p. 38.
98 Cochardt, A.; Schöck, G.; Wiedersich, H.: Acta Met. 3 (1955) 533.
99 Tyson, W. R.: Canad. Met. Quart. 6 (1967) 301.
100 Schultz, H.: Mater. Sci. Eng. 3 (1968/69) 189.
101 Yang et al.: Acta physica sinica 22 (1966) 281.
102 Shatalov, G. A.; Khachaturyan, A. G.: Fiz. Metal. Metallov. 25 (1968) 637.
103 Barrett, C. S.; Massalski, T. B.: Structure of Metals, New York: McGraw-Hill 1966.
104 Bibby, M. J.; Youdelis, W. V.: Can. J. Phys. 44 (1966) 2363.
105 Gielen, P. M.; Kaplow, R.: Acta Met. 15 (1967) 49.
106 Matthiessen, A.; Vogt, C.: Ann. Phys., Lpzg. 122 (1864) 19.
107 Bass, J.: Adv. Phys. 21 (1972) 431.
108 Fuss, J.; Schulze, K.; Schultz, H.: private Mitteilung.
109 Lachenmann, R.; Schultz, H.: Scripta Met. 6 (1972) 731.
110 Lachenmann, R.; Schultz, H.: Z. Metallkunde 66 (1975) 443.

Kapitel D

Experimentelle Untersuchungen

H. Jehn

I. Untersuchungsmethoden

(Literatur S. 237)

Bei Reaktionen und Gleichgewichten in Metall-Gas-Systemen ist im Gegensatz zu kondensierten Systemen auch die Gasphase zu berücksichtigen. Dies bedeutet, daß bei Untersuchungen in solchen Systemen neben der Temperatur und der Gaskonzentration in den kondensierten Phasen auch der Gaspartialdruck bestimmt werden muß. Von diesen drei Größen sind der Druck und die Temperatur meist direkt meßbar. Die Ermittlung der Konzentration muß dagegen fast immer indirekt oder mit Hilfe analytischer Verfahren erfolgen.

Das Verhalten der Metalle gegenüber Gasen ist sehr unterschiedlich. So reichen die Gleichgewichtsdrücke über Verbindungen oder über Metall-Gas-Mischkristallen von 10^{-30} bis 10^{+5} atm, wobei Drücke zwischen 10^{-13} und 10^{+3} atm direkt meßbar sind. Die Temperaturen umfassen im allgemeinen den Bereich zwischen Raumtemperatur und einigen 100° oberhalb des Schmelzpunktes, was bei hochschmelzenden Metallen Temperaturen bis über 3000 °C bedeutet. Schließlich kann im Mischkristallbereich die Konzentration der Gasatome zwischen 10^{-4} und 30 At.-% betragen, d. h. etwa 1 bis 10^{+5} Gew.-ppm. Hinzu kommt in vielen Fällen noch die Festlegung der Zusammensetzung von Verbindungsphasen mit mehr oder weniger weitem Homogenitätsbereich. Dem Thema des Buches entsprechend werden vorwiegend experimentelle Methoden zur Untersuchung von Metall-Gas-Mischkristallen behandelt. Bei der Besprechung der einzelnen Verfahren werden auch deren Vor- und Nachteile erörtert. Die Untersuchungsmethoden müssen nach den jeweils vorliegenden oder zu erwartenden Verhältnissen ausgewählt werden und sie richten sich vor allem nach der im Metall vorliegenden Gaskonzentration und den Gaspartialdrücken. Häufig lassen sich die verschiedenen Untersuchungsmethoden nicht streng gegeneinander abgrenzen (z. B. volumetrisch-manometrisch) oder es werden verschiedene Methoden gleichzeitig angewandt (z. B. gravimetrisch-manometrisch). In vielen Fällen wird außerdem die Konzentration dotierter Proben mit Hilfe von analytischen Verfahren festgelegt oder überprüft.

Bei fast allen Untersuchungen in Metall-Gas-Systemen muß die Änderung der im Mischkristall vorliegenden Gaskonzentration in Abhängigkeit vom Gaspartialdruck und von der Temperatur bestimmt werden, wobei im Fall von Kinetikuntersuchungen die zeitliche Änderung der Konzentration verfolgt wird. Neben den Reaktionen zwischen Metallen und reinen Gasen oder Gasmischungen sind in vielen Systemen noch Prozesse zu berücksichtigen, bei denen flüchtige Metall-Gas-Verbindungen abdampfen oder bei denen Ausscheidungs- und Lösungsvorgänge von Verbindungsphasen im Mischkristall eine Rolle spielen. Auch hier ist zumeist die Bestimmung der Konzentration die wesentliche Aufgabe der experimentellen Untersuchungen.

Bei allen Messungen ist es zweckmäßig, nach Möglichkeit solche Methoden auszuwählen, bei denen zahlreiche Meßpunkte mit derselben Probe bestimmt werden können. Hierfür kommen bei der Bestimmung von Metall-Gas-Gleichgewichten oder bei der Messung der Be- und Entgasungskinetik vorwiegend volumetrische, manometrische sowie gravimetrische Verfahren in Betracht. Sie sind vor allem dann mit Erfolg anzuwenden, wenn die Reaktionen so ablaufen, daß der Ausgangszustand der Probe wieder erreicht werden kann. Dies läßt sich beispielsweise durch eine Versuchsführung mit abwechselnder Begasung und Entgasung erreichen. Zur schrittweisen oder kontinuierlichen Untersuchung von Konzentrationsänderungen können auch die durch die interstitiell gelösten Gase verursachten Eigenschaftsänderungen herangezogen werden (z. B. spezifischer elektrischer Widerstand). In manchen Systemen kann dagegen der Gasgehalt nur analytisch nachgewiesen werden. Dies erfordert jedoch, daß jede Messung an einer neuen Probe durchgeführt wird, wodurch in der Regel zusätzliche Fehler entstehen.

Die in einer Metallprobe enthaltenen gasförmigen Verunreinigungen können interstitiell gelöst sein oder in Form von Ausscheidungen oder als Gasblasen vorhanden sein. Auf diese Unterschiede muß bei der Bestimmung der Gasgehaltes geachtet werden. So wird in den meisten Verfahren der chemischen Analyse oder auch bei gravimetrischen Messungen der gesamte Gasgehalt bestimmt, während bei der Messung von Eigenschaftsänderungen (z. B. elektrischer Widerstand, Gitterparameter, Härte) vornehmlich der im Metallgitter gelöste Anteil in Erscheinung tritt. Eigenschaftsmessungen eignen sich daher besonders zur Bestimmung der Löslichkeit und der Sättigungskonzentration sowie zur Untersuchung von Ausscheidungsvorgängen in übersättigten Mischkristallen. Werden die Eigenschaftswerte an abgeschreckten Proben bei Raumtemperatur gemessen, so ist zu berücksichtigen, daß sich eventuell während des Abkühlens Ausscheidungen gebildet haben, die den Gehalt an gelöstem Gas herabsetzen. Das Entstehen von Ausscheidungen kann zum Teil durch höhere Abkühlgeschwindigkeiten verhindert werden, in vielen Systemen läßt es sich jedoch nicht unterdrücken. In diesem Fall kann die Löslichkeit u. U. durch die Messung einer Eigenschaft bei der Versuchstemperatur (z. B. Heißwiderstand) erfolgen. Die Anwendung volumetrischer, gravimetrischer oder analytischer Methoden zur Bestimmung der Gasgehalte in Mischkristallen setzt voraus, daß bei der Versuchstemperatur die Gase nur in gelöster Form in der Probe vorliegen.

Eine exakte Bestimmung sehr kleiner Gasgehalte, etwa im Bereich von einigen Gew.-ppm, stößt auf experimentelle Schwierigkeiten, weil die an der Oberfläche adsorbierten Gase einen Beitrag zum analytisch ermittelten Wert in dieser Größenordnung liefern. Dieser Beitrag kann durch Blindversuche oder Proben mit unterschiedlichem Oberfläche/Masse-Verhältnis abgeschätzt werden. Aus diesem Grunde liegt die Nachweisgrenze vieler analytischer Verfahren auch bei sehr sorgfältigem Arbeiten bei etwa 1 Gew.-ppm.

Ein weiterer Punkt, der bei der Bestimmung des Gehaltes an gelöstem Gas berücksichtigt werden muß, ist die Frage, ob das Gas homogen in der Probe verteilt ist oder ob örtliche Konzentrationsunterschiede vorhanden sind. Dies spielt besonders bei Kinetikuntersuchungen eine Rolle. Läuft nämlich der durch Diffusionsprozesse kontrollierte Konzentrationsausgleich innerhalb einer Probe verhältnismäßig langsam ab, dann können sich erhebliche Konzentrationsunterschiede zwischen der Oberfläche und der Probenmitte einstellen. In solchen Fällen wird z. B. durch volumetrische, gravimetrische und analytische Methoden oder durch Widerstandsmessungen eine mittlere Konzentration erhalten. Der Konzentrationsverlauf über einen Probenquerschnitt kann durch die Mikrohärte oder durch Mikrosondenmessungen oder durch radioaktive Beimengungen bestimmt werden. Bei Diffusionsuntersuchungen werden die beiden letzten Verfahren häufig angewandt. Wird eine möglichst homogene Verteilung der gelösten Gase in einer Probe angestrebt, so müssen entsprechende Homogenisierungsglühungen vorgenommen werden.

1. Eigenschaftsänderungen

Die Kenntnis der mechanischen und physikalischen Eigenschaften in Abhängigkeit vom Gasgehalt ist zunächst für den technischen Einsatz der Metalle oder für metallphysikalische Überlegungen von Interesse. Sie kann aber umgekehrt auch zur Konzentrationsbestimmung herangezogen werden. Allerdings ist der Nachweis nicht spezifisch, d. h. bei gleichzeitiger Lösung von mehreren Gasen wird nur die Summe der Eigenschaftsänderungen gemessen. Die Eigenschaften der Metalle werden sowohl durch die interstitiell gelösten Gase als auch durch die Ausscheidung von Verbindungsphasen verändert, wobei der Einfluß der letzteren normalerweise wesentlich geringer ist. Im folgenden soll deshalb hauptsächlich die Messung physikalischer und technologischer Eigenschaften in Abhängigkeit vom gelösten Gasgehalt besprochen werden.

Zunächst muß der in den Proben enthaltene Gasgehalt homogen über die Probe verteilt sein, weshalb an eine definierte Begasung üblicherweise eine Homogenisierungsglühung angeschlossen wird. Weiterhin muß bekannt sein, ob die Gasmenge vollständig im Metallgitter gelöst ist oder ob sie teilweise in Form von Ausscheidungen vorliegt. Hierauf muß besonders geachtet werden, wenn ursprünglich homogene, einphasige Proben zur Eigenschaftsmessung auf Raumtemperatur abgekühlt werden, weil hierbei übersättigte Mischkristalle entstehen können. Sollen dagegen die Zusammenhänge zwischen Eigenschaften und Gasgehalt in Metallen mit Ausscheidungen bestimmt werden, so sind bei Vergleichen die Größe und Form der Ausscheidungen in den Korngrenzen und im Korninneren zu berücksichtigen.

Zur Herstellung von Versuchsproben mit definiertem Gasgehalt eignen sich besonders draht- oder bandförmige Proben, die im direkten Stromdurchgang erhitzt werden können, sowie stab-, zylinder- oder scheibchenförmige Proben für die induktive Erhitzung. Die Begasung wird am günstigsten in einer Hoch- oder Ultrahochvakuumapparatur vorgenommen. Bei einer Reihe von Metallen können durch eine Vakuumglühung unter definierten Bedingungen gasförmige Verunreinigungen und Kohlenstoff aus der Probe entfernt werden. Ein bestimmter Gasgehalt kann einmal erreicht werden, indem eine bekannte Gasmenge in den Rezipienten eingelassen wird, die dann von der Probe während einer Begasungsglühung aufgenommen wird. Dieses Verfahren ist vor allem im Bereich niedriger Gleichgewichtsdrücke anwendbar ($p \leqq 10^{-2}$ Torr, volumetrische Methode). Die Probe kann auch in einer strömenden Gasatmosphäre begast werden. Hierbei muß der Gasgehalt zumeist anschließend analytisch bestimmt werden, weil die Geschwindigkeit der Gasaufnahme stark vom Druck und der Temperatur, sowie vom Zustand der Probenoberfläche abhängt und deshalb selten exakt bekannt ist. Weiterhin läßt sich ein bestimmter Gasgehalt einstellen, wenn für den α-Mischkristall die Gleichgewichtsdrücke bzw. die Bedingungen der stationären Zustände im vakuumtechnisch leicht zugänglichen Bereich ($p \geqq 10^{-5}$ Torr) oder höher liegen und bekannt sind. Hier wird die Probe so lange bei dem entsprechenden Druck geglüht, bis sich in der gesamten Probe die Gleichgewichtskonzentration eingestellt hat. Dieses Verfahren hat vor allem bei relativ hohen Gleichgewichtsdrücken Vorteile ($p \geqq 10^{-2}$ Torr). Auch hier empfiehlt sich eine analytische Überprüfung der eingestellten Konzentrationswerte.

Die zahlreichen Methoden zur Messung und Auswertung der verschiedenen physikalischen und mechanischen Eigenschaften selbst können hier nicht besprochen werden. In diesem Zusammenhang sei auf die entsprechenden Standardwerke und Monographien der Metallkunde und der Meßtechnik hingewiesen [1—4]. Als neueres Sammelwerk auf diesem Gebiet kann die unter [2—4] genannte Buchserie empfohlen werden.

2. Gleichgewichte

2.1 Metall-Gas-Gleichgewichte

Zur direkten Bestimmung der Gleichgewichtsbeziehungen zwischen dem Druck in der Gasphase, der Temperatur und der Gaskonzentration einer Probe können zwei Möglichkeiten herangezogen werden:

1. Der Druck des Gases bzw. die Zusammensetzung eines Gasgemisches wird vorgegeben (statisch oder im Gasstrom) und die Probe bis zur Einstellung der Gleichgewichtskonzentration geglüht [5—8]. Anschließend wird der Gasgehalt gravimetrisch oder in einer darauffolgenden Entgasungsglühung im abgeschlossenen Rezipienten manometrisch oder mit Hilfe einer Sammelpumpe volumetrisch bestimmt. Außerdem können Eigenschaftsänderungen herangezogen oder Gasanalysen vorgenommen werden.

2. Die Probe wird mit einer bekannten Gasmenge beladen und der sich einstellende Gleichgewichtsdruck gemessen (volumetrische Methode [5, 9]). Diese Methode ist besonders für niedrige Drücke ($p \leqq 10^{-2}$ Torr) und relativ hohe Konzentrationen ($c \geqq 0{,}5$ At.-%) geeignet.

Wenn die Sättigungskonzentration der α-Mischkristalle überschritten wird, so erkennt man dies bei der Begasung unter konstantem Druck zumeist an der länger andauernden starken Gasaufnahme und der Bildung von Verbindungen auf der Probenoberfläche. Die Reaktion läuft in diesem Fall solange weiter, bis sich die gesamte Probe umgewandelt und die gebildete Verbindung die dem Begasungsdruck entsprechende Zusammensetzung erreicht hat. Entsprechend der in Abb. 1 dargestellten schematischen Druck-Konzentration-Isotherme führen Begasungen bei den Drücken p_1 und p_2 auf Gleichgewichtskonzentrationen im α-Mischbereich, während bei p_3 ein Gleichgewicht mit der β-Phase besteht. Bei der Methode definierter Gaszugabe erkennt man dagegen das Überschreiten der Sättigungskonzentration daran, daß im Dreiphasengleichgewicht $\alpha + \beta +$ Gas der Gleichgewichtsdruck, der identisch mit dem Zersetzungsdruck der Verbindungsphase β ist, bei weiterer Gaszugabe nicht mehr ansteigt. Dies ist in Abb. 1 für die Konzentrationen c_3 und c_4 der Fall, während c_1 und c_2 im α-Mischkristallbereich liegen.

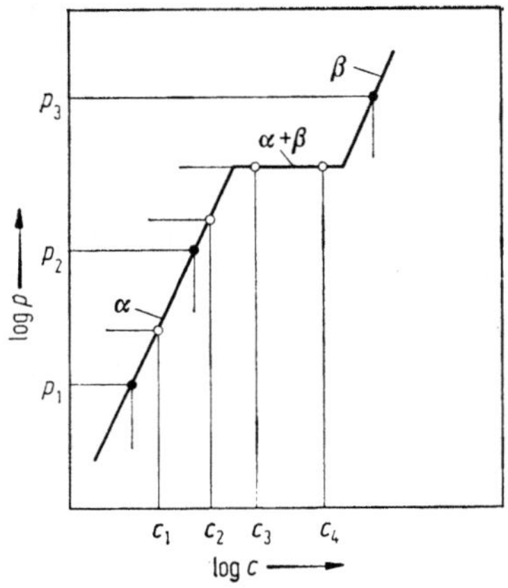

Abb. 1. Bestimmung einer Druck-Konzentration-Isotherme bei vorgewähltem Druck (p_1, p_2, p_3) bzw. vorgegebener Konzentration (c_1 bis c_4).

Zur Bestimmung von Sauerstoffaktivitäten, deren Gleichgewichtsdrücke so niedrig liegen, daß sie einer direkten Messung nicht mehr zugänglich sind, steht noch die Möglichkeit von EMK-Messungen zur Verfügung [10—13,69]. Dabei werden die Proben in einer elektrochemischen Zelle gegen eine Referenzelektrode bekannter Sauerstoffaktivität geschaltet. Entsprechende Messungen können auch in Schmelzen durchgeführt werden [66—68].

In manchen Systemen lassen sich die Druck-Temperatur-Konzentration-Beziehungen auch aus der Sättigungslinie und den thermodynamischen Daten der β-Phase berechnen (vgl. A V. 2).

2.2 Löslichkeitsgrenze

In Metall-Gas-Systemen wird unter der Löslichkeitsgrenze oder Sättigungskonzentration diejenige Konzentration der α-Mischkristalle verstanden, bei der die α-Phase mit der Verbindungsphase β im Gleichgewicht steht. Bei der Darstellung im gewohnten Temperatur-Konzentration-Diagramm muß jedoch beachtet werden, daß es sich in Wirklichkeit um das temperaturabhängige monovariante Dreiphasengleichgewicht $\alpha + \beta +$ Gas handelt und daß deshalb zu jedem Punkt der Sättigungslinie der entsprechende Gleichgewichtsdruck mit der Gasphase gehört.

Die Sättigungskonzentration kann ermittelt werden, indem in einer Probe die Konzentration schrittweise oder kontinuierlich erhöht wird und folgende Meßgrößen in Abhängigkeit von der Konzentration beobachtet werden:

1. der Gleichgewichtsdruck,
2. Eigenschaftsänderungen.

Im ersten Fall erfolgt dies entsprechend den eben beschriebenen Methoden und die temperaturabhängige Sättigungskonzentration ist durch den Schnittpunkt der Geraden α und $\alpha + \beta$ der Isotherme in Abb. 1 gegeben. Liegen die Gleichgewichtsdrücke dagegen sehr niedrig, so daß selbst bei Drücken im Hochvakuumgebiet die Reaktion bis zur vollständigen Verbindungsbildung weiter-

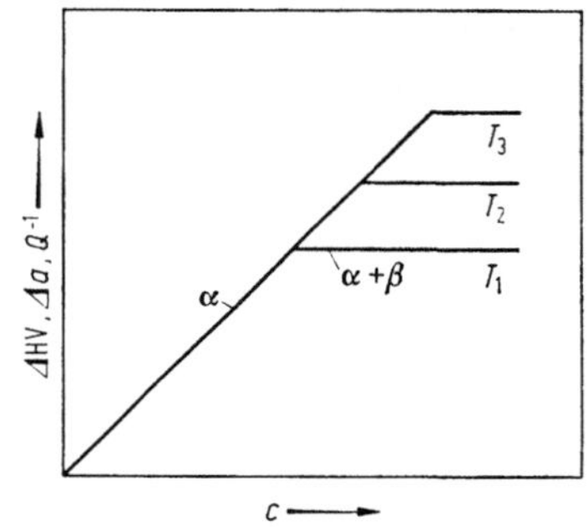

Abb. 2. Bestimmung der Sättigungskonzentration mittels Eigenschaftsmessungen nach Glühungen bei verschiedenen Versuchstemperaturen ($T_1 < T_2 < T_3$).

laufen würde, so muß die Löslichkeitsgrenze durch eine reine Begasung verbunden mit der Messung von Eigenschaftsänderungen, wie z. B. dem elektrischen Widerstand, ermittelt werden [14, 15, 59]. In den Eigenschaft-Konzentration-Kurven tritt beim Erreichen der Löslichkeitsgrenze ein Knick auf, da die bei weiterer Gaszugabe oberflächlich gebildeten Verbindungen keinen bzw. nur einen geringen Einfluß besitzen. Bei Eigenschaftsmessungen an abgeschreckten Proben muß wiederum darauf geachtet werden, daß während der Abkühlung keine Ausscheidungen gebildet werden, die die Kurven verfälschen. Für Messungen bei Raumtemperatur eignen sich auch die Änderungen der Mikrohärte, des Gitterparameters oder des Dämpfungsmaximums, deren Verlauf in Abhängigkeit von der Gesamtkonzentration nach Glühungen bei den Versuchstemperaturen $T_1 < T_2 < T_3$ in Abb. 2 schematisch dargestellt ist [59, 60, 61]. Bei diesen Größen wird nur der im Gitter gelöste Gasgehalt bestimmt, während Widerstandsmessungen auch von der gebildeten β-Phase beeinflußt werden.

Bei höheren Temperaturen kann das Erreichen der Sättigungskonzentration in vielen Systemen auch am Auftreten von oberflächlich gebildeten Verbindungen erkannt werden, wenn diese ein anderes Emissionsvermögen als die α-Phase besitzen [14, 16]. Dabei muß allerdings darauf geachtet werden, daß die gesamte Probe durch eine langsame Gaszugabe oder durch Homogenisierungsglühungen gleichmäßig bis zur Sättigung dotiert wird. Die Konzentrationsbestimmung kann hier wiederum volumetrisch, gravimetrisch, manometrisch, durch Eigenschaftsänderungen oder analytisch vorgenommen werden.

Weiterhin besteht in Sauerstoffsystemen noch die Möglichkeit, die Sättigungskonzentration mit Hilfe von EMK-Messungen zu bestimmen [12, 13]. In der Zelle α/Elektrolyt/($\alpha + \beta$) werden hierbei eine einphasige α-Mischkristallprobe bekannter Konzentration und eine zweiphasige Probe mit β-Ausscheidungen ($\alpha + \beta$) als Elektroden verwendet. Unter der Voraussetzung, daß im gesamten α-Mischbereich das Henrysche Gesetz erfüllt ist, genügt eine einzige Messung für jede Temperatur. Ist dies nicht der Fall, so kann durch Proben im α-Bereich mit verschiedener Sauerstoffkonzentration eine Kurve aufgestellt werden, die festlegt, bei welcher Sauerstoffkonzentration die EMK verschwindet.

Die Ermittlung der Löslichkeitsgrenze kann ferner an zweiphasigen Proben vorgenommen werden, die bei der Versuchstemperatur bis zur Einstellung des Gleichgewichtes $\alpha + \beta$ geglüht werden [15, 17]. Wenn nach dem Abschrecken der gesamte bei Versuchstemperatur gelöste Gasgehalt auch in Lösung bleibt, so wird durch Eigenschaftsmessungen die Sättigungskonzentration der α-Mischkristalle bei der Versuchstemperatur bestimmt. Als Eigenschaften, die nur die Konzentration des im Gitter gelösten Anteiles angeben, seien wiederum Gitterparameter, Dämpfungsmaximum und eventuell Mikrohärte erwähnt.

Schließlich kann die Löslichkeitsgrenze auch aus thermodynamischen Daten für die Lösung des Gases im α-Mischkristall und für die Bildung der β-Phase berechnet werden (vgl. A V. 2). Eine derartige Abschätzung ist vielfach dort notwendig, wo eine experimentelle Bestimmung nicht möglich ist.

3. Kinetik

Bei Untersuchungen zur Kinetik von Gas-Metall-Reaktionen wird die zeitliche Änderung der Gaskonzentration dc/dt gesucht, wobei die anderen Parameter im allgemeinen konstant gehalten werden. Dabei kann die Größe dc/dt von der Temperatur, den Gaspartialdrücken, der Gaskonzentration und der Probenoberfläche sowie von der Versuchsführung abhängen. Für die Konzentrationsbestimmung kommen wie bei Gleichgewichtsuntersuchungen wieder die volumetrische oder gravimetrische Methode sowie die Messung von Eigenschaftsänderungen und analytische Verfahren in Betracht. Dabei führen alle Methoden mit Ausnahme der Eigenschaftsänderungen zur Angabe der mittleren Gaskonzentration der Probe, d. h. eine inhomogene Verteilung des Gases innerhalb der Probe wird nicht berücksichtigt. Eigenschaftsmessungen an abgeschreckten Proben sind nur mit Vorbehalt anzuwenden, weil hier bei Raumtemperatur der gesamte Gasgehalt in Lösung bleiben muß und weil bei inhomogenen Konzentrationsverteilungen ein Meßergebnis nur den Wert an einer bestimmten Stelle der Probe angibt (z. B. Härte) oder nicht auswertbar ist (z. B. Gitterparameter). Widerstandsmessungen ergeben unter bestimmten Voraussetzungen einen Wert für den mittleren Gasgehalt, sie müssen allerdings bei sehr hohen Konzentrationsunterschieden durch entsprechende Korrekturfunktionen berichtigt werden [18, 25]. Die Konzentrationsverteilung des Gases innerhalb der Probe läßt sich dagegen mit Hilfe von Mikrohärtemessungen oder mit radioaktiven Beimengungen bestimmen, was bei Diffusionsuntersuchungen von Bedeutung ist.

Die Streuung der Meßpunkte wird zumeist wesentlich kleiner, wenn mehrere Versuchsreihen mit derselben Probe durchgeführt werden können. Dies ist allerdings nur dort möglich, wo die Reaktionen der Gasaufnahme und Gasabgabe so ablaufen, daß durch entsprechende Entgasungs- und Begasungsexperimente der Ausgangszustand einer gasfreien bzw. gashaltigen Probe wieder erreicht werden kann. Weiterhin sollten nach Möglichkeit solche Verfahren ausgewählt werden, bei denen eine schrittweise oder kontinuierliche Bestimmung des gelösten Gasgehaltes ohne Ausbau der Probe bei der Versuchstemperatur oder nach dem Abkühlen auf Raumtemperatur erfolgen kann. Damit kommen vor allem Widerstandsmessungen [19, 20] und gravimetrische Methoden [5, 21] in Betracht. Werden die Proben zwischendurch auf Raumtemperatur abgekühlt, so muß gegebenenfalls die Gasaufnahme oder -abgabe während der Aufheiz- und Abkühlzeit berücksichtigt werden.

3.1 Gasaufnahme (Begasung)

Die Untersuchung der Begasungskinetik, d. h. des zeitlichen Konzentrationsanstieges in der Probe in Abhängigkeit vom Gaspartialdruck, von der Temperatur und von der Gaskonzentration in der Probe erfolgt am günstigsten in einer strömenden Gasatmosphäre bei konstantem Druck oder konstantem Mischungsverhältnis in einem Gasgemisch, wobei die Konzentration kontinuierlich oder nach einzelnen Begasungsschritten bestimmt wird (z. B. durch Widerstandsmessungen [19, 20, 58] oder gravimetrische Messungen [21]). Wird der Druck in einem abgeschlossenen Rezipienten durch ständige Gaszugabe konstant gehalten, so kann die von der Probe aufgenommene Gasmenge auch volumetrisch mit Hilfe einer Bürette bestimmt werden [5, 24]. Ferner kann unter bestimmten Bedingungen die Begasungsgeschwindigkeit manometrisch aus dem Druckabfall im abgeschlossenen Rezipienten jeweils zu Beginn eines Begasungsschrittes ermittelt werden [5].

Eine weitere Möglichkeit, die Geschwindigkeit der Gasaufnahme zu ermitteln, bietet die Druckabfallmethode [57, 58]. Hierbei wird die Versuchsprobe in strömender Gasatmosphäre und bei konstanter Einlaßrate von Raumtemperatur auf die Versuchstemperatur gebracht und der durch die Absorption verursachte Druckabfall gemessen. Für die aufgenommene Gasmenge Q gilt dann

$$Q = S_0 p_0 - S_1 p_1,$$

wenn S_0 und S_1 die Sauggeschwindigkeit des Pumpsystems bei p_0 und p_1 bei kalter beziehungsweise heißer Probe ist. Für weite Bereiche des Hochvakuumgebietes ist die Sauggeschwindigkeit druckunabhängig und man erhält als Gasaufnahme beim Druck p_1

$$Q = S_0(p_0 - p_1).$$

Zur Kontrolle der genannten Verfahren können auch Proben unter gegebenen Druck- und Temperaturbedingungen verschieden lang begast werden und der Gasgehalt kann anschließend durch Eigenschaftsmessungen (Restwiderstand, Gitterparameter, Dämpfung), durch gasanalytische Verfahren oder durch volumetrische oder manometrische Messung des bei einer Entgasungsglühung freigesetzten Volumens bestimmt werden. Derartige Methoden sollten zur eigentlichen

Messung nur dann herangezogen werden, wenn die zuerst genannten Verfahren nicht anwendbar sind, weil bei Verwendung mehrerer Proben innerhalb einer Meßreihe mit einer größeren Streuung der Ergebnisse zu rechnen ist.

Gas-Metall-Reaktionen, die zu einer Verbindungsbildung auf der Oberfläche führen, z. B. Oxiddeckschichten, werden üblicherweise kontinuierlich gravimetrisch verfolgt. Die schrittweise Messung an zwischendurch abgekühlten Proben kann zu wesentlich veränderten Ergebnissen führen, wenn die Verbindungsschicht durch die Temperaturänderung Risse bekommt oder abplatzt. Daneben kann das Schichtdickenwachstum metallographisch bestimmt werden und aus dem Aussehen der Schicht können Aufschlüsse über den Mechanismus der ablaufenden Reaktionen gewonnen werden.

3.2 Gasabgabe (Entgasung)

Zur Untersuchung der Entgasungskinetik werden meist Proben mit bekanntem Gasgehalt im Hochvakuum oder Ultrahochvakuum erhitzt und die Restgasgehalte kontinuierlich oder schrittweise bestimmt (Widerstandsmessungen [25, 26] oder gravimetrische Methoden [27]). Der zeitliche Verlauf der Gasabgabe läßt sich auch manometrisch aus dem Druckanstieg im abgeschlossenen Rezipienten ermitteln, wenn die Gleichgewichtsdrücke wesentlich größer als der Druck im Rezipienten sind [5, 28]. Weiterhin kann die abgegebene Gasmenge auch mit einer Gassammelpumpe volumetrisch bestimmt [5, 29] oder aus dem Druckverlauf im Rezipienten während der Entgasung und der Sauggeschwindigkeit der Pumpe berechnet werden. Die Überprüfung der Gaszusammensetzung mit Hilfe eines Gaspartialdruckmeßgerätes ist in jedem Fall zu empfehlen. Weiterhin kann die Restkonzentration in der Probe auch durch Eigenschaftsmessungen (z. B. Restwiderstand [25]) oder gasanalytisch ermittelt werden. Dabei ist für die schrittweise Verfolgung der Entgasungsreaktion jeweils der Ausbau der Proben nötig, oder es müssen mehrere Proben mit gleichem Anfangsgasgehalt verschieden lang geglüht werden.

Die Entgasung kann auch über die Abdampfung flüchtiger Verbindungen aus dem Metall-Gas-Mischkristall ablaufen. In diesem Fall wird während der Entgasungsglühung kein Druckanstieg beobachtet, weil sich die flüchtigen Verbindungen an den Rezipientenwänden niederschlagen. Die Restgaskonzentration in der Probe läßt sich hier mit Hilfe von Eigenschaftsänderungen verfolgen. Ebenso kommen die gasanalytischen Verfahren in Betracht. Eine einfache Auswertung gravimetrischer Messungen ist dann möglich, wenn nur eine einzige Verbindung bekannter Zusammensetzung abdampft. Aus der Gewichtsabnahme kann die abgegebene Gasmenge berechnet werden. Im Fall von zwei gleichzeitig abdampfenden Metall-Gas-Verbindungen erfordert die Auswertung schon einen erheblichen Aufwand [30] und bei mehreren flüchtigen Verbindungen, die in vergleichbaren Anteilen abdampfen, können aus gravimetrischen Messungen im allgemeinen keine Aussagen zur Reaktionskinetik mehr gewonnen werden. Die chemische Zusammensetzung und die Temperaturabhängigkeit der Abdampfraten der einzelnen Verbindungen läßt sich massenspektrometrisch bestimmen [31]. Durch eine chemische Analyse des auf den gekühlten Oberflächen niedergeschlagenen Kondensats läßt sich die gemittelte Zusammensetzung der abdampfenden Verbindungen ebenfalls festlegen [33, 34].

Aus den Abdampfgeschwindigkeiten lassen sich die temperatur- und konzentrationsabhängigen Dampfdrücke der flüchtigen Verbindungen über den Metall-Gas-Mischkristallen mit Hilfe der Beziehung [32]

$$p = 2{,}85 \cdot 10^{-4} \cdot \alpha \cdot \frac{1}{F} \left(\frac{\Delta g}{\Delta t}\right) \cdot \left(\frac{T}{M}\right)^{1/2}$$

berechnen (p = Dampfdruck in Torr, $\Delta g/\Delta t$ = Gewichtsverlust in mg/min, F = Oberfläche in cm^2, M = Molekulargewicht der abdampfenden Moleküle, T = absolute Temperatur). Meist wird der Akkomodationskoeffizient α gleich eins gesetzt und es wird angenommen, daß der Einfluß des Zustandes der Probenoberfläche gering ist.

3.3 Stationäre Zustände

Wenn neben der Gasaufnahme aus der Gasphase gleichzeitig eine Gasabgabe in Form flüchtiger Verbindungen erfolgt, können sich stationäre Zustände einstellen und zwar immer dann, wenn beide Reaktionen mit gleicher Geschwindigkeit bezogen auf die Gasmenge ablaufen. Die Gaskonzentration im Metall hängt dann nur vom Gaspartialdruck und der Probentemperatur ab. Durch die ständige Verbindungsabdampfung tritt zusätzlich zur reinen Metallverdampfung ein zeitlich konstanter, druck- und temperaturabhängiger Metallverlust auf [35—38]. Zur Untersuchung der stationären Zustände sind die Gaskonzentration in der Probe und die Abdampfrate in Abhängigkeit von Druck und Temperatur zu ermitteln, wobei die Versuchsproben in einer strömenden Gasatmosphäre geglüht werden müssen. Der Gasgehalt läßt sich über Eigenschaftsänderungen oder gasanalytisch bestimmen [39]. Er kann aber auch gravimetrisch aus einer anschließenden Entgasungsglühung erhalten werden, wenn das Verhältnis Gas/Metall der abdampfenden Verbindung bekannt ist [27, 30]. Der Metallverlust im stationären Zustand wird am einfachsten gravimetrisch ermittelt, wobei die zeitliche Gewichtsabnahme der Probe unmittelbar den Metallverlust angibt, weil der Gasanteil durch die gleichzeitige Gasaufnahme ausgeglichen wird [35, 36]. Die Abdampfrate kann auch optisch bestimmt werden, indem die glühende Probe über ein Linsensystem vergrößert abgebildet und die Abnahme des Druckmessers in Abhängigkeit von der Zeit gemessen wird [40]. Die chemische Zusammensetzung der flüchtigen Verbindung oder Verbindungen wird am günstigsten massenspektrometrisch bestimmt [31, 41], wobei allerdings nur bei Gasdrücken unterhalb von 10^{-4} Torr gearbeitet werden kann. Die mittlere Zusammensetzung läßt sich u. U. auch aus dem Verhältnis von Metallabdampfung (gravimetrisch) und Gasverbrauch (volumetrisch) bei abgeschlossenem Rezipienten bestimmen.

Die gravimetrische Messung von stationären Zuständen ist schematisch in Abb. 3 dargestellt [35]. Zwischen 0 und t_1 wird die Probe bei der Versuchstemperatur im Hochvakuum geglüht und die $(\Delta g,t)$-Kurve verläuft waagrecht, wenn die reine Metallverdampfung vernachlässigt werden kann. Zur Zeit t_1 wird der gewünschte Gaspartialdruck eingestellt und die Probe nimmt Gas auf und gleichzeitig beginnt die konzentrationsabhängige Metallverbindungsabdampfung. Zur Zeit t_2 hat sich der stationäre Zustand eingestellt und es wird eine zeitlich konstante Gewichtsabnahme beobachtet, die der Metallabdampfrate $(g_1 - g_2)/(t_3 - t_2)$ entspricht. Anschließend kann zur Zeit t_3 eine Entgasungsglühung im Hochvakuum erfolgen, die zur Zeit t_4 beendet ist. Danach findet keine weitere Gewichtsänderung mehr statt. Aus der Gewichtsdifferenz $(g_2 - g_3)$ kann u. U. die Gaskonzentration im vorangegangenen stationären Zustand bestimmt werden [27, 30, 35].

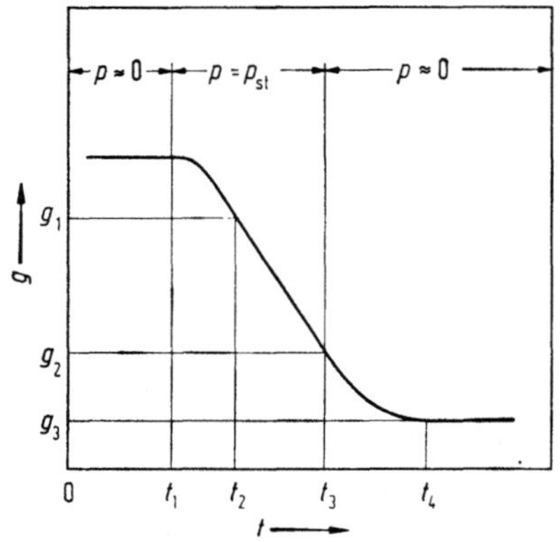

Abb. 3. Gravimetrische Bestimmung der Metallabdampfrate und der Gaskonzentration im stationären Zustand.

3.4 *Diffusion*

Häufig wird die Gesamtreaktion der Gasaufnahme und Gasabgabe unter bestimmten Versuchsbedingungen durch die Diffusion der Gasatome im Metall festgelegt. In diesem Fall läßt sich die Diffusionskonstante verhältnismäßig einfach mit Hilfe der Gleichungen der Diffusionstheorie aus dem Konzentrationsprofil im Metall nach Be- und Entgasungsexperimenten oder aus der Restkonzentration des Gases im Metall während der Entgasung ermitteln [42—44] (vgl. auch B II. 2.1). Die Konzentrationsprofile können durch Mikrohärtemessungen oder bei Verwendung von radioaktiv dotierten Gasen [45, 49] radiographisch gemessen werden. Weiterhin kann eine schichtweise Analyse der Probe vorgenommen werden [46]. Der mittlere Restgasgehalt der Versuchsproben in Abhängigkeit von der Entgasungszeit kann durch Widerstandsmessungen [25], volumetrisch oder manometrisch [28, 29] aus der Differenz von Anfangsgehalt und abgegebener Gasmenge, gravimetrisch oder gasanalytisch bestimmt werden. Zur einfachen mathematischen Auswertung eignen sich dabei vor allem Scheiben oder drahtförmige Proben. In diesem Fall kann für längere Entgasungszeiten die Reihenentwicklung der Fehlerfunktionen bzw. Besselfunktionen nach dem ersten Glied abgebrochen werden und man erhält in einer $(\log((\bar{c} - c_e)/(c_0 - c_e)), t)$-Darstellung eine Gerade (Abb. 4), aus deren Steigung der Diffusionskoeffizient berechnet werden kann [47]. Für drahtförmige Proben lautet der formelmäßige Zusammenhang

$$\log \frac{\bar{c} - c_e}{c_0 - c_e} = -0{,}161 - 2{,}51 \frac{D}{r_0^2} \cdot t$$

und für scheibchenförmige Proben ($r \gg d$)

$$\log \frac{\bar{c} - c_e}{c_0 - c_e} = -0{,}161 - 4{,}28 \frac{D}{d^2} t$$

($\bar{c}$ = mittlere Konzentration zur Zeit t, c_0 = Ausgangskonzentration, c_e = Endkonzentration, wobei für eine Vakuumentgasung $c_e = 0$ ist, D = Diffusionskoeffizient, r = Radius bzw. d = Dicke).

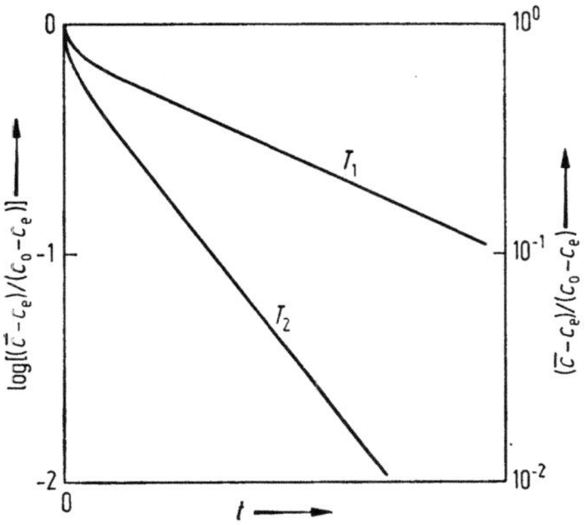

Abb. 4. Bestimmung des Diffusionskoeffizienten mit Hilfe der zeitlichen Änderung der mittleren Konzentration ($T_1 < T_2$).

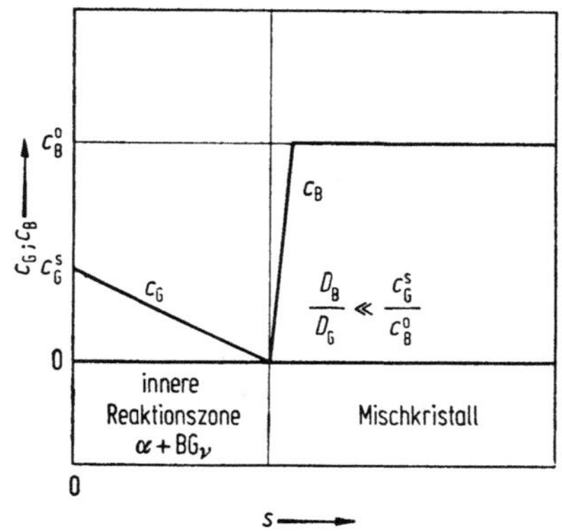

Abb. 5. Schematische Darstellung des Konzentrationsverlaufs bei der inneren Verbindungsbildung (s Abstand von der Oberfläche).

Der Diffusionskoeffizient von Gasen in Legierungen läßt sich auch aus Untersuchungen zur inneren Verbindungsbildung [42, 50] berechnen (Abb. 5). Dabei wird das Wachstum der Dispersionsschicht metallographisch oder durch Mikrohärte- oder Mikrosondenmessungen verfolgt. Bei diesen Experimenten muß allerdings die Diffusion der metallischen Komponenten klein gegenüber der Diffusion der gasförmigen Komponente sein, was jedoch für interstitiell gelöste Gasatome praktisch immer der Fall ist. Für die bei der inneren Verbindungsbildung ohne gleichzeitige äußere Reaktion des Matrixmetalls auftretende innere Reaktionszone gilt unter den in Abb. 5 erwähnten Voraussetzungen die Beziehung [50]

$$s^2 = \frac{2 \cdot D_G}{\nu} - \frac{c_G{}^s}{c_B{}^0}$$

(s = Breite der inneren Reaktionszone, D_G, D_B = Diffusionskoeffizient des Gases G bzw. des metallischen Zusatzes B im Metallgitter, ν = Äquivalenzzahl der gebildeten Verbindung BG_ν, $c_G{}^s$ = Gaslöslichkeit im Mischkristall an der Oberfläche, $c_B{}^0$ = Ausgangskonzentration des Zusatzes B).

Die Diffusionskonstante kann weiterhin aus Messungen der inneren Reibung oder elastischer [51] und magnetischer Nachwirkungseffekte [52] erhalten werden. Außerdem ist sie mit der Permeationskonstanten P und der Löslichkeitskonstanten S über die Beziehung $D = P/S$ verbunden [53].

3.5 Permeation

Die Permeation bestimmt die durch ein Blech hindurchdiffundierende Gasmenge, wenn auf beiden Seiten des Bleches unterschiedliche Gaspartialdrücke herrschen. Sie beschreibt die Gesamtreaktion, die sich aus verschiedenen Teilschritten zusammensetzt, nämlich Antransport des Gases zur Metalloberfläche, Dissoziation, Durchtritt durch die Metalloberfläche, Diffusion im Metall, Austritt, Rekombination und Abgabe in den Gasraum. In der Mehrzahl der Fälle wird die Gesamtreaktion durch die Diffusion der Gasatome durch das Metall bestimmt. Die Messung erfolgt am günstigsten gegen Hoch- oder Ultrahochvakuum, wobei die durch das Blech hindurchdiffundierte Gasmenge volumetrisch oder manometrisch ermittelt wird. Sie kann entweder unmittelbar nach einer Druckänderung oder im stationären Zustand bei konstanter Druckdifferenz gemessen werden [53, 55]. Wenn zweiatomige Gase vorliegen, die zerfallen und als Atome durch das Metall diffundieren, ist die Permeationsrate J durch die Beziehung

$$J = P\left(\sqrt{p_1} - \sqrt{p_2}\right) \cdot \frac{F}{d} \cdot p$$

gegeben (p_2, p_1 = Druck, F = Fläche und d = Dicke der Membran, $P = P_0 \cdot \exp\left(-Q_P/RT\right)$ = Permeationskonstante).

Über die Beziehung $P = S \cdot D$ hängt die Permeationskonstante mit der Löslichkeitskonstanten S und der Diffusionskonstanten D zusammen und kann somit auch aus diesen Werten berechnet werden [53]. P ist in diesem Buch in Torr l $\cdot$ $cm^{-1} \cdot s^{-1} \cdot Torr^{-1/2}$ angegeben, das bedeutet, daß zusammen mit D in cm^2/s die Gaslöslichkeit $S = c/\sqrt{p}$ in Torr l $\cdot$ cm^{-3}(Metall) $\cdot$ $Torr^{-1/2}$ eingesetzt werden muß im Gegensatz zur sonst üblichen Angabe in At.-%/$\sqrt{\text{Torr}}$.

3.6 Ausscheidungskinetik

Die Kinetik von Ausscheidungsvorgängen in übersättigten Mischkristallen läßt sich durch die Messung solcher Eigenschaften verfolgen, die überwiegend von dem im Mischkristall gelösten Gasgehalt und nicht oder nur wenig von den entstehenden Ausscheidungen beeinflußt werden, wie Gitterparameter, Dämpfung, elektrischer Widerstand, Mikrohärte und EMK [17, 59, 61 -65]. Widerstandswerte können verhältnismäßig leicht kontinuierlich bei der Auslagerungstemperatur gemessen werden, so daß sich die Ausscheidungsvorgänge fortlaufend verfolgen lassen [59, 62, 63, 65]. Zur vollständigen Beschreibung der Vorgänge müssen noch licht- und elektronenmikroskopische Beobachtungen herangezogen werden, die über Struktur, Verteilung, Form, Größe und Wachstum der Ausscheidungen sowie über eventuelle Zwischenstadien Auskunft geben (s. B V).

Literatur zu Abschnitt I

1 Glocker, R.: Materialprüfung mit Röntgenstrahlen, 5. Aufl., Berlin, Heidelberg, New York: Springer 1971.
2 Reich, R.: In R. F. Bunshah (Hrsg.): Techniques of Metals Research, Vol. III A, Electrical Resistivity and Hall Effect Measurements, New York: Wiley-Interscience.
3 Passaglia, E. (Hrsg.): Techniques of Metals Research, Vol. VI, Measurement of Physical Properties, New York: Wiley-Interscience 1973.
4 Bunshah, R. F. (Hrsg.): Techniques of Metals Research, Vol. V, Pt. 1 und 2, Measurements of Mechanical Properties, New York: Wiley-Interscience 1971.
5 Lange, K. W.; Schenck, H.: In R. A. Rapp (Hrsg.): Techniques of Metals Research, Vol. IV, Pt. 1, Physicochemical Measurements in Metals Research, New York: Wiley-Interscience 1970, S. 267.
6 Fromm, E.; Jehn, H.: Z. Metallkde. 62 (1971) 372.
7 Hörz, G.; Steinheil, E.: Z. Metallkde. 62 (1971) 849.
8 Schwerdtfeger, K.; Turkdogan, E. T.: In R. A. Rapp (Hrsg.): Techniques of Metals Research, Vol. IV, Pt. 1, Physicochemical Measurements in Metals Research, New York: Wiley-Interscience 1970, S. 321.
9 Gebhardt, E. et al.: Z. Metallkde. 52 (1961) 464; 55 (1964) 423.
10 Rapp, R. A.; Shores, D. A.: In R. A. Rapp (Hrsg.): Techniques of Metals Research, Vol. IV, Pt. 2, Physicochemical Measurements in Metals Research, New York: Wiley-Interscience 1970, S. 123.
11 Steele, B. C. H.; Alcock, C. B.: Trans. AIME 233 (1965) 1359.
12 Fromm, E.; Kirchheim, R.: J. Less-Common Metals 26 (1972) 403.
13 Jehn, H.; Fromm, E.: Metall 26 (1972) 1007.
14 Hörz, G.; Lindenmaier, K.: Z. Metallkde. 63 (1972) 145.
15 Gebhardt, E.; Rothenbacher, R.: Z. Metallkde. 54 (1963) 11.
16 Jehn, H.; Olzi, E.: J. Less-Common Metals 27 (1972) 293.
17 Gebhardt, E.; Dürrschnabel, W.; Hörz, G.: J. Nucl. Mater. 18 (1966) 134.
18 Rosner, D. E.: Met. Trans. 3 (1972) 2493.
19 Gebhardt, E.; Rothenbacher, R.: Z. Metallkde. 54 (1963) 689.
20 Jehn, H.: Met. Ital. 66 (1974) 651; Jehn, H.; Hörz, G.: Z. Metallkde 67 (1976).
21 Hörz, G.; Steinheil, E.: Z. Metallkde. 62 (1971) 849.
22 Hörz, G.: Z. Metallkde. 57 (1966) 703; 59 (1968) 141; 60 (1969) 115.
23 Griffith, R.; Pryde, J. A.: Trans. Faraday Soc. 64 (1968) 507.
24 Hörz, G.: Z. Metallkde. 59 (1968) 180.
25 Evans, J. H.; Eyre, B. L.: Acta Met. 17 (1969) 1109.
26 Hörz, G.; Gebhardt, E.: Z. Metallkde. 57 (1966) 737, 812.
27 Gebhardt, E.; Fromm, E.; Jakob, D.: Z. Metallkde. 55 (1964) 432.
28 Fromm, E.; Jehn, H.: High Temperatures — High Pressures 3 (1971) 553.
29 Eichenauer, W. et al.: Z. Metallkde. 48 (1957) 373; 49 (1958) 220.
30 Fromm, E.: Z. Metallkde. 57 (1966) 477.
31 Büchler, A.; Berkowitz-Mattuck, J. B.: In R. A. Rapp (Hrsg.): Techniques of Metals Research, Vol. IV, Pt. 1, Physicochemical Measurements in Metals Research, New York: Wiley-Interscience 1970, S. 161.
32 Kubaschewski, O.; Evans, E. Ll.; Alcock, C. B.: Metallurgical Thermochemistry, 4th ed., Oxford: Pergamon 1967, S. 173.
33 Wahl, G.: Z. Naturforschung 27a (1972) 1741.
34 Wahl, G.; Batzies, P.: Thermionic Spec. Conf. Oct. 26—29, Miami/USA 1970, S. 119.
35 Fromm, E.; Jehn, H.: Z. Metallkde. 58 (1967) 61.
36 Jehn, H.; Fromm, E.: Z. Metallkde. 64 (1973) 535.
37 Batty, J. C.; Stickney, R. E.: J. Chem. Phys. 31 (1969) 4475; Oxidation of Metals 3 (1971) 331.
38 Fromm, E.; Jehn, H.: Vacuum 19 (1969) 191.
39 Puhr-Westerheide, J.: Dissertation, Universität Stuttgart 1972.
40 Bartlett, R. W.: Trans. AIME 230 (1964) 1097; J. Electrochem. Soc. 112 (1965) 744.
41 Berkowitz-Mattuck, J. B. et al.: J. Chem. Phys. 39 (1963) 2272.

42 Seith, W.: Diffusion in Metallen, 2. Aufl., Berlin, Göttingen, Heidelberg: Springer 1955.
43 Crank, J.: The Mathematics of Diffusion, Oxford: Clarendon-University Press 1970.
44 Jost, W.: Diffusion in Solids, Liquids, Gases, New York: Academic Press 1960.
45 Kunze, J.; Reichelt, W.: J. Less-Common Metals 20 (1970) 327.
46 Nakonechnikov, A. I. et al.: Fiz. Metal. Metalloved. 22 (1966) 234; Phys. Met. Metallogr. 22 (1966) no. 2, 73.
47 Seith, W. In [42] 20.
48 Iden, D. I.; Himmel, L.: Acta Met. 17 (1969) 1483.
49 Shepala, A.: J. Less-Common Metals 26 (1972) 33.
50 Wagner, C.: Z. Elektrochem. 63 (1959) 772.
51 Powers, R. W.; Doyle, M. V.: J. Appl. Phys. 30 (1959) 514.
52 Dander, W.; Kronmüller, H.: Proc. Int. Meeting on Hydrogen in Metals, KFA Jülich, 6 (1972) 524.
53 Barrer, R. M.: Diffusion In and Through Solids, New York: Cambridge University Press 1951.
54 Conn, P. K. et al.: Trans. AIME 242 (1968) 626; 239 (1967) 1565.
55 Frauenfelder, R.: J. Chem. Phys. 48 (1968) 3955.
56 Lamb, W. G. P.: Trans. Faraday Soc. 67 (1971) 1137.
57 Ryabchikov, L. N.; Vyugov, P. V.: Fiz. Khim. Obrab. Mater. (1971) no. 1, 85.
58 Hörz, G.; Hammel, M.: J. Nucl. Mater. 55 (1975) 284.
59 Hörz, G.: J. Less-Common Metals 35 (1974) 207.
60 Monroe, F. M.; Cost, J. R.: Trans. AIME 245 (1969) 1079.
61 Klein, M. J.; Clauer, A. H.: Trans. AIME 233 (1965) 1771.
62 Gebhardt, E.: Proc. Mem. Lecture Meeting 10th Anniv. Foundation Natl. Res. Inst. Metals Tokyo (1966) 60; Gebhardt, E.; Hörz, G.: Met. Ital. 61 (1969) 289.
63 Rühle, M.: Dissertation, Universität Stuttgart 1968.
64 Sasaki, Y.; Amano, M.: Trans. Jap. Inst. Metals 10 (1969) 29.
65 Weaver, C. W.: Acta Met. 10 (1962) 1151.
66 Steffen, R.: Stahl und Eisen 94 (1974) 547.
67 Sundermann, H.: Mikrochim. Acta (1974) Suppl. 5, 303.
68 Wagner, H.; Sundermann, H.: Z. anal. Chem. 222 (1966) 217
69 Goto, K. S.; Pluschkell, W.: In J. Hladik (Hrsg.): Physics of Electrolytes, Vol. 2, London: Academic Press 1972, S. 540.

II. Konzentrationsbestimmung

(Literatur S. 256)

1. Meßmethoden

1.1 Volumetrische Methode

Die volumentrische Methode zur Untersuchung der Gasaufnahme von Metallen ist von A. Sieverts [1] eingeführt worden. Sie stellt eines der wichtigsten Verfahren zur Löslichkeitsbestimmung dar [2] und sie läßt sich vor allem für Gleichgewichtsuntersuchungen bei Metallen mit hoher Gaslöslichkeit der α-Mischkristalle und niedrigen Gleichgewichtsdrücken erfolgreich anwenden [3]. Der bei diesem Verfahren beobachtete Druckverlauf im Rezipienten während einer Gleichgewichtsmessung ist in Abb. 6 schematisch wiedergegeben. Zunächst wird aus einer Bürette oder über einen Gasdosierhahn eine definierte Gasmenge in den abgeschlossenen

Rezipienten eingelassen, wobei der Druck ansteigt (Zeit t_1, Druck p_1). Bei der anschließenden Glühung nimmt die Probe Gas auf und der Druck im Rezipienten fällt um Δp bis auf den Gleichgewichtswert p_2 ab, der zur Zeit t_2 erreicht ist. Wenn dieser Gleichgewichtsdruck mehrere Zehnerpotenzen unter dem Ausgangsdruck liegt, so ist die zugegebene Gasmenge nahezu vollständig von der Probe aufgenommen worden. Die Zunahme des Gasgehaltes der Probe entspricht dem zugegebenen Gasvolumen. Durch eine wiederholte Ausführung der beschriebenen Begasung wird die Gaskonzentration in der Probe schrittweise erhöht und gleichzeitig der zugehörige Gleichgewichtsdruck gemessen. Liegt der Gleichgewichtsdruck p_2 nur verhältnismäßig wenig unter dem Ausgangsdruck p_1, so ist die zugegebene Gasmenge nur teilweise von der Probe aufgenommen worden und der im Rezipienten verbleibende Gasanteil muß von der Gesamtmenge abgezogen werden. Der Gasgehalt pro Schritt ergibt sich zu

$$M = V_V \cdot p_V - V_{Rez} \cdot p_2 = V_{Rez}(p_1 - p_2).$$

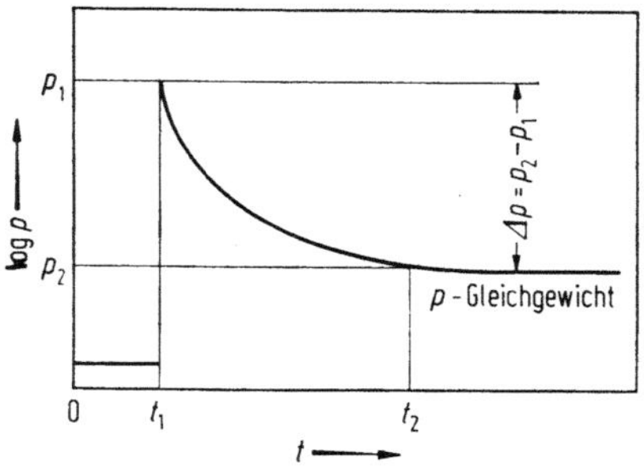

Abb. 6. Zeitliche Änderung des Rezipientendruckes während einer volumetrischen Gleichgewichtsbestimmung (schematisch).

Dabei ist M die von der Probe adsorbierte Gasmenge, V_V und p_V zugegebenes Volumen und Druck im Vorratsgefäß (Bürette) sowie V_{Rez} das Rezipientenvolumen. Für den günstigsten Fall $p_1 \gg p_2$ kann das Glied mit p_2 vernachlässigt werden.

Soll mit der volumetrischen Methode eine reine Begasung durchgeführt werden [4], was bei sehr niedrigen Gleichgewichtsdrücken möglich ist, so wird nach dem Gaseinlaß während der Glühung der Druck im abgeschlossenen Rezipienten ständig weiter abnehmen, bis er den Bereich des Leerwertanstieges erreicht. Die Kinetik der Gasaufnahme von Metallen läßt sich untersuchen, wenn die mit dem Metall reagierende Gasmenge ständig ersetzt und damit der Druck im Reaktionsraum konstant gehalten wird. Der zeitliche Gasverbrauch kann durch kontinuierliche Messung mit einer Bürette bestimmt werden [2]. Für die praktische Durchführung von Begasungen empfiehlt es sich, zwischen den einzelnen Schritten den Rezipienten zu evakuieren, um die Fehler, die durch den Leerwertanstieg in der Apparatur entstehen, möglichst gering zu halten. Eine Abschätzung dieser Fehler erfolgt in Abschnitt IV. 1.4. Bezüglich weiterer Fehlerquellen und insbesondere des praktischen Aufbaus von Meßanordnungen sei auf [2, 5—9] verwiesen. Die in verschiedenen Arbeiten angegebene Genauigkeit der volumetrischen Methode schwankt zwischen 0,1 und 30%. Sie ist naturgemäß für kleine Konzentrationswerte geringer [2].

1.2 Manometrische Methode

Bei der manometrischen Methode wird die Druckänderung im Reaktionsraum zur Bestimmung der von der Versuchsprobe aufgenommenen oder abgegebenen Gasmenge benützt. Dieses Verfahren eignet sich besonders für Metall-Gas-Systeme mit hohen Gleichgewichtsdrücken bei niedrigen Gaskonzentrationen der α-Mischkristalle. In Abb. 7 ist der Druckverlauf während der experimentellen Bestimmung eines Gleichgewichtszustandes schematisch gezeigt [10]. Zur Zeit t_1 wird in den abgeschlossenen Hochvakuumrezipienten Gas eingelassen, bis der gewünschten Gleichgewichtsdruck p_1 erreicht ist. Daraufhin wird die Probe bei der Versuchstemperatur geglüht, bis sich das Gleichgewicht zwischen Gasphase und α-Mischkristall eingestellt hat. Danach wird zur Zeit t_2 der Rezipient bei kalter Probe wieder evakuiert und anschließend die Probe im abgeschlossenen Rezipienten entgast, wobei das in der Probe während der vorangegangenen Gleichgewichtsglühung gelöste Gas praktisch vollständig wieder abgegeben wird. Aus dem Druckanstieg im Rezipienten, von dem der durch Leerwert verursachte Anteil abgezogen werden muß, und dem Rezipientenvolumen, kann nach der Formel

$$M = V_{\text{Rez}} \cdot \Delta p$$

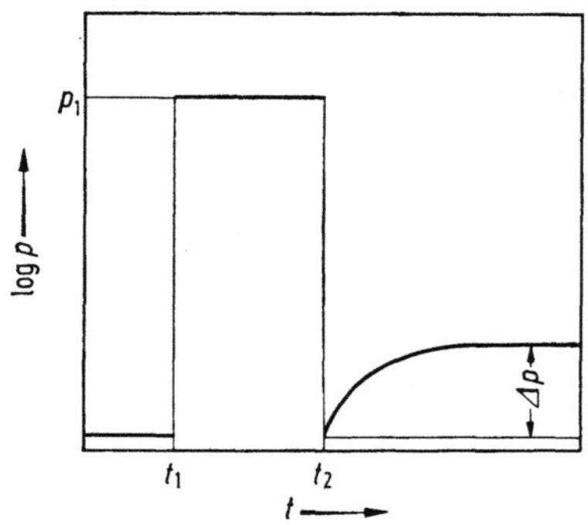

Abb. 7. Zeitliche Änderung des Rezipientendruckes während einer Gleichgewichtsbestimmung nach der manometrischen Methode (schematisch).

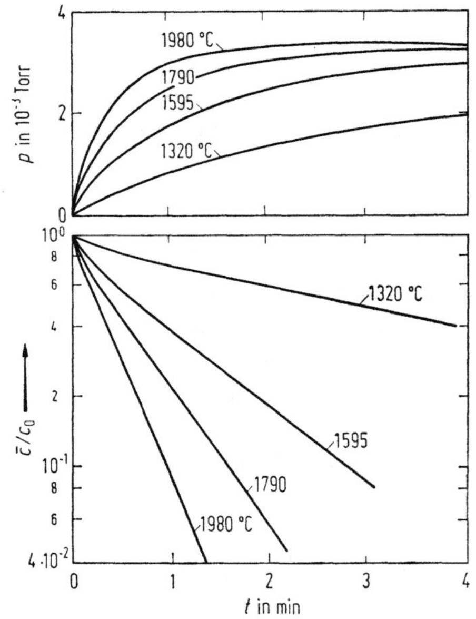

Abb. 8. Entgasungsisothermen für stickstoffhaltige Molybdändrähte mit 1 mm Durchmesser [14].

(M = abgegebene Gasmenge, V_{Rez} = Rezipientenvolumen, Δp = Druckanstieg) die bei der Entgasungsglühung abgegebene Gasmenge berechnet werden. Mit dieser Methode lassen sich Gasgehalte bis in den Bereich von 1 ppm einigermaßen zuverlässig bestimmen [10—12]. Die Unsicherheit dieses Verfahrens wird mit

1–20% angegeben [2] und kann bei sehr kleinen Konzentrationen auch höher liegen.

Da der Druckverlauf während einer Vakuumentgasung leicht zu messen ist, wird die manometrische Methode auch häufig zur Untersuchung der Kinetik von Entgasungsreaktionen herangezogen [2, 13, 14]. Hierzu müssen die im eben besprochenen Verfahren erhaltenen Entgasungskurven sorgfältig ausgewertet werden. Dabei entspricht einmal der zeitliche Druckanstieg, wiederum multipliziert mit dem Rezipientenvolumen, der zeitlichen Gasabgabe, und zum andern kann aus der bis zu einer bestimmten Zeit abgegebenen Gasmenge im Verhältnis zur gesamten Gasabgabe bei vollständiger Entgasung die noch in der Probe enthaltene mittlere Restgaskonzentration berechnet werden. Als Beispiel hierfür sind in Abb. 8 die Druck—Zeit- und (log $(\bar{c}/c_0)$, t)-Isothermen im System Mo—N für die Entgasung von drahtförmigen Proben wiedergegeben [14] ($\bar{c}$, c_0 = mittlere und anfängliche Stickstoffkonzentration der Proben).

In analoger Weise kann bei Begasungsexperimenten aus dem zeitlichen Druckabfall im abgeschlossenen Rezipienten die Geschwindigkeit der Gasaufnahme ermittelt werden [15, 16].

1.3 *Gravimetrische Methode*

In vielen Fällen lassen sich Gleichgewichts- und Kinetikuntersuchungen in Metall-Gas-Systemen durch die Änderung des Probengewichtes verfolgen. Für Gleichgewichtsmessungen werden am vorteilhaftesten zuvor gasfreie Proben in einer strömenden Gasatmosphäre bei konstantem Druck geglüht, wobei das Probengewicht entweder kontinuierlich bei der Versuchstemperatur oder schritt-

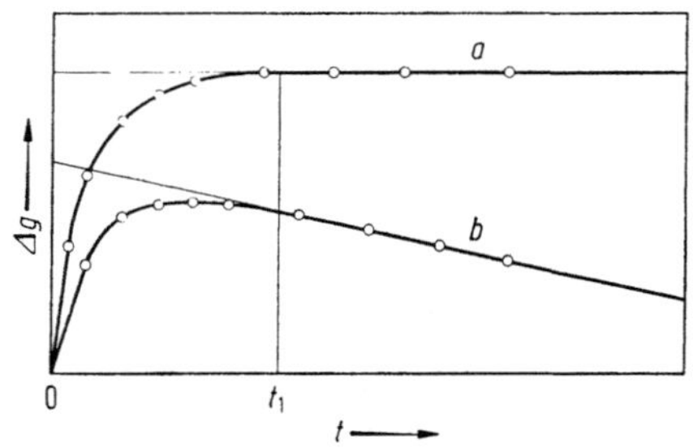

Abb. 9. Gewichtsänderung während einer gravimetrischen Gleichgewichtsbestimmung [18]; a) ohne und b) mit gleichzeitiger Metallverdampfung.

weise bei kalter Probe mit einer Mikrowaage verfolgt wird [17—19]. In den in Abb. 9 schematisch dargestellten Gewichtsänderung-Zeit-Kurven ist der Gleichgewichtszustand zur Zeit t_1 erreicht und die Gaskonzentration der Probe kann aus der gemessenen Gewichtsdifferenz und dem Probengewicht berechnet werden. Dabei gilt die Kurve a für den Fall, daß während der Glühungen praktisch kein Metall von der Probe abdampft, während Kurve b den Fall einer merklichen Metallverdampfung darstellt, die eine zusätzliche konstante Gewichtsabnahme pro Zeiteinheit bewirkt und die entsprechend berücksichtigt werden muß [18, 3].

Aus der Anfangssteigung der in Abb. 9 gezeigten Kurven kann in einfacher und direkter Weise die Geschwindigkeit der Gasaufnahme entnommen werden, und zwar für eine gasfreie Probe unter den entsprechenden Druck- und Temperaturbedingungen [18]. Umgekehrt lassen sich auch Entgasungsreaktionen gravimetrisch verfolgen, wobei stets der noch in der Probe vorhandene mittlere Restgasgehalt gewogen wird. Besonders geeignet ist die gravimetrische Methode auch zur Untersuchung von Reaktionen, bei denen flüchtige Verbindungen aus dem Mischkristall abdampfen, wie dies bei Entgasungsprozessen [20] oder bei stationären Zuständen [21, 22] in vielen Sauerstoffsystemen der Fall ist. Abb. 10 zeigt am Beispiel von Niob [20] eine Gegenüberstellung der Entgasungskurven für definiert begaste Proben (zur Zeit t_1) a) bei Abgabe von Gasmolekülen (System Nb—N) und b) beim Abdampfen flüchtiger Verbindungen (System Nb—O). Im Fall der sauerstoffhaltigen Niobproben wird neben der Sauerstoffmenge m_{O_2} noch die Metallmenge m'_{Nb} zusätzlich abgegeben. Der leicht geneigte Verlauf der Kurven zu Beginn und am Ende der Glühungen gibt die reine Metallverdampfung bei der Entgasungstemperatur wieder.

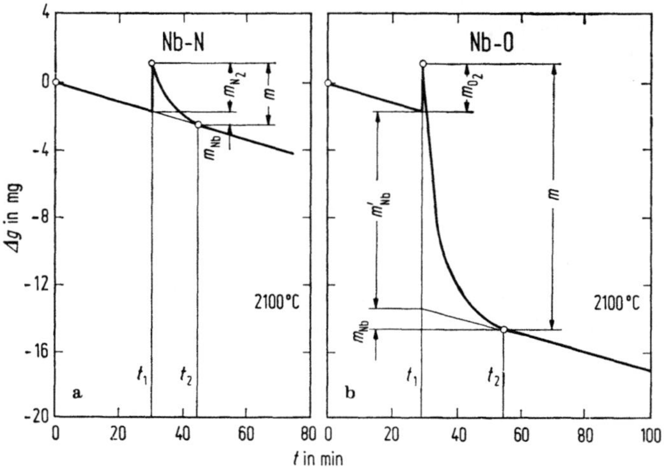

Abb. 10. Gewichtsänderung bei der Entgasung von a) stickstoffhaltigem und b) sauerstoffhaltigem Niob.

Die gravimetrische Bestimmung von Metall-Gas-Reaktionen stellt hohe Anforderungen an die Genauigkeit und Empfindlichkeit der Mikrowaagen und setzt ein sorgfältiges Arbeiten bei den Untersuchungen voraus [19]. Dies ist besonders bei niedrigen Konzentrationen wegen des geringen Gewichtsanteils des Gases am Gesamtgewicht der Probe zu beachten. Unter bestimmten Voraussetzungen ist es möglich, noch Gasgehalte und deren Änderungen im Bereich von einigen ppm zu bestimmen, entsprechend etwa 0,5 μg Gas/200 mg Metall [18]. Neben den handelsüblichen Waagen für den mg- und μg-Bereich sei noch auf das Prinzip der magnetischen Schwebewaage [23] hingewiesen. Bei ihr erfolgt die Kraftankopplung der Last an das Wägesystem durch eine elektronisch gesteuerte magnetische Aufhängung. Hierdurch läßt sich das Wägesystem außerhalb des Reaktionsraums anordnen, was besonders bei Untersuchungen mit aggressiven Gasen vorteilhaft sein kann.

2. Analysenverfahren

Zur Bestimmung des Gehaltes an Wasserstoff, Stickstoff, Sauerstoff und Kohlenstoff in Metallen wird eine große Anzahl verschiedener Analyenverfahren eingesetzt. Die wichtigsten Methoden und ihre Nachweisgrenzen sind in Tab. 1 zusammengestellt.

Die Heißextraktionsverfahren haben den Vorteil, daß Wasserstoff, Stickstoff und Sauerstoff gleichzeitig und nebeneinander bestimmt werden können. Hierbei und in den Verfahren der zweiten Gruppe wird das von der Probe direkt (H_2, N_2) oder über eine Reaktion (CO, H_2O) abgegebene Gas bestimmt. Diese Methoden eignen sich daher für eine Absolutbestimmung. Die Verfahren der beiden ersten Gruppen sind nach ihrer Extraktions- bzw. Aufschlußmethode benannt, die freigesetzten Gas werden dann mit verschiedenen chemischen und physikalischen Verfahren getrennt und quantitativ bestimmt. Diese Analysenmethoden sind auch in der Praxis am weitesten verbreitet.

Tabelle 1. Analysenverfahren zur Bestimmung von Gasen und Kohlenstoff in Metallen.

Analysenverfahren	H	N	O	C	kleinste noch nachweisbare Konzentration in Gew.-ppm	Bemerkungen
Vakuumextraktion	×	×	×		1	
Inertgasextraktion	×	×	×		1	
Wasserstoffreduktion			×		0,1	vorwiegend für Cu, Pb; die Oxide vieler Metalle werden nicht reduziert; Einwaage $\geqq$ 100 g
Kjeldahlverfahren		×			5–0,5	
Verbrennung in O_2	(×)			×	0,1	
Aktivierungsanalyse		×	×	×	1–0,001	nachweisbare Konzentration hängt von Aktivierungsreaktion und Matrix ab; große Proben bestimmter Abmessungen
Emissionsspektroskopie	(×)	×	×	×	10	
Festkörpermassenspektroskopie		×	×	×	0,1	
Ionensonde	×	×	×	×	10–1	
Auger-Analyse		×	×	×	100	analysierte Fläche 10 bis 100 μm Dmr.
Mikrosonde		×	×	×	50–20	analysierte Fläche < 1 μm Dmr.
Ultrarot-Absorption			×	×	0,01	nur für Si, Ge
Dämpfung	(×)	×	×	×	0,1	Drahtproben, nur krz Metalle

In der dritten Gruppe sind die direkten physikalischen Verfahren, die nach ihrer Nachweismethode benannt werden, aufgeführt. Mit Ausnahme der Infrarot- und Dämpfungsanalyse ist für diese Analysenmethoden stets ein erheblicher experimenteller Aufwand nötig, so daß diese z. T. sehr nachweisstarken Verfahren häufig für besonders extreme Spurenanalysen zum Einsatz kommen.

Die Auswahl eines Analysenverfahrens und die Beurteilung einer speziellen Gasanalysenanlage wird hauptsächlich von dem zu analysierenden Metall und den gestellten Anforderungen bestimmt. Im einen Fall wird in möglichst kurzer Analysenzeit ein gut reproduzierbarer relativer Wert erwartet, wie beispielsweise bei der Überwachung von Schmelz- und Gießprozessen in der industriellen Fertigung, wobei oft nur die Kontrolle einer einzigen Gasart notwendig ist. Hier ist es auch wünschenswert, daß die Verfahren weitgehend automatisiert werden können. Für wissenschaftliche Untersuchungen werden dagegen möglichst genaue absolute Analysenwerte in Metall-Gas-Systemen oder der Nachweis von Spurengehalten gefordert, wobei der Zeit- und Kostenaufwand eine untergeordnetere Rolle spielt.

Die Probenahme und Probenvorbereitung sind von entscheidender Bedeutung [24—26, 97]. Bei der Entnahme von Proben aus der Schmelze muß mit einer Gasabgabe während des Vorgangs gerechnet werden. Hierfür sind jedoch eine Reihe von Verfahren entwickelt worden, bei denen der Gasgehalt der Proben mit demjenigen der Schmelze im Ofen übereinstimmt [26, 27, 98, 99]. Auch bei der Probenahme von festen Körpern können durch Inhomogenitäten falsche Aussagen über den Gasgehalt erhalten werden. Bei der weiteren Vorbereitung der Proben vor der Analyse wird die Oberfläche mechanisch, chemisch oder elektrochemisch behandelt, um diese zu glätten und zu reinigen (z. B. [96]). Dadurch können allerdings wieder Fehler verursacht werden, z. B. wenn infolge der Erwärmung bei der mechanischen Bearbeitung die Proben wieder oxidieren. Dies läßt sich durch Arbeiten unter Schutzgas verhindern. Bei der Vorbehandlung in Säuren nehmen manche Metalle Wasserstoff oder Sauerstoff auf. Eine Oberflächenverunreinigung durch Adsorption von Gasen der umgebenden Atmosphäre läßt sich praktisch nicht vermeiden, denn selbst in einem Hochvakuum von 10^{-6} Torr bilden sich Adsorptionsschichten in wenigen Sekunden aus. Genauere Untersuchungen über den Einfluß oberflächlich adsorbierter Gase auf Analysenergebnisse zeigen, daß mit einer Sauerstoffoberflächenkonzentration von etwa 1 bis 5 $\mu g/cm^2$ zu rechnen ist [25]. Dies entspricht auf die Volumenkonzentration umgerechnet einem Beitrag im Bereich von 2 bis 10 ppm, der bei sehr geringen Sauerstoffgehalten, wie sie beispielsweise im Kupfer [28] oder Wolfram [29] vorliegen, die tatsächliche Volumenkonzentration weit überragt. Aus diesem Grund müssen für Analysen im Bereich weniger ppm Verfahren angewendet werden, bei denen der Oberflächensauerstoffgehalt entweder nicht mitbestimmt wird (Dämpfungsmessung, Aktivierungsanalyse) oder bei denen zwischen dem Volumen- und Oberflächenanteil unterschieden werden kann (z. B. Aktivierungsanalysen unterschiedlicher Anregung, Temperaturprogramme bei Extraktionsanalyse, Auger-Analyse). Neben der Unterscheidung zwischen Oberflächen- und Volumenanteil muß weiterhin berücksichtigt werden, in welcher Form die Gase in der Probe vorliegen, ob sie im Metallgitter gelöst, als Verbindungen (wie z. B. Oxide) oder als Einschlüsse in Form von Gasblasen vorhanden sind. Bei manchen Analysenverfahren wird nämlich nur der eine oder andere Anteil bestimmt (Dämpfungsmessungen, Kjeldahlverfahren oder das in der Liste nicht aufgeführte Isolationsverfahren [30] für den Nachweis von Verbindungen).

Schließlich sei noch darauf hingewiesen, daß nur die in den beiden ersten Gruppen genannten Analysenverfahren den Gas- und Kohlenstoffgehalt von Metallen absolut bestimmen können. Dies kann z. B. durch eine Volumen- und Druckmessung der abgegebenen Gase oder durch eine gravimetrische Bestimmung nach Adsorption an einem geeigneten Adsorbens erfolgen. Ebenso führen Titration und Coulometrie zu absoluten Gasbestimmungen. Demgegenüber liefert der Nachweis der freigesetzten Gase mit Hilfe der Gaschromatographie, der Massenspektrometrie, der Konduktometrie oder der Ultrarotabsorption nur relative Werte, die eine vorhergehende Eichung notwendig machen. Sämtliche physikalischen Verfahren der dritten Gruppe erlauben ebenfalls nur relative Angaben über den Gasgehalt, wobei die Eichung durch das Fehlen geeigneter Standardproben häufig erschwert wird.

2.1 Heißextraktionsverfahren

Charakteristisch für die Vakuum- und Inertgasextraktionsverfahren ist das Freisetzen der Gase bei hohen Temperaturen in Gegenwart von Kohlenstoff entsprechend den folgenden Reaktionsgleichungen:

$$\mathrm{H(in\ Me)} \rightarrow 1/2\,\mathrm{H_2} \qquad \mathrm{MeH}_x \rightarrow \mathrm{Me} + x/2\,\mathrm{H_2}$$

$$\mathrm{N(in\ Me)} \rightarrow 1/2\,\mathrm{N_2} \qquad \mathrm{MeN}_x \rightarrow \mathrm{Me} + x/2\,\mathrm{N_2}$$

$$\mathrm{O(in\ Me)} + \mathrm{C} \rightarrow \mathrm{CO} \qquad \mathrm{MeO}_x + x\mathrm{C} \rightarrow \mathrm{Me} + x\mathrm{CO}$$

Dabei kann das auf der rechten Seite der Gleichungen entstehende Metall auch mit dem vorliegenden Kohlenstoff unter Karbidbildung weiterreagieren. Die in den genannten Reaktionen freigesetzten Gase werden gesammelt, getrennt und quantitativ bestimmt.

Tabelle 2. Nachweisverfahren für die bei der Heißextraktion freigesetzten Gase.

Bestimmungsverfahren	H_2	N_2	CO
Druck- bzw. Volumenmessung (u. U. nach Abtrennung einzelner Komponenten)	×	×	×
Coulometrie			×
Konduktometrie			×
Ultrarotabsorption			×
Gaschromatographie (Wärmeleitfähigkeitsdetektor)	×[1]	×[1]	×[1]
Gaspartialdruckanalyse (massenspektrometrisch)	×[1]	×[1]	×[1]
Emissionsspektroskopie	(×)	×	×

×[1] die Gase sind nebeneinander bestimmbar.

Die Analyse der Gase im Anschluß an eine Vakuumextraktion erfolgt häufig gaschromatographisch mit geeigneten Trennsäulen und Wärmeleitfähigkeits- oder Ionisationsdetektoren oder besonders bei geringen Gasmengen massenspektroskopisch mit Gaspartialdruckmeßgeräten. Daneben finden manometrische, titrimetrische oder konduktometrische Methoden sowie Ultrarotabsorption Anwendung. Bei den Inertgasextraktionsverfahren wird das vom Inertgasstrom mitgeführte Analysengas entweder durch Ausfrieren oder Adsorption über die Analysendauer gesammelt und anschließend mit den eben genannten Methoden bestimmt. Bei extrem kurzen Entgasungszeiten kann auch eine direkte gaschromatographische Analyse erfolgen. Ein kontinuierlicher Nachweis wird durch Integration der Ultrarotabsorptionskurve oder durch eine fortlaufende chemische Umsetzung mit anschließender Messung erhalten. Die für Wasserstoff, Stickstoff und Kohlenmonoxid möglichen Bestimmungsverfahren sind in Tabelle 2 zusammengestellt.

Die Heißextraktionsverfahren werden wegen ihrer universellen Einsatzmöglichkeit und ihrer kurzen Analysenzeiten zur Bestimmung von Wasserstoff, Stickstoff und Sauerstoff am häufigsten verwendet. Es werden zahlreiche Geräte für die verschiedenen Extraktions- und Analysenmethoden kommerziell hergestellt, die zum Teil auch speziell für ein besonderes technisches Problem entwickelt werden. Im wesentlichen bestehen die Geräte aus dem Extraktionsteil mit einem Hochtemperaturofen für den Graphittiegel, einem Pump- und Sammelsystem und einem Analysenteil. Im Pump-, Sammel- und Analysenteil treten keine wesentlichen Schwierigkeiten auf und es lassen sich leicht Gasmengen im Bereich von 1 µl bestimmen. Demgegenüber wirft die Extraktion der Gase einige grundlegende Probleme auf, die sich in die zwei Fragen aufteilen lassen: a) Woher stammt das Gas, das in den Sammelteil gelangt? b) Enthält das in den Sammelteil gelangende Gas den gesamten Gasgehalt der Probe? Das Problem des Leerwerts und der Vollständigkeit der Extraktion sowie einige Hinweise zur praktischen Anwendung sollen im folgenden für die verschiedenen Heißextraktionsverfahren besprochen werden.

Vakuumextraktionsverfahren. Bei den Vakuumextraktionsverfahren unterscheidet man das Vakuumschmelzextraktionsverfahren und das Vakuumdiffusionsextraktionsverfahren, je nachdem ob die Probe in flüssiger oder fester Form entgast wird. Bei der *Vakuumschmelzextraktion* [31—34, 24] wird die Probe in einem Graphittiegel durch Erhitzen über den Schmelzpunkt, durch Bildung eines niedrig schmelzenden Eutektikums Metall-Karbid oder, wie in den meisten Fällen, mit Hilfe eines Metallbades aufgeschmolzen. Für die Richtigkeit und Genauigkeit der Analysen sind folgende Punkte von Bedeutung:

a) Tiegelerhitzung und Leerwert
b) Badschmelze
c) Gaslöslichkeit in der Badschmelze
d) Getterung

Die Erhitzung des *Tiegels* kann durch einen Graphitwiderstandsofen, durch Induktions- oder Elektronenstrahlheizung sowie durch direkten Stromdurchgang durch den Tiegel erfolgen. Dabei haben die früher häufig verwendeten Methoden der Widerstandsofenheizung und der induktiven Heizung eines durch Graphitpulver oder -folie thermisch isolierten Tiegels den Nachteil, eine große Graphitmenge zu enthalten, die entgast werden muß und die selbst nach langer Entgasungsglühung noch einen erheblichen Leerwert an Kohlenmonoxid verursachen. Bei den in neuerer Zeit bevorzugten kleinen, freistehenden Tiegeln, die vorwiegend induktiv mit hoher Leistung oder zwischen Elektroden im direkten Stromdurchgang erhitzt werden, lassen sich nach sorgfältiger Entgasung Leerwerte unter 1 μl CO/h bei der Analysentemperatur erreichen. Die Tiegelentgasung sollte bei Temperaturen von 2300 bis 2500 °C durchgeführt werden. Darunter wird im allgemeinen kein kleiner Leerwert erhalten. Höhere Temperaturen können die Entgasungszeit bis auf wenige Minuten verkürzen.

Die Verwendung eines *Metallbades* dient neben dem Aufschmelzen von höherschmelzenden Metallen häufig auch dazu, günstigere Entgasungsbedingungen zu erhalten. Als Badmetalle kommen vorwiegend Platin, Palladium, Eisen und Nickel in Betracht, daneben werden gelegentlich auch andere Metalle oder Legierungen wie Kupfer, Platin-Zinn oder Nickel-Cer und Nickel-Zinn verwendet. Der Vorteil der im Graphittiegel kohlenstoffgesättigten Badschmelzen liegt in der schnellen Auflösung der Proben und dem Kohlenstoffangebot für die Reaktion mit dem in den Proben enthaltenen Sauerstoff. Nachteilig wirkt sich, vor allem bei Badschmelzen der Eisengruppe, die mit längerer Arbeitszeit zunehmende Zähigkeit infolge der Ausscheidung von Lamellargraphit und Metallkarbiden aus, was zu einer verzögerten und unvollständigen Auflösung und Gasabgabe führt. Dieses Verhalten läßt sich durch Zulegieren beispielsweise von Zinn oder durch die „Flux"-Methode verbessern, die besonders bei Platinbädern häufig verwendet wird. Hierbei wird gleichzeitig mit den weiteren Analysenproben einer Serie eine bestimmte Menge Badmetall zugegeben. Eine kurze Arbeitszeit mit dem Schmelzbad wird auch dadurch erreicht, daß für jede Analysenprobe eine Badschmelze geringer Menge neu hergestellt wird. Hierfür können entweder die Tiegel samt Schmelze ausgetauscht werden [78—80], oder die Schmelze wird in einem Rotationstiegelofen nach jeder Analyse ausgeschleudert [81, 82]. Kleine Schmelzbadmengen ergeben auch kürzere Badentgasungszeiten und damit den Vorteil einer insgesamt kürzeren Schmelzzeit im Graphittiegel. Die üblichen Arbeitstemperaturen für Analysen mit Badschmelzen aus der Eisengruppe liegen mit 1600 bis 1900 °C unter denjenigen für Platinmetallschmelzen mit 1950 bis 2200 °C [31, 32]. Platinschmelzen haben neben der höheren Arbeitstemperatur und der damit verbundenen schnelleren Auflösung und Entgasung der Proben noch den Vorteil, daß sie infolge der gegen Eisenmetalle geringeren Kohlenstofflöslichkeit weniger zur Graphitausscheidung neigen. Bei der Analyse hochschmelzender Metalle wirkt sich besonders die Bildung einer homogenen Metallschmelze anstelle der Ausscheidung von Karbiden und Graphit günstig aus [35]. Für alle Badschmelzen gilt aber, daß das Verhältnis von Analysenmetall zu Badmetall einen bestimmten Wert nicht überschreiten darf, der in der Regel bei 10 bis 20 Gew.-% liegt.

Die *Gaslöslichkeit* der Badschmelze, vor allem für Stickstoff, wird häufig als zusätzlicher Grund für Minderbefunde bei Schmelzextraktionsanalysen genannt. Die Stickstofflöslichkeit von kohlenstoffgesättigten Eisenschmelzen kann durch den Zusatz von anderen Metallen stark ansteigen [36, 37], wie z. B. durch Cr, U, Nb, Ta oder Ti. Allerdings liegen die Stickstoffgleichgewichtskonzentrationen für einen Stickstoffdruck von 10^{-6} Torr für die meisten Metalle und 10 Gew.-% Zusatz nur im Bereich von 0,002 bis 0,02 Gew.-ppm N [32]. Dies bedeutet, daß nur ein unerheblicher Teil des Gasgehaltes der Proben in der Schmelze zurückgehalten wird, der höchstens einen Fehler im Bereich von wenigen ppm verursacht. Außerdem ist die in der Schmelze gelöste Konzentration an Analysenmetall infolge der Karbidausscheidungen häufig geringer als der nominelle Gehalt.

Minderbefunde in den Analysenergebnissen können schließlich dadurch entstehen, daß Bestandteile der zu untersuchenden Proben verdampfen, in den kälteren Bereichen der Apparatur kondensieren und dadurch eine *Getterung* der freigesetzten Gase bewirkt wird. So wird beispielsweise Kohlenmonoxid durch Filme aus Zn, Cd und Mn besonders stark gegettert. Im allgemeinen dürfte diese Fehlerquelle jedoch nur für die Analyse sehr kleiner Gasgehalte von Bedeutung sein. Durch die Verwendung geschlossener Graphittiegel wie im Elektrodenofen läßt sich eine Metallverdampfung aus dem Tiegel heraus vermeiden.

Aus den angeführten Punkten lassen sich die Schwierigkeiten des Vakuumschmelzextraktionsverfahrens erkennen. Die während der Entgasungsreaktion ablaufenden Vorgänge sind bisher nur zum Teil geklärt und die Kinetik der Gasabgabe hängt außer von den thermodynamischen Verhältnissen noch von der Art und der augenblicklichen Zusammensetzung der Badschmelze, von der Arbeitstemperatur und auch vom Pumpsystem der Apparatur ab. Die Durchführung von Gasanalysen erfordert daher sehr viel empirische Erfahrung über die günstigsten Werte für Badmetall, Arbeitstemperatur und Analysenzeit, die für eine spezielle Apparatur und für das jeweilige Probenmetall durch vergleichende Untersuchungen oder mit Standardproben ermittelt werden müssen. Für die meisten Metalle finden sich bereits in der Literatur empfohlene Arbeitsbedingungen, wie sie z. B. in [31, 32] zusammengestellt sind. Analysen für Eisen und Stahl sind in [24], für hochschmelzende Metalle in [25, 35, 38—42] besonders behandelt. Zahlreiche Literaturhinweise sind auch in [33] enthalten. Dabei werden bei der Bestimmung von Wasserstoff und Sauerstoff in allen Metallen mit Ausnahme von Mangan zuverlässige Werte erhalten [43], während die Stickstoffbestimmung vor allem in hochschmelzenden Metallen [41] erhebliche Schwierigkeiten mit sich bringt. So werden beispielsweise bei Analysen von Niob stets Minderbefunde beobachtet [41].

Beim *Vakuumdiffusionsextraktionsverfahren* [29—31] führen dieselben Reaktionen zur Entgasung der Analysenproben wie bei der Schmelzextrakion. Die Kinetik der Gasabgabe wird hier jedoch vorwiegend von der Diffusion der in der Probe enthaltenen Gase zur Probenoberfläche bestimmt. Um kurze Diffusionswege und damit kürzere Entgasungszeiten zu erreichen, sollten die Proben verhältnismäßig dünn sein. Die Vakuumdiffusionsextraktion wird hauptsächlich zur Bestimmung von Wasserstoff verwendet. Wegen der hohen Diffusionsgeschwindigkeit von Wasserstoff in Metallen liegen die Arbeitstemperaturen verhältnismäßig niedrig, und zwar für Eisen und Stahl bei 600 bis 1100 °C und für die hochschmelzenden Metalle der IV. bis VI. Nebengruppe bei 1400 °C. Bei diesen Temperaturen überwiegt die Wasserstoffdiffusion um ein Vielfaches die Diffusion von Stickstoff und Sauerstoff, so daß diese Gase praktisch nicht freigesetzt werden. Die abgepumpte und gesammelte Wasserstoffmenge wird mit den bereits oben erwähnten Nachweisverfahren quantitativ bestimmt.

Bei den hochschmelzenden Metallen Niob, Tantal, Molybdän, Wolfram und Rhenium kann auch die Bestimmung des Sauerstoffs und teilweise des Stickstoffs mittels der Diffusionsextraktion erfolgreich durchgeführt werden, wobei die

Arbeitstemperatur bei etwa 2000 °C liegt [29, 35]. Die an die Oberfläche diffundierenden Sauerstoffatome reagieren entweder dort mit dem vom Graphittiegel aufgedampften Kohlenstoff oder bei der Bildung flüchtiger Oxide werden diese am Tiegel reduziert. Allerdings liefert diese Methode nur bei relativ reinen Metallen brauchbare Ergebnisse [33]. Im Fall von Stickstoff wird die Probe bis auf den Gehalt entgast, der der Gleichgewichtskonzentration des Restgaspartialdruckes des Stickstoffs im Entgasungsteil der Anlage entspricht. Bei 2000 °C und einem angenommenen Stickstoffdruck von $1 \cdot 10^{-6}$ Torr werden Molybdän, Wolfram und Rhenium vollständig entgast, während in Niob und Tantal noch etwa 15 bzw. 50 ppm gelöst bleiben [3].

Der Vorteil des Diffusionsextraktionsverfahrens liegt vor allem in der einfachen Analysendurchführung. Das Arbeiten ohne Badschmelze und die für Wasserstoffbestimmungen relativ niedrigen Analysentemperaturen, die zudem das Arbeiten mit Quarztiegeln erlauben, führen zu sehr kleinen Leerwerten. In manchen Fällen kann auch durch die genaue Analyse der zeitlichen Gasabgabe entschieden werden, ob die Gase von der Probenoberfläche oder dem Probeninneren stammen. Hierzu werden die Proben nach einem bestimmten Temperaturprogramm erhitzt.

Trägergasextraktionsverfahren. Die Trägergasverfahren [32, 24, 44, 108] sind den Vakuumverfahren insofern ähnlich, als grundsätzlich dieselben Reaktionen bei der Freisetzung der Gase ablaufen. Die Analysenproben werden ebenfalls in festem oder geschmolzenem Zustand in einem Graphittiegel entgast, wobei meist auch eine Badschmelze [83] verwendet wird, bei der wiederum die oben besprochenen Probleme auftreten. Die freigesetzten Gase werden jedoch ständig durch einen Gasstrom bei Atmosphärendruck in den Sammelteil befördert, wo sie aus dem Trägergasstrom wieder abgetrennt werden müssen. Bei der Sauerstoffbestimmung, für die dieses Verfahren in weitem Umfang Verwendung findet, wird das mitgeführte Kohlenmonoxid meist zu Kohlendioxid oxidiert (z. B. Schütze-Reagenz; J_2O_5), als solches gesammelt und quantitativ bestimmt. Hierfür kommen wiederum Druckanstiegsmessung nach Ausfrieren oder Adsorption, Coulometrie und Konduktometrie in Betracht. Das freigesetzte Kohlenmonoxid kann aber auch selbst an geeigneten gekühlten Materialien adsorbiert und anschließend nach der Desorption durch Erwärmung gaschromatographisch bestimmt werden. Eine kontinuierliche Messung des Kohlenmonoxidgehaltes des Trägergasstromes erfolgt mit Hilfe der Ultrarotabsorption, wobei die Integration über die Entgasungszeit den Gasgehalt der Proben ergibt. Im Fall von Stickstoffbestimmungen erfolgt die Abtrennung und Analyse über Adsorption und Desorption mit nachfolgender gaschromatographischer Bestimmung. Unter bestimmten apparativen Voraussetzungen können auch Wasserstoffanalysen mit dem Trägergasverfahren durchgeführt werden. Dabei erfolgt die Entgasung der Proben meist durch Diffusionsextraktion und der freigesetzte Wasserstoff wird mit dem Trägergas durch ein beheiztes Palladiumrohr gespült, durch das er in eine Vakuumanlage diffundiert, in der er dann volumetrisch oder manometrisch bestimmt wird. Bei entsprechendem Aufbau des Analysenteils läßt sich der Gehalt an Sauerstoff und Stickstoff sowie gegebenenfalls auch Wasserstoff im Metall gleichzeitig nebeneinander ermitteln. Eine gleichzeitige Bestimmung aller drei Gase kann unter Umständen auch dadurch erfolgen, daß durch kurze Aufheizzeiten und hohe Analysentemperaturen die Entgasung der Proben innerhalb sehr kurzer Zeit stattfindet und die freigesetzten Gase direkt in den Gaschromatographen gespült werden.

Der Vorteil des Trägergasextraktionsverfahrens, das vor allem für die Schnellbestimmung von Sauerstoff in Metallen entwickelt worden ist, liegt in dem verhältnismäßig einfachen Aufbau der Analysenapparatur und der Möglichkeit einer weitgehenden Automatisierung des Analysenablaufes, der Analysenzeiten von ein bis zwei Minuten zuläßt. Als Trägergas finden meist die Inertgase Argon oder Helium Verwendung. Bei reinen Sauerstoffbestimmungen kann auch Stickstoff gewählt werden. Das Trägergas strömt nach einer gründlichen Reinigung durch entsprechende Ventilumschaltungen entweder während der Analyse durch den Ofenteil in den Analysenteil der Anlage oder nach der Probeneinschleusung lediglich durch den Ofenteil zur Spülung. Eine Beschreibung verschiedener Trägergasverfahren und Arbeitstechniken für die verschiedenen Metalle finden sich in [32] und für Stahlanalysen in [24].

Die Trägergasverfahren bieten Vorteile, wenn Metalle und Legierungen untersucht werden müssen, die bei höheren Temperaturen einen nicht mehr zu vernachlässigenden Dampfdruck besitzen. Hier wird bei offenen Tiegeln die Metallverdampfung und damit die Gefahr der Getterung, besonders von Kohlenmonoxid, wesentlich herabgesetzt. Ebenso erlaubt die Verminderung der Metallverdampfung eine Erhöhung der Arbeitstemperaturen und damit kürzere Analysenzeiten. Für die Durchführung von Spurenanalysen kann es vorteilhaft sein, wenn bereits die Probenvorbereitung z. B. die mechanische Säuberung unter Schutzgas vorgenommen wird und die Probe dann unter Schutzgas in den Ofenteil eingeschleust werden kann.

2.2 Chemische Analysenverfahren

Bei chemischen Analysenverfahren wird immer nur ein Element bestimmt. Sie werden daher vor allem angewandt, wenn nur ein Gas im Metall vorliegt oder bestimmt werden soll, wenn bei den Heißextraktionsverfahren Schwierigkeiten auftreten, wie beispielsweise bei Stickstoffanalysen, oder wenn nur die chemische Analyse eine einfache Methode bietet, wie im Fall von Kohlenstoff. Für die Bestimmung von Sauerstoff, Stickstoff und Kohlenstoff besitzt jeweils nur ein Verfahren größere Bedeutung und findet hauptsächlich Verwendung. Weitere Verfahren haben sich in der praktischen Anwendung nicht durchgesetzt und werden daher nur für spezielle Probleme eingesetzt.

Die Ermittlung des *Wasserstoffgehaltes* durch Verbrennung im Sauerstoffstrom und anschließende Bestimmung des gebildeten Wassers ist möglich, hat jedoch nur wenig Bedeutung erlangt, da die Extraktionsverfahren schneller und exakter arbeiten [24].

Die Bestimmung des *Stickstoffs* erfolgt im allgemeinen nach der klassischen Methode der Kjeldahl-Technik [45]. Neben der dort verwendeten Lösung der Proben in Säuren mit nachfolgender Ammoniakbestimmung werden auch basische Aufschlußverfahren, z. B. unter Verwendung von Natriumperoxid, basischem

Bleichromat oder Bleioxid angegeben, bei denen der Stickstoff als freigesetztes Gas erfaßt wird. Daneben kann der in Nitriden gebundene Stickstoff auch durch Isolierung und nachfolgenden Aufschluß der Nitride ermittelt werden [24]. Gelegentlich wird der Stickstoffgehalt auch nach der Dumas-Methode bestimmt [100, 101].

Das Grundprinzip des *Kjeldahl-Verfahrens* [24, 25, 45, 89, 95] beruht auf der Abtrennung des aus dem Stickstoff der Probe während des Löseprozesses entstandenen Ammoniums durch Destillation und dessen anschließender Bestimmung. Bei dem meist in Säuren vorgenommenen Aufschluß der Proben muß sichergestellt sein, daß auch alle eventuell vorhandenen Nitride vollständig gelöst werden. Dies wird weitgehend mit konzentrierter Schwefelsäure bei erhöhten Temperaturen erreicht. Für die hierin nicht löslichen Silizium- und Bornitride und stabile Karbonnitride müssen spezielle Aufschlußverfahren herangezogen werden. An die Lösung der Probe schließt sich die Wasserdampfdestillation des Ammoniums aus der mit Natronlauge alkalisch gemachten Lösung an. Die nachfolgende quantitative Bestimmung des Ammoniaks und damit des Stickstoffs erfolgt entweder durch Titration mit Salz- oder Schwefelsäure unter Verwendung geeigneter Indikatoren oder durch die ebenfalls häufig verwendete photometrische Verfahren, wobei das Destillat z. B. mit Neßlers-Reagenz versetzt und die Extinktion des kolloiden Ammoniak-Neßler-Reagenz-Komplexes bei 410 bis 450 μm gemessen wird. Das Kjeldahl-Verfahren setzt vor allem reine stickstofffreie Chemikalien und ein sorgfältiges Arbeiten in allen drei Stufen voraus. Es wird nur gelöster und gebundener Stickstoff bestimmt, während in Poren eingeschlossener oder adsorbierter molekularer gasförmiger Stickstoff nicht berücksichtigt wird. Der Nachteil dieses sehr genauen Absolutverfahrens liegt vorwiegend in der langen Analysenzeit, die durch den Lösungsaufschluß und die Destillation verursacht werden. Trotzdem stellt es für manche Metalle, wie die hochschmelzenden Metalle und vor allem Niob, die zuverlässigste Methode dar [40, 41]. Der Aufbau von Kjeldahl-Analysenapparaturen wurde verschiedentlich beschrieben und insbesondere für den Bereich der Spurenanalysen werden Anstrengungen unternommen, die Nachweisgrenze und Genauigkeit des Verfahrens zu verbessern [95]. Hinweise auf Literaturstellen und Arbeitsanleitungen finden sich für Stahlanalysen in [31, 24, 51] und für hochschmelzende Metalle in [25, 38, 95].

Zur Bestimmung von *Sauerstoff* wird neben den Heißextraktionsverfahren vor allem noch das Wasserstoffreduktionsverfahren [24, 43, 102] verwendet. Daneben hat das Brom-Kohlenstoff-Verfahren [46, 47] eine gewisse Bedeutung erlangt, wobei eine Bromierung des metallischen Probenanteils unter gleichzeitiger Reduktion der Oxide mit Kohlenstoff und nachfolgendem Kohlenmonoxidnachweis durchgeführt wird. Weiterhin kann eine Umsetzung mit Schwefel oder Schwefeldichlorid erfolgen, bei der das gebildete Schwefeloxid bestimmt wird [48]. Zur Ermittlung des im Metall enthaltenen Oxidanteils können die Oxide auch chemisch oder elektrolytisch isoliert und anschließend analysiert werden [24, 30, 40]. Erwähnt seien noch die beispielsweise für Stahl- und Kupferschmelzen in Frage kommenden EMK-Messungen [49, 84, 103]. Allerdings kann die dabei bestimmte Sauerstoffaktivität durch andere Beimengungen beeinflußt werden.

Das *Wasserstoffreduktionsverfahren* [24, 43] beruht auf der Möglichkeit, eine

Reihe von Metalloxiden bei erhöhter Temperatur mit Wasserstoff unter Bildung von Wasser zu reduzieren, entsprechend der Reaktionsgleichung

$$MeO + H_2 = Me + H_2O .$$

Dies trifft für relativ edle Metalle zu und das Verfahren wird besonders für Kupfer- und Bleianalysen verwendet. Ebenso werden Eisen-, Nickel-, Kobalt- oder Molybdän- und Wolframoxide reduziert, doch besitzt die Wasserstoffreduktion für Sauerstoffanalysen dieser Metalle eine geringe Bedeutung. Die Metalle werden in festem oder geschmolzenem Zustand in strömendem Wasserstoff erhitzt. Der gebildete Wasserdampf wird vom Wasserstoffstrom in den Sammel- und Analysenteil transportiert. Dort erfolgt die Bestimmung durch Titration oder nach Reduktion zu Wasserstoff durch Druck- bzw. Volumenmessung. Eine kontinuierliche Messung des Wasserdampfgehaltes im Wasserstoffstrom kann mittels Ultrarotabsorption oder Wärmeleitfähigkeitsdetektoren erfolgen. Dabei erweist sich die Differenzmessung der Wärmeleitfähigkeit vor und nach dem Reduktionsofen als besonders vorteilhaft, da sich die Feinreinigung des Wasserstoffs erübrigt und nur die durch die Reduktion gebildete zusätzliche Wasserdampfmenge nachgewiesen wird. Eine näherungsweise Bestimmung des Sauerstoffgehaltes ergibt sich bereits aus dem Massenverlust der Probe.

Das Wasserstoffreduktionsverfahren eignet sich auch zur Unterscheidung und Bestimmung des auf der Oberfläche adsorbierten Sauerstoffs und Wasserdampfs, da die Geschwindigkeit der Reaktion mit dem im Probeninnern gelösten Sauerstoff durch Diffusionsvorgänge bestimmt ist und der hierbei entstehende Wasserdampf erst später freigesetzt wird. Wegen der Diffusion der Sauerstoffatome im Metall sollten möglichst kleine Probendimensionen gewählt werden, damit kurze Analysenzeiten erreicht werden. Das Wasserstoffreduktionsverfahren eignet sich daher gut für die Sauerstoffbestimmung in Metallpulvern. Bei den Analysen von Legierungen ist gegebenenfalls zu berücksichtigen, daß auch nichtreduzierbare Oxide in der Probe vorliegen können und die Analysenergebnisse dann nicht den Gesamtsauerstoffgehalt angeben. Schließlich sei noch erwähnt, daß eine vollständige Sauerstoffbestimmung nur erhalten wird, wenn entweder die Löslichkeit von Sauerstoff im Probenmetall vernachlässigbar gering ist und der gesamte Sauerstoff in oxidischer Form vorliegt, oder wenn auch gelöster Sauerstoff bei der Glühtemperatur durch Wasserstoff praktisch vollständig reduziert wird, d. h. wenn das Gleichgewicht der Reaktion

$$O(\text{in Me}) + H_2 = Me + H_2O$$

weitgehend auf der rechten Seite liegt.

Kohlenstoff läßt sich durch kontrollierte Oxidation der Probe und Messung des gebildeten Kohlendioxids bestimmen [50—52, 94]. Die Proben werden dazu in strömendem Sauerstoff in einem Widerstandsofen oder durch induktive Erhitzung verbrannt. Die Reaktionstemperaturen liegen üblicherweise im Bereich von 1100—1300 °C. Häufig werden Zuschlagsmetalle zur Reaktion beigegeben, die ebenfalls oxidiert werden und deren Oxide mit den Oxiden der Analysenprobe zusammen eine niedrigschmelzende Oxidschmelze ergeben. Hierdurch wird die weitere Reaktion und die Kohlendioxidabgabe beschleunigt und auch die Bildung störender flüchtiger Oxide stark herabgesetzt. Als Zuschlagsmetalle kommen vor allem Zinn, Kupfer, Eisen und Blei in Betracht. Bei induktiver Erhitzung können hochschmelzende Metalle nach einer „Zündung“ bei Temperaturen zwischen 1500 und 2000 °C verbrannt werden, wobei sich der Zuschlag erübrigt und die Bildung flüchtiger Oxide unterbleibt [25].

Der Nachweis des während der Verbrennung gebildeten und im Sauerstoffstrom mitgeführten Kohlendioxids kann gasvolumetrisch oder -manometrisch nach der Abtrennung durch Ausfrierung oder Adsorption erfolgen. In neuerer Zeit haben die schnelleren Bestimmungsmethoden der Konduktometrie, Coulometrie, Titration, Gaschromatographie und der Ultrarotabsorption eine größere Bedeutung erlangt. Hinweise auf weitergehende Literatur und Arbeitsvorschriften finden sich unter anderem in [25, 50—52, 94].

2.3 Physikalische Analysenverfahren

Die physikalischen Analysenmethoden sind direkte Nachweisverfahren, bei denen Gase und Kohlenstoff in der Probe selbst bestimmt werden. Eine vorherige Abtrennung oder ein Aufschluß ist nicht nötig. Physikalische Verfahren sind keine Absolutverfahren, bei allen Analysen müssen zuvor Eichkurven für die Beziehung zwischen angezeigtem Meßwert und Gasgehalt anhand von Standardproben aufgestellt werden. Derartige Standardproben sind für viele Metall-Gas-Systeme, vor allem bei sehr kleinen Konzentrationen, schwer herstellbar oder erhältlich.

Die nachstehend kurz beschriebenen Analysenverfahren beruhen auf den Meßmethoden, die sich bereits bei anderen Elementen bewährt haben und auch zur Bestimmung von Gasen und von Kohlenstoff eingesetzt werden können. Meist erfordern sie einen erheblichen apparativen und oft auch zeitlichen Aufwand, so daß sie weniger für Routineanalysen als vielmehr für spezielle Untersuchungen in Betracht kommen. Dabei bleiben manche Verfahren auf wenige Metalle oder einzelne Gase beschränkt.

Aktivierungsanalyse. Die Aktivierungsanalyse beruht auf der Verwendung von Kernreaktionen, die bei der Bestrahlung der Analysenprobe mit Neutronen oder anderen Teilchen ablaufen. Dabei werden radioaktive Nuklide gebildet, deren Strahlung beim Zerfall gemessen wird. Zur Bestimmung von Sauerstoff, Stickstoff und Kohlenstoff werden alle drei bekannten aktivierungsanalytischen Methoden eingesetzt, nämlich die Aktivierungsanalyse mit schnellen Neutronen, mit γ-Quanten und mit geladenen Teilchen [25, 53]. Die Art der aktivierenden Teilchen entscheidet zunächst darüber, welche Bereiche der Probe erfaßt werden (z. B. [85]). Schnelle Neutronen und hochenergetische γ-Quanten haben eine so große Eindringtiefe, daß im allgemeinen die ganze Probe analysiert wird. Werden nach der Aktivierung die Oberflächenschichten entfernt, so wird bei der nachfolgenden Analyse nur der tatsächliche Gehalt im Probeninnern bestimmt. Eine Verfälschung durch oberflächlich adsorbierte Gase kann hier nicht mehr auftreten, weil die nach der ersten Oberflächenabtragung neu gebildeten Adsorptions- oder Reaktionsschichten keine aktivierten Atome und Moleküle enthalten. Die Eindringtiefe geladener Teilchen (Protonen, Deuteronen, Tritonen, Helium-3 und

α-Teilchen) ist auch bei hohen Energien so klein, daß nur Gase und Kohlenstoff an der Oberfläche oder in oberflächennahen Bereichen der Probe aktiviert werden. Somit erlaubt die Aktivierung mit geladenen Teilchen die Untersuchung von Oberflächenschichten.

Das Nachweisvermögen von aktivierungsanalytischen Bestimmungen wird durch große Nuklidhäufigkeiten und große Wirkungsquerschnitte sowie durch hohe Teilchenflüsse erhöht, während sich Nebenreaktionen, die dieselben Nuklide erzeugen oder zu ähnlichen Energien beim Zerfall führen, nachteilig auswirken. Ebenso vermindern kurze Halbwertszeiten der in den Aktivierungsreaktionen gebildeten Nuklide das Nachweisvermögen. Die Halbwertszeiten der Nuklide vieler in Frage kommender Kernreaktionen liegen zwischen 10 min und 2 h. Allgemein zeigt sich, daß die Nachweisgrenze für Aktivierungsanalysen mittels γ-Quanten und geladener Teilchen bei wesentlich kleineren Gehalten liegt als bei der Neutronenaktivierungsanalyse. Bei der Untersuchung von Einkristallen werden die Analysenwerte bei der Aktivierung mit geladenen Teilchen von der Kristallorientierung in bezug auf den einfallenden Teilchenstrahl beeinflußt, weil die Eindringtiefe hiervon abhängt.

Eine Zusammenstellung der für Aktivierungsanalysen in Frage kommenden Kernreaktionen findet sich in [25, 53—55, 91], wo auch weitere Literaturhinweise für die einzelnen Metalle aufgeführt sind. Ferner sei [86, 90] und für hochschmelzende Metalle auch [35] genannt.

Emissionsspektroskopie. Die emissionspektroskopischen Methoden [56, 57, 93, 24, 31] sind im Prinzip Mikro-Schmelzextraktionsverfahren mit emissionsspektroskopischem Nachweis der freigesetzten Gase. Die Primärprodukte Kohlenmonoxid, Stickstoff und Wasserstoff zerfallen infolge der hohen Temperaturen in der Bogen- oder Funkenentladung in angeregte Einzelatome, deren Emission quantitativ mit üblichen Gitterspektrographen bestimmt wird. Die Anregung erfolgt mit Hilfe von Gleichstrombogen-, Funken- oder Hochfrequenzentladungen.

Bei der Gleichstrombogen-Anregung werden die Analysenproben in einer hohlen Graphitelektrode in einer reinen Edelgasatmosphäre aufgeschmolzen [56, 24]. Durch die hohen Temperaturen erfolgt eine rasche Entgasung, allerdings machen sich die bei den Heißextraktionen genannten Schwierigkeiten auch hier bemerkbar, bei Eisen und Stahl vor allem die Zunahme der Zähigkeit der Schmelze mit steigendem Kohlenstoffgehalt. Günstig ist die dauernde Bewegung der Schmelze durch den Bogen und die sehr hohe Temperatur, die an der Berührungsstelle des Bogens über 3500 °C beträgt, so daß die Entgasung etwa nach 60 s beendet ist.

Ergänzend sei noch erwähnt, daß der emissionsspektroskopische Nachweis gelegentlich auch in Verbindung mit einer üblichen Heißextraktionsanlage Verwendung findet [58]. Dabei werden die freigesetzten Gase in einer Hochfrequenz-Entladungsröhre angeregt. Mit gutem Erfolg lassen sich damit Stickstoff sowie Sauerstoff über Kohlenmonoxid bestimmen. Ebenso können Gasmischungen spektroskopisch analysiert werden [31].

Festkörpermassenspektroskopie. Die massenspektroskopische Analyse [59, 24, 25] gehört zu den Verfahren, die eine besonders hohe Nachweisempfindlichkeit besitzen. Für den Fall der Bestimmung von Gasen und Kohlenstoff ist allerdings mit einer Reihe von Störungen zu rechnen, welche die allgemeine Anwendung dieses Verfahrens wesentlich einschränken. Bei dieser Analysenmethode wird die Probe direkt als Elektrodenmaterial verwendet und im Hochfrequenzfunken verdampft. Die dabei entstehenden Ionen werden massenspektroskopisch analysiert und aus der Schwärzung der Linien läßt sich bei festgelegten Versuchsbedingungen und mit Hilfe von Standardproben der Gasgehalt der Proben quantitativ bestimmen (z. B. [87, 88, 104]).

Die Ergebnisse können vorwiegend durch die Restgasatmosphäre in der Ionenquelle und durch an der Probenoberfläche adsorbierte Gase verfälscht werden. Weiterhin erschwert die Abdampfung flüchtiger Verbindungen die Auswertung der Spektren, vor allem, wenn mehrere Verbindungen mit unbekannter Temperatur- und Konzentrationsabhängigkeit abdampfen. Dies ist beispielsweise für sauerstoffhaltiges Niob, Tantal, Molybdän oder Wolfram der Fall, wo die Sauerstoffentgasung fast ausschließlich über flüchtige Oxide erfolgt [20, 60], und zwar unabhängig davon, ob in der festen Matrix bereits Oxide vorliegen oder nicht. In diesen Systemen werden auch adsorbierte Gase vorwiegend als flüchtige Suboxide abgegeben [61, 62].

Weiterhin ist zu erwähnen, daß der massenspektroskopische Nachweis von Gasen auch beim Vakuum-Heißextraktionsverfahren eine Anwendung findet [28, 64]. Dort werden ebenso wie zur Analyse von Gasgemischen Quadrupol-Partialdruck-Meßgeräte verwendet, mit denen noch Partialdrücke bis zu 10^{-13} Torr bestimmt werden können [63].

Ionensonde. Verwandt mit der Festkörpermassenspektroskopie ist die Ionensonde [65, 66], bei der durch Beschuß mit Argonionen Atome und Moleküle aus der Probenoberfläche herausgeschossen und dann massenspektroskopisch analysiert werden. Damit treten bei diesen Verfahren wieder die Störungen durch Restgase und Oberflächengase sowie durch abgehende Metall-Gas-Moleküle auf. Als vorteilhaft erweist sich die Möglichkeit, die Probe Schicht für Schicht durch den Ionenbeschuß abzutragen und so einen verhältnismäßig guten Überblick über die Verteilung von Gasen und Kohlenstoff im Probeninnern in Abhängigkeit vom Abstand von der Probenoberfläche zu erhalten (z. B. [105]).

Auger- und Mikrosondenanalyse. Die Augerspektroskopie [67, 68] beruht auf der Analyse der Energie von Sekundärelektronen, die von der Probe bei Elektronenbeschuß ausgesandt werden und die für die einzelnen Elemente charakteristisch ist. Infolge der sehr geringen Tiefe, aus der Augerelektronen austreten können, werden nur Bereiche in unmittelbarer Nähe der Oberfläche und Adsorptionsschichten erfaßt. Jedes Augerspektrum gibt dabei die Analyse eines Gebietes von etwa 100 µm Durchmesser an. Nach vorheriger Reinigung der Probenoberfläche im Ultrahochvakuum, z. B. durch Absputtern, kann durch eine Augeranalyse auch auf den Gehalt im Probeninnern geschlossen werden. Besonders vorteilhaft ist bei diesem gerätetechnisch sehr aufwendigen Verfahren die bevorzugte Nachweismöglichkeit leichter Elemente, wie gerade Gase und Kohlenstoff. Die Nachweisgrenze liegt etwa bei 0,01 At.-%.

Bei der Mikrosondenanalyse [69, 70] wird die Röntgenstrahlung analysiert, die beim Auftreffen von Elektronen von der Probe emittiert wird und die ebenfalls charakteristisch für die Elemente ist. Die erhaltenen Analysenwerte betreffen jeweils ein Gebiet der Probe von <1 μm Durchmesser, wobei eine Tiefe von etwa 1 μm erfaßt wird. Neben den zur Analyse verwendeten Röntgenstrahlen können zur genaueren Betrachtung der Proben auch die rückgestreuten Elektronen und Sekundärelektronen herangezogen werden. Durch kontinuierliche oder schrittweise Analyse über die Probe kann wiederum die Verteilung der Gase ermittelt werden. Über eine Scanning-Einrichtung und die Auswahl einer für ein bestimmtes Element typischen Linie im Spektrometer wird ein unmittelbares Bild über die Verteilung dieses Elementes in der betrachteten Probenoberfläche erhalten. Im Gegensatz zur Augeranalyse sind bei der Mikrosondenanalyse die leichten Elemente relativ schlecht nachweisbar.

Ultrarotabsorption. Die Bestimmung von interstitiell gelöstem Sauerstoff in Silizium und Germanium ist durch Messung der Absorptionsbande im ultraroten Spektralbereich möglich [71, 72, 77, 92]. Bei gleicher Schichtdicke besteht zwischen der Sauerstoffkonzentration und Extinktion ein linearer Zusammenhang, weshalb man nach Eichung bei höheren Gehalten auch sehr geringe Sauerstoffmengen erfassen kann, beispielsweise noch 0,02 ppm O in Silizium [77]. Ein entsprechender Nachweis ist auch für Kohlenstoff in diesen beiden Metallen möglich [73].

Dämpfungsmessung. Die Bestimmung des Gasgehaltes kubisch-raumzentrierter Metalle kann durch Messung der inneren Reibung (Snoek-Effekt) erfolgen [74—76, 106, 107]. Dabei handelt es sich um die elastische Nachwirkung, die durch eine spannungsinduzierte Ordnung der im Metall interstitiell gelösten Fremdatome verursacht wird (vgl. auch C II.4.3). Die Dämpfung bei konstanter Schwingungsfrequenz zeigt bei charakteristischen Temperaturen Dämpfungsmaxima, die sich den gelösten Gasen und dem Kohlenstoff zuordnen lassen. Wegen der Proportionalität zwischen Dämpfungshöchstwert und gelöster Gasmenge können nach einer einmal durchgeführten Eichung bei höheren Gasgehalten noch sehr kleine Konzentrationen bestimmt werden. Die Bestimmungsgrenze liegt bei etwa 0,1 Gew.-ppm Stickstoff, Sauerstoff oder Kohlenstoff.

Da bei Dämpfungsmessungen nur der in der Matrix interstitiell gelöste Anteil der Gase bestimmt wird, tritt einerseits keine Verfälschung durch Oberflächengase ein und auch Metall-Gas-Verbindungen, die als Ausscheidungen vorliegen, werden nicht erfaßt, was für manche Untersuchungen von Bedeutung sein kann.

Literatur zu Abschnitt II

1 Sieverts, A.: Z. phys. Chem. (Leipzig) 60 (1907) 129.
2 Lange, K. W.; Schenck, H. In R. A. Rapp (Hrsg.): Techniques of Metals Research, Vol. IV, Pt. 1, Physicochemical Measurements in Metals Research, New York: Wiley-Interscience 1970, S. 267.
3 Jehn, H.; Hörz, G.; Fromm, E.: Metall 25 (1971) 783.
4 Hörz, G.: Z. Metallkde. 59 (1968) 180.
5 Pehlke, R. D.; Elliott, J. F.: Trans. AIME 227 (1963) 844.

6 Gebhardt, E.; Seghezzi, H.-D.; Fromm, E.: Z. Metallkde. 52 (1961) 464.
7 Gebhardt, E.; Fromm, E.; Jakob, D.: Z. Metallkde. 55 (1964) 423.
8 Schenck, H.; Lange, K. W.: Arch. Eisenhüttenw. 37 (1966) 739.
9 Weinstein, M.; Elliott, J. F.: Trans. AIME 227 (1963) 382.
10 Fromm, E.; Jehn, H.: Z. Metallkde. 62 (1971) 372.
11 Fromm, E.; Jehn, H.: Z. Metallkde. 62 (1971) 378.
12 Jehn, H.; Hohloch, K.-D; Fromm, E.: J. Less-Common Metals 27 (1972) 98.
13 Eichenauer, W.; Pebler, A.: Z. Metallkde. 48 (1957) 373; 49 (1958) 220.
14 Fromm, E.; Jehn, H.: High Temperatures — High Pressures 3 (1971) 553.
15 Seybolt, A. U.; Sumsion, H. T.: Trans. AIME 192 (1953) 292.
16 Schenck, H.; Lange, K. W.: Arch. Eisenhüttenw. 37 (1966) 809.
17 Katz, O. M.; Berger, J. A.: Trans. AIME 233 (1965) 1005.
18 Hörz, G.; Steinheil, E.: Z. Metallkde. 62 (1971) 849.
19 Steinheil, E.: In Th. Gast; E. Robens (Hrsg.): Proc. IXth Conf. Vacuum Microbalance Techniques, Vol. 1, Berlin 1970; London: Heyden 1970, S. 111.
20 Gebhardt, E.; Fromm, E.; Jakob, D.: Z. Metallkde. 55 (1964) 432.
21 Fromm, E.; Jehn, H.: Z. Metallkde. 58 (1967) 61.
22 Jehn, H.; Fromm, E.: Z. Metallkde. 64 (1973) 353.
23 Gast, Th.: In K. H. Behrndt: Proc. Conf. Vacuum Microbalance Techniques, Vol. 3, Los Angeles 1962.
24 Fischer, W.; Förster, W.; Zimmermann, R.: Gasbestimmung in Eisen und Stahl, Leipzig: VEB Deutscher Verlag für Grundstoffindustrie 1968.
25 Friedrich, K.: In H.-J. Eckstein (Hrsg.): Spurenanalyse in hochschmelzenden Metallen, Leipzig: VEB Deutscher Verlag für Grundstoffindustrie 1970, S. 202.
26 Habel, L.: Arch. Eisenhüttenw. 42 (1971) 95; 43 (1972) 249.
27 Aschehoug, A.; Lauritzen, J. L.: Aluminium 49 (1973) 430.
28 Günther, K. G.; Böhm, H.; Kuhl, W.: Z. anal. Chem. 209 (1963) 198.
29 Friedrich, K.; Barthel, J.; Kunze, J.: J. Less-Common Metals 14 (1968) 55.
30 Koch, W.: Metallkundliche Analyse, Düsseldorf: Verlag Stahleisen 1965.
31 Turovtseva, Z. M.; Kunin, L. L.: Analysis of Gases in Metals, New York: Consultants Bureau 1961.
32 Mallett, M. W.; Kallmann, S.: In R. F. Bunshah (Hrsg.): Techniques of Metals Research, Vol. III, Pt. 1, Modern Analytical Techniques for Metals and Alloys, New York: Wiley-Interscience 1970, S. 69.
33 Lassner, E.: In O. Winkler, R. Bakish (Hrsg.): Vacuum Metallurgy, Amsterdam: Elsevier 1971, S. 649.
34 Goward, G. W.: Anal. Chem. 37 (1965) 117 R.
35 Lassner, E.; Kraft, G.: J. Less-Common Metals 22 (1970) 83.
36 Pehlke, R. D.; Elliott, J. F.: Trans. AIME 218 (1960) 1088.
37 Chipman, J.: J. Iron Steel Inst. 180 (1955) 97.
38 Friedrich, K.; Lassner, E.: J. Less-Common Metals 13 (1967) 156.
39 Friedrich, K.; Lassner, E.: J. Less-Common Metals 13 (1967) 171.
40 Friedrich, K. et al.: In F. Benesovsky (Hrsg.): Hochtemperaturwerkstoffe, 6. Plansee-seminar, Wien: Springer 1969, S. 1016.
41 Friedrich, K.; Lassner, E.; Paesold, G.: J. Less-Common Metals 22 (1970) 429.
42 Lassner, E.; Schedle, H.: J. Less-Common Metals 25 (1971) 171.
43 Kraft, G.: Chemische Verfahren zur Bestimmung von Sauerstoff in NE-Metallen, Informationsheft 71, Eurisotop-Büro, Brüssel 1972.
44 Dallmann, W. E.; Fassel, V. A.: Anal. Chem. 39 (1967) 133 R.
45 Kjeldahl, J.: Z. anal. Chem. 22 (1883) 366.
46 Codell, M.; Norwitz, Cr.: Anal. Chem. 27 (1955) 1083; 28 (1956) 2006; 30 (1958) 524.
47 Durand, R.; Nouygirat, F.: Rev. Met. 57 (1960) 347.
48 Elwell, W. T.: Spec. Rpt. no. 68, The Iron and Steel Institute, London 1960.
49 Fischer, W. A.; Ackermann, F.: Arch. Eisenhüttenw. 36 (1965) 643, 695; 37 (1966) 43.
50 Boyle, W. G. jr.: In R. F. Bunshah (Hrsg.): Techniques of Metals Research, Vol. III, Pt. 1, Modern Analytical Techniques for Metals and Alloys, New York: Wiley-Interscience 1970, S. 115.

51 Spauszus, S.: Methoden der chemischen Stahl- und Eisenanalyse, Leipzig: VEB Deutscher Verlag für Grundstoffindustrie 1967.
52 Friedrich, K.: Mikrochim. Acta (1963) 674.
53 Albert, P.; Laverlochere, J.; Engelmann, C.: In R. F. Bunshah (Hrsg.): Techniques of Metals Research, Vol. III, Pt. 2, Modern Analytical Techniques for Metals and Alloys, New York: Wiley-Interscience 1970, S. 683.
54 Vandecastelle, C. et al.: The Determination of Oxygen in Non-Ferrous Metals by 14 MeV Neutron Activation Analysis, Informationsheft 68, Eurisotop-Büro, Brüssel 1972.
55 Van Grieken, R. et al.: Determination of Oxygen, Silicon, Phosphorus and Copper in Iron and Steel by 14 MeV Neutron Activation Analysis, Informationsheft 57, Eurisotop-Büro, Brüssel 1971.
56 Fassel, V. A.; Jabeling, R. W.: Spectrochim. Acta 8 (1956) 201.
57 Mossotti, V. G.: In R. F. Bunshah (Hrsg.): Techniques of Metals Research, Vol. III, Pt. 2, Modern Analytical Techniques for Metals and Alloys, New York: Wiley-Interscience 1970, S. 533.
58 Koch, W.; Eckhard, S.; Stricker, F.: Angew. Chemie 71 (1959) 545; Arch. Eisenhüttenw. 30 (1959) 137.
59 Hintenberger, H.: Z. anal. Chem. 209 (1965) 176.
60 Drowart, J. F. et al.: OAR-Rpt. AF 61 (052)-700 (1964).
61 Greaves, W.; Stickney, R. E.: Surface Sci. 11 (1968) 395.
62 Ptushinkii, Yu. G.; Chuikov, B. A.: Surface Sci. 6 (1967) 42.
63 Günther, K. G.: Vacuum 10 (1960) 293.
64 Aspinal, M. L.: Analyst 91 (1966) 33.
65 Philibert, J. In R. F. Bunshah: Techniques of Metals Research, Vol. III, Pt. 2, Modern Analytical Techniques for Metals and Alloys, New York: Wiley-Interscience 1970, S. 641.
66 McHugh, J. A.; Stevens, J. F.: Anal. Chem. 44 (1972) 2187.
67 Stein, D. F.; Weber, R. E.; Palmberg, P. W.: J. Metals 23 (1971) 39.
68 Palmberg, P. W. In D. A. Shirley (Hrsg.): Electron Spectroscopy, Amsterdam: North-Holland Publ. 1972, S. 835.
69 Philibert, J. In [65] 419.
70 Birks, L. S.: Electron Probe Microanalysis, New York: Interscience 1963.
71 Reitzenstein, W.: Jenaer Rundschau 12 (1967) 211.
72 Kaiser, W.; Keck, P. H.; Lange, C. F.: Phys. Rev. 101 (1956) 1264; J. Appl. Phys. 28 (1957) 882.
73 Endo, Y.; Yatsurugi, Y.; Akiyama, N.; Nozoki, T.: Anal. Chem. 44 (1972) 2258.
74 Friedrich, K. In [25] 227.
75 Hörz, G.: Z. Metallkde. 59 (1968) 712, 832; 60 (1969) 50.
76 Snoeck, J. L.: Physica 8 (1941) 711.
77 Graff, K.; Grallath, E.; Ades, S.; Goldbach, G.; Tölg, G.: Solid State Electronics 16 (1973) 887.
78 Kraus, Th.: Balzers Hochvakuum — Fachber. no. 18 (1969).
79 Frohberg, M. G.; Leygraf, H.: Gießerei 57 (1970) 531.
80 Leybold-Heraeus, Hanau, Elektrodenofen.
81 Kraus, Th.: Balzers Hochvakuum-Fachber. no. 6 (1965).
82 Gebhardt, A.; Kraus, Th.; Frohberg, M. G.: Gießerei — Techn.-Wiss. Beih. 17 (1965) 203.
83 Ashley, R. W.; Longhurst, T. H.: Rpt. AECL-3743 (1970).
84 Wagner, H.; Sundermann, H.: Z. anal. Chem. 222 (1966) 217.
85 Faure-Mazagol, L.; Tousset, J.; Boissier, M.: Analysis 2 (1973) 287.
86 Engelmann, Ch.: Informationsheft 74, Eurisotop-Büro, Brüssel 1972.
87 Beske, H. E.: Z. anal. Chem. 256 (1971) 103.
88 Clegg, J. B.; Gale, I. G.; Millett, E. J.: Analyst 98 (1973) 69.
89 Davis, W. F.; Graab, J. W.; Merkle, E. J.: Talanta 18 (1971) 263.
90 Lutz, G. J.; Masters, L. W.: Anal. Chem. 42 (1970) 948.
91 Lutz, G. J.: Anal. Chem. 43 (1971) 93.
92 Thurber, W. R.: Natl. Bur. Stand. Techn. Note 529 (1970).
93 Bruch, J.: Chim. Anal. 51 (1969) 166.
94 Schoch, P.; Grallath, E.; Tschöpel, P.; Tölg, G.: Z. Anal. Chem. 271 (1974) 12.

95 Werner, W.; Tölg, G.: Z. anal. Chem. 276 (1975) 103.
96 Boisot, P.; Cuypers, M.; Kraft, G. et al.: Einfluß der Oberflächen-Vorbehandlung der Proben auf die Bestimmung von Sauerstoff in Nichteisenmetallen, Bericht 76. Eurisotop-Büro, Brüssel 1972.
97 Aschehoug, H.: Gießerei-Forsch. 25 (1973) 81.
98 Guionnet, M.; Jecko, G.; Wittmann, A.: Rev. Mét. 71 (1974) 479.
99 Saarni, K.: FAO-Rpt. C 20059-F9 (1975), Conf. Gases in Metals, Stockholm, 27./28. 2. 1975.
100 Kern, W.; Brauer, G.: Talanta 11 (1964) 1177.
101 Rottmann, J.; Nickel, H.: Z. anal. Chem. 247 (1969) 208.
102 Lahl, W.; Fischer, W.: Chemia Analit. 17 (1972) 669.
103 Sundermann, H.: Mikrochim. Acta (1974) Suppl. 5, 303.
104 Beske, H. E.; Frerichs, G.; Melchers, F. G.: Z. anal. Chem. 267 (1973) 99.
105 Walsh, J. M.: Met. Trans. 5 (1974) 2104.
106 Lenz, E.; Dahl, W.: Arch. Eisenhüttenw. 45 (1974) 541.
107 Mills, B.; Bowman, J.; Banerjee, K. G.: J. Phys. E (Sci. Instrum.) 7 (1974) 983.
108 Koch, W.; Lemm, H.: Z. anal. Chem. 215 (1966) 377.

III. Gaserzeugung und Gasreinigung

(Literatur S. 261)

1. Reine Gase

Für Untersuchungen in Metall-Gas-Systemen sollen die verwendeten Gase möglichst wenig Verunreinigungen aufweisen. Die noch zulässigen Beimengungen können jedoch sehr unterschiedlich sein und hängen von dem vorliegenden System, dem untersuchten Problem und der angewandten Versuchsmethode ab. So spielen beispielsweise bei der Messung der Begasungskinetik von Niob oder Tantal geringe Verunreinigungen im Sauerstoff oder Acetylen eine verhältnismäßig geringe Rolle, während Verunreinigungen in Stickstoff oder Methan einen großen Einfluß auf die Versuchsergebnisse ausüben. Dies beruht auf den sehr unterschiedlichen Reaktionskoeffizienten, die für Sauerstoff oder Azetylen sehr groß sind im Vergleich zu Stickstoff oder Methan [1]. Weiterhin können unerwünschte Gas-Metall-Reaktionen ablaufen, wenn beispielsweise in einer Sauerstoffatmosphäre Kohlenwasserstoffe enthalten sind, die an der Probe Kohlenmonoxid bilden können.

Die Erzeugung der Gase wird im allgemeinen nicht selbst vorgenommen werden, da praktisch alle Gase in Stahl- oder Glasflaschen lieferbar sind und deren Reinheit mit bis zu 99,999 Vol.-% auch für die meisten Untersuchungen ausreicht. Weisen die handelsüblichen Gase noch zu hohe Verunreinigungen auf, so müssen sie entweder nachgereinigt werden oder das Reaktionsgas muß z. B. durch thermische Zersetzung einer Verbindung selbst hergestellt werden.

Zur Reinigung von Gasen stehen verschiedene Methoden zur Verfügung, deren Auswahl vom Gas und von den Verunreinigungen bestimmt wird. Zunächst können höhersiedende Gase und Dämpfe in Kühlfallen durch Kondensation ausgefroren werden. Wasserdampf läßt sich auch durch Überleiten der Gase über Trockenmittel (z. B. P_2O_5, $Mg(ClO_4)_2$, KOH) entfernen. Ferner können Verunreinigungen durch selektive Adsorption an Adsorptionsstoffen entfernt werden (z. B. Aktivkohle, Molekularsiebe bei tiefen Temperaturen). Zur Reinigung größerer Gasmengen eignen sich chemische Prozesse unter Verwendung von Gettern, die nur mit den Verunreinigungen Verbindungen oder Lösungen bilden oder diese adsorbieren. Damit kommen diese Verfahren vorwiegend für die Reinigung von Edelgasen in Betracht. Schließlich können sehr reine Gase auch in eine Vakuumapparatur eingelassen werden, indem man das betreffende Gas durch ein erhitztes semipermeables Metall eindiffundieren läßt. Hierfür eignen sich besonders solche Metalle, die eine hohe Löslichkeit und eine große Diffusionsgeschwindigkeit für das betreffende Gas aufweisen, wie z. B. Palladium und Palladiumlegierungen für Wasserstoff oder Silber für Sauerstoff. Ein weiterer Vorteil dieses Verfahrens liegt darin, daß über die Temperatur der Membran oder des Rohres die Einlaßrate verändert werden kann. Die Erzeugung und Reinigung von Gasen ist in [2, 3] zusammenfassend behandelt.

2. Gasmischungen

Gasmischungen werden häufig zur Einstellung definierter Kohlenstoff-, Stickstoff- oder Sauerstoffaktivitäten verwendet. Hierbei stehen die Gemische CH_4/H_2, CO/CO_2, NH_3/H_2 und H_2O/H_2 im Vordergrund. Die Aktivitäten für Kohlenstoff, Sauerstoff und Stickstoff sind in Abb. F.1 bis F.4 in Abhängigkeit vom Mischungsverhältnis bei 1 atm Gesamtdruck und für verschiedene Temperaturen wiedergegeben. Andere Gasmischungen dienen als reduzierende Schutzgasatmosphäre bei Glüh- und Schmelzbehandlungen von Metallen, wie beispielsweise Formiergas (H_2/N_2).

Die Herstellung von Gasgemischen aus den einzelnen Komponenten kann durch Gasmischpumpen erfolgen. Diese bestehen aus zwei Kolbenpumpen mit einem gemeinsamen Motor und einem auswechselbaren Getriebe. Durch die unterschiedliche Geschwindigkeit der beiden Kolbenpumpen lassen sich Mischungsverhältnisse zwischen 1 und 99% einstellen. Mischungsverhältnisse unter 1% und mehrkomponentige Gasgemische werden durch Hintereinanderschalten mehrerer Pumpen hergestellt. Eine weitere Methode zur Herstellung von Gasmischungen bei Normaldruck stellt die regelbare Zugabe der Komponenten über Strömungsmesser in das Mischgefäß dar. Hierbei lassen sich sämtliche Mischungsverhältnisse kontinuierlich einstellen. Für Arbeiten im Vakuumgebiet können die Gase auch über Kapillaren in das Mischgefäß eingelassen werden, wobei die Mischungsverhältnisse durch unterschiedliche Leitwerte der Kapillaren und verschieden gewählte Vordrücke in weitem Umfang verändert werden können. In manchen Fällen sind die benötigten Gasgemische auch in Stahl- oder Glasflaschen erhältlich. Dabei müssen die Partialdrücke derjenigen Gase, die sich bei Raumtemperatur verflüssigen lassen, unter dem Gleichgewichtsdampfdruck liegen, weil beim Auftreten einer flüssigen Phase das Mischungsverhältnis des entnommenen Gases nicht der Zusammensetzung des Flascheninhaltes entspricht.

Abschließend sei nochmals darauf hingewiesen, daß bei Untersuchungen in einer Gasatmosphäre stets die durch die Verwendung verunreinigter Gase entstehenden Fehler abgeschätzt werden müssen. Die erforderliche Reinheit des Gases richtet sich nach der Art und Reaktionsfähigkeit der Beimengungen, nach dem Druck- und Temperaturbereich der Experimente und nach dem Enddruck der verwendeten Apparaturen. In einer üblichen Hochvakuumapparatur mit einem Endvakuum von 10^{-6} Torr liegen bei einem Gasdruck von 10^{-3} Torr beispielsweise Verunreinigungen von 0,1 Vol.-% bereits im Bereich des Restgasdruckes. Bei höheren Gasdrücken oder bei Experimenten in Ultrahochvakuumapparaturen muß die Reinheit der Gase entsprechend höher sein.

Literatur zu Abschnitt III

1 Hörz, G.: Met. Trans. 3 (1972) 3096.
2 Müller, G.; Gnauck, G.: Reinste Gase, Berlin: VEB Deutscher Verlag der Wissenschaften 1965.
3 Klemenc, A.: Die Behandlung und Reindarstellung von Gasen, Wien: Springer 1948.

IV. Vakuum- und Hochdrucktechnik

(Literatur S. 271)

1. Vakuum- und Ultrahochvakuumtechnik

Gleichgewichts- und Kinetikuntersuchungen in Metall-Gas-Systemen können nur in den wenigsten Fällen bei Atmosphärendruck durchgeführt werden. Aus diesem Grund findet die Vakuum- und Hochvakuumtechnik sowohl bei wissenschaftlichen Untersuchungen als auch bei vakuummetallurgischen Verfahren zur Herstellung und Verarbeitung der Metalle eine weitverbreitete Anwendung. Dabei sind die Druckbereiche bis zu einigen 10^{-6} Torr durch kommerzielle Apparaturen verhältnismäßig leicht zugänglich und auch experimentell gut zu beherrschen. Die Reaktionsgeschwindigkeit mit der Restgasatmosphäre ist bei Drücken von 10^{-5} Torr häufig schon hinreichend klein und für Entgasungsprozesse reicht ein derartiges Hochvakuum in vielen Fällen aus. In neuerer Zeit werden Untersuchungen mehr und mehr auch unter Ultrahochvakuumbedingungen (10^{-8} bis 10^{-11} Torr) durchgeführt, wo die Reaktionsmöglichkeit des Metalls mit der Restgasatmosphäre außerordentlich gering wird. Die Zeit bis zur Ausbildung einer einlagigen Adsorptionsschicht auf einer gasfreien Oberfläche beträgt bei einem Druck von $5 \cdot 10^{-10}$ Torr etwa eine Stunde. Für Entgasungsreaktionen sind die Vorteile von Ultrahochvakuumanlagen dagegen geringer, weil im Fall sehr kleiner Gleichgewichtsdrücke auch sehr lange Entgasungszeiten in Kauf genommen werden müssen [1]. Die Anwendung der Vakuumtechnik spielt jedoch nicht nur bei Untersuchungen eine wichtige Rolle, die aufgrund der Gleichgewichtsdrücke oder der Reaktionsgeschwindigkeiten niedrige Drücke erfordern, sondern sie wird auch bei Experimenten in höheren Druckbereichen eingesetzt, weil unter wesentlich saubereren Bedingungen gearbeitet werden kann und die Proben vor dem Versuch durch eine Hochvakuumglühung von gasförmigen Verunreinigungen befreit und rekristallisiert werden können.

1.1 Vakuumapparaturen

Die Konstruktion und der Aufbau einer Vakuumapparatur richtet sich in erster Linie nach dem Versuchsprogramm und der Probenform. Für die Abmessungen des Rezipienten ist zunächst die Probenform entscheidend, ob längere, draht- oder bandförmige Proben vorliegen, die u. U. unter leichter Vorspannung im direkten Stromdurchgang aufgeheizt werden, ob zylindrische oder scheibenförmige Proben induktiv erhitzt werden oder ob die Untersuchungen an geschmolzenen Metallen vorgenommen werden. Ferner spielt es eine Rolle, welche Gasmengen während des Versuchsablaufs in den Rezipienten eingelassen oder von der Probe abgegeben werden, oder ob in einer strömenden Gasatmosphäre gearbeitet werden soll. Bei volumetrischen und manometrischen Messungen sollten z. B. Probenmasse und Rezipientenvolumen so aufeinander abgestimmt sein, daß das Verhältnis von Gasmenge in der Probe zu Gasmenge im Rezipientenvolumen einen günstigen Wert hat (vgl. Abschnitt II.1.1 und II.1.2).

Beim technischen Aufbau des Rezipienten muß zwischen einer Glas- und einer Metallapparatur entschieden werden. Die Vorteile eines Glasrezipienten sind die verhältnismäßig einfache Herstellung gewünschter Rezipientenformen, glatte und saubere Innenflächen sowie bei Ultrahochvakuumrezipienten eine sehr geringe Gasadsorption durch die Wände. Weiterhin findet bei aggressiven Gasen praktisch kein Angriff des Rezipienten statt und außerdem ist die Herstellung und das Material für Glasrezipienten verhältnismäßig billig. Nachteilig ist dagegen die Zerbrechlichkeit insbesondere bei mechanischer und thermischer Beanspruchung und die Beschränkung auf relativ kleine Vakuumrezipienten. Demgegenüber bietet der Bau von sehr großen Metallapparaturen keine wesentlichen Schwierigkeiten. Vorteilhaft sind ferner die größere mechanische Stabilität, einfache Kühlungsmöglichkeiten und die leichte Ausheizbarkeit sowie die große Zahl von handelsüblichen, leicht montier- und austauschbaren Zusatzteilen, wie anflanschbare Meßröhren, Fenster, Ventile, Strom- und Drehdurchführungen. Dagegen kann die Adsorption an den Rezipientenwänden bei volumetrischen Messungen oder bei Untersuchungen im Ultrahochvakuum sich sehr nachteilig auswirken.

In vielen Fällen wird eine Vakuumapparatur teils aus Glas- teils aus Metallteilen aufgebaut. Nähere Einzelheiten über die Konstruktion von Rezipienten können der Fachliteratur entnommen werden, die im Anschluß an die Berechnungsgrundlagen aufgeführt ist. Bei der Planung eines Vakuumsystems müssen vor allem folgende Faktoren berücksichtigt werden: Zunächst muß die Saugleistung des Pumpsystems so bemessen sein, daß der Enddruck in vernünftiger Zeit erreicht wird. Die effektive Saugleistung am pumpseitigen Anschluß des Rezipienten muß so groß sein, daß die durch Desorption und Permeation entstehende Gasmenge (Leerwert) abgesaugt wird. Weiterhin muß die bei den Versuchen von der Probe abgegebene Gasmenge bzw. das bei Experimenten in strömender Atmosphäre in den Rezipienten eingelassene Gas abgepumpt werden können. Häufig bestimmen auch spezielle Anforderungen den Aufbau einer Vakuumapparatur, beispielsweise wenn ein ölfreies Vakuum benötigt wird oder wenn die zu untersuchenden Gase an gekühlten Flächen kondensieren und so keine definierten Druckbedingungen mehr eingestellt werden können.

1.2 Pumpen und Pumpsysteme

Zur Vakuumerzeugung zwischen Atmosphärendruck und Ultrahochvakuum von etwa 10^{-10} Torr stehen eine Vielzahl von Pumpen verschiedener Arbeitsweise und Konstruktion zur Verfügung. Die Arbeitsbereiche der einzelnen Pumpen sind in Abb. 11 zusammengestellt. Sie werden in die Gruppen der mechanischen Pumpen, Treibmittelpumpen, Kondensationspumpen und Sorptionspumpen eingeteilt. Die speziellen Arbeits- und Konstruktionsprinzipien können den unten zitierten Standardwerken entnommen werden. Die Auswahl der Pumpen und die Zusammenstellung zu einem leistungsfähigen Pumpsystem richtet sich nach dem gewünschten Enddruckbereich, nach der Größe des Rezipienten, nach dem Gasanfall während des Versuchs und nach besonderen Bedingungen wie z. B. der Forderung nach einem ölfreien Vakuum. Die Pumpen müssen so bemessen sein, daß auch noch im Rezipienten, also hinter einer Dampfsperre oder einem Ventil die erforderliche Saugleistung vorhanden ist. Wichtig ist hierbei, daß Leitungen, Dampfsperren und Ventile zwischen Pumpe und Rezipienten einen möglichst großen Querschnitt haben und die Verbindungsleitungen möglichst kurz sind. Bei der Verwendung von gekühlten Dampfsperren muß u. U. darauf geachtet werden, daß die Messung von Gas-Metall-Reaktionen nicht durch die Kondensation des Gases verfälscht wird.

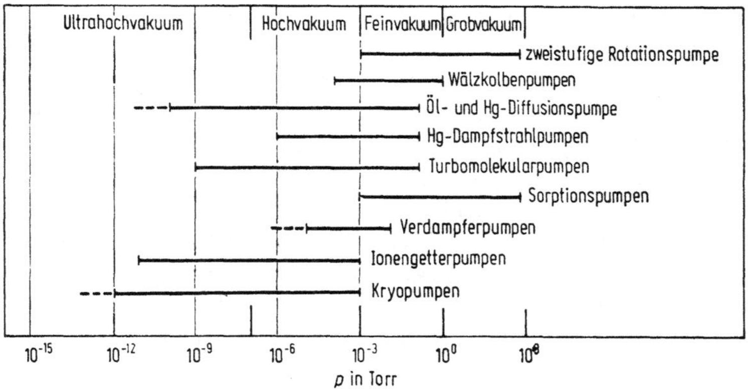

Abb. 11. Einsatzbereiche verschiedener Vakuumpumpen.

1.3 Druck- und Partialdruckmessung

Zur Messung des weiten Druckbereiches zwischen 760 und 10^{-12} Torr werden verschiedene physikalische Meßprinzipien herangezogen. Die Vakuummeter besitzen meist einen charakteristischen Meßbereich von einigen Zehnerpotenzen (s. Abb. 12). Bei der Druckmessung wird stets der Gesamtdruck der vorhandenen Gase und Dämpfe gemessen. In vielen Fällen ist die Druckanzeige gasartabhängig. Die Korrekturfaktoren für verschiedene Gase sind in Tab. F.20 für einige auf Luft bzw. Stickstoff geeichte Meßgeräte zusammengestellt.

Bei genauen Druckmessungen ist weiterhin auf die Anordnung der Meßröhren zu achten. Der Druck sollte möglichst in der Nähe der Versuchsprobe gemessen werden und nicht unmittelbar neben der Saugöffnung zur Pumpe, direkt über einer Kühlfalle oder beim Gaseinlaßventil. Ebenso können enge und lange Leitungen zwischen Rezipient und Meßröhre die Druckmesssungen verfälschen.

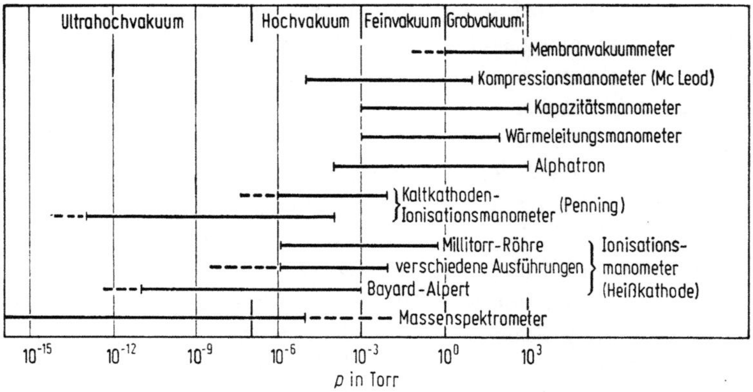

Abb. 12. Einsatzbereiche verschiedener Druckmeßgeräte.

Bei vielen Untersuchungen von Gas-Metall-Reaktionen ist neben dem Totaldruck die genaue Kenntnis der Zusammensetzung eines Gasgemisches oder der Restgasatmosphäre von Bedeutung. Hierfür werden Partialdruck-Meßgeräte verwendet, die nach dem Prinzip des Massenspektrometers arbeiten [2—4]. Die Meßsysteme sind so klein, daß sie unmittelbar an das Vakuumsystem angeschlossen oder in dieses eingebaut werden können. Die Trennung der Ionen unterschiedlicher Masse und Ladung erfolgt häufig mit Hilfe von Resonanzerscheinungen der Ionen in elektrischen oder magnetischen Wechselfeldern. Bezüglich der die Partialdruckmeßgeräte charakterisierenden Eigenschaften, wie Linienbreite, Massenbereich, Empfindlichkeit, kleinster Partialdruck und Linearitätsbereich, muß wieder auf die unten angegebene Vakuumliteratur verwiesen werden [2, 4, 5, 11].

Grundsätzlich muß bei Partialdruckmessungen beachtet werden, daß die Ionisierungswahrscheinlichkeit der verschiedenen Gasmoleküle unterschiedlich ist und daß sie durch den Ionisierungsprozeß teilweise aufgespalten werden. Weiterhin sind die meisten Partialdruckmeßgeräte aufgrund ihres begrenzten Auflösungsvermögens nicht in der Lage, Ionen verschiedener Moleküle mit gleicher Massenzahl voneinander zu trennen. So sind CH_4^+- und O_2^{++}-Ionen bei Masse 16 meist nicht zu unterscheiden, ebenfalls die Ionen CO^+, N_2^+ oder $C_2H_4^+$ bei Masse 28. In solchen Fällen muß durch eine kritische Auswertung des Spektrums der Partialdruck-Anteil einer der betreffenden Massen abgeschätzt werden. Beispielsweise wird das Vorhandensein von Luft im Rezipienten — was auf ein Leck hindeuten kann — dadurch angezeigt, daß die Masse 32 (O_2^+) mit etwa 1/5 des Anteils der Masse 28 (N_2^+) nachgewiesen wird. Ist dagegen kein Sauerstoff im Spektrum nachzuweisen, so deutet die Spitze bei Masse 28 auf CO hin; in diesem Fall tritt durchwegs auch die Masse 44 (CO_2^+) neben 28 (CO^+) auf. Daneben erscheinen bei CO noch die Massen 12 (C^+) und 16 (O^+), während 14 (CO^{++}) nur äußerst schwach auftritt. Andererseits findet sich im Fall der Anwesenheit von N_2 neben der Masse 28 (N_2^+) auch stets die Masse 14 (N^+, N_2^{++}) im Spektrum. Derartige Überlegungen müssen in jedem Fall gesondert angestellt werden. In Tab. F.21 sind zur schnellen Orientierung für einige Gase die relativen Peakhöhen für verschiedene Massenzahlen zusammengestellt. Diese Angaben sind Richtwerte, die bei verschiedenen Geräten und unterschiedlicher Einstellung in gewissen Grenzen variieren. Zur genauen Analyse der zu messenden Gase sollte in jedem Fall ein Eichspektrum aufgenommen werden.

1.4 Theoretische Beziehungen und Berechnungsgrundlagen

Druckbereiche und Druckeinheiten. Die Druckbereiche der Vakuumtechnik und einige sie charakterisierenden Eigenschaften sind in Tab. F.17 zusammengestellt. Tab. F.18 und Abb. F.7 geben den Vergleich der verschiedenen Druckeinheiten wieder.

Teilchenzahldichte. Anzahl der Teilchen je Volumeneinheit

$$n = 9{,}66 \cdot 10^{18} \cdot \frac{p}{T}$$

Für 20 °C $$n = 3{,}3 \cdot 10^{16} \cdot p$$

(n in Moleküle/cm^3, T = absolute Temperatur in K, p = Druck in Torr).

Mittlere freie Weglänge. Wegstrecke, die ein Teilchen im Durchschnitt zwischen zwei Stößen mit anderen Teilchen zurücklegt

$$\Lambda = \frac{1}{\sqrt{2} \cdot 4\pi r^2 \cdot n} = 5{,}82 \cdot 10^{-21} \cdot \frac{T}{r^2 \cdot p}$$

(Λ in cm; r = Molekülradius in cm, T = Temperatur in K, p = Druck in Torr, n = Teilchenzahldichte).
Für Luft bei Raumtemperatur gilt

$$\Lambda \approx \frac{5 \cdot 10^{-3}}{p}.$$

Dabei ist Λ für Luft, O_2, N_2, CO, Ar etwa gleich, für CO_2 und H_2O etwa um 30% geringer und für H_2 etwa doppelt so groß. Die mittlere freie Weglänge einiger Gase ist in Abb. F.8 in Abhängigkeit vom Druck wiedergegeben. Angaben über den gaskinetischen Molekülradius einiger Gase s. Tab. F.15.

Flächenstoßrate. Anzahl der Teilchen, die je Zeit- und Flächeneinheit auf einer Oberfläche auftreffen

$$A = 3{,}5 \cdot 10^{22} \cdot \frac{p}{\sqrt{MT}}$$

(A in Moleküle $\cdot$ cm$^{-2} \cdot$ s^{-1}, p = Druck in Torr, M = Molekulargewicht, T = absolute Temperatur in K).

Masse der Teilchen, die je Zeit- und Flächeneinheit auf einer Oberfläche auftreffen

$$\mu = 58{,}33 \cdot p \sqrt{\frac{M}{T}}$$

(μ in $mg \cdot cm^{-2} \cdot s^{-1}$).

Bedeckungszeit. Zeitdauer, die zum Aufbau einer Monoschicht auf einer gasfreien Oberfläche unter der Annahme benötigt wird, daß jedes Teilchen auf der Oberfläche haften bleibt. Wird für die Monoschicht ein angenäherter Wert von $3 \cdot 10^{14}$ Teilchen/cm^2 eingesetzt, so erhält man

$$\tau = 8{,}5 \cdot 10^{-9} \cdot \frac{\sqrt{MT}}{p}$$

(τ in s).
Für Luft bei Raumtemperatur ergibt sich

$$\tau \approx \frac{10^{-6}}{p}.$$

Reaktionskoeffizient. Zahl der mit einer Oberfläche reagierenden Teilchen zur Gesamtzahl der auftreffenden Teilchen. Im Fall von Adsorptionsuntersuchungen wird häufig auch von Haftwahrscheinlichkeit oder „sticking probability" gesprochen.

Verdampfungsgeschwindigkeit. Zahl der Moleküle einer Substanz, die je Zeit- und Flächeneinheit von der freien Oberfläche eines Körpers oder einer Flüssigkeit abdampfen. Der Dampfdruck der Moleküle hängt mit der Verdampfungsgeschwindigkeit über die Beziehung

$$p = 4{,}74 \cdot 10^{-25} \cdot \frac{v}{\alpha} \sqrt{MT}$$

zusammen (p = Dampfdruck in Torr, v = Verdampfungsgeschwindigkeit in Moleküle $\cdot\, cm^{-2} \cdot min^{-1}$, M = Molekulargewicht, T = Temperatur in K; α = Kondensationskoeffizient). Bei der Angabe der Verdampfungsgeschwindigkeit G in $mg \cdot cm^{-2} \cdot min^{-1}$ lautet die Beziehung

$$p = 2{,}86 \cdot 10^{-4} \cdot \frac{G}{\alpha} \sqrt{\frac{T}{M}}.$$

Gasmenge. In der Vakuumtechnik und bei Untersuchungen in Metall-Gas-Systemen wird die Gasmenge, z. B. bei Leitwerten, bei Undichtigkeiten, bei der Permeation oder der Gaslöslichkeit, häufig in der Größe Druck mal Volumen angegeben. Bei der Umrechnung in Masse oder Gewicht muß dabei aber die Gastemperatur berücksichtigt werden. Unter Normalbedingungen (760 Torr, 0 °C) gilt

$$1 \text{ Torr l} = 1{,}316 \text{ cm}^3.$$

Die Umrechnung in Masseneinheiten erfolgt mit

$$m = \frac{p \cdot V \cdot M}{R \cdot T}$$

(m in g, $p \cdot V$ in Torr l, $R = 62{,}36$ Torr $\text{l} \cdot \text{mol}^{-1} \cdot \text{K}^{-1}$). Weitere Umrechnungen von Gasmengen s. Tab. F.19.

Enddruck. Der niedrigste Druck, der in einer Vakuumanlage bei vorgegebener Pumpenanordnung erreicht werden kann. Er setzt sich zusammen aus dem Endvakuum p_E der Pumpe und den durch die Saugleitung S dividierten Gasströmen der Undichtigkeiten J_{Leck}, der Desorption J_{Des} und der Permeation J_{Perm}.

$$p = \frac{J_{\text{Leck}} + J_{\text{Des}} + J_{\text{Perm}}}{S} + p_E$$

Leckrate. Der Gasstrom, der durch Undichtigkeiten in den Rezipienten einströmt. Er wird aus dem Volumen mal Druckanstieg pro Zeiteinheit Torr $\text{l} \cdot \text{s}^{-1}$ bestimmt. Der in einer Vakuumapparatur nach Abschalten der Pumpe gemessene Druckanstieg (Leerwert) setzt sich aus Undichtigkeiten und aus der Gasabgabe von Wänden und Dichtmaterialien zusammen. Lecks verursachen dabei einen zeitlich konstanten Druckanstieg, während die Gasabgabe mit der Zeit und mit steigendem Druck abnimmt. Zweckmäßigerweise soll die Undichtigkeit höchstens 10% der Saugleistung des Pumpsystems betragen.

Einfluß der Restgasatmosphäre. Werden Glüh- oder Schmelzbehandlungen unter Vakuum vorgenommen, so können die Metalle mit der Restgasatmosphäre reagieren. Zur Abschätzung der maximalen Gasaufnahme während einer Vakuumbehandlung wird angenommen, daß alle auf die Oberfläche auftreffenden Gasmoleküle reagieren. Die aufgenommene Gasmenge läßt sich dann aus der Flächenstoßrate A bzw. μ berechnen. Für den Konzentrationsanstieg Δc in einer Probe gilt dann

$$\Delta c = 5{,}8 \cdot \frac{n_G \cdot p \cdot t}{\sqrt{M_G \cdot T_G}} \cdot \frac{F \cdot M_{\text{Me}}}{m_{\text{Me}}}$$

(c in At.-%, p = Druck in Torr, t = Zeit in s, n_G = Anzahl der betrachteten Atome je Gasmolekül, T_G = Gastemperatur in K, M_G, M_{Me} = Molekulargewichte des Gases und des Metalls, F und m_{Me} = Oberfläche in cm² und Masse in g des Metalls). Als Überschlagswert kann $M_G = 30$, $n_G = 2$, $T_G = 300$ K, $\frac{F \cdot M_{\text{Me}}}{m_{\text{Me}}} \approx \frac{1}{d} \cdot \frac{M_{\text{Me}}}{\gamma}$ sowie $\frac{M_{\text{Me}}}{\gamma} \approx 10$ gesetzt werden (γ = Dichte in g/cm³, d = Probendicke in cm) und man erhält dann für den Konzentrationsanstieg Δc in At.-% [1]

$$\Delta c \approx \frac{p \cdot t}{d}.$$

Die mit diesen Gleichungen berechneten Konzentrationsanstiege stellen Maximalwerte dar. Häufig liegen die Reaktionskoeffizienten, besonders bei tieferen

Temperaturen, weit unterhalb von 1. Im allgemeinen werden bei dickeren Proben die Fehler durch die Restgasaufnahme vernachlässigbar sein, bei sehr dünnen Proben können jedoch sehr schnell hohe Gaskonzentrationen im Metall erreicht werden. Abb. 13 zeigt die für einen Konzentrationsanstieg auf 1 At.-% benötigte Zeitdauer in Abhängigkeit vom Druck, wie er nach der vereinfachten Gleichung erhalten wird [1].

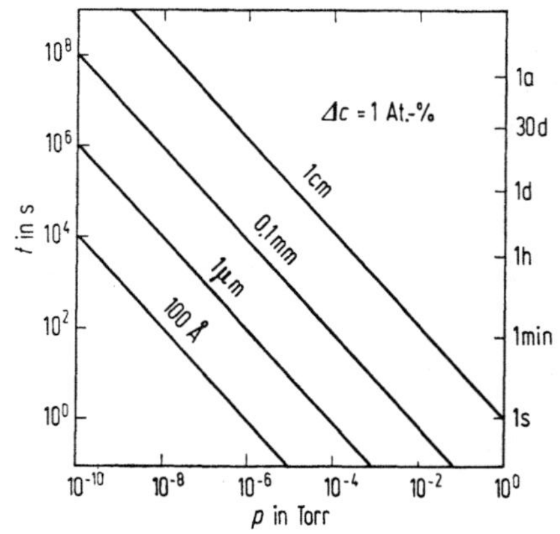

Abb. 13. Maximale Gasaufnahme für Bleche verschiedener Dicke.

Einfluß des Leerwertes. Werden Gas-Metall-Untersuchungen in einem abgeschlossenen Rezipienten durchgeführt, wie z. B. bei volumetrischen Begasungen, so muß der durch den Leerwert verursachte Druckanstieg der Restgasatmosphäre und die damit verbundene Gasaufnahme der Probe berücksichtigt werden. Während der Versuchsdauer kann der Restgasdruck auf den Wert $p_L = Q_L t / V_R$ ansteigen (Q_L = Leerwertanstieg in Torr $\text{l} \cdot \text{s}^{-1}$; t = Versuchszeit in s, V_R = Rezipientenvolumen in l). Der maximale Konzentrationsanstieg bei einem Reaktionskoeffizient von 1 ergibt sich dann zu

$$\Delta c = 2{,}9 \cdot \frac{n_G \cdot p_L \cdot t}{M_G \cdot T_G} \cdot \frac{F \cdot M_{Me}}{m_{Me}}$$

beziehungsweise unter den oben gemachten vereinfachenden Annahmen

$$\Delta c \approx \frac{1}{2} \cdot \frac{p_L \cdot t}{d}$$

(Δc in At.-%).

Diese Abschätzungen haben vorausgesetzt, daß die gesamte Restgasatmosphäre bzw. der gesamte Leerwert nur aus der für die Gasaufnahme in Frage kommenden Gasart besteht. Für eine genauere Berechnung muß der meist viel kleinere Partialdruck und der entsprechende Reaktionskoeffizient berücksichtigt werden. Hinzu kommt noch u. U. eine Verringerung der Gasaufnahme durch Oberflächenschichten oder die Diffusion des Gases im Metall, so daß die tatsächliche Gasaufnahme im allgemeinen ganz erheblich unter den errechneten Werten liegen wird.

1.5 Literaturhinweise

Im folgenden sind einige Bücher genannt, die die theoretischen Grundlagen der Vakuumtechnik, den praktischen Aufbau von Rezipienten, Pumpen und Meßgeräten und die Kennwerte von Werkstoffen behandeln. Es werden jeweils die Schwerpunkte der einzelnen Bücher angegeben.

Theorie und Praxis der Vakuumtechnik von M. Wutz [13]. — Nach einer Einführung in die kinetische Gastheorie folgen sehr ausführliche Kapitel über Druck- und Partialdruckmessung, Strömungsvorgänge, sowie die verschiedenen Pumpentypen und damit zusammenhängende Probleme. Alle Abschnitte berücksichtigen in gleicher Weise die theoretischen Grundlagen und die Anforderungen der Praxis. Diesem Zweck dienen numerische Beispiele, Betriebs- und Arbeitshinweise und vor allem ein Abschnitt ‚Arbeitstechnik', der die Werkstoffe behandelt, sowie Konstruktionshinweise und Arbeitstechniken für Vakuumapparaturen der verschiedenen Druckbereiche und zur Leck- und Fehlersuche enthält.

Leybold Vakuum-Taschenbuch von K. Diels und R. Jaekel [6]. — Neben der Darstellung der physikalischen Grundlagen der Vakuumtechnik, der Beschreibung einiger Pumpen und Meßgeräte, der Ultrahochvakuumtechnik sowie der Konstruktion zahlreicher Vakuumbauelemente enthält dieses Buch außerordentlich viele zahlenmäßige Beziehungen, Tabellen, Nomogramme und Abbildungen für die kinetische Gastheorie und Strömungsvorgänge, Richtlinien zur Pumpenauswahl und insbesondere Eigenschaften von metallischen und nichtmetallischen Werkstoffen, Dichtungsmittel und Öle (physikalische und mechanische Eigenschaften, Dampfdrücke, Gasdurchlässigkeit und Gasabgabe). Abschließend folgt eine umfassende Literaturübersicht.

Werkstoffkunde der Hochvakuumtechnik von W. Espe und M. Knoll [7]. — Ausführliche Angaben über Gewinnung, Eigenschaften, Verarbeitung und Anwendung von Metallen, Gläsern, Dichtmaterialien und sonstigen Werkstoffen sowie Gasen und Dämpfen sind zusammengestellt. Ferner werden Kathoden, Gitterelektroden und vakuumdichte Verbindungen (Eigenschaften, technische Ausführungen) behandelt.

The Design and Construction of Small Vacuum Systems von G. W. Green [8]. — Der Schwerpunkt dieses Buches liegt in detaillierten Hinweisen für die Konstruktion und den praktischen Aufbau kleiner Vakuumapparaturen. Die einzelnen Abschnitte behandeln Metall- und Glasapparaturen (Bauteile, Verbindungen, technische Herstellung und Zubehör), Durchführungen für elektrischen Strom und Bewegungen sowie Vakuumheiz- und Verdampfungsmethoden. Zuvor werden die wichtigsten vakuumtechnischen Formeln, Pumpen, Meßgeräte und Standardzubehörteile kurz besprochen.

Vacuum System Design von N. T. M. Dennis und T. A. Heppell [9]. — In kurzer übersichtlicher Darstellung werden nach einer Einführung in die Gaskinetik und Vakuumphysik die Vakuumpumpen, Bauteile und Meßmethoden beschrieben. Dabei wird besonders auf praktische Aspekte sowie Fehlerquellen der verschiedenen Geräte hingewiesen. Ebenfalls unter dem Gesichtspunkt der praktischen Anwendung stehen die Abschnitte über Vakuumrezipienten, Pumpsysteme und Lecksuche.

Techniques of Metals Research von R. F. Bunshah (Hrsg.), Vol. I, Pt. 1 [11]. — In Kapitel 1 dieses Buches wird die Vakuumtechnik speziell unter dem Gesichtspunkt der Anwendung bei der Untersuchung von Metallen behandelt. In allen Kapiteln (Grundlagen, Pumpen, Meßgeräte, Materialien und Zubehör) sind praktische Hinweise für den Aufbau und Betrieb von Vakuumapparaturen enthalten.

Scientific Foundations of Vacuum Technique von S. Dushman und J. M. Lafferty (Hrsg.) [10]. — Neben der eingehenden Darstellung der Gaskinetik, Strömungstheorie, Vakuumpumpen und Druckmeßgeräte enthält dieses Buch ausführliche Kapitel über die Adsorption von Gasen auf Festkörpern, Aktivkohle und Silikaten, ferner über Gase und Metalle (Löslichkeit, Permeation und Entgasung), über Getterung von Gasen und schließlich über Dampfdrücke und Verdampfungsraten sowie Dissoziationsdrücke von Oxiden, Hydriden und Nitriden.

Ultrahochvakuum von E. A. Trendelenburg [12]. — In dieser Einführung in die Ultrahochvakuumtechnik werden nach einer kurzen Zusammenstellung der Grundlagen der Hochvakuumphysik die Besonderheiten der Ultrahochvakuumtechnik, deren Meßmethoden, Pumpmethoden, Konstruktionsprobleme und die Fehlersuche beschrieben.

Daneben findet sich auch in den Katalogen vieler Hersteller von Vakuumgeräten ein Anhang über die Prinzipien und Probleme der Vakuumerzeugung und -messung, sowie Betriebshinweise und Berechnungsgrundlagen.

2. Hochdrucktechnik

Die hauptsächlichen Probleme beim Aufbau von Hochdruckapparaturen entstehen bei der Konstruktion des druckfesten Rezipienten, bei der Entwicklung von Stromdurchführungen für Meßzwecke und für die Erhitzung der Proben, beim Anbringen von Beobachtungsfenstern sowie in der Auswahl geeigneter Dichtungsmaterialien. Weiterhin muß der gewünschte Druck erzeugt und gemessen werden können.

Die Hochdruckrezipienten besitzen wegen der hohen Kräfte große Wandstärken und ein kleines Experimentiervolumen. So betragen die Wandstärken der zumeist zylindrischen Drucktöpfe für Drücke bis 1000 atm etwa 2—4 cm und für 6000 atm bis zu 8 cm. Häufig werden die eigentlichen Rezipienten auch etwas dünnwandiger ausgeführt und durch einen zweiten zylindrischen Mantel oder durch zusätzliche Platten verstärkt. Als Werkstoff werden zähe Stahlsorten oder auch hochwarmfeste Legierungen verwendet. Bezüglich konstruktiver Einzelheiten wie z. B. der Ausführung von Stromdurchführungen und Sichtfenster muß auf die Beschreibung von Autoklaven in der Originalliteratur [14 bis 17] verwiesen werden. Bei Hochtemperaturexperimenten ist eine Kühlung des Kesselmantels zweckmäßig. Der Wärmeübergang zur Autoklavenwand kann durch Isoliermaterial wie Graphitfilz, Quarzwolle oder Keramik weitgehend verhindert werden. Dabei wird vor allem die freie Konvektion des Gases verringert. Als Dichtmaterialien kommen in der Technik übliche metallische Dichtungen in Frage oder O-Ringe aus Elastomeren [18]. Elastische Dichtungen besitzen den Vorteil, daß sie bei unvorhergesehenem Überdruck die Funktion eines Sicherheitsventiles übernehmen können. Als Beispiel für den Nutzraum seien Mitteldruck- und Hochdruckautoklaven für 30 und 1000 atm genannt, die Volumina von 3 bis 400 cm³ aufweisen [14]. Bei anderen Autoklaven für 6000 und 30000 atm werden Volumina von etwa 40 beziehungsweise 1 cm³ angegeben [16]. Autoklaven für Messungen an Schmelzen s. z. B. [20].

Zur Druckerzeugung wird sowohl die Komprimierung des Gases [16] als auch die weitere Erhöhung des Druckes durch die Erhitzung der Probe oder des Heizelementes auf die Versuchstemperatur, also der Autoklaveneffekt verwendet [14—16]. Dabei wird durch die Temperaturerhöhung eine Drucksteigerung um das zwei- bis dreifache bewirkt. Druckwerte, die erheblich über dem Flaschendruck liegen, können dadurch erreicht werden, daß in einem mit flüssiger Luft gekühlten Vorratsgefäß das Gas unter Flaschendruck (≈ 200 atm) kondensiert und anschließend nach dem Abtrennen der Flasche wieder erwärmt wird. Die Druckmessung erfolgt durch übliche Manometer oder über Dehnungsmeßstreifen an den Spannschrauben [14, 17].

Die Erhitzung der Proben erfolgt häufig innerhalb eines im direkten Stromdurchgang oder durch Heizleiterwicklungen erhitzten Rohres oder Tiegels aus Metall, Graphit oder Keramik [14, 17]. Es können auch die Versuchsproben selbst durch direkten Stromdurchfluß aufgeheizt werden [19]. Als Stromzuführung kann neben speziellen Stromdurchführungen [15, 17] auch der Kessel und der Deckel des Autoklaven dienen, wenn diese elektrisch isoliert sind und das Heizrohr oder die Probe dazwischen eingespannt wird [14]. Die Temperaturmessung erfolgt bei höheren Temperaturen meist pyrometrisch durch Quarzfenster, wobei allerdings durch die Schlierenbildung des heißen Gases mit gewissen Fehlern zu rechnen ist. Bei Temperaturen unterhalb von etwa 1500—1600 °C werden Pt—PtRh-Thermoelemente benützt [14, 15, 17].

Literatur zu Abschnitt IV

1 Fromm, E.: Vacuum 21 (1971) 585; Erzmetall 25 (1972) 604.
2 Günther, K. G.: Vacuum 10 (1960) 293.
3 Dennis, N. T. M.; Heppel, T. A.: In [9] 94.
4 Aspinal, M.: Analyst 91 (1966) 33.
5 Huber, W. K.: Vacuum 13 (1964) 399.
6 Diels, K.; Jaeckel, R.: Leybold Vakuum-Taschenbuch, 2. Aufl., Berlin, Göttingen, Heidelberg: Springer 1962.
7 Espe, W.; Knoll, M.: Werkstoffkunde der Hochvakuumtechnik, Berlin: Springer 1936; Berlin: VEB Deutscher Verlag der Wissenschaften 1959.
8 Green, G. W.: The Design and Construction of Small Vacuum Systems, London: Chapman and Hall 1968.
9 Dennis, N. T. M.; Heppel, T. A.: Vacuum System Design, London: Chapman and Hall 1968.
10 Dushman, S.; Lafferty, J. M. (Hrsg.): Scientific Foundations of Vacuum Technique, 2. Aufl., New York: Wiley 1962.
11 Bunshah, R. F.; Batzer, T. H.: In R. F. Bunshah (Hrsg.): Techniques of Metals Research, Vol. I, Pt. 1, New York: Wiley-Interscience 1968.
12 Trendelenburg, E. A.: Ultrahochvakuum, Karlsruhe: Braun 1963.
13 Wutz, M.: Theorie und Praxis der Vakuumtechnik, Braunschweig: Vieweg 1965.
14 Ettmayer, P.; Priemer, H.; Kieffer, R.: Metall 23 (1969) 307.
15 Wilhelmi, K.-A.: J. Sci. Instr. (J. Physics E) Ser. 2, 1 (1968) 1240.
16 Baranowski, B.: Ber. Bunsenges. 76 (1972) 715; Roczniki Chem. 44 (1970) 2271.
17 Masumoto, T.; Naka, M.; Imai, Y.: Sci. Rept. Res. Inst. Tohoku Univ. A 24 (1972) 16.
18 Karl, E.: Chemie-Ingenieur-Technik 43 (1971) 698.
19 Jehn, H.; Ettmayer, P.: High Temp. — High Pressures 7 (1976).
20 Procházka, V.; Nedred, M.: Coll. Czech. Chem. Commun. 38 (1973) 2845.

V. Erhitzung und Temperaturmessung

(Literatur S. 281)

1. Erhitzung im festen Zustand

Indirekte Erhitzung. Mit den verschiedenen Typen von widerstandsbeheizten Öfen können Temperaturen von Raumtemperatur bis etwa 2400 °C erreicht werden. Dabei kommen bis etwa 1800 °C Öfen mit gewickelten oder stabförmigen metallischen Heizelementen in Betracht, die sich gegebenenfalls unter Schutzgas oder in Vakuum befinden. Für Temperaturen oberhalb 1800 °C finden Heizelemente aus Tantal-, Molybdän- oder Wolfram-Blechen, -Netzen oder -Rohren Anwendung. Hierbei muß allerdings unter Schutzgas oder im Hochvakuum gearbeitet werden, um die Reaktionen mit Sauerstoff, Stickstoff, Kohlenwasserstoffen und Wasserdampf zu vermeiden.

Die indirekte Erhitzung kommt für Gas-Metall-Untersuchungen praktisch nur für Temperaturen unterhalb von 1200 °C in Frage. Hier können die Proben in Quarzgefäßen oder Keramikrohren mit dem gewünschten Gas reagieren oder entgast werden oder sie können z. B. für Ausscheidungsglühungen in evakuierte Glas- und Quarzampullen eingeschmolzen und erhitzt werden. Eine Untersuchung ohne abgetrennten Reaktionsraum ist wegen der Reaktion der Heizleiter und Abschirmvorrichtung mit der Gasatmosphäre nur in Ausnahmefällen möglich. Bei der indirekten Erhitzung ist außerdem mit verhältnismäßig langen Aufheizzeiten zu rechnen.

Direkte Widerstandsheizung. Können die zu untersuchenden Proben in Draht- oder Bandform hergestellt werden, so ist die Erhitzung durch direkten Stromdurchgang geeignet, um Temperaturen bis wenig unterhalb des Schmelzpunktes des Metalles zu erreichen. Hierbei befindet sich nur die Probe auf der Versuchstemperatur, während die Wand des Rezipienten üblicherweise gekühlt wird. Allerdings muß gegebenenfalls der Temperaturabfall an den Enden der in wassergekühlte Elektroden eingespannten Probe berücksichtigt werden. Dies spielt besonders bei der Dotierung der Proben mit volumetrischen oder manometrischen Methoden eine Rolle, weil sich in den kälteren Zonen eine andere Gaskonzentration wie in der temperaturkonstanten Zone einstellt. Dabei kann die Randzone eine geringere oder höhere Gaskonzentration aufweisen.

Die Berechnung des Temperaturverlaufs und besonders des Konzentrationsprofiles in der Nähe der Einspannung ist mit erheblichem Aufwand verbunden, weil hierzu die Werte der elektrischen Leitfähigkeit, der Wärmeleitfähigkeit und der Energieabstrahlung sowie die Reaktionsgeschwindigkeiten und die Gleichgewichtszustände der ablaufenden Gas-Metall-Reaktionen als Funktion der Temperatur bekannt sein müssen [1—3]. Demgegenüber ist eine experimentelle Bestimmung des Temperatur- und Konzentrationsverlaufes meist verhältnismäßig einfach durchzuführen. Temperaturprofile oberhalb 800 °C können pyrometrisch gemessen werden, wenn auf der Probe Markierungen angebracht sind [4, 7] und Konzentrationsprofile können z. B. durch Mikrohärtemessungen ermittelt werden [5—7]. Zum Teil lassen sich auch bekannte Druck-Temperatur-Konzentration-Gleichgewichtsbeziehungen zu einer Abschätzung heranziehen [4]. Häufig wird bei Begasungs- oder Gleichgewichtsuntersuchungen eine sogenannte „Begasungslänge" eingeführt. Sie gibt die Länge an, die eine Probe hätte, wenn sie in der ganzen Länge homogen begast wäre. Die graphische Ermittlung dieser Begasungslänge und der damit zusammenhängenden Endstücke L_E zeigt Abb. 14 für zwei verschiedene Fälle des Konzentrationsverlaufes. Dabei wird der Abfall und die eventuelle Ausbildung eines Maximums der Konzentrationskurve von der Temperaturabhängigkeit der Gleichgewichte und der Reaktionsgeschwindigkeiten in den verschiedenen Metall-Gas-Systemen bestimmt. Eine einfache Methode zur Bestimmung der Begasungslänge beziehungsweise zur Eliminierung der Randzonen liegt in der Verwendung zweier Proben verschiedener Einspannlänge bei sonst gleichen Versuchsbedingungen. Der Unterschied in der Meßgröße, wie z. B. Widerstandserhöhung oder reagierendes Gasvolumen, ist dann direkt der Differenz der Probenlängen zuzuordnen. Aus diesem Zusammenhang und der Gesamtänderung der Meßgröße ergibt sich dann die Begasungslänge, die von der Versuchstemperatur und dem speziellen Metall-Gas-System abhängt. Für unterschiedliche Probenabmessungen lassen sich die Endstücke entsprechend der Beziehung [1]

$$L_E \sim \sqrt{\text{Querschnitt}/\text{Umfang}}$$

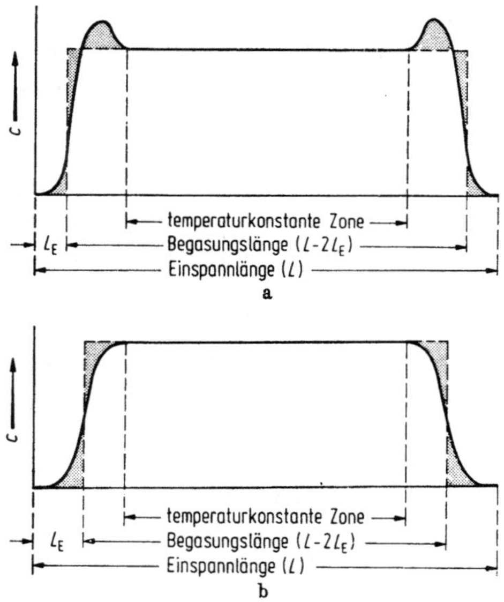

Abb. 14. Ermittlung der Begasungslänge.
Beispiel a) Nb, Gleichgewichtseinstellung in N_2, $\Delta H < 0$; b) Ta, reine Begasung in O_2, stark temperaturabhängige Begasungsgeschwindigkeit.

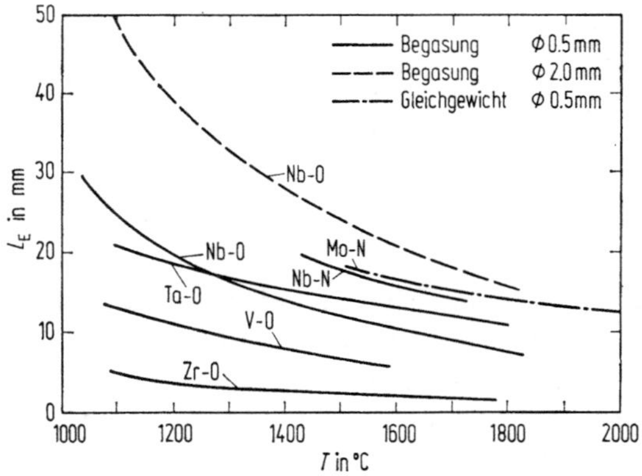

Abb. 15. Länge der Endstücke L_E drahtförmiger Proben in einigen Systemen hochschmelzender Metalle.

ineinander umrechnen. Der durch den Temperaturabfall in der Nähe der gekühlten Einspannungen verursachte Fehler ist umso geringer, je größer die Länge und je kleiner der Durchmesser bzw. die Dicke der Versuchsproben ist und je höher die Versuchstemperatur liegt. In Abb. 15 sind als Beispiel die Endstücke in einigen Systemen hochschmelzender Metalle für Gleichgewichts- und Kinetikuntersuchungen wiedergegeben [4, 6, 9].

Die Endstücke können unberücksichtigt bleiben, wenn für die Untersuchungen nur ein Teil der Probe innerhalb der temperaturkonstanten Zone verwendet und nicht die gesamte reagierende Gasmenge ausgewertet wird. Dies ist der Fall, wenn die Konzentration nach dem Versuch analytisch oder durch Messung von Eigenschaftsänderungn ermittelt wird. Besonders einfach ist in vielen Fällen die kontinuierliche Bestimmung der Gaskonzentration während des Versuches durch die Messung des spezifischen elektrischen Widerstandes, wenn die Beziehung zwischen Konzentration und Widerstand bei der Versuchstemperatur bekannt ist [10—14].

Induktive Erhitzung. Bei der induktiven Erhitzung [15, 16] wird die Wärme direkt in der Probe erzeugt und damit nur diese erhitzt. In zylindrischen Induktionsspulen können zylindrische, hohlzylindrische oder scheibchenförmige Proben erwärmt werden. Dabei dürfen die Scheibchen auch etwas stärker von der idealen Kreisform abweichen, ohne daß wesentliche Temperaturdifferenzen innerhalb der Probe entstehen. Da die Untersuchungen meist an verhältnismäßig kleinen Proben ($d \leqq 1$ cm) durchgeführt werden, empfiehlt sich für die induktive Erhitzung eine Frequenz im Bereich von 200 kHz bis 1,5 MHz, die üblicherweise mit Röhrengeneratoren erzeugt wird. Für die Leistungsaufnahme aus einem elektromagnetischen Wechselfeld spielt die Eindringtiefe des elektromagnetischen Feldes (Skineffekt) eine entscheidende Rolle. Sie hängt vom spezifischen elektrischen Widerstand ϱ (in $\mu\Omega \cdot$ cm), der relativen Permeabilität μ, die meist 1 ist, und der Frequenz ν (in Hz) entsprechend der Beziehung

$$\delta = 5{,}03 \sqrt{\frac{\varrho}{\mu\nu}}$$

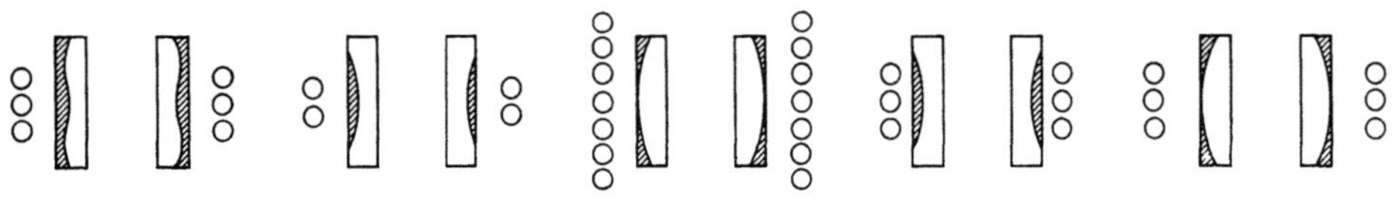

Abb. 16. Einfluß der Spulenlänge und des Spulenabstandes auf die Verteilung der Wärmeerzeugung bei der induktiven Erwärmung von Hohlzylindern [17].

ab (δ in cm). In Abb. F.9 ist die Eindringtiefe in Abhängigkeit von der Frequenz und dem spezifischen elektrischen Widerstand für nichtferromagnetische Metalle wiedergegeben. Für eine günstige Leistungsaufnahme sollte die Eindringtiefe höchstens die Größenordnung des Probendurchmessers erreichen. Weiterhin sollte der innere Durchmesser der Induktionsspulen nicht sehr viel größer als der Probendurchmesser sein. Die Erwärmung von zylindrischen Proben erfolgt meist nicht vollständig gleichmäßig, wie Abb. 16 zeigt [17]; die Temperaturunterschiede werden jedoch durch die Wärmeleitung weitgehend aufgehoben und sie können im allgemeinen vernachlässigt werden.

Die Versuchsproben werden zweckmäßigerweise im Zentrum der Induktionsspule an sehr dünnen Drähten (z. B. 0,2 mm Dmr.) aufgehängt, die entweder einen Korb bilden oder durch Bohrungen hindurchgezogen sind. Auf diese Weise ist die Wärmeableitung durch den Aufhängedraht sehr gering. Er wird meist aus dem gleichen oder einem ähnlichen Material wie die Versuchsprobe oder aus einem hochschmelzenden Metall wie z. B. Wolfram bestehen. Unter Umständen können die Proben auch auf einen dünnen Metall- oder Keramikstift aufgesteckt werden.

Elektronenstrahlheizung. Bei der Elektronenstrahlheizung [18, 19] werden hochbeschleunigte Elektronen auf die Probe gelenkt, wobei die kinetische Energie der Elektronen beim Auftreffen in Wärme verwandelt wird. Im Gegensatz zu anderen Erhitzungsverfahren bietet die Elektronenstrahlheizung auch die Möglichkeit, auf einer sehr kleinen Fläche hohe Temperaturen zu erzeugen. Die Anwendung der Elektronenstrahlheizung hat bei der Untersuchung von Gas-Metall-Reaktionen den Nachteil, daß die Glühkathode ebenfalls mit der Gasatmosphäre reagieren kann und daß bei Drücken oberhalb von 10^{-3} Torr die Elektronen zu stark abgelenkt werden.

2. Untersuchungen an Schmelzen

Tiegelschmelzen. Wird das Metall indirekt oder induktiv in einem Keramiktiegel aufgeschmolzen, so können einmal Nebenreaktionen zwischen Schmelze und Tiegelmaterial ablaufen und zum anderen steht nur eine verhältnismäßig kleine freie Oberfläche für die Gas-Metall-Reaktion zur Verfügung, was die Einstellung von Gleichgewichten verzögern kann. Etwas verkürzt werden können die Reaktionszeiten bei der induktiven Erhitzung durch die elektromagnetische Badbewegung oder wenn das Gas durch die Schmelze hindurchgeleitet wird. In beiden Fällen sind exakte Kinetikuntersuchungen nicht möglich, weil keine definierten Versuchsbedingungen vorliegen. Für Untersuchungen in Tiegeln kommt somit nur die indirekte Erhitzung in Frage. Oberhalb von etwa 1800 °C stehen jedoch praktisch keine Tiegelmaterialien mehr zur Verfügung und häufig treten schon bei tieferen Temperaturen starke Reaktionen zwischen Tiegel und

Tabelle 3. Eigenschaften von Tiegelmaterialien.

Tiegelmaterial	Schmelzpunkt, °C	Verwendbar im Vakuum bis °C	Gasdichtigkeit
SiO_2	1750	1200	sehr gut
MgO	2700	1600	porös
Al_2O_3	2050	1900	gut
BeO	2550	2100	gut
ThO_2	3000	2200	gut
ZrO_2	2700	2300	schwach porös
C	—	2300	porös

Schmelze auf. In Tab. 3 sind die Anwendungstemperaturen für einige Tiegelmaterialien wiedergegeben, wobei allerdings vorausgesetzt ist, daß keine Reaktionen zwischen Schmelze und Tiegel ablaufen.

Schmelztropfen. Eine Möglichkeit, um Tiegelreaktionen zu vermeiden und auch hochschmelzende Metalle aufschmelzen zu können, bietet das teilweise Aufschmelzen des Metalls an der Oberfläche durch Induktions- oder Elektronenstrahlerhitzung [20, 21]. Dabei kann der Schmelztropfen, wie in Abb. 17 schematisch gezeigt ist, am unteren Ende einer festen Metallprobe hängen (a) oder auch gleichsam auf einem Tisch aufliegen (b). In diesen Skizzen ist eine induktive Erhitzung eingezeichnet, es können jedoch auch Elektronenstrahlen verwendet werden. Bei hängenden Tropfen (a) wird bei induktiver Erhitzung durch die Form der Spule gleichzeitig eine tragende Kraft auf die Schmelze ausgeübt. Meist ist der Trägerstab noch zusätzlich in einer gekühlten Vorrichtung eingespannt. Bei der Elektronenstrahlheizung können auch sogenannte Knopfproben in einer wassergekühlten Kupferkokille aufgeschmolzen werden (c). Alle diese Verfahren besitzen den Nachteil, daß in der Schmelze ein Temperaturgradient herrscht. Weiterhin liegt im Fall (a) und (b) die Temperatur an der Oberfläche nur verhältnismäßig wenig über dem Schmelzpunkt und die Versuchsbedingungen sind infolge des Temperaturgradienten und der großen festen, aber ebenfalls heißen Metallmasse weitgehend undefiniert. Für manche Untersuchungen können Knopfproben (c) auch im Lichtbogenofen erhitzt werden.

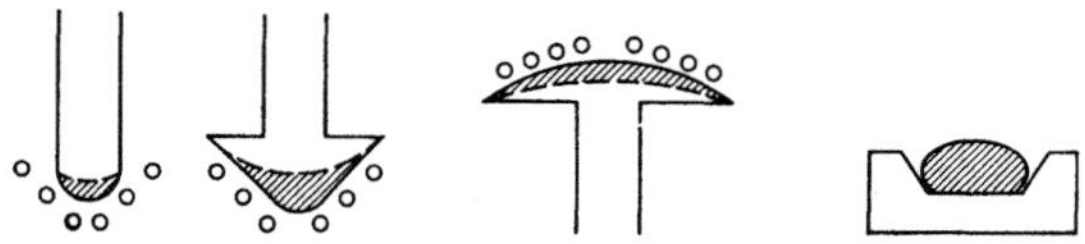

a b c

Abb. 17. Schmelztropfen zur Untersuchung von Gas-Metall-Reaktionen.

Rinnenschmelze. Etwas günstiger liegen die Verhältnisse, wenn Proben in einer wassergekühlten Kupfer- oder Silberrinne induktiv aufgeschmolzen werden [21, 43], wie dies in Abb. 18 schematisch dargestellt ist. Durch die Induktionsspule wird in der Kupferrinne und in der Probe ein Strom induziert, der an der Auflagefläche der Probe entgegengesetzt gerichtet ist und der dadurch eine abstoßende Kraftwirkung zwischen Probe und Rinne hervorruft und ein Abheben der Schmelze zur Folge haben kann. Damit wird der Temperaturgradient innerhalb der Schmelze wesentlich verringert und sie wird gleichzeitig durch die elektromagnetische Badbewegung gut durchmischt. Die erreichbaren Temperaturen sind hier nicht begrenzt.

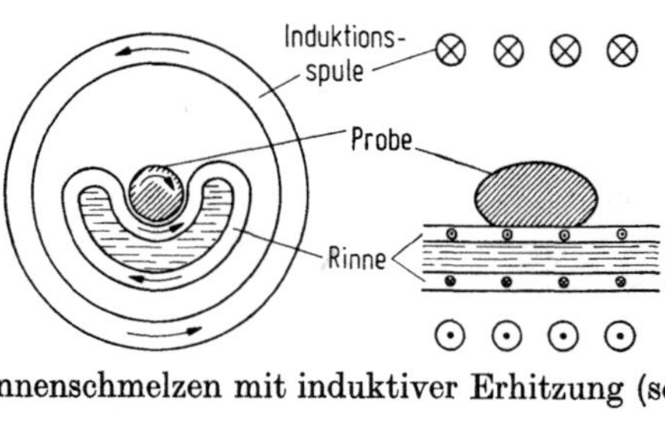

Abb. 18. Rinnenschmelzen mit induktiver Erhitzung (schematisch).

Schwebeschmelzen. Das Prinzip des Schwebeschmelzverfahrens beruht darauf, daß in einer elektrisch leitenden Probe durch ein elektromagnetisches Wechselfeld Ströme induziert werden, die einmal die Probe induktiv erhitzen und zum anderen eine Kraftwirkung hervorrufen. Diese Kraft kann in geeignet geformten Spulen so groß werden, daß sie das Probengewicht aufhebt, und die Probe läßt sich dann ohne jede Berührung mit einem Tiegelmaterial schwebend erhitzen oder schmelzen (Abb. 19). Dabei werden die Kraftwirkung und die Leistungsaufnahme im Feld einer Schwebespule durch die folgenden Größen bestimmt: spezifischer elektrischer Widerstand, Permeabilität und Größe der Probe, Form

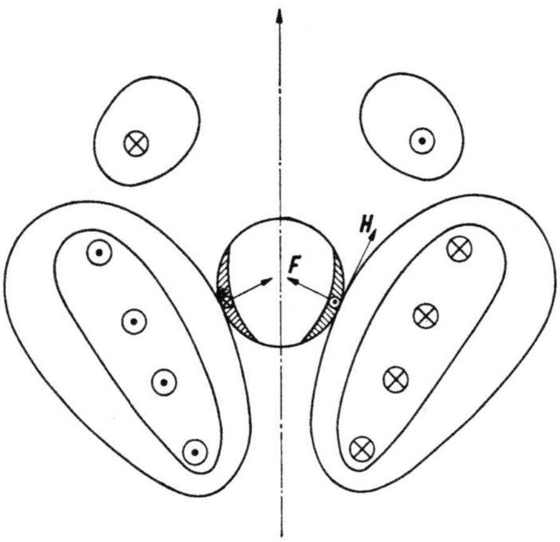

Abb. 19. Schwebeschmelzen (schematisch).

der Spule sowie Frequenz und Stärke des Spulenstromes. Wie schon bei der induktiven Erhitzung spielt auch hier das Verhältnis Probenradius zu Eindringtiefe des Induktionsstromes eine entscheidende Rolle. In der praktischen Anwendung müssen die genannten Größen aufeinander abgestimmt werden. Das Hauptproblem liegt bei Schwebeschmelzanordnungen einmal darin, daß die Kraftwirkung und die Leistungsaufnahme nicht unabhängig voneinander regelbar sind, sondern beide vom Spulenstrom bestimmt werden, und zum andern, daß die Größe der geschmolzenen Proben im wesentlichen durch die Oberflächenspannung des Metalls bestimmt ist [25, 26]. Die Vorteile des Verfahrens bestehen darin, daß die Proben absolut tiegelfrei im Vakuum oder in einer Gasatmosphäre erschmolzen werden können, daß die ganze Probe praktisch dieselbe Temperatur hat und daß sich Gleichgewichtszustände verhältnismäßig rasch einstellen, da die gesamte Oberfläche mit der Gasphase reagieren kann.

In einer Reihe von Arbeiten werden die grundlegenden Probleme des Schwebeschmelzverfahrens behandelt [22—29] und dessen Anwendungen zur Untersuchung in Metall-Gas-Systemen beschrieben [30—35, 42].

3. Abschreckverfahren

Verschiedentlich müssen bei Gas-Metall-Untersuchungen die Proben am Ende der betrachteten Reaktion abgeschreckt werden, um ein Weiterlaufen der Reaktion unter nicht exakt definierten Bedingungen zu verhindern oder die Ausbildung von Ausscheidungen bei tieferen Temperaturen zu unterdrücken. Besonders für die Bestimmung des bei der Versuchstemperatur im Metall gelösten Gasanteils mit Hilfe von Eigenschaftsmessungen bei Raumtemperatur ist eine genügend hohe Abkühlungsgeschwindigkeit entscheidend. Die Proben sollten wenigstens in einer Dimension geringe Abmessungen aufweisen, um eine schnelle Abkühlung der gesamten Probe zu erreichen. Prinzipiell können die Proben in flüssigen oder gasförmigen Medien abgeschreckt werden.

Flüssige Medien. Im wesentlichen kommen folgende Flüssigkeiten in Betracht: Wasser, Öle, verflüssigte Gase oder flüssige Metalle. Wasser wird vorwiegend zum Abschrecken von Glasampullen verwendet, wobei nach deren Zerspringen die Proben rasch abgekühlt werden. Hierbei können jedoch Wasserstoff und Sauerstoff aufgenommen werden. Eine Reaktion der Probe mit dem Abschreckmedium kann auch bei kohlenwasserstoffhaltigen Ölen (z. B. Diffusionspumpenöl) erfolgen. Diffusionspumpenöle haben den Vorteil, daß sie innerhalb des Rezipienten verwendet werden können, ohne das Hochvakuum oder die Gasatmosphäre zu stören. Bei der Durchführung von Abschreckexperimenten wird jedoch der Rezipient durch den entstehenden Öldampf stark verschmutzt. Geschmolzene Metalle können ebenfalls in Rezipienten als Abschreckbad verwendet werden. Dabei werden besonders Quecksilber [36] und niedrigschmelzende Legierungen mit Erfolg eingesetzt. Bei diesen Methoden werden die im direkten Stromdurchgang oder induktiv erhitzten Proben schnell in das Bad eingetaucht oder eingeworfen. Für Drähte unter 0,2 mm Dmr. können Abkühlgeschwindigkeiten von 10^3 bis 10^5 °C/s erreicht werden.

Gasförmige Medien. Bei Drücken unter 10^{-2} Torr kann Wärme von einer Probe nur noch durch Strahlung und eventuell durch Wärmeleitung zur Einspannung hin abgegeben werden. Deshalb erfolgt unterhalb von 1000 °C nur noch eine verhältnismäßig langsame weitere Abkühlung. Durch Einlassen eines Inertgases in den Rezipienten bis zu einem Druck von etwa 100—400 Torr läßt

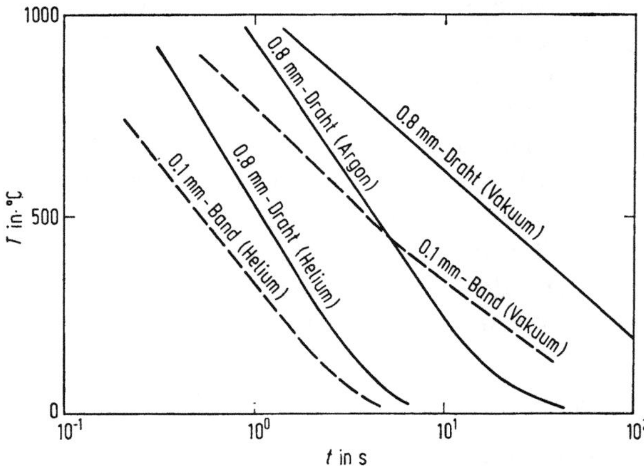

Abb. 20. Temperaturverlauf beim Abkühlen von Niob-Proben unter verschiedenen Bedingungen nach einer Glühung bei 1460 °C [37].

sich die Abkühlung wesentlich beschleunigen. Am vorteilhaftesten wird dabei reinstes Helium verwendet, da es die höchste Wärmeleitfähigkeit besitzt. Daneben erhöhen auch Argon oder andere Gase, deren Reaktionen mit der Probe vernachlässigbar sind, die Abkühlgeschwindigkeiten wesentlich. Bei diesen Experimenten ist es vorteilhaft, wenn durch eine entsprechende Steuerung gleichzeitig die Heizung abgeschaltet, das Ventil zum Pumpsystem geschlossen und das Gas schlagartig eingelassen wird. Der Einfluß der umgebenden Atmosphäre auf die Abkühlung ist in Abb. 20 am Beispiel von Niob-Draht- und -Bandproben gezeigt. Dort ist der Temperaturverlauf nach dem Abschalten des Heizstromes im Hochvakuum und nach dem Fluten mit Argon beziehungsweise Helium wiedergegeben [37]. Die Abschreckgeschwindigkeiten erreichen Werte von 10^3 bis 10^4 °C/s. Liegen die Gasdrücke während der Untersuchungen oberhalb von etwa 10 Torr, so ist bereits hierdurch eine erhöhte Abkühlgeschwindigkeit gegeben, die praktisch nur durch Abschrecken in einer Flüssigkeit erhöht werden kann.

Abschrecken von Schmelzen. Die rasche Abkühlung von Schmelzen beschränkt sich bei Gas-Metall-Untersuchungen zumeist darauf, den augenblicklichen Zustand einzufrieren, um anschließend den Gasgehalt analytisch zu bestimmen. Schmelzen in Tiegeln oder nach dem Schwebeschmelzverfahren können dazu in eine wasser- oder stickstoffgekühlte Kupferkokille abgegossen werden, beim letzteren Verfahren durch Abschalten des Induktionsstromes. Bei den anderen erwähnten Schmelzverfahren wird meist schon die Wärmeleitung zum festen Probenende oder zum gekühlten Kupfertiegel eine ausreichende Abschreckgeschwindigkeit ergeben. Durch eine während der Reaktion vorhandene oder anschließend eingelassene Gasatmosphäre (s. o.) wird die Abkühlung beschleunigt. Im übrigen können die speziellen in der Metallforschung für Strukturuntersuchungen bekannten Abschreckmethoden in Gas-Metall-Systemen ebenfalls verwendet werden [38].

4. Temperaturmessung

Thermoelemente. Thermoelemente zeichnen sich vor allem durch ihren großen Meßbereich und die Möglichkeit einer nahezu punktförmigen Temperaturmessung aus. Häufig können sie in direkten Kontakt mit der Probe gebracht werden. Dabei muß darauf geachtet werden, daß die Thermoelementmetalle nicht mit der Gasphase oder der Probe reagieren, wodurch sich die Eichung verändern kann oder das Element zerstört wird. Bei kleinen Proben oder relativ dünnen Drähten ist eine starke Erniedrigung der Probentemperatur an der Berührungsstelle durch die Wärmeableitung möglich. Die beim praktischen Einsatz von Thermoelementen in der Metallforschung auftretenden Probleme der Anbringung, Isolation, Schaltung und Auswahl sowie die Charakteristiken der verschiedenen Thermoelementpaare sind in [39, 40] behandelt. In Tab. 4 sind die oberen Grenztemperaturen und Empfindlichkeiten für Kupfer-Konstantan, Eisen-Konstantan, Ni—NiCr, Pt—PtRh, W—WRe sowie einige weitere Thermoelementpaare zusammengestellt, die unter speziellen Bedingungen verwendet werden können.

Tabelle 4. Eigenschaften von Thermoelementpaaren, nach [39].

Thermoelement	Grenztemperatur in °C	mittlere Empfindlichkeit in µV/°C
Cu—Konstantan	1200	38—61 (0—370 °C)
Fe—Konstantan	800	50—64 (0—760 °C)
Ni—NiCr	1400	40 (0—1200 °C)
Pd—IrPt[1,4]	1400	45 (1400 °C)
Pt—PtRh[2]	1600	13 (1000 °C)
PtRh—PtRh[2]	bis 1850	5—12 (1600 °C)
Ir—IrRh[3]	2100	6 (1900 °C)
W—Re[4]	2300	7,2 (2100 °C)
W—WRe[2,4]	2200	15,7 (2200 °C)
WRe—WRe[2,4]	2200	10—12 (2200 °C)
W—Ir[4]	2000	26 (2000 °C)
W—Graphit[5]	2400	29
Re—Graphit[5]	2400	40
B_4C—C[5]	2400	330
Graphit—SiC[5]	2700	300

[1] 15% Ir
[2] verschiedene Legierungen, außerdem treten bei längerem Gebrauch Meßfehler durch teilweise Verdampfung der Legierungselemente auf
[3] sehr spröde
[4] Einsatzbereich abhängig von Atmosphäre
[5] für spezielle Anwendungen

Strahlungsmessung. Die von einem erhitzten Körper ausgehende Strahlung kann in einfacher Weise zur pyrometrischen Temperaturmessung herangezogen werden. Dabei wird die von der Versuchsprobe ausgesandte Strahlung mit einem geeichten Strahler visuell oder mit Photodetektoren verglichen. Zur Bestimmung der wahren Temperatur der Probe müssen entweder an der Stelle der Temperaturmessung die Bedingungen des schwarzen Körpers vorliegen oder es muß das Emissionsvermögen ε der Probenoberfläche bekannt sein.

Bei der pyrometrischen Messung wird visuell die Helligkeit des Leuchtdrahtes der Pyrometerlampe mit der Helligkeit der Probe verglichen und die wahre Probentemperatur T_w aus der abgelesenen schwarzen Temperatur T_s berechnet. Hierzu benötigt man das normale spektrale Emissionsvermögen $\varepsilon_{n\lambda}$ und die aus dem Kirchhoffschen und Wienschen Strahlungsgesetz folgende Beziehung [39, 41]

$$\frac{1}{T_w} - \frac{1}{T_s} \doteq \frac{\lambda}{C_2} \ln \varepsilon_{n\lambda}$$

(T_w, T_s in K; Wellenlänge λ in Å; Konstante der Wienschen Formel $C_2 = 1{,}438 \cdot 10^8$ ÅK). Werte für das temperaturabhängige spektrale Emissionsvermögen bei der zumeist verwendeten Wellenlänge $\lambda = 6500$ Å oder Angaben über den Zusammenhang zwischen schwarzer und wahrer Temperatur werden für reine Metalle häufig in der Literatur gefunden. Liegen keine derartigen Angaben vor, so können die entsprechenden Werte mit Hilfe der sogenannten Lochmethode experimentell bestimmt werden. Dabei wird die schwarze Temperatur der blanken

Probenoberfläche mit derjenigen einer Bohrung verglichen. Wenn das Verhältnis von Lochtiefe zu Lochradius $L/r > 5$ ist, sind die Bedingungen des schwarzen Strahlers weitgehend erfüllt [41].

Da bei Untersuchungen in Metall-Gas-Systemen meist in Rezipienten gearbeitet wird, sind noch die Verluste durch Absorption und Spiegelung an den Beobachtungsfenstern zu berücksichtigen. Die Korrekturwerte, die je Scheibe in der Größenordnung von 1% der abgelesenen Temperatur liegen, lassen sich am einfachsten durch Eichmessungen festlegen. Neben monochromatischen Pyrometern finden auch Quotienten-, Gesamtstrahlungs- und Farbpyrometer Verwendung [39].

Literatur zu Abschnitt V

1 Seghezzi, H.-D.: Diplomarbeit, Technische Hochschule Stuttgart 1956; Dürrschnabel, W.: Diplomarbeit, Technische Hochschule Stuttgart 1958.
2 Baerwald, H. G.: Phil. Mag. 21 (1936) 641.
3 Worthing, A. G.; Halliday, D.: Heat, New York 1948.
4 Jehn, H.: Dissertation, Universität (T. H.) Stuttgart 1970.
5 Gebhardt, E.; Rothenbacher, R.: Z. Metallkde. 54 (1963) 443.
6 Gebhardt, E.; Dürrschnabel, W.; Hörz, G.: J. Nucl. Mater. 18 (1966) 119.
7 Lohnert, W.; Fromm, E.: Z. Metallkde. 62 (1971) 457.
8 Gebhardt, E.; Seghezzi, H.-D.; Dürrschnabel, W.: J. Nucl. Mater. 4 (1961) 241.
9 Hörz, G.; Hammel, M.; Kanbach, H.: J. Nucl. Mater. 55 (1975) 291.
10 Hörz, G.; Hammel, M.: J. Nucl. Mater. 55 (1975) 284.
11 Hörster, H.; Kauer, E.: Z. Elektrochem.-Ber. Bunsenges. phys. Chem. 66 (1962) 667.
12 Grabke, H. J.: Ber. Bunsenges. 69 (1965) 409.
13 Hörz, G.; Lindenmaier, K.: Z. Metallkde. 63 (1972) 99, 103, 240.
14 Jehn, H.; Hörz, G.: Z. Metallkde. 67 (1976).
15 Brunst, W.: Die induktive Wärmebehandlung, Berlin, Göttingen, Heidelberg: Springer 1957.
16 Benkowsky, G.: Induktionserwärmung, Berlin: VEB Verlag Technik 1970.
17 Green, G. W.: The Design and Construction of Small Vacuum Systems, London: Chapman and Hall 1968.
18 Bunshah, R. F.; Cocca, M. A. In R. F. Bunshah (Hrsg.): Techniques of Metals Research, Vol. I, Pt. 2, New York: Wiley-Interscience 1968, S. 717.
19 Ardenne, M. v.: Tabellen zur angewandten Physik, Berlin: VEB Deutscher Verlag der Wissenschaften 1962.
20 Kozina, L. N.; Revyakin, A. V.; Samarin, A. M.: Vorabdr. 7. Plansee-Seminar, Reutte/Österreich, 1971.
21 Sterling, H. F.; Warren, R. W.: Metallurgia 67 (1963) 301.
22 Okress, E. C. et al.: J. Appl. Phys. 23 (1958) 545.
23 Fromm, E.; Jehn, H.: Brit. J. Appl. Phys. 16 (1965) 653.
24 Fromm, E.; Jehn, H.: Z. Metallkde. 56 (1965) 599; 58 (1967) 366.
25 Bunshah, R. F. In R. F. Bunshah (Hrsg.): Techniques of Metals Research, Vol. I, Pt. 2, New York: Wiley-Interscience 1968, S. 775.
26 Rony, P.: Trans. Vacuum Met. Conf. 1964, American Vacuum Soc., Boston/Mass. (1964) 55; Rpt. UCRL 16073.
27 Fogel, A. A.: Izv. Akad. Nauk SSSR, Otd. Met. Topl. 2 (1959) 24; Brutcher Translation Nr. 4702.
28 Slater, W. J.; Barton, J. W.; Taggart, R.: Science and Industry 7 (1960) 89.
29 Domke, H.; Kapoor, M. L.: Z. Metallkde. 65 (1974) 691.
30 Jenkins, E. A.: Chem. Eng. News 39 (1961) 38.
31 Pfeifer, W. A.: J. Metals 17 (1965) 487.
32 Toop, G. W.; Richardson, F. D.: J. Metals 16 (1964) 106.

33 Shimmyo, K.; Takani, T.: Proc. Intern. Conf. Sci. Techn. Iron Steel, Tokyo, Sept. 1970 (1971) 543.
34 Sano, N.; Matsushita, Y.: Trans. Iron Steel Inst. Jap. 11 (1971) 232.
35 Domke, H.; Frohberg, M. G.: Z. Metallkde. 65 (1974) 615.
36 Evans, J. H.; Eyre, B. L.: Acta Met. 17 (1969) 1109.
37 Rothenbacher, R.; Skudelny, G.; Gebhardt, E.: Z. Metallkde. 62 (1971) 787.
38 Duwez, P. In R. F. Bunshah (Hrsg.): Technique of Metals Research, Vol. I, Pt. 1, New York: Wiley-Interscience 1968, S. 347.
39 McElroy, D. L.; Fulkerson, W. In R. F. Bunshah (Hrsg.): Techniques of Metals Research, Vol. I, Pt. 1, New York: Wiley-Interscience 1968, S. 105.
40 Schulze, A.: Metallische Stoffe der Elektrotechnik, Berlin: Metall-Verlag 1950.
41 Euler, J.; Ludwig, R.: Arbeitsmethoden der optischen Pyrometrie, Karlsruhe: Braun 1960.
42 Sunderland, M.; Hamielek, A. E.; Lu, W. K.; McLean, A.: Met. Trans. 4 (1973) 575.
43 Wyadlowski, T.; Rochette, J.; Tardy, R.; Boos, J. Y.: Mém. Sci. Rev. Mét. 70 (1973) 77.

Kapitel E

Technische Verfahren

(Literatur S. 305)

H.-D. Seghezzi

I. Einleitung

Die Beschäftigung mit Metall-Gas-Systemen geschieht nicht nur aus wissenschaftlichem Interesse. Auch die Technik muß sich mit diesem Sachgebiet intensiv befassen, weil Metall-Gas-Reaktionen beachtliche Möglichkeiten zur Verbesserung der Eigenschaften metallischer Bauteile bieten. Dabei gelingt die Verbesserung in manchen Fällen durch eine Verringerung des Gehalts an gasförmigen Komponenten, während in anderen Fällen die Aufnahme von Gas den Gebrauchswert des Metalls erhöht.

Zur Veranschaulichung dieser Möglichkeiten werden in den folgenden Abschnitten einige weit verbreitete technische Verfahren beschrieben. Sie betreffen einerseits die Entgasung (Schmelzverfahren, Stahlentgasung, Entgasung im festen Zustand), andererseits die Begasung (Aufkohlen, Nitrieren, Karbonitrieren). In Betracht gezogen werden nur solche Verfahren, die wirtschaftlich bedeutsam sind und bei denen Metall-Gas-Reaktionen eine wichtige Rolle spielen. Darüberhinaus sind noch zahlreiche andere Verfahren entwickelt worden, welche in einzelnen Industriezweigen oder in speziellen Betrieben eine große Bedeutung haben können. Dem Charakter dieses Buches entsprechend, kann jedoch auf sie nicht näher eingegangen werden.

Tabelle 1. Metallabscheidung aus der Gasphase [1].

Material	Verbindung	Siedepunkt °C	Abscheidungs-temp. °C	Abscheidungsgeschwindigkeit mm/h normal	maximal
Nickel	Nickelkarbonyl	43	150—250	0,25	6,35
Wolfram	Wolframhexafluorid	17	540—650	0,25	2,5
Aluminium	Aluminiumtriisobutyl	205	230—290	0,05	...
Chrom	Chromdicumol	295	260—400	0,04	0,12
Graphit	Methan	—160	2200	0,08	...

In diesem Zusammenhang sind auch altbekannte Verfahren von hoher volkswirtschaftlicher Bedeutung zu nennen, bei welchen Metall-Gas-Reaktionen eine Rolle spielen. Hierunter fallen zahlreiche Verfahren der Metallurgie, wie z. B.

Tabelle 2. In USA genormte Arten von Schutzgas [2].

Klasse	Art	Zusammensetzung in Vol.-% N_2	CO	CO_2	H_2	CH_4	Taupunkt °C	Brennstoff-bedarf[1]	Verhältnis Luft:Gas[2]
101	mager, exotherm	86,8	1,5	10,5	1,2		[3]	120	9,0
102	fett, exotherm	71,5	10,5	5,0	12,5	0,5	[3]	155	6,0
201	mager, Stickstoff	97,1	1,7		1,2		—40	135	9,0
202	fett, Stickstoff	75,3	11,0		13,2	0,5	—40	160	6,0
301	mager, endotherm	45,1	19,6	0,4	34,6	0,3	— 7 bis 10	190[4]	2,6
302	fett, endotherm	39,8	20,7		38,7	0,8	— 6 bis —21	200[4]	2,5
402	Holzkohle	64,1	34,7		1,2		—29	5,5 kg Kohle	
501	mager, exotherm-endotherm	63,0	17,0		20,0		—57	120	7,5
502	fett, exotherm-endotherm	60,0	19,0		21,0		—46	220	7,2
601	dissoziiertes Ammoniak	25,0			75,0		—52	10,7 kg NH_3	
621	mager verbranntes NH_3	99,0			1,0		[3]	6,2 kg NH_3	3,7
622	fett verbranntes NH_3	80,0			20,0		[3]	6,8 kg NH_3	1,9

[1] Bedarf in m^3 Erdgas mit einem Heizwert von 8900 kcal/m^3 pro 1000 m^3 Ofengas.
[2] Vol.-Teile an Luft zu Vol.-Teilen an Erdgas mit dem Heizwert von 1.
[3] Taupunkt liegt ca. 6 °C über der Kühlwassertemperatur. Durch Kühlung kann der Taupunkt auf 4 °C, durch Adsorptionsmittel auf —45 °C gesenkt werden.
[4] Plus 25% zusätzlich für Aufbereitung des endothermen Gases.

die Reduktion oxidischer Erze, die Desoxidationsverfahren von Metallschmelzen und das Frischen von Roheisen, aber auch Methoden der verarbeitenden Industrie, wie beispielsweise das Eloxieren von Aluminium u. a. Bei einer Reihe weiterer technischer Verfahren dienen Metall-Gas-Reaktionen als Mittel zum Aufbau und Abbau vorteilhafter Zwischenzustände. Dies trifft für die Metallabscheidung aus der Gasphase [1] zu (Tab. 1). Schließlich ist die Kenntnis der Metall-Gas-Gleichgewichte von erheblichem Nutzen bei jenen Verfahren, bei denen Reaktionen mit den umgebenden Gasen peinlich vermieden werden sollen. Solche Behandlungen werden im Vakuum oder in Schutzgasatmosphäre [2] durchgeführt (Tab. 2).

II. Schmelzverfahren

Erstmals angewendet wurde Vakuum in der Metallurgie durch Rohn im Jahre 1917 zum Schmelzen von Nickellegierungen im Vakuum-Widerstandsofen. Jedoch erst anfangs der fünfziger Jahre, als stark verbesserte Vakuumpumpen zur Verfügung standen, führten die Erzeugung neuer Werkstoffe wie Titan und erhöhte Qualitätsanforderungen an Stähle und Nickellegierungen für Turbinenschaufeln zu einer Anwendung in großtechnischem Maßstab [3].

1. Vakuuminduktionsschmelzen

Im Vakuuminduktionsschmelzofen (Abb. 1 und 2) wird Metall oder Schrott ohne Verunreinigung durch die Atmosphäre niedergeschmolzen, durch Halten auf Temperatur gereinigt und anschließend im Vakuum vergossen [4].

Zum Evakuieren des Kessels dienen Ölrotationspumpen, Dampfstrahlpumpen, Rootspumpen, Wasserdampfstrahlsauger, Ölboosterpumpen und Öldiffusionspumpen. Die Auswahl richtet sich nach der erforderlichen Pumpzeit, dem Gasanfall während der Reinigung, dem gewünschten Arbeitsdruck und der Undichtheit der Anlage.

Abb. 1. Gesamtansicht einer Vakuuminduktionsschmelzanlage mit 1,2 t Einsatzgewicht mit geöffnetem Kessel. Blick auf den kippbaren Tiegel (Werkphoto Elphiac-Balzers).

Die Zufuhr des Schmelzgutes in den Tiegel erfolgt über spezielle Zuführeinrichtungen, wobei zunächst die weniger reaktionsfreudigen Legierungsbestandteile, später die sehr reaktionsfreudigen Bestandteile und zum Schluß die leicht flüchtigen Bestandteile zugegeben werden. Bei größeren Anlagen kann auch mit flüssigem Einsatz gearbeitet werden.

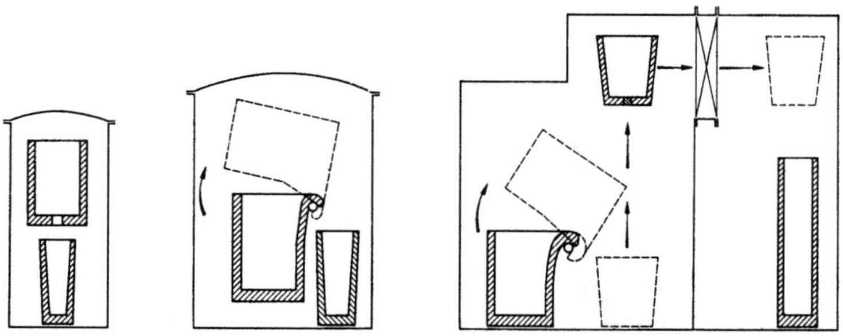

Abb. 2. Konstruktionsarten von Vakuuminduktionsschmelz- und -gießanlagen [4]. a) Fester Tiegel mit Bodenabfluß; b) kippbarer Tiegel; c) kippbarer Tiegel mit Abgießen in Gießpfanne, welche durch eine Schleuse aus dem Schmelzraum in den Gießraum gebracht wird.

Das Tiegelmaterial muß ausreichende mechanische Festigkeit bei hoher Temperatur besitzen und darf mit der Schmelze nicht oder nur in möglichst geringem Maße reagieren. Tiegel auf der Basis von Magnesium- oder Aluminiumoxid oder aus Mischungen beider erfüllen diese Forderungen. Für Schmelzen aus besonders reaktionsfreudigen Metallen werden auch Tiegel aus stabilisiertem Zirkonium-Oxid eingesetzt. Bei kleinen Schmelzen bis zu 25 kg Gewicht werden fertige Tiegel verwendet, während für große Schmelzgewichte, vornehmlich über 250 kg, die Tiegel im Ofen zugestellt und gebrannt werden.

Zur induktiven Erhitzung des Schmelzgutes dienen Spulen, welche an Mittelfrequenzgeneratoren angeschlossen sind (Tab. 3), deren Leistung im allgemeinen auf eine Schmelzzeit von höchstens 2 Stunden ausgelegt ist. Zusammen mit der anschließenden Reinigung dauert eine Ofenreise höchstens 4—6 Stunden. In vielen Fällen führt der Induktionsstrom zu einer ausreichenden Badbewegung

Tabelle 3. Typische Energieversorgung von Vakuuminduktionsschmelzöfen [4].

		Ofengröße					
		80 kg	300 kg	1 t	3,5 t	5 t	30 t
Schmelzstrom:							
Leistung	kW	100	300	600	1200	1600	2400
Spannung	V	250	400—600	400—600	400—600	400—600	600
Frequenz	kHz	2—4	1—2,5	0,5—1	0,5—1	0,15—0,5	0,06
Rührstrom:							
Leistung	kW			700	1800	2500	
Spannung	V			20—65	20—65	20—65	
Frequenz	Hz			50	50	50	

und Durchmischung der flüssigen Legierungen. In besonderen Fällen kann jedoch während des Reinigens eine besonders intensive Badbewegung erwünscht sein, was durch zusätzliche Zufuhr von einphasigem 50 Hz-Wechselstrom zur Schmelzspule (Tab. 3) oder seltener durch eine zweite Spule mit 3-Phasenstrom erzielt wird. Bei großen Anlagen mit 10 und mehr Tonnen Schmelzkapazität kann mit statischen Umformern mit 150 bzw. 180 Hz, bei noch größeren Anlagen unter gewissen Voraussetzungen sogar direkt mit Netzstrom von 50 bzw. 60 Hz geheizt werden, wobei dann ohnehin eine ausreichende Badbewegung zustande kommt.

Bei der Reinigung kann der Gehalt an Gasen (H, N, O), an Kohlenstoff und an flüchtigen, metallischen Bestandteilen wie Cd, Te, Pb, Se, Cu, Zn, Mg, Al, Ca, Sb, Mn und Cr abgesenkt werden, wobei der Grad der Absenkung von der Reinigungsdauer, der Temperatur, den maßgebenden Gleichgewichtszuständen und eventuell wirksamen stationären Zuständen abhängig ist. Am weitaus wichtigsten ist die Sauerstoffentfernung über die Reaktion

$$C + MeO \rightarrow Me + CO.$$

Dadurch umgeht man die Verwendung metallischer Desoxidationsmittel wie Mn, Al, Ca, Si, welche zu Verunreinigungen in Form von eingeschlossenen Oxiden und somit zu einer Herabsetzung der mechanischen Eigenschaften wie Dauerfestigkeit u. a. führt.

Das Vergießen im Vakuum kann direkt durch einen Bodenabfluß im Tiegel (Abb. 2a) oder durch Kippen des Tiegels (Abb. 2b) oder durch Umgießen in eine Gießpfanne geschehen (Abb. 2c). Neben dem normalen Kokillenguß wird immer mehr die Anwendung des Präzisionsgusses herangezogen. Durch Schleusen werden

Abb. 3. Einschleusen einer Präzisionsgußform in die Vakuuminduktionsschmelz- und -gießanlage (Werkphoto Balzers).

im Vakuum vorgeschmolzene Barren von höchstens 15—20 kg Gewicht in eine spezielle Gießmaschine eingeführt. Ebenso wird die vorgewärmte Gießform eingeschleust (Abb. 3).

Das Vakuuminduktionsschmelzen bietet Vorteile beim Vermischen der Legierungskomponenten und durch die unabhängige Wahl von Schmelz- bzw. Reinigungsdauer, Temperatur und Druck. Das Verfahren wird eingesetzt für die Erschmelzung von Heizleiterlegierungen, weichmagnetischen Werkstoffen und Nickel-Superlegierungen. Heute weitaus am häufigsten ist die Herstellung vakuumgegossener Elektroden als Ausgangsmaterial für das Lichtbogen- und seltener für das Elektroschlackeumschmelzen.

2. Vakuumlichtbogenschmelzen

Im Vakuumlichtbogenofen (Abb. 4 u. 5) wird Metall in der Hitze eines Hochstrom-Lichtbogens niedergeschmolzen, welcher zwischen einer permanenten, unverzehrbaren oder einer selbstverzehrbaren Elektrode und der Metallschmelze brennt [5]. Neben dem bloßen Umschmelzen geschieht dabei eine Reinigung und eine Feinverteilung der nichtmetallischen Einschlüsse.

Abb. 4. Schwenkbarer Vakuumlichtbogenofen mit zwei wechselweise benutzbaren Tiegeln (Werkphoto Heraeus).

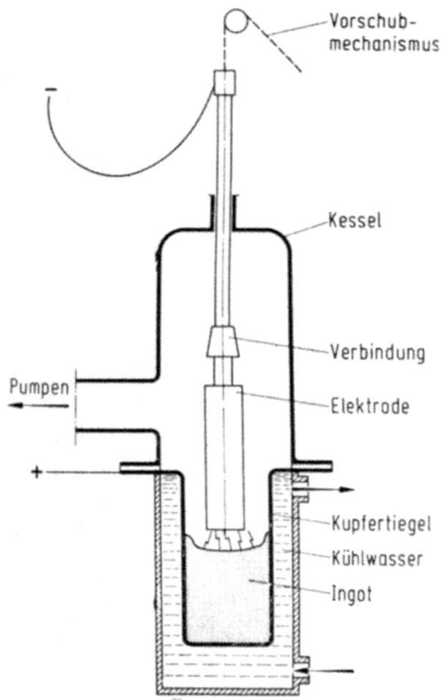

Abb. 5. Schema des Vakuumlichtbogenofens mit selbstverzehrender Elektrode [5].

Im wirtschaftlich wichtigsten Verfahren, auf welches sich diese Ausführungen beschränken, werden als negative Elektrode selbstverzehrende Stäbe verwendet (Abb. 5), welche auf verschiedene Weise mit einer Vorschubstange verbunden sein können. Die Herstellung und Ausführung der Elektroden kann sehr unterschiedlich sein. Bei den Reaktormetallen und hochschmelzenden Metallen werden häufig Preßlinge aus Pulver oder Schwamm hergestellt, welche zu einer langen Elektrode zusammengeschweißt werden. Da Pulver oder Schwamm hohe Porosität und viele Verunreinigungen aufweisen, gelingt die erforderliche Reinigung oft nicht in einem einzigen Arbeitsgang. Vielmehr werden die zunächst erzeugten Ingots als Elektroden für ein zweites Abschmelzen verwendet.

Hierauf kann bei Stählen und Nickellegierungen verzichtet werden, wo kompakte Elektroden geschmiedet oder unter Anwendung besonderer Vorsichtsmaßnahmen gegossen werden. Besonders hohe Qualität ist erzielbar, wenn die Elektroden im Vakuuminduktionsschmelzofen erschmolzen und gegossen werden (Doppel-Vakuum-Schmelzen).

Positive Elektrode ist das Schmelzbad in einem wassergekühlten Kupfertiegel. Durch die Kühlung erfolgt eine fortschreitende Erstarrung des Schmelzgutes unter Bildung eines Ingots. Der Vorschub der selbstverzehrenden Elektrode wird von einem Vorschubmechanismus entsprechend dem Elektrodenabbrand und dem Aufbau des Ingots besorgt, so daß die Bedingungen des Lichtbogens möglichst konstant bleiben. Die Regelung geschieht häufig durch Vergleich der Lichtbogenspannung mit einem vorgewählten Sollwert. Da jedoch die Lichtbogenlänge bei verschiedenen Metallen, z. B. bei Stählen, nur wenig Einfluß auf die Lichtbogenspannung ausübt, ist diese als Regelgröße oft zu unempfindlich. Zur Beruhigung des Lichtbogens werden schon seit längerer Zeit Hilfsspulen um den Tiegel gelegt, welche ein zum Lichtbogenstrom koaxiales Feld erzeugen.

Als Stromquellen dienen bekannte Gleichstromquellen wie Lichtbogen-Schweißgeneratoren und Selen-, Silizium- oder Germaniumgleichrichter. Die Lichtbogenspannung unter Last liegt bei den meisten Metallen und Legierungen zwischen 25 und 35 V. Als Spannung im stromlosen Zustand wird 70—90 V gewählt. Die Verwendung von Gleichstrom ist notwendig, weil bei Wechselstrom nach jeder Halbwelle die Spannung durch Null geht und der Lichtbogen erlischt. Diese Schwierigkeit wurde in jüngster Zeit überwunden, indem zwischen 3 selbstverzehrenden Elektroden, nach Art von Abb. 6, die dreiphasige Wechselspannung angelegt wird. Schmelzbad und Tiegel bleiben hierbei stromlos. Zusätzlich muß jedoch kontinuierlich KCl als ionisierendes Mittel zugeführt werden.

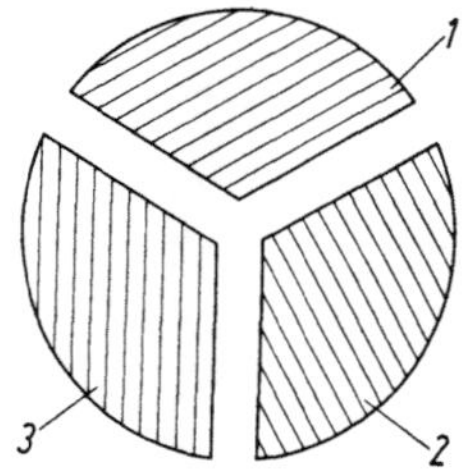

Abb. 6. Aus drei elektrisch getrennten Teilen zusammengesetzte Elektrode für Betrieb mit Dreiphasenstrom.

Der aus Elektrode, Lichtbogen, Schmelzbad und Tiegel bestehende eigentliche Ofen ist umgeben von einem vakuumdichten Kessel, welcher mit Vakuumpumpen auf einem Druck von 10^{-3} bis 10^{-2} Torr gehalten wird. Die Wahl und Auslegung der Pumpen berücksichtigt die gewünschte, möglichst kurze Evakuierungszeit (10—20 min.) und die Menge anfallender Gase beim Abschmelzen der Elektrode.

Diese Gasabgabe betrifft die eingeschlossenen Gase in den Preßlingen aus Pulver und Schwamm und in den Lunkern von gegossenen Elektroden. Bedeutsam ist ferner die Abgabe von Wasserstoff aus Titan, Zirkonium und Stählen und die Abgabe von Kohlenstoff, Stickstoff und Sauerstoff aus hochschmelzenden Metallen, wobei weniger stabile Suboxide und Nitride dissoziieren. Die Reduktion der Oxide kann wie beim Induktionsschmelzen noch gefördert werden durch die Zugabe von Kohlenstoff, wobei Kohlenmonoxid gebildet und abgepumpt wird.

Bei Stählen bleiben allerdings die schädlicheren Einschlüsse aus Al_2O_3, aus den Spinellen usw. und auch der Gehalt an Phosphor und Schwefel unberührt. Dennoch tritt auch hinsichtlich dieser Verunreinigungen eine Verbesserung ein, indem beim Abschmelzen im Vakuumlichtbogen die Größe und Verteilung der Einschlüsse verändert wird. Wegen dieses Effektes wird eine bessere Oberfläche (z. B. für Walzen), eine bessere Dauerfestigkeit (z. B. für Kugellagerstähle) und bessere Querdehnung erzielt.

Abb. 7. Längsschnitt durch einen Ingot aus austenitischem Stahl von 150 mm Dmr. [aus 5].

Ein Reinigungseffekt, eine bessere Verteilung der nichtmetallischen Einschlüsse und eine günstige Blockstruktur kann auch erzielt werden, wenn die abschmelzenden Metalltropfen und die Schmelze in geeigneter Weise durch Schlacke abgedeckt werden (Elektroschlackeumschmelzverfahren). Auch dieses Reinigungsverfahren wird heute großtechnisch eingesetzt.

Zum Schluß sei noch auf einen wesentlichen Unterschied zum Induktionsschmelzen hingewiesen. Im Lichtbogen sind Schmelzdauer, Temperatur und Druck weitgehend miteinander gekoppelt. Daher entsteht ein typisches Erstarrungsgefüge (Abb. 7). Die „Skull-melting"-Technik ist ein Vakuum-Lichtbogenschmelzen mit nicht verzehrbarer Elektrode und kippbarem, wassergekühltem Tiegel [5]. Das Verfahren wird vorwiegend zum Schmelzen und Vergießen hochschmelzender und reaktionsfreudiger Metalle eingesetzt. Erzeugt werden Gußteile als Fertigteile (z. B. Feinguß aus Titanlegierungen für Flugzeuge und Raketen) oder Gußblöcke mit Blockabzug nach unten.

3. Elektronenstrahlschmelzen

Obwohl 1907 in den USA von Pirani [8] patentiert, kam das Elektronenstrahlschmelzverfahren erst nach 1954 zur industriellen Anwendung, als der steigende Bedarf an hochschmelzenden Metallen für die Kern- und Weltraumindustrie die Fa. Temescal zur Entwicklung entsprechender Anlagen veranlaßte.

Beim Elektronenstrahlschmelzen (Abb. 8 und 9) werden hochbeschleunigte Elektronen auf das Schmelzgut und auf den Ingot aufgeschossen, so daß durch die hohe kinetische Energie der Elektronen das Schmelzgut aufschmilzt und abtropft und auf dem bereits erstarrten Ingot ein Schmelzbad für eine gewisse Reinigungszeit flüssig gehalten wird [6, 7]. Somit vereinigt das Elektronenstrahlschmelzen in gewisser Weise die Unabhängigkeit von Schmelzdauer, Temperatur

Abb. 8. Gesamtansicht einer Elektronenstrahlschmelzanlage (Heraeus ESP 5/260, Werkphoto).

und Druck beim Induktionsschmelzen mit dem Vermeiden von Tiegelreaktionen beim Lichtbogenschmelzen.

Der erforderliche Elektronenstrom wird in einer oder mehreren Elektronenkanonen erzeugt und durch hohe Spannung auf hohe Geschwindigkeit beschleunigt. Die Anordnung der Elektronenkanonen (Abb. 9a, b und c) kann sehr verschieden sein, da sich der Elektronenstrahl durch magnetische Linsen ablenken und fokussieren läßt. So kann beispielsweise auch ein störender Niederschlag von Metalldämpfen auf der Elektronenkanone vermieden werden (Abb. 9c).

Die Metallzufuhr kann zentral oder seitwärts durch eine feste Elektrode erfolgen. Die abgeschmolzenen Metalltröpfchen bilden ein Schmelzbad auf dem festen Ingot. Da der Ingot von einem wassergekühlten Kupfermantel umgeben ist und kontinuierlich abgesenkt wird, verbleibt der Schmelzsee an der gleichen Stelle und es erfolgt eine laufende Erstarrung wie beim Stranggießen. Bei besonderen Ausführungsformen kann Metallpulver oder -granulat in das Schmelzbad eingeschüttet werden oder man kippt ähnlich wie beim „Skull-melting" den Schmelzsee in eine Stranggußkokille ab [7].

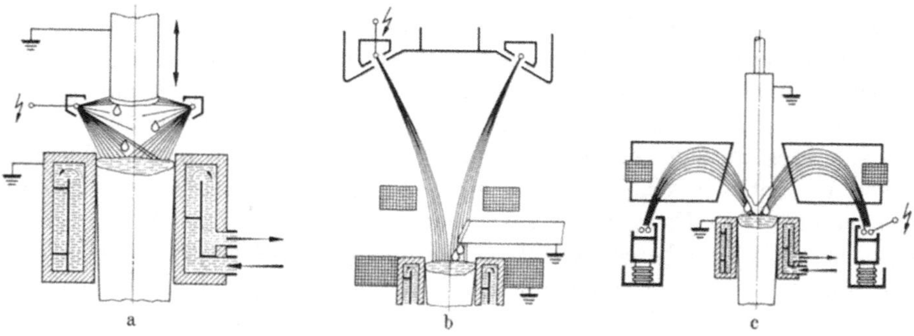

Abb. 9. Schematische Darstellung von Beispielen für Elektronenstrahlschmelzöfen (nach Heraeus). a) Abtropfschmelze mit einer Ringstrahlkathode; b) horizontale Zufuhr des Abschmelzmaterials; c) vor Metalldämpfen geschützte Anordnung der Elektronenkanonen mit starker magnetischer Strahlablenkung.

Die Beschleunigungsspannung an den Elektronenkanonen beträgt üblicherweise 15 bis 35 kV. Die Stromstärke des gesamten Elektronenstromes hängt von der Größe der Anlage ab.

Auch beim Elektronenstrahlschmelzen ist der eigentliche Ofen von einem vakuumdichten Kessel umgeben, welcher mit den üblichen Pumpsystemen auf einem Druck von weniger als 10^{-3} Torr gehalten werden muß, damit die Elektronen nicht durch Stöße mit Gasmolekülen abgelenkt werden. Auf der anderen Seite verspricht das hohe Vakuum und die lange Schmelzdauer eine besonders wirksame Reinigung durch Verdampfen von Suboxiden, durch die Abgabe von Sauerstoff, Stickstoff, Wasserstoff und Kohlenmonoxid und durch Verdampfen leichtflüchtiger, metallischer Verunreinigungen.

Das Elektronenstrahlschmelzen wird zum Erschmelzen hochschmelzender Metalle wie Ta und Nb, und zum Teil auch Mo und W eingesetzt, welche früher ausschließlich gesintert wurden. Reaktionsfreudige Metalle wie Zr, Hf, Ti werden ebenfalls in größerer Menge erschmolzen und Versuche an Stählen haben einige interessante Erfolge erbracht.

III. Stahlentgasung

Aus wirtschaftlichen Gründen wird bei weniger reaktionsfreudigen Metallen und Legierungen das Erschmelzen und das Reinigen in getrennten Schritten durchgeführt. Am bedeutsamsten ist dieses Vorgehen bei Stählen, weshalb sich die Ausführungen hierauf beschränken. Die Aufteilung in zwei Verfahrensschritte bringt den Vorteil, hochentwickelte, vorhandene Anlagen für das Erschmelzen mit neuen Verfahren zur Entgasung und Reinigung koppeln zu können, wodurch die Gesamtinvestitionen niedriger gehalten werden.

Erste Vorschläge für ein solches Vorgehen stammen bereits von H. Bessemer aus der Mitte des vorigen Jahrhunderts. Neue, bessere Verfahren wurden in der Folge immer wieder erdacht [9]. Doch erst in den fünfziger Jahren erfolgte eine großindustrielle Anwendung, als nämlich ausreichend leistungsfähige Vakuumpumpen zur Verfügung standen, welche dem rauhen Stahlwerksbetrieb ohne Störung standhielten. Die vorher schon vorhandenen mechanischen Pumpen vertragen den starken Anfall an Staub nicht, welcher aus der Verdampfung flüchtiger Bestandteile der Stahlschmelzen herrührt. Erst die Entwicklung von geeigneten Dampfstrahlpumpen und von Staubfallen löste dieses Problem [9].

Alle angewendeten Stahlentgasungsverfahren, welche sich in 4 Gruppen einteilen lassen (Abschnitte III.1 bis III.4), haben den Zweck, die Gehalte an Wasserstoff, Stickstoff und Sauerstoff in flüssigem Stahl wesentlich herabzusetzen. Hinsichtlich Wasserstoff wird fast immer ein sehr gutes Ergebnis erzielt. Dagegen ist der Erfolg hinsichtlich Stickstoff und Sauerstoff bei den einzelnen Verfahren und Anlagen verschieden. Der Sauerstoffgehalt kann nur dann wirksam abgesenkt werden, wenn eine Reaktion mit Kohlenstoff unter Bildung von flüchtigen Kohlenoxiden möglich ist. Aus diesem Grund darf die Zugabe von Desoxidationsmitteln oder von desoxidierenden Legierungsbestandteilen erst nach der Entgasung vorgenommen werden.

1. Pfannenentgasung

In der einfachsten Form wird die Gießpfanne in einen vakuumdichten Kessel gestellt, an welchem leistungsfähige Vakuumpumpen angeschlossen sind (Abb. 10). In solchen hauptsächlich von A. M. Samarin und Mitarbeitern [10] in russischen Stahlwerken verwendeten Anlagen, setzt beim Evakuieren eine heftige Gasabgabe ein, welche zum Kochen der Schmelze führt. Nach einigen Minuten hört das Kochen auf und der Druck fällt auf Werte von einigen Torr ab. Die gesamte Behandlung dauert 10 bis 20 Minuten bei Pfannen mit 30 t Schmelze.

Um die Reinigung zu verstärken und größere Schmelzgewichte einsetzen zu können, muß während des Entgasens eine erzwungene Badbewegung stattfinden. Dies wird auf verschiedenen Wegen herbeigeführt. So wird Argon, gelegentlich auch Helium durch die Schmelze geleitet, was allerdings einen unerwünscht großen Temperaturabfall zur Folge hat. In anderen Fällen wird die Pfanne mit einer Rührspule umgeben, welche von niederfrequentem Strom von 0,5 bis 1 Hz durchflossen wird. Hierzu ist allerdings eine nicht magnetische, teure Gießpfanne erforderlich. Schließlich wird auch — wie beim Lichtbogenofen — ein Deckel mit 3 Elektroden auf den Kessel aufgesetzt (Finkl-Mohr- und ASEA-SKF-Prozeß), wodurch sowohl eine gewisse Umwälzung wie auch eine zusätzliche Heizung erreicht wird.

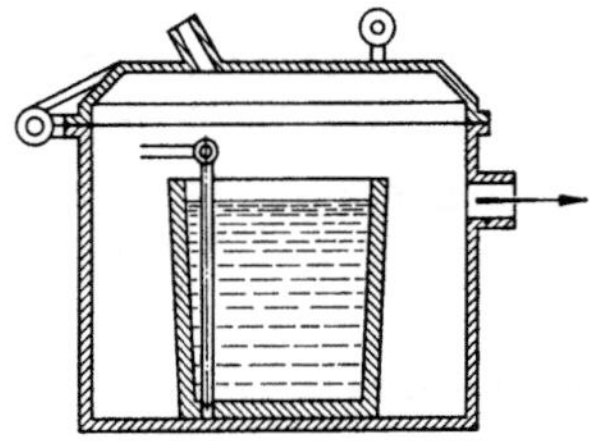

Abb. 10. Schema der Pfannenentgasung (nach Leybold-Heraeus).

2. Strahlentgasung

Bei dieser vom Bochumer Verein entwickelten und angewendeten Methode tritt ein Gießstrahl in einen evakuierten Raum mit einem Druck von 0,5 bis 10 Torr ein und wird durch die abgehenden Gase in Tröpfchen zerteilt, welche in einer zweiten Gießpfanne aufgefangen werden (Abb. 11a). Die ganze Entgasung geschieht praktisch während des freien Falls der Tröpfchen. Infolge der hohen Tröpfchenoberfläche nimmt der Gehalt an Wasserstoff, Stickstoff und Sauerstoff trotz der Kürze der Zeit beträchtlich ab.

Allerdings sinkt auch die Temperatur der Schmelze in starkem Maße ab, weshalb in einem abgewandelten Verfahren (Abb. 11b) direkt aus dem Schmelzofen in eine evakuierte Gießpfanne abgegossen wird. Hier kann der Temperaturabfall bei Gießgeschwindigkeiten von ca. 10 t/min. auf einen tragbaren Wert von ca. 50 °C reduziert werden.

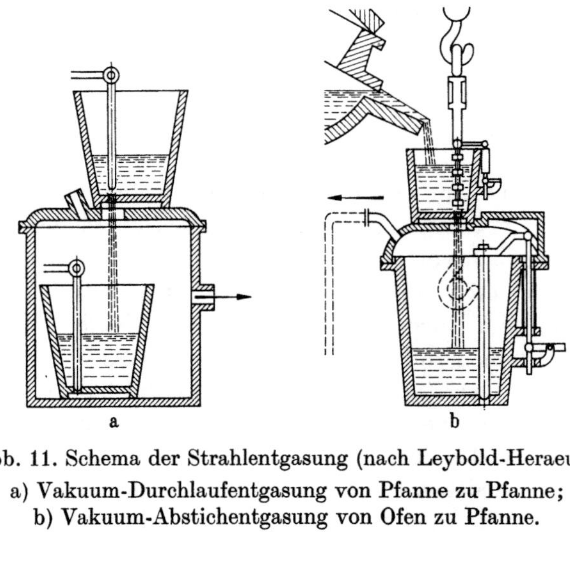

Abb. 11. Schema der Strahlentgasung (nach Leybold-Heraeus).
a) Vakuum-Durchlaufentgasung von Pfanne zu Pfanne;
b) Vakuum-Abstichentgasung von Ofen zu Pfanne.

3. Kokillenentgasung

Sehr ähnlich zur Strahl- und Pfannenentgasung sind die Verfahren der Entgasung in der Kokille, bei denen die Gasabgabe ins Vakuum während und nach dem Abgießen bis zur Erstarrung in der Kokille erfolgt. Hierzu wird die Kokille entweder anstelle einer zweiten Gießpfanne in einen evakuierten Kessel gestellt (Abb. 12a) oder es wird eine Vakuumhaube gemäß Abb. 12b auf die Kokille aufgesetzt. Wird nicht von oben, sondern steigend vergossen, so können die Kokillen oben vakuumdicht verschlossen und mit Anschlüssen an die Vakuumpumpen versehen werden.

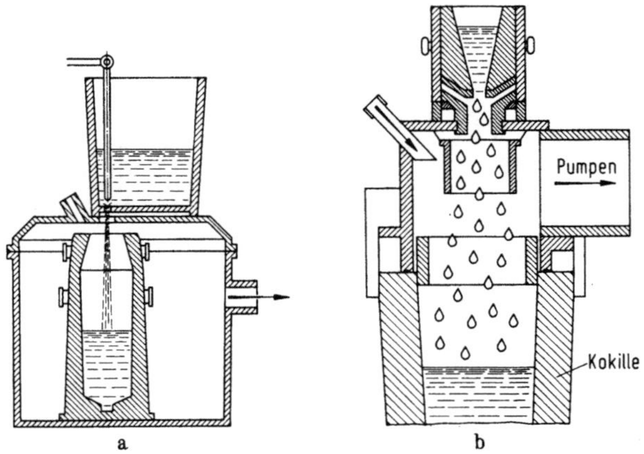

Abb. 12. Schema der Kokillenentgasung. a) Vakuum-Blockguß bis 300 t und mehr (nach Leybold-Heraeus); b) Gero-Prozeß mit aufgesetzter Haube [9].

4. Umlaufentgasung

Bei diesem Verfahren wird ein Teil der Schmelze eine gewisse Zeit einem Vakuum ausgesetzt und dann — normalerweise — wieder der Schmelze zugeführt. Dieses Vorgehen wird periodisch wiederholt oder kontinuierlich weitergeführt.

Das DH-Verfahren wurde von der Dortmund Hörder Hüttenunion zur Reife entwickelt und ist in zahlreichen Werken für Schmelzen von 10 bis über 400 t in Verwendung. Der Rüssel eines Vakuumgefäßes wird dabei in die offene Gießpfanne gesenkt (Abb. 13a). Durch Evakuieren wird Schmelze ins Gefäß gesaugt, wo sie eine gewisse Zeit zur Gasabgabe gehalten wird. Anschließend wird das Vakuumgefäß angehoben (Abb. 13b), so daß die Schmelze aus dem Gefäß abfließt und nur noch der Rüssel 1,4 m hoch gemäß dem atmosphärischen Druck gefüllt bleibt. Beim nächsten Absenken wird das Gefäß erneut mit frischer Schmelze gefüllt, beim Abheben entleert. Dieses Vorgehen wird periodisch wiederholt. Dabei wird der Druckanstieg nach dem Absetzen allmählich geringer (Abb. 13c), was anzeigt, daß die Schmelze immer weniger Gas abgibt. Um einen übermäßigen Temperaturverlust zu vermeiden, sind die Vakuumgefäße meistens beheizt. Die Entgasung wird zweckmäßigerweise vor Zugabe von Desoxidationsmitteln und reaktionsfreudigen Legierungsbestandteilen durchgeführt.

Beim RH-Verfahren, welches von Ruhrstahl AG, Hattingen, zusammen mit Heraeus, Hanau, zur Betriebsreife entwickelt wurde, geschieht der gleiche Prozeß in kontinuierlicher Weise. Das Vakuumgefäß (Abb. 14) besitzt zwei Rüssel, wobei in dem einen Rüssel nach dem Eintauchen in die Schmelze und Evakuieren des Kessels Gas, meistens Argon, eingeleitet wird. Das Gas steigt mit großer Geschwindigkeit auf, reißt die Stahlschmelze mit, so daß auf der Seite

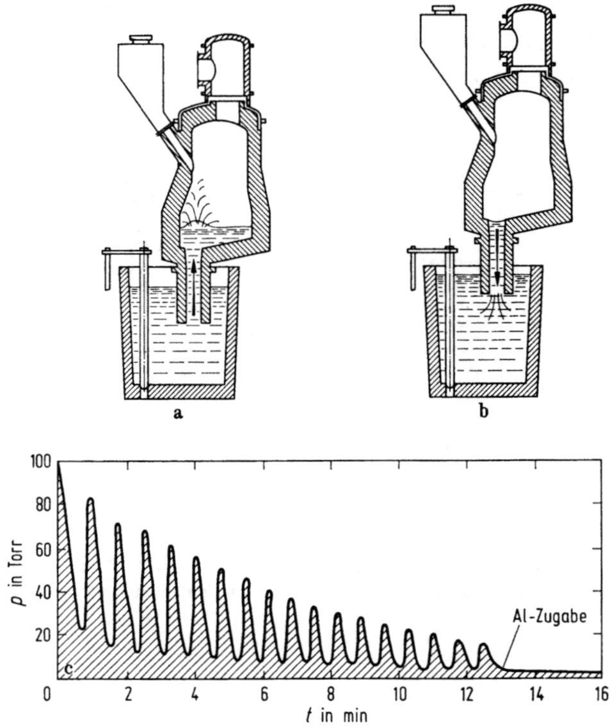

Abb. 13. Schema der DH-Umlaufentgasung [9]. a) und b) Abgesenktes bzw. angehobenes Vakuumgefäß; c) Druck-Zeit-Verlauf bei periodischer Wiederholung von Absenken und Anheben.

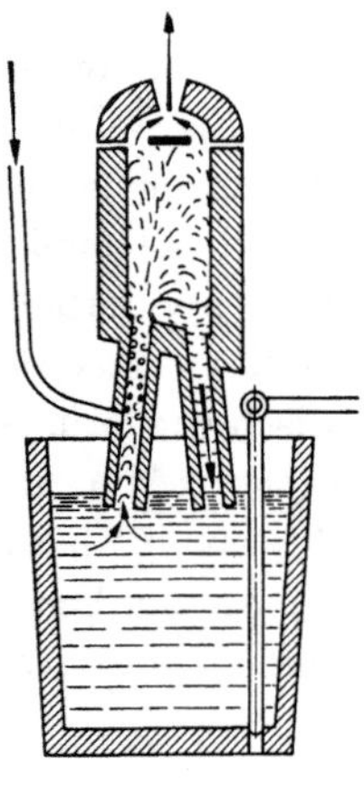

Abb. 14. Schema der RH-Umlaufentgasung [9].

dieses Rüssels die Schmelze höher als 1,4 m ansteigt. Der Rückfluß erfolgt durch den zweiten Rüssel. So besteht bei eingeschaltetem Gasstrom ein kontinuierlicher Umlauf der Schmelze durch das Vakuumgefäß, in welchem laufend Gas abgegeben wird.

IV. Entgasung im festen Zustand

Da die Reaktionsgeschwindigkeit in flüssigem Zustand bei hoher Temperatur um Größenordnungen höher ist als im festen Zustand, wird bei fast allen Entgasungsprozessen im schmelzflüssigen Zustand gearbeitet. Zwar tritt auch bei Behandlungen im festen Zustand, wie beispielsweise beim Glühen oder Härten, mitunter eine Gasabgabe auf, doch handelt es sich hierbei um ein ungewolltes oder auch bewußt gesteuertes Nebenergebnis dieser aus anderen Gründen angewendeten Verfahren [11].

Es gibt jedoch auch Fälle, bei denen der eigentliche Entgasungsvorgang nicht im schmelzflüssigen Zustand durchgeführt werden kann, etwa bei gesinterten Teilen. Durch Sintern im Vakuum und ausgewählte Prozeßführung ist eine Reinigung der Sinterteile möglich. So wird beim Sintern von Tantal und Niob Wasserstoff und Stickstoff direkt, sowie auch Sauerstoff über flüchtige Suboxide entfernt.

Eine gezielte Entgasung im festen Zustand kann auch notwendig sein, wenn nach dem Gießen durch die Weiterverarbeitung wiederum eine unerwünschte Erhöhung des Gasgehaltes erfolgte. Vor allem der Wasserstoffgehalt kann nach Beizoperationen oder galvanischen Behandlungen in untragbarem Maße angestiegen sein und eine Versprödung bewirkt haben. Davon sind insbesondere Teile aus gehärtetem Stahl betroffen, welche nach dem Beizen durch Lagern im Temperaturbereich zwischen 20 und 250 °C speziell entgast werden müssen. Auch Titan wird nach dem Beizen im Hochvakuum bei 550—800 °C entgast. Bekannt ist auch die Entgasung von Bauteilen für Radioröhren und für Hochvakuumanlagen [12].

V. Nitrieren

Die Erhöhung der statischen und dynamischen Festigkeitseigenschaften durch zunehmende Gehalte an gelöstem Stickstoff, die hohe Härte und der gute Verschleißwiderstand von manchen Nitridschichten geben Anlaß für gezielte Behandlungen von Metallen, insbesondere von Stählen. Solche als Nitrieren bekannte Verfahren dienen zur Bildung von Nitridschichten an der Stahloberfläche und/oder zur Herstellung einer Diffusionszone unter der Oberfläche mit erhöhtem Gehalt an gelöstem Stickstoff.

Die Stähle werden im allgemeinen vor dem Nitrieren gehärtet und bei einer über der Nitriertemperatur liegenden Temperatur angelassen, um dadurch eine hohe Kernfestigkeit des Werkstückes und einen möglichst geringfügigen Verzug beim Nitrieren zu erreichen. Diese Möglichkeit ist gegeben, weil der Diffusionskoeffizient des Stickstoffs im Eisen auch unterhalb der γ-α-Umwandlungstemperatur noch ausreichend ist, um eine aufgestickte Randzone von 2 bis 500 μm in

20 min bis 150 Stunden zu erzeugen. Die hohe Bindungsenergie des N_2-Moleküls verhindert allerdings eine Dissoziation und Stickstoffaufnahme in die Stahloberfläche bei Temperaturen um 550 °C. Bei den praktisch angewendeten Verfahren wird daher der Stickstoff in leichter spaltbaren Verbindungen wie Ammoniak oder Zyanat angewendet.

1. Gasnitrieren

In gasdichten Öfen wird das Behandlungsgut bei Temperaturen zwischen 490 und 570 °C einer reinen Ammoniakatmosphäre ausgesetzt. Das 99,98%ige NH_3 wird meistens aus einem Vorratsbehälter kontinuierlich durch den heißen Ofen geleitet. Der Grad der hierbei eintretenden Dissoziation in Stickstoff und Wasserstoff hängt von der Temperatur und Oberfläche des Behandlungsgutes und von der Durchlaufgeschwindigkeit des Ammoniaks ab. Letztere wird so gewählt, daß sich mindestens während der ersten 4 Stunden ein Dissoziationsgrad zwischen 15 und 30% einstellt. Werden später Dissoziationsgrade von 80% gewünscht, so ist dies nicht mehr allein durch Dissoziation an der Oberfläche des Behandlungsgutes erreichbar, vielmehr muß dann das Ammoniakgas vor dem Zuleiten teilweise gespalten werden.

Üblicherweise werden Behandlungszeiten zwischen 10 und 150 Stunden angewendet, wobei eine äußere harte Nitridschicht mit darunterliegender Diffusionszone entsteht. Die Dicke beider Zonen zusammen liegt bei 0,25 bis 0,5 mm.

Eine Schwierigkeit besteht darin, daß bei Kohlenstoffstählen und bei einer Reihe von legierten Stählen die Verbindungsschicht sehr spröde ist und leicht abblättert, vornehmlich infolge des Fe_2N-Anteils. Enthält dagegen der Stahl starke Nitridbildner wie Al, Cr, V und Mo, so entsteht kein Fe_2N, sondern es entstehen Nitride dieser Elemente. Aus diesem Grunde sind spezielle Nitrierstähle mit hohen Anteilen an solchen Elemente, z. B. 0,85—1,5% Al, im Handel.

2. Badnitrieren

Alkalizyanate geben in schmelzflüssigem Zustand bei Temperaturen von 520 bis 570 °C ihren Stickstoff ebenfalls ausreichend rasch an Stahloberflächen ab. Somit kann in normalen Salzbadöfen nitriert werden [13]. Neben den Zyanaten enthält das Salzbad weitere Komponenten zur Einstellung der gewünschten Eigenschaften (Viskosität, Schmelzpunkt). Ein typisches, in USA vielbenütztes Salz hat die Zusammensetzung

65 Gew.-% NaCN, 30% KCN, ca. 5% Na_2CO_3, K_2CO_3, KCl, NaCNO, KCNO.

Bei dieser Zusammensetzung ist jedoch der Zyanatanteil für das Nitrieren noch zu gering. Daher wird das Bad vor dem Einbringen des Nitriergutes mindestens 12 Stunden bei 570 bis 600 °C gealtert, wobei durch Aufnahme von Sauerstoff und Kohlendioxid aus der Umgebung und durch Reaktion mit dem Zyanid der Anteil an Zyanat und Karbonat stark anwächst. Nach dem Altern sollen im betriebsfähigen Bad auf 21—26 Gewichtsteile Zyanid 14—18 Gewichtsteile Zyanat fallen.

Statt des Alterns wird beim Tenifer-Verfahren der Degussa (im deutschsprachigen Raum *Tenifer*, in englischsprechenden Ländern *Tufftride*-Verfahren genannt) kontinuierlich ein Luftstrom durch das Bad hindurchgeleitet, wodurch zusätzlich eine durchaus erwünschte Badbewegung entsteht (Abb. 15). Im betriebsfähigen Bad fallen hier auf 50 Gewichtsteile KCN 47 Gewichtsteile KCNO.

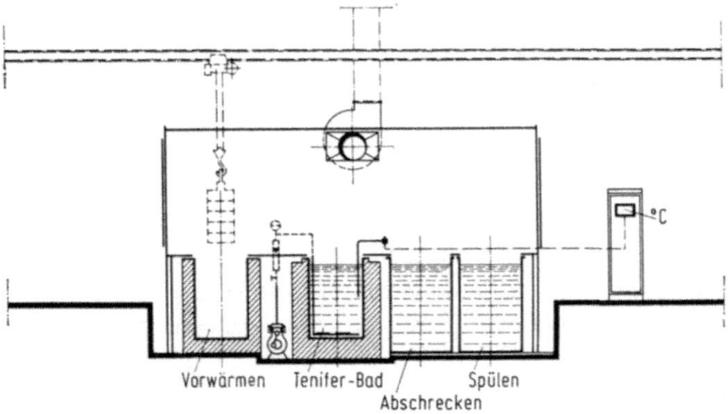

Abb. 15. Schema eines Tenifer-Automaten.

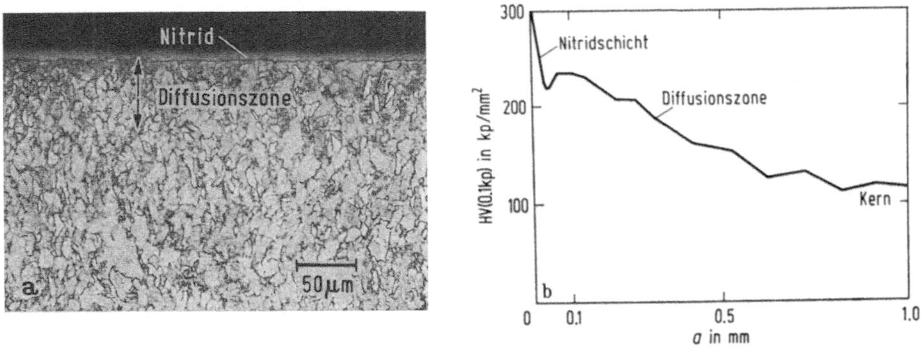

Abb. 16. Badnitriertes Bauteil aus Stahl St. 35. a) Gefüge in nicht angelassenem Zustand; b) Verlauf der Härte HV in Abhängigkeit vom Randabstand.

Durch die Behandlung erhält man eine Oberflächenschicht aus Nitrid und eine darunterliegende Diffusionszone mit erhöhtem Stickstoffgehalt (Abb. 16a u. b). Nach Behandlungsdauern zwischen 30 min und 4 Stunden ist die Nitridschicht zwischen 2,5 und 7,5 µm, im Sonderfall bis zu 15 µm dick, während die Diffusionszone bis zu einer Tiefe von 0,5 mm oder mehr reicht.

Selbst bei Legierungen ohne Nitridbildner (Al, Cr, V, Mo) entsteht im allgemeinen kein sprödes Fe_2N. Beispielsweise besteht bei Kohlenstoffstählen die Nitridschicht aus Fe_3N und stickstoffhaltigem Fe_3C. Deshalb wurde das Verfahren früher auch „Weichnitrieren" genannt. Dies zeigt, daß nicht nur Stickstoff, sondern auch in geringer Menge Kohlenstoff aus dem Zyanid-Zyanat-Gemisch aufgenommen wird. Durch Ändern des Mischungsverhältnisses im Salz und der Temperatur kann das Verhältnis von aufgenommenem Kohlenstoff zu Stickstoff stark beeinflußt werden (Nitrieren — Karbonitrieren — Aufkohlen).

VI. Aufkohlen

Anstelle von Stickstoff kann auch Kohlenstoff zur Verbesserung der Oberflächeneigenschaften von Stählen verwendet werden. In der Praxis werden solche Aufkohlungsverfahren gemäß der überragenden Bedeutung des Kohlenstoffs in der Stahltechnologie sogar weit häufiger angewendet als die Nitrierverfahren [13]. Während theoretisch immerhin noch eine Chance für die Aufnahme elementaren Stickstoffs aus der Gasphase besteht, ist dies bei Kohlenstoff von vornherein ausgeschlossen. Vielmehr müssen bei allen Aufkohlungsverfahren Verbindungen des Kohlenstoffs an die Stahloberfläche herangeführt werden. Beim Arbeiten in der Gasphase sind Kohlenmonoxid und Methan, im Salzbad Zyanid die wichtigsten Verbindungen für solche Verfahren.

Eine Behandlung des α-Eisens würde zu unerträglich langen Zeiten führen, da der Diffusionskoeffizient von Kohlenstoff im α-Eisen um eine Größenordnung kleiner ist als derjenige von Stickstoff. Die Aufkohlungsverfahren arbeiten daher im Gebiet des γ-Eisens bei Temperaturen von 820 bis 1100 °C. Das Härten des Stahles kann direkt angeschlossen werden oder auch nach nochmaligem Wiedererhitzen erfolgen.

1. Pulveraufkohlen

Im einfachsten Fall wird das Behandlungsgut in einem Behälter aus aluminiertem Kohlenstoffstahl oder aus hitzebeständigem Stahl in Kohlungspulver eingepackt und viele Stunden auf Temperatur gehalten. Das Kohlungspulver besteht meistens aus Gemischen von Holzkohle oder Koks und 10—20% Karbonaten, insbesondere Bariumkarbonat. Durch Reaktion der Kohle mit Luftsauerstoff und auch mit Karbonat entsteht Kohlenmonoxid als Kohlungsgas, welches an der Stahloberfläche unter Bildung von Kohlendioxid Kohlenstoff abgibt. Die Karbonate werden bei der Reaktion mit Kohlenstoff in Oxide umgewandelt, welche dann wieder mit dem Kohlendioxid unter Neubildung von Karbonat reagieren. Dieser Kreislauf kann immer wieder durchlaufen werden, weshalb das Kohlungspulver wiederverwendbar ist. Bevorzugter Temperaturbereich ist 820 bis 950 °C. Durch Entwicklung besserer Feinkornstähle lassen sich neuerdings Temperaturen bis 1100 °C für die Bildung tiefer Einsatzschichten von mehreren mm Dicke verwenden,

Das Verfahren ist einfach, vielseitig anwendbar und erfordert kaum Investitionen. Es hat jedoch den großen Nachteil, daß keine Regelung des Kohlenstoffpotentials in der Gasphase möglich ist und daher die Schwankungen sehr groß sind. Schon innerhalb einer Ofencharge betragen die Toleranzen der erzielten Schichtdicke oft $\pm$ 0,25 mm. Ferner läßt sich der Prozeß kaum automatisieren und das Einfüllen in den Behälter ist eine außerordentlich schmutzige Arbeit. Schließlich ist noch von Nachteil, daß nicht aus der Kohlungswärme gehärtet werden kann.

2. Gasaufkohlen

Die Nachteile des Pulveraufkohlens werden beim Gasaufkohlen vermieden. Hierbei wird Kohlungsgas geeigneter Zusammensetzung in einer separaten Anlage erzeugt und dem Aufkohlungsofen laufend in solcher Menge zugeführt, daß das gewünschte Kohlenstoffpotential in der Ofenatmosphäre aufrechterhalten bleibt [14, 15, 16]. Dadurch besteht auch die Möglichkeit, halbautomatische und automatische Anlagen einzusetzen, bei welchen der Aufkohlungsofen direkt mit einem Abschreckteil zusammengebaut ist (Abb. 17 u. 18). Auch lassen sich Einrichtungen zum Vorwärmen, Zwischenkühlen, Wiedererwärmen, Spülen, Entfetten, Anlassen, Waschen und Trocknen direkt in die Durchlaufanlage einfügen (Abb. 19 u. 20).

Abb. 17. Gesamtansicht einer Universal-Wärmebehandlungsanlage mit besonderer Eignung zum Gasaufkohlen und Karbonitrieren (Werkphoto Ipsen).

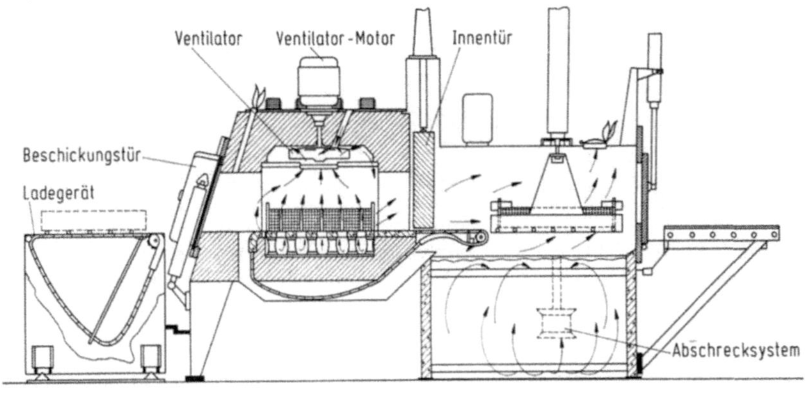

Abb. 18. Schema der Ipsen-Gasaufkohlungs- und Härteanlage von Abb. 17.

Als Quelle für Kohlenstoff wird meistens Propan verwendet. Aus wirtschaftlichen und technischen Gründen verdünnt man mit sogenanntem Trägergas, wofür ein Teil der in Tab. 2 aufgeführten Schutzgase in Frage kommt. Durch die

Aufbereitung des Kohlungsgases in der vorgeschalteten Trägergasanlage und die Prozeßführung in der Aufkohlungsanlage ist weitgehend erreicht, daß zwischen den einzelnen Komponenten des Kohlungsgases Gleichgewicht herrscht.

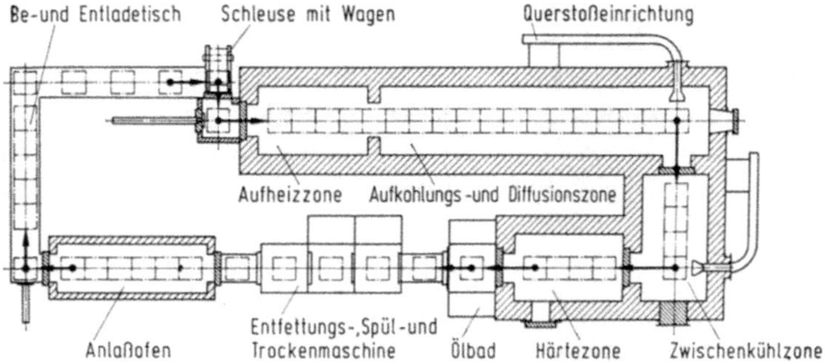

Abb. 19. Schema einer vollautomatischen Durchstoßanlage mit Aufkohlung, Perlitisierung, Aufheizen auf Härtetemperatur, Abschrecken, Waschen und Anlassen (nach Aichelin).

Abb. 20. Gesamtansicht von zwei symmetrisch aufgestellten Durchstoßanlagen mit gemeinsamer Waschmaschine und Anlaßofen in der Mitte (Werkphoto Aichelin).

Unter dieser Voraussetzung sind folgende Reaktionen besonders bedeutsam:

a) Das Boudouard-Gleichgewicht

$$(C)_{\text{gelöst}} + CO_2 = 2CO$$

$$K_B = \frac{p_{CO}^2}{a_C \cdot p_{CO_2}}$$

b) Das Methan-Wasserstoff-Gleichgewicht

$$(C)_{gelöst} + 2H_2 = CH_4$$

$$K_M = \frac{p_{CH_4}}{a_C \cdot p_{H_2}^2} \quad \text{und}$$

c) das Wassergas-Gleichgewicht

$$CO_2 + H_2 = CO + H_2O$$

$$K_W = \frac{p_{CO} \cdot p_{H_2O}}{p_{CO_2} \cdot p_{H_2}}.$$

Hierbei sind p die Partialdrücke der Gase, K die in der Literatur angegebenen, temperaturabhängigen Gleichgewichtskonstanten und a_C ist die Aktivität des gelösten Kohlenstoffs, wenn Gleichgewicht zwischen Gasphase und Oberflächenschicht des Behandlungsgutes herrschen würde. Die dem jeweiligen a_C-Wert zugehörige Konzentration c_C wird auch Kohlenstoffpotential der Gasphase genannt (vgl. Abb. F.2 und F.4).

Diese formelmäßigen Zusammenhänge bieten nun die Möglichkeit, über die Partialdrücke der Gase das interessierende C-Potential zu messen und zu regeln. Hierbei wird verschieden vorgegangen. Es gibt Verfahren und Geräte zur Messung des Wasseranteils über den Taupunkt. Andere messen den CO_2-Anteil mit einem Orsat-Gerät oder mit einem Infrarotanalysator.

3. Salzbadaufkohlen

Beim Aufkohlen im Salzbad [13] werden hohe Temperaturen von 850 bis 950 °C, in Sonderfällen bis 1100 °C, und entsprechend abgestimmte Zyanidsalze gewählt. Unter diesen Bedingungen wird viel Kohlenstoff und vergleichsweise wenig Stickstoff vom Stahl gelöst bzw. zur Karbidbildung an der Stahloberfläche verbraucht. Die gewünschte Dicke der sogenannten Einsatzschicht bestimmt die Temperatur- und Salzauswahl. So wird zur Erzielung von Schichtdicken um 0,5 mm im Temperaturbereich 860 bis 930 °C gearbeitet, während für dicke Schichten von 3 mm und mehr hohe Temperaturen bis 1100 °C zu wählen sind.

Der Chemismus der Kohlungsbäder ist verhältnismäßig kompliziert. Die verwendeten Salzmischungen enthalten neben Alkalizyaniden Alkalichloride und -karbonate zur Einstellung von Viskosität und Schmelzpunkt sowie Erdalkalichloride und andere Stoffe wie Manganoxid, Boroxid, Natriumfluorid oder Siliziumkarbid als sogenannte Aktivatoren. Durch die Reaktionen im Bad und an der Stahloberfläche entsteht Kohlenstoff, Karbonat, Stickstoff, Kohlenmonoxid, Kohlendioxid, Zyanat und Zyanamid. Bedeutsam für die Aufkohlung sind die kohlenstoff- und kohlenmonoxidliefernden Reaktionen

$$2NaCN = Na_2CN_2 + C$$

$$NaCN + CO_2 = NaCNO + CO.$$

Je nach Salzaufbau ist der Zutritt von Luftsauerstoff als Reaktionspartner erwünscht oder muß unbedingt vermieden werden, wobei im letzteren Fall meistens eine Abdeckung der Badoberfläche mit Kohlepulver gewählt wird.

Das Aufkohlen wird in Salzbadtiegelöfen durchgeführt, welche mit Gas, mit Öl oder elektrisch beheizt sein können. Da unter Beachtung verschiedener Vorsichtsregeln eine direkte Überführung des Behandlungsgutes in Salzbäder anderer Art (Abschreckbäder, Glühbäder etc.) möglich ist, wird das Aufkohlungsbad meistens in Kombination mit anderen Bädern aufgestellt (Abb. 21). Zur Automatisierung können für den Transport der Ware zwischen den Bädern gesteuerte Fördereinrichtungen Anwendung finden.

VII. Karbonitrieren

Beim Karbonitrieren werden Temperatur (710 bis 900 °C) und Umgebung (Gas oder Salzschmelze) so gewählt, daß Stickstoff und Kohlenstoff in etwa gleicher Menge in die Stahloberfläche eindiffundieren. Die Diffusionszone ist dünner als beim Aufkohlen. Ihre Dicke beträgt meistens 0,1 bis 0,3 mm. Die Verbindungsschicht an der Oberfläche, welche beim Nitrieren immer und beim Aufkohlen häufig gebildet wird, entsteht beim Karbonitrieren nur bei Sonderverfahren. Die durch Karbonitrieren erzeugte Randzone läßt sich sehr gut härten; sie enthält wenig Restaustenit und ist anlaßbeständiger als aufgekohlte Schichten.

Abgesehen von diesen Besonderheiten sind die Verfahren und Anlagen zum Karbonitrieren und zum Aufkohlen in vielen Punkten gleich. Beim Gaskarbonitrieren wird dem Trägergas neben Propan noch Ammoniak als Stickstoffspender zugesetzt. Die Vermischung nimmt man vor der Einleitung des Gasgemisches in den Ofen vor. Das gewünschte Kohlenstoff- und Stickstoff-Potential im Ofen wird durch Dosierung der Propan- und Ammoniakanteile gesteuert. Neben dieser Maßnahme hat auch die gewählte Temperatur noch einen wichtigen Einfluß auf das N:C-Verhältnis in der Randzone der Werkstücke. Bei niedrigerer Temperatur (750 °C) überwiegt die Stickstoffaufnahme, bei hohen Temperaturen die Kohlenstoffaufnahme.

Abb. 21. Salzbadhärterei mit Aufkohlungsbändern in Kombination mit Abschreck- und Anlaßbädern (Werkphoto Hilti).

Beim Karbonitrieren im Salzbad wird auch in dem niedrigeren Temperaturbereich von 750 bis 850 °C gearbeitet, wobei spezielle Salze eingesetzt werden. Neben der Temperatur ist das Verhältnis von Zyanid zu Zyanat für das N:C-Verhältnis im Stahl bestimmend. Wie beim Nitrieren entsteht Zyanat durch Reaktion mit Sauerstoff:

$$2NaCN + O_2 = 2NaNCO$$

Dieser Prozeß kann durch ein vorausgehendes Altern des Schmelzbades von 4 bis 8 Stunden bei 700 °C oder auch durch Rühren und Luftdurchblasen durch das Bad gefördert werden. Natriumzyanat gibt sowohl Stickstoff wie auch Kohlenstoff an die Stahloberfläche ab, beispielsweise gemäß

$$4NaNCO = Na_2CO_3 + 2NaCN + CO + 2N.$$

In Sonderfällen verzichtet man auf die Ausbildung einer echten Diffusionszone und erzeugt eine dünne Verbindungsschicht aus Fe, N und C an der Oberfläche. Bei unlegierten Stählen erzielt man damit eine hohe Verschleißfestigkeit und gute Korrosionsbeständigkeit. Solche Verfahren arbeiten um 700 °C im α-Bereich des Eisens.

Literatur zu Kapitel E

1 Metals Handbook, 8. Auflage, Vol. 2, ASM, Metals Park, Ohio, 1964 — Chapter Gas Plating, 529.
2 In [1], S. 67
3 Winkler, O.; Bakish, R.: Vacuum Metallurgy, Amsterdam, London, New York: Elsevier 1971.
4 Child, H. C.; Oldfield, G. E.: In [3], Chapter V, Section 2.
5 Child, H. C.; Oldfield, G. E.: In [3], Chapter V, Section 3.
6 Bakish, R.: In [3], Chapter V, Section 4.
7 Gruber, H.: Z. Metallkunde 52 (1961) 291.
8 v. Pirani, H.: US Patent 848600, 1907.
9 Rüttiger, K. In [3], Chapter IV, Section 1.
10 Samarin, A. M.; Novik, L. M. et al.: Stal 16 (1956) 700.
11 Seghezzi, H. D.; Köstlin, K. In [3], Chapter IV, Section 2.
12 Espe, W.: Werkstoffkunde der Hochvakuumtechnik, Berlin: VEB Deutscher Verlag der Wissenschaften, Vol. 1, 1959.
13 Handbuch der Durferrit-Härtetechnik, 9. erw. Aufl., Frankfurt: Degussa 1955.
14 Wünning, J.: Härterei-Techn. Mitteilungen 23 (1968) 101.
15 Springer, H.: Zeitschrift für wirtschaftliche Fertigung 63 (1968) 451, 565.
16 Chatterjee-Fischer, R.: Microtechnic XX (1966) Heft 3, 4 und 5.

Kapitel F

Tabellen und Formeln

(Literatur S. 344)

H. Jehn

1. Gasreaktionen s. Tab. 1

2. Aktivitäten in Gasmischungen s. Abb. 1—4

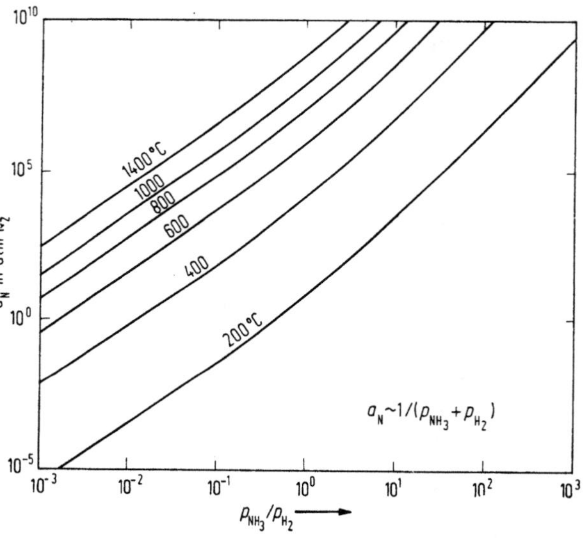

Abb. 1. Stickstoffaktivität a_N in NH_3—H_2-Mischungen bei 1 atm ($NH_3 + H_2$) (vgl. Gl. I, Tab. 1).

3. Freie Enthalpie ΔG^0 und Gleichgewichtskonstante K_p

3.1 Standardzustände für ΔG^0 *und* $\log K_p$

Zwischen ΔG^0 und K_p gelten die Beziehungen

$$\Delta G^0 = -RT \ln K_p = -4{,}574 \cdot T \cdot \log K_p$$

$$\log K_p = -\frac{\Delta G^0}{4{,}574 \cdot T}$$

In thermochemischen Tabellenwerken wird die freie Standardreaktionsenthalpie meist so angegeben, daß in K_p die Drücke in atm und die Konzentrationen in Molenbrüchen eingesetzt werden müssen. Häufig werden in gemessenen

Tabelle 1. Gasreaktionen [1—3].

	Reaktion		ΔG^0 in cal	$\log K_p$ (p in Torr)		T in K
I	$\frac{1}{2} N_2 + \frac{3}{2} H_2$	$= NH_3(g)$	$-12050 + 26{,}7\ T$	$\log p_{NH_3} - \frac{1}{2} \log p_{N_2} - \frac{3}{2} \log p_{H_2}$	$= -\ 8{,}72 + 2630/T$	298—1000
II	$CO_2 + C$	$= 2\,CO$	$+40500 - 41{,}3\ T$	$2 \log p_{CO} - \log p_{CO_2} - \log a_C$	$= +11{,}90 - 8850/T$	298—2000
III	CO_2	$= \frac{1}{2} O_2 + CO$	$+67550 - 20{,}75\ T$	$\frac{1}{2} \log p_{O_2} + \log p_{CO} - \log p_{CO_2}$	$= +\ 5{,}97 - 14770/T$	298—2000
IV	$C + \frac{1}{2} O_2$	$= CO$	$-26700 - 20{,}95\ T$	$\log p_{CO} - \frac{1}{2} \log p_{O_2} - \log a_C$	$= +\ 6{,}02 + 5840/T$	298—2500
V	$C + O_2$	$= CO_2$	$-94200 - 0{,}2\ T$	$\log p_{CO_2} - \log p_{O_2} - \log a_C$	$= +\ 0{,}04 + 20600/T$	298—2000
VI	$H_2 + \frac{1}{2} O_2$	$= H_2O(g)$	$-58900 + 13{,}1\ T$	$\log p_{H_2O} - \log p_{H_2} - \frac{1}{2} \log p_{O_2}$	$= -\ 4{,}30 + 12880/T$	298—2500
VII	$2\,H_2 + C$	$= CH_4(g)$	$-21550 + 26{,}16\ T$	$\log p_{CH_4} - 2 \log p_{H_2} - \log a_C$	$= -\ 8{,}60 + 4710/T$	298—1200
VIII	$\frac{1}{2} H_2$	$= H$	$+53100 - 13{,}9\ T$	$\log p_H - \frac{1}{2} \log p_{H_2}$	$= +\ 4{,}48 - 11610/T$	298—3000
IX	$\frac{1}{2} N_2$	$= N$	$+86400 - 15{,}6\ T$	$\log p_N - \frac{1}{2} \log p_{N_2}$	$= +\ 4{,}85 - 18900/T$	298—3000
X	$\frac{1}{2} O_2$	$= O$	$+59900 - 15{,}7\ T$	$\log p_O - \frac{1}{2} \log p_{O_2}$	$= +\ 4{,}87 - 13100/T$	298—3000

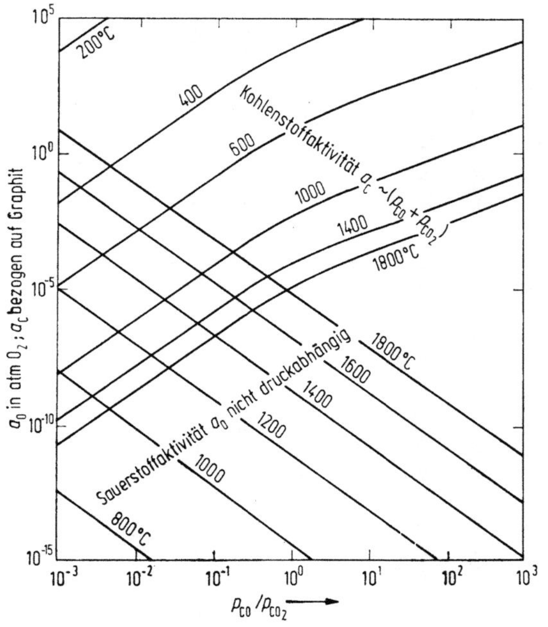

Abb. 2. Kohlenstoff- und Sauerstoffaktivität a_O und a_C von $CO-CO_2$-Mischungen bei 1 atm ($CO + CO_2$) (vgl. Gl. II und III, Tab. 1).

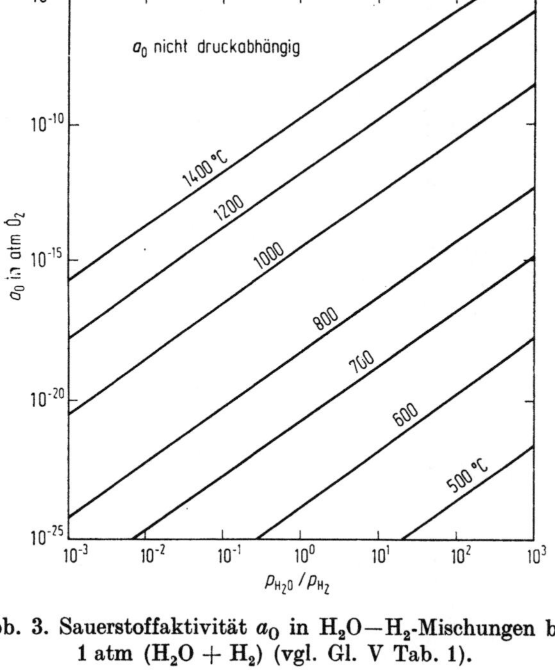

Abb. 3. Sauerstoffaktivität a_O in H_2O-H_2-Mischungen bei 1 atm ($H_2O + H_2$) (vgl. Gl. V Tab. 1).

Gleichgewichtskonstanten auch Torr und At.-% bzw. Gew.-% als Einheiten angegeben. Umrechnungsformeln für ΔG^0 und $\log K_p$ sind in Tab. 2 enthalten. Dabei werden die Abkürzungen

$$\Delta\nu^{\mathrm{k}} = \sum_i \nu_i^{\mathrm{k}} - \sum_j \nu_j^{\mathrm{k}} \quad \text{und} \quad \Delta\nu^{\mathrm{G}} = \sum_i \nu_i^{\mathrm{G}} - \sum_j \nu_j^{\mathrm{G}}$$

verwendet, mit i für entstehende und j für verschwindende Komponenten in der Lösung (ν^{k}) und in der Gasphase (ν^{G}). Weiterhin gilt

$$\Delta H^0(\mathrm{atm}, x) = \Delta H^{0\prime}(\mathrm{Torr}, x) = \Delta H^{0\prime\prime}(\mathrm{atm, At.\text{-}\%}) = \Delta H^{0\prime\prime\prime}(\mathrm{Torr, At.\text{-}\%})$$

und damit

$$\Delta S^{0\prime} - \Delta S^0 - (\Delta G^{0\prime} - \Delta G^0)/T \quad \text{usw.}$$

Die in Tab. 2 eingetragenen additiven Umrechnungsterme verändern somit nur die Entropieterme der freien Standardenthalpien ΔG^0.

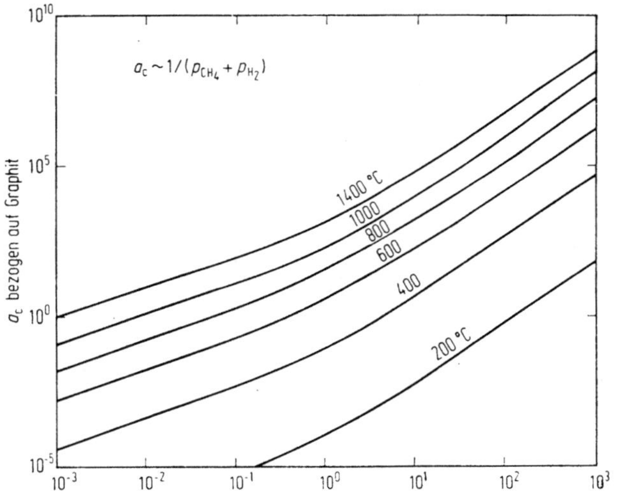

Abb. 4. Kohlenstoffaktivität a_C in CH_4—H_2-Mischungen bei 1 atm ($CH_4 + H_2$) (vgl. Gl. VII, Tab. 1).

Werden die Gleichgewichtskonzentrationen in Gew.-% angegeben, so gelten für ΔG^0 und $\log K_p$ für kleine Konzentrationen in binären Systemen die Umrechnungsformeln (p in atm):

$$\Delta G^0 = \Delta G^0(\mathrm{Gew.\text{-}\%}) - RT \ln \frac{0{,}01 A_1}{A_2} = \Delta G^0(\mathrm{Gew.\text{-}\%}) - 4{,}574 \cdot T \cdot \log \frac{0{,}01 A_1}{A_2}$$

$$\Delta G^0(\mathrm{Gew.\text{-}\%}) = \Delta G^0 - RT \ln \frac{100 A_2}{A_1} = \Delta G^0 - 4{,}574 \cdot T \cdot \log \frac{100 A_2}{A_1}$$

$$\log K_p = \log K_p(\mathrm{Gew.\text{-}\%}) + \frac{0{,}01 A_1}{A_2}$$

$$\log K_p(\mathrm{Gew.\text{-}\%}) = \log K_p + \frac{100 A_2}{A_1}$$

Tabelle 2. Umrechnung von ΔG^0-Werten

gesucht	gegeben: ΔG^0, $\log K_p$ (atm, x)	gegeben: $\Delta G^{0\prime}$, $\log K_p{}'$ (Torr, x)
ΔG^0 (atm, x) $\log K_p$ (atm, x)	ΔG^0 $\log K_p$	$\Delta G^{0\prime} + T \cdot 13{,}2\,\Delta\nu^{G}$ $\log K_p{}' - 2{,}88\,\Delta\nu^{G}$
$\Delta G^{0\prime}$ (Torr, x) $\log K_p{}'$ (Torr, x)	$\Delta G^0 - T \cdot 13{,}2 \cdot \Delta\nu^{G}$ $\log K_p + 2{,}88\,\Delta\nu^{G}$	$\Delta G^{0\prime}$ $\log K_p{}'$
$\Delta G^{0\prime\prime}$ (atm, At.-%) $\log K_p{}''$ (atm, At.-%)	$\Delta G^0 - T \cdot 9{,}15 \cdot \Delta\nu^{k}$ $\log K_p + 2\,\Delta\nu^{k}$	$\Delta G^{0\prime} + T(13{,}2\,\Delta\nu^{G} - 9{,}15\,\Delta\nu^{k})$ $\log K_p{}' - 2{,}88\,\Delta\nu^{G} + 2\,\Delta\nu^{k}$
$\Delta G^{0\prime\prime\prime}$ (Torr, At.-%) $\log K_p{}'''$ (Torr, At.-%)	$\Delta G^0 - T(13{,}2\,\Delta\nu^{G} + 9{,}15\,\Delta\nu^{k})$ $\log K_p + 2{,}88\,\Delta\nu^{G} + 2\,\Delta\nu^{k}$	$\Delta G^{0\prime} - T \cdot 9{,}15\,\Delta\nu^{k}$ $\log K_p{}' + 2\,\Delta\nu^{k}$

3.2 Umrechnung von ΔG^0 in $\log K_p$

a) Lösung von G_2 in Me: $1/2\, G_2 = G(\text{in Me})$

Aus

$$\Delta G^0 = A + B \cdot T$$

folgt

$$\log x_G - \frac{1}{2}\log p_{G_2} = -\frac{B}{4{,}574} - \frac{A}{4{,}574} \cdot \frac{1}{T} \qquad (x_G \text{ in Molenbruch, } p_{G_2} \text{ in atm})$$

$$\log c_G - \frac{1}{2}\log p_{G_2} = 0{,}56 - \frac{B}{4{,}574} - \frac{A}{4{,}574} \cdot \frac{1}{T} \qquad (c_G \text{ in At.-\%, } p_{G_2} \text{ in Torr})$$

und aus

$$\log c_G - \frac{1}{2}\log p_{G_2} = C + \frac{D}{T} \qquad (c_G \text{ in At.-\%, } p_{G_2} \text{ in Torr})$$

folgt

$$\Delta G^0 = -4{,}574\,D - 4{,}574(C - 0{,}56)\,T.$$

b) Lösung der Verbindung MeG_x in Me: $\frac{1}{x} MeG_x = G(\text{in Me}) + \frac{1}{x} Me(\text{in Me})$

Aus

$$\Delta G^0 = A + B \cdot T$$

folgt

$$\log x_{G,\max} = -\frac{B}{4{,}574} - \frac{A}{4{,}574} \cdot \frac{1}{T} \qquad (x_G \text{ in Molenbruch})$$

$$\log c_{G,\max} = 2 - \frac{B}{4{,}574} - \frac{A}{4{,}574} \cdot \frac{1}{T} \qquad (c_G \text{ in At.-\%})$$

und Gleichgewichtskonstanten K_p.

gesucht	gegeben	
	$\Delta G^{0\prime\prime}$, $\log K_p''$ (atm, At.-%)	$\Delta G^{0\prime\prime\prime}$, $\log K_p'''$ (Torr, At.-%)
ΔG^0 (atm, x) $\log K_p$ (atm, x)	$\Delta G^{0\prime\prime} + T \cdot 9{,}15\,\Delta\nu^k$ $\log K_p'' - 2\,\Delta\nu^k$	$\Delta G^{0\prime\prime\prime} + T(13{,}2\,\Delta\nu^G + 9{,}15\,\Delta\nu^k)$ $\log K_p''' - 2{,}88\,\Delta\nu^G - 2\,\Delta\nu^k$
$\Delta G^{0\prime}$ (Torr, x) $\log K_p'$ (Torr, x)	$\Delta G^{0\prime\prime} - T(13{,}2\,\Delta\nu^G - 9{,}15\,\Delta\nu^k)$ $\log K_p'' + 2{,}88\,\Delta\nu^G - 2\,\Delta\nu^k$	$\Delta G^{0\prime\prime\prime} + T \cdot 9{,}15\,\Delta\nu^k$ $\log K_p''' - 2\,\Delta\nu^k$
$\Delta G^{0\prime\prime}$ (atm, At.-%) $\log K_p''$ (atm, At.-%)	$\Delta G^{0\prime\prime}$ $\log K_p''$	$\Delta G^{0\prime\prime\prime} + T \cdot 13{,}2\,\Delta\nu^G$ $\log K_p''' - 2{,}88\,\Delta\nu^G$
$\Delta G^{0\prime\prime\prime}$ (Torr, At.-%) $\log K_p'''$ (Torr, At.-%)	$\Delta G^{0\prime\prime} - T \cdot 13{,}2\,\Delta\nu^G$ $\log K_p'' + 2{,}88\,\Delta\nu^G$	$\Delta G^{0\prime\prime\prime}$ $\log K_p'''$

und aus

$$\log c_{\mathrm{G,max}} = \mathrm{C} + \frac{\mathrm{D}}{T} \qquad (c_{\mathrm{G}} \text{ in At.-\%})$$

folgt

$$\Delta G^0 = -4{,}574\,\mathrm{D} - 4{,}574(\mathrm{C} - 2)\,T.$$

c) Zersetzung von MeG_x: $\frac{1}{x}\,\mathrm{MeG}_x = \frac{1}{2}\,\mathrm{G}_2 + \frac{1}{x}\,\mathrm{Me(in\ Me)}$

Aus

$$\Delta G^0 = \mathrm{A} + \mathrm{B} \cdot T$$

folgt

$$\log p_{\mathrm{G}_2} = -0{,}437\,\mathrm{B} - 0{,}437\,\mathrm{A} \cdot \frac{1}{T} \qquad (p_{\mathrm{G}_2} \text{ in atm})$$

$$\log p_{\mathrm{G}_2} = 2{,}88 - 0{,}437\,\mathrm{B} - 0{,}437\,\mathrm{A} \cdot \frac{1}{T} \qquad (p_{\mathrm{G}_2} \text{ in Torr})$$

und aus

$$\log p_{\mathrm{G}_2} = \mathrm{C} + \frac{\mathrm{D}}{T} \qquad (p_{\mathrm{G}_2} \text{ in Torr})$$

folgt

$$\Delta G^0 = -2{,}287\,\mathrm{D} - 2{,}287(\mathrm{C} - 2{,}88) \cdot T.$$

4. Konzentrationseinheiten

Konzentrationsangaben erfolgen für mehr theoretisch orientierte Überlegungen am günstigsten in Molenbrüchen $x_i = \frac{n_i}{\sum_j n_j}$ oder davon abgeleiteten Größen wie Atomprozente $c_i(\text{At.-\%}) = 100 x_i$ und für sehr kleine Gehalte Atom-ppm (parts per million) c_i(At.-ppm) $= 10^6\, x_i$, weil sie unmittelbar die Zusammensetzung einer Phase erkennen und vergleichen lassen. Für atomistische Betrachtungen von Einlagerungsmischkristallen wird häufig auch das Atomverhältnis n_i/n_j benützt. In der Technik und der chemischen Analytik sind dagegen Gewichtsprozente c_i(Gew.-%) und ppm-Einheiten (Gewichts-ppm) gebräuchlicher, c_i(ppm) $= 10^4 \cdot c_i$(Gew.-%).

Bei Konzentrationsangaben in Gewichtsanteilen erhalten Komponenten mit hohem Atomgewicht hohe Konzentrationswerte, während leichte Atome wie z. B. H oder C selbst bei x-Werten um 0,5 nur Gehalte von wenigen Gew.-% aufweisen. Für gasförmige Komponenten, wie z. B. H in Metallen, werden die Konzentrationen auch häufig in cm^3 Gas je 100 g Metall (cm^3/100 g) angegeben.

Formeln zur *Umrechnung* der genannten Konzentrationseinheiten sind in Tab. 3 zusammengestellt. A_i bedeutet in diesen Gleichungen das Atomgewicht der betrachteten Komponente i und A_j kennzeichnet die Atomgewichte aller Komponenten des n-Stoffsystems einschließlich der Komponente i. Soll zum Beispiel eine Konzentration von 7 At.-% des Stoffes 2 in einer Legierung (1 + 2) in Gew.-ppm umgerechnet werden, so gilt 7 At.-% $= 7 \cdot 10^6/(7 + 93(A_1/A_2))$ ppm.

Tabelle 3. Umrechnung von

Definition	gegeben: Konzentration in	gesucht: Konzen-
		x
Molenbruch $x_i = \dfrac{n_i}{\sum_j n_j} = \dfrac{m_i/A_i}{\sum_j m_j/A_j} = \dfrac{c_i(\text{Gew.-\%})/A_i}{\sum_j c_j(\text{Gew.-\%}/A_j}$	x	x_i
Atomprozente $c_i(\text{At.-\%}) = \dfrac{100\, n_i}{\sum_j n_j} = \dfrac{100\, c_i(\text{Gew.-\%})/A_i}{\sum_j c_j(\text{Gew.-\%})/A_j}$	At.-%	$10^{-2}\, c_i(\text{At.-\%})$
Atom-ppm $c_i(\text{At.-ppm}) = \dfrac{10^6\, n_i}{\sum_j n_j} = \dfrac{10^6\, c_i(\text{Gew.-\%})/A_i}{\sum_j c_j(\text{Gew.-\%})/A_j}$	At.-ppm	$10^{-6}\, c_i(\text{At.-ppm})$
Gewichtsprozente $c_i(\text{Gew.-\%}) = \dfrac{100\, m_i}{\sum_j m_j} = \dfrac{100\, n_i A_i}{\sum_j n_j A_j} = \dfrac{100\, c_i(\text{At.\%}) \cdot A_i}{\sum_j c_j(\text{At.-\%}) \cdot A_j}$	Gew.-%	$\dfrac{c_i(\text{Gew.-\%})}{\sum_j c_j(\text{Gew.-\%}) \cdot \dfrac{A_i}{A_j}}$
ppm (Gewichts-ppm) $c_i(\text{ppm}) = \dfrac{10^6\, m_i}{\sum_j m_j} = \dfrac{10^6\, c_i(\text{At.-\%}) \cdot A_i}{\sum_j c_j(\text{At.-\%}) \cdot A_j}$	ppm	$\dfrac{c_i(\text{ppm})}{\sum_j c_j(\text{ppm}) \cdot \dfrac{A_i}{A_j}}$

Für kleine Konzentrationen werden die Ausdrücke $\sum_j c_j(\text{At.-\%})\, A_j/A_i$ beziehungsweise $\sum_j c_j(\text{Gew.-\%})\, A_i/A_j$ nahezu konstant und zwar dann, wenn

$$c_i(\text{At.-\%}) \lesssim 0{,}01 \cdot \sum_j c_j(\text{At.-\%})\, A_j/A_i \quad \text{bzw.}$$

$$c_i(\text{Gew.-\%}) \lesssim 0{,}01 \sum_j c_j(\text{Gew.-\%})\, A_i/A_j$$

ist.

Für Konzentrationsangaben in binären Systemen (1 + 2) gilt

$$x_2 = 1 - x_1, \quad c_2(\text{At.-\%}) = 100 - c_1(\text{At.-\%}), \quad c_2(\text{Gew.-\%}) = 100 - c_1(\text{Gew.-\%}).$$

Damit ergibt sich mit den Atomgewichten A_1 und A_2 für die *Beziehung zwischen Gew.-% und At.-%*

$$\frac{c_2(\text{Gew.-\%})}{100 - c_2(\text{Gew.-\%})} = \frac{A_2}{A_1} \cdot \frac{c_2(\text{At.-\%})}{100 - c_2(\text{At.-\%})}.$$

Konzentrationseinheiten.

tration in		
At.-%	Gew.-%	ppm
$100\, x_i$	$\dfrac{100\, x_i}{\sum_j x_j \frac{A_j}{A_i}}$	$\dfrac{10^6\, x_i}{\sum_j x_j \frac{A_j}{A_i}}$
$c_i(\text{At.-\%})$	$\dfrac{100\, c_i(\text{At.-\%})}{\sum_j c_j(\text{At.-\%}) \cdot \frac{A_j}{A_i}}$	$\dfrac{10^6\, c_i(\text{At.-\%})}{\sum_j c_j(\text{At.-\%}) \cdot \frac{A_j}{A_i}}$
$10^{-4}\, c_i(\text{At.-ppm})$	$\dfrac{100\, c_i(\text{At.-ppm})}{\sum_j c_j(\text{At.-ppm}) \cdot \frac{A_j}{A_i}}$	$\dfrac{10^6\, c_i(\text{At.-ppm})}{\sum_j c_j(\text{At.-ppm}) \cdot \frac{A_j}{A_i}}$
$\dfrac{100\, c_i(\text{Gew.-\%})}{\sum_j c_j(\text{Gew.-\%}) \cdot \frac{A_i}{A_j}}$	$c_i(\text{Gew.-\%})$	$10^4\, c_i(\text{Gew.-\%})$
$\dfrac{100\, c_i(\text{ppm})}{\sum_j c_j(\text{ppm}) \cdot \frac{A_i}{A_j}}$	$10^{-4}\, c_i(\text{ppm})$	$c_i(\text{ppm})$

Der Faktor $c/(100 - c)$ ist identisch mit der in Tab. 4 angegebenen Funktion. Für $c_2(\text{At.-\%}) \cdot A_2/A_1 \lesssim 1$ erhält man vereinfacht

$$c_2(\text{Gew.-\%}) \approx \frac{A_2}{A_1}\, c_2(\text{At.-\%}).$$

Tabelle 4. Zahlenwerte für das Atomverhältnis n in binären Systemen.

	0	1	2	3	4	5	6	7	8	9
0	0	0,0101	0,0204	0,0309	0,0416	0,0526	0,0638	0,0752	0,0869	0,0989
10	0,1111	0,1235	0,1363	0,1494	0,1627	0,1764	0,1904	0,2048	0,2195	0,2345
20	0,2500	0,2658	0,2820	0,2987	0,3157	0,3333	0,3513	0,3698	0,3888	0,4084
30	0,4285	0,4492	0,4705	0,4925	0,5151	0,5384	0,5625	0,5873	0,6129	0,6393
40	0,6666	0,6949	0,7118	0,7543	0,7857	0,8181	0,8518	0,8867	0,9230	0,9607
50	1,0000	1,0408	1,0833	1,1276	1,1739	1,2222	1,2727	1,3255	1,3809	1,4390
60	1,5000	1,5641	1,6315	1,7027	1,7777	1,8571	1,9411	2,0303	2,1250	2,2258
70	2,3333	2,4482	2,5714	2,7037	2,8461	3,0000	3,1666	3,3478	3,5454	3,7619
80	4,0000	4,2631	4,5555	4,8823	5,2500	5,6666	6,1428	6,6923	7,3333	8,0909
90	9,0000	10,1111	11,5000	13,2857	15,6666	19,0000	24,0000	32,3333	49,0000	99,0000

$$n = \frac{n_1}{n_2} = \frac{x_1}{x_2} = \frac{c_1(\text{At.-\%})}{100 - c_1(\text{At.-\%})}; \quad c_1(\text{At.-\%}) = \frac{100n}{1+n}$$

Für H, C, N und O sind die Umrechnungsfaktoren bei kleinen Konzentrationen für die wichtigsten Metalle in Tab. 14 enthalten. Zur Umrechnung können ferner Rechenscheiben [4] oder tabellierte Werte [5] der Funktion $\log(x/(100 - x))$ verwendet werden. Treten Konzentrationen in der Nähe von 100% auf, so ist eine Berechnung der Konzentrationswerte des Stoffes 1 vorteilhafter,

$$x_1 = 1 - x_2 \quad \text{bzw.} \quad c_1 = 100 - c_2.$$

Zahlenwerte für die *Umrechnung von At.-% in das Atomverhältnis n* sind in Tab. 4 enthalten.

Umrechnung von cm³/100 g in At.-% und Gew.-% für zweiatomige Gase (H_2, N_2, O_2).

$$c(\text{At.-\%}) = \frac{100}{1 + \dfrac{1{,}12 \cdot 10^6}{c(\text{cm}^3/100\,\text{g}) \cdot A_{\text{Me}}}}$$

$$c(\text{cm}^3/100\,\text{g}) = \frac{1{,}12 \cdot 10^6}{A_{\text{Me}}} \cdot \frac{c(\text{At.-\%})}{100 - c(\text{At.-\%})}$$

bzw.

$$c(\text{Gew.-\%}) = \frac{100}{1 + \dfrac{2{,}24 \cdot 10^6}{c(\text{cm}^3/100\,\text{g}) \cdot M_{\text{G}}}}$$

$$c(\text{cm}^3/100\,\text{g}) = \frac{2{,}24 \cdot 10^6}{M_{\text{G}}} \cdot \frac{c(\text{Gew.-\%})}{100 - c(\text{Gew.-\%})}$$

mit A_{Me} = Atomgewicht des Metalls und M_G = Molekulargewicht des Gases. Für kleine Konzentrationen, d. h.

$$\frac{10^6}{c(\text{cm}^3/100\,\text{g}) \cdot M_G} \gg 1, \qquad \frac{10^6}{c(\text{cm}^3/100\,\text{g}) \cdot A_{Me}} \gg 1, \qquad c(\text{At.-\%}) < 1$$

oder $c(\text{Gew.-\%}) < 1$ können die vereinfachten Beziehungen

$$c(\text{At.-\%}) = \frac{A_{Me}}{1{,}12 \cdot 10^4} \cdot c(\text{cm}^3/100\,\text{g}) \quad \text{und} \quad c(\text{cm}^3/100\,\text{g}) = \frac{1{,}12 \cdot 10^4}{A_{Me}} \cdot c(\text{At.-\%})$$

bzw.

$$c(\text{Gew.-\%}) = \frac{M_G}{2{,}24 \cdot 10^4} \cdot c(\text{cm}^3/100\,\text{g}) \quad \text{und} \quad c(\text{cm}^3/100\,\text{g}) = \frac{2{,}24 \cdot 10^4}{M_G} \cdot c(\text{Gew.-\%})$$

verwendet werden. Die Umrechnungsfaktoren für kleine Konzentrationen der Gase H_2, N_2 und O_2 sind in Tab. 14 enthalten. Im Falle von Legierungen ist als Atomgewicht des Metalls das mittlere Atomgewicht der Legierung $\bar{A}_{Leg} = \sum_i x_i A_i$ einzusetzen.

5. Aktivitätsgrößen, Wirkungsparameter

5.1 Binäre Systeme

Die Aktivität der Komponente i in einem binären System ist definiert als

$$a_i = \gamma_i x_i,$$

wobei die Konzentration x_i in Molenbrüchen angegeben und als Standardzustand der reine Stoff i ($x_i = 1$, bei Gasen $p = 1$ atm) festgelegt ist (vgl. A II). Im Fall einer idealen Mischung ist der Aktivitätskoeffizient $\gamma_i = 1$ bzw. $\ln \gamma_i = 0$. Bei positiven bzw. negativen Abweichungen vom Raoultschen Gesetz wird $\gamma_i > 1$ bzw. $\gamma_i < 1$ und entsprechend $\ln \gamma_i > 0$ bzw. $\ln \gamma_i < 0$. In vielen Arbeiten werden neben diesem ursprünglichen Aktivitätsbegriff in der Gleichgewichtskonstanten auch andere Aktivitätsgrößen verwendet, welche von der Definition des Standardzustandes abhängen. So können ideal verdünnte Lösungen (extrapoliert auf $x_i = 1$) und Lösungen mit einer Konzentration von 1 At.-% oder 1 Gew.-% als Standardzustand gewählt werden. In Abb. 5 sind diese verschieden definierten Aktivitäten veranschaulicht. Die Aktivitätskoeffizienten γ, γ', γ'' und f für die Konzentration ξ vergleichen die Steigung der Geraden $0P$ mit den Steigungen der Geraden $0a_i$, $0a_i'$, $0a_i''$ oder $0a_i'''$, die definitionsgemäß gleich 1 gesetzt worden sind.

Ideal verdünnte Lösung. Für sehr kleine Konzentrationen ($x_i \to 0$) besteht auch in nicht idealen Mischungen eine Proportionalität zwischen der Aktivität und der Konzentration (Henrysches Gesetz). Die Steigung der Henryschen Geraden wird als 1 definiert und die Konzentration x_i in Molenbrüchen angegeben. Es gilt dann

$$a_i' = \gamma_i' x_i; \quad \gamma_i' = 1 \quad \text{für } x_i \to 0$$

$$a_i' = \frac{a_i}{k_i}; \quad \gamma_i' = \frac{\gamma_i}{k_i}$$

und

$$\mu_i^{0\prime} = \mu_i^0 + RT \ln k_i$$

(k_i = Henrysche Konstante).

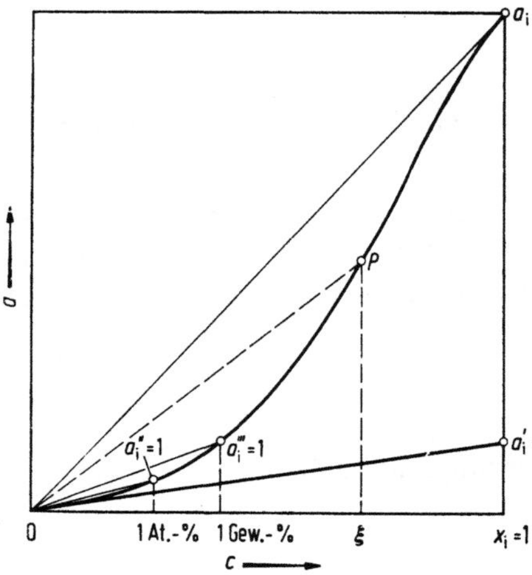

Abb. 5. Aktivitäten a für verschiedene Standardzustände (schematisch).
Standardzustände:

a_i: reine Komponente i
a_i': ideal verdünnte Lösung von i
a_i'': Lösung mit 1 At.-% i
a_i''': Lösung mit 1 Gew.-% i

Atomprozente. Wird in der Gleichgewichtskonstanten als Konzentrationseinheit c_i(At.-%) gewählt, so ist die Aktivitätsgröße a_i'' definiert als

$$a_i'' = \gamma_i'' c_i(\text{At.-\%}); \quad \gamma_i'' = 1 \text{ für } c_i = 1 \text{ At.-\%}.$$

Mit der ursprünglich für reale Systeme eingeführten Aktivität a_i besteht wegen $x_i = 0{,}01 \cdot c_i(\text{At.-\%})$ die Beziehung

$$a_i'' = \frac{100\, a_i}{\gamma_i(c_i = 1 \text{ At.-\%})}; \quad \gamma_i'' = \frac{\gamma_i(c_i = \xi)}{\gamma_i(c_i = 1 \text{ At.-\%})}$$

und für das Standardpotential wird

$$\mu_i^{0\prime\prime} = \mu_i^0 = 9{,}15\, T + RT \ln \gamma_i(x_i = 0{,}01).$$

Für ideale Systeme gilt dann für alle x_i

$$a_i'' = 100\, a,$$

Tabelle 5. Definitionen und Umrechnungen von Aktivitäten und Aktivitätskoeffizienten.

Standardzustand ($\gamma_i, f_i = 1$)	Lösung	Aktivität, Definition	Aktivität, Umrechnung	Aktivitätskoeffizient	Aktivitätskoeffizient, Umrechnung
$x_i = 1$	real	$a_i = \gamma_i \cdot x_i$		γ_i	
	ideal	$a_i = x_i$		$\gamma_i = 1$	
$x_i \to 0$	ideal verdünnt	$a_i' = \gamma_i' \cdot x_i$	$a_i' = \frac{a_i}{k_i}$	γ_i'	$\gamma_i' = \frac{\gamma_i}{k_i}$
$c_i = 1$ At.-%	real	$a_i'' = \gamma_i'' \cdot c_i$ (At.-%)	$a_i'' = \frac{100\, a_i}{\gamma_i(c_i = 1 \text{ At.-\%})}$	γ_i''	$\gamma_i'' = \frac{\gamma_i(c_i = \xi)}{\gamma_i(c_i = 1 \text{ At.-\%})}$
	ideal	$a_i'' = c_i$ (At.-%)	$a_i'' = 100\, a_i$	$\gamma_i'' = 1$	
	ideal verdünnt	$a_i'' = c_i$ (At.-%)	$a_i'' = 100\, a_i' = \frac{100\, a_i}{k_i}$	$\gamma_i'' = 1$	$\gamma_i'' = \frac{\gamma_i}{k_i}$
$c_i = 1$ Gew.-%	real (kleine Konzentrationen)	$a_i''' = f_i \cdot c_i$ (Gew.-%)	$a_i''' = \frac{100\, a_i \cdot A_L/A_i}{\gamma_i(c_i = 1 \text{ Gew.-\%})}$	f_i	$f_i = \frac{\gamma_i(c_i = \xi)}{\gamma_i(c_i = 1 \text{ Gew.-\%})}$
	ideal verdünnt	$a_i''' = c_i$ (Gew.-%)	$a_i''' = 100\, a_i' \frac{A_L}{A_i} = \frac{100\, a_i}{k_i} \cdot \frac{A_L}{A_i}$	$f_i = 1$	$f_i = \frac{\gamma_i}{k_i}$

und für ideal verdünnte Lösungen, sofern der Bereich bis $c_i = 1$ At.-% reicht

$$a_i'' = 100 a_i' = 100 \frac{a_i}{k_i}; \quad \gamma_i'' = 1$$

und

$$\mu_i^{0''} = \mu_i^{0'} - 9{,}15\,T = \mu_i^0 - 9{,}15\,T + RT \ln k_i .$$

Diese Beziehungen sind bis auf die Faktoren 100 bzw. $RT \ln 100 = 9{,}15\,T$ identisch mit der Normierung auf den ideal verdünnten Zustand.

Gewichtsprozente. Als weiterer Standardzustand wird häufig die Aktivität für die Konzentration $c_i = 1$ Gew.-% herangezogen,

$$a_i''' = f_i c_i(\text{Gew.-\%}), \quad f_i = 1 \text{ für } c_i = 1 \text{ Gew.-\%}.$$

Die Bedingung $f = 1$ für alle Konzentrationen c_i(Gew.-%) beschreibt nicht die ideale Mischung, weil der Zusammenhang zwischen c(At.-%) und c(Gew.-%) nicht linear ist. Für kleine Konzentrationen gilt jedoch

$$c_i(\text{At.-\%}) \approx c_i(\text{Gew.-\%}) \cdot A_\text{L}/A_i$$

(A_L, A_i = Atomgewicht des Lösungsmittels L und des gelösten Stoffes i) und man erhält für $c_i(\text{At.-\%}) \lesssim 10^{-2}\,A_\text{L}/A_i$

$$a_i''' = \frac{100 a_i}{\gamma_i(c_i = 1 \text{ Gew.-\%})} \cdot \frac{A_\text{L}}{A_i}; \quad f_i = \frac{\gamma_i(c_i = \xi)}{\gamma_i(c_i = 1 \text{ Gew.-\%})}$$

und

$$\mu_i^{0'''} = \mu_i^0 - 9{,}15T - 4{,}574 \log \frac{A_\text{L}}{A_i} + RT \ln \gamma_i(c_i = 1 \text{ Gew.-\%}).$$

Die ideale Lösung ist bei der Verwendung von Konzentrationsangaben in Gew.-% aus Aktivität-Konzentration-Kurven nicht unmittelbar zu erkennen. Umgekehrt können auch nicht-ideale Lösungen in dieser Darstellung gerade Kurven ergeben.

Für die ideal verdünnte Lösung folgt, wenn der Bereich bis $c_i = 1$ Gew.-% reicht

$$a_i''' = 100\, a_i' \cdot \frac{A_\text{L}}{A_i}; \quad f_i = 1$$
$$= \frac{100 a_i}{k_i} \cdot \frac{A_\text{L}}{A_i}$$

und

$$\mu_i^{0'''} = \mu_i^{0'} - 9{,}15T - 4{,}574T \log \frac{A_\text{L}}{A_i}$$
$$= \mu_i^0 - 9{,}15T - 4{,}574T \log \frac{A_\text{L}}{k_i A_i}.$$

Die Definitionen und Umrechnungen von Aktivitäten und Aktivitätskoeffizienten sind in Tab. 5 zusammengestellt.

5.2 Ternäre Systeme

Der Einfluß von Legierungselementen (Stoffe 3, 4 ...) auf den Aktivitätskoeffizienten des gelösten Stoffes 2 kann durch eine Taylor-Reihenentwicklung der Größe $\ln \gamma_2$ als Funktion der Molenbrüche des gelösten (x_2) und der zugesetzten Stoffe (x_3, x_4 ...) beschrieben werden. Standardzustand des Stoffes 2 ist die unendlich verdünnte Lösung von 2 im Lösungsmittel 1 ohne Zusätze, in dem der Aktivitätskoeffizient mit γ_2^0 bezeichnet wird. Im Bereich niedriger Konzentrationen können bei der Berechnung die höheren Ableitungen vernachlässigt werden und man erhält für $\ln \gamma_2$ in Mehrstoffsystemen die Beziehung

$$\ln \gamma_2 = \ln \gamma_2^0 + \varepsilon_2^2 x_2 + \varepsilon_2^3 x_3 + \varepsilon_2^4 x_4 + \dots$$

$$\text{mit } \varepsilon_2^i = \frac{\partial \ln \gamma_2}{\partial x_i} \quad \text{und } \ln \gamma_2^i = \varepsilon_2^i x_i .$$

Werden die Konzentrationen c_i in Gew.-% angegeben, so lauten die entsprechenden Beziehungen

$$\log f_2 = f_2^0 + e_2^2 c_2 + e_2^3 c_3 + e_2^4 c_4 + \dots;$$

$$e_2^i = \frac{\partial \log f_2}{\partial c_i(\text{Gew.-\%})}; \quad \log f_2^i = e_2^i c_i(\text{Gew.-\%}).$$

Nach diesen Gleichungen ist bei kleinen Zusätzen von mehreren Legierungselementen deren Wirkung auf den Aktivitätskoeffizienten additiv. Die einzelnen Terme sind als Produkt aus dem Wirkungsparameter ε_2^i bzw. e_2^i und der Konzentration x_i bzw. c_i bestimmt. In Metall-Gas-Systemen läßt sich damit die Änderung der Gaslöslichkeit bei konstantem Druck durch geringe Zusätze G, 3, ... n folgendermaßen ausdrücken

$$\ln x_G = \ln x_G^0 + \sum_{i=G,3,\dots,n} \varepsilon_G^i x_i$$

bzw.

$$\log c_G(\text{Gew.-\%}) = \log c_G^0(\text{Gew.-\%}) + \sum_{i=G,3,\dots,n} e_G^i c_i(\text{Gew.-\%}).$$

Die auf verschiedene Standardzustände bezogenen Wirkungsparameter ε_2^i und e_2^i lassen sich unter der Bedingung der ideal verdünnten Lösung, d. h. für kleine Konzentrationen aller Zusatzelemente, ineinander umrechnen, wobei für Dreistoffsysteme die Beziehungen angegeben werden können [6, 7]

$$\varepsilon_2^3 = (230 e_2^3 - 1) \frac{A_3}{A_1} + 1$$

$$e_2^3 = 0{,}00434 \left[(\varepsilon_2^3 - 1) \frac{A_1}{A_3} + 1 \right].$$

Man erkennt, daß $e_2^3 \approx (0{,}434 \cdot A_1 \cdot \varepsilon_2^3)/(100 \cdot A_3)$ nur dann gilt, wenn $A_1 \approx A_3$ ist. Bei sehr großen Unterschieden im Atomgewicht kann die Änderung der mittleren Atomgewichte durch Zusatz des Elementes 3 eine Änderung der Löslichkeit von 2 (gemessenen in Gew.-%) vortäuschen, obwohl sie auf Molenbrüche oder Atomprozente bezogen konstant bleibt.

Eine Änderung der Aktivität des gelösten Stoffes 2 (Gas G) durch Legierungszusätze 3 besagt in Metall-Gas-Systemen, daß sich bei konstanter Gaskonzentration der Gleichgewichtsdruck ändert, oder umgekehrt, daß bei konstantem Gasdruck die isobare Gleichgewichtslöslichkeit c_G in der Legierung (Leg) gegenüber dem reinen Metall (Me) erhöht oder erniedrigt wird. Bezieht man γ_G^3 und f_G^3 jeweils auf den ideal verdünnten Zustand ($\gamma^0, f^0 = 1$ für $c \to 0$), so gelten wegen

$$a_G = \gamma^0 \gamma_G^G c_G(\text{in Me}) = \gamma^0 \gamma_G^G \gamma_G^3 c_G(\text{in Leg})$$

bzw.

$$a_G = f^0 f_G^G c_G(\text{in Me}) = f^0 f_G^G f_G^3 c_G(\text{in Leg})$$

folgende anschauliche Beziehungen:

$$c \text{ in At.-\%: } \log \left.\frac{c_G(\text{in Leg})}{c_G(\text{in Me})}\right|_{a_G=\text{konst}} = \log \left.\frac{x_G(\text{in Leg})}{x_G(\text{in Me})}\right|_{a_G=\text{konst}} = \log \frac{1}{\gamma_G^3}$$

$$c \text{ in Gew.-\%: } \log \left.\frac{c_G(\text{in Leg})}{c_G(\text{in Me})}\right|_{a_G=\text{konst}} = \log \frac{1}{f_G^3}$$

beziehungsweise bei Gültigkeit des Sievertsschen $\sqrt{p}$-Gesetzes in allgemeiner Form

$$c \text{ in At.-\%: } \log \left[\frac{c_G(\text{in Leg})/\sqrt{p_{G_2}}}{c_G(\text{in Me})/\sqrt{p_{G_2}}}\right] = \log \frac{1}{\gamma_G^3} = -\log \gamma_G^3$$

$$c \text{ in Gew.-\%: } \log \left[\frac{c_G(\text{in Leg})/\sqrt{p_{G_2}}}{c_G(\text{in Me})/\sqrt{p_{G_2}}}\right] = \log \frac{1}{f_G^3} = -\log f_G^3.$$

In Dreistoff-Systemen kann für die Umrechnung von $\log \gamma_G^3$ in $\log f_G^3$ folgende Beziehung verwendet werden

$$\log f_G^3 = \log \gamma_G^3 + \log \left[(1 - x_3) + x_3 \frac{A_3}{A_1}\right]$$

mit A_1, A_3 Atomgewichte des Lösungsmittels 1 bzw. Zusatzes 3. Der Faktor $\log \left[(1 - x_3) + x_3 \frac{A_3}{A_1}\right]$ ist in Abb. 6 als Funktion von x_3 für verschiedene Werte von A_3/A_1 wiedergegeben. Man erkennt auch hier, daß bei sehr unterschiedlichen Atomgewichten der Einfluß ternärer Zusätze auf die Löslichkeit des Elementes 2 (G) sich verschieden darstellt, wenn diese in Gew.-% statt in At.-% angegeben werden.

In nicht ideal verdünnten Systemen müssen zur Bildung der Differentialquotienten $\frac{\partial \ln \gamma}{\partial x}$ bzw. $\frac{\partial \log f}{\partial c(\text{Gew.-\%})}$ die Bedingungen exakter festgelegt werden, z. B. ob bei konstanter Konzentration, konstantem Konzentrationsverhältnis

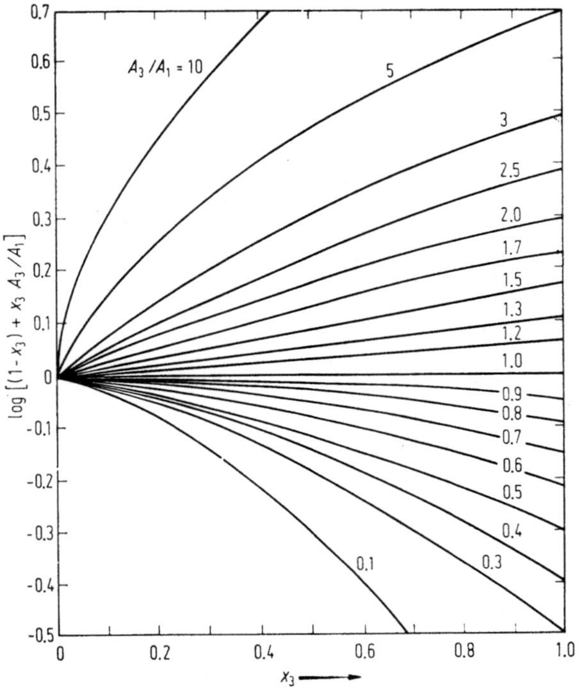

Abb. 6. Korrekturfunktion zur Umrechnung der Aktivitätskoeffizienten γ_G^3 und f_G^3.

oder bei konstanter Aktivität die Änderung von $\ln \gamma$ bestimmt werden soll. In Dreistoffsystemen werden folgende verschiedene Wirkungsparameter definiert [6]:

$$\varepsilon_2^3 = \frac{\partial \ln \gamma_2}{\partial x_3}\bigg|_{x_2}; \qquad e_2^3 = \frac{\partial \log f_2}{\partial c_3(\text{Gew.-\%})}\bigg|_{c_2}$$

$$\beta_2^3 = \frac{\partial \ln \gamma_2}{\partial x_3}\bigg|_{x_1/x_2/x_3}; \qquad b_2^3 = \frac{\partial \log f_2}{\partial c_3(\text{Gew.-\%})}\bigg|_{c_1/c_2/c_3}$$

$$\omega_2^3 = \frac{\partial \ln \gamma_2}{\partial x_3}\bigg|_{a_2} = -\frac{\partial \ln x_2}{\partial x_3}\bigg|_{a_2}; \qquad o_2^3 = \frac{\partial \log f_2}{\partial c_3(\text{Gew.-\%})}\bigg|_{a_2} = -\frac{\partial \log c_2}{\partial c_3(\text{Gew.-\%})}\bigg|_{a_2}$$

Daneben finden noch die Löslichkeitsparameter m_2^3 und $m_2^{3'}$ Verwendung:

$$m_2^3 = \frac{\partial x_2}{\partial x_3}\bigg|_{a_2} = \frac{\partial c_2(\text{At.-\%})}{\partial c_3(\text{At.-\%})}\bigg|_{a_2}; \qquad m_2^{3'} = \frac{\partial c_2(\text{Gew.-\%})}{\partial c_3(\text{Gew.-\%})}\bigg|_{a_2}.$$

Die Umrechnungsformeln für diese Parameter für den allgemeinen Fall und bei hoher Verdünnung der Stoffe 2 und/oder 3 sind in [6] zusammengestellt.

Tabelle 6. Umrechnung von Geschwindigkeitskonstanten bzw. Reaktionsgeschwindigkeiten für das lineare Zeitgesetz. Die Geschwindigkeitskonstante gibt die Gasaufnahme je Zeit- und Flächeneinheit an.

Geschwindigkeitskonstante k_l	$mg \cdot cm^{-2} \cdot s^{-1}$	$mg \cdot cm^{-2} \cdot min^{-1}$	$mg \cdot cm^{-2} \cdot h^{-1}$	Atome $\cdot cm^{-2} \cdot s^{-1}$	Atome $\cdot cm^{-2} \cdot h^{-1}$
$mg \cdot cm^{-2} \cdot s^{-1}$	1	60	3600	$\frac{6{,}023 \cdot 10^{23}}{M}$	$\frac{2{,}168 \cdot 10^{27}}{M}$
$mg \cdot cm^{-2} \cdot min^{-1}$	$1{,}67 \cdot 10^{-2}$	1	60	$\frac{1{,}004 \cdot 10^{22}}{M}$	$\frac{3{,}614 \cdot 10^{25}}{M}$
$mg \cdot cm^{-2} \cdot h^{-1}$	$2{,}78 \cdot 10^{-4}$	$1{,}67 \cdot 10^{-2}$	1	$\frac{1{,}673 \cdot 10^{20}}{M}$	$\frac{6{,}023 \cdot 10^{23}}{M}$
$g \cdot cm^{-2} \cdot h^{-1}$	0,278	16,7	1000	$\frac{1{,}673 \cdot 10^{23}}{M}$	$\frac{6{,}023 \cdot 10^{26}}{M}$

M = Atom- bzw. Molekulargewicht

6. EMK-Messung

$$\Delta G = Z \cdot 23026 \cdot \text{EMK}$$

(ΔG in cal/mol, EMK in V, Z = Ladung des beweglichen Ions im Elektrolyten)

$$1 \text{ mV} = Z \cdot 23{,}026 \text{ cal/mol}$$
$$1 \text{ cal} = 0{,}04343 \text{ mV}$$

Konzentrationsketten:

$$\text{EMK} = \frac{1{,}98 \cdot 10^{-4}}{Z} \cdot T \cdot \log \frac{a_1}{a_2}$$

(EMK in V, T in K).

7. Kinetik der Gasabsorption

7.1 Lineares Zeitgesetz

Zwischen der Gewichtszunahme Δg, der Reaktionsgeschwindigkeit v und der Geschwindigkeitskonstanten k_1 bestehen die Beziehungen

$$\Delta g = k_1 \cdot t; \qquad v = k_1 .$$

Umrechnungsfaktoren für verschiedene Einheiten sind in Tab. 6 zusammengestellt.
Bei einer Reaktion 1. Ordnung ist die Reaktionsgeschwindigkeit v proportional zum Gasdruck p und zum Reaktionskoeffizienten r

$$v = A \cdot p \cdot r .$$

In Tab. 7 sind die Konstanten A für verschiedene Gase bei einer Gastemperatur von 25 °C und für p in Torr angegeben.

Tabelle 7. Konstanten A zur Berechnung der Reaktionsgeschwindigkeiten.

Gasabsorption	$mg \cdot cm^{-2} \cdot s^{-1}$	$mg \cdot cm^{-2} \cdot min^{-1}$	$mg \cdot cm^{-2} \cdot h^{-1}$
H aus H_2	4,78	$2{,}87 \cdot 10^2$	$1{,}72 \cdot 10^4$
N aus N_2	17,88	$1{,}07 \cdot 10^3$	$6{,}44 \cdot 10^4$
O aus O_2	19,11	$1{,}15 \cdot 10^3$	$6{,}88 \cdot 10^4$
N aus NH_3	11,47	$6{,}88 \cdot 10^2$	$4{,}13 \cdot 10^4$
O aus H_2O	12,74	$7{,}65 \cdot 10^2$	$4{,}59 \cdot 10^4$
C aus CH_4	10,14	$6{,}08 \cdot 10^2$	$3{,}65 \cdot 10^4$
C aus C_2H_2	17,23	$1{,}03 \cdot 10^3$	$6{,}20 \cdot 10^4$
C aus C_2H_4	15,32	$9{,}12 \cdot 10^2$	$5{,}52 \cdot 10^4$

7.2 Parabolisches Zeitgesetz

Zwischen der Gewichtszunahme Δg und der Geschwindigkeitskonstanten k_p besteht der Zusammenhang

$$(\Delta g)^2 = k_p \cdot t .$$

Tabelle 8. Umrechnung von Geschwindigkeitskonstanten für das parabolische Zeitgesetz.

Geschwindigkeits-konstante k_p	$mg^2 \cdot cm^{-4} \cdot s^{-1}$	$mg^2 \cdot cm^{-4} \cdot min^{-1}$	$mg^2 \cdot cm^{-4} \cdot h^{-1}$	$g^2 \cdot cm^{-4} \cdot h^{-1}$
$mg^2 \cdot cm^{-4} \cdot s^{-1}$	1	60	3600	$3{,}6 \cdot 10^{-3}$
$mg^2 \cdot cm^{-4} \cdot min^{-1}$	$1{,}67 \cdot 10^{-2}$	1	60	$6 \cdot 10^{-5}$
$mg^2 \cdot cm^{-4} \cdot h^{-1}$	$2{,}78 \cdot 10^{-4}$	$1{,}67 \cdot 10^{-2}$	1	10^{-6}
$g^2 \cdot cm^{-4} \cdot h^{-1}$	278	$1{,}67 \cdot 10^{4}$	10^{6}	1

Umrechnungsfaktoren für verschiedene Einheiten sind in Tab. 8 zusammengestellt.

In Tab. 9 ist die Gasaufnahme Δg nach verschiedenen Zeiten für verschiedene Einheiten der Geschwindigkeitskonstanten k_p angegeben.

Tabelle 9. Gasaufnahme nach verschiedenen Zeiten für verschiedene Einheiten der Geschwindigkeitskonstanten für das parabolische Zeitgesetz.

Geschwindigkeits-konstante k_p	Gasaufnahme Δg in mg/cm^2			Δg in g/cm^2
	1 s	1 min	1 h	1 h
x $[mg^2 \cdot cm^{-4} \cdot s^{-1}]$	$\sqrt{x}$	$7{,}75\sqrt{x}$	$60\sqrt{x}$	$6 \cdot 10^{-2}\sqrt{x}$
y $[mg^2 \cdot cm^{-4} \cdot min^{-1}]$	$0{,}129\sqrt{y}$	$\sqrt{y}$	$7{,}75\sqrt{y}$	$7{,}75 \cdot 10^{-3}\sqrt{y}$
z $[mg^2 \cdot cm^{-4} \cdot h^{-1}]$	$1{,}67 \cdot 10^{-2}\sqrt{z}$	$0{,}129\sqrt{z}$	$\sqrt{z}$	$10^{-3}\sqrt{z}$

8. Diffusion

Zahlenwerte für den zeitlichen und örtlichen Konzentrationsverlauf s. Tab. 10 bis 12, vgl. auch B II.2.1.

Tabelle 10. Konzentrationsverlauf im unendlichen Halbraum (Konzentration an der Oberfläche ($x = 0$) const [8]).

$\frac{x}{\sqrt{Dt}}$	$\frac{c - c_0}{c_s - c_0}$	$\frac{x}{\sqrt{Dt}}$	$\frac{c - c_0}{c_s - c_0}$	$\frac{x}{\sqrt{Dt}}$	$\frac{c - c_0}{c_s - c_0}$
0	1,0000	1,0	0,4795	3,2	0,0236
0,1	0,9436	1,2	0,3961	3,4	0,0162
0,2	0,8875	1,4	0,3222	3,6	0,0109
0,3	0,8320	1,6	0,2579	3,8	0,0072
0,4	0,7773	1,8	0,2031	4,0	0,0047
0,5	0,7237	2,0	0,1573	4,4	0,0019
0,6	0,6714	2,2	0,1198	4,8	0,0007
0,7	0,6206	2,4	0,0897	5,2	0,0002
0,8	0,5716	2,6	0,0660	5,6	0,0001
0,9	0,5245	2,8	0,0477	6,0	0,0000
0,9538	0,5000	3,0	0,0399		

c = lokale Konzentration im Abstand x (cm) von der Oberfläche zur Zeit t (s)
c_0 = homogene Anfangskonzentration
c_s = konstante Oberflächenkonzentration
D = Diffusionskonstante (cm^2/s)

Tabelle 11. Mittlere Konzentration während der Diffusion in Blechen, Zylindern und Kugeln [8].

Dt/L^2	$\frac{c_m - c_0}{c_s - c_0}$			Dt/L^2	$\frac{c_m - c_0}{c_s - c_0}$		
	Blech	Zylinder	Kugel		Blech	Zylinder	Kugel
0,005	0,078	0,157	0,226	0,30	0,612	0,878	0,969
0,01	0,110	0,216	0,310	0,40	0,702	0,9316	0,988
0,02	0,161	0,302	0,421	0,50	0,764	0,9616	0,9557
0,03	0,195	0,360	0,500	0,60	0,816	0,9785	0,9984
0,04	0,227	0,412	0,560	0,70	0,856	0,9879	0,9994
0,05	0,251	0,452	0,604	0,80	0,887	0,9332	0,9998
0,06	0,275	0,488	0,648	0,90	0,912	0,9960	0,9999
0,08	0,320	0,550	0,720	1,00	0,931	0,9979	
0,10	0,357	0,606	0,774	1,50	0,980	0,9999	
0,15	0,438	0,708	0,861	2,00	0,9942		
0,20	0,503	0,781	0,916	3,00	0,9995		
0,25	0,560	0,832	0,948				

c_m = mittlere Konzentration zur Zeit t (s)
c_0 = homogene Anfangskonzentration
c_s = konstante Oberflächenkonzentration
L = Kugel- oder Zylinderradius bzw. halbe Dicke des Bleches (cm)
D = Diffusionskonstante (cm^2/s)

Tabelle 12. Konzentration im Zentrum von Blechen und Zylindern während der Diffusion [8].

Dt/L^2	$\frac{c - c_0}{c_s - c_0} = 1 - \frac{c_s - c}{c_s - c_0}$		Dt/L^2	$\frac{c - c_0}{c_s - c_0} = 1 - \frac{c_s - c}{c_s - c_0}$	
	Blech (Dicke L)	Zylinder (Radius L)		Blech (Dicke L)	Zylinder (Radius L)
0	0,00000	0,00000	0,12	0,61047	0,22707
0,01	0,00081	0,00000	0,14	0,68024	0,30202
0,02	0,02484	0,00001	0,16	0,73752	0,37308
0,03	0,08245	0,00047	0,18	0,78454	0,43874
0,04	0,15420	0,00373	0,20	0,82313	0,49855
0,05	0,22769	0,01290	0,22		0,55245
0,06	0,29780	0,02946	0,25		0,62316
0,07	0,36278	0,05303	0,30		0,71751
0,08	0,42224	0,08228	0,35		0,78839
0,09	0,47637	0,11564	0,40		0,84151
0,10	0,52551	0,15164			

c = Konzentration in Mittelebene des Bleches bzw. der Achse des Zylinders zur Zeit t (s)
c_0 = homogene Anfangskonzentration
c_s = konstante Oberflächenkonzentration
L = Blechdicke bzw. Zylinderradius (cm)
D = Diffusionskonstante (cm^2/s)

9. Permeation

Für den Permeationsstrom J durch eine Membran gilt, wenn ein zweiatomiges Gas atomar im Metallgitter gelöst und die Diffusion geschwindigkeitsbestimmend ist

$$J = P \cdot \frac{F(\sqrt{p_1} - \sqrt{p_2})}{d}$$

$$P = D \cdot S$$

mit P = Permeationskonstante, F = Fläche und d = Dicke der Membran, p = Druck, D = Diffusionskonstante und S = Löslichkeitskonstante des Sievertsschen $\sqrt{p}$-Gesetzes. Umrechnungsfaktoren für verschiedene Einheiten der Permeationskonstanten sind in Tab. 13 angegeben.

Tabelle 13. Umrechnung von Permeationskonstanten.

Permeationskonstante P	Torr l · cm^{-1} × s^{-1} · Torr$^{-1/2}$	cm^3 · cm^{-1} × s^{-1} · atm$^{-1/2}$	Moleküle · cm^{-1} × s^{-1} · Torr$^{-1/2}$	Mole · cm^{-1} × s^{-1} · Torr$^{-1/2}$
$(\text{Torr l})_{\text{Gasmenge}}$ × cm^{-1} · s^{-1} · $(\text{Torr})^{-1/2}_{\text{Gasdruck}}$	1	36,27	$3{,}54 \cdot 10^{19}$	$5{,}88 \cdot 10^{-5}$
$(\text{cm}^3)_{\text{Gasmenge}}$ × cm^{-1} · s^{-1} · $(\text{atm})^{-1/2}_{\text{Gasdruck}}$	$2{,}76 \cdot 10^{-2}$	1	$9{,}76 \cdot 10^{17}$	$1{,}62 \cdot 10^{-6}$
Moleküle × cm^{-1} · s^{-1} · $(\text{Torr})^{-1/2}_{\text{Gasdruck}}$	$2{,}82 \cdot 10^{-20}$	$1{,}02 \cdot 10^{-18}$	1	$1{,}66 \cdot 10^{-24}$
Moleküle × cm^{-1} · s^{-1} · $(\text{atm})^{-1/2}_{\text{Gasdruck}}$	$1{,}02 \cdot 10^{-21}$	$3{,}70 \cdot 10^{-20}$	$3{,}63 \cdot 10^{-2}$	$6{,}02 \cdot 10^{-25}$
Mole × cm^{-1} · s^{-1} · $(\text{Torr})^{-1/2}_{\text{Gasdruck}}$	$1{,}70 \cdot 10^{4}$	$6{,}16 \cdot 10^{5}$	$6{,}023 \cdot 10^{23}$	1
Mole × cm^{-1} · s^{-1} · $(\text{atm})^{-1/2}_{\text{Gasdruck}}$	$6{,}16 \cdot 10^{2}$	$2{,}23 \cdot 10^{4}$	$2{,}18 \cdot 10^{22}$	$3{,}63 \cdot 10^{-2}$
Moleküle × cm^{-1} · s^{-1} · $(\text{Pa})^{-1/2}_{\text{Gasdruck}}$	$3{,}26 \cdot 10^{-19}$	$1{,}18 \cdot 10^{-17}$	11,55	$1{,}92 \cdot 10^{-23}$

10. Metalle

Einige Eigenschaften von Metallen und Umrechnungsfaktoren für Konzentrationseinheiten s. Tab. 14.

Tabelle 14. Eigenschaften von Metallen und Umrechnungsfaktoren für Konzentrationseinheiten $\left(c_{Gas}\ (\text{At.-\%}) \cdot \frac{A_{Gas}}{A_{Me}} \lesssim 1\right)$, nach [1, 2, 9—12].

	Atom-gew.	Dichte (20° C) g/cm³	Smp. °C	Sdp. °C	Umw. °C	Gittertyp u. -konstanten (20 °C) Å		Spez. el. Wider-stand μΩ · cm	Gew.-%/At.-% H	C	N	O	cm³/100 g pro At.-%
Ac	(227)	10,1	(1050)	(3200)	.	kfz	a = 5,311						
Ag	107,87	10,5	961,3	2180	.	kfz	a = 4,0856	1,49	0,00934	0,111	0,130	0,148	103,9
Al	26,98	2,70	660,1	2450	.	kfz	a = 4,0491	2,06	0,0374	0,445	0,519	0,593	415,4
Am	(243)	11,7	1176	.	.	dopp.-hdP	a = 3,642 c = 11,76	.	0,00415	0,0494	0,0576	0,0658	46,1
					1079	kfz							
Au	196,97	19,3	1064,8	2950	.	kfz	a = 4,0783	2,06	0,00512	0,0610	0,0711	0,0812	56,9
Ba	137,34	3,59	725	1640	. 370	α: krz β: —	a = 5,025	35,7	0,00734	0,0874	0,102	0,116	81,6
Be	9,01	1,85	1285	2470	.	α: hdP	a = 2,2858 c = 3,5842	3,23	0,1119	1,333	1,555	1,776	1243,8
					1254	β: krz	a = 2,546 (1245 °C)						
Bi	208,98	9,79	271	1560	.	rhomboed.	a = 4,7457 α = 57,158°	110	0,00482	0,0575	0,0670	0,0766	53,6
Ca	40,08	1,55	839	1490	. 448	α: kfz β: krz	a = 5,582 a = 4,38	4,58	0,0251	0,300	0,350	0,399	279,6
Cd	112,40	8,64	321	765	.	hdP	a = 2,9787 c = 5,617	7,4	0,00897	0,107	0,125	0,142	99,7

Tabelle 14 (Fortsetzung)

	Atom-gew.	Dichte (20 °C) g/cm³	Smp. °C	Sdp. °C	Umw. °C	Gittertyp (20°C)	u. -konstanten Å	Spez. el. Widerstand μΩ · cm	Gew.-%/At.-% H	C	N	O	cm³/100 g pro At.-%
Ce	140,18	6,76	797	3470	.	α: kfz	a = 4,85	74	0,00719	0,0857	0,0999	0,114	79,9
					−178	β: hdP	a = 3,68 c = 11,92						
					−10	γ: kfz	a = 5,158						
					725	δ: krz	a = 4,11						
Co	58,93	8,9	1495	2930	.	ε: hdP	a = 2,5071 c = 4,0686	5,57	0,0171	0,204	0,238	0,272	190,2
					≈430	α: kfz	a = 3,548						
Cr	51,99	7,19	≈1875	2670	.	krz	a = 2,8845	12,8	0,0194	0,231	0,269	0,308	215,6
Cs	132,90	1,87	28,6	670	.	krz	a = 6,076	18,9	0,00758	0,0904	0,105	0,120	84,3
Cu	63,54	8,96	1083	2570	.	kfz	a = 3,6153	1,55	0,0159	0,189	0,220	0,252	176,4
Dy	162,50	8,54	1407	(2560)	.	α: hdP	a = 3,5903 c = 5,6475	105	0,00620	0,0739	0,0862	0,0985	69,0
					1384	β: krz	a = 3,98						
Er	167,26	9,05	1497	(2600)	.	α: hdP	a = 3,5588 c = 3,5874	85	0,00603	0,0718	0,0837	0,0957	67,0
					1370	β: krz	a = 3,94						
Eu	151,96	5,26	826	(1600)	.	krz	a = 4,5820	83	0,00663	0,0790	0,0922	0,105	73,7
Fe	55,85	7,86	1536	3000	.	α: krz	a = 2,8664	8,6	0,0180	0,215	0,251	0,286	200,6
					910	γ: kfz	a = 3,656 (950°C)						
					1391	δ: krz	a = 2,94 (1425°C)						

Tabelle 14 (Fortsetzung)

	Atom-gew.	Dichte (20 °C) g/cm³	Smp. °C	Sdp. °C	Umw. °C	Gittertyp u. -konstanten (20 °C) Å		Spez. el. Widerstand μΩ · cm	Gew.-%/At.-% H	C	N	O	cm³/100 g pro At.-%
Fr	(223)	.	(24)	(750)									
Ga	69,72	5,91	29,8	2237	.	o-rh. fz	a = 4,524 b = 4,523 c = 7,661	50	0,01445	0,172	0,201	0,229	163,4
Gd	175,25	7,89	1312	3270	.	α: hdP	a = 3,6360 c = 5,7826	135	0,00575	0,0685	0,0799	0,0913	63,9
					1264	β: krz	a = 4,06						
Ge	72,59	5,32	927	2830	.	kub. A4	a = 5,6584	Halbl.	0,0139	0,165	0,193	0,220	154,4
Hf	178,49	13,1	2222	4600	.	α: hdP	a = 3,1883 c = 5,0422	32	0,00565	0,0673	0,0785	0,0896	62,8
					1740	β: krz	a = 3,51						
Hg	200,61	13,55	−38,7	357	.	rhomboed.	a = 3,005 α = 31,352° (−195 °C)	94	0,00502	0,0599	0,0698	0,0798	55,9
					(< −194)	(tetr.rz druck-induziert)	a = 3,995 c = 2,825						
Ho	164,93	8,8	1461	(2695)	.	α: hdP	a = 3,5773 c = 5,6158	108	0,00611	0,0728	0,0849	0,0970	68,0
					1428	β: krz	a = 3,96						
In	114,82	7,31	156,8	2050	.	tetr.fz	a = 4,594 c = 4,951	9,0	0,00878	0,105	0,122	0,139	97,6
Ir	192,2	22,65	2443	4500	.	kfz	a = 3,8389	4,8	0,00524	0,0625	0,0729	0,0832	58,3
K	39,10	0,86	63,4	760	.	krz	a = 5,3437	6,1	0,0258	0,307	0,358	0,409	286,6

Tabelle 14 (Fortsetzung)

	Atom-gew.	Dichte (20° C) g/cm³	Smp. °C	Sdp. °C	Umw. °C	Gittertyp u. -konstanten (20 °C) Å		Spez. el. Widerstand μΩ · cm	Gew.-%/At.-% H	C	N	O	$\frac{cm^3}{100\,g}$ pro At.-%
La	138,91	6,17	920	3460	.	α: hex	a = 3,770	61	0,00726	0,0865	0,101	0,115	80,7
						(dP, ABAC)	c = 12,159						
					≈ 310	β: kfz	a = 5,304						
					≈ 864	γ: krz	a = 4,26						
Li	6,94	0,53	181	≈ 1330	.	α: hdP	a = 3,111	9,3	0,145	1,731	2,018	2,305	1614,8
							c = 5,093						
					−190	β: krz	a = 3,5089						
						(kfz kaltverformt bei −195 °C)	a = 4,40						
Lu	174,97	9,84	1652	(3400)	.	α: hdP	a = 3,5031	59	0,00576	0,0686	0,0801	0,0914	64,1
							c = 5,5509						
						(β: krz nahe Smp.)	a = 3,90						
Mg	24,31	1,74	650	≈ 1100	.	hdP	a = 3,2088	4,5	0,0415	0,494	0,575	0,685	461,0
							c = 5,2095						
Mn	54,94	7,43	1244	≈ 2100	.	α: kub (A 12)	a = 8,912	185	0,0183	0,219	0,255	0,291	204,0
					≈ 707	β: kub (A 13)	a = 6,313						
					≈ 1095	γ: kfz	a = 3,862 (1095 °C)						
					1134	δ: krz	a = 3,080 (1134 °C)						
Mo	95,94	10,22	2615	(4860)	.	krz	a = 3,1466	5,26	0,0105	0,125	0,146	0,167	116,8
Na	22,99	0,97	98	882	.	α: hdP	a = 3,767	4,6	0,0438	0,522	0,609	0,696	487,5
							c = 6,154						
					−233	β: krz	a = 4,2906						

Tabelle 14 (Fortsetzung)

	Atom-gew.	Dichte (20 °C) g/cm³	Smp. °C	Sdp. °C	Umw. °C	Gittertyp u. -konstanten (20 °C) Å		Spez. el. Wider-stand μΩ · cm	Gew.-%/At.-% H	C	N	O	cm³ / 100 g pro At.-%
Nb	92,91	8,55	2468	(4740)	.	krz	$a =$ 3,3001	14,1	0,0108	0,129	0,151	0,172	120,6
Nd	144,24	7,0	1024	(3070)	.	α: hex (dP, ABAC)	$a =$ 3,6579 $c =$ 11,7992	65	0,00700	0,0833	0,0971	0,111	77,7
					862	β: krz	$a =$ 4,13						
Ni	58,71	8,91	1453	(2780)	.	kfz	$a =$ 3,5238	6,14	0,0172	0,205	0,239	0,273	190,3
Np	(237)	19,5	637	(3880)	.	α: o-rhomb.	$a =$ 4,721 $b =$ 4,888 $c =$ 6,661	.	0,00425	0,0507	0,0591	0,0675	47,3
					280	β: tetr.	$a =$ 4,894 $c =$ 3,386						
					577	γ: krz	$a =$ 3,52						
Os	190,2	22,6	3027	≈5020	.	hdP	$a =$ 2,7341 $c =$ 4,3197	8,3	0,00530	0,0631	0,0736	0,0841	58,9
Pa	(231)	15,4	(1425)	(4410)	.	tetr.rz	$a =$ 3,925 $c =$ 3,238	.	0,00436	0,0520	0,0606	0,0693	48,5
Pb	207,19	11,4	327,4	1750	.	kfz	$a =$ 4,9495	21,7	0,00487	0,0580	0,0676	0,0772	54,1
Pd	106,4	12,02	1552	≈2950	.	kfz	$a =$ 3,8902	10,7	0,00947	0,113	0,132	0,150	105,3
Pm	(149)	7,2	(1035)	(2700)									
Pr	140,91	6,77	931	(3340)	.	α: hex (dP, ABAC)	$a =$ 3,6725 $c =$ 11,8354	66	0,00715	0,0852	0,0994	0,114	79,5
					795	β: krz	$a =$ 4,13						
Pt	195,06	21,4	1769	3830	.	kfz	$a =$ 3,9310	10,5	0,00517	0,0616	0,0718	0,0820	57,5

Tabelle 14 (Fortsetzung)

	Atom-gew.	Dichte (20 °C) g/cm³	Smp. °C	Sdp. °C	Umw. °C	Gittertyp u. -konstanten (20 °C) Å		Spez. el. Widerstand μΩ · cm	Gew.-%/At.-% H	C	N	O	cm³/100 g pro At.-%
Pu	242	19,7	640	3230	.	α: monokl.	$a =$ 6,182 $b =$ 4,826 $c =$ 10,956 $\beta =$ 101,74°	143	0,00417	0,0496	0,0579	0,0661	46,3
					122	β: monokl. rz	$a =$ 9,284 $b =$ 10,463 $c =$ 7,859						
					207	γ: o-rhomb. fz	$a =$ 3,159 $b =$ 5,768 $c =$ 10,162						
					317	δ: kfz	$a =$ 4,6371 (321 °C)						
					451	δ′: tetr.rz	$a =$ 3,327 $c =$ 4,482 (465 °C)						
					480	ε: krz	$a =$ 3,6361 (490 °C)						
Rb	85,47	1,53	39	688	.	krz	$a =$ 5,710	12,5	0,0118	0,141	0,164	0,187	131,1
Re	186,2	21,04	3180	(5700)	.	hdP	$a =$ 2,7609 $c =$ 4,4583	19,6	0,00541	0,0645	0,0752	0,0859	60,2
Rh	102,91	12,41	1960	≈3700	.	kfz	$a =$ 3,8034	4,5	0,00979	0,117	0,136	0,155	108,9
Ru	101,07	12,2	2250	≈4100	.	hdP	$a =$ 2,7038 $c =$ 4,2816	7,2	0,00997	0,119	0,139	0,158	110,9
Sc	44,96	2,99	1538	2830	.	α: hdP	$a =$ 3,090 $c =$ 5,2733	52	0,0224	0,267	0,312	0,356	249,3
					1335	β: krz							

Tabelle 14 (Fortsetzung)

	Atom-gew.	Dichte (20 °C) g/cm³	Smp. °C	Sdp. °C	Umw. °C	Gittertyp u. -konstanten (20°C) Å		Spez. el. Widerstand $\mu\Omega \cdot cm$	Gew.-%/At.-% H	C	N	O	$\frac{cm^3}{100g}$ pro At.-%
Si	28,09	2,33	1414	(3270)	.	kub. A4	$a =$ 5,4282	Halbl.	0,0359	0,428	0,499	0,570	399,0
Sm	150,35	7,54	1072	1800	.	α: rhomboed.	$a =$ 8,996 $\alpha =$ 23,144°	94	0,00670	0,0799	0,0932	0,106	74,5
					917	β: krz	$a =$ 4,07						
Sn	118,69	7,30	231,9	(2600)	.	α: kub. A4	$a =$ 6,4892	11,3	0,00849	0,101	0,118	0,135	94,4
					13,2	β: tetr.rz	$a =$ 5,8314 $c =$ 3,1815						
Sr	87,62	2,67	768	1380	.	α: kfz	$a =$ 6,085	23,3	0,0115	0,137	0,160	0,183	127,9
					215	β: hdP (evtl. Hydrid, dann $T_{\alpha-\gamma} = 557$ °C)	$a =$ 4,32 $c =$ 7,06 (248 °C)						
					605	γ: krz	$a =$ 4,85 (614 °C)						
Ta	180,95	16,6	3000	≈ 5460	.	krz	$a =$ 3,3024	13,1	0,00557	0,0664	0,0774	0,0884	61,9
Tb	158,92	8,27	1356	(3220)	.	α: hdP	$a =$ 3,6010 $c =$ 5,6936	120	0,00634	0,0756	0,0881	0,101	70,5
					1287	β: krz	$a =$ 4,02						
Tc	(99)	11,5	2200	(4600)	.	hdP	$a =$ 2,740 $c =$ 4,399	18	0,0102	0,123	0,141	0,162	113,2
Th	232,04	11,71	1750	(4800)	.	α: kfz	$a =$ 5,0860	13	0,00434	0,0518	0,0604	0,0690	48,3
					1360	β: krz	$a =$ 4,12						

Tabelle 14 (Fortsetzung)

	Atom-gew.	Dichte (20° C) g/cm³	Smp. °C	Sdp. °C	Umw. °C	Gittertyp u. -konstanten (20°C) Å		Spez. el. Widerstand μΩ · cm	Gew.-%/At.-% H	C	N	O	$\frac{cm^3}{100g}$ pro At.-%
Ti	47,09	4,51	1668	≈3280	.	α: hdP	$a =$ 2,9506 $c =$ 4,6788	42	0,0214	0,255	0,297	0,340	48,3
					882	β: krz	$a =$ 3,306 (900 °C)						
Tl	204,37	11,85	303	1460	.	α: hdP	$a =$ 3,4564 $c =$ 5,531	16,2	0,00493	0,0588	0,0685	0,0783	54,8
					226	β: krz	$a =$ 3,882 (262 °C)						
Tm	168,93	9,33	1545	(1950)	.	α: hdP	$a =$ 3,5375 $c =$ 5,5546	72	0,00597	0,0711	0,0829	0,0947	66,3
						(β: krz nahe Smp.)	$a =$ 3,92						
U	238,03	19,07	1132	(3900)	.	α: o-rhomb. A20	$a =$ 2,8545 $b =$ 5,8681 $c =$ 4,9566	35,7	0,00423	0,0505	0,0588	0,0672	47,1
					668	β: tetr.	$a =$ 10,758 $c =$ 5,656						
					775	γ: krz	$a =$ 3,49 (800 °C)						
V	50,94	6,12	1900	3350	.	krz	$a =$ 3,027	19,5	0,0198	0,236	0,275	0,314	220,0
W	183,85	19,27	3380	(5600)	.	krz	$a =$ 3,1648	5,5	0,00548	0,0653	0,0762	0,0870	61,0
Y	88,91	4,47	1526	3340	.	α: hdP	$a =$ 3,6474 $c =$ 5,7306	53	0,0113	0,135	0,158	0,180	126,0
					1485	β: krz	$a =$ 4,11						

Tabelle 14 (Fortsetzung)

	Atom-gew.	Dichte (20 °C) g/cm³	Smp. °C	Sdp. °C	Umw. °C	Gittertyp u. -konstanten (20° C) Å		Spez. el. Wider-stand $\Omega\mu \cdot cm$	Gew.-%/At.-% H	C	N	O	$\frac{cm^3}{100 g}$ pro At.-%
Yb	173,04	6,98	824	(1520)		α: kfz	$a = 4{,}862$	28,5	0,00583	0,0694	0,0810	0,0925	64,8
					798	β: krz	$a = 4{,}44$						
Zn	65,37	7,13	419,5	907		hdP	$a = 2{,}6649$ $c = 4{,}9470$	5,65	0,0154	0,184	0,214	0,245	171,4
Zr	91,22	6,49	1852	4370		α: hdP	$a = 3{,}2312$ $c = 5{,}1477$	41,5	0,0111	0,132	0,154	0,175	122,8
					862	β: krz	$a = 3{,}62$ (867 °C)						

11. Gase

Einige Eigenschaften von Gasen s. Tab. 15, Zusammensetzung der Luft s, Tab. 16.

Tabelle 15. Eigenschaften und Flächenstoßraten von Gasen.

	Atom-gewicht	Dichte 0°C, 760 Torr mg/cm³	Sdp. °C	Molekülradius 0°C Å	Flächenstoßrate bei 20°C, 1 Torr	
					Moleküle · $cm^{-2} \cdot s^{-1}$	mg · $cm^{-2} \cdot s^{-1}$
H_2	2,016	0,08989	−252,76	2,75	$1{,}44 \cdot 10^{21}$	4,84
C	12,011	—	—	—	—	—
N_2	28,0134	1,25046	−195,81	3,78	$3{,}86 \cdot 10^{20}$	18,03
O_2	31,9988	1,4289	−183,0	3,62 (7°C)	$3{,}61 \cdot 10^{20}$	19,27
He	4,003	0,17847	−268,94	2,19	$1{,}02 \cdot 10^{21}$	6,82
Ne	20,183	0,9006	−246,08	2,59 (20°C)	$4{,}55 \cdot 10^{20}$	15,30
Ar	39,95	1,7837	−185,87	3,66	$3{,}24 \cdot 10^{20}$	21,53
Kr	83,80	3,744	−153,2	4,18	$2{,}23 \cdot 10^{20}$	31,19
Xe	131,30	5,896	−108,1	4,93	$1{,}78 \cdot 10^{20}$	39,04
H_2O	18,015	0,6059 (100°C)	+100	4,59 (20°C)	$4{,}82 \cdot 10^{20}$	14,46
CH_4	16,050	0,7168	−161,5	4,18	$5{,}10 \cdot 10^{20}$	13,65
CO	28,010	1,2502	−190	3,77	$3{,}86 \cdot 10^{20}$	18,03
CO_2	44,010	1,9767	−78,48	4,64 (7°C)	$3{,}08 \cdot 10^{20}$	22,60
NH_3	17,036	0,7713	−33,5	4,47	$4{,}95 \cdot 10^{20}$	14,06
Luft	—	1,293	−193	—	—	—

Tabelle 16. Zusammensetzung der Luft.

	N_2	O_2	Ar	CO_2	Ne	He	Kr	Xe	H_2
Vol.-%	78,09	20,95	0,93	0,03	$1{,}8 \cdot 10^{-3}$	$5 \cdot 10^{-4}$	$1 \cdot 10^{-4}$	$8 \cdot 10^{-6}$	$5 \cdot 10^{-5}$
Gew.-%	75,52	23,15	1,28	0,05	$1{,}3 \cdot 10^{-3}$	$7 \cdot 10^{-5}$	$3 \cdot 10^{-4}$	$4 \cdot 10^{-5}$	$4 \cdot 10^{-6}$
p_i in Torr	594	159	7,1	0,23	$1{,}4 \cdot 10^{-2}$	$4 \cdot 10^{-3}$	$8 \cdot 10^{-4}$	$7 \cdot 10^{-5}$	$4 \cdot 10^{-4}$

12. Vakuumtechnik

12.1 Druckbereiche s. Tab. 17.

12.2 Druckeinheiten s. Abb. 7 und Tab. 18.

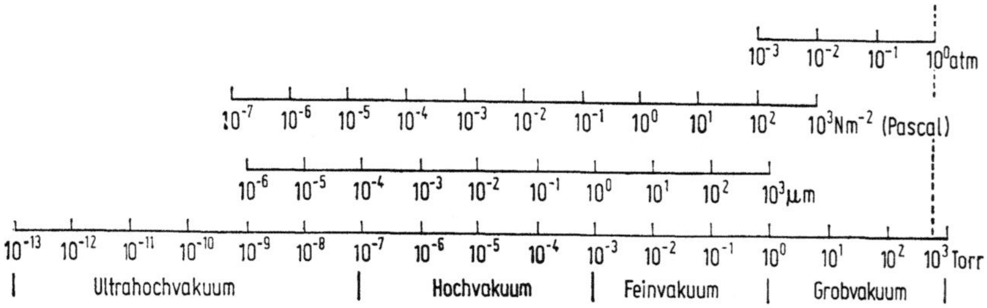

Abb. 7. Vakuumbereiche und Druckeinheiten.

Tabelle 17. Druckbereiche und ihre Charakterisierung.

	Grobvakuum	Feinvakuum	Hochvakuum	Ultrahochvakuum
Druck [Torr]	760—1	1—10^{-3}	10^{-3}—10^{-7}	$< 10^{-7}$
Teilchenzahldichte [cm^{-3}]	10^{19}—10^{16}	10^{16}—10^{13}	10^{13}—10^{9}	$< 10^{9}$
Mittlere Weglänge [cm]	$< 10^{-2}$	10^{-2}—10	10 —10^{5}	$> 10^{5}$
Flächenstoßrate [$cm^{-2} \cdot s^{-1}$]	10^{23}—10^{20}	10^{20}—10^{17}	10^{17}—10^{13}	$< 10^{13}$
Volumenstoßhäufigkeit [$cm^{-3} \cdot s^{-1}$]	10^{29}—10^{23}	10^{23}—10^{17}	10^{17}—10^{9}	$< 10^{9}$
Bedeckungszeit [s]	$< 10^{-5}$	10^{-5}—10^{-2}	10^{-2}—100	> 100
Art der Gasströmung	Strömungskontinuum (viskose Strömung)	Knudsen-Strömung	Molekular-Strömung	Molekular-Strömung
Weitere besondere Eigenschaften	Konvektion druckabhängig	stärkere Änderung der Wärmeleitfähigkeit des Gases	Transporterscheinung proportional zum Druck	Teilchen auf den Oberflächen überwiegen bei weitem gegenüber den Teilchen im Gasraum

Tabelle 18. Umrechnung von Druckeinheiten.

Maßeinheit und Definition	Torr (mm Hg)	micron (μ)	N/m² (Pascal)	dyn/cm² (μb)	mb	bar	kp/cm² (at)	atm	lb/in² (psi)
Torr = 1 mm Hg	1	$1 \cdot 10^3$	$1{,}333 \cdot 10^2$	$1{,}333 \cdot 10^3$	1,333	$1{,}333 \cdot 10^{-3}$	$1{,}3595 \cdot 10^{-4}$	$1{,}316 \cdot 10^{-3}$	$1{,}934 \cdot 10^{-2}$
μ (micron) = 1 μm Hg	$1 \cdot 10^{-3}$	1	0,1333	1,333	$1{,}333 \cdot 10^{-3}$	$1{,}333 \cdot 10^{-6}$	$1{,}3595 \cdot 10^{-6}$	$1{,}316 \cdot 10^{-6}$	$1{,}934 \cdot 10^{-5}$
N/m² = 1 Pascal	$7{,}5 \cdot 10^{-3}$	7,5	1	10	$1 \cdot 10^{-2}$	$1 \cdot 10^{-5}$	$1{,}02 \cdot 10^{-5}$	$9{,}87 \cdot 10^{-6}$	$1{,}45 \cdot 10^{-4}$
dyn/cm² = 1 μb	$7{,}5 \cdot 10^{-4}$	0,75	0,1	1	$1 \cdot 10^{-3}$	$1 \cdot 10^{-6}$	$1{,}02 \cdot 10^{-6}$	$9{,}87 \cdot 10^{-7}$	$1{,}45 \cdot 10^{-5}$
mb (Millibar)	0,75	$7{,}5 \cdot 10^2$	100	1000	1	$1 \cdot 10^{-3}$	$1{,}02 \cdot 10^{-3}$	$9{,}87 \cdot 10^{-4}$	$1{,}45 \cdot 10^{-2}$
bar	750	$7{,}5 \cdot 10^5$	$1 \cdot 10^5$	$1 \cdot 10^6$	$1 \cdot 10^3$	1	1,02	0,987	14,5
kp/cm² = 1 at (techn. Atm.)	735,6	$7{,}356 \cdot 10^5$	$9{,}81 \cdot 10^4$	$9{,}81 \cdot 10^5$	981	0,981	1	0,968	14,22
atm (phys. Atm.) = 760 mm Hg	760	$7{,}6 \cdot 10^5$	$1{,}013 \cdot 10^5$	$1{,}013 \cdot 10^6$	1013	1,013	1,033	1	14,7
psi = 1 lb/in²	51,71	$5{,}171 \cdot 10^3$	$6{,}89 \cdot 10^3$	$6{,}89 \cdot 10^4$	68,9	$6{,}89 \cdot 10^{-2}$	$7{,}02 \cdot 10^{-2}$	$6{,}8 \cdot 10^{-2}$	1

12.3 Gasmengen s. Tab. 19.

Tabelle 19. Umrechnung von Gasmengen.

	cm^3	Torr l	g	mg	Moleküle
cm^3 (0 °C, 760 Torr)	1	0,760	$4{,}46 \cdot 10^{-5} \cdot M$	$4{,}46 \cdot 10^{-2} \cdot M$	$2{,}69 \cdot 10^{19}$
Torr l (0 °C)	1,316	1	$5{,}87 \cdot 10^{-5} \cdot M$	$5{,}87 \cdot 10^{-2} \cdot M$	$3{,}54 \cdot 10^{19}$
g	$\frac{2{,}24 \cdot 10^4}{M}$	$\frac{1{,}70 \cdot 10^4}{M}$	1	1000	$\frac{6{,}023 \cdot 10^{23}}{M}$
mg	$\frac{22{,}4}{M}$	$\frac{17{,}0}{M}$	10^{-3}	1	$\frac{6{,}023 \cdot 10^{20}}{M}$
Mol	$2{,}24 \cdot 10^4$	$1{,}70 \cdot 10^4$	M	$1000 \cdot M$	$6{,}023 \cdot 10^{23}$

M = Molekulargewicht des Gases

12.4 Teilchenzahldichte

$$n = 9{,}66 \cdot 10^{18} \frac{p}{T}; \quad \text{für} \quad 20\,°\text{C}: \quad n = 3{,}3 \cdot 10^{16} \cdot p$$

(n in Moleküle/cm^3, p in Torr, T in K).

12.5 Mittlere freie Weglänge s. Abb. 8

$$\Lambda = 5{,}82 \cdot 10^{-21} \cdot \frac{T}{r^2 \cdot p},$$

für Luft bei Raumtemperatur: $\Lambda \approx \dfrac{5 \cdot 10^{-3}}{p}$

(Λ in cm, p in Torr, T in K, Molekülradius r in cm).

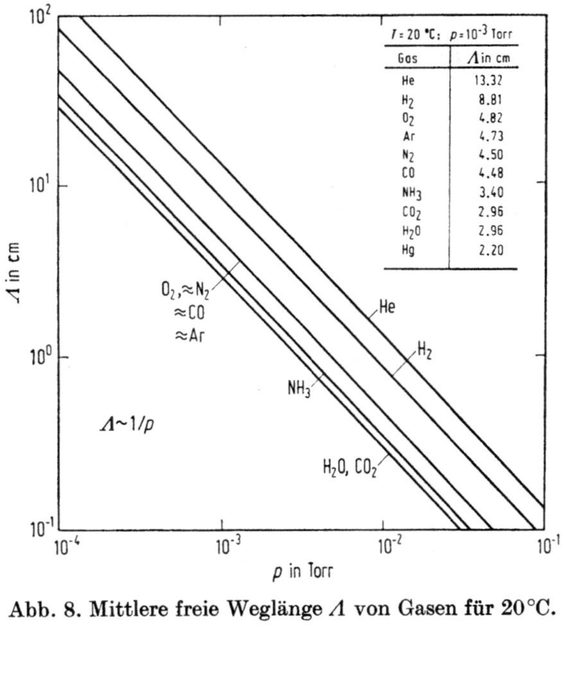

Abb. 8. Mittlere freie Weglänge Λ von Gasen für 20 °C.

12.6 Flächenstoßrate

$$A = 3{,}5 \cdot 10^{22} \frac{p}{\sqrt{M \cdot T}}; \qquad \mu = 58{,}33 \cdot p \sqrt{\frac{M}{T}}$$

(A in Moleküle · $cm^{-2} \cdot s^{-1}$, μ in mg · $cm^{-2} \cdot s^{-1}$, p in Torr, T in K, Molekulargewicht M).

12.7 Bedeckungszeit

$$\tau = 8{,}5 \cdot 10^{-9} \frac{\sqrt{M \cdot T}}{p}$$

für Luft bei Raumtemperatur: $\tau \approx \frac{10^{-6}}{p}$

(τ in s, p in Torr, T in K, Molekulargewicht M). Es wird angenommen, daß alle auftreffenden Teilchen haften und zur Monoschicht $3 \cdot 10^{14}$ Teilchen/cm^2 benötigt werden.

12.8 Dampfdruck und Verdampfungsgeschwindigkeit

$$p = 4{,}74 \cdot 10^{-25} \frac{v}{\alpha} \sqrt{M \cdot T}; \qquad v = 2{,}11 \cdot 10^{24} \frac{\alpha \cdot p}{\sqrt{M \cdot T}}$$

(p in Torr, v in Moleküle · $cm^{-2} \cdot min^{-1}$, T in K, Molekulargewicht M, Kondensationskoeffizient α).

$$p = 2{,}86 \cdot 10^{-4} \frac{G}{\alpha} \sqrt{\frac{T}{M}}; \qquad G = 3{,}50 \cdot 10^{3}\, \alpha \cdot p \sqrt{\frac{M}{T}}$$

(G in mg · $cm^{-2} \cdot min^{-1}$).

12.9 Eichfaktoren für Druckmeßgeräte s. Tab. 20 und 21.

Tabelle 20. Richtwerte für die Eichfaktoren verschiedener Gase in Druckmeßgeräten.

	Ionisations-manometer	Alphatron		Ionisations-manometer	Alphatron
Luft	1,0	1,0	O_2	1,2	0,85
He	6	4,74	H_2O	1,1	1,16
Ar	0,8	0,84	CO	0,9	0,9
H_2	2	4,0	CO_2	0,7	0,63
N_2	0,95	1,04	CH_4	0,8	0,86
NH_3		0,043	C_2H_2		0,67

Tabelle 21. Richtwerte für relative Peakhöhen bei massenspektroskopischen Partialdruckmessungen. Die Zusatzpeaks entstehen durch Mehrfachionisation und Aufspalten der Moleküle, nach [13, 14].

Gas	Molekular-gew.	1	2	4	12	13	14	15	16	17	18	20	26	27	28	29	30	32	36	38	40	44	
H_2	2	1	100																				
He	4		2	100																			
CH_4	16	1	2		2	5	12	80	100														
NH_3	17	*					2	7	90	100	2												
H_2O	18	6	2						3	25	100												
N_2	28						7								100		*						
CO	28				4		*		2						100							*	
C_2H_4	28	*	1		*	*	3	2	*				20	30	100	20	25						**
O_2	32								8									100					
Ar	40											20							*	*	100		
CO_2	44				2				5						13							100	

* Peakhöhe kleiner als 1% des Hauptpeaks.
** weitere Peaks bei 24, 25, 31.

13. Eindringtiefe bei induktiver Erhitzung s. Abb. 9

$$\delta = 5{,}03 \sqrt{\frac{\varrho}{\mu \nu}}$$

(Eindringtiefe δ in cm, spezifischer elektrischer Widerstand ϱ in $\mu\Omega \cdot$ cm, Frequenz ν in Hz, relative magnetische Permeabilität μ (für nicht ferromagnetische Metalle $\mu \approx 1$)).

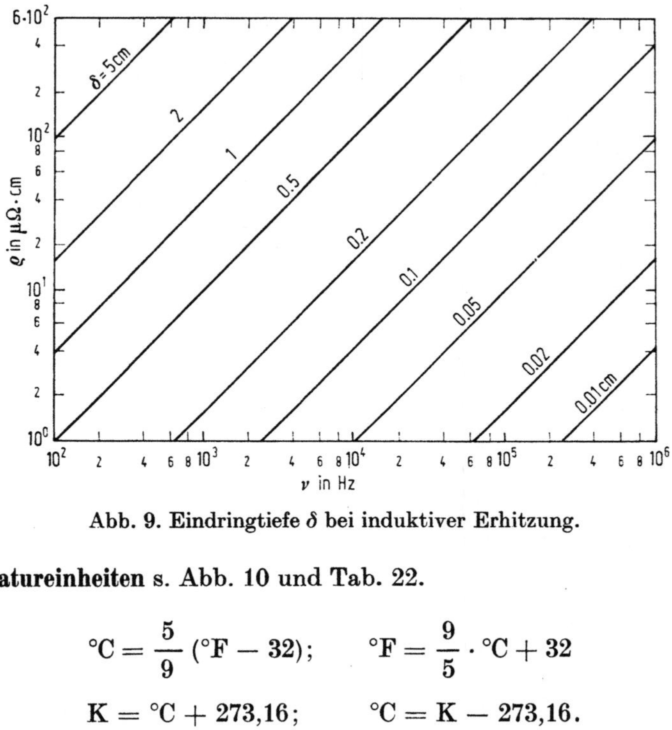

Abb. 9. Eindringtiefe δ bei induktiver Erhitzung.

14. Temperatureinheiten s. Abb. 10 und Tab. 22.

$$°C = \frac{5}{9}\,(°F - 32); \qquad °F = \frac{9}{5} \cdot °C + 32$$

$$K = °C + 273{,}16; \qquad °C = K - 273{,}16.$$

15. Weitere Maßeinheiten

Kraft:	1 kp	$= 9{,}81$ N $= 9{,}81 \cdot 10^5$ dyn
	1 N	$= 0{,}102$ kp
Mechanischer Druck:	1 kp/cm²	$= 9{,}81 \cdot 10^4$ N/m²
		$= 14{,}223$ psi
	1 kp/mm²	$= 9{,}81 \cdot 10^6$ N/m²
		$= 1{,}422 \cdot 10^3$ psi
	1 N/m² (Pa)	$= 1{,}02 \cdot 10^{-5}$ kp/cm²
		$= 1{,}02 \cdot 10^{-7}$ kp/mm²
		$= 1{,}450 \cdot 10^{-4}$ psi
	1 psi	$= 7{,}031 \cdot 10^{-2}$ kp/cm²
		$= 7{,}031 \cdot 10^{-4}$ kp/mm
		$= 7{,}168 \cdot 10^3$ N/m²

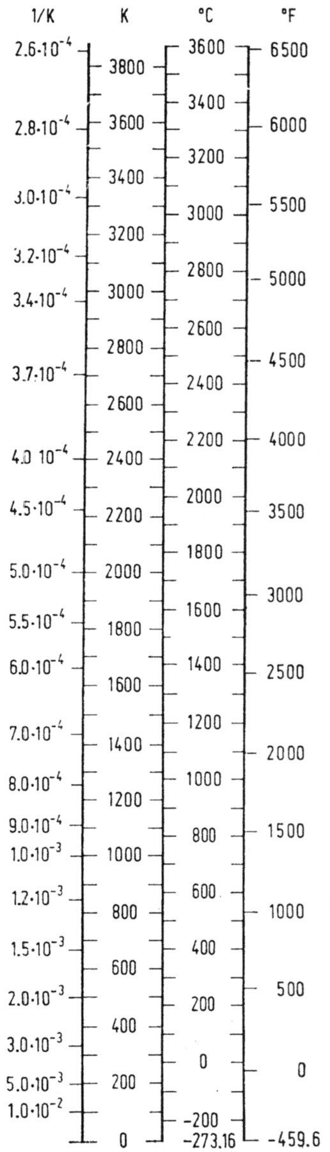

Abb. 10. Temperaturskala in verschiedenen Einheiten.

Tabelle 22. Umrechnung von Temperatureinheiten.

K	K^{-1}	°C	°F
0	—	−273,16	−459,67
23	$4{,}347 \cdot 10^{-2}$	−250	−418
73	1,369	−200	−328
123	$8{,}130 \cdot 10^{-3}$	−150	−238
173	5,780	−100	−148
223	4,484	− 50	− 58
273	3,663	± 0	+ 32
323	3,095	50	122
373	2,680	100	212
423	2,364	150	302
473	2,114	200	392
523	1,912	250	482
573	1,745	300	572
623	1,605	350	662
673	1,485	400	752
723	1,383	450	842
773	1,293	500	932
823	1,215	550	1022
873	1,145	600	1112
923	1,083	650	1202
973	1,027	700	1292
1023	$9{,}775 \cdot 10^{-4}$	750	1382
1073	9,319	800	1472
1123	8,904	850	1562
1173	8,525	900	1652
1223	8,176	950	1742
1273	7,855	1000	1832
1373	7,283	1100	2012
1473	6,788	1200	2192
1573	6,357	1300	2372
1673	5,977	1400	2552
1773	5,640	1500	2732
1873	5,339	1600	2912
1973	5,068	1700	3092
2073	4,823	1800	3272
2173	4,601	1900	3452
2273	4,399	2000	3632
2373	4,214	2100	3812
2473	4,043	2200	3992
2573	3,886	2300	4172
2673	3,741	2400	4352
2773	3,606	2500	4532
2873	3,480	2600	4712
2973	3,363	2700	4892
3073	3,254	2800	5072
3173	3,151	2900	5252
3273	3,055	3000	5432
3373	2,965	3100	5612
3473	2,879	3200	5792
3573	2,799	3300	5972
3673	2,723	3400	6152
3773	2,650	3500	6332
4273	2,340	4000	7232

Gasdrücke und Gasmengen s. Tab. 18 und 19

Energie:	1 cal	$= 4{,}184 \cdot 10^7$ erg
		$= 4{,}184$ J
		$= 4{,}184$ V · A · s
		$= 4{,}132 \cdot 10^{-2}$ atm · l
		$= 31{,}403$ Torr · l
	1 J	$= 0{,}239$ cal
	1 kcal/mol	$= 4{,}335 \cdot 10^{-2}$ eV/Molekül
	1 eV/Molekül	$= 23{,}069$ kcal/mol

16. Naturkonstanten

Loschmidt-Zahl	L	$= 6{,}023 \cdot 10^{23}$ mol^{-1}
Boltzmann-Konstante	k	$= 1{,}3805 \cdot 10^{-23}$ J/K
Plancksches Wirkungsquantum	h	$= 6{,}6256 \cdot 10^{-34}$ J/s
Gaskonstante	R	$= 1{,}9867$ cal · K^{-1} · mol^{-1}
		$= 8{,}3143$ J · K^{-1} · mol^{-1}
		$= 8{,}2078 \cdot 10^{-2}$ atm · l · K^{-1} · mol^{-1}
		$= 62{,}379$ Torr · l · K^{-1} · mol^{-1}
Molvolumen	v_0	$= 22414$ cm^3/mol
Elementarladung	e	$= 1{,}6021 \cdot 10^{-19}$ A · s
Faraday-Ladung	F	$= 96487$ A · s · val^{-1}

Literatur zu Kapitel F

1 Kubaschewski, O.; Evans, E. Ll.; Alcock, C. B.: Metallurgical Thermochemistry, 4th ed., Oxford: Pergamon 1967.
2 Elliott, J. F.; Gleiser, M.: Thermochemistry for Steelmaking, London: Addison-Wesley 1960.
3 Hütte, Taschenbuch für Eisenhüttenleute, Eisenhütte, 5. Aufl., Berlin: Ernst 1961, S. 76.
4 Rechenscheibe Aristo-Chemie, System Dr. Bückle, Nr. 630.
5 Smith, C. S.: Amer. Inst. Met. Eng., Publ. no. 60 (1933).
6 Schenck, H.; Steinmetz, E.: Stahleisen-Sonderberichte Heft 7, Düsseldorf: Stahleisen 1966.
7 Schenck, H.; Frohberg, M. G.; Steinmetz, E.: Arch. Eisenhüttenw. 31 (1960) 671; C. H. P. Lupis, J. F. Elliott, Trans. AIME 233 (1965) 257.
8 Darken, L.; Gurry, R.: Physical Chemistry of Metals, New York: McGraw-Hill 1953.
9 Kieffer, R.; Jangg, G.; Ettmayer, P.: Sondermetalle, Wien: Springer 1971.
10 Elliott, R. P.: Constitution of Binary Alloys, First Supplement, New York: McGraw-Hill 1965.
11 Hultgreen, R.; Orr, R. L.; Anderson, Ph. D.; Kelley, K. K.: Selected Values of Thermodynamic Properties of Metals and Alloys, New York: Wiley 1963; 2nd ed., ASM, Cleveland/Ohio 1973.
12 Verschiedene Monographien einzelner Metalle.
13 Bunshah, R. F.; Batzer, T. H. In R. F. Bunshah (Hrsg.): Techniques of Metals Research, Vol. I, Pt. 1, New York: Wiley-Interscience 1968, S. 75.
14 Dennis, N. T. M.; Heppel, T. A.: Vacuum System Design, London: Chapman and Hall 1968, S. 94.

Zweiter Teil

Daten

Zweiter Teil

Daten

Hinweise zur Benutzung der Datensammlung

Einheiten. Soweit nicht ausdrücklich anders angegeben, werden folgende Maßeinheiten verwendet:

Konzentration c in At.-%, Druck p in Torr, Temperatur T in K, ΔG^0 in cal/mol, Standardzustand für Lösungen ist der ideal verdünnte Zustand, $x_{\mathrm{Gas}} = 1$, $p_{\mathrm{Gas}} = 1$ atm. $\log x$ bedeutet Briggscher Logarithmus $\log_{10} x$. Formeln zur Umrechnung in andere Einheiten finden sich im Kapitel F. Nach chemischen Symbolen heißt (s) fest, (l) flüssig, (g) gasförmig und (in α) gelöst in der α-Phase. Vor einem Zitat bedeutet b., der Zahlenwert ist unter Verwendung von Angaben aus dieser Arbeit berechnet oder abgeschätzt worden.

Einteilung. Die Reihenfolge der behandelten Elemente erfolgt in Anlehnung an die Gruppen des Periodensystems. Von jedem Element werden zuerst die binären Systeme in der Reihenfolge Wasserstoff, Kohlenstoff, Stickstoff und Sauerstoff besprochen. Innerhalb der binären Systeme sind die Angaben nach folgenden Sachgruppen eingeteilt: Konstitution, Löslichkeit im Gleichgewicht mit der Gasphase, Löslichkeitsgrenze im Gleichgewicht mit einer Verbindung, Zersetzungsdrücke und Dampfdrücke, Thermodynamische Daten, Diffusion und Permeation, Kinetik von Gas-Metall-Reaktionen, Ausscheidungsvorgänge, Änderung physikalischer und mechanischer Eigenschaften durch gelöste Gase und Kohlenstoff.

Bei den ternären Systemen werden zuerst Systeme mit zwei Gasen bzw. mit einem Gas und Kohlenstoff behandelt, es folgen ternäre Wasserstoffsysteme, Kohlenstoffsysteme, Stickstoff- und Sauerstoffsysteme, alphabetisch geordnet nach den Zusatzelementen und bei einigen Metallen schließen sich noch Angaben über Legierungen an. Die Sachgebietseinteilung ist dieselbe wie bei binären Systemen, auch wenn die Schlagworte selbst nicht gesondert hervorgehoben werden.

Darstellung. Die aus der Literatur entnommenen Daten und Kurven werden in einheitlicher Form wiedergegeben und so dargestellt, daß die für praxisnahe Fragen benötigten Angaben aus möglichst einfachen Beziehungen berechnet und qualitative Aussagen direkt aus Abbildungen entnommen werden können. So werden z. B. thermodynamische Daten grundsätzlich durch einen zweigliedrigen Ausdruck wiedergegeben. Da die Streuung der Angaben verschiedener Autoren fast immer größer ist als der Einfluß von Korrekturgliedern in den entsprechenden

Formeln, ist damit keine ins Gewicht fallende Einbuße an Information verbunden. Es wird angestrebt, aus den vorhandenen Daten nur *eine* Zahl mit möglichst weitem Gültigkeitsbereich auszuwählen und in Klammern den experimentell abgesicherten Gültigkeitsbereich und das entsprechende Zitat anzugeben. Weitere Literaturangaben zum selben Punkt stehen bei dem entsprechenden Schlagwort. Bei den Angaben zur Konstitution und den thermodynamischen Daten wird versucht, einen einheitlichen Satz von Daten zu erhalten, der die bisher bekannten Ergebnisse nach Möglichkeit widerspruchsfrei beschreibt. Weiterhin sind in vielen binären Systemen berechnete und z. T. auch abgeschätzte Daten mit aufgenommen worden, die Hinweise auf die Gaslöslichkeit geben können und durch ein b. vor dem entsprechenden Zitat gekennzeichnet sind.

Bei ternären Systemen beschränkt sich der Datenteil im wesentlichen auf Literaturhinweise und enthält fast keine Formeln oder Abbildungen. Lediglich zum Einfluß von ternären Zusätzen auf die isobare Gaslöslichkeit oder die Kohlenstofflöslichkeit werden halbquantitative oder quantitative Angaben gemacht.

Vollständigkeit. Im Rahmen des möglichen wurde angestrebt, die neuere Literatur über binäre Systeme weitgehend zu erfassen und mit einzubeziehen. Da für viele Systeme die bisher erschienenen Arbeiten in diesem Buch nicht mehr vollständig aufgezählt werden können und dies auch nicht sehr sinnvoll wäre, erfolgt die Auswahl der Zitate häufig nach reinen Zweckmäßigkeitsgründen. Neuere, leicht zugängliche Arbeiten mit einer guten Literaturübersicht wurden in vielen Fällen älteren Originalarbeiten vorgezogen, weil sie dem Benutzer einen besseren Überblick verschaffen und die Literaturarbeit erleichtern. Die Zitate hinter den Daten geben nicht immer den Autor an, der die Daten ursprünglich ermittelt hat, sondern nur die Quelle, der diese Zahl entnommen worden ist.

Die Arbeiten über ternäre Systeme konnten bei der Fülle der vorhandenen Literatur nicht mehr vollständig gesichtet und ausgewertet werden. Die Angaben sind mehr als Hinweise zu verstehen, die dem Leser einen Eindruck über bereits bearbeitete Themen vermitteln und ihm über die angegebenen Zitate die Literatursuche erleichtern sollen.

Genauigkeit. Auf die Wiedergabe der von den Autoren angegebenen Fehlerbreite wurde verzichtet, weil sie zumeist nur die Streuung der Meßwerte, nicht aber systematische Meßfehler wie z. B. Eichfehler erfassen und damit dem Benutzer der Daten wenig nützen. Die Abweichungen zwischen den von verschiedenen Autoren für Metall-Gas-Systeme angegebenen Daten lassen sich derzeit durch folgende Erfahrungswerte charakterisieren:

Bei Gleichgewichtsangaben (Dampfdrücke, Löslichkeit) sind die Abweichungen in experimentell leicht zugänglichen Systemen zumeist kleiner als ein Faktor 2 bis 3, die Löslichkeitsgrenze ist normalerweise wesentlich genauer festgelegt. Angaben zur Temperaturabhängigkeit der Gleichgewichtskonstanten sind dagegen mit größeren Fehlern behaftet. Die aus Gleichgewichtsdaten abgeleiteten ΔG^0-Werte stimmen somit im untersuchten Temperaturbereich auf etwa ± 1 bis 5 kcal/mol überein, während die zugehörigen ΔH- und ΔS^0-Werte erheblich mehr streuen. Vor allem bei den ΔS^0-Werten sind Abweichungen von mehreren Entropieeinheiten üblich. Mit steigender Temperatur und abnehmender Löslichkeit werden die angegebenen Daten naturgemäß zunehmend unsicherer.

Daten zur Kinetik (Diffusionskonstanten, Permeation, Zunderkonstanten) streuen grundsätzlich stärker als Gleichgewichtsdaten. Beim Vergleich der Meßwerte verschiedener Autoren sind Differenzen bis zu einer Zehnerpotenz üblich und für die Diffusion werden nicht selten Aktivierungsenergien angegeben, die sich um einen Faktor 2 oder mehr unterscheiden. Hier sind vor allem die Werte für tiefe Temperaturen mit größeren Unsicherheiten behaftet, weil Oberflächenprozesse die Messungen stören können.

Alkalimetalle

Lithium

(Abb. S. 349, Lit. S. 356)

K.-D. Fischmann

Lithium-Wasserstoff

Konstitution [1—5] s. Abb. 1. Phasen: Li krz; LiH kfz

Löslichkeit [4—6] s. Abb. 2
H in Li(l): $\log c = 1/2 \log p - 2{,}6 + 3100/T$ (600—900 °C, b. [4—6])

Löslichkeitsgrenze s. Abb. 3
H in Li(l): $\log c_{\max} = 5{,}2 - 3710/T$ (624—683 °C [4])

Zersetzungsdruck für L_2 (Mischungslücke $L_1 + L_2$) s. Abb. 1 und 2
$\log p_{H_2} = 9{,}93 - 8224/T$ (600—900 °C [5])
Angaben über Gleichgewichtsdrücke der Isotope D und T zwischen 700—800 °C finden sich bei [6].

Thermodynamische Daten [4, 5, 8, 9]
$L_1(\mathrm{Li(l)}) + 1/2\ H_2 = L_2(\mathrm{LiH(l)})$: $\Delta G^0 = -18820 + 16{,}12\ T$ (600—900 °C [5])
oder: $\Delta G^0 = -21610 + 16{,}4\ T$ ([8, 9])

Reaktion von H_2 mit Li(s) [4]. Mit destilliertem Li erfolgt bei R. T. die Umsetzung mit H_2 zu LiH in 24 h bis zu 9% und in einem Monat bis zu 36%. Mit nicht destilliertem Li wird dagegen keine Reaktion bei R. T. festgestellt. Bei 25—250 °C ist die Reaktionsgeschwindigkeit direkt proportional zu der Li-Menge und zum H_2-Druck.

Lithium-Kohlenstoff

Konstitution [7] s. Abb. 4. Phasen: Li_2C_2 polymorph mit Phasenumwandlungen bei 410, 440 und 560 °C

Löslichkeitsgrenze s. Abb. 3
C in Li(l): $\log c = 1{,}7 - 970/T$ (200—1000 °C, b. [7])

Thermodynamische Daten
Li_2C_2: $\Delta H^0_{298} = -14200$ ([8])

Lithium-Stickstoff

Konstitution [7, 10] s. Abb. 5. Phasen: Li_3N hex.; LiN_3 (kann nur naßchemisch hergestellt werden)

Löslichkeitsgrenze [7,11] s. Abb. 3 und 5
N in Li(l): $\log c_{\max} = 5{,}0 - 3480/T$ (250—450 °C [11])

Thermodynamische Daten [8, 12, 31]
$3Li(s) + 1/2\, N_2 = Li_3N$: $\Delta G^0 = -47500 + 34{,}2\, T$ (0—179 °C [31])
$3Li(l) + 1/2\, N_2 = Li_3N$: $\Delta G^0 = -50170 + 40{,}1\, T$ (179—500 °C [31])

Absorption. Bei 400 °C hängt die Reaktionsgeschwindigkeit sehr stark von der Badbewegung und der Gefäßdimension ab. Übergang vom linearen zum logarithmischen und parabolischen Zeitgesetz druckunabhängig [13].

Lithium-Sauerstoff

Konstitution [7, 28]. Phasen: Li_2O kfz, CaF_2-Typ

Löslichkeitsgrenze [11, 14] s. Abb. 3
O in Li(l): $\log c_{\max} = 2{,}5 - 2500/T$ (250—600 °C, b. [11, 14])

Thermodynamische Daten [8, 31]
$2Li(s) + 1/2\, O_2 = Li_2O$: $\Delta G^0 = -142500 + 29{,}3\, T$ (0—179 °C [31])
$2Li(l) + 1/2\, O_2 = Li_2O$: $\Delta G^0 = -138500 + 33{,}0\, T$ (179—1000 °C [31])

Lithium-Helium

Löslichkeit
He in Li(l): $\log c = \log p_{He} - 8{,}21 - 840/T$ (650—870 °C [17, 63])

Ternäre Systeme

Li—Hg—N. Reaktion von Li in Li—Hg-Schmelzen mit N_2 zu Li_3N wird nur unterhalb 50 At.-% Li beobachtet, weil die Verbindung LiHg nicht mit N_2 reagiert [15].

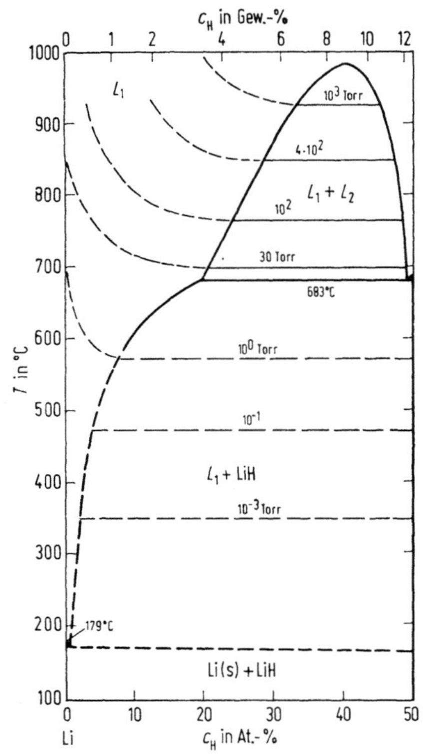

Abb. 1. System Li—H [4] mit Isobaren.

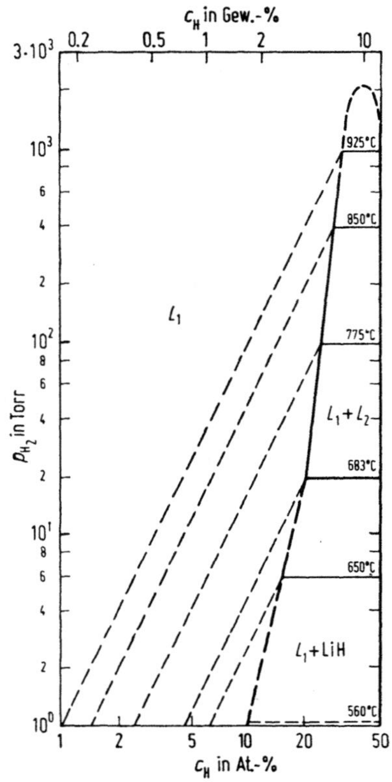

Abb. 2. (p,c)-Isothermen im System Li—H [4].

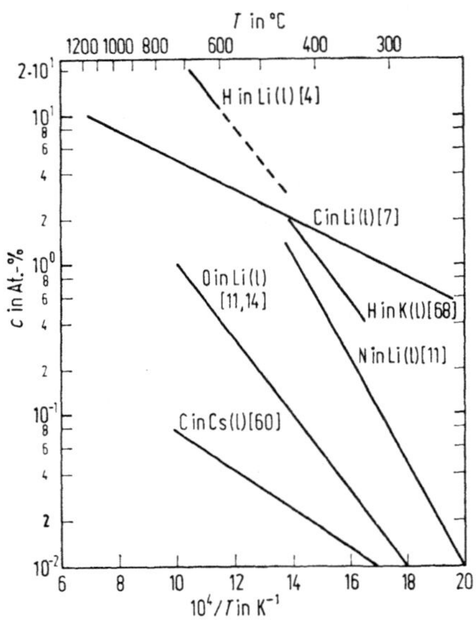

Abb. 3. Löslichkeitsgrenze für H, C, N und O in Li sowie für H in K und C in Cs.

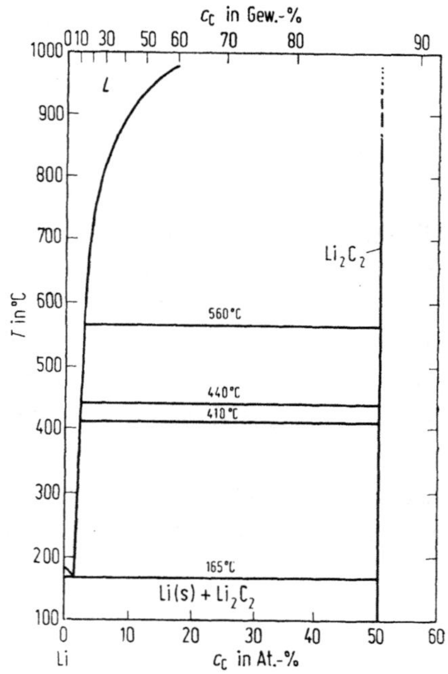

Abb. 4. System Li—C [7].

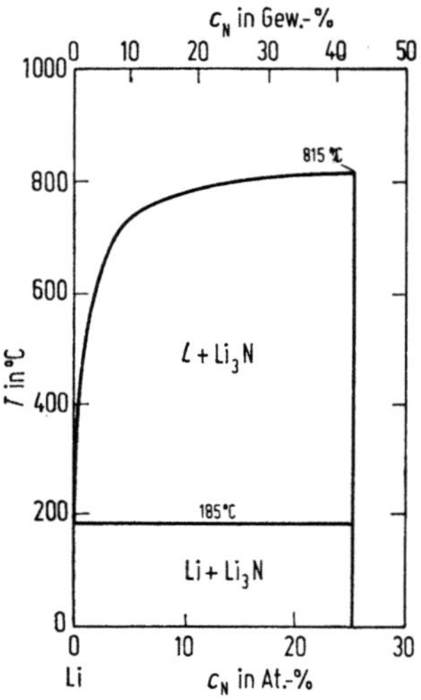

Abb. 5. System Li—N [7, 9].

Natrium

(Abb. 352, Lit. S. 356)

K.-D. Fischmann

Natrium-Wasserstoff

Konstitution [3, 16—21] s. Abb. 1. Phasen: Na krz; NaH kfz

Löslichkeit [6, 7, 21] s. Abb. 2 und 3

H in Na(l): $\log c = 1/2 \log p - 1{,}87 - 180/T$ (300—400 °C, b. [24])

oder: $\log c = 1/2 \log p + 1{,}72 - 2020/T$ (250—400 °C, b. [23])

Löslichkeitsgrenze [22, 24, 25, 28] s. Abb. 3

H in Na(l): $\log c_{\max} = 7{,}47 - 5020/T$ (250—400 °C [23])

oder: $\log c_{\max} = 3{,}88 - 3180/T$ (300—400 °C [24])

Zersetzungsdruck von NaH [22—24, 29] s. Abb. 2

$\log p_{H_2} = 11{,}5 - 6000/T$ (250—500 °C, Mittelwert)

Thermodynamische Daten [5, 22—25]

Na(l) + 1/2 H_2 = NaH: $\Delta G^0 = -13630 + 19{,}70\,T$ (200—500 °C [5])

Absorption. Bei 150—250 °C gilt [26]

$v = 8{,}3\,p \cdot \exp(-16560/RT)$ (v in mg · cm^{-2} · min^{-1}).

Natrium-Kohlenstoff

Konstitution [27, 28]. Phasen: Na_2C_2 tetr.; evtl. noch $C_{24}Na$

Löslichkeitsgrenze [7, 29, 30] s. Abb. 3
C in Na(l): $\log c = 0{,}02 - 2440/T$ (575–700 °C [29])
oder: $\log c = 3{,}5 - 5466/T$ (600–950 °C [30])

Thermodynamische Daten [8, 31, 32, 44]
$Na(s) + C = 1/2\, Na_2C_2$: $\Delta G^0 = -4830 + 5{,}15\, T$ (25 °C [31])

Natrium-Stickstoff

Konstitution [7, 28]. Phasen: Na_3N; NaN_3 rhomboed., Transformation bei 18 °C, zersetzt sich bei 300 °C; $Na(N_3)_2$

Löslichkeit [30, 31, 33, 34]
N in Na(l): $\log c = \log p - 12{,}14 - 2780/T$ (450–600 °C [30, 31])

Thermodynamische Daten [8, 31]
$1/3\, Na(s) + 1/2\, N_2 = 1/3\, NaN_3(s)$: $\Delta G^0 = 1700 + 21{,}4 T$ (25 °C [8, 31])

Natrium-Sauerstoff

Konstitution [7]. Phasen: Na_2O kfz; Na_2O_2 polymorph, hex. < 512 °C; Na_2O_3 tetr.; NaO_2 kfz

Löslichkeit [35–40]
O in Na(l): $\log c = 1/2 \log p - 5{,}6 + 18600/T$ (300–700 °C, b. [39, 40])

Löslichkeitsgrenze [35–40, 69] s. Abb. 3
O in Na(l): $\log c_{max} = 2{,}62 - 2600/T$ (125–550 °C [39])

Zersetzungsdruck von Na_2O [31, 32, 39, 40]
$\log p_{O_2} = 16{,}3 - 42500/T$ (440–660 °C [40])

Thermodynamische Daten [31, 32, 35–42]
$Na_2O(s) = O(\text{in } Na(l)) + 2\, Na(l)$: $\Delta G^0 = 11900 - 2{,}84 T$ (125–550 °C [39])
$2\, Na(l) + 1/2\, O_2 = Na_2O$: $\Delta G^0 = -96945 + 30{,}8\, T$ (440–660 °C [40])

Natrium-Edelgase

Löslichkeiten
He in Na: $\log c = \log p_{He} - 3{,}22 - 3600/T$ (300–600 °C [64])
Ar in Na: $\log c = \log p_{Ar} - 4{,}89 - 3450/T$ (340–480 °C [17, 65])
oder: $\log c = \log p_{Ar} - 3{,}14 - 4370/T$ (300–600 °C [64])
Kr in Na: $\log c = \log p_{Kr} - 5{,}22 - 3500/T$ (202–480 °C [17, 66])
Xe in Na: $\log c = \log p_{Xe} - 4{,}13 - 522/T$ (100–200 °C [17, 67])

Ternäre Systeme

Na—H—O. Thermodynamische Analyse des Systems zwischen 100—700 °C [42].

Na—C—N. Löslichkeitsgrenze

NaCN in Na: $\log c = -9{,}075 - 9146/T$ (400—565 °C [41])

Na—C—O. Thermodynamische Analyse des Systems zwischen 25—760 °C [43]. Reaktion mit CO_2 zwischen 170—450 °C [44]

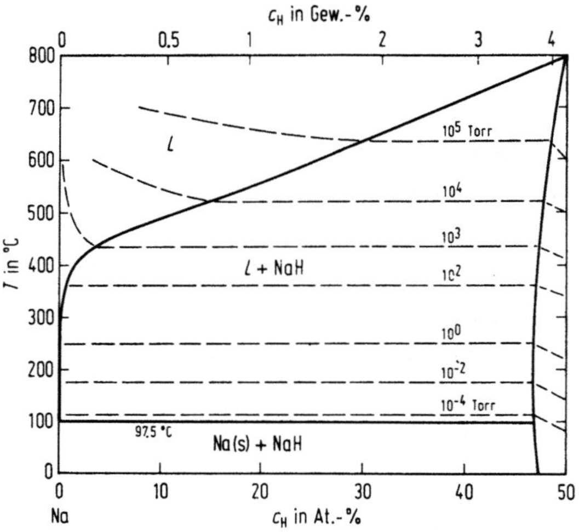

Abb. 1. System Na—H mit Isobaren [22, 23].

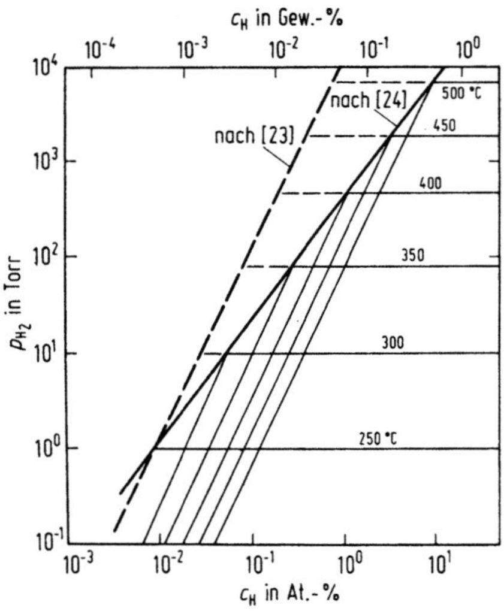

Abb. 2. (*p*,*c*)-Isothermen im System Na—H [23, 24].

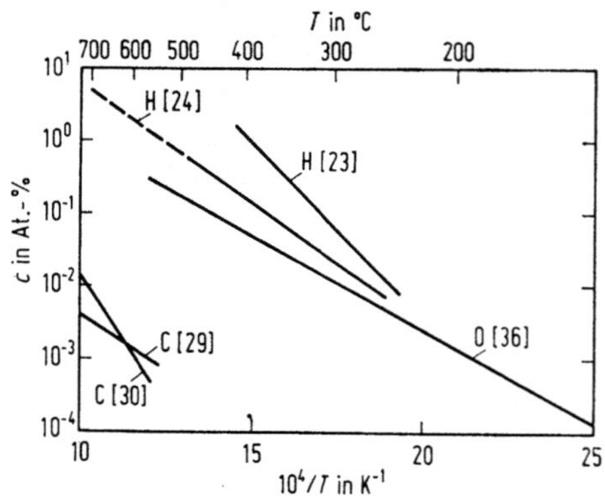

Abb. 3. Löslichkeitsgrenze für H, C und O in Na(l).

Kalium

(Abb. S. 354, Lit. S. 356)

K.-D. Fischmann

Kalium-Wasserstoff

Konstitution [3, 5, 16, 21, 45]. Phasen: K krz, Smp. 63 °C: KH kfz, NaCl-Typ

Löslichkeit s. Abb. 1

H in K(l): $\log c = 1/2 \log p - 1{,}26$ (340—440 °C [68])

Die H-Löslichkeit ist praktisch temperaturunabhängig.

Löslichkeitsgrenze s. Abb. 1 und Lithium Abb. 3

H in K(l): $\log c_{max} = 4{,}4 - 2930/T$ (340—440 °C [68])

Zersetzungsdruck von KH [5, 17, 46, 47, 68]

$\log p_{H_2} = 11{,}3 - 5860/T$ (340—440 °C [68])

Thermodynamische Daten [5, 47—49, 68]

$1/2 H_2$ = H(in K(l)): $\Delta G^0 = -8{,}3\ T$ (340—440 °C [68])

KH = H(in K(l)) + K(l): $\Delta G^0 = 13400 - 11\ T$ (340—440 °C [68])

K(l) + $1/2 H_2$ = KH: $\Delta G^0 = -13400 + 19{,}3\ T$ (340—440 °C [68])

Kalium-Kohlenstoff

Konstitution [7, 28]. Zahlreiche C-reiche Phasen C_4K; C_8K; $C_{16}K$ bis $C_{60}K$

Thermodynamische Daten

KC_4: $\Delta H^0_{298} = -3900$ [32]

Kalium-Stickstoff

Konstitution [7]. Phasen: K_3N Smp. 343 °C, zersetzt sich bei 355 °C; KN_3 Smp. 387 °C

Thermodynamische Daten

K_3N: $\Delta H^0_{298} = -17500$ [32]

Kalium-Sauerstoff

Konstitution [7, 28]. Phasen: K_2O kfz, Smp. 380 °C; KO_2 tetr., CaC_2-Typ; instabile Phasen: K_2O_2 und KO_3

Thermodynamische Daten [12, 31, 32, 49, 59]

2 K(s) + 1/2 O_2 = K_2O: $\Delta G^0 = -86400 + 33{,}8\ T$ (25—63 °C [32])

2 K(l) + 1/2 O_2 = K_2O: $\Delta G^0 = -87700 + 37{,}5\ T$ (63—800 °C [32])

Kalium-Helium

Löslichkeit

He in K(l): $\log c = \log p_{He} - 4{,}18 - 1550/T$ (480—705 °C [17, 63])

Ternäre Systeme

K—Na—H. *Löslichkeit* in NaK78 (33 At.-% Na) [17, 50—52]
H in NaK78(l): $\log c = 1/2 \log p - 1{,}83 + 240/T$ (330—705 °C [51,52])
Durch O-Gehalte von 0,7 At.-% wird die H-Löslichkeit dieser eutektischen Schmelze bei 380 °C und 50 Torr H_2 von 0,3 auf 0,8 At.-% erhöht [50].
Löslichkeitsgrenze [17, 51, 52]
H in NaK78(l): $\log c_{max} = 4{,}08 - 2825/T$ (330—705 °C [51])
Gleichgewichtsdruck über gesättigtem NaK78(l) [51, 57, 58]
$\log p_{H_2} = 12{,}1 - 6280/T$ (330—705 °C [51])

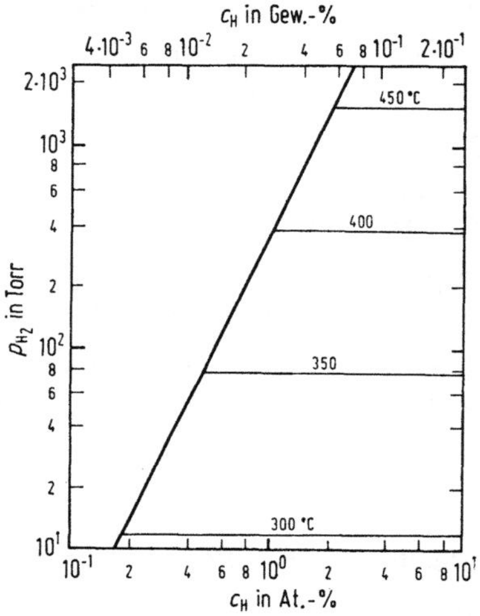

Abb. 1. (p,c)-Isothermen im System K(l)—H [68].

Rubidium

(Lit. S. 356)

K.-D. Fischmann

Rubidium-Wasserstoff

Konstitution [3, 7, 53, 54]. Phasen: Rb krz, Smp. 39 °C; RbH kfz, NaCl-Typ
Zersetzungsdruck von RbH [5, 55]
$\log p_{H_2} = 11{,}80 - 5680/T$ (246—350 °C [55])
Thermodynamische Daten
$Rb(l) + 1/2\ H_2 = RbH$: $\Delta G^0 = -13000 + 20{,}4\ T$ (246—350 °C [5, 55])

Rubidium-Kohlenstoff

Konstitution [7, 32]. Kohlenstoffreiche Phasen C_4Rb bis $C_{60}Rb$

Rubidium-Stickstoff

Konstitution [7]. Phasen: Rb_3N; RbN_3

Rubidium-Sauerstoff

Konstitution [7]. Phasen: Rb_2O kfz, anti-CaF_2-Struktur; RbO; Rb_2O_3; RbO_2
Thermodynamische Daten [12, 56, 59]
Rb_2O: $\Delta H^0_{298} = -78900 \pm 3000$ [12]

Caesium

(Abb. 356, Lit. S. 356)

K.-D. Fischmann

Caesium-Wasserstoff

Konstitution [3, 7, 53, 54]. Phasen: Cs krz; CsH kfz, NaCl-Typ
Zersetzungsdruck von CsH [5, 46, 55]
$\log p_{H_2} = 9{,}25 - 4410/T$ (340–440 °C [45])
oder: $\log p_{H_2} = 11{,}79 - 5900/T$ (245–378 °C [5, 55])
Thermodynamische Daten [5, 8]
Cs(l) + 1/2 H_2 = CsH: $\Delta G^0 = -13500 + 20{,}4\ T$ (245–378 °C [5])

Caesium-Kohlenstoff

Konstitution [7, 28]. Phasen des Typs CsC_n mit n = 8; 24; 36; 48; 60
Löslichkeitsgrenze s. Lithium Abb. 3
C in Cs(l): $\log c = 0{,}13 - 1240/T$ (330–650 °C (60])

Caesium-Stickstoff

Konstitution [7]. Phasen: Cs_3N Smp. 326 °C, zersetzt sich bei 390 °C; CsN_3 Smp. 314 °C

Caesium-Sauerstoff

Konstitution [7, 61] s. Abb. 1. Phasen: Cs_7O; Cs_4O; Cs_7O_2; Cs_3O; Cs_2O hex.; Cs_2O_3; CsO_2
Thermodynamische Daten
2 Cs(s) + 1/2 O_2 = Cs_2O: $\Delta G^0 = -75900 + 33{,}3\ T$ (25 °C [8])
Eigenschaftsänderungen
Dichte, elektrischer Widerstand und Hallkoeffizient [62] s. Abb. 2 und 3.

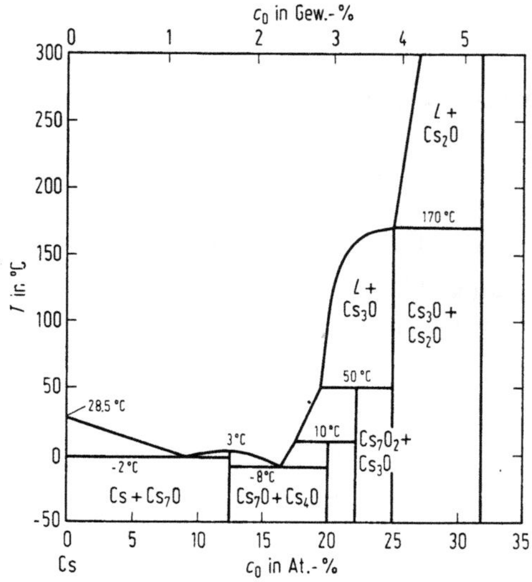

Abb. 1. System Cs—O [7, 54].

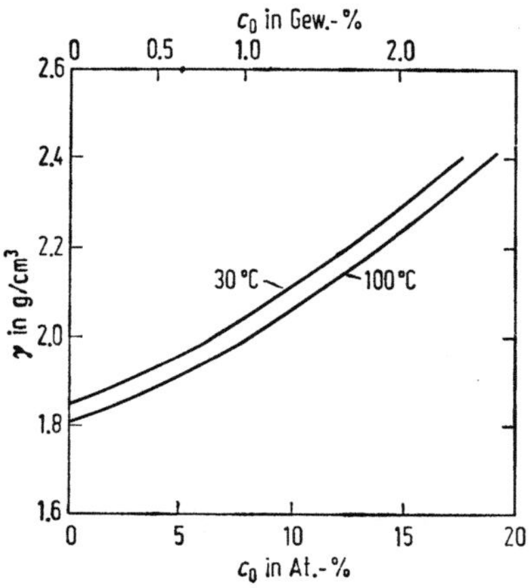

Abb. 2. Dichte γ flüssiger Cs—O-Legierungen [62].

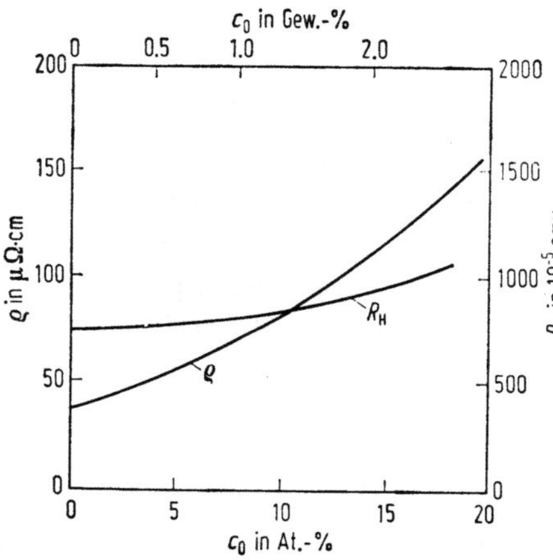

Abb. 3. Elektrischer Widerstand ϱ und Hall-Konstante R_H flüssiger C—O-Legierungen bei R. T. [62].

Literatur zu Alkalimetalle

1 Davis, T. F.: Lithium and Lithium Hydride, Chemical and Physical Properties, Rpt. TID 3558, Nov. 1960.

2 Kogan, B. I.: Lithium, Fields of Known and Possible Application, Moscow 1960 (engl. Übersetzung in Rpt. RSIC-71).

3 Symposium on Handling and Uses of the Alkali Metals, Amer. Chem. Soc. (1957) no. 19.

4 Messer, C. E. et al.: J. Phys. Chem. 62 (1958) 220; Rpt. NYO 9470 (1960) 64.

5 Mueller, W. M.; Blackledge, J. P.; Libowitz, G. G.: Metal Hydrides, New York: Academic Press 1968.

6 Heumann, F. K.; Salomon, O. N.: USAEC-Rpt. KAPL 1667 (1956) 54.

7 Elliott, R. P.: Constitution of Binary Alloys, First Supplement, New York: McGraw-Hill 1965.

8 D'Ans-Lax: Taschenbuch f. Physiker u. Chemiker, Bd. I, Berlin, Heidelberg, New York: Springer 1967.
9 Weast, R. C.: Handbook of Chemistry and Physics, Cleveland: Chemical Rubber Publishing Co. 1969/70.
10 Bolshalnow, K. A. et al.: Izv. VUZ Tsvetn Met. (1959) 52.
11 Hoffmann, E. E.: ASTM Spec. Techn. Publ. 272 „Newer Metals", (1960) 195; USAEC-Rpt. ORNL 2894 (1960); ORNL 2924 (1960).
12 Kubaschewski, O.; Evans, E. Ll.; Alcock, C. B.: Metallurgical Thermochemistry, 4th ed., Oxford: Pergamon 1967.
13 Addision, C. C.; Davies, B. M.: J. Chem. Soc. (A) (1969) 1822.
14 Konovalov, E. E. et al.: Russ. Metallurgy (1968) no. 3, 77.
15 Addision, C. C.; Davies, B. M.: J. Chem. Soc. (A) (1969) 1831.
16 Liquid Metals Handbook, Sodium NaK, Supplement, Rpt. TID 5277 (1955).
17 Foust, O. J.: Sodium NaK Engineering Handbook, Vol. I, Sodium Chemistry and Physical Properties, New York usw.: Gordon and Breach 1972.
18 Sittig, M.: Sodium, its Manufacture, Properties and Uses, New York: Reinhold 1956.
19 Plesek, J.; Hermanek, S.: Sodium Hydride, London: Iliffe 1968.
20 Hofer, G.: Trans. Amer. Nucl. Soc. 13 (1970) 167.
21 Femey, S. H.: Bibliography on Liquid Metals (1964) 65, Rpt. TRG Inf. Series 312 (R) First Supplement.
22 Addision, C. C.; Pulham, R. J.; Roy, R. J.: J. Roy. Chem. Soc. (1965) 116.
23 Banus, M. D.; McSharry, J. J.; Sullivan, E. A.: J. Amer. Chem. Soc. 77 (1955) 2007.
24 Meacham, S. A.; Hill, E. F.; Gordus, A. A.: Rpt. APDA 241 (1970).
25 McClure, D. W.; Halsey, G. D. jr.: J. Phys. Chem. 69 (1965) 3542.
26 Naud, G.; Sannier, J.; Vallet, P.: Compt. Rend. 257 (1963) 1276.
27 Kelly, K. J.; Hobart, E. N.; Bjork, R. G.: Rpt. CNLM 6337 (1965).
28 Shunk, F. A.: Constitution of Binary Alloys, Second Supplement, New York: McGraw-Hill 1969.
29 Salzano, F. J.; Newmann, L.: Trans. Amer. Nucl. Soc. 14 (1971) 623.
30 Longson, B.; Thorley, A. W.: J. Appl. Chem. 20 (1970) 372.
31 Wicks, C. E.; Block, F. E.: Thermodynamic Properties of 65 Elements, their Oxides, Halides, Carbides, and Nitrides, Bureau of Mines, Bull. 605, Washington: U.S. Government Printing Office 1963.
32 Elliott, J. F.; Gleiser, M.: Thermochemistry for Steelmaking, Reading/Ma: Addision-Wesley 1960.
33 Rpt. ANL 7550 (1968).
34 Veleckis, E.; Anderson, K. E.: Rpt. ANL 7575 (1969) 122.
35 Rutkauskas, V. J.: Rpt. LA 3879 (1968).
36 Eichelberger, R. L.: Rpt. AI-AEC-12685 (1968).
37 Smith, D. L.; Kassner, T. F. In J. E. Dralley, J. R. Wecks (eds.): Corrosion by Liquid Metals, Plenum, New York (1970) 137.
38 Beisswenger, H.; Dorner, S.: J. Nucl. Mater. 28 (1968) 297.
39 Minushkin, B.; Kissel, G.: In J. E. Dralley, J. R. Weeks (eds.): Corrosion by Liquid Metals, New York: Plenum (1970) 515.
40 Alcock, C. B.; Stavropoulos, G. P.: Can. Metall. Quart. 10 (1971) 257.
41 Veleckis, E.; Redding, G. W.; Kremsner, W. H.: Rpt. ANL 7575 (1969).
42 Jansson, S. A.: In J. E. Dralley, J. R. Weeks (eds.): Corrosion by Liquid Metals, New York: Plenum (1970) 523.
43 Hofer, G.: Z. Metallkde. 60 (1969) 457.
44 Cordfunke, E. H. P.; Oieweltjes, W.: J. Nucl. Mater. 33 (1969) 328.
45 Elson, R. E.; Horning, H. C.; Jolly, W. Z.; Kury, J. W.; Ramsey, W. J.; Zalkin, A.: USAEC-Rpt. UCRL-4519 rev (1956).
46 Messer, C. E.: USAEC-Rpt. NYO 3955 (1953).
47 Gunn, S. R.; Green, L. G.: J. Amer. Chem. Soc. 80 (1958) 4782.
48 Messer, C. E.; Fasolino, L. G.; Thalmeyer, C. E.: J. Amer. Chem. Soc. 77 (1955) 4524.
49 Kelley, K. R.: The Entropies of Inorganic Substances, Revision of Data, Bull. U. S. Bur. Mines (1950) no. 477.

50 Arnol'dov, M. N. et al.: High Temp. 8 (1970) 82.
51 Savage, H. W. et al.: USAEC-Rpt. ORNL 3898 (1965).
52 Compere, E. L.; Savolainen, J. E.: Trans. Amer. Nucl. Soc. 8 (1965) 18.
53 Perel'man, F. M.: Rubidium and Cesium, New York: Pergamon 1965.
54 Simons, E. C.: Guide to Uncommon Metals, New York: Hart 1967.
55 Herold, A.: Ann. Chim. 6 (1951) 536.
56 Rossini, F. D.; Wagman, D. D.; Evans, W. H.; Lenine, S.; Jaffee, I.: Selected Values of Chemical Thermodynamic Properties, Nat. Bureau of Standards 1952.
57 Savage, H. W. et al.: USAEC Rpt. ORNL 3823 (1965).
58 Savage, H. W. et al.: USAEC-Rpt. ORNL 3784 (1965).
59 Brewer, L.: Critical Review of the Thermodynamical Properties of the Metals Oxides, Chem. Rev. 52 (1953) 1.
60 Tepper, F.; Geer, J.: Rpt. AFML-TR-64-327 (1964).
61 Rengade, M. E.: Compt. Rend. 148 (1909) 1199.
62 Kendall, P. W.: J. Nucl. Mater. 35 (1970) 41.
63 Slotnick, H.; Kapelner, S. M.; Cleary, R. E.: USAEC-Rpt. PWAC-380.
64 Thormeier, K.: Nucl. Eng. Design 14 (1970) 69; Bericht KFK 1166 (1970).
65 Dhar, S. K.: USAEC-Rpt. ANL-6800 (1964).
66 Dhar, S. K.: USAEC-Rpt. ANL-6900 (1964).
67 Mitra, C.: Diss. Abstr., 22:100 (1961).
68 Arnol'dov, M. N. et al.: Russ. Metallurgy (1973) no. 1, 44.
69 Noden, J. D.: Rpt. RD/B/R 2146 (1972).

Erdalkalimetalle

Calcium

(Abb. S. 359, Lit. S. 362)

K.-D. Fischmann

Calcium-Wasserstoff

Konstitution [1, 2] s. Abb. 1. Phasen: α-Ca kfz; β-Ca krz; γ-Ca hex.; α-CaH_2 orthorh.; β-CaH_2

Löslichkeitsgrenze [1, 2]. In α-Ca sehr geringe Löslichkeit, in β-Ca s. Abb. 1

Zersetzungsdruck von CaH_2

β-Ca—α-CaH_2: $\log p_{H_2} = 10{,}2 - 9610/T$ (600—780 °C [3, 4])

β-Ca—β-CaH_2: $\log p_{H_2} = 9{,}5 - 8890/T$ (780—890 °C [3, 4])

Thermodynamische Daten [3, 4]

β-Ca + 1/2 H_2 = 1/2 α-CaH_2: $\Delta G^0 = -22000 + 16{,}8\,T$ (600—780 °C [4])

β-Ca + 1/2 H_2 = 1/2 β-CaH_2: $\Delta G^0 = -20350 + 15{,}1\,T$ (780—890 °C [4])

Calcium-Kohlenstoff

Konstitution [2]. Phasen: CaC_2 tetr., 4 Modifikationen, Smp. 2160 °C

Thermodynamische Daten [6, 8, 9]

1/2 α-Ca + C = 1/2 CaC_2: $\Delta G^0 = -6800 - 2{,}9\,T$ (0—360 °C [6])

$1/2\ \beta\text{-Ca} + C = 1/2\ CaC_2$: $\Delta G^0 = -5810 - 4{,}3\ T$ (360— 890 °C [6])
$1/2\ Ca(l) + C = 1/2\ CaC_2$: $\Delta G^0 = -6350 - 3{,}4\ T$ (890—1690 °C [6])

Diffusion
C in Ca(s): $D = 2{,}7 \cdot 10^{-3} \exp(-23300/RT)$ (500—800 °C, Tracer [5])

Calcium-Stickstoff

Konstitution [2, 7]. Phasen: Ca_3N_2, Smp. 1250 °C; Ca_3N_4; CaN_6

Thermodynamische Daten [6,8]
$3/2\ Ca(s) + 1/2\ N_2 = 1/2\ Ca_3N_2$: $\Delta G^0 = -52500 + 25{,}0\ T$ (0—830 °C [6])

Calcium-Sauerstoff

Konstitution [2, 7]. Phasen: CaO kfz, Smp. 2615 °C; CaO_2 tetr.; CaO_4. Das System Ca—CaO ist eutektisch, mit $T_e = 834 \pm 1{,}5$ °C und berechneter $c_e = 0{,}15$ At.-% O.

Löslichkeit. O in Ca(l): 10 At.-% bei 1350 °C [2]

Thermodynamische Daten [6, 8]
$Ca(s) + 1/2\ O_2 = CaO$: $\Delta G^0 = -151300 + 23{,}4\ T$ (0—851 °C [6])
$Ca(l) + 1/2\ O_2 = CaO$: $\Delta G^0 = -153500 + 25{,}6\ T$ (851—1490 °C [6])

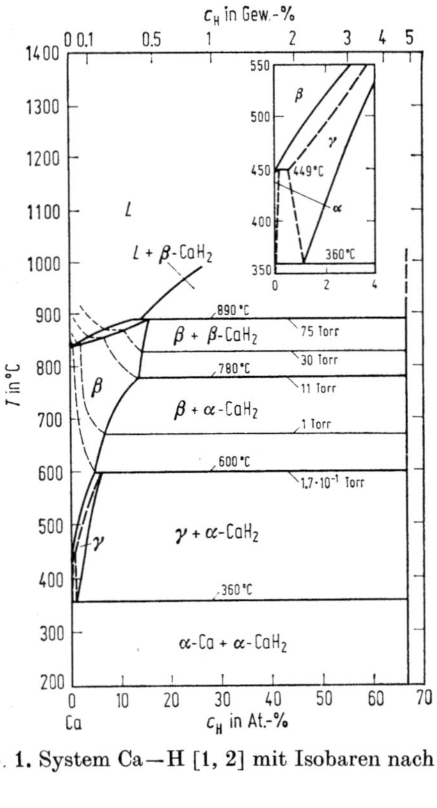

Abb. 1. System Ca—H [1, 2] mit Isobaren nach [3].

Strontium

(Lit. S. 362)

K.-D. Fischmann

Strontium-Wasserstoff

Konstitution [4, 7, 10] s. Abb. 1. Phasen: Sr kfz; α-SrH_2 orthorh.; β-SrH_2; es wird die Existenz einer γ-Phase, ähnlich wie im System Ca—H vermutet.

Löslichkeitsgrenze s. Abb. 1

Zersetzungsdruck von SrH_2 [4, 11]
$\log p_{H_2} = 11{,}10 - 10400/T$ (< 1000 °C [4])

Thermodynamische Daten [4, 11, 12]
$1/2\ Sr(s) + 1/2\ H_2 = 1/2\ SrH_2$: $\Delta G^0 = -23800 + 18{,}8\ T$ (< 1000 °C [4])

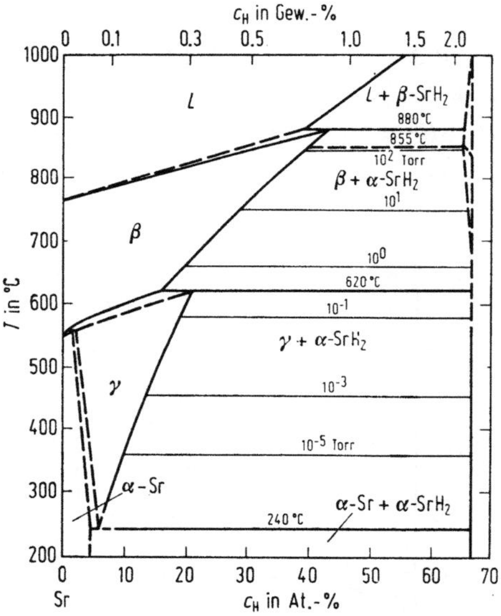

Abb. 1. System Sr—H mit Isobaren [7].

Strontium-Kohlenstoff

Konstitution [13]. Phasen: SrC_2 > 370 °C Hochtemperatur-Modifikation kub., −30 bis +370 °C tetr., < −30 °C Modifikation von niedriger Symmetrie.

Strontium-Stickstoff

Konstitution [2]. Phasen: Sr_2N; Sr_3N_2 pseudohexagonal (wie Ba_3N_2), Smp. 1027 °C; Sr_3N_4; $Sr(N_3)_2$ orthorh., oberhalb von 165 °C explosiv.

Thermodynamische Daten [6, 8]
$3/2\ Sr(s) + 1/2\ N_2 = Sr_3N_2$: $\Delta G^0 = -46700 + 26{,}9\ T$ (25 °C [6])

Strontium-Sauerstoff

Konstitution [2]. Phasen: SrO kfz; SrO_2 tetr.rz, CaC_2-Typ

Thermodynamische Daten [6, 14]

$Sr(s) + 1/2\ O_2 = SrO$: $\Delta G^0 = -141\,100 + 24{,}5\ T$ (25 °C [8])

Barium

(Abb. S. 362, Lit. S. 362)

K.-D. Fischmann

Barium-Wasserstoff

Konstitution [2, 15, 16] s. Abb. 1. Phasen: Ba krz; α-BaH_2 orthorh.; β-BaH_2 kfz

Löslichkeitsgrenze [17] s. Abb. 1

Zersetzungsdruck von BaH_2 [4, 11, 20]

$\log p_{H_2} = 10{,}40 - 9150/T$ (470—550 °C [4])

Thermodynamische Daten [4, 11, 12, 18, 20]

$1/2\ Ba(s) + 1/2\ H_2 = 1/2\ BaH_2$: $\Delta G^0 = -20\,950 + 17{,}2\ T$ (470—550 °C [4])

Diffusion [17]

H in Ba(s): $D = 4{,}0 \cdot 10^{-3} \exp(-4\,540/RT)$ (200—620 °C, c-Profile)

Barium-Kohlenstoff

Konstitution [13]. Phasen: BaC_2 R. T. tetr., > 150 °C kfz, Smp. 1770—2300 °C

Barium-Stickstoff

Konstitution [2]. Phasen: Ba_2N; Ba_3N_2; BaN_2; $Ba(N_3)_2$ monoklin

Thermodynamische Daten [6, 8]

$3/2\ Ba(s) + 1/2\ N_2 = 1/2\ Ba_3N_2$: $\Delta G^0 = -44\,550 + 28{,}15\ T$ (25 °C)

Barium-Sauerstoff

Konstitution [2, 7]. Phasen: BaO kfz, Smp. 1923 °C; BaO_2 ter.rz; $Ba(O_2)_2$

Löslichkeitsgrenze

O in Ba(l): $\log c_{max} = 2{,}03 - 800/T$ (725—1250 °C, b. [19])

Thermodynamische Daten [6, 8]

$Ba(s) + 1/2\ O_2 = BaO$: $\Delta G^0 = -139\,000 + 23{,}9\ T$ (25 °C [6])

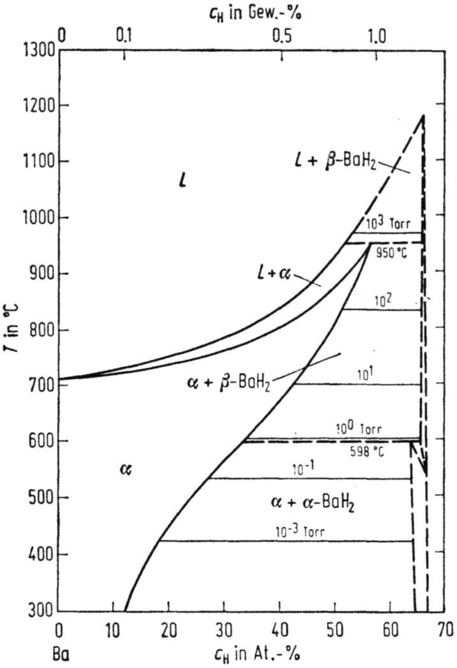

Abb. 1. System Ba—H mit Isobaren [15].

Literatur zu Calcium, Strontium und Barium

1 Peterson, D. T.; Fattore, V. G.: J. Phys. Chem. 65 (1961) 2062.
2 Elliott, R. P.: Constitution of Binary Alloys, First Supplement, New York: McGraw-Hill 1965.
3 Curtis, R. W.; Chiotti, P.: J. Phys. Chem. 67 (1963) 1061.
4 Mueller, W. M.; Blackledge, J. P.; Libowitz, G. G.: Metal Hydrides, New York: Academic Press 1968.
5 Paolinov, L. V. et al.: Fiz. Met. Metalloved. 26 (1968) no. 5, 823.
6 Kubaschewski, O.; Evans, E. Ll.; Alcock, C. B.: Metallurgical Thermochemistry, 4th ed., Oxford: Pergamon 1967.
7 Shunk, F. A.: Constitution of Binary Alloys, Second Supplement, New York: McGraw-Hill 1969.
8 D'Ans-Lax: Taschenbuch für Chemiker und Physiker Bd. I, Berlin, Heidelberg, New York: Springer 1967.
9 Wicks, C. E.; Block, F. E.: Thermodynamic Properties of 65 Elements, their Oxides, Halides, Carbides, and Nitrides, Bull. 605, Bureau of Mines, Washington: U. S. Government Printing Office 1963.
10 Peterson, D. T.; Colburn, R. P.: J. Phys. Chem. 70 (1966) 468.
11 Banus, M. D.; Gragdon, R. W.: Rpt. ORNL CF-52-2-212 (1952).
12 Ehrlich, P.; Peik, K.; Koch, E.: Z. anorg. allg. Chem. 324 (1963) 113.
13 Hansen, M.; Anderko, K.: Constitution of Binary Alloys, New York: McGraw-Hill 1958.
14 Weast, R. C.: Handbook of Chemistry and Physics, Cleveland: Chemical Rubber Publishing Co. 1969/70.
15 Peterson, D. T.; Indig, M.: J. Amer. Chem. Soc. 82 (1960) 5645.
16 Zintl, E.; Harder, A.: Z. Elektrochem. 41 (1935) 34.
17 Peterson, D. T.; Hammerberg, C. C.: J. Less-Common Metals 16 (1968) 457.
18 Worsham, J. E. Jr.; Wilkinson, N. K.; Shull, C. G.: J. Phys. Chem. Solids 3 (1957) 303.
19 Schriel, M.: Z. anorg. allg. Chem. 231 (1937) 313.
20 Schumb, W. C. et al.: J. Amer. Chem. Soc. 69 (1947) 2029.

IIIa – Metalle

Scandium

(Abb. S. 364, Lit. S. 368)

W. Dietz

Scandium-Wasserstoff

Konstitution [1—4] s. Abb. 1. Phasen [5]: α-Sc hex., β-Sc krz; ScH_{2-x} kfz
Löslichkeit s. Abb. 2
H in α-Sc: $\log c = 1/2 \log p - 2{,}5 + 4700/T$ (600—1050 °C, < 5 At.-% H, [2])
Löslichkeitsgrenze
H in α-Sc: $\log c_{max} = 1{,}7 - 132/T$ (600—1050 °C, b. [2])
Zersetzungsdruck von ScH_{2-x} [2, 4]
$\log p_{H_2} = 10{,}48 - 10490/T$ (600—1050 °C [2])
Thermodynamische Daten [2, 3]
$1/2\ H_2 = H$ (in α-Sc): $\Delta G^0 = -21600 + 14{,}2\ T$ (9 At.-%, 600—1050 °C [2])
$\Delta G^0 = -23050 + 16{,}46\ T$ (23 At.-%, 600—1050 °C [2])
$\Delta G^0 = -21730 + 16{,}86\ T$ (35,5 At.-%, 600—1050 °C [2])
$1/2\ H_2 + 1/(2-x)\ \alpha\text{-Sc} = 1/(2-x)\ ScH_{2-x}$: $\Delta G^0 = -24000 + 17{,}4\ T$ (600—1050 °C [2])

Scandium-Kohlenstoff

Konstitution [6—8]. Phasen: Sc_4C_3; ScC kfz, NaCl-Typ; eventuell noch Sc_2C

Scandium-Stickstoff

Konstitution [6—8]. Phasen: ScN kfz, NaCl-Typ, Smp. 2650 °C, $\Delta H^0_{298} = -75{,}0$ kcal/mol [9]

Scandium-Sauerstoff

Konstitution [10] s. Abb. 3. Phasen: Sc_2O_3 krz, Mn_2O_3-Typ
Thermodynamische Daten
$2/3\ Sc(s) + 1/2\ O_2 = 1/3\ Sc_2O_3$: $\Delta G^0 = -151870 + 23{,}8\ T$ (25 °C, b. [9])
Thermospannung gegen Cu bei 0—70 °C steigt im Lösungsbereich (0 bis ca. 2 At.-% O) von 5 auf 15 µV/°C an, sie beträgt zwischen 2 und 35 At.-% O etwa 10 µV/°C und steigt zwischen 35 und 50 At.-% O etwa linear von 10 auf 40 µV/°C an [10].

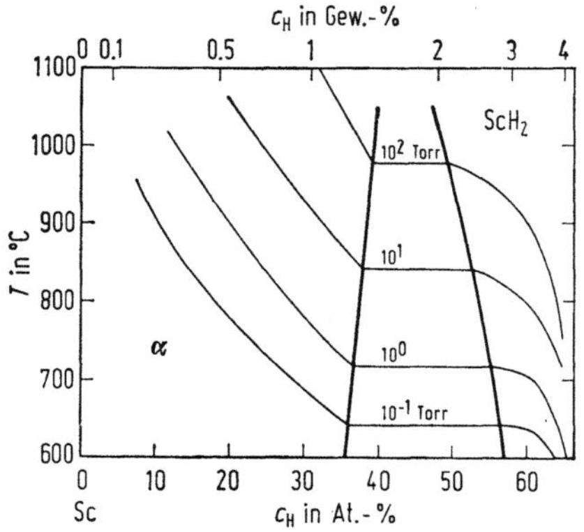

Abb. 1. System Sc—H mit Isobaren [2].

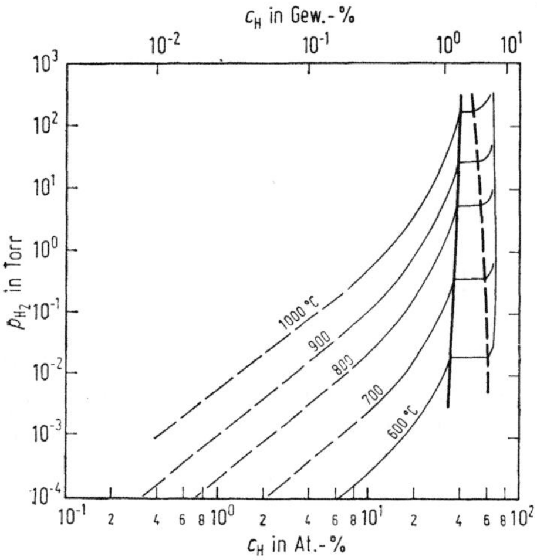

Abb. 2. (p,c)-Isothermen im System Sc—H, nach [2].

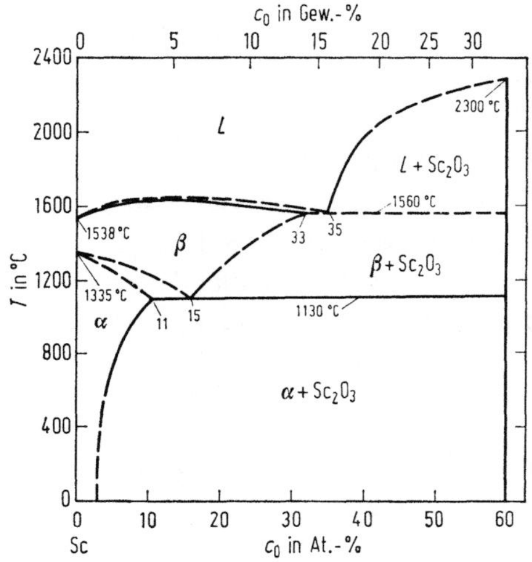

Abb. 3. System Sc—O [10].

Yttrium

(Abb. S. 367, Lit. S. 368)

W. Dietz

Yttrium-Wasserstoff

Konstitution [1, 11—13, 34] s. Abb. 1. Phasen [11, 14, 15]: α-Y hdP, β-Y krz, Smp. 1226 °C; YH_x (x = 0,9—2,1) kfz; YH_x (x = 2,8—3,0) hex.

Löslichkeit [1, 11, 12] s. Abb. 2

H in α-Y: $\log c = 1/2 \log p - 2{,}0 + 4250/T$ (900—1300 °C, < 10 At.-% H, b. [11])

Löslichkeitsgrenze [11, 12]

H in α-Y: $\log c_{max} = 1{,}7 - 171/T$ (600—1300 °C, b. [11])

Zersetzungsdruck von YH_x (x = 1,2)
$\log p_{H_2} = 10{,}52 - 11870/T$ (600— 950 °C [12])
$\log p_{H_2} = 8{,}80 - 9709/T$ (900—1300 °C [11])

Thermodynamische Daten [1, 2]
$1/2\ H_2 = H$ (in α-Y): $\Delta G^0 = -18950 + 11{,}6\ T$ (900—1300 °C, 16 At.-% H [11])
$\Delta G^0 = -19705 + 12{,}5\ T$ (900—1300 °C, 33 At.-% H [11])
$1/2\ H_2 + 1/x\ \alpha\text{-}Y = 1/x\ YH_x$:
$\Delta G^0 = -22200 + 13{,}6\ T$ (900—1300 °C, x = 1,2 [11])

Diffusion
H in α-Y: $D = 3 \cdot 10^2 \exp(-36600/RT)$
(775—950 °C, Wanderung von H im elektrischen Feld [16])
Elektrotransport s. Tab. B. 2.

Ausscheidungsvorgänge [1, 13]. Beim Abkühlen des α-Mischkristalls Ausscheiden der Hydridphase auf hexagonaler Basisebene [10].

Dichte [17]. In erster Näherung lineare Abnahme von $\gamma = 4{,}47$ für reines Y auf $\gamma = 4{,}40$ g/cm³ für $YH_{0,5}$ (33 At.-%)

Elektrische und magnetische Eigenschaften [1, 18]. Der elektrische Widerstand nimmt von 78 (0 At.-% H) auf 62 (10 At.-% H) auf 42 μΩ cm (33 At.-% H) ab und die magnetische Suszeptibilität nimmt linear von $2{,}1 \cdot 10^{-6}$ auf $0{,}63 \cdot 10^{-6}$ emu bei 62 At.-% H ab.

Mechanische Eigenschaften [19, 20]. Lineare Zunahme der Härte von etwa 65 DPH (Diamond Pyramid Hardness) auf ca. 128 bei 33,3 At.-% H. Die Härtewerte von Y sind jedoch noch stark vom O-Gehalt abhängig [19]. Abnahme der Gleichmaßdehnung von 15% bei 0,1 At.-% H auf 0,5% bei 1 At.-% H, dabei Zunahme der Fließspannung um den Faktor 3 [20].

Yttrium-Kohlenstoff

Konstitution [8, 21, 22] s. Abb. 3. Phasen [22—25]: γ kfz; δ; ε; β-YC_2 tetr.rz; α-YC_2 kfz

Löslichkeitsgrenze [26, 27] s. Abb. 4
C in α-Y: $\log c = 1{,}92 - 1750/T$ (600—1520 °C [26, 27])

Diffusion
C in α-Y: $D = 2 \cdot 10^{-1} \exp(-29400/RT)$
(1235—1460 °C, Wanderung von C im elektrischen Feld [16])
Elektrotransport s. Tab. B. 2

Yttrium-Stickstoff

Konstitution [7, 8, 28—30]. Phasen [28, 29]: YN kfz, dissoziiert bei etwa 1600 °C. Geringer Anstieg des Schmelzpunktes und Umwandlungspunktes (α—β) bei Zugabe von N

Löslichkeitsgrenze [27, 30] s. Abb. 4
N in α-Y: $\log c_{max} = 1{,}92 - 2540/T$ (600—1450 °C [27])

Thermodynamische Daten
YN = N (in α-Y) + α-Y: $\Delta G^0 = 11620 + 0{,}37\,T$ (600—1450 °C, b. [27])
YN: $\Delta H^0_{298} = -71{,}5 \pm 5$ kcal/mol [9]

Diffusion [16, 31]
N in α-Y: $D = 1 \cdot 10^{-3} \exp(-60000/RT)$
(1235—1460 °C, Wanderung von N in elektrischen Feld [16])
Elektrotransport s. Tab. B. 2

Absorption. Die Reaktion von Y mit N_2 zwischen 800 und 1300 °C ist extrem langsam, weil YN als Diffusionsbarriere wirkt [31].

Härte. Zunahme von 86 DPH bei 1,9 At.-% N auf 110 DPH bei 7,6 At.-% N [31]

Yttrium-Sauerstoff

Konstitution [32, 33] s. Abb. 5. Phasen: Y_2O_3 krz

Löslichkeitsgrenze [27, 33] s. Abb. 4
O in α-Y: $\log c_{max} = 2{,}17 - 1480/T$ (600—1200 °C [27])

Thermodynamische Daten
1/3 Y_2O_3 = O (in α-Y) + 2/3 α-Y: $\Delta G^0 = 6770 - 0{,}78\,T$
(600—1200 °C, b. [27])
2/3 α-Y + 1/2 O_2 = 1/3 Y_2O_3: $\Delta G^0 = -151800 + 23{,}3\,T$ (25 °C [9])

Diffusion [16, 38]
O in α-Y: $D = 1 \cdot 10^{-5}$ bis $3 \cdot 10^{-5}$ cm²/s (1200—1400 °C, Oxidation [38] und Wanderung von O im elektrischen Feld [16])
Elektrotransport s. Tab. B 2

Oxidation an Luft [35—39]. Verschiedene Formen der Kinetik wurden beobachtet: linear [39], linear/parabolisch [36], parabolisch [38] und kubisch [39]. Geringe Übereinstimmung der Daten. Fluor beeinflußt stark die Oxidation [37]. Aktivierungsenergie für den linearen Bereich 10,7 kcal/mol [35]. Temperaturabhängigkeit der parabolischen Geschwindigkeitskonstante (k_p in $mg^2 \cdot cm^{-4} \cdot h^{-1}$)
$k_p = 5{,}15\ 10^{-6} \exp(-44500/RT)$ (900—1400 °C [38])
Nach [36] beginnt die katastrophale Oxidation bereits bei 900—1000 °C.

Mechanische Eigenschaften [40, 41]. Das Verhältnis von gelöstem zu dem als Oxid ausgeschiedenen O sowie die Oxidverteilung verändern stark die Abhängigkeit der Härte vom O-Gehalt. Bei Erhöhung von 0,3 auf 2,8 At.-% O erfolgt eine Zunahme der Brinellhärte von 62 auf 100 (Gußmaterial). Nach [40] nimmt die Dehnung im Raumtemperaturzugversuch bei Erhöhung von 0,6 auf 1,4 bzw. 3,7 At.-% O von 12,6 auf 6,1% bzw. 7% ab. Nach [41] ist zwischen Y mit $<0{,}5$ At.-% O und Y mit O-Gehalten bis 2,1 At.-% O der Einfluß gering.

Ternäre Systeme

Y—Sc—H [1, 42]. Gleichgewichtsdrücke, Konstitution, Isothermer Schnitt bei 800 °C.

Y—Zr—H. Konstitution bei 25 und 700 °C. Es wird keine ternäre Phase gefunden [43]. Festigkeitsdaten für hydrierte Y-30 At.-% Zr-Legierung, 310 bis 1100 °C [1, 44].

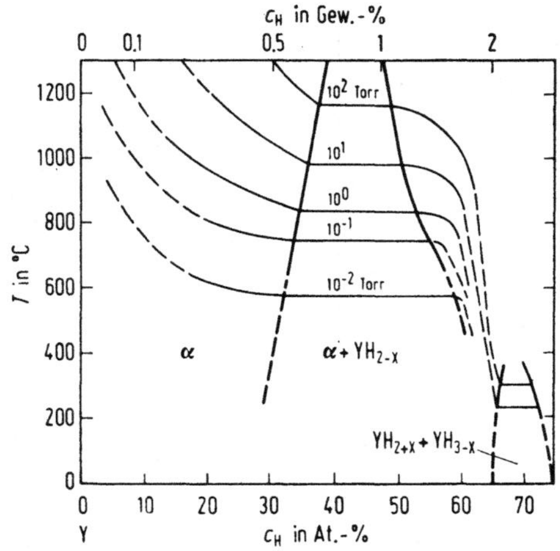

Abb. 1. System Y—H mit Isobaren [11—13].

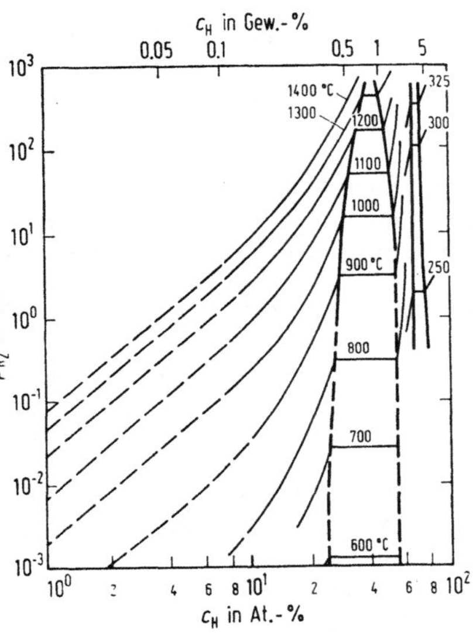

Abb. 2. (p,c)-Isothermen im System Y—H, nach [11—13].

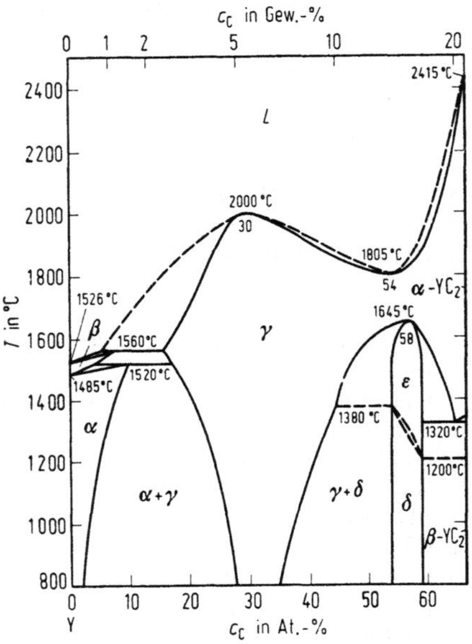

Abb. 3. System Y—C [22].

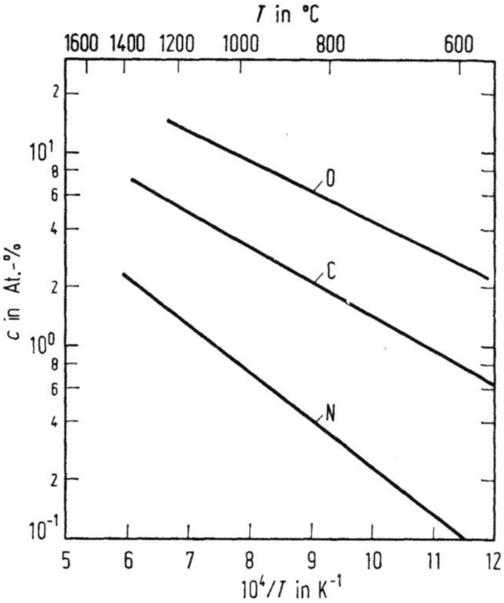

Abb 4. Löslichkeitsgrenze für C, N und O in Y [27].

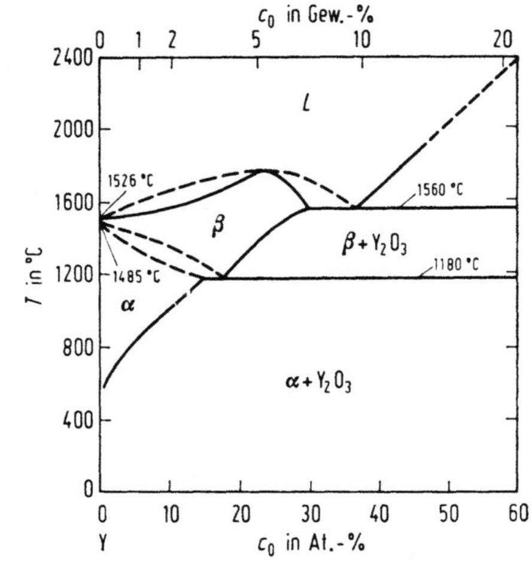

Abb. 5. System Y—O [33].

Literatur zu Scandium und Yttrium

1 Mueller, W. M.; Blackledge, J. P.; Libowitz, G. G.: Metal Hydrides, New York: Academic Press 1968.
2 Liebermann, M. L.; Wahlbeck, P. G.: J. Phys. Chem. 69 (1965) 3514.
3 Stampfer, J. F.: Rpt. LA-3473 (1966).
4 Beck, R. L.: DRI-Rpt. LAR-10 (1960).
5 McGuire, J. C.; Kempter, C. P.: J. Chem. Phys. 33 (1960) 1584.
6 Hansen, M.; Anderko, K.: Constitution of Binary Alloys, New York: McGraw-Hill 1958.
7 Elliott, R. P.: Constitution of Binary Alloys, First Supplement, New York: McGraw-Hill 1965.
8 Shunk, F. A.: Constitution of Binary Alloys, Second Supplement, New York: McGraw-Hill 1969.
9 Kubaschewski, O.; Evans, E. Ll.; Alcock, C. B.: Metallurgical Thermochemistry, 4th ed., Oxford: Pergamon 1967.
10 Kupraschvili, I. S.; Naumkin, O. P.; Savitzky, E. M.: Izv. Akad. Nauk SSSR Neorg. Materialy 5 (1969) no. 12, 2123.
11 Blackledge, J.; Lundin, C. E.: J. Electrochem. Soc. 109 (1962) 838.
12 Edwards, R. K.; Wahlbeck, G. P.; Yannopoulos, L. N.: J. Phys. Chem. 69 (1965) 2510.
13 Eigene Untersuchungen.
14 Dailer, K.; Frank, B. Z.: Z. Naturforschung 15b (1966) 58.
15 Pebler, A.; Wallace, W. E.: J. Phys. Chem. 66 (1962) 148.
16 Carlson, O. N.; Schmidt, F. A.; Peterson, D. T.: J. Less-Common Metals 10 (1966) 1.
17 Funston, E. S.: Nuclear Metallurgy 7 (1960) 53.
18 Parker, D. S.: USAEC-Rpt. APEX-558 (1960).
19 Lundin, C. E.; Klodt, D. T.: USAEC-Rpt. APEX-308 (1957).
20 Carlson, O. N.; Gibson, E. D.: Rpt. IS351 (1961) 43.
21 Chubb, W.; Keller, D. L.: USAEC-Rpt. BMI-1685 (1964).
22 Carlson, O. N.; Paulson, W. M.: Trans. AIME 242 (1968) 846.
23 Spedding, F. H. et al.: J. Amer. Chem. Soc. 80 (1958) 4499.
24 Dean, G. et al.: Compt. Rend. 259 (1964) 2442.
25 Bachella, G. L. et al.: Bull. Soc. Franc. Mineral. Crist. 89 (1966) 226.
26 Paulson, W. M.: USAEC-Rpt. IS-T-193 (1967).

27 Carlson, O. N.; Lichtenberg, R. R.; Warner, J. C.: J. Less-Common Met. 35 (1974) 275.
28 Spedding, F. H.; Daane, A. H.: The Rare Earths, New York: Wiley 1961, S. 258.
29 Kemper, C. P. et al.: J. Phys. Chem. 61 (1957) 1237.
30 Carlson, O. N.; Warner, J. C.: Rpt. IS-1500 (1966).
31 Rpt. APEX-360 (1958).
32 Carlson, O. N.; Mc Mullen, W. D.; Gibson, E. D.: USAEC-Rpt. IS-351 (1961) 26.
33 Tucker, R. C.; Carlson, O. N.: USAEC-Rpt. IS-812 (1964).
34 Landin, N. A.: Zhur. Neorg. Khim 16 (1971) no. 2, 519.
35 Love, B.: USAEC-Rpt. WADD-TR 61 (1961).
36 Carlson, O. N.; Schmidt, F. A.; Wells, R. L.: Rpt. IS-115 (1960).
37 Carlson, O. N.; Haefling, J. A.: Rpt. IS-351 (1961) 124.
38 Borchardt, J. H.: J. Inorg. Nucl. Chem. 26 (1964) 711.
39 Greene, N. D.; Hodge, F. G.: Corrosion 22 (1966) 206.
40 Simmons, C. R. In [28] 439.
41 Carlson, O. N. et al.: ASTM-Special Techn. Publ. Nr. 272 (1960) 144.
42 Liebermann, M. L. et al.: J. Phys. Chem. 69 (1965) 3973.
43 Sherbak, V. I.: Zhur. Neorg. Khim 17 (1972) no. 4, 1156.
44 Parker, D. S.; Huffine, C. L.: USAEC Rpt. APEX-562 (1960).

Seltene Erdmetalle

(Abb. S. 377, Lit. S. 378)

W. Dietz

Über die Löslichkeit von Gasen und Kohlenstoff in den Seltenen Erdmetallen liegen nur für einige Wasserstoffsysteme exakte Daten vor. Weitere Untersuchungen in diesen Systemen befassen sich vorwiegend mit Verbindungen. Um die Darstellung zu straffen, werden in diesem Kapitel die 14 Elemente gemeinsam besprochen und nur die Systeme Lanthan-Wasserstoff und Cer-Wasserstoff nach dem üblichen Schema geordnet. Die wichtigsten Angaben für die restlichen Systeme werden in Tabellen zusammengefaßt. Auf die Wiedergabe der z. T. vorhandenen Zustandsdiagramme wird hier unter Hinweis auf die entsprechenden Original- oder Übersichtsarbeiten ausnahmsweise verzichtet.

Wasserstoff-Systeme

Die Untersuchungen befassen sich fast ausschließlich mit den Hydriden. Das Aussehen der (T,c)-Zustandsschaubilder der leichten Seltenen Erdmetalle La, Ce, Pr und Nd unterscheidet sich von dem der schweren Seltenen Erdmetalle Sm, Eu, Gd, Tb, Dy, Ho, Er, Tm, Yb und Lu. Dies ist schematisch in Abb. 1 und 2 gezeigt. Im einzelnen werden folgende Daten angegeben:

Lanthan-Wasserstoff

Konstitution [1—5] s. Abb. 3. Phasen: α-La hex.; β-La kfz; γ-La krz, Up. 310 und 864 °C, Smp. 920 °C; LaH_x $(2 < x < 3)$ kfz

Löslichkeit
H in β-La: $\log c = 1/2 \log p - 3{,}0 + 4170/T$ (300–750 °C, b. [1, 4])
Löslichkeitsgrenze
H in β-La: $\log c_{max} = 2{,}4 - 1260/T$ (300–750 °C [4])
Zersetzungsdruck von LaH_x [1, 3]
$\log p_{H_2} = 10{,}8 - 10860/T$ (300–750 °C [1])
Thermodynamische Daten [1, 2, 4]
$1/2\ H_2 = H(\text{in } \beta\text{-La})$: $\Delta G^0 = -19100 + 16{,}3\ T$ (300–750 °C, b. [1, 4])
$1/x\ \beta\text{-La} + 1/2\ H_2 = 1/x\ LaH_x$: $\Delta G^0 = -24840 + 18{,}1\ T$ (500–800°C, [4])

Cer-Wasserstoff

Konstitution [1, 6] s. Abb. 4. Phasen [1, 7, 18–20]: γ-Ce kfz; δ-Ce krz, Up. γ–δ 725 °C, Smp. 797 °C; Tieftemperaturmodifikationen α-Ce kfz, β-Ce hdP, Up. α–β –178 °C, β–γ –10 °C; CeH_x (x = 1,9–3,0) kfz
Löslichkeit
H in γ-Ce: $\log c = 1/2 \log p - 2{,}6 + 3900/T$ (500–700°C, b. [6])
Löslichkeitsgrenze
H in γ-Ce: $\log c_{max} = 2{,}8 - 1560/T$ (550–700 °C, b. [6])
Zersetzungsdruck von CeH_x [1, 3, 6, 7]
$\log p_{H_2} = 10{,}8 - 10920/T$ (500–750°C [6])
Thermodynamische Daten [1, 3, 6, 7]
$1/2\ H_2 = H\ (\text{in } \gamma\text{-Ce})$: $\Delta G^0 = -17800 + 14{,}4\ T$ (500–800 °C [6])
$1/x\ \gamma\text{-Ce} + 1/2\ H_2 = 1/x\ CeH_x$: $\Delta G^0 = -24970 + 18{,}1\ T$ (300–750 °C [6])

Weitere Wasserstoff-Systeme. Tabelle 1 enhält Angaben über die *Phasen*, den *Zersetzungsdruck* der Dihydride und die *Löslichkeitsgrenze*. Die ΔG^0-Werte der Reaktion
$1/x\ Me + 1/2\ H_2 = 1/x\ MeH_x$
lassen sich aus den angegebenen Beziehungen $\log p_{H_2} = A + B/T$ berechnen über $\Delta G^0 = 2{,}287\ ((A - 2{,}88)\ T + B)$. Abschätzung der Löslichkeit aus der Sättigungskonzentration und dem Zersetzungsdruck von MeH_x s. Kap. A V.
Eigenschaftsänderungen. Einfluß von H auf die Gitterparameter von Gd, Tb, Dy, Ho, Er, Tm, Lu, (Y, Sc). Der Gitterparameter gesättigter Proben nimmt in der Reihenfolge Gd–Lu zu, sehr große Werte für Tm und Lu [17].

Kohlenstoff-Systeme

Angaben zur Konstitution, wie sie [18–20] entnommen werden, sind in Tab. 2 zusammengestellt. Elektrotransport von C in Lu s. Tab. B 2.

Stickstoff-Systeme

Nach [18–20] existiert jeweils ein Mononitrid MeN, kfz, NaCl-Typ.; Smp: GdN 2500 °C; Curiepunkt: TbN 43 K; ΔH^0_{298}: LaN 71,5; CeN 78 kcal/mol. Elektrotransport von N in Lu s. Tab. B. 2.

Sauerstoff-Systeme

Angaben zur Konstitution [18—20] und thermodynamische Daten [21] finden sich in Tab. 2. Diskussion der Stabilität niederer Oxide, insbesondere EuO, SmO und YbO [24]. Sorgfältige Untersuchungen der (p,T,c)-Diagramme im Bereich der Phasen $PrO_{1,5}$ bis PrO_2 [25], $TbO_{1,5}$ bis $TbO_{1,85}$ [30], Übersicht über Oxide [29]. Elektrotransport von O in Lu s. Tab. B. 2.

Ternäre Systeme

Ce—C—O. Konstitution, isothermer Schnitt bei 1150—1600 °C [26]

Ce—O—N. Konstitution, Oxinitrid $CeN_{0,55}O_{0,68}$ nachgewiesen [27].

La—Ca—H. H_2-Gleichgewichtsdrücke über ternären Legierungen mit La/Ca $> 0,5$ im Bereich $(La + Ca)H_{2,2-2,6}$ [28].

Tabelle 1. Daten über Wasserstoff-Systeme der Seltenen Erdmetalle.

Seltene Erdmetalle	Phasen [2, 11, 12]	Zersetzungsdruck MeH_x [2] $\log p_{H_2}$ (Torr)	Löslichkeitsgrenze	Weitere Literaturhinweise
Pr	α hex.; β krz 795—931 °C; PrH_x (x = 2—3) kfz	$10{,}526 - 10870/T$ [2] $10{,}229 - 10446/T$ [1] (600—800 °C)	850 °C: ~33 At.-% [2] 650 °C: ~16,5 At.-% [2]	
Nd	α hex.; β krz 862—1024 °C; NdH_x (x = 2—3) kfz	$10{,}482 - 11031/T$ [2] $9{,}370 - 9796/T$ [1] (600—800 °C)	$\log c_{max} = 2{,}5 - 1265/T$ (300—680 °C) [9]	(T,c)-Diagramm 400—1200 °C [9]
Sm	α rhomboed.; β krz 917—1072 °C; SmH_2 kfz; SmH_3 hex.	$11{,}4 - 11700/T$ [8] $8{,}616 - 9393/T$ [10] (600—800 °C)		
Eu	α krz, Smp. 826 °C; EuH_2 orthorhomb.			
Gd	α hex.; β krz 1264—1312 °C; GdH_2 kfz; GdH_3 hex.	$9{,}72 - 10250/T$ [13] $9{,}426 - 9871/T$ [10] (600—800 °C)	800 °C: 30 At.-% [2] 650 °C: 25 At.-% [2]	[16]
Tb	α hex.; β krz 1287—1356 °C; TbH_2 kfz; TbH_3 hex.	$10{,}28 - 11320/T$ [14]		
Dy	α hex.; β krz 1384—1407 °C; DyH_2 kfz, DyH_3 hex.	$11{,}16 - 12120/T$ [14]		
Ho	α hex.; β krz 1428—1461 °C; HoH_2 kfz; HoH_3 hex.	$11{,}4 - 12110/T$ [14]		
Er	α hex.; β krz 1370—1497 °C; ErH_2 kfz; ErH_3 hex.	$10{,}57 - 11500/T$ [15] (600—950 °C)	$\log c_{max} = 1{,}66 - 155/T$	$\sqrt{p}$-Gesetz bis 40 At.-% erfüllt [15]

Tabelle 1 (Fortsetzung)

Seltene Erdmetalle	Phasen [2, 11, 12]	Zersetzungsdruck MeH_x [2] log p_{H_2} (Torr)	Löslichkeitsgrenze	Weitere Literaturhinweise
Tm	α hex.; (β krz), Smp. 1545 °C; TmH_2 kfz; TmH_3 hex.	10,82 — 11750/T [14]		
Yb	α kfz; β krz 798—824 °C; YbH_2 orthorhomb.; YbH_2 kub.			Weitere Hydridphase $YbH_{2,55}$ [2]
Lu	α hex.; (β krz), Smp. 1652 °C; LuH_2 kfz; LuH_3 hex.	10,20 — 10730/T [14]		Umwandlung der α-Phase [31]

Tabelle 2. Daten über Kohlenstoff- und Sauerstoff-Systeme der Seltenen Erdmetalle [18—21].

Seltene Erdmetalle	Kohlenstoff: Phasen, Struktur	Kohlenstoff: Schmelzpunkt (°C)	Sauerstoff: Phasen	Sauerstoff: Struktur	Sauerstoff: Schmelzpunkt (°C)	ΔH^0_{298} kcal/mol	S^0_{298} cal/molK
La	La_2C_3 krz, U_2C_3-Typ	1415	LaO	kfz, NaCl-Typ			
	δ-LaC_2 tetr.rz		La_2O_3	A: hex.	2350	430,5	30,6
	ε-LaC_2 kub., FeS_2-Typ	2356		C: krz, Mn_2O_3-Typ			
Ce	Ce_2C_3 krz	> 1700	CeO	kfz, NaCl-Typ			
	CeC_2 tetr.rz, CaC_2-Typ	2300	Ce_2O_3	A: hex.		434,9	36,0
				C: krz, Mn_2O_3-Typ			
				β, γ, δ-Ce_2O_3 rhomboed.			
			CeO_2	kfz, CaF_2-Typ	> 2600	260,2	14,0
Pr	Pr_2C_3 krz, U_2C_3-Typ,	evtl. nicht stabil	Pr_2O_3	A: hex., La_2O_3-Typ	1400	436,8	
				C: krz, Mn_2O_3-Typ			
	PrC_2 tetr.rz, CaC_2-Typ	2535	$PrO_{1.714}$ $PrO_{1.778}$ $PrO_{1.800}$ $PrO_{1.818}$	krz, Mn_2O_3-Typ	450—1050	224	
			Pr_6O_{11}($PrO_{1.833}$)	kub.		227,7	
			PrO_2	kfz, CaF_2-Typ		240	
Nd	Nd_2C_3 krz, U_2C_3-Typ		NdO	kfz, NaCl-Typ	1800		
	NdC_2 tetr.fz, CaC_2-Typ	> 2000	Nd_2O_3	A: hex., La_2O_3-Typ	2272	432,1	
				B: monoklin			
				C: krz, Mn_2O_3-Typ			
Pm	—		Pm_2O_3	krz, Mn_2O_3-Typ			
Sm	Sm_3C kfz, Fe_4N-Typ		$SmO_{0,4}$	kfz, ZnS-Typ			
	Sm_2C_3 krz, U_2C_3-Typ		SmO	kfz, NaCl-Typ			
	SmC_2 tetr.rz, CaC_2-Typ	> 2200	Sm_2O_3	B: monoklin	2350	433,9	36,1
				C: krz, Mn_2O_3-Typ			

Tabelle 2 (Fortsetzung)

Seltene Erdmetalle	Kohlenstoff: Phasen, Struktur	Kohlenstoff: Schmelzpunkt (°C)	Sauerstoff: Phasen	Sauerstoff: Struktur	Sauerstoff: Schmelzpunkt (°C)	ΔH^0_{298} kcal/mol	S^0_{298} cal/molK
Eu	$EuC_{1.87\pm0.5}$ tetr.rz, CaC_2-Typ		EuO	kfz, NaCl-Typ			
			$Eu_{16}O_{21}$				
			Eu_3O_4	orthorhomb.			
			Eu_2O_3	B: monoklin	2050	393,9	
				C: krz, Mn_2O_3-Typ			
Gd	Gd_2C rhomboed.		Gd_2O	A: hex.	2350	443,0	36,0
	Gd_3C kfz, Fe_4N-Typ			B: monoklin			
	Gd_2C_3 krz, U_2C_3-Typ			C: krz, Mn_2O_3-Typ			
	GdC_2 tetr.rz, CaC_2-Typ		GdO				
Tb	Tb_3C kfz, Fe_4N-Typ		Tb_2O_3	B: monoklin	2387	436,8	
	Tb_2C_3 krz, U_2C_3-Typ			C: krz, Mn_2O_3-Typ			
	TbC_2 tetr.rz, CaC_2-Typ		$TbO_{1.715}$	rhomboed. } O_2-Drücke		223,3	
			$TbO_{1.81}$	triklin } z. T.		226,4	
			$TbO_{1.83}$	rhomboed. } >1 atm [30]			
Dy	Dy_3C kfz, Fe_4N-Typ		Dy_2O_3	B: monoklin	2340	445,2 [23]	
	Dy_2C_3 krz, U_2C_3-Typ			C: krz, Mn_2O_3-Typ	2150		
	DyC_2 tetr.rz, CaC_2-Typ						
Ho	Ho_2C rhomboed.		Ho_2O_3	B: monoklin (abgeschreckt			
	Ho_3C kfz, Fe_4N-Typ			25 kbar/1000 °C)			
	Ho_2C_3 krz, U_2C_3-Typ und			C: krz, Mn_2O_3-Typ	2350	449,6	37,8
	Y_2C_3-Typ						
	HoC_2 tetr.rz, CaC_2-Typ						
Er	Er_2C rhomboed.		Er_2O_3	B: monoklin (abgeschreckt			
	Er_3C kfz, Fe_4N-Typ			30 kbar/1020 °C)			
	Er_2C_3 Y_2C_3-Typ			C: krz, Mn_2O_3-Typ		453,6	36,6
	ErC_2 tetr.rz, CaC_2-Typ						

Tabelle 2 (Fortsetzung)

Seltene Erdmetalle	Kohlenstoff		Sauerstoff				
	Phasen, Struktur	Schmelzpunkt (°C)	Phasen	Struktur	Schmelzpunkt (°C)	ΔH^0_{298} kcal/mol	S^0_{298} cal/molK
Tm	Tm_3C kfz, Fe_4N-Typ Tm_2C_3 Y_2C_3-Typ TmC_2 tetr.rz, CaC_2-Typ		Tm_2O_3	B: monoklin (abgeschreckt 40 kbar/1005 °C) C: krz, Mn_2O_3-Typ	2400		
Yb	Yb_3C kfz, Fe_4N-Typ s. auch [22] Yb_2C_3 YbC_2 tetr.rz, CaC_2-Typ, zersetzt sich für $p < 10^{-4}$ Torr ab 800 °C		YbO Yb_2O_3	A: kfz, NaCl-Typ B: monoklin (abgeschreckt 40 kbar/1000 °C) C: krz, Mn_2O_3-Typ	> 2500		
Lu	Lu_3C kfz, Fe_4N-Typ Lu_2C_3 Y_2C_3-Typ LuC_2 tetr.rz, CaC_2-Typ		Lu_2O_3	B: monoklin, Sm_2O_3-Typ (abgeschreckt 40 kbar/1000 °C) C: krz, Mn_2O_3-Typ	2410		

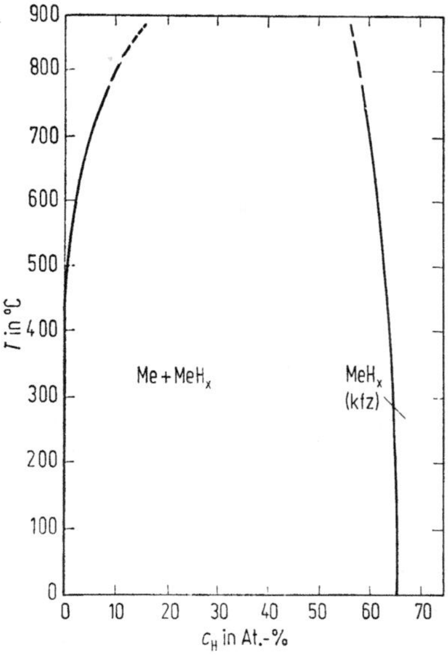

Abb. 1. Schematisches (T,c)-Diagramm der H-Systeme von La, Ce, Pr und Nd, nach [8].

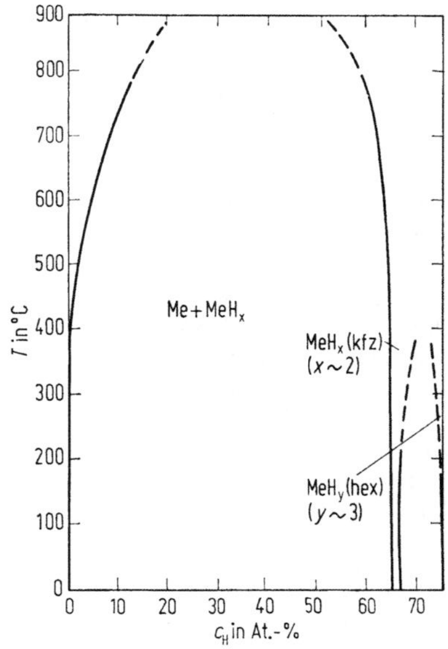

Abb. 2. Schematisches (T,c)-Diagramm der H-Systeme von Sm, Gd, Dy, Er, Tb, Ho, Tm und Lu, nach [8].

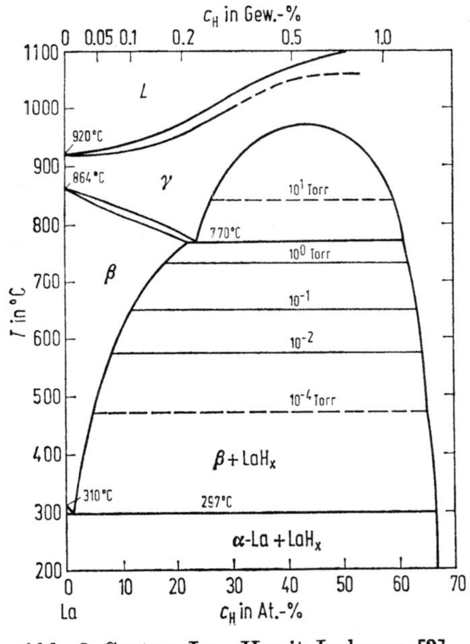

Abb. 3. System La—H mit Isobaren [3].

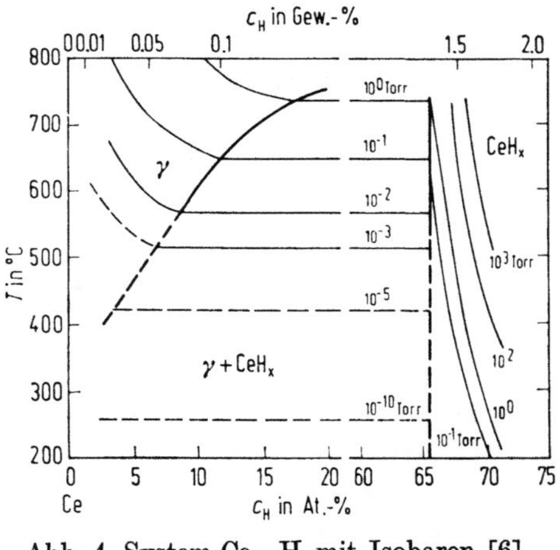

Abb. 4. System Ce—H mit Isobaren [6].

Literatur zu Seltene Erdmetalle

1 Mulford, R. N. R.; Holley, C. E.: J. Phys. Chem. 59 (1955) 1222.
2 Mueller, W. M.; Blackledge, J. P.; Libowitz, G. G.: Metal Hydrides, New York: Academic Press 1968.
3 Korst, W. L.; Warf, J. C.: Inorg. Chem. 5 (1966) 1719.
4 Peterson, D. T.; Straatmann, J. A.: J. Phys. Chem. 70 (1966) 2980.
5 Hardcastle, K. I.; Warf, J. C.: Inorg. Chem. 4 (1966) 1728.
6 Lundin, C. E.: Trans. AIME 236 (1966) 978.
7 Streck, R.; Dialer, K.: Z. anorg. u. allg. Chem. 306 (1960) 141.
8 Mulford, R. N. R.: USAEC-Rpt. AECU-3813.
9 Peterson, D. T. et al.: J. Less-Common Metals 23 (1971) 183.
10 Jones, P. M. S.; Aslett, T.: AWRE-Rpt. 0-31/66 (1966).
11 Gschneidner, K. A.: Rare Earth Alloys, Princetown: D. van Nostrand Comp. 1961, S. 13.
12 Spedding, F. H.; Daane, A. H.: The Rare Earths, New York: Wiley 1961, S. 182.
13 Sturdy, G. E.; Mulford, R. N. R.: J. Amer. Chem. Soc. 78 (1956) 1084.
14 Jones, P. M. et al.: AWRE-Rpt. 0-22/64 (1964).
15 Lundin, C. E.: Trans. AIME 242 (1968) 903.
16 Libowitz, G. G.; Pack, J. G.: J. Phys. Chem. 73 (1969) 2352.
17 Spedding, F. H.; Beandry, B. J.: J. Less-Common Metals 25 (1971) 61.
18 Hansen, M.; Anderko, K.: Constitution of Binary Alloys, New York: McGraw-Hill 1958.
19 Elliott, R. P.: Constitution of Binary Alloys, First Supplement, New York: McGraw-Hill 1965.
20 Shunk, F. A.: Constitution of Binary Alloys, Second Supplement, New York: McGraw-Hill 1969.
21 Kubaschewski, O.; Evans, E. Ll.; Alcock, C. B.: Metallurgical Thermochemistry 4th ed. Oxford: Pergamon Press 1967.
22 Haschke, J. M.; Eick, H. A.: J. Amer. Chem. Soc. 92 (1970) 1526.
23 Huber, E. J. et al.: J. Chem. Thermodynamics 3 (1971) 643.
24 McCathy, G. J.; White, W. B.: J. Less-Common Metals 22 (1970) 409.
25 Hyde, B. G. et al.: Proc. Roy. Soc. A 259 (1966) 583.
26 Clark, N. J.; Mc Colm, I. J.: J. Inorg. Nucl. Chem. 34 (1972) 117.
27 Manske, K. J.: Dissertation, Michigan State University, East Lansing/Mich. USA 1969.
28 Messer, C. E. et al.: J. Less-Common Metals 27 (1972) 371.
29 Eyring, L. In A. M. Alper: High Temperature Oxides, Pt. II, New York: Academic Press 1970.
30 Hyde, B. G.; Eyring, L. In L. Eyring (ed.): Rare Earth Research III, New York: Gordon and Breach 1965.
31 Daou, J. N.; Bonnet, J.: Compt. Rend. 269 (1969) 368.

Actiniden

Von den Actiniden werden nur Actinium, Thorium, Protactinium und Uran in der Natur gefunden, wobei Actinium und Protactinium in kaum nachweisbaren Mengen auftreten. Von den künstlich hergestellten Actiniden Neptunium (Ordnungszahl 93) bis Lawrencium (Ordnungszahl 103) steht lediglich Plutonium in größeren Mengen zur Verfügung und spielt in der Kerntechnik eine wichtige Rolle. Deshalb werden in diesem Kapitel nur die Uran-, Thorium- und Plutonium-Systeme ausführlicher behandelt. Für die restlichen Metalle dieser Gruppe werden verfügbare Daten in einer gemeinsamen Darstellung zusammengefaßt.

Uran

(Abb. S. 382, Lit. S. 385)

E. Gebhardt und R. Rothenbacher

Die Löslichkeit von Gasen und Kohlenstoff in festem Uran ist verhältnismäßig gering ($<0{,}5$ At.-%), ausgenommen bei hohen Wasserstoffdrücken. Da Uran praktisch nur im Reaktorbau und auch dort hauptsächlich nur als Verbindungen wie z. B. UO_2, UC, UN verwendet wird, liegen bisher nur wenige und zum Teil widersprüchliche Angaben über Gase und Kohlenstoff in Uran vor [1—6].

Uran-Wasserstoff

Konstitution [1—10] s. Abb. 1. Phasen: α-U orthorh., β-U tetr., γ-U krz; β-UH_3 kub., β-W-Typ, $> -40\,°C$; α-UH_3 kub., $< -40\,°C$, evtl. metastabil.

Löslichkeit [7, 11] s. Abb. 2—4. Für $c < 1$ At.-% H gilt nach [7]

H in α-U: $\log c = 1/2 \log p - 2{,}31 - 388/T$ ($<668\,°C$)

H in β-U: $\log c = 1/2 \log p - 1{,}22 - 892/T$ (667—775 °C)

H in γ-U: $\log c = 1/2 \log p - 1{,}68 - 227/T$ (775—1132 °C)

H in U(l): $\log c = 1/2 \log p - 1{,}20 - 587/T$ ($>1132\,°C$)

Für $c > 10$ At.-% H und $T > 400\,°C$ wird anstelle des $\sqrt{p}$-Gesetzes nach [8] näherungsweise $c \sim p^2$ gefunden. Die Ergebnisse von [7] und [8] scheinen widersprüchlich zu sein (s. Abb. 2).

Löslichkeitsgrenze [8] s. Abb. 1

Zersetzungsdruck von UH_3

UH_3—α-U: $\log p_{H_2} = 9{,}39 - 4590/T$ (300—600 °C [7])

UH_3—α-U: $\log p_{H_2} = 8{,}93 - 4200/T$ (570—660 °C [8])

UH_3—β-U: $\log p_{H_2} = 7{,}88 - 3250/T$ (660—750 °C [8])

UH_3—γ-U: $\log p_{H_2} = 5{,}98 - 1290/T$ (750—820 °C [8])

Thermodynamische Daten. Die Lösungswärme ist nach [8] zwischen 5 und 30 At.-% ca. -10 kcal/$^1/_2$ mol H_2. Dagegen errechnet sich nach [7] unterhalb von 0,5 At.-% ΔH zu $+1{,}05$ bis $+4{,}02$ kcal/$^1/_2$ mol H_2. Obwohl ein Übergang von einer endothermen zu einer exothermen Lösungsreaktion nicht prinzipiell auszuschließen ist, erscheinen diese beiden Ergebnisse widersprüchlich.

Diffusion

H in α-U: $D = 1{,}95 \cdot 10^{-2} \exp(-11070/RT)$ (450— 650 °C [7, 9])

H in β-U: $D = 3{,}3 \cdot 10^{-4} \exp(-3600/RT)$ (660— 750 °C [9])

H in γ-U: $D = 1{,}5 \cdot 10^{-3} \exp(-11400/RT)$ (750—1000 °C [9])

Absorption [6, 9, 12]. Lineares Zeitgesetz, maximale Geschwindigkeit bei 250 °C, darüber Abnahme s. Abb. 5. Nach [12] gilt zwischen 95 und 250 °C (v in mg $\cdot$ cm$^{-2} \cdot$ h^{-1})

$v = 1{,}3 \cdot p^{0{,}75} \exp(-1820/RT)$

Unterhalb von 100 °C gilt nach [13]

$$v = \frac{6{,}1 \cdot 10^4 \cdot p_{H_2} \cdot \exp(-15700/RT)}{3 \cdot 10^4 \exp(-9700/RT) + 6{,}3 \cdot p_{H_2} \cdot \exp(-600/RT)}$$

Oberhalb von 250 °C ist $v \sim (p - p_0)^{2,5}$ mit $p_0 = H_2$-Gleichgewichtsdruck [9]. Für D_2 ist die Absorptionsgeschwindigkeit etwas kleiner [9].

Entgasung. Nach [7] zwischen 400 und 700 °C diffusionskontrolliert.

Mechanische Eigenschaften [9, 14]. Der Übergang duktil-spröd wird durch Glühen bei 600 °C in H_2 zu höheren Temperaturen hin verschoben (von 0 °C auf etwa 50 °C). Bruchdehnung δ und Zugfestigkeit σ_B nehmen mit steigendem H-Gehalt zunächst ab und dann wieder leicht zu. Der Einfluß der Versuchsbedingungen ist größer als der des H-Gehaltes [14, 15] s. Abb. 6.

Uran-Kohlenstoff

Konstitution [2, 16—21] s. Abb. 7. Phasen [16, 20]: UC kfz, NaCl-Typ, > 1780 °C; U_2C_3 krz, < 1780 °C; α-UC_2 tetr. rz, CaC_2-Typ, 1514—1765 °C; β-UC_2 kfz, FeS_2-Typ, 1765—2450 °C.

Löslichkeitsgrenze s. Abb. 4

C in α-U: $c < 0{,}006$ At.-% (< 3 ppm [18])

C in β-U: $c < 0{,}020$ At.-% (<10 ppm [18])

C in U(l): $\log c = 2.87 - 4000/T$ (1117—1400 °C [18])

Thermodynamische Daten [17—19, 22, 23]

UC = C (in U(l)) + U(l): $\Delta G^0 = 18300 - 4{,}0\,T$ (1117—1400 °C (18])

U(s) + C = UC: $\Delta G^0 = -21600 - 1{,}5\,T$ (25—1117 °C [23])

U(l) + C = UC: $\Delta G^0 = -24600 + 1{,}2\,T$ (1117—2500 °C [23])

Diffusion. Hinweise auf C-Diffusion in U-Schmelzen bei [18].

Uran-Stickstoff

Konstitution [2, 24, 58] s. Abb. 8. Phasen: UN kfz, NaCl-Typ; α-U_2N_3 krz, Mn_2O_3-Typ, < 1130 °C; β-U_2N_3 hex., La_2O_3-Typ, > 1130 °C; UN_2 kfz, CaF_2-Typ, wahrscheinlich N-reiche Seite der U_2N_3-Phase [24].

Löslichkeitsgrenze [58]

N in α-, β-, γ-U: $c_{max} < 0{,}017$ At.-% (10 ppm) [2]

N in U(l): $\log c_{max} = 4{,}41 - 8480/T$ (1250—2800 °C [58])

Zersetzungsdruck von UN [24—26] s. Abb. 8

UN—U(s): $\log p_{N_2} = 11{,}2 - 30500/T$ (25—1130 °C [24])

UN—U(l): $\log p_{N_2} = 12{,}7 - 31980/T$ (1250—2250 °C [58])

Zersetzungsdrücke für U_2N_3 [24, 54, 58], (p,c)-Isothermen für α-U_2N_3 [58]

Thermodynamische Daten [23, 24, 26, 58]

UN = N (in U(l)) + U(l): $\Delta G^0 = 38790 - 11\,T$ (1250—2800 °C, b. [58])

U(s) + 1/2 N_2 = UN: $\Delta G^0 = -70000 + 20{,}5\,T$ (25—1130 °C [23])

U(l) + 1/2 N_2 = UN: $\Delta G^0 = -71200 + 21{,}5\,T$ (1130—1700 °C [23])

Absorption [28] s. Abb. 5. In einer N_2-Atmosphäre (550—900 °C, 1 atm) bilden sich Nitridschichten (UN, U_2N_3, UN_2). Das Schichtwachstum erfolgt im wesent-

lichen nach einem parabolischen Zeitgesetz mit den Geschwindigkeitskonstanten (k_p in $mg^2\ cm^{-4}\ h^{-1}$)
$k_p = 1{,}4 \cdot 10^6 \cdot \exp(-25500/RT)$ (550—750 °C)
$k_p = 1{,}7 \cdot 10^4 \cdot \exp(-15100/RT)$ (775—900 °C)

Uran-Sauerstoff

Konstitution [2, 19, 20, 29—32, 48] s. Abb. 9. Phasen: Insgesamt werden nach [29] 23 verschiedene Oxid-Phasen angegeben. Sicher identifizierte Phasen sind: UO_2 kfz, CaF_2-Typ; α-U_3O_8 hex.; α-UO_3 orthorh.; wahrscheinlich stabile Phasen sind: UO kfz, NaCl-Typ; U_4O_9 kfz; α-U_3O_7 tetr.fz.; U_2O_5 orthorh.

Löslichkeitsgrenze. Angenäherte Werte [2, 20] s. Abb. 4 und 9. Auf eine sehr geringe O-Löslichkeit in α-U unterhalb von 400 °C wird aus der Oxidationskinetik geschlossen [27].
O in U(l): $\log c_{max} = 4{,}3 - 10200/T$ (1700—2400 °C [48])

Gleichgewichtsdruck [19, 30, 31, 32] s. Abb. 9. Für $c < 66$ At.-% O, $T < 1400$ °C ist in U(l) und U(s) $p_{O_2} \ll 10^{-6}$ Torr.

Thermodynamische Daten [19, 23, 31—33]
1/2 UO_2 = O(in U(l)) + 1/2 U(l): $\Delta G^0 = 46600 - 10{,}5\,T$ (1700—2400 °C, b. [48])
1/2 U(s) + 1/2 O_2 = 1/2 UO_2: $\Delta G^\circ = -129000 + 20T$ (25 — 1132 °C [23])
1/2 U(l) + 1/2 O_2 = 1/2 UO_2: $\Delta G^0 = -129350 + 20{,}5\,T$ (1132—1700 °C [23])

Absorption [29, 34—36] s. Abb. 5. In Luft und O_2 zwischen 200 und 600 °C etwa lineares Zeitgesetz [36]. Ausbildung von Oberflächenoxidschichten (10^{-3} Torr O_2, 200—400 °C, 10 min) [27].

Elektrischer Widerstand bei Oxidbildung während Begasung von Drähten [27] und Aufdampfschichten s. [25, 37].

Mechanische Eigenschaften. Die Festigkeit wird unterhalb von R.T. durch Wasserdampf herabgesetzt [39]. Das Kriechverhalten wird durch Oberflächenoxide und Korngröße beeinflußt [38].

Ternäre Systeme

U—C—N. Konstitution, vorwiegend im Bereich der Phasen UN, UC, UC_xN_{1-x} [22, 42—44]. Einfluß von W auf Stabilität von Karbonitriden [51].

U—C—O. Konstitution für $c_U > 40$ At.-% bei 1400 und 1600 °C [40].
Thermochemische Analyse des Systems U—C—O [19, 40].
Oxidation von U in CO und CO_2, es entsteht UO_2 und zum Teil C [41].

U—N—O. Konstitution im Gebiet U—UN—UO_2 und UO_2—UN—N_2 (45].

U—Nb—H. Gleichgewichte in U—22 At.-% Nb und U—95,8 At.-% Nb, 250 bis 500 °C, 1—760 Torr [56].

U—Me—C. Ternäre Karbide, Me = Ru, Os, Rh, Ir, Pt [57].

U—Pu—W—C. Konstitution, Phasen, 1400—1700 °C [50].

U—Ru—C. Konstitution, Thermochemische Analyse [52].

U—Zr—C. Konstitution, (U,Zr)C-Phase [53].

U—Me—N. Thermochemische Analyse, Me = Pu, Th, Y, La, Ce, Pr, Nd, Ti, Zr, Hf, V, Nb, Ta, Cr, Mo, W [55].

U—Y—N/U—La—N/U—Pr—N. Konstitution hinsichtlich der Mischbarkeit der Nitridphasen (U,Y)N, (U,La)N, (U,Pr)N [46].

U—Nb—Zr—O. Oxidation von U—Nb—Zr-Legierungen, 500—1000 °C [49].

U-Systeme mit Al, Fe, Mn, Si, Zr. Oxidationsbeständigkeit intermetallischer Phasen und Legierungen auf quasibinären Schnitten bei 400—700 °C an Luft [47].

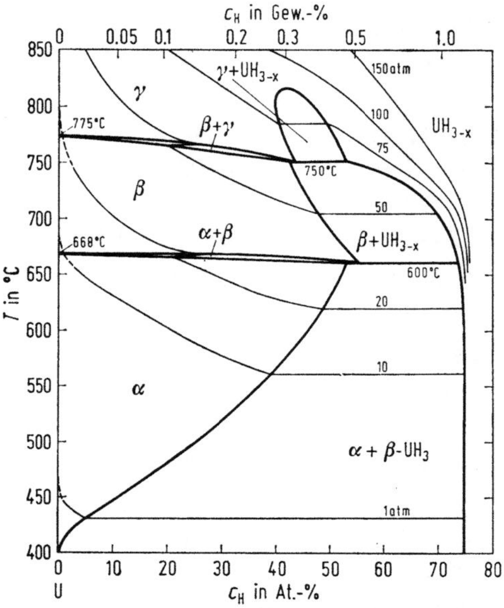

Abb. 1. System U—H mit Isobaren [8].

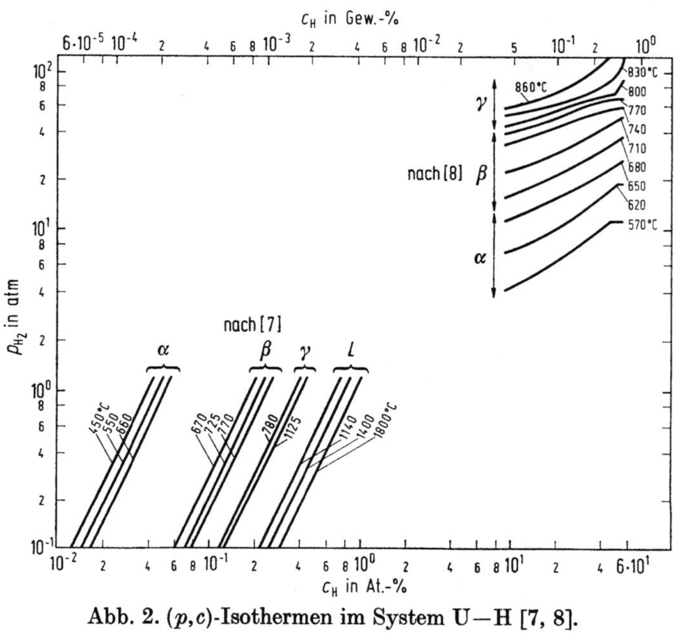

Abb. 2. (p,c)-Isothermen im System U—H [7, 8].

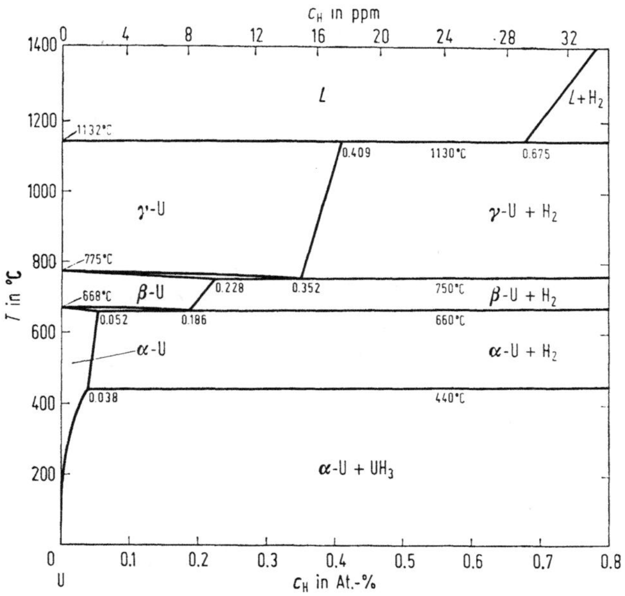

Abb. 3. Isobarer Schnitt im System U—H für $p = 1$ atm H_2 [1, 13].

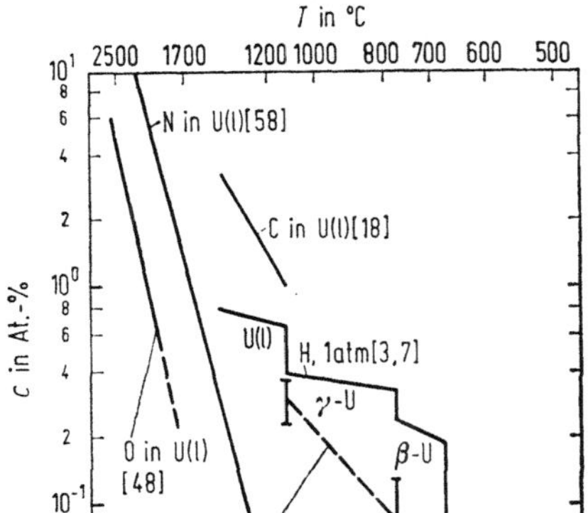

Abb. 4

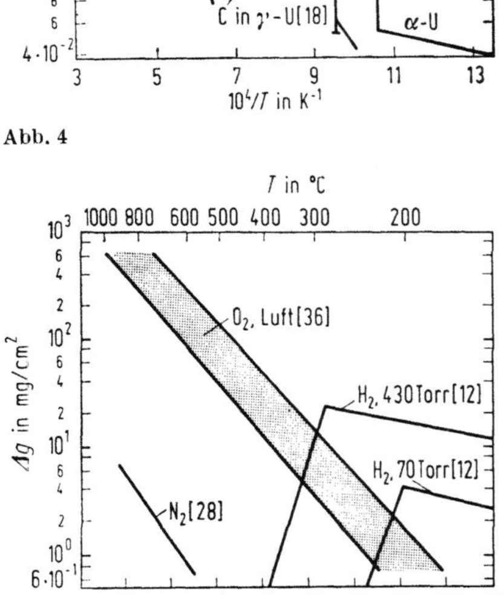

Abb. 5

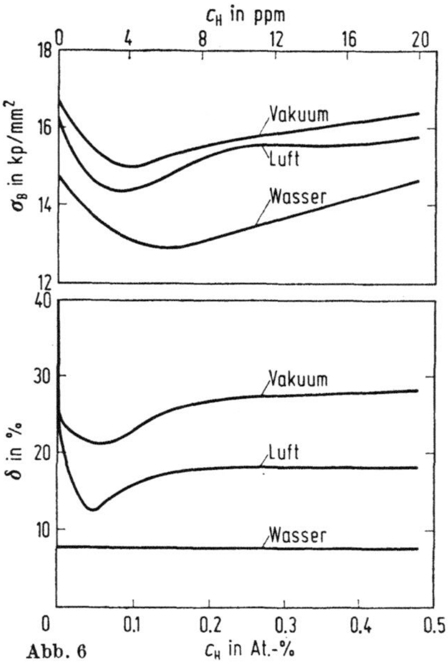

Abb. 6

Abb. 4. Löslichkeitsgrenze für C, N und O und isobare H-Löslichkeit in U.

Abb. 5. Gewichtszunahme Δg von U in H_2, N_2, O_2 und Luft in 1 h.

Abb. 6. Einfluß von H auf die Zugfestigkeit σ_B und Bruchdehnung δ von U bei verschiedenen Testbedingungen [14].

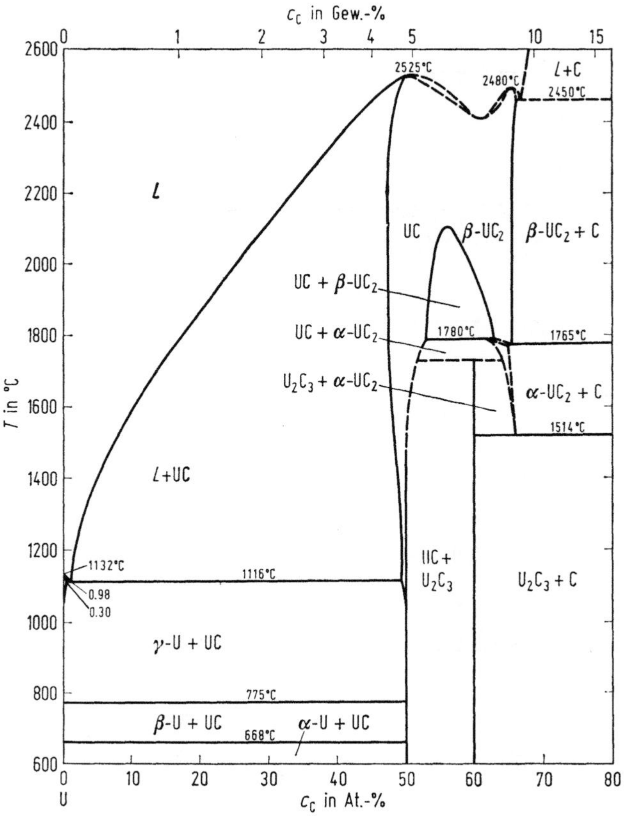

Abb. 7. System U—C, nach [2, 17].

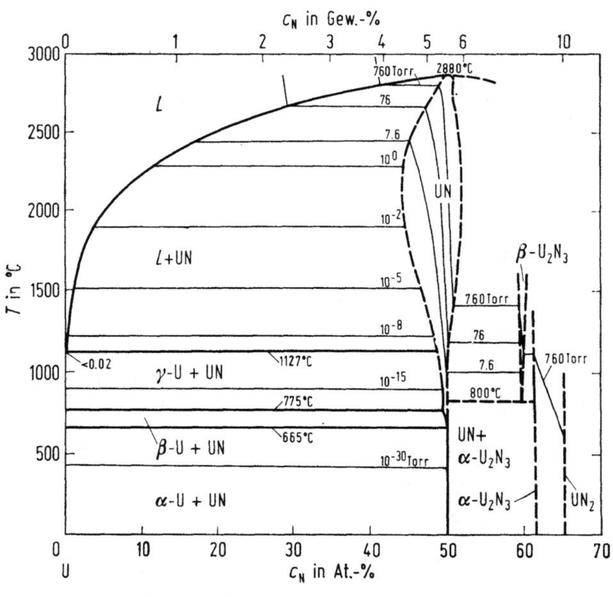

Abb. 8. System U—N mit Isobaren, nach [2, 24].

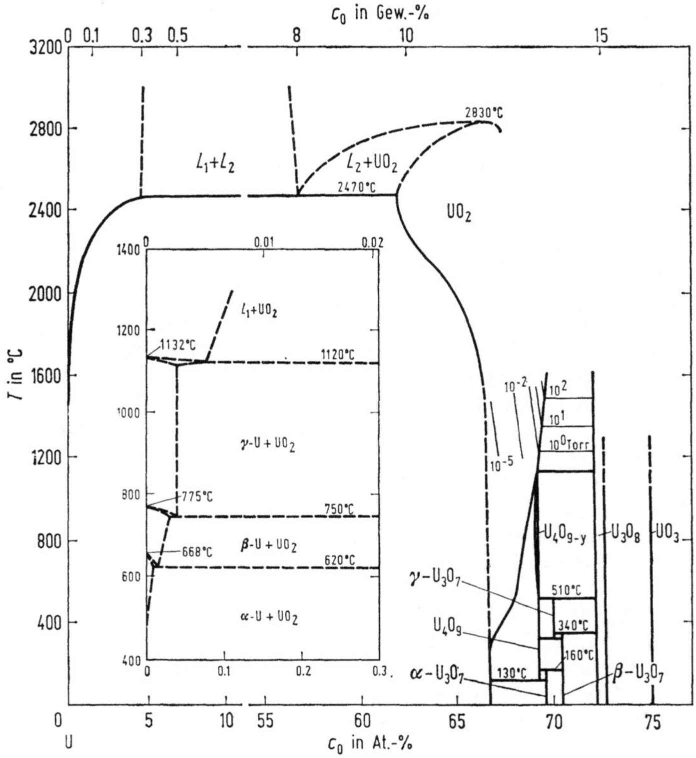

Abb. 9. System U—O mit Isobaren, nach [2, 30, 31, 48].

Literatur zu Uran

1 Hansen, M.; Anderko, K.: Constitution of Binary Alloys, New York: McGraw-Hill 1958.
2 Shunk, F. A.: Constitution of Binary Alloys, Second Supplement, New York: McGraw-Hill 1969.
3 Rundle, R. E.; Wison, A. S.; McDonald, R. A.: Chemistry of Uranium, Oakridge/Tennessee USA, Atomic Energy Commission Technical Information Service Extension (1958).
4 Gittus, J. H.: Uranium, New York: Butterworths 1963, S. 444.
5 Gebhardt, E.; Thümmler, F.; Seghezzi, H. D.: Metallische Werkstoffe, Teil 1, Stuttgart: Teubner 1964.
6 Katz, J.; Rabinowitch, E.: Chemistry of Uranium, New York: McGraw-Hill 1958, S. 53.
7 Mallett, M. W.; Trzeciak, M. J.: Trans. ASM 50 (1958) 981.
8 Chevallier, J.; Desre, P.; Spitz, J.: J. Nucl. Mater. 23 (1967) 289.
9 Mueller, W. M.; Blackledge, J. P.; Libowitz, G. G.: Metal Hydrides, New York: Academic Press 1968.
10 Guinet, Ph.: J. Nucl. Mater. 25 (1968) 24.
11 Mattraw, H. C.: J. Phys. Chem. 59 (1955) 93.
12 Albrecht, W. M.; Mallett, M. W.: J. Electrochem. Soc. 103 (1956) 404.
13 Wicke, E.; Otto, K.: Z. physikal. Chemie 31 (1962) 222.
14 Adamson, P.; Orman, S.; Picton, G.: J. Nucl. Mater. 33 (1969) 215.
15 Hughes, A. N.; Orman, S.; Picton, G.; Thorne, M. A.: J. Nucl. Mater. 33 (1969) 165.
16 Nickel, H.; Saeger, H.: J. Nucl. Mater. 28 (1968) 93.

17 Storms, E. K.: Refractory Carbides, New York: Academic Press 1967.
18 Blumenthal, B.: J. Nucl. Mater. 2 (1960) 197.
19 Knacke, O.; Krahe, J.; Müller, F.: Z. Metallkde. 58 (1967) 814.
20 Elliott, R. P.: Constitution of Binary Alloys, First Supplement, New York: McGraw-Hill 1965.
21 Sears, M. B.; Ferris, L. M.: J. Nucl. Mater. 32 (1969) 101.
22 Katsura, M., Sano, T.: J. Nucl. Sci. Technol. 3 (1966) 194.
23 Kubaschewski, O.; Evans, E. Ll.; Alcock, C. B.: Metallurgical Thermochemistry, 4th ed., Oxford: Pergamon 1967.
24 Ragoss, H.: Dissertation T. H. Aachen (1967).
25 Benz, R.; Hutchinson, W. B.: J. Nucl. Mater. 36 (1970) 135.
26 Alexander, C. A.; Ogden, J. S.; Pardue, W. M.: J. Nucl. Mater. 31 (1969) 13.
27 Gebhardt, E.; Seghezzi, H.-D.; Rothenbacher, R.: Z. Metallkde. 53 (1962) 513.
28 Mallett, M. W.; Gerds, A. F.: J. Electrochem. So. 102 (1955) 292.
29 Steeb, S.: Z. Metallkde. 55 (1964) 445.
30 Roberts, L. E. J.; Walter, A. J.: J. Anorg. Nucl. Chem. 22 (1961) 213.
31 Aukrust, E.; Forland, F.; Hagemark, K.: Thermodynamics of Nuclear Materials, International Atomic Energy Agency, Wien (1962) 713.
32 Anthony, A. M.; Kiyoura, R.; Sata, T.: J. Nucl. Mater. 10 (1963) 8.
33 Markin, T. L.; Roberts, L. E. J.; Walter, A.: Thermodynamics of Nuclear Materials, International Atomic Energy Agency, Wien (1962) 693.
34 Bessonov, A. F.; Vlasow, V. G.: Fiz. Met. Metallov. 15 (1963) 477.
35 Steeb, S.; Knoll, W.: J. Nucl. Mater. 20 (1966) 133.
36 Baker, L. Jr.; Bingle, J. D.: J. Nucl. Mater. 20 (1966) 11.
37 Steeb, S.; Rossberg, R.: Z. Metallkde. 54 (1963) 483.
38 Kench, J. R.; Chamberlain, J.: J. Nucl. Mater. 28 (1968) 61.
39 Hughes, A. N.; Orman, S.; Picton, G.; Thorne, M. A.: J. Nucl. Mater. 33 (1969) 99.
40 Steele, B. C. H.; Javed, N. A.; Alcock, C. B.: J. Nucl. Mater. 35 (1970) 1.
41 Pearce, R. J.; Whittle, I.; Hilton, D. A.: J. Nucl. Mater. 33 (1969) 1.
42 Katsura, M.; Imoto, S.; Sano, T.: J. Nucl. Sci. Technol. 1 (1964) 22.
43 Katsura, M.; Naoumidis, A.; Nickel, H.: J. Nucl. Mater. 34 (1970) 169.
44 Benz, R.: J. Nucl. Mater. 31 (1969) 93.
45 Martin, J.: J. Nucl. Mater. 34 (1970) 81.
46 Holleck, H.; Smailos, E.; Thümmler, F.: J. Nucl. Mater. 32 (1969) 281.
47 Thümmler, F.; Exner, H. E.; Petzow, G.: J. Nucl. Mater. 24 (1967) 328.
48 Martin, A. E. et al.: J. Chem. Phys. 69 (1965) 1788.
49 Cathcart, J. V.; Paurel, R. E.; Peterson, C. F.: Oxidation of Metals 3 (1971) 497.
50 Ugajiu, M.; Suzuki, Y.; Shimokawa, J.: J. Nucl. Mater. 43 (1972) 277.
51 Ugajin, M.: J. Nucl. Mater. 40 (1971) 175.
52 Holleck, H.; Kleykamp, H.: J. Nucl. Mater. 35 (1970) 158.
53 Nickel, H.; Inauc, Ö.; Lücke, K.: J. Nucl. Mater. 28 (1968) 79.
54 Holleck, H.; Ishii, T.: Thermal Analysis, Vol. 2, Proc. 3rd ICTA Davos 1971, Basel: Birkhäuser; Rpt. KFK 1485.
55 Holleck, H.; Ishii, T.: Rpt. KFK 1754 (1973).
56 Katz, O. M.; Gulbransen, E. A.: J. Nucl. Mater. 5 (1962) 269.
57 Holleck, H.: J. Nucl. Mater. 28 (1968) 339.
58 Tagawa, H.: J. Nucl. Mater. 51 (1974) 78.

Thorium

(Abb. S. 389, Lit. S. 396)

H.-E. Schmidt

Thorium-Wasserstoff

Konstitution [1, 2, 4, 5] s. Abb. 1. Phasen: α-Th kfz; β-Th krz; ThH_2 tetr.rz (fraglich); Th_4H_{15} krz (fraglich)

Löslichkeit
H in α-Th: $\log c = 1/2 \log p - 1{,}78 + 2090/T$ (200—800 °C, b. [3, 4, 5])

Löslichkeitsgrenze [3, 4] s. Abb. 2
H in α-Th: $\log c_{\max} = 2{,}97 - 1732/T$ (300—800 °C [3]),
sie wird durch C-Verunreinigungen stark erhöht [3].

Zersetzungsdruck von ThH_2 [4, 5]
$\log p_{H_2} = 9{,}50 - 7650/T$ (300—800 °C [5])

Thermodynamische Daten [2—5]
$1/2\ H_2 = H(\text{in Th(s)})$: $\Delta G^0 = -9550 + 10{,}7\ T$ (300—800 °C, b. [3, 4, 5])
$1/2\ \alpha\text{-Th} + 1/2\ H_2 = 1/2\ ThH_2$: $\Delta G^0 = -17500 + 15{,}1\ T$ (300—800 °C [5])

Diffusion
H in α-Th: $D = 2{,}92 \cdot 10^{-3} \exp(-9750/RT)$ (300—900 °C, Entgasung [6])

Absorption [6, 22, 23] s. Abb. 3. Zwischen 350 und 550 °C, 160 Torr, parabolisches Zeitgesetz (k_p in $mg^2 \cdot cm^{-4} \cdot h^{-1}$)
$k_p = 2 \cdot 10^7 \exp(-19600/RT)$ [22]

Entgasung zwischen 300—900 °C diffusionskontrolliert [6].

Thorium-Kohlenstoff

Konstitution [7, 8, 21, 66, 67] s. Abb. 4. Phasen [7]: ThC kfz, NaCl-Typ; α-ThC_2 monoklin; β-ThC_2 tetr.; γ-ThC_2 kfz. Bei [7] wird ein Zustandsdiagramm angegeben, in dem α-Th und ThC bei hohen Temperaturen nicht mischbar sind. Bei 1850 °C wird eine peritektische Reaktion angenommen mit $c_L \approx 5$ At.-% C, $c_\alpha \approx 15$ At.-% C und $c_{ThC} \approx 40$ At.-% C. Umwandlungstemperatur α-Th—β-Th steigt mit wachsendem C-Gehalt von 1350 °C (0,17 At.-% C) auf 1650 °C (6 At.-% C) an [14].

Löslichkeit s. Abb. 2. Die Angaben verschiedener Autoren [7, 9, 10] streuen erheblich.

Diffusion
C in α-Th: $D = 2{,}7 \cdot 10^{-2} \exp(-38000/RT)$ (1000—1200 °C [10])
C in β-Th: $D = 2{,}2 \cdot 10^{-2} \exp(-27000/RT)$ (1440—1715 °C [11])
Elektrotransport s. Tab. B 2.

Gitterparameter [9] s. Abb. 5

Elektrischer Widerstand steigt nach [14] mit wachsendem C-Gehalt bis 4 At.-% an gemäß $\varrho = 16{,}09 + 4{,}223\, c$ (ϱ in $\mu\Omega \cdot$ cm)

Härte von angelassenem Th nimmt nach [11] zwischen 0,19 und 1,9 At.-% C nahezu linear von 43 auf 93 DPH Einheiten zu.

Fließgrenze. Der Einfluß der C-Konzentration wurde von [15] untersucht. Die thermisch aktivierte Komponente wächst linear mit steigendem C-Gehalt an, der athermische Anteil ist sehr viel weniger vom C-Gehalt abhängig.

Thorium-Stickstoff

Konstitution [16] s. Abb. 6. Phasen: ThN kfz, NaCl-Typ; Th_2N_3 isotyp mit La_2O_3, nicht gesichert; Th_3N_4 rhomb.

Löslichkeitsgrenze [17] s. Abb. 2
N in α-Th: $\log c_{\max} = 1{,}9 - 2150/T$ (800—1500 °C [17])

Thermodynamische Daten
Lösungswärme für atomaren N in Th $\Delta H = 11$ kcal/mol [14]
ThN = N(in α-Th) + α-Th: $\Delta G^0 = 9830 + 0{,}46\, T$ (800—1500 °C, b. [17])

Diffusion
N in α-Th: $D = 2{,}1 \cdot 10^{-3} \cdot \exp(-22500/RT)$ (900—1400 °C [17])
N in β-Th: $D = 3{,}2 \cdot 10^{-3} \cdot \exp(-17000/RT)$ (1450—1700 °C [11])
Elektrotransport s. Tab. B 2

Absorption [17, 22] s. Abb. 3. Zwischen 670 und 1500 °C bei 1 atm parabolisch (k_p in $mg^2 \cdot cm^{-4} \cdot h^{-1}$) [17]
$k_p = 3{,}3 \cdot 10^4 \exp(-24300/RT)$

Thorium-Sauerstoff

Konstitution [18—20]. Phasen: ThO kfz, NaCl-Typ; ThO_2 kfz, CaF_2-Typ, Smp. 3250 °C

Löslichkeitsgrenze s. Abb. 2.
O in α-Th: $\log c_{\max} = 2{,}15 - 4450/T$ (1000—1400 °C [18, 19])

Thermodynamische Daten
ThO = O(in α-Th) + α-Th: $\Delta G^0 = 20350 - 0{,}7\, T$ (1000—1400 °C, b. [18, 19])
1/2 Th(s) + 1/2 O_2 = 1/2 ThO_2: $\Delta G^0 = -146500 + 21{,}2\, T$ (25—1500 °C [65])

Diffusion

O in α-Th: $D = 1{,}3 \cdot 10^2 \exp(-49000/RT)$ (1000—1200 °C [18])

O in β-Th: $D = 1{,}3 \cdot 10^{-3} \exp(-11000/RT)$ (1450—1700 °C [11])

Elektrotransport s. Tab. B 2

Absorption [22, 24] s. Abb. 4. Bei 200 Torr zwischen 250 und 350 °C parabolisch, zwischen 350 und 450 °C linear [24]. Bei 1 atm O_2 zwischen 800 und 1400 °C parabolisch (k_p in $mg^2 \cdot cm^{-4} \cdot h^{-1}$) [19]

$k_p = 4 \cdot 10^{11} \exp(-62800/RT)$.

An Luft wird bei 100—900 °C ein lineares Zeitgesetz angegeben [22] s. Abb. 3.

Ternäre Systeme

Th—C—N. Konstitution, 1400—2200 °C, $p_{N_2} < 2$ atm, N in ThC_2 bis 2,5 At.-% löslich [62]. Nitridbildung auf Th(l) und Carbonitriden, Diffusion von N in Th(CN) [64].

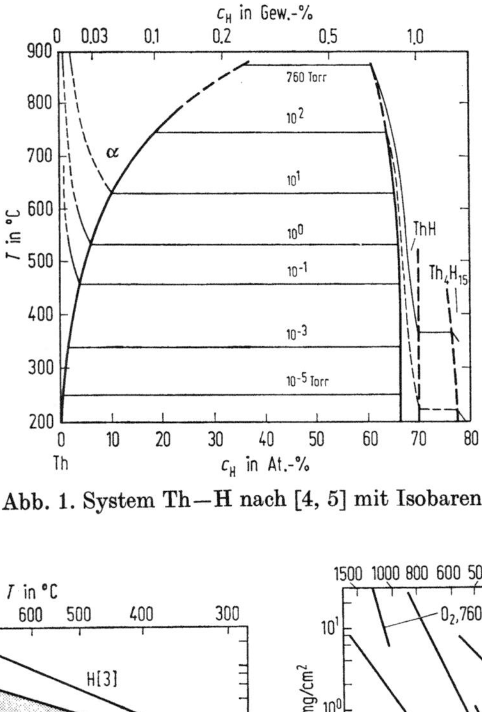

Abb. 1. System Th—H nach [4, 5] mit Isobaren.

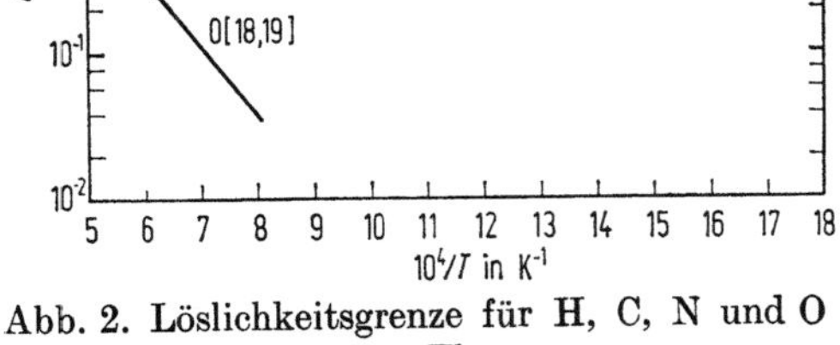

Abb. 2. Löslichkeitsgrenze für H, C, N und O in α-Th.

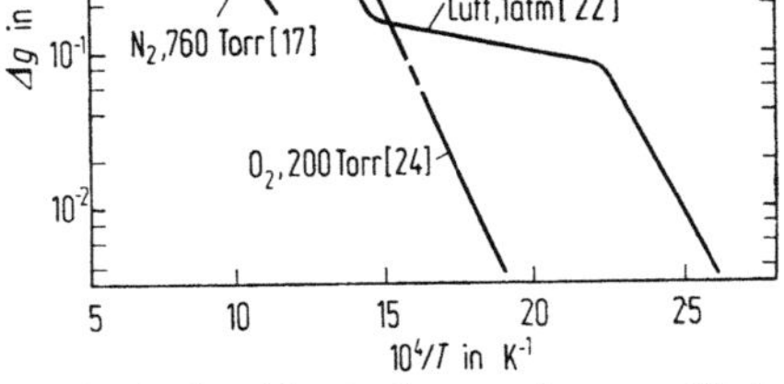

Abb. 3. Gewichtsänderung Δg von Th in H_2, N_2, O_2 und Luft.

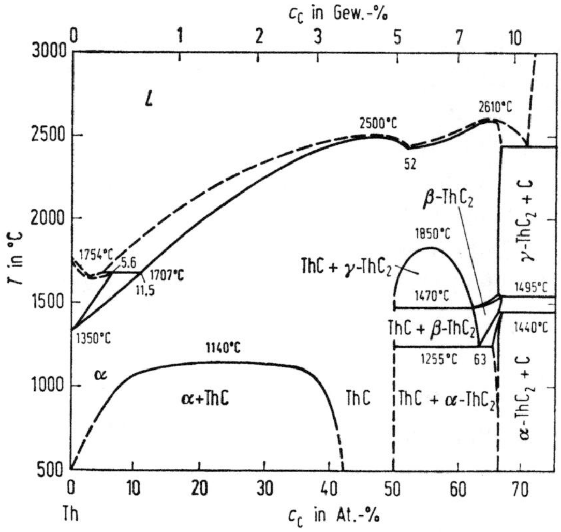

Abb. 4. System Th—C [7].

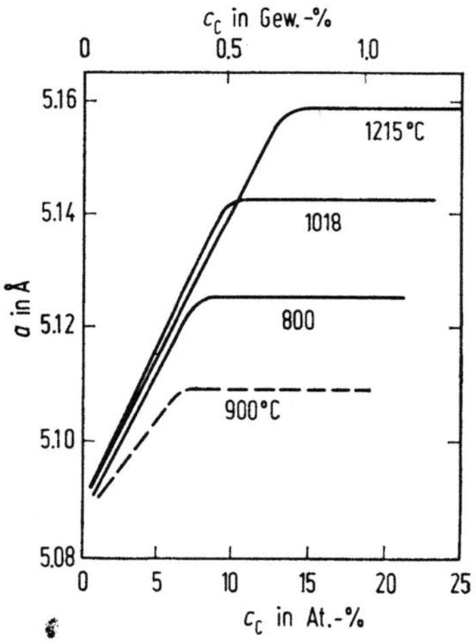

Abb. 5. Gitterparameter a von Th-Proben, die von 900 °C langsam abgekühlt oder von 800, 1080 und 1215 °C abgeschreckt wurden [9].

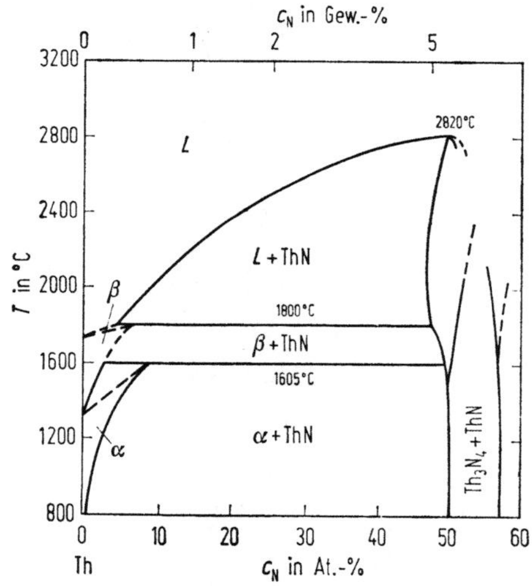

Abb. 6. System Th—N [16].

Plutonium

(Abb. S. 393, Lit. S. 396)

H.-E. Schmidt

Plutonium-Wasserstoff

Konstitution [25, 26] s. Abb. 1. Phasen: α-Pu monoklin; β-Pu monokl.rz; γ-Pu orthorh.fz; δ-Pu kfz; δ'-Pu tetr.fz; ε-Pu krz, Up. 122, 207, 317, 451 und 480 °C, Smp. 640 °C; $PuH_{2,0-2,7}$ kfz, CaF_2-Typ; PuH_3 hex.

Löslichkeitsgrenze. Nach Partialdruckmessungen von [26] liegt die Löslichkeit von H und D in festem und flüssigem Pu zwischen 600 und 1000 °C bei etwa 5–15 At.-%.

Zersetzungsdruck von PuH_2 [4, 26]
$\log p_{H_2} = 10{,}0 - 8165/T$ (500–800 °C [26])
Die Werte für PuD_2 sind etwa um den Faktor 1,5 größer.

Thermodynamische Daten
$1/2\,Pu(s,l) + 1/2\,H_2 = 1/2\,PuH_2$: $\Delta G^0 = -18700 + 16{,}3\,T$
(500–800 °C [26])

Absorption. Die durch H-Aufnahme beim Aufheizen bewirkte Gewichtsänderung einer 40 mg Pu-Probe zeigt bei 270 °C eine sprunghafte Zunahme um den Faktor 5, die mit der Ablösung des oberflächlichen Oxidfilms in Zusammenhang gebracht wird [27].

Plutonium-Kohlenstoff

Konstitution [7, 28] s. Abb. 2. Phasen: Pu_3C_2; PuC_{1-x} kfz, NaCl-Typ; Pu_2C_3 krz; PuC_2 tetr. Nach [32] wird durch geringe C-Zusätze der Schmelzpunkt um etwa 8 °C herabgesetzt.

Löslichkeitsgrenze s. Abb. 3
C in Pu(l): $\log c = 0{,}5 - 2300/T$ (700–950 °C [31])
Nach [30] keine meßbare Löslichkeit von C in δ-, δ'- und ε-Pu.

Thermodynamische Daten
PuC = C(inPu(l)): $\Delta G^0 = 10500 + 6{,}9\,T$ (700–950 °C [31])
$Pu + 0{,}87\,C = PuC_{0.87}$: $\Delta G^0 = -9749 - 1{,}49\,T$ (650–1700 °C [43])

Plutonium-Stickstoff

Konstitution [33, 34]. Phase: PuN kfz, NaCl-Typ

Thermodynamische Daten
$Pu(l) + 1/2\,N_2 = PuN$: $\Delta G^0 = -74444 + 23{,}33\,T$ (650–1700 °C [43])

Absorption. Reines Pu wurde auf Temperaturen bis 1000 °C erhitzt und unter strömendem N_2 abgekühlt. Dabei erfolgt die N_2-Aufnahme bei tieferen Temperaturen sehr langsam, oberhalb von 900 °C wird ein schnellerer Reaktionsablauf beobachtet. Röntgenographisch wird oberflächlich gebildetes PuN nachgewiesen [35].

Eigenschaftsänderungen. Nach [35] führt die N-Aufnahme zur Versprödung von Pu.

Plutonium-Sauerstoff

Konstitution [25, 36—38] s. Abb. 4. Phasen: PuO kfz, NaCl-Typ (nicht gesichert); β-Pu_2O_3 hex.; α-Pu_2O_3 krz; α'-Pu_2O_3 kfz; PuO_{2-x} kfz, CaF_2-Typ

Löslichkeitsgrenze. Nach [36] liegt sie zwischen 580 und 1150 °C bei $3{,}8 \cdot 10^{-3}$ At.-% O

Thermodynamische Daten

$2/3$ Pu $+ 1/2\ O_2 = 1/3\ Pu_2O_3$: $\Delta G^0 = -135570 + 20{,}9\ T$ (0—1700 °C [44])

Oxidation s. Abb. 5. Nach [39] wird bei tieferen Temperaturen ein logarithmisches Zeitgesetz ermittelt. Oberhalb von 340 °C kann die O-Absorption durch ein Zeitgesetz $v \sim t^n$ mit $n > 1$ dargestellt werden. Bei ähnlichen Versuchen [40] wird festgestellt, daß bei 140—300 °C eine kompakte Schicht aus β-Pu_2O_3 entsteht, die oberhalb von 400 °C dichter wird und teilweise aus α-Pu_2O_3 besteht. Die Gewichtszunahme Δg läßt sich durch Polynome beschreiben

$\Delta g = k_1 t + k_2 t^2$ (Δg in mg/cm², t in min)

$k_1 = 1{,}6 \cdot 10^5 \exp(-16800/RT)$, $k_2 = 1{,}6 \cdot 10^{12} \exp(-27400/RT)$ (140—300 °C)

$k_1 = 8{,}8 \cdot 10^6 \exp(-26400/RT)$, $k_2 = 1{,}8 \cdot 10^9 \exp(-22500/RT)$ (>400 °C)

Untersuchungen von [41] zwischen 125 und 200 °C in Ar mit 20% O_2 ergeben einen linearen Anfangsbereich (10—100 min, s. Abb. 6), dem ein Bereich beschleunigter Oxidation folgt (100—500 min). In der Deckschicht wird zunächst α-Pu_2O_3 nachgewiesen, das später in PuO_2 übergeht. Zwischen 400 und 1000 °C finden [63] in O_2, H_2O und Luft ein komplexes Verhalten ($\Delta g = 0{,}1$—50 mg/cm² in 1 h).

Ternäre Systeme

Pu—C—N. Konstitution, thermochemische Analyse 1400—1600 °C [43]

Pu—Cr—N. Konstitution, $p = 1$ atm, 790—1700 °C [42]

Pu—U—O. Thermochemische Analyse [44]

Pu—W—C, Pu—U—W—C. Konstitution, isothermer Schnitt für 1400 °C [29]

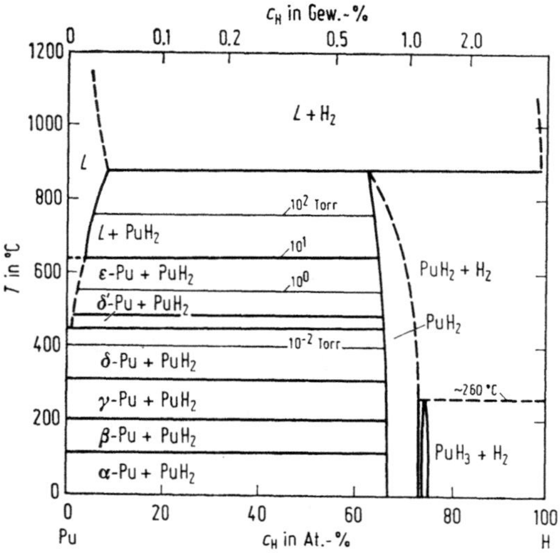

Abb. 1. System Pu—H mit Isobaren [25, 26].

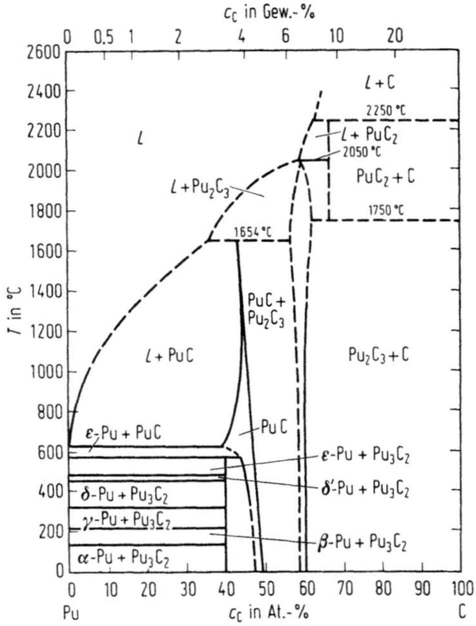

Abb. 2. System Pu—C [7, 28].

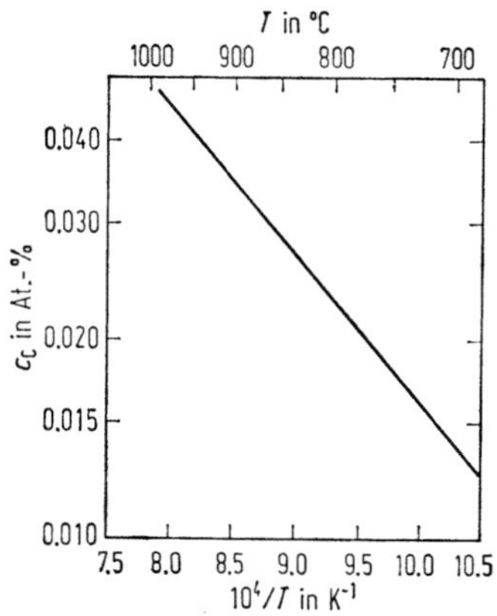

Abb. 3. Löslichkeitsgrenze für C in Pu(l) [31].

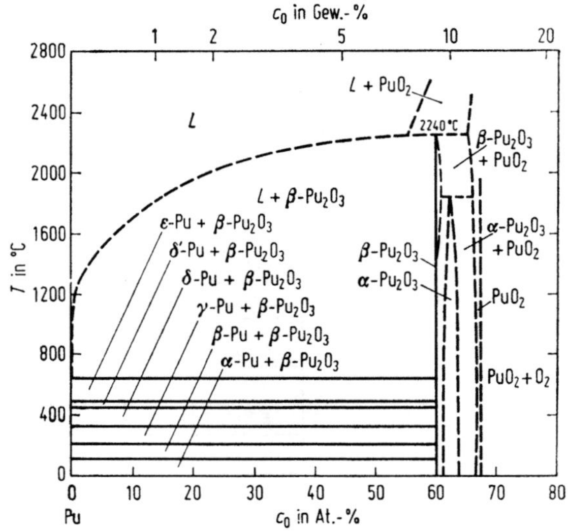

Abb. 4. System Pu - O [25].

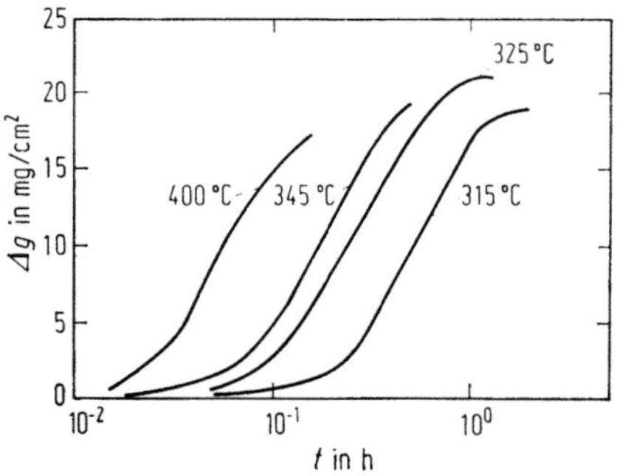

Abb. 5. Gewichtsänderung Δg von hochreinem Pu in O_2 zwischen 315 und 400 °C [39].

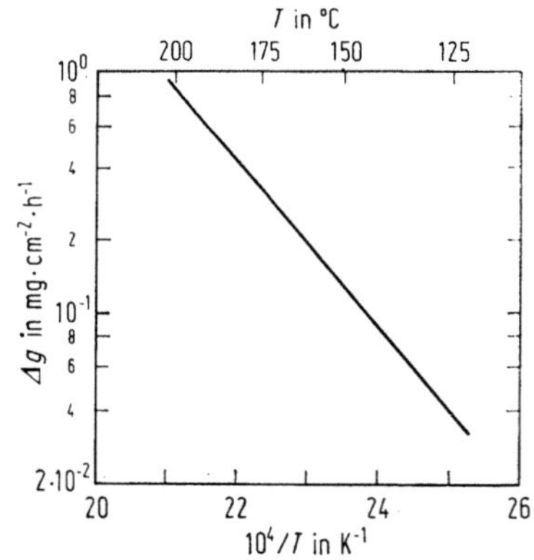

Abb. 6. Gewichtsänderung Δg im Bereich der linearen Oxidation von β-Pu in Ar—20% O [41].

Weitere Actiniden

(Lit. S. 396)

H.-E. Schmidt

Wasserstoff-Systeme [4, 45—47]

Ac: Ac kfz, Smp. 1050 °C; AcH_2 kfz, nachgewiesen [46]

Pa: Pa tetr., Smp. 1425 °C; PaH_3 kub., UH_3-Typ [46]

Np: α-Np orthorh.; β-Np tetr.; γ-Np krz, Up. 280 und 577 °C; NpH_{2+x} kfz, CaF_2-Typ; NpH_3 hex., PuH_3-Typ [48]
Zersetzungsdruck von NpH_2: $\log p_{H_2} = 9{,}14 - 6126/T$ (350—650 °C [48])

Am: α-Am hex.; β-Am kfz, Up. 1079°C, Smp. 1176 °C; AmH_{2+x} kfz, CaF_2-Typ; AmH_3 hex., PuH_3-Typ [49]. *Löslichkeitsgrenze* bei 800 °C etwa 16 At.-% H; *Zersetzungsdruck* von AmH_2: $\log p_{H_2} = 10{,}07 - 8812/T$ (500—800 °C [49])

Kohlenstoff-Systeme

Pa: PaC [47]

Np: NpC_{1-x} kfz, NaCl-Typ; Np_2C_3 kub., Pu_2C_3-Typ; NpC_2 tetr. [46, 50, 51]

Am: Am_2C_3 krz, Pu_2C_3-Typ [51]

Stickstoff-Systeme

Pa: PaN kfz, CaCl-Typ, bei $p \gtrsim 10^{-2}$ Torr stabil bis 2200 °C [47]

Np: NpN kfz, NaCl-Typ, Smp. 2830 °C bei 10 atm [52]

Am: AmN kfz, NaCl-Typ [53]

Sauerstoff-Systeme

Ac: Ac_2O_3 hex., La_2O_3-Typ [46]

Pa: PaO kfz, NaCl-Typ; PaO_2; Pa_4O_9 kfz, CaF_2-Typ; Pa_2O_5 tetr.; sowie 4 weitere Oxide zwischen PaO_2 und Pa_2O_5 [46, 47, 54]. *Thermodynamische Daten* und *Zersetzungsdrücke* für Oxide im Bereich PaO_2—$PaO_{2.5}$ [54]

Np: NpO kfz, NaCl-Typ; NpO_2 kfz, CaF_2-Typ; Np_2O_5 monoklin; Np_3O_8 orthorh.; NpO_3 orthorh. [55—58]

Am: Konstitution 30—66 At.-% O [61]. Phasen: AmO kfz, NaCl-Typ; β-Am_2O_3 hex., La_2O_3-Typ; α-Am_2O_3 krz, Mn_2O_3-Typ; α′-Am_2O_3 kfz; AmO_2 kfz, CaF_2-Typ [59—61]

Cm: Cm_2O_3 hex., La_2O_3-Typ [47]

Literatur zu Actiniden außer Uran

1 Zachariasen, W. H.: Acta Cryst. 6 (1953) 393.
2 Nottorf, R. W.; Wilson, A. S.; Rundle, R. E.; Newton, A. S.; Powell, J. E.: USAEC-Rpt. TID-5223 (1) (1952) 350.
3 Peterson, D. T.; Westlake, D. G.: Trans. AIME 215 (1959) 444.
4 Müller, W. M.; Blackledge, J. P.; Libowitz, G. G.: Metal Hydrides, New York: Academic Press 1968.
5 Peterson, D. T.; Rexer, J.: J. Less-Common Metals 4 (1962) 92.
6 Peterson, D. T.; Westlake, D. G.: J. Phys. Chem. 64 (1960) 649.
7 Storms, E. K.: The Refractory Carbides, New York: Academic Press, 1967.
8 Rough, I. A.; Bauer, A. A.: USAEC-Rpt. BMI-1300 (1958) 104.
8 Mickelson, R.; Peterson, D. T.: USAEC-Rpt. ISC-463 (1954).
10 Peterson, D. T.: Trans. ASM 53 (1961) 765.
11 Peterson, D. T.; Carnahan, T.: Trans. AIME 245 (1969) 213.
12 Peterson, D. T.; Schmidt, F. A.; Verhoeven, J.: Trans. AIME 236 (1966) 1311.
13 Satow, T.: J. Nucl. Mater. 21 (1967) 255.
14 Chiotti, P.; Dooley, G. J.: J. Nucl. Mater. 23 (1966) 45.
15 Skaggs, R. L.: USAEC-Rpt. IS-T-148 (1967).
16 Benz, R.; Hoffman, C. G.; Rupert, G. N.: J. Amer. Ceram. Soc. 89 (1967) 191.
17 Gerds, A. F.; Mallet, M. W.: J. Electrochem. Soc. 101 (1954) 175.
18 Peterson, D. T.: Trans. AIME 221 (1961) 924.
19 Gerds, A. F.; Mallet, M. W.: J. Electrochem. Soc. 101 (1954) 171.
20 Lambertson, W. A. et al.: J. Amer. Ceram. Soc. 36 (1953) 397.
21 Carlson, O. N.; Stevens, E. R.: Nucl. Eng. and Design 17 (1971) 439.
22 Blumenthal, B.; O'Byle, D. R.: Nucl. Eng. and Design 17 (1971) 281.
23 Peterson, D. T.; Westlake, D. S.: J. Phys. Chem. 63 (1959) 1514.
24 Levesque, P.; Cubicciotti, C.: J. Amer. Chem. Soc. 73 (1951) 2028.
25 Ellinger, F. H. et al.: In O. J. Wick: Plutonium Handbook, Bd. 1, New York: Gordon & Breach 1965.
26 Mulford, R. N. R.; Sturdy, G. E.: J. Amer. Chem. Soc. 77 (1955) 3449.
27 Brown, F.; Ockenden, H. M.; Welch, G. A.: J. Chem. Soc. 77 (1955) 3932.
28 Reavis, J. G.; Leary, J. A.; Miner, W.: Proc. Int. Conf. Plutonium and other Actinides, Santa Fé 1970, S. 809.
29 Ugajin, M. et al.: J. Nucl. Mater. 43 (1972) 277.
30 Elliot, R. O.; Larson, A. C. In A. S. Coffinberry; W. N. Miner: The Metal Plutonium, University of Chicago Press 1961, S. 265.
31 Bowersox, D. F.; Leary, J. A.: J. Nucl. Mater. 21 (1967) 219.
32 Mulford, R. N. R. et al. In E. Grison et al.: Plutonium 1960, London: Cleave Hume Press 1961, 301.
33 Olson, W. M.; Mulford, R. N. R.: J. Phys. Chem. 70 (1966) 2932.
34 Ellinger, F. H. In A. S. Coffinberry; M. N. Miner: The Metal Plutonium, University of Chicago Press (1961) 281.
35 Brown, F.; Ockenden, H. M.; Welch, G. A.: J. Amer. Chem. Soc. 77 (1955) 4196.
36 Holley, C. E. jr. et al.: Proc. 2nd U. N. Conf. on Peaceful Uses of At. Energy, Geneva 6 (1958) 215.
37 Chikalla, T. D.; McNeilly, C. E.; Skavdahl, R. E.: J. Nucl. Mater. 12 (1964) 131.
38 Sari, C.; Benedict, U.; Blank, H.: Rpt. EUR-3564e (1967).
39 Waber, J. T.; Wright, E. S. In A. S. Coffinberry, W. N. Miner: The Metal Plutonium, University of Chicago Press (1961) 200.
40 Schnitzlein, J. G.; Fischer, D. F.: J. Electrochem. Soc. 114 (1967) 23.
41 Lindsay, J. W.; Terada, K.; Thomson, M. A.: J. Electrochem. Soc. 119 (1972) 726.
42 de Luca, J. P.; Leitnacker, J. M.: J. Amer. Ceram. Soc. 55 (1972) 273.
43 Potter, P. E.: J. Nucl. Mater. 34 (1970) 193.
44 The Pu—O and U—Pu—O-Systems, A Thermochemical Assessment Technical Rpt. Series No 79, Int. Atom Energy Agency, Vienna 1967.

45 Hansen, M.; Anderko, K.: Constitution of Binary Alloys, New York: McGraw-Hill 1958.
46 Elliott, R. P.: Constitution of Binary Alloys, First Supplement, New York: McGraw-Hill 1965.
47 Shunk, F. A.: Constitution of Binary Alloys, Second Supplement, New York: McGraw-Hill 1969.
48 Mulford, R. N. R.; Wielandt, T. A.: J. Phys. Chem. 69 (1965) 1641.
49 Olson, W. M.; Mulford, R. N. R.: J. Phys. Chem. 70 (1966) 2934.
50 Lorenzelli, R.: Comp. Rend. C 266 (1968) 900.
51 Mitschell, A. W.; Lam, D. J.: J. Nucl. Mater. 36 (1970) 110.
52 Olson, W. M.; Mulford, R. N. R.: J. Phys. Chem. 70 (1966) 2932.
53 Akimoto, Y.: J. Inorg. Nucl. Chem. 29 (1967) 2650.
54 Knoch, W.; Schieferdecker, B.: Rpt. BMBW-FBK-71-17 (1971).
55 Zachariasen, W. H.: Acta Cryst. 2 (1949) 388.
56 Roberts, L. E. J.; Walters, A. J.: Rpt. AERE-3624 (1963).
57 Bagnall, K. W.; Laidler, J. B.: J. amer. Chem. Soc. 86 (1964) 2693.
58 Keller, C.: Fortschr. Chem. Forsch. 13 (1969) 1.
59 Zachariasen, W. H.: Acta Cryst. 2 (1949) 388, Phys. Rev. 73 (1948) 1104.
60 Chikalla, T. D.; Eyring, L.: J. Inorg. Nucl. Chem. 30 (1968) 133.
61 Sari, C.; Zamorani, E.: J. Nucl. Mater. 37 (1970) 324.
62 Benz, R.; Troxel, J. E.: High Temp. Sci. 3 (1971) 422.
63 Holloway, P. H.; Evans, E. B.: Oxidation of Metals 4 (1972) 27.
64 Benz, R.: J. Electrochem. Soc. 119 (1972) 1596.
65 Kubaschewski, O.; Evans, E. Ll.; Alcock, C. B.: Metallurgical Thermochemistry, 4th ed., Oxford: Pergamon 1967.
66 Holley, C. E.: J. Nucl. Mater. 51 (1974) 36.
67 Benz, R.; Stone, P. L.: High Temp. Sci. 1 (1969) 114.

IVa – Metalle

Titan

(Abb. S. 407, Lit. S. 415)

H. Becker und U. Zwicker

Titan-Wasserstoff

Konstitution [1—15] s. Abb. 1. Phasen: α-Ti hdP, β-Ti krz, Smp. 1668 °C; $\gamma(TiH_{1.5}—TiH_2)$, >37 °C kfz, <37 °C tetr. fz [16—18, 153]

Löslichkeit [5, 10, 14, 15, 19, 85, 127] s. Abb. 2

H in α-Ti: $\log c = 1/2 \log p - 2{,}0 + 2360/T$ (<7 At.-% H, 550—880 °C [15])

H in β-Ti: $\log c = 1/2 \log p - 2{,}3 + 3040/T$ (<20 At.-% H, 600—1000 °C [15])

für höhere Konzentrationen gilt:

H in β-Ti: $\log p = 2 \log c - 4{,}65 + 5{,}8 \cdot 10^{-5}\, c^{2{,}64} + (6080 + 5{,}7 \cdot 10^{-5}\, c^{2{,}4})/T$ (600—1000 °C, $c > 10$ At.-% H [15])

H in Ti(l): $\log c = 1/2 \log p - 2{,}0 + 2460/T$ (1655—1800 °C [85])

Nach [24] werden etwa um den Faktor 1,6 höhere Werte angegeben.

Löslichkeitsgrenze [5, 20—22] s. Abb. 1 und 3

H in α-Ti: $\log c_{max} = 2{,}6 - 1090/T$ (44—300 °C [20])

Zersetzungsdrücke von TiH_2 und β-Ti
γ-TiH_2—α-Ti: $\log p_{H_2} = 9{,}2 - 6900/T$ (<300 °C, b. [15, 20, 25])
γ-TiH_2—β-Ti: $\log p_{H_2} = 13{,}5 - 9500/T$ (300—600 °C, b. [15, 20, 25])
β-Ti—α-Ti: $\log p_{H_2} = 5{,}8 - 5000/T$ (300—600 °C, b. [15, 20, 25])
Thermodynamische Daten [5, 11, 12, 23, 24] s. auch Tab. 1
$1/2\ H_2 = H$(in α-Ti): $\Delta G^0 = -10800 + 11{,}7\ T$
(<7 At.-% H, 550—880 °C [15])
$1/2\ H_2 = H$(in β-Ti): $\Delta G^0 = -13900 + 13{,}1\ T$
(<20 At.-% H, 600—1000 °C [15])
$1/2\ H_2 = H$(in Ti(l)): $\Delta G^0 = -11250 + 11{,}7\ T$ (1655—1800 °C [85])
$1/2\ \alpha$-Ti $+ 1/2\ H_2 = 1/2\ TiH_2$: $\Delta G^0 = -16000 + 14{,}4\ T$ (<300 °C, b. [15, 25])
Nach [12] soll ΔH und ΔS^0 für H und D in β-Ti bei Temperaturen um 920 °C sehr stark von c abhängen.

Diffusion in Jodid-Ti [14, 22, 29, 30]
H in α-Ti: $D = 1{,}45 \cdot 10^{-2} \exp(-12750/RT)$ (650—850 °C [22])
H in β-Ti: $D = 3{,}75 \cdot 10^{-3} \exp(-\ 8440/RT)$ (900—1020 °C [22])
Thermotransport s. Tab. B 2

Permeation. Sie ist nach [101] oberflächenkontrolliert und es gilt $J = P^* \cdot F \cdot p$ mit P^* in Torr l · $cm^{-2} \cdot s^{-1} \cdot Torr^{-1}$, F in cm^2, p in Torr, J in Torr l · s^{-1}
$P^* = 0{,}27 \cdot \exp(-14900/RT)$ (400—800 °C, $4 \cdot 10^{-3}$ — 2 Torr H_2)
Absorption. Nach [26] ist bei 250—300 °C und 1—60 Torr die Reaktionsgeschwindigkeit näherungsweise zeitunabhängig, proportional zu $\sqrt{p_{H_2}}$ und sie nimmt mit steigender Temperatur stark zu (s. Abb. 4 und 5). Oberflächenoxidschichten verlangsamen nach [28] bei 700 °C und 100 Torr die H-Absorption sehr stark. Für feinkörniges Ti ist die Absorptionsgeschwindigkeit höher als für grobkörniges Ti [6]. Bei R. T. wird H_2 von Ti sehr stark gegettert, $\geqq 5\ cm^3\ H_2$ pro mg Ti in 16 min [27, 155]. Die H-Aufnahme bei R. T. hängt empfindlich von der Reinheit der Oberfläche und des Gases ab [154, 165].
Entgasung. Für Stangen und Bleche kann nach [22] die Entgasung durch folgende Gleichung beschrieben werden:

Rundstangen $$\log \frac{c}{c_0} = -0{,}252 - \left(\frac{4{,}28}{l^2} + \frac{2{,}52}{R^2}\right) \cdot Dt$$

Bleche $$\log \frac{c}{c_0} = -0{,}0913 - 1{,}07\ \frac{D}{a^2} \cdot t$$

(Entgasungszeit t in s, Entgasungskoeffizient D s. Tab. 2, Anfangskonzentration c_0, H-Konzentration c nach t, Stangenradius R in cm (> 0,3 cm), Stangenlänge l in cm, halbe Blechdicke a in cm (> 0,3 cm).
Oberflächliche Ni- und Oxidschichten verlangsamen die H_2-Abgabe [33].

Ausscheidungsvorgänge [13, 86]. Hydrid der ungefähren Zusammensetzung $TiH_{1.5}$ bis TiH_2 [16—18] wird inkohärent, in Form von Platten mit den Habitusebenen $\{10\bar{1}0\}$ und $\{10\bar{1}1\}$, ausgeschieden. Die Plattenlänge des Hydrids hängt von der Korngröße und H-Konzentration ab [87]. Die kritische Konzentration für spontane Keimbildung (hauptsächlich intrakristallin) ist in Reintitan bei R. T. ungefähr 0,4 At.-% H [89, 90]. Bei übersättigter Lösung von H in Ti wird durch langsame Deformation die Aktivierungsenergie für die Keimbildung herabgesetzt [88].

Gitterparameter. α-Phase, nach [15] kein meßbarer Effekt, nach [31] Anstieg der Gitterkonstanten von $a = 2{,}940$; $c = 4{,}680$ Å für Reintitan auf $a = 2{,}951$; $c = 4{,}740$ Å für gesättigte α-Mischkristalle. β-Phase, nicht abschreckbar, keine Daten. γ-Phase, s. [5].

Dichte [25, 32]. γ nimmt im $(\alpha + \gamma)$-Bereich etwa linear von 4,45 auf 3,7 g/cm³ ab [25].

Elektrischer Widerstand [32, 35, 36]. Bei R. T. kein Einfluß auf ϱ [35], bei erhöhter Temperatur s. Abb. 6 [36].

Hallkoeffizient R_H für $TiH_{1.06}$, $TiH_{1.86}$ s. [37].

Magnetische Suszeptibilität. χ nimmt mit zunehmender H-Konzentration bis zum Maximum bei $4{,}24 \cdot 10^{-6}$ emE/g bei $TiH_{1,8}$ zu [38].

Schub-Modul. G nimmt in α-Mischkristallen mit steigendem H-Gehalt ab (s. Abb. 7) [21]. Der E-Modul zeigt nach [64] ähnliches Verhalten (s. Abb. 12).

Innere Reibung [21, 34]. Dämpfungsmaxima bei $-73\,°C$ und $-19\,°C$, Höhe proportional zum H-Gehalt bis 30 At.-% H. Da die Sättigungskonzentration in α-Ti unter 1 At.-% H liegt, wird die Höhe der Dämpfungsmaxima durch den Volumenanteil der Hydride und die Zahl der H-Leerstellen im Hydridgitter bestimmt [34].

Mechanische Eigenschaften [13, 39]. Wegen der geringen H-Löslichkeit (0,1 At.-%) kein merklicher Einfluß auf die R. T.-Werte der Bruchdehnung δ, Zugfestigkeit σ_B, Streckgrenze $\sigma_{0.2}$ und Härte HV (s. Abb. 8—10). Werte für mechanische Eigenschaften zweiphasiger $\alpha + \gamma$-Legierungen sind in [5, 13] zusammengestellt. Es wird eine starke Abhängigkeit von Verunreinigungen, Kerben und von der Vorbehandlung beobachtet. Kerbschlagzähigkeit s. Abb. 11.

Kriechverhalten [40, 41]. Bei R. T. verdoppelt sich die Zeit bis zum Bruch gekerbter Proben bei Erhöhung der H-Konzentration von 0,24 auf 2,5 At.-% unter einer Belastung von 55 kp/mm² [40]. Oberhalb von 2,8 At.-% H fällt die Zeitstandfestigkeit bei gekerbten Proben stark ab [41].

Dauerfestigkeit. Mit Zunahme der H-Konzentration von 0 auf 0,7 At.-% wird die Wöhlerkurve geringfügig zu höheren Werten verschoben [42, 148].

Tabelle 1. Reaktionsenthalpien in den Systemen Ti—H und Ti—D nach [5, 11, 15, 23, 24].

Reaktion	Wasserstoff ΔH in kcal/mol	Deuterium ΔH in kcal/mol
$1/2\ H_2 = H(\text{in } \alpha\text{-Ti})$	−10,8 (< 7 At.-% H, 550—880°C [15])	−11,3 (350—560°C [23])
$1/2\ H_2 = H(\text{in } \beta\text{-Ti})$	−13,9 (< 20 At.-% H, 600—1000°C [15]) −16,2 (< 20 At.-% H, 450°C [11])	
$1/2\ H_2 = H(\text{in } \gamma\text{-}TiH_2)$	−16,5 ($TiH_{1,55}$—$TiH_{1,88}$ [11])	−14,5 (350—560°C [23])
$1/2\ H_2 = H(\text{in Ti(l)})$	−10,8 (1600—2300°C [24]) −11,25 (1655—1800°C [85])	
$\alpha\text{-Ti} + 1/2\ H_2 = 1/2\ \gamma\text{-}TiH_2$	−15,9 (450°C [11]) −16,0 (< 300° [15, 20])	
$\alpha\text{-Ti} + 1/2\ H_2 = \beta\text{-Ti}$	−12,5 (450°C [11]) −11,4 (< 600°C [15, 20])	−15,9 (350—560°C [23])
$\beta\text{-Ti} + 1/2\ H_2 = \gamma\text{-}TiH_2$	−20,2 (450°C [11]) −21,7 (< 600°C [15, 20])	−15,6 (350—560°C [23])

Tabelle 2. Entgasungskoeffizient D für H_2 in Ti und Ti-Legierungen in 10^{-5} cm²/s [22].

Legierung	600 °C	700 °C	800 °C	900 °C
Jodid-Titan	—	2,0	3,5	10
Titan techn. Reinheit (hoher Gehalt an C, H, N, O)	0,7	1,4	2,6	7,2
Titan techn. Reinheit (niedriger Gehalt an C, H, N, O)	—	1,0	—	—
TiMn4Al4	1,0	1,6	2,6	—
TiAl5Sn2,5	0,8	1,7	—	—
TiMn8	0,7	0,9	1,5	—
TiFe2Mo2Cr2	—	1,2	—	—
TiAl5Cr5	—	1,0	—	—

Titan-Kohlenstoff

Konstitution [43—45] s. Abb. 13. Phasen: TiC kfz, NaCl-Typ

Löslichkeitsgrenze [43, 45] s. Abb. 3 und 13

C in α-Ti: $\log c = 1{,}74 - 1800/T$ (600—920 °C, b. [43])

C in β-Ti: $\log c = 1{,}4 - 2100/T$ (920—1645 °C, b. [43])

Thermodynamische Daten [45, 46, 54, 156]

α-Ti + C = TiC: $\Delta G^0 = -43700 + 2{,}41\,T$ (25—920 °C [46])

β-Ti + C = TiC: $\Delta G^0 = -44600 + 3{,}16\,T$ (920—1700 °C [46])

Diffusion [47, 181]

C in α-Ti: $D = 5{,}06 \cdot \exp(-43500/RT)$ (700—880 °C [47])

C in β-Ti: $D = 6 \cdot 10^2 \cdot \exp(-22600/RT)$ (1300—1600 °C [181])

Thermo- und *Elektrotransport* s. Tab. B 2

Karbidbildung. Ti bildet mit Graphit eine TiC-Schicht [163].

Ausscheidungsvorgänge. Nach Glühen bei 850 °C sind unterhalb von 1 At.-% C lichtmikroskopisch keine Ausscheidungen sichtbar, bei 2 At.-% C Ausscheidungen in Walzrichtung. In von 920 °C und darüber abgeschreckten Proben treten gleichmäßig über die Matrix verteilte eingeformte Titankarbide auf [48].

Gitterparameter nimmt für α-Ti linear zu (0—2 At.-% C). Die Lösung von 1 At.-% erhöht a von 2,951 auf 2,954 Å und c von 4,683 auf 4,696 Å (s. Abb. 14) [43].

Linearer Ausdehnungskoeffizient. Für eine Legierung mit 1,6 At.-% C erhält man zwischen R. T. und 870 °C $\alpha \approx 1 \cdot 10^{-5}\,K^{-1}$ [32].

Innere Reibung. Gut auflösbares Dämpfungsmaximum bei 400 °C (0,8 Hz), dessen Höhe proportional zu c^2 ist (0,2 bis 1,2 At.-% C) [49].

E-Modul. E nimmt durch Zulegieren von 1 At.-% C von 11450 auf 12100 kp/mm² zu (s. Abb. 12) [50].

Mechanische Eigenschaften [48, 51, 52]. Zugfestigkeit σ_B, Streckgrenze $\sigma_{0,2}$, Bruchdehnung δ und Härte HV s. Abb. 8—10. Messungen der Temperaturabhängigkeit von σ_B und δ für Proben mit 0,1—0,8 At.-% C ergeben unterhalb von 600 °C eine leichte Zunahme von σ_B mit c_C, aber kaum einen Einfluß auf δ [52]. Die Kerbschlagzähigkeit wird durch C-Zusätze vermindert [52] (s. Abb. 11).

Titan-Stickstoff

Konstitution [8—10, 53] s. Abb. 15. Phasen: ε-Ti_2N tetr.; δ-TiN kfz, NaCl-Typ

Löslichkeitsgrenze [53] s. Abb. 3 und 15

Zersetzungsdruck von TiN

$\log p_{N_2} = 12{,}58 - 35100/T$ (25—1200 °C, b. [54])

Thermodynamische Daten [54, 55]

α-Ti + 1/2 N_2 = TiN: $\Delta G^0 = -80250 + 22{,}2\,T$ (25—882 °C [54])

β-Ti + 1/2 N_2 = TiN: $\Delta G^0 = -80850 + 22{,}7\,T$ (882—1200 °C [54])

Diffusion [56—58, 181]

N in α-Ti: $D = 1{,}2 \cdot 10^{-2} \exp(-45250/RT)$

N in β-Ti: $D = 3{,}5 \cdot 10^{-2} \exp(-33800/RT)$

(beide: 900—1500 °C [56], Begasung)

Thermo- und *Elektrotransport* s. Tab. B 2

Nitridbildung [26, 56] s. Abb. 16. Bei 800—1200 °C besteht die Deckschicht aus TiN, Ti_2N und aus der α-Phase. Oberhalb von 1100 °C entsteht kein Ti_2N mehr [91]. Es wird ein parabolisches Zundergesetz gefunden mit den Geschwindigkeitskonstanten k_p in $mg^2 \cdot cm^{-4} \cdot h^{-1}$:

$k_p = 1{,}18 \cdot 10^8 \cdot \exp(-26900/T)$ (800—1400 °C [56])

$k_p = 1{,}15 \cdot 10^5 \cdot \exp(-18150/T)$ (550—800 °C [26])

Der Einfluß des N_2-Drucks ist wesentlich kleiner als einem $\sqrt{p}$- oder p-Gesetz entsprechen würde (0,76—76 Torr, 800 °C). Bei 10^{-3}—10^{-5} Torr und 600—800 °C wird zunächst $v \sim p$ und ein lineares Zeitgesetz gefunden, das dann in ein parabolisches Zeitgesetz übergeht. Der Reaktionskoeffizient bei 800 °C ist $r = 4{,}5 \cdot 10^{-2}$ und für v in $mg \cdot cm^{-2} \cdot min^{-1}$, p_{N_2} in Torr gilt $v = 46{,}8 \cdot p_{N_2}$ [157].

Gitterkonstante s. Abb. 14. Durch Zulegieren von 1 At.-% N nimmt a von 2,9504 auf 2,9506 Å und c von 4,6833 auf 4,6900 Å zu [59].

Innere Reibung. Schwach ausgeprägtes Dämpfungsmaximum bei 515 °C (0—4 At.-% N) [60].

Elektrischer Widerstand. ϱ nimmt bei Zusatz von 1 At.-% N von 48 auf 56 $\mu\Omega \cdot cm$ zu [55].

E-Modul s. Abb. 12. E steigt wahrscheinlich bis ca. 1 At.-% N etwas an (von 11450 auf 11700 kp/mm^2) [50]. Nach [48] erhöht nur C, nicht aber N und O den E-Modul. Der Einfluß von O und N auf die Anisotropie und die Textur kann hier eine Rolle spielen.

Reibungskoeffizient. Der statische Reibungskoeffizient gegen Cu nimmt bis zu einem N-Gehalt von 0,4 At.-% stark von 1,1 auf 0,5 ab und erreicht bei 1 At.-% N den konstanten Wert 0,48 [61].

Mechanische Eigenschaften [4, 13, 48, 62]. Härte HV, Zugfestigkeit σ_B, Streckgrenze $\sigma_{0,2}$ und Bruchdehnung δ s. Abb. 8—10. Messungen der Temperaturabhängigkeit von σ_B und δ für Ti technischer Reinheit mit 0,2—1,6 At.-% N ergeben unterhalb von 600 °C eine Erhöhung von σ_B um 50—70% [52]. Einfluß der Korngröße s. [63]. Die Kerbschlagzähigkeit wird durch N-Zusätze stark vermindert [52] (s. Abb. 11).

Titan-Sauerstoff

Konstitution [8—10, 65—67, 75, 160]. Das in Abb. 17 gezeigte Zustandsschaubild ist nach den Vorschlägen mehrerer Autoren [8, 9, 67, 75] zusammengestellt, es ist jedoch in vielen Punkten noch nicht gesichert. Phasen: Neben dem ausgedehnten α- und β-Bereich werden die folgenden Phasen beschrieben:
40—55 At.-% O: TiO, $>$ 990 °C kfz, NaCl-Typ; $<$ 990 °C γ' monoklin; γ'' tetr. rz; δ tetr.
60—63 At.-% O: Ti_2O_3 rhomboed.; Ti_3O_5 monoklin, mindestens 2 Modifikationen
65—67 At.-% O: TiO_2 tetr. rz Anastas; orthorh. Brookit; tetr. Rutil. Nach [74] existiert eine homologe Serie Ti_nO_{2n-1} mit $4 \leqq n \leqq 10$.
Im Bereich 0—33 At.-% O werden folgende Suboxide mit hex. Struktur angegeben: Ti_6O, Ti_3O, Ti_2O [69—73, 149]. Ab etwa 5 At.-% O wird aus der asymmetrischen Gitterverzerrung geschlossen, daß O-Atome geordnet ins Gitter eingebaut werden [68].

Löslichkeit [75—77] s. Abb. 17
O in α-Ti: $\log c = 1/2 \log p - 4{,}3 + 29300/T$
(0—10 At.-%, 700—1000 °C [158])
und: $\log c = 1/2 \log p - 4{,}2 + 27800/T$ (15—33 At.-%, 700—1000 °C [158])
O in β-Ti: $\log c = 1/2 \log p - 4{,}3 + 29300/T$ (900—1600 °C [75])

Löslichkeitsgrenze s. Abb. 3 und 17

Zersetzungsdruck von TiO
$\log p_{O_2} = 12{,}2 - 53300/T$ (300—1700 °C, b. [54])
Nach [158] liegen die Drücke etwas tiefer.

Thermodynamische Daten [54, 75—78]
$1/2\ O_2 = $ O(in α-Ti): $\Delta G^0 = -134000 + 22{,}2\ T$
(0—10 At.-%, 700—1000 °C [158])
und: $\Delta G^0 = -127000 + 21{,}7\ T$ (15—33 At.-%, 700—1000 °C [158])
$1/2\ O_2 = $ O(in β-Ti): $\Delta G^0 = -134000 + 22{,}1\ T$ (900—1600 °C [75])
α-Ti $+ 1/2\ O_2 = $ TiO: $\Delta G^0 = -122000 + 21{,}3\ T$ (300—1700 °C [54])

Diffusion.
O in α-Ti: $D = 0{,}8 \cdot \exp(-48000/RT)$ (400—850 °C [79, 80])
Die Angaben verschiedener Autoren [79—83, 175] streuen zwischen 700 und 850 °C um etwa zwei Zehnerpotenzen und für die Aktivierungsenergie werden 33 bis 52 kcal/mol angegeben.
O in β-Ti: $D = 0{,}45 \cdot \exp(-36000/RT)$ (900—1400 °C [82])
Auch hier werden Streuungen von mehr als zwei Zehnerpotenzen beobachtet und Aktivierungsenergien von 27—59 kcal/mol angegeben [56, 80, 82—85, 181].
Thermo- und *Elektrotransport* s. Tab. B 2

Oxidation [26, 92, 93] s. Abb. 16. Aus den von verschiedenen Autoren erhaltenen Daten berechnet [92] als parabolische Geschwindigkeitskonstante (k_p in $mg^2 \cdot cm^{-4} \cdot h^{-1}$).
$k_p = 10^{10} \exp(-25500/T)$ (600—1000 °C [92]),
gültig bei 1 atm O_2 und Probendicken von 1 mm und größer. Bei 600, 650 und 700 °C wird keine Druckabhängigkeit der Reaktionsgeschwindigkeit für 1—760

Torr gefunden [94]. Die Diffusion ist geschwindigkeitsbestimmend. Bei 1000, 1025 °C ist v zwischen 10 und 760 Torr proportional $\sqrt{p}$ [95]. Bei 900 °C gehen 45—80 % des Sauerstoffs in Lösung [92, 95]. Bei 600—800 °C reagiert Ti auch noch bei 10^{-6}—10^{-5} Torr heftig mit O_2 [159].
Nach [177] ist der Reaktionskoeffizient r für die O-Aufnahme von β-Ti (dünne Proben) bei 1000—1400 °C und 10^{-5}—10^{-3} Torr O_2 vom O_2-Druck und von der Temperatur abhängig (s. Abb. 18 und 19). Der Abfall von r bei hohen Temperaturen ist auf die Wechselwirkung des abdampfenden Ti mit dem an der Metalloberfläche ankommenden O_2 zurückzuführen. Für v in mg · cm^{-2} · min^{-1} gilt mit p_{O_2} in Torr angenähert
$v = 1{,}16 \cdot 10^3 \cdot r \cdot p_{O_2}$.

Ausscheidungsvorgänge. Nach Auslagerung im α-Gebiet bleibt O gelöst, α-Gefüge. Nach Abschreckung von Temperaturen im $(\alpha + \beta)$-Gebiet Korbgeflechtgefüge aus α- und umgewandelter β-Phase, dessen Anteil an umgewandelter β-Phase mit zunehmender Abschrecktemperatur oder abnehmendem O-Gehalt zunimmt [48]. Ordnungsphasen s. [69—73].

Gitterparameter [59, 160, 161] s. Abb. 20. Bei Lösung von 10 At.-% O nimmt a von 2,950 auf 2,959 Å zu und c von 4,6800 auf 4,7200 Å zu [161]. Nach [65] nimmt c von 4,680 auf 4,816 Å bei 33 At.-% O zu.

Elektrischer Widerstand [35, 66, 96, 160]. ϱ steigt bei R. T. bei Zusatz von 1 At.-% etwa linear von 48 auf 55 μΩ · cm an [35]. Für höhere Konzentrationen und Temperaturen s. Abb. 21 [66]. Bei Temperaturen von 900 bis 1400 °C gilt für Ti—O-Mischkristalle nach [178]
$\varrho = 131{,}8 + 2{,}20 \cdot 10^{-2}\, T + (4{,}34 - 0{,}167\, T) \cdot c/(100 - c)$
(ϱ in μΩ · cm, T in °C). Der letzte Term gibt die Temperaturabhängigkeit des Zusatzwiderstandes $\Delta\varrho$ an.

Hallkoeffizient [160]. R_H bleibt bis 4 At.-% O konstant bei $+8 \cdot 10^{-4}$ cm^3 · A^{-1} · s^{-1} und sinkt dann etwa linear auf $-15 \cdot 10^{-4}$ cm^3 · A^{-1} · s^{-1} bei 8,5 At.-% O ab.

Thermokraft [66, 160] s. Abb. 21. Sie nimmt bei 800 °C bis 14 At.-% O mit zunehmendem O-Gehalt von +30 auf —80 μV/°C ab.

Magnetische Suszeptibilität [97, 102, 160]. χ nimmt mit zunehmendem O-Gehalt etwa linear von $3{,}15 \cdot 10^{-6}$ auf $2{,}47 \cdot 10^{-6}$ emE/g bei 20 At.-% O ab.

Spezifische Wärme. c_p-Messungen für 6 und 34 At.-% O und 50—298 K; für 6 At.-% O nicht linearer Anstieg von 0,012 auf 0,130 cal · g^{-1} · K^{-1}; die Kurve für 34 At.-% O liegt bis 220 K etwa 0,01 cal · g^{-1} · K^{-1} tiefer [32]. Aus der Temperaturabhängigkeit von c_p-Werten schließt [160] auf Phasenumwandlungen im Bereich 10—30 At.-% O, 300—600 °C.

Ausdehnungskoeffizient [98]. Für Ti mit 12, 24 und 31 At.-% O wird für α bei 25—600 °C im Mittel $9 \cdot 10^{-6}$ in der Basisebene und $1{,}1 \cdot 10^{-5}$ K^{-1} in c-Richtung gefunden. Für 16,4 At.-% O sind die Werte $1{,}1 \cdot 10^{-5}$ bzw. $1{,}6 \cdot 10^{-5}$ K^{-1}.

E-Modul s. Abb. 12. Durch Zulegieren von 1 At.-% O steigt E bei R. T. von 11450 auf 11750 kp/mm^2 an [50]. Nach [48] erhöht nur C, aber nicht O und N den E-Modul. Der Einfluß von O und N auf die Anisotropie und die Textur kann hier eine Rolle spielen.

Innere Reibung [49, 79]. Es wird ein Dämpfungsmaximum bei 420 °C und 0,8 Hz gefunden, dessen Höhe proportional c^2 ist. Aktivierungsenergie 58 kcal/mol [49].

Reibungskoeffizient [61]. Der statische Reibungskoeffizient gegen Cu nimmt bis zu einem O-Gehalt von 1 At.-% von 1,1 auf 0,5 ab und erreicht für $c > 2$ At.-% O den Wert 0,44.

Mechanische Eigenschaften [48, 62]. Härte HV [13, 48, 179] s. Abb. 8 und 21; bei Temperaturen bis 1000 °C [162]. Nach [179] ist die Härte an Drähten mit Bambusstruktur (Drahtachse $\approx \langle 11\bar{2}0 \rangle$, 0—1,2 At.-% O) anisotrop, Längsschliff HV (50 p) $= 100 + 132 \cdot c$, Querschliff HV (50 p) $= 110 + 96 \cdot c$ Zugfestigkeit σ_B, Streckgrenze $\sigma_{0.2}$, Bruchdehnung δ s. Abb. 9 und 10. Messungen der Temperaturabhängigkeit von σ_B und δ für Ti technischer Reinheit ergeben unterhalb von 600 °C eine Zunahme von σ_B um 50—70%, wenn die O-Konzentration von 0,5 auf 2 At.-% ansteigt [52]. Temperaturabhängigkeit O-haltiger Reintitandrähte mit Bambusstruktur s. Abb. 22. Einfluß der Korngröße s. [63, 99]. Die Kerbschlagzähigkeit wird durch O stark vermindert (s. Abb. 11) [52, 140]. Die Wechselfestigkeit bei R. T. wird bei Erhöhung des O-Gehalts von 0,25 auf 0,75 At.-% von 9 auf 24 kg/mm² erhöht [100].

Ternäre Systeme

Ti—H—C. Reaktion von Ti mit CH_4 bei 1200 °C [27].

Ti—H—O. Sorgfältige H_2-*Gleichgewichtsdruckmessungen* bis 30 At.-% H und 30 At.-% O zwischen 600 und 800 °C finden sich bei [77, 103]. Im Bereich der technisch üblichen O-Gehalte unterhalb von 1 At.-% wird nur eine geringfügige Verbreiterung des α-Bereiches (bei 800 °C von etwa 3,7 auf 3,9 At.-% H) beobachtet. Bei konstantem H_2-Partialdruck nimmt die H-*Löslichkeit* mit zunehmender O-Konzentration ab; z. B. bei 1 Torr H_2 und 800 °C um ca. 0,1 At.-% beim Übergang von Ti zu Ti — 1 At.-% O. Bei 33 At.-% O scheint die H-Löslichkeit auf annähernd Null zu sinken (1 Torr H_2, 600—800 °C). Die *Lösungswärme* für H in Ti—O-Legierungen beträgt bis 30 At.-% O unabhängig von der O-Konzentration 10,8 kcal/1/2 mol H_2. Für O-Konzentrationen < 1 At.-% gilt annähernd die H-Löslichkeitskurve für Ti. Die *Reaktionsgeschwindigkeit* mit H_2O ist zwischen 800 und 900 °C um den Faktor 0,5 bis 0,8 kleiner als für O_2 [27, 105, 147]. *Ausscheidungen* von TiH_2, Formänderungsvermögen und Bruchverhalten von Ti mit bis zu 0,8 At.-% O und bis zu 2,5 At.-% H bei —200 bis +300 °C s. [87].

Ti—C—N. Konstitution [106, 107]. 0—7,5 At.-% C, 0—15 At.-% N, 500—1400 °C [106]. Die Löslichkeit von C in α-Ti wird durch N und O erhöht, wobei O die größere Wirkung hat.

Ti—C—O. Isotherme Schnitte für 800, 900, 1000 und 1300 °C, 0—7,5 At.-% C, 0—13,5 At.-% O [2, 106, 150]. Bei der Oxidation in CO/CO_2-Gemischen bei 850—1150 °C entsteht eine TiO_2-Deckschicht [164]. Gitterparameter der δ-Phase im TiO—TiC-System [2]. O erhöht die C-Löslichkeit in α-Ti erheblich, z. B. von 0,3 auf 1,5 At.-% C für 10 At.-% O bei 800 °C [2].

Ti—N—O. Konstitution [2, 106]. 0—20 At.-% N, 0—18% O, 1000—1400 °C [106]. Löslichkeit von O in TiN [165].

Ti—Al—H. *Konstitution* [108]. Al erhöht die H-Löslichkeit bei R. T. [90, 136]. Al erniedrigt die *Diffusionskonstante* von H um den Faktor 2 bis 4 [109, 167]. H-*Absorption* von TiAl6 bei 600 °C [109]. H-Absorption, Hydridbildung aus starken Säuren beim Dünnen und Ätzen [110, 111]. *Innere Reibung*, die Höhe der Dämpfungsmaxima bei —73 °C und —19 °C nimmt bei konstanter H-Konzentration mit steigendem Al-Gehalt zu [34]. *Mechanische Eigenschaften* [6]. Al vermindert die Tendenz zur Wasserstoffversprödung, da mit zunehmendem Al-Gehalt (bis 12 At.-% Al) die Keimbildungsenergie für die Ausscheidung von TiH_2 erhöht wird. Weniger ins Gewicht fällt wahrscheinlich eine Erhöhung der H-Löslichkeit [88]. H verbessert das Formänderungsvermögen von Ti—Al-Legierungen in der Wärme [109, 167]. Der Steilabfall der Kerbschlagzähigkeit wird durch Al zu höheren H-Gehalten verschoben [90].

Ti—Cr—H. Einfluß von Cr, Co, Cu, Ni, Fe und V auf die H-Löslichkeit in Ti, Messung der Temperaturabhängigkeit von p_{H_2} für 0,05 At.-% H und 0—5 At.-% Zusatz bei 700—1000 °C [6, 19, 127]. Für die Beziehung:

$$\log c = 1/2 \log p_{H_2} - 1/2 \log K + Q/9{,}15\,T$$

sind die Konstanten K und Q in Abb. 23 gezeigt. Analoge Messungen für Cr, Co, Cu, Fe, Mn, Mo, Nb, Ni, Ta, V, Zr s. [170].

Ti—Co—H s. Ti—Cr—H

Ti—Cu—H s. Ti—Cr—H

Ti—Fe—H s. Ti—Cr—H

Ti—Mn—H s. Ti—Cr—H

Ti—Mo—H s. Ti—Cr—H

Ti—Nb—H s. Ti—Cr—H

Ti—Ni—H s. Ti—Cr—H, H-Löslichkeit in Ti_2Ni und TiNi [171]

Ti—Ta—H s. Ti—Cr—H

Ti—V—H s. Ti—Cr—H

Ti—Zr—H. Isothermer Schnitt bei 750 °C, 0—40 At.-% H [122]. Quasibinärer Schnitt für Ti/Zr = 1,86 [173]. Löslichkeit [170]. H_2-Gleichgewichtsdrücke für 550—650 °C, die Lösungswärme ΔH steigt von —13,1 für reines Ti auf —15,2 kcal/g-Atom H für reines Zr an [123].

Ti—Al—C. (T, c)-Schnitte, 900—1100 °C, 0—4 At.-% C, 0—17 At.-% Al [112]. Härte, 0—17 At.-% Al, 0—4 At.-% C, 600—1100 °C [112].

Ti—Cr—C. Isotherme Schnitte für 600, 800, 1000 °C, 0—20 At.-% Cr, 0—4 At.-% C [116].

Ti—Fe—C. Vollständiger isothermer Schnitt für 1000 °C [119].

Ti—Mo—C. Isothermer Schnitt für 1710 °C [124].

Ti—Ni—C. Isothermer Schnitt für 870 °C, 0—50 At.-% C [121].

Ti—W—C. Schmelzflächen und isothermer Schnitt bei 1900 °C [126].

Ti—Al—N. (T, c)-Schnitte, 900—1100 °C, 0—17 At.-% Al, 0—3,3 At.-% N [112]. Härte, 0—17 At.-% Al, 0—3,3 At.-% N, 700—1100 °C [112].

Ti—Cr—N. Konstitution 1000—1200 °C [169].

Ti—Al—O. (T, c)-Schnitte 900—1100 °C, 0—3 At.-% O, 0—17 At.-% Al [112], 1250 °C, 0—12,6 At.-% Al, 0—3 At.-% O [113]. Härte, 0—17 At.-% Al, 0—3 At.-% O, 700—1100 °C [112].

Ti—Cr—O. Konstitution [114, 115]. Isotherme Schnitte für 800, 1000, 1200 und 1400 °C, 0—20 At.-% Cr, 0—25 At.-% O [114].

Ti—Fe—O. Konstitution [115, 117, 118]. Isotherme Schnitte für 550, 650, 800, 900, 1000, 1100 °C, 0—4 At.-% Fe, 0—16 At.-% O [117].

Ti—Ni—O. Konstitution [115, 120]. Isothermer Schnitt für 900 °C, 0—75 At.-% Ni, 0—50 At.-% O [120].

Ti—Pu—O. Einfluß von O auf α-β-Umwandlung [172].

Ti—Sn—O. Konstitution 800—1300 °C [125].

Ti—V—O. Konstitution; α, β-Phase [174].

Ti—W—O. Isotherme Schnitte bei 1400 und 1700 °C [104].

Ti—Zr—O. Innere Reibung, mit zunehmendem Zr-Gehalt erhöht sich das Dämpfungsmaximum bei 420 °C und 0,8 Hz und verschiebt sich zu niedrigeren Temperaturen [49].

Titanlegierungen

H-*Löslichkeit* in verschiedenen Ti-Legierungen bei 10^{-2} Torr zwischen 600—1000 °C [22] s. Abb. 24. Die H-*Aufnahme* von Ti-Legierungen mit Salzkruste [128] sowie in organischen und anorganischen Elektrolyten [129—131] während des Spannungsrißkorrosionsprozesses kann zu Wasserstoffversprödung führen. Über die *Wasserstoffversprödung* bei langsamer (insbesondere bei β-Legierungen) und bei schneller Verformung von Ti-Legierungen mit den β-stabilisierenden Elementen Mo, V, Ta, Nb und Mn, Cr, Fe, auch zusammen mit den α-stabilisierenden Elementen Al, Sn und verschiedenen Zusätzen von interstitiellen Elementen geben [132—134] Auskunft. Mo erhöht von den β-stabilisierenden Elementen die H-Löslichkeit in der β-Phase am meisten und reduziert somit die Gefahr einer Hydridausscheidung. *Ausscheidung* von Ti-Hydrid in den Legierungen TiV2, TiTa3, TiAl3 und TiZr10 s. [89], in TiAl8Mo1V1 s. [88]. Die *Verteilung* von H zwischen α- und β-Phase in Ti-Legierungen wird radiographisch untersucht [135].

TiMn8 (7 At.-% Mn). H-*Löslichkeit* [4, 22] s. Abb. 24. *Entgasungskoeffizient* für 600, 700 und 800 °C s. Tab. 2.
Diffusion, H in TiMn8: $D = 0{,}405 \cdot 10^{-3} \exp(-7170/RT)$
(600—800 °C [22], Desorption [4]).
Innere Reibung in H-haltigem TiMn6 und TiMn 3,25 [34]. *Mechanische Eigenschaften*, Streckgrenze $\sigma_{0,2}$, Härte HV (15 kp), Bruchdehnung δ, 0—5,5 At.-% H [132], s. Abb. 25. Einfluß von H und der Korngröße auf das Kriechverhalten [137]; feines Korn erhöht die Kriechfestigkeit [138]. Ermüdung, 1,75 At.-% H bringen noch keine Verschlechterung [137, 138]. Kerbschlagzähigkeit (TiMn7), N hat bei —40 °C einen stärkeren Einfluß als O und C [151].

TiAl4Mn4 (7 At.-% Al, 3,5 At.-% Mn). H_2-*Gleichgewichtskonzentration* [4, 22, 139] s. Abb. 24.

Diffusion, H in TiAl4Mn4:
$D = 1{,}86 \cdot 10^{-3} \exp(-8920/RT)$ (600—800 °C, Desorption [4, 22])
H-*Entgasungskoeffizient* für 600, 700 und 800 °C s. Tab. 2. *Mechanische Eigenschaften* [132, 135]. Einfluß von H auf die Zugfestigkeit σ_B, die Bruchdehnung δ und Querschnittsverminderung ψ [132] s. Abb. 26. Einfluß von O, N und C auf die Kerbschlagzähigkeit [140]. Einfluß von H auf mechanische Eigenschaften von TiAlMn-Legierungen mit Zusätzen von jeweils 0,5 bis 4,5 Gew.-% Al und Mn [141, 142].

TiAl5Sn2,5 (8,5 At.-% Al, 1 At.-% Sn). H_2-*Löslichkeit* [4, 22] s. Abb. 24. *Diffusion*, H in TiAl5Sn2,5: $D = 1{,}22 \cdot 10^{-2} \exp(-12700/RT)$
(600—700 °C, Desorption [4, 22])
H-*Entgasungskoeffizient* für 600 und 700 °C s. Tab. 2 [22]. *Mechanische Eigenschaften*. Einfluß von C, N und O auf Zugfestigkeit σ_B und Bruchdehnung δ [143] und auf die Kerbschlagzähigkeit [140, 151]. O hat bei R. T. nur einen geringen Einfluß auf σ_B und δ [151, 140]. Einfluß von H auf die Kerbschlagzähigkeit [144], die Festigkeitseigenschaften (s. Abb. 27) [145] und das Bruchverhalten [146].

TiAl6V4 (10 At.-% Al, 4 At.-% V). *Konstitution* im System Ti—Al—V—O [174]. Gefügeuntersuchungen [166].
H-*Absorption* in H_2 (600 °C, < 100 Torr H_2) und H_2O (750 °C, < 15 Torr H_2O) sowie bei mechanischer Verformung (R. T., 1 atm H_2) [109]. *Mechanische Eigenschaften*. Einfluß von H und O auf die Streckgrenze $\sigma_{0,2}$, Zugfestigkeit σ_B, Bruchdehnung δ, Querschnittsverminderung ψ und das Kriechverhalten [4, 6, 176] s. Abb. 28 und 29. Versprödung von α-β-Legierungen [147, 180]. H-Aufnahme bei schwingender Beanspruchung zwischen —73 °C und R. T. durch gekerbte Proben. Mit zunehmender Temperatur nimmt die Zeitschwingfestigkeit ab, da zunehmend H eindiffundiert [152]. Einfluß von H auf die Kerbschlagzähigkeit [144]. Bruchverhalten in H_2 (R. T., 10^{-2} — 680 Torr H_2) [147]. Kriechverhalten in H_2 s. [28, 147, 152].

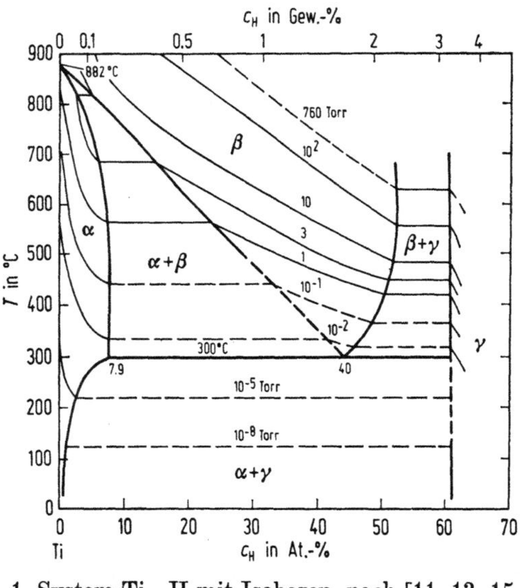

Abb. 1. System Ti—H mit Isobaren, nach [11, 13, 15, 20].

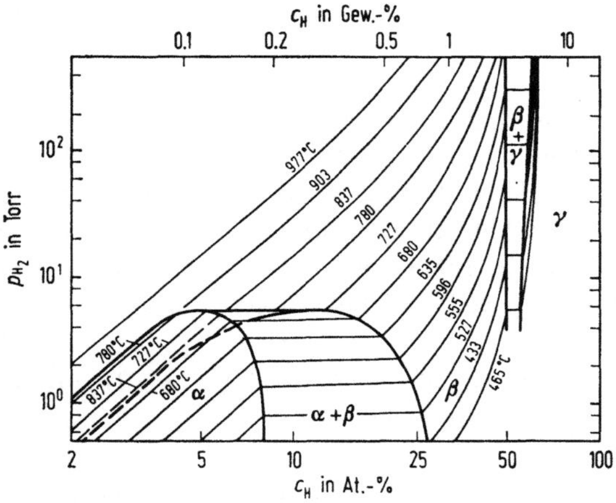

Abb. 2. (p,c)-Isothermen im System Ti—H [15].

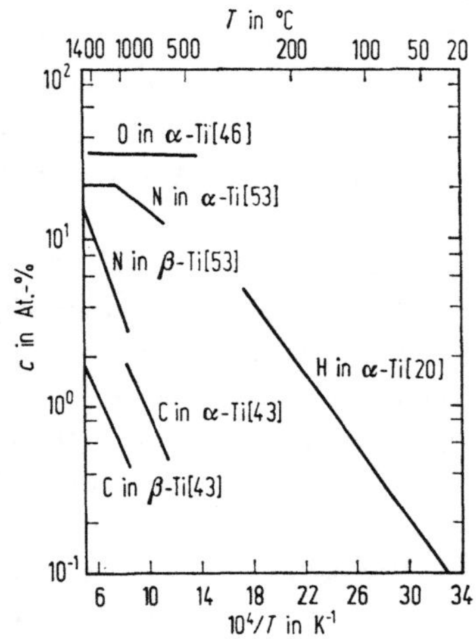

Abb. 3. Löslichkeitsgrenze für H, C, N und O in α- und β-Ti.

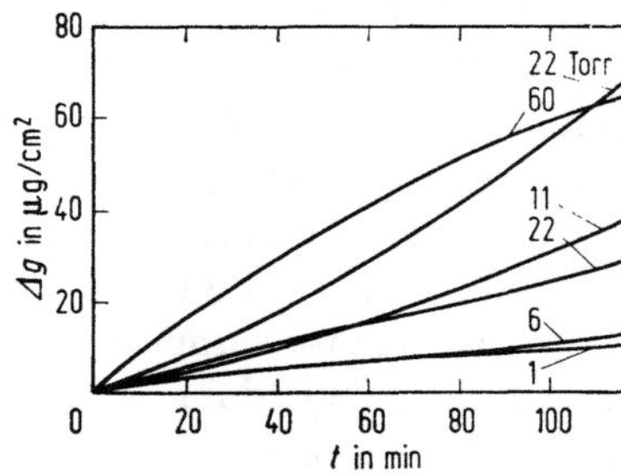

Abb. 4. Einfluß des H_2-Druckes auf die H-Absorption von Ti bei 275 °C [26].

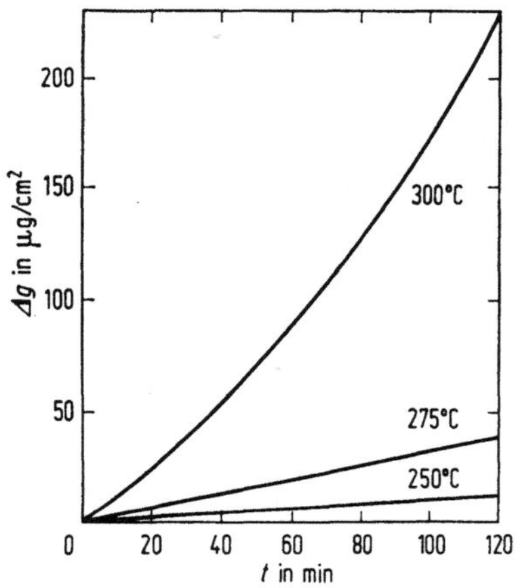

Abb. 5. Einfluß der Temperatur auf die H-Absorption von Ti bei 21 Torr [26].

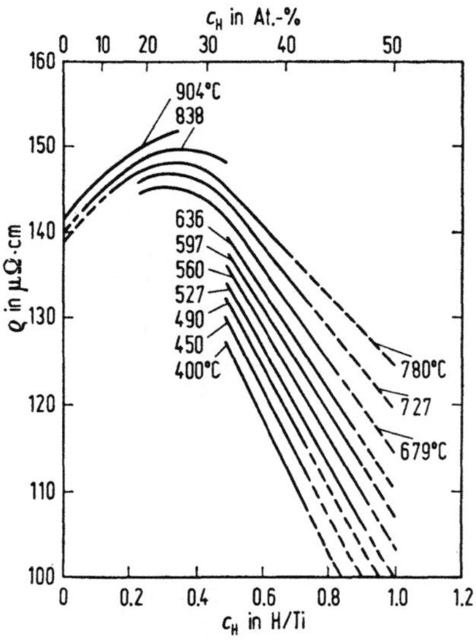

Abb. 6. Einfluß von H auf den elektrischen Widerstand ϱ von Ti [36].

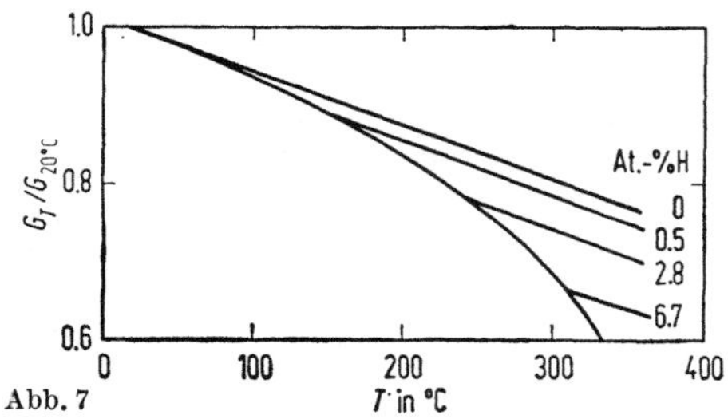

Abb. 7

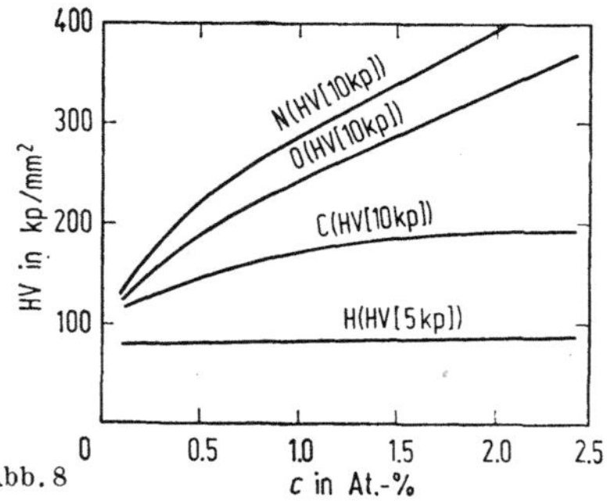

Abb. 8

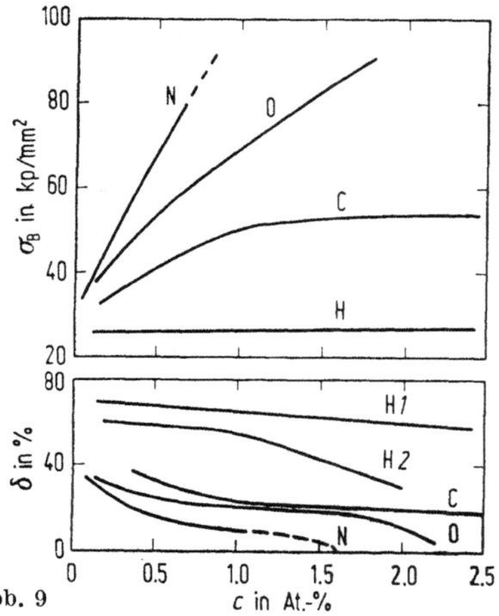

Abb. 9

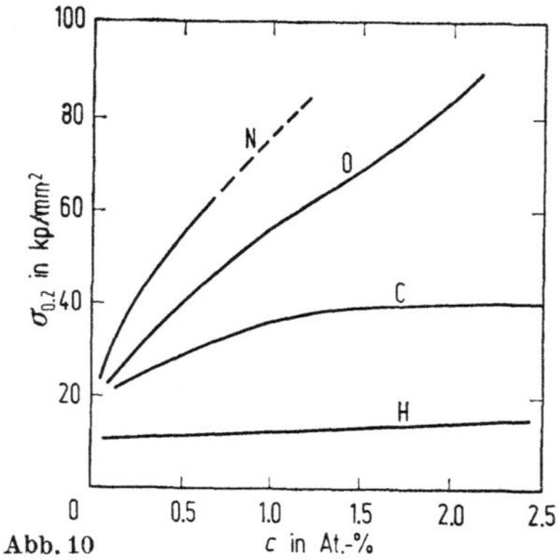

Abb. 10

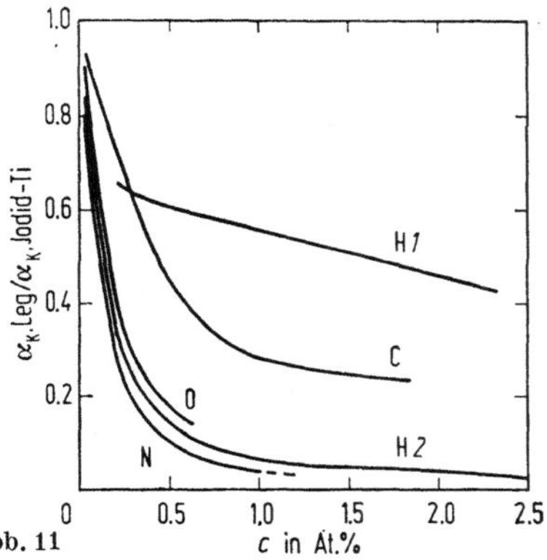

Abb. 11

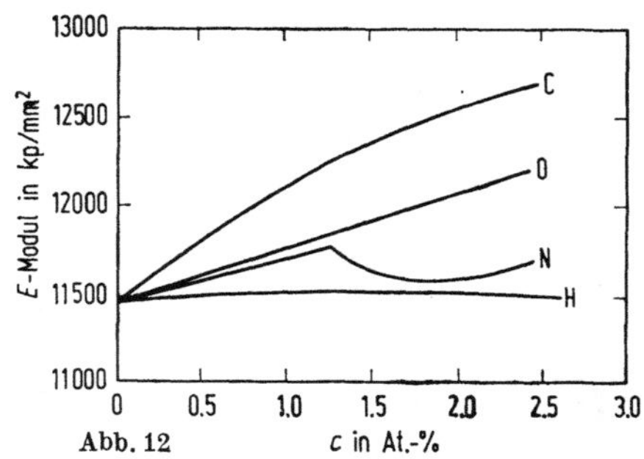

Abb. 12

Abb. 7. Einfluß der Temperatur auf den Schubmodul G von H-haltigem Ti [21].

Abb. 8. Einfluß von H, C, O und N auf die Härte HV von Jodid-Ti bei R. T. [13, 48].

Abb. 9. Einfluß von H, C, N und O auf die Zugfestigkeit σ_B und Bruchdehnung δ von Jodid-Ti bei R. T. (H1: $\dot{\varepsilon} = 0{,}008\ \text{min}^{-1}$; H2: $\dot{\varepsilon} = 0{,}13\ \text{min}^{-1}$ [13, 48].

Abb. 10. Einfluß von H, C, N und O auf die Streckgrenze $\sigma_{0,2}$ von Jodid-Ti bei R. T. [13, 48].

Abb. 11. Einfluß von H, C, N und O auf die Kerbschlagzähigkeit α_K von Jodid-Ti bei R. T. (H1: 64 h, 400°C, wasserabgeschreckt; H2: 64 h, 400°C, langsam abgekühlt, Hydridausscheidungen; C, N, O: 2 h, 850°C, wasserabgeschreckt) [13, 140].

Abb. 12. Einfluß von H, C, N und O auf den E-Modul von Ti bei R. T. [50, 64].

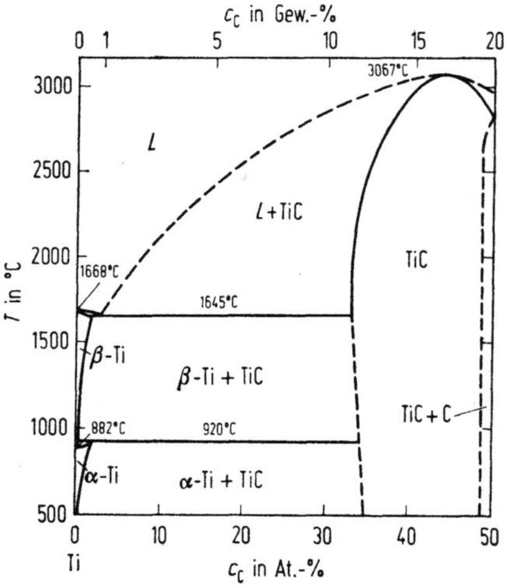

Abb. 13. System Ti—C [45].

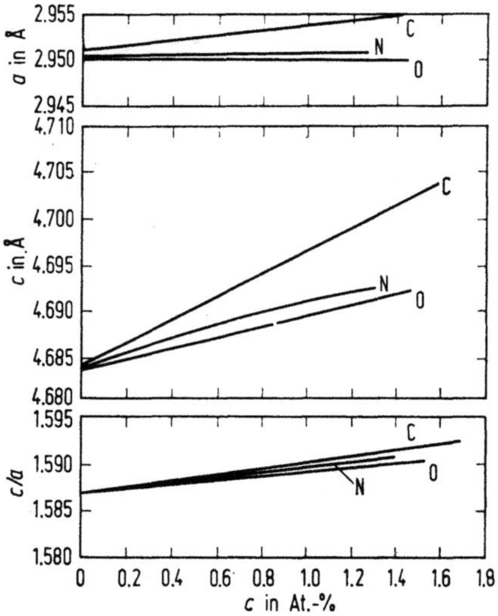

Abb. 14. Einfluß von C, N und O auf die Gitterkonstanten *a* und *c* von α-Ti [43, 59].

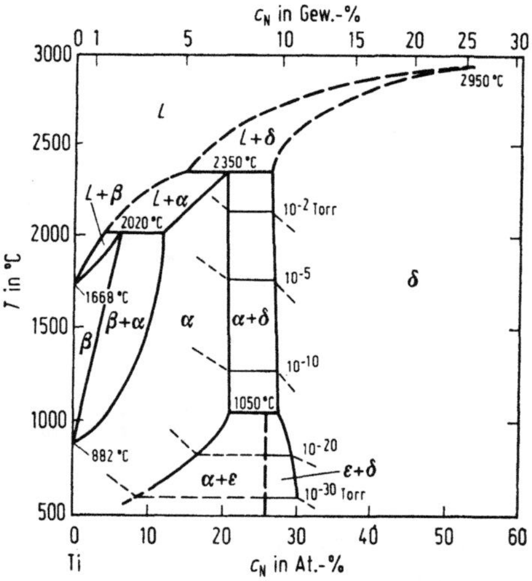

Abb. 15. System Ti—N [8, 53] mit Isobaren.

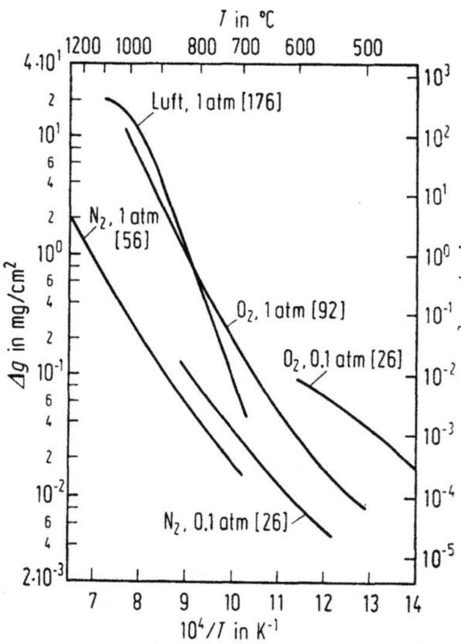

Abb. 16. Gewichtszunahme von Ti in O_2, N_2 und Luft in 1 h.

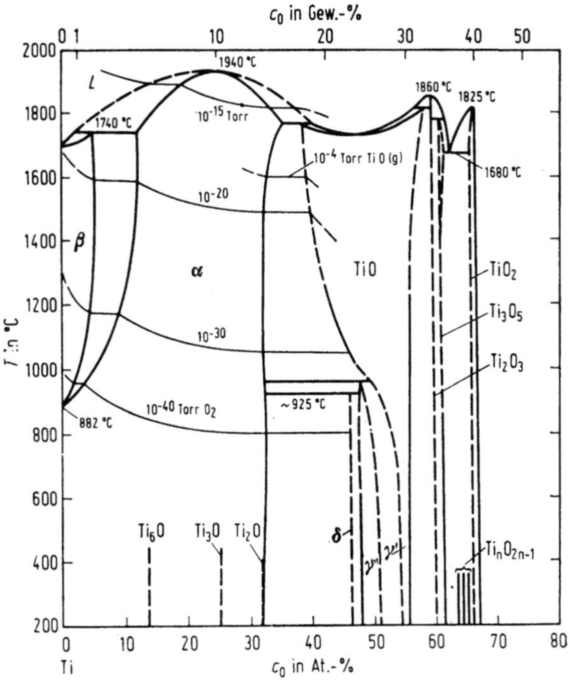

Abb. 17. System Ti—O, nach [8, 9, 67, 75], mit Isobaren, nach [158].

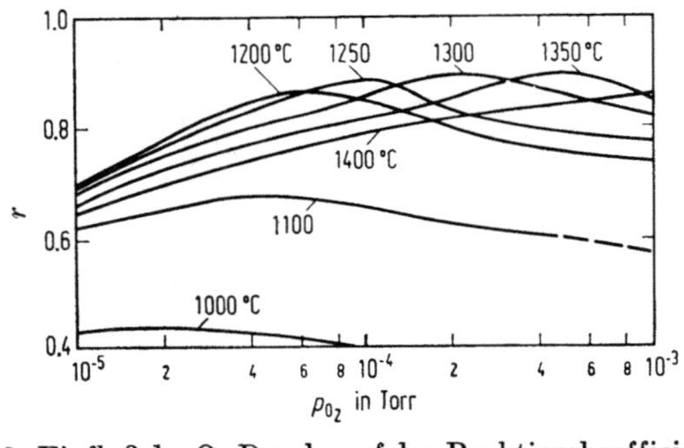

Abb. 18. Einfluß des O_2-Drucks auf den Reaktionskoeffizienten r für die O-Absorption von β-Ti (Drähte 0,5 mm Dmr.) [177].

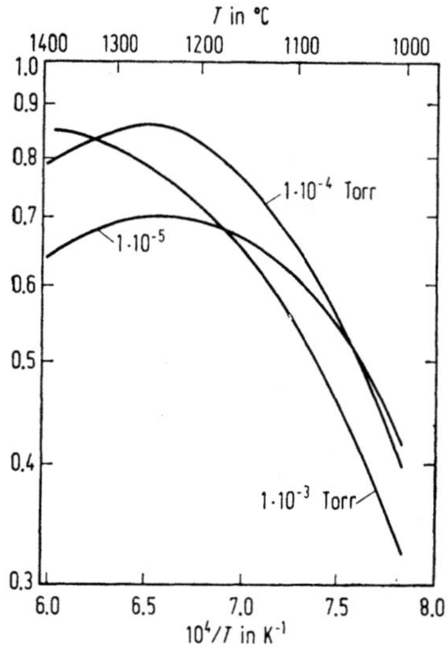

Abb. 19. Reaktionskoeffizient r für die O-Absorption von β-Ti bei verschiedenen Drücken (Drähte 0,5 mm Dmr.) [177].

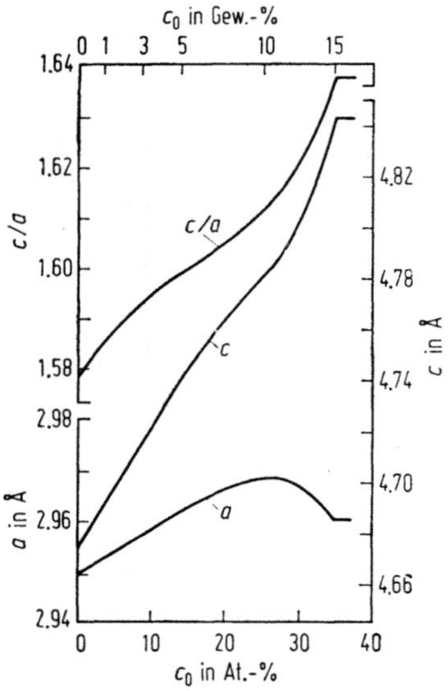

Abb. 20. Einfluß von O auf die Gitterparameter a und c von α-Ti [160, 161].

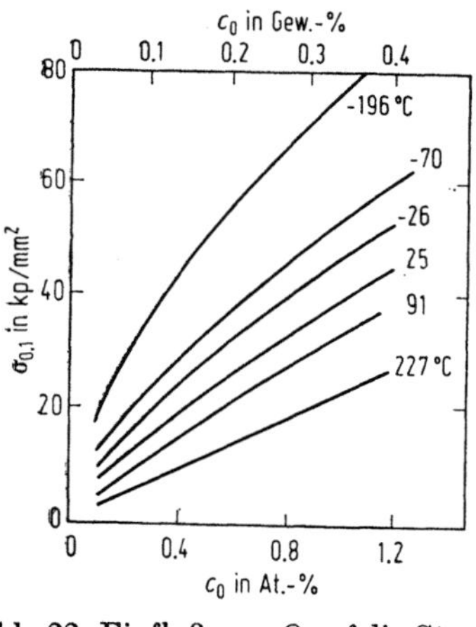

Abb. 22. Einfluß von O auf die Streckgrenze $\sigma_{0,1}$ von Ti (Drähte mit Bambusstruktur, $\dot{\varepsilon} = 1{,}4 \cdot 10^{-4}\ s^{-1}$) [179].

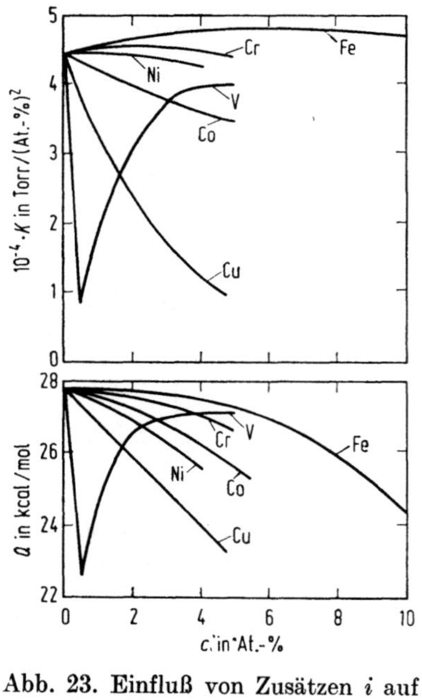

Abb. 23. Einfluß von Zusätzen i auf die H-Löslichkeit von Ti, $p_{H_2} = K \cdot c^2 \exp(-Q/RT)$ [6, 19, 127].

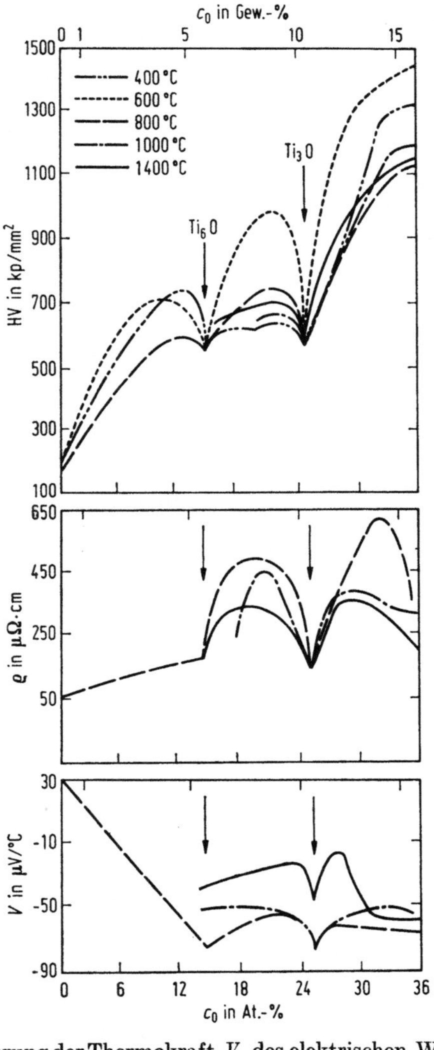

Abb. 21. Änderung der Thermokraft V, des elektrischen Widerstandes ϱ und der Härte HV von Ti in Abhängigkeit vom O-Gehalt, nach [66].

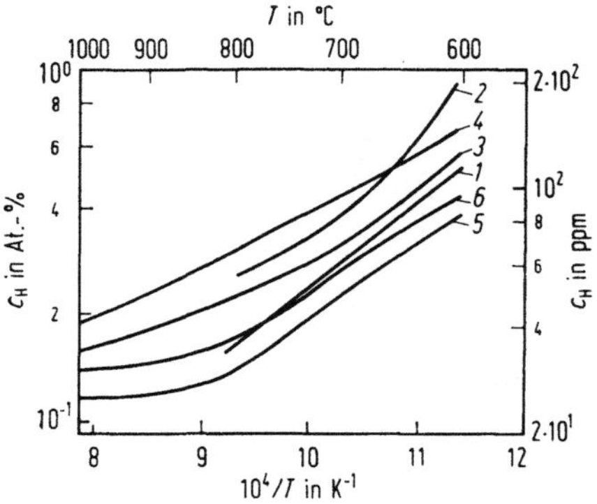

Abb. 24. H-Löslichkeit in Ti und Ti-Legierungen ($p_{H_2} = 10^{-2}$ Torr; *1*: Jodid-Ti; *2*: Ti mit wenig C, N, O; *3*: Ti mit viel C, N, O; *4*: TiMn8; *5*: TiAl5Sn2,5; *6*: TiAl4Mn4), nach [22].

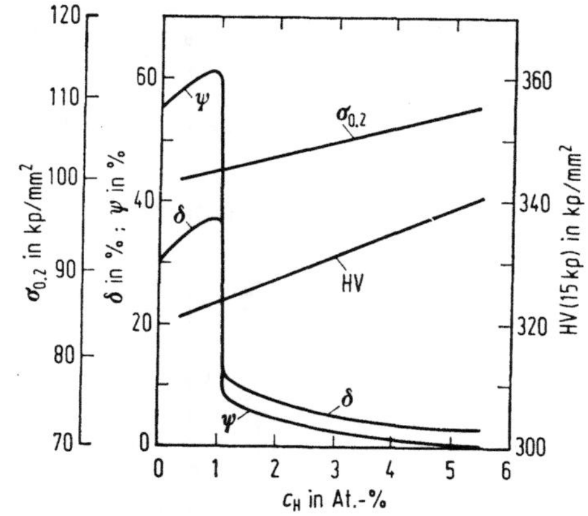

Abb. 25. Einfluß von H auf die Streckgrenze $\sigma_{0,2}$, die Bruchdehnung δ, die Querschnittsverminderung ψ und die Härte HV von TiMn8 [132].

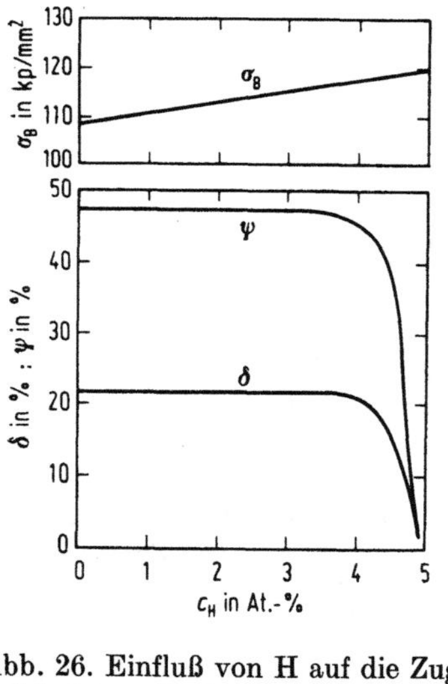

Abb. 26. Einfluß von H auf die Zugfestigkeit σ_B, die Bruchdehnung δ und die Querschnittsverminderung ψ von TiAl4Mn4 [132].

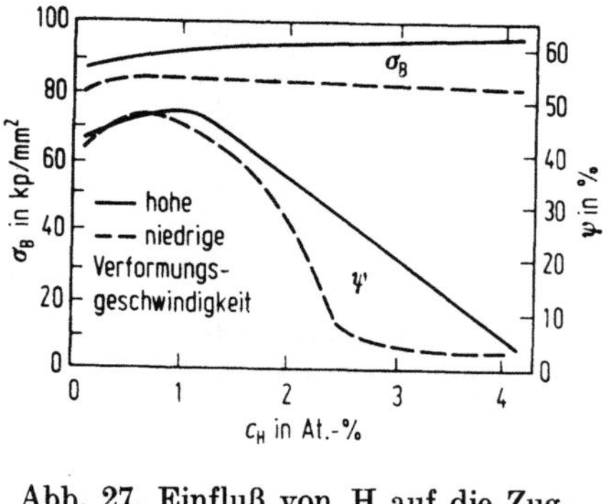

Abb. 27. Einfluß von H auf die Zugfestigkeit σ_B und die Querschnittsverminderung ψ von TiAl5Sn2,5 [145].

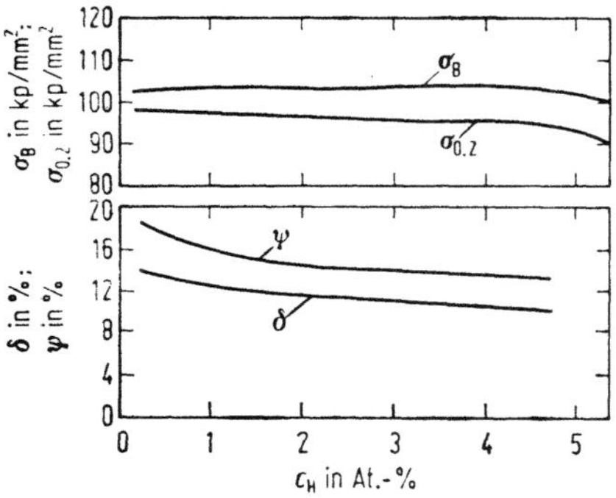

Abb. 28. Einfluß von H auf die Zugfestigkeit σ_B, die Streckgrenze $\sigma_{0,2}$, die Bruchdehnung δ und die Querschnittsverminderung ψ von TiAl6V4 [6].

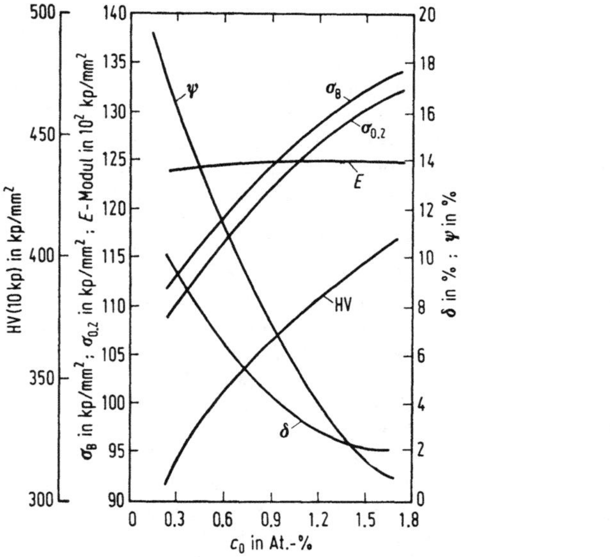

Abb. 29. Einfluß von O auf die Härte HV, die Zugfestigkeit σ_B, die Streckgrenze $\sigma_{0,2}$, den E-Modul, die Bruchdehnung δ und die Querschnittsverminderung ψ von TiAl6V4 (30 min. 950 °C, wasserabgeschreckt) [4, 176].

Literatur zu Titan

1 McQuillan, A. D.; McQuillan, M. K.: Titanium, London: Butterworths 1956.

2 Molchanova, E. K.: Phase Diagrams of Titanium Alloys, übersetzt aus dem Russischen (Russische Ausgabe 1964), Jerusalem: S. Monson 1965; London: Oldbourne Press.

3 Kornilov, I. I., Ed.: Titanium and its Alloys, übersetzt aus dem Russischen (Russische Ausgabe 1963), Jerusalem: S. Monson 1966; London: Oldbourne Press.

4 Zwicker, U.: Titan und Titanlegierungen, Berlin, Heidelberg, New York: Springer 1974.

5 Mueller, W. M.; Blackledge, J. P.; Libowitz, G. G.: Metal Hydrides, New York: Academic Press 1968.

6 Livanov, V. A.; Bukhanova, A. A.; Kolachev, B. A.: Hydrogen in Titanium, Übersetzung der russischen Aufl., Moskau 1962, Israel Program for Scientific Translation, Jerusalem 1965; London: Oldbourne Press.

7 Jaffee, R. I.; Promisel, N. E.: The Science, Technology and Application of Titanium, Proceedings of the First International Conference, London, 21.—24. 5. 1968, Oxford: Pergamon 1970.

7a Jaffee, R. I.; Barthe, H. M.: Titanium Science and Technology, Proceedings of the Second International Conference, 2.—5. 5. 72, New York: Plenum 1973.

8 Hansen, M.; Anderko, K.: Constitution of Binary Alloys, New York: McGraw-Hill 1958.

9 Elliott, R. P.: Constitution of Binary Alloys, First Supplement, New York: McGraw-Hill 1965.

10 Shunk, F. A.: Constitution of Binary Alloys, Second Supplement, New York: McGraw-Hill 1969.

11 Haag, R. M.; Shipko, F. I.: J. Amer. Chem. Soc. 78 (1956) 5155.

12 McQuillan, A. D.; Wallbank, A. D.: J. Chem. Phys. 51 (1969) 1026.

13 Lenning, G. A.; Craighead, C. M.; Jaffee, R. I.: Trans. AIME 200 (1954) 367.

14 McQuillan, A. D.: J. Chem. Phys. 53 (1970) 156.

15 McQuillan, A. D.: Proc. Roy. Soc. A204 (1950) 309.

16 Jaffee, L. D.: Trans. AIME 206 (1956) 861.
17 Sidhu, S. S.; Heaton, L.; Zauberis, D. D.: Acta Cryst. 9 (1956) 607.
18 Stalinski, B.; Coogan, C. K.; Gutowsky, H. S.: J. Chem. Phys. 34 (1961) 1191.
19 McQuillan, A. D.: J. Inst. Metals 79 (1951) 73.
20 Vitt, R. S.; Ono, K.: Trans. AIME 2 (1971) 608.
21 Köster, W.; Bangert, L.; Ewers, M.: Z. Metallkde. 47 (1956) 564.
22 Albrecht, W. M.; Mallet, M. W.: Trans. AIME 212 (1958) 204.
23 Morton, S. R.; Stark, D. S.: Trans. Faraday Soc. 56 (1960) 351.
24 Lakomskii, V. S.; Kalin-yak, N.: Izv. Akad. Nauk SSSR, Metally (1966) no 2, 149, Russian Metallurgy (1966) no. 2.
25 Beck, R. L.: USAEC-Rpt. LAR 10, 1960.
26 Gulbransen, E. A.; Andrew, K. F.: Trans. AIME 185 (1949) 741.
27 Stout, V. L.; Gibbons, M. D.: J. Appl. Phys. 26 (1955) 1488.
28 Williams, D. N.; Albrecht, W. M.; Mallet, M. W.; Jaffee, R. I. et al.: Rpt. WADC TR 56-616, Teil IV (März 1957).
29 Wasilewski, R. I.; Kehl, G. L.: Metallurgia 50 (1954) 225.
30 Papzoglou, T. P.; Hepworth, M. T.: Trans. AIME 242 (1968) 682.
31 Chretien, A.; Freundlich, W.; Bichora, M.: Compt. Rend. 238 (1954) 1423.
32 Touloukian, Y. S. Ed.: Thermophysical Properties of High Temperature Solid Materials (6 Bde.), New York: The MacMillan Company 1967.
33 Krylov, B. S. In [3] 167.
34 Semenio, M.; Saito, H. In [7] 393.
35 Jaffee, R. I.; Campell, I. E.: J. Metals 1 (1949) 588.
36 Ames, A. D.; McQuillan, A. D.: Acta Met. 4 (1956) 609.
37 Gesi, K.; Takagi, Y.; Takeuchi, T.: J. Phys. Soc. Jap. 18 (1963) 306.
38 Trzebiatowski, W.; Stalinski, B.: Bull. Acad. Pol. Sci. 1 (1953) 131.
39 Beevers, C. S.; Warren, M. R.; Edmonds, D. V.: J. Less-Common Metals 14 (1968) 387.
40 Claus, K.: Z. Metallkde. 49 (1958) 201.
41 Rüdiger, O.; Knorr, W.: Techn. Mitt. Krupp 14 (1956) 105.
42 Beevers, C. S. In [7] 535.
43 Cadoff, I.; Nielsen, S. P.: Trans. AIME 197 (1953) 248.
44 Bickerdike, R. L.; Hughes, G.: J. Less-Common Metals 1 (1959) 42.
45 Storms, E. K.: The Refractory Carbides, New York, London: Academic Press 1967.
46 Richardson, F. D.: J. Iron Steel Inst. 175 (1953) 53.
47 Wagner, F. C.; Bucur, E. I.; Steinberg, M. A.: Trans. ASM 48 (1956) 742.
48 Jaffee, R. I.; Ogden, H. R.; Maykuth, D. J.: Trans. AIME 188 (1950) 1261.
49 Miller, D. R.; Browne, K. M. In [7] 401.
50 Graft, W. H.; Levinson, D. W.; Rostocker, W.: Trans. ASM 49 (1957) 263.
51 Ogden, H. R.; Jaffee, R. I.; Holden, F. C.: J. Metals 7 (1955) 73.
52 Suiter, J. W.: J. Inst. Metals 83 (1955) 460.
53 Paly, A. E.; Margolin, H.; Nielson, I. P.: Trans. ASM 46 (1954) 312.
54 Kubaschewski, O.; Evans, E. Ll.; Alcock, C. B.: Metallurgical Thermochemistry, 4th ed., Oxford: Pergamon 1967.
55 Pearson, J.; Ende, U. J. C.: J. Iron Steel Inst. 175 (1953) 52.
56 Wasilewski, R. S.; Kehl, G. L.: J. Inst. Metals 83 (1954) 94.
57 Eremeyer, V. S. et al.: Izv. Akad. Nauk SSSR, Metally (1969), no 4, 182; Russ. Metallurgy (1969) no. 4.
58 Levinskii, Yu. V.: Izv. Akad. Nauk SSSR, Neorg. Mater. 4 (1968), no 12, 2068.
59 Clark, H. T.: Trans. AIME 185 (1949) 588.
60 Miller, D. R.: Trans. AIME 224 (1962) 275.
61 Yankee, W. R.; Machlin, E. S.: Trans. AIME 200 (1954) 989.
62 Ramsdell, S. D.; Matthews, D. R.: Rpt. BM-RI-5701 (1960).
63 Conrad, H.; Jones, R. In [7] 489.
64 Kolachev, B. A. et al.: Fiz. Met. Metallov. 26 (1968) 572.
65 Bumps, E. S.; Kessler, H. D.; Hansen, M.: Trans. ASM 45 (1953) 1008.
66 Kornilov, I. I.: In [7] 407.

67 Jostons, A.; McDougall, P.: In [7] 745.
68 Weissmann, S.; Shrier, A.: In [7] 441.
69 Kornilov, I. I. et al.: Met. Trans. 1 (1970) 2569.
70 Koiwa, M.; Hirabayashi, M.: J. Phys. Soc. Japan 27 (1969) 801.
71 Holmberg, B.: Acta Chem. Scand. 16 (1962) 1245.
72 Kornilov, I. I.; Glazova, V. V.: Metallovedenie Titana, Moscow: Nauka 1964, S. 15.
73 Kornilov, I. I.; Glazova, V. V.: Dokl. Akad. Nauk SSSR 150 (1963) 113; Proc. Akad. Sci. USSR, Chem. Sect. 150 (1963) 1.
74 Anderson, S.; Magneli, A. et al.: Acta Chem. Scand. 11 (1957) 1641.
75 Kubaschewski, O.; Dench, W. A.: J. Inst. Metals 82 (1953) 87.
76 Mah, A. D.; Kelley, K. K. et al.: Rpt. BM-RI 5316 (1957).
77 Hepworth, M. T.; Schuhmann, R. jr.: Trans. AIME 224 (1962) 928.
78 Gilles, W.: J. Chem. Phys. 46 (1967) 4987, 2465, 2461.
79 Pratt, J. N.; Bratina, W. J.; Chalmers, B.: Acta Met. 2 (1954) 203.
80 Rosa, C. J.: Met. Trans. 1 (1970) 2517.
81 Roe, W. P.: Trans. ASM 52 (1960) 191.
82 Sokirianskii, L. F. et al.: Fiz. Met. Metallov. 28 (1969) no 2, 103.
83 Sokirianskii, L. F. et al.: In N. P. Shazin (Ed.): Titanovye Splavy Nov. Tekh. Mater. Nauk Soveshch. Moskau: Nauka 1966.
84 Tikhomirov, V. I.; Dyachkov, V. I.: Zhur. Prikl. Khim. 40 (1967) no. 11, 2405.
85 Yavoiskii, V. I. et al.: Izv. VUZ Tsvetnaya Met. 12 (1969) no. 1, 106.
86 Craighead, C. M.; Lenning, G. A.; Jaffee, R. I.: Trans. AIME 194 (1952) 1317.
87 Beevers, C. S.; Edmonds, D. V.: Trans. AIME 245 (1969) 2391.
88 Boyd, J. D.: Trans. ASM 62 (1969) 977.
89 Liu, T. S.; Steinberg, M. A.: ASM Trans. Quart. 50 (1958) 455.
90 Berger, L. W.; Williams, D. N.; Jaffee, R. I.: Trans. AIME 212 (1958) 509.
91 McDonald, N. R.; Wallwork, G. R.: Oxidation of Metals 2 (1970) 263.
92 Kofstad, P.: High Temperature Oxidation of Metals, New York: Wiley 1966.
93 Hauffe, K.: Reaktionen in und an festen Stoffen, Berlin, Heidelberg, New York: Springer 1966.
94 Hurlen, T.: J. Inst. Metals 89 (1960/61) 128.
95 Stringer, J.: Acta Met. 8 (1960) 810; J. Less-Common Metals 6 (1964) 207.
96 Wasilewski, R. I.: Trans. AIME 224 (1962) 8.
97 Yao, Y. L.: Trans. AIME 215 (1959) 851.
98 Wasilewski, R. I.: Trans. AIME 221 (1961) 1231.
99 Okazaki, K.; Conrad, H.: Acta Met. 21 (1973) 1117.
100 Beevers, C. J.; Robinson, J. L.: J. Less-Common Metals 17 (1969) 345.
101 Johnson, D. L.; Nelson, H. G.: Met. Trans. 4 (1973) 569.
102 Wasilewski, R. J.: J. Appl. Phys. 40 (1969) 2677. 1318.
103 Jostons, A.; Jenkins, A. E.: Trans. AIME 239 (1967).
104 Chang, L. Y.; Scroger, M. G.; Phillips, B.: J. Less-Common Metals 12 (1967) 51.
105 Nelson, H. G.; Williams, D. P.; Stein, J. E.: Met. Trans. 3 (1972) 469.
106 Stones, L.; Margolin, H.: J. Metals 5 (1953) 1498.
107 Grieveson, P.: Proc. Brit. Ceram. Soc. 8 (1967) 139.
108 Williams, D. N.; Schwarzberg, F. K.; Jaffee, R. I.: Trans. ASM 60 (1959) 802.
109 Schleicher, H. W.; Zwicker, U.: Z. Metallkde. 47 (1956) 570.
110 Sanderson, G.; Scully, J. C.: Trans. AIME 239 (1967) 1883.
111 Margolin, H.; Portisch, H.: Trans. AIME 242 (1968) 1901.
112 Van Thyne, R. I.; Kessler, H. D.: Trans. AIME 200 (1954) 193.
113 Chofield, T. H.; Bacon, A. E.: J. Inst. Metals 85 (1957) 193.
114 Wang, C.-C.; Grant, N. J.: J. Metals 6 (1954) 200.
115 Rostoker, W.: J. Metals 7 (1955) 113.
116 Kurnakov, N. N.; Troneva, M. Ya.: Zhur. Neorg. Khim. 7 (1962) 157, in [2].
117 Allen, N. P.; Shefield, T. H.; Melish, B.: J. Inst. Metals 82 (1954) 534.
118 Ence, E.; Margolin, H.: J. Metals 8 (1956) 572.
119 Murakami, V.; Kimura, H.; Nishimura, J.: Mem. Fac. Eng. Kyoto Univ. 19 (1957) 302.
120 Rostoker, W.: J. Metals 4 (1952) 209.

121 Slover, E. R.; Wulff, J.: Trans. AIME 215 (1959) 127.
122 Pessall, N.; McQuillan, A. D.: Trans. AIME 224 (1962) 538.
123 Labaton, V. Y.; Garner, E. V.; Whitehead, E.: J. Inorg. Nucl. Chem. 24 (1962) 1200.
124 Albert, H. J.; Norton, J. T.: Planseeberichte Pulvermet. 4 (1956) 2.
125 Kenina, E. M. et al.: Dokl. Akad. Nauk SSSR 192 (1970) no. 1, 95.
126 Nowotny, H.; Parthe, E.; Kieffer, R.; Benesovsky, F.: Z. Metallkde. 45 (1954) 97.
127 McQuillan, A. D.: J. Inst. Metals 79 (1951) 371.
128 Gray, H. R.: Intern. Symposium on Stress-Corrosion Mechanisms in Titanium Alloys, Atlanta 27.—29. 1. 1971.
129 Sanderson, G.; Powell, D. T.; Scully, J. C.: Corrosion Science 8 (1968) 473, 541.
130 Blackburn, M. J.; Feeny, S. A.; Beck, T. R.: In M. G. Fontana, R. Staehle (eds.): Advances in Corrosion Science and Technology, Bd. 3, New York: Plenum (1973) 67.
131 Jackson, J. D.; Boyd, W. K.: In [7] 267.
132 Jaffee, R. I.; Lenning, G. A.; Craighead, C. M.: J. Metals 8 (1956) 907.
133 Jaffee, R. I.; Williams, D. N.: Trans. ASM 60 (1959) 820.
134 Williams, D. N.; Schwarzberg, F.; Jaffee, R. I.: Trans. ASM 60 (1959) 802.
135 Tiner, N. A. et al.: Trans. ASM 61 (1968) 1.
136 Paton, N. E.; Hickmann, B. S.; Leslie, D. H.: Met. Trans. 2 (1971) 2791.
137 Fleitman, A. H.: Trans. ASM 52 (1960) 170.
138 Craighead, C. M.; Lenning, G. A.; Jaffee, R. I.: Trans. AIME 206 (1956) 923.
139 McKinsley, T. D.: J. Electrochem. Soc. 102 (1955) 117.
140 Ogden, H. R.; Jaffee, R. S.: Rpt. TML-20 (1955); J. Metals 6 (1954) 1282.
141 Haynes, R.: J. Inst. Metals 88 (1959—60) 509; 100 (1972) 325.
142 Haynes, R.; Maddocks, P. J.: Metal Sci. J. 3 (1969) 190.
143 Christian, J. L. et al.: Proc. ASTM 63 (1963) 578.
144 Livanov, V. A. et al.: In [7] 561.
145 Haynes, R.: J. Inst. Metals 90 (1961/62) 80.
146 Williams, D. P.; Nelson, H. G.: Met. Trans. 3 (1972) 2107.
147 Nelson, H. G.: Met. Trans. 4 (1973) 364.
148 Berger, L. W. et al.: Trans. AIME 212 (1958) 41.
149 Jostons, A.; Malin, A. S.: Acta Cryst. 24B (1968) 211.
150 Nischimura, H.; Kimura, H.: J. Jap. Inst. Metals 20 (1956) 589.
151 Steiger, E. A.: Titanium Course, New York University, Sept. 8.—11. 1969, Lecture 4.
152 Pittinato, G. F.: Trans. ASM 62 (1969) 410.
153 Crane, R. L.; Chattoraj, S. C.; Strope, M. B.: J. Less-Common Metals 25 (1971) 225.
154 Williams, D. N.; Koehl, G. B.; Bartlett, E. S.: J. Less-Common Metals 19 (1969) 385.
155 Reichardt, J. W.: J. Vac. Sci. Technol. 9 (1972) 548.
156 Fesenko, V. V.; Turchanin, A. G.; Guseva, E. A.: Zhur. Fiz. Khim 45 (1971) no. 8, 1966.
157 Nagasaka, M.; Yamashina, T.: J. Vac. Sci. Technol. 9 (1972) 543.
158 Komarek, K. L.; Silver, M.: In Proc. IAEA Symp., Thermodynamics of Nuclear Material, Wien 1962.
159 Nagasaka, M.; Yamashina, T.: J. Vac. Sci. Technol. 8 (1971) 605.
160 Hirabayashi, M.; Yamaguchi, S.: Bull. Jap. Inst. Metals 10 (1971) 591.
161 Wasilewski, R. J.: Trans. AIME 221 (1961) 1231.
162 Korobkow, I. I.; Osipov, V. V.: Fiz. Met. Metallov. 27 (1959) No 5, 935.
163 Ushakov, B. F.; Zagryazkin, V. N.; Panov, A. S.: Izv. Akad. Nauk SSSR, Neorg. Mater. 8 (1972) no. 11, 1921.
164 Tikhomirov, V. I.; Ryabov, E. M.: Zhur. Prikl. Khim 43 (1970) no. 2, 432.
165 Nechaev, Yu. A.; Kamyshov, V. M.: Izv. Akad. Nauk SSSR, Metally (1969) no. 6, 50; Russian Metallurgy (1969) no. 6.
166 Pittinato, G. F.; Hanna, W. P.: Met. Trans. 3 (1972) 2905.
167 Syshohikov, V. I.: Met. Term. Obrab. Metallov (1970) no. 5, 66.
168 Kolachev, B. A.: Izv. VUZ Tsvetnaya Met. (1972) No 4, 137.
169 Kieffer, R.; Ettmayer, P. E.; Petter, F.: Monatsh. Chem. 102 (1971) 1182.
170 Saito, H.; Someno, M.: J. Jap. Inst. Metals 36 (1972) 791.
171 Buchner, H. et al.: Z. Metallkde. 63 (1972) 497.
172 Langnille, A.; Remy, C.; Calais, D.: Mém. Sci. Rev. Mét. 69 (1972) 671.

173 Miron, N. F. et al.: Kristallografiya 16 (1971) no. 2, 324.
174 Kornilov, I. I.: Fiz. Met. Metallov. 33 (1972) no. 4, 881.
175 Ignatov, D. V. et al.: In [7a] Vol. 4, 2535.
176 Becker, H.; Breme, J.; Zwicker, U.: FHG-Rpt. T 02420/92420/91422 (1972).
177 Kanbach, H.: Diplomarbeit, Universität Stuttgart (1974).
178 Hörz, G.; Kanbach, H.: unveröffentlichte Ergebnisse.
179 Krohn, U.: Diplomarbeit, Universität Stuttgart (1974).
180 Zwicker, U.: Werkstoffe und Korrosion 19 (1968) 905.
181 Carlson, O. N.; Schmidt, F. A.; Lichtenberg, R. R.: Met. Trans. 6 A (1975) 725.

Zirkonium

(Abb. S. 426, Lit. S. 437)

P. Paetz und F. Sperner

Zirkonium-Wasserstoff

Konstitution [1—21, 98, 175] s. Abb. 1. Phasen [1—7]: α-Zr hdP; β-Zr krz; δ-ZrH_2 kfz; ε-ZrH_2 tetr. fz, $c/a < 1$; γ-ZrH tetr., $c/a > 1$

Löslichkeit [15, 16] s. Abb. 2 und 3
H in α-Zr: $\log c = 1/2 \log p - 2{,}42 + 3110/T$ (425—660 °C [15])
H in β-Zr: $\log c = 1/2 \log p - 2{,}25 + 3350/T$
(< 10 At.-% H, 800—950 °C [16])
Eine Kaltverformung von 80% hat zwischen 360 und 460 °C keinen Einfluß auf die H-Löslichkeit [12].

Löslichkeitsgrenze [4, 12, 23] s. Abb. 4
H in α-Zr: $\log c_{max} = 3{,}0 - 1870/T$ (300—550 °C [12])
H in β-Zr s. Abb. 1. Bei rascher Abkühlung, z. B. von 300 °C, können übersättigte α-Mischkristalle hergestellt werden [12, 13, 24].

Zersetzungsdrücke von δ-ZrH_2
δ-ZrH_2 — α-Zr: $\log p_{H_2} = 10{,}9 - 9960/T$ (400—550 °C [15, 16])
δ-ZrH_2 — β-Zr: $\log p_{H_2} = 12{,}5 - 11100/T$ (550—900 °C [10, 16])

Thermodynamische Daten [9—16]
$1/2\ H_2 = $ H(in α-Zr): $\Delta G^0 = -14220 + 13{,}63\ T$ (425—660 °C [15])
$1/2\ H_2 = $ H(in β-Zr): $\Delta G^0 = -15320 + 12{,}85\ T$
(< 10 At.-% H, 800—950 °C [16])
$1/2\ \delta$-ZrH_2 = H(in α-Zr) + α-Zr: $\Delta G^0 = 8550 - 4{,}56\ T$ (300—550 °C [12])
1/2 Zr(in α) + $1/2\ H_2 = 1/2\ \delta$-ZrH_2: $\Delta G^0 = -22780 + 18{,}3\ T$
(400—550 °C [15, 16])
1/2 Zr(in β) + $1/2\ H_2 = 1/2\ \delta$-ZrH_2: $\Delta G^0 = -25400 + 22{,}0\ T$
(550—900 °C [10, 16])
Nach [22] tritt in β-Zr bei etwa 1 At.-% H bzw. 1 At.-% D ein Minimum in der Lösungswärme ΔH auf.

Diffusion [2, 4, 19, 25—28]
H in α-Zr: $D = 4 \cdot 10^{-2} \exp(-9470/RT)$ (200—700 °C [26])
Zwischen 200 und 700 °C streuen die Werte verschiedener Autoren um den Faktor 2—8. Es werden Aktivierungsenergien von 7—11 kcal/mol angegeben. Zirkaloy 2 und 4 besitzen dieselbe Diffusionskonstante wie Zr [27].
H in β-Zr: $D = 7 \cdot 10^{-3} \cdot \exp(-8540/RT)$
(0—41 At.-% H, 800—1100 °C [26, 28])
Thermotransport s. Tab. B 2

Absorption. Die H-Aufnahme folgt bei 250—425 °C und 1 atm H_2 und für Zeiten bis 150 min bei zylindrischen Proben (20 × 6 mm ⌀) einem parabolischen Zeitgesetz, d. h. sie ist diffusionskontrolliert. Die Zunderkonstante k_p in $mg^2 \cdot cm^{-4} \cdot h^{-1}$ lautet (s. Abb. 5) [29].
$k_p = 1{,}8 \cdot 10^3 \exp(-17200/RT)$

Hydridausscheidungen, elektronenmikroskopische Untersuchungen [139].

Gitterparameter. In α-Zr nimmt a wahrscheinlich geringfügig und etwa linear mit steigendem H-Gehalt zu [2, 30]. Im δ-Hydrid bleibt a mit steigendem H-Gehalt konstant, während im ε-Hydrid c/a kleiner wird [10, 20].

Innere Reibung [2, 32]. Es werden Dämpfungsmaxima bei —45, +5 und +230 °C gefunden. Die beiden Maxima bei tieferen Temperaturen werden durch Hydridausscheidungen verursacht, das Maximum bei 230 °C kann Platzwechselvorgängen von H-Atomen in α-Zr zugeschrieben werden [2].

Mechanische Eigenschaften. Zugfestigkeit σ_B, Bruchdehnung δ und Querschnittsverminderung ψ s. Abb. 6 [3]. Die Abnahme der Duktilität mit steigendem H-Gehalt wird durch Hydridausscheidungen verursacht [2, 3, 33—35]. Gehalte bis zu 2,5 At.-% H erhöhen die Temperatur für den Duktil-Spröd-Übergang in Zr und Zircalloy 2 [35].

Korrosion in wäßrigen Lösungen. H-Gehalte unter 0,1 At.-% verursachen nur eine schwache Korrosionszunahme [1].

Physikalische und mechanische Eigenschaften von δ- und ε-Hydrid s. [2, 4].

Zirkonium-Kohlenstoff

Konstitution [36—39, 171] s. Abb. 7. Phasen: ZrC kfz

Löslichkeitsgrenze. C in α-Zr: sehr geringe Löslichkeit [40].
C in β-Zr: $\log c = 2{,}2 - 3800/T$ (1000—1800 °C [43]) s. Abb. 4
C in Zr(l): [38] s. Abb. 4 und 7

Thermodynamische Daten
ZrC = C(in β-Zr) + β-Zr: $\Delta G^0 = 17400 - 0{,}9\,T$ (1000—1800 °C [43])
Zr(α, β) + C = ZrC: $\Delta G^0 = -44100 + 2{,}2\,T$ (25—1800 °C [8])

Diffusion [41—43]
C in β-Zr: $D = 3{,}6 \cdot 10^{-2} \cdot \exp(-34000/RT)$ (1100—1800 °C [42, 43])
Elektrotransport s. Tab. B 2

Karbidbildung. Die ZrC-Bildung mit Graphit ist bei 2000—2800 °C diffusionskontrolliert mit

$D_{\mathrm{C\,in\,ZrC}} = 0{,}95 \exp(-78000/RT)$ [38].

Physikalische und Thermodynamische Eigenschaften von ZrC s. [1, 37, 38, 44—48]

Zirkonium-Stickstoff

Konstitution [5—7, 49] s. Abb. 8. Phasen: ZrN kfz, NaCl-Typ

Löslichkeitsgrenze [49—51] s. Abb. 4 und 8

Zersetzungsdruck von ZrN

$\log p_{\mathrm{N_2}} = 12{,}6 - 38040/T$ (25—1200 °C, b. [8])

Thermodynamische Daten

α-Zr + 1/2 N_2 = ZrN: $\Delta G^0 = -87000 + 22{,}3\,T$ (25—862 °C [8])

β-Zr + 1/2 N_2 = ZrN: $\Delta G^0 = -87920 + 23{,}1\,T$ (862—1300 °C [8])

Diffusion [43, 51—55]

N in α-Zr: $D = 0{,}3 \exp(-57000/RT)$ (1350—1700 °C [53])

N in β-Zr: $D = 1{,}5 \cdot 10^{-2} \exp(-30700/RT)$ (900—1600 °C [43, 51])

Thermo- und *Elektrotransport* s. Tab. B 2

Absorption s. Abb. 5. Die Reaktion mit N_2 ist unterhalb von 400 °C sehr langsam. Bei Drücken um 1 atm N_2 wird bis zu Temperaturen von 1400 °C ein parabolisches Zeitgesetz gefunden [56—62]. Die N-Aufnahme ist druckunabhängig [44]. Als geschwindigkeitsbestimmender Schritt wird die Diffusion von N in α-Zr oder β-Zr, evtl. auch in der sich bildenden Deckschicht aus ZrN, angenommen. Für 600 bis 1400 °C kann als mittlerer Wert für die Zunderkonstante k_{p} in $\mathrm{mg^2 \cdot cm^{-4} \cdot h^{-1}}$ angenommen werden [51, 52, 59]

$k_{\mathrm{p}} = 1{,}3 \cdot 10^7 \exp(-52000/RT)$.

Bei hohen Temperaturen (1440 °C) und kleinen Drücken (10^{-2}—10^{-3} Torr) folgt die N_2-Aufnahme zunächst einem linearen Zeitgesetz und ist druckunabhängig. Die Dauer dieser Anfangsphase ist proportional $p_{\mathrm{N_2}}^{-2}$. Wenn sich auf der Oberfläche neben β-Zr und α-Zr auch noch ZrN gebildet hat, folgt die Reaktion einem parabolischen Zeitgesetz [57].

Gitterkonstante. Bei Lösung von 20 At.-% N in α-Zr steigt a linear von 3,240 auf 3,260 Å und c linear von 5,155 auf 5,215 Å an [2].

Elektrischer Widerstand. Für Zr mit 0,5 At.-% O gilt bei 10 °C, 0—1,5 At.-% N, ϱ in $\mu\Omega \cdot \mathrm{cm}$:

$\varrho = 47{,}4 + 9{,}1 \cdot c$ [176].

Mechanische Eigenschaften [1, 64—66]. Einfluß von N auf die Härte HV [64], die Zugfestigkeit σ_{B}, Streckgrenze $\sigma_{0,2}$ und Bruchdehnung δ [1, 65] s. Abb. 9. Die Fließspannung wird zwischen —196 und +360 °C um 45 kp/mm² pro At.-% heraufgesetzt. Oberhalb von 360 °C ist die Verfestigung weniger ausgeprägt [66].

Zirkonium-Sauerstoff

Konstitution [2, 5—7, 67—69] s. Abb. 10. Phasen [5—7]: ZrO_2, bis 1000 °C monoklin, darüber tetr., bei sehr hohen Temperaturen evtl. kubisch (kfz). Neben ZrO_2 werden noch Suboxide Zr_8O, $Zr_{5,6}O$, $Zr_{3,7}O$, $Zr_{3,1}O$, Zr_3O, $Zr_{2,9}O$, $Zr_{2,7}O$ und Zr_2O mit hex. Struktur und ZrO kub. angegeben [70—72].

Löslichkeit

O in α-Zr: $\log c = 1/2 \log p - 3{,}85 + (32360 - 310 \cdot c)/T$
(< 10 At.-% O, 600—1000 °C, b. [152])
und: $\log c = 1/2 \log p - 4{,}7 + 29500/T$ (> 15 At.-% O, 600—1000 °C, b. [152])

Löslichkeitsgrenze [68, 172] s. Abb. 4 und 10

Gleichgewichtsdrücke

Zersetzungsdruck von ZrO_2
$\log p_{O_2} = 12{,}7 - 56600/T$ (25—1900 °C, b. [8])
Dampfdrücke von ZrO(g) und ZrO_2(g) über ZrO_2(s) — α-Zr und ZrO_2(s)—Zr(l)
$\log p_{ZrO} = 11{,}4 - 31500/T$ (1900 °C, b. [95])
$\log p_{ZrO_2} = 11{,}2 - 36950/T$ (2000—2200 °C, b. [95])
Im Zweiphasengebiet (ZrO_2(s) — α-Zr) liegen die Partialdrücke für ZrO(g) und ZrO_2(g) um mehr als 5—10 Zehnerpotenzen über dem O_2-Partialdruck (s. Abb. 10).

Thermodynamische Daten [8, 75, 76, 95, 152]

$1/2\ O_2$ = O(in α-Zr): $\Delta G^0 = -(148000 - 1400\ c) + 20{,}2\ T$
(< 10 At.-% O, 600—1000 °C [152])
und: $\Delta G^0 = -135000 + 24{,}2\ T$ (15—30 At.-% O, 600—1000 °C, [152])
$1/2\ \alpha$-Zr + $1/2\ O_2$ = $1/2\ ZrO_2$: $\Delta G^0 = -129400 + 22{,}5\ T$ (0—860 °C [8])
$1/2\ \beta$-Zr + $1/2\ O_2$ = $1/2\ ZrO_2$: $\Delta G^0 = -127650 + 21{,}1\ T$ (1200—1900 °C [8])
$1/2\ ZrO_2$(s) + $1/2\ \alpha$-Zr = ZrO(g): $\Delta G^0 = -144300 + 39{,}0\ T$ (1900 °C [95])
$1/2\ ZrO_2$(s) + Zr(l) = $1/2\ ZrO_2$(g) + Zr(l): $\Delta G^0 = -84500 + 19{,}0\ T$
(2000—2200 °C [95])

Diffusion [73, 74]

O in α-Zr: $D = 5{,}4 \exp(-50800/RT)$ (400—1500 °C [73])
O in β-Zr: $D = 0{,}98 \exp(-41000/RT)$ (1050—1800 °C [43, 74])
Der für α-Zr in [73] angegebene Mittelwert wird durch zahlreiche Messungen anderer Autoren bestätigt, für β-Zr beruhen die Angaben auf den Ergebnissen der beiden zitierten Arbeiten, die jedoch gut übereinstimmen.
Thermo- und *Elektrotransport* s. Tab. B 2

Absorption [73—84]. In einer Arbeit von [73] werden die zahlreichen Untersuchungen zur Oxidation von reinem Zr zusammengefaßt und analysiert. Bei 400—1000 °C ist die Reaktion nach einer kurzen Anlaufphase oberhalb von 1 Torr O_2 druckunabhängig und diffusionskontrolliert. Als mittlere Zunderkonstante k_p in $mg^2 \cdot cm^{-4} \cdot h^{-1}$ für $t < 500$ h kann die Beziehung angegeben werden (s. Abb. 5),
$k_p = 8 \cdot 10^6 \exp(-33675/RT)$ (400—1000 °C [73])
Im Druckbereich 10^{-5}—10^{-2} Torr und bei 600—850 °C wird zunächst ein Bereich mit linearem Zeitgesetz beobachtet, der mit sinkendem Druck und steigender Temperatur von 10 auf über 1000 min ausgedehnt wird. Daran schließt sich wieder ein Bereich mit parabolischem Zeitgesetz an [77, 78] s. Abb. 11. Bei 1100 bis 1650 °C ist die Geschwindigkeit der O-Aufnahme von β-Zr (dünne Proben) unterhalb von 10^{-3} Torr O_2 unabhängig von der Reaktionszeit, proportional zum O_2-Druck und nur schwach von der Temperatur abhängig. Es gilt nach [63] (v in $mg \cdot cm^{-2} \cdot min^{-1}$)
$v = 1{,}16 \cdot 10^3 \cdot p_{O_2} \cdot r$,
wobei der Reaktionskoeffizient r von 0,67 bei 1100 °C auf 0,75 bei 1700 °C

ansteigt. v wird im wesentlichen durch den Antransport von O_2 zur Metalloberfläche bestimmt.
Die Oxidationsgeschwindigkeit von Zr in Luft ist höher als in reinem O_2 [44]. s. Abb. 5.

Rekristallisation [83]. Die Rekristallisationstemperatur T_R steigt mit dem O-Gehalt an entsprechend der Beziehung:
$T_R = 162 + 135 \cdot c$ (T_R in °C, 0—2,5 At.-% O).

Gitterparameter [85—87] s. Abb. 12. a nimmt linear von 3,2322 Å auf 3,2445 Å bei 10 At.-% O zu und c linear von 5,1476 auf 5.1790 Å bei 15 At.-% O zu [85]. Die Abweichungen oberhalb 10 At.-% werden durch Suboxide verursacht.

Volumenänderung [85] s. Abb. 13

Elektrischer Widerstand [2, 64, 68, 88, 176] s. Abb. 14. ϱ nimmt zwischen 0 und 10 At.-% O um 20—25% pro At.-% O zu [88, 89]. Die Spitzen zwischen 15 und 30 At.-% O werden dem Auftreten von Suboxiden zugeschrieben [88, 90]. Das Widerstandsverhalten hängt sehr stark von der Abkühlungsgeschwindigkeit der Proben ab. Nach [176] gilt für Zr mit 0,5 At.-% O im Ausgangszustand bei 10 °C, 0—1,5 At.-% O, ϱ in μΩ cm:
$\varrho = 47{,}4 + 8{,}9 \cdot c$.
Widerstand bei hohen Temperaturen [64, 68] s. Abb. 15. Von 1100—1700 °C gehorcht der elektrische Widerstand von β-Zr—O-Mischkristallen der Beziehung
$\varrho = 91{,}9 + 2{,}30 \cdot 10^{-2} \cdot T + (375 - 0{,}103\,T) \cdot c/(100 - c)$
(ϱ in μΩ · cm, T in °C). Der letzte Term beschreibt die Temperaturabhängigkeit des Zusatzwiderstandes $\Delta\varrho$ von β-Zr [64].

Elektronenaustrittsarbeit. Φ fällt in β-Zr linear von 4,0 eV für reines Zr auf 3,4 eV bei 9 At.-% O und in α-Zr linear von 4,3 eV bei 18,5 At.-% auf 3,95 eV bei 31 At.-% O (1770 °C) [31].

Thermokraft [169] s. Abb. 16

Innere Reibung. Die Dämpfungsspitzen in O-haltigem Zr werden vorwiegend der Reckalterung zugeschrieben [91—94]. Nach [94] existiert daneben noch ein Maximum, das der spannungsinduzierten Diffusion von O-Atomen zugeschrieben werden kann.

Mechanische Eigenschaften [1, 3, 65, 96, 99, 125, 165, 167, 168, 173]. Einfluß von O auf die Härte HV s. Abb. 17. [173] findet für R. T. und $c < 1{,}2$ At.-% O die Beziehung (HV in kp/mm²)
HV (50 p) = 88 + 67 c.
Zugfestigkeit σ_B, Streckgrenze $\sigma_{0,2}$ und Bruchdehnung δ s. Abb. 18 und 19. Untersuchungen an Einkristallen zwischen —196 und +700 °C für Gehalte bis 0,7 At.-% [96]. Stauchversuche bei 500 und 600 °C s. [125].

Ternäre Systeme

Zr—H—O. *Konstitution* [13, 16, 100]. Isobarer Schnitt bei 750 °C, mit steigendem O-Gehalt werden die isothermen Gleichgewichtslinien $\beta/(\beta + \delta)$ und $(\beta + \delta)/\delta$ zu niedrigeren H-Konzentrationen hin verschoben, zwischen 650 und 800 °C erhöht O (5—10 At.-%) die *Löslichkeitsgrenze* für H in α-Zr geringfügig [16]. Unterhalb von 500 °C nimmt [102] an, daß bei hohen O-Gehalten die H-Löslichkeit zurückgeht.

Zr—C—N. Eigenschaften im ZrC—ZrN-System [103].

Zr—C—O. *Konstitution* bei 1700 °C, *Löslichkeit* von O in ZrC [106]. Reaktion von CO und CO_2 mit α-Zr bei 850 °C, es entsteht ZrO_2 und z. T. auch C, s. Abb. 5 [104]. *Oxidation* von ZrC bei 1 atm O_2, 470—580 °C [105].

Zr—X—H [12, 13, 24]. Die H-Löslichkeit in α-Zr nimmt oberhalb der eutektischen Temperatur (550 °C) durch β-stabilisierende Elemente (Nb, Ti) ab, durch α-stabilisierende Elemente (O, Pb, In, Sb, Y, Hf) zu. Unterhalb von 550 °C haben Legierungs-Zusätze auch in größeren Mengen keinen merklichen Einfluß auf die H-Löslichkeit in α-Zr. Durch rasches Abkühlen können übersättigte Mischkristalle hergestellt werden.

Zr—Hf—H. Konstitution, Hf setzt bei 700 °C die isobare H-Löslichkeit bei 1 atm in der δ-Phase herab [107].

Zr—Nb—H. *Konstitution* [2, 108]. Isobarer Schnitt für 540 °C [2]. Löslichkeitsuntersuchungen für Zr—Nb-Legierungen mit 5, 10 und 20 At.-% Nb 700—950 °C, 0,5—760 Torr H_2. Nb setzt die H-*Löslichkeit* bei konstantem p_{H_2} herab und verschiebt die Phasengrenze $\beta/(\beta + \delta)$ und $(\beta + \delta)/\delta$ zu kleineren H-Konzentrationen [108]. H-Löslichkeit in Zr—2,5% Nb [121]. *Mechanische Eigenschaften* von Zr—1% Nb (0,3—10 At.-% H, 0—600 °C) s. [135].

Zr—Ti—H. Isothermer Schnitt für 750 °C. Die Lösungswärme von H in der β-Phase nimmt von 13,2 kcal/1/2 mol H_2 bei 20 At.-% Zr auf 14,7 kcal/1/2 mol H_2 bei 80 At.-% Zr zu [109].

Zr—U—H. Isotherme Schnitte für 800 °C. U setzt die H-Löslichkeitsgrenze in der β-Phase stark herab [110].

Zr—Hf—C. Thermodynamische Eigenschaften ternärer Karbide [111].

Zr—Mo—C. Konstitution, isotherme Schnitte für 1500 und 2100 °C [112, 114].

Zr—Nb—C. Thermodynamische Eigenschaften ternärer Karbide [113, 114].

Zr—Re—C. Konstitution, isothermer Schnitt für 1900 °C [115].

Zr—Th—C. Konstitution [116].

Zr—U—C. Konstitution des Systems UC—ZrC—C, isothermer Schnitt für 1700—2000 °C [117].

Zr—V—C. Konstitution des pseudobinären Systems ZrC—VC [118, 119].

Zr—Cr—N. Konstitution, 1000—1400 °C, 1—250 atm N_2 [120].

Zr—Ce—O. Legierungen Zr mit $Ce_2O_3 \cdot 2ZrO_2$, Festigkeitseigenschaften [126].

Zr—Co—O. Konstitution, isothermer Schnitt bei 950 °C [2, 122].

Zr—Cr—O. Konstitution, 0—4 At.-% Cr, 0—2,5 At.-% O, 850—950 °C [123].

Zr—Cu—O. *Reaktion* von Zr mit 0,7—3 At.-% Cu in CO_2, ähnliches Verhalten wie bei Zr [124]. Ausführliche Untersuchung des Einflusses von O (bis 10 At.-%) auf *mechanische Eigenschaften* von Zr—3,3 At.-% Cu [125].

Zr—Hf—O. Konstitution, isotherme Schnitte 1000—1600 °C [69].

Zr—La—O. Legierungen Zr mit La_2O_3, Festigkeitseigenschaften [126].

Zr—Nb—O. *Oxidation* von Zr—2,7 Nb, 650—1000 °C [134]. Reaktion von CO_2 mit Legierungen Zr mit 1—20 At.-% Nb [127]. $\alpha/(\alpha + \beta)$-Grenze in Zr mit 0—5 At.-% Nb [128]. Einfluß von O auf die *Supraleitfähigkeit* von Zr mit 25 bis 35 At.-% Nb [129].

Zr—Ni—O. Isothermer Schnitt für 950 °C [2, 122].

Zr—Th—O. Legierungen Zr mit ThO_2, Festigkeitseigenschaften [126].

Zr—U—O. Konstitution, isotherme Schnitte für 540 und 650 °C [2, 131, 132]. Kinetik des Zerfalls der intermediären ε-Phase [2].

Zr—Y—O. Legierungen von Zr mit Y_2O_3, *Festigkeitseigenschaften* [126]. *Innere Oxidation* von Zr—Y-Legierungen [133].

Zirkoniumlegierungen

Zu den wichtigsten Zr-Legierungen, die in der Reaktortechnik Anwendung finden, gehören Zircaloy-2, -3 und -4. Sie unterscheiden sich durch ihren Sn-, Fe- und Ni-Gehalt. Die analytische Zusammensetzung von Zircaloy-2, -3 und -4 gibt Tab. 1 wieder. Die Zusätze sollen vor allem das Oxidationsverhalten und die Festigkeitseigenschaften von Schwammzirkonium verbessern. Weitere Zr-Legierungen laufen unter der Beziehung ATR und AJR und haben Cu- und Mo-Gehalte bis zu 1,5 Gew.-%. Darüber hinaus sind binäre Zr—Nb-Legierungen auch von technischer Bedeutung [3].

Das Verhalten der wichtigsten Legierung Zircaloy-2 gegenüber Gasen unterscheidet sich nur wenig von dem des reinen Metalls. Die H-*Diffusion* in Zircaloy-2 und Zircaloy-4 ist gleich groß wie in Zr [27]. Die von [136] angegebenen Diffusionskoeffizienten für O

O in α-Zirkaloy-2: $D = 0{,}2 \exp(-41000/RT)$ (1000—1500 °C)

O in β-Zirkaloy-2: $D = 0{,}045 \exp(-28200/RT)$ (1000—1500 °C)

befinden sich im Rahmen der üblichen Streuungen im Einklang mit den Daten für reines Zr. *Hydridausscheidungen* in Zircaloy-2 s. [139, 140]. Die Kinetik der *Oxidation* von Zircaloy-2 zwischen 350 und 500 °C kann in Stufen unterteilt werden. Unterhalb von 0,1 mg/cm² Belegung gilt ein parabolisches, zwischen 0,1 und 0,3 mg/cm² ein kubisches und darüber ein lineares Zeitgesetz [137]. Eine Übersicht über den Einfluß von Neutronen- und Gammabestrahlung auf die Oxidation von Zr-Legierungen in H_2O bei 400 °C gibt [138].

Tabelle 1. Zusammensetzung von Zr-Legierungen in Gew.-%.

Element	Zircaloy-2	Zircaloy-3	Zircaloy-4
Sn	1,5	0,3	1,5
Fe	0,15—0,2	0,3—0,4	0,12—0,24
Cr	0,1	0,1	0,1
Ni	0,03—0,05	0,003—0,005	0,003—0,007

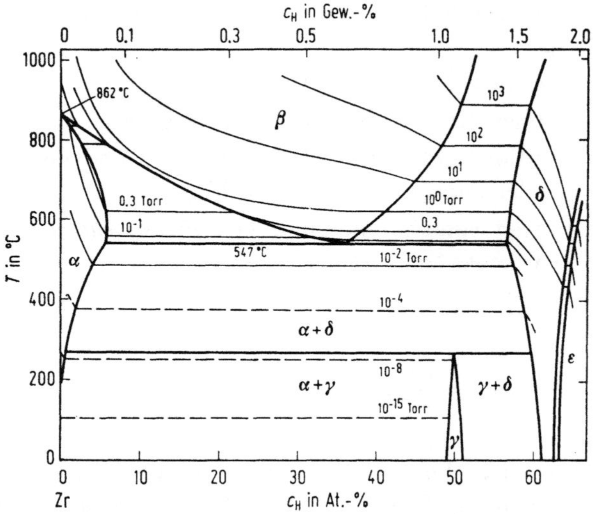

Abb. 1. System Zr—H mit Isobaren [4, 11, 15, 16, 175].

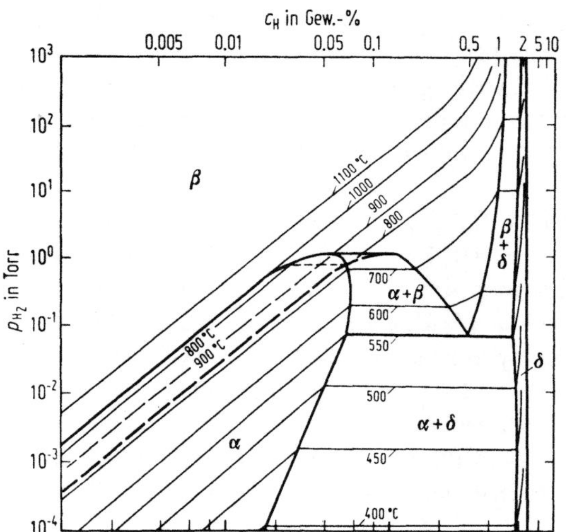

Abb. 2. (p,c)-Isothermen im System Zr—H [4, 15, 16].

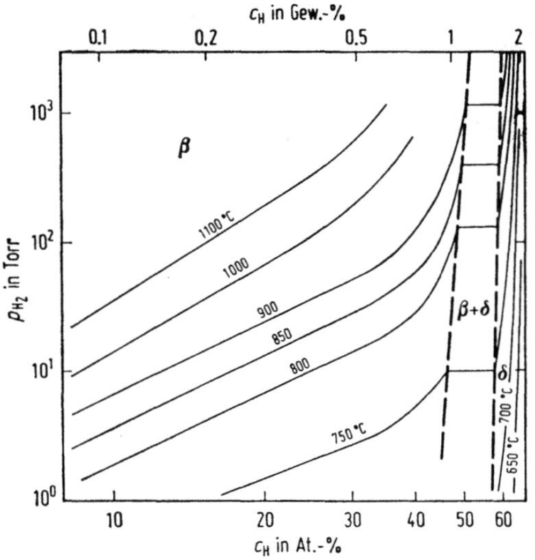

Abb. 3. Ausschnitt aus Abb. 2 mit Isothermen nach [10].

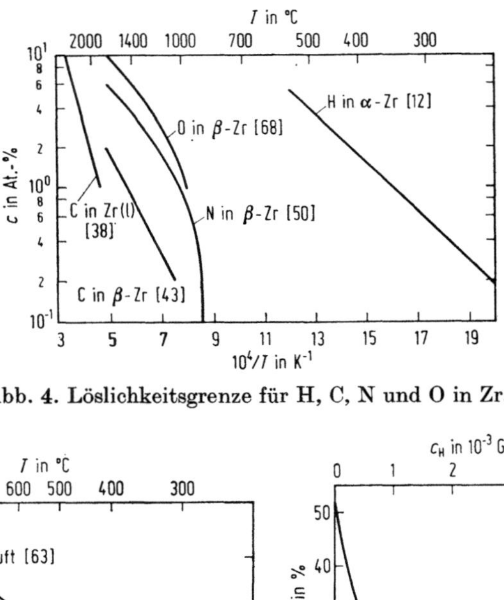

Abb. 4. Löslichkeitsgrenze für H, C, N und O in Zr.

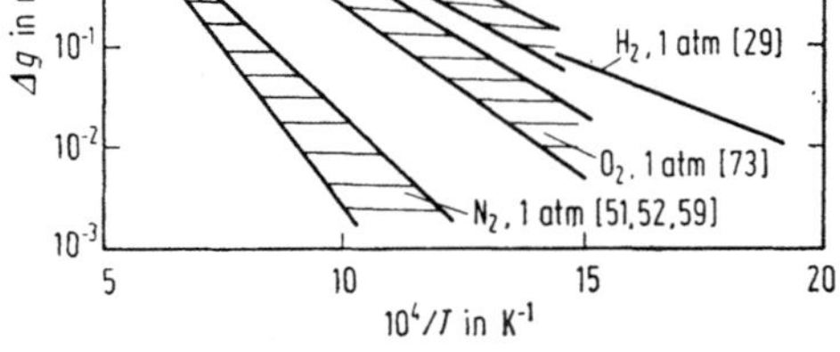

Abb. 5. Gewichtszunahme Δg von Zr in H_2, N_2, O_2, Luft, CO und CO_2 in 1 h.

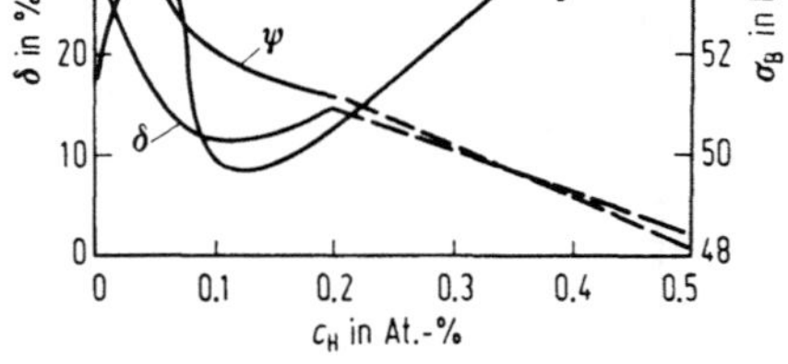

Abb. 6. Einfluß von H auf die Zugfestigkeit σ_B, die Bruchdehnung δ und die Querschnittsverminderung ψ von Zr bei R. T. [3].

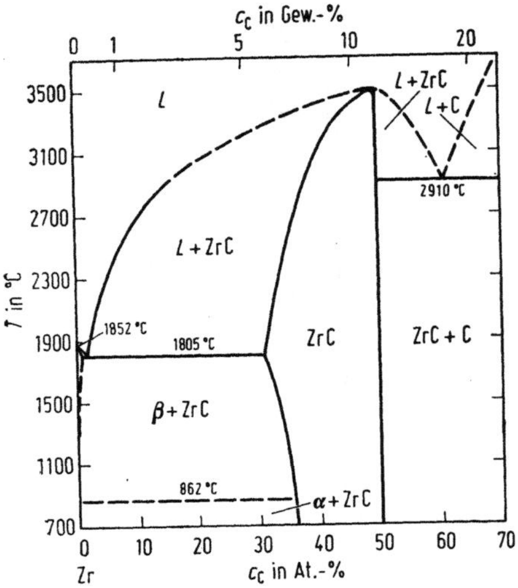

Abb. 7. System Zr—C [36—38].

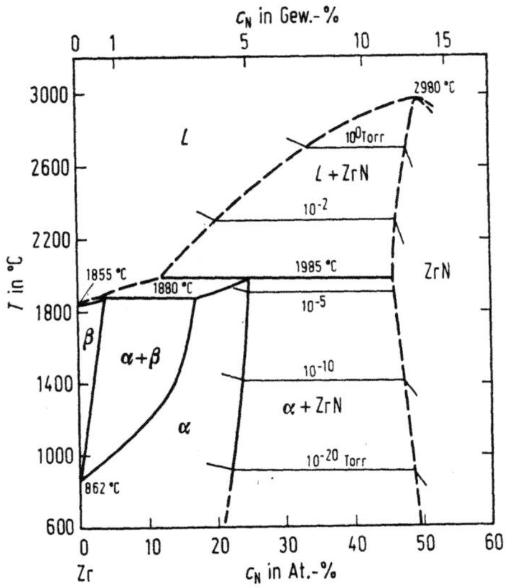

Abb. 8. System Zr—N mit Isobaren [5, 49].

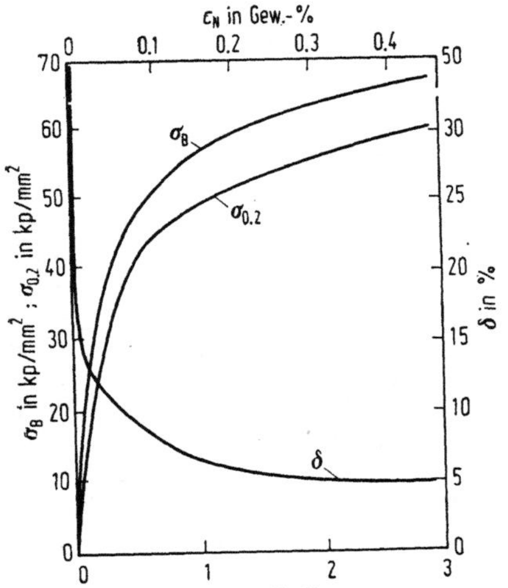

Abb. 9. Einfluß von N auf die Zugfestigkeit σ_B, die Streckgrenze $\sigma_{0,2}$ und die Bruchdehnung δ von Zr bei R. T. [65].

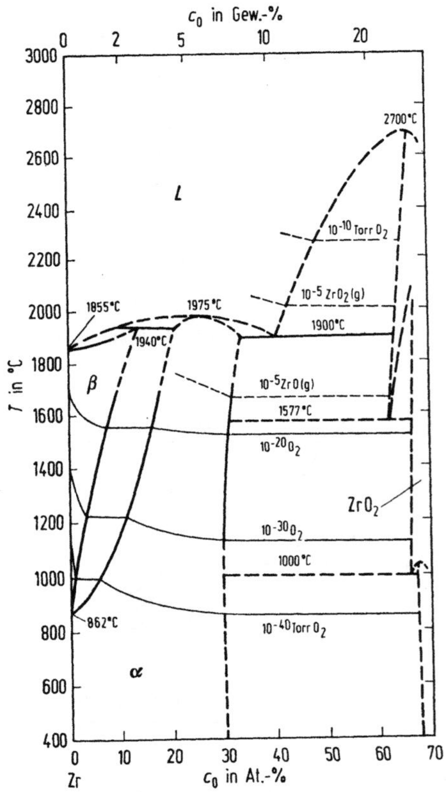

Abb. 10. System Zr—O mit Isobaren [6, 68, 69, 152].

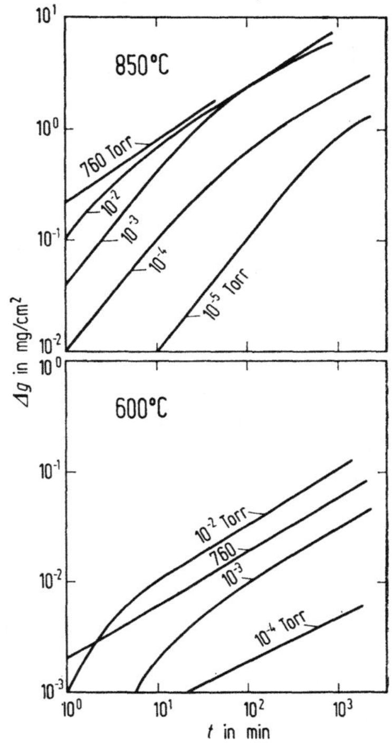

Abb. 11. Gewichtszunahme Δg von Zr bei verschiedenen O_2-Drücken [79].

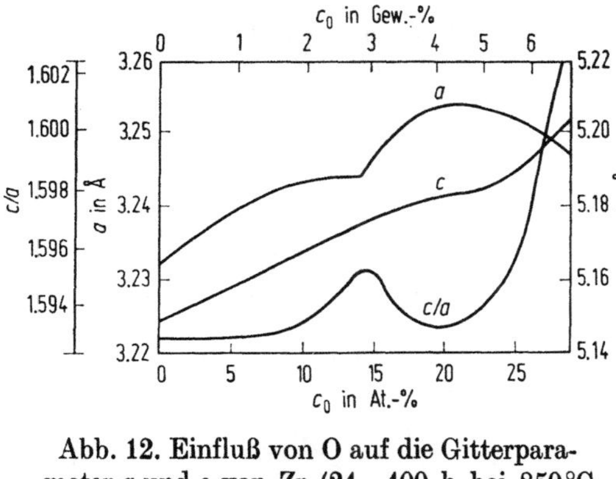

Abb. 12. Einfluß von O auf die Gitterparameter a und c von Zr (24—400 h bei 850°C geglüht) [85].

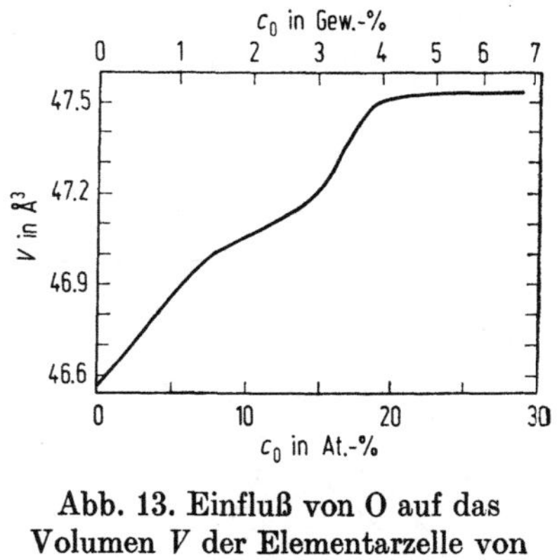

Abb. 13. Einfluß von O auf das Volumen V der Elementarzelle von Zr [85].

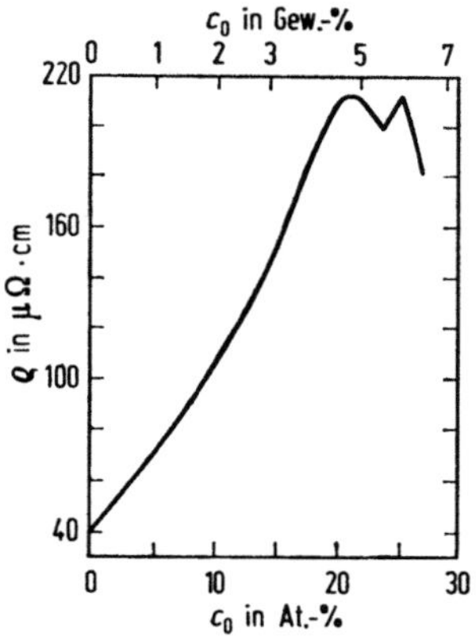

Abb. 14. Einfluß von O auf den elektrischen Widerstand ϱ von Zr bei 25 °C (Proben von 1300 °C abgeschreckt) [88].

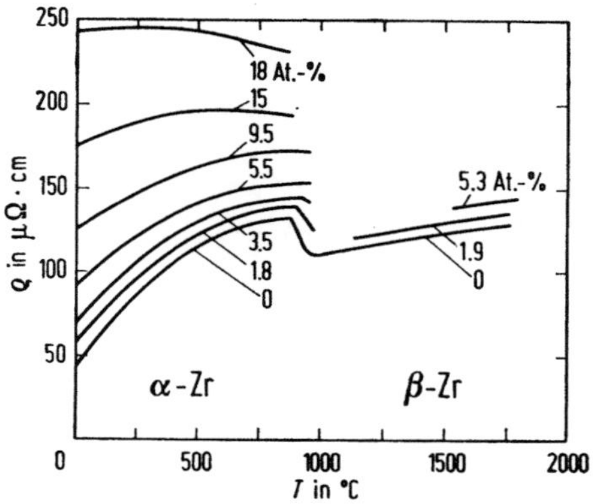

Abb. 15. Einfluß der Temperatur auf den elektrischen Widerstand ϱ von O-haltigem Zr [64, 68].

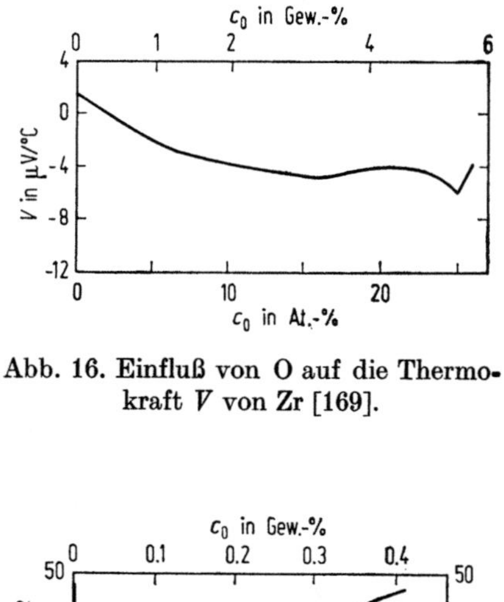

Abb. 16. Einfluß von O auf die Thermokraft V von Zr [169].

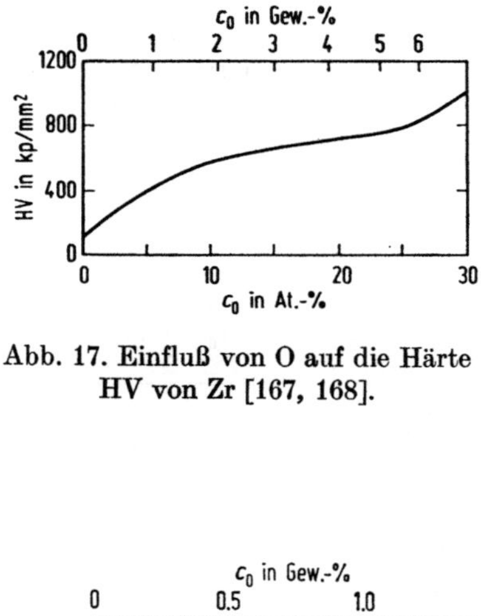

Abb. 17. Einfluß von O auf die Härte HV von Zr [167, 168].

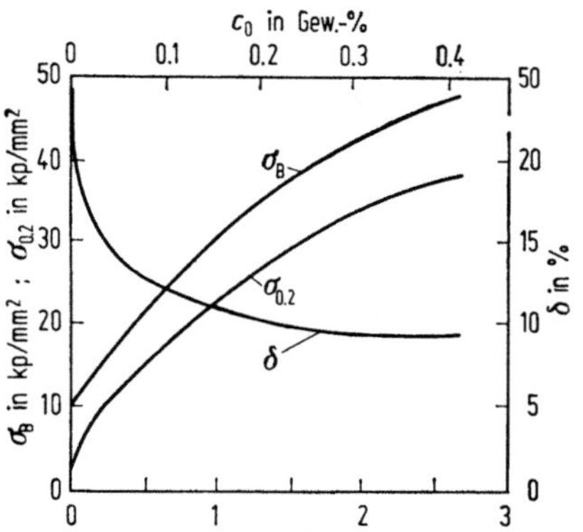

Abb. 18. Einfluß von O auf die Zugfestigkeit σ_B, die Streckgrenze $\sigma_{0,2}$ und die Bruchdehnung δ von Zr bei R. T. [65].

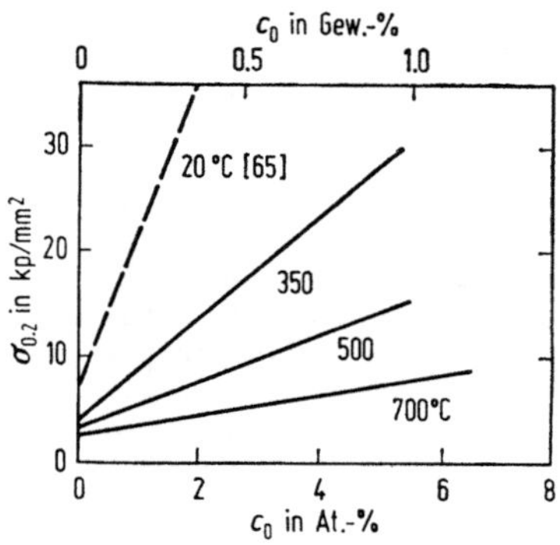

Abb. 19. Einfluß von O auf die Streckgrenze $\sigma_{0,2}$ von Zr bei verschiedenen Temperaturen [99].

Hafnium

(Abb. S. 434, Lit. S. 437)

P. Paetz und F. Sperner

Hafnium-Wasserstoff

Konstitution [5—7, 142] s. Abb. 1. Phasen: α-Hf hdP, β-Hf krz; δ-HfH_2 kfz, δ' HfH_2 tetr. fz, ε-HfH_2 tetr. fz, $c/a<1$

Löslichkeit s. Abb. 2

H in α-Hf: $\log c = 1/2 \log p - 1{,}82 + 1964/T$ (600—900 °C [142])

Löslichkeitsgrenze s. Abb. 1

H in α-Hf: $\log c_{max} = 2{,}3 - 1460/T$ (600—900 °C, b. [142])

Zersetzungsdruck von δ-HfH_2

$\log p_{H_2} = 8{,}26 - 6846/T$ (600—900 °C [142])

Thermodynamische Daten

$1/2\ H_2 = H(\text{in } \alpha\text{-Hf})$: $\Delta G^0 = -8980 + 10{,}9\ T$ (600—900 °C [142])

$1/2\ \delta\text{-}HfH_2 = H(\text{in } \alpha\text{-Hf}) + \alpha\text{-Hf}$: $\Delta G^0 = 6680 - 1{,}4\ T$ (600—900 °C [142])

$1/2\ \alpha\text{-Hf} + 1/2\ H_2 = 1/2\ \delta\text{-}HfH_2$: $\Delta G^0 = -15660 + 12{,}3\ T$ (600—900 °C [142])

Eigenschaftsänderungen. Qualitative Angaben zur Versprödung durch H s. [143].

Hafnium-Kohlenstoff

Konstitution [5—7, 145—147] s. Abb. 3. Phasen: HfC kfz, NaCl-Typ. Genauere Angaben zur Löslichkeit von C in α-Hf und β-Hf liegen noch nicht vor.

Diffusion

C in α-Hf: $D = 74 \exp(-74600/RT)$ (1100—1740 °C, Tracer [148])

C in β-Hf: $D = 4{,}2 \cdot 10^{-2} \exp(-40000/RT)$ (1800—2100 °C, Tracer [148])

Elektrotransport s. Tab. B 2

C-Absorption aus Kohlenwasserstoffen [163]. Kinetik der C-Aufnahme von α-Hf (dünne Proben) aus C_2H_2, C_2H_4 und CH_4 bei 1200—1650 °C und $8 \cdot 10^{-7}$ bis $1 \cdot 10^{-5}$ Torr für C_2H_2, C_2H_4 und $1 \cdot 10^{-3} - 1 \cdot 10^{-2}$ Torr für CH_4. Temperaturabhängigkeit des Reaktionskoeffizienten r s. Abb. 4.

Für die Geschwindigkeit der C-Aufnahme gilt (v in $mg \cdot cm^{-2} \cdot min^{-1}$):

$v = 6{,}1 \cdot 10^2 \cdot r \cdot p_{CH_4}$

$v = 9{,}6 \cdot 10^2 \cdot r \cdot p_{C_2H_2}$

$v = 9{,}3 \cdot 10^2 \cdot r \cdot p_{C_2H_4}$

Die C-Aufnahme aus C_2H_4 und C_2H_2 wird im wesentlichen durch den Antransport der Kohlenwasserstoffe zur Metalloberfläche kontrolliert.

Elektrischer Widerstand. Für Hf mit 0,3 At.-% O gilt bei 10 °C, 0—6 At.-% C, ϱ in $\mu\Omega \cdot$ cm:
$\varrho = 34{,}0 + 14{,}0 \cdot c$ [163]
Höhere Temperaturen s. Abb. 5. Temperaturabhängigkeit des Zusatzwiderstandes $\Delta\varrho$ von α-Hf durch gelösten C s. Abb. 6 [163].

Hafnium-Stickstoff

Konstitution [5—7, 145] s. Abb. 7. Phasen: ε-Hf_2N; δ-HfN kfz, NaCl-Typ.

Zersetzungsdruck von HfN
$\log p_{N_2} = 11{,}7 - 38560/T$ (b. [8])

Thermodynamische Daten
α-Hf + 1/2 N_2 = HfN: $\Delta G^0 = -88200 + 20{,}3\ T$ (b. [8])
Elektrotransport s. Tab. B 2

Absorption s. Abb. 8. Bei 870—1040 °C und 38—400 Torr reagiert N_2 nach einem parabolischen Zeitgesetz. Unter der Annahme, daß die N_2-Aufnahme nur wenig vom Druck abhängt, erhält man als Zunderkonstante k_p in $mg^2 \cdot cm^{-4} \cdot h^{-1}$
$k_p = 1 \cdot 10^8 \exp(-57000/RT)$,
die im untersuchten Temperaturbereich etwa gleich groß wie für Zr ist [149]. Kinetik der N-Aufnahme von α-Hf (dünne Proben) bei 1200 bis 1650 °C und $8 \cdot 10^{-6}$ bis $5 \cdot 10^{-4}$ Torr N_2 [163]. Temperaturabhängigkeit des Reaktionskoeffizienten r s. Abb. 4. Für die Geschwindigkeit der N-Aufnahme gilt (v in $mg \cdot cm^{-2} \cdot min^{-1}$)
$v = 1{,}04 \cdot 10^3 \cdot r \cdot p_{N_2}$.

Elektrischer Widerstand. Für Hf mit 0,3 At.-% O gilt bei 10 °C, 0—10 At.-% N, ϱ in $\mu\Omega \cdot$ cm:
$\varrho = 34{,}0 + 11{,}2 \cdot c$ [163].
Bei höheren Temperaturen s. Abb. 9. Temperaturabhängigkeit des Zusatzwiderstandes $\Delta\varrho$ von α-Hf durch gelösten N s. Abb. 6 [163].

Streckgrenze. $\sigma_{0,1}$-Werte für R. T. (Drahtproben mit Bambusstruktur, Drahtachse = $\langle 11\bar{2}0 \rangle$), das Ausgangsmaterial enthielt bereits 0,2 At.-% O) s. Abb. 10 [165].

Hafnium-Sauerstoff

Konstitution [5—7, 69, 156, 162] s. Abb. 11. Phasen: HfO_2, unterhalb 1700 °C monoklin, oberhalb tetr.

Löslichkeit [151, 152]
O in α-Hf: $\log c = 1/2 \log p - 3{,}6 + 28860/T$
(< 10 At.-% O, 650—1000 °C [151])

Löslichkeitsgrenze [69] s. Abb. 11

Gleichgewichtsdrücke
Zersetzungsdruck von HfO_2
$\log p_{O_2} = 12{,}5 - 57760/T$ (0—1500 °C, b. [153])
Dampfdruck von HfO(g) über HfO_2(s)
$\log p_{HfO} = 11{,}3 - 38000/T$ (1950—2300 °C [170])

Thermodynamische Daten [151—153]

$1/2\ O_2 = O(\text{in}\ \alpha\text{-Hf}): \Delta G^0 = -(132000 - 470 \cdot c) + (19 - 0{,}12 \cdot c)\ T$
(< 25 At.-% O, 650—1000 °C [151])

$1/2\ \alpha\text{-Hf} + 1/2\ O_2 = 1/2\ HfO_2: \Delta G^0 = -132100 + 21{,}9\ T$ (0—1500 °C [153])

$1/2\ HfO_2(s) = 1/2\ HfO(g) + 1/2\ O(g): \Delta G^0 = 174000 - 38{,}5\ T$
(1950—2300 °C [170])

Diffusion [154, 155, 158, 161]

O in α-Hf: $D = 0{,}66 \exp(-50800/RT)$ (500—1800 °C [158])

Elektrotransport s. Tab. B 2

Absorption [154, 155, 157—161]. Die Oxidation von Hf ist gekennzeichnet durch die Überlagerung der Lösung von O in Hf und der Deckschichtbildung von HfO_2. In der Anfangsphase der Oxidation herrscht die Lösungsbildung vor und es gilt zunächst ein lineares Zeitgesetz. Dieser Bereich nimmt mit steigender Temperatur und steigendem Druck ab [154, 159]. Bei höheren Temperaturen (> 600 °C) folgt ein parabolischer Bereich, der zum Teil in ein kubisches Zeitgesetz übergeht, teilweise aber auch wieder linear beschrieben werden kann [154]. Bei tiefen Temperaturen (< 700 °C) können die Ergebnisse auch durch ein logarithmisches Zeitgesetz dargestellt werden [57]. Bei hohen Temperaturen (> 1400 °C) und kleinen Drücken ($< 10^{-3}$ Torr) wird die Reaktion proportional zu p_{O_2}, bei tieferen Temperaturen und hohen Drücken ist sie dagegen weitgehend druckunabhängig [154]. Glühungen an Luft führen zu ähnlichen Ergebnissen [160, 161]. Als mittlerer Wert für die parabolische Zunderkonstante in O_2 und Luft kann angegeben werden, s. Abb. 8 (k_p in $mg^2 \cdot cm^{-4} \cdot h^{-1}$)

$k_p = 4 \cdot 10^6 \exp(-36000/RT)$ (700—1700 °C [154, 157, 161]).

Kinetikuntersuchungen der O-Aufnahme von α-Hf (dünne Proben) 1200—1650 °C und $6 \cdot 10^{-7} - 1 \cdot 10^{-4}$ Torr O_2 [163]. Temperaturabhängigkeit des Reaktionskoeffizienten r s. Abb. 4. Für die Geschwindigkeit der O-Aufnahme gilt (v in $mg \cdot cm^{-2} \cdot min^{-1}$) $v = 1{,}16 \cdot 10^3 \cdot r \cdot p_{O_2}$.

Die O-Aufnahme wird im wesentlichen durch den Antransport von O_2 zur Metalloberfläche kontrolliert.

Gitterparameter [151, 162]. Zwischen 0 und 20 At.-% O nimmt a linear von 3,198 auf 3,213 Å und c nichtlinear von 5,062 auf 5,098 Å zu [151] s. Abb. 12.

Elektrischer Widerstand. Für Hf mit 0,3 At.-% O im Ausgangszustand gilt bei 10 °C, 0—9 At.-% O, ϱ in $\mu\Omega \cdot cm$:

$\varrho = 34{,}0 + 9{,}6 \cdot c$ [163].

Bei höheren Temperaturen s. Abb. 13. Temperaturabhängigkeit des Zusatzwiderstandes $\Delta\varrho$ von α-Hf durch gelösten O s. Abb. 6 [163].

Härte s. Abb. 14, HV steigt zwischen 0 und 25 At.-% O nichtlinear von 140 auf 800 kp/mm^2 an [162]. Für 0—1,2 At.-% O erhält [165] die Beziehung (HV in kp/mm^2)

HV (50 p) $= 128 + 74 \cdot c$.

Streckgrenze. $\sigma_{0,1}$-Werte s. Abb. 10 (Drahtproben mit Bambusstruktur, Drahtachse = $\langle 11\bar{2}0 \rangle$) [165].

Ternäre Systeme

Hf—N—O. Löslichkeit von O in HfN [166].

Hf—Zr—H s. Zr—Hf—H

Hf—Zr—O s. Zr—Hf—O

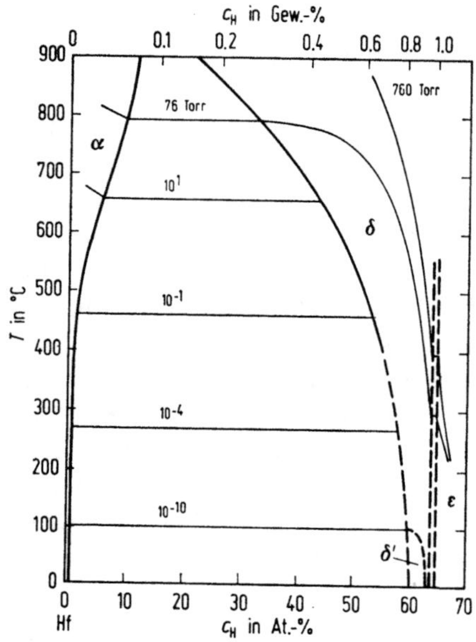

Abb. 1. System Hf—H mit Isobaren [142].

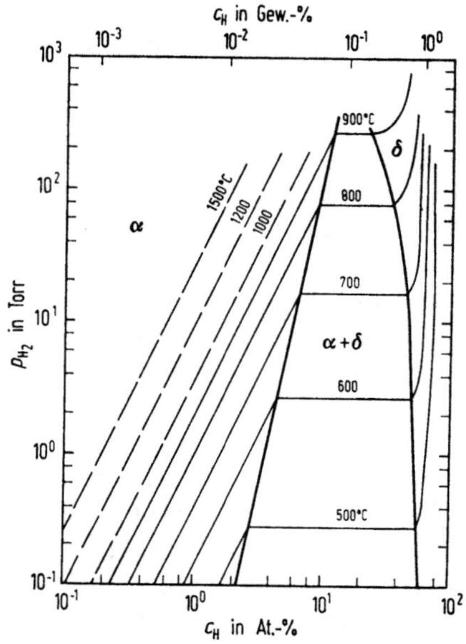

Abb. 2. (p,c)-Isothermen im System Hf—H [142].

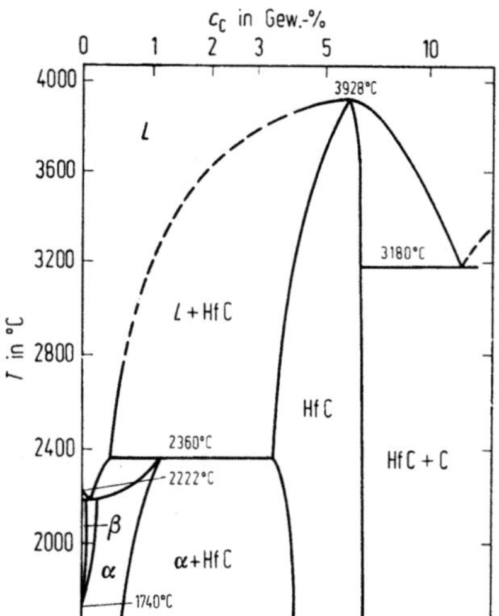

Abb. 3. System Hf—C [7, 145].

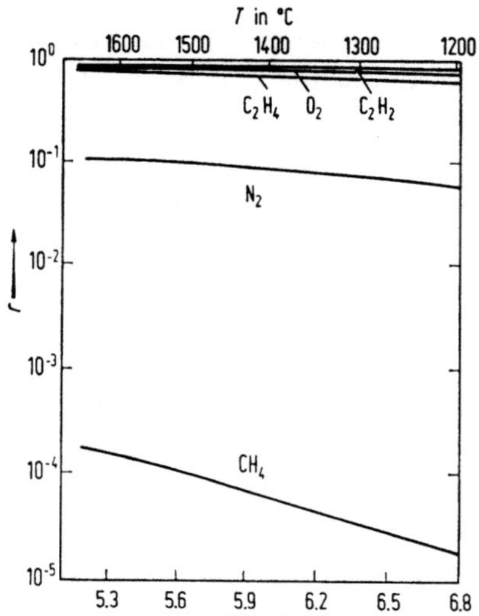

Abb. 4. Reaktionskoeffizienten r für die C-, N- und O-Absorption von α-Hf [163, 174].

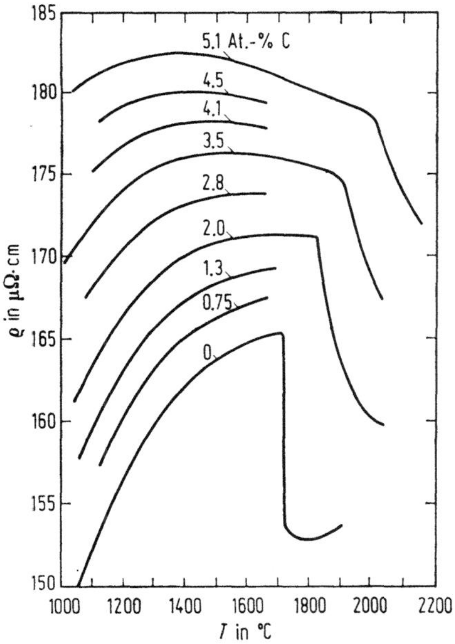

Abb. 5. Einfluß der Temperatur auf den elektrischen Widerstand ϱ von C-haltigem α-Hf [163].

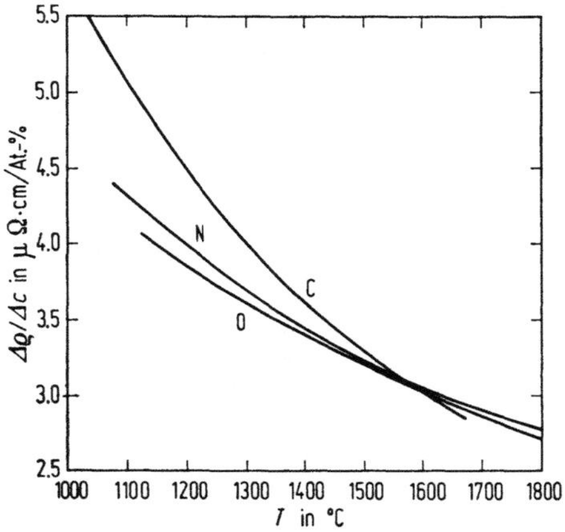

Abb. 6. Zusatzwiderstand $\Delta\varrho/\Delta c$ von α-Hf durch gelösten C, N und O [163].

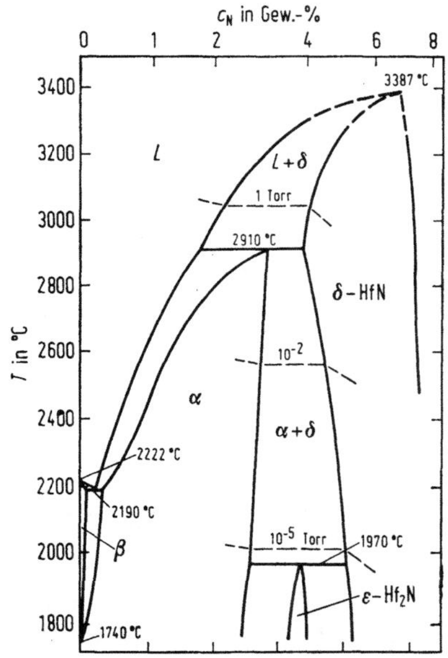

Abb. 7. System Hf—N, nach Vorstellungen von [145], mit Isobaren.

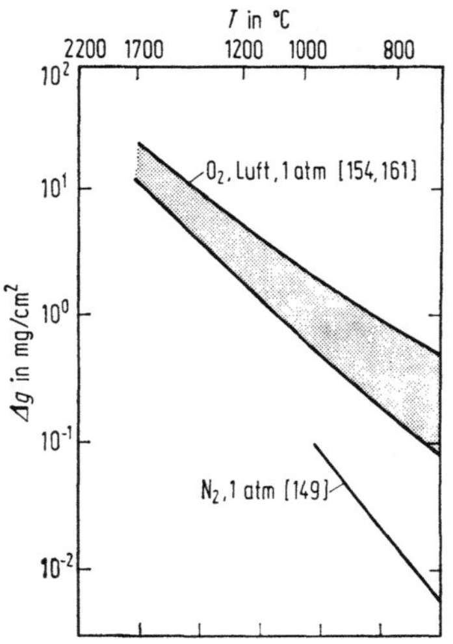

Abb. 8. Gewichtszunahme Δg von α-Hf in N_2, O_2 und Luft in 1 h.

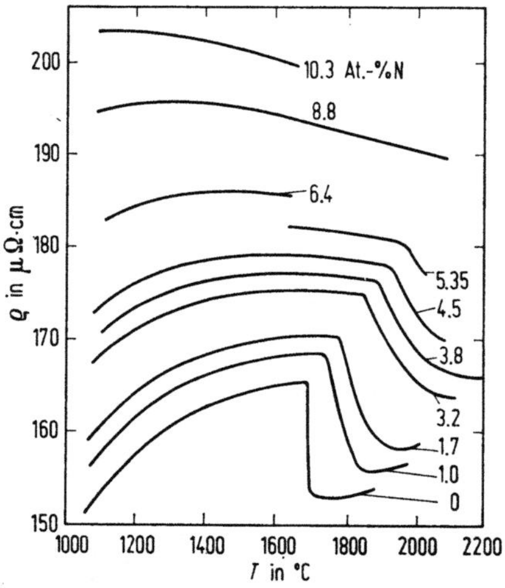

Abb. 9. Einfluß der Temperatur auf den elektrischen Widerstand ϱ von N-haltigem α-Hf [163].

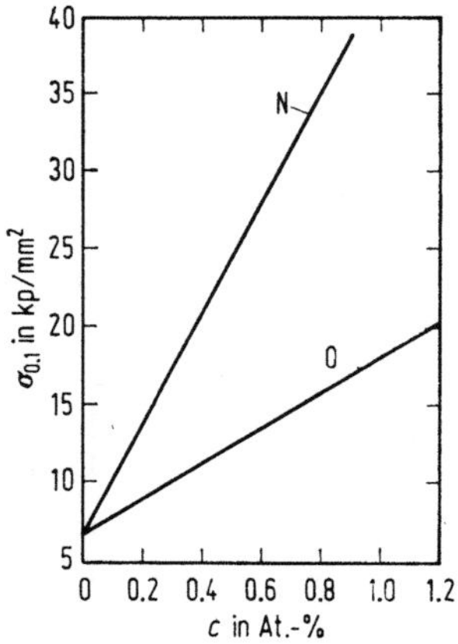

Abb. 10. Einfluß von N und O auf die Streckgrenze $\sigma_{0,1}$ von α-Hf bei R. T. [165].

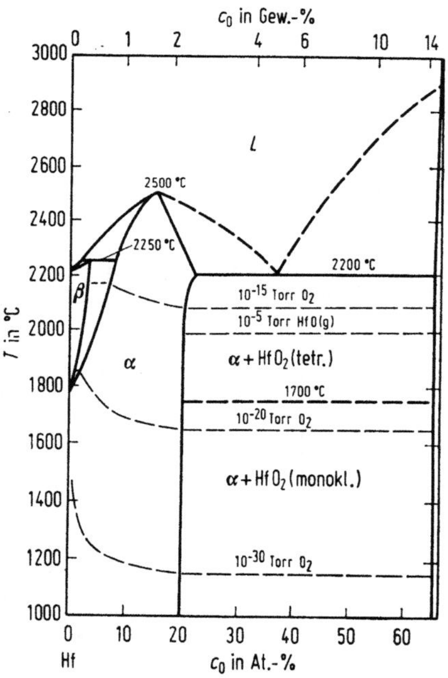

Abb. 11. System Hf—O [6, 69, 151] mit Isobaren.

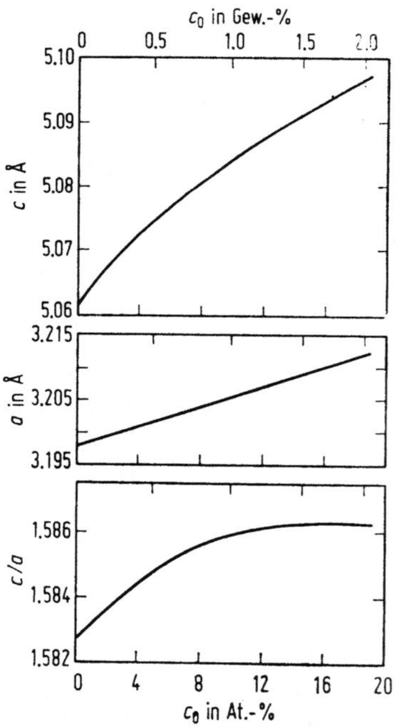

Abb. 12. Einfluß von O auf die Gitterparameter a und c von α-Hf [151].

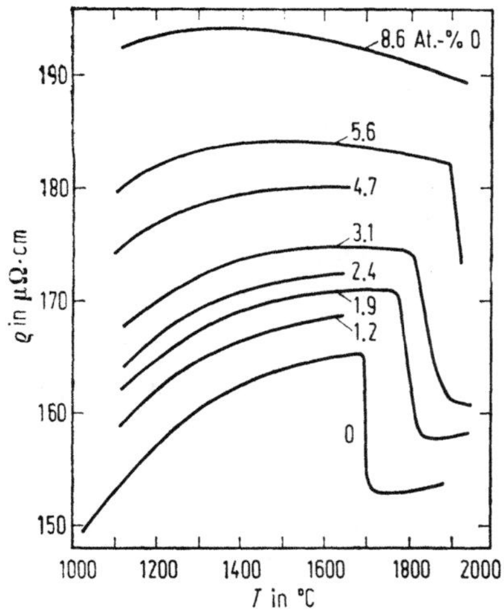

Abb. 13. Einfluß der Temperatur auf den elektrischen Widerstand ϱ von O-haltigem α-Hf [163].

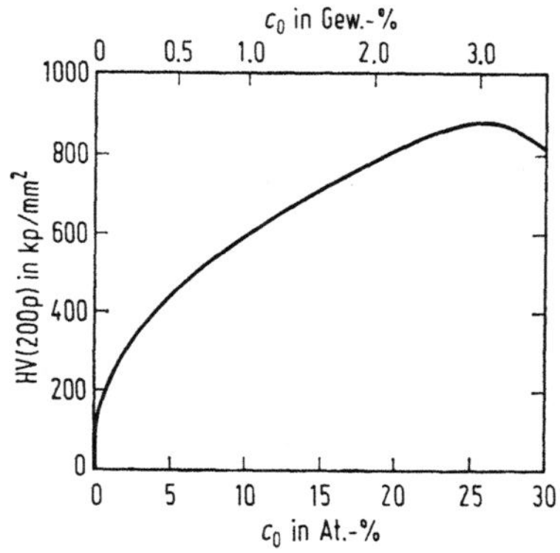

Abb. 14. Einfluß von O auf die Mikrohärte HV von α-Hf [162].

Literatur zu Zirkonium und Hafnium

1 Miller, G. L.: Zirconium, London: Butterworths 1957.
2 Douglas, D. L.: The Physical Metallurgy of Zirconium, Atomic Energy Revue, IAEA, Wien 1963.
3 Gebhardt, E.; Thümmler, F.; Seghezzi, H. D.: Reaktorwerkstoffe, Teil I, Stuttgart: Teubner 1964.
4 Mueller, W. M.; Blackledge, J. P.; Libowitz, G. G.: Metal Hydrides, New York, London: Academic Press 1968.
5 Hansen, M.; Anderko, K.: Constitution of Binary Alloys, New York: McGraw-Hill 1958.
6 Elliott, R. P.: Constitution of Binary Alloys, First Supplement, New York: McGraw-Hill 1965.
7 Shunk, F. A.: Constitution of Binary Alloys, Second Supplement, New York: McGraw-Hill 1969.
8 Kubaschewski, O.; Evans, E. Ll.; Alcock, C. B.: Metallurgical Thermochemistry, 4th ed., Oxford: Pergamon 1967.
9 Libowitz, G. G.: J. Nucl. Mater. 5 (1962) 228.
10 Beck, R. L.: Trans. ASM 55 (1962) 542.
11 Moore, M.; Young, W.: J. Nucl. Mater. 27 (1968) 316.
12 Kearns, J.: J. Nucl. Mater. 22 (1967) 292.
13 Erickson, W.; Hardis, D.: J. Nucl. Mater. 13 (1964) 254.
14 Raymond, J.: Rpt. NAA-SR-9374 (1964).
15 Gulbransen, E.; Andrew, K.: Trans. AIME 203 (1955) 136.
16 Ells, C. E.; McQuillan, A.: J. Inst. Metals 85 (1957) 89.
17 Bradbrook, J. S.: J. Nucl. Mater. 42 (1972) 142.
18 Ells, C. E.: J. Nucl. Mater. 28 (1968) 129.
19 Paetz, P.; Lücke, K.: Z. Metallkde. 62 (1971) 657.
20 Paetz, P.; Lücke, K.: Z. Metallkde. 62 (1971) 662.
21 Moore, K. E.: J. Nucl. Mater. 32 (1969) 46.
22 McQuillan, A. D.; Wallbank, A. D.: J. Chem. Phys. 51 (1969) 1026.
23 Mishima, Y.; Ishino, S.; Nakajima, S.: J. Nucl. Mater. 27 (1968) 335.
24 Slattery, G.: J. Inst. Metals 95 (1967) 43.
25 Gulbransen, E.; Andrew, K.: J. Electrochem. Soc. 101 (1954) 560.

26 Someno, M.: Nippon Kinzoku Gakkaishi 24 (1960) 249.
27 Kearns, J. J.: J. Nucl. Mater. 43 (1972) 330.
28 Gelezunas, V. L.; Conn, P. K.; Price, R. H.: J. Electrochem. Soc. 110 (1963) 799.
29 Belle, J.; Cleland, B.; Mallet, W.: J. Electrochem. Soc. 101 (1954) 211.
30 Korst, W.: Rpt. NAA-SR-6880 (1962).
31 Nagel, H.; Goretzki, H.; Mayer, R.; Hauffler, G.: Z. Metallkde. 60 (1969) 460.
32 Povolo, F.; Bisogni, E. A.: J. Nucl. Mater. 29 (1969) 82.
33 Beevers, C. J.; Edmonds, D. V.: J. Nucl. Mater. 33 (1969) 107.
34 Livanov, V. A.; Kolachev, B. A.; Bukhanova, A. A.: Trudy Moskva Aviats. Tekhnol. Inst. 71 (1970) 23.
35 Hardie, D.: J. Nucl. Mater. 42 (1972) 317.
36 Godin, Yu. G. et al.: Metallurgia i Metalloved. chist Metallov, visc. 5 M Atomisdat 1966, 25.
37 Storms, E. K.: The Refractory Carbides, New York, London: Academic Press 1967.
38 Adelsberg, L. M.; Cadoff, L. H.; Tobin, J. M.: Trans. AIME 236 (1966) 972.
39 Benesovsky, F.; Rudy, E.: Planseeberichte Pulvermet. 8 (1960) 2.
40 Anderson, C. T.; Hayes, E. T.; Roberson, A. H.; Kroll, W. J.: Rpt. BM-RI 4658 (1950).
41 Suzuki, H. et al.: Bull. Tokyo Inst. Technol. no. 90 (1969) 105.
42 Andrievskii, R. A. et al.: NASA Rpt. N 67-34377.
43 Schmidt, F. A.; Carlson, O. N.; Swanson, C. E.: Met. Trans. 1 (1970) 1371.
44 Lustman, B.; Kerze, F.: The Metallurgy of Zirconium, New York: McGraw-Hill 1955.
45 Grossman, L. N.: J. Amer. Ceram. Soc. 46 (1963) 9.
46 Krikorian, N. H.; Wallace, T. C. et al.: J. Electrochem. Soc. 110 (1963) 6.
47 Levinson, L. S.: J. Chem. Phys. 42 (1965) 8.
48 Taylor, R. E.; Morreale, J.: J. Amer. Ceram. Soc. 47 (1964) 2.
49 Domagala, R. F.; Mc Pherson, D. J.; Hansen, M.: Trans. AIME 206 (1956) 98.
50 Fast, J. D.: Metallwirtschaft 17 (1938) 641.
51 Mallett, M. W.; Belle, J.; Cleland, C. B.: J. Electrochem. Soc. 101 (1954) 1.
52 Mallett, M. W.; Baroody, E. M.; Nelson, H. R.; Rapp. C. A.: J. Electrochem. Soc. 100 (1953) 103.
53 Eremeev, V. S.; Ivanov, Yu. M.; Panov, A. S.: Izv. Akad. Nauk SSSR Metally (1969) no. 4, 262; Russ. Metallurgy (1969) no. 4.
54 Levinskii, Yu. V.; Kiparisov, S. S.; Stroganov, Yu. D.: Izv. VUZ Tsvetnaya Met. 13 (1970) no. 6, 91.
55 Rosa, C. J.; Smeltzer, W. W.: Electrochem. Technol. 4 (1966) 149.
56 Paidassi, J.; Le Dellion, R.: Compt. Rend. C 272 (1971) 249.
57 Sallach, R. A.: J. Phys. Chem. 76 (1972) 2156.
58 Samsonov, G. V.; Kaplina, G. S.: Izv. Akad. Nauk SSSR Metally (1970) no. 6, 222; Russ. Metallurgy (1970) no. 6.
59 Gulbransen, E. A.; Andrew, K. F.: Trans. AIME 185 (1949) 515.
60 Ehrke, L. F.; Slack, C. M.: J. Appl. Phys. 11 (1940) 129.
61 Dravnieks, A.: J. Amer. Chem. Soc. 72 (1951) 3568.
62 Guldner, W. G.; Wooten, L. A.: Trans. Electrochem. Soc. 93 (1948) 223.
63 Hörz, G.: Hammel, M.: J. Nucl. Mater. 55 (1975) 284.
64 Hörz, G.; Hammel, M.; Kanbach, H.: J. Nucl. Mater. 55 (1975) 291.
65 Azhazha, V. M. et al.: Fiz. Met. Metallov. 34 (1972) no. 6, 1298.
66 Tyson, W. R.; Craig, G. B.: Can. Met. Quart. 7 (1968) No 3, 119.
67 Domagala, R. F.; Mc Pherson, D. J.: Trans. AIME 200 (1954) 238.
68 Gebhardt, E.; Seghezzi, H. D.; Dürrschnabel, W.: J. Nucl. Mater. 4 (1961) 255.
69 Domagola, R. F.; Ruh, R.: Trans. ASM Quart. 62 (1969) 915.
70 Model', M. S.; Shubina, G. Yu.: Izv. Akad. Nauk SSSR Metally (1968) no. 6, 143; Russ. Metallurgy (1968) no. 6.
71 Yamaguchi, S.; Hirabayashi, M.: J. Appl. Crystallography 3 (1970) 319.
72 Steeb, S.; Riekert, A.: J. Less-Common Metals 17 (1969) 429.
73 Rosa, C. J.: J. Less-Common Metals 16 (1968) 173.
74 Debuigue, J.: Met. Corros. Ind. 501 (1967) 186.
75 Gulbransen, E. A.; Andrew, K. F.: Trans. AIME 185 (1949) 515.

76 Boureau, G.; Gerdanian, P.: High Temp.-High Pressure 2 (1970) 681.
77 Dechamps, M.; Lehr. P.: Compt. Rend. C 270 (1970) 169.
78 Dechamps, M.; Lehr, P.: Compt. Rend. C 270 (1970) 1933.
79 Dechamps, M.; Lehr. P.: Compt. Rend. C 271 (1970) 1533.
80 Dechamps, M.; Debuigne, J.; Lehr, P.: Mém. Sci. Rev. Mét. 68 (Apr. 1971) 267.
81 Nierlich, J.; Paidassi, J.: Compt. Rend. C 267 (1968) 1429.
82 Madeyski, A.; Paulton, D. J.; Smeltzer; W. W.: Acta Met. 17 (1969) 579.
83 Billion, M.; Ailloud, P.; Renucci, L.; Langeron, J.: Compt. Rend. C 272 (1971) 524.
84 Srivastava, L. P.; Archbold, T. F.: J. Nucl. Mat. 45 (1972) 258.
85 Boisot, P.; Béranger, G.: Compt. Rend. C 269 (1969) 587.
86 Lichter, B. D.: Trans. AIME 218 (1960) 1015.
87 Holmberg, B.; Dagerhamn, B.: Acta Chem. Scand. 15 (1961) 919.
88 Giam, T. M.; Claisse, F.: J. Nucl. Mater. 34 (1970) 325.
89 Treco, R. M.: Trans. ASM 45 (1953) 872.
90 Claisse, F.; Giam, T. M.: J. Less-Common Metals 30 (1973) 377.
91 Bedford, A. J.; Fuller, P. G.; Miller, D. R.: J. Nucl. Mater. 43 (1972) 164.
92 de Paula, E.; Silvia, E. et al.: Scripta Met. 5 (1971) 795.
93 Gacougnolle, J. L.; Sarrazin, S.; de Fouquet, J.: J. Physique 32 (Juli 1971) Suppl. 7, C 2—21.
94 Browne, K. M.: Scripta Met. 5 (1971) 519.
95 Chupka, W. A.; Berkowitz, J.; Ingram, G.: J. Chem. Phys. 26 (1957) 1207.
96 Mills, D.; Craig, G. B.: Trans. AIME 242 (1968) 1881.
97 Tyson, W. R.: Can. Met. Quart. 6 (1967) 301.
98 Hörz, G.; Kanbach, H.: unveröffentlichte Ergebnisse.
99 Com-Nouguè, J.; Béranger, G.: Compt. Rend. C 272 (1971) 999.
100 Singh, K.; Parr, G.: Trans. Faraday Soc. 59 (1963) 2248.
101 Edwards, R.; Levesque, P.: J. Amer. Chem. Soc. 77 (1955) 1312.
102 Roy, C.: J. Nucl. Mater. 13 (1964) 275.
103 Vilk, Yu. N. et al.: Zhur. Prikl. Khim. 41 (1968) 918.
104 Hussey, R. J.; Smeltzer, W. W.: J. Electrochem. Soc. 112 (1965) 6.
105 Bartlett, R. W.; Wadsworth, M. E.; Cutler, J.: Trans. AIME 227 (1963) 467.
106 Zainulin, Yu. G.; Aliamovsky, S. I.; Shveikin, G. P.; Gel'd, P. V.: Izv. Akad. Nauk SSSR Neorg. Mater. 6 (1970) no. 1, 118.
107 Katz, O.; Berger, J.: Trans. AIME 233 (1965) 1005.
108 Sinha, V. K.; Singh, K. P.: Met. Trans. 3 (1972) 1581.
109 Pessal, N.; Mc Quillan, A.: Trans. AIME 224 (1962) 536.
110 La Grange, L. et al.: J. Phys. 63 (1959) 2035.
111 Hoch, M. et al.: J. Electrochem. Soc. 118 (1971) 1503.
112 Wallace, T. C.: J. Phys. Chem. 67 (1963) 796.
113 Jun, C. K.; Hoch, M.: J. Electrochem. Soc. 118 (1971) 1498.
114 Hoch, M.; Yamanchi, S.: J. Electrochem. Soc. 119 (1972) 970.
115 Gorshkova, L. V.: Voroshilov, Yu. V.; Fedorov, T. F.: Sov. Powder Met. Metal. Ceram. (Febr. 1969) 146.
116 Rudy, E.; Benesovsky, F.: Monatsh. Chem. 93 (1962) 1279.
117 Nickel, H.; Inanc, Ö.; Lücke, K.: J. Nucl. Mater. 28 (1968) 79.
118 Ettmayer, P.; Kieffer, R.; Usner, L.: Planseeberichte Pulvermet. 16 (1968) 2.
119 Norton, J. T.; Mowry, A. L.: Trans. AIME 185 (1949) 133.
120 Kieffer, R.; Ettmayer, P.; Petter, F.: Monatsh. Chem. 102 (1971) 1182.
121 Erickson, W. H.: Electrochem. Technol. 4 (1966) 205.
122 Nevitt, M. V.; Downey, J. W.: Trans. AIME 221 (1961) 1014.
123 Rumball, W. M.; Elderder, F. G.: J. Less-Common Metals 19 (1969) 345.
124 Guerlet, J. P.; Lehr, P.: J. Nucl. Mater. 28 (1968) 152.
125 Kaden, W.: J. Nucl. Mater. 27 (1968) 225.
126 Skelly, H. M.; Dixon, C. F.: J. Less-Common Metals 23 (1971) 415.
127 Guerlet, J. P.; Lehr, P.: J. Nucl. Mater. 28 (1968) 165.
128 Hunt, C. E. L.; Niessen, P.: J. Nucl. Mater. 35 (1970) 134.

129 Bychkov, Yu. F.; Goucharov, J. N.; Khukhareva, J. S.: Metallography, Physical Chemistry and Physics of Superconductors (1967) 11.
130 Bauer, A. A.; Beatty, G. H.; Rough, F. A.: Trans. AIME 221 (1961) 225.
131 Holden, A. N.; Seymour, W. E.: Trans. AIME 206 (1956) 1312.
132 Duffey, J. F.; Bruch, C. A.: Trans. AIME 212 (1958) 17.
133 Wilkins, B. J. S.; Cater, J.: J. Nucl. Mater. 31 (1969) 288.
134 Urbanic, V. F.; Smeltzer, W. W.: J. Electrochem. Soc. 119 (1972) 1527.
135 El-Shanshoury, I. A. et al.: J. Nucl. Mater. 27 (1968) 102.
136 Mallett, M. W.; Albrecht, W. M.; Wilson, P. R.: J. Electrochem. Soc. 106 (1959) 181.
137 Dawson, J. K. et al.: J. Nucl. Mater. 25 (1968) 179.
138 Cox, B.: J. Nucl. Mater. 28 (1968).
139 Bradbrook, J. S.; Lorimer, G. W.; Ridley, N.: J. Nucl. Mater. 42 (1972) 142.
140 Lunde, L.: J. Nucl. Mater. 44 (1972) 241.
141 Kearns, J. J.: J. Nucl. Mater. 43 (1972) 330.
142 Edwards, R. K.; Veleckis, E.: J. Chem. Phys. 66 (1962) 1659.
143 Seelinger, S. M.; Stoloff, N. S.: Met. Trans. 2 (1971) 1481.
144 Libowitz, G.: J. Nucl. Mater. 2 (1960) 1.
145 Rudy, E.: USAF-Rpt. 33 (615)-1249 (1969).
146 Sara, R. V.: Trans. AIME 233 (1965) 1683.
147 Benesovsky, R.; Rudy, E.: Planseeberichte Pulvermet. 8 (1960) 2.
148 Meshcheryakov, G. Y. A.; Andriyevskiy, R. A.; Zagryazkin, V. N.: Fiz. Met. Metallov. 25 (1968) no. 1, 189.
149 Edwards, R. K.; Malloy, G. T.: J. Phys. Chem. 62 (1958) 45.
150 Rudy, E.; Stecher, P.: J. Less-Common Metals 5 (1963) 78.
151 Silver, M. D.; Farrar, P. A.; Komarek, K. L.: Trans. AIME 227 (1963) 876.
152 Komarek, K.; Silver, M.: Proc. IAEA Symposium on Thermodynamics of Nuclear Materials, Wien 1962.
153 Wicks, C. E.; Block, F. E.: Bureau of Mines, Bull. 605 (1963).
154 Kofstad, P.; Espevik, S.: J. Less-Common Metals 12 (1967) 382.
155 Pemsler, J. P.: J. Electrochem. Soc. 106 (1959) 1067.
156 Shveikin, G. P. et al.: Akad. Nauk SSSR, Ural Fil, Trudy Inst. Khim. 17 (1970) 34.
157 Smeltzer, W. M.; Simnad, M. T.: Acta Met. 5 (1957) 328.
158 Pemsler, J. P.: J. Electrochem. Soc. 111 (1964) 1339, 113 (1966) 619.
159 Vahldiek, F. W.: J. Less-Common Metals 19 (1969) 305.
160 Gadd, J. D.; Evans, E. B.: Corrosion 17 (1961) 109.
161 Pieraggi, B.; Dabosi, F.: J. Nucl. Mater. 46 (1973) 183.
162 Domagala, R. F.; Ruh, R.: Trans. ASM 58 (1965) 164.
163 Klaiß, R.: Dissertation, Universität Stuttgart (1976).
164 Hörz, G.; Klaiß, R.: unveröffentlichte Ergebnisse.
165 Ruano, O.; Elßner, G.: J. Less-Common Metals 40 (1975) 121.
166 Nechaev, Yu. A.; Kamyshov, V. M.: Zhur. Neorg. Khim 15 (1970) no. 12, 3249.
167 Dubertret, A.; Lehr, P.: Compt. Rend. 262 (1966) 1147.
168 Dubertret, A. et al.: Mém. Sci. Rev. Mét. 54 (1967) 895.
169 Kronilov, I. I.; Glazova, V. V.; Kenia, E.: Dokl. Akad. Nauk SSSR 169 (1966) 343.
170 Panish, M. B.; Reif, L.: J. Chem. Phys. 38 (1963) 253.
171 Nickel, H.; Inanc, O.; Lücke, K.: Z. Metallkde. 59 (1968) 935.
172 Kanbach, H.: Diplomarbeit, Universität Stuttgart (1974).
173 Elßner, G.; Krohn, U.; Ruano, O.: Z. Metallkde. 67 (1976).
174 Hörz, G.; Klaiß, R. unveröffentlichte Ergebnisse.
175 Mishra, S.; Sirarama Krishnan, K. S.; Asundi, M. K.: J. Nucl. Mater. 45 (1972/73) 235.
176 Ruano, O.: Dissertation, Universität Stuttgart (1976).

Va – Metalle

Vanadium

(Abb. S. 451, Lit. S. 457)

G. Hörz und E. Fromm

Vanadium-Wasserstoff

Konstitution [1—16, 139—141] s. Abb. 1 und 2. Phasen V—H: α, α' krz; β($VH_{0,45}$ bis $VH_{0,95}$) tetr. rz; γ(VH_2) kfz. Im Bereich des β-Phasenfeldes treten Ordnungsstrukturen bei den Zusammensetzungen V_2H [10], V_3H_2 [15] und V_4H_3 [12] auf. Phasen V—D: α, α' krz; β(V_2D) tetr. rz, geordnet; δ(VD_{1-x}) und γ(V_4D_3), leicht gestörte krz Strukturen, geordnet [14].

Löslichkeit [1, 2, 6, 7, 17] s. Abb. 3. Für höhere Temperaturen gilt bis zu hohen H-Konzentrationen

H in α-V: $1/2 \log p = \log r - \log(0{,}779 - r) + 4{,}34$
$- T^{-1}[1515 + 1421\,r - 1112\,r^2 + 330\,r^3 - 2092\,r^4]$
($r = c/(100 - c)$, $c < 25$ At.-% H, 250—550 °C [6])

Aus Messungen von [17] kann für kleine H-Konzentrationen die Beziehung

H in α-V: $\log c = 1/2 \log p - 2{,}62 + 1695/T$
($<$ 8 At.-% H, 100—500 °C, b. [17])

abgeleitet werden, die auch die (p, c)-Isothermen von [6] bei kleinen H-Gehalten gut beschreibt.

Löslichkeitsgrenze [4—7, 9, 13, 14, 16, 18—22] s. Abb. 4

H in α-V: $\log c_{max} = 2{,}53 - 641/T$ (—50 bis +60 °C [18])

D in α-V: $\log c_{max} = 2{,}77 - 634/T$ (—60 bis +60 °C [22])

Gleichgewichtsdruck im Zweiphasengebiet ($\alpha + \beta$)

$\log p_{H_2} = 9{,}6 - 4340/T$ (10—140 °C, b. [7])

Thermodynamische Daten [1, 6, 7, 17, 18, 22, 23]

$1/2\, H_2$ = H(in α-V): $\Delta G^0 = -7752 + 14{,}5\,T$
($<$ 8 At.-% H, 100—500 °C, b. [17])

β-V_xH = H(in α-V) + x α-V: $\Delta G^0 = 2932 - 2{,}4\,T$ (—50 bis +60 °C, b. [18])

β-V_2D = D(in α-V) + 2 α-V: $\Delta G^0 = 2899 - 3{,}5\,T$ (—60 bis +60 °C, b. [22])

x · α-V + $1/2\, H_2$ = β-V_xH: $\Delta G^0 = -9925 + 15{,}4\,T$ (10—140 °C, b. [7])

Die der hier angegebenen einfachen Formeln lassen sich wegen der Krümmung der ($\log c_{max}$, $1/T$)-Kurve (s. Abb. 4) nicht ineinander umrechnen. Die von verschiedenen Autoren gemessenen neueren ΔG^0-Werte stimmen jedoch recht gut überein.

Diffusion [24—28]

H in α-V: $D = 3{,}5 \cdot 10^{-4} \exp(-1150/RT)$ (0 bis 300 °C, Gorsky-Effekt [24])

D in α-V: $D = 3{,}7 \cdot 10^{-4} \exp(-1850/RT)$

(—50 bis +300 °C, Gorsky-Effekt [24])
Elektrotransport s. Tab. B 2

Absorption [1, 6, 7, 29]. Die Geschwindigkeit der H-Aufnahme hängt vom Oberflächenzustand und damit von der Vorbehandlung des Metalls ab. Ohne vorhergehende Aktivierung (z. B. Hochvakuumglühung bei 1100 °C [1] oder Zyklus: Hochvakuum-Entgasung bei 800—900 °C, mehrfache Sättigung mit H und Entgasung sowie abschließende Abkühlung im Hochvakuum [6]) wird H von V nicht absorbiert [1]. Die H-Aufnahme erfolgt oberhalb von 300 °C sehr rasch, unterhalb von 300 °C langsam [1]. Nach Entgasung bei 1100 °C und Ionenbeschuß wird H selbst bei R. T. noch von V absorbiert [7].

Entgasung [6, 7]. H-haltiges V kann im Hochvakuum entgast werden, z. B. bei 800—900 °C und 10^{-5} Torr [6].

Ausscheidungsvorgänge [20, 30—34]. Bei der Abkühlung von V mit 0,27 At.-% H scheidet sich bei —73 °C β-Hydrid martensitisch in Form dünner Platten aus [33]; Bestimmung der Wachstumsebene durch [31, 34]. Elektronenmikroskopische Untersuchung der Ausscheidung von Hydriden aus V—H-Mischkristallen bei 27 bis —196 °C s. [30].

Gitterparameter [4, 5]. Für a in Å gilt bei R. T.
$a = 3{,}027 + 0{,}0021\,c$ (0—4,8 At.-% H [5])

Elektrischer Widerstand [9, 18]. ϱ steigt im Bereich von α-V bei 0—70 °C linear um 1,12 μΩ · cm/At.-% H [18]. Auch im Bereich der β-Phase tritt bei R. T. ein linearer Widerstandsanstieg auf, der 1,7 μΩ · cm/At.-% H beträgt [9].

Magnetische Suszeptibilität [4, 35, 36]. Für χ in cm^3/g gilt bei R. T.
$\chi = 5{,}85 \cdot 10^{-6} - 0{,}13 \cdot 10^{-6}\,c$ (0—4 At.-% H [4])

Innere Reibung [19, 20, 26, 37, 38]. Gelöster H und gelöstes D verursachen Dämpfungsmaxima, die dem Gorsky-Effekt zugeschrieben werden (Lage des Maximums für 0,3 At.-% H und 9,6 Hz bei —73 °C, für 2,2 At.-% D und 8,0 Hz bei —38 °C) [26]. Hydridausscheidungen rufen ebenfalls ein Dämpfungsmaximum hervor [19, 20, 38], das nach [38] für 1,6 Hz bei —75 °C liegt und linear mit der H-Konzentration bis 36 At.-% ansteigt. Weitere Dämpfungsmaxima treten in verformtem H-haltigem V auf (α-Verformungsmaximum, Snoek-Köster-Maxima) [19, 38].

Elastizitätsmodul [39]. Für E in kp/mm^2 gilt bei R. T. im Bereich von α-V
$E = 12852 + 62\,c.$

Streckgrenze [33, 40, 142]. H beeinflußt die kritische Schubspannung τ_S von V-Einkristallen oberhalb von R. T. kaum, zwischen —50 und —130 °C jedoch stark, s. Abb. 5 [142].

Gleichmaßdehnung [33, 40, 41, 43] s. Abb. 6 [40]. Charakteristisch für H-haltiges V ist der durch ein Minimum gehende Verlauf von ε_g mit abnehmender Temperatur. Nach Abb. 6 fällt ε_g bei R. T. bei Lösung von 0,5 At.-% H von 28 auf 23% ab [40]. Zusammenhang zwischen ε_g, Temperatur und Dehngeschwindigkeit für V mit 0,03 At.-% H nach [43] s. Abb. 7.

Querschnittsverminderung [20, 33, 40, 41] s. Abb. 8 [40]. ψ von H-haltigem V geht mit abnehmender Temperatur durch ein Minimum.

Duktil-Spröd-Übergang [20, 33, 40—43]. H-freies, rekristallisiertes Jodid-V ist bei Zugbeanspruchung bis —196 °C duktil (s. Abb. 6 und 8 [40]). 0,05 At.-% H genügen, um das Material bei etwa —100 °C über einen begrenzten Temperaturbereich zu verspröden [40]. Bemerkenswert ist der erneute Duktilitätsanstieg bei tiefen Temperaturen (s. Abb. 6 und 8). Eine Erhöhung der Dehngeschwindigkeit bewirkt nach [41, 43] eine Verschiebung des Sprödbereichs zu tieferen Temperaturen. Bei zunehmender H-Konzentration erhöht sich die Übergangstemperatur $T_{Ü}$ des Duktil-Spröd-Überganges stark, s. Abb. 9 [20, 33, 40—43]. Zum Mechanismus der Versprödung liegt noch keine geschlossene Deutung vor, doch kommt offenbar der Bildung von Hydriden nach Überschreiten der Löslichkeitsgrenze für H in V eine wesentliche Bedeutung zu; Diskussion dieser Fragen bei [20, 33, 41].

Vanadium-Kohlenstoff

Konstitution [1, 3, 44—46] s. Abb. 10. Phasen: β-V_2C (> 800 °C) hex.; α-V_2C (< 800 °C) orthorh., geordnet; ζ-VC_{1-x} bei etwa 40 At.-% C; VC kfz.

Löslichkeitsgrenze [45, 47] s. Abb. 11
C in V(s): $\log c = 7{,}4 - 12800/T$ (1500—1600 °C, b. [47])

Thermodynamische Daten [45, 47—49]
V_2C = C(in V(s)) + 2V(s): $\Delta G^0 = +58600 - 24{,}7\,T$ (1500—1600 °C, b. [47])
2V(s) + C = V_2C: $\Delta G^0 = -35200 + 1{,}0\,T$ (900—1100 °C, b. [49])
oder: $\Delta G^0 = -11500 - 0{,}5\,T$ (700—1000 °C, [48])

Diffusion [50—53, 57]
C in V(s): $D = 8{,}8 \cdot 10^{-3} \exp(-27793/RT)$ (60—1825 °C [53])
Thermo- und *Elektrotransport* s. Tab. B 2

Ausscheidungsvorgänge [54, 55, 143, 144]. Untersuchung der Ausscheidung von Karbiden aus übersättigten V—C-Mischkristallen mit 0,2—0,4 At.-% C bei 100—600 °C. Für 0,3 At.-% C und 200—500 °C erfolgt die Ausscheidung in mehreren Stufen über die Bildung einiger metastabiler Karbide (anfangs plättchenförmiges, kohärentes, wahrscheinlich interstitiell geordnetes Karbid mit einer {310}-Wachstumsebene) bis zur Entstehung des stabilen, inkohärenten V_2C [54, 143, 144]. Dabei steigt bei 200 und 260 °C die Härte mit der Auslagerungszeit zunächst auf ein Plateau an und durchläuft dann 3 Maxima, während der elektrische Widerstand abfällt. Für 100—260 °C gehorcht die Ausscheidung dem Zeitgesetz $w = 1 - \exp[-(t/\tau)^{0,5}]$ (w Bruchteil des ausgeschiedenen C; t Auslagerungszeit, τ Konstante für konstante Temperatur). Für die Aktivierungsenergie ergibt sich 27,0 kcal/mol. Daraus wird geschlossen, daß die Keimbildung der Karbide leicht möglich ist und die Diffusion von C den gesamten Ausscheidungsprozeß kontrolliert [55, 143, 144]. Einfluß einer 40%igen Verformung auf die Ausscheidung von Karbiden bei 200—500 °C [144].

Gitterparameter. a steigt bei R. T. nach [56] von 3,0270 auf 3.0310 Å durch Zusatz von 0,18 At.-% C. Diese Zunahme erscheint zu hoch.

Innere Reibung [57, 58]. Gelöster C verursacht ein Snoek-Dämpfungsmaximum, das für 0,55 Hz bei 162 °C [57], für 1 Hz bei 170 °C [58] liegt.

Härte [59—61] s. Abb. 12. Für die Vickershärte HV in kp/mm² gilt bei R. T.
HV (10 kp) = 40 + 184 c (0—0,34 At.-% C [60])
Oberhalb von 0,34 At.-% C steigt HV nicht mehr an, da Karbidausscheidungen vorliegen [60].

Mechanische Eigenschaften [56, 61, 62]. Untere Streckgrenze σ_u, Zugfestigkeit σ_B und Bruchdehnung δ bei R. T. s. Abb. 13 [56] (Legierungen bis 0,18 At.-% C sind homogen, bei höheren C-Gehalten treten Karbidausscheidungen auf).

Duktil-Spröd-Übergang [42, 59—61]. Für rekristallisiertes Jodid-V mit C-Gehalten bis 0,46 At.-% liegt die Übergangstemperatur $T_Ü$ unterhalb von —196 °C [60].

Vanadium-Stickstoff

Konstitution [1, 3, 63—71]. Phasen: β ($VN_{0,37}$—$VN_{0,49}$, V_3N—V_2N) hdP; γ ($VN_{0,71}$—$VN_{1,00}$, VN) kfz, NaCl-Typ. Bei niedrigen Temperaturen treten interstitiell geordnete, wahrscheinlich meist metastabile Nitridphasen auf: $V_{16}N$ tetr.rz [66]; V_xN (V_9N) tetr.rz [67, 69]; V_yN krz [69, 71]; s. auch Ausscheidungsvorgänge.

Löslichkeit [72, 73]
N in V(l): $\log c = 1/2 \log p + 0{,}56$ (<20 At.-% N, <50 Torr N_2, 1930 °C [72])

Löslichkeitsgrenze [65, 69—71, 74] s. Abb. 11
N in V(s): $\log c_{max} = 1{,}50 - 831/T$ (500—1500 °C [71])

Zersetzungsdruck von V_3N [63, 71] liegt nach [71] bei 1400 °C unterhalb von 10^{-6} Torr.

Thermodynamische Daten [71, 75—77]
V_3N = N(in V(s)) + 3 V(s): $\Delta G^0 = 3800 + 2{,}3\,T$ (500—1500 °C [71])
2,15 V(s) + 1/2 N_2 = $V_{2,15}N$: $\Delta G^0 = -67450 + 23{,}0\,T$ (25—1525 °C, b. [75])

Diffusion [50, 52, 53, 78, 79]
N in V(s): $D = 4{,}17 \cdot 10^{-2} \exp(-35460/RT)$ (60—1825 °C [53])
Elektrotransport s. Tab. B 2

Absorption [29, 80—83]. Die N-Aufnahme erfolgt bei 600—900 °C und 76 Torr N_2 unter Bildung einer Nitridschicht auf der Metalloberfläche nach einem parabolischen Zeitgesetz. Der Einfluß des N_2-Druckes ist bei 1,5—76 Torr gering, die Temperaturabhängigkeit exponentiell. Gewichtsänderung s. Abb. 14 [80]. [82] findet bei 600—800 °C und 10^{-6}—10^{-4} Torr N_2 ein lineares Zeitgesetz. Für Bleche mit 1 mm Stärke und kurze Reaktionszeiten gilt ein parabolisches Zeitgesetz mit k_p in $mg^2 \cdot cm^{-4} \cdot h^{-1}$, T in K (s. Abb. 14) [83]
$k_p = 1{,}15 \cdot 10^4 \cdot T \cdot \exp(-38720/RT)$
($7 \cdot 10^{-2}$ — 700 Torr N_2, 900—1450 °C [83])
Etwa 95% der Gewichtszunahme sind auf die Lösung von N in V zurückzuführen, der Rest auf die Bildung einer dünnen V_3N-Schicht. Bei hohen Temperaturen und 1 atm N_2 erfolgt bei längeren Reaktionszeiten Übergang vom parabolischen zum kubischen Zeitgesetz. Für die Geschwindigkeitskonstante k_c in $mg^3 \cdot cm^{-6} \cdot h^{-1}$, T in K gilt [83]
$k_c = 4{,}18 \cdot 10^6 \cdot T \cdot \exp(-49700/RT)$
Im kubischen Bereich bildet sich eine dünne VN-Schicht über einer dickeren

V_3N-Zwischenschicht und dem gesättigten V—N-Mischkristall. Bei niedrigen N_2-Drücken wird vor dem parabolischen Bereich ein lineares Zeitgesetz beobachtet, das der Lösung von N zugeordnet wird [83].

Entgasung [84—88]. Bei 1550 °C wird N aus V—N-Mischkristallen mit 0,25 bis 1 At.-% N selbst unter Ultrahochvakuumbedingungen ($5 \cdot 10^{-10}$ Torr) nicht abgegeben [84]. Bei 2100 °C und $2 \cdot 10^{-5}$ Torr nimmt die N-Konzentration in V(l) ab, wenn $c > 1$ At.-% N ist; sie nimmt zu, wenn $c < 1$ At.-% N ist [86]. Die Grenzkonzentration 1 At.-% N wird unter hohen V-Abdampfverlusten angenähert [86, 88]. Die Abgabe von N_2 aus V(l) erfolgt nach einem Geschwindigkeitsgesetz 2. Ordnung [86].

Ausscheidungsvorgänge [66—71, 89]. Werden V—N-Mischkristalle von 1400 °C auf R. T. abgekühlt (Drähte mit 0,5 mm Dmr., Strahlungsabkühlung von 1400 auf 400 °C in weniger als 30 s), dann sind Legierungen mit $c < 6$ At.-% N einphasig, während für $c > 6$ At.-% N ein bänderförmiges Umwandlungsgefüge mit der metastabilen V_xN-Phase gefunden wird [67, 70, 71]. Bei der Auslagerung von Legierungen mit $c > 6$ At.-% N bei 600—900 °C wird das Umwandlungsgefüge zurückgebildet und es scheidet sich die stabile V_3N-Phase aus. Bei 500 °C wird eine metastabile kubische Nitridphase (V_yN) mit einem Gitterparameter ähnlich dem der α-Phase beobachtet. Dabei entsteht ein tweed-förmiges Ausscheidungsgefüge [71]. Werden übersättigte V—N-Mischkristalle mit $c < 6$ At.-% N bei 600 °C oder bei höheren Temperaturen ausgelagert, dann scheidet sich stets V_3N aus. Bei 500 °C bilden sich metastabile Phasen [71], nach [69] zunächst $V_{16}N$, das bei längeren Auslagerungszeiten in V_xN und V_yN zerfällt. Bei 280—350 °C wird $V_{16}N$ kohärent ausgeschieden [66, 71, 89], dabei tritt eine Aushärtung auf [71].

Gitterparameter [65, 69, 71, 90]. Für a in Å gilt bei R. T.

$a = 3{,}0255 + 0{,}0048\,c$ (0—5 At.-% N [71])

oder $a = 3{,}0273 + 0{,}0038\,c$ (0—8 At.-% N [69])

Elektrischer Widerstand. Für ϱ in $\mu\Omega \cdot$ cm gilt bei 10 °C

$\varrho = 19{,}5 + 4{,}7\,c$ (0—5 At.-% N [90])

Bei 940—1400 °C steigt ϱ ebenfalls linear mit der N-Konzentration; der Zusatzwiderstand $\Delta\varrho/\Delta c$ ist jedoch kleiner als bei 10 °C und fällt von 4,7 $\mu\Omega \cdot$ cm/At.-% N bei 10 °C auf 3,5 $\mu\Omega \cdot$ cm/At.-% N bei 1400 °C (s. Abb. 15) [90].

Thermokraft gegen Kupfer [90] steigt bei R. T. linear von —2,0 auf +0,3 μV/°C bei Lösung von 5 At.-% N, d. h. um 0,46 μV/°C pro At.-% N.

Magnetische Suszeptibilität. Für χ in cm^3/g gilt bei R. T.

$\chi = 5{,}74 \cdot 10^{-6} - 0{,}116 \cdot 10^{-6}\,c$ (0—5 At.-% N [90])

Innere Reibung [74, 78, 91—94, 98]. Gelöster N verursacht ein Snoek-Dämpfungsmaximum, das nach [91] für 0,73 Hz bei 267 °C, nach [93] für 1 Hz bei 272 °C liegt. Für die Dämpfung in Q^{-1}_{max} gilt (Drähte mit ⟨110⟩-Bambusstruktur, Kristallite von etwa 1,5 mm Länge und 0,5 mm Dmr.)

$Q^{-1}_{max} = 0{,}080\,c$ (0—1 At.-% N [91])

Dem entspricht eine spezifische Relaxationsstärke $\Delta\Delta_r/\Delta c = 0{,}160$ (At.-% N)$^{-1}$. Der Dämpfungspeak wird bei höheren N-Gehalten asymmetrisch, was wahrscheinlich auf N—N-Wechselwirkungen zurückzuführen ist (vgl. Ta—N).

Härte [59—61, 71, 90] s. Abb. 12. Nach [90] steigt HV (300 p) bei R. T. nichtlinear von 55 auf 650 kp/mm² bei Lösung von 5 At.-% N. Für HV in kp/mm² gilt bei großer Belastung bei R. T.
HV (10 kp) = 40 + 249 c (0—0,36 At.-% N [60])

Streckgrenze und Zugfestigkeit [61, 95—98]. Temperaturabhängigkeit der unteren Streckgrenze σ_u und Zugfestigkeit σ_B von N-haltigem V s. Abb. 16 [95]. Bei etwa 400 °C treten Maxima auf, die einer dynamischen Reckalterung durch N zugeschrieben werden [95]. Nach [96] gilt für die untere Streckgrenze σ_u in kp/mm² bei R.T. (Drähte ⟨110⟩-Bambusstruktur, Dehngeschwindigkeit $4{,}7 \cdot 10^{-5}\ s^{-1}$)
$\sigma_u = 5{,}0 + 52\,c$ (0,1—1 At.-% N [96])
Einfluß von N auf σ_u bei verschiedenen Temperaturen s. Abb. 17. Für 0,2—1 At.-% und —60 bis +27 °C ergibt sich ein praktisch temperaturunabhängiger Härtungskoeffizient von etwa 52 kp/mm² pro At.-% N [96].

Duktil-Spröd-Übergang [42, 59—61]. Bei Biegeversuchen an N-haltigem rekristallisiertem Jodid-V mit weniger als 0,7 At.-% N tritt bei —196 °C und bei höheren Temperaturen kein Sprödbruch auf. Einfluß von N auf die Temperatur $T_Ü$ des Duktil-Spröd-Überganges s. Abb. 18. Die Ergebnisse aus Zugversuchen an elektrolytisch gereinigtem, rekristallisiertem V nach [60] weichen stark von den Daten aus den Biegeversuchen nach [59] ab.

Vanadium-Sauerstoff

Konstitution [1, 3, 99—109] s. Abb. 19. Phasen: $\alpha'(V_9O)$ tetr.rz [100, 101, 107]; $\beta(VO_{0,15}—VO_{0,28}, V_xO)$ tetr.rz; $\gamma(V_2O)$ monoklin; $\delta(VO_{0,85}—VO_{1,24}, VO)$ kfz, NaCl-Typ; $\varepsilon(VO_{1,27})$ tetr.rz; $\zeta(V_2O_3)$ rhomb.; $\eta(V_3O_5)$ monoklin; $\Theta_4—\Theta_8(V_nO_{2n-1})$: V_4O_7, V_5O_9, V_6O_{11}, V_7O_{13}, V_8O_{15}, alle Phasen triklin; $\Theta(VO_2)$, < 70 °C α-Modifikation monoklin, > 70 °C β-Modifikation tetr., Rutil-Typ; $\varkappa(V_6O_{13})$ monoklin; $\lambda(V_2O_5)$ rhomb. Zwischen 6 und 9 At.-% O treten zwei metastabile martensitähnliche tetr.rz Suboxide auf, die strukturell der α'- bzw. β-Phase ähnlich sind [100, 101].

Löslichkeit [110, 111]
O in V(s): $\log c = 1/2 \log p - 4{,}7 + 22050/T$ (600—1100 °C [111])

Löslichkeitsgrenze [100, 101, 111, 112] s. Abb. 11
O in V(s): $\log c_{max} = 1{,}20 - 515/T$ (200— 750 °C [112])
oder: $\log c_{max} = 1{,}35 - 482/T$ (550—1100 °C [101, 111])

Gleichgewichtsdrücke [111, 113, 114]
Zersetzungsdruck von β-$V_xO(s)$
$\log p_{O_2} = 12{,}1 - 45100/T$ (600—1100 °C, b. [111])
Dampfdruck von VO(g)
VO(g) über V(s): $\log p_{VO} = \log c_{O(in\,V(s))} + 11{,}7 - 29900/T$
(1450—1610 °C [113])
VO(g) über VO(s): $\log p_{VO} = 10{,}9 - 26200/T$ (1600 °C [114])

Thermodynamische Daten [1, 99, 103, 104, 110, 111, 114, 115]
$1/2\ O_2$ = O(in V(s)): $\Delta G^0 = -100970 + 24{,}1\,T$ (600—1100 °C [111])
β-V_xO = O(in V(s)) + x V(s): $\Delta G^0 = 2200 + 3{,}0\,T$ (550—1100 °C [101, 111])

x V(s) + 1/2 O_2 = β-V_xO: $\Delta G^0 = -103140 + 21{,}1\,T$
(600—1100 °C, b. [111])

Diffusion [50, 52, 53, 57, 78]
O in V(s): $D = 2{,}46 \cdot 10^{-2} \exp(-29500/RT)$ (60—1825 °C [53])
Elektrotransport s. Tab. B 2

Absorption
Hohe Drücke [29, 80, 116—118]. Die O-Absorption erfolgt bei 400—600 °C und 76 Torr O_2 unter Oxidbildung und gehorcht nach einem Anfangsstadium einem parabolischen Zeitgesetz mit einer Aktivierungsenergie von 30,7 kcal/mol (s. Abb. 14). Bei 1,5 bis 76 Torr O_2 besteht ein starker Einfluß des O_2-Druckes auf die Anfangsgeschwindigkeit der O-Absorption [80]. Oberhalb von 675 °C (Smp. von V_2O_5) nimmt die Reaktionsgeschwindigkeit stark zu, da flüssiges V_2O_5 von der Metalloberfläche abtropft. Dabei wird Wärme entwickelt und unter bestimmten Bedingungen kommt es zu einer „Verbrennungsreaktion". Der für eine Verbrennung erforderliche O_2-Mindestdruck sinkt linear mit der Temperatur von 380 Torr O_2 bei 700 °C auf 130 Torr O_2 bei 1000 °C [116, 117]. Für die ohne Entflammung verlaufende Reaktion gilt für die reagierende O-Menge ohne Berücksichtigung kurzer Zeiten
$\Delta m = k \cdot p_{O_2}^m \cdot t^{0,7} \cdot \exp(-8000/RT)$ (10—450 Torr O_2, 700—1050 °C [116, 117]), wobei k eine Konstante ist und m unabhängig von der Temperatur linear mit steigendem O_2-Druck von 0,9 bei 100 Torr auf 0,7 bei 450 Torr abfällt. [118] untersucht die Kinetik der O-Aufnahme von V-Blechen mit 0,5 mm Dicke in O_2-haltigem Helium (7—682 Torr He, 0,75 Torr O_2) bei 600—900 °C und findet für kurze Reaktionszeiten (keine Oxidbildung) für die Geschwindigkeit v_O in mg · cm^{-2} · min^{-1}
$v_O = 3{,}08 \cdot 10^{-1} \cdot p_{O_2} \cdot p_{He}^{-2/3} \cdot \exp(4030/RT)$
Niedrige Drücke [82, 88, 106, 109, 119—121]. O-Absorption bei 350 °C und 0,1 Torr O_2 führt zur Bildung von tetr.rz Suboxiden [109]. Bei 600—800 °C und 10^{-7} bis 10^{-5} Torr O_2 ergibt sich nach [82] ein Reaktionskoeffizient r von 0,185. Bei 1100 bis 1520 °C und $1 \cdot 10^{-5}$—$3 \cdot 10^{-3}$ Torr O_2 gilt für die Geschwindigkeit v_O der O-Lösung bis 6,5 At.-% O (Drähte mit 0,5 mm Dmr., N-Verunreinigung 0,25 At.-%, v_O in mg · cm^{-2} · min^{-1}) [119]
$v_O = 1{,}16 \cdot 10^3 \cdot r \cdot p_{O_2} = 1{,}16 \cdot 10^3 \cdot p_{O_2}/[1 + 1{,}85 \cdot 10^{-3} \exp(17600/RT)]$
Daraus folgt für den zeitlichen Anstieg der O-Konzentration c in At.-% in dünnen V-Werkstücken (Stärke $d < 1$ mm)
$c = 61{,}0 \cdot F/V \cdot p_{O_2} \cdot t/[1 + 1{,}85 \cdot 10^{-3} \exp(17600/RT)]$
(Probenoberfläche F in cm^2, Probenvolumen V in cm^3, Reaktionszeit t in min). Temperaturabhängigkeit des Reaktionskoeffizienten r s. Abb. 20. Die O-Lösung wird durch den Antransport von O_2 zur Metalloberfläche mit nachfolgender physikalischer Adsorption und die Chemisorption unter Dissoziation von O_2 an der Metalloberfläche kontrolliert (Aktivierungsenergie der Chemisorption etwa 17,6 kcal/mol O_2) [119].
In H_2O-*Dampf* gilt für die Geschwindigkeit v_O der O-Aufnahme von V-Drähten mit 0,5 mm Dmr. bei 1100—1500 °C und $5 \cdot 10^{-5}$—$5 \cdot 10^{-3}$ Torr (v_O in mg · cm^{-2} × min^{-1}) [120, 121]
$v_O = 7{,}71 \cdot 10^2 \cdot r \cdot p_{H_2O} = 3{,}06 \cdot 10^2 \cdot p_{H_2O} \cdot \exp(-4400/RT)$

Temperaturabhängigkeit des Reaktionskoeffizienten r s. Abb. 20. Eine Lösung von H in V bei der Zersetzung des H_2O findet nicht statt.

Entgasung [84—86, 113, 122]. Für die O-Abgabe aus V—O-Mischkristallen (Drähte mit 0,5 mm Dmr., Ausgangskonzentration c_0 von 0,15—0,7 At.-% O, N-Verunreinigung 0,25 At.-%) im Hochvakuum bei 1450—1610 °C ergibt sich ein Geschwindigkeitsgesetz 1. Ordnung (v_O in mg · cm^{-2} · min^{-1}, c in At.—%) [113]

$v_O = 8{,}0 \cdot 10^{13} \cdot c \cdot \exp(-136\,700/RT)$

daraus folgt für die zeitliche Abnahme der O-Konzentration in dünnen V-Werkstücken (Stärke $d < 1$ mm)

$\log c/c_0 = -1{,}10 \cdot 10^{13} \cdot F/M \cdot t \cdot \exp(-136\,700/RT)$

(Probenoberfläche F in cm^2, Probenmasse M in g, Entgasungszeit t in min). Eine merkliche Entgasung beginnt oberhalb von etwa 1400 °C, dabei wird nach [113, 122] O in Form des flüchtigen Oxids VO(g) abgegeben. Geschwindigkeitsbestimmend ist die Bildung und Abdampfung von VO(g) (Aktivierungsenergie 136,7 kcal/mol VO) [113]. Wegen des hohen V-Dampfdruckes treten hohe V-Abdampfverluste auf [88].

Ausscheidungsvorgänge [100, 101]. Werden V—O-Mischkristalle von 600—1000 °C hinreichend rasch (z. B. in Wasser) auf R. T. abgeschreckt, dann sind Legierungen mit $c < 6$ At.-% O einphasig, Legierungen mit etwa 6—9 At.-% O weisen dagegen ein bänderförmiges Umwandlungsgefüge auf. Es treten zwei metastabile tetr.rz Phasen auf, und zwar bei 6,3—6,7 At.-% mit $c/a < 1$ und bei höheren Konzentrationen mit $c/a > 1$ [101]. Das Gefüge der Legierungen mit höheren O-Gehalten geht beim Auslagern bei 210—253 °C in ein Gefüge mit den stabilen Phasen α und α' (V_9O) über. Auch bei 400 °C wird die Ausscheidung von V_9O beobachtet [100].

Gitterparameter [71, 90, 99—101, 127]. Für a in Å gilt bei R. T.

$a = 3{,}0255 + 0{,}0048\,c$ (0—4 At.-% O [71, 90])

Elektrischer Widerstand. Für ϱ in μΩ · cm gilt bei 10 °C

$\varrho = 19{,}5 + 5{,}3\,c$ (0—4 At.-% O [90])

Bei 930—1400 °C steigt ϱ ebenfalls linear mit der O-Konzentration an. Der Zusatzwiderstand $\Delta\varrho/\Delta c$ ist jedoch kleiner als bei 10 °C und fällt von 5,3 μΩ cm/At.-% O bei 10 °C auf 4,0 μΩ · cm/At.-% O bei 1400 °C ab (s. Abb. 15) [90].

Thermokraft gegen Kupfer [90] steigt bei R. T. linear von —2,0 auf +0,35 μV/°C bei Lösung von 4 At.-% O, d. h. um 0,59 μV/°C pro At.-% O.

Supraleitung [123]. Die kritische Temperatur fällt von 5,2 auf 1,8 K bei Lösung von 2,5 At.-% O, d. h. um 1,35 K/At.-% O.

Magnetische Suszeptibilität. Für χ in cm^3/g gilt bei R. T.

$\chi = 5{,}82 \cdot 10^{-6} - 0{,}18 \cdot 10^{-6}\,c$ (0—4 At.-% O [90])

Innere Reibung [57, 91—94, 112, 124, 138]. Gelöster O verursacht ein Snoek-Dämpfungsmaximum, das nach [91] für 0,73 Hz bei 186 °C und nach [94] für 1 Hz ebenfalls bei 186 °C liegt. Für die Dämpfung in Q^{-1}_{max} gilt (Drähte mit ⟨110⟩-Bambusstruktur, Kristallite von etwa 1,5 mm Länge und 0,5 mm Dmr.)

$Q^{-1}_{max} = 0{,}082\,c$ (0—1 At.-% O [91])

Dem entspricht eine spezifische Relaxationsstärke von $\Delta\Delta_r/\Delta c = 0{,}164$ (At.-% O)$^{-1}$. Der Dämpfungspeak wird nach [91] mit zunehmender O-Konzentration zunächst asymmetrisch, dann komplex, was auf O—O- und O—N-Wechselwirkungen zurückzuführen ist (N-Verunreinigung 0,25 At.-%).

Härte [60, 61, 90, 99, 118, 127, 145, 146] s. Abb. 12. Nach [90] steigt die Vickershärte HV (300 p) bei R. T. nichtlinear von 55 auf 550 kp/mm² bei Lösung von 5 At.-% O. Für HV in kp/mm² bei großer Belastung gilt bei R. T.
HV (10 kp) $= 44 + 189\,c$ (0—0,7 At.-% O [60])

Streckgrenze und Zugfestigkeit [61, 96—98, 125, 126, 147]. Temperaturabhängigkeit der unteren Streckgrenze σ_u und Zugfestigkeit σ_B von O-haltigem V s. Abb. 21 [147] und Abb. 22 [125]. Die Maxima bei 350—400 °C in Abb. 22 werden auf dynamische Reckalterung durch O zurückgeführt [125]. Nach [96] gilt für die untere Streckgrenze σ_u in kp/mm² bei R. T. (Drähte mit ⟨110⟩-Bambusstruktur, Dehngeschwindigkeit $4,7 \cdot 10^{-5}\,s^{-1}$)
$\sigma_u = 5,0 + 50\,c$ (0,1—1 At.-% O [96])
Bei —30 °C ergibt sich nach [96] für 0,2—1,0 At.-% O ebenfalls ein Härtungskoeffizient $\Delta\sigma_u/\Delta c$ von etwa 50 kp · mm⁻² · (At.-% O)⁻¹.

Duktil-Spröd-Übergang [40, 42, 60, 61, 127]. Rekristallisiertes Jodid-V mit 0,35 bzw. 0,5 At.-% O ist bei Zugbeanspruchung [40] bzw. im Biegeversuch [127] bis —196 °C duktil, bei höheren O-Gehalten tritt Versprödung auf. Einfluß von O auf die Temperatur $T_{Ü}$ des Duktil-Spröd-Überganges s. Abb. 23 [40, 127].

Ternäre Systeme

V—H—C. Beim Einbau von H in die Karbide V_2C und VC bleiben die Gitter erhalten. Der *Zersetzungsdruck* der Karbohydride ist sehr viel größer als derjenige der entsprechenden Hydride [128]. Die *Löslichkeitsgrenze* für H in V wird bei —80 bis +30 °C durch den Zusatz von C infolge H—C-Clusterbildung erhöht [21].

V—H—N. Die Löslichkeitsgrenze für H in V wird bei —90 bis +50 °C durch den Zusatz von N infolge H—N-Clusterbildung erhöht [21].

V—H—O. Die *Löslichkeitsgrenze* für H in V wird bei —90 bis +20 °C durch den Zusatz von O infolge H—O-Clusterbildung erhöht [21]. Zur *Absorption* von O durch V in H_2O-Dampf s. V—O [120, 121].

V—C—N. Isothermer Schnitt des Teilsystems V—VC—VN für 1100—1400 °C [129]. Zwischen V_2C und V_2N sowie zwischen VC und VN treten die lückenlosen Mischkristallreihen $V_2(C, N)$ bzw. V(C, N) auf [129, 130]. Einfluß von Konzentration bzw. von N_2-Druck (50—600 Torr) und Temperatur (1200—1600 °C) auf den Gitterparameter von V(C, N) [130].

V—C—O. Konstitution für 980—2300 °C [132, 1]. Unter Benutzung thermodynamischer Daten für die Karbide und Oxide von V werden von [131] die stabilen Phasen oberhalb von 1030 °C bei 1 atm CO(g) bestimmt.

V—N—O. Vollständige gegenseitige Löslichkeit von VN und VO, lineare Abhängigkeit der Gitterkonstanten vom Zusatz an VO in VN [1].

V—Cr—C. Isothermer Schnitt für 1000 °C [135].

V—Ti—C. Isothermer Schnitt für 1450 °C. VC und TiC bilden bei 1500—2100 °C lückenlose Mischkristallreihe [133].

V—Zr—C. Konstitution, nur geringe gegenseitige Mischbarkeit von VC und ZrC bei 2100 °C [133].

V—Ce—N. Isothermer Schnitt für 1200 °C [136].

V—Fe—N. Die Löslichkeit von N in V(l) und in V—Fe-Schmelzen mit 6,4—53 At.-% V sowie 69,6 und 75 At.-% V nimmt bei 1800—2100 °C mit steigendem V-Gehalt zu, dabei bestehen merkliche Abweichungen von Sievertsschen $\sqrt{p}$-Gesetz. Lösungswärme und Wirkungsparameter für die Lösung von N in V—Fe-Legierungsschmelzen [73].

V—Pr—N. Isothermer Schnitt für 1200 °C [136].

V—Sc—N. Isothermer Schnitt für 1200 °C [136].

V—Y—N. Isothermer Schnitt für 1200 °C [136].

V—Cr—O. Der Reaktionskoeffizient r für die O-Absorption einer V-Legierung mit 10,4 At.-% Cr ist bei 600—800 °C und 10^{-7}—10^{-5} Torr O_2 unabhängig von Temperatur und Druck und mit $r = 0{,}185$ gleich groß wie für reines V [82].

V—Hf—O. Die Geschwindigkeit v der Oxidation von V—Hf-Legierungen in Luft bei 625 °C ist sehr gering und wird durch den Hf-Gehalt wenig beeinflußt, nur V_2Hf wird rasch oxidiert. Bei 800 °C ist v sehr viel größer und fällt mit steigendem Hf-Gehalt bis 60 At.-% ab, V_2Hf nimmt keine Ausnahmestellung ein. Die Oxidschicht ist bei 800 °C geschmolzen und läuft von der Probenoberfläche ab. Verunreinigungen von N und C beschleunigen die Oxidationsgeschwindigkeit [133].

V—Mo—O. Der Reaktionskoeffizient r für die O-Aufnahme einer V-Legierung mit 5,3 At.-% Mo ist bei 600—800 °C und 10^{-7}—10^{-5} Torr O_2 unabhängig von Temperatur und Druck und mit $r = 0{,}185$ gleich groß wie für reines V [82].

V—Na—O. Gleichgewicht-Verteilungskoeffizient von O bei 600—750 °C [110]. Die Korrosion von V durch Na(l) wird durch den O-Gehalt in Na(l) stark beeinflußt. Bei 600 °C entsteht das ternäre Oxid Na_4VO_4 an der Oberfläche von V, darunter bilden sich V-Oxide [137].

V—Ti—O. *Phasen* in den Teilsystemen V_2O_3—Ti_2O_3, V_3O_5—Ti_3O_5 und VO_2—TiO_2; Untersuchung des Existenzgebiets der α-V-Phase bei 800—1500 °C [133]. Zur *Oxidation* von V—Ti-Legierungen in Luft gibt es zahlreiche Untersuchungen, s. [133]. Das lineare Zeitgesetz für V-reiche Legierungen bei höheren Temperaturen wird durch das Abtropfen des flüssigen Oxids V_2O_5 verursacht. (Schmelzbeginn 675 °C für V-Gehalte $>$43 At.-%) [133, 134].

V—Zr—O. Konstitution im Teilsystem V_2O_5—ZrO_2 [133]. Die an Luft gebildete Oxidschicht beginnt bei Legierungen bis zu 31,5 At.-% Zr bei 670 °C, bei Legierungen mit 31,5—69 At.-% Zr bei 750 °C zu schmelzen. Oberhalb dieser Temperatur tritt eine starke Erhöhung der Oxidationsgeschwindigkeit ein [133].

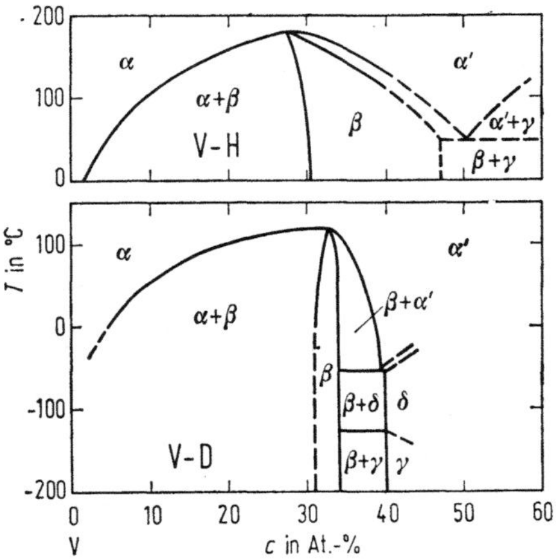

Abb. 1. Systeme V—H [4, 5, 7] und V—D [13, 14, 16] bei tiefen Temperaturen.

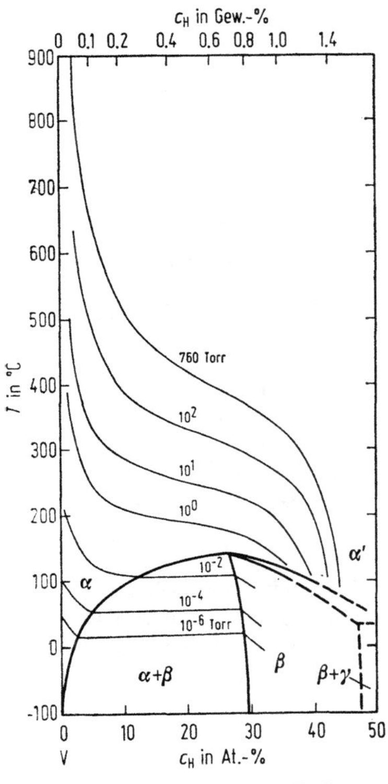

Abb. 2. System V—H mit Isobaren, nach [17].

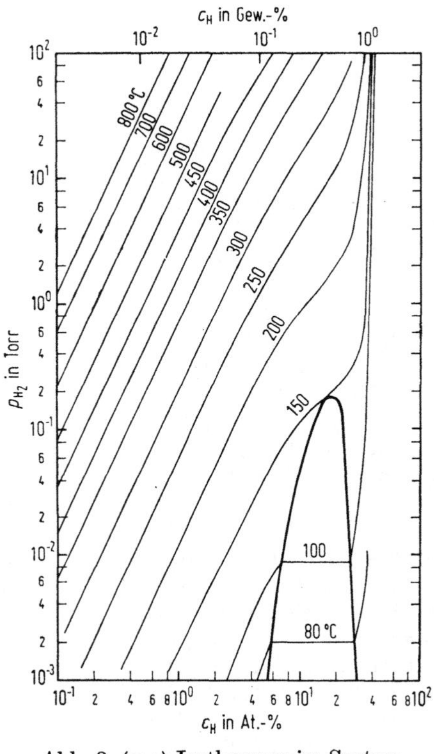

Abb. 3. (p,c)-Isothermen im System V—H [17].

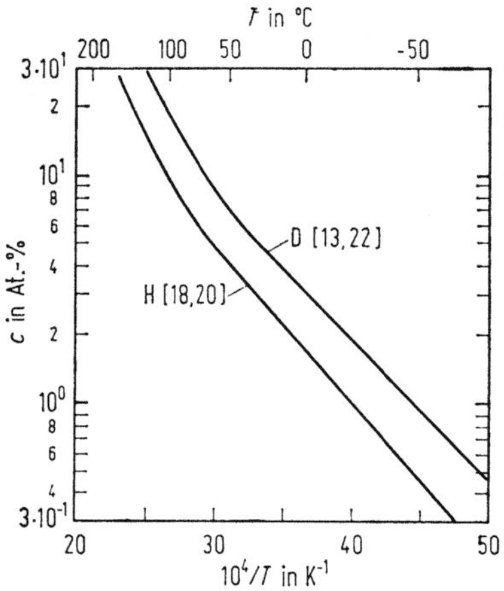

Abb. 4. Löslichkeitsgrenze für H und D in V(s).

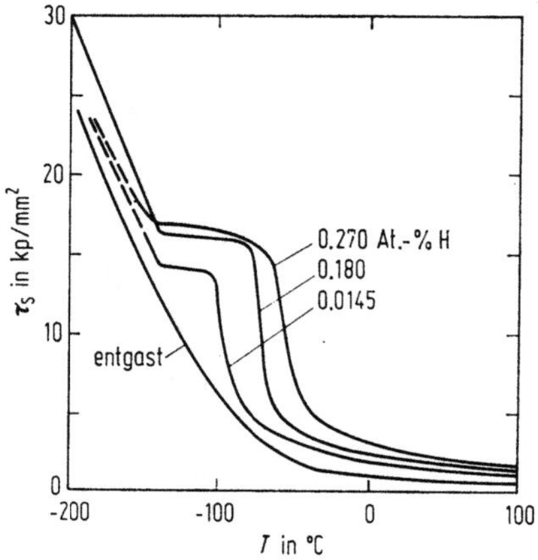

Abb. 5. Einfluß der Temperatur auf die kritische Schubspannung τ_S von H-haltigen V-Einkristallen (Dehngeschwindigkeit $8{,}3 \cdot 10^{-5}\ s^{-1}$) [142].

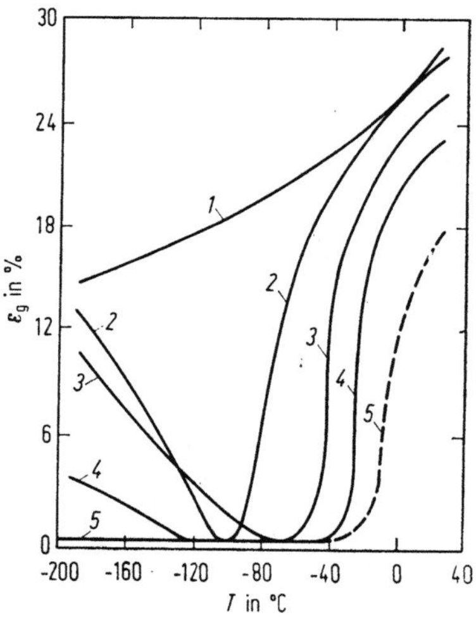

Abb. 6. Einfluß der Temperatur auf die Gleichmaßdehnung ε_g von H-haltigem V (Korndurchmesser 0,5 mm, Dehngeschwindigkeit $1{,}3 \cdot 10^{-4}\ s^{-1}$; *1*: Vakuumgeglüht, *2*: 0,05 At.-% H, *3*: 0,25 At.-% H, *4*: 0,5 At.-% H, *5*: 3,8 At.-% H, zweiphasig) [40].

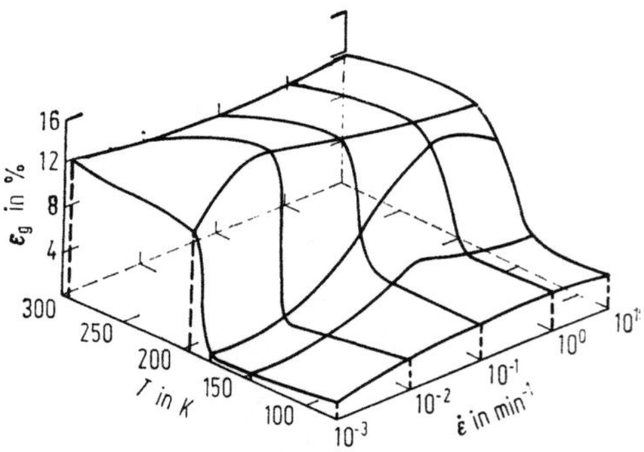

Abb. 7. Abhängigkeit der Gleichmaßdehnung ε_g von der Temperatur und Dehngeschwindigkeit für V mit 0,03 At.-% H (Korndurchmesser 0,019 mm) [43].

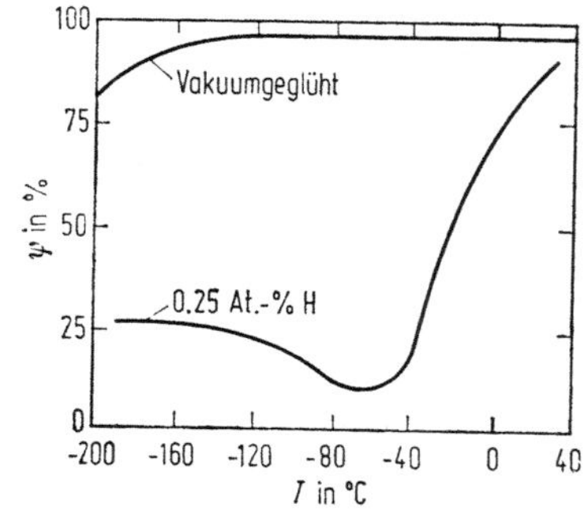

Abb. 8. Einfluß der Temperatur auf die Querschnittsverminderung ψ von H-freiem und H-haltigem V (Korndurchmesser 0,5 mm, Dehngeschwindigkeit $1{,}3 \cdot 10^{-4}\ s^{-1}$) [40].

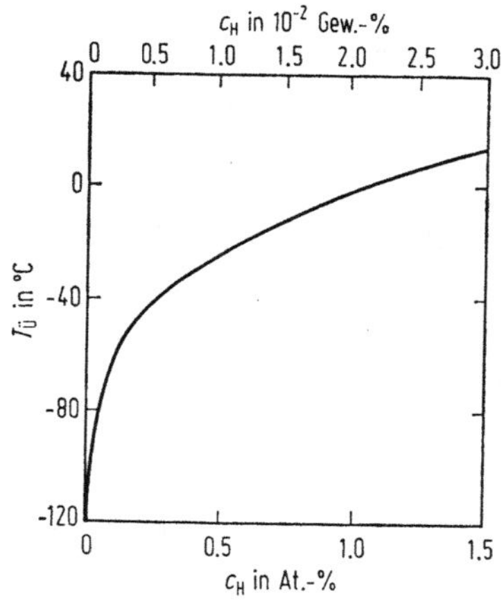

Abb. 9. Einfluß von H auf die Temperatur $T_Ü$ des Duktil-Spröd-Überganges von V (Zugversuche, Dehngeschwindigkeit $8{,}3 \cdot 10^{-5}\ s^{-1}$ bis $3{,}4 \cdot 10^{-4}\ s^{-1}$ [20, 33, 40, 41, 43]; Biegeversuche [42]).

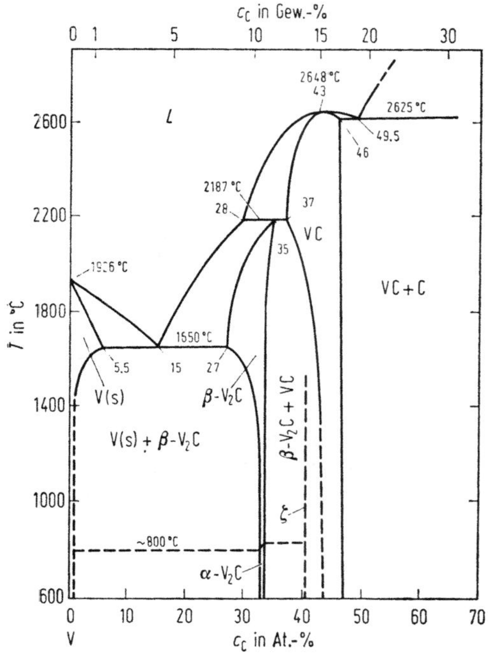

Abb. 10. System V—C [45].

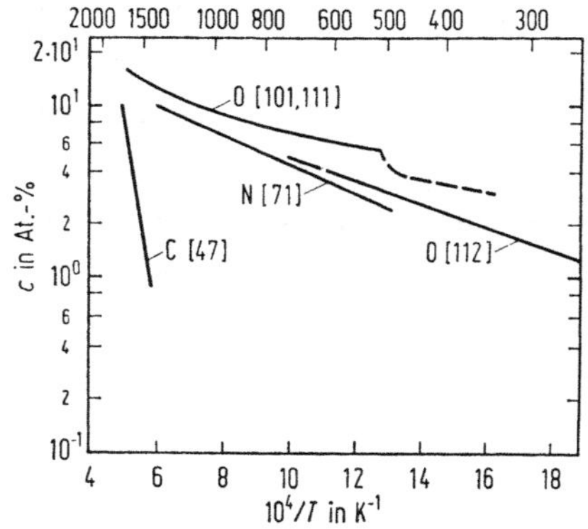

Abb. 11. Löslichkeitsgrenze für C, N und O in V(s).

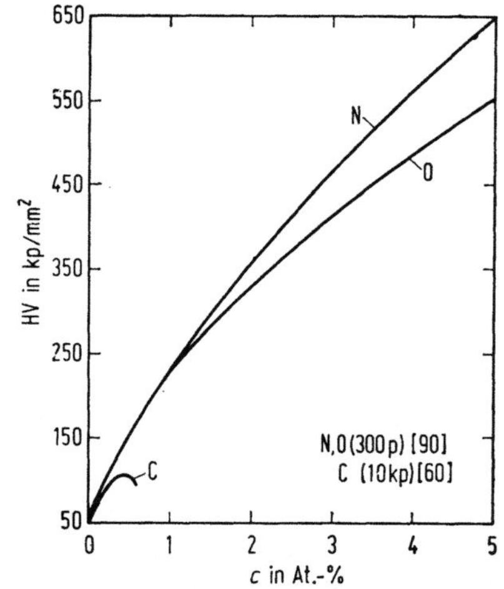

Abb. 12. Einfluß von C, N und O auf die Härte HV von V bei R. T.

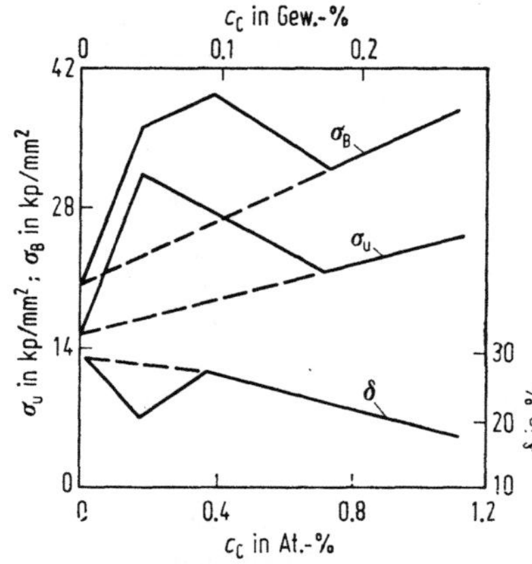

Abb. 13. Einfluß von C auf die untere Streckgrenze σ_u, Zugfestigkeit σ_B und Bruchdehnung δ von V bei R. T. (Korndurchmesser 0,038 mm, Dehngeschwindigkeit $1{,}7 \cdot 10^{-3}\ s^{-1}$) [56].

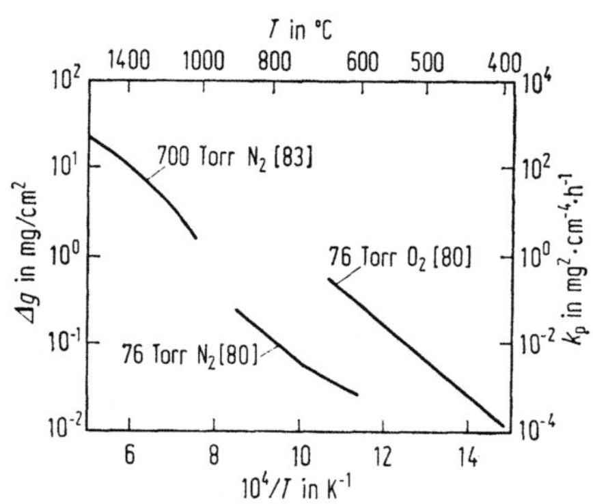

Abb. 14. Gewichtszunahme Δg von V in N_2 und O_2 in 1 h.

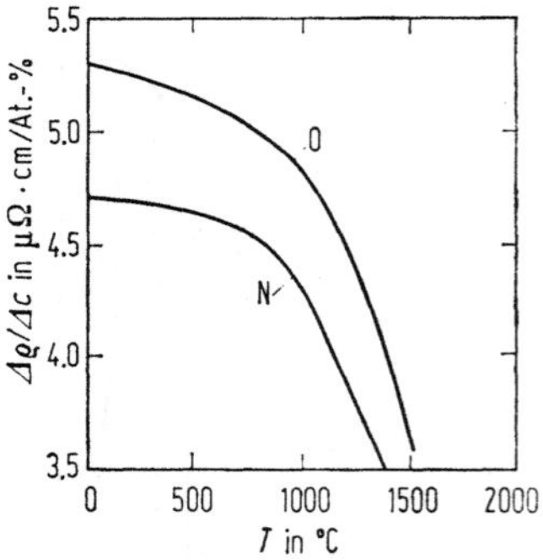

Abb. 15. Einfluß der Temperatur auf den Zusatzwiderstand $\Delta\varrho/\Delta c$ von N- und O-haltigem V [90].

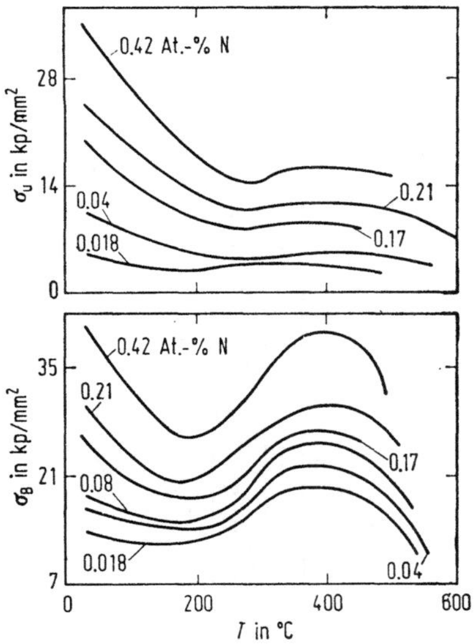

Abb. 16. Einfluß der Temperatur auf die untere Streckgrenze σ_u und Zugfestigkeit σ_B von N-haltigem V (45—50 Körner/mm², Dehngeschwindigkeit $2{,}2 \cdot 10^{-4}\,s^{-1}$) [95].

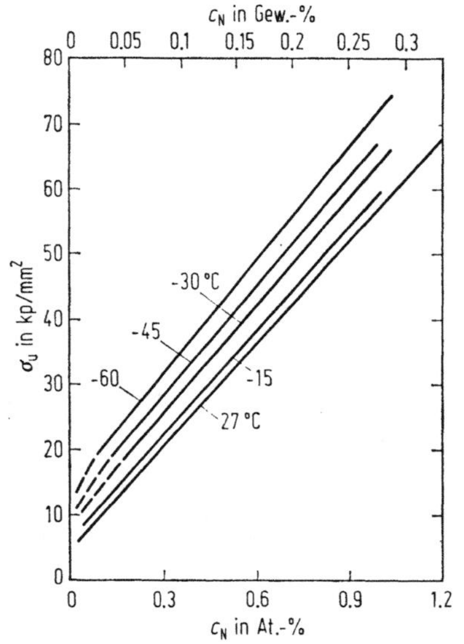

Abb. 17. Einfluß von N auf die untere Streckgrenze σ_u von V bei verschiedenen Temperaturen (Drähte mit ⟨110⟩-Bambusstruktur, Dehngeschwindigkeit $4{,}7 \cdot 10^{-5}\,s^{-1}$) [96].

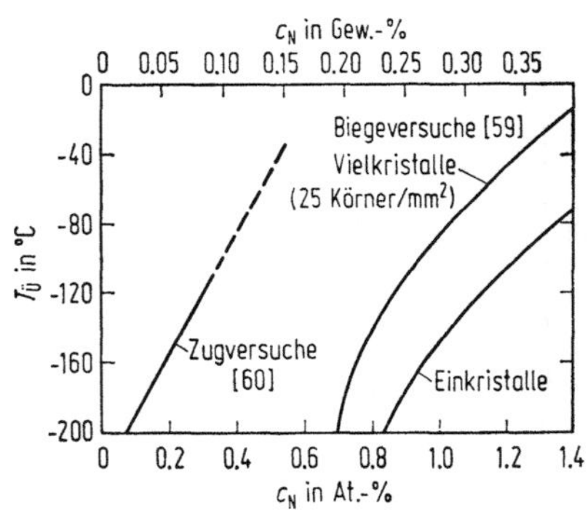

Abb. 18. Einfluß von N auf die Temperatur $T_Ü$ des Duktil-Spröd-Überganges von V.

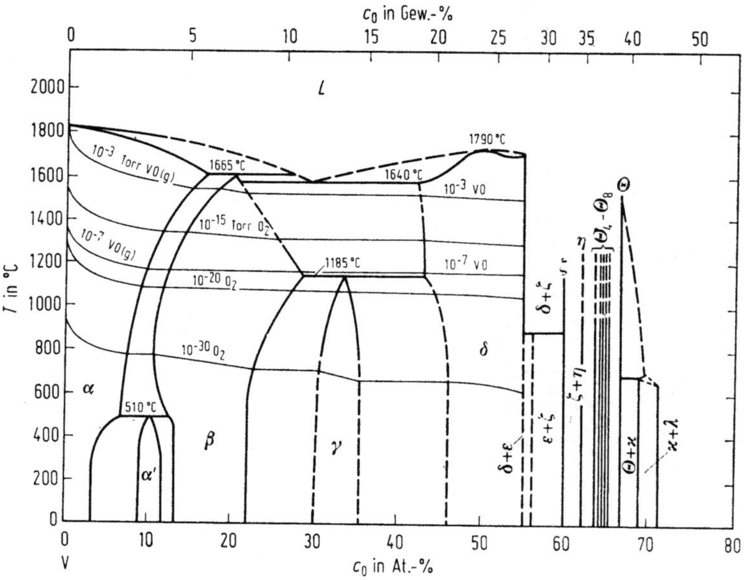

Abb. 19. System V—O [99, 101] mit Isobaren [111, 113, 114].

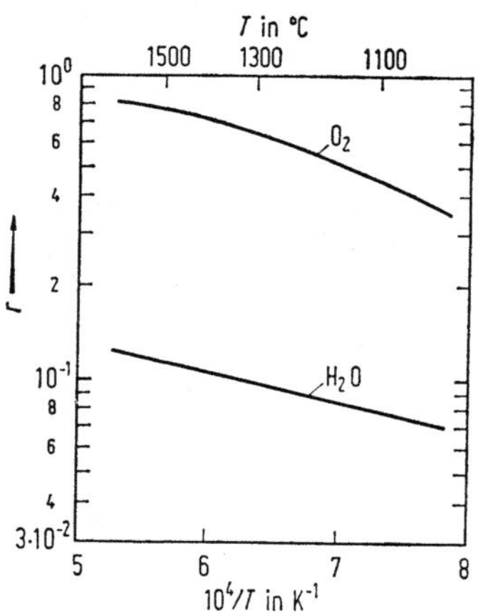

Abb. 20. Einfluß der Temperatur auf den Reaktionskoeffizienten r für die O-Absorption von V in O_2 und H_2O-Dampf (Probendicke $d < 1$ mm, kurze Reaktionszeiten, $p < 10^{-2}$ Torr) [119—121].

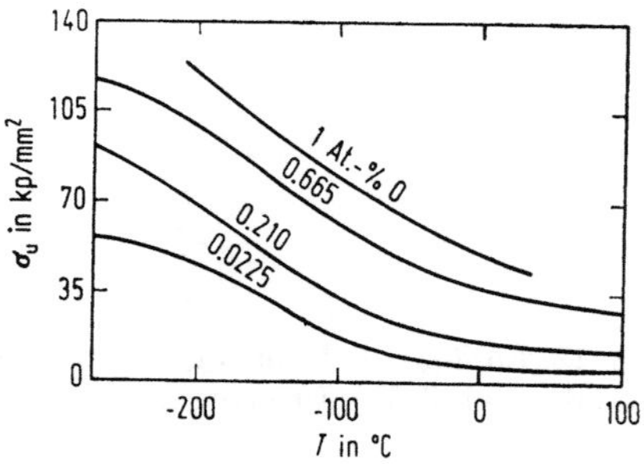

Abb. 21. Einfluß der Temperatur auf die untere Streckgrenze σ_u von O-haltigem V [147].

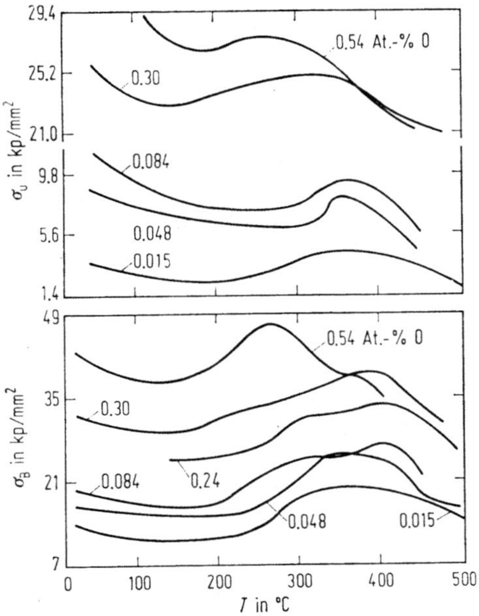

Abb. 22. Einfluß der Temperatur auf die untere Streckgrenze σ_u und Zugfestigkeit σ_B von O-haltigem V (Korndurchmesser 0,06 mm, Dehngeschwindigkeit $1{,}7 \cdot 10^{-4}\ s^{-1}$) [125].

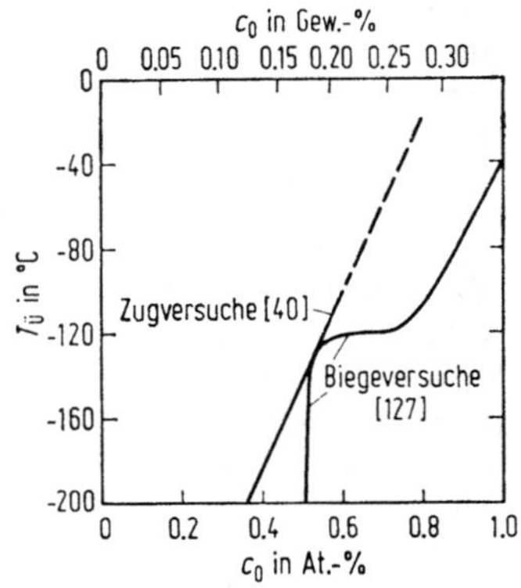

Abb. 23. Einfluß von O auf die Temperatur $T_Ü$ des Duktil-Spröd-Überganges von V [40, 127].

Literatur zu Vanadium

1 Gmelins Handbuch der anorganischen Chemie, Vanadium, Teil B, Lieferung 1, Weinheim: Verlag Chemie 1967.
2 Mueller, W. M.; Blackledge, J. P.; Libowitz, G. G.: Metal Hydrides, New York: Academic Press. 1968.
3 Goldschmidt, H. J.: Interstitial Alloys, London: Butterworths 1967.
4 Zanowick, R. L.; Wallace, W. E.: J. Chem. Phys. 36 (1962) 2059.
5 Maeland, A. J.: J. Phys. Chem. 68 (1964) 2197.
6 Veleckis, E.; Edwards, R. K.: J. Phys. Chem. 73 (1969) 683.
7 Griffiths, R.; Pryde, J. A.; Righini-Brand, A.: Trans. Faraday Soc. 68 (1972) 2344.
8 Reilly, J. J.; Wiswall, R. H. Jr.: Inorg. Chem. 9 (1970) 1678.
9 Westlake, D. G.; Ockers, S. T.; Gray, W. R.: Met. Trans. 1 (1970) 1361.
10 Wanagel, J.; Sass, S. L.; Batterman, B. W.: Phys. stat. sol. (a) 10 (1972) 49.
11 Wanagel, J.; Sass, S. L.; Batterman, B. W.: Phys. stat. sol. (a) 11 (1972) 767.
12 Westlake, D. G.; Ockers, S. T.; Mueller, M. H.; Anderson, K. D.: Met. Trans. 3 (1972) 1709.
13 Hardcastle, K. I.; Gibb, T. R. P. Jr.: J. Phys. Chem. 76 (1972) 927.
14 Asano, H.; Hirabayashi, M.: Phys. stat. sol. (a) 15 (1973) 267.
15 Asano, H.; Hirabayashi, M.: Phys. stat. sol. (a) 16 (1973) 69.
16 Westlake, D. G.; Mueller, M. H.; Knott, H. W.: J. Appl. Cryst. 6 (1973) 206.
17 Huang, Y. C.; Fujita, K.: Tokai University, Tokyo, private Mitteilung.
18 Westlake, D. G.: Trans. AIME 239 (1967) 1341.
19 Cannelli, G.; Mazzolai, F. M.: J. Phys. Chem. Solids 31 (1970) 1913.
20 Owen, C. V.; Scott, T. E.: Met. Trans. 3 (1972) 1715.
21 Chang, H. Y.; Wert, C. A.: Acta Met. 21 (1973) 1233.
22 Westlake, D. G.; Ockers, S. T.: Met. Trans. 4 (1973) 1355.

23 Langeberg, J. C.; McLellan, R. B.: Acta Met. 21 (1973) 897.
24 Schaumann, G.; Völkl, J.; Alefeld, G.: Phys. stat. sol. 42 (1970) 401.
25 Völkl, J.; Schaumann, G.; Alefeld, G.: J. Phys. Chem. Solids 31 (1970) 1805.
26 Cantelli, R.; Mazzolai, F. M.; Nuovo, M.: J. Phys. Chem. Solids 31 (1970) 1811.
27 Völkl, J.: Ber. Bunsenges. 76 (1972) 797.
28 Birnbaum, H. K.; Wert, C. A.: Ber. Bunsenges. 76 (1972) 806.
29 Gmelins Handbuch der anorganischen Chemie, Vanadium, Teil A, Lieferung 2, Weinheim: Verlag Chemie 1968.
30 Chiba, T.; Takano, S.: Technical Rpt. ISSP Ser. A, no. 443, University of Tokyo 1970.
31 Westlake, D. G.: J. Less-Common Metals 23 (1971) 89.
32 Owen, C. V.; Sherman, D. H.; Scott, T. E.: Trans. AIME 239 (1967) 1666.
33 Sherman, D. H.; Owen, C. V.; Scott, T. E.: Trans. AIME 242 (1968) 1775.
34 Wanagel, J.; Sass, S. L.; Batterman, B. W.: Met. Trans. 5 (1974) 105.
35 Gibb, T. R. P. Jr.; Norder, W. A.: Inorg. Chem. 5 (1966) 1947.
36 Aronson, S.; Reilly, J. J.; Wiswall, R. H. Jr.: J. Less-Common Metals 21 (1970) 439.
37 Butera, R. A.; Kofstad, P.: J. Appl. Phys. 34 (1963) 2172.
38 Chang, H. Y.; Wert, C. A.: Ber. Bunsenges. 77 (1973) 42.
39 Wriedt, H. A.; Oriani, R. A.: Scripta Met. 8 (1974) 203.
40 Eustice, A. L.; Carlson, O. N.: Trans. AIME 221 (1961) 238.
41 Hardie, D.; McIntyre, P.: Met. Trans. 4 (1973) 1247.
42 Loomis, B. A.; Carlson, O. N.: In W. R. Clough (Ed.): Proc. Third Annual Reactive Metals Conf. AIME, Vol. 2, New York: Interscience (1959) 227.
43 van Fossen, R. H. Jr.; Scott, T. E.; Carlson, O. N.: J. Less-Common Metals 9 (1965) 437.
44 Storms, E. K.: The Refractory Carbides, New York: Academic Press 1967.
45 Rudy, E.; Windisch, St.; Brukl, C. E.: Planseeber. Pulvermet. 16 (1968) 3.
46 Rudy, E.; Brukl, C. E.: J. Amer. Ceram. Soc. 50 (1967) 265.
47 Gebhardt, E.; Fromm, E.; Roy, U.: Z. Metallkde. 57 (1966) 682.
48 Alekseyev, V. I.; Shvartsman, L. A.: Fiz. Met. Metallov. 11 (1961) 545; Phys. Met. Metallogr. 11 (1961) no. 4, 63.
49 Worrell, W. L.; Chipman, J.: J. Phys. Chem. 68 (1964) 860.
50 Powers, R. W.; Doyle, M. V.: J. Appl. Phys. 30 (1959) 514.
51 Son, P.; Miyake, M.; Sano, T.: Technol. Rpt. Osaka Univ. 18 (1968) 317.
52 Schmidt, F. A.; Warner, J. C.: J. Less-Common Metals 13 (1967) 493.
53 Schmidt, F. A.; Warner, J. C.: J. Less-Common Metals 26 (1972) 325.
54 Diercks, D. R.; Wert, C. A.: Met. Trans. 3 (1972) 1699.
55 Mosher, D. R.; Diercks, D. R.; Wert, C. A.: Met. Trans. 3 (1972) 3077.
56 Mathews, D. R.; Price, C. E.: J. Less-Common Metals 11 (1966) 403.
57 Powers, R. W.; Doyle, M. V.: Acta Met. 6 (1958) 643.
58 Beale, H. A.; Arsenault, R. J.: Met. Trans. 1 (1970) 3355.
59 Thompson, R. W.; Carlson, O. N.: J. Less-Common Metals 9 (1965) 354.
60 Loria, E. A.: J. Less-Common Metals 10 (1966) 296.
61 Mathews, D. R.; Keith, G. H.; Loria, E. A.: Rpt. BM-RI 6637 (1965).
62 Rostoker, W.: The Metallurgy of Vanadium, New York: Wiley 1958.
63 Brauer, G.; Schnell, W. D.: J. Less-Common Metals 6 (1964) 326.
64 Hahn, H.: Z. anorg. allg. Chem. 258 (1949) 58.
65 Henry, J. L.; O'Hare, S. A.; McCune, R. A.; Krug, M. P.: J. Less-Common Metals 25 (1971) 39.
66 Potter, D. I.; Altstetter, C.: Acta Met. 19 (1971) 881.
67 Potter, D. I.; Altstetter, C.: Acta Met. 20 (1972) 313.
68 Potter, D. I.: J. Less-Common Metals 31 (1973) 299.
69 Potter, D. I.; Epstein, H.; Goldstein, B.: Met. Trans. 5 (1974) 2075.
70 Hörz, G.: Z. Metallkde. 62 (1971) 208.
71 Hörz, G.: J. Less-Common Metals 35 (1974) 207.
72 Revyakin, A. V.; Kozina, L. N.: Izv. Akad. Nauk SSSR, Metally (1973) no. 2, 79; Russ. Metallurgy (1973) no. 2, 51.
73 Wada, H.: Trans. Iron Steel Inst. Japan 9 (1969) 399.
74 Monroe, F. M.; Cost, J. R.: Trans. AIME 245 (1969) 1079.

75 Pankratz, L. B. et al.: Rpt. BM-RI 7585 (1971).
76 Kozheurov, V. A. et al.: Izv. VUZ Chernaya Met. (1972) no. 8, 10.
77 Farber, M.; Srivastava, R. D.: Trans. Faraday Soc. 69 (1973) 390.
78 Stanley, J. T.; Wert, C. A.: Acta Met. 3 (1955) 107.
79 Spivak, I. I.: Fiz. Met. Metallov. 22 (1966) 859; Phys. Met. Metallogr. 22 (1966) no. 6, 52.
80 Gulbransen, E. A.; Andrew, K. F.: J. Electrochem. Soc. 97 (1950) 396.
81 Verkhoglyadova, T. S.; Dubowik, T. V.; Samsonov, G. V.: Poroshk. Met. 1 (1961) no. 4, 9.
82 Svedberg, R. C.: J. Vac. Sci. Technol. 8 (1971) VM 41.
83 Muije, P.; Horton, R. M.; Duran, S. A.: Met. Trans. 5 (1974) 97.
84 Hörz, G.: Z. Metallkde. 59 (1968) 832.
85 Krüger, J.; Winterhager, H.: Metall 20 (1966) 430.
86 Gottwald, H. J.; Krone, K.; Krüger, J.: Metall 23 (1969) 1284.
87 Bressers, J.; Heerschap, M.; de Meester, P.: Metall 25 (1971) 765.
88 Hörz, G.: Z. Metallkde. 60 (1969) 115, 121; 62 (1971) 409, 416.
89 Potter, D. I.; Altstetter, C.: Mater. Sci. Eng. 9 (1972) 43.
90 Hörz, G.: Z. Metallkde. 61 (1970) 371.
91 Hörz, G.: Z. Metallkde. 59 (1968) 712.
92 Stanley, J. T.; Williams, J. M.; Brundage, W. E.; Wechsler, M. S.: Acta Met. 20 (1972) 191.
93 Mondino, M. A.; Vassallo, D.; de Achterberg, M. C.: J. Mater. Sci. 4 (1969) 1117.
94 Powers, R. W.; Doyle, M. V.: Acta Met. 2 (1954) 604.
95 Thompson, R. W.; Carlson, O. N.: J. Less-Common Metals 7 (1964) 321.
96 Elssner, G.; Hörz, G.: J. Less-Common Metals 23 (1971) 237.
97 Elssner, G.; Hörz, G.: Z. Metallkde. 62 (1971) 217.
98 Keith, G. H.; Iverson, H. G.: Rpt. BM-RI 7222 (1969).
99 Stringer, J.: J. Less-Common Metals 8 (1965) 1.
100 Henry, J. L.; O'Hare, S. A.; McCune, R. A.; Krug, M. P.: J. Less-Common Metals 21 (1970) 115.
101 Alexander, D. G.; Carlson, O. N.: Met. Trans. 2 (1971) 2805.
102 Wakihara, M.; Katsura, T.: Met. Trans. 1 (1970) 363.
103 Anderson, J. S.; Khan, A. S.: J. Less-Common Metals 22 (1970) 209.
104 Suito, H.; Gaskell, D. R.: Met. Trans. 2 (1971) 3299.
105 Stenström, G.; Westman, S.: Acta Chem. Scand. 22 (1968) 1712.
106 Edington, J. W.; Smallman, R. E.: Acta Met. 13 (1965) 155.
107 Cambini, M.; Heerschap, M.; Gevers, R.: Mat. Res. Bull. 4 (1969) 633.
108 Cambini, M.: Mat. Res. Bull. 5 (1970) 287.
109 Geiss, R. H.; Ladd, R. L.; Lawless, K. R.: Jernkont. Ann. 155 (1971) 454.
110 Smith, D. L.: Met. Trans. 2 (1971) 579.
111 Fromm, E.; Kirchheim, R.: J. Less-Common Metals 26 (1972) 403.
112 Smith, D. L.: J. Less-Common Metals 31 (1973) 345.
113 Hörz, G.: Z. Metallkde. 60 (1969) 50.
114 Berkowitz, J.; Chupka, W. A.; Inghram, M. G.: J. Chem. Phys. 27 (1957) 87.
115 Kubaschewski, O.; Evans, E. Ll.; Alcock, C. B.: Metallurgical Thermochemistry, 4th ed., London: Pergamon 1967.
116 Price, W. R.; Stringer, J.: J. Less-Common Metals 8 (1965) 165.
117 Price, W. R.; Kennett, S. J.; Stringer, J.: J. Less-Common Metals 12 (1967) 318.
118 Kohl, H. K.: J. Nucl. Mater. 41 (1971) 231; Werkstoffe und Korrosion 22 (1971) 1008.
119 Hörz, G.: Z. Metallkde. 59 (1968) 180.
120 Jehn, H.: Metall 28 (1974) 699.
121 Jehn, H.; Hörz, G.: Z. Metallkde. 67 (1976).
122 Rovner, L. H.; Drowart, A.; Degreve, F.; Drowart, J.: Rpt. AFML, Contract AF 61(052)-700 (1967).
123 deSorbo, W.: Phys. Rev. 130 (1963) 2177; 132 (1963) 107.
124 Hasson, D. F.; Arsenault, R. J.: Scripta Met. 5 (1971) 75.
125 Bradford, S. A.; Carlson, O. N.: Trans. AIME 224 (1962) 738.
126 Arsenault, R. J.; Pink, E.: Mater. Sci. Eng. 8 (1971) 141.
127 Bradford, S. A.; Carlson, O. N.: Trans. ASM 55 (1962) 169.

128 Samsonov, G. V.; Antonova, M. M.; Morozov, V. V.: Poroshk. Met. (1970) no. 4 (88), 66; Sov. Powder Met. Metal. Ceram. (1970) no. 4, 318.
129 Brauer, G.; Schnell, W. D.: J. Less-Common Metals 7 (1964) 23.
130 Spear, K. E.; Leitnaker, J. M.: High Temp. Sci. 1 (1969) 401.
131 Worrell, W. L.; Chipman, J.: Trans. AIME 230 (1964) 1682.
132 Gurevich, M. A.; Ormont, B. F.: Zhur. Neorg. Khim. 3 (1958) 403; Russ. J. Inorg. Chem. 3 (1958) no. 2, 225.
133 Gmelins Handbuch der anorganischen Chemie, Vanadium, Teil B, Lieferung 2, Weinheim: Verlag Chemie 1967.
134 Rostoker, W.; Yamamoto, A. S.; Riley, R. E.: Trans. ASM 48 (1956) 560.
135 Fedorov, T. F. et al.: Poroshk. Met. (1968) no. 3 (63), 42; Sov. Powder Met. Metal Ceram. (1968) no. 3, 193.
136 Barabash, O. M.; Shurin, A. K.; Yakovchuk, Yu. E.: Izv. Akad. Nauk SSSR, Metally (1973) no. 1, 212; Russ. Metallurgy (1973) no. 1, 154.
137 Barker, M. G.; Wood, D. J.: J. Less-Common Metals 34 (1974) 215.
138 Beguin, P.; de Fouquet, J.: Mém. Sci. Rev. Mét. 65 (1968) 521.
139 Arons, R. R.; Bohn, H. G.; Lütgemeier, H.: J. Phys. Chem. Solids 35 (1974) 207.
140 Pedersen, B.; Stotfeldt-Ellingsen, D.: J. Less-Common Metals 23 (1971) 223.
141 Somenkov, V. A. et al.: Soviet Phys. — Solid State 13 (1972) 2178.
142 Chen, C. C.; Arsenault, R. J.: Acta Met. 23 (1975) 255.
143 Chang, H. Y.; Viswanadham, R. K.; Wert, C. A.: Met. Trans., im Druck.
144 Chang, H. Y.; Wert, C. A.: Met. Trans. 5 (1974) 1671.
145 Seybolt, A. U.; Sumsion, H. T.: Trans. AIME 197 (1953) 292.
146 Alexander, D. G.: Thesis, Iowa State University 1970.
147 Wechsler, M. S.; Alexander, D. G.; Bajaj, R.; Carlson, O. N.: In Proceedings of the 1973 International Conference on Defects and Defect Clusters in B. C. C. Metals and Their Alloys, National Bureau of Standards, Gaithersburg, Maryland (1973) 127.

Niob

(Abb. S. 479, Lit. S. 488)

G. Hörz und E. Fromm

Niob-Wasserstoff

Konstitution [1—12, 22, 271, 272] s. Abb. 1. Phasen: α, α' krz; $\beta(NbH_{1-x})$ orthorh. fz, geordnet [10,11]; bei der Abkühlung der β-Phase entstehen durch Umwandlung bei —45 °C die ζ-Phase und bei —65 °C die ε-Phase (Nb_4H_3), beide Phasen geordnet [12]; γ kub.; δ kub. [272]. — Bei der Abkühlung von $NbD_{0,75}$ (β-Phase) entsteht unterhalb von —163 °C die geordnete Phase Nb_4D_3 [271].

Löslichkeit [1, 4, 6, 7, 9, 13, 14, 16, 23] s. Abb. 2

Für höhere Temperaturen gilt bis zu hohen H-Konzentrationen

$$\text{H in } \alpha\text{-Nb: } 1/2 \log p = \log r - \log(0{,}904 - r) + 4{,}45 - T^{-1}[1843 + 1738\,r - 3847\,r^2 + 8395\,r^3 - 7039\,r^4]$$
$$(r = c/(100 - c), \ <28 \text{ At.-\% H}, \ 350\text{—}700\,°\text{C [6]})$$

Aus den Angaben von [6, 7, 9, 13, 23] ergibt sich durch Mittelung die für kleine H-Konzentrationen gültige Beziehung

$$\text{H in } \alpha\text{-Nb: } \log c = 1/2 \log p - 2{,}85 + 2070/T \quad (<5 \text{ At.-\% H}, 150\text{—}1500\,°\text{C})$$

Für Nb-Schmelzen gilt
H in Nb(l): $\log c = 1/2 \log p - 1{,}94 + 1620/T$ (2600—2820 °C [16])

Löslichkeitsgrenze [6, 8, 17, 18] s. Abb. 3
H in α-Nb: $\log c_{max} = 2{,}58 - 598/T$ (—60 bis +100 °C [17])

Gleichgewichtsdruck über dem Zweiphasengebiet ($\alpha + \beta$)
$\log p_{H_2} = 7{,}8 - 4310/T$ (60—200 °C [9])

Thermodynamische Daten [6, 7, 14—17, 19—21]
$1/2\, H_2 = H(\text{in } \alpha\text{-Nb})$: $\Delta G^0 = -9470 + 15{,}6\, T$
(< 5 At.-% H, 150—1500 °C, b. [6, 7, 9, 13, 23])
$1/2\, H_2 = H(\text{in Nb(l)})$: $\Delta G^0 = -7400 + 11{,}3\, T$ (2600—2820 °C, b. [16])
$1/(1-x)\ \beta\text{-NbH}_{1-x} = H(\text{in } \alpha\text{-Nb}) + 1/(1-x)\ \alpha\text{-Nb}$: $\Delta G^0 = 2735 - 2{,}65\, T$
(—60 bis +100 °C, b. [17])

Diffusion [7, 24—29]. Es liegen Bestimmungen des Diffusionskoeffizienten nach verschiedenen Methoden vor (bei höheren Temperaturen H-Absorption und H-Entgasung, bei niedrigeren Temperaturen Gorsky-Effekt). Oberflächenreaktionen sowie Fehlstellen und interstitielle Verunreinigungen (H—O- und H—N-Clusterbildung) können sich störend auswirken. Die Diffusionsdaten weichen deshalb z. T. stark voneinander ab. Bei hohen Temperaturen werden im Vergleich zu den Gorsky-Effekt-Messungen bei niedrigeren Temperaturen höhere Aktivierungsenergien gefunden, s. [27].

H in α-Nb: $D = 0{,}9 \cdot 10^{-4} \exp(-1570/RT)$ (—150 bis 0 °C, Gorsky-Effekt [24])
$D = 5{,}0 \cdot 10^{-4} \exp(-2445/RT)$ (0 bis 300 °C, Gorsky-Effekt [24])
$D = 1{,}8 \cdot 10^{-2} \exp(-10000/RT)$ (200—700 °C, Absorption [28])
D in α-Nb: $D = 5{,}4 \cdot 10^{-4} \exp(-2980/RT)$ (—50 bis +300 °C, Gorsky-Effekt [24])

Elektrotransport s. Tab. B 2

Absorption [1, 6, 9, 30—32]. Die Geschwindigkeit v der H-Aufnahme hängt vom Oberflächenzustand und damit von der Vorbehandlung des Metalles ab. Große Werte von v werden bei niedrigen H_2-Drücken nur nach einer Hochtemperaturglühung, z. B. bei 1800—2000 °C im Hochvakuum oder Ultrahochvakuum, erhalten. O_2-Verunreinigungen des H_2-Gases können die Ergebnisse zur Kinetik der H-Aufnahme verfälschen.

Hohe Drücke [7, 28, 30, 31]. Die H-Aufnahme ist bei 300—550 °C, 67—460 Torr H_2 und kleinen Reaktionszeiten t für Nb-Zylinder mit 3—9 mm Dmr. linear von t abhängig und nimmt mit der Temperatur stark zu (Aktivierungsenergie 33 bis 39 kcal/mol) [7]. Bei 600—700 °C, 117—330 Torr H_2 und kleinen Reaktionszeiten wird ein parabolisches Zeitgesetz beobachtet, das durch die Diffusion von H in Nb bestimmt wird (Aktivierungsenergie 9,4 kcal/g-Atom H) [7]. Nach [28] ist bei 200—300 °C und 600—700 °C und 1 atm H_2 ebenfalls die H-Diffusion geschwindigkeitsbestimmend (Proben mit 4,7 mm Dmr., Aktivierungsenergie 10,0 kcal/g-Atom H).

Niedrige Drücke [9, 32]. Nach einer Entgasungsglühung bei 2000 °C und 10^{-9} Torr wird H von Nb-Drähten mit 0,23 mm Dmr. bei —78 bis +300 °C und 10^{-6} —1 Torr H_2 sehr rasch aufgenommen, wobei nur eine geringe Abhängigkeit von der Temperatur und H-Konzentration bis 60 At.-% besteht. Der H-Antransport zur

Metalloberfläche mit nachfolgender Adsorption ist geschwindigkeitsbestimmend. Auch bei —196 °C wird H von aktiviertem Nb noch langsam absorbiert [9]. Untersuchung der Kinetik der H-Absorption von Nb-Drähten mit 0,25 mm Dmr. bei 90—730 °C, $4 \cdot 10^{-8}$—$5 \cdot 10^{-4}$ Torr H_2 und 0—4,3 At.-% H von [32]. Nach vorausgegangener Entgasungsglühung bei 1800 °C im Ultrahochvakuum beträgt der anfängliche Reaktionskoeffizient r unabhängig von der Temperatur für eine saubere Oberfläche etwa 0,13 [32].

Entgasung [9, 14]. Die Geschwindigkeit der H-Abgabe aus Nb-Drähten mit 0,23 mm Dmr. im Hochvakuum (10^{-7}—10^{-3} Torr) wird bei 190—280 °C und $c < 2$ At.-% H durch die Rekombination der H-Atome an der Metalloberfläche und die nachfolgende Desorption der H_2-Moleküle bestimmt; die Aktivierungsenergie beträgt 16,1 kcal/mol H_2 [14].

Ausscheidungsvorgänge [12, 17, 33, 34, 272]. Untersuchung der Hydridausscheidung aus abgeschreckten übersättigten Nb—H-Mischkristallen mit $c < 5$ At.-% H bei —183 bis —196 °C mit Hilfe des elektrischen Widerstandes. Es gilt das Zeitgesetz $w = 1 - \exp[-(t/\tau)^{0,33}]$ (w Bruchteil des ausgeschiedenen H, t Auslagerungszeit, τ Konstante für konstante Temperatur); die Aktivierungsenergie beträgt 2,3 kcal/mol [34]. Nach [33] weist die Hydridausscheidung unterhalb von R. T. bis —120 °C für $c < 3$ At.-% Merkmale einer athermischen martensitischen Umwandlung auf; das Hydrid hat eine trigonal rz Struktur.

Gitterparameter [7, 8, 33, 35]. a steigt bei R. T. im Bereich von α-Nb nach [7] um 0,0023 Å/At.-% H ($a = 3{,}3008$ Å für reines Nb [35]).

Elektrischer Widerstand [9, 17, 32—34, 36, 37]. ϱ steigt bei R. T. im Bereich von α-Nb nach [17] um 0,655 $\mu\Omega \cdot$ cm/At.-% H, nach [37] um 0,75 $\mu\Omega \cdot$ cm/At.-% H ($\varrho = 14{,}7$ $\mu\Omega \cdot$ cm für reines Nb bei 20 °C [17]). Einfluß von H auf ϱ bei 0—270 °C [9], Einfluß der Temperatur auf ϱ von H-haltigem Nb [33].

Supraleitung [35, 49, 50]. Die kritische Temperatur T_c nimmt nach [35] von 9,30 K für reines Nb auf 9,25 bzw. 9,00 K nach Lösung von 0,35 bzw. 1,66 At.-% H ab.

Magnetische Suszeptibilität [38, 39]. χ nimmt bei 550—800 °C und 0—2,4 At.-% H nach [38] um $0{,}012 \cdot 10^{-6}$ cm³/g pro At.-% H ab.

Innere Reibung [24—27, 40, 41, 51]. Übersicht über die zwischen —250 und +120 °C für 13 kHz auftretenden Dämpfungsmaxima von H-haltigem Nb s. [40]. Ein schwach ausgeprägtes Maximum bei etwa —173 °C wird dem Snoek-Effekt zugeschrieben. Ein breites Maximum bei etwa —60 °C, dessen Höhe mit der H-Konzentration linear ansteigt, ist auf Hydrid-Ausscheidungen zurückzuführen. Weiterhin tritt in verformtem Material der α-Peak bei etwa —110 °C auf [40]. Gelöster H verursacht über den Gorsky-Effekt eine zusätzliche Dämpfung. Für 16 Hz liegt das Maximum bei etwa 200 °C [25].

Härte [2, 30, 42]. Die Vickershärte HV steigt bei R. T. nach [42] von 64 auf 88 kp/mm² bei Lösung von 3,5 At.-% H (s. Abb. 4).

Elastizitätsmodul [43]. Für E in kp/mm² gilt bei R. T. im Bereich von α-Nb

$$E = 10210 + 59\,c$$

Streckgrenze [30, 44, 45]. Die kritische Schubspannung τ_S von Nb-Einkristallen wird durch H-Zusatz bis 0,072 At.-% bei R. T. und bei höheren Temperaturen nur wenig, bei niedrigeren Temperaturen jedoch stark erhöht (s. Abb. 5) [44].

Einfluß von H auf τ_S von Nb-Einkristallen bei verschiedenen Temperaturen s. Abb. 6 [44]. Der Härtungskoeffizient $\Delta\tau_S/\Delta c$ beträgt bei R. T. für H-Gehalte bis 0,08 At.-% 15,3 kp/mm^2 pro At.-% H [44].

Gleichmaßdehnung [46]. Einfluß der Temperatur auf ε_g von H-haltigem Nb s. Abb. 7.

Zugfestigkeit und Querschnittsverminderung [30, 42, 46, 47] s. Abb. 8 [42] und Abb. 9 [46]. Die Zugfestigkeit σ_B von verformtem und rekristallisiertem Nb wird bei -196 bis $+150$ °C durch den Zusatz von H bis 3,5 At.-% H nur wenig verändert [42]. Die Querschnittsverminderung ψ von reinem Nb nimmt mit abnehmender Temperatur bis -100 °C nur wenig ab, dagegen fällt ψ von H-haltigem Nb steil zu kleinen Werten ab [42, 46].

Duktil-Spröd-Übergang [17, 42, 46, 47, 48]. H wirkt stark versprödend auf Nb. Für 0,23 At.-% H erfolgt der Duktil-Spröd-Übergang bei etwa -50 °C, bei niedrigeren Temperaturen steigt die Duktilität wieder etwas an (s. Abb. 7 und 9) [46]. Die Lage des Duktilitätsminimums hängt von der Dehngeschwindigkeit ab [46]. Einfluß von H auf die Temperatur $T_Ü$ des Duktil-Spröd-Überganges s. Abb. 10.

Niob-Kohlenstoff

Konstitution [1—3, 5, 52—61] s. Abb. 11. Phasen: α-Nb_2C, <1200 °C, orthorh., geordnet; β-Nb_2C, 1200—2500 °C, hex., geordnet; γ-Nb_2C, >2500 °C, hex., ungeordnet; Nb_3C_2 hex. [61]; NbC ($NbC_{0,7}$—$NbC_{1,0}$) kfz, NaCl-Typ.

Löslichkeitsgrenze [57, 58, 62—64, 66] s. Abb. 12

C in Nb(s): $\log c = 3{,}65 - 7600/T$ (1500—2200 °C [66])

Thermodynamische Daten [62—66]

Nb_2C = C(in Nb(s)) + 2 Nb(s): $\Delta G^0 = 34800 - 7{,}53\ T$ (1500—2200 °C [66])

2 Nb(s) + C = Nb_2C: $\Delta G^0 = -37900 - 2{,}0\ T$ (1500—2200 °C [66])

Diffusion [67—72]

C in Nb(s): $D = 1{,}0 \cdot 10^{-2} \exp(-33920/RT)$ (130—2340 °C [71])

Elektrotransport s. Tab. B 2

C-Absorption in Kohlenwasserstoffen [73—76]. Die Reaktion von Nb mit Methan (CH_4) oder Acetylen (C_2H_2) verläuft bei hohen Temperaturen und niedrigen Drücken einseitig in Richtung der Bildung von Nb—C-Mischkristallen, wobei der bei der Zersetzung der Kohlenwasserstoffe entstehende H_2 in den Gasraum übergeht [74]. Kinetik der C-Aufnahme von Nb-Drähten mit 0,5 mm Dmr. in CH_4 bzw. C_2H_2 bei 1500—2150 °C und $2 \cdot 10^{-3}$—$1 \cdot 10^{-1}$ Torr CH_4 bzw. $2 \cdot 10^{-6}$ bis $3 \cdot 10^{-5}$ Torr C_2H_2 [74, 75]. Im Bereich der Nb—C-Mischkristalle gilt für die Geschwindigkeit v_C der C-Lösung in mg · cm^{-2} · min^{-1} [74, 75]

CH_4: $v_C = 6{,}13 \cdot 10^2 \cdot r \cdot p_{CH_4} = 3{,}4 \cdot p_{CH_4} \cdot \exp(-14600/RT)$

C_2H_2: $v_C = 9{,}62 \cdot 10^2 \cdot r \cdot p_{C_2H_2} = 8{,}4 \cdot 10^2\, p_{C_2H_2}$

Temperaturabhängigkeit des Reaktionskoeffizienten r s. Abb. 13. Die Ergebnisse gelten auch in Kohlenwasserstoff-H_2-Mischungen mit H_2-Drücken bis zu 10^{-1} Torr H_2. Geschwindigkeitsbestimmender Teilschritt ist bei der Reaktion mit CH_4 die

Zersetzung der CH_4-Moleküle an der Metalloberfläche; die Reaktion mit C_2H_2 wird durch den Antransport des C_2H_2-Gases zur Metalloberfläche kontrolliert [74, 75].

Entkohlung [72, 76]. Eine Entfernung von C aus Nb—C-Mischkristallen ist durch eine Hochtemperaturglühung in H_2 nicht möglich. Dagegen kann C durch eine Glühbehandlung von Nb in strömendem O_2 unter Bildung von CO freigesetzt werden. Untersuchung der Kinetik der Entkohlung (Drähte mit 0,5 mm Dmr., 0,3—1 At.-% C, 1600—2120 °C, $2 \cdot 10^{-6}$—$3 \cdot 10^{-5}$ Torr O_2). Bei kurzen Reaktionszeiten gilt für die Geschwindigkeit v_C der C-Abgabe in mg · cm^{-2} · min^{-1} [72]

$$v_C = 8{,}3 \cdot 10^2 \cdot p_{O_2}/[1 + 8{,}8 \cdot 10^{-3} \cdot \exp(17680/RT)]$$

v_C wird durch den O_2-Antransport zur Metalloberfläche und die Chemisorption des O_2 unter Dissoziation bestimmt. Es löst sich anfangs praktisch kein O in Nb. Bei längeren Reaktionszeiten wird v_C durch die Diffusion von C zur Metalloberfläche bestimmt und O löst sich in Nb.

Ausscheidungsvorgänge [77—80]. C kann beim Abschrecken von Nb—C-Mischkristallen auf R. T. nur in geringer Konzentration in Lösung gehalten werden [77, 79], nach [77] etwa 0,1 At.-% C beim Abschrecken in He-Gas. Bei höheren C-Gehalten bilden sich während der Abkühlung sehr kleine, gleichmäßig verteilte Nb_2C-Ausscheidungen [77]; nach [78] treten Nb_3C_2- und α-Nb_2C-Karbide auf. Untersuchung der Kinetik der Karbidausscheidung aus übersättigten Nb—C-Mischkristallen mit etwa 0,3 At.-% C bei 180—400 °C und bis zu 10^5 min von [80]. Aus Messungen des elektrischen Widerstands folgt als Zeitgesetz [80] $w = 1 - \exp[-(t/\tau)^{0,6}]$ (w Bruchteil des ausgeschiedenen C, t Auslagerungszeit, τ Konstante für konstante Temperatur). Die Karbidausscheidung wird im wesentlichen durch die C-Diffusion kontrolliert. Elektronenmikroskopisch werden nur bei 400 °C und längeren Auslagerungszeiten plättchenförmige Ausscheidungen beobachtet [80].

Gitterparameter [63]. a wird bei R. T. durch 0,55 At.-% C von 3,2986 auf 3,3010 Å, d. h. um 0,0044 Å/At.-% C erhöht.

Elektrischer Widerstand [77]. Bei 1500—2100 °C nimmt ϱ bei konstanter Temperatur linear mit der C-Konzentration bis zur Löslichkeitsgrenze zu. Für die Temperaturabhängigkeit des Zusatzwiderstandes $\Delta\varrho/\Delta c$ in $\mu\Omega$ · cm/At.-% C gilt mit T' in °C

$$\Delta\varrho/\Delta c = 4{,}65 - 8{,}33 \cdot 10^{-4}\, T' \quad (c < c_{max},\ 1500\text{—}2100\,°C\ [77])$$

Innere Reibung [67]. Gelöster C verursacht ein Snoek-Dämpfungsmaximum, das für 1 Hz bei 268 °C liegt (für 0,55 Hz befindet es sich bei 258 °C, während das N-Maximum bei 275 °C auftritt). Die Höhe des Maximums nimmt mit zunehmender Versuchszeit rasch ab, da C als Karbid ausgeschieden wird.

Härte [82, 83]. HRb steigt bis 0,15 At.-% C von 40 auf 60 kp/mm². Bei höheren C-Gehalten nimmt HRb wegen der Ausscheidung von Nb_2C ab [83].

Elastizitätsmodul [81]. E steigt bei R. T. von $1{,}07 \cdot 10^4$ auf $1{,}11 \cdot 10^4$ kp/mm², bei 1000 °C von $1{,}06 \cdot 10^4$ auf $1{,}14 \cdot 10^4$ kp/mm² bei Zusatz von 0,42 At.-% C.

Streckgrenze und Zugfestigkeit [81, 82]. σ_S steigt bei 730 °C von 4 auf 12 kp/mm² bei Zusatz von 0,42 At.-% C [81]. Nach [82] ist der Einfluß von C auf σ_S und σ_B von Nb bei 0 bis 200 °C nur gering.

Gleichmaßdehnung und Querschnittsverminderung [82]. Einfluß der Temperatur auf ε_g und ψ von C-haltigem Nb s. Abb. 14.

Duktil-Spröd-Übergang [82, 84]. Nach Abb. 14 nimmt die Duktilität von Nb mit 0,27—1,3 At.-% C unterhalb von —100 °C stark ab; für 4,0 At.-% C wird die Gleichmaßdehnung ε_g bereits bei —100 °C null [82].

Niob-Stickstoff

Konstitution [1—3, 5, 85—93, 273] s. Abb. 15. Phasen: β ($NbN_{0,39}$—$NbN_{0,45}$, Nb_2N) hex., W_2C-Typ; γ ($NbN_{0,75}$—$NbN_{0,80}$, Nb_4N_3) tetr.; δ ($NbN_{0,88}$—$NbN_{0,91}$, NbN(III)) kub., NaCl-Typ; δ' ($NbN_{0,96}$, NbN(II)) hex., Anti-NiAs-Typ, metastabil; ε ($NbN_{0,92}$—$NbN_{1,00}$, NbN(I)) hex., TiP-Typ [88]; Nb_4N_5 tetr. und Nb_5N_6 hex. entstehen nach [90] bei der Nitrierung einer aufgedampften Nb-Schicht in NH_3.

Löslichkeit [66, 86, 87, 94, 95, 101] s. Abb. 16
N in Nb(s): $\log c = 1/2 \log p - 3{,}1 + 9300/T$ (1500—2200 °C [66])
N in Nb(l): $\log c = 1/2 \log p + 0{,}28$ (< 15 At.-% N, 2530 °C [101])

Löslichkeitsgrenze [66, 86, 87, 95, 96, 99, 100] s. Abb. 12
N in Nb(s): $\log c_{max} = 0{,}06 - 875/T$ (450—800 °C [100])
und: $\log c_{max} = 3{,}17 - 4920/T$ (1500—2200 °C [66])

Zersetzungsdruck von Nb_2N [86, 87]
$\log p_{N_2} = 12{,}6 - 28400/T$ (1500—2200 °C [66])

Thermodynamische Daten [66, 86, 87, 95, 100]
$1/2\, N_2 = N(\text{in } Nb(s))$: $\Delta G^0 = -42500 + 16{,}8\, T$ (1500—2200 °C [66])
$Nb_2N = N(\text{in } Nb(s)) + 2\, Nb(s)$: $\Delta G^0 = 22500 - 5{,}35\, T$ (1500—2200 °C [66])
und: $\Delta G^0 = 4000 + 8{,}88\, T$ (450—800 °C [100])
$2\, Nb(s) + 1/2\, N_2 = Nb_2N$: $\Delta G^0 = -65100 + 22{,}2\, T$ (1500—2200 °C [66])

Diffusion [67, 68, 97, 102]
N in Nb(s): $D = 9{,}8 \cdot 10^{-2} \exp(-38600/RT)$ (200—1600 °C [97, 102])
Elektro- und *Thermotransport* s. Tab. B 2

Absorption. *Hohe Drücke* [30, 31, 97, 103]. Bei 675—1600 °C und 1 atm N_2 gehorcht die N-Aufnahme einem parabolischen Zeitgesetz, für die Geschwindigkeitskonstante k_p in $mg^2 \cdot cm^{-4} \cdot h^{-1}$ gilt (s. Abb. 17)

$k_p = 1{,}3 \cdot 10^2 \exp(-24400/RT)$ (675— 975 °C [97])
$k_p = 3{,}2 \cdot 10^7 \exp(-50000/RT)$ (1100—1600 °C [97])

Unterhalb von 1000 °C bilden sich nach [97] die Nitride Nb_2N und NbN, ab 1200 °C nur noch NbN. [103] findet jedoch auch bei 1405—2035 °C eine Schicht aus NbN (außen) und wahrscheinlich Nb_2N (innen) und nimmt an, daß der Übergang der Reaktionsbereiche mit der Umwandlung von NbN(I) zu NbN(III) bei etwa 1300 °C zusammenhängt.

Niedrige Drücke [94, 104, 105]. Kinetik der N-Absorption von Nb-Bändern mit einer Stärke von 0,04 mm bei R. T. bis 1800 °C und $6 \cdot 10^{-9}$—$6 \cdot 10^{-5}$ Torr N_2 [94, 104]. Bei höheren Temperaturen beträgt der Reaktionskoeffizient 0,1 [104]. Bei 1650—2100 °C und 10^{-4}—10^{-2} Torr N_2 gilt für die Anfangsgeschwindigkeit v_N^0

der N-Aufnahme von Nb-Scheiben mit 0,3 mm Stärke ($v_N{}^0$ in mg · cm^{-2} · min^{-1}) [105]

$v_N{}^0 = 1{,}08 \cdot 10^3 \cdot r \cdot p_{N_2} = 3{,}95 \cdot 10^3 \cdot p_{N_2} \cdot \exp(-16000/RT)$

Temperaturabhängigkeit des Reaktionskoeffizienten r s. Abb. 13. Geschwindigkeitsbestimmender Teilschritt ist die dissoziative Chemisorption des N_2.

Entgasung [94, 106, 107]. Für die N-Abgabe aus Nb—N-Mischkristallen (Drähte mit 0,5 mm Dmr.; $c_0 = 3{,}2$ At.-% N) im Hochvakuum bei 1630—1970 °C ergibt sich ein Geschwindigkeitsgesetz 2. Ordnung (v_N in mg · cm^{-2} · min^{-1}; c in At.-%) [106, 107]

$v_N = 1{,}26 \cdot 10^{11} \cdot c^2 \cdot \exp(-124000/RT)$

daraus folgt für die zeitliche Abnahme der N-Konzentration c in At.-% in dünnen Nb-Werkstücken (Stärke $d < 1$ mm):

$c_0/c = 1 + 8{,}30 \cdot 10^{10} \cdot F/M \cdot c_0 \cdot t \cdot \exp(-124000/RT)$

(Probenoberfläche F in cm², Metallmasse M in g, Entgasungszeit t in min). Eine merkliche Entgasung durch N_2-Abgabe erfolgt erst oberhalb von 1600 °C. Geschwindigkeitsbestimmend ist die Rekombination von N-Atomen an der Metalloberfläche zu N_2 und die nachfolgende Desorption von N_2(g) in den Gasraum [106, 107]. Von [94, 107] Untersuchung der N-Entgasung auch im währenden Gleichgewicht mit N_2(g) bei gedrosselter Saugleistung, daraus erhält man die Lösungswärme für N in Nb.

Ausscheidungsvorgänge [95, 96, 100, 108—112]. Beim Abschrecken von Nb—N-Mischkristallen (Drähte mit < 1 mm Dmr.) von Temperaturen < 2000 °C auf R. T. können nur etwa 1 At.-% N in Lösung gehalten werden [95, 100]. Die Ausscheidung von Nb_2N aus übersättigten Nb—N-Mischkristallen mit 0,8 At.-% N gehorcht bei 350—600 °C nach Messungen des Gitterparameters und der Vickershärte dem Zeitgesetz [100] $w = 1 - \exp[-(t/\tau)^m]$ mit $t_{1/2} = t_0 \cdot \exp(Q/RT)$ (w Bruchteil des ausgeschiedenen N, t Auslagerungszeit, τ Konstante für konstante Temperatur, m Konstante, $t_{1/2}$ Halbwertszeit, Q Aktivierungsenergie). Für 450 bis 550 °C ist m = 2 und die Ausscheidungen sind anfänglich ungleichmäßig über die Matrix verteilt; die Teilchenzahl nimmt mit der Zeit zu. Bei 600 °C gilt m = 1,2 und es wird von Anfang an eine gleichmäßige und dichte Anordnung der Ausscheidungen beobachtet, wobei die Teilchenzahl konstant bleibt. Q beträgt 35 kcal/mol und entspricht etwa der Aktivierungsenergie der Diffusion von N in Nb [100]. Bei der Auslagerung von Nb—N-Legierungen mit 2,3 At.-% N bei 350 und 400 °C finden [108] eine Aushärtung. Nach [109] gehorcht die Nitridausscheidung an Versetzungen beim Auslagern von verformten Nb—N-Legierungen (11—63% Querschnittsverminderung, $c < 0{,}4$ At.-% N) bei 270—500 °C dem oben genannten Zeitgesetz, wobei für 300 °C m = 2/3, für 400 und 500 °C m ≈ 1 ist. Korrelation dieser Werte mit der elektronenmikroskopisch beobachteten Morphologie der Ausscheidungsteilchen [109].

Gitterparameter [95, 113, 114]. Für a in Å gilt bei R. T.

$a = 3{,}2995 + 0{,}006\,c$ (0—0,7 At.-% N [114])

Nach [113] beträgt $\Delta a/\Delta c = 4{,}1 \cdot 10^{-3}$ Å/At.-% N.

Elektrischer Widerstand [113—116]. Für ϱ in μΩ · cm gilt bei 10 °C

$\varrho = 14{,}1 + 4{,}1\,c$ (0—1 At.-% N [113])

Bei 1800 °C beträgt der Zusatzwiderstand $\Delta\varrho/\Delta c = 3$ μΩ · cm/At.-% N [113].

Supraleitung [30, 35, 49, 117]. Die kritische Temperatur T_c nimmt nach [35] von 9,30 auf 9,25 K bei Lösung von 1,25 At.-% N ab. Über den Einfluß von N auf die Eigenschaften von supraleitenden Nb-Hohlraumresonatoren s. [117].

Magnetische Suszeptibilität [116, 118]. Für χ in cm^3/g gilt bei R. T.
$\chi = 2{,}283 \cdot 10^{-6} - 0{,}053 \cdot 10^{-6}\,c$ (0—1 At.-% N [116])

Emissionsvermögen [119, 120]. Das spektrale Emissionsvermögen ε_λ ($\lambda = 0{,}65\,\mu$m) beträgt bei 800—2130 °C 0,345 und wird durch gelösten N nicht verändert [119]. Das Gesamtemissionsvermögen ε_t wird durch N etwas erhöht [120].

Innere Reibung [67, 96, 113, 121—126]. Gelöster N verursacht ein Snoek-Dämpfungsmaximum, das für 0,73 Hz bei 270 °C liegt. Für die Dämpfung in Q^{-1}_{max} gilt (Drähte mit 0,8 mm Dmr., ⟨110⟩-Bambusstruktur, Kristallite von 1,5 mm Länge)
$Q^{-1}_{max} = 0{,}0357\,c$ (0—0,5 At.-% N [113])
Dem entspricht eine spezifische Relaxationsstärke $\Delta\Delta_r/\Delta c = 0{,}0714$ (At.-% N)$^{-1}$.
Für Drähte mit 0,76 mm Dmr., Korngröße 0,1 mm und 1 Hz erhält [123]
$Q^{-1}_{max} = 0{,}0464\,c$; $\Delta\Delta_r/\Delta c = 0{,}0928$ (At.-% N)$^{-1}$ (0—0,5 At.-% N).
Nach [125] ist der Faktor K in $c = K \cdot \delta_{max}$ (δ Dämpfung) für Drähte mit 0,76 mm Dmr., Korndurchmesser d von 0,06—0,62 mm und 1 Hz unabhängig von c bis zu 0,25 At.-% N. K hängt jedoch nach $K = K_0 + k_K d^{-1/2}$ von d ab, was mit der Segregation von N an den Korngrenzen zusammenhängt [125]. Oberhalb von 0,25 At.-% N nimmt K mit c zu und der Snoek-Peak verbreitert sich. Dies ist auf die Relaxation von N in N-Paaren und -Triplets zurückzuführen [125]. Auflösung des verbreiterten Peaks in Einzelpeaks s. [124]. Untersuchung des Kaltverformungspeaks s. [126].

Härte [108, 113, 116, 123, 127] s. Abb. 4. Die Vickershärte HV (50 p) steigt bei R. T. nichtlinear von 63 auf 245 kp/mm² bei Lösung von 1 At.-% N [113]. Nach [123] gilt für HV in kp/mm² bei R. T.
HV (1 kp) = 64,8 + 200 c (0,05—0,45 At.-% N)
Unterhalb von 0,05 At.-% N nimmt die Härte parabolisch mit c auf HV (1 kp) = 44,1 kp/mm² für reines Nb ab [123]. Zur Korngrößenabhängigkeit von HV (1 kp) s. [123].

Streckgrenze [45, 128—134]. Einfluß der Temperatur auf die kritische Schubspannung τ_S von N-haltigen Nb-Einkristallen s. Abb. 18 [133]. Bei R. T. gilt für σ_u in kp/mm² (Drähte mit ⟨110⟩-Bambusstruktur, Dehngeschwindigkeit $4{,}7 \cdot 10^{-5}\,s^{-1}$)
$\sigma_u = 3{,}5 + 60{,}3\,c$ (0,02—1 At.-% N [130])
Unterhalb von 0,02 At.-% N nimmt σ_u stärker als linear mit der N-Konzentration ab [130]. Untersuchung des Einflusses von N bis 0,5 At.-% auf die obere Streckgrenze σ_o, die untere Streckgrenze σ_u, die Differenz $\sigma_o - \sigma_u$ sowie die Parameter σ_i und k_y der Hall-Petsch-Beziehung $\sigma_u = \sigma_i + k_y d^{-1/2}$ (d durchschnittlicher Korndurchmesser) für Dehngeschwindigkeiten $\dot\varepsilon$ zwischen $1 \cdot 10^{-4}$ und $1{,}3 \cdot 10^{-1}\,s^{-1}$ s. [129]. Für den Einfluß von $\dot\varepsilon$ auf σ_u gilt $\log \sigma_u = \log B + r \log \dot\varepsilon$ (B Konstante, Koeffizient r nimmt mit zunehmender N-Konzentration ab) [129].

Zugfestigkeit [134, 135]. Einfluß der Temperatur auf σ_B von N-haltigem Nb s. Abb. 19 [135].

Bruchdehnung [30, 134]. Einfluß der Temperatur auf die Bruchdehnung δ von N-haltigem Nb s. Abb. 20. Oberhalb von —50 °C ist δ für N-Gehalte <1 At.-%

nur wenig von der Temperatur abhängig; δ wird nur schwach von der N-Konzentration beeinflußt [134].

Duktil-Spröd-Übergang [84, 134, 135]. Reines Nb ist bis $-196\,°C$ duktil. Der Einfluß von N auf die Temperatur $T_Ü$ des Duktil-Spröd-Überganges (s. Abb. 21) ist erheblich stärker als der Einfluß von O [84].

Niob-Sauerstoff

Konstitution [1—3, 5, 136—143, 168] s. Abb. 22. Phasen: NbO kub., NaCl-Typ mit 25% Leerstellen; NbO_2 tetr., deformierter Rutil-Typ; homologe Reihe der Oxide $Nb_{3n+1}O_{8n-2}$ mit n = 6, 7, 8, wahrscheinlich nicht bis zum Smp. beständig, $Nb_{19}O_{46}$, orthorh. und monokline Modifikation, $Nb_{22}O_{54}$ und $Nb_{25}O_{62}$ monoklin; Nb_2O_5, zahlreiche Modifikationen mit komplizierten Strukturen [1]. — Metastabile metallische Suboxidphasen treten bei der Oxidation von Nb oder bei der Auslagerung übersättigter Nb—O-Mischkristalle unterhalb von 700 °C auf [142]; diese weisen Überstrukturen der krz α-Phase auf [141]: $NbO_x(Nb_6O)$ tetr.; NbO_y, Anteil a kub., Anteil b (Nb_4O) tetr.; NbO_z tetr. — Weitere, noch nicht genauer untersuchte Oxide s. [142].

Löslichkeit

O in Nb(s): $\log c = 1/2 \log p - 4{,}45 + 20020/T$ (1300—2000 °C [66])

Löslichkeitsgrenze [66, 136, 144—148, 275] s. Abb. 12

O in Nb(s): $\log c_{max} = 1{,}67 - 1680/T$ (800—1500 °C [66])

Gleichgewichtsdrücke [66, 167, 168]

Zersetzungsdruck von NbO(s)

$\log p_{O_2} = 12{,}3 - 43700/T$ (800—1500 °C [66])

Dampfdrücke flüchtiger Oxide über Nb(s)

NbO(g): $\log p_{NbO} = \log c_{O(in\,Nb(s))} + 9{,}0 - 28400/T$ (1600—2200 °C [66])

NbO_2(g): $\log p_{NbO_2} = 2 \log c_{O(in\,Nb(s))} + 7{,}0 - 24300/T$ (1600—2200 °C [66])

Thermodynamische Daten [66, 147 ,149]

$1/2\, O_2 = O(\text{in Nb(s)})$: $\Delta G^0 = -92300 + 23{,}0\, T$ (1500—2200 °C [66])

$NbO = O(\text{in Nb(s)}) + Nb(s)$: $\Delta G^0 = 7700 + 1{,}5\, T$ (800—1500 °C [66])

$Nb(s) + 1/2\, O_2 = NbO$: $\Delta G^0 = -100000 + 21{,}5\, T$ (700—1700 °C [66])

Diffusion [68, 102, 150—152]

O in Nb(s): $D = 1{,}5 \cdot 10^{-2} \exp(-27600/RT)$ (150—1600 °C [102, 274])

Elektrotransport und *Thermotransport* s. Tab. B 2

Absorption [153, 163]. Bei der Reaktion von Nb mit O_2 treten je nach Temperatur, O_2-Druck und Zeit verschiedene Reaktionsprodukte auf (Nb—O-Lösung; Suboxidphasen NbO_x, NbO_y, NbO_z; NbO, NbO_2; verschiedene Modifikationen von Nb_2O_5). Bei höheren Drücken liegt ein komplexes Oxidationsverhalten vor, welches in zahlreichen Arbeiten beschrieben wird (Übersicht s. [153]). Bei niedrigen Drücken ($< 10^{-2}$ Torr O_2) und hohen Temperaturen (> 1000 °C) steht bei kurzen Reaktionszeiten die Lösung von O in Nb im Vordergrund, was zu übersichtlichen Reaktionsmechanismen führt (Übersicht s. [153, 163]).

Hohe Drücke [30, 153—159]. $T < 650$ °C: Anfangs weitgehend parabolische O-Aufnahme (im wesentlichen druckunabhängig, Lösung von O in Nb, Bildung von

Suboxiden); es schließt sich eine „breakaway“-Reaktion an mit Übergang zu etwa linearem Oxidationsverlauf (starke Druckabhängigkeit, Bildung einer porösen Nb_2O_5-Schicht). $T > 650\,°C$: Anfangs parabolisches Reaktionsverhalten (Aufwachsen einer schützenden Oxidschicht, wahrscheinlich aus NbO_2), anschließend annähernd lineare Oxidation (Bildung von porösem Nb_2O_5, bei 700 und 800 °C Proportionalität zu $p_{O_2}^{1/2}$). Temperaturabhängigkeit der linearen Geschwindigkeitskonstante k_l s. Abb. 23 [153]. Bei 1 atm O_2 ergibt sich ein komplexer Kurvenverlauf mit einem Zwischenmaximum bei etwa 580 °C, unterhalb von etwa 100 Torr O_2 tritt das Maximum nicht mehr auf [153]. Auch in 1 atm Luft existiert ein Maximum in der Oxidationsgeschwindigkeit, s. Abb. 23 [155]. — Oxidation von Nb in H_2O-Dampf s. [30, 158, 159].

Niedrige Drücke [141, 153, 160—166]. Bei der O_2-Begasung von einkristallinen Nb-Folien bei 200—600 °C und $5 \cdot 10^{-4}$ Torr O_2 wird O zunächst im Metallgitter gelöst (statistische Verteilung des O auf Zwischengitterplätze). Mit zunehmender O-Konzentration bilden sich dann die Suboxidphasen NbO_x, NbO_y, NbO_z mit einer langperiodischen Ordnung der O-Atome; bei der Zusammensetzung NbO entsteht das neue Kristallgitter des Monoxids [141]. Für die O-Aufnahme bei 1000—1500 °C und $p_{O_2} < 10^{-2}$ Torr werden in Abhängigkeit von der Zeit drei Reaktionsbereiche beobachtet, s. Abb. 24 [153, 160]: linearer Bereich I (O-Lösung in Metall ohne erkennbare Oxidbildung), parabolischer Bereich II (schützende NbO_2-Schicht, NbO wächst ins Metallinnere, Geschwindigkeit v proportional $p_{O_2}^{1/2}$, Aktivierungsenergie 44 kcal/mol), linearer Bereich III (poröses Oxid α-Nb_2O_5 wächst auf NbO_2-Schicht auf, $v \sim p_{O_2}^{1/2}$, Aktivierungsenergie 24 kcal/mol). Bei und oberhalb von 1500 °C ist das in Bereich III gebildete Nb_2O_5 flüssig und es gilt $v \sim p_{O_2}$. Oberhalb von 1600 °C tritt neben der Oxidbildung auch eine Abdampfung von Oxiden auf. Im linearen Bereich I gilt nach [162, 164] für die Geschwindigkeit v_O der O-Lösung bis 1,5 At.-% O (Drähte mit 0,5 mm Dmr.) bei 1100—2000 °C und $2 \cdot 10^{-6}$—$5 \cdot 10^{-4}$ Torr O_2 (v_O in mg · cm^{-2} · min^{-1})

$$v_O = 1{,}16 \cdot 10^3 \cdot r \cdot p_{O_2} = 1{,}16 \cdot 10^3 \cdot p_{O_2}/[1 + 1{,}31 \cdot 10^{-2} \exp(14200/RT)]$$

daraus folgt für den zeitlichen Anstieg der O-Konzentration c in At.-% in dünnen Nb-Werkstücken (Stärke $d < 1$ mm)

$$c = 78{,}3 \cdot F/V \cdot p_{O_2} \cdot t/[1 + 1{,}31 \cdot 10^{-2} \exp(14200/RT)]$$

(Probenoberfläche F in cm^2, Probenvolumen V in cm^3, Reaktionszeit t in min). Temperaturabhängigkeit des Reaktionskoeffzienten r s. Abb. 13 [162, 164]. Geschwindigkeitsbestimmend sind der Antransport des O_2 zur Metalloberfläche und die dissoziative Chemisorption des O_2 (Aktivierungsenergie 14,2 kcal/mol O_2). Bei höheren Drücken nimmt die Geschwindigkeit der O-Lösung mit zunehmender Reaktionszeit ab, da der Bedeckungsgrad des an der Metalloberfläche adsorbierten O ansteigt. Oberhalb von 1800 °C überlagert sich der O-Lösung die Abgabe von O über die Abdampfung der flüchtigen Oxide NbO(g) und NbO_2(g), was zu einer Verlangsamung des Anstieges der O-Konzentration im Metall führt.

In H_2O-*Dampf* gilt für die Geschwindigkeit v_O der O-Aufnahme von Nb-Drähten mit 0,5 mm Dmr. bei $5 \cdot 10^{-5}$—$5 \cdot 10^{-3}$ Torr und 1100—1700 °C und nicht zu große Reaktionszeiten (v_O in mg · cm^{-2} · min^{-1}) [165, 166]

$$v_O = 7{,}71 \cdot 10^2 \cdot r \cdot p_{H_2O} = 7{,}17 \cdot 10^2 \cdot p_{H_2O} \cdot \exp(-6330/RT)$$

Temperaturabhängigkeit des Reaktionskoeffizienten s. Abb. 13. Eine gleichzeitige Lösung von H in Nb findet bei den hohen Temperaturen nicht statt [165, 166].

Entgasung [140, 161, 167—171]. O wird aus Nb—O-Mischkristallen erst oberhalb von etwa 1600 °C in Form der flüchtigen Oxide NbO(g) und NbO_2(g) abgegeben. Bei Ausgangskonzentrationen $c_0 < 1$ At.-% O überwiegt die Abdampfung von NbO(g), und es ergibt sich ein Geschwindigkeitsgesetz 1. Ordnung (1700—2050 °C, 10^{-2} — 1 At.-% O, Probendicke < 1 mm, v_0 in mg O · cm^{-2} · min^{-1}, c in At.-%)

$v_O = 2{,}32 \cdot 10^{11} \cdot c \cdot \exp(-129700/RT)$ [167].

Daraus folgt für die Abnahme der O-Konzentration c in dünnen Nb-Werkstücken

$\log c/c_0 = -5{,}87 \cdot 10^{10} \cdot F/M \cdot t \cdot \exp(-129700/RT)$

(Probenoberfläche F in cm^2, Probenmasse M in g, Entgasungszeit t in min). Bei höheren Konzentrationen gilt $v_O = v_1 c + v_2 c^2$, wobei $v_2 c^2$ die Geschwindigkeit der Abdampfung von NbO_2(g) angibt [169]. Geschwindigkeitsbestimmend ist die Bildung und Abdampfung der flüchtigen Oxide (Aktivierungsenergien; NbO(g): 130 kcal/mol, NbO_2(g): 111 kcal/mol) [169].

Stationäre Zustände [169, 171—174] zwischen der Aufnahme von O aus O_2 und der Abgabe von O über flüchtige Oxide NbO(g) und NbO_2(g) bei 1870—2200 °C und $5 \cdot 10^{-5}$—$2 \cdot 10^{-3}$ Torr O_2 [173]. Für $c < 1$ At.-% O (bevorzugte NbO(g)-Abdampfung) gilt

$c = 4{,}43 \cdot 10^{-4} \cdot p_{O_2} \cdot \exp(76300/RT)$

und für die Geschwindigkeit des O-Umsatzes v_O in mg · cm^{-2} · min^{-1}

$v_O = 2{,}96 \cdot 10^6 \cdot p_{O_2} \cdot \exp(-39140/RT)$ (1870—2100 °C)

(p, c)-Isothermen s. Abb. 25 [173]. In H_2O-*Dampf* treten beim Glühen bei $6 \cdot 10^{-5}$ bis $2 \cdot 10^{-3}$ Torr und 1870—2160 °C nach [174] ebenfalls stationäre Zustände auf. Für $c < 0{,}8$ At.-% (bevorzugte NbO(g)-Abdampfung) gilt

$c = 8{,}55 \cdot 10^{-6} \cdot p_{H_2O} \cdot \exp(89800/RT)$

und für die Geschwindigkeit des O-Umsatzes v_O in mg · cm^{-2} · min^{-1}

$v_O = 7{,}7 \cdot 10^5 \cdot p_{H_2O} \cdot \exp(-38150/RT)$

(p, c)-Isothermen s. Abb. 26 [174].

Ausscheidungsvorgänge [175—177]. In Abb. 27 ist nach [176, 177] das Verhalten des elektrischen Widerstandes von übersättigten Nb—O-Mischkristallen mit 4,2 At.-% O nach der Auslagerung bei 500—800 °C dargestellt. Die Geschwindigkeit der Ausscheidung ist stark temperaturabhängig (Aktivierungsenergie 35 kcal/mol). Bei 600—800 °C scheidet sich NbO plättchenförmig oder globular aus. Bei 550 °C erfolgt die Ausscheidung in zwei Stufen als plättchenförmiges NbO_z und als NbO, das durch Umwandlung aus NbO_z oder durch zusätzliche Ausscheidung entsteht. Ein zweistufiger Widerstandsabfall wird jedoch nur bei $c > 3{,}6$ At.-% O erhalten [176, 177]. Für 3,9—4,6 At.-% O bilden sich nach [175] unterhalb von 500 °C offenbar nur noch NbO_z-Plättchen, oberhalb von 800 °C scheidet sich NbO an den Korngrenzen aus.

Gitterparameter [118, 146, 178, 179]. Für a in Å gilt bei R. T.

$a = 3{,}3001 + 0{,}0041\,c$ (0—4,2 At.-% O [118])

Elektrischer Widerstand [118, 161, 164, 179, 180, 275]. Für ϱ in μΩ · cm gilt bei 10 °C angenähert

$\varrho = 13{,}46 + 4{,}1\,c$ (0—3 At.-% O [118])

Bei 0—1000 °C und 0—1,8 At.-% O gilt mit T' in °C [118]

$\varrho_{c,T'} = 13{,}43(1 + 3{,}2 \cdot 10^{-3}\,T' - 5{,}5 \cdot 10^{-7}\,T'^2 + 3{,}05 \cdot 10^{-1}\,c)$

Der Zusatzwiderstand $\Delta\varrho/\Delta c$ beträgt unabhängig von der Temperatur 4,1 μΩ.

$\times$ cm/At.-% O; [275] finden 4,65 $\mu\Omega \cdot$ cm/At.-% O für 0—1425 °C. Nach [164] fällt $\Delta\varrho/\Delta c$ von 4,1 $\mu\Omega \cdot$ cm/At.-% O bei 10 °C auf 3,0 $\mu\Omega \cdot$ cm/At.-% O bei 1600 °C ab (s. Abb. 28). Bei konstanter Temperatur (> 1200 °C) steigt $\Delta\varrho$ linear mit der O-Konzentration bis 5 At.-% O an [164].

Supraleitung [35, 49, 117, 181]. Die kritische Temperatur wird durch Lösung von 3,9 At.-% O linear von 9,46 auf 5,84 K erniedrigt, d. h. um 0,93 K/At.-% O [49]. Die kritische Stromdichte wird durch gelösten O bis etwa 0,03 At.-% O erhöht, dann tritt Sättigung auf, s. Abb. 29 [181]. Einfluß von O auf die Eigenschaften von Nb-Hohlraumresonatoren s. [117].

Magnetische Suszeptibilität [118, 182]. Für χ in cm³/g gilt bei R. T.
$\chi = 2{,}283 \cdot 10^{-6} - 0{,}057 \cdot 10^{-6}\, c$ (0—5 At.-% O [118])

Innere Reibung [68, 96, 121, 124, 125, 152, 183—185]. Gelöster O verursacht ein Snoek-Dämpfungsmaximum, das für 0,55 Hz bei 138,5 °C liegt. Für den Einfluß von O auf die Dämpfung in $Q^{-1}_{\max}$ gilt [68]
$Q^{-1}_{\max} = 0{,}0492\, c$ (0—0,5 At.-% O)
Dem entspricht eine spezifische Relaxationsstärke $\Delta\Delta_r/\Delta c = 0{,}0984$ (At.-% O)$^{-1}$. Nach [183] ergibt sich für elektronenstrahlgeschmolzenes O-haltiges Nb für 1 Hz
$Q^{-1}_{\max} = 0{,}0649\, c$; $\Delta\Delta_r/\Delta c = 0{,}130$ (At.-% O)$^{-1}$ (0—0,5 At.-% O)
Nach [125] ist der Faktor K in $c = K\delta_{\max}$ (δ Dämpfung) für Drähte mit 0,76 mm Dmr., Korndurchmesser d von 0,061 bis 0,62 mm und 1 Hz unabhängig von c bis 0,35 At.-% O. K hängt jedoch nach $K_0 + k_K d^{-1/2}$ von d ab, was mit der Segregation von O an den Korngrenzen zusammenhängt. Oberhalb von 0,35 At.-% O nimmt K mit c zu und der Snoek-Peak verbreitert sich. Dies ist auf die Relaxation von O in O-Paaren und O-Triplets zurückzuführen [125]. Auflösung des verbreiterten Peaks in Einzelpeaks s. [124]. [152] finden für Nb—O-Mischkristalle mit 1,1 At.-% O für 0,82 Hz vier Dämpfungsmaxima mit Aktivierungsenergien von 26,8; 28,6; 29,3 und 29,8 kcal/mol und ordnen diese der Relaxation von O-Atomen sowie O-Clustern mit 2 bis 4 Atomen zu. Untersuchung des Kaltverformungspeaks s. [184, 185].

Härte [118, 123, 134, 143, 180] s. Abb. 4. Die Vickershärte HV (50 p) steigt bei R. T. annähernd linear von 73 auf 600 kp/mm² bei Lösung von 5,5 At.-% O. HV (5 kp) liegt im gesamten Konzentrationsbereich um etwa 25 kp/mm² tiefer (HV (5 kp) = 50 kp/mm² für entgastes Nb) [118]. Nach [123] gilt bei R. T.
HV (1 kp) $= 64{,}4 + 102\, c$ (0,07—0,65 At.-% O)
Unterhalb von 0,07 At.-% O nimmt die Härte parabolisch mit c auf 46 kp/mm² für reines Nb ab [123]. Zur Korngrößenabhängigkeit von HV (1 kp) s. [123].

Elastische Konstanten [187]. 0,3 At.-% O bewirken bei −268 bis +40 °C eine leichte Erniedrigung der elastischen Konstanten mit Ausnahme der zwei ⟨110⟩-Scherkonstanten C′ und C_{44}.

Elastizitätsmodul. Für E in kp/mm² gilt bei R. T.
$E = 1{,}1 \cdot 10^4 + 0{,}05 \cdot 10^4\, c$ (0—6 At.-% O [186])

Streckgrenze [45, 129—131, 134, 188—190]. Einfluß von O auf die kritische Schubspannung τ_S von Nb-Einkristallen s. Abb. 30. Unterhalb von R. T. tritt für $c < 0{,}05$ At.-% O Legierungsentfestigung auf [188]. Bei R. T. gilt für die untere Streckgrenze σ_u in kp/mm² (Drähte mit ⟨110⟩-Bambusstruktur, Dehngeschwindigkeit $4{,}7 \cdot 10^{-5}$ s^{-1})

$\sigma_u = 3{,}5 + 39\,c$ (0,02—1 At.-% O [130])
Unterhalb von 0,02 At.-% O nimmt σ_u stärker als linear mit der O-Konzentration ab. Einfluß von O auf σ_u bei Temperaturen zwischen —73 und +90 °C s. Abb. 31. Der Härtungskoeffizient $\Delta\sigma_u/\Delta c$ ist praktisch unabhängig von der Temperatur und beträgt etwa 39 kp/mm² pro At.-% O [130]. Untersuchung des Einflusses von O (< 0,35 At.-%) auf die obere Streckgrenze σ_o, die untere Streckgrenze σ_u, die Differenz $\sigma_o - \sigma_u$ sowie die Parameter σ_i und k_y der Hall-Petsch-Beziehung $\sigma_u = \sigma_i + k_y d^{-1/2}$ (*d* durchschnittlicher Korndurchmesser) bei R. T. s. [129].

Zugfestigkeit und Querschnittsverminderung [30, 42, 191]. Einfluß der Temperatur auf σ_B und ψ von O-haltigem Nb s. Abb. 32 [42] und Abb. 33 [191]. Die Maxima bei 500 °C in Abb. 33 sind auf die Reckalterung durch O zurückzuführen [191].

Bruchdehnung [30, 134]. Einfluß der Temperatur auf δ von O-haltigem Niob s. Abb. 34 [134]. Oberhalb von —50 °C ist δ für O-Gehalte < 1,9 At.-% nur wenig von der Temperatur abhängig; δ wird nur schwach von der O-Konzentration beeinflußt.

Duktil-Spröd-Übergang [84, 134]. Reines Nb ist bis —196 °C duktil. Einfluß von O auf die Temperatur $T_Ü$ des Duktil-Spröd-Überganges s. Abb. 21 [84].

Ternäre Systeme

Nb—H—C. Beim Einbau von H in Nb_2C und NbC bleiben die Gitter erhalten. Der *Zersetzungsdruck* der Karbohydride ist sehr viel größer als derjenige der entsprechenden Hydride [194]. C-*Absorption* in CH_4 und C_2H_2 s. Nb—C [74—76].

Nb—H—N. Mechanische Eigenschaften [195].

Nb—H—O. O-*Absorption* in H_2O-Dampf s. Nb—O [165, 166]. Stationäre Zustände zwischen Aufnahme von O in H_2O-Dampf und Abgabe von O als flüchtige Oxide NbO(g), NbO_2(g) s. Nb—O [174]. *Mechanische Eigenschaften* [195].

Nb—C—N. Konstitution [1, 196, 197], isotherme Schnitte im Teilsystem Nb—NbC—NbN für 1250—1450 °C [196]. Die α-Phase kann bei 1250—1450 °C bis zu 3 At.-% (N + C) lösen.

Nb—C—O. *Konstitution.* Aus thermodynamischen Daten für die Karbide und Oxide von Nb werden die stabilen Phasen oberhalb von 1030 °C bei 1 atm CO(g) bestimmt [198].
CO-*Gleichgewichtsdruck* über Nb—C—O-Mischkristallen [66, 199]
$\log p_{CO} = \log c_C + \log c_O + 6{,}2 - 14700/T$ (1600—1900 °C [66])
CO = C(in Nb(s)) + O(in Nb(s)): $\Delta G^0 = -67000 + 33{,}5\,T$ (1600—1900 °C [66])

Nb—N—O. *Konstitution* [1, 197, 200, 201]. Phasenbeziehungen im Teilsystem Nb—NbO_2—NbN bei 1250—1450 °C [201]. Die Löslichkeitsgrenzen für O sowie für O + N (mit 0,3—0,7 At.-% N) in Nb sind bei 1000—1500 °C praktisch gleich groß, d. h. innerhalb gewisser Grenzen ist O durch N ersetzbar [116].
Absorption [116, 202, 203, 270]. Die Geschwindigkeit *v* der O-Aufnahme von Nb wird durch N (im Metall oder in der Gasphase als N_2) herabgesetzt.
Ausscheidungsvorgänge [204, 205]. Untersuchung der Ausscheidungsvorgänge in übersättigten Nb—N—O-Mischkristallen mit 0—1 At.-% N und 2—5,8 At.-% O bei 250—500 °C. Für 0,4 At.-% N und 3,8 At.-% O treten Aushärtungserschei-

nungen auf (zwei aufeinanderfolgende Härtemaxima bei mittleren Anlaßtemperaturen und Auslagerungszeiten bis 80 min); dabei bleibt das Gefüge lichtmikroskopisch homogen. Ausscheidungen werden lichtmikroskopisch erst bei längeren Auslagerungszeiten oder bei höheren Temperaturen beobachtet. Nach [205] wird die Oxidausscheidung aus Nb—O-Mischkristallen durch die Gegenwart von N stark verzögert.

Physikalische Eigenschaften [116, 205, 270]. Werden in Nb zunächst 0,7 At.-% N und daran anschließend O gelöst, dann steigt der elektrische Widerstand ϱ bei R. T. in Abhängigkeit von der (N + O)-Konzentration bis zu etwa 4,4 At.-% annähernd linear um 3,9 μΩ · cm/At.-%. Bei 4,4—6,5 At.-% steigt ϱ annähernd linear um 5,7 μΩ · cm/At.-% [270]. Die magnetische Suszeptibilität χ fällt bei R. T. linear mit der (N + O)-Konzentration bis 4,5 At.-% um $0{,}0529 \cdot 10^{-6}$ cm³/g pro At.-% (0,8 At.-% N, Rest O) [116]. In Nb mit 0,18 At.-% O + 0,05 At.-% N oder 0,11 At.-% O + 0,003 At.-% N treten für 0,93 Hz zwei Dämpfungsmaxima bei etwa 150 °C (O) und 280 °C (N) auf. Dazwischen liegt ein komplexes Verhalten vor, das durch einen oder zwei Wechselwirkungspeaks, verursacht durch O—O- bzw. O—N-Paare, beschrieben werden kann [206].

Mechanische Eigenschaften. Vickershärte von Nb, das zunächst mit 0,9 At.-% N und danach mit O bis zu einer Gesamtkonzentration von 4,8 At.-% beladen worden ist [116]. Für die untere Streckgrenze σ_u in kp/mm² gilt bei R. T. (Drähte mit ⟨110⟩-Bambusstruktur, Dehngeschwindigkeit $4{,}7 \cdot 10^{-5}\,s^{-1}$)

$\sigma_u = 3{,}5 + 60{,}3\,c_N + 39{,}0\,c_O$ (0,02—1,0 At.-% (N + O) [130])

d. h. σ_u setzt sich additiv aus den für Nb—N und Nb—O gültigen Termen zusammen.

Nb—Mo—H. Lösungswärme für H (0,05 At.-%) in Nb—Mo-Legierungen [207].

Nb—Re—H. Lösungswärme für H (0,05 At.-%) in Nb—Re-Legierungen [207].

Nb—Ti—H. Phasen: β krz, Monohydrid; γ kfz, Dihydrid [208]. Löslichkeitsgrenze für H in Nb—Ti-Legierungen bis 100 At.-% Ti [208, 209].

Nb—Zr—H. Phasen [210, 211]. Die Löslichkeit von Zr-Hydrid im Nb-Hydrid liegt zwischen 5 und 13% [210]. *Löslichkeit* von H bzw. D in Nb—Zr-Legierungen mit 10 oder 20 At.-% Zr bei 900 °C [212]. H-*Diffusion* in Nb—Zr [211]. Durch Zusätze von 10 oder 20 At.-% Zr wird die Kinetik der H- bzw. D-*Absorption* und *Desorption* bei 900 °C nicht wesentlich verändert [212].

Nb—Cr—C. Isothermer Schnitt für 1050 °C. Nb_2C löst 6 At.-% Cr; in NbC werden nicht mehr als 5 At.-% Cr, in den Cr-Karbiden weniger als 1 At.-% Nb gelöst [213].

Nb—Hf—C. *Konstitution* [63, 214, 215, 221]. Die Löslichkeitsgrenze für C in Nb wird durch Hf stark erniedrigt, nach [63] bei 2000 °C von 0,55 auf 0,2 At.-% C durch 5 At.-% Hf. Untersuchung von *Ausscheidungsvorgängen* [215, 216]. Gitterparameter der kub. (Nb, Hf)C-Phase in Abhängigkeit von der Hf-Konzentration [63]. *Mechanische Eigenschaften* [192, 216, 217).

Nb—Mo—C. *Konstitution* [63, 78, 193, 218]. Vollständiges Zustandsdiagramm für Temperaturen oberhalb von 1500 °C, thermodynamische Daten [218]. Die Löslichkeitsgrenze für C in Nb wird durch Mo erniedrigt [63]. *Diffusion* von C in Nb—Mo; in Abhängigkeit von der Mo-Konzentration bis 19,5 At.-% ergibt sich ein komplexes Verhalten der Aktivierungsenergie Q und des Koeffizienten D_0 der Diffusion [219]. *Ausscheidungsvorgänge* [78]. Durch Zusätze von Mo wird die Geschwindigkeit der Ausscheidung von Karbiden aus Nb—C-Legierungen beträchtlich herabgesetzt; es entsteht vornehmlich das hex. $(Nb, Mo)_2C$.

Nb—Ti—C. *Konstitution* [193, 220, 221]. Löslichkeitsgrenze von C in Nb—Ti-Legierungen bis 21 At.-% Ti bei 1200, 1800 und 2100 °C [220]. *Diffusion* von C in Nb—Ti-Legierungen; es gilt (D_0 in cm^2/s, Q in kcal/g-Atom C) [219]

$\log D_0 = -8{,}27 - 2{,}26\, c_{Ti}$; $Q = 10{,}1 - 0{,}093\, c_{Ti}$
(< 57 At.-% Ti; 800—1250 °C)

Nb—W—C. *Konstitution* [63, 193, 222], isothermer Schnitt für 2500 °C [63]. Die Löslichkeitsgrenze für C in α(Nb, Mo) liegt oberhalb von 2000 °C zwischen 0,55 und 1 At.-% C [63]. *Diffusion* von C in Nb—W; in Abhängigkeit von der W-Konzentration bis 18 At.-% ergibt sich ein komplexes Verhalten der Aktivierungsenergie Q und des Koeffizienten D_0 der Diffusion [219]. *Mechanische Eigenschaften* [224]. Einfluß von C auf die Streckgrenze σ_S, Zugfestigkeit σ_B und Bruchdehnung δ von Nb—W-Legierungen mit 9 At.-% W und 0,85 oder 1,27 At.-% C [224].

Nb—Zr—C. *Konstitution* [220, 221, 223], isotherme Schnitte für 1800 und 2100 °C [220]. *Diffusion* von C in Nb—Zr-Legierungen; es gilt (D_0 in cm^2/s, Q in cal/g-Atom C) [219]

$\log D_0 = 7{,}78 - 0{,}059\, c_{Zr}$; $Q = 12{,}3 - 0{,}120\, c_{Zr}$
(< 36,6 At.-% Zr, 800—1250 °C)

Ausscheidungsvorgänge [216]. Aus Nb—Zr—C-Legierungen mit 1 At.-% Zr und C bis 0,2 At.-% scheidet sich bei 500—1200 °C Nb_2C aus. *Mechanische Eigenschaften* [81, 217]. Temperaturabhängigkeit des E-Moduls von einer Nb—Zr—C-Legierung mit 1,6 At.-% Zr und 0,06 At.-% C [81]. Festigkeit von Nb-Legierungen mit 0,76—5,2 At.-% Zr und 0,65—6,95 At.-% C bei 1315 °C [217].

Nb—Hf—N. *Konstitution.* Die Löslichkeitsgrenze für N ist für Hf-Gehalte über 3 At.-% bei 1500 °C < 0,5 At.-% N [225].

Ausscheidungsvorgänge und Festigkeit [226]. Beim Auslagern von Nb—Hf—N-Legierungen (2,7 At.-% Hf, 0,7 oder 1,4 At.-% N) bei 800—900 °C tritt eine Aushärtung durch die kohärente Ausscheidung von HfN auf. Durch HfN wird die Hochtemperaturfestigkeit bis 900 °C verbessert. Oberhalb von 982 °C nimmt die Warmhärte rasch ab, doch sind die Werte bis 1315 °C noch wesentlich höher als diejenigen für Nb—Hf-Legierungen mit niedrigem N-Gehalt.

Innere Reibung [227]. In Nb—Hf—N-Mischkristallen mit 1 oder 2 At.-% Hf und 0,45 At.-% N tritt für 50 Hz ein Snoek-Dämpfungsmaximum bei 362 °C auf, das der Relaxation von N-Atomen entspricht, die nur von Nb-Atomen umgeben sind (Aktivierungsenergie 32 kcal/g-Atom N). Ein zweites Maximum bei 495 °C wird durch die Relaxation von N-Atomen verursacht, die von Nb- und Hf-Atomen umgeben sind (Aktivierungsenergie 39,0 kcal/g-Atom N).

Nb—Mo—N. *Konstitution* [225, 228]; isothermer Schnitt für 2000 °C [228]; Sättigungsfläche des α(Nb, Mo, N)-Mischkristalles [228]. Die Löslichkeit gehorcht bei 1650—2150 °C und Mo-Konzentrationen bis 100 At.-% dem Sievertsschen $\sqrt{p}$-Gesetz und fällt bei konstantem N_2-Druck und konstanter Temperatur im Bereich von 0 bis 100 At.-% Mo je nach Temperatur um 3—5 Zehnerpotenzen ab. Die Löslichkeitsgrenze für N in Nb—Mo nimmt bei konstanter Temperatur mit zunehmender Mo-Konzentration bis 80 At.-% stark ab, dabei steigt der zugeordnete N_2-Gleichgewichtsdruck um mehrere Zehnerpotenzen an [228].

Die *Löslichkeit* von N in Nb—Mo-Mischkristallen gehorcht näherungsweise den Beziehungen [229, 230]

$\log c_N = 1/2 \log p - 3{,}3 + 10050/T + (0{,}01 - 84{,}4/T)\, c_{Mo}$

($c_{Mo} < 40$ At.-%, 1650—2200 °C)

oder $\log \gamma_N^{Mo} = -(0{,}01 - 84{,}4/T)\, c_{Mo}$

Für die Mo-reiche Seite des Systems gilt

$\log c_N = 1/2 \log p - 0{,}82 - 4350/T - (0{,}04 - 204/T)\, c_{Nb}$

($c_{Nb} < 40$ At.-%, 1600—2200 °C)

oder $\log \gamma_N^{Nb} = (0{,}04 - 204/T)\, c_{Nb}$

Absorption und Ausscheidungsvorgänge [105]. Die Anfangsgeschwindigkeit der N-Aufnahme von Nb—Mo nimmt bei 1650—2100 °C mit zunehmender Mo-Konzentration stark ab und ist bei 2100 °C und 1 Torr N_2 für Mo um drei Zehnerpotenzen kleiner als für Nb. Aus übersättigten Nb—Mo-Mischkristallen wird Nb_2N ausgeschieden.

Gitterparameter [225]. In Nb—Mo—N-Mischkristallen verursacht N eine Zunahme, Mo eine Abnahme des Gitterparameters bei R. T.

Nb—Re—N. *Konstitution* [240]. Die Löslichkeit gehorcht bei 1650—2250 °C und Re-Konzentrationen bis 40 At.-% dem Sievertsschen $\sqrt{p}$-Gesetz und fällt bei konstantem N_2-Druck und konstanter Temperatur im Bereich von 0—40 At.-% Re je nach Temperatur um 2—3 Zehnerpotenzen ab. Die Löslichkeitsgrenze für N in Nb—Re nimmt bei konstanter Temperatur mit zunehmender Re-Konzentration bis 40 At.-% ebenfalls stark ab, dabei steigt der zugeordnete N_2-Gleichgewichtsdruck um mehrere Zehnerpotenzen an.

Die *Löslichkeit* von N in Nb—Re-Mischkristallen gehorcht näherungsweise den Beziehungen [240]

$\log c_N = 1/2 \log p - 3{,}4 + 10170/T + (0{,}01 - 121/T)\, c_{Re}$

($c_{Re} < 20$ At.-%, 1650—2250 °C)

oder $\log \gamma_N^{Re} = -(0{,}01 - 121/T)\, c_{Re}$

Absorption [240]. Die Anfangsgeschwindigkeit der N-Aufnahme von Nb—Re nimmt bei 1650—2250 °C mit zunehmender Re-Konzentration stark ab. *Gitterparameter* [240].

Nb—Ta—N. Bei der Auslagerung von N-haltigen $Nb_{80}Ta_{20}$-Legierungen wird bei 600 und 1000 °C Nb_2N ausgeschieden [231].

Nb—Ti—N. *Absorption* [232]. Die N-Aufnahme von Nb—Ti-Legierungen mit Ti bis 50 At.-% folgt bei 76 Torr N_2 und 1000 °C unter Bildung einer Deckschicht aus den bekannten binären Nitriden einem parabolischen Zeitgesetz. Geschwindigkeitsbestimmend ist die Diffusion von N durch die Nitridschicht sowie bei höheren Ti-Gehalten die N-Diffusion über die Korngrenzen. *Supraleitung* [233]. Kritische Felder und Ströme in Nb—Ti—N-Legierungen (dünne Filme mit 1000—8000 Å).

Nb—V—N. Konstitution [234].

Nb—W—N. Konstitution; in Nb—W—N-Legierungen mit 5 oder 10 At.-% W wird nur das Nitrid Nb_2N gefunden. Bei 1500—2000 °C gilt für die N-Löslichkeit in Nb—W das Sievertssche $\sqrt{p}$-Gesetz. Die Löslichkeitsgrenze für N in Nb—W wird mit zunehmendem W-Gehalt kleiner [225].

Nb—Zr—N. *Löslichkeit* [235, 236]. Die N-Löslichkeit in Nb—Zr-Legierungen mit 0,86; 1,02 und 1,5 At.-% Zr ist bei 1400—2200 °C ähnlich wie in Nb [236]. Löslichkeitsgrenze für N in Nb—Zr mit 0,86 und 1,5% Zr [235].

Absorption [237]. Kinetik der N-Aufnahme von Nb—1% Zr-Legierungen (Bänder mit $d = 0{,}3$ mm) bei 800—1600 °C und 10^{-9}—10^{-7} Torr N_2. Der Reaktionskoeffizient r ist abhängig von Temperatur, N_2-Druck und N-Konzentration und ist kleiner als 0,10.

Ausscheidungsvorgänge [108]. Durch Zr-Zusätze von 0,84 und 1,5 At.-% wird die Nitridausscheidung aus Nb—N-Legierungen beschleunigt.

Innere Reibung [227, 238, 239]. Für Nb—Zr—N-Legierungen mit 0,6 At.-% Zr und etwa 0,26 At.-% N treten bei Frequenzen bis 2 Hz neben dem normalen Snoek-Peak für die Relaxation von N in Nb zwei weitere Peaks auf: Wechselwirkungspeak I bei etwa 390 °C für $c_{Zr} < 0{,}2$ At.-% (Zr—N-Cluster) und zusätzlich Wechselwirkungspeak II bei etwa 500 °C für $c_{Zr} > 0{,}2$ At.-% (Zr—N—Zr-Cluster) [238].

Nb—Al—O. Al-reiche Legierungen werden bei 500—900 °C in Luft kaum oxidiert. Mit wachsendem Nb-Gehalt bilden sich immer dickere Oxidschichten, die schließlich nicht mehr vor weiterer Oxidation schützen [192].

Nb—Hf—O. *Konstitution* [241—243]. Isotherme Schnitte für 1000 und 1500 °C [241] sowie für 1000 und 1600 °C [242, 243]. Nach [241] wird bei 1500 °C die Löslichkeitsgrenze für O in Nb durch Hf-Zusätze bis zu 2,0 At.-% von 4,75 auf 9,0 At.-% erhöht. Bei weiterer Erhöhung des Hf-Gehaltes bis zu 12 At.-% wird die Löslichkeitsgrenze auf 0,2 At.-% O erniedrigt, s. auch Berechnungen von [244] auf Grund der Gitterparameterbestimmungen nach [241]. Nach [243] nimmt bei 1000—1600 °C die O-Löslichkeit in Nb bei Zusatz von 0,005 At. % Hf bereits auf 0,025 At.-% O ab.

Die *Oxidation* von Nb—Hf-Legierungen mit 17,5—66 At.-% Nb erfolgt bei 800—1300 °C und 10 Torr O_2 für nicht zu große Reaktionszeiten nach einem parabolischen Gesetz. Die Geschwindigkeitskonstante k_p durchläuft mit zunehmender Temperatur bei 950—980 °C ein Maximum. Die Hauptreaktionsprodukte sind α- und γ-Nb_2O_5, $Nb_2O_5 \cdot 6\,HfO_2$ und HfO_2 [246]. Nach [245] erreicht die Geschwindigkeit der Oxidation von Nb—Hf-Legierungen in Luft bei 600—1000 °C für 5 und 90 At.-% Hf maximale und für 50 At.-% Hf minimale Werte.

Der *Gitterparameter* von Nb bei R. T. wird sowohl durch O- als auch durch Hf-Zusätze erhöht. Bei O-Konzentrationen bis 6 At.-% nimmt jedoch der Gitterparameter bei R. T. mit wachsender Hf-Konzentration zunächst linear ab, erreicht einen minimalen Wert für Hf:O = 1:2 (HfO_2-Cluster) und steigt dann linear an [241].

Nb—K—O. *Korrosion* [247]. Wenn Nb und K(l) bzw. Na(l) frei von O-Verunreinigungen sind, wird Nb von K(l) oder Na(l) nicht angegriffen. Übersteigt der O-Gehalt in Nb eine bestimmte von der Temperatur abhängige Grenze, dann dringt K oder Na in Nb ein. Bei O-haltigem K(l) oder Na(l) steigt die Löslichkeit von Nb in K(l) oder Na(l) mit zunehmender O-Konzentration an. Einfluß von O in K(l) auf die Löslichkeit von Nb in K(l) sowie auf die Verteilung von O zwischen Nb und K(l) bei 600 °C; Beschreibung der Ergebnisse durch Wirkungsparameter.

Nb—Mo—O. *Konstitution* [144, 249]. Isothermer Schnitt der Nb-reichen Ecke von Nb—Mo—O für 1500 °C [249]. Die Löslichkeitsgrenze für O in Nb—Mo nimmt bei 1000—1500 °C mit wachsender Mo-Konzentration stark ab [144, 249], nach [249] bei 1500 °C von 4,75 At.-% O in reinem Nb auf 1,75 At.-% für einen Zusatz von 10,5 At.-% Mo.

Oxidation [250—253]. Kleine Mo-Zusätze verursachen eine beträchtliche Abnahme der Oxidationsgeschwindigkeit von Nb bei 400—1400 °C [251]. Oxidation einer Nb—Mo-Legierung mit 9,7 At.-% Mo in trockenem O_2 bei 400—1200 °C [253]; Oxidation von Nb mit 5,5 At.-% Mo (Einkristalle, Vielkristalle) in trockenem O_2, 700 Torr, 530—1100 °C [251].

Der *Gitterparameter* von Nb bei R. T. wird durch O erhöht, durch Mo erniedrigt. Bei gleichzeitiger Lösung von O und Mo sind die Effekte additiv [249].

Nb—Na—O. *Korrosion* [248], s. auch Nb—K—O [247]. Eine Zunahme des O-Gehaltes in Na(l) führt zu einer zunehmenden Lösung von Nb in Na bei 600 °C. Bestimmung des Gleichgewichtsverteilungskoeffizienten für O, Beschreibung der Ergebnisse durch Wirkungsparameter. Wenn die O-Konzentration in Nb eine bestimmte Schwelle überschreitet, dringt Na in Nb ein [248].

Nb—Pb—O. Oxidation in Luft [192].

Nb—Re—O. Die Löslichkeitsgrenze für O in Nb wird bei 1000 °C durch Re-Zusätze bis 3 At.-% zunächst schwach erhöht, dann bei Zunahme der Re-Konzentration bis 30 At.-% auf sehr kleine Werte erniedrigt [144].

Nb—Ru—O. Die Löslichkeitsgrenze für O in Nb fällt bei 1000 °C durch Ru-Zusätze von 10—25 At.-% auf 30% des Wertes für reines Nb [144].

Nb—S—O. Konstitution des Systems Nb—S—O zwischen NbO, $Nb_{1-x}S$, NbS_2 und Nb_2O_5 [254].

Nb—Ta—O. Kinetik der Oxidation von Nb—Ta-Legierungen bei 550—1050 °C, Reaktionsprodukte [255].

Nb—Th—O. Oxidation in Luft [192].

Nb—Ti—O. *Löslichkeitsgrenze* [144]. c_{max} für O in Nb wird bei 1000 °C durch Ti-Zusätze bis 40 At.-% von 2,0 auf 4 At.-% O erhöht.

Oxidation [192, 250, 256, 257]. Ti-Zusätze verbessern die Oxidationsbeständigkeit sowohl von Nb als auch von aufgebrachten Silizid-Deckschichten. Legierungen mit 25 At.-% Ti zeigen den besten Oxidationswiderstand [256]. Die Oxidationsgeschwindigkeit v von Nb-Legierungen mit Ti-Zusätzen bis 6 At.-% durchläuft in trockenem O_2 mit zunehmender Temperatur bei 600—700 °C ein Maximum und bei 700—800 °C ein Minimum. Oberhalb von 10 At.-% monotoner Anstieg von v [192, 250, 257]. Die Oxidation von Nb—39 At.-% Ti erfolgt bei 76 Torr O_2 und 650—800 °C nach dem parabolischen Zeitgesetz (Auflösung von O im Metall, Ausscheidung von Oxid im Inneren des Metalls, Spuren eines äußeren Oxids, Aktivierungsenergie 19,5 kcal/mol). Zwischen 800—1000 °C ergibt sich ein parabolisches Gesetz erst nach längerer Anlaufzeit (dicke äußere Oxidschicht, die beim Abkühlen teilweise abspringt, Aktivierungsenergie 76 kcal/mol), Oxidationsverhalten in Luft [256].

Supraleitung [258]. Verhalten von Nb—Ti—O-Supraleitern mit 40 und mehr At.-% Nb und verschiedener O-Konzentration in Abhängigkeit von der Vorbehandlung.

Nb—V—O. Die Oxidationsbeständigkeit von Nb wird bei 500—900 °C durch V-Zusätze von 1,8—8,8 At.-% nicht wesentlich verbessert [259]. Geschwindigkeit der Oxidation von Legierungen mit 65, 73 und 81 At.-% V in reinem O_2 bei 700—900 °C; Oxidation einer Legierung mit 7 At.-% V bei 800 °C [192].

Nb—W—O. Die *Löslichkeitsgrenze* für O in Nb wird bei 1500 °C durch Zusatz von 10,5 At.-% W von 4,75 auf 2,3 At.-% O erniedrigt. Der *Gitterparameter* von Nb bei R. T. wird durch O erhöht, durch W erniedrigt, beide Effekte addieren sich [249].

Nb—Zn—O. Oxidation von Nb—Zn-Legierungen an Luft bei 870 und 980 °C [192].

Nb—Zr—O. *Konstitution*, isotherme Schnitte [242, 260, 261]. *Löslichkeitsgrenze.* c_{max} für O in Nb wird durch Zr-Zusätze bei 1400—1900 °C stark erniedrigt [144, 260—263]. Bei Legierungen mit 2 und 5 At.-% Zr liegt c_{max} zwischen 0,01 bis 0,3 At.-% O [261].

O in Nb—Zr(s): $\log c_{max} = -1/2 \log c_{Zr} + 1{,}42 - 8480/T$
($c_{Zr} < 5$ At.-%, 1400—1900 °C [261])

Absorption [252, 259, 261, 264, 265]. Kinetik der Oxidation von Nb—Zr-Legierungen mit 10—40 At.-% Zr in 1 atm O_2 bei 1000 °C; innere Oxidation unter Bildung von ZrO_2 und gleichzeitiges Aufwachsen einer äußeren Oxidschicht [264]. Der Reaktionskoeffizient für die O-Aufnahme von Nb—Zr-Legierungen (Drähte mit 0,8 mm Dmr.) mit 1, 2 und 5 At.-% Zr liegt bei 1100—1800 °C und $2 \cdot 10^{-5}$ bis $1 \cdot 10^{-3}$ Torr O_2 bei $r = 0{,}2$—$0{,}7$ wie bei reinem Nb, am Rand der Proben treten innenoxidierte Zonen mit ZrO_2-Ausscheidungen auf [261]. Für eine Nb-Legierung mit 1 At.-% Zr findet [265] bei 927 °C und 10^{-7} Torr O_2 einen Reaktionskoeffizienten r von 0,65 für eine saubere Oberfläche.

Entgasung [266]. Geschwindigkeit v der O-Abgabe durch flüchtige Nb-Oxide aus Nb—Zr—O-Legierungen (Drähte mit 1 mm Dmr.) mit 5 At.-% Zr und 1,2 oder 2,4 At.-%O bei 1900—2100 °C.

Gitterparameter [262, 263] von Nb bei R. T. wird durch Zusätze von Zr oder O allein erhöht. Bei gleichzeitiger Zugabe von Zr und O können sich Nb—Zr—O-Mischkristalle und/oder ZrO_2 bilden, komplexes Verhalten des Gitterparameters.

Innere Reibung [267, 268]. Für Nb—Zr—O-Legierungen mit 1 At.-% Zr und 15—5300 At.-ppm O ergibt sich bei 50 kHz ein komplexes Dämpfungsspektrum. Dieses kann in 5 Maxima aufgelöst werden: Snoek-Maxima der O- und N-Relaxation und Maxima, die der Relaxation von Zr—O-, Zr—N- und O—Zr—O-Clustern zuzuordnen sind [267].

Mechanische Eigenschaften [269]. Werte der Streckgrenze σ_S und Zugfestigkeit σ_B von Nb-Legierungen mit 1 At.-% Zr bei R. T. werden nach innerer Oxidation bei 800 °C verdoppelt. Auch die Kriechfestigkeit wird bei 800—1200 °C stark erhöht.

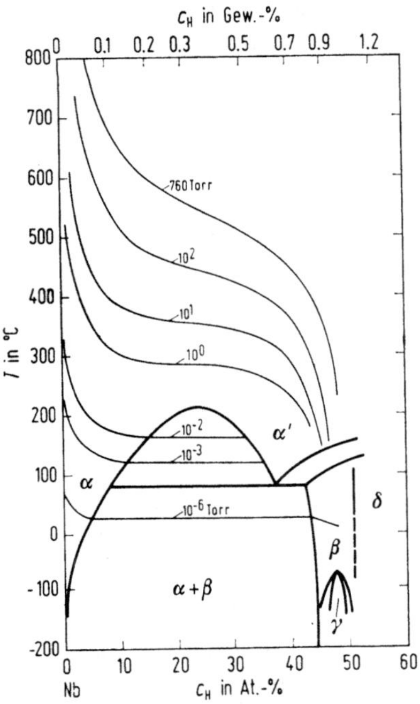

Abb. 1. System Nb—H [10, 23] mit Isobaren [23].

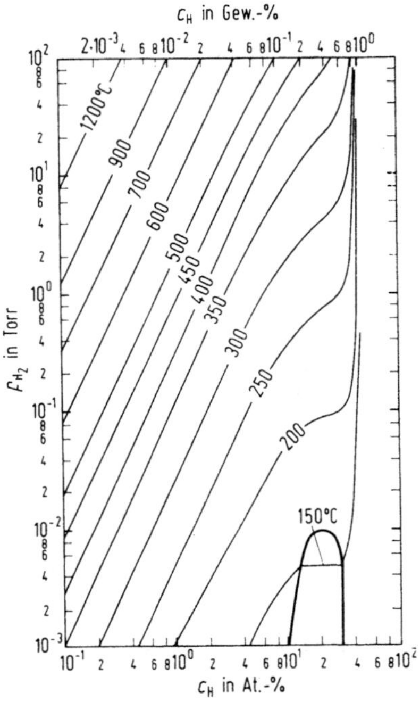

Abb. 2. (p,c)-Isothermen im System Nb—H [23].

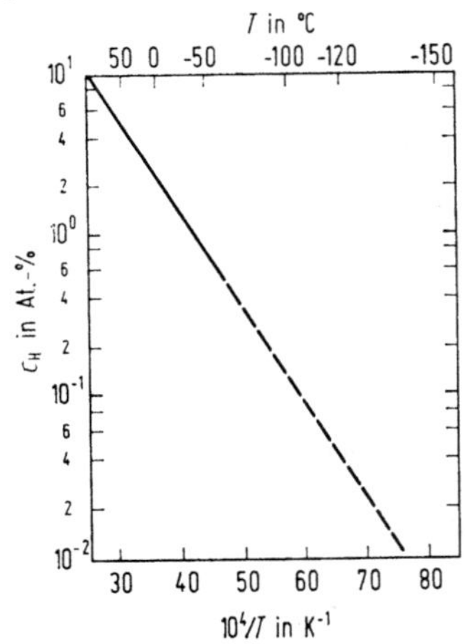

Abb. 3. Löslichkeitsgrenze für H in Nb(s) [17].

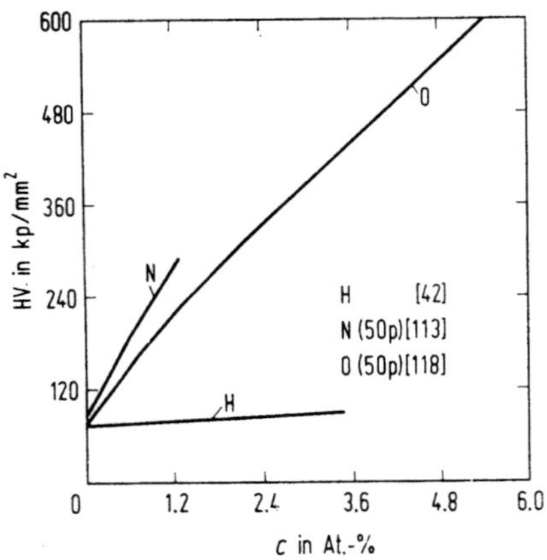

Abb. 4. Einfluß von H, N und O auf die Härte HV von Nb bei R. T.

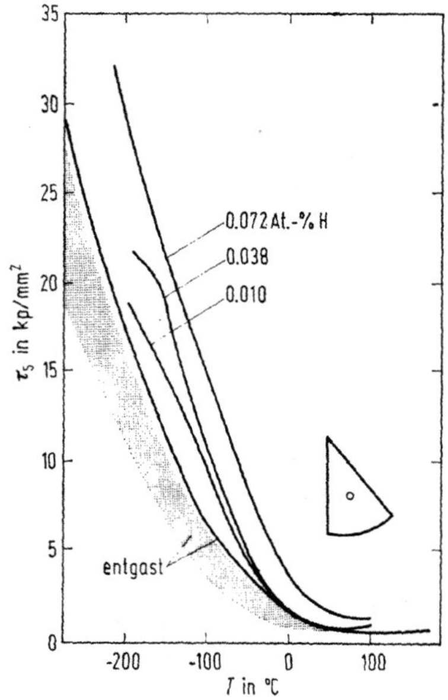

Abb. 5. Einfluß der Temperatur auf die kritische Schubspannung τ_S von H-haltigen Nb-Einkristallen (Dehngeschwindigkeit $8{,}3 \cdot 10^{-4}\,s^{-1}$) [44].

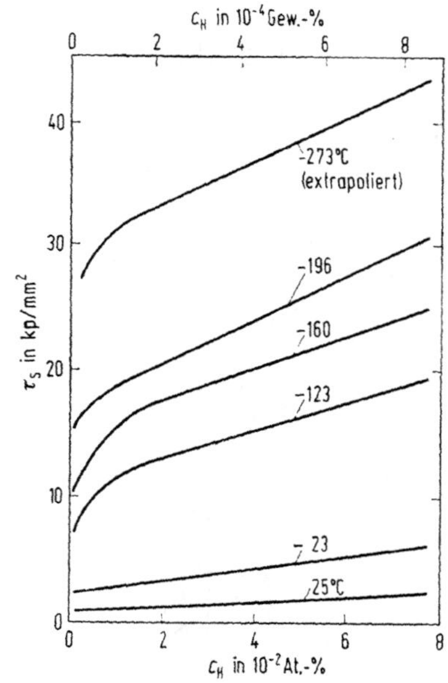

Abb. 6. Einfluß von H auf die kritische Schubspannung τ_S von Nb-Einkristallen bei verschiedenen Temperaturen (Dehngeschwindigkeit $8{,}3 \cdot 10^{-4}\,s^{-1}$) [44].

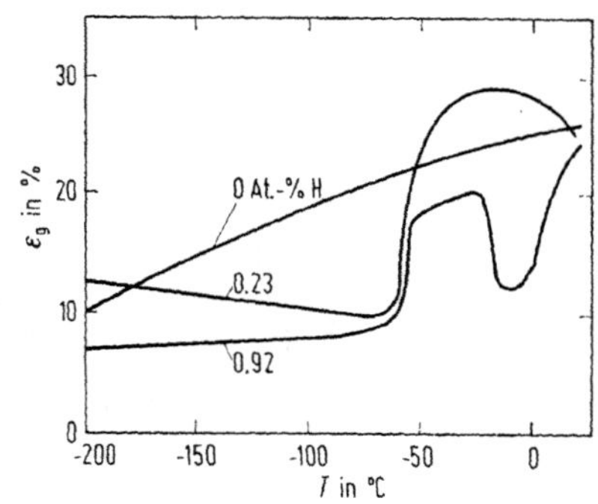

Abb. 7. Einfluß der Temperatur auf die Gleichmaßdehnung ε_g von H-haltigem Nb (Korngröße 0,039 mm, Dehngeschwindigkeit $3{,}4 \cdot 10^{-4}\,s^{-1}$) [46].

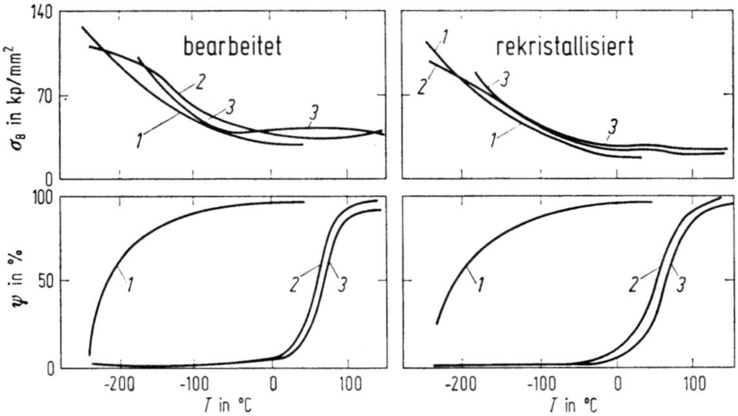

Abb. 8. Einfluß der Temperatur auf die Zugfestigkeit σ_B und Querschnittsverminderung ψ von H-haltigem Nb für verformtes und rekristallisiertes (ASTM-Korngröße 6) Material (*1*: reines Nb, *2*: 1,8 At.-% H, *3*: 3,5 At.-% H; Dehngeschwindigkeit $6{,}7 \cdot 10^{-4}\ s^{-1}$) [42].

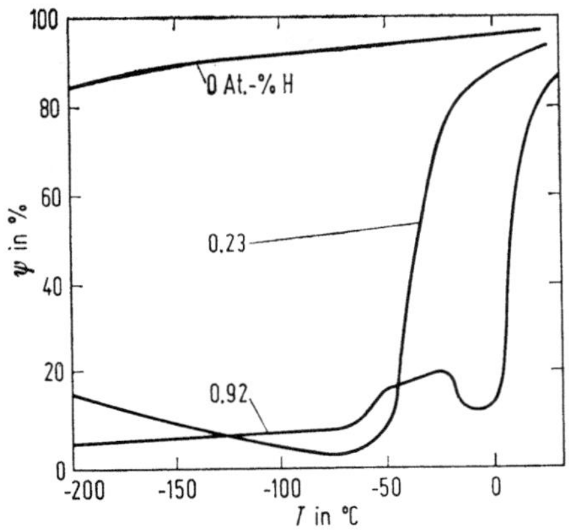

Abb. 9. Einfluß der Temperatur auf die Querschnittsverminderung ψ von H-haltigem Nb (Korngröße 0,039 mm, Dehngeschwindigkeit $3{,}4 \cdot 10^{-4}\ s^{-1}$) [46].

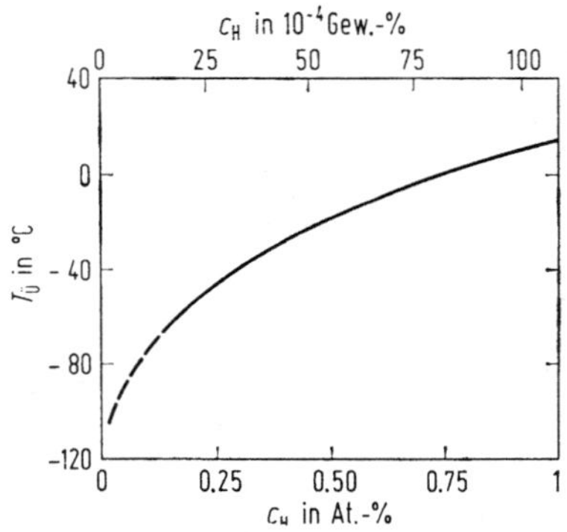

Abb. 10. Einfluß von H auf die Temperatur $T_{Ü}$ des Duktil-Spröd-Überganges von Nb (Zugversuche, Dehngeschwindigkeit $3{,}4 \cdot 10^{-4}\ s^{-1}$) [46].

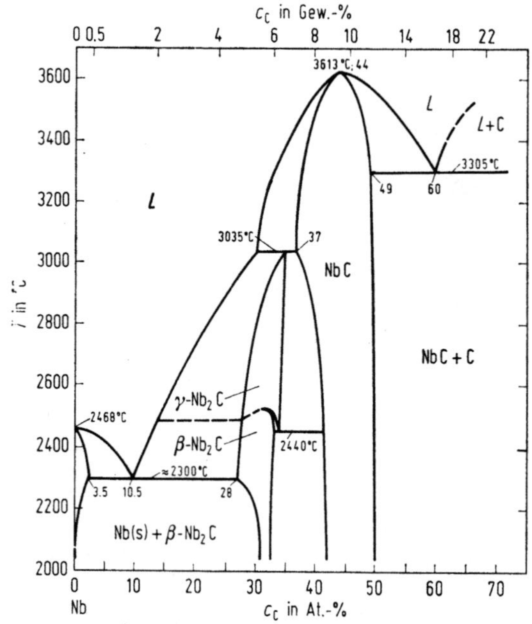

Abb. 11. System Nb—C [53, 62].

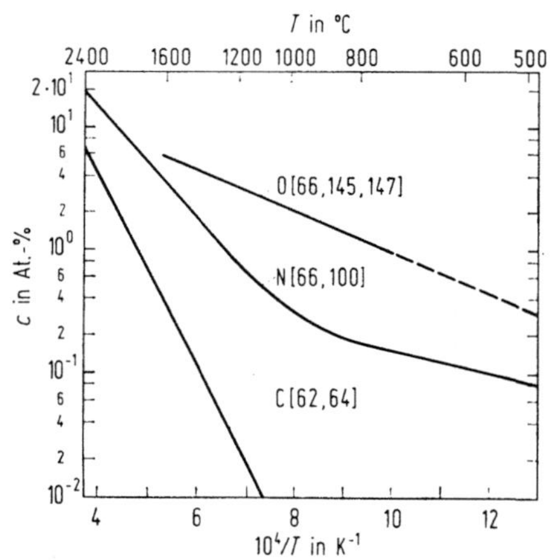

Abb. 12. Löslichkeitsgrenze für C, N und O in Nb(s)

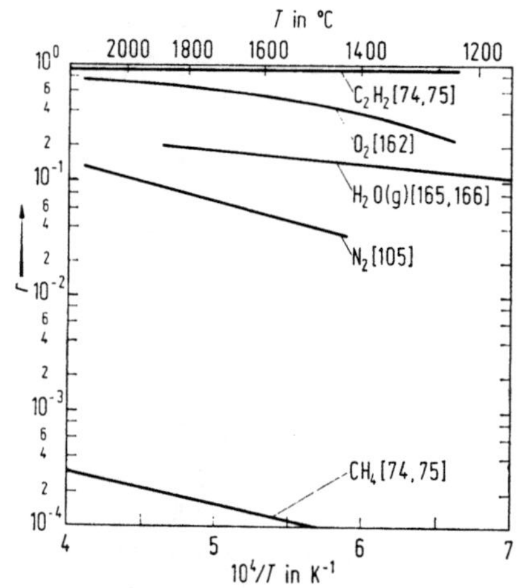

Abb. 13. Einfluß der Temperatur auf den Reaktionskoeffizienten r für die C-Absorption von Nb in CH_4 und C_2H_2, für die anfängliche N-Absorption in N_2 sowie für die O-Absorption in O_2 und H_2O-Dampf (Probendicke $d < 1$ mm, kurze Reaktionszeiten, $p < 10^{-1}$ Torr).

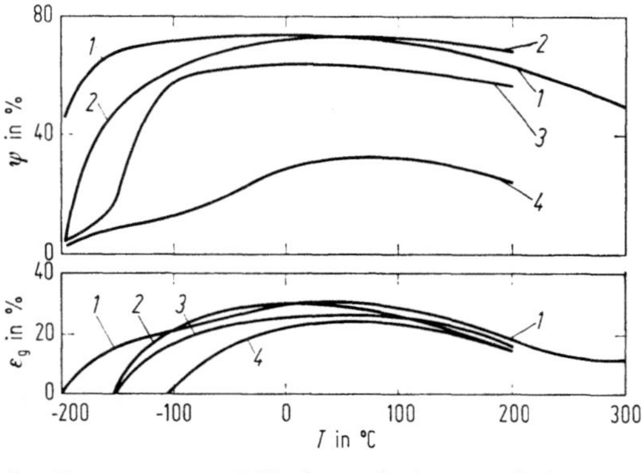

Abb. 14. Einfluß der Temperatur auf die Querschnittsverminderung ψ und Gleichmaßdehnung ε_g von C-haltigem Nb (*1*: 0,27 At.-% C, *2*: 0,77 At.-% C, *3*: 1,3 At.-% C, *4*: 4,0 At.-% C) [82].

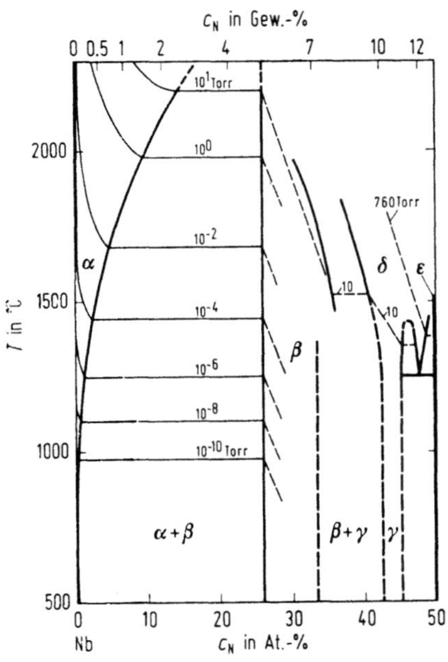

Abb. 15. System Nb—N mit Isobaren [87, 273].

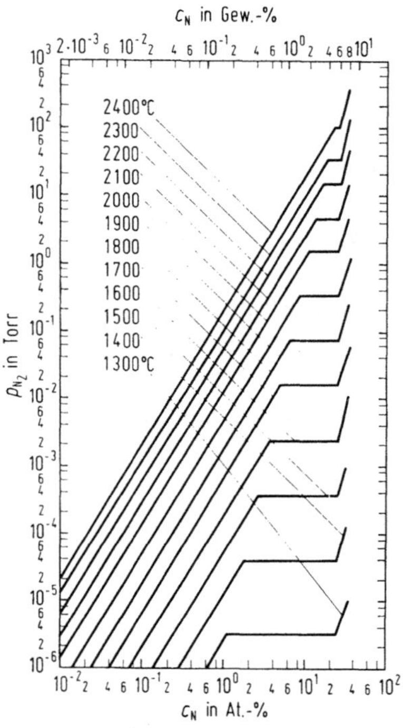

Abb. 16. (p,c)-Isothermen im System Nb—N [87].

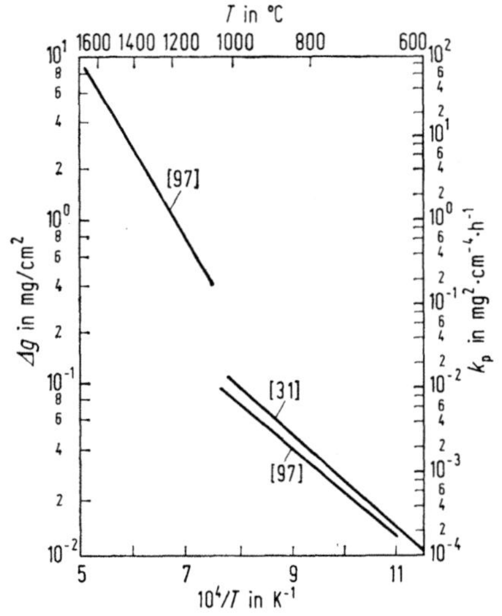

Abb. 17. Gewichtszunahme Δg von Nb in N_2 bei 1 atm in 1 h.

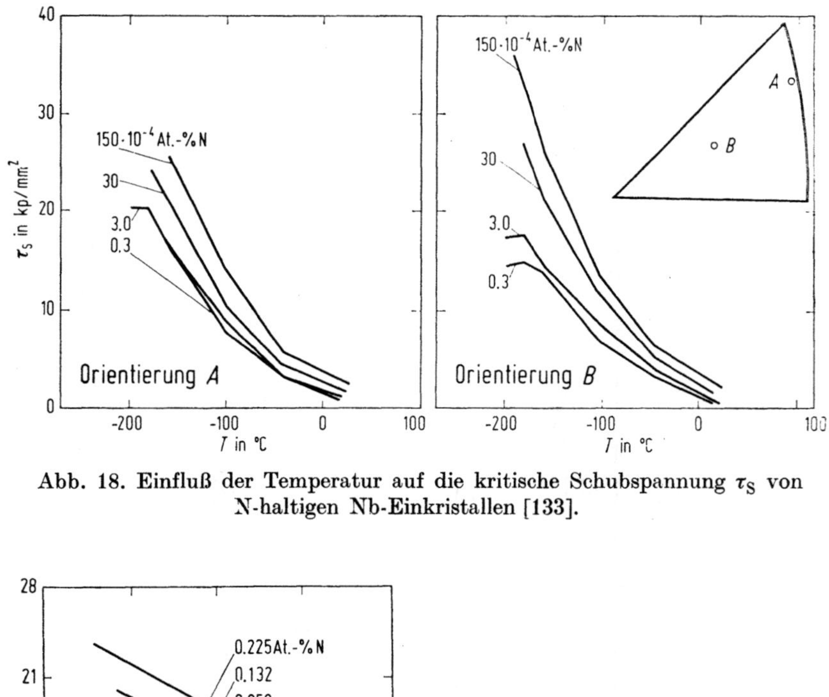

Abb. 18. Einfluß der Temperatur auf die kritische Schubspannung τ_S von N-haltigen Nb-Einkristallen [133].

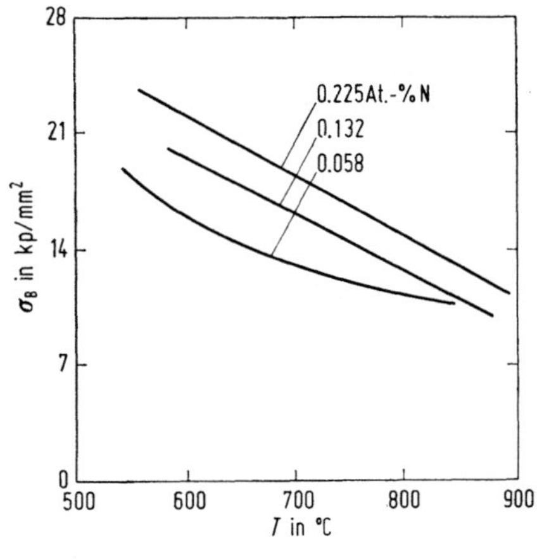

Abb. 19. Einfluß der Temperatur auf die Zugfestigkeit σ_B von N-haltigem Nb (Korngröße: ASTM 8, Dehngeschwindigkeit $8{,}3 \cdot 10^{-4}\ s^{-1}$, O-Verunreinigung 0,23 At.-%) [135].

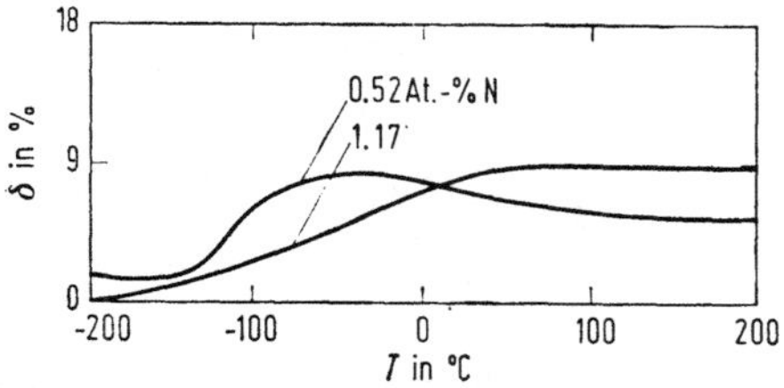

Abb. 20. Einfluß der Temperatur auf die Bruchdehnung δ von N-haltigem Nb (Korngröße 0,02—0,03 mm) [134].

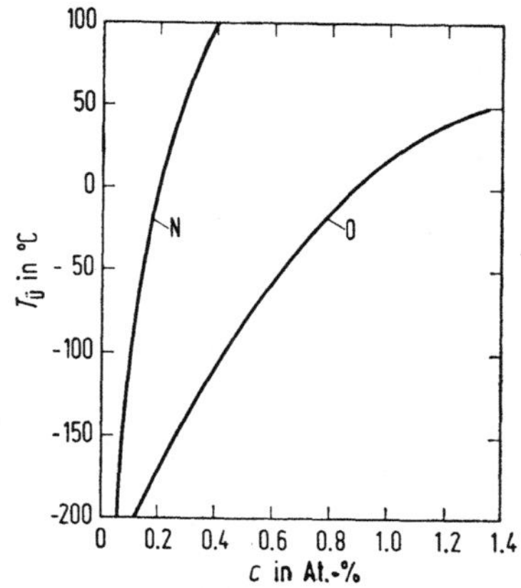

Abb. 21. Einfluß von N und O auf die Temperatur $T_{Ü}$ des Duktil-Spröd-Überganges von Nb (Biegeversuche) [84].

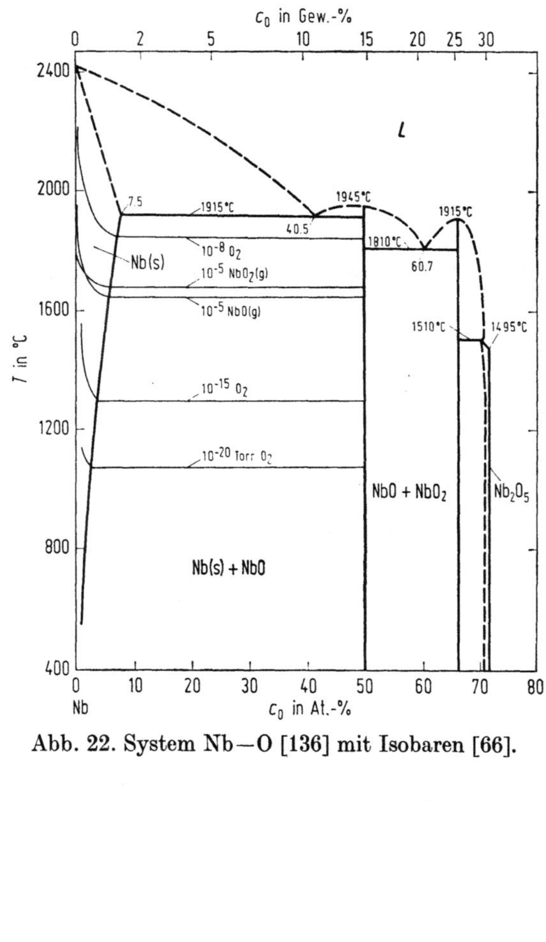

Abb. 22. System Nb—O [136] mit Isobaren [66].

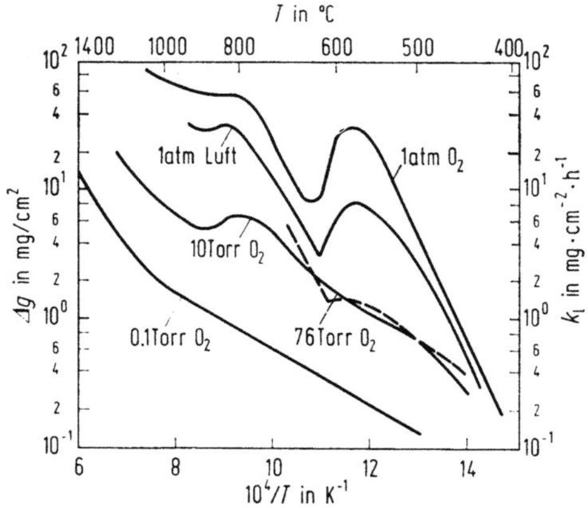

Abb. 23. Gewichtszunahme Δg von Nb in O_2 [153] und Luft [155] in 1 h.

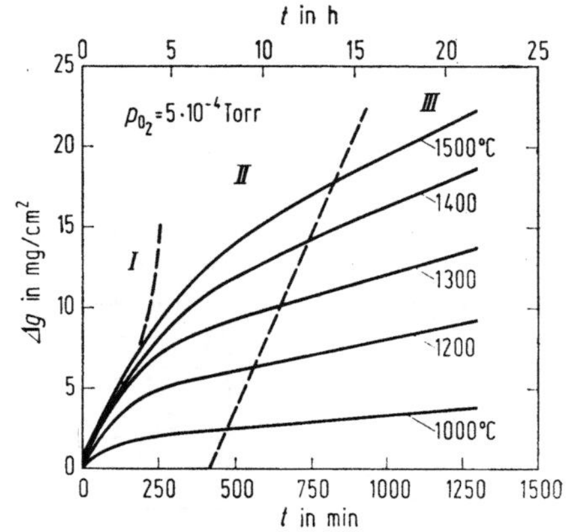

Abb. 24. Gewichtszunahme Δg der O-Absorption von Nb bei hohen Temperaturen und niedrigem O_2-Druck [153].

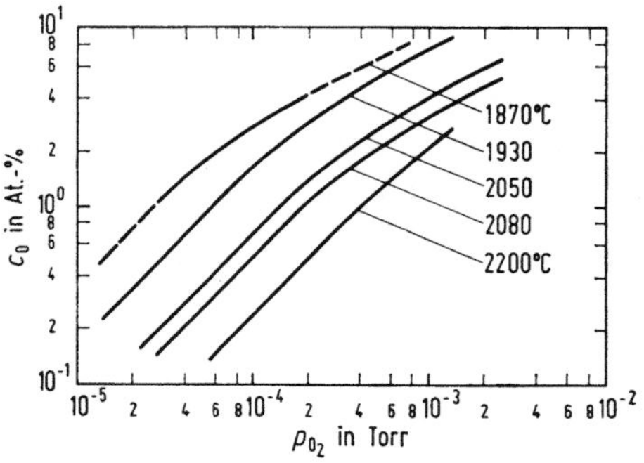

Abb. 25. (p,c)-Isothermen des stationären Zustandes beim Glühen von Nb in O_2 [173].

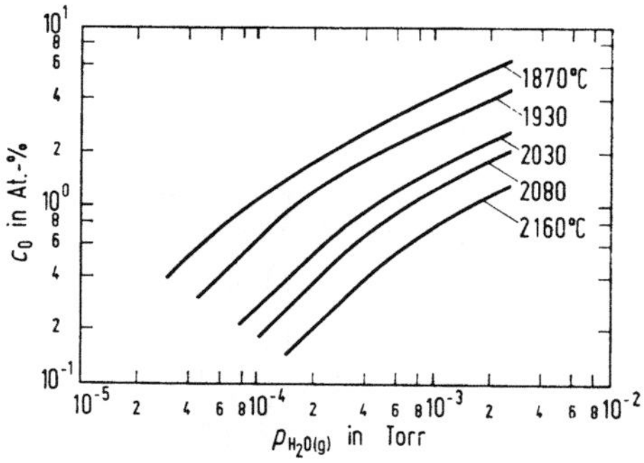

Abb. 26. (p,c)-Isothermen des stationären Zustandes beim Glühen von Nb in H_2O-Dampf [174].

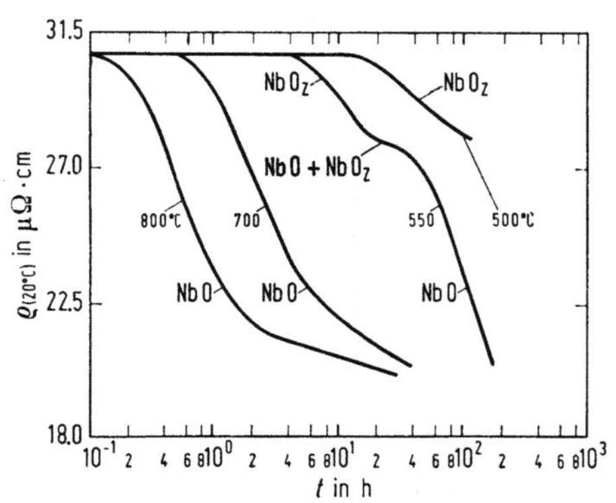

Abb. 27. Isothermen des elektrischen Widerstands ϱ nach der Auslagerung übersättigter Nb—O-Mischkristalle mit 4,2 At.-% O [176, 177].

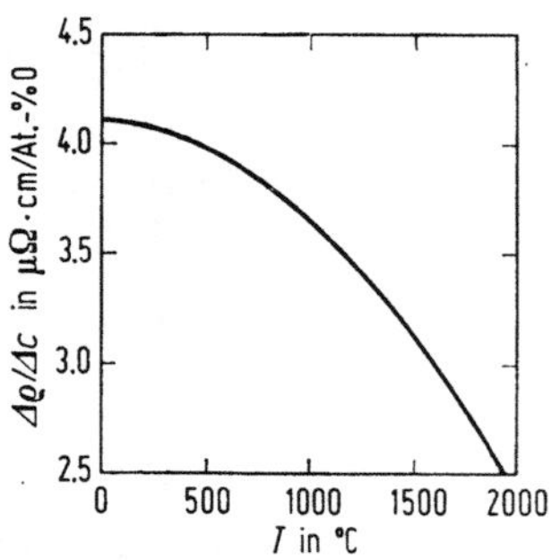

Abb. 28. Einfluß der Temperatur auf den Zusatzwiderstand $\Delta\varrho/\Delta c$ von O-haltigem Nb [164].

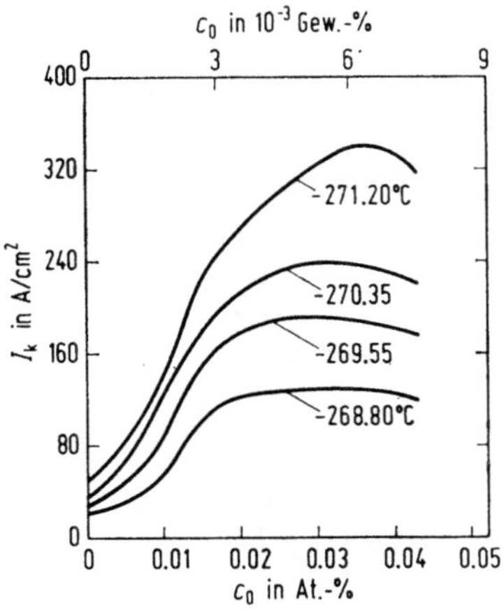

Abb. 29. Einfluß von O auf die kritische Stromdichte I_k von Nb-Einkristallen bei verschiedenen Temperaturen (Messungen nach Homogenisierungsglühung bei 1350 °C, magnetisches Feld 2,50 kG in [1$\bar{1}$0]-Richtung, Strom in [110]-Richtung) [181].

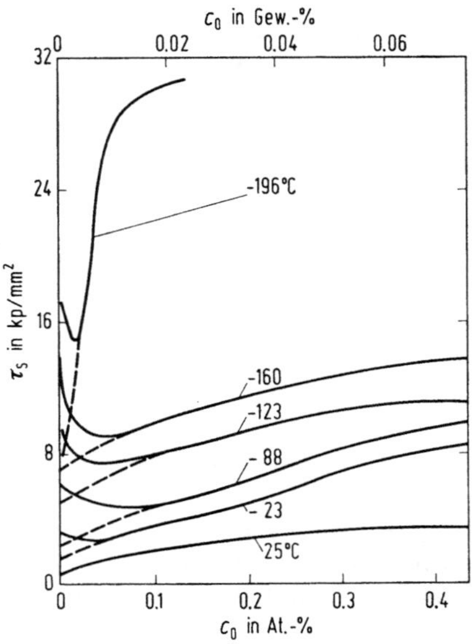

Abb. 30. Einfluß von O auf die kritische Schubspannung τ_S von Nb-Einkristallen bei verschiedenen Temperaturen (Dehngeschwindigkeit $8{,}3 \cdot 10^{-4}$ s^{-1}) [188].

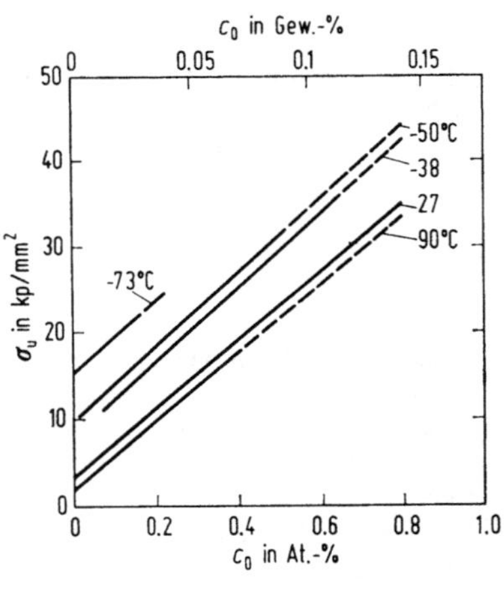

Abb. 31. Einfluß von O auf die untere Streckgrenze σ_u von Nb bei verschiedenen Temperaturen (Drähte mit ⟨110⟩-Bambusstruktur, Dehngeschwindigkeit $4{,}7 \cdot 10^{-5}$ s^{-1}) [130].

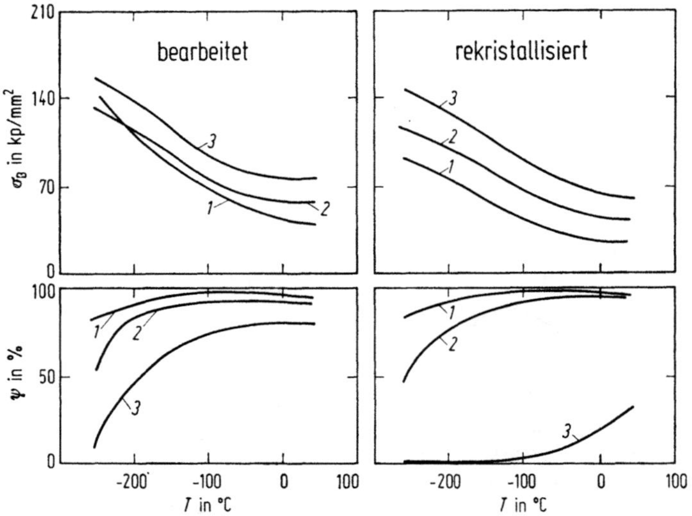

Abb. 32. Einfluß der Temperatur auf die Zugfestigkeit σ_B und Querschnittsverminderung ψ von O-haltigem Nb für verformtes und rekristallisiertes (ASTM-Korngröße 6) Material (*1*: reines Nb, *2*: 0,28 At.-% O, *3*: 0,76 At.-% O; Dehngeschwindigkeit $6{,}7 \cdot 10^{-4}\ s^{-1}$) [42].

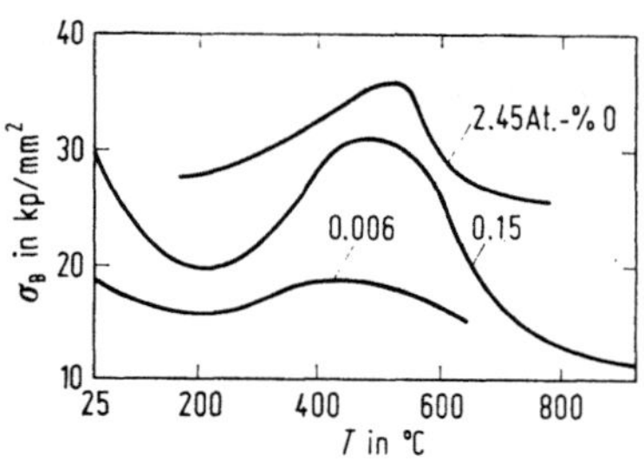

Abb. 33. Einfluß der Temperatur auf die Zugfestigkeit σ_B von O-haltigem Nb [191].

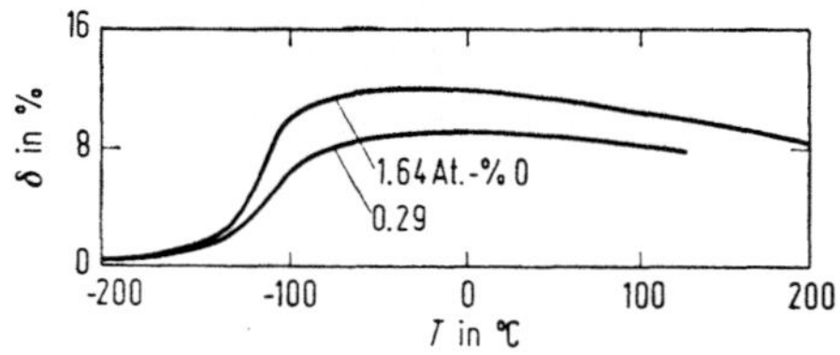

Abb. 34. Einfluß der Temperatur auf die Bruchdehnung δ von O-haltigem Nb (Korngröße 0,02—0,03 mm) [134].

Literatur zu Niob

1 Gmelins Handbuch der anorganischen Chemie, Niob, Teil B1, Weinheim: Verlag Chemie 1970.
2 Miller, G. L.: Tantalum and Niobium, London: Butterworths 1959.
3 Kieffer, R.; Braun, H.: Vanadin, Niob, Tantal, Berlin, Göttingen, Heidelberg: Springer 1963.
4 Mueller, W. M.; Blackledge, J. P.; Libowitz, G. G.: Metal Hydrides, New York: Academic Press 1968.
5 Goldschmidt, H. J.: Interstitial Alloys, London: Butterworths 1967.
6 Veleckis, E.; Edwards, R. K.: J. Phys. Chem. 73 (1969) 683.
7 Albrecht, W. M.; Goode, W. D.; Mallett, W. M.: J. Electrochem. Soc. 106 (1959) 981.
8 Walter, R. J.; Chandler, W. T.: Trans. AIME 233 (1965) 762.
9 Pryde, J. A.; Titcomb, C. G.: Trans. Faraday Soc. 65 (1969) 2758.
10 Schober, T.; Pick, M. A.; Wenzl, H.: phys. stat. sol. (a) 18 (1973) 175.

11 Rashid, M. S.; Scott, T. E.: J. Less-Common Metals 30 (1973) 399.
12 Schober, T.: Scripta Met. 7 (1973) 1119.
13 Komjathy, S.: J. Less-Common Metals 2 (1960) 466.
14 Pryde, J. A.; Titcomb, C. G.: J. Phys. C: Solid State Phys. 5 (1972) 1293.
15 Pryde, J. A.; Titcomb, C. G.: J. Phys. C: Solid State Phys. 5 (1972) 1301.
16 Kalinyuk, N. N.; Lakomskiy, V. I.: Izv. Akad. Nauk SSSR Metally (1968) no. 4, 28; Russ. Metallurgy (1968) no. 4, 21.
17 Westlake, D. G.: Trans. AIME 245 (1969) 287.
18 Buck, O.; Thompson, D. O.; Wert, C. A.: J. Phys. Chem. Solids 32 (1971) 2331.
19 McQuillian, A. D.; Wallbank, A. D.: J. Chem. Phys. 52 (1970) 965.
20 Langeberg, J. C.; McLellan, R. B.: Scripta Met. 7 (1973) 301.
21 Langeberg, J. C.; McLellan, R. B.: Acta Met. 21 (1973) 897.
22 Reilly, J. J.; Wiswall, R. H. Jr.: Inorg. Chem. 9 (1970) 1678.
23 Huang, Y. C.; Fujita, K.: Tokai University, Tokyo, private Mitteilung.
24 Schaumann, G.; Völkl, J.; Alefeld, G.: Phys. stat. sol. 42 (1970) 401.
25 Cantelli, R.; Mazzolai, F. M.; Nuovo, M.: Phys. stat. sol. 34 (1969) 597.
26 Völkl, J.: Ber. Bunsenges. 76 (1972) 797.
27 Birnbaum, H. K.; Wert, C. A.: Ber. Bunsenges. 76 (1972) 806.
28 Ogurtani, T. Ö.: Met. Trans. 2 (1971) 3035.
29 Baker, C.; Birnbaum, H. K.: Acta Met. 21 (1973) 865.
30 Gmelins Handbuch der anorganischen Chemie, Niob, Teil A, Weinheim: Verlag Chemie 1969.
31 Gulbransen, E. A.; Andrew, K. F.: Trans. AIME 188 (1950) 586.
32 Johnson, L.; Dresser, M. J.; Donaldson, E. E.: J. Vac. Sci. Technol. 9 (1972) 857.
33 Hardie, D.; McIntyre, P.: Metal Sci. J. 6 (1972) 40.
34 Sasaki, Y.; Amano, M.: Trans. Jap. Inst. Met. 10 (1969) 29.
35 Wiseman, C. D.: J. Appl. Phys. 37 (1966) 3599.
36 Sasaki, Y.; Matsumoto, T.: Jap. J. Appl. Phys. 11 (1972) 617.
37 Borgucci, M. V.; Verdini, L.: Phys. stat. sol. 9 (1965) 243.
38 Jones, D. W.: J. Less-Common Metals 6 (1964) 100.
39 Aronson, S.; Reilly, J. J.; Wiswall, R. H. Jr.: J. Less-Common Metals 21 (1970) 439.
40 Wert, C. A.; Thompson, D. O.; Buck, O.: J. Phys. Chem. Solids 31 (1970) 1793.
41 Buck, O.; Thompson, D. O.; Wert, C. A.: J. Phys. Chem. Solids 34 (1973) 591.
42 Imgram, A. G.; Bartlett, E. S.; Ogden, H. R.: Trans. AIME 227 (1963) 131.
43 Wriedt, H. A.; Oriani, R. A.: Scripta Met. 8 (1974) 203.
44 Ravi, K. V.; Gibala, R.: Met. Trans. 2 (1971) 1219.
45 Ulitchny, M. G.; Gibala, R.: J. Less-Common Metals 30 (1973) 177.
46 Hardie, D.; McIntyre, P.: Met. Trans. 4 (1973) 1247.
47 Oakwood, T. G.; Daniels, R. D.: Trans. AIME 242 (1968) 1327.
48 Westlake, D. G.: Trans. AIME 245 (1969) 1969.
49 deSorbo, W.: Phys. Rev. 132 (1963) 107.
50 Ralls, K. M.; Wulff, J.: J. Less-Common Metals 11 (1966) 127.
51 Cannelli, G.; Verdini, L.: Ricerca scient. 36 (1966) 98.
52 Storms, E. K.: The Refractory Carbides, New York: Academic Press 1967.
53 Rudy, E.; Windisch, St.; Brukl, C. E.: Planseeber. Pulvermet. 16 (1968) 3.
54 Kieffer, R.; Benesovsky, F.: Hartstoffe, Wien: Springer 1963.
55 Brauer, G.; Renner, H.; Wernet, J.: Z. anorg. allg. Chem. 277 (1954) 249.
56 Storms, E. K.; Krikorian, N. H.: J. Phys. Chem. 64 (1960) 1471.
57 Elliott, R. P.: Trans. ASM 53 (1961) 13.
58 Kimura, H.; Sasaki, Y.: Trans. Jap. Inst. Metals 2 (1961) 98.
59 Brizes, W. F.; Brody, H. D.: J. Amer. Ceram. Soc. 55 (1972) 277.
60 Terao, N.: Jap. J. Appl. Phys. 3 (1964) 104.
61 Crane, R. L.; Ostermann, F.: Met. Trans. 2 (1971) 3487.
62 Gebhardt, E.; Fromm, E.; Roy, U.: Z. Metallkde. 57 (1966) 682.
63 Taylor, A.; Doyle, N. J.: J. Less-Common Metals 13 (1967) 511.
64 Hörz, G.; Lindenmaier, K.; Klaiss, R.: J. Less-Common Metals 35 (1974) 97.
65 Worrell, W. L.; Chipman, J.: J. Phys. Chem. 68 (1964) 860.

66 Fromm, E.: J. Less-Common Metals 14 (1968) 113.
67 Powers, R. W.; Doyle, M. V.: Trans. AIME 209 (1957) 1285.
68 Powers, R. W.; Doyle, M. V.: J. Appl. Phys. 30 (1959) 514.
69 Nakonechnikov, A. I.; Pavlinov, L. V.; Bykov, V. N.: Fiz. Met. Metallov. 22 (1966) 234; Phys. Met. Metallogr. 22 (1966) no. 2, 73.
70 Son, P.; Miyake, M.; Sano, T.: Technol. Rpt. Osaka Univ. 18 (1968) 317.
71 Schmidt, F. A.; Carlson, O. N.: J. Less-Common Metals 26 (1972) 247.
72 Hörz, G.; Lindenmaier, K.: Z. Metallkde. 63 (1972) 240.
73 Dawson, P. H.; Robertson, A. J. B.: Trans. Faraday Soc. 60 (1964) 157, 1122.
74 Hörz, G.; Lindenmaier, K.: Z. Metallkde. 63 (1972) 99, 103.
75 Hörz, G.; Lindenmaier, K.: J. Less-Common Metals 35 (1974) 85.
76 Hörz, G.: Metall 27 (1973) 680.
77 Hörz, G.; Lindenmaier, K.; Klaiss, R.: J. Less-Common Metals 35 (1974) 77.
78 Ostermann, F.; Kibbey, E. E.: Met. Trans. 1 (1970) 2257.
79 Ostermann, F.: J. Less-Common Metals 25 (1971) 243.
80 Viswanadham, R. K.; Wert, C. A.: Met. Trans. 5 (1974) 123.
81 Nadezhdin, G. N.; Malashenko, I. S.: Problemy Prochnosty (1969) no. 2, 83.
82 Begley, R. T.; Lewis, A. I. In Columbium Metallurgy (Eds. D. L. Douglass, F. W. Kunz): Met. Soc. Conf., Vol. 10, New York: Interscience 1961, S. 53.
83 Cortes, F. R.; Feild, A. L. Jr.: J. Less-Common Metals 4 (1962) 169.
84 Anders, F. J. Jr.: In Refractory Metals and Alloys (Eds. M. Semchyshen, J. J. Harwood): Met. Soc. Conf., Vol. 11, New York: Interscience 1961, 219.
85 Brauer, G.; Esselborn, R.: Z. anorg. allg. Chem. 309 (1961) 151.
86 Cost, J. R.; Wert, C. A.: Acta Met. 11 (1963) 231.
87 Gebhardt, E.; Fromm, E.; Jakob, D.: Z. Metallkde. 55 (1964) 423.
88 Guard, R. W.; Savage, J. W.; Swarthout, D. G.: Trans. AIME 239 (1967) 643.
89 Terao, N.: Jap. J. Appl. Phys. 4 (1965) 353.
90 Terao, N.: J. Less-Common Metals 23 (1971) 159.
91 Bennett, R. A.; Hooper, H. O.; Roy, U.: J. Appl. Phys. 40 (1969) 2441.
92 Chervyakov, A. Yu. et al.: Izv. VUZ Tsvet. Met. (1971), no. 5, 140.
93 Savage, H.; Altstetter, C.: J. Less-Common Metals 22 (1970) 399.
94 Pasternak, R. A.; Evans, B.; Bergsnov-Hansen, B.: J. Electrochem. Soc. (1966) 731.
95 Taylor, A.; Doyle, N. Y.: J. Less-Common Metals 13 (1967) 399.
96 Ang, C. Y.; Wert, C. A.: Trans. AIME 197 (1953) 1032.
97 Albrecht, W. M.; Goode, W. D. Jr.: Rpt. BMI-1360 (1959).
98 Elliott, R. P.; Komjathy, S. In Columbium Metallurgy (Eds. D. L. Douglass, F. W. Kunz): Met. Soc. Conf., Vol. 10, New York: Interscience 1961, S. 367.
99 Evans, B.; Pasternak, R. A.: Trans. AIME 236 (1966) 942.
100 Gebhardt, E.; Dürrschnabel, W.; Hörz, G.: J. Nucl. Mater. 18 (1966) 134.
101 Revyakin, A. V.; Kozina, L. N.: Izv. Akad. Nauk Metally (1973) no. 2, 79; Russ. Metallurgy (1973) no. 2, 51.
102 Ang, C. Y.: Acta Met. 1 (1953) 123.
103 Levinskiy, Yu. V.; Kiparisov, S. S.; Strogonov, Yu. D.: Russ. Metallurgy (1973) no. 1, 42.
104 Pasternak, R. A.; Gibson, R.: Acta Met. 13 (1965) 1031.
105 Hörz, G.; Steinheil, E.: Z. Metallkde. 62 (1971) 849.
106 Gebhardt, E.; Dürrschnabel, W.; Hörz, G.: J. Nucl. Mater. 18 (1966) 149.
107 Hörz, G.; Gebhardt, E.: Z. Metallkde. 57 (1966) 737.
108 de Lamotte, E.; Huang, Y.; Altstetter, C.: Trans. AIME 239 (1967) 1625.
109 Dollins, C. C.; Wert, C. A.: Acta Met. 17 (1969) 711.
110 Dollins, C. C.: Acta Met. 18 (1970) 1209.
111 Hennessy, D.; Altstetter, C.: Met. Trans. 1 (1970) 1185.
112 Dahlstrom, N.; Eyre, B. L.: Metal Sci. J. 6 (1972) 96.
113 Gebhardt, E.; Dürrschnabel, W.; Hörz, G.: J. Nucl. Mater. 18 (1966) 119.
114 Volkov, A. K. et al.: Fiz. Met. Metallov. 31 (1971) 330; Phys. Met. Metallogr. 31 (1971) no. 2, 103.
115 Pasternak, R. A.; Evans, B.: Trans. AIME 233 (1965) 1194.
116 Gebhardt, E.; Rothenbacher, R.; Kvernes, I.: Z. Metallkde. 58 (1967) 703.

117 Giordano, S. et al.: J. Appl. Phys. 44 (1973) 4185.
118 Gebhardt, E.; Rothenbacher, R.: Z. Metallkde. 54 (1963) 443.
119 Cost, J. R.: Trans. AIME 224 (1962) 634.
120 Hörz, G.: unveröffentlicht.
121 Marx, J. W.; Baker, G. S.; Sivertsen, J. M.: Acta Met. 1 (1953) 193.
122 Hoffman, R. A.; Wert, C. A.: J. Appl. Phys. 37 (1966) 237.
123 Szkopiak, Z. C.: J. Less-Common Metals 19 (1969) 93.
124 Ahmad, M. S.; Szkopiak, Z. C.: J. Phys. Chem. Solids 31 (1970) 1799.
125 Ahmad, M. S.; Szkopiak, Z. C.: J. Mater. Sci. 7 (1972) 701.
126 Dahlstrom, N.; Dollins, C. C.; Wert, C. A.: Acta Met. 19 (1971) 955.
127 Stoop, J.; Shahirian, P.: Trans. ASM 59 (1966) 411.
128 Evans, P. R. V.: J. Less-Common Metals 4 (1962) 78.
129 Szkopiak, Z. C.: J. Less-Common Metals 21 (1970) 383.
130 Elssner, G.; Hörz, G.: J. Less-Common Metals 21 (1970) 451.
131 Szkopiak, Z. C.: J. Less-Common Metals 26 (1972) 9.
132 Szkopiak, Z. C.: J. Less-Common Metals 26 (1972) 19.
133 Taylor, G.; Bowen, D. K.: The Effect of Interstitial Nitrogen on Thermally Activated Flow in Nb Single Crystals, Second International Conference on the Strength of Metals and Alloys, Paper 1. 2 (1970) 78.
134 Anuchkin, A. M. et al.: Fiz. Met. Metallov. 34 (1972) 366; Phys. Met. Metallogr. 34 (1972) no. 2, 134.
135 Mincher, A. L.; Sheely, W. F.: Trans. AIME 221 (1961) 19.
136 Elliott, R. P.: Trans. ASM 52 (1960) 990.
137 Chang, L. L. Y.; Phillips, B.: J. Amer. Ceram. Soc. 52 (1969) 527.
138 Marucco, J.-F.: Compt. Rend. C 275 (1972) 1391.
139 Terao, N.: Jap. J. Appl. Phys. 2 (1963) 156; Jap. J. Appl. Phys. 4 (1965) 8.
140 Fromm, E.: Z. Metallkde. 57 (1966) 477.
141 Steeb, S.; Renner, J.: Metall 21 (1967) 93.
142 Niebuhr, J.: J. Less-Common Metals 11 (1966) 191.
143 Kodama, H.; Kikuchi, T.; Goto, M.: J. Less-Common Metals 29 (1972) 415.
144 Bryant, R. T.: J. Less-Common Metals 4 (1962) 62.
145 Gebhardt, E.; Rothenbacher, R.: Z. Metallkde. 54 (1963) 623.
146 Taylor, A.; Doyle, N. J.: J. Less-Common Metals 13 (1967) 313.
147 Nickerson, W.: Altstetter, C.: Scripta Met. 7 (1973) 229.
148 Jehn, H.; Fromm, E.: Metall 26 (1972) 1007.
149 Worrell, W. L. In Symposium on Thermodynamics, Wien 1965, Vol. I, Wien: IAEA, 1966, S. 131.
150 Jaffee, R. I.; Klopp, W. D.; Sims, C. T.: Trans. ASM 51 (1959) 282.
151 Litman, A. P.: phys. stat. sol. 11 (1965) K 47.
152 Gibala, R.; Wert, C. A.: Acta Met. 14 (1966) 1095, 1105.
153 Kofstad, P.: High Temperature Oxidation of Metals, New York: Wiley 1966.
154 Hurlen, T.: J. Inst. Metals 89 (1960/61) 273.
155 Bollenrath, F.; Poddey, P.: Metall 22 (1968) 702.
156 Stringer, J.: Acta Met. 17 (1969) 1227.
157 McKee, I.; Wallwork, G. R.: J. Less-Common Metals 30 (1973) 249.
158 Blackburn, P. E.: J. Electrochem. Soc. 109 (1962) 1142.
159 Kilpatrick, M.; Lott, St. K.: J. Less-Common Metals 8 (1965) 299.
160 Kofstad, P.; Espevik, S.: J. Electrochem. Soc. 112 (1965) 153.
161 Pasternak, R. A.; Evans, B.: J. Electrochem. Soc. 114 (1967) 452.
162 Hörz, G.: Z. Metallkde. 59 (1968) 283.
163 Hörz, G.; Gebhardt, E.: Werkstoffe und Korrosion 21 (1970) 995.
164 Hörz, G.; Lindenmaier, K.: Z. Metallkde. 64 (1973) 348.
165 Jehn, H.: Metall 28 (1974) 699.
166 Jehn, H.: Hörz, G.: Z. Metallkde. 67 (1976)
167 Gebhardt, E.; Fromm, E.; Jakob, D.: Z. Metallkde. 55 (1964) 432.
168 Fromm, E.: Z. Metallkde. 57 (1966) 540.

169 Fromm, E.: In Symposium on Thermodynamics, Wien 1965, Vol. II, Wien: IAEA, 1966, 455.
170 Ageev, V. N.: Sov. Phys.-Solid State 13 (1972) no. 11, 2816.
171 Jupille, J.; Pacia, N.; Weber, B.: Le Vide no. 164 (1973) 51.
172 Pemsler, J. P.: J. Electrochem. Soc. 108 (1961) 744.
173 Fromm, E.; Jehn, H.: Z. Metallkde. 58 (1967) 61.
174 Fromm, E.; Jehn, H.: Z. Metallkde. 58 (1967) 120.
175 Rothenbacher, R.: Dissertation, Universität Stuttgart 1963.
176 Rühle, M.: Dissertation, Universität Stuttgart 1968.
177 Gebhardt, E.; Hörz, G.: Met. Ital. 61 (1969) 289.
178 Seybolt, A. U.: Trans. AIME 200 (1954) 774.
179 Volkov, A. K. et al.: Fiz. Met. Metallov 29 (1970) 957; Phys. Met. Metallogr. 29 (1970) no. 5, 65.
180 Tottle, C. R.: J. Inst. Met. 85 (1956/57) 375.
181 Jones, K. A.; Rose, R. M.: Trans. AIME 245 (1969) 67.
182 Collings, E. W.; Smith, R. D.: J. Less-Common Metals 27 (1972) 389.
183 Szkopiak, Z. C.: TRG Rpt. 1151 (C/X) 1965.
184 Lupinc, V.: Scripta Met. 6 (1972) 459.
185 Beguin, P.; DeFouquet, J.: Mém. Sci. Rev. Mét. 65 (1968) 521.
186 Dekanenko, V. M.; Vavilova, V. V.; Lyashchenko, A. B.: Fiz. Met. Metallov. 29 (1970) 1319; Phys. Met. Metallogr. 29 (1970) no. 6, 217.
187 Jones, K. A.; Moss, S. C.; Rose, R. M.: Acta Met. 17 (1969) 365.
188 Ravi, K. V.; Gibala, R.: Acta Met. 18 (1970) 623.
189 Loomis, B. A.; Gerber, S. B.: Scripta Met. 4 (1970) 921.
190 Szkopiak, Z. C. In Physical Basis of Yield and Fracture, Conf. Proc. No. 1, Inst. Phys. and Phys. Soc., Oxford 1966, S. 108.
191 Enrietto, J. F.; Sinclair, G. M.; Wert, C. A. In Met Soc. Conf. 10, New York: Interscience 1961, S. 503.
192 Gmelins Handbuch der anorganischen Chemie, Niob, Teil B2, Weinheim: Verlag Chemie 1971.
193 Rudy, E.: Ternary Phase Equilibria in Transition Metal-Boron-Carbon-Silicon Systems, U.S. Air Force Contracts AF 33(615)-1249 and AF 33(615)-67-C-1513, Air Force Materials Laboratory (1964—1969).
194 Samsonov, G. V.; Antonova, M. M.; Morozov, V. V.: Poroshk. Met. (1970) no. 4 (88), 66; Sov. Powder Met. Metal. Ceram. (1970) no. 4, 318.
195 Kieger, R.; Clauss, A.; Forestier, H.: Mém Sci. Rev. Mét. 64 (1967) no. 2, 195.
196 Brauer, G.; Lesser, R.: Z. Metallkde. 50 (1959) 487.
197 Brauer, G.: J. Less-Common Metals 2 (1960) 131.
198 Worrell, W. L.; Chipman, J.: Trans. AIME 230 (1964) 1682.
199 Fromm, E.; Späth, G.: Z. Metallkde. 59 (1968) 65.
200 Komjathy, S.; Elliott, R. P.: Rpt. ARF 2120-7 (1960) 1.
201 Brauer, G.; Esselborn, R.: Z. anorg. allg. Chem. 308 (1961) 52.
202 McLintock, C. H.; Stringer, J.: J. Inst. Metals 90 (1962) 190.
203 Catella, C.; Streiff, R.: J. Electrochem. Soc. 118 (1971) 1006.
204 Gebhardt, E.; Rothenbacher, R.; Kvernes, I.: Z. Metallkde. 58 (1967) 790.
205 Skudelny, G.: Dissertation, Universität Stuttgart 1971.
206 Gibala, R.; Wert, C. A.: Trans. AIME 236 (1966) 924.
207 Jones, D. W.; McQuillan, A. D.: J. Phys. Chem. Solids 23 (1962) 1441.
208 Stalinski, B.; Nowak, B.; Zogal, O. J.: J. Less-Common Metals 19 (1969) 289.
209 Jones, D. W.; Pessall, N.; McQuillan, A. D.: Phil. Mag. 6 (1961) 455.
210 Khodosov, E. F.; Khodos, I. I.: Sov. Phys.-Solid State 11 (1970) no. 11, 2693.
211 Khodosov, Ye. F.; Kuryshko, V. I.: Fiz. Met. Metallov. 34 (1972) 424; Phys. Met. Metallogr. 34 (1972) no. 2, 196.
212 Charlot, L. A.; Westerman, R. E.: J. Nucl. Mater. 41 (1971) 227.
213 Federov, T. F. et al.: Poroshk. Met. (1968) no. 3 (63) 42; Sov. Powder Met. Metal. Ceram. (1968) no. 3, 193.

214 Zakharov, A. M.; Daneliya, E. P.: Izv. Akad. Nauk SSSR, Metally (1971) no. 1, 190; Russian Metallurgy (1971) no. 1, 129.
215 Williams, A. J.; Briggs, D. C.: J. Less-Common Metals 21 (1970) 255.
216 Grigorovich, V. K.; Sheftel, E. N.; Trankovskaya, G. R.: Izv. Akad. Nauk SSSR, Metally (1973) no. 1, 205; Russ. Metallurgy (1973) no. 1, 148.
217 Delgrosso, E. J.; Carlson, C. E.; Kaminsky, J. J.: J. Less-Common Metals 12 (1967) 173.
218 Rudy, E.; Brukl, C. E.; Windisch, St.: Trans. AIME 239 (1967) 1796.
219 Lyubimov, V. D. et al.: Izv. Akad. Nauk SSSR, Metally (1969) no. 3, 201; Russ. Metallurgy (1969) no. 3, 154.
220 Druzhinin, I. I.; Zakharov, A. M.; Novikov, I. I.: Izv. VUZ, Tsvetn. Met. (1972) no. 1, 118.
221 Stecher, P. et al.: Monatsh. Chem. 95 (1964) 1630.
222 Kovalskii, A. E.; Umanskii, J. S.: Zhur. Fiz. Khim. 20 (1946) 769.
223 Ordan'yan, S. S.; Avgustinnik, A. I.; Vigdergauz, V. Sh.: J. Appl. Chem. 39 (1966) 312.
224 Malashenko, I. S.: Izv. Akad. Nauk SSSR, Metally (1967) no. 3, 159; Russ. Metallurgy (1967) no. 3, 72.
225 Taylor, A.; Doyle, N. J.: J. Less-Common Metals 13 (1967) 413.
226 Begley, R. T.; Godshall, J. L.; Stickler, R. In F. Benesovsky, Metalle für die Raumfahrt, 5. Plansee-Seminar, Reutte/Tirol 1965, Wien: Springer 1965, S. 401.
227 Yelyutin, V. P.; Maksimov, D. G.; Mozzhukhin, Ye. I.: Fiz. Met. Metallov. 34 (1972) 412; Phys. Met. Metallogr. 34 (1972) no. 2, 180.
228 Hörz, G.; Steinheil, E.: Z. Metallkde. 62 (1971) 893.
229 Hörz, G.; Steinheil, E.: Z. Metallkde. 62 (1971) 887.
230 Hörz, G.; Steinheil, E.: J. Less-Common Metals 27 (1972) 243.
231 Schober, T.; Antesberger, G.: Scripta Met. 7 (1973) 731.
232 Felten, E. J.: J. Less-Common Metals 17 (1969) 207.
233 Zbasnik, J.; Toth, L. E.; Shy, Y. M.: J. Appl. Phys. 40 (1969) 2147.
234 Duwez, P.; Odell, F.: J. Electrochem. Soc. 97 (1950) 299.
235 de Lamotte, E.; Huang, Y. C.; Altstetter, C. J. In Met. Soc. Conf. 11 (1967) 283.
236 Inouye, H.: Rpt. ORNL-TM-1355 (1966).
237 Inouye, H.: Rpt. ORNL-4403 (1969).
238 Mosher, D.; Dollins, C.; Wert, C. A.: Acta Met. 18 (1970) 797.
239 Heulin, B.; Geschier, R.; Vercaemer, C.: Mém. Sci. Rev. Mét. 69 (1972) no. 4, 309.
240 Hörz, G.; Ziegeldorf, R.: Z. Metallkde. 67 (1976).
241 Taylor, A.; Doyle, N. J.: J. Less-Common Metals 13 (1957) 331.
242 Tylkina, M. A. et al.: Zhur. Neorg. Khim. (1964) no. 9, 1650.
243 Shurin, A. K.; Loktionov, V. A.: Izv. Akad. Nauk SSSR, Metally (1970) no. 4, 46; Russ. Metallurgy (1970) no. 4, 33.
244 Liu, C. T.; Inouye, H.; Carpenter, R. W.: J. Less-Common Metals 25 (1971) 123.
245 Korobkov, I. I.; Barinov, I. P.: Izv. Akad. Nauk SSSR. Metally (1969) no. 6, 200; Russ. Metallurgy (1969) no. 6, 124.
246 Kofstad, P.; Kvernes, I. In F. Benesovsky: Hochtemperatur-Werkstoffe, 6. Plansee-Seminar, Reutte/Tirol 1968, Wien: Springer 1969, S. 291.
247 Klueh, R. L.: Corrosion 25 (1969) 416.
248 Klueh, R. L.: Corrosion 27 (1971) 342.
249 Taylor, A.; Doyle, N. J.: J. Less-Common Metals 13 (1967) 338.
250 Argent, B. B.; Phelps, B.: J. Less-Common Metals 2 (1960) 181.
251 Taylor, A.; Stringer, J.: Corrosion Sci. 12 (1972) 349.
252 Sokolova, G. V.; Yur'yev, S. F.; Mikhaylov, S. K.: Fiz. Met. Metallov. 30 (1970) 1157; Phys. Met. Metallogr. 30 (1970) no. 6, 35.
253 Kolski, T. L.: Trans. ASM 57 (1964) 690.
254 Hodouin, D.: J. Less-Common Metals 30 (1973) 127.
255 Korobkov, I. I.; Osipov, V. V.; Zapleshko, N. N.: Fiz. Met. Metallov. 25 (1968) 85; Phys. Met. Metallogr. 25 (1968) no. 1, 73.
256 Felten, E. J.: J. Less-Common Metals 17 (1969) 185, 199.
257 Argent, B. B.: Sci. Progr. (London) 52 (1964) 608.
258 Rauch, G. C.; Courtney, T. H.; Wulff, J.: Trans. AIME 242 (1968) 2263.

259 Tregubov, I. A.; Grigoryev, A. T.: Izv. Akad. Nauk SSSR, Metally (1968) no. 4, 209; Russ. Metallurgy (1968) no. 4, 133.
260 Shurin, A. K.; Loktionov, V. A.: Izv. Akad. Nauk SSSR, Metally (1970) no. 1, 231; Russ. Metallurgy (1970) no. 1, 158.
251 Jehn, H.; Ortali, P. L.: Z. Metallkde. 65 (1974) 586.
262 Marcotte, V. C.; Larsen, W. L.: J. Less-Common Metals 10 (1966) 229.
263 Marcotte, V. C.; Larsen, W. L.; Williams, D. E.: J. Less-Common Metals 7 (1964) 373.
264 Rapp, R. A.; Goldberg, G. N.: Trans. AIME 236 (1966) 1619.
265 Lyon, T. F.: J. Vacuum Sci. Technol. 8 (1971) VM 48.
266 Jehn, H.; Olzi, E.: Met. Ital. 64 (1972) 487.
267 Miner, R. E.; Gibbons, D. F.; Gibala, R.: Acta Met. 18 (1970) 419.
268 Bunn, P. M.; Cummings, D. G.; Leavenworth, H. W. Jr.: J. Appl. Phys. 33 (1962) 3009.
269 Rowcliffe, R. J.; Bonesteel, R. M.; Tietz, T. E.: In Ansell, G. S. et al. (Eds.): Oxide Dispersion Strengthening, New York: Gordon & Breach 1968, p. 741.
270 Rothenbacher, R.; Skudelny, G.; Gebhardt, E.: Z. Metallkde. 62 (1971) 787.
271 Somenkov, V. A.: Ber. Bunsenges. 76 (1972) 733.
272 Schober, T.; Linke, U.; Wenzl, H.: Scripta Met. 8 (1974) 805.
273 Brauer, G.; Kern, W. In Stickstoff in Metallen, Berlin: Akademie-Verlag 1965; W. Kern, Dissertation, Universität Freiburg 1964.
274 Mathuni, J.: Diplomarbeit, Universität Stuttgart 1974.
275 Jupille, J.; Michel, J.-M.; Wach, J.: J. Chim. Phys. 71 (1974) 262.

Tantal

(Abb. S. 507, Lit S. 516)

G. Hörz und E. Fromm

Tantal-Wasserstoff

Konstitution [1—15, 49] s. Abb. 1. Phasen: α krz; β_1-Ta_2H bei T < 35 °C, pseudotetr., geordnet; β_2-Ta_2H bei 35—60 °C, tetr. rz., teilweise geordnet [49]. Im System Ta—D werden die geordneten Phasen Ta_2D und TaD beobachtet [11]. Die Angaben zu den Phasen sind noch widersprüchlich. Dies hängt damit zusammen, daß bei tieferen Temperaturen durch Phasenumwandlungen geordnete, strukturell verschiedene Phasen entstehen. Dabei existieren Analogien zum System V—H [8, 14].

Löslichkeit [1, 6, 9, 16—20, 34] s. Abb. 2. Für höhere Temperaturen gilt bis zu hohen H-Konzentrationen

H in α-Ta: $1/2 \log p = \log r - \log (0{,}702 - r) + 4{,}33$
$- T^{-1}(1760 + 1447\, r - 3629\, r^2 + 7411\, r^3 - 7367\, r^4)$
($r = c/(100 - c)$, < 21 At.-% H, 350—630 °C [6])

Aus den Angaben von [19, 20] ergibt sich durch Mittelung die für kleine H-Konzentrationen gültige Beziehung, die auch die entsprechenden Ergebnisse von [6, 16] richtig wiedergibt

H in α-Ta: $\log c = 1/2 \log p - 2{,}5 + 1900/T$ (< 10 At.-% H, 100—500 °C)

Entsprechend gilt

D in α-Ta: $\log c = 1/2 \log p - 2{,}93 + 2070/T$ (< 3 At.-% D, 80—160 °C [9])

Löslichkeitsgrenze [6, 8, 21, 48] s. Abb. 1 und 3
H in α-Ta: $\log c_{max} = 5{,}3 - 1180/T$ (−100 bis 0 °C [48])
oder: $\log c_{max} = 2{,}37 - 395/T$ (−200 bis −50 °C [21])

Thermodynamische Daten [6, 9, 16—22]
$1/2\ H_2 = H(\text{in } \alpha\text{-Ta}): \Delta G^0 = -8690 + 14{,}0\ T$
($<$ 10 At.-% H, 100—500 °C [19, 20])
$1/2\ D_2 = D(\text{in } \alpha\text{-Ta}): \Delta G^0 = -9468 + 15{,}9\ T$
($<$ 3 At.-% D, 80—160 °C [9])

Diffusion [23—30]. Es liegen Bestimmungen des Diffusionskoeffizienten nach verschiedenen Methoden vor (bei höheren Temperaturen H-Permeation und H-Absorption, bei niedrigeren Temperaturen elektrischer Widerstand, Gitterparameter und Gorsky-Effekt). Dabei können sich Oberflächenreaktionen sowie Fehlstellen und interstitielle Verunreinigungen (H—O- und H—N-Clusterbildung) störend auswirken. Die Diffusionsdaten weichen deshalb z. T. stark voneinander ab. Für hohe Temperaturen werden im Vergleich zu den Messungen bei niedrigeren Temperaturen höhere Aktivierungsenergien angegeben, s. [30].
H in α-Ta: $D = 4{,}4 \cdot 10^{-4} \exp(-3230/RT)$
(−20 bis + 300 °C, Gorsky-Effekt [23])
$D = 6{,}1 \cdot 10^{-4} \exp(-3500/RT)$
(0—160 °C, Widerstandsmessungen [26]).
D in α-Ta: $D = 4{,}9 \cdot 10^{-4} \exp(-3760/RT)$
(10—200 °C, Gorsky-Effekt [23])
Elektrotransport s. Tab. B 2

Absorption [1, 6, 18, 31, 32]. Die Geschwindigkeit v der H-Aufnahme hängt vom Oberflächenzustand und damit von der Vorbehandlung des Metalles ab. Große Werte von v werden bei niedrigen H_2-Drücken nur nach einer Hochtemperaturglühung des Ta (z. B. bei 2100 °C) im Hochvakuum oder Ultrahochvakuum erhalten. O_2-Verunreinigungen des H_2-Gases können die Ergebnisse zur Kinetik der H-Aufnahme verfälschen.
Hohe Drücke [2, 31—33]. H-Aufnahme von Ta-Drähten mit 0,6 bis 0,7 mm Dmr. bei 450—700 °C und H_2-Drücken von 12—762 Torr nach [33]. Dabei werden Wertepaare von T und p_{H_2} so gewählt, daß sich im thermodynamischen Gleichgewicht H-Konzentrationen von 5; 10 oder 25 At.-% ergeben würden. Bei 500 °C und darüber erfolgt die H-Aufnahme anfänglich nach einem parabolischen Zeitgesetz. Die Reaktionsgeschwindigkeit ist stark temperaturabhängig (Aktivierungsenergie 32—33 kcal/mol) [33].
Niedrige Drücke [18]. Untersuchung der H-Aufnahme von Ta-Drähten mit 0,25 mm Dmr. bei −196 bis +80 °C und H_2-Drücken $< 10^{-5}$ Torr. Nach vorausgegangener Entgasung bei 2100 °C im Ultrahochvakuum bei $5 \cdot 10^{-9}$ Torr ist die anfängliche Reaktionsgeschwindigkeit v selbst bei −196 °C groß (Reaktionskoeffizient $r = 0{,}23$). Nach Ausbildung einer Monolage auf der Metalloberfläche fällt v bei −196 °C auf einen sehr niedrigen Wert ab, der der Diffusion von H aus der Chemisorptionsschicht in das Metallinnere entspricht. Bei −80 °C und darüber wird keine Oberflächensättigung beobachtet, v bleibt über längere Zeit konstant (kleiner Bedeckungsgrad, schnelle Diffusion, Adsorption von H_2 geschwindigkeitsbestimmend, $r = 0{,}11$ bei −80 °C, $r = 0{,}06$ bei +80 °C). Die H-Absorption

ist vollständig gehemmt, wenn die Proben nicht zuvor oberhalb von 1900 °C entgast werden oder wenn sie bei Drücken oberhalb von $5 \cdot 10^{-7}$ Torr (H_2O-Dampf-Restdruck) abgekühlt werden.

Entgasung [6, 19]. H-haltiges Ta kann im Hochvakuum entgast werden (z. B. bei 800—900 °C und 10^{-5} Torr [6]). Die Geschwindigkeit der H-Abgabe aus Ta-Drähten mit 0,25 mm Dmr. wird bei 123—240 °C und 10^{-4}—10^{-7} Torr durch die Rekombination von H-Atomen zu Molekülen an der Metalloberfläche bestimmt (Aktivierungsenergie 15,8 kcal/mol H_2) [19].

Ausscheidungsvorgänge [48]. Ta-Hydrid scheidet sich bei der Abkühlung von H-haltigem Ta von 850 °C auf 60 bis —100 °C plättchenförmig aus.

Gitterparameter [7, 8, 35]. Für a in Å gilt bei R. T. im Bereich von α-Ta nach [7]
$a = 3{,}3020 + 0{,}0025\,c$

Dichte [36, 37]. Für γ in g/cm³ gilt bei R. T.
$\gamma = 16{,}615 - 0{,}0315\,c$ (0—10 At.-% H [36])

Elektrischer Widerstand [1, 38, 39]. Der durch die Lösung von H oder D in α-Ta verursachte Zusatzwiderstand $\Delta\varrho$ ist für 70—160 °C temperaturunabhängig (Matthiessensche Regel ist erfüllt). Für $\Delta\varrho$ in $\mu\Omega \cdot$ cm und c in At.-% H oder At.-% D gilt (s. Abb. 4) [38]

H in α-Ta: $\Delta\varrho = 98{,}4\,[c/(100 - c)] \cdot [0{,}94 - c/(100 - c)]$
D in α-Ta: $\Delta\varrho = 81{,}5\,[c/(100 - c)] \cdot [1 - c/(100 - c)]$

Für kleine Werte von $c < 1$ At.-% ergibt sich $\Delta\varrho/\Delta c = 0{,}92\ \mu\Omega \cdot$ cm/At.-% H bzw. 0,815 $\mu\Omega \cdot$ cm/At.-% D. Unterhalb von 70 °C setzt Hydrid- bzw. Deuteridausscheidung ein; bei einer Zusammensetzung von Ta_2H bzw. Ta_2D tritt ein scharfes Minimum in den ($\Delta\varrho$, c)-Kurven auf (s. Abb. 4) [38]. Nach [39] beträgt der Zusatzwiderstand $\Delta\varrho/\Delta c$ bei 400 °C für 9,1—23,1 At.-% H und bei 190 °C für 4,8—28,6 At.-% 0,624 $\mu\Omega \cdot$ cm/At.-% H.

Supraleitung [40, 41, 112]. Bei Zusatz von 12 At.-% H fällt die kritische Temperatur T_c linear von 4,08 auf 2,80 K (0,11 K/At.-% H) und die Breite des Übergangsbereiches steigt linear von 0,35 auf 1,83 K.

Magnetische Suszeptibilität [1, 35, 42]. χ fällt nach [35] bei R. T. linear von $0{,}85 \cdot 10^{-6}$ cm³/g auf $0{,}75 \cdot 10^{-6}$ cm³/g bei Zusatz von 20 At.-% H.

Innere Reibung [24, 25, 43, 44]. Diskussion der für H-Konzentrationen bis 42 At.-% und 100 oder 175 Hz bei —190 bis +250 °C auftretenden Dämpfungsmaxima bei [43]. Nach [44] tritt kein meßbarer Snoek-Effekt durch H auf. Dämpfungsmaxima durch den Gorsky-Effekt von H und D [24, 25].

Härte [45]. Die Vickershärte HV (1 kp) steigt bei R. T. weitgehend linear von 70 auf 170 kp/mm² bei Zusatz von 16 At.-% H (s. Abb. 5).

Elastizitätsmodul [46]. Für E in kp/mm² gilt bei R. T. im Bereich von α-Ta
$E = 19176 + 14{,}28\,c$

Schubmodul [44]. Bei 20—180 °C wird bei Zusatz von H der Schubmodul G von Ta-Einkristallen kleiner, die Temperaturabhängigkeit von G größer. Bei R. T. gilt $\Delta G_{[111]}/G_{[111]} = 5{,}7 \cdot 10^{-4}$ für 1 At.-% H.

Zugfestigkeit, Querschnittsverminderung [47, 48]. Einfluß der Temperatur auf σ_B und ψ von verschieden behandeltem H-haltigem Ta nach [47] s. Abb. 6. Bemerkenswert ist der Steilabfall von ψ, der mit zunehmendem H-Gehalt zu höheren Temperaturen verschoben wird und der Wiederanstieg von ψ bei niedrigen Temperaturen (s. auch Abb. 7) [48].

Duktil-Spröd-Übergang [47, 48]. Der Einfluß von H auf die Temperatur $T_{Ü}$ des Duktil-Spröd-Überganges geht aus Abb. 8 hervor [48]. H-freies Ta ist bei −196 °C noch duktil.

Tantal-Kohlenstoff

Konstitution [1—3, 5, 50—57] s. Abb. 9. Phasen: β-Ta_2C (> 1900 °C), hdP; α-Ta_2C (< 1900 °C), geordnet; ζ (Ta_3C_2, < 1800 °C), Sn_4P_3-Typ [56, 57]; $\gamma(TaC_{1-x})$ kfz, NaCl-Typ. Bei niedrigen Temperaturen und C-Konzentrationen existiert die tetr. rz Überstrukturphase $Ta_{64}C$ [54, 55].

Löslichkeitsgrenze [58—62] s. Abb. 10
C in Ta(s): $\log c = 3{,}82 - 7900/T$ (1500—1850 °C [61])
und: $\log c = 2{,}67 - 5520/T$ (1850—2300 °C [61])

Thermodynamische Daten [60—63]
Ta_2C = C(in Ta(s)) + Ta(s): $\Delta G^0 = 36160 - 8{,}33\,T$ (1500—1850 °C, b. [61])
und: $\Delta G^0 = 25230 - 3{,}05\,T$ (1850—2300 °C, b. [61])
2Ta(s) + C = Ta_2C: $\Delta G^0 = -30200 - 9{,}26\,T$ (1500—2000 °C [62])

Diffusion [64—69]
C in Ta(s): $D = 6{,}7 \cdot 10^{-3} \exp(-38600/RT)$ (190—2680 °C [67])
Elektrotransport s. Tab. B 2

C-Absorption in Kohlenwasserstoffen [70—72, 204, 205]. Die Reaktion von Ta mit Methan (CH_4) oder Acetylen (C_2H_2) verläuft bei hohen Temperaturen und niedrigen Kohlenwasserstoffdrücken einseitig in Richtung der Bildung von Ta—C-Mischkristallen, wobei der entstehende H_2 in den Gasraum übergeht [70]. Kinetik der C-Aufnahme von Ta-Drähten mit 0,5 mm Dmr. in CH_4 bzw. C_2H_2 bei 1600—2300 °C und $1 \cdot 10^{-3}$—$6 \cdot 10^{-2}$ Torr CH_4 bzw. $2 \cdot 10^{-6}$—$1 \cdot 10^{-4}$ Torr C_2H_2 [70, 71]. Im Bereich der Ta—C-Mischkristalle gilt für die Geschwindigkeit v_C der C-Lösung in $mg \cdot cm^{-2} \cdot min^{-1}$ [70, 71]
CH_4: $v_C = 6{,}13 \cdot 10^2 \cdot r \cdot p_{CH_4} = 16{,}8 \cdot p_{CH_4} \cdot \exp(-16300/RT)$
C_2H_2: $v_C = 9{,}62 \cdot 10^2 \cdot r \cdot p_{C_2H_2} = 9{,}62 \cdot 10^2 \cdot p_{C_2H_2}/[1 + 0{,}18 \exp(6720/RT)]$
Temperaturabhängigkeit des Reaktionskoeffizienten r s. Abb. 11. Die Ergebnisse gelten auch für Kohlenwasserstoff-H_2-Gemische mit H_2-Drücken bis 10^{-1} Torr. Geschwindigkeitsbestimmender Teilschritt ist bei der Reaktion mit CH_4 die Zersetzung der CH_4-Moleküle an der Metalloberfläche; die Reaktion mit C_2H_2 wird durch den Antransport des C_2H_2-Gases zur Metalloberfläche und durch den Zerfall von C_2H_2 kontrolliert [70, 71]. Kinetik der Reaktion von Pentan (C_5H_{12}) mit Ta (Bänder mit 1 mm Stärke) bei 10^{-7} bis 10^{-4} Torr und 1030—2030 °C [204, 205].

Entkohlung [71]. Eine Entfernung von C aus Ta—C-Mischkristallen ist durch eine Hochtemperaturglühung in H_2 nicht möglich. Dagegen kann C durch eine Glühbehandlung von Ta in strömendem O_2 unter Bildung von CO freigesetzt werden. Untersuchung der Kinetik der Entkohlung (Drähte mit 0,5 mm Dmr., 0,3 bis 2 At.-% C, 1600—2300 °C, $2 \cdot 10^{-6}$—$5 \cdot 10^{-5}$ Torr O_2). Es existieren zwei Reaktionsbereiche I und II, wobei im Bereich II die Diffusion des C zur Metalloberfläche geschwindigkeitsbestimmend ist (Aktivierungsenergie 48,6 kcal/g-Atom C für $T < 1900$ °C). Im Bereich I wird die Geschwindigkeit der CO-Bildung durch Reaktionen an der Oberfläche kontrolliert und der Reaktionskoeffizient für O_2 liegt über den entsprechenden Werten für die reine Lösung von O in Ta in einer O_2-Atmosphäre (Bereich I kurze, Bereich II längere Reaktionszeiten).

Ausscheidungsvorgänge [58, 60, 73—75]. C kann beim Abschrecken von Ta—C-Mischkristallen auf R. T. nur in geringer Konzentration in Lösung gehalten werden (nach [73] 0,3 At.-% O beim Abschrecken in He-Gas). Bei höheren C-Gehalten bilden sich während der Abkühlung feine Ta_2C-Ausscheidungen, die bei kleinen Übersättigungen ungleichmäßig, bei größeren Übersättigungen gleichmäßig verteilt sind [73]. Zur Frage von Ta_2C-Ausscheidungen in TaC und von α-Ausscheidungen in Ta_2C s. [60, 75].

Gitterparameter. a wird nach [58] bei R. T. durch 0,1 At.-% C von 3,3029 auf 3,3042 Å erhöht. Diese Zunahme dürfte zu groß sein.

Elektrischer Widerstand. ϱ steigt bei R. T. bis zu 0,3 At.-% C linear um 5,5 $\mu\Omega \cdot$ cm/At.-% an. Auch bei 1500—2100 °C nimmt ϱ bei konstanter Temperatur linear mit der C-Konzentration bis zur Löslichkeitsgrenze zu. Für die Temperaturabhängigkeit des Zusatzwiderstands $\Delta\varrho/\Delta c$ in $\mu\Omega \cdot$ cm/At.-% C gilt mit T' in °C

$\Delta\varrho/\Delta c = 5{,}9 - 1{,}0 \cdot 10^{-3}\, T'$ ($< c_{\max}$, 1500—2100 °C [73])

Innere Reibung [76]. Gelöster C verursacht ein Snoek-Dämpfungsmaximum, das für 0,55 Hz bei 338 °C liegt. Unterscheidung vom N-Dämpfungsmaximum bei 329 °C durch die Abnahme des C-Maximums während der Dämpfungsmessungen. $Q^{-1}_{\max}$ steigt bis 0,0154 At.-% C auf $50 \cdot 10^{-4}$.

Härte [58]. Wegen der geringen Löslichkeit von C in Ta bei R. T. wird die Härte durch C nur wenig beeinflußt.

Streckgrenze [77]. Einfluß von C auf die kritische Schubspannung τ_S von Ta-Einkristallen bei +177 und —196 °C s. Abb. 12.

Tantal-Stickstoff

Konstitution [1—3, 5, 78—89] s. Abb. 13. Phasen: $\beta(TaN_{0,4-0,5}, Ta_2N)$ hdP; $\delta(TaN_{0,8-0,9})$ hex., WC-Typ; ε(TaN) hex., CoSn-Typ. Weitere Nitride mit hohem N-Gehalt: Ta_5N_6 hex., Ta_4N_5 tetr., Ta_3N_5 tetr. [86]. Subnitridphase unterhalb von 700 °C, tetr. rz, geordnet, metastabil [89], widersprüchliche Angaben zur Zusammensetzung ($Ta_{27}N$, $Ta_{20}N$, Ta_9N oder Ta_9N_2).

Löslichkeit [62, 78, 90, 91] s. Abb. 13 und 14

N in Ta(s): $\log c = 1/2 \log p - 2{,}6 + 9500/T$ (1500—2500 °C [62])

und: $\log c = 1/2 \log p - 3{,}36 + 10400/T$

(< 0,1 At.-% N, 1300—2000 °C [90])

N in Ta(l): $\log c = 1/2 \log p - 0{,}05$ (< 10 At.-% N, 3040 °C [91])

Löslichkeitsgrenze [58, 62, 78, 79, 89, 92] s. Abb. 10

N in Ta(s): $\log c_{\max} = 1{,}52 - 1140/T$ (300—2500 °C [62])

Zersetzungsdruck von Ta_2N [62, 78]

$\log p_{N_2} = 8{,}2 - 21300/T$ (1300—2500 °C [62])

Thermodynamische Daten [62, 78, 90]
$1/2\ N_2 = N(\text{in Ta(s)})$: $\Delta G^0 = -43500 + 14{,}4\ T$ (1500—2500 °C [62])
$Ta_2N = N(\text{in Ta(s)}) + 2\,Ta(s)$: $\Delta G^0 = 5200 + 2{,}2\ T$ (300—2500°C [62])
$2\,Ta(s) + 1/2\ N_2 = Ta_2N$: $\Delta G^0 = -48700 + 12{,}2\ T$ (1300—2500 °C [62])

Diffusion [64, 94—96]
N in Ta(s): $D = 1{,}23 \cdot 10^{-2} \exp(-39800/RT)$ (100—1300 °C [94, 95])
Thermo- und *Elektrotransport* s. Tab. B 2

Absorption. *Hohe Drücke* [31, 32, 95, 96]. Bei 800—1300 °C (wahrscheinlich N_2-Drücke bis 1 atm) tritt sowohl Lösung von N im Metall als auch Nitridbildung an der Metalloberfläche auf. Dabei überwiegt zu Beginn der Reaktion die N-Lösung [96]. Unterhalb von 1000 °C bildet sich hauptsächlich Ta_2N, oberhalb von 1000 °C $TaN_{0,8-0,9}$ und TaN sowie Spuren von $Ta_{20}N$ (Zusammensetzung fraglich, s. Phasen). Die Geschwindigkeit der N-Aufnahme ist bei hohen N_2-Drücken unabhängig von p_{N_2}. Nach Abzug des Beitrages der N-Lösung ergibt sich für die ($TaN_{0,8-0,9}$ + TaN)-Bildung ein lineares, für die Bildung von Ta_2N ein annähernd parabolisches Zeitgesetz. Temperaturabhängigkeit der Gewichtszunahme von Ta s. Abb. 15 [96]. Nach [95] gilt bei 400—700 °C ein kubisches Zeitgesetz (k_c in $mg^3 \cdot cm^{-6} \cdot h^{-1}$)
$k_c = 3{,}78 \cdot 10^{-6} \exp(-3650/RT)$
Bei 800—1475 °C wird ein parabolisches Zeitgesetz gefunden (k_p in $mg^2 \cdot cm^{-4} \cdot h^{-1}$)
$k_p = 20{,}8 \exp(-50900/RT)$
Gute Übereinstimmung mit [96] besteht nur für 800—1000 °C.
Niedrige Drücke [97—103]. Kinetik der N-Absorption bei 400—1160 °C und $1 \cdot 10^{-6}$—$1{,}7 \cdot 10^{-3}$ Torr N_2 für verschieden behandeltes Ta [102]. Nach [103] gilt für die Anfangsgeschwindigkeit der N-Aufnahme von Ta-Drähten mit 0,38 mm Dmr. in N_2 und N bei 1430—2730 °C und $2{,}5 \cdot 10^{-4}$—$1{,}0 \cdot 10^{-2}$ Torr N_2 oder N ($v_N{}^0$ in $mg \cdot cm^{-2} \cdot min^{-1}$).
$v_N{}^0(N_2) = 1{,}08 \cdot 10^3 \cdot r \cdot p_{N_2} = 1{,}40 \cdot 10^3 \cdot p_{N_2} \cdot \exp(-16200/RT)$
(1500—2700 °C [103])
$v_N{}^0(N) = 7{,}65 \cdot 10^2 \cdot r \cdot p_N = 1{,}45 \cdot 10^3 \cdot p_N \cdot \exp(-8500/RT)$
(1500—2700 °C [103])
Temperaturabhängigkeit des Reaktionskoeffizienten r s. Abb. 11. Geschwindigkeitsbestimmend ist die Chemisorption von N.

Entgasung [104—106]. Für die N-Abgabe aus Ta—N-Mischkristallen (Drähte mit 0,5 mm Dmr., c_0: 2,7—6,5 At.-% N) bei 1670—2170 °C im Hochvakuum ergibt sich ein Geschwindigkeitsgesetz 2. Ordnung (v_N in $mg \cdot cm^{-2} \cdot min^{-1}$, c in At.-%) [104] $v_N = 2{,}15 \cdot 10^{11} \cdot c^2 \cdot \exp(-134300/RT)$.
Daraus folgt für die zeitliche Abnahme der N-Konzentration c in At.-% in dünnen Ta-Werkstücken (Stärke $d < 1$ mm)
$c_0/c = 1 + 2{,}77 \cdot 10^{11} \cdot F/M \cdot c_0 \cdot t \cdot \exp(-134300/RT)$
(Probenoberfläche F in cm^2, Metallmasse M in g, Entgasungszeit t in min). Eine merkliche Entgasung durch N_2-Abgabe erfolgt erst oberhalb von etwa 1700 °C. Geschwindigkeitsbestimmend ist die Rekombination von N-Atomen an der Metalloberfläche zu N_2 und die nachfolgende Desorption von N_2 in den Gasraum. N-Entgasung im währenden Gleichgewicht mit N_2(g) bei gedrosselter Saugleistung s. [104], daraus folgt Lösungswärme für N in Ta.

Ausscheidungsvorgänge [79, 88, 89, 107, 108]. Ausscheidung von Nitriden aus übersättigten Ta—N-Mischkristallen mit 1—11,5 At.-% N bei 300—900 °C bis zu 1000 h (Kinetik, Natur und Stabilität der Nitride) von [89]. Bei 300—500 °C nimmt der elektrische Widerstand mit zunehmender Auslagerungszeit stets ab, wobei bei 400 °C und darüber ein konstanter Endwert erreicht wird (für 330 und 420 °C s. auch [88]). Bei 300—450 °C tritt eine Aushärtung auf; bei 500—900 °C fällt die Härte in Abhängigkeit von der Zeit auf einen konstanten Endwert ab. Einfluß der Auslagerungszeit auf die Härte und den elektrischen Widerstand für 300—500 °C und 4 At.-% N s. Abb. 16 [89]. Im Bereich der Aushärtung wird ein tetr. rz, interstitiell geordnetes Nitrid kohärent ausgeschieden. Wenn bei längeren Auslagerungszeiten die Härte unter den Ausgangswert abfällt, geht die Kohärenz verloren. Bei höheren Temperaturen bis etwa 700 °C entsteht ebenfalls das metastabile tetr. rz Nitrid, jedoch nach längeren Zeiten inkohärent und vergröbert (Tweed-Gefüge). Oberhalb von 700 °C scheidet sich Ta_2N globular aus [89]. Nach [79] bildet sich Ta_2N oberhalb von 790 °C, während unterhalb von 790 °C zwei interstitiell geordnete kubische Nitridphasen entstehen (kubisch I Nitrid Ta_9N_2, stabil, 600—700 °C; kubisch II Nitrid, metastabil, < 500 °C). Diskussion eines „Zonenmodells" für die Nitridausscheidung aus Ta—N-Mischkristallen mit 1—6 At.-% N bei 330 und 420 °C s. [108].

Gitterparameter [58, 79, 107, 109]. Für a in Å gilt bei R. T.
$a = 3{,}3024 + 0{,}00495\, c$ (0—3 At.-% N [107])

Elektrischer Widerstand [107, 109—111]. Für ϱ in $\mu\Omega \cdot$ cm gilt bei 10 °C
$\varrho = 12{,}9 + 4{,}9\, c$ (0—1,2 At.-% N [110])
Bei hohen Temperaturen steigt ϱ linear mit c, aber der Zusatzwiderstand $\Delta\varrho$ nimmt mit wachsender Temperatur von 4,85 $\mu\Omega \cdot$ cm/At.-% N bei 900 °C auf 4,0 $\mu\Omega \cdot$ cm/At.-% N bei 1900 °C ab (s. Abb. 17) [111].

Supraleitung [31, 112, 203]. Die kritische Temperatur fällt von 4,483 auf 3,586 K bei Lösung von 1,9 At.-% N [31, 112].

Innere Reibung [107, 113—117]. Gelöster N verursacht ein Snoek-Dämpfungsmaximum, das für 1 Hz bei 350 °C liegt [107]. Für die Dämpfung in Q^{-1}_{max} gilt (Drähte mit 0,8 mm Dmr., Korngröße 0,2 mm^2)
$Q^{-1}_{max} = 0{,}0477\, c$ (0,5—1,5 At.-% N [107])
Dem entspricht eine spezifische Relaxationsstärke $\Delta\Delta_r/\Delta c = 0{,}095$ (At.-% N)$^{-1}$. Bei höheren N-Konzentrationen tritt eine Verbreiterung des Dämpfungspeaks auf, die auf die Wechselwirkung von N-Atomen zurückzuführen ist. [114] löst den verbreiterten Peak in zwei Einzelpeaks bei 334 und 362 °C (0,6 Hz) mit verschiedenen Relaxationszeiten auf, wobei Q^{-1}_{max} linear (Relaxation von einzelnen N-Atomen) bzw. quadratisch (Relaxation von N-Atomen, die N-Paaren angehören) von c abhängt (s. auch [116]).

Härte [58, 89, 107] s. Abb. 5. Die Vickershärte HV (500 p) steigt bei R. T. nichtlinear von 70 auf 745 kp/mm^2 bei Lösung von 5 At.-% N [89].

Streckgrenze [77, 110, 118, 119]. Für die untere Streckgrenze σ_u in kp/mm^2 gilt bei R. T. (Drähte mit ⟨110⟩-Bambusstruktur, Dehngeschwindigkeit $4{,}7 \cdot 10^{-5}\, s^{-1}$)
$\sigma_u = 12{,}5 + 69\, c$ (0,1 — 1 At.-% N [118])
Unterhalb von 0,1 At.-% N nimmt σ_u stärker als linear mit c ab ($\sigma_u = 7$ kp/

mm^2 für hochentgastes Ta). Einfluß von N auf σ_u für verschiedene Temperaturen s. Abb. 18 [118]. Für 0,2—1 At.-% N und —60 bis +90 °C ergibt sich ein praktisch temperaturunabhängiger Härtungskoeffizient von 69 kp/mm^2 pro At.-% N [118]. Temperatur- und Konzentrationsabhängigkeit von τ_S für Ta-Einkristalle und kleine N-Konzentrationen s. Abb. 19 und 20 [119].

Zugfestigkeit, Querschnittsverminderung, Bruchdehnung [107]. Einfluß von N auf σ_B, ψ und δ bei R. T. s. Abb. 21.

Duktilität [107] fällt nach Abb. 21 mit zunehmender N-Konzentration bei R. T. stark ab. Für 3—4 At.-% N ist Ta bei R. T. spröde.

Tantal-Sauerstoff

Konstitution [1—3, 5, 84, 120—131] s. Abb. 22. Phasen: Ta_2O_5, thermodynamisch stabil, oberhalb von 1360 °C α-Modifikation (widersprüchliche Angaben zur Struktur), unterhalb von 1360 °C β-Modifikation, zeigt polymorphes Verhalten. Es existieren eine Reihe von niederen Tantaloxiden, die offenbar alle metastabil sind. Dazu gehören die interstitiell geordneten metallischen Suboxide, die bei Ausscheidungsvorgängen unterhalb von 900 °C oder bei der Oxidation unterhalb von 1200 °C entstehen und deren Struktur und Zusammensetzung noch nicht endgültig aufgeklärt sind: $Ta_{16}O$, tetr. [84]; $TaO_x(Ta_6O)$ tetr.; $TaO_y(Ta_4O)$, kub.; TaO_z (Ta_2O) kub. [125]. Als Zwischenprodukt bei der Oxidation sowie als Entgasungsprodukte [158] entstehen TaO, NaCl-Typ, sowie TaO_2, Rutil-Typ.

Löslichkeit [62, 132, 133]

O in Ta(s): $\log c = 1/2 \log p - 4{,}45 - 20000/T$ (1000—1800 °C, b. [132])

Löslichkeitsgrenze [62, 121, 132, 133—136] s. Abb. 10

O in Ta(s): $\log c_{max} = 1{,}22 - 980/T$ (700—1880 °C [132])

Gleichgewichtsdrücke

Zersetzungsdruck von Ta_2O_5(s)

$\log p_{O_2} = 11{,}3 - 42000/T$ (1100—1550 °C [62])

Dampfdrücke flüchtiger Oxide über Ta(s)

TaO(g): $\log p_{TaO} = \log c_{O(in\,Ta(s))} + 8{,}85 - 28800/T$ (1600—2500 °C [62])

TaO_2(g): $\log p_{TaO_2} = 2 \log c_{O(in\,Ta(s))} + 7{,}3 - 24500/T$ (1600—2500 °C [62])

Thermodynamische Daten [62, 121, 132, 139—142]

$1/2\ O_2$ = O(in Ta(s)): $\Delta G^0 = -91500 + 22{,}9\ T$ (1000—1800 °C [132])

$1/5\ Ta_2O_5$ = O(in Ta(s)) + 2/5 Ta(s): $\Delta G^0 = 4500 + 3{,}6\ T$
(700—1880 °C [132])

2/5 Ta(s) + $1/2\ O_2 = 1/5\ Ta_2O_5$: $\Delta G^0 = -96000 + 19{,}3\ T$
(1100—1550 °C [62])

Diffusion [64, 94, 95, 114, 143]

O in Ta(s): $D = 1{,}9 \cdot 10^{-2} \exp(-27300/RT)$ (100—1400 °C [94, 143])

Thermo- und *Elektrotransport* s. Tab. B 2

Absorption [124, 155]. Bei der Reaktion von Ta mit O_2 treten je nach Temperatur, O_2-Druck und Reaktionszeit verschiedene Reaktionsprodukte auf (Ta—O-Lösung; Suboxidphasen TaO_x, TaO_y, TaO_z; TaO, TaO_2 sowie Ta_2O_5). Bei höheren Drücken liegt ein komplexes Oxidationsverhalten vor, welches in einer Vielzahl von Arbeiten beschrieben wird (Übersicht s. [124]). Bei niedrigen Drücken ($< 10^{-2}$ Torr) und hohen Temperaturen ($>$ 1000 °C) steht bei kurzen Reaktionszeiten die Lösung von O in Ta im Vordergrund, was zu übersichtlichen Reaktionsmechanismen führt (Übersicht s. [124, 155]).

Hohe Drücke [95, 124, 129, 130, 144—150]. Schematische Übersicht über die Zeitgesetze der Oxidation bei 300—1300 °C und 10—760 Torr O_2 s. Abb. 23 [124]: Während der logarithmischen Oxidation ($<$ 400 °C) wachsen Plättchen aus TaO_y und TaO_z von der Oberfläche längs bestimmter Ebenen des Metallgitters in das Innere von Ta hinein und es löst sich O im Metall. Im Bereich der parabolischen (I) Oxidation (450—600 °C) bilden sich ebenfalls TaO_y (nur bis 500 °C) und TaO_z und es löst sich O in Ta. Die O-Lösung wird durch die O-Diffusion kontrolliert. Während der linearen (I) Oxidation (breakaway Oxidation, 600—800 °C) bildet sich poröses Ta_2O_5 auf TaO_z. Die Gewichtszunahme durch die O-Lösung ist von geringerer Bedeutung. Oberhalb von 800 °C ist die Oxidation zunächst parabolisch (II) und es bildet sich eine kompakte Schicht aus β-Ta_2O_5; daneben Spuren von TaO und O-Lösung. Geschwindigkeitsbestimmend ist die Diffusion von O durch β-Ta_2O_5. Bei längeren Reaktionszeiten schließt sich bei 800—1000 °C die lineare (II) Oxidation an. Dabei verliert die TaO/Ta_2O_5-Oxidschicht ihren schützenden Charakter. Die Geschwindigkeitskonstante $k_{l(II)}$ ist wie $k_{l(I)}$ bei den höheren Temperaturen und den niedrigeren O_2-Drücken proportional zu $p_{O_2}^{1/2}$, während sie bei niedrigeren Temperaturen und höheren Drücken weniger von p_{O_2} abhängt. Einfluß der Temperatur auf $k_{l(I)}$ und $k_{l(II)}$ bei 500—1000 °C und 0,01—760 Torr O_2 s. Abb. 24 [124]. Diskussion der Reaktionsmechanismen im Bereich der linearen Oxidation bei 500—950 °C und $1-6 \cdot 10^4$ Torr O_2 s. [145]. Bei 1100—1200 °C folgt auf den anfänglichen parabolischen (II) Bereich ein nachparabolischer Bereich, in dem die Oxidschicht teilweise schützend ist und in dem die Oxidationsgeschwindigkeit v mit der Zeit abnimmt. Oberhalb von 1200 °C wird v bei 1 atm O_2 extrem groß [124]. Oxidation von Ta-Einkristallen bei 850—1100 °C und 700 Torr O_2 [146]. — Einfluß von N (0—250 Torr N_2) auf die Oxidation von Ta bei 600—925 °C und 360 Torr O_2 [148]. Oxidation von Ta in H_2O-Dampf [149, 150].

Niedrige Drücke [124, 125, 151—157, 163—166, 204, 206]. Bei der O_2-Begasung von einkristallinen Ta-Folien bei 200—600 °C und $5 \cdot 10^{-4}$ Torr O_2 wird O zunächst im Metallgitter gelöst (statistische Verteilung des O auf Zwischengitterplätze). Mit zunehmender O-Konzentration bilden sich dann die Suboxide TaO_x, TaO_y, TaO_z mit einer langperiodischen Ordnung der O-Atome; bei der Zusammensetzung TaO entsteht das neue Kristallgitter des Monoxids [125]. — Bei 1200 bis 1600 °C und $p_{O_2} < 10^{-2}$ Torr kann der zeitliche Ablauf der O-Aufnahme in drei Reaktionsbereiche eingeteilt werden, s. Abb. 25 [124, 136]: linearer Bereich I (O-Lösung im Metall ohne erkennbare Oxidbildung, Chemisorption von O geschwindigkeitsbestimmend), parabolischer Bereich II, in dem die Geschwindigkeit v der O-Aufnahme mit der Reaktionszeit t abnimmt (O-Lösung im Metall, erste Oxidspuren, Diffusion von O in Ta geschwindigkeitsbestimmend), Bereich III, in dem v mit t zunimmt (Bildung von Ta_2O_5, Chemisorption von O wesentlicher geschwindigkeitsbestimmender Faktor). Oberhalb von 1700 °C tritt neben der Oxidbildung auch eine Abdampfung von Oxiden auf. — Im linearen Bereich I gilt nach [154] für die Geschwindigkeit v_0 der O-Lösung in Ta-Drähten mit 0,5 mm Dmr. bei 1100—2000 °C und $5 \cdot 10^{-4}$ Torr (v_0 in $mg \cdot cm^{-2} \cdot min^{-1}$)

$v_O = 1{,}16 \cdot 10^3 \cdot r \cdot p_{O_2} = 1{,}16 \cdot 10^3 \cdot p_{O_2}/[1 + 1{,}11 \cdot 10^{-1} \cdot \exp(11500/RT)]$
Temperaturabhängigkeit des Reaktionskoeffizienten r s. Abb. 11. Geschwindigkeitsbestimmend ist im wesentlichen die dissoziative Chemisorption des O_2 (Aktivierungsenergie 11,5 kcal/mol O_2). Bei längeren Reaktionszeiten (höhere O-Konzentration) nimmt die Geschwindigkeit der O-Lösung ab, da der Bedeckungsgrad des an der Metalloberfläche adsorbierten O ansteigt [154, 155].
In H_2O-*Dampf* gilt für die Geschwindigkeit v_O der O-Aufnahme von Ta-Drähten mit 0,5 mm Dmr. bei $5 \cdot 10^{-5}$—$5 \cdot 10^{-3}$ Torr und 1100—1700 °C und kleinen Reaktionszeiten (v_O in mg · cm^{-2} · min^{-1}) [165, 166]
$v_O = 7{,}71 \cdot 10^2 \cdot r \cdot p_{H_2O} = 4{,}39 \cdot 10^2 \cdot p_{H_2O} \cdot \exp(-7340/RT)$
Temperaturabhängigkeit des Reaktionskoeffizienten r s. Abb. 11. Eine gleichzeitige Lösung von H in Ta findet bei den hohen Temperaturen nicht statt [165, 166]. Kinetik der Reaktion von H_2O-Dampf mit Ta (Bänder mit 1 mm Stärke) bei 10^{-6} — 10^{-3} Torr und 1000—1430 °C s. [204].

Entgasung [137, 138, 152, 158, 159, 163, 206, 207]. O wird aus Ta—O-Mischkristallen erst oberhalb von etwa 1600 °C in Form der flüchtigen Oxide TaO(g) und TaO_2(g) abgegeben. Bei Ausgangskonzentrationen $c_0 < 0{,}3$ At.-% O überwiegt die Abdampfung von TaO(g) und es gilt ein Geschwindigkeitsgesetz 1. Ordnung (1700—2200 °C, 10^{-2} — 0,3 At.-% O, Probendicke < 1 mm, v_o in mg O · cm^{-2} × min^{-1}, c in At.-%) [137]
$v_O = 2{,}07 \cdot 10^{11} \cdot c \cdot \exp(-132100/RT)$
daraus folgt für die Abnahme der O-Konzentration c in dünnen Ta-Werkstücken
$\log c/c_0 = -1{,}02 \cdot 10^{11} \cdot F/M \cdot t \cdot \exp(-132100/RT)$
(Probenoberfläche F in cm^2, Probenmasse M in g, Entgasungszeit t in min). Bei höheren O-Konzentrationen gilt für v_O
$v_O = v_1 c + v_2 c^2$
wobei $v_2 c^2$ die Geschwindigkeit der Abdampfung von TaO_2(g) angibt [158]. Geschwindigkeitsbestimmend ist die Bildung und Abdampfung der flüchtigen Oxide (Aktivierungsenergien; TaO(g): 132 kcal/mol, TaO_2(g): 110 kcal/mol [158]).

Stationäre Zustände [153, 156, 158, 160, 161] zwischen Aufnahme von O aus O_2 und Abgabe von O über die flüchtigen Oxide TaO(g) und TaO_2(g) bei 1940 bis 2500 °C und $5 \cdot 10^{-5}$—$2 \cdot 10^{-3}$ Torr O_2 s. [160]. Für $c < 0{,}5$ At.-% O (bevorzugte TaO-Abdampfung) gilt
$c = 2{,}03 \cdot 10^{-3} \cdot p_{O_2} \cdot \exp(68350/RT)$
und für die Geschwindigkeit des O-Umsatzes v_O in mg · cm^{-2} · min^{-1}
$v_O = 3{,}55 \cdot 10^6 \cdot p_{O_2} \cdot \exp(-43000/RT)$ (1940—2100 °C)
(p,c)-Isothermen s. Abb. 26 [160]. In H_2O-*Dampf* treten nach [161] bei $6 \cdot 10^{-5}$ bis $2 \cdot 10^{-3}$ Torr und 1850—2560 °C ebenfalls stationäre Zustände auf. Für $c < 0{,}3$ At.-% O (bevorzugte TaO-Abdampfung) gilt
$c = 1{,}35 \cdot 10^{-2} \cdot p_{H_2O} \cdot \exp(54640/RT)$
und für die Geschwindigkeit des O-Umsatzes v_O in mg · cm^{-2} · min^{-1}
$v_O = 1{,}5 \cdot 10^6 \cdot p_{H_2O} \cdot \exp(-44100/RT)$ (1850—2150 °C)
(p,c)-Isothermen s. Abb. 27 [161].

Ausscheidungsvorgänge [58, 84, 123, 162]. In übersättigten Ta—O-Mischkristallen mit 3 oder 4 At.-% O entstehen beim Auslagern bei 500—900 °C plättchenförmige TaO_z-Ausscheidungen, die von freien Oberflächen oder Korngrenzen in das

Metallinnere hineinwachsen [162] (nach [123] auf den {100}-Ebenen des Ta). Die Ausscheidungen bestehen bei 900 °C aus einzelnen dünnen, parallel zueinander liegenden Plättchen, die optisch aktiv sind [123]. Bei 400 °C bildet sich neben TaO_z auch TaO_y, bei 300 °C nur noch TaO_y. Bei 200 und 150 °C tritt eine Aushärtung auf, die offenbar durch kohärente Ausscheidung eines kubischen Oxids verursacht wird. Einfluß der Auslagerungszeit auf die Härte nach der Auslagerung von Ta—O-Mischkristallen mit 4 At.-% O bei 150—300 °C s. Abb. 28 [162].

Gitterparameter [58, 123, 162]. Für a in Å gilt bei R. T.
$a = 3{,}3020 + 0{,}0039\,c$ (0—3,6 At.-% O [123])

Elektrischer Widerstand [110, 167—169, 204]. Für ϱ in $\mu\Omega \cdot$ cm gilt bei 10 °C
$\varrho = 12{,}9 + 5{,}1\,c$ (0—1,2 At.-% O [110])
Bei 0—1170 °C und 0—3 At.-% O ergibt sich nach [204] mit T' in °C
$\varrho = 12{,}7\,(1 + 3{,}05 \cdot 10^{-3}\,T' + 0{,}366\,c)$
wobei der Zusatzwiderstand unabhängig von der Temperatur 4,6 $\mu\Omega \cdot$ cm/At.-% O beträgt.

Supraleitung [31, 112, 203]. Die kritische Temperatur fällt von 4,483 auf 3,425 K bei Lösung von 3 At.-% O [31, 203].

Thermokraft gegen Cu [123] steigt bei 65 °C von —4,75 μV/°C auf —0,5 μV/°C bei Lösung von 4 At.-% O.

Magnetische Suszeptibilität [170]. Für χ in cm^3/g gilt bei R. T.
$\chi = 0{,}93 \cdot 10^{-6} - 0{,}024 \cdot 10^{-6}\,c$ (0—4,4 At.-% O)

Innere Reibung [113—115, 117, 169—172]. Gelöster O verursacht ein Snoek-Dämpfungsmaximum, das für 1 Hz bei 155 °C liegt [115].
Für die Dämpfung in Q^{-1}_{max} gilt
$Q^{-1}_{max} = 0{,}0722\,c$ (0—1,3 At.-% O [170])
Dem entspricht eine spezifische Relaxationsstärke $\Delta\Delta_r/\Delta c = 0{,}144$ (At.-% O)$^{-1}$. Der Snoek-Peak wird mit zunehmender O-Konzentration verbreitert, was auf die Wechselwirkung von O-Atomen zurückzuführen ist. [114] löst den verbreiterten Peak in zwei Einzelpeaks bei 137 und 162 °C (0,6 Hz) mit verschiedenen Relaxationszeiten auf, wobei Q^{-1}_{max} linear (Relaxation von einzelnen O-Atomen) bzw. quadratisch (Relaxation von O-Atomen, die O-Paaren angehören) von c abhängt. Zur Bildung von O-Paaren s. auch [172].

Härte [58, 123, 143, 162, 170] s. Abb. 5. Die Vickershärte HV(500 p) steigt bei R. T. nichtlinear von 70 auf 555 kp/mm^2 bei Lösung von 4 At.-% O [162].

Elastizitätsmodul [170]. E steigt bei R. T. linear von 18200 auf 19150 kp/mm^2 bei Lösung von 1 At.-% O.

Streckgrenze [77, 110, 118]. Für die untere Streckgrenze σ_u in kp/mm^2 gilt bei R. T. (Drähte mit ⟨110⟩-Bambusstruktur, Dehngeschwindigkeit $4{,}7 \cdot 10^{-5}\,s^{-1}$)
$\sigma_u = 12{,}5 + 40\,c$ (0,1—1 At.-% O [110, 118])
Unterhalb von 0,1 At.-% O nimmt σ_u stärker als linear mit c ab ($\sigma_u = 7\ kp/mm^2$ für hochentgastes Ta). Einfluß von O auf σ_u für verschiedene Temperaturen s. Abb. 29 [110]. Für 0,2—1 At.-% O und —60 bis +90 °C ergibt sich ein praktisch temperaturunabhängiger Härtungskoeffizient von 40 kp/mm^2 pro At.-% O. Konzentrationsabhängigkeit von τ_S für Ta-Einkristalle mit sehr kleinen O-Gehalten für verschiedene Temperaturen s. Abb. 30 [77].

Zugfestigkeit, Querschnittsverminderung, Bruchdehnung [47, 170]. Einfluß von O auf σ_B, ψ und δ bei R. T. s. Abb. 31 [170]. Temperaturabhängigkeit von σ_B und ψ für verschiedene O-Konzentrationen und verschieden vorbehandeltes Material s. Abb. 32 [47].

Duktil-Spröd-Übergang [47]. Einfluß von O auf die Übergangstemperatur $T_Ü$ von Ta s. Abb. 33.

Ternäre Systeme

Ta—H—C. C-Absorption von Ta in CH_4(g), C_2H_2(g) und C_5H_{12}(g) s. Ta—C [70—72, 204, 205].

Ta—H—O. O-Absorption von Ta in H_2O-Dampf s. Ta—O [165, 166, 204]. Stationäre Zustände zwischen Aufnahme von O aus H_2O-Dampf und Abgabe von O in Form flüchtiger Oxide TaO(g), TaO_2(g) s. Ta—O [161].

Ta—C—N. Konstitution [1, 174]. Zustandsdiagramm des Systems Ta—TaC—TaN für 1250—1450 °C [174].

Ta—C—O. *Konstitution* [1, 175]. Unter Benutzung thermodynamischer Daten für die Karbide und Oxide von Ta werden von [175] die stabilen Phasen oberhalb von 1030 °C bei 1 atm CO(g) bestimmt.
CO-*Gleichgewichtsdruck* über Ta—C—O-Mischkristallen [62, 176]
$\log p_{CO} = \log c_C + \log c_O + 5{,}1 - 14200/T$ (1700—2000 °C [62])
$CO = C(\text{in Ta(s)}) + O(\text{in Ta(s)})$: $\Delta G^0 = -65000 + 28{,}3\,T$
(1700—2000 °C [62])
Oxidation von Ta in CO_2 bis zu Atmosphärendruck bei 700—950 °C [177].

Ta—N—O. *Konstitution* [1]. Ternäre Phasen: $TaN_{0,9}O_{0,1}$, $TaN_{0,75}O_{0,25}$, $TaN_{0,65}O_{0,35}$, $TaN_{0,5}O_{0,5}$ [178]; $Ta_2(O_x, N_{1-x})$ hex. [179]; TaON monoklin [85].
Die *Oxidationsgeschwindigkeit* von Ta in O_2 bei 360 Torr und 600—925 °C wird bei Gegenwart von N_2 (bis zu 250 Torr) herabgesetzt [148].
Für die *untere Streckgrenze* σ_u in kp/mm² gilt bei R. T. für gleichzeitige Lösung von N und O (Drähte mit ⟨110⟩-Bambusstruktur, Dehngeschwindigkeit $4{,}7 \cdot 10^{-5}\,s^{-1}$).
$\sigma_u = 12{,}5 + 69\,c_N + 40\,c_O$ (0,1—1 At.-% (O + N) [110, 118])
Unterhalb von 0,1 At.-% (N + O) nimmt σ_u stärker als linear mit der Metalloidkonzentration ab ($\sigma_u = 7$ kp/mm² für hochentgastes Ta).

Ta—Cr—C. Isothermer Schnitt für 1000 °C [180].

Ta—Hf—C. Konstitution [173, 181, 182]. Isothermer Schnitt für 2050 °C [173, 181]; isothermer Schnitt für 1850 °C [182]. Lückenlose Mischkristallbildung zwischen TaC und HfC bei 2050 °C [173].

Ta—Nb—C. Konstitution [173, 183, 184]. Isothermer Schnitt für 1730 °C [183] und 1000 °C [184].

Ta—Ti—C. Konstitution [173, 184, 185]. Isothermer Schnitt für 1820 °C [184]. Lückenlose Mischkristallbildung zwischen TaC und TiC [173].

Ta—V—C. Konstitution [173, 183, 184, 186, 187]. Isothermer Schnitt für 1730 °C [183], Teildiagramm des Systems TaC—VC für 1100—3800 °C zeigt unterhalb von 1350 °C eine Mischungslücke [186, 187].

Ta—Zr—C. Konstitution [173, 184, 188]. Isothermer Schnitt für 1450 °C [184, 188].

Ta—Re—N. Innere Reibung [189]. Dämpfungsmessungen für Ta-Legierungen mit 1,3; 2,1 und 3,8 At.-% Re sowie etwa 600 At.-ppm N bei 0,8 Hz. Neben idealem N-Snoek-Dämpfungsmaximum (Aktivierungsenergie $Q = 37{,}5$ kcal/mol) treten nach einer Computeranalyse der Dämpfungskurve für 3,8 At.-% Re zwei weitere Maxima auf, die durch Re—N-Paare (380 °C, $Q = 40{,}2$ kcal/mol) bzw. durch Re_xN-Komplexe (425 °C, $Q = 42{,}5$ kcal/mol) verursacht werden. Die Relaxationsstärke des gewöhnlichen N-Snoek-Maximums nimmt mit zunehmender Re-Konzentration infolge der Re—N-Wechselwirkungen ab. Diese sind für die Legierungsentfestigung in Nb—Re—N-Legierungen verantwortlich [189, 190].

Ta—Si—N. Konstitution [1, 191]. Isothermer Schnitt für 1600 °C [191].

Ta—Hf—O. Oxidation [173, 193—195, 201]. Die Geschwindigkeit der Oxidation von vielkristallinem Ta in O_2 bei 760 Torr wird bei 850—1000 °C durch 4,04 At.-% Hf vergrößert [193]. Bei höheren Hf-Konzentrationen wird dagegen die Oxidationsbeständigkeit von Ta oberhalb von 1200 °C verbessert. Für 1400 °C wird die geringste Oxidationsgeschwindigkeit bei einem Hf-Zusatz von 20 At.-% beobachtet [195]. Auch [201] berichtet von der ausgezeichneten Oxidationsbeständigkeit der Legierung mit 20 At.-% Hf und führt diese auf das parabolische Wachstum eines haftenden stabilisierten Hf-Oxids (HfO_2) zurück.

Ta—K—O. *Konstitution* des Teilsystems Ta_2O_5—K_2O [173]. *Korrosion* [192, 196]. Untersuchung des Einflusses von O auf die Ta—K(l)-Verträglichkeit bei 600, 800 und 1000 °C. Eine Erhöhung der O-Konzentration in K(l) führt zu einer vermehrten Auflösung von Ta in K(l), dabei bildet sich offenbar ein ternäres Oxid. Übersteigt die O-Konzentration in Ta eine bestimmte Schwelle, dann dringt K in Ta ein. Die Grenzkonzentrationen für Korngrenzenkorrosion betragen 0,56; 0,8 bzw. 1,1 At.-% O für 600, 800 bzw. 1000 °C.

Ta—Li—O. Konstitution des Teilsystems Ta_2O_5—Li_2O [173]. Berechnung des thermodynamischen Gleichgewichts O (in Ta(s)) = O (in Li(l)) für 500—800 °C [173].

Ta—Mo—O. Oxidation einer Ta-Legierung mit 7,3 At.-% Mo bei 950 °C [197].

Ta—Na—O. *Konstitution* des Teilsystems Ta_2O_5—Na_2O [173]. Thermodynamische Behandlung des Gleichgewichts O(in Ta(s)) = O (in Na(l)) [173]. *Korrosion* [198]. Untersuchung des Einflusses von O auf die Ta—Na(l)-Verträglichkeit bei 600 °C. Eine Erhöhung der O-Konzentration in Na(l) von 70 auf 1700 At.-ppm führt zu einer vermehrten Auflösung von Ta in Na(l), dabei bildet sich offenbar ein lose auf Ta haftendes ternäres Oxid. Übersteigt die O-Konzentration in Ta 0,23 At.-%, dann dringt Na in Ta ein.

Ta—Nb—O. Oxidation [173, 195, 199]. Ta-Legierungen mit 3,55; 5,85 und 11,15 At.-% Nb (Einkristalle und Vielkristalle) in trockenem O_2 bei 740 Torr und 850—1050 °C. Für Vielkristalle verringern die Nb-Zusätze die Geschwindigkeit der linearen Oxidation von Ta bei allen Temperaturen [199].

Ta—Th—O. Konstitution [173]. Oxidation in Luft [173, 195].

Ta—Ti—O. *Konstitution* der Teilsysteme TaO_2—TiO_2 und Ta_2O_5—TiO_2 (Zustandsdiagramm für 0—1900 °C), ternäre Oxide [173]. *Oxidation* von Ta-Legierungen mit bis zu 71,5 At.-% Ti in Luft bei 1000, 1200 und 1400°C; Gewichtszunahme, Geschwindigkeitskonstanten [173, 195].

Ta—V—O. *Konstitution* der Teilsysteme TaO_2—VO_2 und Ta_2O_5—V_2O_5, ternäre Oxide [173]. *Oxidation* von Ta-Legierungen mit 15,7; 28,4 und 60,4 At.-% V bei 1200 °C [173, 195].

Ta—W—O. *Konstitution* [202]. *Oxidation* von Ta-Legierungen mit verschiedenen W-Gehalten in O_2 oder Luft bei 700—1300 °C (z. B. Ta-Legierung mit 3,9 At.-% W, Einkristalle, Vielkristalle, 740 Torr O_2, 850—1100 °C) s. Übersicht [200].

Ta—Zr—O. *Konstitution* [173]. *Oxidation* von Ta-Legierungen mit Zr bis 57 At.-% in trockener Luft bei 1000, 1200 und 1400 °C; Gewichtszunahme in Abhängigkeit von der Zr-Konzentration [173, 195].

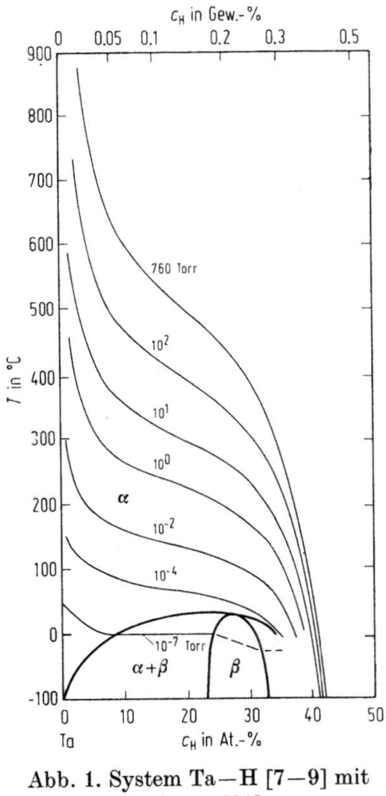

Abb. 1. System Ta—H [7—9] mit Isobaren [20].

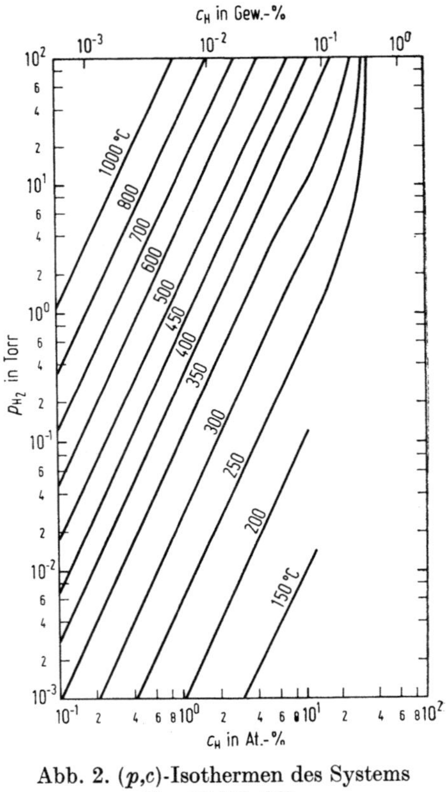

Abb. 2. (p,c)-Isothermen des Systems Ta—H [19, 20].

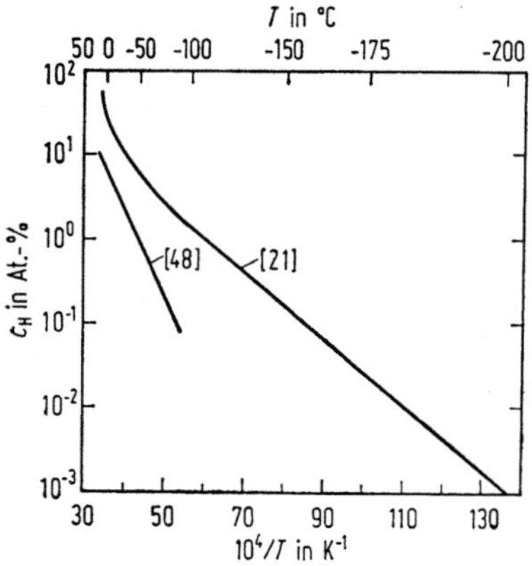

Abb. 3. Löslichkeitsgrenze für H in Ta(s).

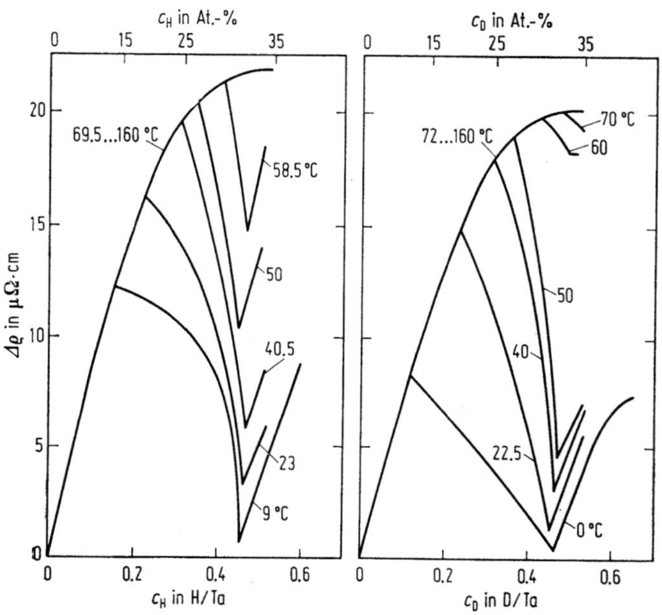

Abb. 4. Einfluß von H oder D auf den Zusatzwiderstand $\Delta\varrho$ von Ta bei verschiedenen Temperaturen [38].

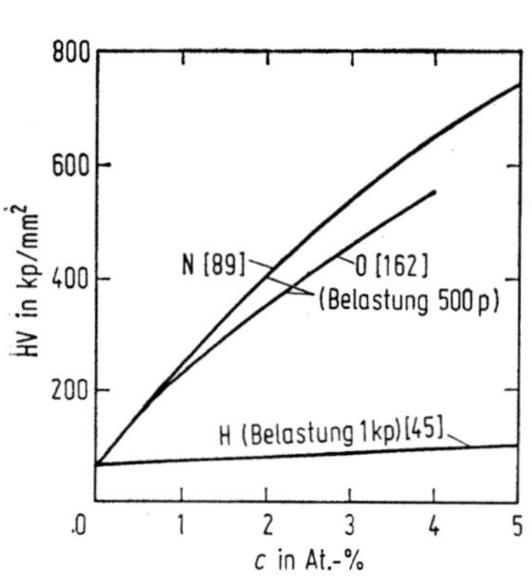

Abb. 5. Einfluß von H, N und O auf die Härte HV von Ta bei R. T.

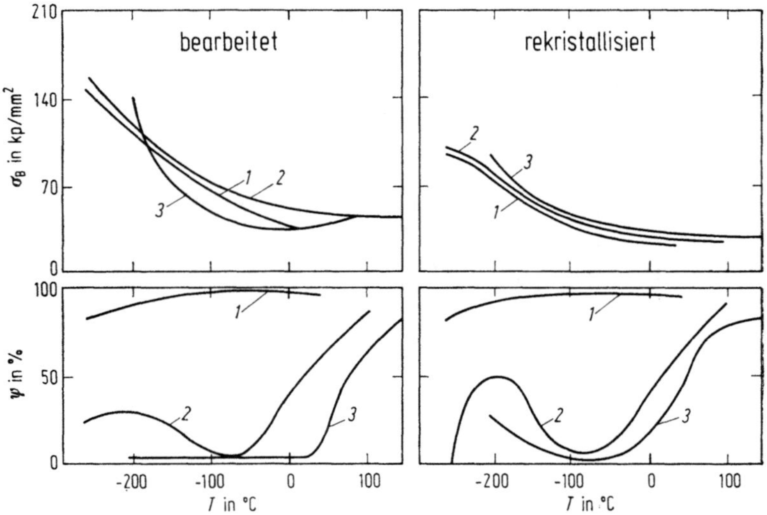

Abb. 6. Einfluß der Temperatur auf die Zugfestigkeit σ_B und Querschnittsverminderung ψ von H-haltigem Ta für verformtes und rekristallisiertes (ASTM-Korngröße 3) Material (*1*: reines Material, *2*: 2,46 At.-% H, *3*: 9,5 At.-% H für bearbeitetes und 4,62 At.-% H für rekristallisiertes Material, Dehngeschwindigkeit $6{,}7 \cdot 10^{-4}\ s^{-1}$) [47].

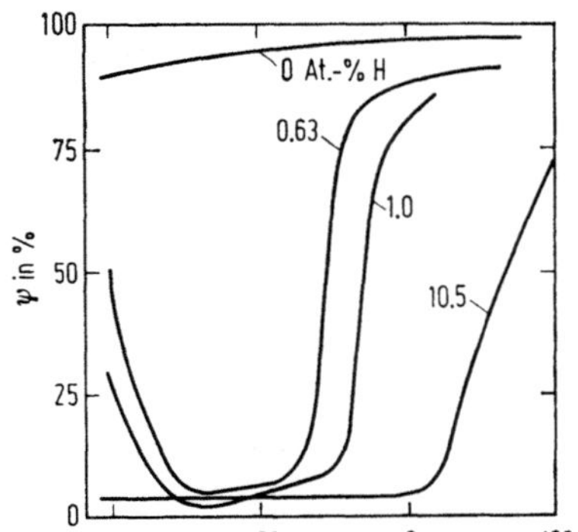

Abb. 7. Einfluß der Temperatur auf die Querschnittsverminderung ψ von H-haltigem Ta (Korngröße 0,02 mm, Dehngeschwindigkeit $8{,}3 \cdot 10^{-5}\ s^{-1}$) [48].

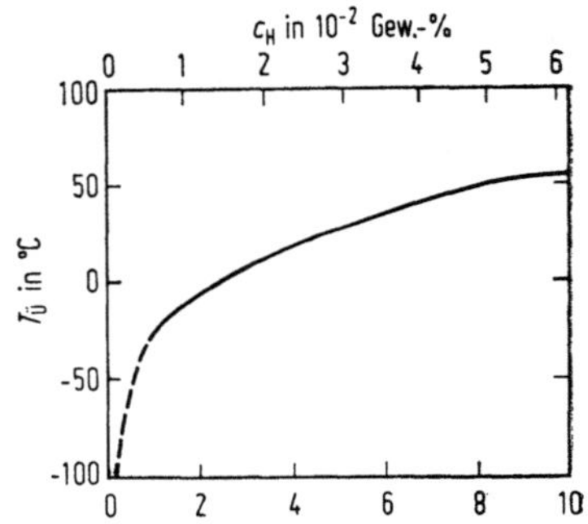

Abb. 8. Einfluß von H auf die Temperatur $T_Ü$ des Duktil-Spröd-Überganges von Ta (Zugversuche, Dehngeschwindigkeit $8{,}3 \cdot 10^{-5}\ s^{-1}$) [48].

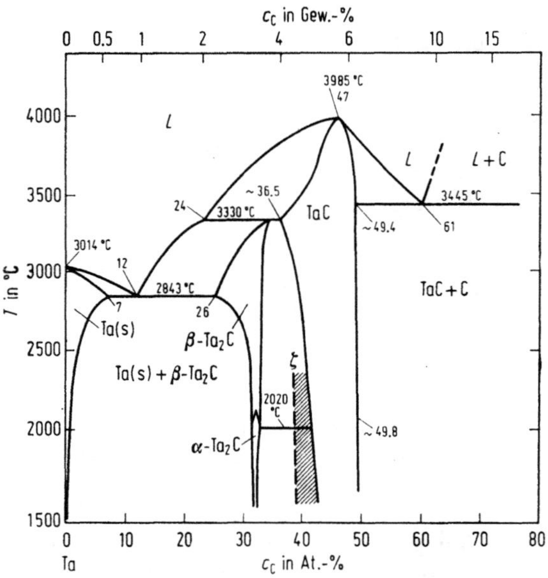

Abb. 9. System Ta—C [50, 52].

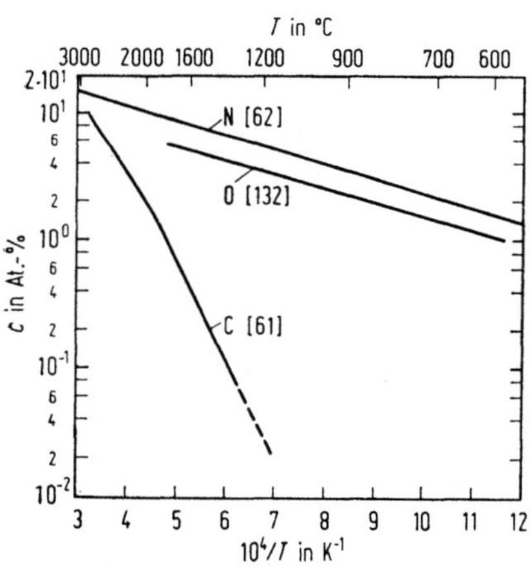

Abb. 10. Löslichkeitsgrenze für C, N und O in Ta(s).

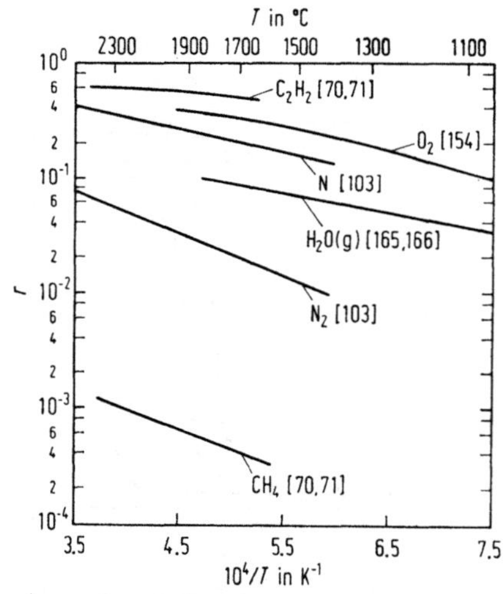

Abb. 11. Einfluß der Temperatur auf den Reaktionskoeffizienten r für die C-Absorption von Ta in CH_4 und C_2H_2, für die anfängliche N-Absorption in N_2 und N sowie für die O-Absorption in O_2 und H_2O-Dampf (Probendicke < 1 mm, kurze Reaktionszeiten, $p < 10^{-1}$ Torr).

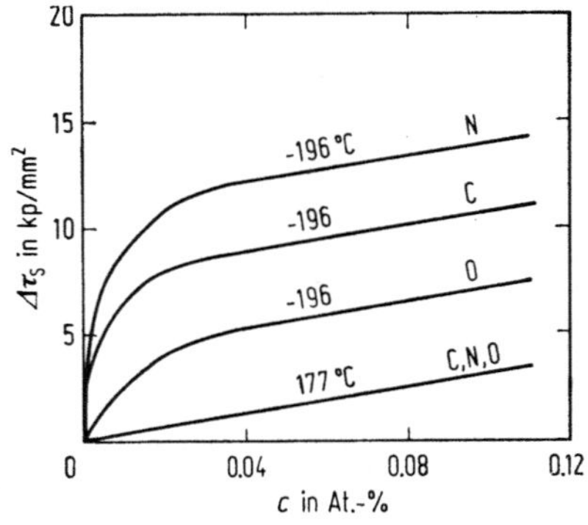

Abb. 12. Erhöhung $\Delta\tau_S$ der kritischen Schubspannung von Ta-Einkristallen durch C, N und O bei verschiedenen Temperaturen [77].

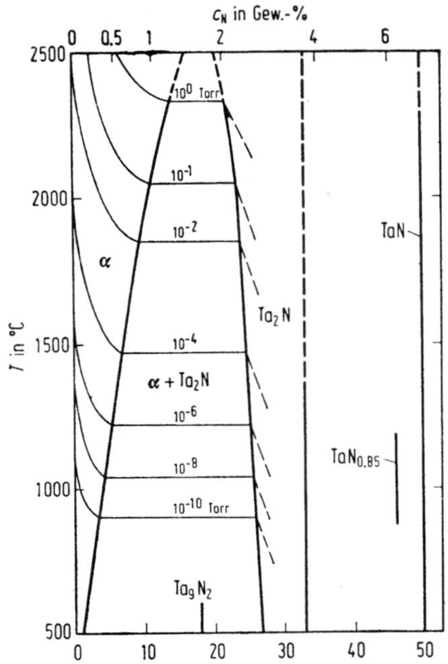

Abb. 13. System Ta—N [78, 81] mit Isobaren.

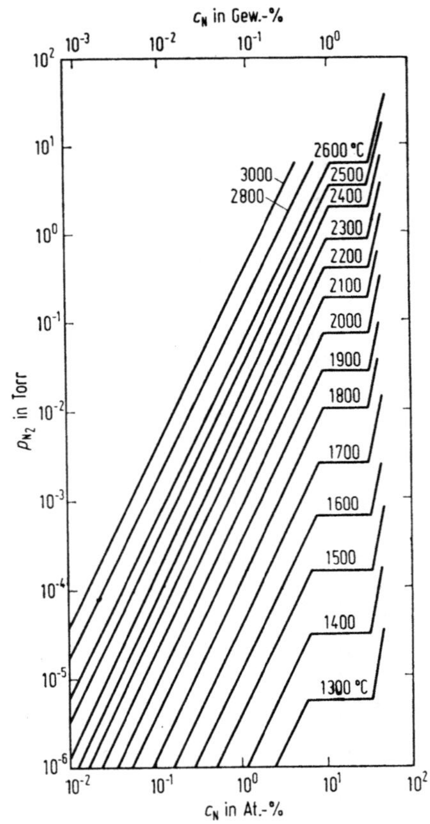

Abb. 14. (p,c)-Isothermen des Systems Ta—N [62, 78].

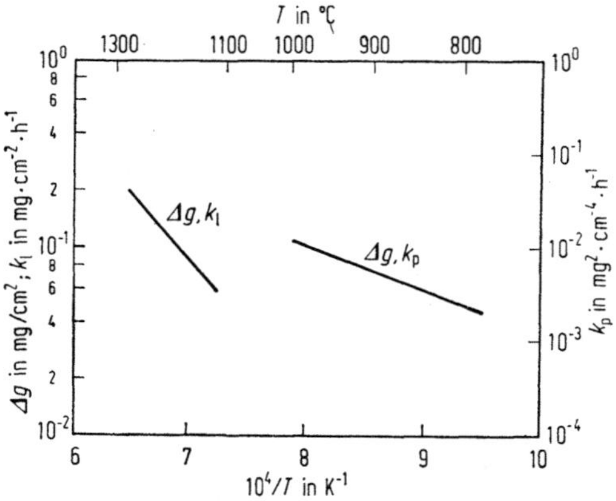

Abb. 15. Gewichtszunahme Δg von Ta in N_2 in 1 h [96]. Es wird nur die Bildung der Nitridschicht, nicht aber die Lösungsbildung berücksichtigt.

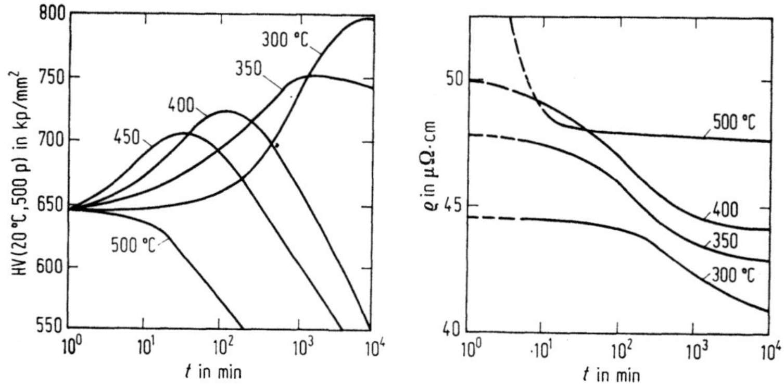

Abb. 16. Änderung der Härte HV und des elektrischen Widerstandes ϱ von Ta—N-Legierungen mit 4 At.-% N durch Auslagerung bei 300—500 °C [16].

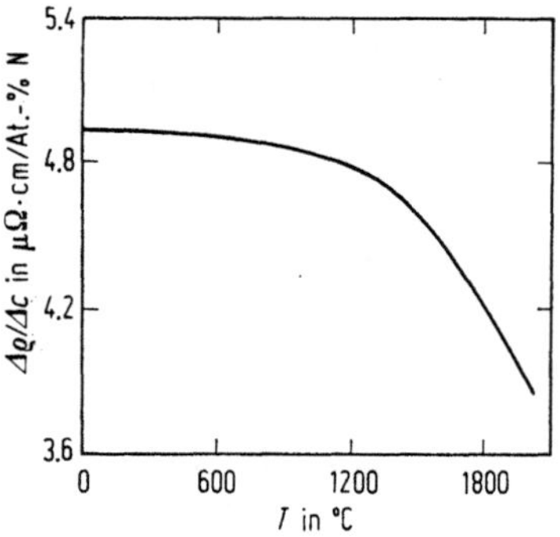

Abb. 17. Einfluß der Temperatur auf den Zusatzwiderstand $\Delta\varrho/\Delta c$ von N-haltigem Ta [111].

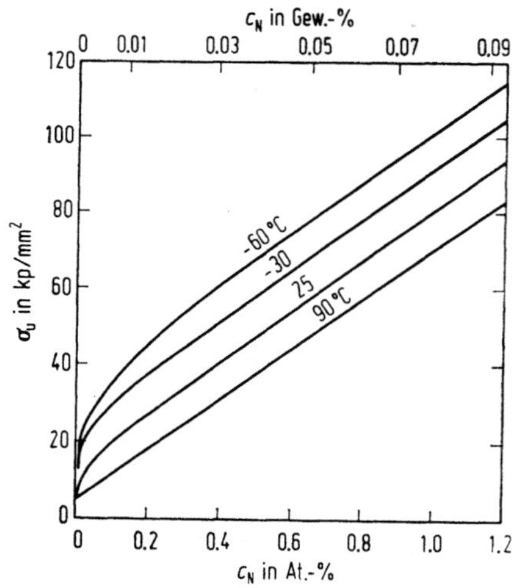

Abb. 18. Einfluß von N auf die untere Streckgrenze σ_u von Ta bei verschiedenen Temperaturen (Drähte mit ⟨110⟩-Bambusstruktur, Dehngeschwindigkeit $4{,}7 \cdot 10^{-5}\ s^{-1}$) [118].

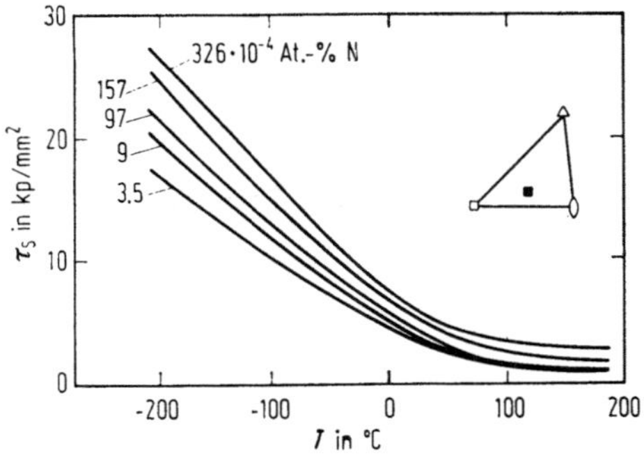

Abb. 19. Einfluß der Temperatur auf die kritische Schubspannung τ_S von N-haltigen Ta-Einkristallen (Gleitsystem ⟨111⟩ {101}, Dehngeschwindigkeit $5{,}5 \cdot 10^{-5}\ s^{-1}$) [119].

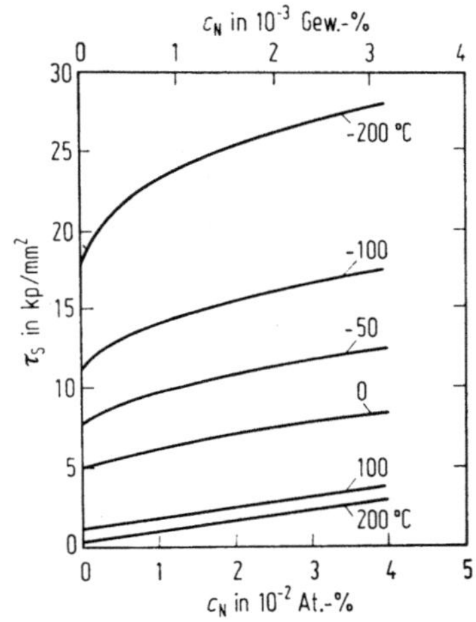

Abb. 20. Einfluß von N auf die kritische Schubspannung τ_S von Ta-Einkristallen bei verschiedenen Temperaturen (Gleitsystem ⟨111⟩ {101}, Dehngeschwindigkeit $5{,}5 \cdot 10^{-5}\ s^{-1}$) [119].

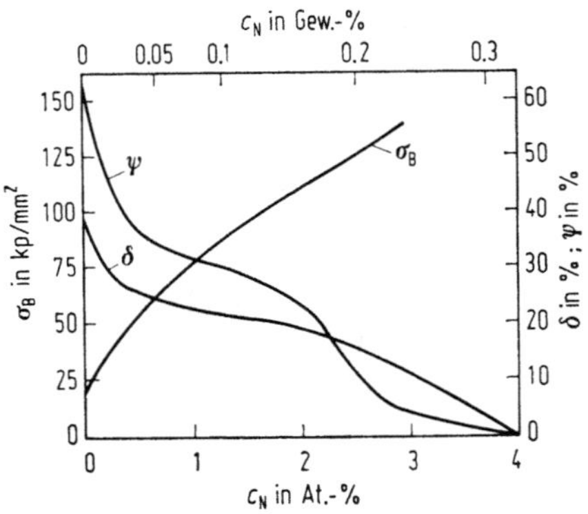

Abb. 21. Einfluß von N auf die Zugfestigkeit σ_B, Bruchdehnung δ und Querschnittsverminderung von ψ von Ta (Korngröße 0,015 mm², Dehngeschwindigkeit etwa $1{,}9 \cdot 10^{-3}\ s^{-1}$) [107].

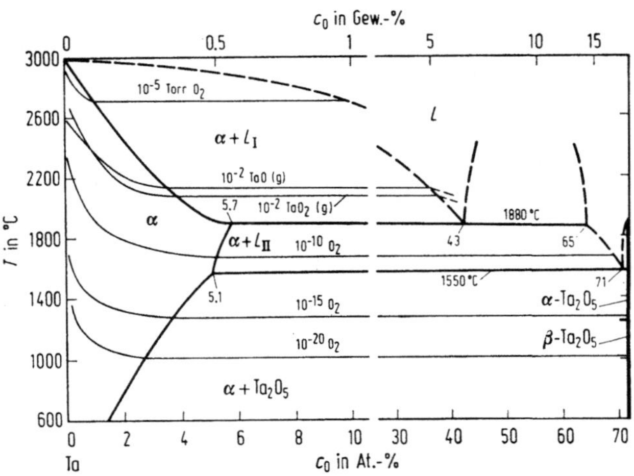

Abb. 22. System Ta—O [121] mit Isobaren [62].

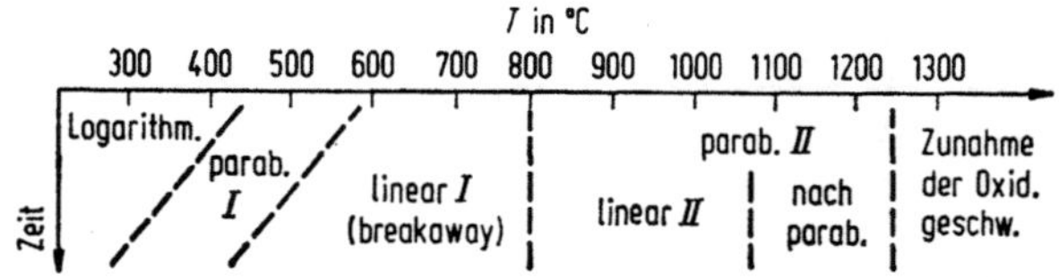

Abb. 23. Schematische Übersicht über die Zeitgesetze bei der Oxidation von Ta in 100 Torr O_2 [124].

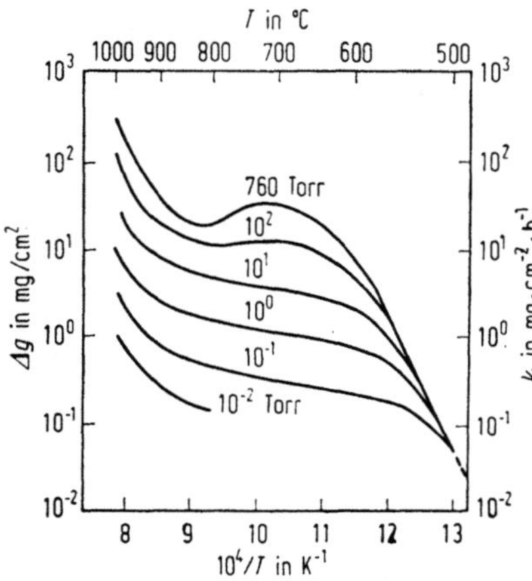

Abb. 24. Gewichtszunahme Δg von Ta in O_2 in 1 h [124].

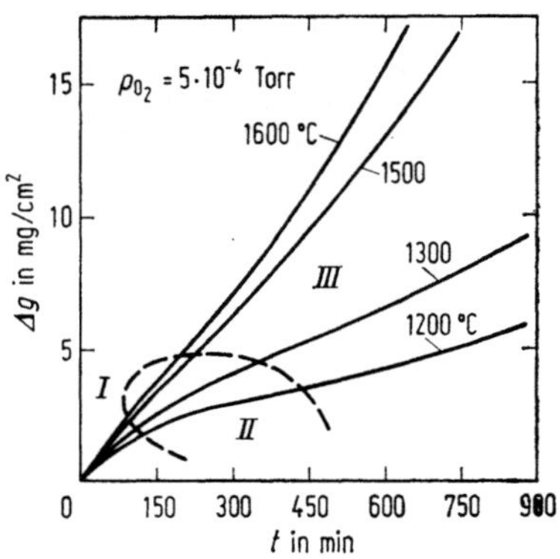

Abb. 25. Gewichtszunahme Δg der O-Absorption von Ta bei hohen Temperaturen und niedrigem O_2-Druck [124, 136].

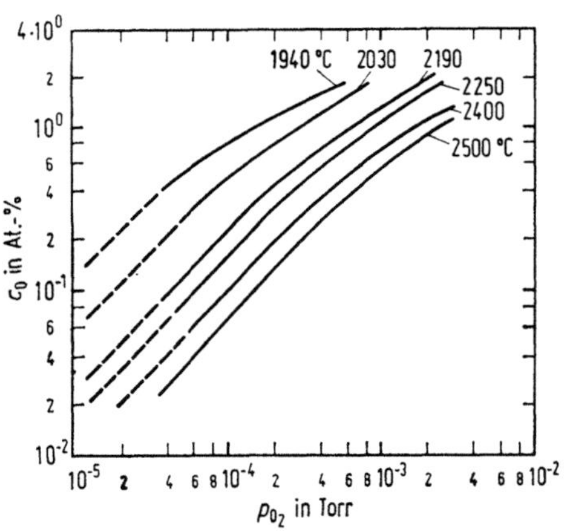

Abb. 26. (p,c)-Isothermen des stationären Zustandes beim Glühen von Ta in O_2 [160].

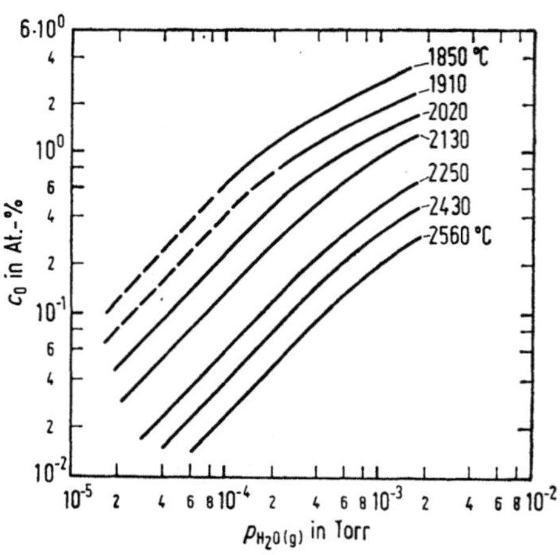

Abb. 27. (p,c)-Isothermen des stationären Zustandes beim Glühen von Ta in H_2O-Dampf [161].

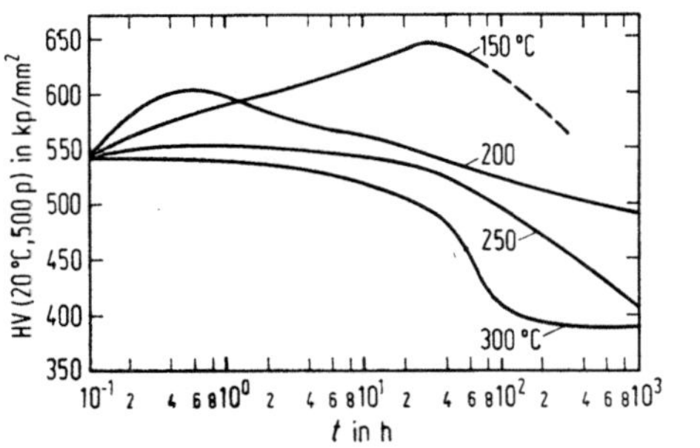

Abb. 28. Änderung der Härte HV von Ta—O-Legierungen mit 4 At.-% O nach dem Auslagern bei 150—300 °C [162].

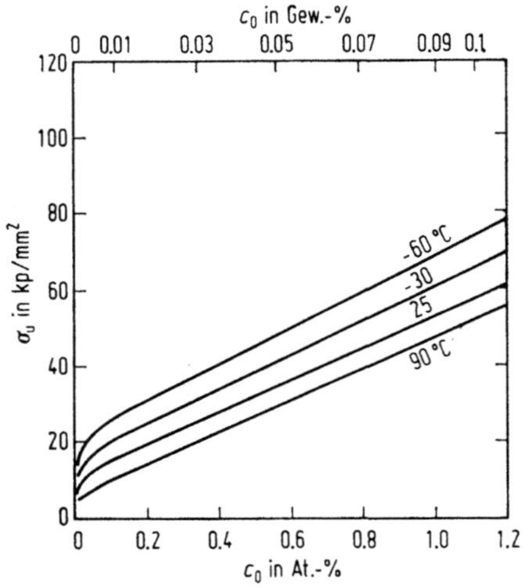

Abb. 29. Einfluß von O auf die untere Streckgrenze σ_u von Ta bei verschiedenen Temperaturen (Drähte mit ⟨110⟩-Bambusstruktur, Dehngeschwindigkeit $4{,}7 \cdot 10^{-5}\ s^{-1}$) [110].

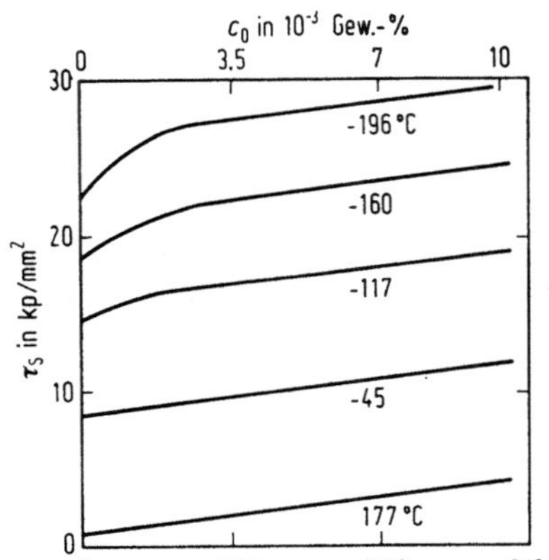

Abb. 30. Einfluß von O auf die kritische Schubspannung τ_S von Ta-Einkristallen bei verschiedenen Temperaturen [77].

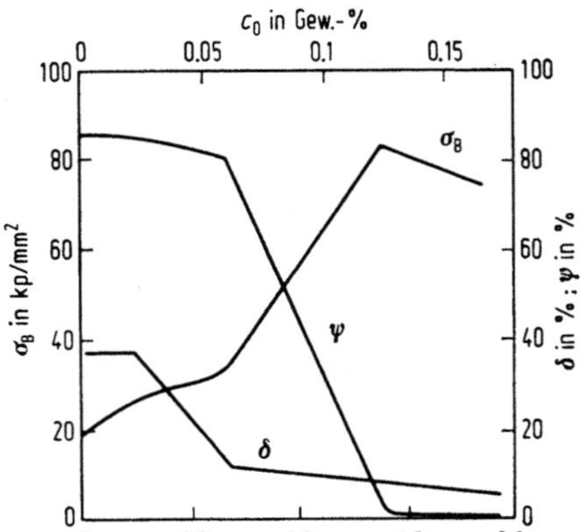

Abb. 31. Einfluß von O auf die Zugfestigkeit σ_B, Querschnittsverminderung ψ und Bruchdehnung δ von Ta [170].

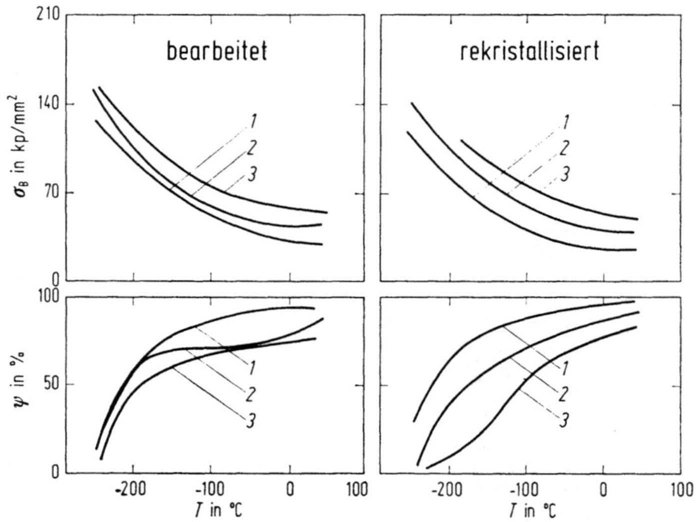

Abb. 32. Einfluß der Temperatur auf die Zugfestigkeit σ_B und Querschnittsverminderung ψ von O-haltigem Ta für verformtes und rekristallisiertes (ASTM-Korngröße 3) Material (*1*: reines Ta, *2*: 0,55 At.-% O, *3*: 0,85 At.-% O; Dehngeschwindigkeit $6{,}7 \cdot 10^{-4}\,s^{-1}$) [47].

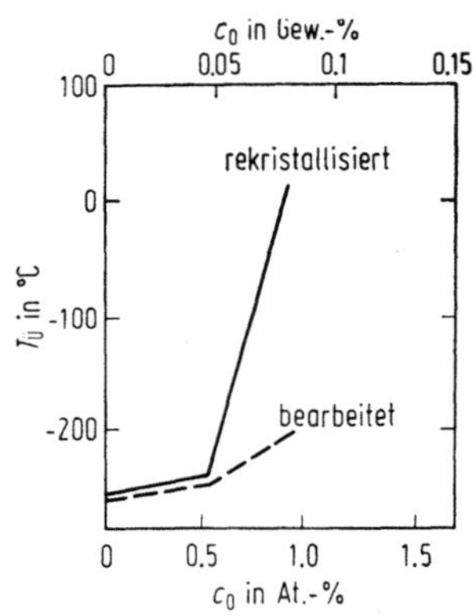

Abb. 33. Einfluß von O auf die Temperatur $T_Ü$ des Duktil-Spröd-Überganges von Ta [47].

Literatur zu Tantal

1 Gmelins Handbuch der anorganischen Chemie, Tantal, Teil B, Lieferung 1, Weinheim: Verlag Chemie 1970.
2 Miller, G. L.: Tantalum and Niobium, London: Butterworths 1959.
3 Kieffer, R.; Braun, H.: Vanadin, Niob, Tantal, Berlin, Göttingen, Heidelberg: Springer 1963.
4 Mueller, W. M.; Blackledge, J. P.; Libowitz, G. G.: Metal Hydrides, New York: Academic Press 1968.
5 Goldschmidt, H. J.: Interstitial Alloys, London: Butterworths 1967.
6 Veleckis, E.; Edwards, R. K.: J. Phys. Chem. 73 (1969) 683.
7 Waite, T. R.; Wallace, W. E.; Craig, R. S.: J. Chem. Phys. 24 (1956) 634.
8 Ducastelle, F.; Chaudron, R.; Costa, P.: J. Phys. Chem. Solids 31 (1970) 1247.
9 Pryde, J. A.; Tsong, I. S. T.: Trans. Faraday Soc. 67 (1971) 297.
10 Amato, I.; Negro, A.: J. Less-Common Metals 16 (1968) 468.

11 Somenkov, V. A. et al.: Fiz. Tverd. Tela 10 (1968) 2697; Soviet-Phys. — Solid State 10 (1969) 2123.
12 Saba, W. G.; Wallace, W. E.; Sandmo, H.; Craig, R. S.: J. Chem. Phys. 35 (1961) 2148.
13 Stalinski, B.: Ber. Bunsenges. 76 (1972) 724.
14 Wanagel, J.; Sass, S. L.; Batterman, B. W.: Phys. stat. sol. (a) 11 (1972) K 97.
15 Wallace, W. E.: J. Chem. Phys. 35 (1961) 2156.
16 Mallett, M. W.; Koehl, B. G.: J. Electrochem. Soc. 109 (1962) 611.
17 Kofstad, P.; Wallace, W. E.; Hyvönen, L. J.; J. Amer. Chem. Soc. 81 (1959) 5015.
18 Poulter, K.; Pryde, J. A. In Proc. 4th Int. Vac. Congr. I. P. P. S., Part 1, Manchester (1968) 111.
19 Pryde, J. A.; Tsong, I. S. T.: Trans. Faraday Soc. 65 (1969) 2766.
20 Huang, Y. C.; Fujita, K.: Tokai University, Tokyo, private Mitteilung.
21 Hanada, R.; Suganuma, T.; Kimura, H.: Scripta Met. 6 (1972) 483.
22 Langeberg, J. C.; McLellan, R. B.: Acta Met. 21 (1973) 897.
23 Schaumann, G.; Völkl, J.; Alefeld, G.: Phys. stat. sol. 42 (1970) 401.
24 Cantelli, R.; Mazzolai, F. M.; Nuovo, M.: J. Physique 32 (1971) C 2-59.
25 Cantelli, R.; Mazzolai, F. M.; Nuovo, M.: Appl. Phys. 1 (1973) 27.
26 Merisov, B. A.; Khotkevich, V. I.; Karnus, A. I.: Fiz. Met. Metalloved. 22 (1966) 308; Phys. Met. Metallogr. 22 (1966) no. 2, 163.
27 Merisov, B. A. et al.: Fiz. Met. Metalloved. 32 (1971) 604; Phys. Met. Metallogr. 32 (1971) no. 3, 154.
28 Wicke, E.; Obermann, A.: Z. physik. Chem. N. F. 77 (1972) 163.
29 Völkl, J.: Ber. Bunsenges. 76 (1972) 797.
30 Birnbaum, H. K.; Wert, C. A.: Ber. Bunsenges. 76 (1972) 806.
31 Gmelins Handbuch der anorganischen Chemie, Tantal, Teil A, Lieferung 2, Weinheim: Verlag Chemie 1969.
32 Gulbransen, E. A.; Andrew, K. F.: Trans. AIME 188 (1950) 586.
33 Mallett, M. W.; Koehl, B. G.: J. Electrochem. Soc. 109 (1962) 968.
34 Mazayev, A. A.; Avarbe, R. G.: Izv. Akad. Nauk SSSR, Metally (1969) no. 4, 268.
35 Stalinski, B.: Bull. Acad. Polon Sci., Classe III, 2 (1954) 245.
36 Kelley, K. K.: J. Chem. Phys. 8 (1940) 316.
37 Sieverts, A.; Gotta, A.; Halberstadt, S.: Z. anorg. allgem. Chem. 187 (1930) 155.
38 Pryde, J. A.; Tsong, I. S. T.: Acta Met. 19 (1971) 1333.
39 Garcia, E. A.: Z. Metallkde. 63 (1972) 561.
40 Horn, F. H. et al.: Phys. Rev. 61 (1942) 738.
41 Horn, F. H.; Ziegler, W. T.: J. Amer. Chem. Soc. 69 (1947) 2762.
42 Hillig, W. B.: Diss. Univ. of Michigan 1954.
43 Kofstad, P.; Butera, R. A.: J. Appl. Phys. 34 (1963) 1517.
44 Buchholz, J.; Völkl, J.; Alefeld, G.: Phys. Rev. Lett. 30 (1973) 318.
45 Perkins, R. H.: Rpt. LA-2136 (1957) 1.
46 Wriedt, H. A.; Oriani, R. A.: Scripta Met. 8 (1974) 203.
47 Imgram, A. G.; Bartlett, E. S.; Ogden, H. R.: Trans. AIME 227 (1963) 131.
48 Owen, C. V.; Scott, T. E.: Met. Trans. 3 (1972) 1715.
49 Berlincourt, T. G.; Bickel, P. W.: Phys. Rev. B 2 (1970) 4838.
50 Storms, E. K.: The Refractory Carbides, New York: Academic Press 1967.
51 Kieffer, R.; Benesovsky, F.: Hartstoffe, Wien: Springer 1963.
52 Rudy, E.: Rpt. AF 33 (615) 1249 (1969) und E. Rudy, D. P. Harmon: Rpt. AFML-TR-65-2, Pt. I, Vol. V (1965).
53 Lesser, R.; Brauer, G.: Z. Metallkde. 49 (1958) 622.
54 Villagrana, R. E.; Thomas, G.: Phys. stat. sol. 9 (1965) 499.
55 Rao, P.; Thomas, G.: Scripta Met. 4 (1970) 243.
56 Yvon, K.; Parthé, E.: Acta Crystallogr. B 26 (1970) 149.
57 Martin, J. L. et al.: Phil. Mag 24 (1971) 1355.
58 Vaughan, D. A.; Stewart, O. M.; Schwartz, C. M.: Trans. AIME 221 (1961) 937.
59 Ogden, H. R.; Schmidt, F. E.; Bartlett, E. S.: Trans. AIME 227 (1963) 1458.
60 Gebhardt, E.; Fromm, E.; Roy, U.: Z. Metallkde. 57 (1966) 682.
61 Hörz, G.; Lindenmaier, K.; Klaiss, R.: J. Less-Common Metals 35 (1974) 97.

62 Fromm, E.: J. Less-Common Metals 14 (1968) 113.
63 Worrell, W. L.; Chipman, J.: J. Phys. Chem. 68 (1964) 860.
64 Powers, R. W.; Doyle, M. V.: J. Appl. Phys. 30 (1959) 514.
65 Nakonechnikov, A. I.; Pavlinov, L. V.; Bykov, V. N.: Fiz. Met. Metalloved. 22 (1966) 234; Phys. Met. Metallogr. 22 (1966) no. 2, 73.
66 Son, P.; Miyake, M.; Sano, T.: Technol. Rpt. Osaka Univ. 18 (1968) 317.
67 Schmidt, F. A.; Carlson, O. N.: J. Less-Common Metals 26 (1972) 247.
68 Kalinovich, D. F.; Kovenskiy, I. I.; Smolin, M. D.: Fiz. Met. Metalloved. 18 (1964) 314; Phys. Met. Metallogr. 18 (1964) no. 2, 154.
69 Suzuki, H. et al.: Bull. Tokyo Inst. Technol. 90 (1969) 105.
70 Hörz, G.; Lindenmaier, K.: J. Less-Common Metals 35 (1974) 85.
71 Hörz, G.: Metall 27 (1973) 680.
72 Hörster, H.; Kauer, E.: Ber. Bunsenges. 66 (1962) 667.
73 Hörz, G.; Lindenmaier, K.; Klaiss, R.: J. Less-Common Metals 35 (1974) 77.
74 Santoro, G.; Probst, H. B.: Advan. X Ray Anal. 7 (1965) 126.
75 Dubois, J.; Mal, C.; Rivière, R.: Mém. Sci. Rev. Mét. 70 (1973) 327.
76 Powers, R. W.; Doyle, M. V.: J. Appl. Phys. 28 (1957) 255.
77 Smialek, R. L.; Mitchell, T. E.: Phil. Mag. 22 (1970) 1105.
78 Gebhardt, E.; Sghezzi, H. D.; Fromm, E.: Z. Metallkde. 52 (1961) 464.
79 Geils, R. H.; Potter, D. I.: Met. Trans. 4 (1973) 1469.
80 Schönberg, N.: Acta Chem. Scand. 8 (1954) 199.
81 Brauer, G.; Zapp, K. H.: Z. anorg. allg. Chem. 277 (1954) 129.
82 Bakish, R.: J. Electrochem. Soc. 105 (1958) 574.
83 Seraphim, D. P.; Stemple, N. R.; Novick, D. T.: J. Appl. Phys. 33 (1962) 136.
84 Usikov, M. P.; Khachaturyan, A. G.: Soviet Phys.-Crystallogr. 13 (1969) no. 6, 910.
85 Brauer, G.; Weidlein, J.; Strähle, J.: Z. anorg. allg. Chem. 348 (1966) 298.
86 Terao, N.: Japan. J. Appl. Phys. 10 (1971) 248.
87 Swisher, J. H.; Read, M. H.: Met. Trans. 3 (1972) 489.
88 Jung, P.; Trenzinger, K.: Acta Met. 22 (1974) 123.
89 Popović, M.: Dissertation, Universität Stuttgart (1975).
90 Griffiths, R.; Pryde, J. A.: Trans. Faraday Soc. 63 (1967) 2599.
91 Revyakin, A. V.; Kozina, L. N.: Izv. Akad. Nauk SSSR, Metally (1973) no. 2, 79; Russ. Met. (1973) no. 2, 51.
92 Bunn, P.; Wert, C. A.: Trans. AIME 230 (1964) 936.
93 Pemsler, J. P.: J. Electrochem. Soc. 108 (1961) 744.
94 Ang, C. Y.: Acta Met. 1 (1953) 123.
95 Albrecht, W. M. et al.: Trans. AIME 221 (1961) 110.
96 Östhagen, K.; Kofstad, P.: J. Less-Common Metals 5 (1963) 7.
97 Gasser, R. P. H.; Lawrence, C. P.; Newman, D. G.: Trans. Faraday Soc. 62 (1966) 2916.
98 Griffiths, R.; Pryde, J. A.: Trans. Faraday Soc. 63 (1967) 2522.
99 Oguri, T.: Japan. J. Appl. Phys. 9 (1970) 1453.
100 Oguri, T.: Japan. J. Appl. Phys. 9 (1970) 1461.
101 Yamazaki, H.; Oguri, T.; Kanomata, I.: Japan. J. Appl. Phys. 10 (1971) 304.
102 Yamazaki, H.: Japan. J. Appl. Phys. 10 (1971) 409.
103 Rosner, D. E.; Steinheil, E.; McArthur, D. P.: Met. Trans. 4 (1973) 2221.
104 Hörz, G.; Gebhardt, E.: Z. Metallkde. 57 (1966) 812.
105 Griffiths, R.; Pryde, J. A.: Trans. Faraday Soc. 64 (1968) 507.
106 Lamb, W. G. P.: Trans. Faraday Soc. 67 (1971) 1137.
107 Gebhardt, E.; Seghezzi, H.-D.; Dürrschnabel, W.: Z. Metallkde. 49 (1958) 577.
108 Trenzinger, K.; Jung, P.; Schilling, W.: Acta Met. 22 (1974) 937.
109 Volkov, A. K. et al.: Fiz. Met. Metalloved. 31 (1971) 330; Phys. Met. Metallogr. 31 (1971) no. 2, 103.
110 Puhr-Westerheide, J.: Dissertation, Universität Stuttgart 1973.
111 Hörz, G.: unveröffentlicht.
112 Ralls, K. M.; Wulff, J.: J. Less-Common Metals 11 (1966) 127.
113 Marx, J. W.; Baker, G. S.; Sivertsen, J. M.: Acta Met. 1 (1953) 193.
114 Powers, R. W.; Doyle, M. V.: Acta Met. 4 (1956) 233.

115 Szkopiak, Z. C.; Eliasz, W.: J. Less-Common Metals 11 (1966) 273.
116 Hantel, M.; Schittko, F.-J.: Z. angew. Phys. 24 (1968) 118.
117 Fonshteyn, N. M.; Sarrak, V. I.; Maslenkov, S. B.: Fiz. Met. Metalloved. 28 (1969) 723; Phys. Met. Metallogr. 28 (1969) no. 4, 156.
118 Puhr-Westerheide, J.; Elßner, G.: J. Less-Common Metals 20 (1970) 371.
119 Lachenmann, R.; Schultz, H.: Scripta Met. 4 (1970) 709.
120 Chang, L. L. Y.; Phillips, B.: J. Amer. Ceram. Soc. 52 (1969) 527.
121 Jehn, H.; Olzi, E.: J. Less-Common Metals 27 (1972) 297.
122 Schönberg, N.: Acta Chem. Scand. 8 (1954) 240.
123 Gebhardt, E.; Seghezzi, H. D.: Z. Metallkde. 50 (1959) 521.
124 Kofstad, P.: High-Temperature Oxidation of Metals, New York: Wiley 1966.
125 Steeb, S.; Renner, J.: Metall 21 (1967) 93.
126 Niebuhr, J.: J. Less-Common Metals 10 (1966) 312.
127 Terao, N.: Japan. J. Appl. Phys. 6 (1967) 21.
128 Lehovec, K.: J. Less-Common Metals 7 (1964) 397.
129 van Landuyt, J.; Wayman, C. M.: Acta Met. 16 (1968) 803.
130 Wayman, C. M.; van Landuyt, J.: Acta Met. 16 (1968) 815.
131 Harris, N.; Taylor, A.; Stringer, J.: Acta Met. 21 (1973) 1677.
132 Jehn, H.; Fromm, E.: Metall 26 (1972) 1007.
133 Kirchheim, R.: Diplomarbeit, Universität Stuttgart 1971.
134 Gebhardt, E.; Preisendanz, H.: Z. Metallkde. 46 (1955) 560.
135 Gebhardt, E.; Seghezzi, H. D.: Z. Metallkde. 50 (1959) 521.
136 Kofstad, P.: J. Less-Common Metals 7 (1964) 241.
137 Gebhardt, E.; Fromm, E.; Jakob, D.: Z. Metallkde. 55 (1964) 432.
138 Fromm, E.: Z. Metallkde. 57 (1966) 477.
139 Worrell, W. L. In Symposium on Thermodynamics, Wien 1965, Vol. 1, IAEA, Wien 1966, p. 131.
140 Krikorian, H.; Carpenter, J. H: J. Phys. Chem. 69 (1965) 4399.
141 Inghram, M. G.; Chupka, W. A.; Berkowitz, J.: J. Chem. Phys. 27 (1957) 569.
142 Nickerson, W.; Altstetter, C.: Scripta Met. 7 (1973) 377.
143 Gebhardt, E.; Seghezzi, H. D.; Stegherr, A.: Z. Metallkde. 48 (1957) 624.
144 Ong, J. N. Jr.: Trans. AIME 224 (1962) 991.
145 Stringer, J.: J. Electrochem. Soc. 114 (1967) 428.
146 Dooley, R. B.; Stringer, J.: Corrosion Science 10 (1970) 265.
147 McKee, I.; Wallwork, G. R.: J. Less-Common Metals 30 (1973) 249.
148 Stringer, J.: J. Electrochem. Soc. 112 (1965) 1083.
149 Kilpatrick, M.; Lott, St. K.: J. Less-Common Metals 8 (1965) 299.
150 Adelsberg, L. M.; Pierre, G. R. St.; Speiser, R.: Trans. AIME 239 (1967) 490.
151 Gebhardt, E.; Seghezzi, H. D.: Z. Metallkde. 50 (1959) 248.
152 Hörz, G.: Met. Trans. 3 (1972) 3069.
153 Degreve, F.; Drowart, J.: Rev. A. T. B. Metallurgie 6 (1966) 115.
154 Hörz, G.: Z. Metallkde. 59 (1968) 283.
155 Hörz, G.; Gebhardt, E.: Werkstoffe und Korrosion 21 (1970) 995.
156 Jupille, J.; Pacia, N.; Weber, B.: Le Vide no. 164 (1973) 51.
157 Kampe, D. J.; Lawless, K. R.: Scanning Electron Microscopy, 1971, Part I, Proc. 4th Annual Scanning Electron Microscope Symposium, IIT Research Institute Chicago, Illinois USA (1971) 201.
158 Fromm, E. In Symposium on Thermodynamics, Wien 1965, Vol. II, IAEA, Wien 1966 455.
159 Fromm, E.: Z. Metallkde. 57 (1966) 540.
160 Fromm, E.; Jehn, H.: Z. Metallkde. 58 (1967) 61.
161 Fromm E,; Jehn, H.: Z. Metallkde. 58 (1967) 120.
162 Hörz, G.: Lele, S.: unveröffentlichte Ergebnisse.
163 Ageev, V. N.; Ionov, N. I.: Sov. Phys.-Solid State 13 (1971) no. 6, 1305.
164 Rosai, L., Pesente, P.; Borghi, M.: Vuoto 5 (1972) 3.
165 Jehn, H.: Metall 28 (1974) 699.
166 Jehn, H.: Hörz, G.: Z. Metallkde. 67 (1976).

167 Gebhardt, E.; Sghezzi, H. D.: Z. Metallkde. 48 (1957) 429.
168 Volkov, A. K. et al.: Fiz. Met. Metalloved. 29 (1970) 957; Phys. Met. Metallogr. 29 (1970) no. 5, 65.
169 Schlät, F.; Köthe, A.: Acta Met. 14 (1966) 425.
170 Gebhardt, E.; Preisendanz, H.: Z. Metallkde. 46 (1955) 560.
171 Powers, R. W.: Acta Met. 3 (1955) 135.
172 Powers, R. W.; Doyle, M. V.: Trans. AIME 215 (1959) 655.
173 Gmelins Handbuch der anorganischen Chemie, Tantal, Teil B 2, Weinheim: Verlag Chemie 1971.
174 Brauer, G.; Lesser, R.: Z. Metallkde. 50 (1959) 512.
175 Worrell, W. L.; Chipman, J.: Trans. AIME 230 (1964) 1682.
176 Fromm, E.; Heinkel, O.: Z. Metallkde. 58 (1967) 805.
177 Richards, K. J.; Wadsworth, M. E.: Trans. AIME 230 (1964) 33.
178 Schönberg, N.: Acta Chem. Scand. 8 (1954) 620.
179 Wasilewski, R. J.: Trans. AIME 221 (1961) 647.
180 Fedorov, T. F. et al.: Poroshk. Met. (1968) no. 3, 42; Sov. Powder Met. Metal. Ceram. (1968) no. 3, 193.
181 Deadmore, D. L.; Zaplatynsky, I.: Rpt. NASA-TN-D-2768 (1965) 1.
182 Rudy, E.; Nowotny, H.: Monatsh. Chemie 94 (1963) 507.
183 Rudy, E.: Z. Metallkde. 54 (1963) 213.
184 Fedorov, T. F.; Gladyshevskii, E. I.: Poroshk. Met. (1965) no. 1 (25), 37; Sov. Powder Met. Metal. Ceram. (1965) no. 1, 27.
185 McMullin, J. G.; Norton, J. T.: Trans. AIME 197 (1953) 1205.
186 Kieffer, R.; Trabesinger, G.; Reiter, N.: Planseeber. Pulvermet. 17 (1969) 25.
187 Kieffer, R.: J. Inst. Metals 97 (1969) 164.
188 Gladyshevskii, E. I.; Fedorov, T. F.; Gorshkova, L. V.: Zh. Neorgan. Khim. 9 (1964) 1169; Russ. J. Inorg. Chem. 9 (1964) 639.
189 Sagues, A. A.; Gibala, R.: Scripta Met. 5 (1971) 689.
190 Smialek, R. L.; Webb, G. L.; Mitchell, T. E.: Scripta Met. 4 (1970) 33.
191 Brewer, L.; Krikorian, O.: J. Electrochem. Soc. 103 (1956) 38.
192 Hickam, C. W. Jr.: J. Less-Common Metals 14 (1968) 315.
193 Dooley, R. B.; Stringer, J.: J. Less-Common Metals 25 (1971) 115.
194 Schmidt, F. E.: Rpt. DMIC 133 (1960).
195 Klopp, W. D.; Maykuth, D. J.; Jaffee, R. I.: Trans. ASM 53 (1961) 637.
196 Klueh, R. L.: Corrosion 28 (1972) 360.
197 Dooley, R. B.; Stringer, J.: J. Less-Common Metals 29 (1972) 223.
198 Klueh, R. L.: Met. Trans. 3 (1972) 2145.
199 Dooley, R. B.; Stringer, J.: J. Less-Common Metals 24 (1971) 139.
200 Dooley, R. B.; Stringer, J.: J. Less-Common Metals 25 (1971) 15.
201 Marnoch, K.: J. Metals 17 (1965) 1225.
202 Noval, B. A.: Dissertation, Brooklyn Polytechnik 1963.
203 de Sorbo, W.: Phys. Rev. 130 (1963) 2177; 132 (1963) 107.
204 Tardif, A.: Dissertation, University Nancy 1972.
205 Tardif, A.; Michel, J. M.; Wach, J.: Surface Science 26 (1971) 255.
206 Rosner, D. E.; Chung, H.; Feng, H.: Met. Trans. 5 (1974) 2305
207 Hörz, G.: Z. Metallkde. 60 (1969) 50.

VIa – Metalle

Chrom

(Abb. S. 528, Lit. S. 532)

H. Jehn

Chrom-Wasserstoff

Konstitution [3]. Phasen: α-Cr krz; CrH ($CrH_{0,5}$—CrH) hex.; CrH_2 (CrH—$CrH_{1,7}$) kub., CrH_2 beginnt sich oberhalb von —10 °C zu zersetzen [14], vollständige Zersetzung bei 300 bis 400 °C [1].

Löslichkeit [9—12] s. Abb. 1

H in Cr(s): $\log c = 1/2 \log p - 2{,}53 - 1330/T$ (500—730 °C [12])

$\log c = 1/2 \log p - 0{,}93 - 3000/T$ (730—1130 °C [12])

Für Drücke bis zu 100 atm ist $c \sim \sqrt{p}$ in erster Näherung erfüllt [12]. Zwischen 300 °C und R. T. soll die isobare Löslichkeit u. U. durch ein Minimum gehen, ähnlich wie im System Mn—H [9]. In Cr(l) sind bei 1903 °C und 760 Torr 0,33 At.-% H gelöst; ΔG^0 (1903 °C) = 24,7 kcal/1/2 mol H_2 [13]. Elektrolytisch abgeschiedenes Cr kann sehr hohe H-Gehalte aufweisen, die von der Zusammensetzung und der Temperatur des Bades abhängen [1]. Wahrscheinlich liegen größtenteils metastabile Hydride vor [3]. [77] nimmt eine übersättigte Lösung des Cr—H-Mischkristalls bis zu 20 At.-% an.

Thermodynamische Daten [12, 13]

1/2 H_2 = H(in Cr(s)): $\Delta G^0 = 6080 + 14{,}2\,T$ (500—730 °C [12])

$\Delta G^0 = 13720 + 6{,}8\,T$ (730—1130 °C [12])

Eigenschaftsänderungen. H hat praktisch keinen Einfluß auf die Eigenschaften, weil der evtl. bei höheren Temperaturen gelöste H beim Abkühlen fast vollständig wieder abgegeben wird [10]. So wird auch kein Einfluß auf die Übergangstemperatur spröd-duktil gefunden [1].

Chrom-Kohlenstoff

Konstitution [1, 3, 7] s. Abb. 2. Phasen: $Cr_{23}C_6$ komplex kfz; Cr_7C_3 hex.; Cr_3C_2 orthorh.

Löslichkeitsgrenze s. Abb. 1

C in Cr(s): $\log c = 3{,}54 - 6040/T$ (900—1490 °C [15])

Thermodynamische Daten [5, 16, 17, 82]

1/6 $Cr_{23}C_6$ = C(in Cr(s)) + 23/6 Cr(s): $\Delta G^0 = 27600 - 7{,}04\,T$
(900—1400 °C, b. [15])

23/6 Cr(s) + C = 1/6 $Cr_{23}C_6$: $\Delta G^0 = -12800 - 3{,}05\,T$ (830—1030 °C [82])

Diffusion

C in Cr(s): $D = 8{,}7 \cdot 10^{-3} \exp(-26500/RT)$ (150—1600 °C [18], aus Entkohlung in H_2 und innerer Reibung). Bei Anwesenheit von H_2 (1 atm) wird von [19] eine Erhöhung von D_0 auf 0,4 cm²/s und von Q_D auf 39 kcal/mol gefunden; D wird dadurch etwas erhöht (1200—1500 °C).

Karbidbildung. In einer Kohlenwasserstoffatmosphäre bilden sich auf der Oberfläche drei aufeinanderfolgende Schichten aus, Cr_3C_2, Cr_7C_3 und $Cr_{23}C_6$ [20, 21].

Viskosität. An Cr—C-Schmelzen wurde bei 1850 °C die kinematische Viskosität ν in Abhängigkeit vom C-Gehalt bestimmt. Nach einer anfänglichen Abnahme steigt sie bei 20,7 At.-%C ($Cr_{23}C_6$) wieder an. Dies wird auf die Bildung von Nahordnungsbereichen zurückgeführt [90].

Mechanische Eigenschaften. Die Übergangstemperatur duktil-spröd sowie die damit verbundenen mechanischen Eigenschaften von Cr werden außer von dem Gehalt an interstitiellen Verunreinigungen noch wesentlich von folgenden Faktoren beeinflußt: Thermische und mechanische Vorbehandlung, Korngröße, Oberflächenzustand, Versuchsbedingungen und Verformungsgeschwindigkeit. Der Einfluß dieser Faktoren kann den der gelösten Verunreinigungen bei weitem überwiegen [22—25]. Ferner werden die mechanischen Eigenschaften durch Karbid-, sowie auch Oxid- und Nitridausscheidungen an den Korngrenzen verändert. Aus diesem Grunde werden sog. „scavenger"-Elemente in geringer Menge zulegiert, um durch Verbindungsbildung (z. B. Karbide) den Gehalt an interstitiell gelösten Verunreinigungen während einer Schmelz- oder Glühbehandlung herabzusetzen. Für C kommen insbesondere Zusätze von Ti, Zr, Th, U in Betracht [26].

Duktil-Spröd-Übergang. Übergangstemperatur für langsam abgekühlte und von 1200 °C abgeschreckte Proben s. Abb. 3 [22]. Der Anstieg bis 0,09 At.-% entspricht etwa der maximalen C-Löslichkeit bei 1200 °C nach [15]. Einfluß des C-Gehaltes auf die in Zug- und Biegeversuchen gefundenen Übergangstemperaturen s. Abb. 4 [25]. *Härte* [122] s. Abb. 5. Die untere *Streckgrenze* zeigt bei abgeschreckten Proben praktisch keine Abhängigkeit vom C-Gehalt ($\sigma_u = 17$ kp/mm²). Bei langsam abgekühlten Proben steigt σ_u geringfügig an, bei 120 °C von 14 auf 17 kp/mm² bei 0,03—0,2 At.-% C. In beiden Fällen liegt der Einfluß der Prüftemperatur in der gleichen Größenordnung wie die Abhängigkeit vom C-Gehalt (120—400 °C) [22]. *Kornwachstum* s. Abb. 6. Gegenüber Iodid-Cr zeigt C-haltiges Cr (0,065 At.-% C) nach einer Verformung von 75—80% durch Rundhämmern bei 900 °C ein etwas verzögertes Kornwachstum [8, 23].

Chrom-Stickstoff

Konstitution [4, 27, 78, 93] s. Abb. 7. Phasen: Cr_2N hdP; CrN kfz, NaCl-Typ. Eutektikum bei 1640 °C mit 3; 13 und etwa 20 At.-% N für Cr(s), Cr(l) und CrN [93].

Löslichkeit s. Abb. 8

N in Cr(s): $\log c = 1/2 \log p + 0{,}1 - 1410/T$ (800—1400 °C, b. [31, 32])

N in Cr(l): Bei 1898 °C und 760 Torr N_2 sind 14 At.-% N gelöst. Für 1600—1900 °C gilt für z. T. unterkühlte Schmelzen nach [28] $\log c = 1/2 \log p - 3{,}14 + 2670\ T$.

Bei höheren Konzentrationen treten Abweichungen von $c \sim \sqrt{p}$ auf.
N in Cr_2N: 950—1350 °C [78], 1100—1200 °C [85].

Löslichkeitsgrenze [29—31, 76, 85] s. Abb. 1
N in Cr(s): $\log c_{max} = 4{,}43 - 7250/T$ (800—1320 °C [29])
$\log c_{max} = 1{,}62 - 4130/T$ (400—900 °C [31])

Zersetzungsdruck von $Cr_2N_{0,76}$ [32, 78]
$\log p_{N_2} = 8{,}67 - 11680/T$ (1100—1400 °C [32])
$Cr_2N_{0,76}$ stellt einen Mittelwert für die stark temperaturabhängige untere Phasengrenze von Cr_2N dar [78].

Thermodynamische Daten [5, 39, 32]
$1/2\, N_2 = N(\text{in Cr(s)})$: $\Delta G^0 = 6400 + 2{,}15\, T$ (1100—1400 °C, b. [29, 32])
$1{,}32\, Cr_2N_{0,76} = N(\text{in Cr(s)}) + 2{,}64\, Cr(s)$: $\Delta G^0 = 33100 - 11{,}1\, T$ (800—1400 °C, b. [29])
$2{,}64\, Cr(s) + 1/2\, N_2 = 1{,}32\, Cr_2N_{0,76}$: $\Delta G^0 = -26700 + 13{,}25\, T$ (1100—1400 °C [32])

Diffusion [33—35, 80]
N in Cr(s): $D = 1{,}3 \cdot 10^{-3} \exp(-25600/RT)$ (30—1300 °C, gemittelt)

Lösungs- und Nitridbildung. Nach [34] wird in N_2 (760 Torr) bei 1000—1300 °C wegen gleichzeitiger Lösungs- und Nitridbildung kein einfaches Zeitgesetz gefunden. Für längere Versuchszeiten gilt ein parabolisches Zeitgesetz. [36] findet stets ein parabolisches Zeitgesetz mit einer Aktivierungsenergie von 52,2 kcal/mol (800—1400 °C, 760 Torr). Dabei bilden sich CrN- und Cr_2N-Schichten, oberhalb von 1200 °C nur noch Cr_2N. Nach [80] bildet sich bei der Nitrierung von Cr in N_2 (760 Torr, 1000—1400 °C) nur eine Cr_2N-Schicht mit parabolischem Wachstum und Geschwindigkeitskonstante k_p in $mg^2 \cdot cm^{-4} \cdot h^{-1}$, s. Abb. 13.
$k_p = 2 \cdot 10^{12} \exp(-72400/RT)$
Weitere Untersuchungen (1100, 1200 °C; 7—450 Torr N_2; N_2—H_2-Mischungen) zeigen ebenfalls Cr_2N-Schichten mit parabolischem Wachstum für längere Zeiten [85]. Nitridbildung in NH_3-Atmosphäre (600—1200 °C), CrN- und Cr_2N-Schichten mit parabolischem Wachstum s. [37].

Ausscheidungsvorgänge [24, 38, 39]. Der Ausscheidungsvorgang in Cr—N-Legierungen (0,039 und 0,055 At.-% N, Widerstands- und Härtemessungen, Abschrecktemperatur 1200 °C, Auslagerungstemperatur 125—400 °C) ist ein einstufiger, diffusionskontrollierter Prozeß und die ausgeschiedene Menge w gehorcht anfänglich der Gleichung $w = kt^{1,38}$. In abgeschreckten und ausgelagerten Proben bilden sich kugelförmige Ausscheidungen im Gegensatz zu platten- und nadelförmigen Ausscheidungen in angelassenem Cr. Ein anfänglicher Widerstandsanstieg deutet auf Clusterbildung Leerstelle—N hin. Anschließend treten kohärente Ausscheidungen auf. Die weitere Ausscheidung und Verfestigung erfolgt kontinuierlich. Eine Überalterung zeigt sich erst lange nach Beendigung der Ausscheidung [38]. Demgegenüber findet [24, 39] vorwiegend orientierte Cr_2N-Ausscheidungen ({100}- und {112}-Habitusebenen), in die sich zuvor entstandene kohärente oder inkohärente Ausscheidungen umbilden. Die Ausscheidung wird von der Auslagerungstemperatur und dem N-Gehalt beeinflußt. Elektronenmikroskopische Untersuchungen über das Anfangsstadium der Ausscheidungsprozesse s. [91].

Widerstandsverhältnis. Abb. 9 zeigt das Widerstandsverhältnis $R_{300K}/R_{4,2K}$ für verschieden behandelte Cr-Proben [24].

Magnetismus. Zusammenhang zwischen der Bildung von Domänen und interstitiell gelöstem N in der Nähe der Néel-Temperatur s. [88].

Innere Reibung [31, 35]. Für die Höhe des Dämpfungsmaximums gilt
$Q_{max}^{-1} = 0{,}185 \cdot c$ ($< 0{,}015$ At.-% N, 1 Hz bei etwa 155 °C).
Mit steigendem N-Gehalt verschiebt sich das Maximum etwas zu niedrigeren Temperaturen [31].

Härte. Mit steigendem N-Gehalt tritt ein Härteanstieg auf, der außerdem von der Abkühlungsgeschwindigkeit abhängig ist, s. Abb. 5 [22]. In [39] wird die Härte in Abhängigkeit von der N-Konzentration und bei unterschiedlicher Wärmebehandlung untersucht, s. Abb. 10.

Mechanische Eigenschaften. Auch im System Cr—N gelten die bei Cr—C gemachten Vorbemerkungen. Als „scavenger"-Elemente kommen vorwiegend Ce, Y, Ti, Zr in Betracht [26]. Die Zulegierung dieser Elemente verbessert z. B. die Raumtemperatur-Duktilität von rekristallisiertem Cr.
Duktil-Spröd-Übergang. Übergangstemperatur $T_Ü$ erhöht sich mit steigendem N-Gehalt, Sprödbruch [22] s. Abb. 3; Zugversuch [25, 40] und Biegeversuch [25, 41, 42] s. Abb. 4. Nach Abb. 3 hängt $T_Ü$ stark von der Abkühlungsgeschwindigkeit ab. Langsam abgekühlte Proben zeigen einen sehr geringen Anstieg mit zunehmendem N-Gehalt; in Öl (350 °C) abgeschreckte Proben weisen eine Erhöhung von 240 auf 380 °C bei 0,18 At.-% N auf, wobei bereits Cr_2N-Ausscheidungen in den ölabgeschreckten Proben vorhanden sind; für wasserabgeschreckte Proben liegt bei 0,03 At.-% N $T_Ü$ bei 520 °C [22]. — In N_2 geglühte, bei 700 °C gewalzte Proben zeigen eine starke Erhöhung von $T_Ü$ (Biegeversuch): 0,047 At.-% 140 °C; 0,37 At.-% N 260 °C, wobei allerdings N ungleichmäßig in der Probe verteilt ist [1, 42]. — Demgegenüber tritt bei N-haltigen Cr-Einkristallen nach langsamer Abkühlung eine stärkere Erhöhung von $T_Ü$ auf als nach Abschrecken in Öl (Biegeversuch), s. Abb. 11 [43]. Die Auslagerung von abgeschreckten Einkristallen erhöht $T_Ü$, bei Vielkristallen zeigt sich dagegen ein starker Abfall und Wiederanstieg [43]. Weiterhin zeigen abgeschreckte Proben mit $T_Ü = 80$ °C eine um 70—100 °C niedrigere Übergangstemperatur gegenüber angelassenen Proben mit Ausscheidungen [44, 45]. [39] findet $T_Ü$ stets unterhalb von 0 °C (Cr—N-Vielkristalle in abgeschrecktem, gealtertem oder völlig ausgelagertem Zustand, Zugversuch, N-Konzentration bis 0,25 At.-%), s. Abb. 11. Diese Befunde [24, 39, 43—45] deuten darauf hin, daß im Gegensatz zu früheren Annahmen gelöster N einen geringeren Einfluß auf die mechanischen Eigenschaften hat als Cr-Nitrid-Ausscheidungen. Da nur bei sehr hohen Abschreckgeschwindigkeiten größere N-Gehalte in Lösung gehalten werden können [44], kann der in früheren Arbeiten gefundene N-Einfluß auf beginnende Ausscheidungsvorgänge [40] infolge nicht genügend hoher Abschreckgeschwindigkeiten zurückzuführen sein. Dies gilt sinngemäß auch für andere mechanische Eigenschaften.
Streckgrenze. Die untere Streckgrenze σ_u ist relativ wenig temperatur- und konzentrationsabhängig (bis 0,2 At.-% N) : 12—14 kp/mm² für 100—200 °C, langsam abgekühlt; 18—21 kp/mm² für 150—400 °C, ölabgeschreckt auf 350 °C. Nur wasserabgeschreckte Proben zeigen eine starke Temperaturabhängigkeit (0,03

At.-% N): 42 kp/mm², 430 °C; 16 kp/mm², 540 °C [22]. — *Zugfestigkeit* σ_B abgeschreckter Proben ist konzentrationsunabhängig, wobei sie für abgeschreckte Proben geringer ist als für ausgelagerte Proben [24]. — *Fließspannung* σ_S im Biegeversuch s. [39].

Kornwachstum, s. Abb. 6. Einfluß von 0,05 At.-% N auf das Kornwachstum von 75—80% verformten Cr (Rundhämmern bei 900 °C) s. [8, 23].

Chrom-Sauerstoff

Konstitution [3, 6] s. Abb. 12. Phasen: Cr_2O_3 rhomboed.; CrO_2 tetr. (Rutil); CrO_3 orthorh., Smp. ≈ 190 °C. Hochtemperaturphase Cr_3O_4 tetr. Daneben sollen noch verschiedene instabile Phasen existieren: Cr_3O kub., CrO hex. (Wurtzit). Weiterhin verschiedene Oxide im Cr_2O_3—CrO_3-Bereich [46].

Löslichkeit

O in Cr(s): $\log c = 1/2 \log p - 2{,}9 + 11600/T$ (1100—1500 °C, b. [5, 29])

Löslichkeitsgrenze s. Abb. 1

O in Cr(s): $\log c_{\max} = 3{,}09 - 7900/T$ (1100—1500 °C [29])

Zersetzungsdruck von Cr_2O_3 [5, 47]

$\log p_{O_2} = 11{,}93 - 39000/T$ (25—1830 °C, b. [5])

Thermodynamische Daten [5, 47, 86]

1/2 O_2 = O(in Cr(s)): $\Delta G^0 = -53050 + 15{,}72\,T$ (1100—1500 °C, b. [5, 29])

1/3 Cr_2O_3 = O(in Cr(s)) + 2/3 Cr(s): $\Delta G^0 = 36200 - 4{,}98\,T$ (1100—1500°C, b. [29])

2/3 Cr(s) + 1/2 O_2 = 1/3 Cr_2O_3: $\Delta G^0 = -89250 + 20{,}7\,T$ (25—1830 °C [5, 47])

Diffusion

O in Cr(s): $D = 1 \cdot 10^{-4} \exp(-37000/RT)$ (b. [48, 49])

Oxidation. Die Beschreibung der Oxidation von Cr in O_2 wird durch die Bildung von stellenweise aufbrechenden und abfallenden Cr_2O_3-Oxidschichten (Blasenbildung), vor allem bei höheren Temperaturen, erschwert. Auch spielt die Oberflächenbeschaffenheit eine wesentliche Rolle. Anfänglich gehorcht die Oxidation einem parabolischen Zeitgesetz (k_p in $mg^2 \cdot cm^{-4} \cdot h^{-1}$), s. Abb. 13

$k_p = 4 \cdot 10^8 \exp(-59000/RT)$ (700—1200 °C [51])

Dabei scheint die Geschwindigkeitskonstante nur relativ wenig vom O_2-Druck abzuhängen (760—10^{-2} Torr O_2 [51, 52]). Oberhalb von 1100 °C bilden sich flüchtige Oxide, die zu zusätzlichen Metallverlusten führen [51, 75]. Bei der Oxidation in Luft entsteht unter der Oxidschicht eine Nitridschicht, und es werden außerdem erhebliche Mengen N vom Metall aufgenommen [54]. — Gravimetrische und metallographische Untersuchungen wurden u. a. in folgenden Druck- und Temperaturbereichen durchgeführt: 700—1100 °C, 76 Torr O_2 [50]; 650—1375 °C, 76 Torr O_2, N_2, Luft [51]; 980—1200 °C, 760 Torr O_2 [52]; 600 bis 1200 °C, 760 Torr O_2, bis zu 1200 h [53]; 900—1400 °C, 760 Torr O_2 [56]; 700 bis 990 °C, H_2O/H_2-Gemische [57]; 800—1400 °C, 760 Torr CO_2 [58]. Oxidationsuntersuchungen an zahlreichen binären und ternären Cr-Systemen s. [8].

Mechanische Eigenschaften. Wegen der geringen O-Löslichkeit und der hohen Bildungswärme des Oxids läßt sich gelöster O nur schwer abschrecken. Deshalb wird häufig kaum ein Einfluß des O-Gehaltes auf die mechanischen Eigenschaften gefunden [1, 41, 42]. Bei sehr kleinen O-Gehalten wird jedoch z. T. eine gewisse Konzentrationsabhängigkeit der Eigenschaftsänderungen beobachtet [22], die bei höheren Konzentrationen wieder verschwindet [22, 23]. Wie auch in den Systemen Cr—C und Cr—N hängen die mechanischen Eigenschaften z. T. in starkem Maße von der mechanischen und thermischen Vorbehandlung ab [8]. Um den Gehalt an gelöstem O herabzusetzen, kommen vor allem Zusätze von Ce, La, Th, Y und Zr in Frage [26].

Die Härte ölabgeschreckter Proben steigt bis 0,12 At.-% O (350 Gew.-ppm) an, s. Abb. 14 [22]. Die Temperatur des Duktil-Spröd-Übergangs (Sprödbruch) ölabgeschreckter Proben steigt bis 0,07 At.-% O an, s. Abb. 14 [22]. Die Rekristallisationstemperatur wird durch O nicht erhöht [23]. Mittlere Korngröße nach Rekristallisationsglühung von O-haltigem Cr s. Abb. 6 [8, 23].

Ternäre Systeme

Cr—H—C

$23/6\,\mathrm{Cr(s)} + \mathrm{CH_4} = 1/6\,\mathrm{Cr_{23}C_6} + 2\,\mathrm{H_2}$: $\Delta G^0 = 7900 - 26{,}3\,T$

$\log p^2_{\mathrm{H_2}}/p_{\mathrm{CH_4}} = 8{,}68 - 1740/T$ (700—950 °C [16])

Beim Glühen von C-haltigem Cr in H_2 (1200—1500 °C) soll die Aktivierungsenergie und der Vorfaktor der C-Diffusion ansteigen ($D = 0{,}4 \exp(-39000/RT)$) gegenüber dem reinen Cr—C-System. Der geschwindigkeitsbestimmende Schritt bei der Entkohlung von C-haltigem Cr in H_2 ist ein Oberflächenprozeß (z. B. Durchtritt in die Adsorptionsschicht; chemische Reaktion; Desorption) [19].

Cr—H—O

$2/3\,\mathrm{Cr(s)} + \mathrm{H_2O} = 1/3\,\mathrm{Cr_2O_3(s)} + \mathrm{H_2}$: $\Delta G^0 = -30350 + 7{,}6\,T$

$\log p_{\mathrm{H_2}}/p_{\mathrm{H_2O}} = -1{,}66 + 6640/T$ (25—1830 °C ber., 600—1150°C exp. [47, 86])

Der Übergang von der linearen zur parabolischen Oxidation von Cr in H_2O/H_2-Mischungen wurde von [57] bei 700—990 °C untersucht. — Der O-Gehalt kann durch Glühen in H_2 bei 1300—1500 °C auf weniger als 1 ppm herabgesetzt werden [79].

Cr—C—N. Konstitutionsuntersuchungen, isotherme Schnitte bei 1100 und 1400 °C für 1 und 30 atm. N_2 [59]. — Karbonitrierung in C_6H_6—N_2-Atmosphäre bei 700—1100 °C gibt drei Schichten: Cr_3C_2 (außen), Cr_7C_3 und Cr_2N. Die Geschwindigkeit der Karbonitrierung ist größer als bei reiner Karbidbildung und kleiner als bei reiner Nitridbildung [21].

Cr—C—O. Thermodynamische Beschreibung des Systems [60]. — Die Oxidation in 760 Torr CO_2 erfolgt nach parabolischem Zeitgesetz für das Wachstum der Cr_2O_3-Schicht [58].

Cr—Si—H. H-Löslichkeit in Cr—Si-Schmelzen (20—100 At.-% Si) bei 1500 bis 1800 °C gehorcht $\sqrt{p}$-Gesetz und hat bei 40 At.-% Si ein Minimum, s. Si—Cr—H [89].

Cr—Zr—H. $ZrCr_2$—H_2. Gleichgewichtsuntersuchungen bei 0—900 °C und 10^{-2} bis 760 Torr H_2, H-Löslichkeit über 50 At.-% mit Gitteraufweitung, keine Hydridphase, Lösungswärme —5,6 kcal/1/2 mol H_2 [74].

Cr—Fe—C. Konstitution bei 700 °C [83]. Die C-Sättigung von Cr — 28,5 At.-% Fe im Gleichgewicht mit $Cr_{23}C_6$ beträgt bei 1200 °C 0,045 At.-% und bei 1350 °C 0,076 At.-% [87]. Diffusion von C in Cr—Fe-Legierungen, 1400—1600 °C [62]. Cr—0,46 At.-% Fe: $D = 45 \cdot \exp(-26500/RT)$; Cr—0,93 At.-% Fe: $D = 20 \cdot \exp(-24000/RT)$. Kinematische Viskosität ν von C-haltigen Cr—Fe-Schmelzen (Ferro-Chrom, Cr/Fe = 1,86/1) 0,86 At.-% C, 1500—1800 °C s. [63].

Cr—Mo—C. Thermodynamische Überlegungen zum Zustandsdiagramm und zur Stabilität der Phasen (1300 °C) [84].

Cr—Si—C. Thermodynamische Eigenschaften von Schmelzen; 23—99 At.-% Si, bis 20 At.-% C, 1600—1900 °C [71].

Cr—Ta—C. C-Diffusion in Cr—0,3 At.-% Ta
$D = 5 \cdot \exp(-28800/RT)$ (1300—1500 °C, Tracer) [62].

Cr—Zr—C. Mechanische Eigenschaften von Cr mit Zusätzen bis 1,7 At.-% Zr und 1,5 At.-% C [81].

Cr—Fe—N. N-Löslichkeit, Aktivitätskoeffizienten, Lösungswärme in Cr—Fe-, Cr—Ni- und Cr—Fe—Ni-Schmelzen (30—100 At.-% Zusätze) bei 1600 °C und 760 Torr N_2. Zum Teil Abweichungen von $c \sim \sqrt{p}$ für Cr-reiche Schmelzen [28].

Cr—Ni—N. Ausführliche Konstitutionsuntersuchungen, 800—1250 °C [64]. Löslichkeit in Schmelzen s. Cr—Fe—N. Zugfestigkeit und Ermüdungsverhalten von Gußproben und von wärmebehandelten N-haltigen Cr—Ni-Legierungen mit 37—52 At.-% Ni [65].

Cr—Pu—N. Teilzustandsdiagramm Cr—PuN—CrN bei 1 atm Gesamtdruck, 790 bis 1700 °C [92].

Cr—Re—N. Cr—35 At.-% Re. *Löslichkeitsgrenze* für N in Cr—35 At.-% Re im Gleichgewicht mit Cr_2N: $\log c = 1{,}62 - 3720/T$ (650—1200 °C) [66]. Sie unterscheidet sich bei 100—1000 °C nur wenig von reinem Cr [31]. — Aus Dämpfungsmessungen bei 100—200 °C werden zwei *Diffusionskonstanten* ermittelt, die verschiedenen Diffusionssprüngen der N-Atome zuzuordnen sind:
$D_1 = 7{,}6 \cdot 10^{-5} \cdot \exp(-21300/RT)$, $D_2 = 2{,}9 \cdot 10^{-2} \cdot \exp(-30200/RT)$ [66].
Untersuchungen der *Ausscheidungsvorgänge* bei 500—700 °C mittels *Dämpfungs-*, *Widerstands-* und *Härtemessungen* [67].
Der *elektrische Widerstand* bei 77 K gehorcht bis 0,1 At.-% N der Beziehung $\varrho_{77K} = 9{,}23 + 7{,}45 \cdot c$ (ϱ in $\mu\Omega \cdot$ cm) [66]. Die Temperatur des *Duktil-Spröd-Übergangs* ist bei N-haltigem Cr—Re für gelösten N höher als bei ausgeschiedenem N im Gegensatz zu reinem Cr [68].

Cr—S—N. Beim Glühen von Cr in (S-Dampf + N_2)-Atmosphäre (12 Torr S-Dampf, 780 Torr N_2) entstehen Sulfid- und Nitridschichten (Cr_3S_4 außen, Cr_5S_6, Cr_2N) [70].

Cr—Ti—N. Bei Nitrierung von Cr mit 0,55; 3,3 und 5,4 At.-% Ti bei 1000—1400 °C, 1 atm N_2 bilden sich Cr_2N-Schichten und innennitrierte Zonen mit TiN-Ausscheidungen. Beide Schichten wachsen parabolisch. Gegenüber Cr scheint der Diffusionskoeffizient in Cr—Ti leicht anzusteigen [80]. In Cr—0,55 At.-% Ti—0,37 At.-% N-Dispersionslegierung steigt die Kriechfestigkeit gegenüber Cr an, die Raumtemperatur-Duktilität wird verbessert und die Härte erhöht [72].

Cr—Y—N. Cr—0,12 At.-% Y. Durch Y-Zusatz wird die N-Löslichkeit des einphasigen Mischkristalls zunächst stark herabgesetzt, weil Y als „scavenger"-Element YN-Ausscheidungen bildet [73]. Bei höheren N-Gehalten erreicht die Legierung (jetzt Cr + YN) im Gleichgewicht mit Cr_2N ähnliche Sättigungskonzentrationen wie reines Cr, wobei die Verbindung YN bis 1150 °C unverändert bleibt. — In O-haltigen Cr—0,12 At.-% Y-Legierungen bildet sich Y_2O_3, wodurch bei völliger Absättigung des Y wieder N-Gehalte ähnlich dem reinen Cr gelöst werden können. — Dämpfungs- und Widerstandsmessungen [31, 73].

Cr—Al—O. Oxidationsuntersuchungen, Cr—Al-Legierungen mit 4,7—45 At.-% Al und zusätzlich 0,4 At.-% Y in O_2, N_2 und Luft, 1000—1200 °C [61].

Cr—Fe—O. Oxidationsuntersuchungen an Cr—48 At.-% Fe bei 650—1000 °C, 760 Torr O_2, bis zu 1200 h, zeigen nur geringen Unterschied in der Konstanten des parabolischen Zeitgesetzes. Dagegen scheint das Abblättern der Deckschicht nach längeren Zeiten etwas geringer zu sein [53].

Cr—Re—O. Oxidation, auf Cr—32 At.-% Re bildet sich eine Cr_2O_3-Schicht (100 Torr O_2, 900—1400 °C). Bei Cr—44 At.-% Re poröse Cr_2O_3-Schicht und oberhalb 1200 °C starke Re-Oxid-Verdampfung (100 Torr O_2, 700—1400 °C), Oxidationsversuche an Luft (760 Torr) zeigen ähnliche Ergebnisse, es tritt keine Cr_2N-Schicht auf [69].

Cr—Y—O. Cr—0,5 At.-% Y. Bei Anwesenheit von Y wird die Haftung der sich bildenden Oxidschicht verbessert, die Oxidbildung bleibt jedoch gegen Cr praktisch unverändert. Bei höheren Temperaturen treten Y_2O_3 und $YCrO_3$ auf (76 Torr O_2, 650—1350 °C) [51].

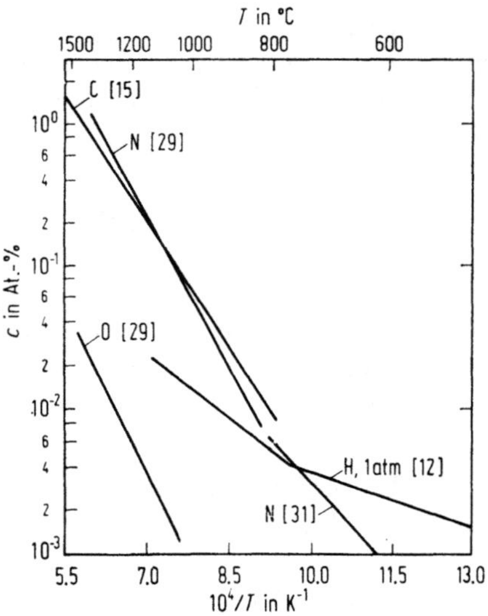

Abb. 1. Löslichkeitsgrenze für C, N und O und isobare Löslichkeit für H in Cr.

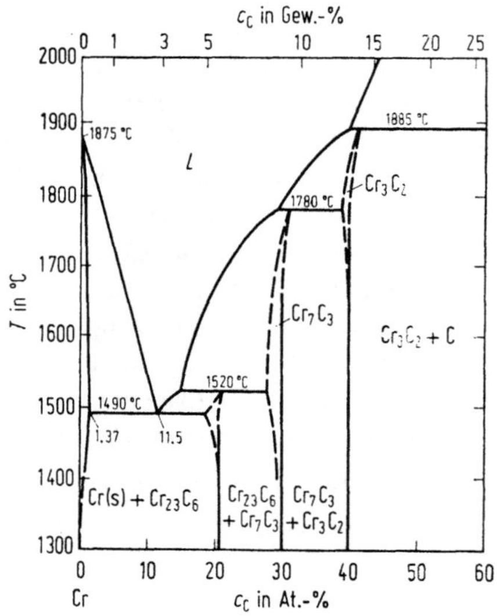

Abb. 2. System Cr—C [7].

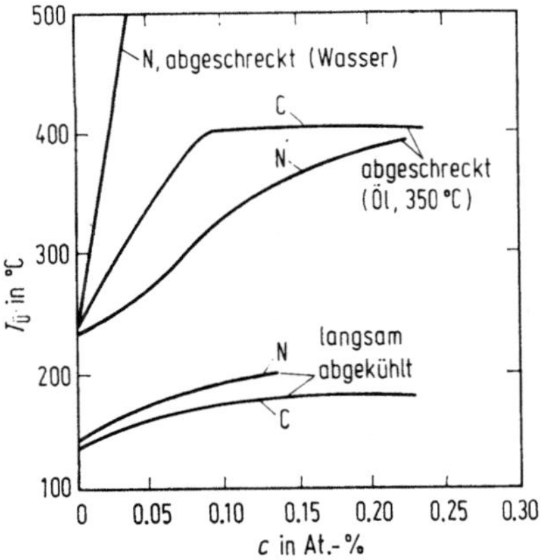

Abb. 3. Einfluß von C und N auf die Temperatur $T_Ü$ des Duktil-Spröd-Übergangs von Cr [22].

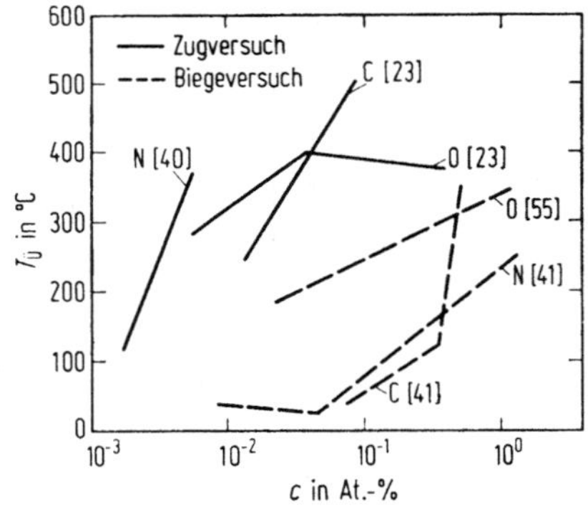

Abb. 4. Einfluß von C, N und O auf die Temperatur $T_Ü$ des Duktil-Spröd-Übergangs von Cr [25].

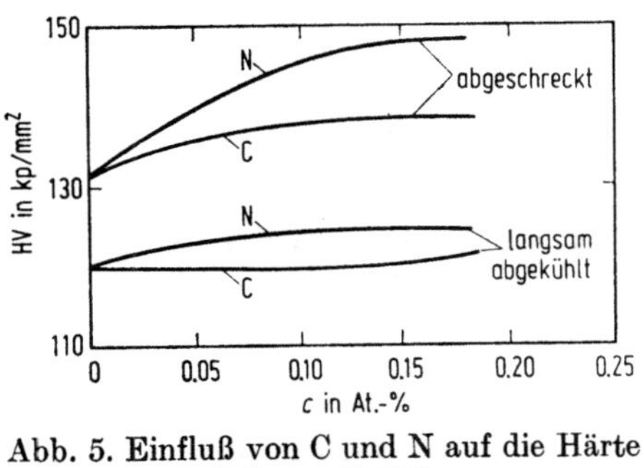

Abb. 5. Einfluß von C und N auf die Härte HV von Cr [22].

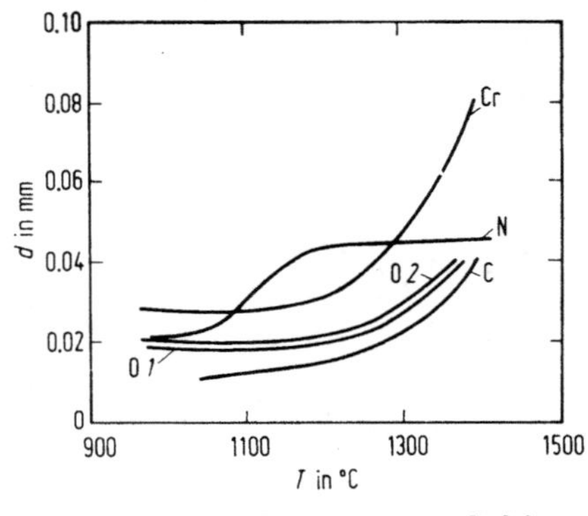

Abb. 6. Kornwachstum von gashaltigem Cr (*d* mittlerer Korndurchmesser; *T* Temperatur der Vakuumglühung (1 h).
C: 0,065 At.-%/150 Gew.-ppm C;
O *1*: 0,042 At.-%/130 Gew.-ppm O;
O *2*: 0,180 At.-%/550 Gew.-ppm O;
N: 0,056 At.-%/150 Gew.-ppm N;
80% verformt bei 900 °C) [23, 8].

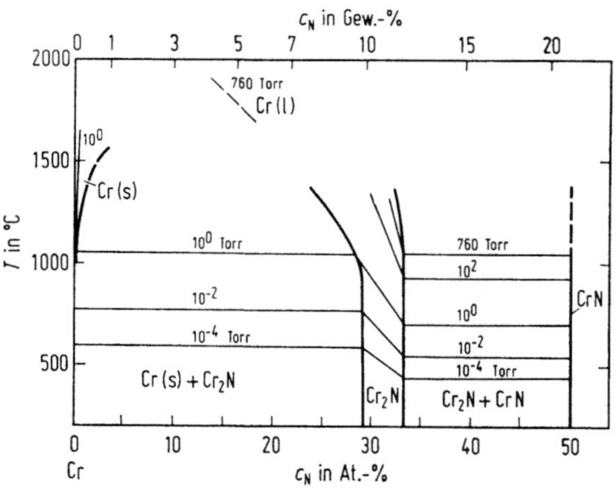

Abb. 7. System Cr—N mit Isobaren, nach [29, 32, 78].

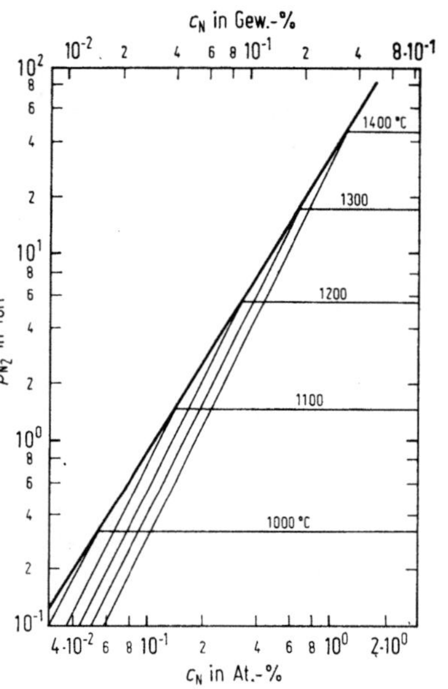

Abb. 8. (p,c)-Isothermen im System Cr—N nach [31, 32].

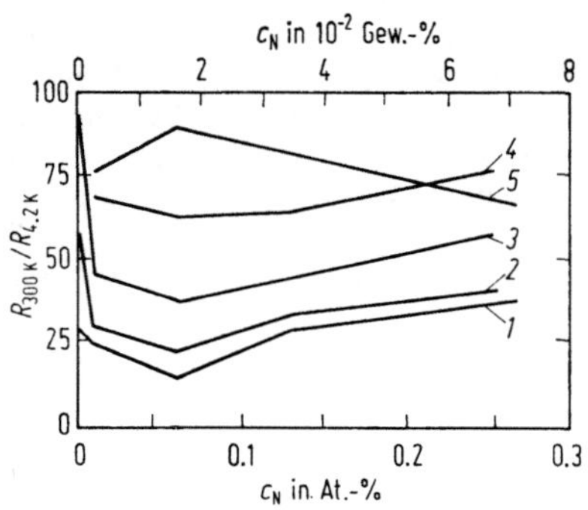

Abb. 9. Einfluß von N auf das Widerstandsverhältnis $R_{300\,K}/R_{4,2\,K}$; von Cr (*1* abgeschreckt; gealtert: *2* 152 °C, *3* 305 °C, *4* 455 °C, *5* 455 °C, sehr lange) [24].

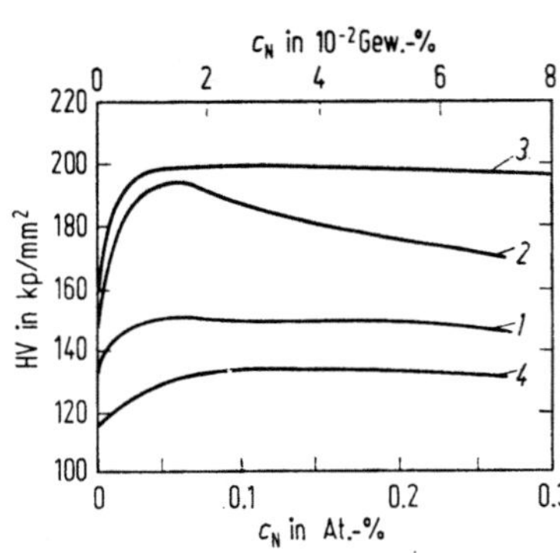

Abb. 10. Einfluß von N auf die Härte HV von Cr (*1* abgeschreckt von 1000 °C; ausgelagert: *2* 150 °C, 7 h, *3* 300 °C, 0,5 h, *4* 630 °C, 1 h) [39].

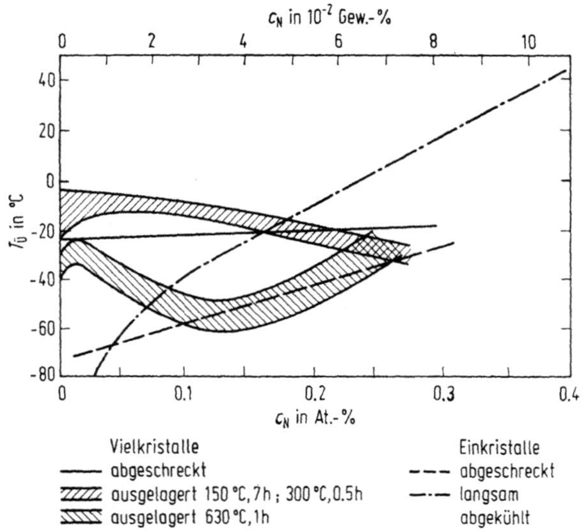

Abb. 11. Einfluß von N auf die Temperatur $T_Ü$ des Duktil-Spröd-Übergangs von Cr-Viel- und Einkristallen (Vielkristalle [39], Einkristalle [43], Biegeversuch).

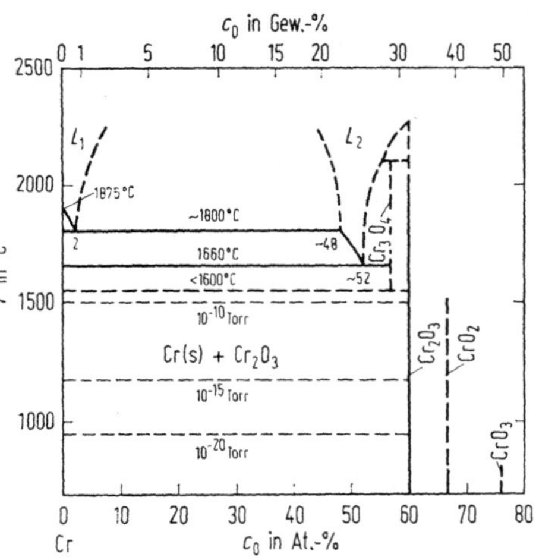

Abb. 12. System Cr—O mit Isobaren [3, 5, 6].

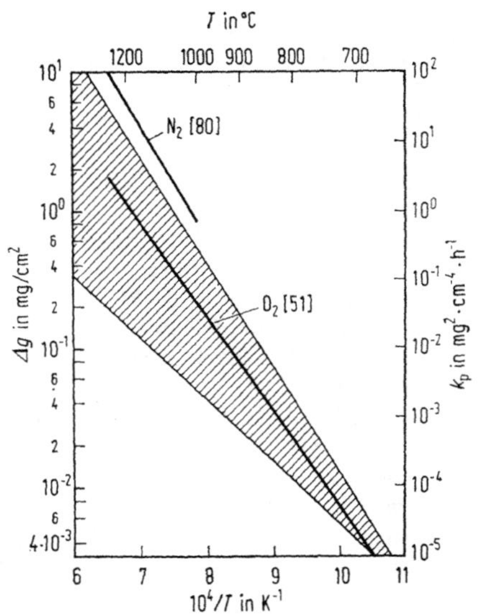

Abb. 13. Gewichtszunahme Δg von Cr in N_2 und O_2 in 1 h.

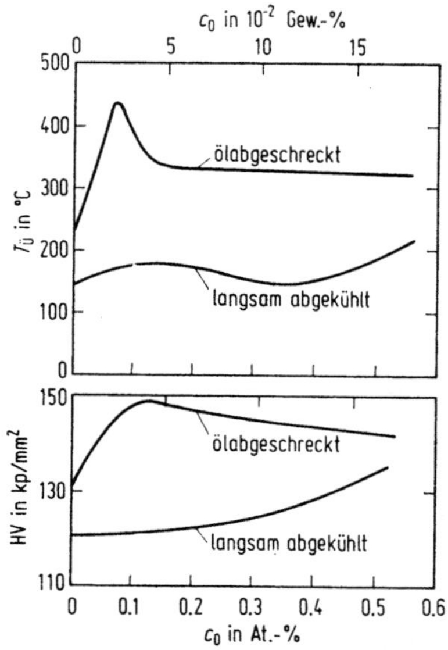

Abb. 14. Einfluß von O auf die Härte HV und die Temperatur $T_Ü$ des Duktil-Spröd-Übergangsvon Cr [22].

Literatur zu Chrom

1 Sully, A. H., Brandes E, A.: Chromium, 2 nd ed., London: Butterworths 1967.
2 Ductile Chromium, ASM, Cleveland/Ohio 1957.
3 Hansen, M., Anderko, K.: Constitution of Binary Alloys, New York: McGraw-Hill 1958.
4 Elliott, R. P.: Constitution of Binary Alloys, First Supplement, New York: McGraw-Hill 1965.
5 Kubaschewski, O.; Evans, E. Ll.; Alcock, C. B.: Metallurgical Thermochemistry, 4th ed., Oxford: Pergamon 1967.
6 Goldschmidt, H. J.: Interstitial Alloys, London: Butterworths 1967.
7 Storms, E. K.: The Refractory Carbides, New York: Academic Press 1967.
8 Tietz, T. E.; Wilson, J. W.: Behavior and Properties of Refractory Metals, Stanford/California: Stanford University Press 1965.
9 Mueller, W. M.; Blackledge, J. P.; Libowitz, G. G.: Metal Hydrides, New York: Academic Press 1968.
10 Martin, E.: Arch. Eisenhüttenw. 3 (1929) 40.
11 Luckenmeyer-Hasse, L.; Schenck, H.: Arch. Eisenhüttenw. 6 (1932) 209.
12 Mazaev, A. A.; Avarbe, R. G.; Vil'k, Yu. N.: Zhur. Fiz. Khim. 32 (1968) 641; Russ. J. Phys. Chem. 42 (1968) 338.
13 Weinstein M.; Elliott, J. F.: Trans. AIME 227 (1963) 285.
14 Trzeciak, M. J.; Ditthey, D.; Mallett, M.: Rpt. BMI-1112 (1956).
15 Smith, W. H.: J. Metals 9 (1957) 47; Trans. AIME 209 (1957) 47.
16 Alekseyev, V. I.; Shvartsman, L. A.: Fiz. Met. Metallov. 11 (1961) 545; Phys. Met. Metallogr. 11 (1961) no. 4, 63.
17 Richardson, F. D.: J. Iron Steel Inst. 175 (1953) 45.
18 Zemskiy, S. V.; Spasskiy, M. N.: Fiz. Met. Metallov. 21 (1966) 129; Phys. Met. Metallogr. 21 (1966) no. 1, 129.
19 Zemskiy, S. V.; Lyakhin, B. P.: Fiz. Met. Metallov. 23 (1967) 913; Phys. Met. Metallogr. 23 (1967) no. 5, 138.
20 Arkharov, V. I.; Nemnonov, S. A.: Izv. Akad. Nauk SSSR (1943) no. 9—10, 32.
21 Konev, V. N.: Fiz. Met. Metallov. 6 (1958) 942; Phys. Met. Metallogr. 6 (1958) no. 5, 170.

22 Cairns, R. E.; Grant, N. J.: Trans. AIME 230 (1964) 1150.
23 Allen, B. C.; Maykuth, D. J.; Jaffee, R. I.: Rpt. NASA-TN-D-837 (1961).
24 Tucker, R. C.: Rpt. IS-T-147 (1967); Thesis, Iowa State University, Ames/Iowa.
25 Hahn, G. T.; Gilbert, A.; Jaffee, R. I.: Rpt. DMIC-Memo-155 (1962).
26 Ryan, N. E.: J. Less-Common Metals 6 (1964) 21.
27 Smith, W. H.: Thesis. In S. Dushman, J. L. Lafferty (Ed.): Scientific Foundation of Vacuum Techniques, New York: Wiley 1962, S. 773.
28 Humbert, J. C.; Elliott, J. F.: Trans. AIME 218 (1960) 1076.
29 Caplan, D.; Fraser, M. J.; Burr, A. A.: In [2] 196.
30 Seyboldt, A. U.; Oriani, R. A.: J. Metals 8 (1956) 556; Trans. AIME 206 (1956) 556.
31 Klein, M. J.; Clauer, A. H.: Trans. AIME 233 (1965) 1771.
32 Mills, T.: J. Less-Common Metals 22 (1970) 373.
33 Klein, M. J.: J. Appl. Phys. 38 (1967) 167.
34 Buck, R. H.; Waterhouse, R. B.: J. Less-Common Metals 6 (1964) 36.
35 de Morton, M. E.: J. Appl. Phys. 33 (1962) 2768.
36 Cadiou, L.; Paidassi, J.: Compt. Rend. C 268 (1969) 743.
37 Arkharov, V. I.; Konev, V. N.; Menshikov, A. Z.: Fiz. Met. Metallov. 7 (1959) 64; Phys. Met. Metallogr. 7 (1959) no. 1, 58.
38 Weaver, C. W.: Acta Met. 10 (1962) 1151.
39 Tucker, R. C.; Scott, T. E.; Carlson, O. N.: J. Less-Common Metals 24 (1971) 405.
40 Weaver, C. W.: J. Inst. Metals 89 (1960) 385.
41 Smith, W. H.; Seybolt, A. U.: In [2] 169.
42 Wain, H. L.; Henderson, F.; Johnstone, S. T. M.; Louat, N.: J. Inst. Metals 86 (1957/58) 281.
43 Solie, K. E.; Carlson, O. N.: Trans. AIME 230 (1964) 480.
44 Gilbert, A.; Klein, M. J.: Acta Met. 14 (1966) 541.
45 Klein, M. J.: Rpt. BMI-1727 (1965).
46 Glemser, O.; Hauschild, U.; Trüpel, F.: Naturwiss. 40 (1953) 317.
47 Ramsey, J. N.; Caplan, D.; Burr, A. A.: J. Electrochem. Soc. 103 (1956) 135.
48 Stringer, J.; Rosenfield, A.: Nature 199 (1963) 337.
49 Caplan, C.; Burr, A. A.: Trans. AIME 203 (1955) 1052.
50 Gulbransen, E. A.; Andrew, K. F.: J. Electrochem. Soc. 104 (1957) 334.
51 Hagel, W. C.: Trans. Quart. ASM 56 (1963) 583.
52 Caplan, D.; Harvey, A.; Cohen, M.: Corros. Sci. 3 (1963) 161.
53 Mortimer, D.; Post, M. L.: Corros. Sci. 8 (1968) 499.
54 Wilms, R. G.; Rea ,T. W.: J. Less-Common Metals 1 (1959) 152.
55 Blocher, J. M. et al.: Rpt. WADC-TR-53-470.
56 Cadiou, L. L.; Paidassi, J.: Mem. Sci. Rev. Met. 66 (1969) 217.
57 Grace, R. E.; Kassner, T. F.: Acta Met. 18 (1970) 247.
58 Paidassi, J.: Cadiou, L.; Darras, R.: Mem. Sci. Rev. Met. 65. (1968) 833; Compt. Rend. C 266 (1968) 576.
59 Kieffer, R.; Ettmayer, P.; Dubsky, T.: Z. Metallkde. 58 (1967) 560.
60 Worrel, W. L.: Trans. AIME 233 (1965) 1173.
61 Felten, E. J.: Trans. AIME 245 (1969) 1349.
62 Borisov, E. V.; Gruzin, P. L.; Zemskiy, S. V.: Zashch, Pokryt. Metal, no. 2(1968) 104; Diff. Data 3 (1969) 266.
63 Baum, B. V.; Gel'd, P. V.; Kocherov, P. V.: Izv. Akad. Nauk SSSR, Metally (1967) no. 5, 138; Russian Metallurgy (1967) no. 5, 27.
64 Abrahamson, E. P.; Grant, N. J.: In [2] 277.
65 Abrahamson, E. P.; Grant, N. J.: In [2] 287.
66 Klein, M. J.: Trans. AIME 233 (1965) 1943.
67 Klein, M. J.: Trans. AIME 236 (1966) 1044.
68 Klein, M. J.: Rpt. BMI-1767 (1967).
69 Tedman, C. S.: J. Electrochem. Soc. 113 (1966) 769.
70 Arkharov, V. I.; Konev, V. N.; Pavlova, V. P.: Fiz. Met. Metallov. 9 (1960) 701; Phys. Met. Metallogr. 9 (1960) no. 5, 59.
71 Rudenko, B. A.; Tolstoguzov, N. V.; Yakushevich, N. F.: Izv. VUZ Chern. Met. (1970) no. 4, 82.

72 Ryan, N. E.; Johnstone, S. T. M.: J. Less-Common Metals 8 (1965) 159.
73 Klein, M. J.: Trans. AIME 236 (1966) 1679.
74 Pebler, A.; Gulbransen, E. A.: Trans. AIME 239 (1967) 1593.
75 Tedman, C. S.: J. Electrochem. Soc. 113 (1966) 766.
76 Mills, T.: J. Less-Common Metals 23 (1971) 317.
77 Hüttig, G. F.; Brodkorb, F.: Z. anorg. allg. Chem. 144 (1925) 341.
78 Mills, T.: J. Less-Common Metals 26 (1972) 223.
79 Sced, I. R.: J. Less-Common Metals 27 (1972) 261.
80 Arnold, J. L.; Hagel, W. C.: Met. Trans. 3 (1972) 1471.
81 Rogers, J. A.; Hopkins, B. E.: J. Less-Common Metals 23 (1971) 293.
82 Kulkarni, A. D.: Worrell, W. L.: Met. Trans. 3 (1972) 2363.
83 Jellinghaus, W.; Keller, H.: Arch. Eisenhüttenw. 43 (1972) 319.
84 Chang, Y. A.; Naujock, D.: Met. Trans. 3 (1972) 1693.
85 Schwerdtfeger, K.: Trans. AIME 239 (1967) 1432.
86 Jeannin, Y.; Mannerskantz, C.; Richardson, F. D.; Trans. AIME 227 (1963) 300.
87 Pogorely, V. I.; Chupakhin, Yu. M.: Met. i. Koksokhim, Resp. Mezhved. Nauchno. Tekhn. Sbornik. 26 (1971) 61; Met. Abs. 5 (1972) 7203–110179.
88 Stebler, B.: Physica Scripta 2 (1970) 57.
89 Baum, B. A., et al.: Izv. Akad. Nauk. SSSR, Metally. (1970) no. 5, 79; Russ. Metallurgy (1970) no. 5, 60.
90 Tyagunov, G. V.; Baum, B. A.; Gel'd, P. V.: Izv. VUZ. Fizika (1971) no. 8, 159; Met. Abs. 5 (1972) 7206–150971.
91 Woods, G. S.; Ball, A.: Phil. Mag. 27 (1973) 785.
92 de Luca, J. P.; Leitnaker, J. M.: J. Amer. Ceram. Soc. 55 (1972) 273.
93 Svechnikov, V. N. et al.: Dop. Akad. Nauk SSSR (1970) no. 9, ser. A, 833.

Molybdän

(Abb. S. 543, Lit. S. 547)

H. Jehn

Molybdän-Wasserstoff

Konstitution. Mo krz., keine Hydride [3].

Löslichkeit [7–10] s. Abb. 1

H in Mo(s): $\log c = 1/2 \log p - 1.81 - 2730/T$ (900–1500 °C [8])

Nach [10] ist bis 100 atm $c \sim \sqrt{p}$ erfüllt. Bei hohen Temperaturen und sehr niederen Drücken ($< 10^{-5}$ Torr) muß die Dissoziation des H_2 berücksichtigt werden, was bei vorgegebenem Totaldruck zu einer Abnahme von c mit steigender Temperatur führt [11].

Thermodynamische Daten

$1/2\ H_2 = H(\text{in Mo(s)})$: $\Delta G^0 = 12480 + 10{,}8\ T$ (900–1500 °C, b. [8])

Diffusion [7, 12, 110]

H in Mo(s): $D = 1 \cdot 10^{-2} \exp(-14000/RT)$ [12]

Dieser Wert stimmt mit Berechnungen aus Permeation [13, 14] und Löslichkeit [7, 8] gut überein, es ergeben sich allerdings geringere Q_D-Werte (8–12 kcal/mol, 1200–2000 °C). Aus Anlaßexperimenten folgt $Q_D = 9{,}2$ kcal/mol [15].

Permeation [13, 14, 16, 110] in Torr l · cm^{-1} · s^{-1} · $Torr^{-1/2}$
H durch Mo(s): $P = 7{,}1 \cdot 10^{-4} \exp(-20200/RT)$ (250—1700 °C [13])
Für $p < 10^{-2}$ Torr weichen die experimentellen P-Werte z. T. erheblich zu kleineren Werten hin ab [14]. Oberflächeneffekte spielen für die Permeation eine erhebliche Rolle [110, 132]. Außerdem steigt D mit zunehmender Korngröße an [132].

Innere Reibung. Der Verlauf der Dämpfungskurve von Mo wird durch H beeinflußt [111].

Mechanische Eigenschaften. Die untere Streckgrenze σ_u wird bei abgeschreckten Mo-Proben (Glühung in H_2 bei 2550 °C) von 21 auf 25 kg/mm² erhöht. Beim Anlassen bei 25—130 °C steigt sie als Folge einer Aushärtung bis auf 42 kg/mm² an. Zusätzlich bildet sich eine ausgeprägte obere Streckgrenze aus [15].

Molybdän-Kohlenstoff

Konstitution [17] s. Abb. 2. Phasen [3, 4, 17]: Mo_2C hdP; MoC hex.

Löslichkeitsgrenze [18, 19, 133] s. Abb. 1.
C in Mo(s): $\log c = 3{,}7 - 9070/T$ (1700—2200 °C [18])
Für Mo(l) wird bei 2780, 3450, 3800 und 4000 °C eine Sättigungskonzentration von 43,0; 48,8; 50,1 und 53,0 At.% C angegeben [99], was nach dem Zustandsdiagramm zu gering erscheint.

Thermodynamische Daten
Mo_2C = C(in Mo(s)) + 2 Mo(s): $\Delta G^0 = 41500 - 7{,}8\,T$ (1700—2200 °C [18])
Mo(s) + C = Mo_2C: $\Delta G^0 = -11710 - 1{,}8\,T$ (900—1050 °C [20])

Diffusion [19, 21—25, 112]
C in Mo(s): $D = 3{,}4 \cdot 10^{-2} \exp(-41000/RT)$ (1500—2000 °C, C-Absorption [19])
C in Mo(l): $D = 6{,}2 \cdot 10^{-2} \exp(-30000/RT)$ (2780—4000 °C, Absorption, b. [99])

Absorption. Die Geschwindigkeit der C-Aufnahme ist durch die C-Diffusion in Mo bestimmt [19]. Bei höherem C-Angebot bildet sich eine Karbidschicht auf der Oberfläche [18]. In lichtbogengeschmolzenen Mo-Schmelzen erfolgt die C-Aufnahme in Kontakt mit Graphit proportional $\sqrt{t}$ und ist damit ebenfalls diffusionskontrolliert [99].

Entkohlung. Die Geschwindigkeit der C-Abgabe aus Mo in einer H_2—CO—H_2O-Atmosphäre [22] oder auch in O_2 [113, 130] ist durch die Diffusion des C im Metall zur Oberfläche bestimmt. Es folgt dort die Reaktion zu CO und Desorption in den Gasraum. Die Entkohlung von Mo in H_2 unter CH_4-Abgabe (1000—1500 °C, $5 \cdot 10^{-6}$ Torr H_2) ist ebenfalls diffusionskontrolliert und gegebenenfalls vorzuziehen [134].

Karbidbildung und Ausscheidungsvorgänge. Kinetik und Struktur der Verbindungsbildung (Mo_2C) in einer C_6H_6-Atmosphäre (900—1200 °C) werden von [26] untersucht (parabolisches Zeitgesetz für Schichtwachstum). Mo_2C- und MoC-Bildung in verschiedenen C—H-Verbindungen (15—150 Torr, 900 °C) [135]. Emissionelektronenmikroskopische Untersuchungen befassen sich mit der Karburierung von Mo-Einkristallen in C_4H_{10} oder C_6H_6 (10^{-4}—10^{-3} Torr, 1500—2000 °C); Bildung und Auflösung von Mo_2C-Ausscheidungen auf der Oberfläche [27]. Bildung von nadelförmigen Ausscheidungen auf der Oberfläche von C-haltigem Mo während der Abkühlung [28].

Gitterparameter. a steigt bis 0,15 At.-% C bei R. T. an entsprechend (a in Å) [29] $a = 3{,}14665 + 0{,}00712 \cdot c$

Elektrischer Widerstand. Spezifischer Zusatzwiderstand durch gelösten C: $\Delta\varrho = 3\ \mu\Omega \cdot \text{cm/At.-\%}$ ($< 0{,}1$ At.-% C) [161]

Viskosität. Für C-gesättigte Mo-Schmelzen werden aus Diffusionskoeffizienten Viskositätswerte von $5{,}2 \cdot 10^{-4}$, $3{,}9 \cdot 10^{-4}$, $2{,}4 \cdot 10^{-4}$ und $2{,}2 \cdot 10^{-4}$ cm²/s für 2780, 3450, 3800 und 4000 °C abgeschätzt [99].

Innere Reibung. Wegen der geringen C-Löslichkeit sind Dämpfungsmessungen schwierig, C-Peaks sollen für etwa 1 Hz bei 315 bzw. 380 °C liegen [23, 24].

Härte von Sintermolybdän [42] und von elektronenstrahlgeschmolzenen Stangen [118] wird durch C-Gehalte bis 1 At.-% nur wenig beeinflußt. Die Mikrohärte HV (50 p) von Mo im Gußzustand steigt von 170 (0,08 At.-% C) auf 270 kp/mm² (0,16 At.-%) an und bleibt bei höheren C-Gehalten konstant. Vakuumgeglühte Proben (30 min, 1500 °C) zeigen etwas geringere Werte [147].

Mechanische Eigenschaften von Mo hängen außer vom Gasgehalt auch sehr wesentlich von der mechanischen und thermischen Vorbehandlung ab (Korngröße, Ausscheidungen). Der Einfluß der verschiedenen Gase ist oft schwer zu bestimmen, weil sie meist gleichzeitig vorhanden sind und sich gegenseitig beeinflussen, und weil wegen der geringen Löslichkeit oft ein Teil des Gasgehaltes als Ausscheidungen vorliegt [30—33]. Die Karbid-, Nitrid- und Oxidausscheidungen im Korninneren und besonders an den Korngrenzen beeinflussen die mechanischen Eigenschaften ebenfalls erheblich [33, 37, 154]. Durch Zulegierung kleiner Mengen von z. B. Ti oder Zr wird die Ausbildung von Korngrenzenausscheidungen herabgesetzt bzw. gesteuert und bei höheren Metalloidgehalten gleichzeitig eine Dispersionshärtung erzeugt. Auf dieser Basis werden zahlreiche handelsübliche Mo-Legierungen angeboten (TZM: Mo + 1,25 Ti + 0,3 Zr + 0,1 C; TZC: Mo + 1,25 Ti + 0,3 Zr + 0,15 C; Mo + 0,5 Ti + (0,02—0,05) C; WZM: Mo + 25 W + 0,3 Zr + 0,03 C; Cb-TZM: Mo + 1,25 Nb — 0,5 Ti + 0,3 Zr + 0,05 C; Mo—Hf-Legierungen; Legierungszusätze in Gew.-%). Derartige Legierungen besitzen z. T. wesentlich höhere Festigkeiten als Mo und auch höhere Rekristallisationstemperaturen [5, 34—36]. Durch eine unterschiedliche Vorbehandlung lassen sich die mechanischen Eigenschaften dieser Legierungen stark verändern [38]. Neuere Kombinationen Mo—HfC weisen besonders günstige Eigenschaften auf [100, 162].

Duktil-Spröd-Übergang. Einfluß des C-Gehaltes auf die Übergangstemperatur $T_{Ü}$ (Biegeversuch) s. Abb. 3, wobei der Pfeil auf das Auftreten von Karbiden hinweist [31]. Übergangstemperatur beim Charpy-Schlagversuch mit ungekerbten Proben s. Abb. 4 [39]. Die Übergangstemperatur von verformtem Mo wird bei steigendem C-Gehalt (0,16—2,3 At.-%) erhöht, während sie für rekristallisiertes Mo kaum verändert wird. In verformtem Mo liegen die Karbide in einheitlicher Größe und Verteilung vor, während sie in rekristallisiertem Mo ein Netzwerk an den Korngrenzen bilden [101]. Weitere Untersuchungen über Struktur und Eigenschaften (0,032—7 At.-%) s. [136].

Verformbarkeit, Duktilität. Untersuchungen zum Einfluß von Verunreinigungen auf die Verformbarkeit von Mo (Zugversuch) unterstützen die Ansicht, daß

Korngrenzenverunreinigungen für die Versprödung verantwortlich sind [33]. Demgegenüber ergeben Untersuchungen zur Duktilität von C-haltigem und entkohltem grobkörnigem Mo, daß die Duktilität durch C eher verbessert wird und daß Karbidausscheidungen in den Korngrenzen zur Reduzierung der Korngrenzensprödigkeit beitragen [40, 41, 115]. Dabei tritt für erschmolzenes Mo ein Duktilitätsmaximum bei 0,04—0,3 At.-% (50—400 Gew.-ppm) auf [41]. Auch bei Sintermolybdän wird die Duktilität durch geringe C-Zusätze erhöht (Biegeversuch, 100 und 200 °C, Stäbe 9 × 9 × 120 mm, Auflagepunktabstand 70 mm, Stempelradius 25 mm, Belastung 3 mm/min, s. Abb. 5) [42]. — Zugversuche an Mo-Einkristallen (0,024 und 0,16 At.-% C entspr. 30 und 200 Gew.-ppm C; ⟨100⟩ und ⟨110⟩; 77—293 K) zeigen eine Verfestigung (Anwachsen der Fließgrenze, Abnahme der Querschnittsverminderungs- und Bruchdehnungswerte) bei höherem C-Gehalt. Daneben wird Substruktur und Subkornverfeinerung ($d = 100\ \mu m$) beobachtet. Einkristalluntersuchungen zeigen eine starke Orientierungsabhängigkeit der plastischen Verformung [102].

Bruchverhalten. Der Einfluß verschiedener C-Gehalte auf das Bruchverhalten und die Bruchflächen wird von [113, 114] beschrieben. Die Ergebnisse deuten eine Verfestigung der Korngrenzen durch C-Ausscheidungen an.

Kornverfeinerung von Sintermolybdän durch C-Zusätze, wobei offenbar der C-Gehalt während des Sinterns entscheidender ist als der spätere kristallwachstumshemmende Einfluß [42]. Auch bei elektronenstrahlgeschmolzenen Stangen steigt die Kornverfeinerung mit dem C-Gehalt an [118, 137].

Kristallisation und Gefügeausbildung beim Erstarren von Mo-Proben [116] und -Barren [117] werden vom C-Gehalt der Schmelze beeinflußt.

Molybdän-Stickstoff

Konstitution [3, 43] s. Abb. 6. Phasen: β-Mo_2N tetr. fz; γ-Mo_2N kfz; δ-MoN hex. Bei etwa 1800 °C scheint ein Mo—Mo_2N-Eutektikum aufzutreten [104].

Löslichkeit [44—48, 103, 138, 156] s. Abb. 7

N in Mo(s): $\log c = 1/2 \log p - 0{,}523 - 4940/T$ (1600—2400 °C [44])

N in Mo(l): $\log c = 1/2 \log p - 1{,}46$ (< 350 Torr, 2700 °C [103])

$\log c = 1/2 \log p - 1{,}5$ (< 500 Torr, 2650 °C [156])

Löslichkeitsgrenze [44] s. Abb. 1

N in Mo(s): $\log c_{max} = 3{,}49 - 7910/T$ (800—1800 °C, b. [44])

Neuere Hochdruckuntersuchungen [104] führen auf etwas höhere Werte

N in Mo(s): $\log c_{max} = 3{,}72 - 7940/T$ (900—1800 °C, b. [44, 104])

Zersetzungsdruck von Mo_2N

$\log p_{N_2} = 8{,}51 - 5990/T$ (900—1800 °C [104])

Thermodynamische Daten

$1/2\ N_2 = N(\text{in Mo(s)})$: $\Delta G^0 = 22600 + 5{,}03\ T$ (1600—2400 °C [44])

$Mo_2N = N(\text{in Mo(s)}) + 2\ Mo(s)$: $\Delta G^0 = 36300 - 7{,}85T$ (900—1800 °C, b. [104])

$2\ Mo(s) + 1/2\ N_2 = Mo_2N$: $\Delta G^0 = -13700 + 12{,}88T$ (900—1400 °C [104])

Diffusion [47—49, 138]

N in Mo(s): $D = 4{,}3 \cdot 10^{-3} \exp(-26000/RT)$ (1200—2000 °C, Entgasung [49])

Die Aktivierungsenergie 26 ± 2 kcal/mol wird durch weitere Messungen bestätigt (Entgasung [45, 138], Dämpfung [24, 50], Rückkehr der Streckgrenze [51], Spannungsrelaxation [53]).

Permeation [13, 48] in Torr l · $cm^{-1} \cdot s^{-1} \cdot Torr^{-1/2}$
N durch Mo(s): $P = 6{,}1 \cdot 10^{-3} \exp(-47500/RT)$
($p > 1$ Torr N_2, 800—1800 °C [48])

Absorption. Beim Glühen von Mo in N_2 (760 Torr) bis 1200 °C keine Reaktion [26]. Bei höheren Temperaturen wird die Geschwindigkeit der N-Aufnahme durch den Übertritt der N-Atome aus dem chemisorbierten in den gelösten Zustand und bei dickeren Proben durch die Diffusion bestimmt. Für die Übertrittsreaktion läßt sich aus Gleichgewichts- und Entgasungsuntersuchungen die Begasungsgeschwindigkeit v in mg · $cm^{-2} \cdot min^{-1}$ abschätzen

$v = \sqrt{p} \cdot 1{,}05 \cdot 10^2 \cdot \exp(-45200/RT)$ (1300—2400 °C [52])

Entgasung [47, 49, 52]. Die Entgasungsgeschwindigkeit ist vorwiegend bestimmt durch die Diffusion (s. o.) der N-Atome im Metallinnern [47, 49, 52]. Nur unmittelbar nach Beginn einer Entgasungsglühung bildet der Übertritt der N-Atome aus dem gelösten in den chemisorbierten Zustand den geschwindigkeitsbestimmenden Teilschritt. Für diese anfängliche Entgasungsgeschwindigkeit v in mg · $cm^{-2} \cdot min^{-1}$ gilt

$v = 3{,}5 \cdot 10^{-2} \cdot c \cdot \exp(-22600/RT)$ (1200—2200 °C [52])

Nitridbildung. Bei N_2-Drücken bis zu 1 atm findet keine Nitridbildung statt, weil entweder bei tiefen Temperaturen die Nitridbildung zu langsam verläuft oder bei hohen Temperaturen der N_2-Druck zu klein ist. Bei N_2-Drücken bis zu 300 atm bilden sich bis zu 1500 °C Mo_2N-Nitridschichten [43]. Bei niederen Temperaturen werden Nitride in strömendem NH_3 gebildet. Die Kinetik und Struktur der Schichtenbildung werden von [26] untersucht (600—1250 °C). Bei 700—940 °C werden zwei Schichten (MoN und Mo_2N) gebildet, bei 940—1150 °C nur noch Mo_2N und oberhalb 1150 °C erfolgt keine Nitridbildung mehr. Die Schichten wachsen nach einem parabolischen Zeitgesetz [26, 139].

Ausscheidungsvorgänge [53, 54]. Auslagerungsversuche (20—300 °C, Widerstands- und Spannungsrelaxationsmessungen) zeigen, daß nach Altern bei 250 °C kein N mehr gelöst ist. Der größte Teil des gelösten N scheidet sich in zwei Erholungsstufen aus (Widerstand, 125—160 und 215 °C, lineares Erholungsgesetz) [53]. Die Verteilung und das Aussehen der Mo-Nitridausscheidungen wird elektronenmikroskopisch untersucht (350 °C: 2 h, feindisperse Ausscheidungen, 4 h, vergröbert; 400 °C: 1 h, größere, unregelmäßig geformte Ausscheidungen) [54].

Elektrischer Widerstand. ϱ steigt bis 0,14 At.-% N bei 0 °C entsprechend (ϱ in $\mu\Omega \cdot cm$) [47]

$\varrho = 5{,}03 + 2{,}4 \cdot c$

Innere Reibung. Qualitative Untersuchungen [24, 50]. Verankerung von Versetzungen durch N (50-kHz-Messungen) s. [119].

Mechanische Eigenschaften. Der Einfluß der geringen Mengen an gelöstem N wird wie bei Mo—C durch Ausscheidungen sowie die Vorbehandlung des Mo häufig überdeckt. Möglichkeit der Dispersionshärtung von Mo durch Ti, Zr, Hf-Zusätze mit anschließender Nitrierung [55—61, 105, 106]. Einfluß der Nitrierbedingungen auf Härte, Festigkeit, Verformbarkeit, Kriechverhalten, Übergangstemperatur von Mo—0,15 At.-% Zr — 0,18 At.-% Ti — 0,024 At.-% C (0,14 Gew.-% Zr — 0,09 Gew.-% Ti — 0,003 Gew.-% C) [63, 64, 140]. Zugfestigkeit und Kriechverhalten von innennitrierten Mo—Hf-Legierungen [105]. Einfluß von N auf die Temperatur des Duktil-Spröd-Übergangs [31] s. Abb. 3.

Molybdän-Sauerstoff

Konstitution [3, 65, 66, 157] s. Abb. 8. Phasen: MoO_2 monoklin; MoO_3 orthorh.; dazwischen existiert eine Reihe stabiler Oxide Mo_4O_{11}, $Mo_{17}O_{47}$, Mo_8O_{23} und Mo_9O_{26}.

Löslichkeitsgrenze [67, 120, 144] s. Abb. 1

O in Mo(s): $\log c_{max} = 1{,}67 - 4870/T$

(1200—1400 °C, stationäre Zustände knapp unterhalb der Oxidbildung)

Aus Gleichgewichtsglühungen von Mo in Mo—MoO_2-Pulver in abgeschlossenen Kapseln wird dagegen erhalten

$$\log c_{max} = 4{,}54 - 12110/T \quad (1600\text{—}2000\,°C\ [144]).$$

Gleichgewichtsdrücke

Zersetzungsdruck von MoO_2(s)

$\log p_{O_2} = 11{,}67 - 30150/T$ (25—1100 °C, b. [20])

MoO_2 kann auch zu einem großen Teil zu Mo(s) + MoO_3(g) disproportionieren [68].

Dampfdrücke flüchtiger Oxide über MoO_2(s)

$\log p_{MoO_3} = 13{,}01 - 26610/T$ (alle Oxide 1300—1500 °C [157])

$\log p_{(MoO_3)_2} = 13{,}95 - 29150/T$

$\log p_{(MoO_3)_3} = 13{,}95 - 31170/T$

$\log p_{MoO_2} = 13{,}45 - 29360/T$

Thermodynamische Daten

1/2 MoO_2 = O(in Mo(s)) + 1/2 Mo(s): $\Delta G^0 = 22300 + 1{,}51\,T$ (1200—1400 °C [67])

oder: $\Delta G^0 = 55400 - 11{,}6\,T$ (1600—2000 °C [144])

1/2 Mo(s) + 1/2 O_2 = 1/2 MoO_2: $\Delta G^0 = -68950 + 20{,}1\,T$

(25—1100 °C, CO/CO_2-Gleichgewicht [20], EMK [69, 70])

Diffusion [24, 71]

O in Mo(s): $D = 3 \cdot 10^{-2} \exp(-31000/RT)$ (120 °C, innere Reibung [71])

Permeation in Torr l · $cm^{-1} \cdot s^{-1} \cdot Torr^{-1/2}$

O durch Mo(s): $P = 2 \cdot 10^{-2} \exp(-22000/RT)$ (2000—2400 °C [72])

Absorption, Oxidation. Bei der Oxidation von Mo an Luft (760 Torr) werden unterhalb von 500 °C zweiphasige Oxidschichten erzeugt (außen MoO_3, innen MoO_2, sehr dünn) mit parabolischem Zeitgesetz (k_p in $mg^2 \cdot cm^{-4} \cdot h^{-1}$)

$k_p = 1{,}4 \cdot 10^{17} \exp(-60000/RT)$ (450—550 °C, b. [158])

Oberhalb 500 °C erfolgt zusätzlich zur Schichtbildung eine MoO_3-Abdampfung und bei 770 °C erreicht die Verdampfungsgeschwindigkeit die Geschwindigkeit der Oxidbildung. Die Oxidation folgt dann einem linearen Zeitgesetz [2, 5, 73].

Ebenso findet bei der Oxidation in O_2 oberhalb 600 °C ein Gewichtsverlust infolge der Oxidverdampfung mit linearem Zeitgesetz statt [74, 125—128]. Eingehendere Untersuchungen über das Verhalten von Mo in Luft bzw. Sauerstoff:
5—76 Torr O_2, 550—1700 °C, Thermowaage, O_2-Verbrauch [74]; 10^{-3}—1 Torr O_2, 500—1000 °C, Thermowaage [125]; 1 atm Luft, 500—770 °C, Gewichtsänderung [127]; 10^{-4}—760 Torr O_2, 1380—2470 °C, Oberflächenabtragung [75]; 10^{-4} bis 10^{-2} Torr O_2, H_2O und Luft, 1400—2300 °C, gravimetrisch, Metallverluste [76]; $5 \cdot 10^{-7}$—$5 \cdot 10^{-6}$ Torr O_2 und H_2O, 1030—1930 °C, Wägung der abgedampften Spezies nach Kondensation [123]; $2 \cdot 10^{-6}$—$6 \cdot 10^{-6}$ Torr O_2, 1630 °C, Bestimmung des abgedampften Mo nach Kondensation [124].
Beim Glühen von Mo in O_2 treten schon bei relativ niedrigen Drücken erhebliche Metallverluste infolge der Abdampfung flüchtiger Oxide auf (s. Abb. 9) [75, 76]. Entsprechendes gilt für Luft und Wasserdampf (s. Abb. 10 und 11) [76]. 10^{-4}—10^{-2} Torr O_2, 1200—2300 °C, Massenspektrometer [77]. Massenspektrometrische Untersuchungen zeigen, daß die Bildung flüchtiger Oxide oberhalb 1600 °C infolge der Abgabe von atomarem O zurückgeht [77, 122]. Bei höheren Temperaturen steigen die Metallverluste jedoch wegen der reinen Metallverdampfung wieder stark an. Im Bereich 10^{-3}—$5 \cdot 10^{-2}$ Torr Sauerstoffpartialdruck, 700—1900 °C, wird die Reaktion von molekularem und atomarem Sauerstoff mit Mo untersucht [78].
Oxidationsuntersuchungen an Mo-Pulver bei 20 °C in feuchter Luft [79]. Theoretische thermodynamische Überlegungen ($7{,}6 \cdot 10^{-4}$—76 Torr O_2, 730 bis 3330 °C) [129].

Elektrischer Widerstand. ϱ steigt durch gelösten O um 1 μΩ cm/At.-% O an (< 0,01 At.-% O) [163]

Innere Reibung. Bei Frequenzen von 1—1,5 Hz treten Dämpfungsmaxima bei 115—120 °C auf [50, 71], deren Höhe proportional zur O-Konzentration sind [50]. Bei 200 °C wird ein weiteres Maximum beobachtet, für das $Q^{-1}_{\max} \sim c^2$ angegeben wird [50].

Mechanische Eigenschaften. Wie in den anderen Gas-Molybdän-Systemen wirken sich wegen der geringen O-Löslichkeit meist nur Oxidausscheidungen auf die Eigenschaften aus. Dabei ist die Verteilung der Oxidphase sehr wesentlich [33, 37]. Einfluß von O auf die Temperatur des Duktil-Spröd-Übergangs (Biegeversuch) s. Abb. 3 [31]. Eine Versprödung durch oberflächliche Oxidschichten wird nicht beobachtet [142]. Die Duktilität von Mo mit 0,06—0,24 At.-% O nimmt mit steigendem O-Gehalt und zunehmender Korngröße ab [141]. Bruchdehnung von Mo-Drähten (1 mm ⌀), welche zuvor zur O-Aufnahme 15 min bei 1480 °C und $1 \cdot 10^{-4}$ —$7 \cdot 10^{-4}$ Torr O_2 geglüht wurden ($\dot{\varepsilon} = 0{,}002\ s^{-1}$) [1] s. Abb. 12.

Ternäre Systeme

Mo—H—C. *Gleichgewichte*
$CH_4(g) = C(\text{in Mo(s)}) + 4\,H(\text{in Mo(s)})$: $\Delta G^0 = 89790 + 3{,}17\,T$
$\log p_{CH_4} = \log c_C + 4 \log c_H - 6{,}43 + 19600/T$;
$CH_4(g) = C((\text{in Mo(s)}) + H_2$: $\Delta G^0 = 49910 - 34{,}24\,T$
$\log (p_{CH_4}/p^2_{H_2}) = \log c_C - 12{,}38 + 10900/T$ (b. [6, 7, 18, 20, 81]);
$CH_4(g) + 2\,Mo(s) = Mo_2C + 2\,H_2$: $\Delta G^0 = 8410 - 26{,}44\,T$

$\log (p_{CH_4}/p^2_{H_2}) = -8{,}66 + 1840/T$ (450–600 °C [81])
Karbidbildung in C_6H_6-Atmosphäre s. Mo–C [26].
Emissionselektronenmikroskopische Untersuchungen zur Karburierung in C_4H_{10} oder C_6H_6 s. Mo–C [27]. Reaktionen in verschiedenen Kohlenwasserstoffen, 900 °C, 15–150 Torr, führen zu Mo_2C und MoC-Bildung [135].

Mo–H–N. *Gleichgewichte* (b. [6, 44])
$NH_3(g) = N(\text{in Mo(s)}) + 3\,H(\text{in Mo(s)}): \Delta G^0 = 63750 + 14{,}6\,T$
$\log p_{NH_3} = \log c_N + 3 \log c_H - 1{,}93 + 13900/T$;
$NH_3(g) = N(\text{in Mo(s)}) + 3/2\,H_2: \Delta G^0 = 34650 - 21{,}7\,T$
$\log (p_{NH_3}/p^{3/2}_{H_2}) = \log c_N - 8{,}18 + 7560/T$;
$NH_3(g) + 2\,Mo(s) = Mo_2N + 3/2\,H_2: \Delta G^0 = -1900 - 14{,}9\,T$
$\log (p_{NH_3}/p^{3/2}_{H_2}) = -4{,}70 - 420/T$
Nitridbildung in NH_3-Atmosphäre [26] s. Mo–N

Mo–H–O
$H_2O(g) + 1/2\,Mo(s) = 1/2\,MoO_2 + H_2: \Delta G^0 = 10050 - 7{,}0\,T$
$\log (p_{H_2O}/p_{H_2}) = 1{,}53 - 2200/T$
(Bis 1100 °C, berechnet nach [6, 20]; experimentelle Untersuchungen 800–1100 °C [82, 83]). Die technische Reduktion von MoO_2 wird bei 950–1100 °C durchgeführt [1, 2]. Beim Glühen von Mo in H_2O-Dampf (1100–1700 °C) dampfen $(MoO_3)_n$ und $MoO_2(OH_2)_2$ unter Bildung von H_2 ab [84]. Mo-Verluste in H_2O-Dampf (1400–2300 °C, 10^{-4}–10^{-2} Torr H_2O) s. Abb. 11 [76].

Mo–C–N. Untersuchungen zur *Konstitution* (Strukturen, isothermer Schnitt für 1100 °C) durch Nitrieren von Mo–C-Legierungen in N_2 (1, 30, 300 atm) [62]. *Diffusions-* und *Löslichkeitsuntersuchungen* für N in C-haltigem Mo zeigen bei Vorliegen von Karbidausscheidungen eine scheinbar erhöhte Löslichkeit infolge des Einfangens von N an den Karbiden und ungewöhnlich niedere *D*-Werte [138].
Kinetik und Struktur der Schichtenbildung in NH_3–C_6H_6-Atmosphäre (1000 bis 1200 °C): $Mo_2C_{1-x}N_y$ mit $y \to 0$ bei Temperaturen oberhalb von 1200 °C [26]. — Karbid-, Nitrid- und Karbonitridbildung in HCN-Atmosphäre (600–2600 °C, 20–200 Torr) sowie in CH_4–N_2- und CH_4–NH_3-Mischungen [143].

Mo–C–O. Zustandsdiagramm bei 1327 °C und 760 Torr Gesamtdruck [86].
Gleichgewichte:
$CO = C\big(\text{in Mo(s)}\big) + O\big(\text{in Mo(s)}\big): \Delta G^0 = 9840 + 40{,}1\,T$
$\log p_{CO} = \log c_C + \log c_O + 7{,}7 - 2150/T$ (b. [6, 18, 20, 67]).
Für Mo(l) werden bei 2720 °C für diese Reaktion angegeben [87]:
$\Delta G^0 = 66200$ cal/mol; $\log (p_{CO}/c_C c_O) = 3{,}7$
Thermodynamische Beschreibung des Systems auf Grund vorliegender Daten über die Oxide und Karbide [85]. Oberhalb von 800 °C sind Oxikarbide nicht stabil [20, 86]. C-Entgasung in O_2 [113, 130], s. Mo–C.

Mo–Re–H. In Mo–Re-Legierungen wird im Bereich 10–30 At.-% Re eine Lösungswärme von 0 bis −4 kcal/mol H_2 mit einem Maximum bei etwa 25 At.-% Re beobachtet [89].

Mo–S–H. H_2S/H_2-Gleichgewicht zur MoS_2-Reduktion
$1/2\,MoS_2 + H_2 = 1/2\,Mo + H_2S(g): \Delta G^0 = 12200 - 1\,T$
$\log (p_{H_2S}/p_{H_2}) = 0{,}22 - 2660/T$ (900–1100 °C, b. [90])

Bei der Hochtemperaturschwefelung von Mo in H_2S/H_2-Mischungen wird immer ein parabolisches Zeitgesetz gefunden (k_p in $mg^2 \cdot cm^{-4} \cdot h^{-1}$) [80]

$k_p = 2{,}3 \cdot 10^7 \cdot p_{H_2S}^{0,34} \cdot \exp(-47500/RT)$

(850—1050 °C, $p_{H_2S} = 76$—380 Torr, $p_{gesamt} = 760$ Torr, gravimetrisch).

Mo—Zr—H. Gleichgewichtsuntersuchungen im System $ZrMo_2$—H_2 (0—800 °C, 10^{-2}—760 Torr H_2). H-Löslichkeit bis 20 At.-% (0 °C, 760 Torr H_2), $c_H \sim \sqrt{p_{H_2}}$; die Lösungswärme von H_2 in $ZrMo_2$ ist etwas konzentrationsabhängig und beträgt —4,6 kcal/1/2 Mol H_2 für die unendlich verdünnte Lösung [95]. Reaktionen von Zr—Mo-Legierungen mit H_2 und N_2 [96].

Mo—Cr—C. Zustandsdiagramm für 1300 °C [148].

Mo—Fe—C. Untersuchungen zum *Zustandsdiagramm* in der Mo-Ecke. Isotherme Schnitte für 1200—1800 °C, (T, c)-Schnitte für (Mo + Fe)—C mit 1,4 und 3,4 At.-% Fe. Durch Fe-Zusätze wird die Löslichkeitsgrenze für C erhöht [108]. *Thermodynamische Untersuchungen*, Isoaktivitätslinien, 1000 °C [152].

Mo—Hf—C. Untersuchung der Mo-Ecke. Das quasibinäre System Mo—HfC ist eutektisch mit $T_e = 2350 \pm 20$ °C. Löslichkeitslinie bezüglich HfC und Soliduslinie 1200—2600 °C [88]. Neuere Mo—HfC-Werkstoffe weisen besonders günstige Eigenschaften auf [100, 162].

Mo—Mn—C. Isothermer Schnitt für 800 °C [150].

Mo—Nb—C. Konstitutionsuntersuchungen, ternäre und isotherme Schnitte, 1500 bis 3000 °C [25].

Mo—Re—C. Die *Diffusionskonstante* für C in Mo—31 At.-% Re-Einkristallen ist gegen Mo um etwa den Faktor 5 erhöht, $D = 20 \exp(-60000/RT)$ [112]. Re-Zusätze erhöhen die C-*Löslichkeit* und verbessern die *Festigkeit* und Duktilität von Mo [112, 146, 147]. Die Temperatur des Duktil-Spröd-Übergangs von Mo—31 At.-% Re mit 0,04—2,2 At.-% C bleibt in Biegeversuchen bis 0,4 At.-% C konstant bei etwa —130 °C und steigt dann bis 2 At.-% C auf den Wert von C-haltigem Mo von etwa 70 °C an [146]. Geringe C-Gehalte erhöhen die *Härte* HV(50p) einer Mo—31 At.-% Re-Legierung von 200 auf 400 kp/mm^2 bei 0,8 At.-% C, darüber bleibt sie konstant. Werte im Gußgefüge liegen etwas über den Werten nach einer Vakuumglühung (30 min, 1500 °C) [147].

Mo—Ta—C. Thermodynamische Berechnungen und isotherme Schnitte (1500, 1800, 2050, 2230, 2800, 3000 °C) [94].

Mo—Ti—C. Untersuchung der Mo-Ecke. Das quasibinäre System Mo—TiC ist eutektisch mit $T_e = 2290 \pm 20$ °C. Löslichkeitslinie bezüglich TiC und Soliduskurve 1200—2600 °C [91]. Isotherme Schnitte für 1200 und 2600 °C und (T, c)-Diagramme der Mo-Ecke für (Mo + C)—Ti mit 0,48; 0,98; 1,74; 3,9 und 7,5 At.-% C [107]. Mo—TiC—Ti-Bereich [151].

Mo—W—C. Die maximale C-Löslichkeit von Mo wird schon durch geringe W-Zusätze wesentlich erniedrigt, während Mo-Zusätze zu W praktisch ohne Einfluß sind, s. Abb. 13 [92]. Konstitution, isothermer Schnitt für 1000 °C [160].

Mo—U—C. Konstitution, isotherme Schnitte für 1800 und 2000 °C [155]

Mo—Zr—C. Untersuchung der Mo-Ecke. Das quasibinäre System Mo—ZrC ist eutektisch mit $T_e = 2260 \pm 20$ °C. Löslichkeitslinie bezüglich ZrC und Soliduslinie 1200—2600 °C [97]. Isotherme Schnitte der Mo-Ecke für 1200 und 2100 °C,

(T, c)-Schnitte der Mo-Ecke für (Mo + C)—Zr mit 0,48; 0,98 und 1,73 At.-% C sowie für (Mo + Zr)—C mit 0,35 und 0,7 At.-% Zr [109]. Untersuchungen zum Zustandsdiagramm, 1500 und 2100 °C [159].

Mo—Ti—Zr—C. Löslichkeits- und Phasenuntersuchungen in Mo-reichen Legierungen mit bis zu 6 At.-% Ti und Zr und 2,5 At.-% C, 1200—2100 °C [149]. — Mo-Ecke des quasiternären Systems Mo—TiC—ZrC, bis zu 5 Mol-% TiC + ZrC, 1200—2100 °C. Löslichkeitsgrenzen, Soliduslinien, Mikrohärte für α-Mo-Mischkristalle [153].

Mo—Hf—N. Ausscheidungsvorgänge bei der inneren Nitrierung von Mo—1 At.-% Hf (Kinetik, Struktur der plättchenförmigen Ausscheidungen, einige mechanische Eigenschaften) [98, 106].

Mo—Nb—N. Untersuchungen zur isobaren und maximalen N-Löslichkeit sowie thermodynamische Daten des Mo—Nb—N-Mischkristallbereichs s. Nb—Mo—N [46].

Mo—W—N. Isobare N-Löslichkeit in Mo—10 At.-% W und Mo—20 At.-% W, 1900—2400 °C [93].

$\log c = 1/2 \log p - 0{,}596 - 5860/T$ (10 At.-% W)

$\log c = 1/2 \log p - 7350/T$ (20 At.-% W)

Dies entspricht den thermodynamischen Daten

$1/2\ N_2 = N$ (in Leg): $\Delta G^0 = 26800 + 5{,}3\ T$ (10 At.-% W)

$\Delta G^0 = 33600 + 2{,}56\ T$ (20 At.-% W)

Mo—Fe—O. Zustandsdiagramm für 900 °C [145].

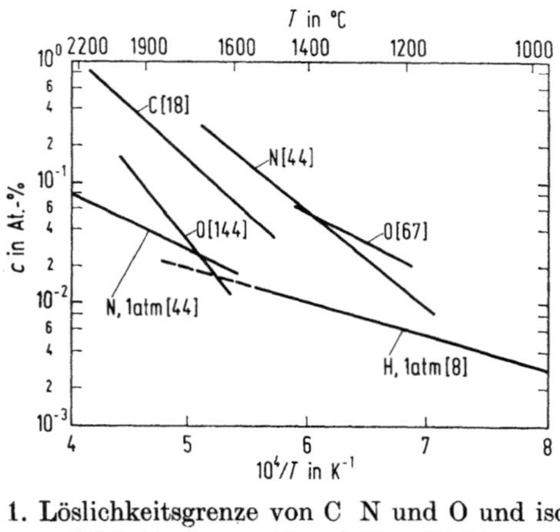

Abb. 1. Löslichkeitsgrenze von C N und O und isobare Löslichkeit von H und N in Mo(s).

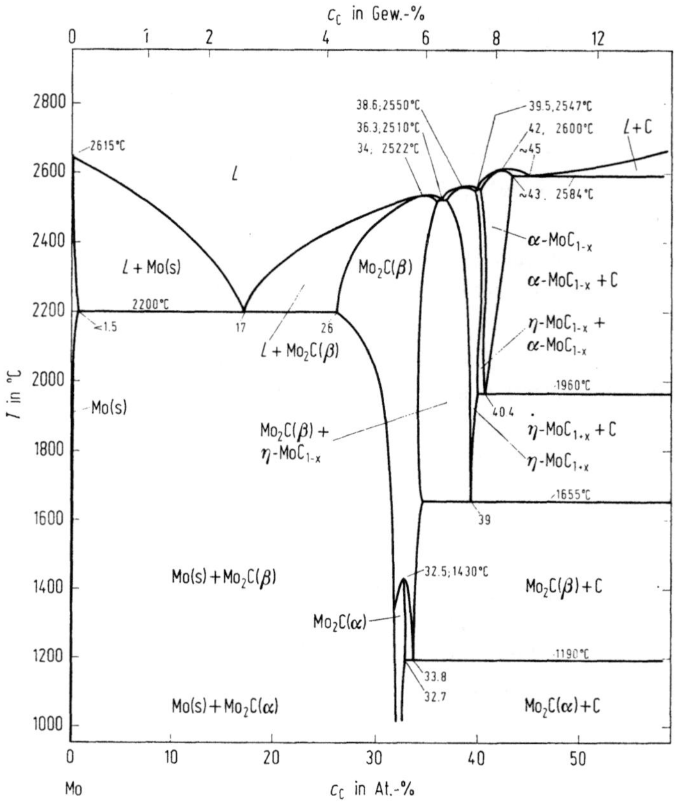

Abb. 2. System Mo—C [17].

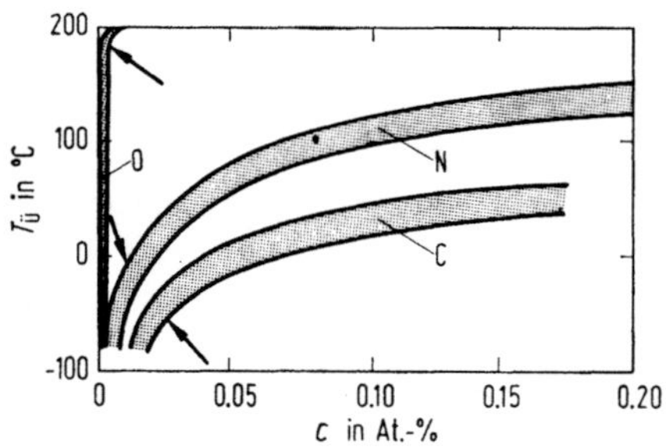

Abb. 3. Einfluß von C, N und O auf die Temperatur $T_Ü$ des Duktil-Spröd-Übergangs von Mo (Biegeversuch, Pfeile geben Auftreten einer zweiten Phase an) [31].

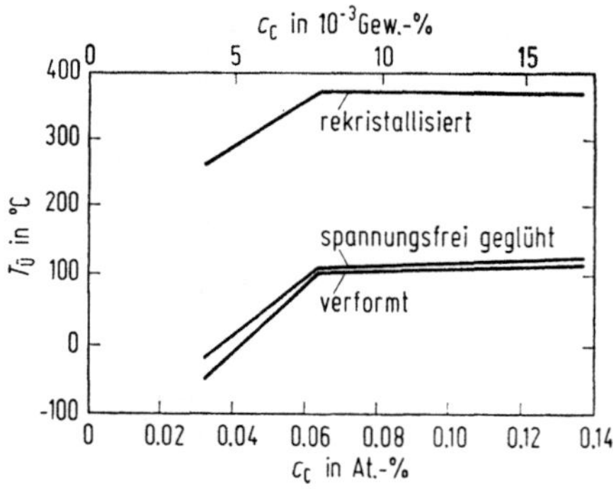

Abb. 4. Einfluß von C auf die Temperatur $T_Ü$ des Duktil-Spröd-Übergangs von Mo (Charpy-Schlagversuch) [39].

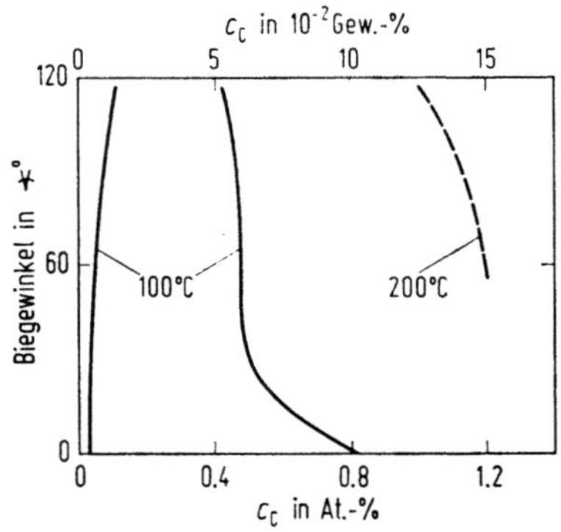

Abb. 5. Einfluß von C auf den Biegewinkel α beim Bruch von Mo [42].

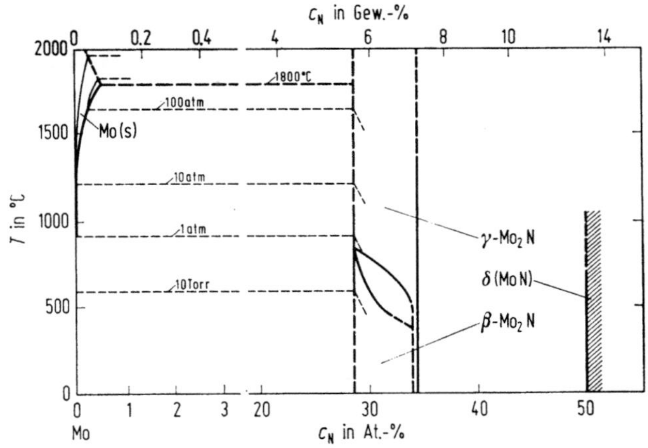

Abb. 6. System Mo—N mit Isobaren [43, 44, 104].

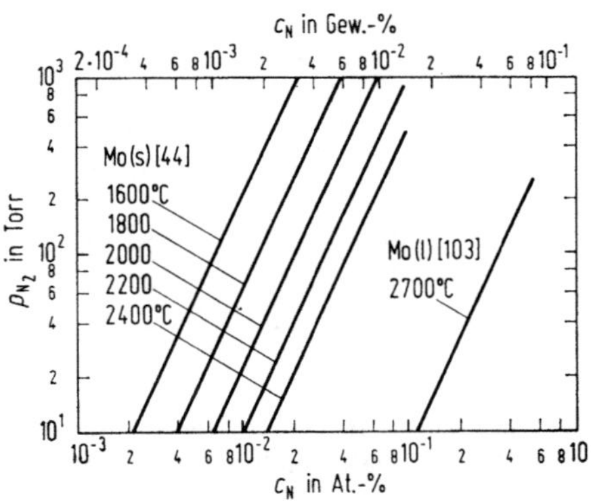

Abb. 7. (p, c)-Isothermen im System Mo—N.

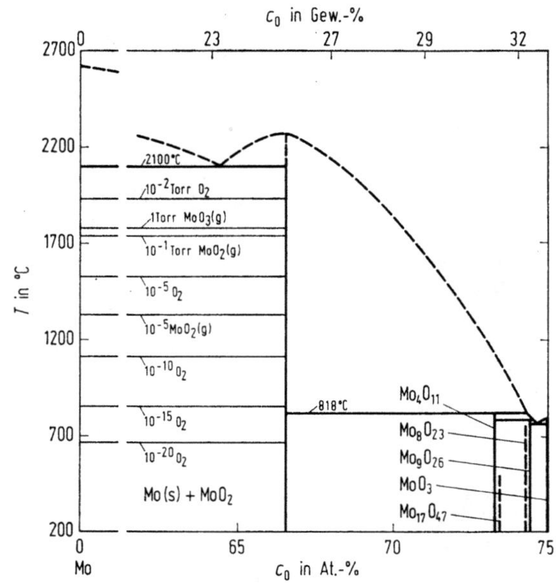

Abb. 8. System Mo—O [65] mit Isobaren.

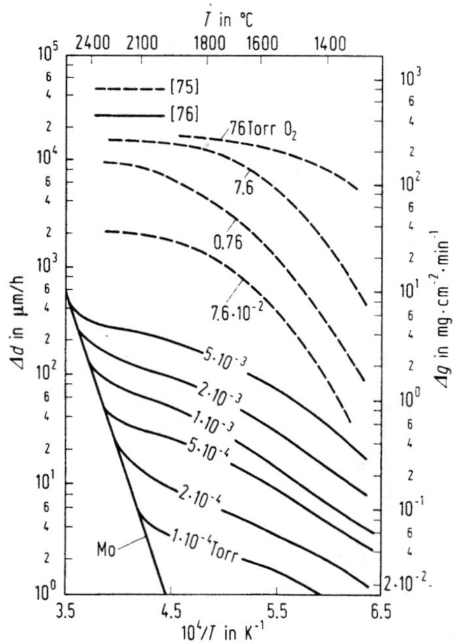

Abb. 9. Mo-Verluste in O_2 (Δd Oberflächenabtragung, Δg Gewichtsabnahme) [75, 76].

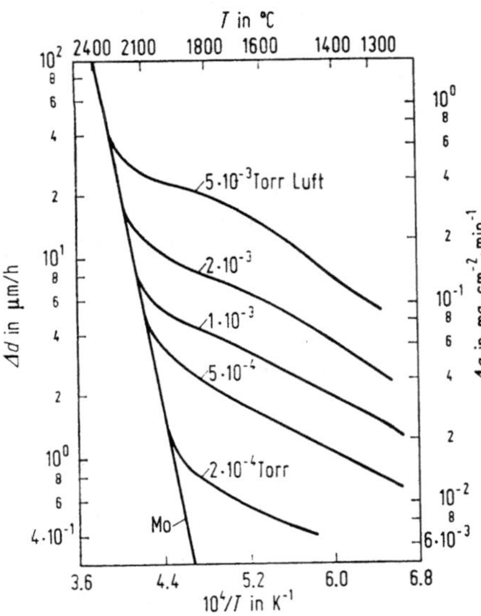

Abb. 10. Mo-Verluste in Luft (Δd Oberflächenabtragung, Δg Gewichtsabnahme) [76].

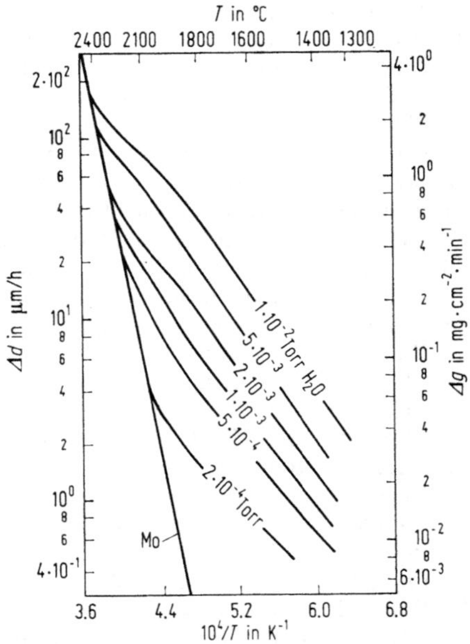

Abb. 11. Mo-Verluste in H_2O-Dampf (Δd Oberflächenabtragung, Δg Gewichtsabnahme) [76].

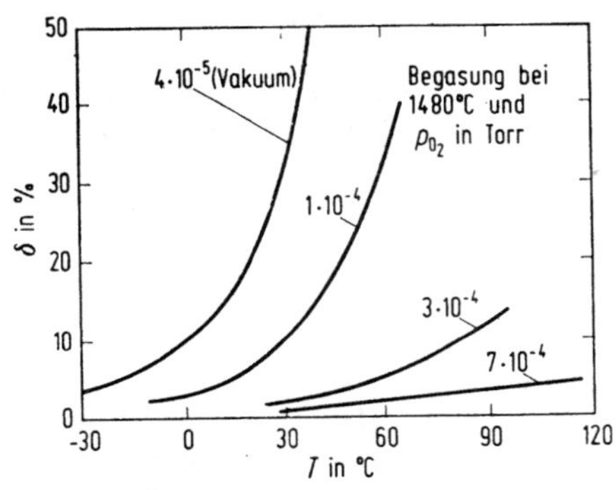

Abb. 12. Bruchdehnung δ von O-begasten Mo-Drähten [1].

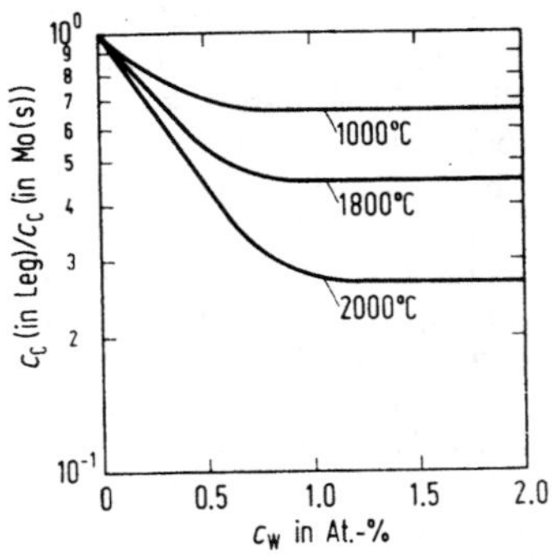

Abb. 13. Löslichkeitsgrenze für C in Mo—W-Legierungen, nach [92].

Literatur zu Molybdän

1 Northcott, L.: Molybdenum, London: Butterworths 1956.
2 Harwood, J. J. (Ed.): The Metal Molybdenum, Cleveland/Ohio: Am. Soc. Met. 1958.
3 Goldschmidt, H. J.: Interstitial Alloys, London: Butterworths 1967.
4 Storms, E. K.: The Refractory Carbides, New York: Academic Press 1967.
5 Tietz, T. E.; Wilson, J. W.: Behavior and Properties of Refractory Metals, Stanford/California: Stanford University Press 1965.
6 Kubaschewski, O.; Evans, E. Ll.; Alcock, C. B.: Metallurgical Thermochemistry, 4 th ed., Oxford: Pergamon 1967.
7 Hill, M. L.: J. Metals 12 (1960) 725.
8 Oates, W. A.; McLellan, R. B.: Scripta Met. 6 (1972) 349.

9 Lange, K. W.; Schenck, H.: Z. Metallkde. 60 (1969) 62.
10 Mazaev, A. A.; Avarbe, R. G.; Vil'k, Yu. N.: Izv. Akad. Nauk SSSR, Metally (1969) no. 4, 255; Russ. Metallurgy (1968) no. 4, 163 und Zhur. Fiz. Khim. 42 (1968) 641; Russ. J. Phys. Chem. 42 (1968) 338.
11 Shupe, D. S.; Stickney, R. E.: J. Chem. Phys. 51 (1969) 1620.
12 Gibala, R.; Wert, C. A.: Rpt. COO-1676-3 (1967).
13 Smithells, C. J.; Ranslay, C. E.: Proc. Roy. Soc. A 150 (1935) 172.
14 Frauenfelder, R.: J. Chem. Phys. 48 (1968) 3955.
15 Lawley, A.; Liebmann, W.; Maddin, R.: Acta Met. 9 (1961) 841.
16 Jones, P. M. S.; Gibson, R.; Evans, J. A.: Rpt. AWRE-0-16/66 (1966).
17 Rudy, E.; Windisch, St.; Stosick, A. J.; Hoffman, J. R.: Trans. AIME 239 (1967) 1247.
18 Gebhardt, E.; Fromm, E.; Roy, U.: Z. Metallkde. 57 (1966) 732.
19 Rudman, P. S.: Trans. AIME 239 (1967) 1949.
20 Gleiser, M.; Chipman, J.: J. Phys. Chem. 66 (1962) 1539.
21 Nakonechnikov, A. I.; Pavlinov, L. V.; Bykov, V. B.: Fiz. Met. Metallov. 22 (1966) 234; Phys. Met. Metallogr. 22 (1966) no. 2, 73.
22 Kunze, J.; Reichelt, W.: J. Less-Common Metals 20 (1970) 327.
23 Shchelkonogov, V. Ya.; Aleksandrov, L. N.; Piterimov, V. A.; Mordijuk, V. S.: Fiz. Met Metallov. 25 (1968) 80; Phys. Met. Metallogr. 25 (1968) no. 1, 68.
24 Piguzov, Yu. V.; Verner, V. D.; Rzherskaya, I. Ya.: Fiz. Met. Metallov. 24 (1967) 560; Phys. Met. Metallogr. 24 (1967) no. 3, 179.
25 Rudy, E.; Brukl, C. E.; Windisch, St.: Trans. AIME 239 (1967) 1796.
26 Arkharov, V. I.; Konev, V. N.; Gerasimov, A. F.: Fiz. Met. Metallov. 9 (1960) 695; Phys. Met. Metallogr. 9 (1960) no. 5, 53.
27 Bas, E. B.; Epprecht, W.; Preuss, L.: Z. Metallkde. 48 (1957) 516.
28 Touboul, J.-P. Langeron, J.-P.: Compt. Rend. C 267 (1968) 1285.
29 Speiser, R.; Spretnak, J. W.; Few, W. E.; Parke, R. M.: J. Metals 5 (1952) 275.
30 Spacil, H. S.; Wulff, J.: In [2] 262.
31 Olds, L. E.; Rengstorff, G. W. P.: J. Metals 8, Trans. AIME 206 (1956) 150.
32 Platte, W. N.: In [2] 151.
33 Pink, E.; Sedlatschek, K.: 2. Europ. Symp. Pulvermetallurgie, Stuttgart, 1968; Planseeber. Pulvermet. 14 (1966) 15; 15 (1967) 116; Metall 23 (1969) 1249; 24 (1970) 131.
34 Chang, W. H.: Trans. AIME 218 (1960) 254.
35 Hall, R. W.; Raffo, P. L.; Witzke, W. R.; Klopp, W. D.: In Rpt. NASA-SP-227 (1969).
36 Morganova, N. N.: Met. Term. Obrab. Metallov. (1968) no. 1, 21.
37 Krumphold, R.: In F. Benesovsky (Hrsg.): Hochtemperaturwerkstoffe (6. Plansee-Seminar 1968) Wien: Springer 1969, S. 138.
38 Braun, H.; Semchysen, M.; Barr, R. Q. In F. Benesovsky (Hrsg.): Metalle für die Raumfahrt (5. Plansee-Seminar 1964), Wien: Springer 1965, S. 351.
39 Barr, R. Q.; Chesmar, G. G.; Semchysen, M. In R. J. Jaffee (Ed.): Refractory Metals and Alloys III, Met. Soc. Conf., Vol. 30, New York: Gordon and Breach 1966, S. 17.
40 Tsuya, K.; Aritomi, N.: J. Less-Common Metals 15 (1968) 245; Trans. Nat. Res. Inst. Metals, Japan, 11 (1969) no. 5, 26.
41 Tsuya, K.; Aritomi, N.: Trans. Nat. Res. Inst. Metals, Japan, 9 (1967) 30.
42 Lutz, H.; Benesovsky, F.; Kieffer, R.: J. Less-Common Metals 16 (1968) 249.
43 Ettmayer, P.: Monatsh. Chem. 101 (1970) 127.
44 Fromm, E.; Jehn, H.: Z. Metallkde. 62 (1971) 372; J. Less-Common Metals 14 (1968) 474.
45 Norton, F. S.; Marshall, A. L.: Trans. AIME 156 (1944) 351; in S. Dushman, J. M. Lafferty (Ed.): Scientific Foundation of Vacuum Techniques, New York: Wiley 1962, S. 562.
46 Hörz, G.; Steinheil, E.: J. Less-Common Metals 27 (1970) 84.
47 Evans, J. H.; Eyre, B. L.: Acta Met. 17 (1969) 1109.
48 Frauenfelder, R.: J. Chem. Phys. 48 (1968) 3966.
49 Jehn, H.; Fromm, E.: J. Less-Common Metals 21 (1970) 333.
50 Ying-liang, M.; Jiu-yih, S.: Acta Met. Sinica 7 (1964) 68; Rpt. UCRL-Trans-10103.
51 Hartley, C. S.; Wilson, R. J.: Acta Met. 11 (1963) 835.

52 Jehn, H.: Dissertation, Universität Stuttgart (1970).
53 Evans, J. H.; Eyre, B. L.; Birnbaum, H. K.: Acta Met. 18 (1970) 835.
54 Evans, J. H.; Eyre, B. L.: Proc. 4th European Regional Conf. on Electron Microscopy, Rom (1968) 489.
55 Ryan, N. E.; Martin, J. W. In F. Benesovsky (Hrsg.): Hochtemperaturwerkstoffe (6. Plansee-Seminar 1968) Wien: Springer 1969, S. 182.
56 Ryan, N. E.: J. Less-Common Metals 17 (1969) 363.
57 Mukherjee, A. K.; Martin, J. W.: J. Less-Common Metals 3 (1961) 216.
58 Mukherjee, A. K.; Martin, J. W.: J. Less-Common Metals 2 (1960) 392.
59 Mukherjee, A. K.; Martin, J. W.: J. Less-Common Metals 5 (1963) 117.
60 Mukherjee, A. K.: Martin, J. W.: J. Inst. Metals 91 (1963) 283.
61 Mukherjee, A. K.; Martin, J. W.: J. Less-Common Metals 5 (1963) 403.
62 Ettmayer, P.: Monatsh. Chem. 101 (1970) 1720.
63 Lakhtin, Yu. M.; Kogan, Ya. D.: Met. Term. Obrab. Metallov. (Jan. 1968) no. 1, 24; Metal Sci. Heat Treatm. (1968) 24.
64 Kogan, Ya. D.; Lakhtin, Yu. M.; Shaskov, D. P.: Met. Term. Obrab. Metallov. (Sept. 1968) no. 9, 20; Metal Sci. Heat Treatm. (1968) 692.
65 Phillips, B.; Chang, L. L. Y.: Trans. AIME 233 (1965) 1433.
66 Forster, J. S.: Thesis, Ohio State University, Columbus/Ohio, 1964.
67 Jehn, H.; Fromm, E.: unveröffentlichte Arbeiten.
68 Blackburn, P. E.; Hoch, M.; Johnstone, H. L.: J. Phys. Chem. 62 (1958) 769.
69 Rapp, R. A.: Trans. AIME 227 (1963) 371.
70 McIver, E. J.; Teale, S. S.: Rpt. AERE-R-4942 (1965).
71 Baranova, V. I.; Golovin, S. A.; Krishtal, M. A.; Lerner, M. I.: Fiz. Khim. Obrab. Mater. (1968) no. 2, 61.
72 Fryxell, R. E. In Rept. GEMP-439 (1966).
73 Gulbransen, E. A.: Corrosion 26 (1970) 19.
74 Gulbransen, E. A.; Andrew, K. F.; Brassart, F. A.: J. Electrochem. Soc. 110 (1963) 952.
75 Bartlett, R. W.: J. Electrochem. Soc. 112 (1965) 744.
76 Jehn, H.; Fromm, E.: Z. Metallkde. 64 (1973) 353.
77 Berkowitz-Mattuck, J. B.; Buechler, A.; Engelke, J. L.: J. Chem. Phys. 39 (1963) 2722.
78 Rosner, D. E.; Allendorf, D.: J. Electrochem. Soc. 114 (1967) 305; J. Chem. Phys. 40 (1964) 3441.
79 Friedrich, K.: J. Less-Common Metals 16 (1968) 147.
80 Gerlach, J.; Hammel, H.-J.: Metall 24 (1970) 488.
81 Solbakken, A.; Emmett, P. H. E.: J. Amer. Chem. Soc. 91 (1969) 31.
82 Tonasaki, K.: Bull. Inst. Phys. Chem. Res., Tokyo 19 (1940) 126.
83 Gokcen, N. A.: Trans. AIME 197 (1953) 1019.
84 Kilpatrick, M.; Lott, S. K.: J. Phys. Chem. 69 (1965) 1638.
85 Worrell, W. L.: Trans. AIME 233 (1965) 1173.
86 Ghosh, A.: J. Less-Common Metals 17 (1969) 329.
87 Kozina, L. N.; Revyakin, A. V.; Samarin, A. M.: Izv. Akad. Nauk SSSR, Metally (1970) no. 2, 116; Russ. Metallurgy (1970) no. 2, 63 und Dokl. Akad. Nauk SSSR 190 (1970) 909.
88 Zakharov, A. M.; Savitzkii, E. M.: Izv. Akad. Nauk SSSR, Metally (1969) no. 4, 223; Russ. Metallurgy (1969) no. 4, 144.
89 Jones, D. W.: Phil. Mag. 9 (1964) 709.
90 Parravana, N.: Malquori, G.: Atti. Accad. Nat. Lincei 6 (1928) 109.
91 Zakharov, A. M.; Savitskii, E. M.: Izv. Akad. Nauk SSSR, Metally (1968) no. 1, 162; Russ. Metallurgy (1968) no. 1, 100.
92 Gorshkova, L. V.; Shamrai, F. I.: Poroshk. Met. (1970) no. 11, 66; Sov. Powder Met. Metal. Ceram. (1970) 921.
93 Makunin, M. S.; Jehn, H.; Fromm, E.: unveröffentlichte Arbeiten; Zit. in H. Jehn et al.: Metall 25 (1971) 783; E. Fromm, H. Jehn: Met. Trans. 3 (1972) 1685.
94 Rudy, E.; Bruckl, C. E.; Windisch, S.: J. Amer. Ceram. Soc. 51 (1968) 239.
95 Pebler, A.; Gulbransen, E. A.: Trans. AIME 239 (1967) 1593.
96 Brauer, B.; Leibbrandt, F.: In F. Benesovsky (Hrsg.): Metalle für die Raumfahrt (5. Plansee-Seminar 1964), Wien: Springer 1965, S. 340.

97 Zakharov, A. M.; Savitskii, E. M.: Izv. Akad. Nauk SSSR, Metally (1967) no. 6, 193; Russ. Metallurgy (1967) no. 6, 101.
98 Mitchell, J. B.: Acta Met. 19 (1971) 1063.
99 Koshin, V. I. et al.: Izv. Akad. Nauk. SSSR, Metally (1971) no. 2, 39; Russ. Metallurgy (1971) no. 2, 25.
100 Klopp, W. D.; Raffo, P. L.; Witzke, W. R.: J. Metals 23 (1971) no. 6, 27.
101 Morgunova, N. N.; Klypin, B. A.; Lastochkin, R. R.: Sbornik Trudov, Tseutr. Nauchno-Issled. Inst. Chern. Met. (1970) no. 77, 63.
102 Kopecky, Z. W.; Paschkowsky, A. I.: Planseeber. Pulvermet. 19 (1971) 7; Fiz. Khim. Obrab. Mat. (1971) no. 2, 67.
103 Kozina, L. N.: Revyakin, A. Y.; Samarin, A. M.: Dokl. Akad. Nauk. SSSR 184 (1969) 397.
104 Jehn, H.; Ettmayer, P.: unveröffentlichte Ergebnisse (1975).
105 Kane, J. S.: Metall. Trans. 1 (1970) 548.
106 Kane, J. S.: High-Temp. — High Pressures 3 (1971) 581.
107 Zakharov, A. M.; Novikov, I. I.; Parshikov, V. G.: Izv. VUZ Tsvet. Met. (1970) no. 6, 106.
108 Savitskii, E. M. et al.: Izv. VUZ Tsvet. Met. (1970) no. 6, 113.
109 Zakharov, A. M.; Novikov, I. I.; Parshikov, V. G.: Russ. Metallurgy (1970) no. 6, 130.
110 Zakharov, A. P.; Sharapov, V. M.: Fiz. Khim. Mekh. Mat. 7 (1971) no. 6, 54; Diff. Data 6 (1972) 377.
111 Kodes, E. S. et al.: Fiz. Metall. Metalloved. 34 (1972) no. 2, 431; Phys. Met. Metallogr. 34 (1972) no. 2, 206.
112 Savitskii, E. M. et al.: Dokl. Akad. Nauk SSSR 200 (1971) 1326.
113 Touboul, J. P.; Minel, L.; Langeron, J. P.: J. Less-Common Metals 30 (1973) 279.
114 Touboul, J. P.; Minel, L.; Langeron, J. P.: Compt. Rend. C 272 (1971) 1204.
115 Aritomi, N.; Tsuya, K.: Trans. Jap. Inst. Metals 13 (1972) 32; J. Jap. Inst. Metals 35 (1971) 662.
116 Ageev, N. V. et al.: Dokl. Akad. Nauk SSSR 198 (1971) 1046.
117 Ageev, N. V. et al.: Dokl. Akad. Nauk SSSR 191 (1970) 89.
118 Belous, O. A. et al.: Problemy Prochnosti (1971) no. 6, 97.
119 Olsen, D. R.; Carpenter, S. H.: Met. Trans. 3 (1972) 3087.
120 Few, W. E.; Manning, G. K.: Trans. AIME 194 (1952) 271; J. Metals 4 (1952) 271.
121 Kozina, L. N.; Revyakin, A. V.; Samarin, A. M.: Izv. Akad. Nauk SSSR, Metally (1970) no. 1, 56; Russ. Metallurgy (1970) no. 1, 33. und Vorabdrucke 7. Plansee-Seminar, Reutte, 1971, Band III, no. 32.
122 Steele W. C.: Zit. in J. C. Batty, R. E. Stickney: J. Chem. Phys. 61 (1969) 4475.
123 Wahl, G.; Batzies, P.: IEEE Conf. Record, Thermionic Conversion, Spec. Conf. Miami, Oktober 1970, New York: IEEE 1970, S. 119.
124 Wahl, G.: Z. Naturf. 27a (1972) 1741.
125 Zaytsev, A. A.; Ignatov, D. V.: Izv. Akad. Nauk SSSR Metally (1970) no. 4, 218; Russ. Metallurgy (1970) no. 4, 156.
126 Simnod, M.; Spilner, A.: Trans. AIME 203 (1955) 1011.
127 Jones, E. S. et al.: Corrosion 14 (1958) 2 t.
128 Arkharov, V. I.; Kozmanov, Yu. D.: Fiz. Met. Metallov. 2 (1956) 566.
129 Neumann, G. M.; Müller, U.: Metall 26 (1972) 806.
130 Touboul, J.-P.; Minel. L.; Langeron, J.-P.: Compt. Rend. C 272 (1971) 1109.
131 Briggs, J. Z.; Barr, R. Q.: High. Temp. — High Pressures 3 (1971) 363.
132 Zakharov, A. P.; Sharapov, V. M.; Babad-Zakhryapin, A. A.: In Intern. Congress on Hydrogen in Metals, Paris: Edition Science et Industrie 1972, S. 217; Rpt. CONF 720571 (Vol. 1 + 2).
133 Zakharov, A. M. et al.: Izv. VUZ Tsvet. Met. 12 (1969) no. 5, 120.
134 Kolat V. Ya. et al.: Zhur. Tekh. Fiz. 42 (1972) no. 1, 144; Sov. Phys.-Techn. Phys. 17 (1972) no. 1, 111.
135 Tamai, Y. et al.: Kogyo Kagaku Zasshi 72 (1969) 1933; Chem. Abs. 72 (1970) 59665.
136 Zelenskii, G. K. et al.: Metallofizika (1972) no. 43, 124.
137 Ageev, N. V. et al.: Izv. Akad. Nauk SSSR Metally (1973) no. 1, 168; Russ. Metallurgy (1973) no. 1, 117; Dokl. Akad. Nauk SSSR 198 (1971) 1046.

138 Weaver, D. E.: Thesis, California University, Livermore, Rpt. UCRL-51182 (1972).
139 Kogan, Ya. D.: Khim. Term. Obrab. Stali Splavov (1969) no. 6, 28; Chem. Abs. 72 (1970) 114461.
140 Lakhtin, Yu. M.; Kogan, Ya. D.: Izv. Akad. Nauk SSSR, Metally (1971) no. 5, 145; Russ. Metallurgy (1971) no. 5, 109.
141 Zelensky, G. K.; Boradich, V. D.; Korontsevich, V. K.: Izv. Akad. Nauk SSSR, Metally (1973) no. 1, 151; Russ. Metallurgy (1973) no. 1, 105.
142 Schlosser, S., Johnson, A. A.; Mukherjee, K.: Mat. Sci. Eng. 11 (1973) 81.
143 Caillet, M.; Lagarde, Y.; Besson, J.: Rev. Chim. Miner. 8 (1971) 605; Compt. Rend. C 270 (1970) 1867.
144 Srivastava, S. C.; Seigle, L. L.: Met. Trans. 5 (1974) 49.
145 Schmohl, N. G.; Dillenbeug, H.: Z. Phys. Chem., Frankfurt, N. F. 77 (1972) 133.
146 Savitskii, E. M.; Burkhanovi, G. S.; Tetyeva, T. V.: Fiz. Metal. Metallov. 32 (1971) 396; Phys. Met. Metallogr. 32 (1971) no. 2, 166.
147 Savitskii, E. M. et al.: Met. Term. Obrab. Metallov (1972) no. 1, 17; Met. Sci. Heat. Treatm. 14 (1972) no. 1—2, 17.
148 Chang, Y. A.; Naujock, D.: Met. Trans. 3 (1972) 1693.
149 Zakharov, A. M.; Novikov, I. I.; Parshikov, V. G.: Izv. Akad. Nauk SSSR, Metally (1971) no. 4, 240; Russ. Metallurgy (1971) no. 4, 169.
150 Telegus, V. S.; Kuz'ma, Yu. B.; Marko, M. A.: Poroshk. Met. (1971) no. 11, 56; Sov. Powder, Met. Metal. Ceram. 10 (1971) 898.
151 Eremenko, V. N.; Velikanova, T. Ya: Poroshk. Met. (1969) no. 11, 82.
152 Nishizawa T.: Scand. J. Met. 1 (1972) 41.
153 Zakharov, A. M. et al.: Izv. Akad. Nauk SSSR, Metally (1973) no. 2, 230; Russ. Metallurgy (1973) no. 2, 174.
154 Shaskov, D. P.: Fiz. Met. Metallov. 26 (1968) 110; Phys. Met. Metallogr. 28 (1968) no. 1, 106.
155 Chubb, W.: J. Nucl. Mater. 23 (1967) 336.
156 Dohmke, H.; Frohberg, M. G.: Z. Metallkde. 65 (1974) 615.
157 Burns, R. P.; de Maria G.; Drowart, J.; Grimley, R. T.: J. Chem. Phys. 32 (1960) 1363.
158 Boos, H. J.: Metall 13 (1959) 555.
159 Wallace, T. C.; Gutierrez, C. P.; Stone, P. L.: J. Phys. Chem. 67 (1963) 796.
160 Gorshkova, L. V.; Telegus, V. S.; Shamrai, F. I.; Kuz'ma, Yu. B.: Poroshk. Met. (1973) no. 3, 74; Sov. Powder Met. Metal. Ceram. 12 (1973) 237.
161 Burck, P.; Köthe, A.; Werth, F. R.: Phys. Stat. Sol. 36 (1969) K 171.
162 Klopp, W. D.: J. Less-Common Metals 42 (1975) 261.
163 Capp, D. J.; Evans, H. W.; Eyre, B. L.: J. Less.-Common Metals 40 (1975) 9.

Wolfram

(Abb. S. 559, Lit. S. 561)

H. Jehn

Wolfram-Wasserstoff

Konstitution. W krz; keine Hydride [4, 5]

Löslichkeit [10—13] s. Abb. 1

H in W(s): $\log c = 1/2 \log p - 1{,}49 - 5250/T$ (900—1750 °C [10])

Nach [12] ist auch für 1—100 atm H_2 $c \sim \sqrt{p}$, die isobare H-Löslichkeit weist allerdings bei 2430 °C einen Knick auf, entsprechend den Gleichungen

H in W(s): $\log c = 1/2 \log p - 3{,}62 - 1090/T$ (1600—2430 °C [12])

und: $\log c = 1/2 \log p - 2{,}40 - 4380/T$ (2430—3000 °C [12])

Bei hohen Temperaturen und sehr niedrigen Drücken (z. B. $p < 10^{-6}$ Torr) muß die Dissoziation des H_2 berücksichtigt werden, was bei vorgegebenem Totaldruck wieder zu einer Abnahme von c mit steigender Temperatur führt [10, 13].

Thermodynamische Daten

$1/2\ H_2 = H(\text{in W(s)})$: $\Delta G^0 = 24000 + 9{,}3\ T$ (900—1750 °C [10])

Diffusion

H in W(s): $D = 4{,}1 \cdot 10^{-3} \cdot \exp(-9000/RT)$ (1000—2100 °C, Entgasung [10])

Permeation [10, 14, 15] in Torr l · $cm^{-1} \cdot s^{-1} \cdot Torr^{1/2}$

H durch W(s): $P = 1{,}5 \cdot 10^{-3} \cdot \exp(-33500/RT)$ (1300—2600 °C [14])

Für $p < 10^{-2}$ Torr sind die experimentellen P-Werte z. T. erheblich kleiner [15], Oberflächeneffekte spielen eine wesentliche Rolle. Mit zunehmenden Korngrößen werden steigende Diffusionsraten beobachtet [95].

Wolfram-Kohlenstoff

Konstitution [1, 6, 16] s. Abb. 2. Phasen: α-W_2C hdP; β-W_2C kub.dP; α-WC hdP; β-WC kfz

Löslichkeitslinie [17, 28] s. Abb. 1

C in W(s): $\log c = 2{,}03 - 6510/T$ (1400—2600 °C [17])

Für W(l) wird bei 3450 und 3800 °C eine Sättigungskonzentration von 40 und 50 At.-% C angegeben [18], was im Vergleich zum Zustandsdiagramm zu gering erscheint.

Thermodynamische Daten

$W_2C = C(\text{in W(s)}) + 2\ W(s)$: $\Delta G^0 = 29800 - 0{,}14\ T$ (1800—2600 °C [17])

$2\ W(s) + C = W_2C$: $\Delta G^0 = -6400 - 1\ T$ (>1300 °C [19])

Diffusion

C in W(s): $D = 1{,}2 \cdot 10^{-2} \cdot \exp(-45000/RT)$
(1100—2800 °C, gemittelt [20—23])

C in W(l): $D = 2{,}2 \cdot 10^{-2} \cdot \exp(-30000/RT)$
(3450—3800 °C, C-Aufnahme, b. [18])

Elektrotransport s. Tab. B 2

Absorption. In lichtbogengeschmolzenen W-Schmelzen erfolgt die C-Aufnahme in Kontakt mit Graphit proportional $\sqrt{t}$ und ist damit diffusionskontrolliert [18].

Karbidbildung. Kinetik und Struktur der Schichtenbildung in einer C_6H_6-Atmosphäre bei 1000—1200 °C; $k_p = 6{,}8 \cdot 10^{-2}$ mg² · cm⁻⁴ · h⁻¹ (1200 °C [24]). α-W_2C-Bildung in verschiedenen Kohlenwasserstoffatmosphären (15—150 Torr, 900 °C) [97]. Kinetik und Mechanismus der Bildung von W_2C- und WC-Schichten auf W-Drähten in C_5H_{12}-Atmosphäre (10^{-5}—10^{-3} Torr, 1350—1850 °C, Messung des elektrischen Widerstandes und der H_2-Entwicklung) [110]. Schichtenbildung (WC, W_2C) in Graphit [25]. Bildung von nadelförmigen Ausscheidungen auf der Oberfläche von C-haltigem W während der Abkühlung [26].

Entkohlung von karbidbeschichteten W-Drähten in H_2O-Dampf (10^{-4}—10^{-3} Torr, 1150—1850 °C) s. [110].

Erholungs- und Ausscheidungsvorgänge an C-haltigen W-Drähten, Restwiderstandsmessungen. Bei isochronem Erhitzen tritt bei 350 °C eine gut ausgeprägte Erholungsstufe auf, an die sich ein langsamer Abfall und eine zweite Stufe bei 850 °C anschließt. Die 350 °C-Stufe verschiebt sich mit steigendem C-Gehalt zu tieferen Temperaturen [27].

Restwiderstandsverhältnis $Z = R_{4K}/(R_{273K} - R_{4K})$ steigt für gelösten C um $\Delta Z = 0{,}05$ je At.-% C an [27].

Viskosität. Für C-gesättigte W-Schmelzen werden aus Diffusionskoeffizienten Viskositätswerte von $4{,}7 \cdot 10^{-4}$ und $3{,}7 \cdot 10^{-4}$ cm²/s für 3450 und 3800 °C abgeschätzt [18].

Innere Reibung. Die Maxima für C in W liegen für 0,5 Hz bei 380 °C [22, 29] und für 1 Hz bei 410 °C [96]. Die Untersuchungen sind wegen der sehr geringen C-Löslichkeit äußerst schwierig.

Versetzungsdichte von C-haltigem W ist mit $1 \cdot 10^7$ cm⁻² bei 0,83 At.-% C (540 ppm C) gegenüber dem Ausgangswert ($1{,}2 \cdot 10^6$ cm⁻² bei 0,018 At.-% C, 0,013 At.-% N, 0,011 At.-% O) erhöht. C liegt dabei vorwiegend in Form feindisperser Karbide vor [30].

Härte. Bei 0,83 At.-% ist die Härte nur sehr wenig gegenüber einem Gehalt von 0,018 At.-% erhöht, da C in Form von feindispersen Karbidausscheidungen vorliegt [30].

Mechanische Eigenschaften von W werden von der thermischen und mechanischen Vorbehandlung fast in stärkerem Maße beeinflußt als durch gelöste Gase und C [7]. C liegt in W meist in Form von Karbidausscheidungen an Korngrenzen und im Korninneren vor, weil die C-Löslichkeit außerordentlich gering ist. Diese Ausscheidungen können z. T. die Verformbarkeit verbessern [31] und verfestigend wirken [30, 42]. An den Korngrenzen können sie aber auch zu einer Versprödung führen [99].

Zahlreiche Arbeiten beschreiben meist aus Zugversuchen gewonnene Eigenschaften, häufig in Abhängigkeit von der Temperatur, von W-Legierungen mit C und Metallzusätzen (W—Ta—C, W—Nb—C, W—Ta—Re—C, W—Hf—C [33—35], W—Ta—C [36], wobei HfC bei hohen Temperaturen besonders günstige Ergebnisse zeigt [32, 34, 35, 111]. Entsprechendes gilt auch für die mechanischen Eigenschaften von W—Re—HfC-Legierungen mit 4 und 23,4 At.-% Re [89].

Duktil-Spröd-Übergang. Die Übergangstemperatur $T_{Ü}$ steigt bei C-haltigen W-Vielkristallen wesentlich stärker als bei W-Einkristallen an [37] Abb. 3. In anderen Untersuchungen wurde bei Einkristallen mit 0,83 At.-% C $T_{Ü} = 0$ °C gefunden gegenüber —196 °C bei 0,018 At.-% C [30]. Zug- und Biegeversuche zur Bestimmung von $T_{Ü}$ werden auch in [38] beschrieben.

Streckgrenze. σ_S steigt bis 0,05 At.-% C stark an und bleibt dann bis 0,09 At.-% C unverändert (Viel- und Einkristalle, bei R. T. von 40 auf 80 kg/mm²) [37]. Von [30] werden bei 0,018 und 0,83 At.-% C σ_S-Werte von 34 und 78 kp/mm² angegeben, wobei feindisperse Karbidausscheidungen vorliegen. Entsprechend geht die Querschnittsverminderung zurück. (σ_S, T)-Kurven sind für verschieden behandelte W—0,13 At.-% C-Proben in [39] wiedergegeben.

Festigkeit. Zugversuche an W-Einkristallen (0,015 und 0,15 At.-% C entsprechend 10 und 100 ppm C; ⟨100⟩ und ⟨110⟩; 77—293 °K) zeigen eine Verfestigung (Anwachsen der Fließgrenze, Abnahme der Einschnürungs- und Dehnungswerte) bei höherem C-Gehalt. Daneben wird eine Substruktur mit Subkornverfeinerung beobachtet (d geht von 300—400 auf 20—40 µm zurück). Die Einkristalluntersuchungen zeigen eine starke Orientierungsabhängigkeit der plastischen Verformung [42, 98]. Das *Verformungsverhalten* bei C-, N- und O-haltigem W in verschiedenen Temperaturbereichen wird von [41] untersucht. Der *Schubmodul G* wird durch C-Gehalte von 0,05—0,1 At.-% (35—70 ppm) gegenüber reinem W (14000 kp/mm²) nicht erhöht [54]. *Kornverfeinerung* in rekristallisiertem W durch C-Gehalte bei Glühtemperaturen unterhalb von 2000 °C [38].

Wolfram-Stickstoff

Konstitution [2, 8, 40, 43]. Phasen: β-W_2N kfz; δ-WN hdP; WN_2 rhomboedr.; Elektronenbeugungsuntersuchungen zeigen weitere Phasen mit z. T. ähnlicher Zusammensetzung, jedoch unterschiedlicher Struktur und Stabilität [8, 44].

Löslichkeit [45, 46] s. Abb. 1 und 4

N in W(s): $\log c = 1/2 \log p - 0{,}036 - 10200/T$

(15—400 Torr, 2400—3050 °C [45])

Thermodynamische Daten

1/2 N = N(in W(s)): $\Delta G^0 = 46700 + 2{,}75\,T$ (2400—3050 °C [45])

Diffusion [47, 48]

N in W(s): $D = 2{,}4 \cdot 10^{-3} \exp(-28400/RT)$

(1300—2000 °C, Entgasung [47])

Permeation [48, 49, 50] in Torr l · cm⁻¹ · s⁻¹ · Torr$^{1/2}$

N durch W(s): $P = 1{,}27 \cdot 10^{-2} \exp(-70000/RT)$

(1—760 Torr, 1800—2600 °C [49])

Absorption. Bis 1200 °C praktisch keine Reaktion in einer N_2-Atmosphäre [51]. Bei höheren Temperaturen wird die N-Aufnahme durch den Übertritt der N-

Atome aus dem chemisorbierten in den gelösten Zustand und bei dickeren Proben durch die Diffusion bestimmt. Für die Übertrittsreaktion läßt sich aus Gleichgewichts- und Entgasungsuntersuchungen die Begasungsgeschwindigkeit abschätzen (v in mg · cm^{-2} · min^{-1})

$v = \sqrt{p_{N_2}} \cdot 26 \cdot \exp(-68700/RT)$ (> 1400 °C [52])

Entgasung [47, 52]. Die Entgasungsgeschwindigkeit ist vorwiegend durch die Diffusion bestimmt [47, 52, 53]. Unmittelbar nach Beginn einer Entgasungsglühung bildet der Übertritt der N-Atome aus dem gelösten in den chemisorbierten Zustand den geschwindigkeitsbestimmenden Teilschritt [52, 53]. Für die anfängliche Entgasungsgeschwindigkeit gilt [52] (v in mg · cm^{-2} · min^{-1})

$v = c_N \cdot 2{,}8 \cdot 10^2 \exp(-22000/RT)$ (1300–2200 °C [52]).

Nitridbildung. In N_2 (bis 1 atm) findet keine Nitridbildung statt, weil bei tiefen Temperaturen die Reaktion nicht abläuft und bei hohen Temperaturen der N_2-Druck zur Nitridbildung nicht ausreicht [51, 52]. Bei 1000–1100 °C werden jedoch in strömender NH_3-Atmosphäre Nitride gebildet, deren Wachstumsgeschwindigkeit und Struktur von [24] untersucht werden (800–1200 °C), WN- und W_2N-Schichten nach parabolischem Zeitgesetz, für 1000 und 1100 °C gilt $k_p = 9 \cdot 10^{-5}$ und $4{,}5 \cdot 10^{-4}$ mg^{-2} · cm^{-4} · h^{-1} (b. [24]).

Eigenschaftsänderungen. Wegen der äußerst geringen N-Löslichkeit werden in W praktisch keine Eigenschaftsänderungen beobachtet [30]. Dagegen läßt sich durch Zusätze von Nitridbildnern (z. B. Zr, Hf) auf Grund der Dispersionshärtung u. U. eine günstige Beeinflussung der mechanischen Eigenschaften erreichen [48].

Wolfram-Sauerstoff

Konstitution [58–60] s. Abb. 5. Phasen: WO_2 monoklin; $W_{18}O_{49}$ und $W_{20}O_{58}$ monoklin; WO_3 monoklin (< −40 °C), triklin (< −17 °C), monoklin (< 320 °C), orthorhomb. (> 320 °C), tetr. (> 720 °C) [1, 58]. Das früher häufig erwähnte W_3O (kub.) dürfte keine Gleichgewichtsphase sein [58, 59]. Ein (p, c)-Diagramm für 1180 °C wird von [61] aufgestellt.

Löslichkeitsgrenze. Als einziger Wert für die Löslichkeitsgrenze wird 0,06 At.-% O bei 1700 °C angegeben [3, 38].

Gleichgewichtsdrücke

Zersetzungsdruck von WO_2

$\log p_{O_2} = 11{,}76 - 30020/T$ (700–1000 °C, b. [62])

WO_2 disproportioniert oberhalb von 1530 °C zu W und $W_{18}O_{49}$ [58, 59, 63].

Dampfdruck von $(WO_3)_3$(g) über WO_2(s)

$\log p_{(WO_3)_3} = 11{,}74 - 19710/T$ (1050–1380 °C [63])

WO_2(s) disproportioniert zu $(WO_3)_n$(g) und W(s), wobei vorwiegend $n = 3$ ist [63]. $(WO_3)_n$(g) über WO_3(s) s. [63, 112].

Thermodynamische Daten [9, 60–62]

$1/2\,W(s) + 1/2\,O_2 = 1/2\,WO_2$: $\Delta G^0 = -68660 + 20{,}31\,T$ (700–1000 °C, EMK [62])

Diffusion

O in W(s): $D = 1{,}3 \cdot 10^{-4} \exp(-24000/RT)$
(ber. mit $D_{1700\,°C} = 10^{-7}$ cm^2/s [14, 55] und $Q_D = 24$ kcal/mol [56])

Permeation in Torr l · cm^{-1} · s^{-1} · $Torr^{-1/2}$
O durch W(s): $P = 2{,}3 \cdot 10^{-2} \exp(-40000/RT)$ (2000—2300 °C [14])

Oxidation. Die Oxidation von W beginnt oberhalb von 500 °C mit merklicher Geschwindigkeit und folgt bis 1000 °C anfänglich einem parabolischen Zeitgesetz, das nach längeren Zeiten in eine lineare Zeitabhängigkeit übergeht, wobei zwei Oxidschichten auftreten (außen: WO_3, grün bis gelb, porös; innen: dünne, dunkelblaue, haftende Oxidschicht. Oberhalb von 1000 °C beginnt WO_3 abzudampfen und bei 1250 °C wird die Verdampfungsgeschwindigkeit gleich der Bildungsgeschwindigkeit [1]. Im Bereich des linearen Oxidationsgesetzes gilt für den W-Verbrauch zur Bildung fester und flüchtiger Oxide (k_l in mg · cm^{-2} · h^{-1}, p_{O_2} in Torr)
$k_l = 1{,}6 \cdot 10^8 \cdot p_{O_2}^{1/2} \cdot \exp(-24180/RT)$ (1 Torr — 20 atm, 700—1300 °C [70]).
Bei niederen Drücken und oberhalb von 1800 °C nimmt der durch die abdampfenden Oxide zusätzlich auftretende Metallverlust wieder ab, da atomarer O abgegeben wird [64, 65]. Besonders massenspektroskopische Untersuchungen [64, 66, 67] zeigen die Temperaturabhängigkeit der Abdampfraten der verschiedenen Oxide (vorwiegend WO_3 und Polymere, WO_2).
Untersuchungen zum Verhalten von W in O_2 und Luft: 760 Torr O_2, 700—1000 °C [68]; 10^{-3}—760 Torr O_2, 1320—3170 °C, Oberflächenabtragung (s. Abb. 6) [69]; $1 \cdot 10^{-4}$—$5 \cdot 10^{-3}$ Torr O_2 und Luft, 1300—2400 °C, Metallverluste gravimetrisch (s. Abb. 7 und 8) [108, 65]; 10^{-3} — 10^4 Torr O_2, 500—1300 °C, theoretische Überlegungen [70]; 0,1—11 Torr O_2, 1830—3030 °C, Oberflächenabtragung bei hoher Strömungsgeschwindigkeit [71]; 1—40 Torr Luft, 1300—3000 °C, Oberflächenabtragung [72]; 76 Torr O_2, 25—550 °C, Gewichtsänderung [73]; 2—100 Torr O_2, 1150—1615 °C, Gewichtsänderung, O_2-Verbrauch [74]; 600 Torr (Ar + O_2) mit 20—150 ppm O_2, 2180—2930 °C, Gewichtsänderung [100]; 10^{-6} bis $4 \cdot 10^{-3}$ Torr O_2, 1300—2600 °C, Massenspektrometer [64, 66, 67]. Theoretische Überlegungen zur Oxidabdampfung in O_2 auf Grund experimenteller Befunde s. [75]. Im Bereich 10^{-3} — $5 \cdot 10^{-2}$ Torr, 1100—2300 °C wurde die Reaktion von W mit molekularem und atomarem O untersucht [76].
Bei Gegenwart von H_2O-Dampf wird nach [77] die Oxidverdampfung stark erhöht (760 Torr, H_2O-gesättigtes H_2, 1200—1500 °C). Bei niedrigen H_2O-Drücken ($1 \cdot 10^{-4}$ — $5 \cdot 10^{-3}$ Torr, 1400—2400 °C, gravimetrisch) liegen die zusätzlichen Metallverluste durch die Oxidverdampfung etwa eine Zehnerpotenz unter entsprechenden O_2-Werten, s. Abb. 9 [108, 65]. Oxidationsuntersuchungen an W-Pulver bei 20 °C in feuchter und trockener Luft [78]. Einfluß der Kristallorientierung auf die W-Oxidation [79].

Mechanische Eigenschaften. *Duktil-Spröd-Übergang.* Die Übergangstemperatur $T_Ü$ (50%ige Querschnittsverminderung) steigt durch O für polykristallines W und für Einkristalle nur wenig an (s. Abb. 3) [37]. Von [80] wird nach Oberflächenoxidation (1000 °C, 30 min) eine Abnahme von $T_Ü$ gefunden. *Zugfestigkeit.* σ_B von Vielkristallen wird durch O-Gehalte von 0,06 At.-% (50 ppm) um etwa 30% gesenkt, während sie bei Einkristallen praktisch nicht beeinflußt wird [37]. *Sauerstoffversprödung* scheint auf Korngrenzenausscheidungen zu beruhen, wodurch auch der interkristalline Bruch gefördert wird [37, 81].
Durch gezielte Zusätze von Oxiden (z. B. ZrO_2, ThO_2) werden die mechanischen Eigenschaften z. T. erheblich verbessert. Hierauf basieren verschiedene handelsübliche Legierungen, vorwiegend W—1ThO_2, W—2ThO_2, W—4ThO_2.

Ternäre Systeme

W—H—C. *Gleichgewichte*
$CH_4(g) = C(\text{in } W(s)) + 4H(\text{in } W(s))$: $\Delta G^0 = 139270 + 11{,}4\,T$
$\log p_{CH_4} = \log c_C + 4 \log c_H - 4{,}63 + 30450/T$
$CH_4(g) = C(\text{in } W(s)) + 2H_2$: $\Delta G^0 = 43270 - 25{,}8\,T$
$\log (p_{CH_4}/p_{H_2}^2) = \log c_C - 10{,}52 + 9460/T$
$2W(s) + CH_4(g) = W_2C + 2H_2$: $\Delta G^0 = 13470 - 25{,}7\,T$
$\log (p_{CH_4}/p_{H_2}^2) = -8{,}5 + 2940/T$
alle Werte berechnet aus [9, 10, 17, 19].
Karbidschichtenbildung in C_6H_6-Atmosphäre s. W—C [24].

W—H—N. Nitridschichtenbildung in NH_3-Atmosphäre s. W—N [24].

W—H—O. *Gleichgewichte*
$1/2\,W(s) + H_2O(g) = 1/2\,WO_2 + H_2$: $\Delta G^0 = -9760 + 7{,}2\,T$
$\log (p_{H_2O}/p_{H_2}) = 1{,}58 - 2130/T$
(700—1000 °C, berechnet aus [9, 62], experimentelle Werte [60, 82]). Die technische Reduktion wird bei 650—850 °C durchgeführt, wobei die Eigenschaften des erhaltenen W-Pulvers stark von den Reduktionsbedingungen abhängen.
Beim Glühen von W in strömendem H_2O-Dampf findet ständig eine *Verdampfung* von $(WO_3)_n$ und $WO_2(OH)_2$ statt (1000—1700 °C), Diskussion der *Reaktionskinetik* [83]. Untersuchung der flüchtigen Verbindungen beim Glühen von W in strömenden H_2—H_2O-Mischungen (1200—1500 °C) [77]. Metallverluste bzw. Abdampfraten von W in H_2O-Dampf (1400—2400 °C, $1 \cdot 10^{-4}$—$5 \cdot 10^{-3}$ Torr H_2O) s. Abb. 9 [108, 65].

W—C—N. Kinetik und Struktur der Deckschichtenbildung beim Glühen von W in NH_3, C_6H_6 und NH_3—C_6H_6-Atmosphäre (1000—1200 °C) [24]. Parabolisches Zeitgesetz für das Schichtenwachstum; W_2N und WN in NH_3; W_2C und WC in C_6H_6 und NH_3—C_6H_6-Mischungen.

W—C—O. *Thermodynamische Beschreibung* des Systems auf Grund vorliegender Daten über die Oxide und Karbide. Ternäre Oxikarbide sind nicht bekannt [19]. CO/CO_2-Gleichgewichte über WO_2 bei 700—1000 °C [60]. *Oxidation* von W in CO_2 (500—1000 °C; 25—760 Torr CO_2), parabolisches Zeitgesetz, es werden nur WO_2 und $W_{18}O_{49}$ gebildet [84]. Weitere Oxidationsuntersuchungen werden bei 20—340 Torr und 1900—2900 °C in CO/CO_2 von max. 5:1 bei hohen Strömungsgeschwindigkeiten durchgeführt [85].

W—S—H. Bei der Hochtemperaturschwefelung von W in H_2S/H_2-Gemischen wird bei rekristallisierten Proben ein parabolisches Zeitgesetz beobachtet (k_p in $mg^2 \cdot cm^{-4} \cdot h^{-1}$)
$k_p = 1{,}97 \cdot 10^5 \cdot p_{H_2S}^{0,93} \cdot \exp(-32200/RT)$
(680—1000 °C, $p_{H_2S} = 76$—380 Torr, $p_{gesamt} = 760$ Torr, gravimetrisch). Bei Einkristallen besteht starke Orientierungsabhängigkeit des Schichtdickenwachstums [93].

W—Mn—C. Konstitution, isothermer Schnitt für 800 °C [106].

W—Mo—C. Die maximale C-*Löslichkeit* wird durch Mo-Zusätze praktisch nicht verändert [88]. Konstitution, isothermer Schnitt für 1000 °C [57]. *Karbidschichtwachstum* auf W mit 9,2; 14,3; 31,6 und 32 At.-% Mo in Kontakt mit Graphit ist gegenüber reinem W erhöht. Es bildet sich nur $(W, Mo)_2C$ mit einigen (W, Mo)C-Ausscheidungen auf der Graphitseite [107].

W—Re—C. *Kinetik* und Struktur der Karbidschichtenbildung auf W — 25 At.-% Re in Kontakt mit Graphit (1500—1900 °C, WC (außen) und W_2C mit σ-WRe) [25]. Weitere Untersuchungen an W mit 3,16 und 25 At.-% Re zeigen Schichten von (W, Re)C, $(W, Re)_2C$ und $(W, Re)_2C + \sigma$-WRe (1450—2400 °C). Das Schichtwachstum wird durch Re-Zusätze erhöht [107]. Der Zusatz von 3 At.-% Re verringert den *Schubmodul G* von 14000 auf etwa 12000 kp/mm². Bei 70 ppm C steigt *G* wieder auf etwa 13300 kp/mm² an [54].

W—Zr—C. Konstitution, isotherme Schnitte für 2200 und 2600 °C, pseudobinäres W—ZrC-Diagramm [105].

W—Hf—N. Innere Nitrierung von W-Legierungen bis zu 3 At.-% Hf. Bei 1500 bis 2000 °C und 760 Torr N_2 wird die Kinetik nur durch die N-Diffusion bestimmt [48].

W—Re—N. Permeationskonstante für N durch W—25 At.-% Re (*P* in Torr l $\times$ cm^{-1} · s^{-1} · Torr$^{1/2}$) [48]

$P = 4{,}62 \cdot 10^{-2} \exp(-73600/RT)$

(1500—1800 °C, innere Nitrierung von W—25 At.-% Re mit 0,35—1,68 At.-% Hf).

W—Re—Mo—N. Permeationskonstante für N durch W—25 At.-%Re —30 At.-% Mo (*P* in Torr l · cm^{-1} · s^{-1} · Torr$^{1/2}$) [48]

$P = 9{,}06 \cdot 10^{-2} \exp(-69800/RT)$

(1500—1800 °C, innere Nitrierung von W—25 At.-% Re—30 At.-% Mo mit 0,27—1,41 At.-% Hf)

W—Fe—O. Zustandsdiagramm bei 900 °C [102].

W—Nb—O. Die Oxidationsgeschwindigkeit bei 500—900 °C wird durch Nb-Zusätze erhöht, wobei wechselnde Reaktionsmechanismen auftreten. Untersucht werden Legierungen mit 18; 46 und 82 At.-% Nb [86]. Bei 1100—1300 °C erniedrigen dagegen Nb-Zusätze die Oxidationsgeschwindigkeit. Für Nb-Gehalte unter 15 At.-% entspricht das qualitative Verhalten dem von reinem Wolfram [87].

W—Re—O. Feldionenmikroskopische Untersuchungen an W, W—1,25 At.-% Re und W—3 At.-% Re sollen darauf hindeuten, daß sich im Mischkristall Re—O-Komplexe bilden, wodurch die O-Löslichkeit erhöht wird [90]. Die Sublimationsrate von W—25 At.-% Re liegt bei 1150—1950 °C und $3 \cdot 10^{-5}$ Torr O_2 im Bereich von $1{,}7 \cdot 10^{-3}$ mg · cm^{-2} · min^{-1} mit einem Maximum bei 1450 °C mit $5 \cdot 10^{-3}$ mg · cm^{-2} · min^{-1} [103]. Untersuchung der Kriecheigenschaften von W—25 At.-% Re bei 1650—2000 °C im Vakuum ($5 \cdot 10^{-8}$ Torr) und bei O_2-Drücken von $3 \cdot 10^{-5}$ und $8 \cdot 10^{-5}$ Torr [103].

W—Si—O. Konstitutionsuntersuchungen. Keine Reaktion von SiO_2 mit W unterhalb von 1700 °C, keine O-Löslichkeit in W_5Si_3 auf W [109].

W—Ta—O. Oxidationsversuche zeigen Abnahme der Oxidationsgeschwindigkeit bei Ta-Zusätzen mit Minimum bei 40—50 At.-% Ta und ($3WO_3 \cdot Ta_2O_5$)-Schichtbildung [101].

W—Ti—O. *Konstitution,* isotherme Schnitte für 1400 und 1700 °C [104]. *Oxi-*

dationsversuche bei 500—900 °C zeigen verstärkte Oxidschichtbildung bei Ti-Zusätzen (untersucht 40; 80 und 92 At.-% Ti) [91].

W—Zr—O. Oxidationsversuche bei 500—900 °C zeigen starke Oxidation von W—Zr-Legierungen oberhalb von 600 °C (untersucht 18; 46 und 83 At.-% Zr) [92].

W—Re—Mo—O. Die Permeation von O durch W—30 At.-% Re—30 At.-% Mo liegt bei 2400—2800 °C in der Größenordnung von reinem W ($6 \cdot 10^{-6}$ bis $3 \cdot 10^{-5}$ Torr l · cm^{-1} · s^{-1} · $Torr^{-1/2}$), scheint jedoch eine höhere Aktivierungsenergie zu besitzen (etwa 100 kcal/mol) [94].

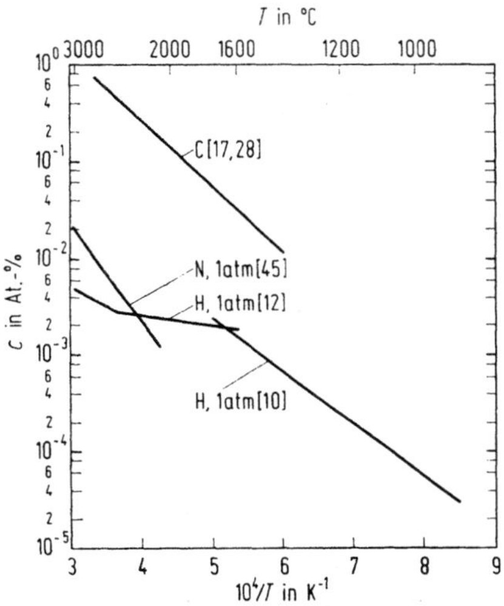

Abb. 1. Isobare Löslichkeit von H und N bei 1 atm und Löslichkeitsgrenze von C in W.

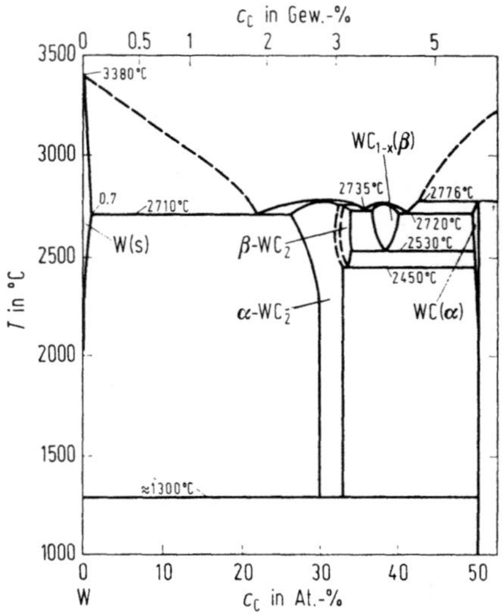

Abb. 2. System W—C [6, 16].

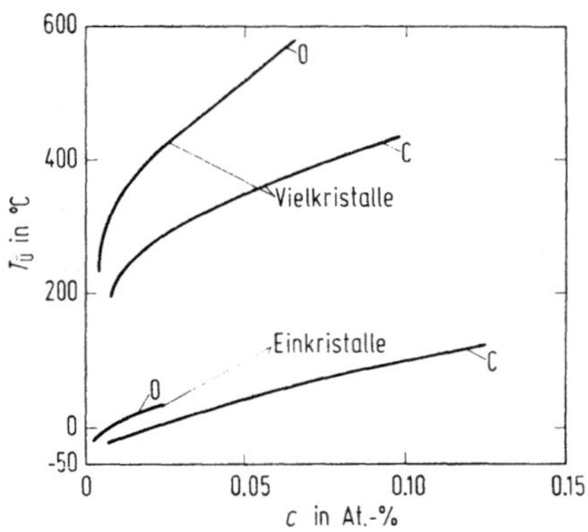

Abb. 3. Einfluß von C und O auf die Temperatur $T_{Ü}$ des Duktil-Spröd-Übergangs von W [37].

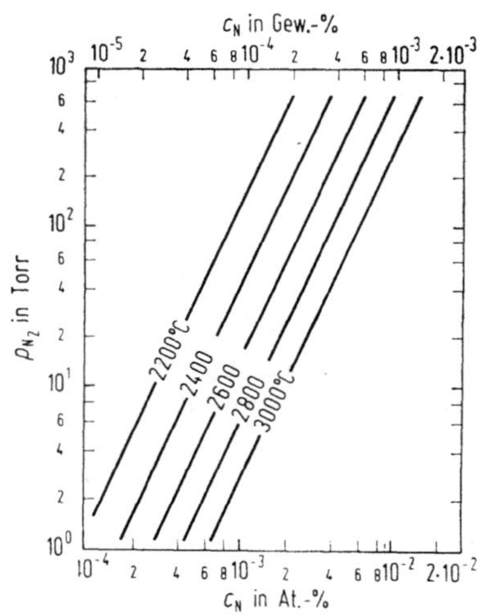

Abb. 4. (p, c)-Isothermen im System W—N [45].

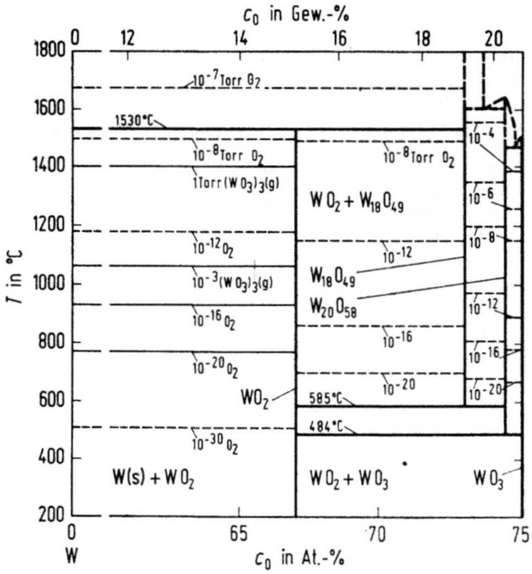

Abb. 5. System W—O [59] mit Isobaren.

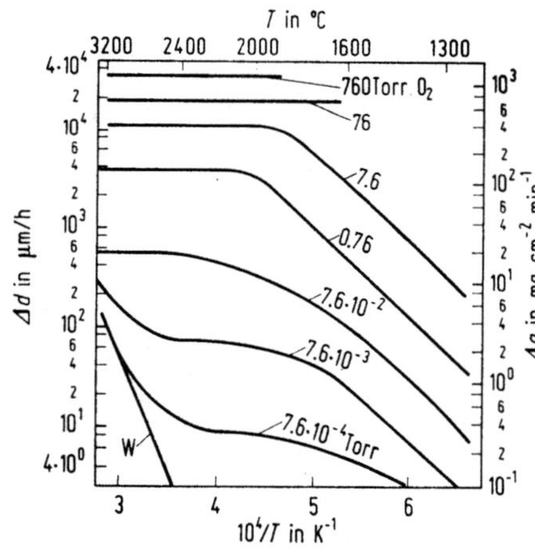

Abb. 6. W-Verluste in O_2 (Δd Oberflächenabtragung, Δg Gewichtsabnahme) [69].

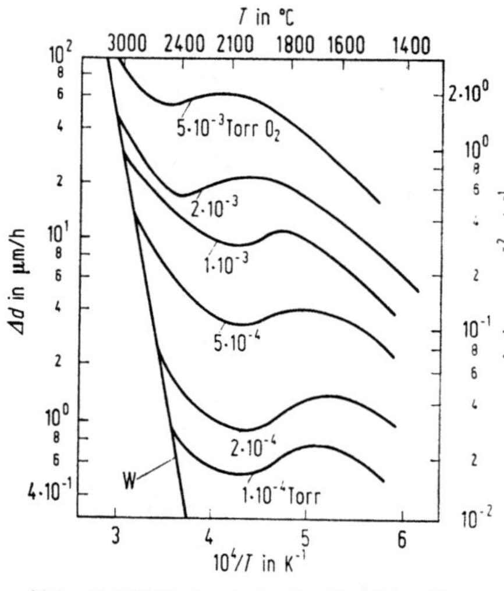

Abb. 7. W-Verluste in O_2 (Δd Oberflächenabtragung, Δg Gewichtsabnahme) [108].

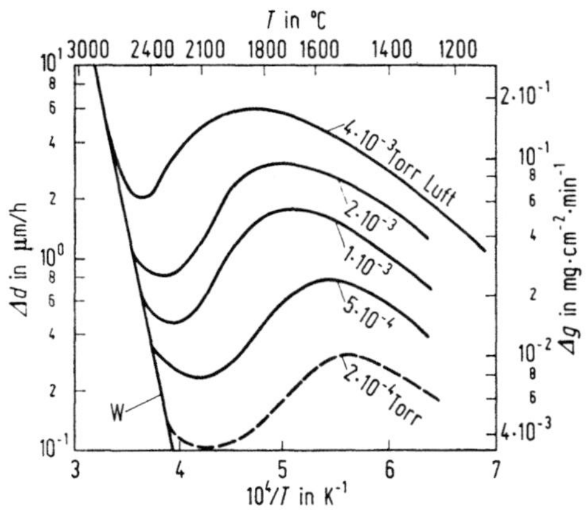

Abb. 8. W-Verluste in Luft (Δd Oberflächenabtragung, Δg Gewichtsabnahme) [108].

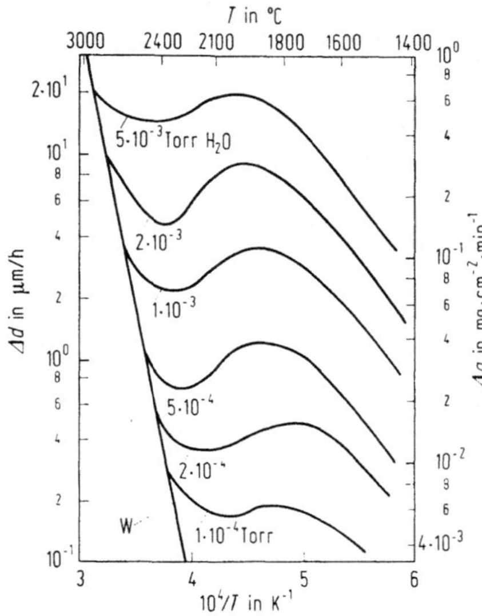

Abb. 9. W-Verluste in H_2O-Dampf (Δd Oberflächenabtragung, Δg Gewichtsabnahme) [108].

Literatur zu Wolfram

1 Rieck, G. D.: Tungsten and its Compounds, Oxford: Pergamon 1967.

2 Hansen, M.; Anderko, K.: Constitution of Binary Alloys, New York: McGraw-Hill 1958.

3 Elliott, R. P.: Constitution of Binary Alloys, First Supplement, New York: McGraw-Hill 1965.

4 Shunk, F. A.: Constitution of Binary Alloys, Second Supplement, New York: McGraw-Hill 1969.

5 Mueller, W. M.; Blackledge, J. P.; Libowitz, G. G.: Metal Hydrides, New York: Academic Press 1968.

6 Storms, E. K.: The Refractory Carbides, New York: Academic Press 1967.

7 Tietz, T. E.; Wilson, J. W.: Behavior and Properties and Refractory Metals, Stanford/California: Stanford University Press 1965.

8 Goldschmidt, H. J.: Interstitial Alloys, London: Butterworths 1967.

9 Kubaschewski, O.; Evans, E. Ll.; Alcock, C. B.: Metallurgical Thermochemistry, 4th Ed., Oxford: Pergamon 1967.

10 Frauenfelder, R.: J. Vac. Sci. Technol. 6 (1969) 388.

11 Lange, K. W.; Schenck, H.: Z. Metallkde. 60 (1969) 62.

12 Mazaev, A. A.; Avarbe, R. G.; Vil'k, Yu. N.: Izv. Akad. Nauk SSSR, Metally (1968) no. 6, 223; Russ. Metallurgy (1968) no. 6, 153.

13 Shupe, D. S.; Stickney, R. E.: J. Chem. Phys. 51 (1969) 1620.

14 Aitken, E. A. et al.: Trans. AIME 239 (1967) 1565.

15 Frauenfelder, R.: J. Chem. Phys. 48 (1968) 3955.

16 Rudy, E.; Windisch, St.; Hoffmann, J. R.: Rpt. AFML-TR-65-2, Pt. I, Vol. VI.

17 Gebhardt, E.; Fromm, E.; Roy, U.: Z. Metallkde. 57 (1966) 732.

18 Kashin, V. I. et al.: Izv. Akad. Nauk SSSR, Metally (1971) no. 2, 39; Russ. Metallurgy (1971) no. 2, 25.

19 Worrell, W. L.: Trans. AIME 233 (1965) 1173.

20 Nakonechnikov, A. I.; Pavlinov, L. V.; Bykov, V. N.: Fiz. Metal. Metallov. 22 (1966) 234; Phys. Metals Metallogr. 22 (1966) no. 2, 73.

21 Konvenskii, I. I. In Diffusion in Body-Centred Cubic Metals, Amer. Soc. Metals, Metals Park (1965) 283.
22 Shelkonogov, V. Ya.: Fiz. Metal. Metallov. 25 (1968) 80; Phys. Metals Metallogr. 25 (1968) no. 1, 68.
23 Shepela, A.: J. Less-Common Metals 26 (1972) 33.
24 Gerasimov, A. F.; Konev, V. N.; Timofeyeva, N. F.: Fiz. Metal. Metallov. 11 (1961) 596; Phys. Metals Metallogr. 11 (1961) no. 4, 106,
25 Fackelmann, J. M.; Getz, R. W.; Moack, D. P. In Refractory Metals and Alloys IV, Vol. 1, (Met. Soc. Conf., Vol. 41) New York: Gordon & Breach 1967, S. 335.
26 Touboul, J.-P.; Langeron, J.-P.: Compt. Rend. C 267 (1968) 1285.
27 Krautz, E.; Kuhlmann, H. H.; Schultz, H.: Z. Metallkde. 59 (1968) 133.
28 Kuhlmann, H. H.: Techn.-wiss. Abh. Osram-Ges. 11 (1973) 328.
29 Schnitzel, R. H.: Trans. AIME 233 (1965) 186.
30 Savitskii, Ya. M.; Tsarov, G. L.: Vestsi Akad. Nauk BSSR, Ser. Fiz. Tekh. Nauk (1965) no. 2, 84; Rpt. NASA-TT-F 10157 (N 66-33722) (1966).
31 Krumphold, R.: In F. Benesovsky (Hrsg.): Hochtemperaturwerkstoffe (6. Plansee-Seminar) Wien: Springer 1969, S. 138.
32 Hall, R. W.; Raffo, P. L.; Witzke, W. R.; Klopp, W. D.: Rpt. NASA-SP-227 (1969).
33 Raffo, P. L.; Klopp, W. D.: Rpt. N-66-16551 (NASA-TN-D-3248) (1966).
34 Raffo, P. L.; Klopp, W. D. In Refractory Metals and Alloys IV, Vol. 1 (Met. Soc. Conf. Vol. 41), New York: Gordon & Breach 1967, S. 501.
35 Klopp, W. D.; Raffo, P. L.; Witzke, W. R.: J. Metals 23 (1971) 27.
36 Schnitzel, R. H.: ASM Trans. Quart. 58 (1965) 687.
37 Stephens, J. R.: Rpt. NASA-TN-D-2287 (1964).
38 Allen, B. C.; Maykuth, D. J.; Jaffee, R. J.: J. Inst. Metals 90 (1961) 120.
39 Schnitzel, R. H.: ASM Trans. Quart. 58 (1965) 74.
40 Hägg, G.: Z. phys. Chem. B 7 (1930) 339.
41 Pink, E.; Sedlatschek, K.: Metall 23 (1968) 1249.
42 Kopetskiy, Ch. V.; Pashkowskiy, A. I.: Planseeber. Pulvermet. 19 (1971) 7; Fiz. Khim. Obrab. Mat. (1971) no. 2, 67.
43 Schönberg, N.: Acta Chem. Scand. 8 (1954) 204.
44 Khitrova, V. L.; Pinsker, J. G.: Kristallografia 6 (1961) 882; Sov. Phys.-Cryst. 6 (1962) 712.
45 Fromm, E.; Jehn, H.: Z. Metallkde. 62 (1971) 378; J. Less-Common Metals 17 (1969) 124.
46 Norton, F. S.; Marshall, A. L.: Trans. AIME 156 (1944) 351.
47 Jehn, H.; Fromm, E.: J. Less-Common Metals 21 (1970) 333.
48 Iden, D. J.; Himmel, L.: Acta Met. 17 (1969) 1483.
49 Conn, P. K.; Duderstadt, E. C.; Fryxell, R. E.: Trans. AIME 242 (1968) 626.
50 Frauenfelder, R.: J. Chem. Phys. 48 (1968) 3966.
51 Sieverts, A.; Bergner, E.: Ber. dt. chem. Ges. 44 (1911) 2401.
52 Jehn, H.: Dissertation, Universität Stuttgart 1970.
53 Fromm, E.; Jehn, H.: High Temp. — High Press. 3 (1971) 553.
54 Hay, D. R.; Scala, E.: Rpt. NP-16627 (1966).
55 Lee, C. H.: Nature 203 (1964) 1163.
56 Jacobs, A. J.: Nature 200 (1963) 1310.
57 Gorshkova, L. V.; Telegus, V. S.; Shamrai, F. I.; Kuz'ma, Yu. B.: Poroshk. Met. (1973) no. 3, 74; Sov. Powd. Met. Metal. Ceram. 12 (1973) 237.
58 Phillips, B.; Chang, L. L. Y.: Trans. AIME 230 (1964) 1203.
59 Chang, L. L. Y.; Phillips, B.: J. Amer. Ceram. Soc. 52 (1969) 527.
60 St. Pierre, G. R. et al.: Trans. AIME 224 (1962) 259.
61 Ackermann, R. J.; Rauh, E. G.: J. Phys. Chem. 67 (1963) 2596.
62 Rizzo, F. E.; Bidwell, L. R.; Frank, D. F.: Trans. AIME 239 (1967) 1901.
63 Blackburn, P. E.; Hoch, M.; Johnstone, H. L.: J. Phys. Chem. 62 (1958) 769.
64 Berkowitz-Mattuck, J. B.; Buechler, A.; Engelke, J. L.; Goldstein, S. N.: J. Chem. Phys. 39 (1963) 2722.
65 Jehn, H.: Metall 28 (1974) 699.
66 Schissel, P. O.; Trulson, O. C.: J. Chem. Phys. 43 (1965) 737.

67 Drowart, J.; Degrève, F.; Detroy, D.; Smoes, S.: Rpt. AD-622809 (AFML-TR-65-145) (1965).
68 Webb, W. W.; Norton, J. T.; Wagner, C.: J. Electrochem. Soc. 103 (1956) 107.
69 Bartlett, R. W.: Trans. AIME 230 (1964) 1097.
70 Ong, J. N.: J. Electrochem. Soc. 109 (1962) 284.
71 Walsh, P. N.; Quets, J. M.; Graff, R. A.: J. Chem. Phys. 46 (1967) 1144.
72 Perkins, R. A.; Grooks, D. D.: J. Metals 13 (1961) 490.
73 Gulbransen, E. A.; Wysong, W. S.: Trans. AIME 175 (1948) 611.
74 Gulbransen, E. A.; Andrew, K. F.; Brassart, F. A.: J. Electrochem. Soc. 111 (1964) 103.
75 Batty, J. C.; Stickney, R. E.: Oxidation of Metals 3 (1971) 331.
76 Rosner, D. E.; Allendorf, D.: J. Electrochem. Soc. 114 (1967) 305.
77 Belton, G. R.; McCarron, R. L.: J. Phys. Chem. 68 (1964) 1852.
78 Friedrich, K.: J. Less-Common Metals 16 (1968) 147.
79 Bartlett, R. W.; McCamont, J. W.: J. Electrochem. Soc. 112 (1965) 148.
80 Steigerwald, E. A.; Guarnieri, G. J.: Trans. ASM 55 (1962) 307.
81 Blenkinsop, P. A.; Morton, P. H.: J. Inst. Metals 96 (1968) 248.
82 Griffis, R. C.: J. Electrochem. Soc. 105 (1959) 418.
83 Kilpatric, M.; Lott, K. S.: J. Electrochem. Soc. 113 (1966) 17.
84 Cismaru, D.; Geangu-Moisin, A.: Rev. Roumaine Chim. 11 (1966) 777, 791; 12 (1967) 1425; 14 (1969) 29.
85 Graff, R. A.; Ladd, J. R.: J. Chem. Phys. 46 (1967) 3571.
86 Voitovich, R. F.: Fiz. Metal. Metallov. 11 (1961) 220; Phys. Metals Metallogr. 11 (1961) no. 2, 66.
87 Semmel, J. W.: Trans. ASM 52 (1959) 1015.
88 Gorshkova, L. V.; Shamrai, F. I.: Poroshk. Met. (1970) no. 11, 66; Sov. Powder Met. Metal. Ceram. (1970) 921.
89 Klopp, W. D.; Witzke, W. R.: J. Less-Common Metals 24 (1971) 427.
90 Novick, D. T.; Machlin, E. S.: ASM Trans. Quart. 61 (1968) 777.
91 Frantsevich, J. N.; Voitovich, R. F.: Fiz. Metal. Metallov. 10 (1960) 857; Phys. Metals Metallogr. 10 (1960) no. 6, 64.
92 Voitovich, R. F.: Fiz. Metal. Metallov. 10 (1960) 862; Phys. Metals Metallogr. 10 (1960) no. 6, 69.
93 Gerlach, J.; Hamel, H.-J.: Metall 23 (1969) 1006; 24 (1970) 488.
94 Fryxell, R. E. In Rpt. GEMP 439 (1966).
95 Zakharov, A. P.; Sharapov, V. M.; Babad-Zakhryapin, A. A.: Intern. Congr. on Hydrogen in Metals, Paris, Edition Science et Industrie (1972) 217; Rpt. CONF-720571 (Vol. 1 + 2).
96 Gray, R. J.; Szopiak, Z. C.: J. Physique 32 (1971) Suppl. 7, C 2-163.
97 Tamai, Y. et al.: Kogyo Kagaku Zasshi 72 (1969) 1933; Chem. Abs. 72 (1970) 59665.
98 Kopetsky, Ch. V. et al.: Izv. Akad. Nauk SSSR, Metally (1971) no. 2, 124; Russ. Metallurgy (1971) no. 2, 79.
99 Shaskov, D. P.: Fiz. Metal. Metalloved. 26 (1968) 110; Phys. Metals Metallogr. 26 (1968) no. 1, 106.
100 Harvey, F. J.: Met. Trans. 4 (1973) 1513.
101 Yoda, R.; Hagaki, T.: J. Jap. Inst. Metals 36 (1972) 1121.
102 Schmahl, N. G.; Dillenburg, H.: Z. phys. Chem. (Frankfurt) N. F. 77 (1972) 113.
103 Inouye, H.; Wagner, R. L.: Met. Trans. 3 (1972) 1743.
104 Chang, L. L. Y.; Scroger, M. G.; Phillips, B.: J. Less-Common Metals 12 (1967) 51.
105 Vil'k, Yu. N.; Ordan'yan, S. S.; Avgustinik, A. I.: Izv. Akad. Nauk SSSR, Neorg. Mater. 8 (1972) 1245; Inorg. Mater. (USSR) 8 (1972) 1096.
106 Telegus, V. S. et al.: Poroshk. Met. (1971) no. 11, 56; Sov. Powder Met. Metal. Ceram. 10 (1971) 898.
107 Fries, R. J.; Cunnings, J. E.; Hoffmann, C. G.; Daily, S. A.: J. Nucl. Mater. 39 (1971) 35.
108 Jehn, H.; Fromm, E.: J. Less-Common Metals 43 (1975) 217.
109 Goldschmidt, H. J.; Catherall, E. A.; Walker, M. J.: Rpt. AFML-TR-68-307 (1969).
110 Wach, J.; Le Goff, P.: Rev. Hautes Tempér. Réfract. 3 (1966) 165.
111 Klopp, D.: J. Less.-Common Metals 42 (1975) 261.
112 Berkowitz, J.; Chupka, W. A.; Inghram, M. G.: J. Chem. Phys. 27 (1957) 85.

VIIa-Metalle

Mangan

(Abb. S. 567, Lit. S. 570)

H. Jehn

Mangan-Wasserstoff

Konstitution [2, 6, 7, 8] α-Mn kub., β-Mn kub., γ-Mn kfz, δ-Mn krz; nach [6] werden keine Hydride gefunden.

Löslichkeit [7, 8] für 760 Torr H_2, s. Abb. 1; $c \sim \sqrt{p}$ [7, 8]. Lösungswärme für β-, γ-, δ-Mn: $\Delta H \approx$ 1,9 kcal/1/2 mol H_2, b. [7]. Verunreinigtes Mn zeigt geringere H-Löslichkeit [7, 9].

Entgasung von H-haltigem Elektrolyt-Mn im Hochvakuum setzt bei 300 °C stark ein [8].

Gitterparameter. a steigt bei R. T. linear von 8,8945 auf 8,910 Å bei 0,3 At.-% H an, d. h. um 0,05 Å pro At.-% H [10].

Mangan-Kohlenstoff

Konstitution [2, 4, 11, 37] s. Abb. 2. Phasen [1, 2, 12, 13, 37]: ε tetr.; $Mn_{23}C_6$ kub.; $Mn_{15}C_4$ hex.; Mn_3C orthorh.; Mn_5C_2 monoklin; Mn_7C_3 hex.

Löslichkeitsgrenze [11, 37, 14, 15]

C in α-Mn: 1,35 At.-% C (25 °C), ≈ 6 At.-% C (890 °C)
C in β-Mn: ≈ 2 At.-% C (900 °C)
C in γ-Mn: 12,2 At.-% C (1260 °C)
C in δ-Mn: 0,55 At.-% C (1235 °C)
C in Mn(l): $\log c = 1{,}75 - 460/T$ (1350–1700 °C [14])

Diese Löslichkeitsgrenze und die peritektische Temperatur von 1308 °C [14] passen nicht in das Zustandsdiagramm nach [11].

Thermodynamische Daten

23/6 α-Mn + C = 1/6 $Mn_{23}C_6$: $\Delta G^0 = -5900 - 5{,}57\,T$
(620–718 °C, EMK [42])

23/6 β-Mn + C = 1/6 $Mn_{23}C_6$: $\Delta G^0 = -7830 - 3{,}58\,T$
(718–800 °C, EMK [42])

Diffusion

C in Mn(l): $D = 385 \exp(-47700/RT)$ (1400–1600 °C [16])

Für eine flüssige Legierung Mn–16 At.-% C wird
$D = 2{,}5 \cdot 10^{-2} \exp(-17180/RT)$
angegeben [16].

Magnetische Suszeptibilität. Für 0; 0,73; 1,0 und 1,35 At.-% C ist $\chi = 10 \cdot 10^{-6}$; $74{,}8 \cdot 10^{-6}$; $122 \cdot 10^{-6}$ und $146 \cdot 10^{-6}$ cm³/g [11].

Dichte. ϱ einer Mn—C-Schmelze bei 1440 °C verringert sich bei C-Zusatz um 0,022 g/cm² pro At.-% C [17].

Mangan-Stickstoff

Konstitution [2, 3, 18—20, 47] s. Abb. 3. Phasen [2, 19, 20, 47]: $\varepsilon(Mn_4N)$ kfz; ζ' hdP; $\zeta(Mn_5N_2—Mn_2N)$ hdP; $\eta(Mn_3N_2)$ tetr.fz; $\vartheta(Mn_6N_5)$ tetr.fz. Das Zustandsdiagramm ist noch nicht vollständig geklärt, vor allem der Aufbau für $p_{N_2} > 1$ atm.

Löslichkeit [21—23, 46]

N in Mn(l): $\log c = 1/2 \log p - 2{,}32 + 2920/T$ (1270—1750 °C [22])

Nach [46] treten für $p < 760$ Torr geringe Abweichungen vom Sievertsschen $\sqrt{p}$-Gesetz auf (1700, 2500 °C). (p,c)-Isothermen im Gebiet der ζ'-Phase für 825 bis 1125 °C s. Abb. 4 [21, 47].

Thermodynamische Daten

$1/2\ N_2 = N(\text{in Mn(l)})$: $\Delta G^0 = -13400 + 13{,}2\ T$ (1300—1750 °C [22])

Mn_4N ($MnN_{0,2-0,25}$): $\Delta H^0_{298} = -30{,}5$ kcal/mol [5]

Gitterparameter. a von α-Mn steigt von 8,894 auf 8,897 Å und von β-Mn von 6,289 auf 6,305 Å bei max. N-Gehalt an, wobei jedoch keine Konzentrationsangaben vorliegen [24]. Im γ-Gebiet steigt das Volumen der kub. Elementarzelle linear von 57,3 Å³ bei 7 At.-% N auf 58,35 Å³ bei 10 At.-% N und im ε-Gebiet von 60,77 Å³ bei 17 At.-% N auf 61,3 Å³ bei 20 At.-% N [47].

Mangan-Sauerstoff

Konstitution [3, 25, 44, 45] s. Abb. 5. Phasen [3, 26]: MnO kfz, NaCl-Typ; α-Mn_3O_4 tetr. fz; β-Mn_3O_4 kub.; α-Mn_2O_3 krz; γ-Mn_2O_3 tetr.; MnO_2 tetr.

Löslichkeitsgrenze

O in Mn(l): $\log c = 1{,}695 - 4823/T$ (1400—1600 °C [27])

Zersetzungsdruck von MnO

$\log p_{O_2} = 10{,}53 - 40200/T$ (0—1250 °C, b. [29])

$\log p_{O_2} = 12{,}21 - 42600/T$ (1250—1550 °C, b. [28])

Thermodynamische Daten [5, 28, 29, 30]

Mn(s) + 1/2 O_2(g) = MnO(s): $\Delta G^0 = -92000 + 17{,}5\ T$
(für α-, β-, γ-, δ-Mn, b. [29])

Mn(l) + 1/2 O_2(g) = MnO(s): $\Delta G^0 = -97940 + 21{,}4\ T$
(1260—1550 °C [28])

Oxidation [1, 31]. Die Oxidation an Luft bei 400—1100 °C gehorcht einem parabolischen Zeitgesetz (k_p in $mg^2 \cdot cm^{-4} \cdot h^{-1}$), nach [31]

$k_p = 2 \cdot 10^7 \exp(-29730/RT)$

Es werden zwei Oxidschichten (MnO, Mn_3O_4) gebildet, wobei Mn_3O_4 erst oberhalb von 900 °C mit merklicher Schichtdicke auftritt [31]. Oxidation in $CO/CO_2 = 131/1$ bei 1000 °C [38].

Ternäre Systeme

Mn—H—O

$Mn(s) + H_2O(g) = MnO(s) + H_2$: $\Delta G^0 = -33100 + 4{,}4\, T$

$\log p_{H_2O}/p_{H_2} = 0{,}96 - 7240/T$ (0—1250 °C, b. [5, 29])

MnO_2 wird oberhalb von 1200 °C durch H_2 reduziert [1, 32].

Mn—Si—H. H-Löslichkeit in Mn—Si-Schmelzen für 0—100% Si, 1350—1445 °C, $c \sim \sqrt{p}$, [43], s. Abb. 6.

Mn—i—C. Die Wirkung von Zusätzen auf die Löslichkeitsgrenze für C in Mn-Schmelzen wird durch [15] zusammenfassend beschrieben (s. Abb. 7). Aus der Beziehung

$c^i = c + (\partial c/\partial c_i) \cdot c_i$ erhält man mit den Abkürzungen

Löslichkeitsfaktor $m_C^i = \partial c/\partial c_i$ und

Wirkungsparameter $\omega_C^i = -m_C^i \cdot 100/c$

$\log c^i = 1{,}65 - 376/T + \log (1 - \omega_C^i \cdot c_i/100)$ (1360—1600 °C [15])

c^i ist die Löslichkeitsgrenze für C bei Zusatz von c_i (At.-%) des Elements i. Meßwerte für ω_C^i und m_C^i s. Tab. 1.

Tabelle 1. Wirkungsparameter ω_C^i und Löslichkeitsfaktoren m_C^i für Systeme Mn—Zusatz i—C bei 1600 °C [15].

i	ω_C^i	m_C^i	i	ω_C^i	m_C^i
B	+1,07	−0,30	Ga	+2,80	−0,79
Al	+2,83	−0,80	Ge	+3,46	−0,98
Si	+3,32	−0,94	As	+3,87	−1,10
P	+3,90	−1,10	Nb	−1,23	+0,35
V	−1,13	+0,32	Mo	−0,64	+0,18
Cr	−0,78	+0,22	In	+2,79	−0,79
Fe	+0,32	−0,09	Sn	+3,40	−0,96
Co	+0,90	−0,26	Sb	+3,79	−1,07
Ni	+1,34	−0,38	Ta	−2,79	+0,79
Cu	+1,94	−0,55	W	−0,44	+0,13

Mn—Fe—C. Löslichkeitsgrenze nimmt mit Fe-Zusätzen leicht ab; 1460 °C [33], 1200—1700 °C [34], 1600 °C [15].

Mn—Si—C. Löslichkeitsgrenze nimmt mit Si-Zusätzen ab, Näherungsformel bis 60 At.-% Si für 1400 °C [33]

$\log c = 2{,}44 - 0{,}8\, c_{Si} - 2{,}5\, c_{Si}^2$

Für 1600 °C s. [15], 1350—1800 °C, 0—50% Si s. [41].

Mn—Mo—C. Konstitution, isothermer Schnitt für 800 °C [40].

Mn—W—C. Konstitution, isothermer Schnitt für 800 °C [40].

Mn—Fe—N [35, 36, 39] Isobare N-Löslichkeit für Mn—Fe-Schmelzen, 1500 °C, s. Abb. 8 [36]. Gültigkeit von $c \sim \sqrt{p}$ nachgewiesen [36, 39]. Zusätzlicher Einfluß von C und Si bei 1700 °C, s. [39].

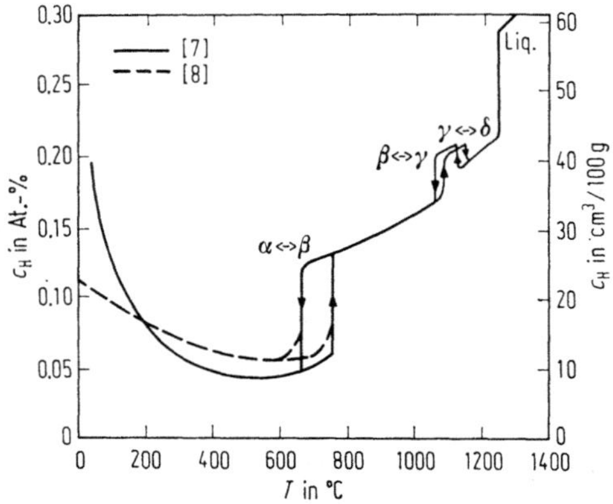

Abb. 1. Isobare Löslichkeit von H in Mn bei 1 atm.

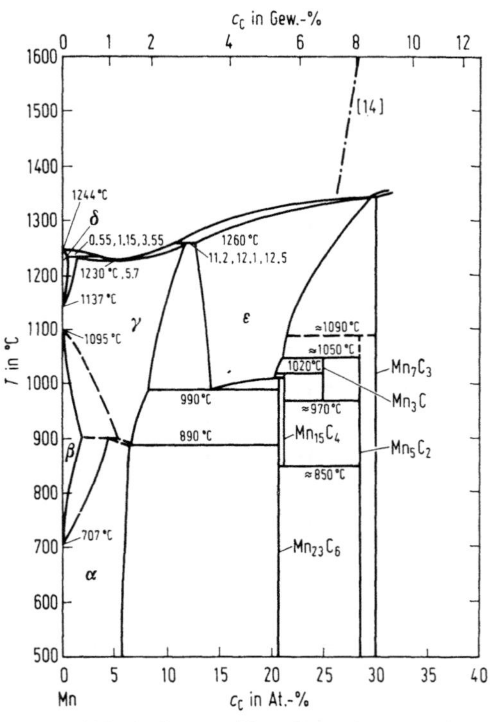

Abb. 2. System Mn—C, nach [37, 2, 4].

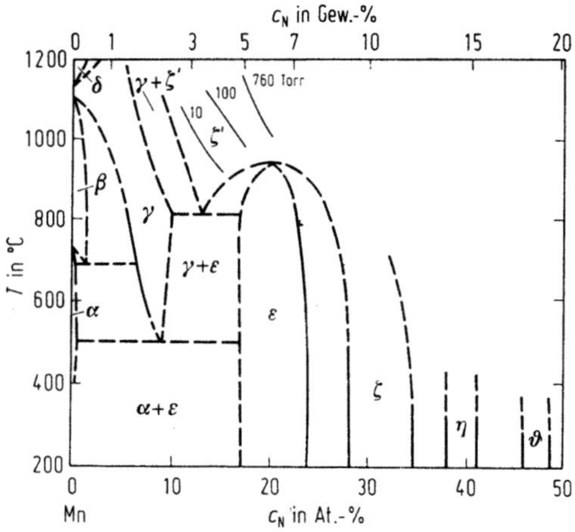

Abb. 3. System Mn—N, nach [2, 18—20, 47].

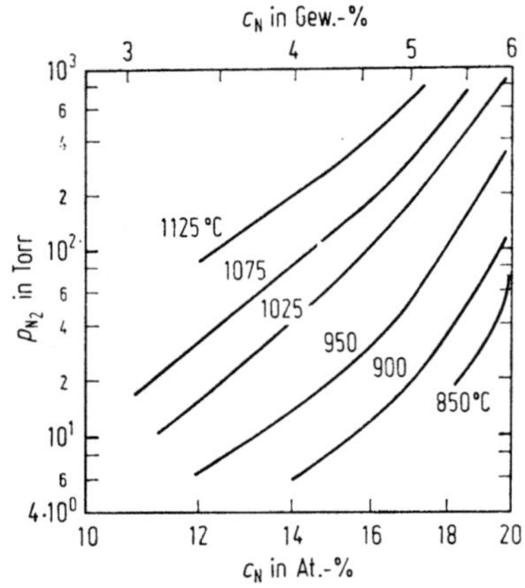

Abb. 4. (p, c)-Isothermen im Gebiet der ζ'-Phase [21, 47].

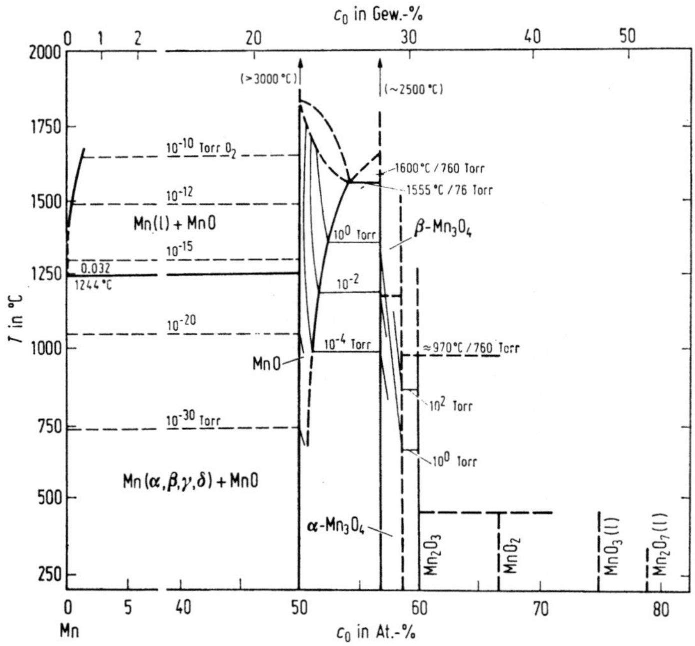

Abb. 5. System Mn—O [3, 25] mit Isobaren.

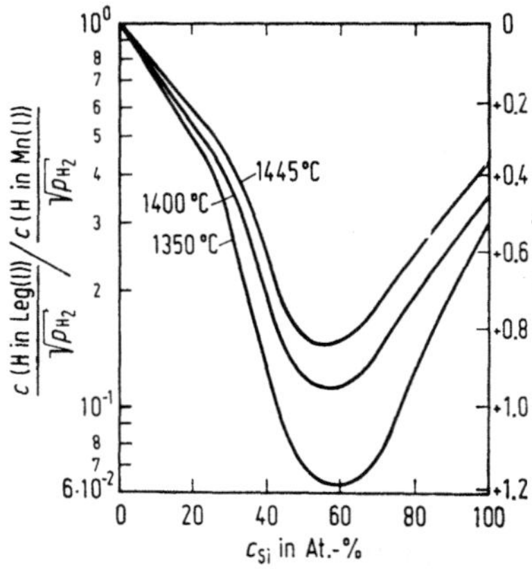

Abb. 6. Einfluß von Si auf die Löslichkeit von H in Mn(l) [43].

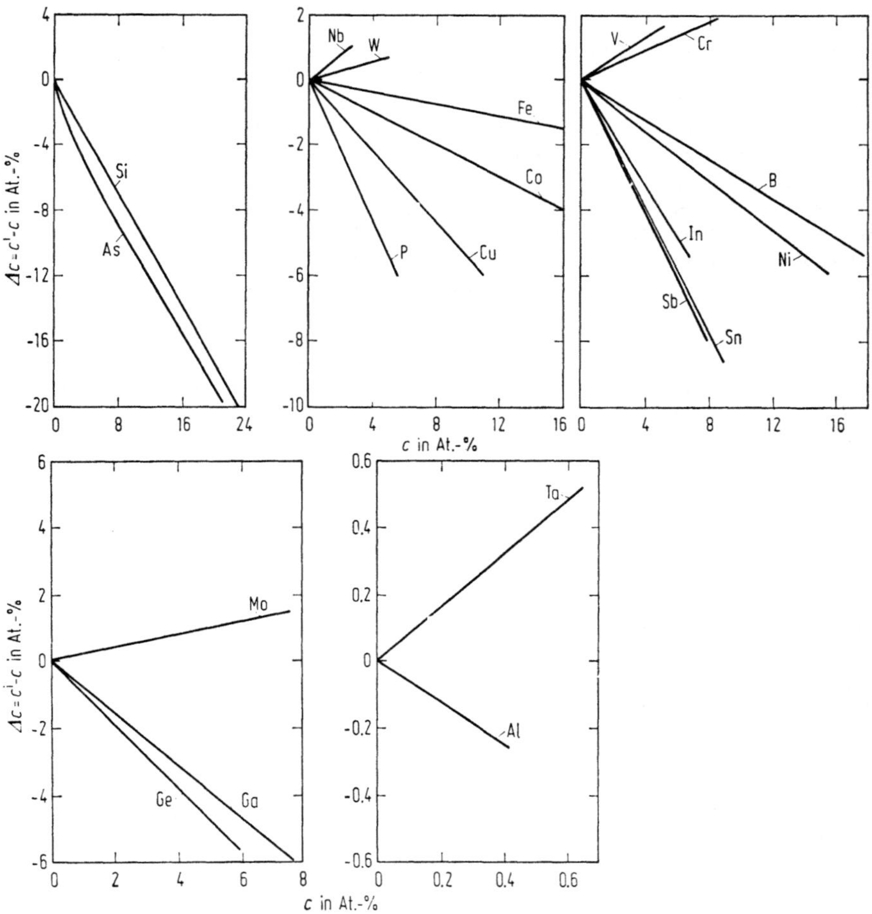

Abb. 7. Einfluß ternärer Zusätze auf die Löslichkeitsgrenze von C in Mn(l) bei 1600 °C (c^i, c = Löslichkeitsgrenze bei Zusatz von i bzw. in Mn(l)) [15].

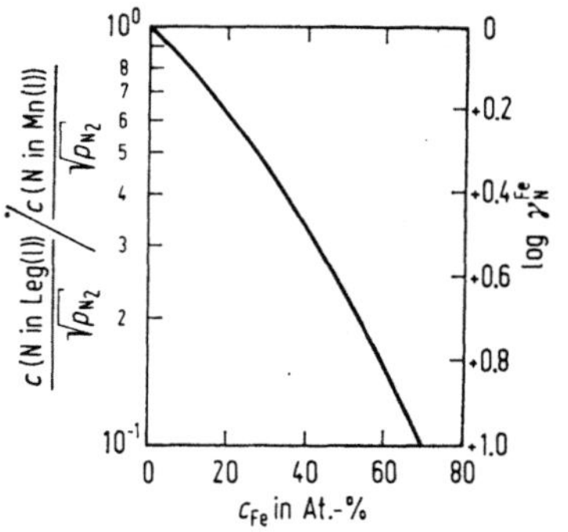

Abb. 8. Einfluß von Fe auf die Löslichkeit von N in Mn(l) bei 1500 °C [36].

Literatur zu Mangan

1 Sully, A. H.: Manganese, London: Butterworths 1955.
2 Hansen, M.; Anderko, K.: Constitution of Binary Alloys, New York: McGraw-Hill 1958.
3 Elliott, R. P.: Constitution of Binary Alloys, First Supplement, New York: McGraw-Hill 1965.
4 Shunk, F.: Constitution of Binary Alloys, Second Supplement, New York: McGraw-Hill 1969.
5 Kubaschewski, O.; Evans, E. Ll., Alcock; C. B.: Metallurgical Thermochemistry, 4th ed., Oxford: Pergamon 1967.
6 Smith, D. P.: Hydrogen in Metals, University Press, Chicago/Ill. 1948.
7 Sieverts, A.; Moritz, H.: Z. phys. Chem. A 180 (1937) 249.
8 Potter, E. V.; Lukens, H. C.: Trans. AIME 171 (1947) 401.
9 Luckenmeyer-Hasse, L.; Schenck, H.: Arch. Eisenhüttenw. 6 (1932) 209.
10 Potter, E. V.; Huber, R. W.: Phys. Rev. 68 (1945) 24.
11 Isobe, M.: Sci. Repts. Res. Inst., Tohoku Univ. A 3 (1951) 468.
12 Kuo, K.; Persson, L. E.: J. Iron Steel Inst. 178 (1954) 39.
13 Bouchaud, J. P.: Ann. Chim. 2 (1967) Ser. 14, 353.
14 Turkdogan, E. T.; Hancock, R. A.; Herlitz, S. I.: J. Iron Steel Inst. 182 (1956) 274.
15 Schenck, H.; Frohberg, M. G.; Steinmetz, E.: Arch. Eisenhüttenw. 34 (1963) 37.
16 Barmin, L. N.; Shantarin, Y. D.; Utochkin, V. V.: Izv. VUZ Chern. Met. 11 (1968) no. 6, 5; Diff. Data 3 (1969) 42.
17 Vatohin, N. A.; Yesin, O. A.: Fiz. Met. Metallov. 16 (1963) 936; Phys. Metals Metallogr. 16 (1963) no. 6, 129.
18 Brisi, C.: Met. Ital. 47 (1955) 405.
19 Zwicker, U.: Z. Metallkde. 42 (1951) 274.
20 Lihl, F.; Ettmayer, P.; Kutzelnigg, A.: Z. Metallkde. 53 (1962) 715.
21 Iyer, S. K.; Grabke, H. J.: persönliche Mitteilung (1973)
22 Gokcen, W. A.: Trans. AIME 221 (1961) 200.
23 Baratashivili, I. B.; Fedotov, V. P.; Samarin, A. M.; Berezhiani, V. M.: Dokl. Akad. Nauk SSSR 139 (1961) 1354; Proc. Akad. Sci. USSR, Chem. Sect. 139 (1961) 836.
24 Hägg, G.: Z. phys. Chem. B 4 (1929) 346.
25 Hed, A. Z.; Tannhauser, D. S.: J. Electrochem. Soc. 114 (1967) 314.
26 Hahn, W. C.; Muan, A.: Amer. J. Sci. 258 (1960) 66.
27 Schenck, H.; Frohberg, M. G.; Nunnighoff, R.: Arch. Eisenhüttenw. 35 (1964) 269.
28 Schwerdtfeger, K.: Trans. AIME 239 (1967) 1276.
29 Dushman, S.; Lafferty, J. M. (Ed.): Scientific Foundation of Vacuum Technique, New York: Wiley 1962.
30 Alcock, C. B.; Zadar, S.: Electrochim. Acta 12 (1967) 673.
31 Gurnick, R. S.; Baldurin, W. M.: Trans. ASM 42 (1950) 308.
32 Newberry, E.; Pring, J. N.: Proc. Roy. Soc. A 92 (1910) 276.
33 Petrushevskii, M. S.; Gel'd, P. V.: Zhur. Prikl. Khim. 32 (1959) 86; J. Appl. Chem. USSR 32 (1959) 86.

34 Chipman, J. et al.: Trans. ASM 44 (1952) 1215.
35 Dodd, R. A.; Gokcen, W. A.: Trans. AIME 221 (1961) 233.
36 Beer, S. Z.: Trans. AIME 221 (1961) 2.
37 Benz, R.; Elliott, J. F.; Chipman, J.: Met. Trans. 4 (1973) 1449.
38 Simkovich, G.: Werkstoffe und Korrosion 21 (1970) 973.
39 Shitikov, V. S.: Izv. Akad. Nauk SSSR, Metally (1970) no. 4, 27; Russ. Metallurgy (1970) no. 4, 38.
40 Telegus, V. S.; Kuz'ma, Yu. B.; Masko, M. A.: Poroshk. Met. (1971) no. 11, 56; Sov. Powder Met. Metal. Ceram. 10 (1971) 898.
41 Yakushovich, N. F. et al.: Izv. VUZ Chern. Met. (1968) no. 10, 67.
42 Tanaka, H. et al.: J. Jap. Inst. Metals 37 (1973) 568.
43 Kostina, T. K.; Baum, B. A.; Gel'd, P. V.; Kurochkin, K. T.: Izv. Akad. Nauk SSSR, Metally (1971) no. 4, 115; Russ. Metallurgy (1971) no. 4, 81.
44 Schmahl, N. G.; Hennings, D. F. K.: Arch. Eisenhüttenw. 40 (1969) 395.
45 Kim, D. Q.; Wilbert, Y.; Marian, F.: Compt. Rend. C 262 (1966) 756.
46 Tsu, Y.; Saito, T.: Proc. Int. Conf. Science and Technology of Iron and Steel, Tokyo, Sept. 1970, Vol. 1, 461.
47 Kudielka, H.; Grabke, H. J.: Z. Metallkde. 66 (1975) 469.

Technetium

(Lit. S. 572)

H. Jehn

Technetium-Kohlenstoff

Tc-Metall kann in $H_2-C_6H_6$-Gemisch oder durch Glühen in Graphit (700–1100 °C) aufgekohlt werden. Bei 910 °C werden 7–8 At.-% C aufgenommen, verbunden mit folgenden Gitterparameteränderungen: a von 2,740 auf 2,812 Å, c von 4,398 auf 4,470 Å, c/a von 1,605 auf 1,590 [1].

Technetium-Stickstoff

Tc zeigt in N_2-Atmosphäre bei 400–900 °C keine Reaktion; die Gitterkonstante bleibt unverändert. In NH_3 bei 700–1100 °C steigen die Gitterkonstanten an. Bei 900–1100 °C wird eine neue kfz Phase mit steigendem a bei zunehmendem N-Gehalt gebildet. Diese Nitridphase zeigt die Zusammensetzung $TcN_{0,76}$; sie entspricht evtl. unterstöchiometrischem TcN [2].

Technetium-Sauerstoff

Phasen [3–5]: Tc hdP; TcO_2 monoklin; Tc_2O_7 Smp. 119,5 °C, Sdp. 310 °C.
Zersetzungsdruck von TcO_2
$\log p_{O_2} = 9,1 - 22680/T$ (25 °C, b. [6])
TcO_2 sublimiert unzersetzt bei 1000 °C [8].

Thermodynamische Daten

$1/2\ Tc(s) + 1/2\ O_2 = 1/2\ TcO_2$: $\Delta G^0 = -51\,860 + 20{,}8\ T$ (25 °C, EMK [6])

Oxidation von Tc führt in O_2 bei 400—600 °C zu Tc_2O_7 [7].

Literatur zu Technetium

1 Trzebiatowski, W.; Rudzinski, J.: Z. Chem. 2 (1962) 158.
2 Trzebiatowski, W.; Rudzinski, J.: J. Less-Common Metals 6 (1964) 244.
3 Elliott, R. P.: Constitution of Binary Alloys, First Supplement, New York: McGraw-Hill 1965.
4 Shunk, F. A.: Constitution of Binary Alloys, Second Supplement, New York: McGraw-Hill 1969.
5 Schwochau, K.: Angew. Chem. 76 (1964) 9.
6 Cobble, J. W.; Smith, W. T. Jr.; Boyd, G. E.: J. Amer. Chem. Soc. 75 (1953) 5777.
7 Boyd, G. E.; Cobble, J. W.; Nelson, C. M.; Smith, W. T. Jr.: J. Amer. Chem. Soc. 74 (1952) 556.
8 Nelson, C. M.; Boyd, G. E.; Smith, W. T. Jr.: J. Amer. Chem. Soc. 76 (1954) 348.

Rhenium

(Abb. S. 575, Lit. S. 576)

H. Jehn

Rhenium-Wasserstoff

Beim Glühen von Re in H_2 bei 1200 °C wird keine Gitteraufweitung beobachtet [1]. Hydride werden nicht gefunden [2].

Rhenium-Kohlenstoff

Konstitution [3, 4, 5] s Abb. 1. Phasen [3—5, 6]: Re hdP. Unter besonderen Versuchsbedingungen werden instabile Karbide gefunden [1, 5, 27—30]. Bei Re-Schmelzen in C-Tiegeln wird metastabiles Re_xC ($x = 2$—4) beobachtet [28]. Unter Hochdruck (> 60 kbar, > 800 °C) kann hex. ReC hergestellt werden, das sich bei 1500 °C und 1 atm in C-haltiges Re und C zersetzt [29]. Ein kub. ReC, NaCl-Typ, wird bei 170 kbar und 1000 °C beobachtet [30].

Löslichkeitsgrenze [3] s. Abb. 2

C in Re(s): $\log c = 2{,}72 - 5510/T$ (1400—2450 °C)

Für Re(l) wird bei 3450, 3800 und 4000 °C eine Sättigungskonzentration von 20; 39 und 41,6 At.-% C angegeben, s. Abb. 2 [27], was nach dem Zustandsdiagramm zu gering erscheint. Dagegen gibt [28] 41,5 At.-% für C in Re(l) ohne Temperaturangabe an.

Thermodynamische Daten

$C = C(\text{in Re(s)})$: $\Delta G^0 = 25200 - 3{,}3\ T$ (1400—2450 °C [3]).

Diffusion [7, 27, 31]
C in Re(s): $D = 0{,}1 \cdot \exp(-53000/RT)$
(1300—1800 °C, Entgasung in O_2 [17])
C in Re(l): $D = 1{,}4 \cdot 10^{-2} \exp(-40000/RT)$
(3450—4000 °C, C-Aufnahme, b. [27])

Absorption. In lichtbogengeschmolzenen Re-Schmelzen erfolgt die C-Aufnahme in Kontakt mit Graphit proportional $\sqrt{t}$ und ist somit diffusionskontrolliert [27].

Entkohlung. Die Kinetik der Entkohlung von Re in einer O_2-Atmosphäre unter CO-Bildung an der Oberfläche ist bestimmt durch die Diffusion des C in Re (10^{-3} Torr O_2, 1300—1800 °C) [17].

Eigenschaftsänderungen. Bei einer von 2400 °C abgeschreckten Re—20 At.-% C-Legierung ändern sich gegenüber reinem Re die Gitterkonstanten, a von 2,760 auf 2,792 Å, c von 4,458 auf 4,471 Å, c/a von 1,615 auf 1,601 Å. Die Vickershärte HV steigt von 150 auf 350—500 kp/mm² [6]. Dabei ist der C-Gehalt nicht angegeben; wird die Sättigungskonzentration angenommen, so entspricht nach [3] diesen Änderungen ein C-Gehalt von etwa 4,5 At.-%. Makrohärte von Mo—C-Legierungen s. Abb. 3 [5].
Für C-gesättigte Re-Schmelzen werden aus Diffusionskoeffizienten Viskositätswerte von $2{,}7 \cdot 10^{-3}$ und $1{,}5 \cdot 10^{-2}$ cm²/s für 3450 und 4000 °C abgeschätzt [27].

Rhenium-Stickstoff

Konstitution. Die Löslichkeit von N in Re(s) ist sehr gering und beträgt bei 760 Torr nur einige 10^{-3} At.-% [8—10] s. Abb. 2. Re_2N (≈ 30 At.-% N) kfz, thermisch instabil, Zersetzung bei 280 °C im Vakuum [10], die Bildungswärme ist schwach negativ (—1 kcal/mol). In N_2 findet bis zu 900 °C keine Nitridbildung statt [1, 10, 11].

Löslichkeit s. Abb. 2
N in Re(s): $\log c = 1/2 \log p - 3{,}08 - 3500/T$ (2000—2750 °C [8])

Thermodynamische Daten
$1/2\, N_2 = N(\text{in Re(s)})$: $\Delta G^0 = 16000 + 18{,}5\, T$ (2000—2750 °C [8])

Diffusion
N in Re(s): $D = 0{,}14 \cdot \exp(-36700/RT)$
(1200—2000 °C, Entgasung [8])

Entgasung. Die Entgasungskinetik ist im wesentlichen durch die Diffusion des N in Re(s) bestimmt [8].

Rhenium-Sauerstoff

Konstitution [12]. Phasen: ReO_2 monoklin (< 300 °C), orthorh. (300—1050 °C), enger Existenzbereich; ReO_3 kub.; Re_2O_7 orthorh.

Löslichkeit. Die O-Löslichkeit ist sehr gering und beträgt weniger als $1{,}5 \cdot 10^{-2}$ At.-% [9].

Gleichgewichtsdrücke
Zersetzungsdruck von ReO_2
$\log p_{O_2} = 12{,}3 - 22900/T$ (580—860 °C, b. [26])

Dampfdruck von Re_2O_7 über ReO_2(s)
$\log p_{Re_2O_7} = 17{,}3 - 20450/T$ (690—890 °C [14])
ReO_2 sublimiert hauptsächlich unter Zersetzung in Re(s) und Re_2O_7(g), massenspektroskopische Untersuchungen [14].

Thermodynamische Daten [12, 13, 26]
$1/2\ Re(s) + 1/2\ O_2 = 1/2\ ReO_2$: $\Delta G^0 = -52420 + 21{,}6\ T$
(580—860 °C, EMK [26])

Oxidation s. Abb. 4. Oberhalb von 600 °C in Luft sehr starke Oxidation unter Bildung von flüchtigem Re_2O_7 [15]. Oxidation von Re und Re—25 At.-% Ti (1—10 Torr O_2, strömend, 800—1400 °C), lineares Zeitgesetz, flüchtiges Re_2C_7 wird gebildet [16, 32]. Oxidation in strömender Luft, 600—1300 °C [17].
Bei hohen Temperaturen und niederen Drücken bildet Re in O_2 vorwiegend flüchtiges ReO_3. Oberhalb von 1500—1600 °C nimmt die Oxidabdampfung wieder stark ab und atomarer O wird desorbiert. Die Re-Verluste v sind zwischen 1200 und 2500 °C in komplexer Weise von der Temperatur und vom O_2-Druck abhängig [19—21, 39,40]. Einige Untersuchungen: $6 \cdot 10^{-6}$—$3 \cdot 10^{-4}$ Torr O_2, 1200—1950 °C ($v \sim p_{O_2}^{0,8}$, < 1400 °C, Aktivierungsenergie 32,5 kcal/mol) [19]; $2 \cdot 10^{-6}$—$3 \cdot 10^{-4}$ Torr O_2, 1200—2500 °C ($v \sim p_{O_2}^{x}$, $x = 0{,}8$—$0{,}9$ bei 1200 bis 1500 °C, $x_{max} = 1{,}6$ bei 1750 °C) [20]; $5 \cdot 10^{-6}$—$3 \cdot 10^{-4}$ Torr O_2, 1250—2000 °C Massenspektrometrie ($v \sim p_{O_2}^{x}$, $x = 0{,}8$ für 1200—1450 °C, $x = 2$ für 1650 bis 1900 °C) [39]. Die Oxidation bei 10^{-2} Torr und 550—2900 °C in molekularem und atomarem O zeigt ebenfalls ein Maximum der Oxidabdampfung (1750 °C). Bei atomarem O ist die Reaktionsgeschwindigkeit besonders bei tiefen Temperaturen (900—1300 °C) stark erhöht [21]. Oxidationsuntersuchungen an Re-Pulver bei 20 °C in feuchter und trockener Luft [18].

Eigenschaftsänderungen. Durch gelösten O wird die c-Achse des hex. Gitters aufgeweitet, s. Tab. 1 [22]. Einfluß von O auf den elektrischen Widerstand s. Abb. 5, die Härte HV s. Abb. 6 und mechanische Eigenschaften (Zugfestigkeit σ_B, Bruchdehnung δ) s. Abb. 7.

Tabelle 1. Einfluß von O auf die Gitterparameter von Re [22].

O-Konzentration in At.-%	c in Å	a in Å	c/a
0,023	4,456	2,757	1,616
0,046	4,463	2,757	1,619
0,081	4,468	2,759	1,620
0,105	4,467	2,758	1,620

Ternäre Systeme

Re—H—O

$1/2\ Re(s) + H_2O(g) = 1/2\ ReO_2(s) + H_2$: $\Delta G^0 = 7525 + 7{,}24\ T$
$\log p_{H_2O}/p_{H_2} = -1{,}58 + 1640/T$ (b. [26])
Das Verhältnis H_2O/H_2 besitzt oberhalb von 850 °C keine Bedeutung, weil beim Glühen von Re in H_2O-Dampf die Reaktion $2\,Re(s) + 7\,H_2O(g) = Re_2O_7(g) + 7\,H_2$

abläuft, für deren lineare Geschwindigkeitskonstante in strömendem H_2O-Dampf gilt (k_l in mg · cm^{-2} · h^{-1}), s. Abb. 4

$k_l = 1{,}08 \cdot 10^7 \exp(-29800/RT)$ (760 Torr H_2O, 850–1700 °C [24])

Re–Hf–C. Konstitution, isothermer Schnitt für 1500 °C [33]. System Re–HfC quasibinäres eutektisches System mit eutektischem Punkt bei 2720 °C und 70 At.-% Re [34].

Re–Nb–C. Konstitution, isothermer Schnitt für 2000 °C [35], 1800 °C [36]. System Re–NbC ist quasibinär [35].

Re–Ta–C. Konstitution, isothermer Schnitt für 1800 °C [36].

Re–W–C. Bei Zulegierung von W und C im Verhältnis 1:1 bleibt die Legierung bei 2310 °C bis herab zu 67 At.-% Re einphasig [25].

Re–Zr–C. Konstitution, isothermer Schnitt für 1900 °C [38]. System Re–ZrC quasibinäres eutektisches System mit eutektischem Punkt bei 67 At.-% Re [37].

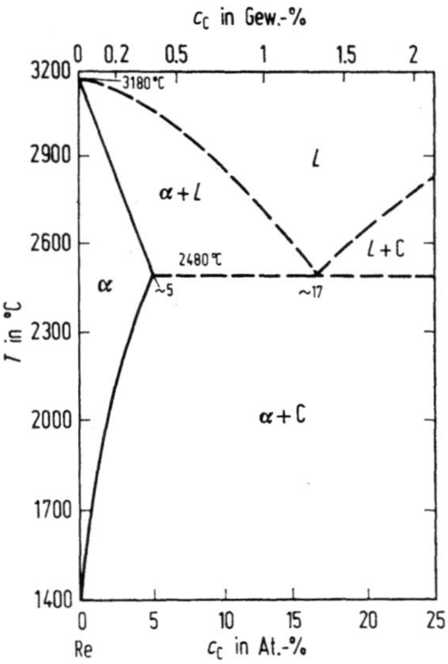

Abb. 1. System Re–C [3–5].

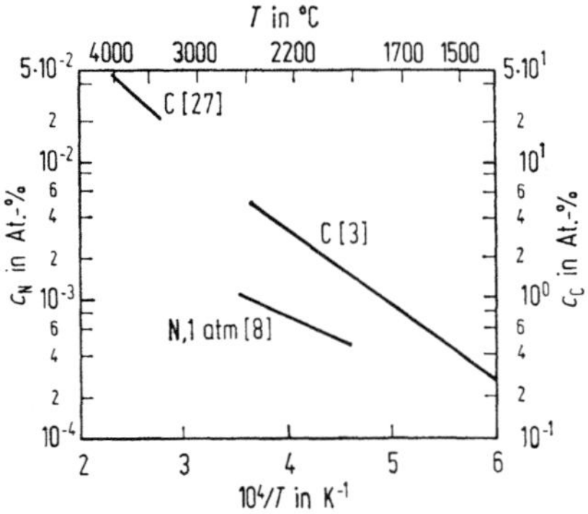

Abb. 2. Löslichkeitslinien von C (rechte Skala) und isobare Löslichkeit von N (linke Skala) in Re.

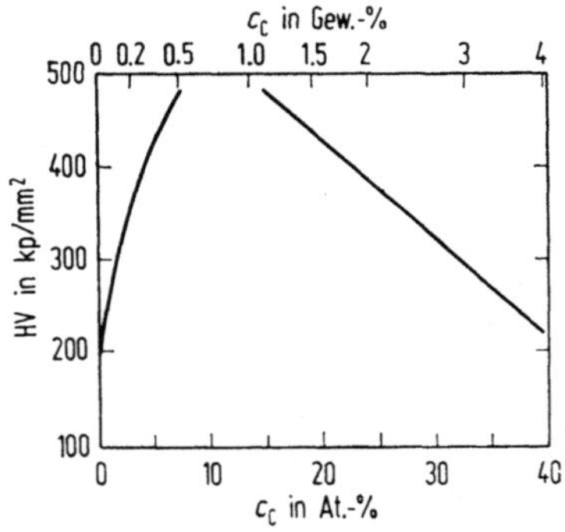

Abb. 3. Einfluß von C auf die Härte HV von Re [5].

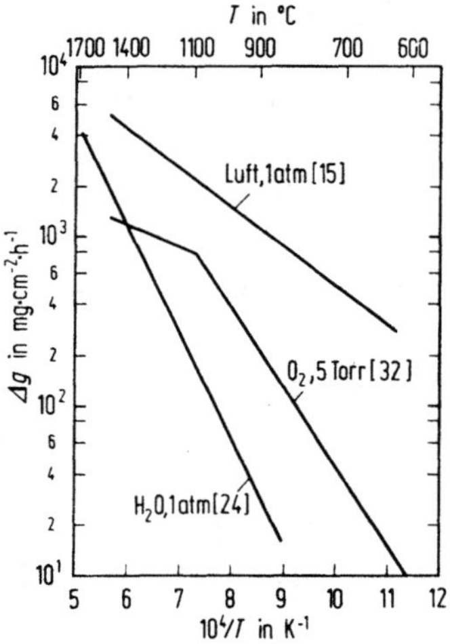

Abb. 4. Gewichtsabnahme Δg von Re in 1 h.

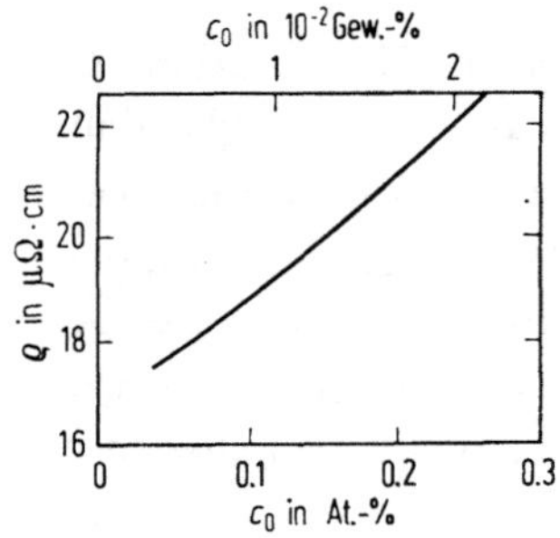

Abb. 5. Einfluß von O auf den elektrischen Widerstand ϱ von Re [23].

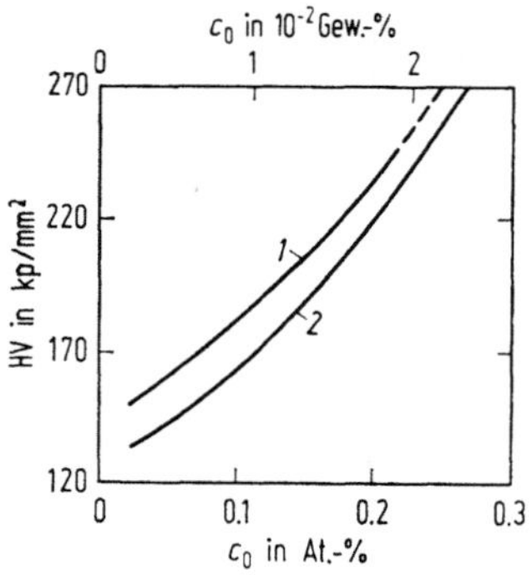

Abb. 6. Einfluß von O auf die Härte HV von Re (*1*: Gußzustand, *2*: geglüht) [23].

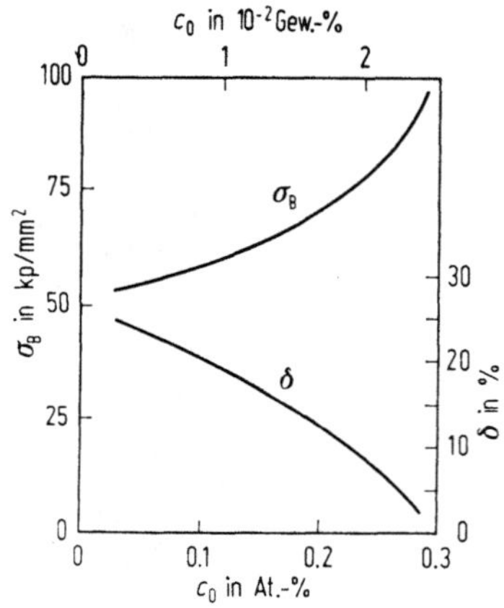

Abb. 7. Einfluß von O auf die Zugfestigkeit σ_B und Bruchdehnung δ von Re [23].

Literatur zu Rhenium

1 Trzebiatowski, W.: Z. anorg. Chem. 233 (1937) 377.
2 Mikhaeva, V. I. In Rpt. AEC-tr-5224 (1962) 101.
3 Gebhardt, E.; Fromm, E.; Roy, U.: Z. Metallkde. 57 (1966) 732.
4 Fromm, E.; Roy, U.: phys. stat. sol. 9 (1965) K 83.
5 Evstyukhin, A. I.; Godin, Yu. G.; Kokhtev, S. A.; Suchkov, I. I.: Met. i Metalloved Chistykh Metal., Sb. Nauchn. Rabot (1963) no. 4, 149; Rpt. LA-tr-64-31.
6 Hughes, J. E.: J. Less-Common Metals 1 (1959) 377.
7 Ducros, R.; le Goff, P.: Compt. Rend. C 267 (1968) 702.
8 Jehn, H.; Fromm, E.; Hohloch, K.: J. Less-Common Metals 27 (1972) 98.
9 Sims, C. T.: In B. W. Gonser (Ed.): Rhenium, Amsterdam: Elsevier 1962.
10 Hahn, H.; Konrad, A.: Z. anorg. Chem. 264 (1951) 174.

11 Samsonov, G. V.; Verkhoglyadova, T. S.: Ukr. Fiz. Khim. Zhur. 30 (1964) 143.
12 Foster, J. S.: Thesis, Ohio State University, Columbus/Ohio 1964.
13 Boyd, G. E.; Cobble, J. W.; Smith, W. T.: J. Amer. Chem. Soc. 75 (1953) 5783.
14 Battles, J. E.; Gundersen, G. E.; Edwards, R. K.: J. Phys. Chem. 72 (1968) 3963 und in Rpt. ANL-7375 (1968) 106.
15 Sims, C. T.; Craighead, C. M.; Jaffee, R. I.: Trans. AIME 203 (1955) 168.
16 Gulbransen, E. A.; Brassart, F. A.: J. Less-Common Metals 14 (1968) 217.
17 Phillips, W. L.: J. Less-Common Metals 5 (1963) 97.
18 Friedrich, K.: J. Less-Common Metals 16 (1968) 147.
19 Cassuto, A.; Mike, J.-P.: Compt. Rend. C 266 (1968) 863; Rpt. ORNL-tr-2153.
20 Rovner, L. H.; Drowart, A.; Degreve, F.; Drowart, J.: Rpt. AFML, Contract AF 61 (052)-700 (1967).
21 Rosner, D. E.; Allendorf, H. D.: J. Chem. Phys. 49 (1968) 5553.
22 Savitskii, E. M.; Chuprikov, G. E. In W. A. Krivsky (Ed.): High Temperature Refractory Metals, Pt. 1 (Met. Soc. Conf., Vol. 34), New York: Gordon & Breach 1968, S. 507.
23 Savitskii, E. M.; Chuprikov, G. E.: Izv. Akad. Nauk SSSR, Met. i Topl. (1962) no. 4, 137; Russ. Met. Fuels (1962) no. 4, 107.
24 Kilpatrick, M.; Lott, S. K.: J. Electrochem. Soc. 113 (1966) 15.
25 Havell, R. F.; Baskin, Y.: J. Electrochem. Soc. 108 (1961) 1068.
26 Franco, J. I.; Kleykamp, H.: Ber. Bunsenges. 75 (1971) 934.
27 Kashin, V. I. et al.: Izv. Akad. Nauk SSSR, Metally (1971) no. 2, 39; Russ. Metallurgy (1971) no. 2,25.
28 Savitskii, E. M. et al.: Izv. VUZ Tsvetn. Met. 15 (1972) no. 5, 134.
29 Popova, S. V.; Boiko, L. G.: High Temp. – High Pressures 3 (1971) 237.
30 Popova, S. V.; Fomicheva, L. N.; Khvostantsev, L. G.: Zhur. Eksp. Teor. Fiz., Pis'ma 16 (1972) 609; JETP Letters 16 (1972) 429.
31 Savitskii, E. M.; Nakonechnikov, A. I.; Burkhanov, G. S.; Tetyneva, T. V.: Dokl. Akad. Nauk SSSR 200 (1971) 1326.
32 Gulbransen, E. A.; Brassert, F. A.: Vacuum Microbalance Technique 7 (1970) 121.
33 Fedorov, T. F.; Gladyshevskiy, E. I.; Gorshkova, L. V.: Izv. Akad. Nauk SSSR, Metally (1966) no. 6, 134; Russ. Metallurgy (1966) no. 6, 75.
34 Ordan'yan, S. S.; Kosterova, N. V.; Avgustinik, A. I.: Izv. Akad. Nauk SSSR, Neorg. Mater. 8 (1972) 1495; Inorg. Mater. 8 (1972) 1317.
35 Ordan'yan, S. S.; Vil'k, Yu. N.; Avgustinik, A. I.: Izv. Akad. Nauk SSSR, Neorg. Mater. 8 (1972) 383; Inorg. Mater. 8 (1972) 334.
36 Gorshkova, L. V.; Fedorov, T. V.; Kuz'ma, Yu. B.: Poroshk. Met. (1967) no. 4, 42; Sov. Powder Met. Metal. Ceram. (1967) 287.
37 Vil'k, Yu. N.; Danisia, I. N.; Omel'chenko, Yu. A.: Izv. Akad. Nauk SSSR, Neorg. Mater. 9 (1973) 145, Inorg. Mater. 9 (1973) 130.
38 Gorshkova, L. V.; Voroshilov, Yu. V.; Fedorov, T. F.: Poroshk. Met. (1969) no. 2, 82; Sov. Powder Met. Metal. Ceram. (1969) 146.
39 Weber, B.; Fusy, J.; Cassuto, A. In K. Ogata (Ed.): Recent Developments in Mass Spectrometry, Baltimore: University Park Press 1970, S. 1319.
40 Weber, B.; Cassuto, A.: Surface Sci. 36 (1973) 81.

Eisenmetalle

Eisen

(Abb. S. 596, Lit. S. 608)

J. Krüger, H.-D. Kunze und E. Schürmann

Bei Eisen und Stahl werden als Konzentrationsmaß in der Literatur traditionsgemäß fast durchweg Gewichtsprozente verwendet. Deshalb sind hier abweichend von den Angaben in anderen Kapiteln Löslichkeitsdaten sowohl in At.-% als auch in Gew.-% angegeben und Eigenschaftsänderungen werden generell auf Gew.-% bezogen.

Eisen-Wasserstoff

Konstitution. Es werden keine Hydride gebildet [1].

Löslichkeit [2, 3] s. Abb. 1

H in α-Fe: $\log c = 1/2 \log p - 2{,}25 - 1268/T$ (200—910 °C [2])
bzw. für 1 atm, c(Gew.-%): $\log c = -2{,}56 - 1268/T$
H in γ-Fe: $\log c = 1/2 \log p - 1{,}83 - 1562/T$ (910—1391 °C [3])
bzw. für 1 atm, c(Gew.-%): $\log c = -2{,}13 - 1562/T$
H in δ-Fe: $\log c = 1/2 \log p - 1{,}86 - 1504/T$ (1391—1536 °C [3])
bzw. für 1 atm, c(Gew.-%): $\log c = -2{,}16 - 1504/T$
H in Fe(l): $\log c = 1/2 \log p - 1{,}425 - 1660/T$ (1536—1700 °C [3])
bzw. für 1 atm, c(Gew.-%): $\log c = -1{,}73 - 1660/T$

Bis 140 atm ist oberhalb 400 °C das Sievertsche $\sqrt{p}$-Gesetz erfüllt [4]. Bei tieferen Temperaturen treten Abweichungen auf, die auf H—H-Paare und Verunreinigungen zurückgeführt werden [5, 237]. Wenn diese als unbeweglich angenommen werden, erklären sich auch Abweichungen bei der Diffusion [238]. Bei 430 °C zeigt kaltverformtes Fe (75% Querschnittsverminderung) bezüglich der Löslichkeit und der Diffusion keine Veränderung [11].

Thermodynamische Daten [2, 3]

$1/2\, H_2$ = H(in α-Fe): $\Delta G^0 = 5800 + 12{,}8\, T$ (200—910 °C [2])
$1/2\, H_2$ = H(in γ-Fe): $\Delta G^0 = 7144 + 10{,}9\, T$ (910—1391 °C [3])
$1/2\, H_2$ = H(in δ-Fe): $\Delta G^0 = 6878 + 11{,}1\, T$ (1391—1536 °C [3])
$1/2\, H_2$ = H(in Fe(l)): $\Delta G^0 = 7600 + 9{,}1\, T$ (1536—1700 °C [3])

Diffusion

H in α-Fe [2, 5—12]: $D = 1{,}2 \cdot 10^{-1} \exp(-7800/RT)$ (25—200 °C [12])
und: $D = 9{,}3 \cdot 10^{-4} \exp(-2700/RT)$ (200—770 °C [2])
H in γ-Fe [6, 7, 9]: $D = 6{,}7 \cdot 10^{-3} \exp(-10770/RT)$ (950—1391 °C [9])
H in δ-Fe: $D = 0{,}288 \exp(-22350/RT)$ (1450—1515 °C [6])
H in Fe(l): $D = 4 \cdot 10^{-3} \exp(-(4000 \pm 2000)/RT)$
(1550—1700 °C, Absorption und Desorption [13—15])

Thermo- und *Elektrotransport*, s. Tab. B 2

Permeation in Torr l · $cm^{-1} \cdot s^{-1} \cdot Torr^{-1/2}$

H_2 durch α-Fe: $P = 0{,}11 \cdot \exp(-8450/RT)$ (360—560 °C [16])

D_2 durch α-Fe: $P = 9{,}7 \cdot 10^{-2} \exp(-8750/RT)$ (360—560 °C [16])

Kinetik. Bei Temperaturen oberhalb 400 °C ist die H-Aufnahme und H_2-Abgabe in Fe(s) diffusionskontrolliert [2, 6, 11]. Oxidfilme können eine Verzögerung bewirken [11]. Im flüssigen Zustand ist die H-Diffusion durch die Oberflächengrenzschicht geschwindigkeitsbestimmend [17].

Eisen-Kohlenstoff

Konstitution [1, 18—21, 94] s. Abb. 2 und 3. Phasen: α-Fe krz; γ-Fe kfz; δ-Fe krz; Fe_3C orthorh. Es existieren noch metastabile höhere Karbide (Fe_2C, FeC).

Durch Druckerhöhung auf 65 kb wird die eutektoide Temperatur der α-γ-Umwandlung auf 580 °C erniedrigt, und die C-Konzentration in γ-Fe am eutektischen Punkt geht auf 0,8 At.-% C (0,17 Gew.-%) zurück [22]. Weitere zusammenfassende Arbeiten zur Konstitution s. [23—36, 94], Diskussion von Modellvorstellungen s. [37].

C-Aktivität, bezogen auf Graphit $a_C = 1$, $c = c_C$ in At.-%

C in γ-Fe: $\log a_C = \log[c/(100-2c)]$
$-0{,}92 + [2300 + 3860 \cdot c/(100-c)]/T$ (800—1495 °C [94])

C in Fe(l): $\log a_C = \log[c/(100-2c)]$
$-0{,}87 + 0{,}72 \cdot c/(100-c) + [1180 + 3400 \cdot c/(100-c)]/T$
(1200—1760 °C [94])

Löslichkeitsgrenze [18—21, 94] s. Abb. 1.

C in α-Fe im Gleichgewicht mit Graphit: $\log c = 4{,}48 - 5550/T$

bzw. für c(Gew.-%): $\log c = 3{,}81 - 5550/T$ (600—723 °C [94])

C in α-Fe im Gleichgewicht mit Fe_3C: $\log c = 1{,}08 - 2121/T$

bzw. für c(Gew.-%): $\log c = 0{,}41 - 2121/T$ (300—700 °C [20])

Nach [39, 40] sollen die Werte 5—30% tiefer liegen.

C in γ-Fe: s. Abb. 1 bis 3

Soliduslinie für γ-Fe: $c(\text{Gew.-\%}) = 8{,}59 - 5{,}62 \cdot 10^{-3}\, T$ (°C)

C in Fe(l): $c(\text{Gew.-\%}) = 1{,}34 + 2{,}53 \cdot 10^{-3}\, T$ (°C) (1200—1700 °C [38])

s. auch Abb. 1 bis 3.

Im α-Fe ausgeschiedene Fe_3C-Partikel stehen normalerweise in der Fe-Matrix unter erheblichem Druck. Nach [35] ist die Löslichkeitsgrenze für C in α-Fe im Gleichgewicht mit Fe_3C unter dieser Spannung:

$\log c(\text{Gew.-\%}): = 0{,}31 - 2645/T$ (300—720 °C)

Liegt der ausgeschiedene Zementit spannungsfrei vor, so sinkt die Löslichkeitsgrenze und läßt sich wiedergeben durch:

$\log c(\text{Gew.-\%}) = 0{,}24 - 3235/T$

Als mittleren Wert für 200—720 °C gibt [94] an:

$\log c(\text{Gew.-\%}) = 2{,}38 - 4040/T$

Thermodynamische Daten [1, 18—21, 41, 94]

C = C(in α-Fe):	$\Delta G^0 = 25400 - 11{,}4\,T$	(600—720 °C [94])
C = C(in γ-Fe):	$\Delta G^0 = 10520 - 4{,}21\,T$	(740—1140 °C [94])
C = C(in Fe(l)):	$\Delta G^0 = 5400 - 3{,}98\,T$	(1150—1760 °C [94])

α-Fe + C = $Fe_{2,2}C$: $\Delta G^0 = 4850 - 2{,}5\,T$ (200—400 °C [94])

γ-Fe + C = Fe_3C: $\Delta G^0 = 2685 - 2{,}6\,T$ (730—1150 °C [94])

Diffusion. C in α-Fe [26, 40] s. Abb. 4. Daraus können folgende Beziehungen entnommen werden:
$D = 4 \cdot 10^{-3} \exp(-19160/RT)$ (−50 bis +200 °C)
$D = 4 \cdot 10^{-2} \exp(-21100/RT)$ (200—800 °C)
Nach [42] bewirkt eine Kaltverformung von 10% (75%) bei 350 °C eine Abnahme von D um den Faktor 0,5 (0,3).
C in γ-Fe [40, 43—47] s. Abb. 5. Nach [46] ist zwischen 750 und 1300 °C sowohl D_0 als auch Q_D stark konzentrationsabhängig.
C in Fe(l): $D = 6 \cdot 10^{-5}$—$7 \cdot 10^{-5}\ \mathrm{cm^2/s}$ (0—15 At.-% C, 1550 °C, Tracer [48])
Chemischer Diffusionskoeffizient $D = x_{Fe}D_{Fe} + x_C D_C$ [49]
$D = 3{,}9 \cdot 10^{-2} \exp(-1600/RT)$ (7,3—21 At.-% C, 1340—1505 °C)
$D = 1{,}3 \cdot 10^{-3} \exp(-1190/RT)$ (11—20 At.-% C, 1226—1412 °C)
Thermo- und *Elektrotransport* s. Tab. B 2

Martensitumwandlung. Mit steigendem C-Gehalt fällt die Martensittemperatur *Ms* sehr stark, s. Abb. 6 [57].

Gitterparameter (a in Å)
α-Fe: $a = 2{,}8664 + 0{,}039 \cdot c$ (0—0,03 Gew.-% C [50])
Austenit im Gleichgewicht: $a = 3{,}573 + 0{,}033 \cdot c$ (0—2 Gew.-% C [51])
Restaustenit: $a = 3{,}555 + 0{,}044 \cdot c$ (0—2 Gew.-% C [51])

Thermische Ausdehnung [52] s. Abb. 7

Elektrischer Widerstand. ϱ in $\mu\Omega$ cm steigt bei R. T. entsprechend der Beziehung
$\varrho = 10{,}2 + 4{,}5 \cdot c$ (0—1 Gew.-% C [52]),
wobei die Form der Zementitausscheidungen ebenfalls eine Rolle spielt.

Wärmeleitfähigkeit [52] s. Abb. 8.

Oberflächenspannung, in reinem Fe kein Einfluß von C bei 1550 °C, jedoch Abnahme um 50 dyn/cm pro Gew.-% bei Anwesenheit von S [220].

Mechanische Eigenschaften von Reineisensorten bei R. T. [52—56].

Streckgrenze:	$\sigma_S = 12{,}4 + 28 \cdot c$	(0—0,14 Gew.-% [53])
Zugfestigkeit:	$\sigma_B = 23{,}0 + 70 \cdot c$	(0—0,14 Gew.-% [53])
Biegewechselfestigkeit:	$\sigma_{BW} = 11{,}5 + 60{,}7 \cdot c$	(0—0,14 Gew.-% [53])

Wie aus Abb. 9 hervorgeht, erhöhen C-Gehalte, die über der maximalen Löslichkeit von α-Fe (0,2 Gew.-%) liegen, die Festigkeitseigenschaften noch erheblich. In hochreinem Fe steigt die *kritische Schubspannung* auch bei sehr geringen C-Gehalten (10 ppm) merklich an. Dieser Effekt wird zu tiefen Temperaturen hin erheblich verstärkt [59]. Geringe C-Gehalte (> 20 ppm) bewirken bei tiefen Temperaturen (−196 °C) eine Versprödung [58]. In martensitischen Kohlenstoffstählen hängt die *Härte* vom C-Gehalt und vom Martensitanteil ab [52, 56] s. Abb. 10. Weitere Angaben über Eigenschaften von reinen Kohlenstoffstählen finden sich bei [56]. Hierbei handelt es sich jedoch zumeist nicht um α- oder γ-Mischkristalle, sondern um mehrphasige Legierungen.

Eisen-Stickstoff

Konstitution [1, 18—21] s. Abb. 11. Phasen: Fe_8N (N-Martensit); Fe_4N kfz; ε hdP; Fe_2N orthorh.

Löslichkeit [60—64, 70, 204] s. Abb. 12
N in α-Fe: $\log c = 1/2 \log p - 1{,}60 - 1825/T$ (500—910 °C [60])
bzw. für 1 atm, c(Gew.-%): $\log c = -0{,}76 - 1825/T$
N in γ-Fe: $\log c = 1/2 \log p - 2{,}77 + 420/T$ (910—1400 °C [60])
bzw. für 1 atm, c(Gew.-%): $\log c = -1{,}93 + 420/T$
Bei 1000 °C ist das $\sqrt{p}$-Gesetz bis 64 atm erfüllt.
N in δ-Fe: $\log c = 1/2 \log p - 2{,}02 - 1330/T$ (1400—1536 °C [60])
bzw. für 1 atm, c(Gew.-%): $\log c = -1{,}18 - 1330/T$
N in Fe(l): $\log c = 1/2 \log p - 2{,}06 - 251/T$ (1536—1750 °C [64])
bzw. für 1 atm, c(Gew.-%): $\log c = -1{,}22 - 251/T$

Löslichkeitsgrenze [65, 70]
α-Fe gegen Fe_4N: $\log c_{max} = 1{,}69 - 1810/T$ (180—590 °C [65])
bzw. für c(Gew.-%): $\log c_{max} = 1{,}09 - 1810/T$
α-Fe gegen Fe_8N: $\log c_{max} = 3{,}12 - 2160/T$ (50—300 °C [65])
bzw. für c(Gew.-%): $\log c_{max} = 2{,}52 - 2160/T$

Zersetzungsdruck von Fe_4N
$\log p_{N_2}$ (Torr) $= 7{,}1 - 481/T$ (20—590 °C [21])
$\log p_{N_2}$ (atm) $= 4{,}2 - 481/T$

Thermodynamische Daten [21, 60—64]

$1/2\, N_2 = N$(in α-Fe):	$\Delta G^0 = +8347 + 9{,}9\, T$	(500—910 °C [60])
$1/2\, N_2 = N$(in γ-Fe):	$\Delta G^0 = -1920 + 15{,}2\, T$	(910—1391 °C [60])
$1/2\, N_2 = N$(in δ-Fe):	$\Delta G^0 = +6083 + 11{,}8\, T$	(1391—1536 °C [60])
$1/2\, N_2 = N$(in Fe(l)):	$\Delta G^0 = +1150 + 12{,}0\, T$	(1536—1750° [64])
$Fe_4N = N$(in α-Fe) + 4α-Fe:	$\Delta G^0 = +8278 + 1{,}42\, T$	(180—590 °C [65])
$4Fe(s) + 1/2\, N_2 = Fe_4N$:	$\Delta G^0 = -1100 + 9{,}6\, T$	(0—900 °C [21])

Diffusion [63, 65—68, 182]
N in α-Fe: $D = 7{,}8 \cdot 10^{-3} \exp(-18900/RT)$ (500—910 °C [63])
N in γ-Fe: $D = 0{,}91 \exp(-40260/RT)$ (910—1391 °C [63])
N in δ-Fe: $D = 7{,}8 \cdot 10^{-3} \exp(-18900/RT)$ (1391—1536 °C [63])
N in Fe(l): $D = 3{,}25 \cdot 10^{-3} \exp(-11500/RT)$ (1532—1750 °C [68])
Chemische Diffusionskoeffizienten aus reaktionskinetischen Daten.
Thermo- und *Elektrotransport* s. Tab. B 2

Kinetik. Für die N-Aufnahme und N_2-Abgabe ist bei 750—1450 °C die Diffusion der geschwindigkeitsbestimmende Schritt [63]. Bei O-haltigem Fe wird die Reaktionsgeschwindigkeit verringert [63, 71]. In der Schmelze gehorcht die Reaktionsgeschwindigkeit in bewegtem Fe(l) der Beziehung
$\log[(c_s - c)/(c_s - c_0)] = k_N \cdot t$
(Konzentration an der Oberfläche c_s, Anfangskonzentration c_0, Konzentration c zur Zeit t, $k_N = -(D/\delta) \cdot 1/2{,}3 \cdot F/V$, $k_N' = (D/\delta) = k_N \cdot 2{,}3 \cdot V/F$, Oberfläche F und Volumen V der Schmelze in cm^2 und cm^3, δ Dicke der Nernstschen Diffusionsschicht in cm). Langsamster Teilschritt ist die N-Diffusion durch die Grenzschicht. Bei 1600 °C ist $k_N' = 2 \cdot 10^{-3}$—$1 \cdot 10^{-2}\ s^{-1}$ [69].

Martensitumwandlung. Durch steigende N-Gehalte wird die Martensittemperatur *Ms* abgesenkt, s. Abb. 6. [57]

Gitterparameter. a in Å von γ-Fe steigt für 0—3 Gew.-% an enstprechend [72] $a = 3{,}572 + 0{,}030 \cdot c$.

Härte. Für die Mikrohärte HV in kp/mm² von α-Fe gilt für 0—0,1 Gew.-% [74] $HV = 75 + 2140 \cdot c$

Mechanische Eigenschaften. Der Einfluß von N (0,002—0,016 Gew.-%) in Reineisen (0,002—0,065 Gew.-% C, 0,001—0,163 Gew.-% O) auf die mechanischen Eigenschaften und das Sprödbruchverhalten nach Normalglühen und nach künstlicher Alterung läßt sich nach [75] folgendermaßen beschreiben: Die Übergangstemperatur der *Kerbschlagzähigkeit* hängt nur vom C-Gehalt, nicht aber vom N-Gehalt ab. Der Höchstwert der Kerbschlagzähigkeit wird durch N erhöht. Die *Zugfestigkeit* σ_B und *untere Grenzstrecke* σ_u von normalgeglühtem Fe steigt durch 0,014 Gew.-% N um 5—10 kp/mm² an. N hat damit eine ähnliche Wirkung wie C. Die *Bruchdehnung* δ und *Brucheinschnürung* ψ wird durch N nicht merklich beeinflußt. Weiterhin wird der Einfluß des O-Gehaltes und der Alterungsbehandlung beschrieben.

Nach [73] steigt die *Streckgrenze* $\sigma_{0,1}$ in C- und N-haltigem Fe etwa proportional c^2 an und gehorcht für Proben, die von 600 °C abgeschreckt worden sind, der Beziehung ($\sigma_{0,1}$ in kp/mm²)

$\sigma_{0,1} = 5 + 5 \cdot 10^3 (c_C + c_N)^2 \quad (c < 3 \cdot 10^{-2}$ At.-%)

bzw.: $\sigma_{0,1} = 5 + 8{,}8 \cdot 10^4 (c_C + c_N)^2 \quad (c < 7 \cdot 10^{-3}$ Gew.-%)

Die *Zeitstandeigenschaften* von unlegierten Rohstählen werden bei 400 °C durch N-Gehalte bis 0,014 Gew.-% erheblich verbessert. Allerdings kann eine Wechselwirkung mit anderen Elementen (Mn, Al) nicht ausgeschlossen werden [76]. In reinem Fe senkt gelöster N (0,002—0,05 Gew.-%) die Erholungsgeschwindigkeit noch stärker als C; der Einfluß auf die Rekristallisationsgeschwindigkeit ist jedoch gering [77].

Eisen-Sauerstoff

Konstitution [1, 18, 19, 78] s. Abb. 13. Phasen: FeO (Wüstit) kfz, NaCl-Typ; Fe_3O_4 kub., Spinell-Typ; α-Fe_2O_3 rhomboed., α-Al_2O_3-Typ. Es existieren weitere metastabile Fe_2O_3-Modifikationen.

Löslichkeit [78, 79, 80]

O in γ-Fe: $\log c = 1/2 \log p - 4{,}06 + 9150/T$ (900—1391 °C [79])

bzw. für c (Gew.-%), p(atm): $\log c = 1/2 \log p - 3{,}16 + 9150/T$

O in δ-Fe (= α-Fe): $\log c = 1/2 \log p - 3{,}13 + 8130/T$ (1391—1527 °C [79])

bzw. für c (Gew.-%), p (atm): $\log c = 1/2 \log p - 2{,}23 + 8130/T$

O in Fe(l): $\log c = 1/2 \log p - 0{,}75 + 6120/T$ (1550—1700 °C [79])

bzw. für c (Gew.-%), p (atm): $\log c = 1/2 \log p + 0{,}15 + 6120/T$

Wegen der geringen Löslichkeit sind die Angaben, vor allem für α-Fe, noch mit Unsicherheiten behaftet.

Löslichkeitsgrenze [79—82] s. Abb. 1. O in α-Fe, nach [81] wird in Reinsteisen zwischen 700 und 800 °C eine konstante O-Löslichkeit von 6 ppm ($2 \cdot 10^{-3}$ At.-% O) gefunden. Geringe Verunreinigungen und unterschiedliche Glühbehandlungen haben eine Verschiebung der Löslichkeitsgrenze zu wesentlich höheren Werten (bis 200 ppm) zur Folge [81, 83]. Abschätzungen von [82] liefern folgende Beziehung

O in α-Fe: $\log c_{max} = 2{,}18 - 6700/T$ (850 °C [82])
bzw. für c(Gew.-%): $\log c_{max} = 1{,}64 - 6700/T$
O in γ-Fe: $\log c_{max} = 0{,}65 - 4500/T$ (910–1400 °C, b. [79])
bzw. für c(Gew.-%) $\log c_{max} = 0{,}11 - 4500/T$
O in δ-Fe: $\log c_{max} = -0{,}32 - 2500/T$ (1390–1520 °C, b. [79])
bzw. für c(Gew.-%): $\log c_{max} = -0{,}86 - 2500/T$
O in Fe(l): $\log c_{max} = 3{,}23 - 6254/T$ (1550–1700 °C [80])
bzw. für c(Gew.-%): $\log c_{max} = 2{,}7 - 6254/T$

Thermodynamische Daten [79, 80]

$1/2\ O_2 = O(\text{in } \delta\text{-Fe}$
$(= \alpha\text{-Fe})$: $\Delta G^0 = -37190 + 16{,}9\,T$ (1400–1527 °C [79])
$1/2\ O_2 = O(\text{in } \gamma\text{-Fe})$: $\Delta G^0 = -41680 + 21{,}1\,T$ (920–1400 °C [79])
$1/2\ O_2 = O(\text{in Fe(l)})$: $\Delta G^0 = -28000 + 6{,}0\,T$ (1550–1700 °C [79])
$Fe(\alpha, \gamma) + 1/2\ O_2 = FeO(s)$: $\Delta G^0 = -62050 + 14{,}95\,T$ (560–1370 °C [84])
$Fe(l) + 1/2\ O_2 = FeO(l)$: $\Delta G^0 = -55620 + 10{,}83\,T$ (1535–1730 °C [84])

Diffusion [79, 85–89]

O in γ-Fe: $D = 5{,}75 \exp(-40300/RT)$ (900–1300 °C [79])
O in δ-Fe ($\approx \alpha$-Fe): $D = 3{,}7 \cdot 10^{-2} \exp(-23300/RT)$ (1350–1500 °C [79])
O in Fe(l): $D = 3{,}34 \cdot 10^{-3} \exp(-12000/RT)$ (1560–1700 °C [86])
$D = 5{,}6 \cdot 10^{-3} \exp(-19500/RT)$
(1560–1660 °C, Kapillarmethode [87])
$D = 1{,}5 \cdot 10^{-4}$ bei 1620 °C (EMK-Messung [205])

Oxidation [90–92]. Einen ausführlichen Überblick über die in verschiedenen Gasatmosphären und bei verschiedenen Temperaturen beobachteten Oxidationserscheinungen gibt [92, 212]. Zwischen 600 und 1100 °C gilt ein parabolisches Zeitgesetz (s. Abb. 14), die Zunderschicht besteht aus Fe_2O_3, Fe_3O_4 und FeO. Den Einfluß des O_2-Druckes (10^{-6}–760 Torr) bei 450–550 °C beschreibt [93].

Eigenschaftsänderungen. Die Koerzitivkraft nimmt von etwa 100 mOe auf über 800 mOe zu, wenn der O-Gehalt von etwa 0,003 auf 0,163 Gew.-% steigt. Hieraus wird auf Wüstit-Ausscheidungen geschlossen; Gußzustand oder geschmiedeter normalgeglühter Zustand ergeben keine Unterschiede [75]. Zugfestigkeit, Streckgrenze, Dehnung und Einschnürung nehmen mit steigendem O-Gehalt (0,003 bis 0,017 Gew.-%) deutlich ab, wobei sich unterschiedliche C-Gehalte offenbar nicht bemerkbar machen [75]. Bei Zugversuchen von Reineisen mit C-Gehalten zwischen 0,0012 und 0,005 Gew.-% und O-Gehalten zwischen 0,002 und 0,016 Gew.-% übt O keinen merkbaren Einfluß auf Sprödigkeit und Dehnung aus [58].

Ternäre Systeme

Fe–H–C. C-*Löslichkeit* in CH_4/H_2-Mischungen [30, 94, 206]. Nach den Angaben für das Fe–C-System gilt mit p in Torr, c_C in At.-%:

γ-Fe: $\log(p_{CH_4}/p_{H_2}^2) = \log\big(c/(100-2c)\big) - 9{,}52 + \{7010 + 3860 \cdot c/(100-c)\}/T$
(800–1495 °C [94])

Fe(l): $\log(p_{CH_4}/p_{H_2}^2) = \log\big(c/(100-2c)\big) - 9{,}47 + 0{,}72\,c/(100-c)$
$+ \{5890 + 3400\,c/(100-c)\}/T$ (1200–1760 °C [94])

Durch C-Gehalte bis 1,5 Gew.-% wird die H-Löslichkeit in Fe zwischen 400 und 1000 °C um 50—100% pro Gew.-% C erhöht, der H-Diffusionskoeffizient bleibt konstant [103, 234].
Ein H_2-Druck von 1—3 atm erniedrigt die C-Löslichkeit 900 zwischen und 1150 °C [213].
Kinetik der Entkohlung und Aufkohlung von γ-Fe in CH_4/H_2-Mischungen, gemessen an Folien [207, 221].

Fe—H—N. N-Löslichkeit in NH_3/H_2-Mischungen, c in At.-%, p in Torr, berechnet entsprechend der Reaktion $NH_3 = N(\text{in Fe}) + 3/2\ H_2$
α-Fe: $\log c_N = \log (p_{NH_3}/p_{H_2}^{3/2}) + 7{,}12 - 4455/T$ (500— 910 °C [60])
γ-Fe: $\log c_N = \log (p_{NH_3}/p_{H_2}^{3/2}) + 5{,}95 - 2210/T$ (910—1391 °C [60])
δ-Fe: $\log c_N = \log (p_{NH_3}/p_{H_2}^{3/2}) + 6{,}7 - 3960/T$ (1391—1536 °C [60])
Fe(l): $\log c_N = \log (p_{NH_3}/p_{H_2}^{3/2}) + 6{,}62 - 2881/T$ (1536—1750 °C [64])

Fe—H—O. O-Löslichkeit in H_2O/H_2-Mischungen, c in At.-%, p in Torr, berechnet entsprechend der Reaktion $H_2O = O(\text{in Fe}) + H_2$
γ-Fe: $\log c_O = \log (p_{H_2O}/p_{H_2}) + 0{,}26 - 3720/T$ (900—1391 °C [79])
δ-Fe ($\approx \alpha$-Fe): $\log c_O = \log (p_{H_2O}/p_{H_2}) + 1{,}17 - 4740/T$ (1391—1536 °C [79])
Fe(l): $\log c_O = \log (p_{H_2O}/p_{H_2}) + 3{,}55 - 6750/T$ (1550—1700 °C [79])
Reduktion von Oxiden in H_2O/H_2-Mischungen s. Abb. 15.
Kinetik der Oxidation in H_2O/H_2-Gemischen [208, 209].

Fe—C—N. Konstitution, 500, 700 °C, 0—11 Gew.-% C, 0—11 Gew.-% N [210, 235]. N-Entgasung von Fe—C—N-Schmelzen [215].

Fe—C—O. C-*Löslichkeit* in CO/CO_2-Mischungen [30, 94, 206,] c in At.-%, p in Torr, berechnet entsprechend der Reaktion $2\ CO = C(\text{in Fe}) + CO_2$
γ-Fe: $\log (p_{CO}^2/p_{CO_2}) = \log \big(c/(100 - 2\,c)\big) + 11{,}0$
$+ \{6550 + 3860 \cdot c/(100 - c)\}/T$ (800—1495 °C [94])
Fe(l): $\log (p_{CO}^2/p_{CO_2}) = \log \big(c/(100 - 2\,c)\big) + 11{,}1 + 0{,}72 \cdot c/(100-c)$
$+ \{7670 + 3400 \cdot c/(100 - c)\}/T$ (1200—1700 °C [94])
O-Löslichkeit in CO/CO_2-Mischungen, c in At.-%, p in Torr, berechnet entsprechend der Reaktion $CO_2 = O(\text{in Fe}) + CO$
δ-Fe ($\approx \alpha$-Fe): $\log c = \log (p_{CO_2}/p_{CO}) + 2{,}84 - 6680/T$ (1400—1527 °C [79])
γ-Fe: $\log c = \log (p_{CO_2}/p_{CO}) + 1{,}9 - 5660/T$ (900—1400 °C [79])
Fe(l): $\log c = \log (p_{CO_2}/p_{CO}) + 5{,}22 - 8690/T$ (1550—1700 °C [79])
Reduktion von Oxiden in CO/CO_2-Mischungen s. Abb. 15.
Kinetik der O-Absorption in CO/CO_2-Mischungen, 800—1000 °C [208].
CO-Aufnahme und -Abgabe von Fe(l) [214].

Fe—N—O. Kinetik der N-Aufnahme in N_2—H_2O—H_2-Mischungen, 800—1000 °C [211].

Fe—H—C—O. Kinetik der C-Aufnahme in CO—H_2-Mischungen, 1000 °C [217]. Einfluß von H_2O und H_2S [218].

Ternäre Wasserstoff-Systeme

Schmelzen. Für den flüssigen Zustand existieren zusammenfassende Darstellungen die den Einfluß ternärer Zusätze auf die H-*Löslichkeit* in Fe bei 1600 °C beschreiben (s. Abb. 16) [21, 95—97].

Nach dem Äquivalenzverfahren von [98] kann für den Wirkungskoeffizienten f_H^i (bezogen auf 1 Gew.-% Zusatz i als Standardzustand) die Beziehung angegeben werden [96]:

$\log f_{\mathrm{H}}^i = 0{,}065 \cdot k_{\mathrm{H}}^i \cdot c_i\,(\text{Gew.-\%}) + 3{,}6 \cdot 10^{-4}\,[k_{\mathrm{H}}^i \cdot c_i\,(\text{Gew.-\%})]^2$

für $0 < k_{\mathrm{H}}^i \cdot c_i\,(\text{Gew.-\%}) < 5{,}5$

bzw. $\log f_{\mathrm{H}}^i = 0{,}065 \cdot k_{\mathrm{H}}^i \cdot c_i.\,(\text{Gew.-\%})$ für $-4 < k_{\mathrm{H}}^i \cdot c_i\,(\text{Gew.-\%}) < 0$

mit $\log f_{\mathrm{H}}^i = -\log \left[\frac{c_{\mathrm{H}}\,(\text{in Leg})}{\sqrt{p_{\mathrm{H}_2}}} \Big/ \frac{c_{\mathrm{H}}\,(\text{in Fe})}{\sqrt{p_{\mathrm{H}_2}}}\right].$

k_{H}^i sind Äquivalenzfaktoren, die für einige Zusatzelemente in Tab. 1 angegeben werden. Das Produkt $k_{\mathrm{H}}^i \cdot c_i$ (Gew.-%) wird nach [98] äquivalente C-Konzentration genannt. Bei gleichzeitigem Zusatz mehrerer Komponenten können die äquivalenten C-Konzentrationen addiert werden und aus den oben angegebenen Beziehungen läßt sich dann in guter Näherung ein f_{H}-Wert ermitteln, der die Wirkung aller Zusätze beschreibt.

Tabelle 1. Äquivalenzfaktoren k_{H}^i für Systeme Fe—Zusatz i—H bei 1600 °C [98].

i	k_{H}^i	i	k_{H}^i
C	1	Mo	0,0308
B	0,770	Cu	0,0131
Si	0,400	Co	0,0115
P	0,308	Ni	−0,0179
S	0,268	Mn	−0,0185
Al	0,231	Cr	−0,0508
Ge	0,154	Nb	−0,0708
W	0,0923	V	−0,117
Sn	0,0815	Ti	−0,423

Bei 1 atm H_2 und 1600 °C gilt für die H-Löslichkeit:

$\log c_{\mathrm{H}}\,(\text{Gew.-\%}) = -2{,}62 - \log f_{\mathrm{H}}^i$

Die Temperaturabhängigkeit der f_{H}^i-Werte ist nicht systematisch untersucht worden.

Der Einfluß von Zusätzen auf die H-*Diffusion* bei 1600 °C ist in Abb. 17 eingetragen [15, 199]. Die Geschwindigkeit der H-*Absorption* bei 1600 °C wird durch Zusätze bis 12 Gew.-% Al, Cu, Cr, Ni oder Si nicht verändert, während Zusätze von S und B bis 4 Gew.-% eine deutliche Verlangsamung verursachen. Langsamster Teilschritt der Reaktion ist die H-Diffusion durch die grenzflächennahe Schicht [17].

Fe—Al—H. H-Löslichkeit im homogenen Fe—Al-Mischkristallbereich (0—50 At.-% Al; 0—32,5 Gew.-% Al) bei 500—700 °C, s. Abb. 18 [99—101].

Fe—Co—H. Permeation für eine Fe—50 At.-% Co-Legierung zwischen 350 und 900 °C [102]. Die H-Diffusion bei 1600 °C bleibt zwischen 0—100% Co konstant (s. Abb. 17).

Fe—Cr—H. Die H-*Löslichkeit* ändert sich zwischen 400 und 1400 °C bis zu 30 Gew.-% Cr (28 At.-% Cr) praktisch nicht [103, 104]. Die H-*Diffusion* wird nur bei R. T. durch Cr-Zusatz bis 30 Gew.-% um zwei Zehnerpotenzen abgesenkt, bei Temperaturen oberhalb 300 °C dagegen nicht [103].

Fe—Mn—H. Die H-*Löslichkeit* wird zwischen 400—1000 °C durch Mn-Zusätze bis 14 Gew.-% um 30—110% erhöht (s. Abb. 18) [103, 104]. Der *Diffusionskoeffizient* bleibt unterhalb von 1050 °C bis 6 Gew.-% Mn konstant und nimmt zwischen 6 und 14 Gew.-% Mn oberhalb von 350 °C um etwa eine Zehnerpotenz, bei R. T. um 2,5 Zehnerpotenzen ab [103]. Die H-*Permeation* durch eine Fe—36 Gew.-% Mn-Legierung steigt nach plastischer Verformung um den Faktor 2,5 an. Nach Anlassen auf 300 °C tritt eine Erholung gekoppelt mit einer Änderung des elektrischen Widerstandes auf [105].

Fe—Mo—H. H-*Löslichkeit* zwischen 1100—1200 °C, s. Abb. 18 [104]. Plastische Verformung einer Fe—52 Gew.-% Mo-Legierung erhöht die H-*Permeation* erheblich und läßt sich durch Anlassen auf 300—400 °C wieder rückgängig machen [106].

Fe—Nb—H. H-Löslichkeit in der $NbFe_2$-Phase [107].

Fe—Ni—H. H-*Löslichkeit* s. Abb. 18 [3, 103, 104, 108, 222]. H-*Diffusion* bleibt bei 350—1050 °C bis 10 Gew.-% Ni konstant, um dann abzufallen. Bei R. T. fällt sie sofort ab und erreicht bei 10 Gew.-% Ni 15% des Wertes für Fe [103]. Diffusion bei R. T. [222, 223], für 400—600 °C, 40—100 Gew.-% Ni [109]. In Fe—Ni-Schmelzen fällt der Diffusionskoeffizient bei 1600 °C ab etwa 50 Gew.-% Ni vom Wert für Fe ($D = 1{,}45 \cdot 10^{-3}$ cm²/s) auf den Wert für Ni ($D = 7{,}5 \cdot 10^{-4}$ cm²/s) ab [15, 199]. Bei plastischer Verformung einer Fe—2 Gew.-% Ni-Legierung nimmt die H-Permeation stark zu, sie nimmt jedoch nach Anlassen auf 300—400 °C wieder ab [106].

Fe—Si—H. Zwischen 400 und 1000 °C nimmt die H-*Löslichkeit* bei Zusätzen bis 1,8 Gew.-% Si zu (bei 400 °C um 100% bei 900 °C um 30%) [103]. Der *Diffusionskoeffizient* bleibt ebenfalls bis 1050 °C nahezu unverändert [103].

Fe—Ti—H. H-Löslichkeit in der $TiFe_2$-Phase bis 1000 °C [107].

Fe—W—H. H-Löslichkeit bei 1000 °C s. Abb. 18 [104].

Ternäre Kohlenstoff-Systeme

Schmelzen. Für den flüssigen Zustand wird die Sättigungskonzentration $c_{\mathrm{C,max}}$ für 1390—1600 °C durch folgende Beziehung wiedergegeben (s. Abb. 19) [110]

$$c_{\mathrm{C,max}}\,(\text{Gew.-\%}) = 1{,}34 + 2{,}53 \cdot 10^{-3}\,T' - (0{,}294 + 2{,}9 \cdot 10^{-5}\,T') \cdot k_{\mathrm{C}}^{i} \cdot c_i\,(\text{Gew.-\%}) + (7 \cdot 10^{-3} - 1{,}4 \cdot 10^{-6}\,T') \cdot [k_{\mathrm{C}}^{i} \cdot c_i\,(\text{Gew.-\%})]^2$$

Tabelle 2. Äquivalenzfaktoren k_{C}^{i} für Systeme Fe—Zusatz i—C für verschiedene Temperaturen in °C, nach [110].

i	1300°	1350°	1400°	1450°	1500°	1550°	1600°
Si	1,000	1,000	1,000	1,000	1,000	1,000	1,000
P	+1,070	+1,072	+1,073	+1,075	+1,077	+1,078	+1,080
Ni	+0,151	+0,150	+0,149	+0,147	+0,146	+0,145	+0,144
Co	+0,088	+0,087	+0,085	+0,085	+0,082	+0,080	+0,079
Mn	−0,090	−0,087	−0,085	−0,082	−0,079	−0,076	−0,073
Cr	−0,221	−0,218	−0,214	−0,211	−0,207	−0,204	−0,200
V	−0,324	−0,315	−0,306	−0,297	−0,288	−0,278	−0,268

Tabelle 3. Löslichkeitsfaktoren m_C^i und Wirkungsparameter ω_C^i für Systeme Fe—Zusatz i—C bei 1550°C [112].

i	m_C^i exp.	m_C^i theor.	Gültigkeitsbereich At.-% i	ω_C^i exp.	ω_C^i theor.
H	—	−0,17	—	—	+0,825
He	—	0,0	—	—	0,0
Li	—	−0,17	—	—	+0,825
Be	—	−0,34	—	—	+1,651
B	—	−0,51	—	—	+2,476
C	—	−0,68	—	—	+3,301
N	—	−0,85	—	—	+4,127
O	—	−1,02	—	—	+4,952
F	—	−1,19	—	—	+5,778
Ne	—	0,0	—	—	0,0
Na	—	−0,17	—	—	+0,825
Mg	—	−0,34	—	—	+1,651
Al	−0,52	−0,51	< 5	+2,525	+2,476
Si	−0,71	−0,68	< 7	+3,447	+3,301
P	−0,81	−0,85	< 4,8	+3,933	+4,127
S	−1,00	−1,02	< 0,4	+4,855	+4,952
Cl	—	−1,19	—	—	+5,778
Ar	—	0,0	—	—	0,0
K	—	+0,77	—	—	−3,738
Ca	—	+0,66	—	—	−3,204
Sc	—	+0,55	—	—	−2,670
Ti	+0,508	+0,44	< 1,3	−2,466	−2,136
V	+0,359	+0,33	< 10	−1,743	−1,602
Cr	+0,215	+0,22	< 13	−1,044	−1,068
Mn	+0,105	+0,11	< 30	−0,510	−0,534
Fe	0,0	0,0	—	0,0	0,0
Co	−0,10	−0,11	< 20	+0,486	+0,534
Ni	−0,20	−0,22	< 10	+0,971	+1,068
Cu	−0,313	−0,33	< 2	+1,520	+1,602
Zn	—	−0,44	—	—	+2,136
Ga	—	−0,55	—	—	+2,670
Ge	−0,677	−0,66	< 10	+3,286	+3,204
As	−0,734	−0,77	< 7	+3,549	+3,738
Se	—	−0,88	—	—	+4,272
Br	—	−0,99	—	—	+4,807
Kr	—	0,0	—	—	0,0
Rb	—	+0,77	—	—	−3,738
Sr	—	+0,66	—	—	−3,204
Y	—	+0,55	—	—	−2,670
Zr	—	+0,44	—	—	−2,136
Nb	+0,51	+0,33	< 4,5	−2,475	−1,602
Mo	+0,24	+0,22	< 14	−1,165	−1,068
Tc	—	+0,11	—	—	−0,534
Ru	0,0	0,0	< 0,8	0,0	0,0
Rh	—	−0,11	—	—	+0,534
Pd	—	−0,22	—	—	+1,068

Tabelle 3 (Fortsetzung)

i	m_C^i exp.	m_C^i theor.	Gültigkeits-bereich At.-% i	ω_C^i exp.	ω_C^i theor.
Ag	—	−0,33	—	—	+1,602
Cd	—	−0,44	—	—	+2,136
In	—	−0,55	—	—	+2,670
Sn	−0,70	−0,66	< 2	+3,400	+3,204
Sb	−0,79	−0,77	< 5	+3,836	+3,738
Te	−0,85	−0,88	< 0,5	+4,126	+4,272
J	—	−0,99	—	—	+4,807
Xe	—	0,0	—	—	0,0
Cs	—	+0,77	—	—	−3,738
Ba	—	+0,66	—	—	−3,204
SE	—	+0,55	—	—	−2,670
Hf	—	+0,44	—	—	−2,136
Ta	+0,49	+0,33	< 3	−2,378	−1,602
W	+0,256	+0,22	< 5	−1,243	−1,068
Re	—	+0,11	—	—	−0,534
Os	0,0	0,0	— 1,3	0,0	0,0
Ir	—	−0,11	—	—	+0,534
Pt	−0,224	−0,22	< 1,5	+1,087	+1,068
Au	−0,333	−0,33	< 2,4	+1,602	+1,602
Hg	—	−0,44	—	—	+2,136
Tl	—	−0,55	—	—	+2,670
Pb	—	−0,66	—	—	+3,204
Bi	—	−0,77	—	—	+3,738
Po	—	−0,88	—	—	+4,272
At	—	−0,99	—	—	+4,807
Ru	—	0,0	—	—	0,0
Fr	—	+0,77	—	—	−3,738
Ra	—	+0,66	—	—	−3,204
Ac	—	+0,55	—	—	−2,670
Th	—	+0,55	—	—	−2,670
Pa	—	+0,55	—	—	−2,670
U	+0,53	+0,55	< 1	−2,573	−2,670

Dabei ist T' die Temperatur in °C, c_i (Gew.-%) die Konzentration der Zusatzelemente i und k_C^i der Äquivalenzfaktor, der in Tab. 2 für einige Elemente angegeben ist. Für den Wirkungskoeffizienten f_C^i bezogen auf Graphit als Standardzustand, d. h. $a_C = 1$ an der Löslichkeitsgrenze, gilt [110]

$\log f_C^i = -\log \{c_{C,\max} \text{ (in Leg)}/c_{C,\max} \text{ (in Fe)}\}$ und

$$\log f_C^i = (0{,}022 + 72{,}55/T) \cdot k_C^i \cdot c_i \text{ (Gew.-\%)} + (4{,}3 \cdot 10^{-4} + 0{,}651/T) \times [k_C^i \cdot c_i \text{ (Gew.-\%)}]^2$$

und für die C-Aktivität $a_C = f_C^C \cdot f_C^i \cdot c_C$ (Gew.-%)

$\log a_C = \log f_C^i + \log f_C^C + \log c_C$ (Gew.-%) mit

$\log f_C^C = -2{,}152 + 1{,}38 \cdot 10^3\, T + 0{,}1324\, c_C$ (Gew.-%)

($c_C < 5$ Gew.-%, 1300—1600 °C)

Bei Schmelzen mit mehreren Zusätzen können nach dem Äquivalenzprinzip die Faktoren $k_C^i \cdot c_i$ verschiedener Zusätze (äquivalente Si-Konzentration) addiert werden und die Summe in die obigen Beziehungen für die Löslichkeitsgrenze bzw. für f_C^i eingesetzt werden.

Werden beim Vergleich der Wirkung ternärer Zusätze auf die C-Löslichkeit in Fe(l) als Konzentrationseinheit Molenbrüche bzw. At.-% gewählt (s. Abb. 20), so ergibt sich nach [112] folgende Systematik:

Aus der Beziehung $c_{C,max}^i = c_{C,max} + (\partial c_{C,max}/\partial c_i)c_i$ erhält man mit den Abkürzungen Löslichkeitsfaktor $m_C^i = \partial c_{C,max}/\partial c_i$

Wirkungsparameter $\omega_C^i = -m_C^i \cdot 100/c_{C,max} = \partial \ln c_{C,max}/\partial c_i \cdot 100$

$\log c_{C,max}^i = 1{,}595 - 519/T + \log(1 - \omega_C^i \cdot c_i/100)$ (1180—1500 °C)

$c_{C,max}^i$ ist die Löslichkeitsgrenze für C beim Zusatz von c_i (At.-%) des Elementes i.

Die Abhängigkeit der bisher gemessenen Größen ω_C^i und m_C^i von der Ordnungszahl kann durch Geraden wiedergegeben werden (s. Abb. 21), welche die Abschätzung der Wirkung von noch nicht gemessenen Zusätzen auf die Löslichkeitsgrenze von C bei 1550 °C erlauben (s. Tab. 3).

Weitere Hinweise auf Aktivitätsangaben für ternäre C-Schmelzen s. [225, 226].

Fester Zustand. Die Änderung der C-Aktivität durch Zusätze in γ-Fe bei 1000 °C ist in Abb. 22 und die Änderung der Löslichkeitsgrenze bei 1000 °C in Abb. 23 zusammengestellt [206, 236].

Fe—Al—C. *Konstitution* [31, 11] s. Abb. 23. Der isotherme Schnitt für 1000 °C zeigt, daß die C-Löslichkeit in α-Fe abfällt und γ-Fe ansteigt. Zwischen 300 und 700 °C lassen sich folgende Gleichungen für die *Löslichkeitsgrenze* angeben [113], die etwas höher als die von [114] gefundenen Werte liegen.

$\log c$ (Gew.-%) = 0,74 — 2350/T (0,4 Gew.-% Al)

$\log c$ (Gew.-%) = 0,83 — 2350/T (0,9 Gew.-% Al)

$\log c$ (Gew.-%) = 1,07 — 2350/T (2,7 Gew.-% Al)

Messungen der *inneren Reibung* ergeben, daß die Aktivierungsenergie der C-Diffusion von 18,1 auf 19,8 kcal/mol ansteigt [114]. Al-Zusätze hemmen C-*Ausscheidungen*, auch in verformten Proben [114].

Fe—B—C. Konstitution [117—119], 700—1000 °C [117]. Im Zementit (Fe_3C) können bis zu 80 Gew.-% C durch B ersetzt werden.

Fe—Co—C. Für 1000 °C gilt für die C-*Löslichkeitsgrenze* in γ-Fe, s. Abb. 23

$\log c$ (Gew.-%) = 0,176 — 0,0069 · c_{Co} (Gew.-%) ($c_{Co} \leqq 40$ Gew.-% [190])

Aktivitätsmessungen bei 1000 °C [23, 27, 116, 143, 190, 191]. *Diffusion* [43, 128, 192]. Zwischen 960 und 1110 °C nimmt D bis 6 Gew.-% Co um 50% ab und erreicht bei 12 Gew.-% Co wieder den ursprünglichen Wert von Fe [192].

Fe—Cr—C. *Konstitution* [32, 120, 121]. Fe-Ecke des Systems zwischen 850 und 1150 °C [120, 224]. Aktivitätsmessungen [23, 27, 31, 32, 116, 122—125, 236] s. Abb. 22. C-*Diffusion* in Legierungen mit 2,5—4 Gew.-% Cr und 0,06 Gew.-% C bei 1050 °C [126]. Cr-Zusätze erhöhen die *Fließspannung* σ von Fe—Cr—C—N-Mischkristallen [73].

Fe—Mn—C. Die C-*Löslichkeit* kann zwischen 500 und 700 °C durch:

$\log c$ (Gew.-%) = 0,63 — 2350/T (1 Gew.-% Mn)

$\log c$ (Gew.-%) = 0,55 — 2350/T (2,8 Gew.-% Mn)

angegeben werden [113]. Aktivitätsmessungen, 850—1150 °C, bis 70 Gew.-% Mn [240]. C-*Diffusion* in Fe—Mn-Legierungen mit 4 Gew.-% Mn und 0—0,6 Gew.-% C bei 1050 °C [128]. Einfluß von Mn-Zusätzen auf die *mechanischen Eigenschaften* von Fe [129].

Fe—Mo—C. *Konstitution* [130—133]. Bei R. T. sollen 2 Gew.-% Mo_2C, bei 1200 °C 5 Gew.-% Mo_2C in Fe löslich sein [133]. C-Aktivität in γ-Fe, 800—1200 °C [206, 224, 236], s. Abb. 22. Mo-Zusätze erhöhen die *Fließspannung* σ von Fe—Mo—C—N-Mischkristallen [73].

Fe—Nb—C. Löslichkeitsprodukt für NbC in γ-Fe [134—137]. Als mittlerer Wert verschiedener Autoren für die Lösung von $NbC_{0,87}$ gilt (c in Gew.-%, nach [137])
$\log \{c_{\mathrm{Nb(in}\,\gamma\mathrm{-Fe)}} \cdot c^{0,78}_{\mathrm{C(in}\,\gamma\mathrm{-Fe)}}\} = 3{,}11 - 7520/T$ (1000—1300 °C)
Beim Auftreten der Karbonitridphase $Nb(C_xN_{1-x})$ nimmt die Löslichkeit ab. Quantitative Angaben für 900—1300 °C [137—140].

Fe—Ni—C. Ni-Zusätze setzen die C-*Löslichkeit* in γ-Fe herab (s. Abb. 22 u. 23) [23, 27, 31, 116, 122, 141—143]. Aktivitätsmessungen von 0—100% Ni, 800 bis 1200 °C (s. Abb. 23) [142, 239]. Metastabiles Gleichgewicht von C in α-Fe und γ-Fe [144]. Durch Ni- und C-Zusätze wird die Curietemperatur von Fe erhöht [145]. Der C-*Diffusionskoeffizient* [128, 146—148] durchläuft zwischen 860 und 1100 °C bei 60 Gew.-% Ni ein flaches Maximum [146]. Ein Zusatz von 3 Gew.-% Ni zu Fe—C-Legierungen erhöht die *Verfestigung* von α-Fe [129].

Fe—S—C. Die S-*Löslichkeit* in γ-Fe wird durch C-Zusätze bei 1150—1400 °C nicht verändert [149]. Die *Oberflächenspannung* σ bei 1550 °C kann wiedergegeben werden durch (σ in dyn/cm, $c_S \leqq 0{,}1$ Gew.-%, $c_C \leqq 5$ Gew.-%, nach [220])
$\sigma = 823 - 367 \log c_S$ (Gew.-%) $- 50\, c_C$ (Gew.-%)

Fe—Si—C. *Konstitution* [150—153]. Durch Si wird die *Löslichkeitsgrenze* für C in α-Fe und γ-Fe zwischen 800 und 1100 °C herabgesetzt [23, 27, 113, 116, 122, 143, 150, 151] (s. Abb. 23). Nach [113] gilt:
$\log c$ (Gew.-%) $= 0{,}76 - 2350/T$ (0,8 Gew.-% Si, 450—750 °C)
$\log c$ (Gew.-%) $= 0{,}81 - 2350/T$ (1,8 Gew.-% Si, 450—750 °C)
Aktivitätsmessungen, 850—1150 °C, <7 Gew.-% Si [240]. C-*Diffusion* in Legierungen mit 2 Gew.-% Si, für 0—0,6 Gew.-% C bei 1050 °C [128]. Bei 350 °C wird die C-Diffusion in Fe—3,4 Gew.-% Si-Legierungen durch Kaltverformung stark erniedrigt [42]. Einfluß geringer C- und Si-Gehalte auf die Festigkeitseigenschaften bei —196 °C und R. T. [154].

Fe—Sn—C. Konstitution [115], isothermer Schnitt für 800 °C [155].

Fe—Ta—C. Nach [136] ist die Löslichkeit von TaC in Fe bei 1250 °C gering (0,5 Gew.-%).

Fe—Ti—C. Schmelzflächen im System Fe—Fe_3C—TiC—Fe_2Ti [156]. Nach [136] ist die Löslichkeit von TiC bei 1250 °C kleiner als 0,5 Gew.-%. Bei 1000 °C sind 0,15 Gew.-% TiC löslich. C-Löslichkeit in γ-Fe s. Abb. 22 [116].

Fe—U—C. Konstitution, keine C-Löslichkeit im festen Zustand beobachtet [157].

Fe—V—C. Isothermer Schnitt der Fe-Ecke für 680 °C [158]. C-Aktivitäten in γ-Fe bei 850—1200 °C [224]. Einfluß von V auf die C-Löslichkeit [23, 116, 122, 124, 136, 159] s. Abb. 22. Bei Gehalten bis 0,9 Gew.-% V wird die C-Diffusion bei 1000 °C kaum verändert [158].

Fe—W—C. *Konstitution* [130, 160, 161]. Isothermer Schnitt für 800 und 1200 °C [161]. Bei R. T. sollen sich 5 Gew.-% WC, bei 1250 °C 7 Gew.-% WC in Fe lösen [136]. Die C-*Diffusion* wird durch W bei 1150 °C stark herabgesetzt. Nach [162] gilt für 0—12 Gew.-% W

$$D = (0{,}045 + 0{,}09\, c_W) \exp\left((-32000 + 524 \cdot c_W)/RT\right)$$

Fe—Zn—C. Ternäres Karbid Fe_3ZnC nachgewiesen [115].

Ternäre Stickstoffsysteme

Schmelzen. *Löslichkeit.* Für den flüssigen Zustand wird der Einfluß von Zusätzen auf die N-Löslichkeit in Fe(l) bei 1600 °C von [163—165] zusammenfassend dargestellt (s. Abb. 24). Nach dem Äquivalenzverfahren [98] kann für den Wirkungskoeffizienten f_N^i (bezogen auf 1 Gew.-% Zusatz i als Standardzustand) die Beziehung angegeben werden:

$$\log f_N^i = 0{,}123\, k_N^i \cdot c_i\,(\text{Gew.-\%}) + 0{,}003\, [k_N^i \cdot c_i\,(\text{Gew.-\%})]^2$$
$$(0 < k_N^i \cdot c_i\,(\text{Gew.-\%}) < 6)$$
$$\log f_N^i = 0{,}123\, k_N^i \cdot c_i\,(\text{Gew.-\%}) + 0{,}00225\, [k_N^i \cdot c_i\,(\text{Gew.-\%}]^2$$
$$(-12 < k_N^i \cdot c_i\,(\text{Gew.-\%}) < 0)$$
$$\text{mit } \log f_N^i = -\log\left[\frac{c_N\,(\text{in Leg})}{\sqrt{p_{N_2}}} \Big/ \frac{c_N\,(\text{in Fe})}{\sqrt{p_{N_2}}}\right]$$

k_N^i sind Äquivalenzfaktoren, die für einige Elemente in Tab. 4 angegeben sind. Beim Zusatz von mehreren Komponenten dürfen die Faktoren $k_N^i \cdot c_i$ (äquivalente C-Konzentration) addiert und die Summe in die obigen Gleichungen eingesetzt werden.

Tabelle 4. Äquivalenzfaktoren k_N^i für Systeme Fe—Zusatz i—N bei 1600 °C [164, 165].

i	k_N^i	i	k_N^i
As	+0,0789	S	+0,136
B	+0,673	Sb	+0,0789
C	+1,000	Se	0
Co	+0,0770	Si	+0,444
Cr	—0,382	Sn	+0,0638
Cu	+0,0463	Ta	—0,281
Mn	—0,163	Ti	—7,88
Mo	—0,094	V	—0,85
Nb	—0,569	W	—0,013
Ni	+0,0813	Zr	—5,36
P	+0,395		

Bei 1 atm N_2 und 1600 °C gilt für die N-Löslichkeit

$$\log c_N\,(\text{Gew.-\%}) = -1{,}356 - \log f_N^i$$

Temperaturabhängigkeit von f_N^i [169, 170]

$$\log f_{N,T}^i = (-0{,}75 + 3280/T) \cdot \log f_{N,1600\,°C}^i$$

Als Löslichkeitsprodukt für N(in Fe(l)) im Gleichgewicht mit Verbindungen erhält man bei 1600 °C mit c in Gew.-%:

AlN: $c_{\mathrm{Al(in\,Fe(l))}} \cdot c_{\mathrm{N(in\,Fe(l))}} = 0{,}044$ [166]
BN: $c_{\mathrm{B(in\,Fe(l))}} \cdot c_{\mathrm{N(in\,Fe(l))}} = 0{,}025$ [167]
$Nb_{1,33}N$: $c^{1.33}_{\mathrm{Nb(in\,Fe(l))}} \cdot c_{\mathrm{N(in\,Fe(l))}} = 5{,}5$ bis 7,5 [168]
TaN: $c_{\mathrm{Ta(in\,Fe(l))}} \cdot c_{\mathrm{N(in\,Fe(l))}} = 2{,}85$ (1150 °C) [168]
TiN: $c_{\mathrm{Ti(in\,Fe(l))}} \cdot c_{\mathrm{N(in\,Fe(l))}} = 0{,}0036$ [168]
$V_{1,41}N$: $c^{1.41}_{\mathrm{V(in\,Fe(l))}} \cdot c_{\mathrm{N(in\,Fe(l))}} = 3{,}3$ bis 12,8 [168]
ZrN: $c_{\mathrm{Zr(in\,Fe(l))}} \cdot c_{\mathrm{N(in\,Fe(l))}} = 0{,}01$ [168]

Einfluß von Zusätzen auf die Lösungswärme von N in Fe(l) bei 1600 °C [169, 170] s. Abb. 25.

Diffusion. Einfluß von Zusätzen auf die N-Diffusion in Fe(l) s. Abb. 26 [68, 200, 231]. Durch Vergleich der bisher vorliegenden Daten konnte gezeigt werden, daß in erster Näherung der Einfluß von Zusätzen auch über die Größe der Wirkungsparameter $\varepsilon_{\mathrm{N}}^{i}$ abgeschätzt werden kann. Für 1600 °C gilt, nach [64, 68, 231]

$$\log D_{\mathrm{N}} = -3{,}83 + 0{,}43 \cdot \delta_{\mathrm{N}}^{i} \cdot x_i = -3{,}83 + 0{,}22 \cdot \varepsilon_{\mathrm{N}}^{i} \cdot x_i$$

bzw. $\log D_{\mathrm{N}} = -3{,}83 + d_{\mathrm{N}}^{i} \cdot c^{i}\,(\text{Gew.-\%}) = -3{,}83 + 0{,}5 \cdot e_{\mathrm{N}}^{i} \cdot c_i\,(\text{Gew.-\%})$

$$\text{mit } \delta_{\mathrm{N}}^{i} = \left.\frac{\partial \ln D_{\mathrm{N}}}{\partial x_i}\right|_{x_i \to 0}, \quad d_{\mathrm{N}}^{i} = \left.\frac{\partial \log D_{\mathrm{N}}}{\partial c_i\,(\text{Gew.-\%})}\right|_{c_i \to 0}$$

$$\varepsilon_{\mathrm{N}}^{i} = \left.\frac{\partial \ln \gamma_{\mathrm{N}}^{i}}{\partial x_i}\right|_{x_i \to 0}, \quad e_{\mathrm{N}}^{i} = \left.\frac{\partial \log f_{\mathrm{N}}^{i}}{\partial c_i\,(\text{Gew.-\%})}\right|_{c_i \to 0}$$

(Molenbruch $x_i = 10^{-2} \cdot c_i$ (At.-%))

In Tab. 5 sind Zahlenwerte für δ_{N}^{i}, d_{N}^{i}, $\varepsilon_{\mathrm{N}}^{i}$ und e_{N}^{i} zusammengestellt. e_{N}^{i} kann auch aus Abb. 24 entnommen werden. Für gröbere Abschätzungen von D_{N} bei 1600 °C kann die Beziehung dienen:

$D_{\mathrm{N}} \cdot c_{\mathrm{N}}$ (in Leg, Gew.-%, 1 atm N_2) $= 6{,}55 \cdot 10^{-6}$ [231].

Tabelle 5. Vergleich der spezifischen Wirkung δ_{N}^{i} bzw. d_{N}^{i} der Zusätze i auf den Diffusionskoeffizienten mit dem Wirkungsparameter $\varepsilon_{\mathrm{N}}^{i}$ bzw. e_{N}^{i} für Systeme Fe—Zusatz i—N bei 1600 °C [64, 68, 201, 202].

	δ_{N}^{i}	d_{N}^{i}	$\varepsilon_{\mathrm{N}}^{i}$	e_{N}^{i}
Co	+1,31	+2,13	+0,00533	+0,009
Cr	−3,47	−10,0	−0,0169	−0,047
Mn	+0,47	−4,52	+0,0008	−0,020
Mo	−2,93	−5,47	−0,00809	−0,012
Ni	+0,95	+2,85	+0,00399	+0,012
W	−2,36	−3,81	−0,00382	−0,002
P	+9,27	+6,58	+0,065	+0,048
Si	+10,86	+6,64	+0,084	+0,053
Al	−9,97	−3,48	−0,0619	−0,036
B	+1,20	+4,51	+0,0561	+0,083

Bei Anwesenheit mehrerer Zusätze können die Produkte $\delta_{N}^{i} \cdot x_i$ addiert und ihre Summe in obige Gleichung eingesetzt werden. Weitergehende Angaben zur Systematik der N-Diffusion in Fe-Legierungen s. [68, 238]. Die Geschwindigkeitskonstante der N-*Aufnahme* $k_{\mathrm{N}} = 1/t \cdot \log\{(c_{\mathrm{s}} - c)/(c_{\mathrm{s}} - c_0)\}$ (s. Fe—N) wird bei

1600 °C durch Zusätze von Ni, Cr, W, Nb, Mn und C bis 18 Gew.-% geringfügig erniedrigt, durch Al und Si bis 1,5 Gew.-% leicht erhöht [69, 172, 232, 241]. Zusätze von O, S, Se und Te bis 1 Gew.-% erniedrigen k_N um ein bis zwei Zehnerpotenzen [69, 172, 173].

Fe—Al—N. Löslichkeitsprodukt von AlN in γ-Fe zwischen 1000—1350 °C (c in Gew.-%)
$\log \{c_{Al(in\,\gamma\text{-}Fe)} \cdot c_{N(in\,\gamma\text{-}Fe)}\} = 1{,}95 - 7400/T$ [174]
N-Aufnahme in NH_3/H_2-Mischungen [233].

Fe—B—N. Isobarer Schnitt der Fe-Ecke 950—1150 °C [175]. Lösungsgleichgewichte in α-Fe und γ-Fe s. Tab. 6 [175].

Tabelle 6. Lösungsgleichgewichte im System Fe—B—N [175].

Reaktion	Gleichgewichtskonstante K_p (c in Gew.-%, p in atm)
BN = B(in α-Fe) + N(in α-Fe)	$\log c_B + \log c_N = 4{,}63 - 13680/T$
2α-Fe + BN = Fe_2B + N(in α-Fe)	$\log c_N = 1{,}97 - 7360/T$
BN = B(in γ-Fe) + 1/2 N_2	$1/2 \log p_{N_2} + \log c_B = 7{,}2 - 14400/T$
2γ-Fe + BN = Fe_2B + 1/2 N_2	$1/2 \log p_{N_2} = 2{,}89 - 5700/T$
BN = B(in γ-Fe) + N(in γ-Fe)	$\log c_B + \log c_N = 5{,}24 - 13970/T$
2γFe + BN = Fe_2B + N(in γ-Fe)	$\log c_N = 0{,}94 - 5250/T$

Fe—Co—N. N-*Löslichkeit* für 0—20 Gew.-% Co, 1 atm N_2, 900—1200 °C [60], s. Abb. 27.
$\log c_N$ (Gew.-%) $= -1{,}89 + 380/T$ (0 Gew.-% Co)
$\log c_N$ (Gew.-%) $= -2{,}32 + 560/T$ (20 Gew.-% Co)
Die N-*Aufnahme* bei 1600 °C ist diffusionskontrolliert [230].

Fe—Cr—N. N-Löslichkeit für 0—14,1 Gew.-% Cr, 950—1250 °C [60, 176], bis 1 atm ist das $\sqrt{p}$-Gesetz erfüllt, s. Abb. 27. Bei 1 atm N_2 gilt (0% Cr s. Fe—Co—N):
$\log c_N$ (Gew.-%) $= -2{,}54 + 1880/T$ (4,7 Gew.-% Cr (60])
$\log c_N$ (Gew.-%) $= -4{,}26 + 5420/T$ (14,1 Gew.-% Cr [176])
Gelöster N erweitert den γ-Bereich im Fe—Cr-Zustandsdiagramm. Bei 1300 °C ergeben 0,1 Gew.-% N eine Verschiebung von 6 auf 13 Gew.-% Cr [176].

Fe—Mn—N. N-*Löslichkeit* für 900—1200 °C, 0—9,5 Gew.-% Mn [60, 71]. Für 1 atm gilt [60] (0% Mn s. Fe—Co—N), s. Abb. 27 und 28
$\log c_N$ (Gew.-%) $= -2{,}09 + 850/T$ (2,95 Gew.-% Mn)
$\log c_N$ (Gew.-%) $= -2{,}115 + 2105/T$ (9,5 Gew.-% Mn)
$\sqrt{p}$-Gesetz bei 1000 °C für 3 Gew.-% Mn bis 65 atm erfüllt, bei 30 Gew.-% Mn bis 10 atm [71]. Sättigungskonzentration bei 585 °C [172]. Mn-Zusätze (0,5—3 Gew.-%) setzen die N-Löslichkeitsgrenze von 0,1 auf 0,01 Gew.-% herab. Mn in Mn_4N kann weitgehend durch Fe ersetzt werden. *Gitterkonstante* und *magnetische Eigenschaften* der $Mn_{4-x}Fe_xN$-Phase [177]. *Ausscheidungsvorgänge* in Fe—Mn—N-Mischkristallen bei 100—600 °C. Zwischen 100 und 220 °C wird durch Mn-Zusätze

bis 1,35 Gew.-% die Ausscheidungsgeschwindigkeit verringert, bei 585 °C dagegen erhöht (exponentielles Zeitgesetz). 7 *Dämpfungsmaxima* mit Aktivierungsenergien von 14—25 kcal/g-Atom nachgewiesen [177].

Fe—Mo—N. Im Bereich des α-Fe wird die N-*Löslichkeitsgrenze* durch Mo herabgesetzt. Sie fällt bei 580 °C von 0,1 Gew.-% N durch Zusatz von 1 Gew.-% Mo auf 0,01 Gew.-% N. Die α-Phase steht mit Fe_4N und $(Fe, Mo)_xN_y$ im Gleichgewicht [178]. Bei 1000—1200 °C nimmt die Löslichkeit in α-Fe und in γ-Fe mit steigendem Mo-Gehalt zu [60] s. Abb. 27. Neben der *Snoekdämpfung* wird noch eine Spitze bei 75 °C gefunden [178].

Fe—Nb—N. Löslichkeitsprodukt für NbN in γ-Fe für 1190—1340 °C [179] (c in Gew.-%)

$$\log \{c_{\text{Nb(in }\gamma\text{-Fe)}} \cdot c_{\text{N(in }\gamma\text{-Fe)}}\} = 4{,}04 - 10230/T$$

Fe—Ni—N. Ni-Zusätze setzen die N-*Löslichkeit* in γ-Fe herab [60, 67, 180, 181] s. Abb. 27 und 28. Für 950—1250 °C gilt nach [60] bei 1 atm N_2 näherungsweise (c in Gew.-%)

$$\log c_{\text{N}} = -1{,}95 + 0{,}013 \cdot c_{\text{Ni}} + 445/T$$

Der *Diffusionskoeffizient* für N in α-Fe mit 0,5—4,7 Gew.-% Ni-Zusatz ist nicht vom Ni-Gehalt abhängig und beträgt nach [67].

$$D = 2{,}2 \cdot 10^{-3} \exp(-18000/RT)$$

Die N-Aufnahme bei 1600 °C ist diffusionskontrolliert [230].

Fe—P—N. Durch P wird die N-*Löslichkeit* in γ-Fe herabgesetzt [60] s. Abb. 27. In α-Fe nimmt sie ebenfalls ab [183]. N-*Diffusionskoeffizienten*: 1 Gew.-% P, 1150 °C: $8{,}8 \cdot 10^{-6}$ cm²/s; 0,23 Gew.-% P, 585 °C: $9 \cdot 10^{-8}$ cm²/s [183].

Fe—Si—N. Si-Zusätze setzen die N-*Löslichkeit* in α-Fe und γ-Fe herab [60, 174, 184] s. Abb. 27 und 29. Die Lösungswärme von N in α-Fe nimmt etwa linear von 9 auf 17,5 kcal/$^1/_2$ mol N_2 bei 5 Gew.-% Si zu [184]. Löslichkeitsprodukt für Si_3N_4, 500—1200 °C [184]. Die Löslichkeitsgrenze für N in Fe—3,1 Gew.-% Si ist nach [185] bei 900 °C 0,001 Gew.-% N, bei 1200 °C 0,003 Gew.-% N. Si_3N_4 ist bis 900 °C stabil. *Dämpfungsmessungen* an Fe—2,8 Gew.-% Si—N-Legierungen, Abschätzung von *Diffusionskoeffizienten* [186].

Fe—V—N. Durch V wird die N-*Löslichkeit* in Fe erhöht [187] s. Abb. 27 und 30. Gleichgewicht mit VN s. Tab. 7 [187]. Neben der Snoekdämpfung wird eine anomale *Dämpfung* bei 150 °C gefunden [178]. Es werden D-Werte von 0,7 bis $1{,}9 \cdot 10^{-16}$ cm²/s für 143 bis 155 °C angegeben.

Tabelle 7. Lösungsgleichgewichte im System Fe—V—N [187].

Reaktion	Gleichgewichtskonstante K_p (c in Gew.-%, p in atm)	γ-Fe	α-Fe
VN = V(in Fe) + 1/2 N_2	$\log c_V + 1/2 \log p_{N_2}$	$4{,}12 - 7500/T$	$3{,}33 - 6250/T$
VN = V(in Fe) + N(in Fe) Beginn der Ausscheidung	$\log c_V + \log f_N^V \cdot c_N$	$2{,}0 - 6430/T$	$1{,}15 - 6700/T$
VN = V(in Fe) + N(in Fe) stabiles Gleichgewicht	$\log \tilde{c}_V + \log f_N^V \cdot c_N$	$2{,}27 - 7070/T$	$2{,}45 - 7830/T$

Ternäre Sauerstoff-Systeme

Schmelzen. Der Einfluß von Zusätzen auf die O-Löslichkeit in Fe(l) bei 1600 °C ist in [188, 189] zusammengestellt. Das Äquivalenzverfahren [98] wurde hier noch nicht angewandt. Es werden jedoch Wirkungskoeffizienten f_O^i und Wirkungsparameter e_O^i angegeben, wobei gilt

$$\log \left[\frac{c_O \text{ (in Leg)}}{\sqrt{p_{O_2}}} \Big/ \frac{c_O \text{ (in Fe)}}{\sqrt{p_{O_2}}} \right] = -\log f_O^i = -e_O^i \cdot c_i \text{ (Gew.-\%)}$$

Die aus [188, 189] entnommenen Werte sind in Abb. 31 und Tab. 8 enthalten.

Tabelle 8. Wirkungsparameter e_O^i für Systeme Fe—Zusatz i—O bei 1600 °C [188, 189].

i	e_O^i	Gültigkeitsbereich Gew.-% i	i	e_O^i	Gültigkeitsbereich Gew.-% i
Al	−1,0	0— 1,6	Ni	+0,006	0—40
Au	−0,005	0—35	O	−0,20	0— 0,2
B	−0,40	0— 1,2	P	+0,014	0— 4
C	−0,36	0— 1	Pt	+0,0045	0—30
Co	+0,007	0—40	S	−0,11	0— 4,5
Cr	−0,033	0—18	Si	−0,137	0— 3
Cu	−0,013	0—15	Sn	−0,011	0—14
Mn	0	0— 6	Ta	−0,009	0—25
	−0,028	12—18	Ti	−0,45	0— 0,3
Mo	+0,007	0—23	V	−0,13	0— 2,5
Nb	0,066	0— 8,5	W	+0,011	0—32

Fe—Mn—O. Konstitution, thermodynamische Daten 800—1300 °C [227].

Fe—Ni—O. Konstitution, thermodynamische Daten, 750—1050 °C [228], 1000 °C [229].

Fe—Si—O. Abschätzung von Löslichkeitswerten für O aus innerer Oxidation [83].

Fe—Ti—O. Konstitution, isothermer Schnitt für 1000 °C [197]. Eigenschaften der Phasen Ti_2Fe und Ti_4Fe_2O [197, 198].

Ternäre Schwefel-Systeme

Über Gleichgewichte von S mit flüssigem Fe liegen ebenfalls systematische Arbeiten vor [193—196]. Man geht von der Beziehung für das Zweistoffsystem Fe—S aus [21]

$\log a_S - 1/2 \log p_{S_2} = -1{,}15 + 6890/T = 2{,}53$ bei 1600 °C

oder

$\log a_S + \log p_{H_2} - \log p_{H_2S} = 1{,}43 + 2150/T = 2{,}58$ bei 1600 °C

mit $a_S = f_S^S \cdot c_S$ (Gew.-%)

$\log f_S^S = -0{,}029 \cdot c_S$ (Gew.-%) ($c_S < 6$ Gew.-%)

d. h. $f_S^S \to 1$ für $c_S \to 0$; $a_S = c_S$ (Gew.-%) für $c_S \to 0$.

Für ternäre Zusätze i gilt dann $a_S = f_S^S \cdot f_S^i \cdot c_S$ (Gew.-%) und
$\log f_S^i = 0{,}116 \cdot k_S^i \cdot c_i$ (Gew.-%) $(-3{,}5 < k_S^i \cdot c_i$ (Gew.-%) $< +3)$
$\log f_S^i = 0{,}190 \cdot k_S^i \cdot c_i$ (Gew.-%) $(3 < k_S^i \cdot c_i$ (Gew.-%) $< 5{,}5)$
Für $c_S < 1$ Gew.-% gilt

$$\log f_S^i = -\left.\frac{c_S\,(\text{in Leg})}{c_S\,(\text{in Fe})}\right|_{a_S=\text{konst.}}$$

a_S = konst. bedeutet p_{S_2} = konst. oder p_{H_2S}/p_{H_2} = konst.
Die Äquivalenzfaktoren k_S^i und die Wirkungsparameter e_S^i sind in Tab. 9 für einige Elemente angegeben. Aktivitätskoeffizienten für verschiedene Zusätze s. Abb. 32. Bei gleichzeitiger Lösung mehrerer Zusätze dürfen die Faktoren $k_S^i \cdot c_i$ (Gew.-%) (äquivalente C-Konzentration) addiert und die Summe in die obigen Formeln eingesetzt werden.
S-Aufnahme in H_2S/H_2-Mischungen bei 800 °C [219].

Tabelle 9. Äquivalenzfaktoren k_S^i und Wirkungsparameter e_S^i für Systeme Fe—Zusatz i—S bei 1500 °C, k_S^i ber. nach $k_S^i = e_S^i/e_S^C$ [196, 197].

	$e_S^i \cdot 100$	k_S^i	i	$e_S^i \cdot 100$	k_S^i
Al	+3,5	+0,31	Ni	−0,00006	−0,0005
As	+0,41	+0,036	P	+2,9	+0,25
Au	+0,28	+0,025	Pt	+0,89	+0,08
B	+13,4	+1,18	S	−2,8	−0,25
C	+11,4	+1,0	Sb	+0,37	+0,032
Co	+0,26	+0,023	Si	+6,3	+0,55
Cr	−1,07	−0,09	Sn	+10,6	+0,93
Cu	−0,84	−0,74	Ta	−0,018	−0,002
Ge	+1,4	+0,12	Ti	−7,2	−0,63
Mn	−2,6	−0,25	V	−1,6	−0,14
Mo	+0,27	+0,02	W	+0,1	+0,09
Nb	−1,3	−0,11	Zr	−5,3	−0,46

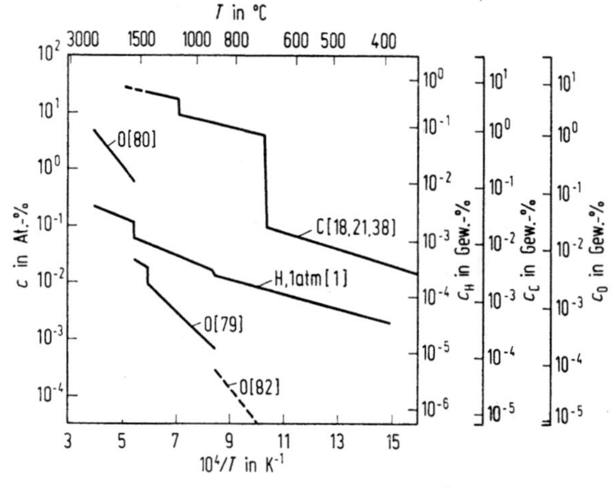

Abb. 1. Löslichkeitsgrenze für C und O sowie isobare Löslichkeit für H in Fe.

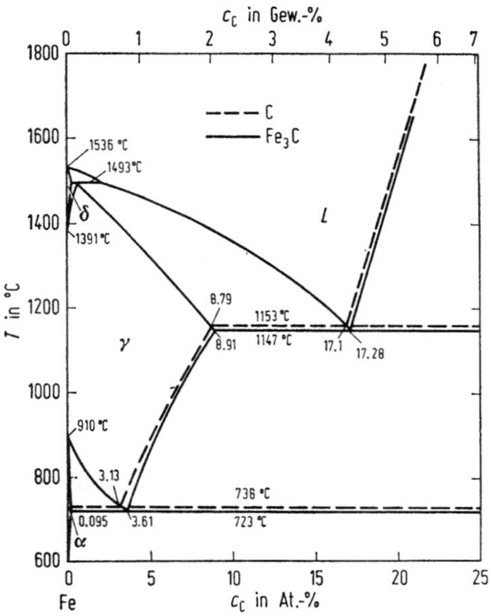

Abb. 2. System Fe—C (in At.-%) [18, 21].

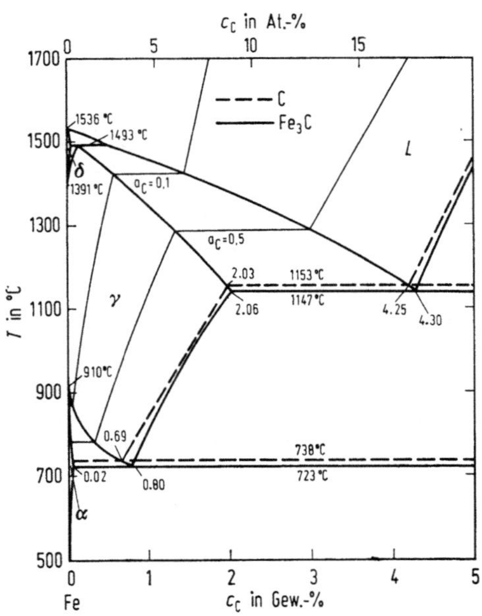

Abb. 3. System Fe—C (in Gew.-%) mit Isoaktivitätslinien [18, 21].

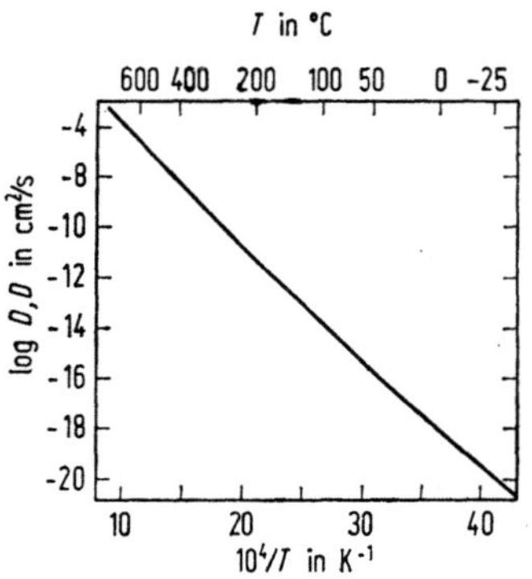

Abb. 4. Diffusionskoeffizient D für C in α-Fe [40].

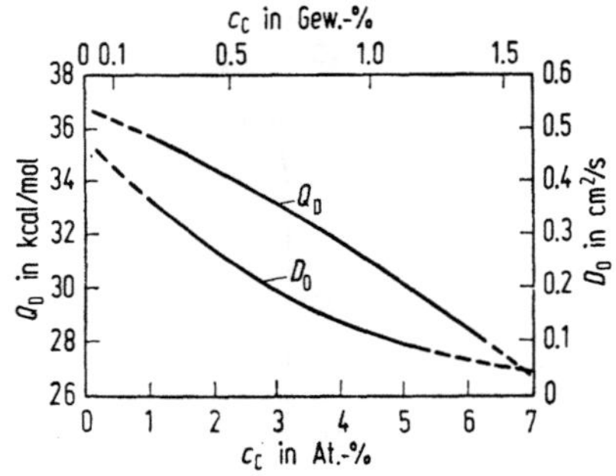

Abb. 5. Einfluß der C-Konzentration auf die Diffusion von C in γ-Fe, $D = D_0 \cdot \exp(-Q_D/RT)$ [46].

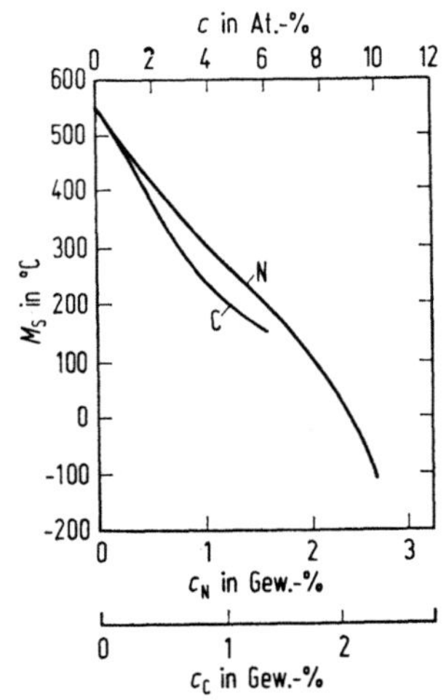

Abb. 6. Einfluß von C und N auf die Martensittemperatur M_S von Fe [57].

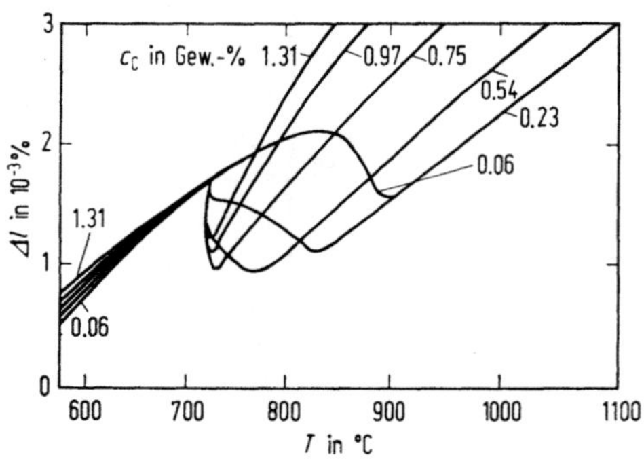

Abb. 7. Ausdehnung Δl von unlegierten Stählen mit 0,01—0,10 Gew.-% Si und 0,11 oder 0,12 Gew.-% Mn bei einer Erwärmung von 1 °C/s im Bereich der Perlitumwandlung [52].

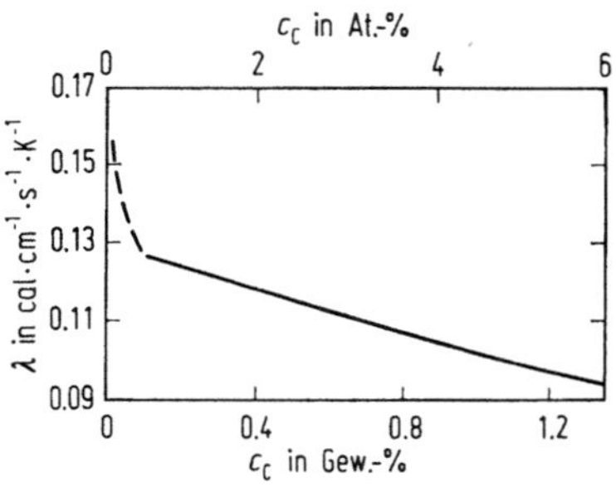

Abb. 8. Einfluß von C auf die Wärmeleitfähigkeit bei 20 °C für unlegierte Stähle mit 0,2 Gew.-% Si und 0,5 Gew.-% Mn (Mittelwerte für den geglühten und warmgewalzten Zustand) [52].

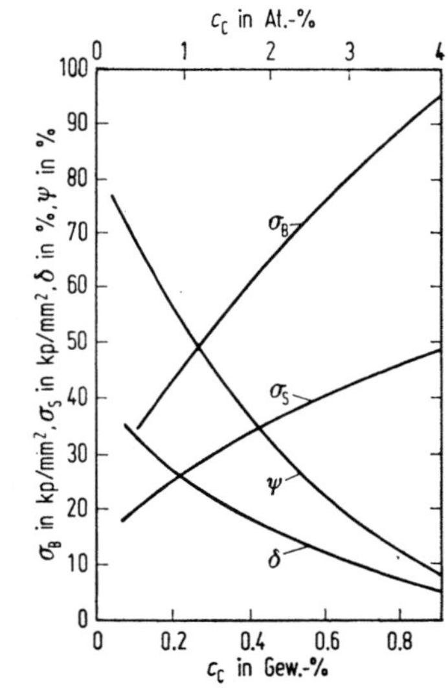

Abb. 9. Einfluß von C auf die Zugfestigkeit σ_B, die Streckgrenze σ_S, die Bruchdehnung δ und die Querschnittsverminderung ψ von unlegierten Stählen [52].

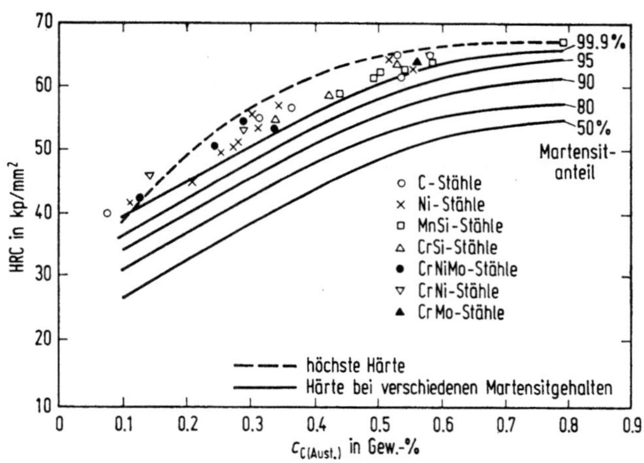

Abb. 10. Einfluß des bei der Härtetemperatur im Austenit gelösten C auf die Härte HRC von Stählen für rein martensitisches Gefüge und für Gefüge mit verschiedenen Martensitanteilen [52].

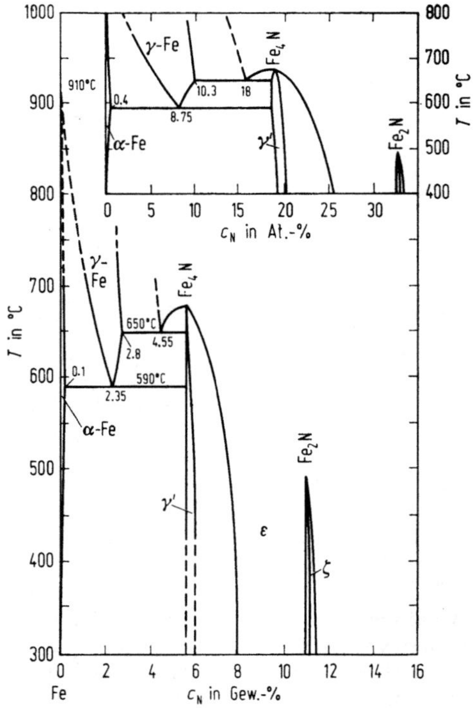

Abb. 11. System Fe—N [18].

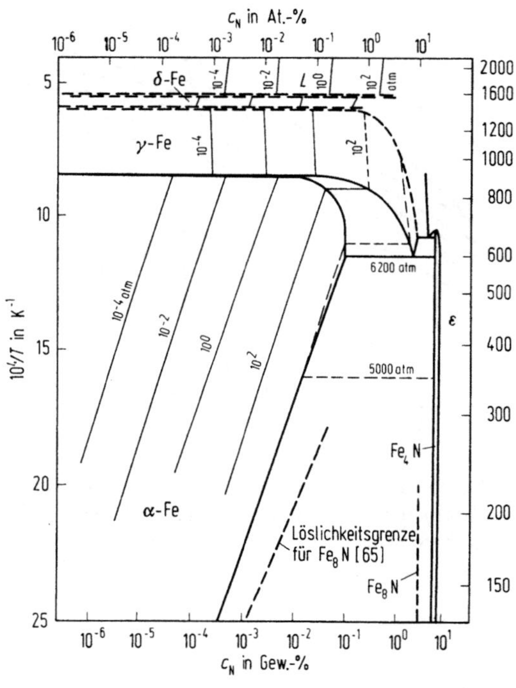

Abb. 12. (1/T, log c)-Diagramm des Systems Fe—N mit Isobaren (p in atm) [60, 65].

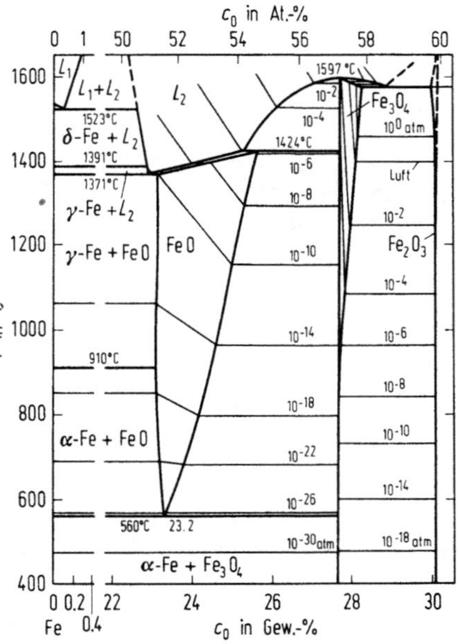

Abb. 13. System Fe—O mit Isobaren (p in atm) [78].

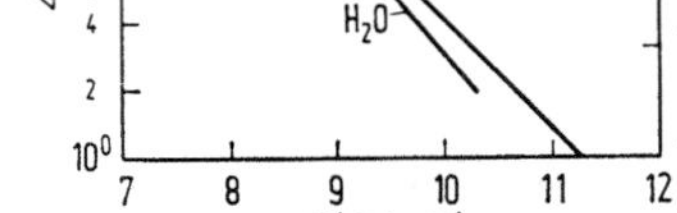

Abb. 14. Gewichtszunahme Δg von Fe in O_2 und H_2O in 1 h, nach [92].

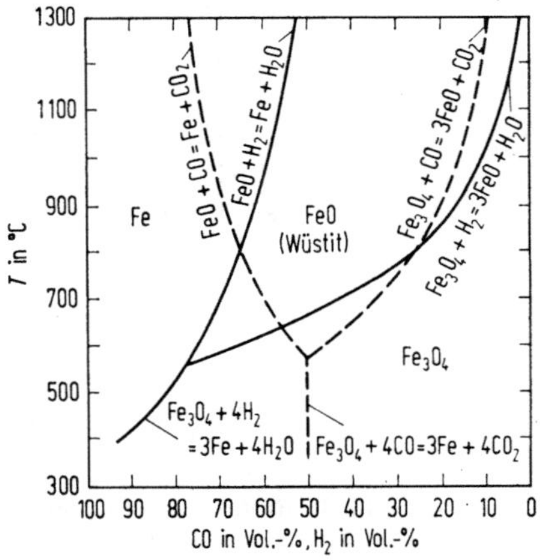

Abb. 15. Reduktion von Fe-Oxiden in H_2/H_2O- und CO/CO_2-Mischungen ($p = 1$) atm [162].

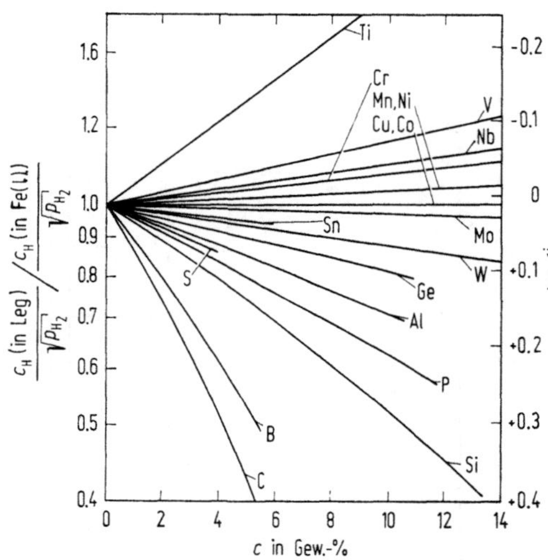

Abb. 16. Einfluß ternärer Zusätze auf die H-Löslichkeit von Fe(l) bei 1600 °C [96].

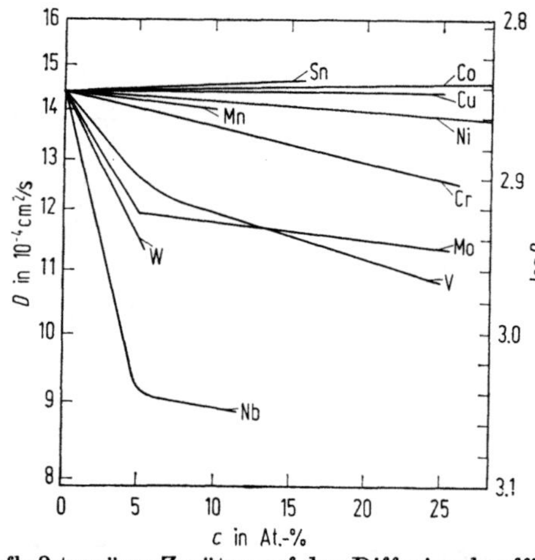

Abb. 17. Einfluß ternärer Zusätze auf den Diffusionskoeffizienten D von H in Fe(l) bei 1600 °C [15, 199].

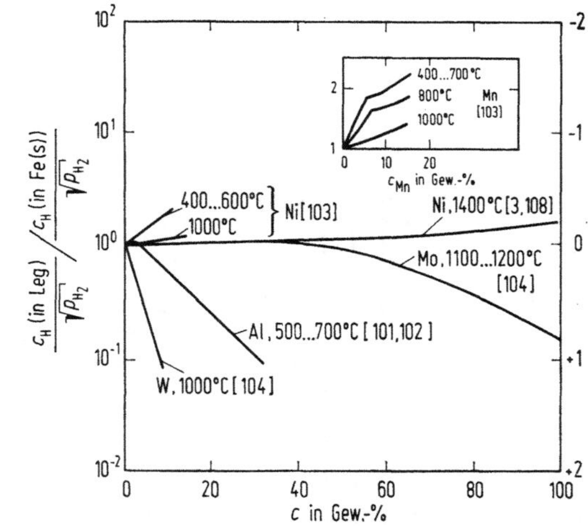

Abb. 18. Einfluß ternärer Zusätze auf die H-Löslichkeit in Fe(s).

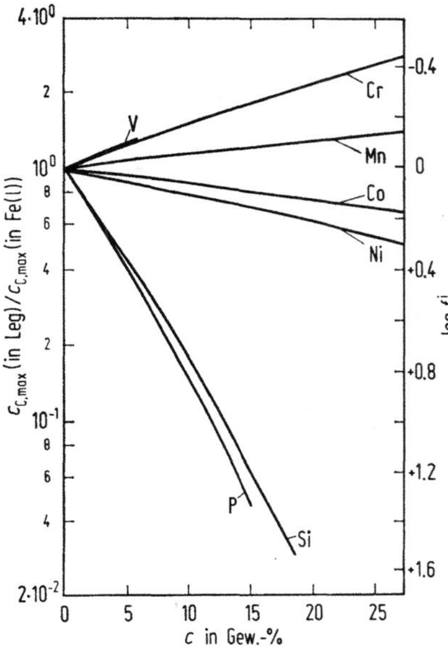

Abb. 19. Einfluß ternärer Zusätze auf die Löslichkeitsgrenze von C in Fe(l) bei 1300–1600 °C [110].

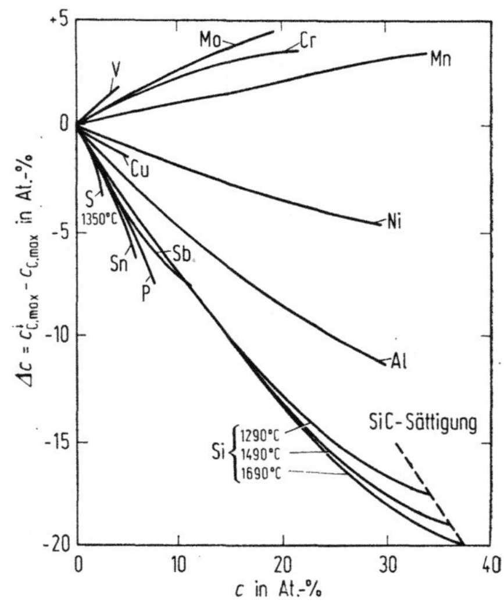

Abb. 20. Einfluß ternärer Zusätze auf die Löslichkeitsgrenze von C in Fe(l) bei 1550 °C [112]. ($c^i_{C,max}$, $c_{C,max}$ = Löslichkeitsgrenze bei Zusatz von i bzw. in Fe(l)).

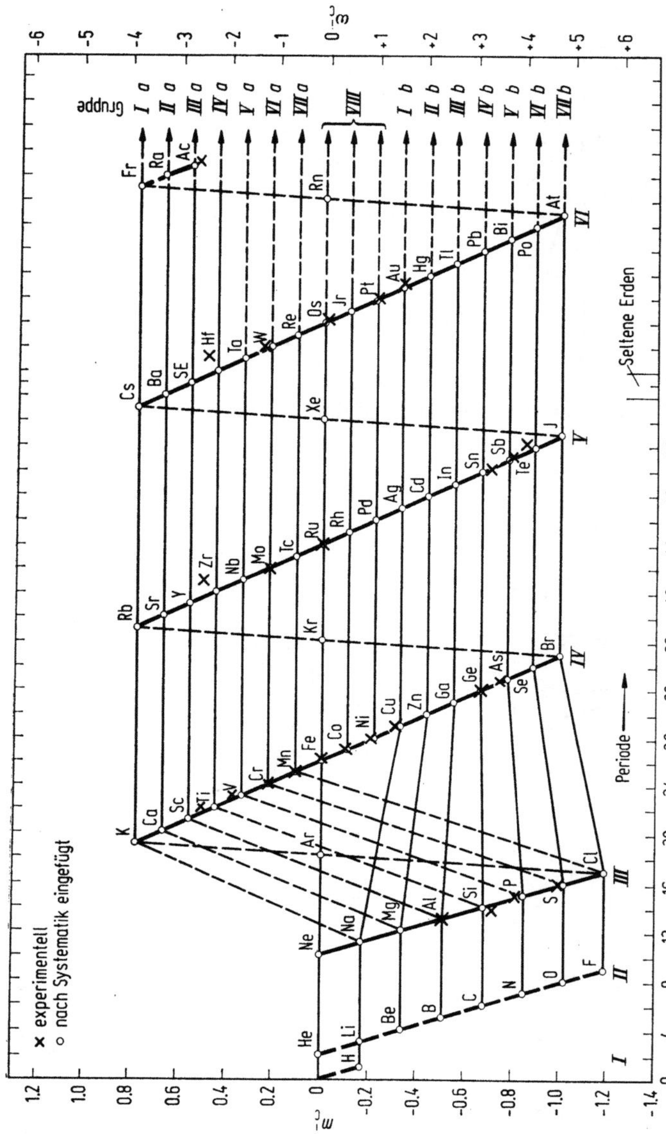

Abb. 21. Abhängigkeit des Löslichkeitsfaktors m_C^i und des Wirkungsparameters ω_C^i von der Ordnungszahl Z ternärer Zusatzelemente für Fe(l) bei 1500 °C an der Löslichkeitsgrenze [112].

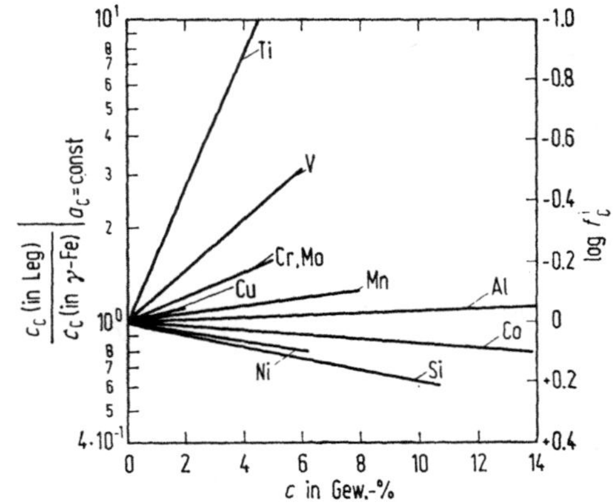

Abb. 22. Einfluß ternärer Zusätze auf die Löslichkeit von C in γ-Fe bei konstanter Kohlenstoffaktivität a_C und 1000 °C, nach [116, 206].

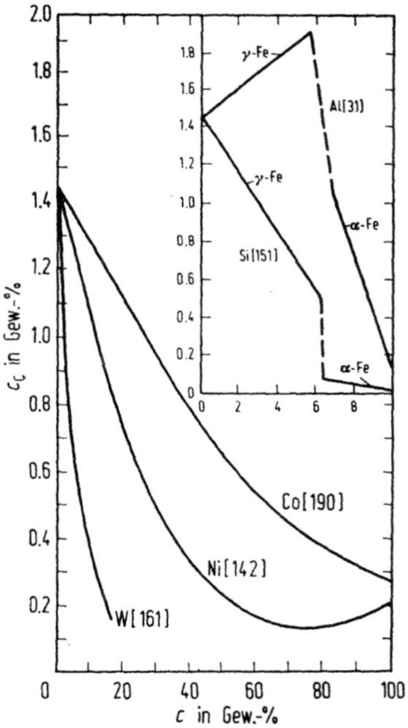

Abb. 23. Löslichkeitsgrenze $c_{C,max}$ für C in γ-Fe bei 1000 °C in verschiedenen ternären C-Systemen.

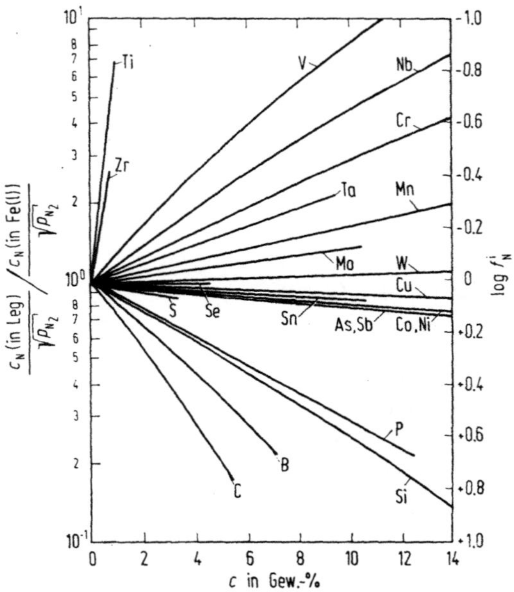

Abb. 24. Einfluß ternärer Zusätze auf die N-Löslichkeit in Fe(l) bei 1600 °C [163].

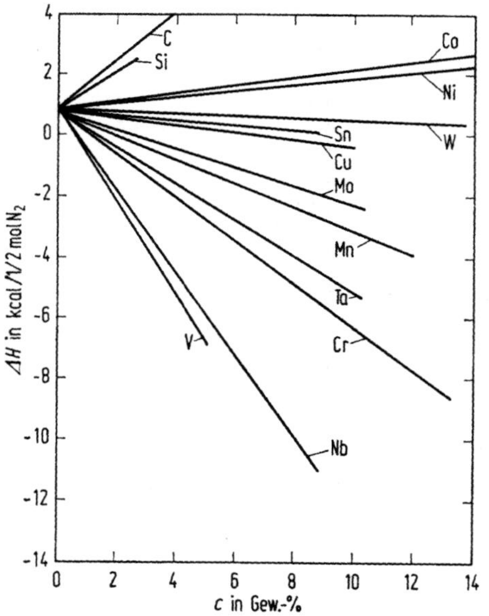

Abb. 25. Einfluß ternärer Zusätze auf die Lösungswärme ΔH von N in Fe(l), nach [169, 170].

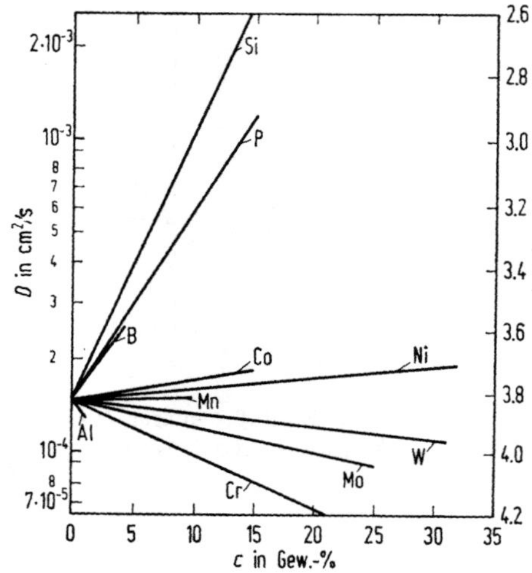

Abb. 26. Einfluß ternärer Zusätze auf den Diffusionskoeffizienten D von N in Fe(l) bei 1600 °C [68, 200, 231].

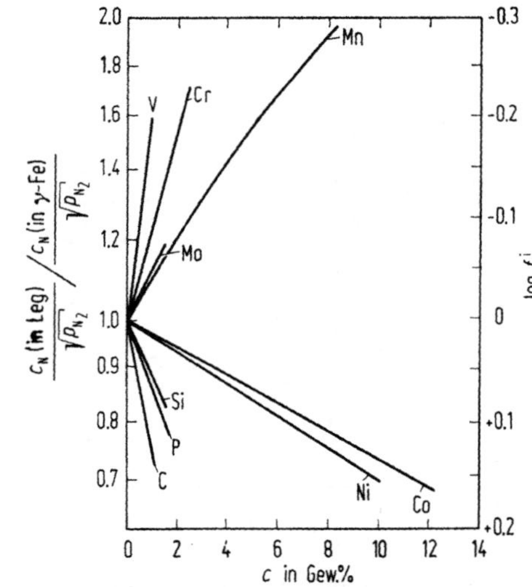

Abb. 27. Einfluß ternärer Zusätze auf die N-Löslichkeit in γ-Fe bei 1200 °C [60].

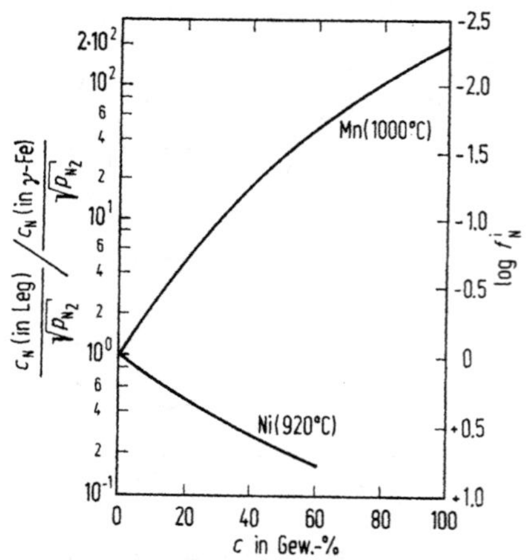

Abb. 28. Einfluß von Mn und Ni auf die N-Löslichkeit in γ-Fe [60].

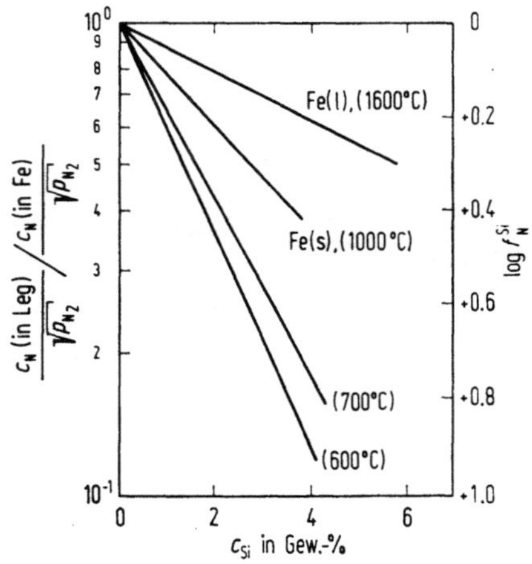

Abb. 29. Einfluß von Si auf die N-Löslichkeit in Fe [184].

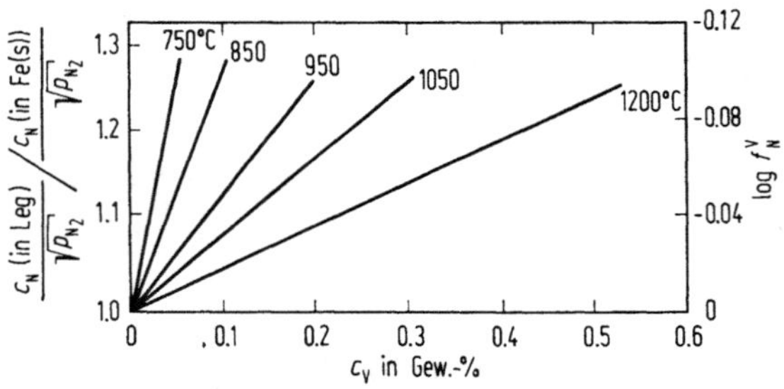

Abb. 30. Einfluß von V auf die N-Löslichkeit in Fe(s) [187].

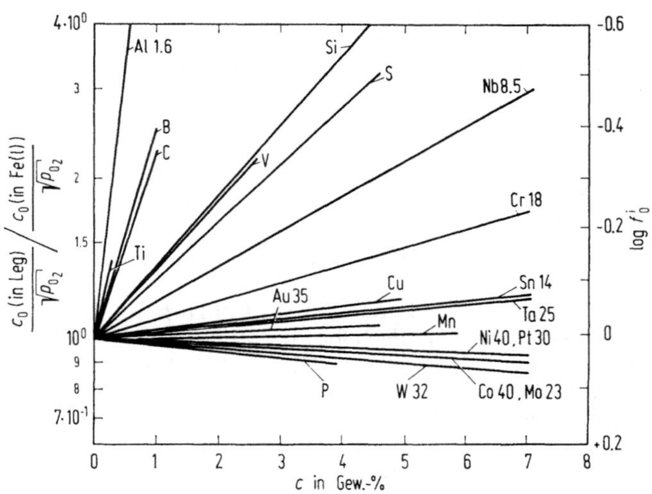

Abb. 31. Einfluß ternärer Zusätze auf die O-Löslichkeit von Fe(l) bei 1600 °C [188, 189]. Die an die Elemente angeschriebenen Zahlen geben den Gültigkeitsbereich der Geraden in Gew.-% an.

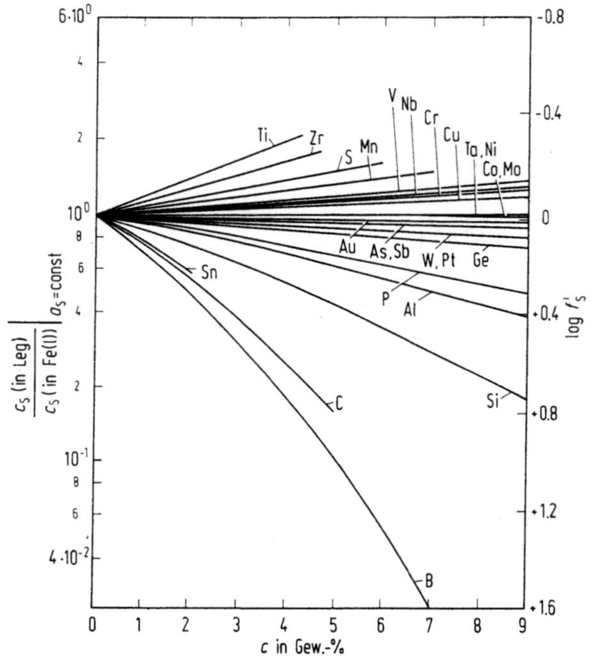

Abb. 32. Einfluß ternärer Zusätze auf die Löslichkeit von S in Fe(l) bei konstanter Schwefelaktivität a_S und 1550 °C [196].

Literatur zu Eisen

1 Shunk, F. A.: Constitution of Binary Alloys, Second Supplement, New York: McGraw-Hill 1969.
2 Eichenauer, W.; Künzig, H.; Pebler, A.: Z. Metallkde. 49 (1958) 220.
3 Schenck, H.; Lange, K. W.: Arch. Eisenhüttenw. 37 (1966) 739.
4 Hill, M. L.; Johnson, E. W.: Trans. AIME 221 (1961) 622.
5 Ono, K.; Rosales, L. A.: Trans. AIME 242 (1968) 244.
6 Schenk, H.; Lange, K. W.: Arch. Eisenhüttenw. 37 (1966) 809.
7 Geller, W.; Sun, T. H.: Arch. Eisenhüttenw. 21 (1950) 423.
8 Ellerbrock, H. G.; Vibrans, G.; Stüwe, H. P.: Acta Met. 20 (1972) 53.
9 Schenck, H.; Taxhet, H.: Arch. Eisenhüttenw. 30 (1959) 661.
10 Lord, A. E.: Acta Met. 15 (1967) 1241.
11 Carmichael, D. C.; Hornaday, J. R.; Morris, A. E.; Parlee, N. A.: Trans. AIME 218 (1960) 826.
12 Johnson, E. W.; Hill, M. L.: Trans. AIME 218 (1960) 1104.
13 Nyquist, O.: Jernkont. Ann. 152 (1968) 61.
14 El-Tayeb, N. M.; Parlee, N. A.: Trans. AIME 239 (1967) 1345.
15 Depuydt, J. P.; Parlee, N. A.: Met. Trans. 3 (1972) 525.
16 Gonzalez, O. D.: Trans. AIME 239 (1967) 929.
17 Boorstein, W. M.; Pehlke, R. D.: Trans. AIME 245 (1969) 1843.
18 Hansen, M.; Anderko, K.: Constitution of Binary Alloys, New York: McGraw-Hill 1958.
19 Elliott, R. P.: Constitution of Binary Alloys, First Supplement, New York: McGraw-Hill 1965.
20 Gmelins Handbuch der anorganischen Chemie, Metallurgie des Eisens, 4. Aufl., Bd. 1, Weinheim: Verlag Chemie 1964.

21 Elliott, J. F.; Gleiser, M.; Ramakrishna, V.: Thermochemistry for Steelmaking, Vol. II, Reading/Mass.: Addison-Wesley 1963.
22 Hilliard, J. E.: Trans. AIME 227 (1963) 429.
23 Chipman, J.; Brush, E. F.: Trans. AIME 242 (1968) 35.
24 Poirier, D. R.: Trans. AIME 242 (1968) 685.
25 McLellan, R. B.: Trans. AIME 233 (1965) 1664.
26 McLellan, R. B.; Rudel, M. L.; Ishibachi, T.: Trans. AIME 233 (1965) 1938.
27 Aaronson, H. I.; Domian, H. A.; Pound, G. M.: Trans. AIME 236 (1966) 753.
28 Aaronson, H. I.; Pound, G. M.; Winterbottom, W. L.: Trans. AIME 242 (1968) 731.
29 Schürmann, E.; Schmidt, T.; Wagener, H.: Gießerei, Techn. wiss. Beihefte 16 (1964) 91.
30 Chipman, J.: Trans. AIME 239 (1967) 2.
31 Schenck, H.; Kaiser, H.: Arch. Eisenhüttenw. 31 (1960) 227.
32 Bungardt, K.; Preisendanz, H.; Lehnert, G.: Arch. Eisenhüttenw. (1964) 999.
33 Scheil, E.; Schmidt, T.; Wünning, J.: Arch. Eisenhüttenw. 31 (1960) 251.
34 Schenck, H.; Frohberg, M. G.; Jaspert, E.: Arch. Eisenhüttenw. 36 (1965) 683.
35 Swartz, J. C.: Trans. AIME 239 (1967) 68.
36 Bayazitov, M. I.; Kidin, I. N.; Piguzov, Yu. V.: Izv. VUZ Chern. Met. (1965) no. 7, 137.
37 Ban-ya, S.; Elliott, J. F.; Chipman, J.: Trans. AIME 245 (1969) 1199.
38 Schürmann, E.; Kramer, D.: Gießerei-Forsch. 21 (1969) 29.
39 Singer, J.; Anolick, E. S.: Trans. AIME 218 (1960) 405.
40 Smith, R. P.: Trans. AIME 224 (1962) 105.
41 Elliott, J. F.; Gleiser, M.: Thermochemistry for Steelmaking, Vol. I, Reading/Mass.: Addison-Wesley 1960.
42 Matosyan, M. A.; Golikov, V. M.: Fiz. Met. Metallov. 25 (1968) 377.
43 Smith, R. P.: Trans. AIME 230 (1964) 476.
44 Kovenskij, I. I.: Fiz. Met. Metallov. 16 (1963) 613.
45 Asimov, R. M.: Trans. AIME 230 (1964) 611.
46 Wells, C.; Batz, W.; Mehl, R. F.: Trans. AIME 188 (1950) 553.
47 Smith, R. P.: Acta Met. 1 (1953) 578.
48 Morgan, D. W.; Kitchener, J. A.: Trans. Faraday Soc. 50 (1959) 86.
49 Grace, R. E.; Derge, G.: Trans. AIME 212 (1958) 331.
50 Fasiska, E. J.; Wagenblast, H.: Trans. AIME 239 (1967) 1818.
51 Ridley, N.; Stuart, H.; Zwell, L.: Trans. AIME 245 (1969) 1834.
52 Werkstoff-Handbuch Stahl und Eisen, VdEH, Düsseldorf 1965.
53 Hempel, M.; Hillnhagen, E.: Arch. Eisenhüttenw. 39 (1968) 283.
54 Heller, W.: Stahl und Eisen 86 (1966) 42.
55 Heller, W.: Stahl und Eisen 86 (1966) 109.
56 Heller, W.; Nacken, M.: Arch. Eisenhüttenw. 31 (1960) 723.
57 Bell, T.; Owen, W. S.: Trans. AIME 239 (1967) 1940.
58 Honda, R.; Taga, H.: Metal Sci. J. 2 (1968) 9, 172.
59 Stein, D. F.; Low, J. R.; Seybolt, A. U.: Acta Met. 11 (1963) 1253.
60 Schenck, H.; Frohberg, M. G.; Reinders, F.: Stahl und Eisen 83 (1963) 93.
61 Fountain, R. W.; Chipman, J.: Trans. AIME 212 (1958) 737.
62 Nilinskaya, I. N.; Tomilin, I. A.: Izv. Akad. Nauk SSSR, Metally (1968) no. 5, 131.
63 Grieveson, P.; Turkdogan, E. T.: Trans. AIME 230 (1964) 407, 1604.
64 Kunze, H. D.; Schürmann, E.; Parlee, N. A.: Met. Trans. 1 (1970) 281.
65 Nacken, M.; Jargon, F.: Arch. Eisenhüttenw. 37 (1966) 989.
66 Bohnenkamp, K.: Arch. Eisenhüttenw. 38 (1967) 229.
67 Imai, Y.; Masumoto, T.; Sakamoto, M.: Nippon Kinzoku, Gakkai-Ski 31 (1967) 1095.
68 Kunze, H. D.: Arch. Eisenhüttenw. 44 (1973) 71.
69 Pehlke, R. D.; Elliott, J. F.: Trans. AIME 227 (1963) 844.
70 Fast, J. D.; Verrijp, M. B.: J. Iron Steel Inst. 176 (1954) 24; 180 (1955) 337.
71 Schenck, H.; Frohberg, M. G.; Kranz, W.: Arch. Eisenhüttenw. 34 (1963) 825.
72 Paranjpe, V. G.; Cohen, M.; Bever, M. B.; Floe, C. F.: Trans. AIME 188 (1950) 257.
73 Lütjering, G.; Hornbogen, E.: Z. Metallkde. 59 (1968) 29.
74 Pitsch, W.; Houdremont, E.: Arch. Eisenhüttenw. 27 (1956) 281.
75 Fischer, W. A.; Soraruf, K. A.; Hoffmann, A.: Arch. Eisenhüttenw. 39 (1968) 57.

76 Fabritius, H.; Baerlecken, E.: Stahl und Eisen 86 (1966) 354.
77 Antonione, C.; Della Gatta, G. D.; Venturello, G.: Trans. AIME 230 (1964) 700.
78 Muan, A. In A. M. Alper: Phase Diagrams in Material Science and Technology, Vol. II, New York: Academic Press 1970.
79 Swisher, J. H.; Turkdogan, E. T.: Trans. AIME 239 (1967) 426.
80 Belov, B. F.; Novochatskii, I. A.; Lobanov, J. A.: Izv. Akad. Nauk SSSR, Metally (1967) no. 3, 19.
81 Sifferlen, R.: Compt. Rend. 247 (1958) 1608.
82 Frank, W.; Engell, H.-D.; Seeger, A.: Trans. AIME 242 (1968) 749.
83 Schenck, H.; Schmidtmann, E.; Müller, H.: Arch. Eisenhüttenw. 31 (1960) 121.
84 Kubaschewski, O.; Evans, E. Ll.; Alcock, C. B.: Metallurgical Thermochemistry, 4th ed., Oxford: Pergamon 1967.
85 Stewart, A. K.; Hepworth, M. T.: Trans. AIME 242 (1968) 698.
86 Novokhatskij, I. A.; Ershov, G. S.: Russ. Metallurgy (1967) no. 2, 20.
87 Suzuki, K.; Mori, K.: Tetsu to Hagane 57 (1971) 2219.
88 Mc Carron, R. L.; Belton, G. R.: Trans. AIME 245 (1969) 1161.
89 Schwerdtfeger, K.: Trans. AIME 239 (1967) 134.
90 Tödt, F.: Korrosion und Korrosionsschutz, Berlin: de Gruyter 1961.
91 Hauffe, K.: Oxidation of Metals, New York: Plenum 1965.
92 Bénard, J.: Oxydation des Metaux, Paris: Gauthier-Villars 1964.
93 Hussey, R.; Cohen, M.: Corrosion Sci. 11 (1971) 699, 713.
94 Chipman, J.: Met. Trans. 3 (1972) 55.
95 Schenck, H.; Lange, K. W.: Arch. Eisenhüttenw. 37 (1966) 739.
96 Kunze, H. D.; Schürmann, E.: Gießerei-Forsch. 20 (1968) 35.
97 Kunze, H. D.; Schürmann, E.: Stahl und Eisen 89 (1969) 600.
98 Schürmann, E.; Kunze, H. D.: Gießerei-Forsch. 19 (1967) 101.
99 Witte, H.: Neue Hütte 2 (1957) 749.
100 Siegelin, W.; Lieser, K. H.; Witte, H.: Z. Elektrochem. 61 (1957) 359.
101 Lieser, K. H.; Witte, H.: Z. Elektrochem. 61 (1957) 367.
102 Gel'd, P. V.; Simakov, Yu. P.; Shteinberg, M. M.; Gol'tsov, V. A.: Fiz. Met. Metallov. 21 (1966) 148.
103 Schwarz, W.; Zitter, H.: Arch. Eisenhüttenw. 36 (1965) 343.
104 Burylev, B. P.: Zhur. Fiz. Khim. 40 (1966) 822.
105 Kodes, E. S.; Gel'd, P. V.; Goltsov, V. A.: Fiz. Met. Metallov. 24 (1967) 528.
106 Kodes, E. S.; Gel'd, P. V.: Fiz. Khim. Mekh. Mater. 3 (1967) 656.
107 Blake, P. D.; Jordan, M. F.; Pumphrey, W. I.: The Solubility of Hydrogen in α-Iron of High Purity and in the Laves Phases $TiFe_2$ and $NbFe_2$ in BISRA, Hydrogen in Steel, Special Rpt. 73, The Iron and Steel Institute (1962) 76.
108 Schenck, H.; Lange, K. W.: Z. Metallkde. 57 (1966) 378.
109 Dus, R.; Smialowski, M.: Acta Met. 15 (1967) 1611.
110 Schürmann, E.; Kramer, D.: Gießerei-Forsch. 21 (1969) 29.
111 Neumann, F.; Schenck, H.; Patterson, W.: Gießerei, techn.-wiss. Beih. 23 (1959) 121.
112 Neumann, F.; Schenck, H.: Gießerei, techn.-wiss. Beih. 14 (1962) 21.
113 Borchers, H.; König, M. W.: Arch. Eisenhüttenw. 34 (1963) 453.
114 Jäniche, W.; Brauner, J.; Heller, W.: Arch. Eisenhüttenw. 37 (1966) 719, 821.
115 Stadelmaier, H. H.; Hütter, L. J.: Acta Met. 7 (1959) 415.
116 Zupp, R. R.; Stevenson, D. A.: Trans. AIME 242 (1968) 862.
117 Borlera, M. L.; Pradelli, G.: Met. Ital. 59 (1967) 907.
118 Nicholson, M. E.: J. Metals 9 (1957) 1.
119 Stadelmaier, H. H.; Gregg, R. A.: Metall 17 (1963) 412.
120 Bungardt, K.; Kunze, E.; Horn, E.: Arch. Eisenhüttenw. 29 (1958) 193.
121 Messulam, L.; Appleton, A. S.: Trans. AIME 236 (1966) 222.
122 Zupp, R. R.; Stevenson, D. A.: Trans. AIME 236 (1966) 1316.
123 Brigham, R. J.; Kirkaldy, J. S.: Trans. AIME 227 (1963) 538.
124 Flender, H.; Wever, H.: Arch. Eisenhüttenw. 34 (1963) 727.
125 Hancock, H. A.; Pidgeon, L. M.: Trans. AIME 227 (1963) 608.
126 Bungardt, K.; Preisendanz, H.; Mersmann, T.: Arch. Eisenhüttenw. 36 (1965) 709.

127 Chipman, J.: Trans. AIME 239 (1967) 1332.
128 Brown, L. C.; Kirkaldy, J. S.: Trans. AIME 239 (1964) 223.
129 Jolley, W.: J. Iron Steel Inst. 206 (1968) 170.
130 Jellinghaus, W.: Arch. Eisenhüttenw. 39 (1968) 705.
131 Fraker, A. C.; Stadelmaier, H. H.: Trans. AIME 245 (1969) 847.
132 Campbell, R. F.; Reynolds, S. H.; Ballard, L. W.; Caroll, K. G.: Trans. AIME 218 (1960) 723.
133 Gardner, A. G.: Metallurgia (1953) 163.
134 Smith, R. P.: Trans. AIME 236 (1966) 220.
135 Johansen, T. H.; Christensen, N.; Augland, B.: Trans. AIME 239 (1967) 1651.
136 Kieffer, R.; Benesovsky, F.: Hartmetalle, Wien, New York: Springer 1956.
137 Nordberg, H.; Aronsson, B.: J. Iron Steel Inst. 206 (1968) 1263.
138 Meyer, L.: Z. Metallkde. 58 (1967) 334.
139 Irvine, K. J. et al.: J. Iron Steel Inst. 205 (1967) 161.
140 Maudry, P.; Dornelas, W.: Compt. Rend. 263 (1966) 1118.
141 Smith, R. P.: Trans. AIME 218 (1960) 62.
142 Heckler, A. J.; Winchell, P. G.: Trans. AIME 227 (1963) 732.
143 Fray, D. J.; Chipman, J.: Trans. AIME 245 (1969) 1143.
144 Rao, M. M.; Russell, R. J.; Winchell, P. G.: Trans. AIME 239 (1967) 634.
145 Bolling, G. F.; Afrott, A.; Richman, R. H.: Phys. stat. sol. 26 (1968) 743.
146 Smith, R. P.: Trans. AIME 236 (1966) 1224.
147 Prill, A. L.: Ph. D. Dissertation, Lehigh University (1966).
148 Heller, W.; Brauner, J.: Arch. Eisenhüttenw. 35 (1964) 1105.
149 Barloga, A. M.; Bock, K. R.; Parlee, N.: Trans. AIME 221 (1961) 173.
150 Schürmann, E.; Schmidt, T.; Tillmann, F.: Gießerei-Forsch. 19 (1967) 25.
151 Patterson, W.; Hülsenbeck, G.; Madi, H. A. S.: Gießerei-Forsch. 20 (1968) 49.
152 Fischer, W. A. et al.: Arch. Eisenhüttenw. 37 (1966) 79.
153 Schürmann, E.; Hirsch, J. v.: Gießerei, techn. wiss. Beih. 18 (1966) 1.
154 Hoffmann, A.: Arch. Eisenhüttenw. 39 (1968) 191.
155 Stadelmaier, H. H.; Walker, J. M.: Metall 15 (1961) 125.
156 Jellinghaus, W.: Arch. Eisenhüttenw. 40 (1969) 843
157 Briggs, G.; Barta, J.; White, J.: In F. Benesovsky: 4. Plansee-Seminar, Reutte, Wien: Springer 1963, S. 249.
158 Wever, H.; Flender, H.: Arch. Eisenhüttenw. 35 (1964) 65.
159 Ebeling, R.; Wever, H.: Arch. Eisenhüttenw. 40 (1969) 551.
160 Ramsley, C. E.; Talbot, D. E. J.: Z. Metallkde. 46 (1955) 328.
161 Metals Handbook, American Society for Metals, Cleveland 1948.
162 Krishtel, M. A.; Davydov, Yu. I.: Izv. VUZ Chern. Met. 9 (1965) 133.
163 Schürmann, E.; Kunze, H.-D.: Gießerei, techn.-wiss. Beih. 18 (1966) 109.
164 Schürmann, E.; Kunze, H.-D.: Arch. Eisenhüttenw. 38 (1967) 585.
165 Schürmann, E.; Kunze, H.-D.: Arch. Eisenhüttenw. 38 (1967) 685.
166 Evans, D. B.; Pehlke, R. D.: Trans. AIME 230 (1964) 1651.
167 Evans, D. B.; Pehlke, R. D.: Trans. AIME 230 (1964) 1657.
168 Evans, D. B.; Pehlke, R. D.: Trans. AIME 233 (1965) 1620.
169 Chipman, J.; Corrigan, D. A.: Trans. AIME 233 (1965) 1249.
170 Turnock, P. H.; Pehlke, R. D.: Trans. AIME 236 (1966) 1540.
171 Kunze, H.-D.; Parlee, N. A. D.; Schürmann, E.: Met. Trans. 1 (1970) 281.
172 Choh, P.; Inouye, M.: Tetsu to Hagene. 54 (1968) 19.
173 Mowers, R. G.; Pehlke, R. D.: Met. Trans. 1 (1970) 51.
174 Darken, L. S.; Smith, R. P.; Fisher, E. W.: Trans. AIME 191 (1951) 1174.
175 Fountain, R. W.; Chipman, J.: Trans. AIME 224 (1962) 599.
176 Turkdogan, E. T.; Ignatowicz, S.: J. Iron Steel Inst. 188 (1958) 242.
177 Nacken, M.; Kuhlmann, U.: Arch. Eisenhüttenw. 37 (1966) 235 u. 331.
178 Köster, W.; Horn, W.: Arch. Eisenhüttenw. 37 (1966) 245.
179 Smith, R. P.: Trans. AIME 224 (1962) 190.
180 Wriedt, H. A.; Gonzalez, O. D.: Trans. AIME 221 (1961) 532.
181 Heckler, A. J.; Peterson, J. A.: Trans. AIME 245 (1969) 2537.

182 Ershov, G. S.; Kovalenko, A. M.: Russ. Metallurgy (1972) no. 6, 60.
183 Swisher, J. H.: Trans. AIME 239 (1967) 953.
184 Pearce, M. L.: Trans. AIME 227 (1963) 1393.
185 Fiedler, H. C.: Trans. AIME 245 (1969) 941.
186 Leak, D. A.; Thomas, W. R.; Leak, G. M.: Acta Met. 3 (1955) 501.
187 Fountain, R. W.; Chipman, J.: Trans. AIME 212 (1958) 737.
188 Fischer, W. A.; Janke, D.: Arch. Eisenhüttenw. 42 (1971) 695.
189 Schenck, H.; Steinmetz, E.: Stahleisen-Sonderberichte, Heft 7, Düsseldorf: Verlag Stahleisen 1966.
190 Smith, R. P.: Trans. AIME 233 (1965) 397.
191 Brown, L. C.; Kirkaldy, J. S.: Trans. AIME 227 (1963) 1461.
192 Appleton, A. S.: Trans. AIME 230 (1964) 893.
193 Schürmann, E.; Kunze, H.-D.: Arch. Eisenhüttenw. 38 (1967) 767.
194 Cordier, J. A.; Chipman, J.: Trans. AIME 203 (1955) 905.
195 Sherman, C. W.; Elvander, J. H.; Chipman, J.: Trans. AIME 188 (1950) 334.
196 Schürmann, E.; Kunze, H.-D.: Gießerei, techn. wiss. Beih. 18 (1966) 213.
197 Nevitt, M. V.: Trans. AIME 218 (1960) 327.
198 Ence, E.; Margolin, H.: J. Metals (1956) 572.
199 Sacris, E.; Parlee, N. A.: Met. Trans. 1 (1970) 3377.
200 Pröstler, L.: Diplomarbeit Clausthal (1971).
201 Kunze, H.-D.: Arch. Eisenhüttenw. 44 (1973) 171.
202 Choh, P.; Inouye, M.: Tetsu to Hagenae 53 (1967) 1393.
203 Banya, S.; Chipman, J.: Trans. AIME 245 (1969) 141.
204 Gomersall, D. W.; McLean, A.; Ward, R. G.: Trans. AIME 242 (1968) 1309.
205 Öberg, K. E.; Rapp, R. A. et al.: J. Iron Steel Inst. 210 (1972) 359.
206 Bungardt, K. et al.: DEW Techn. Ber. 9 (1969) 439.
207 Grabke, H. J.: Ber. Bunsenges. 69 (1965) 409.
208 Grabke, H. J.; Best, K. J.; Gala, A.: Werkstoffe und Korrosion 21 (1970) 911.
209 Surman, P. L.: Corrosion Sci. 13 (1973) 113.
210 Burdese, A. et al.: Met. Ital. 59 (1967) 949.
211 Grabke, H. J.: Arch. Eisenhüttenw. 44 (1973) 603.
212 Goursat, A. G.; Smeltzer, W. W.: Oxidation of Iron, in Reviews on High-Temperature Materials, Tel-Aviv: Freund Publishing House 1972.
213 Vorob'ev, G. M.; Grechny, Ya. V.; Rufanov, Ju. G.: Izv. VUZ Chern. Met. (1971) no. 6, 124; Steel in the USSR 1 (1971) 486.
214 King, T. B.; Karasev, B. A.; Dastur, P.: Heterogeneous Kinetics at Elevated Temperatures (1970) 409.
215 Burtsev, V. T.; Karasev, R. A.; Samarin, A. M.: Izv. Akad. Nauk USSR Metally (1971) no. 5, 22; Russ. Metallurgy (1971) no. 5.
216 Hütte, Taschenbuch für Eisenhüttenleute, 5. Aufl., Berlin: Wilhelm Ernst und Sohn 1961.
217 Fruehan, R. J.: Met. Trans. 4 (1973) 2123.
218 Fruehan, R. J.: Met. Trans. 4 (1973) 2129.
219 Zelouf, S.; Simkovich, G.: Trans. AIME 245 (1969) 875.
220 Borgmann, F. O.; Frohberg, M. G.: Arch. Eisenhüttenw. 44 (1973) 337.
221 Grabke, H. J.; Martin, E.: Arch. Eisenhüttenw. 44 (1973) 837.
222 Bockris, J. O'M. et al.: Met. Trans. 2 (1971) 883.
223 Dresler, W.; Frohberg, M. G.: J. Iron Steel Inst. 211 (1973) 298.
224 Wada, T.; Wada, H.; Elliott, J. F.; Chipman, J.: Met. Trans. 3 (1972) 2865.
225 E-Hsin Foo, Lupis, C. H. P.: Met. Trans. 3 (1972) 2125.
226 E-Hsin Foo, Lupis, C. H. P.: Acta Met. 21 (1973) 1409.
227 Ono, K.: J. Jap. Inst. Metals 35 (1971) 757.
228 Ono, K. et al.: J. Jap. Inst. Metals 35 (1971) 750.
229 Davies, H.; Smeltzer, W. W.: J. Elektrochem. Soc. 119 (1972) 1362.
230 Benner, B. R.; Parlee, N. A. D.: Met. Trans. 4 (1973) 370.
231 Kunze, H.-D.: Arch. Eisenhüttenw. 44 (1973) 173.
232 Kunze, H.-D.: Arch. Eisenhüttenw. 44 (1973) 427.
233 Podgurski, H. H.; Oriani, R. A. et al.: Trans. AIME 245 (1969) 1603.

234 Schwarz, W.; Zitter, H.: Arch. Eisenhüttenw. 36 (1965) 343.
235 Naumann, F. K.; Langenscheid, G.: Arch. Eisenhüttenw. 36 (1965) 677.
236 Preisendanz, H.; Schmülling, W.; Schüler, P.: DEW-Techn. Ber. 12 (1972) 45.
237 Au, J. J.; Birnbaum, H. K.: Scripta Met. 7 (1973) 595.
238 Dresler, W.; Frohberg, M. G.; Feller, H.: Z. Metallkde. 63 (1972) 94.
239 Greenbank, J. C.: J. Iron Steel Inst. 209 (1971) 819.
240 Wada, T.; Wada, H.; Elliott, J. F.; Chipman, J.: Met. Trans. 3 (1972) 1657.
241 Choh, P.; Inouye, M.: Tetsu to Hagene 53 (1967) 1393.

Kobalt

(Abb. S. 618, Lit. S. 632)

J. Krüger, H.-D. Kunze und E. Schürmann

Kobalt-Wasserstoff

Konstitution [1—4]. Phasen: ε-Co hdP, α-Co kfz, Umw. $\approx$430 °C, Smp. 1495 °C; CoH, stabil bis 150 °C, und CoH_2, stabil bis 45 °C, dargestellt.

Löslichkeit [4—7, 9] s. Abb. 1

H in Co(s): $\log c = 1/2 \log p - 1{,}83 - 1680/T$ (1000—1492 °C [5])

H in Co(l): $\log c = 1/2 \log p - 1{,}21 - 2140/T$ (1492—1700 °C [6, 7])

Ältere Messungen der H-Löslichkeit in Co(s) zwischen 600 und 1200 °C liegen etwa 10% tiefer [4, 9].

Durch die Lösung von H bleibt das Co-Gitter unverändert [9].

Thermodynamische Daten [5—7]

$1/2\, H_2$ = H (in Co(s)): $\Delta G^0 = 7684 + 10{,}9\, T$ (1000—1492°C [5])

$1/2\, H_2$ = H (in Co(l)): $\Delta G^0 = 9800 + 8{,}1\, T$ (1500—1700 °C [6])

Diffusion

H in Co(s): $D = 2{,}5 \cdot 10^{-3} \exp(-6230/RT)$ (1090—1416 °C [8])

Kobalt-Kohlenstoff

Konstitution [1—3] s. Abb. 2

Phasen: keine stabilen Karbide, Co_2C und CoC_3 auf chemischem Weg hergestellt [1]. In Legierungen mit mehr als 1,5 At.-% C tritt die hexagonale Phase nicht mehr auf [134].

Löslichkeitsgrenze [10—14] s. Abb. 1 und 2

C in Co(s): $\log c = 2{,}2 - 2500/T$ (800—1300 °C [10])

C in Co(l): $\log c = 1{,}76 - 1090/T$ (1319—1770 °C [34])

Durch extreme Abschreckgeschwindigkeiten läßt sich nur 20% mehr C in Co in Lösung halten [20].

Thermodynamische Daten [10—14]

C = C(in Co(s)): $\Delta G^0 = 19230 - 6{,}6\, T$ (800—1100 °C [11])

oder: $\Delta G^0 = 11430 - 0{,}9\, T$ (800—1300 °C [10])

Der Aktivitätskoeffizient für C in Co(s) ist nicht konzentrationsabhängig [11].

C = C(in Co(l)): $\Delta G^0 = 5000 + 1{,}1\, T$ (1319—1770 °C [34])

Diffusion [11, 12, 15—19]

C in Co(s): $D = 0{,}5 \exp(-38000/RT)$ (250—1400 °C [12, 15, 16])

Thermo- und *Elektrotransport* s. Tab. B 2

α-ε-Umwandlung. Die Kinetik der α-ε-Umwandlung wird durch C verändert. Die beobachteten Umwandlungstemperaturen schwanken zwischen 90 und 500 °C und es werden Temperaturdifferenzen bis zu 300 °C zwischen der Umwandlung beim Abkühlen und beim Aufheizen gefunden [1].

Eigenschaftsänderungen. *Gitterparameter.* Zwischen 0—1 At.-% C gilt (a in Å) [134]

$a = 3{,}5430 + 0{,}0076 \cdot c$

Dichte zeigt bei C-Gehalten bis zu 15 At.-% C zwischen 1100 und 1700 °C eine abnehmende Tendenz [21].

Elektrischer Widerstand. ϱ wird zwischen 0 und 2,5 At.-% C linear erhöht, nach [19] bei 800—1300 °C um 2,1 $\mu\Omega \cdot$ cm pro At.-% C und nach [16] bei —237 °C um 4,2 $\mu\Omega \cdot$ cm pro At.-% C. Der Zusatzwiderstand ist bis 1300 °C nicht temperaturabhängig [16]. Der Restwiderstand steigt linear von 0 auf 6,5 $\mu\Omega \cdot$ cm bei 1 At.-% C an [134].

Curie-Temperatur fällt von 1120 auf 1035 °C an der Löslichkeitsgrenze (2 At.-% C) [1, 136].

Kobalt-Stickstoff

Konstitution. Es lassen sich die leicht zersetzlichen Nitride CoN, Co_2N, Co_3N und Co_4N darstellen [1, 2, 9]

Löslichkeit s. Abb. 1

N ist in Co(s) bei $p < 760$ Torr bis 1200 °C praktisch unlöslich [9].

N in Co(l): $\log c = 1/2 \log p - 2{,}0 - 2190/T$ (1550°—1700 °C [22])

Thermodynamische Daten [22—25]

$1/2\, N_2 = N(\text{in Co(l)})$: $\Delta G^0 = 10000 + 11{,}7\, T$ (1500—1700 °C [22])

Kobalt-Sauerstoff

Konstitution [1—3, 9]. Phasen: CoO, NaCl-Typ, Smp. 1810—1935 °C; Co_3O_4, Spinell-Typ, zersetzt sich bei 900 °C; Co_2O_3, nur als $Co_2O_3 \cdot xH_2O$ unterhalb von 300 °C stabil [1, 26].

Löslichkeit

O in Co(l): $\log c = 1/2 \log p - 0{,}75 + 3785/T$ (1510—1700 °C [27])

Löslichkeitsgrenze [1—3, 9] s. Abb. 1

Der Löslichkeitssprung bei 875 °C soll mit einer Gitterumwandlung in Co zusammenhängen (evtl. verzögerte α-ε-Umwandlung) [1, 9].

O in Co(s): $\log c_{max} = 0{,}02 - 1920/T$ (875—1450 °C, b. [9])

O in Co(l): $\log c_{max} = 5{,}0 - 9470/T$ (1510—1700 °C [27])

Thermodynamische Daten [27—29]

$1/2\, O_2 = O(\text{in Co(l)})$: $\Delta G^0 = -17310 + 6{,}0\, T$ (1510—1700 °C [27])

$Co(s) + 1/2\, O_2 = CoO$: $\Delta G^0 = -55900 + 16{,}9\, T$ (0—1200 °C [28])

$Co(l) + 1/2\, O_2 = CoO$: $\Delta G^0 = -60500 + 19{,}5\, T$ (1510—1970 °C [29])

Oxidation [26, 129—131]. Die Oxidation von Co in O_2 und Luft folgt dem parabolischen Zeitgesetz. Geschwindigkeitsbestimmend ist die Diffusion von Co^{2+} durch CoO. Gewichtszunahme in 1 h nach verschiedenen Autoren s. Abb. 3.

Ternäre Wasserstoff-Systeme

Schmelzen. Der Einfluß ternärer Zusätze i auf die H-Löslichkeit in Co-Schmelzen [5—7] ist in Abb. 4 zusammengefaßt. Die Wirkungsparameter ε_H^i finden sich in Tab. 1.

Es gilt:

$$\log \left[\frac{c_H \text{ (in Leg)}}{\sqrt{p_{H_2}}} \Big/ \frac{c_H \text{ (in Co(l))}}{\sqrt{p_{H_2}}} \right] = -\log \gamma_H^i = -4{,}34 \cdot 10^{-3} \cdot \varepsilon_H^i \cdot c_i$$

Ein Einfluß von Zusätzen auf die Lösungswärme ΔH ist im Rahmen der Meßgenauigkeit von ± 2 kcal/$^1/_2$ mol H_2 nicht nachweisbar [6].

Co—Al—H. H-Löslichkeit bei 400—600 °C in der β-Phase (0—12 At.-% Al) und der γ-Phase (40—55 At.-% Al), $\log \gamma_H^{Al} = -0{,}01$ bis $-0{,}1$ [30—32].

Co—Ni—H. Löslichkeit bei 800—1700 °C [5, 33, 150] s. Abb. 5

Tabelle 1. Wirkungsparameter ε_H^i für Systeme Co—Zusatz i—H bei 1600 °C [6].

i	ε_H^i	i	ε_H^i
Al	2,0	Nb	−0,6
B	4,6	Ni	−0,46
Cr	0,1	Si	2,8
Cu	−0,85	Sn	2
Fe	0,31	Ta	2,7
Mn	−0,68	W	2,5
Mo	0,9		

Ternäre Kohlenstoff-Systeme

Schmelzen. Die Wirkung ternärer Zusätze auf die Löslichkeitsgrenze von C in Co(l) wird durch [34] zusammenfassend beschrieben (s. Abb. 6).

Aus der Beziehung $c^i = c + (\partial c/\partial c_i)\, c_i$, erhält man mit den Abkürzungen

Löslichkeitsfaktor $m_C^i = \partial c/\partial c_i$ und

Wirkungsparameter $\omega_C^i = -m_C^i \cdot 100/c$

$\log c^i = 1{,}755 - 1094/T + \log\,(1 - \omega_C^i \cdot c_i/100)$ (1320—1780 °C [34])

c^i ist die Löslichkeitsgrenze für C beim Zusatz von c_i (At.-%) des Elements i. Die Abhängigkeit der Wirkungsparameter ω_C^i von der Ordnungszahl kann durch Geraden wiedergegeben werden, die auch eine Abschätzung der Wirkung von bisher noch nicht gemessenen Zusätzen auf die C-Löslichkeit bei 1400 °C erlauben (s. Abb. 7). Meßwerte für ω_C^i und m_C^i s. Tab. 2.

Tabelle 2. Löslichkeitsfaktor m_C^i und Wirkungsparameter ω_C^i für Systeme Co—Zusatz i—C bei 1400 °C [34].

i	ω_C^i	m_C^i	i	ω_C^i	m_C^i
B	+3,67	−0,54	As	+4,81	−0,71
Al	+2,38	−0,35	Mo	−2,62	+0,39
Si	+3,16	−0,47	Ru	−1,02	+0,15
P	+3,94	−0,58	Rh	0,00	0,00
S	+4,75	−0,70	Pd	+1,01	−0,15
V	−4,00	+0,59	Sn	+3,50	−0,52
Cr	−2,94	+0,43	Te	+5,63	−0,83
Mn	−0,68	+0,10	Ce	−6,00	+0,89
Fe	−0,23	+0,034	Ta	−3,68	+0,54
Ni	+0,22	−0,033	W	−1,70	+0,25
Cu	+1,70	−0,25	Au	+2,03	−0,30
Ge	+2,12	−0,31	U	−4,77	+0,70

Co—Al—C. Schmelzfläche und isothermer Schnitt für 800 °C. Durch Auftreten des Karbides $Co_3AlC_{0,95}$ wird die C-Löslichkeit ab 6 At.-% Al erniedrigt [35].

Co—Cr—C. Isothermer Schnitt für 800 °C [36]. In Co sind bei R. T. 8 Gew.-% Cr_3C_2 (7,5 At.-% Cr, 5,0 At.-% C) löslich, bei 1250 °C 12 Gew.-% Cr_3C_2 (11 At.-% Cr, 7,3 At.-% C) [37, 38]. Bestimmung der C-Aktivität (<4 At.-% C) für Cr-Zusätze bis 40 At.-% Cr, 950—1200 °C [133].

Co—Fe—C s. Fe—Co—C

Co—Mn—C. C-Löslichkeit in Mn—Co—C-Legierungen bei 1320 °C [39].

Co—Mo—C. Isothermer Schnitt für 1000 °C. Auftreten ternärer Karbidphasen [40]. Bei R. T. sind 6 Gew.-% Mo_2C (2,5 At.-% Mo, 1,25 At.-% C) in Co löslich, bei 1250 °C 13 Gew.-% Mo_2C (7,8 At.-% Mo, 3,9 At.-% C) [37].

Co—Nb—C. Isothermer Schnitt für 1000 °C. Es existiert ein ternäres Karbid Nb_3Co_3C [41]. Als Löslichkeit von NbC in Co bei 1000—1250 °C werden Werte zwischen 0,8 und 5 Gew.-% NbC angegeben ($\leqq$2,5 At.-% Nb, $\leqq$2,5 At.-% C) [38, 41].

Co—Ni—C. Für die Löslichkeitsgrenze von C bei 1000 °C gilt (s. Nickel Abb. 10) [42]

$\log c = -0{,}60 - 2{,}2 \cdot 10^{-3}\, c_{Ni}$ (0—70 At.-% Ni)

$\log c = -0{,}71 - 2{,}0 \cdot 10^{-3}\, c_{Co}$ (0—30 At.-% Co)

Festigkeitsuntersuchungen an Co—40 At.-% Ni zwischen 77 und 300 °K bei C-Gehalten $\leqq$0,25 At.-% C [43].

Co—Sn—C. Schmelzfläche und isothermer Schnitt für 950 °C für die Co-Ecke, bis 25 At.-% C, 35 At.-% Sn [44].

Co—Ta—C. Nach [38] sind bei 1500 °C 6 Gew.-% TaC in Co löslich (2,0 At.-% Ta, 2,0 At.-% C), bei 1250 °C 3 Gew.-% (1,0 At.-% Ta, 1,0 At.-% C). [37] findet dagegen bereits bei R. T. 6 Gew.-% TaC.

Co—Ti—C. Konstitution des Systems TiC—Co [38, 45, 46]. Eutektisches System, T_e = 1250 °C, Löslichkeitsgrenze bei 1—7 Gew.-% TiC (6 At.-% Ti, 6 At.-% C). Die Unterschiede sind auf den großen Konzentrationsbereich der TiC-Phase zurückzuführen [45]. Isothermer Schnitt für 1300 °C [45].

Co—V—C. Bei 1250 °C sollen 6 Gew.-% VC (5,3 At.-% V, 5,3 At.-% C) in Co löslich sein [38].

Co—W—C. *Konstitution* [37, 38, 47], System W—C—Co [38] und Teilsystem WC—Co [47]. Löslichkeit von WC in Co: R. T. 1 Gew.-% (0,3 At.% W, 0,3 At.-% C) 1200 °C 10—22 Gew.-% (7,3 At.-% W, 7,3 At.-% C) [38].
Elektrische Leitfähigkeit und *Wärmeleitfähigkeit* [48, 49]. *Gitterparameter* [49].

Co—Zn—C. Schmelzfläche und isothermer Schnitt für 850 °C [50].

Ternäre Stickstoff-Systeme

Schmelzen. Einfluß ternärer Zusätze auf die N-Löslichkeit in Co(l) s. Abb. 8 [22] Wirkungsparameter ε_H^i s. Tab. 3. Es gilt:

$$\log\left[\frac{c_N\ (\text{in Leg})}{\sqrt{p_{N_2}}} \Big/ \frac{c_N(\text{in Co(l)})}{\sqrt{p_{N_2}}}\right] = -\log\gamma_N^i = -4{,}34\cdot 10^{-3}\cdot\varepsilon_N^i\, c_i$$

Co—Cr—N. In Co—22 At.-% Cr-Legierungen löst sich bei 1260 °C und 1 atm N_2 etwa 0,25 At.-% N; in Co—34 At.-% Cr nach dem Aufschmelzen unter N_2 löst sich etwa 1,5 At.-% N [9, 51]. Geringe N-Gehalte ändern Umwandlungstemperaturen im Co—Cr-Zustandsdiagramm [9, 51].

Tabelle 3. Wirkungsparameter ε_N^i für Systeme Co—Zusatz i—N bei 1600 °C [22].

i	ε_N^i	i	ε_N^i
Al	+4,76	Nb	−15,83
Cr	−8,63	Si	+13,70
Cu	−2,31	Ta	−22,60
Fe	+2,90	W	− 7,24
Mo	−4,31	V	−19,80
Ni	+5,51		

Ternäre Sauerstoff-Systeme

Schmelzen [52—56]. Einfluß von Zusätzen auf die O-Löslichkeit in Co(l) s. Abb. 9 und 10. Es gilt:

$$\log\left[\frac{c_O(\text{in Leg})}{\sqrt{p_{O_2}}} \Big/ \frac{c_O(\text{in Co(l)})}{\sqrt{p_{O_2}}}\right] = -\log\gamma_O^i = -4{,}34\cdot 10^{-3}\cdot\varepsilon_O^i\cdot c_i$$

$\varepsilon_O^O = 0$ [53—55]; $\varepsilon_O^{Cu} = -1{,}95$ [56]; $\varepsilon_O^S = -16{,}8$ [54]

Co—Cr—O. Oxidation von Co mit Cr-Zusätzen bis 10 At.-% [131, 132]

Co—Ti—O. O-Löslichkeit in Ti_2Co, Gitterparameter, Dichte [57].

Ternäre Schwefel-Systeme

Schmelzen s. Abb. 11. Für die S-Löslichkeit in Co(l) gilt zwischen 1500 und 1600 °C näherungsweise [58, 59]

$$\log c_S = 1/2 \log p_{S_2} - 4{,}8 + 11000/T - 4{,}34 \cdot 10^{-3}\, \varepsilon_S^i \cdot c_i$$

und

$$\log \left[\frac{c_S(\text{in Leg})}{\sqrt{p_{S_2}}} \Big/ \frac{c_S(\text{in Co(l)})}{\sqrt{p_{S_2}}} \right] = -\log \gamma_S^i = -4{,}34 \cdot 10^{-3} \cdot \varepsilon_S^i \cdot c_i$$

Wirkungsparameter ε_S^i s. Tab. 4.

Tabelle 4. Wirkungsparameter ε_S^i für Systeme Co—Zusatz i—S.

i	ε_S^i	T in °C	Lit.
S	0	1540	[59]
Ni	−1,53	1540	[59]
Fe	−0,35	1540	[59]
Cu	−1,5	1600	[58]

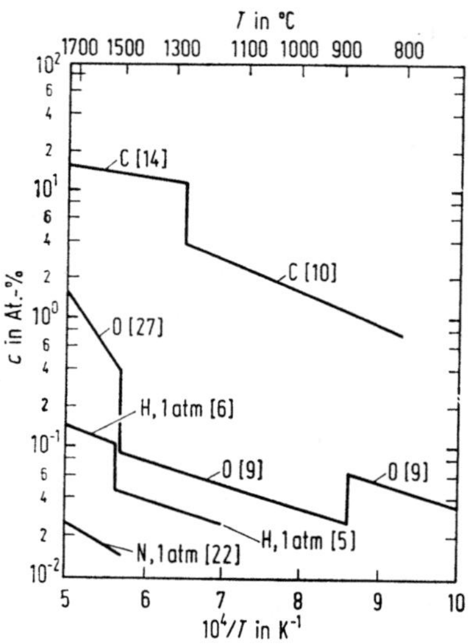

Abb. 1. Löslichkeitsgrenze für C und O und isobare Löslichkeit von H und N in Co.

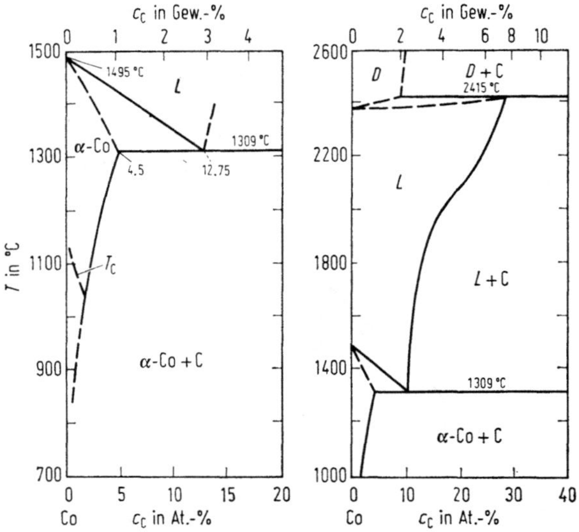

Abb. 2. System Co—C [1].

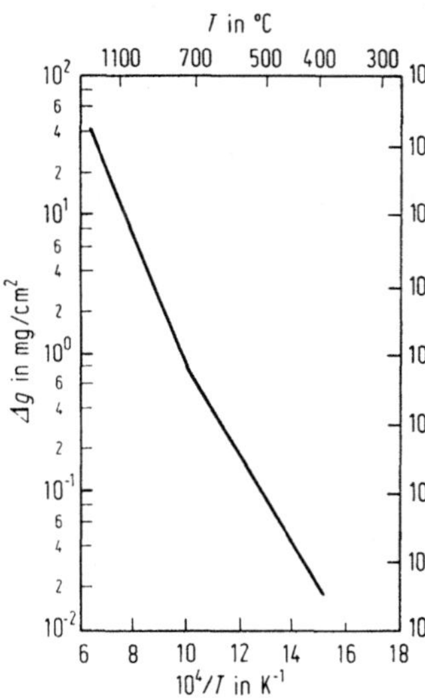

Abb. 3. Gewichtszunahme Δg von Co in O_2 und Luft in 1 h, nach [26].

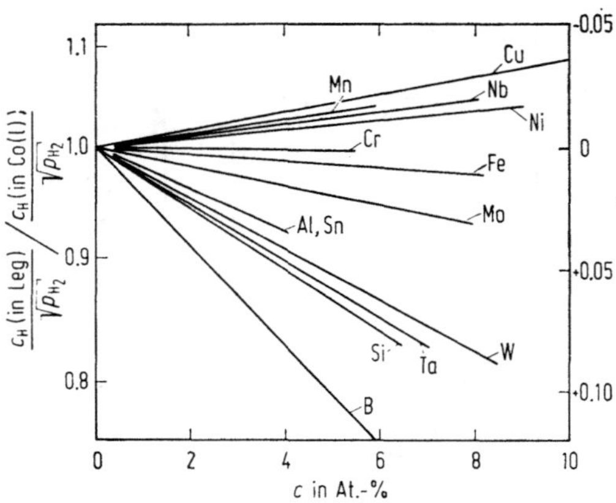

Abb. 4. Einfluß ternärer Zusätze auf die H-Löslichkeit in Co(l) bei 1600 °C [6].

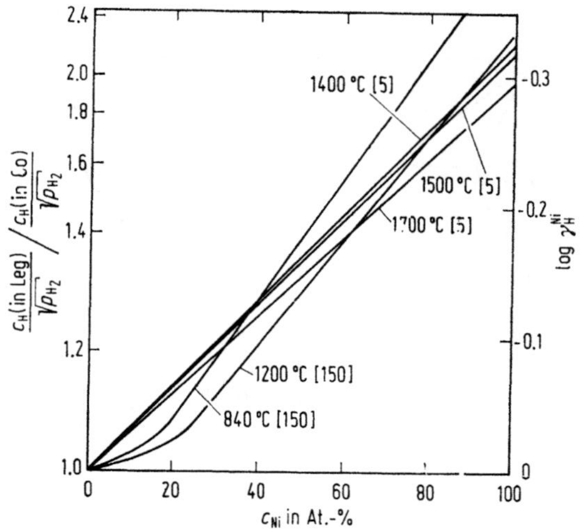

Abb. 5. Einfluß von Ni auf die H-Löslichkeit in Co.

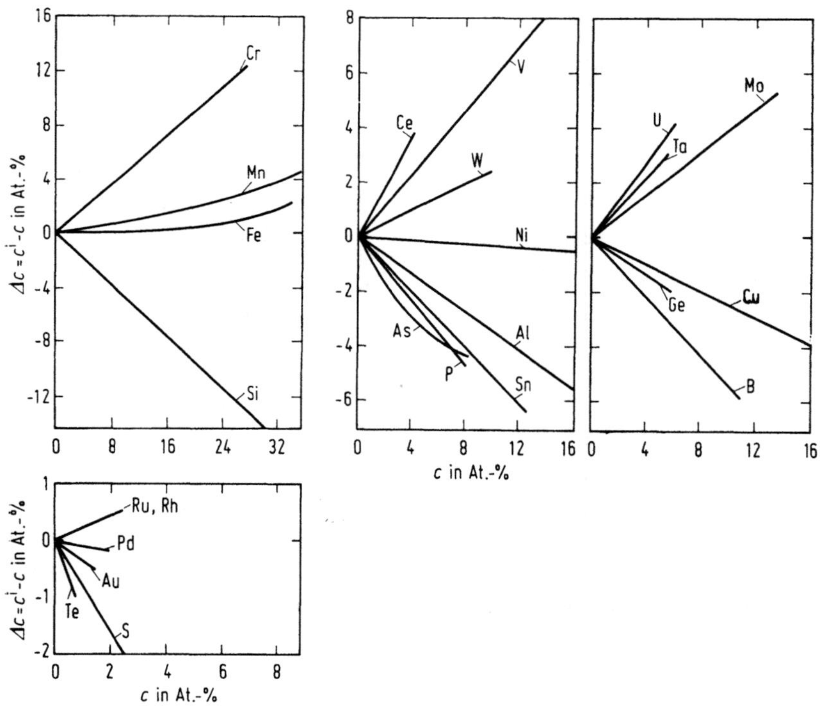

Abb. 6. Einfluß ternärer Zusätze auf die Löslichkeitsgrenze von C in Co(l) bei 1400 °C (c^i, c = Löslichkeitsgrenze bei Zusatz von i bzw. in Co(l)) [34].

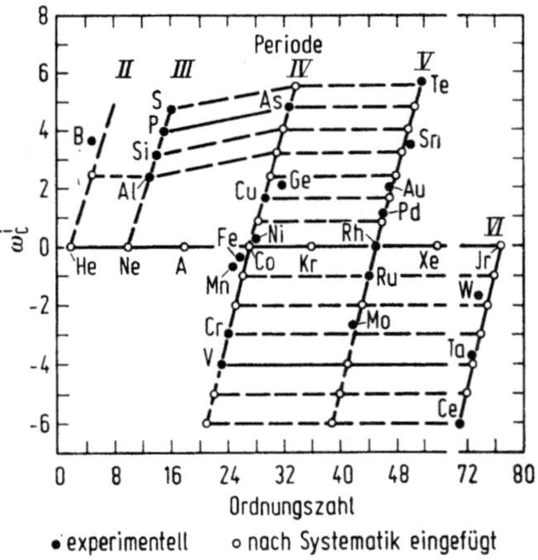

Abb. 7. Abhängigkeit des Wirkungsparameters ω_C^i von der Ordnungszahl Z ternärer Zusatzelemente für Co(l) bei 1400 °C an der Löslichkeitsgrenze [34].

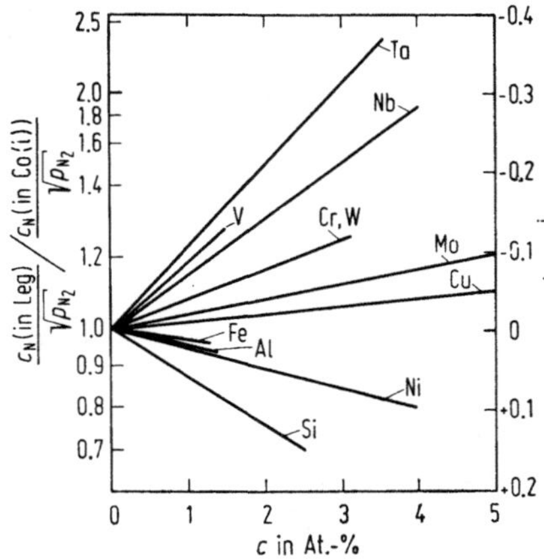

Abb. 8. Einfluß ternärer Zusätze auf die N-Löslichkeit in Co(l) bei 1600 °C [22].

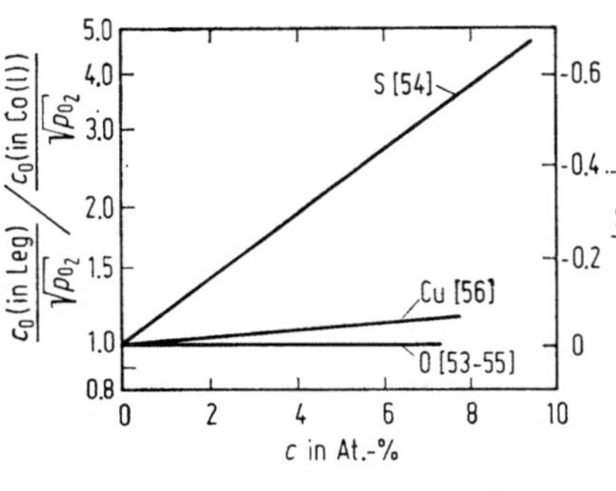

Abb. 9. Einfluß von O, Cu und S auf die O-Löslichkeit in Co(l) bei 1600 °C [54].

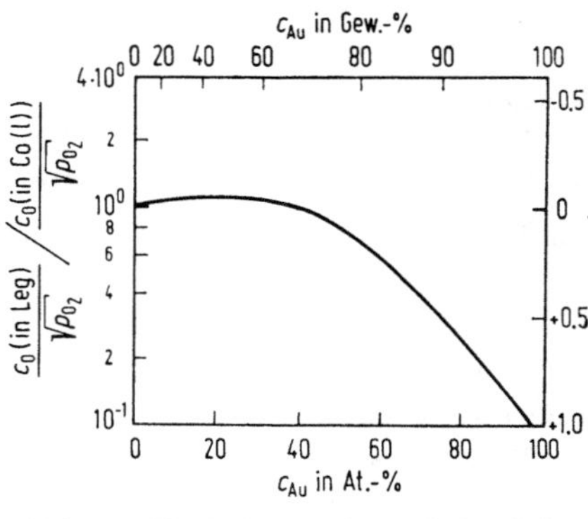

Abb. 10. Einfluß von Au auf die O-Löslichkeit in Co(l) bei 1550 °C [135].

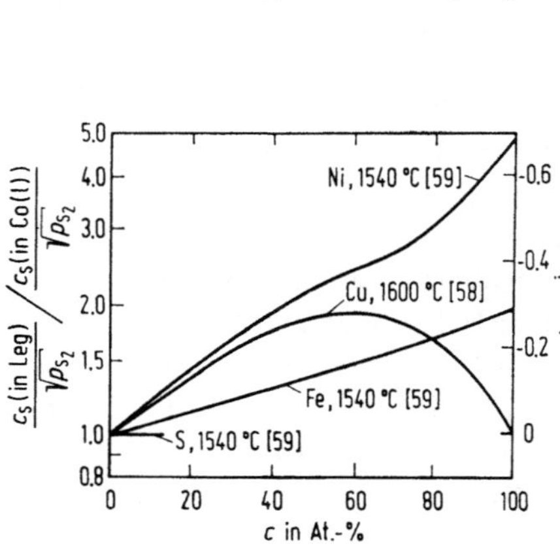

Abb. 11. Einfluß ternärer Zusätze auf die S-Löslichkeit in Co(l).

Nickel

(Abb. S. 629, Lit. S. 632)

J. Krüger, H.-D. Kunze und E. Schürmann

Nickel-Wasserstoff

Konstitution [1—3]. Ni kfz, Smp. 1452 °C; NiH kfz, durch chemische Verfahren und kathodische Beladung darstellbar, zersetzt sich bei —30 °C bis R. T. Die Existenz von NiH_2 und NiH_3 ist fraglich.

Löslichkeit [5, 7, 33, 60—67, 137, 155] s. Abb. 1

H in Ni(s): $\log c = 1/2 \log p - 2{,}00 - 870/T$ (350—1400 °C [5, 67, 137])
D in Ni(s): $\log c = 1/2 \log p - 2{,}22 - 741/T$ (350— 650 °C [67])
H in Ni(l): $\log c = 1/2 \log p - 1{,}42 - 1176/T$ (1500—1700 °C [60])

Thermodynamische Daten [5, 7, 33, 60—67, 137, 140]

$1/2\ H_2 = H(\text{in Ni(s)})$: $\Delta G^0 = 3980 + 11{,}63\ T$ (350—1400 °C [137])
$1/2\ D_2 = D(\text{in Ni(s)})$: $\Delta G^0 = 3390 + 12{,}7\ T$ (350— 650 °C [67])
$1/2\ H_2 = H(\text{in Ni(l)})$: $\Delta G^0 = 5380 + 9{,}0\ T$ (1500—1700 °C [60])

Diffusion [8, 67—76]

H in Ni(s): $D = 6{,}7 \cdot 10^{-3} \exp(-9500/RT)$ (350— 650 °C [67, 140])
D in Ni(s): $D = 4{,}8 \cdot 10^{-3} \exp(-9200/RT)$ (350— 650 °C [67])
H in Ni(l): $D = 7{,}5 \cdot 10^{-3} \exp(-8550/RT)$ (1478—1600 °C (68])

Für H in Ni(s) liegen zahlreiche Messungen zwischen R. T. und 1400 °C vor [69—76], deren Q_D-Werte zwischen 7,5 und 10,3 kcal/mol und deren D_0-Werte bei $2 \cdot 10^{-3}$—$7{,}6 \cdot 10^{-3}$ cm²/s liegen. Der oben angegebene D-Wert kann demnach als Mittelwert betrachtet werden. Das von [67] gefundene Verhältnis D_D/D_H wird von [73, 77] bestätigt. Plastische und elastische Verformung beeinflussen D nicht [70]. Oberflächendiffusion bei R. T.: $D_H = 3 \cdot 10^{-8}$ cm²/s [78].

Elektro- und *Thermotransport* s. Tab. B 2.

Permeation in Torr $l \cdot cm^{-1} \cdot s^{-1} \cdot Torr^{-1/2}$.

H durch Ni(s): $P = 6{,}6 \cdot 10^{-4} \exp(-13090/RT)$ (0—1400 °C [140])

Absorption und Entgasung sind diffusionskontrolliert [8, 67, 69, 72].

Eigenschaftsänderungen

Gitterparameter. a ändert sich beim Übergang von α-Ni zu β-NiH von 3,5218 auf 3,7251 Å und von α-Ni zu β-NiD von 3,5219 auf 3,7191 Å [79].

Thermokraft. Die absolute Thermokraft nimmt zwischen 80 und 240 K mit steigender H-Konzentration linear zu und wird für H/Ni = 0,9 null [138]. Die α-Phase und β-Phase verhalten sich unterschiedlich [80]. Bei Drücken oberhalb von 2000 atm H_2 nimmt sie bei R. T. sprunghaft von 18 μV/°C auf 0 ab [138].

Mechanische Eigenschaften. H setzt die Duktilität von Ni herab. Die Wasserstoffsprödigkeit hängt von der H-Konzentration, der Verformungsgeschwindigkeit und der Prüftemperatur ab [81—86]. $5 \cdot 10^{-2}$ At.-% H senken bei —80 °C die Bruchdehnung von 58% auf 18% [83] und bei R. T. setzen 0,4 At.-% H die Bruchdehnung von 40% auf 8% herab [81].

Bei Verformungsgeschwindigkeiten von 1 s^{-1} wird bei R. T. kein Unterschied zwischen H-freien und H-haltigen Proben beobachtet, während bei $3 \cdot 10^{-4}$ s^{-1} die Bruchdehnung H-haltiger Proben (0,2 At.-% H) mit 12% wesentlich kleiner ist als der für H-freie Proben gefundene, nicht geschwindigkeitsabhängige Wert von 30% [81]. Bei tiefen Temperaturen (−80 °C) und Geschwindigkeiten $< 10^{-3}$ s^{-1} tritt der Portevin-Le Chatelier-Effekt auf [81—84]. Die Fließspannung wird zwischen −200 und 40 °C durch H erhöht [86], der Bruch erfolgt interkristallin [82—86].

Nickel-Kohlenstoff

Konstitution [1—3] s. Abb. 2. Die Existenz einer hex. metastabilen Ni_3C-Phase wird mehrfach beschrieben und untersucht. Bei Drücken bis 50 kb wird die C-Löslichkeit etwa verdoppelt und die eutektische Temperatur um etwa 20 °C erniedrigt (Ni—C-Eutektikum) bzw. um 75 °C erhöht (Ni—Ni_3C-Eutektikum) [3, 95].

Löslichkeitsgrenze [1—3, 11, 13, 154] s. Abb. 1 und 2

C in Ni(s): $\log c = 2{,}2 - 2600/T$ (500—1300 °C [13, 154])

C in Ni(l): $\log c = 1{,}55 - 896/T$ (1400—1700 °C [34])

Abschrecken mit extrem hohen Geschwindigkeiten (10^6—10^7 °C/s) ergibt übersättigte Proben mit 7,4 At.-% C [20].

Thermodynamische Daten [11, 13, 14]

C = C(in Ni(s)): $\Delta G^0 = 11900 - 0{,}9\,T$ (500—1300 °C [13, 154])

C = C(in Ni(l)): $\Delta G^0 = 4100 + 2{,}1\,T$ (1400—1700 °C [34])

Das Henrysche Gesetz ist für C(in Ni(s)) erfüllt [13].

Diffusion [11, 15, 18, 87—90, 142]

C in Ni(s): $D = 0{,}05 \exp(-34800/RT)$ (150—1000 °C [89])

oder $D = 0{,}12 \exp(-32800/RT)$ (600—1400 °C [88])

Die Q_D-Werte der oben zitierten Autoren liegen zwischen 32,8 und 35,7 kcal/mol, die D_0-Werte bei 0,05—0,3 cm^2/s. Durch Kaltverformung von 75% wird die Diffusion bei 350 °C um den Faktor 4 herabgesetzt [91]. Bei 700 °C ist D im Einkristall dreimal kleiner als in Vielkristallen [92]. Am Curiepunkt ändert sich D nicht [89].

Elektro- und *Thermotransport* s. Tab. B 2.

Die *Aufkohlung* von Ni ist diffusionskontrolliert [11].

Eigenschaftsänderungen

Gitterparameter. a nimmt für 0—1,5 At.-% C zu entsprechend (a in Å) [93]

$a = 3{,}5238 + 0{,}0074\,c$

Dichte. γ von Ni—C-Legierungen nimmt zwischen 20 und 1700 °C mit steigender C-Konzentration ab [21]. *Curiepunkt.* T_C wird durch C erniedrigt [88]. *Elektrischer Widerstand.* ϱ steigt um 4,1 $\mu\Omega \cdot cm$ pro At.-% C [94].

Mechanische Eigenschaften. Kritische Schubspannung zwischen 4—298 K s. Abb. 3 [141]. Die Zugfestigkeit σ_B nimmt für C-haltiges Ni (1—3 At.-% C) von 20 auf 23,5 kp/mm^2 zu, die Bruchdehnung δ von 8,4 auf 7% ab [88]. Die Streckgrenze $\sigma_{0,2}$ wird durch 0,4 At.-% C bei R. T. von 4 auf 7 kp/mm^2 erhöht, bei 77 K von 5 auf 13 kp/mm^2 [43]. Die Fließspannung gehorcht der Hall-Petch-Beziehung ($\sigma \sim$

(Korndurchmesser)$^{-1/2}$), sie nimmt mit steigendem C-Gehalt zu [43, 141]. Der Torsions-Modul G wird durch C-Gehalte erhöht, 0,2 At.-% C ergeben zwischen 100 und 640 °C im Mittel eine Zunahme von 5% [88]. Reckalterung von Ni mit 0,5—1 At.-% C [143].

Nickel-Stickstoff

Konstitution [1—3, 96]. Phasen: Ni_3N hex, zersetzt sich bei 480 °C. Aus der Gitteraufweitung wird auf Ni_4N geschlossen. Eventuell existieren noch die Phasen Ni_3N_2 und $Ni(N_3)_2$ [2, 96].

Löslichkeit s. Abb. 1

Im festen Zustand liegt die N-Löslichkeit wahrscheinlich unter 0,002 At.-% N, mit Sicherheit jedoch unter 0,3 At.-% [1, 2]. Für die ebenfalls sehr geringe N-Löslichkeit in Ni(l) [23—25, 97, 98] gilt

N in Ni(l): $\log c = 1/2 \log p - 2{,}45 - 2340/T$ (1550—1700 °C [25])

Thermodynamische Daten [23—25, 97, 98]

$1/2\ N_2 = N(\text{in Ni(l)})$: $\Delta G^0 = 10700 + 13{,}7\ T$ (1550—1700 °C [25])

Nickel-Sauerstoff

Konstitution [1—3] s. Abb. 4. Phasen: NiO kfz, NaCl-Typ, unterhalb von 200 °C leicht rhomboed. verzerrt, Smp. 1984 °C; Ni_2O_3; NiO_2 (Hochdruckphase).

Löslichkeitsgrenze s. Abb. 1

Nach älteren Angaben soll die O-Löslichkeit in Ni(s) mit steigender Temperatur abnehmen [1].

O in Ni(l): $\log c_{\max} = 4{,}62 - 7750/T$ (1510—1700 °C [99])

Thermodynamische Daten [55, 99—104]

NiO(s) = O(in Ni(l)) + Ni(l): $\Delta G^0 = 35450 - 12{,}0\ T$
(1510—1700 °C [99])

Ni(s) + $1/2\ O_2$ = NiO(s): $\Delta G^0 = -58450 + 23{,}55\ T$
(25 — 1438 °C [28])

Ni(l) + $1/2\ O_2$ = NiO(s): $\Delta G^0 = -62650 + 26{,}0\ T$
(1438—1900 °C [28])

Diffusion [100, 105, 106, 107, 144]

O in Ni(s): $D = 1{,}82 \cdot 10^4 \exp(-72000/RT)$ (900—1300 °C [105])

Oxidation [26, 145—149]. Die Ausbildung von NiO-Deckschichten folgt für 600—1400 °C dem parabolischen Zeitgesetz [26], s. Abb. 5. Für 300—470 °C wird ein logarithmisches Zeitgesetz gefunden [146, 148]. Verformtes Ni oxidiert etwas schneller [147].

Ternäre Systeme

Ni—C—O. Oxidation von Ni in CO_2 (1 bis 50 atm) [153] s. Abb. 5.

Ternäre Wasserstoff-Systeme

Schmelzen. Einfluß ternärer Zusätze auf die H-Löslichkeit in Ni(l) [5, 60—66] s. Abb. 6. Wirkungsparameter ε_H^i s. Tab. 1. Es gilt

$$\log\left[\frac{c_H \text{ (in Leg)}}{\sqrt{p_{H_2}}} \Big/ \frac{c_H \text{ (in Ni(l))}}{\sqrt{p_{H_2}}}\right] = -\log \gamma_H^i = -4{,}34 \cdot 10^{-3}\, \varepsilon_H^i \cdot c_i .$$

Tabelle 1. Wirkungsparameter ε_H^i für Systeme Ni—Zusatz i—H.

		Gültigkeitsbereich		
i	ε_H^i	T in °C	At.-% i	Lit.
Al	1,90	1500—1700	< 10	[65]
Au	3,54	1500—1700	0—100	[65]
Cu	0,33	1500—1700	< 10	[60]
	0,26	1600	< 20	[61]
Cr	0,50	1500—1700	< 10	[5]
	0,41	1600	< 10	[61]
Co	0,73	1500—1700	0—100	[60]
	0,75	1600	< 20	[61]
Fe	1,20	1500—1700	< 10	[60]
	1,10	1600	< 30	[5]
Mo	3,36	1500—1700	< 5	[66]
Si	2,99	1500—1700	< 10	[5]
V	2,54	1600	< 3	[61]
W	5,75	1500—1700	< 10	[66]

Angaben über die Lösungsenthalpie ΔH^0 und den Standardwert der Lösungsentropie ΔS^0 als Funktion von c_i finden sich bei [5, 60, 65, 66].

Ni—Al—H. H-Löslichkeit bei 400—600 °C in der α-Phase (0—12 At.-% Al), s. Abb. 7, in der Θ-Phase (Ni_3Al) und in der β-Phase (NiAl) [30—32].

Ni—Au—H. Bei 1200 °C setzt Au die H-Löslichkeit in Ni herab. Wirkungsparameter $\varepsilon_H^{Au} = +3{,}3$ (0—7 At.-% Au) s. Abb. 7. Das $\sqrt{p}$-Gesetz ist erfüllt, ΔH und ΔS^0 nehmen um 15—20% ab [65].

Ni—Co—H s. Co—Ni—H, s. Abb. 7 [6, 150].

Ni—Cr—H. H-Löslichkeit bei 1100—1200 °C, 0—20 At.-% Cr, s. Abb. 7 [60]. Berechnung von ΔG^E für 1100 und 1200 °C [108].

Ni—Cu—H. H-Löslichkeit für 700—1300 °C, 0—100 At.-% Cu [66] s. Abb. 7. Der Portevin-Le Chatelier-Effekt tritt beim Zugversuch für Cu-Gehalte < 60 At.-% auf. Cu-Zusätze verringern den Abstand zwischen oberer und unterer kritischer Grenztemperatur [110].

Ni—Fe—H s. Fe—Ni—H, Abb. 7 [6].

Ni—Mo—H. H-Löslichkeit für 1150—1350 °C, 0—20 At.-% Mo [66] s. Abb. 7.

Ni—Sb—H. H-Löslichkeit für 300—1000 °C in der α-Phase (0—8 At.-% Sb), β-Phase (25—30 At.-% Sb) und in der NiSb-Phase (45—55 At.-% Sb) [112, 113].

Ni—Pd—H s. Pd—Ni—H

Ni—Si—H. H-Löslichkeit für 400—600 °C in α-Phase (0—10 At.-% Si), β-Phase (22—25 At.-% Si) und γ-Phase (27,6—28,5 At.-% Si). In der α-Phase zunächst Zunahme (bis 3 At.-% Si), dann Abnahme der H-Löslichkeit. $\gamma_H^{Si} = +0,1$ bis $+0,14$ [30—32]. Bei 1200 °C findet [60] $\varepsilon_H^{Si} = +4,6$ (s. Abb. 7).

Ni—Ti—H. H-Löslichkeit in β-Ti, Ti_2Ni und TiNi [114, 115].

Ni—V—H. Die H-Löslichkeit in einer Ni—4,4 At.-% V-Legierung ist gegenüber Ni erhöht, Diffusionskoeffizient, Permeation [73].

Ni—W—H. H-Löslichkeit für 1150—1400 °C, 0—15 At.-% W, s. Abb. 7, thermodynamische Daten, $\sqrt{p}$-Gesetz erfüllt [66].

Ni—Zn—H. H-Löslichkeit für 400—600 °C in α-Ni (0—22 At.-% Zn), β_1-Phase (46—51 At.-% Zn) und γ-Phase (80 At.-% Zn). In α-Ni nimmt die Löslichkeit zu, s. Abb. 7 [111].

Ternäre Kohlenstoff-Systeme

Schmelzen [14, 34]. Die Wirkung von Zusätzen auf die C-Löslichkeitsgrenze in Ni(l) wird durch [34] zusammenfassend beschrieben (s. Abb. 8). Aus der Beziehung
$c^i = c + \partial c/\partial c_i \cdot c_i$ erhält man mit den Abkürzungen
Löslichkeitsfaktor $m_C^i = \partial c/\partial c_i$ und
Wirkungsparameter $\omega_C^i = -m_C^i \cdot 100/c$
$\log c^i = 1,54 - 896/T + \log(1 - \omega_C^i \cdot c^i/100)$ (1400—1700 °C [34])
c^i ist die Löslichkeitsgrenze für C bei Zusatz von c_i (At.-%) des Elements i.
Die Abhängigkeit der Wirkungsparameter ω_C^i von der Ordnungszahl kann durch Geraden wiedergegeben werden, die auch eine Abschätzung der Wirkung von bisher noch nicht gemessenen Zusätzen auf die C-Löslichkeit bei 1600 °C erlauben (s. Abb. 9). Meßwerte für ω_C^i und m_C^i s. Tab. 2.

Tabelle 2. Wirkungsparameter ω_C^i und Löslichkeitsfaktor m_C^i für Systeme Ni—Zusatz i—C bei 1600 °C [34].

i	ω_C^i	m_C^i	i	ω_C^i	m_C^i
B	+3,53	−0,41	Ge	+5,80	−0,66
Al	+3,44	−0,40	As	+4,63	−0,53
Si	+3,93	−0,45	Se	+2,92	−0,34
P	+5,23	−0,60	Mo	−2,62	+0,30
Ti	−4,00	+0,46	Pd	0,00	0,00
V	−2,96	+0,34	In	+2,97	−0,34
Cr	−2,54	+0,29	Sn	+3,84	−0,44
Mn	+0,44	−0,05	Sb	+4,88	−0,56
Fe	+0,96	−0,11	Te	+2,92	−0,34
Co	−0,29	+0,033	Ce	−4,92	+0,56
Cu	+0,96	−0,11	W	−2,62	+0,30
Zn	+1,92	−0,22	Pt	0,00	0,00
Ga	+2,97	−0,34	Au	+0,96	−0,11

Ni—Al—C. Ni_3Al löst bis zu 5,8 At.-% C [116, 117].

Ni—Co—C s. Co—Ni—C und Abb. 10.

Ni—Cr—C. *Konstitution*, isothermer Schnitt für 800 °C [118]. Nach [37, 38, 112] sind bei R. T. 6—8 Gew.-% Cr_3C_2 ($\leqq$ 5 At.-% C, 7,5 At.-% Cr), bei 1250 °C

12 Gew.-% Cr_3C_2 (7 At.-% C, 10,5 At.-% Cr) in Ni löslich. Diese Gehalte sind wesentlich größer als von [118] angegebene Werte. Die *Zeitstandfestigkeit* einer Ni—20 Gew.-% Cr-Legierung wird bei 700 °C durch 1,2 und 3 At.-% C erhöht, bei 1300 °C liegt die C-Löslichkeit zwischen 1,2 und 3 At.-% C [119].

Ni—Cu—C. C-Löslichkeitsgrenze für 1000 °C s. Abb. 10 [120].

Ni—Fe—C. C-Löslichkeitsgrenze und Aktivitätsmessungen in CH_4/H_2-Gemischen, 800—1000 °C [154] s. Abb. 10.

Ni—Ge—C. Ni_3Ge löst bis zu 3,1 At.-% C [121].

Ni—In—C. Konstitution, Schmelzflächen und isothermer Schnitt für 835 °C, 0—30 At.-% C, 0—35 At.-% In [121, 122].

Ni—Mn—C. C-Löslichkeit in Ni—Mn-Schmelzen für 1320 °C, 0—100% Mn. Bei 35 At.-% Mn tritt ein Minimum (5 At.-% C) auf [39].

Ni—Mo—C. Konstitution, isothermer Schnitt für 1000 °C [40]. Nach [37] sollen bei R. T. 12 Gew.-% Mo_2C (3,5 At.-% C, 7 At.-% Mo) löslich sein, bei 1200 °C dagegen nach [38] nur 8 Gew.-% Mo_2C (2,3 At.-% C, 4,6 At.-% Mo).

Ni—Nb—C. Bei 1250 °C sollen sich in Ni—3 Gew.-% NbC (1,5 At.-% C, 1,5 At.-% Nb) lösen [38, 112].

Ni—Sn—C. Ni_3Sn löst wenig C, Gitteraufweitung von Ni durch C bzw. Sn gering [116].

Ni—Ta—C. Nach [37] sollen sich bei R. T. 20 Gew.-% TaC (6,5 At.-% C, 6,5 At.-% Ta) lösen, bei 1250 °C lösen sich dagegen nach [38, 112] nur 5 Gew.-% TaC (1,5 At.-% C, 1,5 At.-% Ta).

Ni—Ti—C. *Konstitution,* isothermer Schnitt für 870 °C, keine ternären Phasen gefunden. Die C-Löslichkeit nimmt zwischen 600 und 1260 °C mit steigendem Ti-Gehalt ab [123]. Durch Ti- und C-Zusätze werden der *Gitterparameter* geringfügig erhöht und der *Curie-Punkt* erniedrigt [123].

Ni—V—C. Bei 1250 °C sollen sich in Ni 7 Gew.-% VC (6,2 At.-% C, 6,2 At.-% V) lösen [38].

Ni—W—C. Nach [37] sollen bei R. T. 25 Gew.-% WC (8,2 At.-% C, 8,2 At.-% W) in Ni löslich sein, bei 1250 °C dagegen nur 12 Gew.-% (3,7 At.-% C, 3,7 At.-% W) [38].

Ni—Zn—C. Konstitution, isothermer Schnitt für 800 °C, 0—25 At.-% C, 0 bis 45 At.-% Zn [156].

Ternäre Stickstoff-Systeme

Schmelzen. Einfluß ternärer Zusätze auf die N-Löslichkeit in Ni(l) s. Abb. 11 [25, 97]. Es gilt

$$\log\left[\frac{c_N\,(\text{in Leg})}{\sqrt{p_{N_2}}} \Big/ \frac{c_N\,(\text{in Ni(l)})}{\sqrt{p_{N_2}}}\right] = -\log\gamma_N^i = -4{,}34\cdot 10^{-3}\cdot\varepsilon_N^i\cdot c_i$$

Wirkungsparameter ε_N^i s. Tab. 3.

Tabelle 3. Wirkungsparameter ε_N^i und e_N^i für Systeme Ni—Zusatz i—N bei 1600 °C.

i	e_N^i	ε_N^i	Gültigkeitsbereich At.-% i	Lit.
Co	−0,0113	− 2,63	< 20	[25]
Fe	−0,0156	− 3,38	0—100	[97]
Cr	−0,0833	−16,90	< 10	[97]

Ni—Cr—N. *Konstitution* 0—100% Cr, 800—1200 °C, isothermer Schnitt für 800, 1150 und 1250 °C. Die Umwandlung von β-Cr in α-Cr bei 1215 °C wird durch den Gehalt an Cr und N sowie durch die Temperatur stark beeinflußt. Steigende Cr- und N-Gehalte in den γ-Ni—Cr-Mischkristallen führen zu höheren Werten der *Zugfestigkeit* [124].

Ni—Mn—N. In der Mn_4N-Phase läßt sich Mn zu 50% durch Ni-Atome ersetzen, Eigenschaften der $(Mn + Ni)_4N$-Phase [125].

Ni—Ti—N. N-Löslichkeit in der TiNi-Phase und Auftreten einer Phase Ti_4Ni_2N [126].

Ternäre Sauerstoff-Systeme

Schmelzen. Einfluß ternärer Zusätze auf die O-Löslichkeit in Ni(l) bei 1550 bzw. 1600 °C s. Abb. 12. Es gilt

$$\log \left[\frac{c_O \text{ (in Leg)}}{\sqrt{p_{O_2}}} \Big/ \frac{c_O \text{ (in Ni(l))}}{\sqrt{p_{O_2}}} \right] = -\log \gamma_O^i = -4{,}34 \cdot 10^{-3} \cdot \varepsilon_O^i \cdot c_i$$

Wirkungsparameter ε_O^i s. Tab. 4.

Tabelle 4. Wirkungsparameter ε_O^i für Systeme Ni—Zusatz i—O.

i	ε_O^i	T in °C	Lit.
O	0	1500—1600	[53, 54, 55]
Cu	− 2,1	1550	[102]
Fe	− 7,0	1600	[58]
S	−11,5	1550	[54]
Te	− 7,4	1600	[104]

Ni—Cr—O. O-Diffusion 0—4,5 At.-% Cr [105]. Oxidation von Ni—Cr-Legierungen mit 2,5 bis 47 At.-% Cr, 500—900 °C [151] und Ni—20 At.-% Cr [152].

Ni—Ti—O. Konstitution, isothermer Schnitt für 900 °C. Eigenschaften der $(Ti_2Ni)_{1-x}O_x$-Phase [57, 127] und der Ti_4Ni_2O-Phase [126].

Ternäre Schwefel-Systeme

Schmelzen s. Abb. 13. Für die S-Löslichkeit in Ni(l) gilt zwischen 1500 und 1600 °C näherungsweise [58, 59]:

$$\log c_S = 1/2 \log p_{S_2} - 4{,}8 + 11000/T - 4{,}34 \cdot \varepsilon_S^i \cdot c_i$$

$$\log\left[\frac{c_S\,(\text{in Leg})}{\sqrt{p_{S_2}}}\Big/\frac{c_S\,(\text{in Ni(l)})}{\sqrt{p_{S_2}}}\right] = -\log\gamma_S^i = -4{,}34\cdot\varepsilon_S^i\cdot c_i$$

Wirkungsparameter ε_S^i s. Tab. 5.

Tabelle 5. Wirkungsparameter ε_S^i für Systeme Ni—Zusatz i—S.

i	ε_S^i	T in °C	Lit.	i	ε_S^i	T in °C	Lit.
S	0	1540	[59]	Cu	0	1600	[58]
Co	+3,1	1540	[59]	Fe	+1,3	1540	[58]

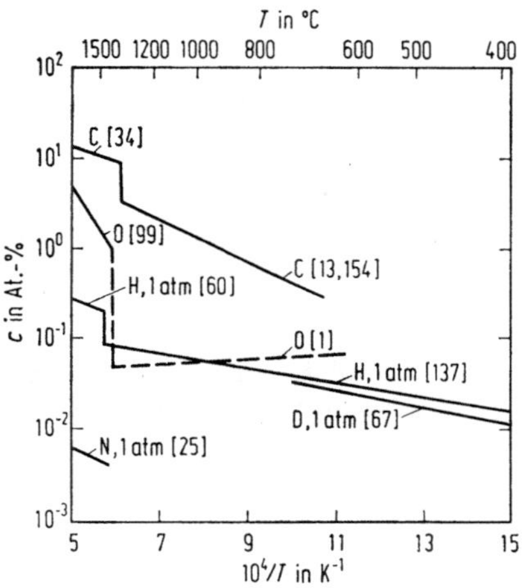

Abb. 1. Löslichkeitsgrenze für C und O sowie isobare Löslichkeit von H, D und N in Ni.

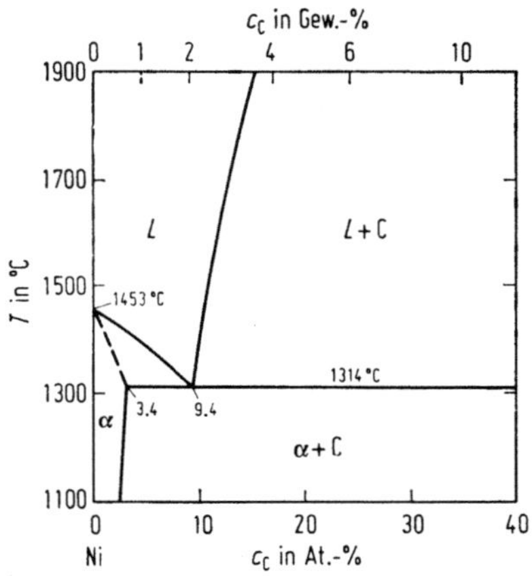

Abb. 2. System Ni—C [1].

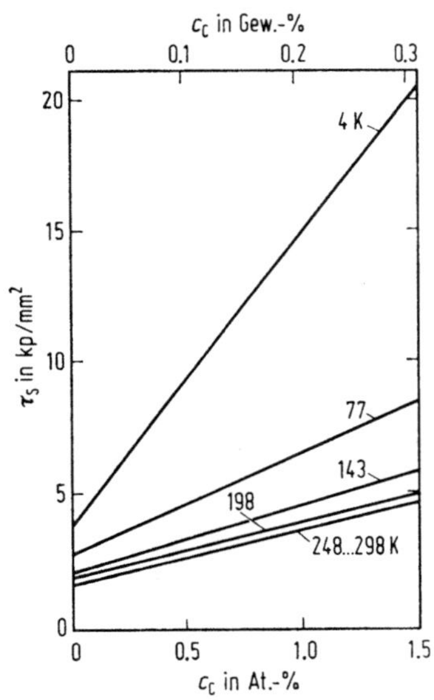

Abb. 3. Einfluß von C auf die kritische Schubspannung τ_S von Ni [141].

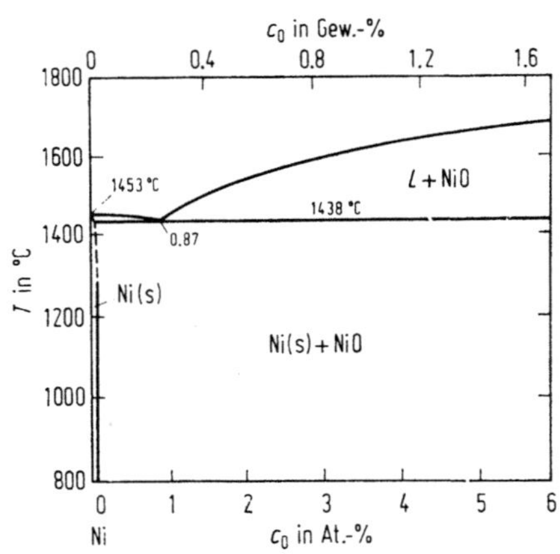

Abb. 4. System Ni—O [1].

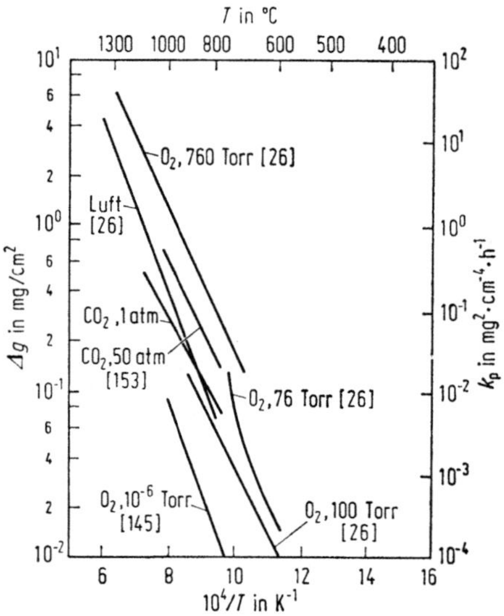

Abb. 5. Gewichtsänderung Δg von Ni in O_2, Luft und CO_2 in 1 h.

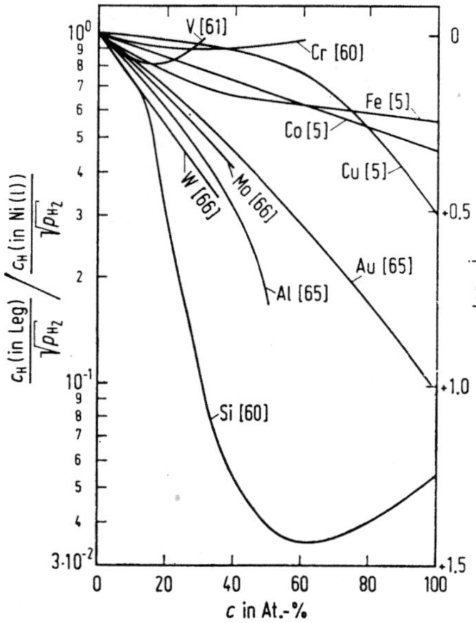

Abb. 6. Einfluß ternärer Zusätze auf die H-Löslichkeit in Ni(l) bei 1600 °C.

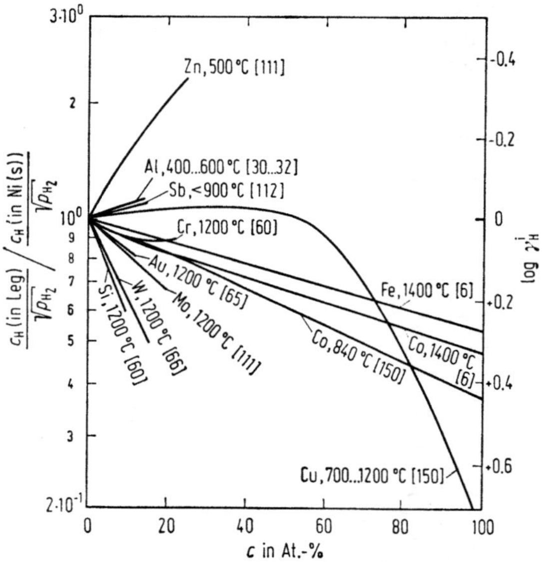

Abb. 7. Einfluß ternärer Zusätze auf die H-Löslichkeit in Ni(s).

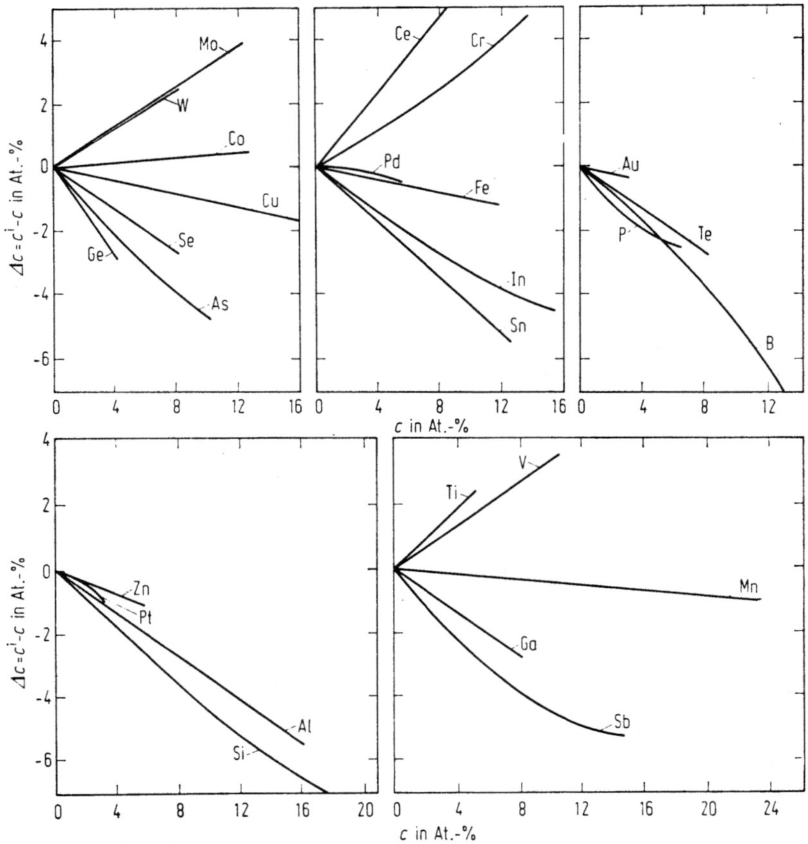

Abb. 8. Einfluß ternärer Zusätze auf die Löslichkeitsgrenze von C in Ni(l) bei 1600 °C (c^i, c = Löslichkeitsgrenze bei Zusatz von i bzw. in Ni(l)) [34].

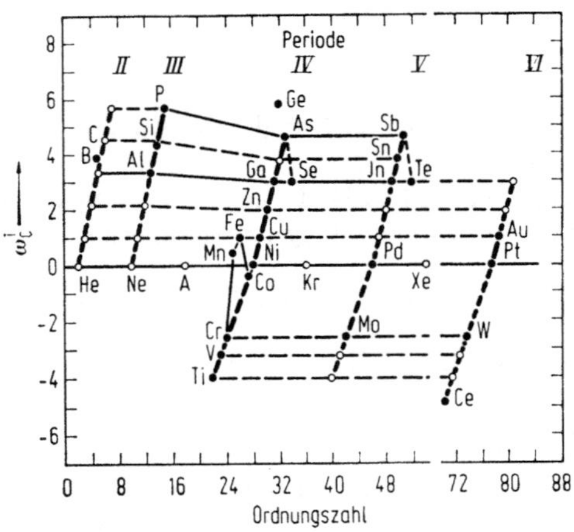

Abb. 9. Abhängigkeit des Wirkungsparameter ω_C^i von der Ordnungszahl Z ternärer Zusatzelemente für Ni(l) bei 1600 °C an der Löslichkeitsgrenze [34] (● experimentell, ○ nach Systematik eingefügt).

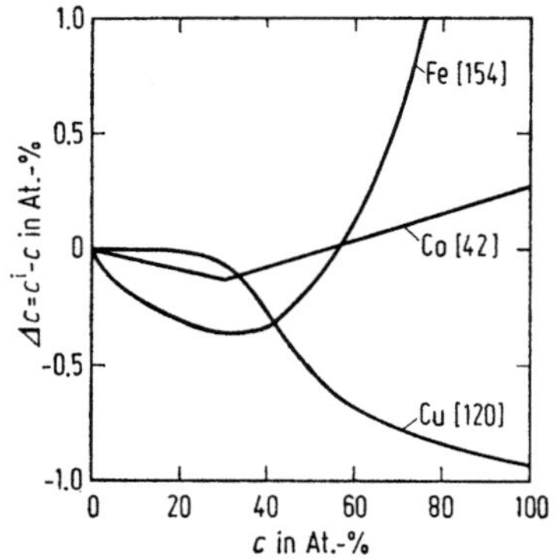

Abb. 10. Einfluß von Fe, Co und Cu auf die Löslichkeitsgrenze von C in Ni(s) bei 1000 °C. (c^i,c = Löslichkeitsgrenze bei Zusatz von i bzw. in Ni(s)).

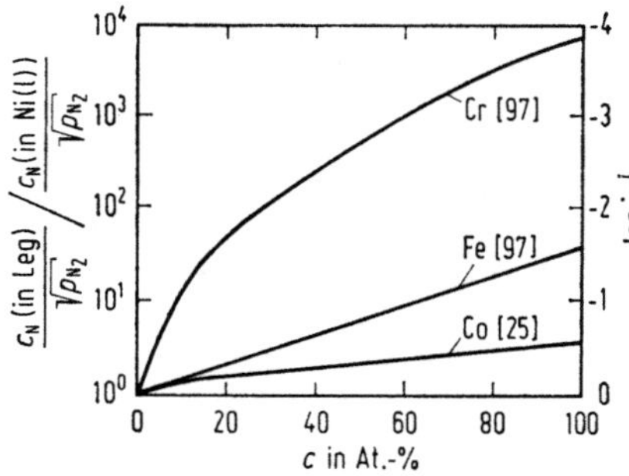

Abb. 11. Einfluß von Cr, Fe und Co auf die N-Löslichkeit in Ni(l) bei 1600 °C.

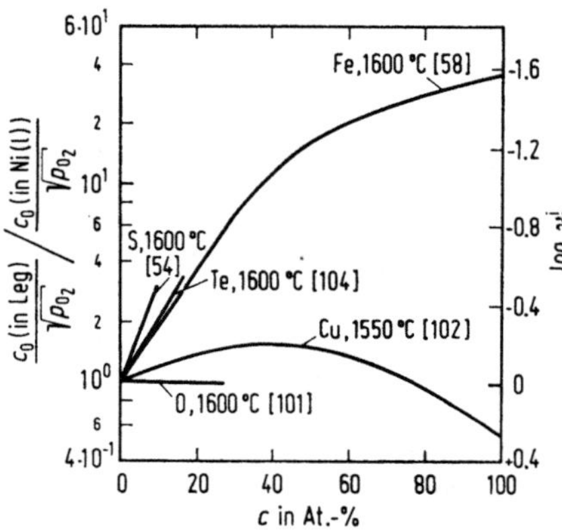

Abb. 12. Einfluß ternärer Zusätze auf die O-Löslichkeit in Ni(l).

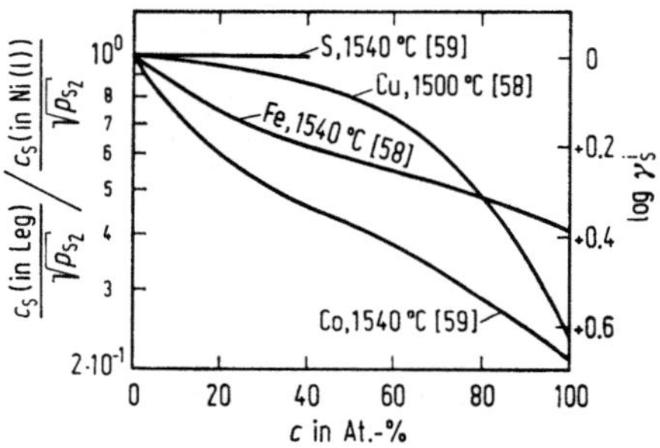

Abb. 13. Einfluß ternärer Zusätze auf die S-Löslichkeit in Ni(l).

Literatur zu Kobalt und Nickel

1 Hansen, M.; Anderko, K.: Constitution of Binary Alloys, New York: McGraw-Hill 1958.
2 Elliott, R. P.: Constitution of Binary Alloys, First Supplement, New York: McGraw-Hill 1965.
3 Shunk, F. A.: Constitution of Binary Alloys, Second Supplement, New York: McGraw-Hill 1969.
4 Mueller, W. M.; Blackledge, J. P.; Libowitz, G. G.: Metal Hydrides, New York: Academic Press 1968.
5 Schenck, H.; Lange, K. W.: Arch. Eisenhüttenw. 37 (1966) 739.
6 Wooley, F. E.; Pehlke, R. D.: Trans. AIME 233 (1965) 1454.
7 Bagshaw, T. et al.: J. Iron Steel Inst. 203 (1965) 160.
8 Schenck, H.; Lange, K. W.: Arch. Eisenhüttenw. 37 (1966) 809.
9 Gmelins Handbuch der anorganischen Chemie, Kobalt, Teil A, Ergänzungsband, Weinheim: Verlag Chemie 1961.
10 Petrova, E. F.; Shvartsman, L. A.: Zhur. Fiz. Khim. 39 (1965) 3086.

11 Schenck, H.; Frohberg, M. G.; Jaspert, E.: Arch. Eisenhüttenw. 36 (1965) 683.
12 Lafitau, H.: Compt. Rend. C 267 (1968) 132.
13 Dunn, W. W.; Mc Lellan, R. B.; Oates, W. A.: Trans. AIME 242 (1968) 2129.
14 Turkdogan, E. T. et al.: J. Iron Steel Inst. 182 (1956) 274.
15 Kovenskij, I. I.: Fiz. Met. Metallov. 16 (1963) 613.
16 Mah, G.; Wert, C.: Trans. AIME 242 (1968) 1211.
17 Smith, R. P.: Trans. AIME 230 (1964) 476.
18 Shovensin, A. V.; Minkevich, A. N.; Shcherbedinskii, G. V.: Izv. VUZ Chern. Met. (1965) 95.
19 Hehenkamp, T.: Acta Met. 14 (1966) 887.
20 Ruhl, R. C.; Cohen, M.: Scripta Met. 1 (1967) 73.
21 Filippov, E. S.; Vertman, A. A.; Samarin, A. M.: Izv. VUZ Chern. Met. (1964) 162.
22 Blossey, R. G.; Pehlke, R. D.: Trans. AIME 236 (1966) 28.
23 Schenck, H.; Frohberg, M. G.; Graf, H.: Arch. Eisenhüttenw. 30 (1959) 533.
24 Busch, T.; Dodd, R. A.: Trans. AIME 218 (1960) 488.
25 Blossey, R. G.; Pehlke, R. D.: Trans. AIME 236 (1966) 566.
26 Bérnard, J.: Oxydation des Métaux, Paris: Gauthier-Villars 1962.
27 Belov, B. F. et al.: Izv. Akad. Nauk SSSR, Metally (1967) no. 3, 53.
28 Kubaschewski, O.; Evans, E. Ll.; Alcock, C. B.: Metallurgical Thermochemistry, 4th ed., Oxford: Pergamon 1967.
29 Elliott, J. F.; Gleiser, M.: Thermochemistry for Steelmaking, Reading/Mass.: Addison-Wesley 1960.
30 Witte, H.: Neue Hütte 2 (1957) 749.
31 Siegelin, W.; Lieser, K. H.; Witte, H.: Z. Elektrochem. 61 (1957) 359.
32 Lieser, K. H.; Witte, H.: Z. Elektrochem. 61 (1957) 367.
33 Schenck, H.; Lange, K. W.: Z. Metallkde. 57 (1966) 378.
34 Schenck, H.; Frohberg, M. G.; Steinmetz, E.: Arch. Eisenhüttenw. 34 (1963) 37.
35 Hütter, L. J.; Stadelmaier, H. H.; Fraker, A. C.: Metall 14 (1960) 113.
36 Köster, W.; Sperner, F.: Arch. Eisenhüttenw. 26 (1955) 627.
37 Gardner, A. G.: Metallurgia (1953) 163.
38 Kieffer, R.; Benesovsky, F.: Hartmetalle, Wien, New York: Springer 1965.
39 Petot, C.; Desre, P.: Compt. Rend. C 264 (1967) 281.
40 Fraker, A. C.; Stadelmaier, H. H.: Trans. AIME 245 (1969) 847.
41 Borusevich, L. K.; Fedorov, T. F.; Popova, N. M.: Izv. Akad. Nauk SSSR Metally (1965) no. 4, 159.
42 Rao, K. K.; Nicholson, M. E.: Trans. AIME 227 (1963) 1029.
43 Sonon, D. E.; Smith, G. V.: Trans. AIME 242 (1968) 1527.
44 Hütter, L. J.; Stadelmaier, H. H.; Hardy, W. K.: Trans. AIME 218 (1960) 859.
45 Rybal'chemko, R. V.; Chaporova, I. N.; Tret'yakov, V. I.: Zhur. Neorg. Khim. 6 (1961) 2517.
46 Eremenko, V. N.; Polyakova, V. M.; Golubenko, Z. P.: Akad. Nauk Ukrain. SSR 62 (1956) no. 3, 73.
47 Giamei, A. F.; Burma, J.; Rabin, S.; Cheng, M.; Freise, E. J.: Kobalt 40 (1968) 124.
48 Rüdiger, O.; Winkelmann, A.: Techn. Mitt. Krupp 18 (1960) 19.
49 Funke, V. F.: Phys. Met. Metallogr. 10 (1960) no. 2, 50.
50 Stadelmaier, H. H.; Duplessis, J. J.: Metall 15 (1961) 763.
51 Elsea, A. R.; Mc Bride, C. C.: Trans. AIME 188 (1950) 154.
52 Averin, W. W. et al.: Izv. Akad. Nauk, SSSR, OTN 8 (1957) 120.
53 Fischer, A. W.; Ackermann, W.: Arch. Eisenhüttenw. 37 (1966) 43.
54 Fischer, A. W.; Ackermann, W.: Arch. Eisenhüttenw. 37 (1966) 779.
55 Tanskins, E. S.: Trans. AIME, 230 (1964) 820.
56 Tanskins, E. S.; Beck, W.: Z. Metallkde. 58 (1967) 721.
57 Nevitt, M. V.: Trans. AIME 218 (1960) 327.
58 Alcock, C. B.; Richardson, F. D.: Acta Met. 6 (1958) 385.
59 Alcock, C. B.; Cheng, L. L.: J. Iron Steel Inst. 195 (1960) 169.
60 Schenck, H.; Lange, K. W.: Arch. Eisenhüttenw. 39 (1968) 673.
61 Bagshaw, T.; Mitchell, A.: J. Iron Steel Inst. 204 (1966) 87.

62 Weinstein, M.; Elliott, J. F.: Trans. AIME 227 (1963) 285.
63 Nozaki, H. et al.: Tatsu Ho Hagané 49 (1963) 1451.
64 de Kazinczy, F.; Lindberg, O.: Jernkent. Ann. 144 (1960) 288.
65 Lange, K. W.; Schenck, H.: Z. Metallkde. 60 (1969) 638.
66 Lange, K. W.; Schenck, H.: Z. Metallkde. 60 (1969) 62.
67 Eichenauer, W.; Löser, W.; Witte, H.: Z. Metallkde. 56 (1965) 287.
68 Sacris, E. M.; Parlee, N. A. D.: Met. Trans. 1 (1970) 3377.
69 Hill, M. L.; Johnson, E. W.: Acta Met. 3 (1955) 566.
70 Grimes, H. H.: Acta Met. 7 (1959) 782.
71 Ramsley, C. E.; Talbot, D. E. J.: Z. Metallkde. 46 (1955) 328.
72 Fischer, W.: Z. Naturforsch. 22a (1967) 1581.
73 Ebisuzaki, Y.; Kass, W. J.; O'Keefe, M.: J. Chem. Phys. 46 (1967) 1373.
74 Eichenauer, W.: Rev. Met. 57 (1960) 943.
75 Euringer, G.: Z. Physik 96 (1935) 37.
76 Scherrer, S.; Lozes, G.; Deviot, B.: Compt. Rend. B 264 (1967) 1499.
77 Ebisuzaki, Y.; O'Keefe, M.: J. Chem. Phys. 48 (1968) 1867.
78 Satterfield, C. N.; Jino, H.: Ind. Eng. Chem. Fundam. 7 (1968) 214.
79 Janko, A.; Pielaszek, J.: Bull. Acad. Polon. Sci. (Chim.) 15 (1967) 569.
80 Baranowski, B.; Skoskiewicz, T.: Acta Phys. Polon. 33 (1968) 349.
81 Boniszewski, T.; Smith, G. G.: Acta Met. 11 (1963) 165.
82 Wilcox, B. A.; Smith, G. C.: Acta Met. 12 (1964) 371.
83 Wilcox, B. A.; Smith, G. C.: Acta Met. 13 (1965) 331.
84 Popov, K. V.; Nechai, E. P.: Izv. Akad. Nauk SSSR, Metally (1966) 172.
85 Moroz, L. S.; Kolgatin, N. N.; Teodorovich, V. P.: Fiz. Met. Metallov. 16 (1963) no. 5, 737.
86 Nechai, E. P.; Popov, K. V.: Fiz. Met. Metallov. 21 (1966) no. 1, 111.
87 Lafitan, H.; Gendrel, P.; Jacue, L.: Compt. Rend. C 263 (1966) 1033.
88 Gmelins Handbuch der anorganischen Chemie, Nickel, Teil B, Lieferung 3, Weinheim: Verlag Chemie 1966.
89 Diamond, S.; Wert, C.: Trans. AIME 239 (1967) 705.
90 Smith, R. P.: Trans. AIME 236 (1966) 1224.
91 Matosyan, M. A.; Golikov, V. M.: Izv. Akad. Nauk, Arm. SSR Fiz. 2 (1967) 352.
92 Walker, B. F.; Johnson, V. A.; Hahn, W. C.; Wood, J. D.: Trans. AIME 242 (1968) 1233.
93 Zwell, L.; Fasiska, E. J.; Nakada, Y.; Keh, A. S.: Trans. AIME 242 (1968) 765.
94 Bozorth, R. M.: Ferromagnetism, New York: Van Norstrand 1951.
95 Strong, H. M.: Trans. AIME 233 (1965) 643.
96 Gmelins Handbuch der anorganischen Chemie, Nickel, Teil B, Lieferung 2, Weinheim: Verlag Chemie 1966.
97 Humbert, J. C.; Elliott, J. F.: Trans. AIME 218 (1960) 1076.
98 Wriedt, H. A.; Gonzales, O. D.: Trans. AIME 221 (1961) 532.
99 Belov, B. F.: Izv. Akad. Nauk SSSR, Metally (1967) no. 3, 53; Russ. Met. (1967) no. 3, 19.
100 Lloyd, G. J.; Martin, J. W.: Metal Sci. J. 7 (1973) 75.
101 Averin, W. W.: Izv. Akad. Nauk SSSR, OTN (1957) no. 8, 20.
102 Tanskins, E. S. et al.: J. Electrochem. Soc. 112 (1965) 446.
103 Bowers, J. E.: J. Inst. Metals 90 (1962) 321.
104 Wriedt, H. A.; Chipman, J.: J. Metals 8 (1956) 1195.
105 Goto, S.; Nomaki, K.; Koda, S.: J. Japan Inst. Metals 31 (1967) 600.
106 Smithells, C. J.; Ransley, C. E.: Proc. Roy. Soc. A 155 (1936) 195.
107 Barlow, R.; Grundy, P. J.: J. Mater. Sci. 4 (1969) 797.
108 Burylev, B. P.: Zhur. Fiz. Khim. 40 (1966) 822.
109 Blakemore, J. S.; Oates, W. A.; Hall, E. O.: Trans. AIME 242 (1968) 332.
110 Blakemore, J. S.; Hall, E. O.: Trans. AIME 242 (1968) 333.
111 Lieser, K. H.; Rinck, G.: Z. Elektrochem. 61 (1957) 357.
112 Gmelins Handbuch der anorganischen Chemie, Nickel, Teil B, Lieferung 1, Weinheim: Verlag Chemie 1965.
113 Fukusima, M.; Mitui, S.: Sci. Rept. Tohoku Univ., K. Honda, Anniversary Volume (1936) 940.

114 Mc Quillan, A. D.: J. Inst. Metals 80 (1951/52) 363.
115 Grushina, V. V.; Rodin, A. M.; Savitsky, E. M.; Burkhanov, G. S.: Izv. Akad. Nauk SSSR, Metally (1965) no. 6, 148.
116 Stadelmaier, H. H.; Hütter, L. J.: Acta Met. 7 (1959) 415.
117 Stadelmaier, H. H.; Hütter, L. J.: Acta Met. 6 (1958) 367.
118 Köster, W.; Kabermann, S.: Arch. Eisenhüttenw. 26 (1955) 627.
119 Roesch, K.; Zeuner, H.: Giesserei 46 (1959) 202.
120 Nicholson, M. E.: Trans. AIME 224 (1962) 533.
121 Hütter, L. J.; Stadelmaier, H. H.: Z. Metallkde. 50 (1959) 199.
122 Hütter, L. J.; Stadelmaier, H. H.; Fraker, A. C.: Metall 14 (1960) 21.
123 Stover, E. R.; Wulff, J.: Trans. AIME 215 (1959) 127.
124 Abrahamson II, E. P.; Grant, N. J. In Ductile Chromium, ASM, Cleveland/Ohio (1957) 277.
125 Juza, R.; Deneke, K.; Puff, H.: Z. Elektrochem. 63 (1959) 551.
126 Rozno, A. G.; Heintzelmann, E. F.; Buehler, W. J.; Gilfrich, J. V.: Trans. ASM 58 (1965) 415.
127 Rostoker, W.: J. Metals (1955) 113.
128 Mueller, M. H.; Knott, H. W.: Trans. AIME 227 (1963) 674.
129 Comm-Nouguè, J.; Morin, F.; Béranger, G.; Lacombe, P.: Werkstoffe und Korrosion 23 (1972) 779.
130 Morin, F.; Rigoud, M.: Can. Met. Quart. 9 (1970) 521.
131 Billman, F.: J. Electrochem. Soc. 119 (1972) 1198.
132 Sumin, S. N.; Tumarev, A. S.: Izv. VUZ, Tsvet. Met. (1972) no. 5, 34.
133 Tuma, H.; Lobl, K.: Kovove Mat. 10 (1972) 221.
134 Cadeville, M. C.; Lapierre, M. F.: Scripta Met. 6 (1972) 399.
135 Tankins, E. S.: Met. Trans. 1 (1970) 2337.
136 Wagner, C.: Acta Met. 20 (1972) 803.
137 McLellan, R. B.; Oates, W.: Acta Met. 21 (1973) 181.
138 Skosklewicz, T.: Phys. stat. sol. (a) 6 (1971) 29.
139 Wright, J. H.; Hocking, M. G.: Met. Trans. 3 (1972) 1749.
140 Robertson, W. M.: Z. Metallkde. 64 (1973) 436.
141 Nakada, Y.; Keh, A. S.: Met. Trans. 2 (1971) 441.
142 Berry, B. S.: J. Appl. Phys. 44 (1973) 3792.
143 Weinstein, A. M.; Ferraglio, P.; Mukherjee, K.: Mat. Sci. Eng. 8 (1971) 198.
144 Ramanarayanan, T. A.; Rapp, R. A.: Met. Trans. 3 (1972) 3239.
145 Hales, R.; Chill, A. C.; Wild, R. K.: Corrosion Sci. 13 (1973) 325.
146 Rocaries, J. C.; Rigaud, M.: Scripta Met. 5 (1971) 59.
147 Caplan, D.; Graham, M. J.; Cohen, M.: J. Electrochem. Soc. 119 (1972) 1205.
148 Graham, M. J.; Cohen, M.: J. Electrochem. Soc. 119 (1972) 879, 883.
149 Boery, L.; Paidassi, J.: Mem. Sci. Rev. Met. 67 (1970) 477.
150 Jones, F. G.; Pehlke, R. D.: Met. Trans. 2 (1971) 2655.
151 Hoch, P.; Cihal, V.: Métaux-Corrosion-Ind. 45 (1970) 385.
152 Takei, A.; Nii, K.: J. Japan Inst. Metals 36 (1972) 853.
153 Chambard, C.; Grégoire, P.; Azon, P.; Bastian, P.: Mem. Sci. Rev. Met. 69 (1972) 557.
154 Wada, T.; Wada, H.; Elliott, J. F.; Chipman, J.: Met. Trans. 2 (1971) 2199.
155 Lange, K. W.; Ksinsik, D.; Schenck, H.: Erzmetall 25 (1972) 232.
156 Stadelmaier, H. H.; Hammad, F. H.: Metall 15 (1961) 124.

Platinmetalle

Palladium

(Abb. S. 644, Lit. S. 654)

E. Raub

Palladium-Wasserstoff

Das System Pd—H ist nach den ersten Veröffentlichungen von T. Graham vielfach untersucht worden und ist heute das wohl meist bearbeitete Metall-Gas-System [1—4]. Trotzdem sind manche Fragen noch ungeklärt, nicht selten haben neue Untersuchungen auch neue Probleme aufgezeigt. Neben speziellen wissenschaftlichen oder technischen Fragen der Elektrochemie, heterogenen Katalyse, Wasserstoffelektroden in Brennstoffelementen, Isotopentrennung, stehen bei der Bearbeitung vielfach Aspekte der allgemeinen Theorie des metallischen Zustandes im Vordergrund des Interesses. Zu erwähnen ist in diesem Zusammenhang die kürzlich erfolgte Entdeckung von Spuraleitung bei Pd—H-Legierungen [132—134].

Konstitution der Systeme Pd—H und Pd—D [2—4] s. Abb. 1 bis 4. Phasen: Oberhalb von 300 °C nimmt Pd (kfz, Smp. 1550 °C) bei Drücken um 1000 atm bis zu 41 At.-% H auf, bei tiefen Temperaturen findet eine Entmischung statt, und es tritt die β-Phase (ebenfalls kfz) auf mit H-Atomen auf Oktaederplätzen [5, 6, 23]. Die Struktur kann auch als stark fehlgeordneter NaCl-Typ aufgefaßt werden. Bei Drücken von 25000 atm und Temperaturen von —40 °C bis R. T. lösen sich bis zu 55 At.-% H in der β-Phase [27]. Durch kathodische Beladung können Gehalte bis zu 68 At.-% H erreicht werden [7]. Aus Neutronenbeugungsexperimenten bei tiefen Temperaturen und Maxima im Temperaturverlauf der spezifischen Wärme und des elektrischen Widerstandes bei 50 K kann geschlossen werden, daß zwei Typen von β-Zellen existieren, wobei einmal alle H-Atome auf Oktaederlücken sitzen und einmal 25% der H-Atome Tetraederplätze einnehmen [24]. In der β-Phase liegt H vermutlich nicht als Proton, sondern als Anion vor. Dabei nimmt das als Elektronendonator auftretende Pd aber nicht die Dimensionen eines Pd-Ions an [135].

Löslichkeit [1—4, 114] s. Abb. 3, 4 und 5

H_2-Gleichgewichte sind vorwiegend bei höheren Konzentrationen (> 10 At.-% H) gemessen worden. Für kleine Konzentrationen sind nur einige Löslichkeitswerte bei 1 atm bekannt [8]. Die Einstellung des Gleichgewichts $H_2 = 2\,H$ (in Pd) ist bei Temperaturen unterhalb von 200 °C häufig stark verzögert oder gehemmt, vorwiegend durch inaktive bzw. verunreinigte Oberflächen. Bei Verwendung von Katalysatoren (UH_3, UD_3, reduziertes Cu, Pd-Mohr [22]) oder durch vorheriges kathodisches Be- und Entladen können diese Schwierigkeiten z. T. vermieden werden. Weiterhin treten bei der Einstellung der Gleichgewichtswerte im Zweiphasengebiet Hystereseerscheinungen auf, wobei der Gleichgewichtsdruck bei der Entgasung bis zu 50% unter dem Wert liegt, der bei der Begasung gefunden wird. Man nimmt an, daß hierfür eine zu geringe Beweglichkeit der Pd-Atome bei der α-β-Umwandlung verantwortlich ist. Auf Grund der erschwerten Gleichgewichtseinstellung bei tiefen Temperaturen weichen die Ergebnisse verschiedener Autoren z. T. erheblich voneinander ab. Die in Abb. 1 bis 4 gezeigten Kurven stützen sich im wesentlichen auf Beziehungen, Kurven und Löslichkeitsdaten, wie sie z. B. in [2] und [3] zusammengefaßt sind. Im einzelnen werden folgende Beziehungen zwischen dem H_2-Druck und der Gleichgewichtslöslichkeit erhalten, wobei die H-Gehalte entweder durch c(At.-%) oder durch das Atomverhältnis $r = \mathrm{H/Pd} = c/(100 - c)$ angegeben werden.

Wasserstoff [3]. Nach Angaben verschiedener Autoren berechnet [9] die Beziehung

H in Pd(s): $1/2 \log p = \log r + 4{,}20 - 521{,}9/T - 926 \cdot r/(T - 215)$
(0—300 °C [9])

oder: $\log c = 1/2 \log p - 2{,}12 + 535/T$ (< 3 At.-% H, 0—1000 °C, [8])

Messungen von [114] bei 10^{-8} Torr und −100 bis +300 °C stimmen damit gut überein. Auf Grund theoretischer Überlegungen gibt [10] folgende Beziehungen an:

$$1/2 \log p = \log \frac{r}{0{,}59 - r} + 3{,}74 - 445{,}6/T - 1672 \cdot r/T \quad (0\text{—}300\,°\mathrm{C}\ [10])$$

Untersuchungsergebnisse von [11] bei tiefen Temperaturen können im Bereich der α-Phase beschrieben werden durch

$$1/2 \log p = \log \frac{r}{1 - r} + 4{,}24 - 505{,}5/T - 983{,}5 \cdot r/T - 4{,}380 \cdot 10^5 \cdot r/T^2$$

(−78 bis +175 °C [3, 11])

Analoge Näherungsformeln für den Bereich der β-Phase sind bei [3] zusammengestellt.

Deuterium. Nach [10] und [12] gilt für $r_\mathrm{H}/r_\mathrm{D}$ bei konstantem p_{H_2}

$\log (r_\mathrm{H}/r_\mathrm{D}) = -0{,}094 + 161{,}5/T$ (0—1000 °C)

und damit

D in α-Pd: $\log c = 1/2 \log p - 2{,}0 + 374/T$ (< 3 At.-%, 0—1000 °C)

oder: $\log c = 1/2 \log p - 2{,}3 + 443/T$
(< 0,5 At.-% D, 10^{-8} Torr, −100 bis +300 °C [114])

und für tiefe Temperaturen und hohe Drücke

$$1/2 \log p = \log \frac{r}{1 - r} + 4{,}215 - 412{,}5/T - 983{,}5 \cdot r/T - 3{,}94 \cdot 10^5 \cdot r/T^2$$

(−78 bis +175 °C [11])

Tritium

T in α-Pd: $\log r = 1/2 \log p - 2{,}62 + 103{,}9/T$ (200—400 °C [3])

Löslichkeitsgrenze s. Abb. 1 bis 5

Zersetzungsdruck der β-Phase [2,3]

Wasserstoff	$\log p_{\mathrm{H}_2} = 7{,}48 - 1877/T$	(0—250 °C [3])
	$\log p_{\mathrm{H}_2} = 7{,}65 - 2039/T$	(−78 bis +175 °C [9, 31])
Deuterium	$\log p_{\mathrm{D}_2} = 7{,}51 - 1696/T$	(200—300 °C [3])
	$\log p_{\mathrm{D}_2} = 8{,}00 - 1940/T$	(−78 bis +175 °C [9])

Thermodynamische Daten [3, 25, 138]
$1/2\,H_2 = H(\text{in Pd(s)})$: $\Delta G^0 = -2454 + 12{,}25\,T$ ($c \to 0$, 0—1000 °C [8, 9, 114])
$1/2\,D_2 = D(\text{in Pd(s)})$: $\Delta G^0 = -1710 + 11{,}7\,T$ ($c \to 0$, 200—1000 °C [10, 12])
und: $\Delta G^0 = -2030 + 13{,}2\,T$
(< 0,5 At.-% D, —100 bis +300 °C [114])
$1/x\,Pd(\text{in }\alpha) + 1/2\,H_2 = 1/x\,PdH_x$: $\Delta G^0 = -4663 + 10{,}9\,T$
(—78 bis +250 °C [11])
$1/x\,Pd(\text{in }\alpha) + 1/2\,D_2 = 1/x\,PdD_x$: $\Delta G^0 = -4436 + 11{,}7\,T$
(—78 bis +175 °C [11])
Die Lösungswärme für 1/2 mol H_2 bzw. D_2 in α und β steigt von etwa —2 kcal/1/2 mol H_2 für $c \to 0$ auf etwa —4 bis —5 kcal/1/2 mol H_2 im Bereich der Entmischung an, um dann für $c > 35$ At.-% H wieder auf etwa —3 kcal/1/2 mol H_2 abzufallen. Die Lösungsentropie bleibt dagegen bei Werten von etwa 12 cal · k^{-1} (1/2 mol $H_2)^{-1}$ praktisch konstant [3]. Auf Grund theoretischer Überlegungen kann das chemische Potential μ_H in einen elektronischen und einen protonischen Anteil aufgegliedert werden, d. h. die elektronische Struktur von Pd ist in hohem Maße für Gleichgewichtszustände im System Pd—H verantwortlich [16, 22].

Diffusion [3, 13, 19, 20, 37, 38, 40]
H in Pd(s): $D = 5{,}25 \cdot 10^{-3} \exp(-5760/RT)$ (—78 bis +500 °C [37])
D in Pd(s): $D = 2{,}5 \cdot 10^{-3} \exp(-5150/RT)$ (20—100 °C [13])
T in Pd(s): $D = 10{,}5 \cdot 10^{-3} \exp(-6220/RT)$ (16—50 °C [38])
Für H liegen zahlreiche Messungen vor mit D_0-Werten bei $3 \cdot 10^{-3}$—$11 \cdot 10^{-3}$ cm²/s und Aktivierungsenergien zwischen 5,4 und 6,1 kcal/mol. Der Diffusionskoeffizient für D ist bei R. T. etwa um den Faktor 1,5 höher als für H.
Thermo- und *Elektrotransport* von H in Pd(s) s. Tab. B 2.

Permeation [14, 19—21, 40] in Torr l · $cm^{-1} \cdot s^{-1} \cdot Torr^{-1/2}$
H_2 durch Pd(s): $P = 4{,}3 \cdot 10^{-4} \exp(-3745/RT)$ (0—400 °C [14])
und: $P = 5{,}6 \cdot 10^{-4} \exp(-4190/RT)$ (300—700 °C [40])
D_2 durch Pd(s): $P = 4{,}4 \cdot 10^{-4} \exp(-4430/RT)$ (300—700 °C [40])
Die Permeation von H und D in Pd wird nicht zuletzt wegen ihrer technischen Bedeutung oft untersucht. Die Ergebnisse schwanken stark. Es bedarf besonderer Maßnahmen, um zu reproduzierbaren Werten zu gelangen. Dabei sind Grenzflächenreaktionen und Diffusion getrennt zu berücksichtigen. Besonders auffällig sind Passivitäts- und Vergiftungserscheinungen, die sich in einer Abnahme oder u. U. einem vollkommenen Verschwinden der Permeation, äußern. Die Vergiftung tritt vorwiegend unter ruhendem technischem H_2 ein [15], weil eine inerte Schicht aus den Verunreinigungen des H_2-Gases gebildet wird. Als Gifte wirken außer H_2S auch Kohlenwasserstoffe. SiF_4 und HCl sind in Abwesenheit von Fe ohne Einfluß. Die Aktivität der Oberfläche kann oberhalb von 400 °C aufrecht erhalten werden. Bei hohen H_2-Drücken wird die Permeation durch die H-Diffusion im Gitter bestimmt. Bei tiefer Temperatur und kleinem p_{H_2} wird sie von den Grenzflächenreaktionen der Dissoziation der H_2-Moleküle, Chemisorption und Rekombination beim Austritt der H-Atome kontrolliert.

Absorption [2—4]. Sie hängt sehr stark von der Beschaffenheit der Probenoberfläche, der Reinheit und Strömungsgeschwindigkeit des Gases, von der Glühbehandlung und dem Verformungsgrad der Probe sowie von der Benutzung von Katalysatoren oder der Aktivierung durch vorherige kathodische Beladung ab (s. auch unter Konstitution, Permeation). Die Absorption kann als diffusionskontrollierter Prozeß angesehen werden, wenn keine Hemmungen an der Oberfläche vorliegen.

Isotopen-Trennung [2, 16—18]. Da bei 25 °C der Gleichgewichtsdruck für D_2 über β-Pd 6mal höher ist als für H_2 (s. Abb. 1 bis 4) und bei Tritium sogar 10mal höher, reichert sich bei der Absorption H in Pd und D bzw. T in der Gasphase an. Zwischen +50 und —78 °C werden nach dieser Methode Trennfaktoren ((H/D) Gas/(H/D) in Pd) von 2,25—3,7 erreicht. Mit steigender Temperatur und über α-Pd ist die Trennwirkung geringer. Bei der Elektrolyse von Mischwasser (HDO) wird bevorzugt H_2 entladen, D reichert sich in der flüssigen Phase an. Die bevorzugte Absorption von H_2 an Pd-Elektroden führt zu einer weiteren Trennung. Der theoretisch zu erreichende Trennfaktor liegt bei 9, praktisch werden Werte zwischen 3 und 9 beobachtet. Der unterschiedliche Diffusionskoeffizient von D und H führt bei der Permeation nur zu Trennfaktoren von 1,7, weil der Isotopeneffekt bei der Löslichkeit entgegengesetzt wirkt.

Gitterparameter [2]. Im Bereich der α-Phase ist nur ein geringer Einfluß bemerkbar, a steigt von 3,890 auf 3,894 Å bei 1,5 At.-% H [2]. Bei der α-β-Umwandlung bei 25 °C Anstieg auf 4,025 Å [5, 6].

Ausdehnung. Bei der Beladung bis zur Sättigung treten Längenänderungen von 1,2 bis 8% auf [2].

Elektrischer Widerstand s. Abb. 6. Es liegen zahlreiche Arbeiten vor [2—4], die insgesamt folgendes Bild ergeben: Im Bereich der α-Phase kann zwischen R. T. und 500 °C und für Konzentrationen bis 10 At.-% H die Beziehung

$$\varrho = \varrho_0(1 + 0{,}022\,c)$$

verwendet werden. Bei R. T. steigt ϱ/ϱ_0 im Zweiphasengebiet bis 35 At.-% etwa linear an, durchläuft bei 42 At.-% ein flaches Maximum und fällt dann wieder ab. Durch Experimente bei Drücken bis 25000 atm konnte nachgewiesen werden, daß ϱ/ϱ_0 bis auf Werte von 0,9 abfällt [27]. Bei Proben mit 37 At.-% wurde bei 50 K ein Maximum in der Temperaturkurve des Widerstandes beobachtet, das mit der Ausbildung einer Ordnungsstruktur der β-Phase bei tiefen Temperaturen in Zusammenhang stehen dürfte [24]. Gelöstes D erhöht bei 25 °C den Widerstand im Bereich ($\alpha + \beta$) etwas stärker als H (s. Abb. 6).

Suszeptibilität [2, 28]. χ fällt vom Wert des reinen Pd ($550 \cdot 10^{-6}$ —$600 \cdot 10^{-6}$ cm³/g-Atom) im heterogenen Bereich ($\alpha + \beta$) linear mit steigendem H- und D-Gehalt auf den nahe bei 0 liegenden Wert der schwach diamagnetischen β-Phase ab, s. Abb. 7. Ein Unterschied zwischen H und D wird nicht beobachtet. Hystereseerscheinungen bei Be- und Entgasungsversuchen wurden nicht festgestellt [29]. Vergleiche mit der durch die thermische Gitteraufweitung verursachten Änderung der magnetischen Suszeptibilität legen es nahe, die unterschiedlichen χ-Werte für die α- und β-Phase vor allem der Gitteraufweitung und weniger elektronischen Effekten zuzuordnen [29].

Thermospannung [2, 30, 39]. Aus Abb. 8 kann für die Thermokraft in µV/°C bei 18 °C im Bereich der α-Phase die Beziehung entnommen werden [2]

$$V = -6{,}8 + 3{,}15\,c.$$

Für den Bereich 10—100 K, 0—42 At.-% H liegen sorgfältige Messungen von [24] vor, nach denen die Thermokraft eine relativ komplizierte Temperatur- und Konzentrationsabhängigkeit aufweist. Bei H_2-Drücken zwischen 5 und 14000 atm ist log V proportional zur Fugazität [39].

Hallkoeffizient. R_H ändert sich nach [31] nicht nachweisbar.

Photoelektrische Sensibilität von Pd-Filmen nimmt bei —80 und —195 °C nach [32] mit steigendem H-Gehalt ab.

Innere Reibung. Der Einfluß von H auf die innere Reibung hängt vom Zustand des Pd, der Korngröße und dem Reinheitsgrad ab, wobei Analogien zum Verhalten der Härte festgestellt werden. [36] beobachten nach elektrolytischer Beladung von hochreinem Pd-Draht zwei Spitzen der inneren Reibung bei 75 und 105 K. Die Höhe der Spitze bei 75 K hängt vom H-Gehalt des Pd ab und wird mit der spannungsinduzierten Ordnung von H-Paaren in der β-Phase in Zusammenhang gebracht. Die zweite Spitze der inneren Reibung hängt von dem Reinheitsgrad des Pd und der Wärmebehandlung ab und wird als Kaltbearbeitungsspitze interpretiert [91].

Härte. Härteänderungen bei elektrolytischer Be- und Entladung mit H_2 werden vom Zustand des Pd bestimmt. Im allgemeinen steigt die Härte in α-Pd mit der H-Konzentration. Bei kaltverfestigtem Pd fällt sie nach Überschreiten der Sättigungsgrenze von α im $(\alpha + \beta)$-Gebiet zunächst rasch, später langsamer. Bei weichgeglühtem Pd ist die Härte im $(\alpha + \beta)$- und im homogenen β-Gebiet konstant [2]. Durch wiederholtes Be- und Entladen, z. B. durch Erhitzen und Abkühlen, treten Risse oder bei Folien Formänderungen auf, die durch die Volumenänderung bei der α-β-Umwandlung verursacht werden [2].

Mechanische Eigenschaften [33, 34]. E-Modul, Streckgrenze und Zugfestigkeit fallen nach anfänglichem Anstieg mit zunehmender Konzentration stetig ab [33]. Nach vollständiger Umwandlung in die β-Phase ändern sie sich nur noch wenig. Bei H-haltigem Pd fallen die Eigenschaftswerte mit zunehmender Temperatur rascher als bei H-freiem Pd. Von [34] sind die Festigkeitseigenschaften von bei Raumtemperatur elektrolytisch mit H beladenem, kaltverfestigtem und geglühtem Pd-Draht in Abhängigkeit von der H-Konzentration untersucht worden; die wesentlichen Ergebnisse sind in Abb. 9 zusammengestellt. In Übereinstimmung mit [33] ergibt sich eine anfängliche Steigerung der Eigenschaften bis zum Erreichen der Löslichkeitsgrenze, die bei etwa 2 At.-% H angenommen wird, der dann ein stetiger Abfall folgt. Die Zunahme der Dehnung stimmt mit früheren Beobachtungen von [35] überein. Nach Abb. 9 ist die H-Konzentration der homogenen β-Phase im allgemeinen nur von geringem Einfluß auf die Festigkeitseigenschaften von Pd; lediglich die Streckgrenze der geglühten Proben steigt über die der α-Phase mit zunehmendem Anteil von β weiter an. Im übrigen nehmen die gemessenen Eigenschaften im Zweiphasenfeld stetig ab.

Palladium-Kohlenstoff

Konstitution [41, 42]. Es existieren keine stabilen Karbide, eutektisches System mit $T_e = 1504$ °C, C-Ausscheidungen als Kugelgraphit [42]. Stabiles Monokarbid existiert in der Gasphase [45, 56].

Löslichkeitsgrenze [42, 43, 44] s. Abb. 5. Die von [43] und [44] angegebenen Löslichkeitsgrenzen unterscheiden sich erheblich.
C in Pd(s): $\log c = 1{,}58 - 1262/T$ (900—1200 °C [43])
oder: $\log c = 2{,}42 - 3022/T$ (800—1400 °C [44])
Röntgenographische Messungen bei 1400 °C zeigen keine Anhaltspunkte für eine hohe C-Löslichkeit [42].

Thermodynamische Daten [43, 44]
C = C(in Pd(s)): $\Delta G^0 = 5770 - 1{,}92\,T$ (900—1200 °C [43])
oder: $\Delta G^0 = 13820 + 1{,}92\,T$ (800—1400 °C [44])

Diffusion [44]. Rasche Diffusion bei 1400—1700 °C durch Membranen.
Thermotransport s. Tab. B 2.

Absorption. Unterhalb der eutektischen Temperatur ist die Reaktion mit C träge [42].

Gitterparameter [42, 44, 47] s. Abb. 10

Härte [44] s. Abb. 11

Palladium-Stickstoff

N ist bis 1400 °C in Pd unlöslich [48].

Palladium-Sauerstoff

Konstitution [49, 50]. Phase: PdO tetr., zersetzt sich bei 1 atm O_2 und 870 °C.

Löslichkeit [51, 52]. Nach [51] treten bei gravimetrischen Untersuchungen oberhalb von 900 °C Gewichtszunahmen auf, die auf eine mit steigender Temperatur zunehmende isobare O-Löslichkeit schließen lassen ($\approx$ 0,5 At.-% O bei 1200 °C und 1 atm O_2). Bei tiefen Temperaturen ist die O-Löslichkeit gering [52, 53].

Zersetzungsdruck von PdO [50]
$\log p_{O_2} = 10{,}27 - 11750/T$ (650—900 °C, b. [50])

Thermodynamische Daten [50, 53—57]
Pd(s) + 1/2 O_2 = PdO(s): $\Delta G^0 = -26880 + 23{,}5\,T$ (650—900 °C, b. [50, 57])

Diffusion. Das Auftreten von innerer Oxidation und die Neigung zur Wasserstoffkrankheit (s. Cu—H—O) lassen auf eine meßbare Diffusion bei höheren Temperaturen schließen.

Absorption und PdO-Abdampfung. Beim Glühen von kompaktem Pd bei O_2-Drücken über dem Zersetzungsdruck von PdO tritt unter Anlaufen der Pd-Oberfläche langsame Bildung einer PdO-Schicht ein, deren Dickenwachstum von der Temperatur und der Glühdauer abhängt und nach einer bestimmten Zeit zum Stillstand kommt. Eigentliche Zunderschichten treten nicht auf [58—60]. Das tetr. PdO ist jedoch auch röntgenographisch nach dem Glühen unter O_2 bei 800 °C nachweisbar [51]. Pd-Schwamm läßt sich durchoxidieren. Beim Glühen in O_2 bei 1 atm oberhalb von 900 °C beobachtet man, obwohl der Zersetzungsdruck des PdO > 1 atm ist, zunächst eine mit der Temperatur rasch ansteigende Gewichtszunahme, der nach einer von T abhängigen Zeit eine Gewichtsabnahme folgt, durch die das Gewicht gegebenenfalls unter das Ausgangsgewicht sinkt [51, 52], s. Abb. 12. Durch langsames Abkühlen an Luft und durch Glühen bei 500 bis 800 °C unter Vakuum oder indifferenter Atmosphäre läßt sich die O-Aufnahme wieder weitgehend rückgängig machen. Dieses Verhalten deutet auf eine exotherme Lösungsreaktion $O_2 = 2\,O$(in Pd) hin, der sich bei Temperaturen oberhalb von 1000 °C der Abdampfprozeß des flüchtigen Oxids PdO(g) aus dem Mischkristall mit einer Aktivierungsenergie um 24 kcal/mol [63] überlagert [61, 62]. Die Existenz von PdO-Molekülen neben Pd-Atomen über Pd(l) bei 1 Torr O_2 und 1600 °C wurde von [61] massenspektrometrisch nachgewiesen. Wegen $p_{PdO} \approx p_{O_2}^{1/2}$ wird auf die Reaktion Pd(l) + 1/2 O_2 = PdO(g) geschlossen.

Ternäre Wasserstoff-Systeme

Pd-Legierungen. Nach ersten Messungen von T. Graham sind von A. Sieverts [64—66] ausgedehntere Untersuchungen durchgeführt worden, denen sich in jüngster Zeit zahlreiche weitere Arbeiten anschließen [2]. Es liegen vor allem Ergebnisse über Legierungen mit Metallen aus der 1. und 8. Nebengruppe (Ag, Au, Pt, Ni, Rh) sowie mit B vor. Da die Messungen überwiegend im Bereich höherer H-Konzentrationen durchgeführt werden, so daß die Legierungen in dem zweiphasigen Bereich ($\alpha + \beta$) liegen, lassen sich die Ergebnisse in den ternären Systemen nicht auf konzentrationsunabhängige Wirkungsparameter zurückführen; sie müßten deshalb vollständig wiedergegeben werden; dies ist jedoch im Rahmen dieses Kapitels nicht möglich. Eine Zusammenstellung der wichtigsten Kurven sowie ausführliche Literaturhinweise zu diesem Thema finden sich in dem Buch von F. A. Lewis [2]. Hier soll lediglich auf allgemeine Gesichtspunkte und anschließend auf einige neuere Untersuchungen hingewiesen werden.
Allgemein scheint das gelöste Metall (vielleicht mit Ausnahme des Rh) wegen der mit der Aufweitung verbundenen Spannungen des Gitters und der Verminderung des für die H-Aufnahme zur Verfügung stehenden interstitiellen Volumens die H-Löslichkeit herabzusetzen. Man schenkt heute neben der elektronischen Bandstruktur den Änderungen der Gitterstruktur zur Deutung der Vorgänge bei der H-Adsorption besondere Beachtung. Dabei sind während der H-Aufnahme auftretende Ordnungsvorgänge vom Cluster- oder Domänentyp zu beachten [136, 137]. Der Existenzbereich des Zweiphasenfeldes ($\alpha + \beta$) wird durch Gegenwart einer zweiten metallischen Komponente mehr oder weniger stark eingeengt und zu tieferen Temperaturen hin verschoben. Von einem bestimmten, von der Art des Zusatzes abhängigen Gehalt an, verschwindet er vollkommen. Auch die maximale Löslichkeit erleidet zumeist eine Abnahme. Bei allen Untersuchungen wird die von Pd her bekannte Abnahme der isobaren H-Löslichkeit mit steigender Temperatur festgestellt, d. h. die Lösungsreaktion bleibt exotherm und das $\sqrt{p}$-Gesetz bleibt bei kleinen Konzentrationen erfüllt. Pt-Zusätze bewirken bei R. T. eine Abnahme der isobaren H-Löslichkeit, bei Temperaturen oberhalb von 100 °C jedoch eine Zunahme. Steigender Zusatz von Ag, Au und B führt zunächst zu einer Erhöhung der isobaren H-Löslichkeit, der nach Durchlaufen eines Höchstwertes bei etwa 30 At.-% wieder ein Abfall folgt. Bei Beurteilung der teils widersprüchlich erscheinenden Ergebnisse in ternären Legierungen ist das Auftreten des

Zweiphasenfeldes ($\alpha + \beta$) zu berücksichtigen, über das eine Reihe von Veröffentlichungen vorliegt [2]. So schrumpft z. B. für eine Ag—Pd-Legierung mit 20 At.-% Ag das Zweiphasenfeld stark zusammen und die kritische Temperatur wird schon bei etwa 50 °C erreicht. Bei einem Rh-Gehalt von 5 At.-% verschwindet die β-Phase schon bei 100 °C [65] und in Gegenwart von 10 At.-% Rh bleibt ihre Ausbildung ganz aus [67].

Die *Gleichgewichtseinstellung* ist auch bei den ternären Systemen im Bereich niedriger Temperaturen stark verzögert. Bei den oft angewandten elektrochemischen Methoden zur Messung der Absorption von H_2 und D_2 streuen die Ergebnisse ähnlich wie bei unlegiertem Pd stärker als bei gasvolumetrischen Versuchen und sie lassen vielfach eine zuverlässige Auswertung nicht zu. Um die besonders bei tieferen Temperaturen auftretenden Hemmungen der Grenzflächenreaktion zu überwinden, wird meist mit Übertragungskatalysatoren gearbeitet.

Abschätzungen der *Lösungswärme* von H_2 in Pd-Legierungen aus der Temperaturabhängigkeit der Löslichkeitskurven ergeben Werte von —20 bis +20 kcal/1/2 mol H_2 [2].

Die *Diffusionskoeffizienten* von H und D werden durch die Gegenwart einer zweiten metallischen Komponente bei hoher H- bzw. D-Konzentration im Metallgitter herabgesetzt. Die Aktivierungsenergien steigen teilweise erheblich an, wobei die des D im allgemeinen weniger stark zunehmen. Die Unterschiede in der Diffusionsgeschwindigkeit zwischen D und H sind daher in Legierungen z. T. noch größer als in Pd [13, 67—69].

Eine zusammenfassende Darstellung der Untersuchungen über die Änderungen einiger *Eigenschaften*, vor allem des elektrischen Widerstands von Pd-Legierungen, findet sich bei [2, 71]. Die *Widerstandsänderungen* der ternären Legierungen entsprechen weitgehend denen der binären Pd—H-Legierungen. Eigenschaftsänderungen bei sehr hohen H_2-Drücken werden bei [27, 70] beschrieben.

Durch Untersuchungen in den Systemen Pd—Ag, Pd—Sn, Pd—Pb und Pd—Rh ist nachgewiesen worden, daß das chemische Potential von H in Pd und dessen Legierungen sehr stark von der elektronischen Struktur der Metallmatrix abhängt [72, 90].

Ag—Pd—H und Ag—Pd—D. Ag—Pd-Legierungen wurden sehr intensiv untersucht, da sie technisches Interesse als Diffusionsfolien und für andere Zwecke haben. Oberhalb 25 At.-% Ag verschwindet bei einem H_2-Druck von 1 atm und 25 °C das Zweiphasen-Gebiet ($\alpha + \beta$) und es ist nur noch die α-Phase festzustellen [22, 80]. Nach [22] sind bei 10, 20, 30 und 40 At.-% Ag die kritischen Temperaturen des Zweiphasenfeldes, in erster Annäherung 417, 336, 182 und 34 K. Die Verschiebung des Zweiphasenfeldes zu tiefen Temperaturen bringt für den praktischen Gebrauch den Vorteil, daß die Gefahr von Zerstörungen durch die mechanische Deformation infolge der Volumenänderungen beim wiederholten Übergang zwischen β und α nicht gegeben ist. Bei elektrochemischen Messungen wird teilweise auch noch für Ag-Gehalte bis 50 At.-% das Auftreten der β-Phase beobachtet [73—75]. Bei diesen Ergebnissen dürfte es sich jedoch nicht um Proben im thermodynamischen Gleichgewicht handeln.

Die gemessenen Werte der H-*Diffusion* in Pd—Ag-Legierungen bei 25 °C ergeben bis 25 At.-% Ag keine Änderung und zwischen 25 und 60 At.-% Ag einen Abfall um zwei Zehnerpotenzen [13, 68, 76]. Eine sorgfältige Untersuchung über den

Mechanismus der Diffusion von D durch Pd mit 25 At.-% Ag gibt [77]. Vergleichende Messungen der Permeation von H_2 und D_2 durch Pd und Pd—25 At.-% Ag bei 300—600 °C beschreiben [78, 79]. Das Durchlässigkeitsverhältnis von H/D hängt nicht vom Druck und der Temperatur ab und liegt bei etwa 1,5 bis 2.

Pd—Au—H. Neuere Untersuchungen über *Gleichgewichtsdrücke*, thermodynamische Daten und *Gitterparameter* für H und D in Pd—Au-Legierungen finden sich bei [81—84]. *Permeation* in Pd—Au und Pd—Au—Ag-Legierungen s. [88].

Pd—B—H. Die Diffusionskonstande für H in Pd—B-Legierungen nimmt bei R. T. zwischen 0 und 25 At.-% B um den Faktor 3 ab [85].

Pd—Cu—H. H-Diffusion von 0 bis 58 At.-% Cu ist bei 25 °C kaum verändert, jedoch starker Anstieg von $3 \cdot 10^{-7}$ auf $5 \cdot 10^{-5}$ cm²/s beim Übergang zur geordneten krz Phase CuPd und im Bereich der Cu_3Pd-Phase [86, 87].

Pd—Ni—H. Löslichkeit, Diffusion, Permeation von H in Pd—10 At.-% Ni und Pd_3Ni s. [89].

Weitere ternäre Systeme

Pd—Ag—O. *Konstitution* im Pd—Ag—O-System [115]. *Gewichtsänderungen* in O_2 bei 900 °C; bis 10 At.-% Ag Gewichtszunahme, darüber Gewichtsabnahme, die für reines Ag etwa $7 \cdot 10^{-3}$ mg · cm^{-2} · h^{-1} erreicht [51].

Pd—Pt—O. Abdampfverluste in O_2 zwischen 900 und 1100 °C nehmen stark und nahezu linear mit wachsendem Pd-Gehalt zu [51].

Pd—Rh—O. Konstitution, Dreiphasengleichgewicht Rh_2O_3 + Pd—Rh—O-Mischkristalle + Gasphase [62].

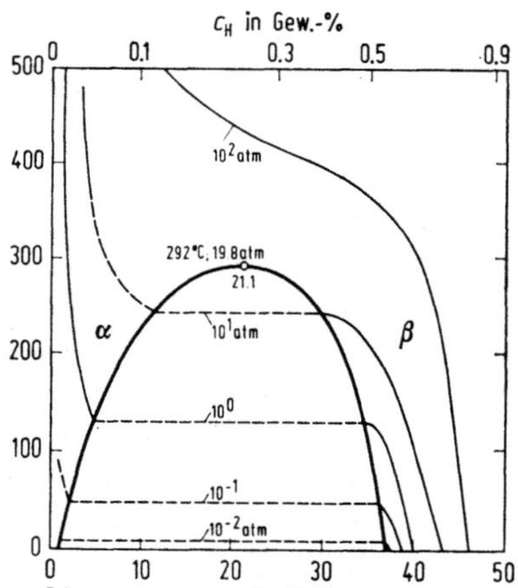

Abb. 1. System Pd—H mit Isobaren, nach [2—4].

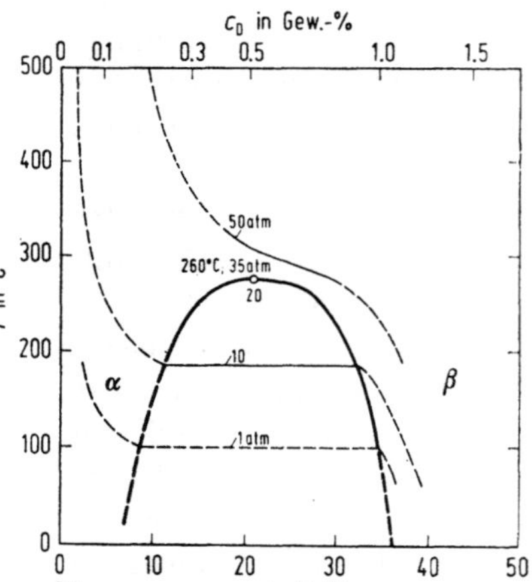

Abb. 2. System Pd—D mit Isobaren, nach [2—4].

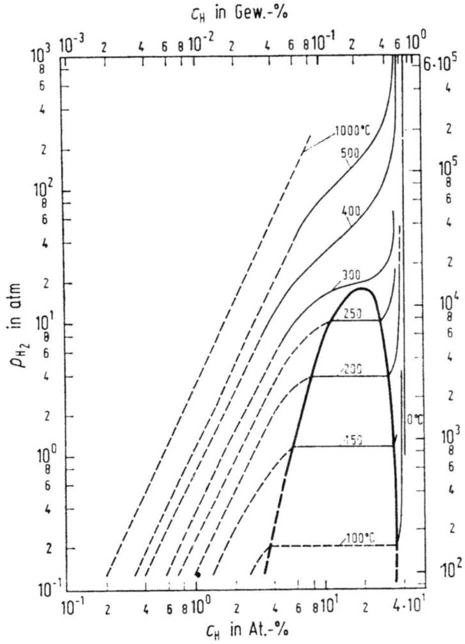

Abb. 3. (p,c)-Isothermen im System Pd—H, nach [2—4].

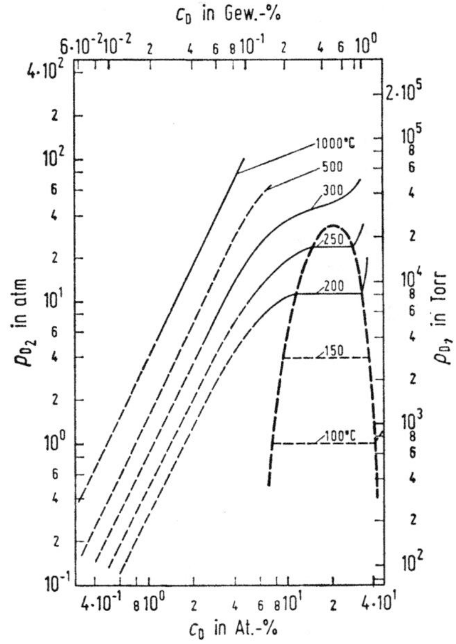

Abb. 4. (p,c)-Isothermen im System Pd—D, nach [2—4].

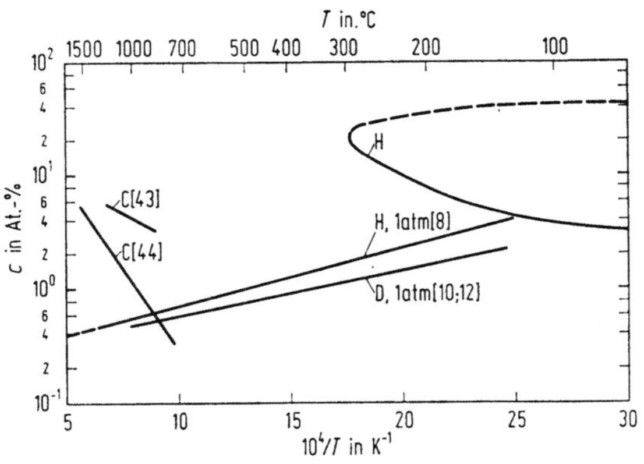

Abb. 5. Löslichkeitsgrenze für H und C und isobare Löslichkeit von H und D in Pd.

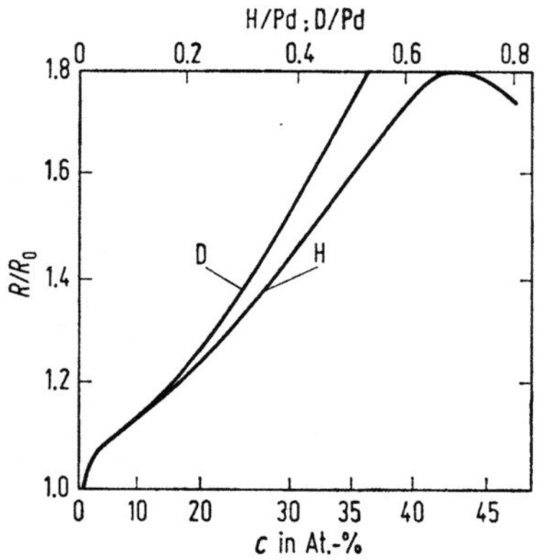

Abb. 6. Widerstandsänderung R/R_0 von Pd durch H und D bei 25°C [2, 26].

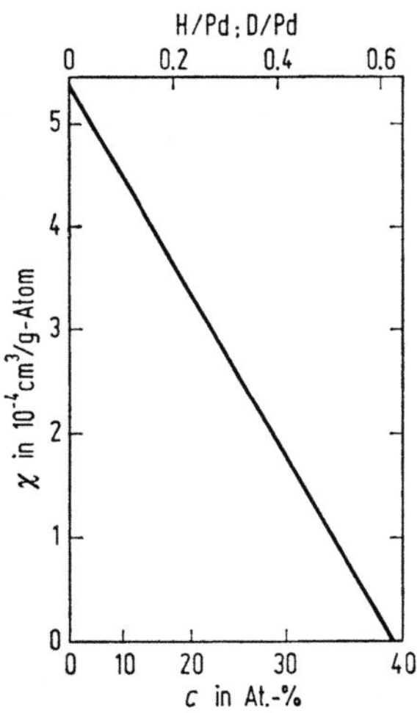

Abb. 7. Einfluß von H und D auf die magnetische Suszeptibilität χ von Pd [2].

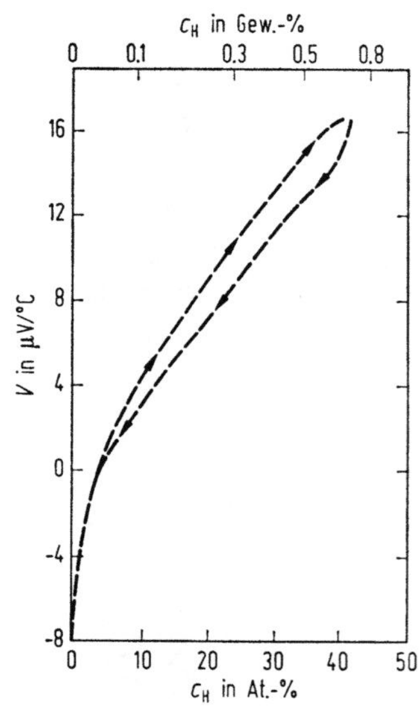

Abb. 8. Einfluß von H auf die Thermospannung V von Pd bei 18°C, nach [2].

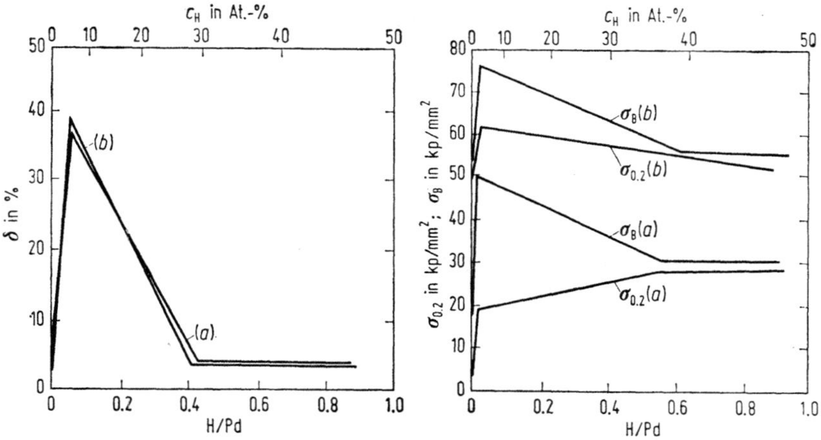

Abb. 9. Einfluß von H auf die Bruchdehnung δ, die Zugfestigkeit σ_B und die Streckgrenze $\sigma_{0,2}$ von Pd. a) vor elektrischer Beladung bei 900 °C geglüht, b) Beladung im verformten Anlieferungszustand.

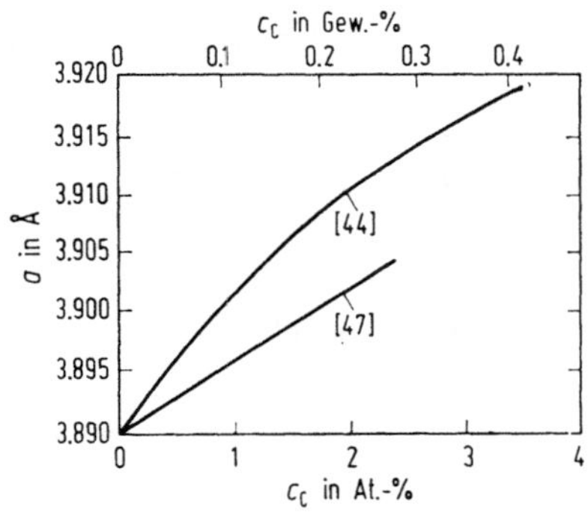

Abb. 10. Einfluß von C auf den Gitterparameter a von Pd, nach [44, 47].

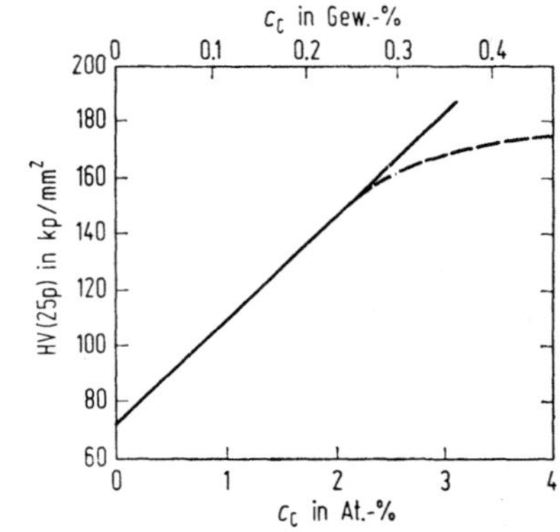

Abb. 11. Einfluß von C auf die Härte HV von abgeschreckten Pd-Proben bei R. T., nach [44].

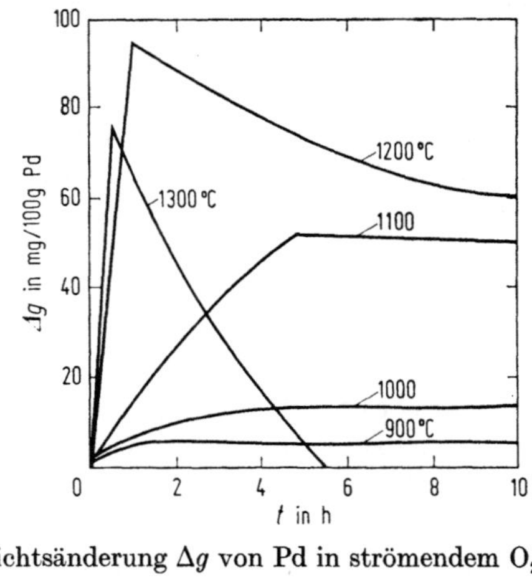

Abb. 12. Gewichtsänderung Δg von Pd in strömendem O_2 bei 1 atm [51].

Platin

(Abb. S. 650, Lit. S. 654)

E. Raub

Platin-Wasserstoff

Das Verhalten von H_2 und Pt zueinander ist wenig untersucht, obwohl es durchaus von praktischem Interesse ist, z. B. für den Gebrauch von Pt als Elektrodenmaterial in der Elektrochemie.

Konstitution. Phasen: Pt kfz, Smp. 1769 °C; keine Hydride.

Löslichkeit s. Abb. 1. Nach Angaben von [92] bei hohen Temperaturen und neueren Permeationsuntersuchungen von [93] gilt für die außerordentlich niedrige Löslichkeit

H in Pt(s): $\log c = 1/2 \log p - 2{,}36 - 2404/T$ (300—1400 °C [92, 93])

Der Wert von $1{,}2 \cdot 10^{-3}$ At.-% H bei 1 atm H_2 und 409 °C von [92] dürfte um über eine Zehnerpotenz zu hoch liegen.

Thermodynamische Daten

$1/2\ H_2 = H(\text{in Pt(s)})$: $\Delta G^0 = 11000 + 13{,}4\ T$ (300—1400 °C [93])

Diffusion [93, 96]

H in Pt(s): $D = 6 \cdot 10^{-3} \exp(-5900/RT)$ (300—700 °C, Permeation [93])

Permeation [93—95] in $\text{Torr l} \cdot \text{cm}^{-1} \cdot \text{s}^{-1} \cdot \text{Torr}^{-1/2}$

H durch Pt(s): $P = 2{,}4 \cdot 10^{-4} \exp(-16900/RT)$ (300—700°C [93])

Isotopeneffekt: $P_H/P_D = 1{,}16$ bei 477 °C [93]. Permeation bei elektrolytischer H_2-Entwicklung bei 50—80 °C s. [96]. Unmittelbar unter der Oberfläche wird bis zu 0,02 At.-% H gefunden. Von dem absorbierten H sind nur 5 bis 15% im Pt-Gitter beweglich, der Rest ist verhältnismäßig stabil in Bereichen lokaler Gitterstörungen gebunden. In Übereinstimmung mit anderen Beobachtern ist die H-Permeation nur feststellbar, wenn die Oberfläche nicht vergiftet ist.

Eigenschaften. Wasserstoffversprödung wird in ähnlicher Weise wie bei Stahl beobachtet. Die Überspannung der H_2-Ionenentladung ist der H-Konzentration unmittelbar unter der Pt-Oberfläche proportional.

Platin-Kohlenstoff

Konstitution [41, 97]. Eutektisches System, eutektischer Punkt bei 16,8 At.-% C, 1705 °C. Stabiles Monokarbid existiert in der Gasphase [45, 46].

Löslichkeitsgrenze [43, 44] s. Abb. 2.

C in Pt(s): $\log c = 1{,}4 - 1800/T$ (870—1250 °C [43])

[44] findet dagegen bei 1700 und 1400 °C weniger als 0,33 bzw. 0,2 At.-% C.

Thermodynamische Daten
C = C(in Pt(s)): $\Delta G^0 = 8230 + 2{,}70\,T$ (870–1250 °C [43])
Unterhalb der eutektischen Temperatur reagiert Pt nicht oder nur sehr träge mit C. Gegenteilige Beobachtungen beruhen nach [42, 98] auf der Reaktion von Verunreinigungen des C mit Pt unter Bildung von Pt-Mischkristallen oder intermetallischen Verbindungen.

Platin-Stickstoff

Es ist keine Lösung im festen und flüssigen Zustand nachgewiesen worden [48].

Platin-Sauerstoff

Konstitution [99, 100, 101]. Phasen: PtO tetr., zersetzt sich bei 1 atm O_2 bei 300–550 °C [99]; PtO_2 hex., Smp. 450 °C; Pt_3O_4 tetr.

Löslichkeit. Sie ist außerordentlich gering [102] und wird von [129] näherungsweise durch die Beziehung beschrieben, s. Abb. 2.
O in Pt(s): $\log c = 1/2 \log p + 10{,}94 - 25580/T$ (1400–1500 °C [129])

Diffusion [103, 129]
O in Pt(s): $D = 9{,}3 \exp(-7800/RT)$ (1400–1500 °C, Permeation [129])
Bei elektrochemischen Messungen findet [103] $D = 3 \cdot 10^{-11}$ cm²/s.

Permeation in Torr l · $cm^{-1} \cdot s^{-1} \cdot Torr^{-1/2}$
O durch Pt(s): $P = 7{,}5 \cdot 10^{12} \cdot \exp(-195000/RT)$ (1400–1500 °C [129])

Gleichgewichtsdrücke
Zersetzungsdruck von PtO_2. Er liegt nach [104] in O_2 bei 530 °C unter 592 Torr, bei 510 °C unter 203 Torr und bei 460 °C unter 160 Torr. Nach [99] schwanken die Angaben für $p = 1$ atm zwischen 280 und 450 °C.
Gleichgewichtsdruck für PtO_2(g) über Pt(s) in O_2 [62, 105, 106]
$\log p_{PtO_2} = \log p_{O_2} + 0{,}204 - 8585/T$ (1100–1550 °C [62])

PtO_2-Abdampfung in Luft [52] und O_2 [107] s. Abb. 3. Die beobachteten Gewichtsverluste sind proportional zur Glühdauer. Es gilt näherungsweise (v in $mg \cdot cm^{-2} \cdot h^{-1}$)
in Luft: $v = 4 \cdot 10^3 \exp(-43450/RT)$ (1100–1400, b. [52])
in O_2: $v = 4 \cdot 10^4 \exp(-43450/RT)$ (1100–1400, b. [52])

Oxidation. In Luft wächst die Oxidschicht auf Pt mit der Dauer der Einwirkung stärker als die auf V_2A-Stahl oder Ag [130]. Das Dickenwachstum beschleunigt sich mit steigender Temperatur nur wenig. Im allgemeinen treten keine Interferenzfarben auf, erst nach 16 Tage langem Erhitzen von Pt-Folie auf Temperaturen von 420 und 450 °C werden Anlauffarben beobachtet [108]. Nach [109] ist atomarer O bei 1000 °C und 0,5 Torr 400 bis 600mal wirksamer als O_2. Bei der Bildung von PtO_2(g) dürfte daher die Dissoziation des adsorbierten O_2 der geschwindigkeitsbestimmende Schritt sein.

Ternäre Systeme

H in Pt-Legierungen. H-Aufnahme in flüssigen Pt-Legierungen s. [110].

Legierungen von Hartstoffen mit Pt-Metallen. Zersetzung von Karbiden durch Bildung von intermetallischen Phasen der Pt-Metalle [111—113].

Pt—Au—O. Au beeinflußt bis zu Gehalten von 80 At.-% das Abdampfen von PtO_2 in O_2 bei 1000—1100 °C kaum [51].

Pt—Ir—O. Ir-Gehalte über 20 At.-% erhöhen die Metallverluste in O_2 bei 900 °C erheblich [51].

Pt—Rh—O. *Konstitution*, Dreiphasengleichgewicht Rh_2O_3 + Rh—Pt—O-Mischkristalle + Gasphase [116]. *Gewichtsänderung* bei 900 und 1100 °C in O_2 für Legierungen mit 0, 17, 32, 45 und 56 At.-% Rh. Bei 900 °C und $c > 45$ At.-% Rh Gewichtszunahme wegen Rh_2O_3(s)-Bildung, bei $c < 45$ At.-% Rh und 1100 °C Gewichtsabnahme [51, 62].

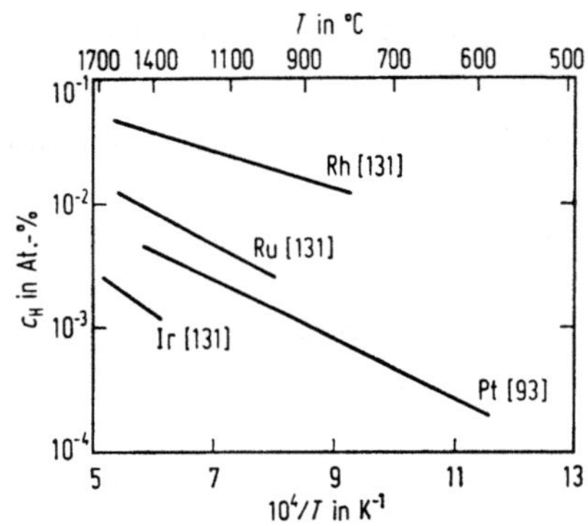

Abb. 1. Isobare Löslichkeit von H in Pt, Rh, Ir und Ru bei 1 atm.

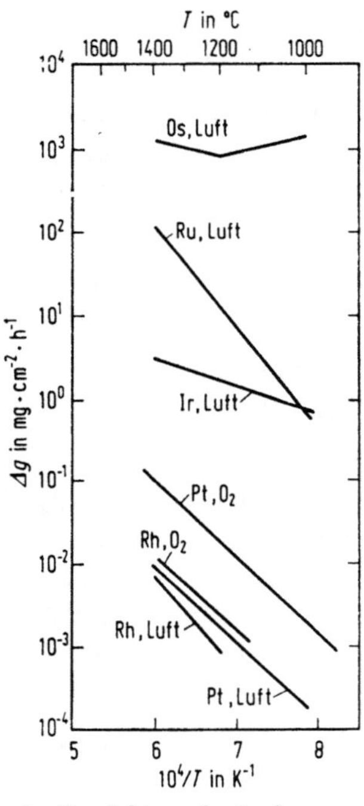

Abb. 3. Gewichtsverluste Δg von Pt-Metallen in Luft und O_2 [52].

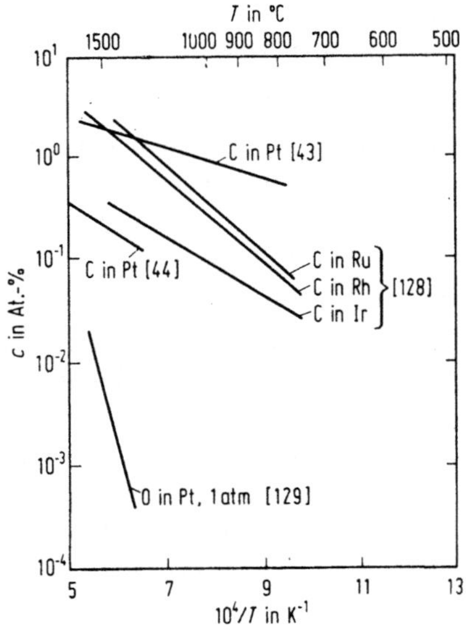

Abb. 2. Löslichkeitsgrenze für C und O in Pt-Metallen.

Rhodium, Iridium, Ruthenium, Osmium

(Abb. S. 654, Lit. S. 654)

E. Raub

Wasserstoff-Systeme

Löslichkeit s. Platin Abb. 1

H in Rh(s): $\log c = 1/2 \log p - 2{,}06 - 1394/T$ (800–1600 °C [131])

H in Ir(s): $\log c = 1/2 \log p - 2{,}02 - 3847/T$ (1400–1600 °C [131])

H in Ru(s): $\log c = 1/2 \log p - 1{,}81 - 2807/T$ (1000–1500 °C [131])

Nach [92] löst sich H in geglühtem Rh-Pulver zwischen 420 und 1010 °C nicht merklich. Über die Löslichkeit von H_2 in kompaktem Os liegen keine Messungen vor.

Thermodynamische Daten

$1/2\ H_2 = H(\text{in Rh(s)})$: $\Delta G^0 = 6380 + 12{,}0\ T$ (800–1600 °C [131])

$1/2\ H_2 = H(\text{in Ir(s)})$: $\Delta G^0 = 17600 + 11{,}8\ T$ (1400–1600 °C [131])

$1/2\ H_2 = H(\text{in Ru(s)})$: $\Delta G^0 = 12840 + 10{,}84\ T$ (1000–1500 °C [131])

Untersuchungen an Pd–Rh-Mischkristallen lassen den Schluß zu, daß bei Drücken über 30000 atm bei 25 °C wahrscheinlich auch im System Rh–H eine β-Phase auftritt. Die endotherme Bildungswärme dieser Phase ergibt sich durch lineare Extrapolation aus den Werten für verdünnte Pd–Rh-Mischkristalle zu +13 kcal/mol [135].

Kohlenstoff-Systeme

Konstitution. Nach [41, 97] handelt es sich um eutektische Systeme, bei denen für den Smp. und die eutektische Temperatur T_e folgende Daten angegeben werden [41]:

Rh kfz, Smp. 1960 °C, $T_e = 1694$ °C;

Ir kfz, Smp. 2443 °C, $T_e = 2296$ °C;

Ru hdP, Smp. 2250 °C, $T_e = 1942$ °C;

Os hdP, Smp. 3027 °C; $T_e = 2732$ °C;

[97] findet für den eutektischen Punkt von Ir 2150 °C, 29 At.-% C. Auf Grund theoretischer Überlegungen kommt [121] zu folgenden geschätzten Werten für die eutektische Gerade:

Rh–C: $T_e = 1694$ °C, $c_e = 15{,}5$ At.-% C, $c_\alpha = 3{,}75$ At.-% C

Ir–C: $T_e = 2296$ °C, $c_e = 20{,}8$ At.-% C, $c_\alpha = 3{,}12$ At.-% C

Stabile feste Karbide existieren nicht. Als metastabile Phasen bzw. Phasen, die evtl. nur in einem sehr engen Temperaturbereich stabil sind, werden RuC und OsC vermutet [119, 120], deren Existenz aber keineswegs sichergestellt ist. Es werden jedoch stabile gasförmige Monokarbide gefunden, deren Dissoziationsenergien 140–150 kcal/mol betragen [45, 46, 118].

Löslichkeitsgrenze s. Platin Abb. 2

C in Rh(s): $\log c = 3{,}05 - 4613/T$ (800—1250 °C [128])

C in Ir(s): $\log c = 1{,}45 - 3244/T$ (800—1250 °C [128])

C in Ru(s): $\log c = 3{,}02 - 4438/T$ (800—1250 °C [128])

Für die Löslichkeit am eutektischen Punkt erhält man damit für Rh 4,5 At.-% C und für Ir 1,5 At.-% C, was mit den geschätzten Werten von [121] übereinstimmt.

Thermodynamische Daten

C=C(in Rh(s)): $\Delta G^0 = 21100 - 4{,}8\,T$ (800—1250 °C [128])

C=C(in Ir(s)): $\Delta G^0 = 14840 + 2{,}5\,T$ (800—1250 °C [128]

C=C(in Ru(s)): $\Delta G^0 = 20300 - 4{,}65\,T$ (800—1250 °C [128])

Stickstoff-Systeme

Es wird keine Löslichkeit im festen und flüssigen Zustand beobachtet [48].

Sauerstoff-Systeme

Konstitution [100, 101]

Rhodium. Rh_2O_3 hex., α-Al_2O_3-Typ, oberhalb 750 °C kfz, zersetzt sich bei 1140 °C. Die früher angegebenen Oxide RhO und Rh_2O existieren nicht [51]. Flüchtiges Oxid RhO_2 [62].

Iridium. IrO_2 tetr., Rutil-Typ, zersetzt sich bei 1100 °C [49, 123, 127]. Flüchtiges Oxid IrO_3 [123].

Ruthenium. RuO_2 tetr., TiO_2-Typ, zersetzt sich bei 1540 °C; RuO_4 metastabile Phase bei R. T. [122]. Flüchtige Oxide RuO_4, RuO_3 [123—125].

Osmium. OsO_2 tetr., TiO_2-Typ; OsO_4 monoklin, Smp. 40,1 °C [101]. Flüchtige Oxide OsO_4, OsO_3, evtl. OsO_2 [124, 126].

Löslichkeit

Rh(s) löst nur wenig O [51]. Ru(s) löst bei 1450 °C weniger als 0,4 At.-% O [122].

Gleichgewichtsdrücke

Zersetzungsdrücke fester Oxide [116, 122—127]

Rh_2O_3: $\log p_{O_2} = 11{,}10 - 11608/T$ (900—1000 °C [116])

IrO_2: $\log p_{O_2} = 9{,}83 - 9700/T$ (700—1150 °C, b. [123])

RuO_2: $\log p_{O_2} = 10{,}98 - 14740/T$ (1100—1500 °C [122])

Gleichgewichtsdrücke flüchtiger Oxide in O_2 [61, 62, 122—127]

RhO_2(g) über Rh(s): $\log p_{RhO_2} = \log p_{O_2} + 1{,}079 - 9866/T$ (1200—1500 °C [62])

IrO_3(g) über Ir(s): $\log p_{IrO_3} = 3/2 \log p_{O_2} - 3{,}80 - 906/T$ (1200—1400 °C [62])

RuO_4(g) über RuO_2(s): $\log p_{RuO_4} = \log p_{O_2} + 0{,}64 - 5754/T$ (800—1500 °C [124])

RuO_3(g) über RuO_2(s): $\log p_{RuO_3} = 1/2 \log p_{O_2} + 6{,}67 - 11867/T$ (800—1500 °C [124])

Thermodynamische Daten [62, 123—127]

2/3 Rh(s) + 1/2 O_2 = 1/3 Rh_2O_3(s): $\Delta G^0 = -26550 + 18{,}8\,T$ (900—1100 °C [116])

$1/2\,Ir(s) + 1/2\,O_2 = 1/2\,IrO_2(s)$: $\Delta G^0 = -22200 + 15{,}9\,T$
(700—1150 °C [123])
$1/2\,Ru(s) + 1/2\,O_2 = 1/2\,RuO_2(s)$: $\Delta G^0 = -33710 + 18{,}5\,T$
(1100—1500 °C [122])

Verhalten in O_2-haltiger Atmosphäre

Rhodium. Beim Glühen in O_2-haltiger Atmosphäre tritt bis etwa 1100 °C ein mit steigender Temperatur und Glühdauer zunehmendes. geringes Wachstum der Rh_2O_3-Schicht auf, durch das die schwarze Eigenfarbe des Rh_2O_3 sichtbar wird. Dies führt bei 1100 °C zu einer geringfügigen Gewichtszunahme von etwa $8 \cdot 10^{-2}$ mg/cm² in 10 h [51]. Ab 1200 °C überwiegt die Gewichtsabnahme durch Abdampfen von $RhO_2(g)$. Daten für Glühungen in Luft s. Platin Abb. 3 [52]. Bei Messungen in strömendem O_2 werden Werte gefunden, die um etwa den Faktor 2 größer sind [51]. Oberhalb von 1600 °C wird als flüchtiges Oxid auch RhO(g) nachgewiesen [61]. Bei 1727 °C ist das Intensitätsverhältnis der Ionen $RhO^+/RhO_2^+ = 1{,}22/1$ [107].

Iridium. In feinverteiltem Zustand läßt sich Ir durch O_2 bei entsprechenden Temperaturen durchoxidieren. Sintervorgänge können dabei jedoch zu einer starken Verzögerung der Oxidationsgeschwindigkeit führen. Kompaktes Ir bildet beim Glühen oberhalb des Zersetzungsdrucks von IrO_2 eine Deckschicht. Nach [52, 123] sind Ir-Verluste als IrO_3 in O_2 bzw. Luft oberhalb von etwa 1000 °C festzustellen, sie steigen nur schwach mit der Temperatur und stark mit dem O_2-Druck an, s. Platin Abb. 3.

Ruthenium. Die Ausbildung sichtbarer RuO_2-Oxidschichten in Luft erfolgt erst bei höheren Temperaturen, in 1 h werden bei 1050—1150 °C Dicken von 1—2 μm erreicht. Ru zeigt in Gegenwart von O_2 bei höheren Temperaturen eine mit der Temperatur stark zunehmende Flüchtigkeit. Gewichtsverluste in langsam strömender Luft, s. Platin Abb. 3 [52]. Die Bildung flüchtiger Oxide erfolgt bei Drücken um 1 atm unterhalb von 1580 °C durch Reaktion von O_2 mit der RuO_2-Deckschicht auf Ru. Das Verhältnis RuO_4/RuO_3 ist druck- und temperaturabhängig (s. Abb. 1). Oberhalb von 1580 °C bildet sich das bei hohen Temperaturen stabile RuO_3 direkt aus Ru und O_2. Bei der Kondensation zerfallen die flüchtigen Oxide wieder in $RuO_2(s)$ und O_2 [124].

Osmium. Die Verhältnisse bei der Reaktion von O_2 mit Os dürften nicht wesentlich von denen des Systems Ru—O abweichen. Die gasförmigen Oxide OsO_4 und OsO_3 entsprechen denen des Ru. OsO_4 wirkt sehr stark toxisch. Nach [52] ist die Abdampfrate in Luft wesentlich größer als bei den anderen Pt-Metallen, und es werden tiefgehende örtliche Anfressungen auf der Oberfläche beobachtet. Das Verhältnis von $OsO_4(g)/OsO_3(g)$ verschiebt sich mit steigender Temperatur und fallenden O_2-Drücken zugunsten von OsO_3. Anzeichen sprechen dafür, daß oberhalb von 1400 °C $OsO_2(g)$ auftritt [126].

Höhere Systeme

Legierungen von Hartstoffen mit Pt-Metallen. Reaktionen unter Zersetzung der Hartstoffe durch die kfz Pt-Metalle Rh und Ir [111, 113, 117]. Gekoppelte Reduktion schwer reduzierbarer Oxide [112].

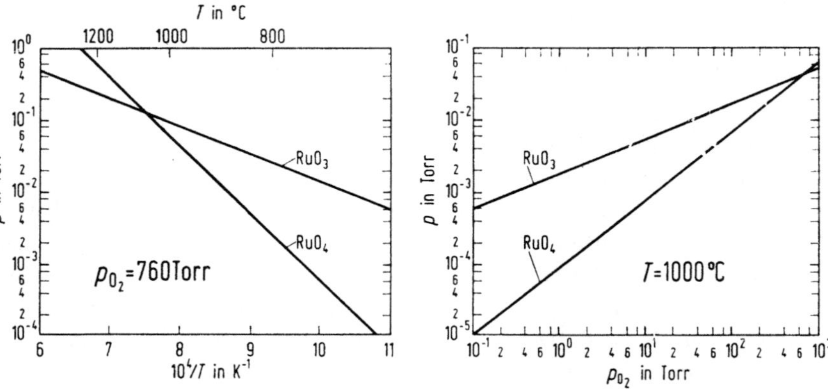

Abb. 1. RuO_3- und RuO_4-Druck über RuO_2(s) in Abhängigkeit von der Temperatur und vom Druck [124].

Literatur zu Palladium, Platin, Rhodium, Iridium, Ruthenium und Osmium

1 Flanagan, T. B.: Engelhard Ind. Techn. Bull. VII (1966) 9.
2 Lewis, F. A.: The Palladium Hydrogen System, London, New York: Academic Press 1967.
3 Mueller, W. M.; Blackledge, J. P.; Libowitz, G. G.: Metal Hydrides, New York: Academic Press 1968.
4 Smith, D. P.: Hydrogen in Metals, University of Chicago Press, Chicago 1948.
5 Warsham, J. E.; Wilkinson, M. K.; Shull, C. G.: Phys. Chem. Solids 3 (1957) 303.
6 Bergsma, J.; Goedkoop, J. A.: Physica 26 (1960) 744.
7 Moore, G. A.: J. Electrochem. Soc. 75 (1939) 237.
8 Sieverts, A.: Z. Metallkde. 21 (1929) 37.
9 Moon, K. A.: J. Phys. Chem. 60 (1956) 502.
10 Lacher, J. R.: Proc. Roy. Soc. (London) A 161 (1937) 502.
11 Wicke, E.; Küssner, A.; Otto, K.: In Actes du Congrès International de Catalyse, Paris 1960, Paris: Ed. Technique 1961.
12 Sieverts, A.; Zapf, G.: Z. phys. Chem. A 174 (1935) 364.
13 Bohmholdt, G.; Wicke, E.: Z. phys. Chem. N. F. 56 (1967) 133.
14 Kofler, S. A.; Hudson, J. B.; Ansell, G. S.: Trans. AIME 245 (1969) 1735.
15 Darling, A. S.: Plat. Met. Rev. 2 (1961) 280.
16 Wicke, E.; Nernst, G. H.: Z. Elektrochem. 68 (1964) 224.
17 Sicking, H.: Dissertation, Münster 1970.
18 Wicke, E.: Plat. Met. Rev. 15 (1971) 144.
19 Wicke, E.; Bohmholdt, G.: Z. phys. Chem. N. F. 42 (1964) 115.
20 Bomholdt, G.: Dissertation, Münster 1966.
21 Wicke, E.; Meyer, K.: Z. phys. Chem. N. F. 64 (1969) 225.
22 Brodowsky, H.; Wicke, E.: Engelhard Ind. Techn. Bull. VII (1966) 41.
23 Nelin, G.: Phys. stat. sol. 45 (1971) 527.
24 Schindler, A. I.: Engelhard Ind. Techn. Bull VII (1966) 21.
25 Aston, J. G.: Engelhard Ind. Techn. Bull. VII (1966) 14.
26 Burch, R.; Lewis, F. A.: Engelhard Ind. Techn. Bull. VII (1966) 36.
27 Baranowski, B.: Plat. Met. Rev. 16 (1972) 10.
28 Gipp, T. R. P. jr.: Engelhard Ind. Techn. Bull. VII (1966) 28.
29 Brill, P.; Voitländer, J.: Z. Naturforsch. 24a (1969) 1.
30 Nübel, R. N.: Ann. Phys. 5 (1931) 826.
31 Raethjen, P.: Phys. Z. 25 (1924) 84.
32 Suhrmann, R.; Schunicki, G.; Wedler, G.: Z. Naturforsch. 19a (1964) 1208.

33 Krüger, F.; Jungnitz, H.: Z. techn. Phys. 20 (1939) 168.
34 Smith, R. J.; Otberson, D. A.: J. Less-Common Metals 24 (1971) 419.
35 Takagi, S.; Sugeno, T.: Japan J. Appl. Phys. 4 (1965) 772.
36 Arons, R. R. et al.: Acta Met. 15 (1967) 144.
37 Züchner, H.: Z. Naturforsch. 25a (1970) 1490.
38 Sicking, G.; Buchold, H.: Z. Naturforsch. 26a (1971) 1973.
39 Skoskiewicz, T.: phys. stat. sol. (a) 6 (1971) 29.
40 Gol'tsov, V. A.; Geld, P. V. et al.: Phys. Met. Metallogr. 29 (1970) no. 6, 1305.
41 Nadler, M. R.; Kempter, C. P.: J. Phys. Chem. 64 (1960) 1468.
42 Raub, E.; Falkenburg, G.: Z. Metallkde. 55 (1964) 186.
43 Siller, R. H.; Oates, W. A.; McLellan, R. B.: J. Less-Common Metals 16 (1968) 71.
44 Selman, G. L.; Ellison, P. J.; Darling, A. S.: Plat. Met. Rev. 14 (1970) 14.
45 Mc Intyre, N. S.; Vander Auwera-Mahieu, A.; Drowart, J.: Trans. Faraday Soc. 64 (1968) 3006.
46 Drowart, J.; Goldfinger, P.: Angew. Chem. 79 (1967) 589.
47 Siller, R. H.; McLellan, R. B.; Rudee, M. L.: J. Less-Common Metals 18 (1969) 432.
48 Hansen, M.; Anderko, K.: Constitution of Binary Alloys, New York: McGraw-Hill 1958.
49 Wöhler, L.; Witzmann, E.: Z. Elektrochem. 14 (1908) 97.
50 Warner, J. S.: J. Elektrochem. Soc. 114 (1967) 68.
51 Raub, E.; Plate, W.: Z. Metallkde. 48 (1957) 529.
52 Krier, C. A.; Jaffee, R. I.: J. Less-Common Metals 5 (1963) 411.
53 Schmahl, N. G.; Minzl, E.: Z. phys. Chem. N. F. 47 (1965) 1421.
54 Wöhler, L.: Z. Elektrochem. 12 (1906) 781.
55 Schenck, R.; Kurzen, F.: Z. anorg. allgem. Chem. 220 (1934) 97.
56 Korzillius, H.: Dissertation, Marburg 1937.
57 Kleykamp, H.: Z. phys. Chem. 71 (1970) 142.
58 Wöhler, L.: Z. Elektrochem. 11 (1905) 836.
59 Tammann, G.; Schneider, A.: Z. anorg. allgem. Chem. 171 (1928) 367.
60 Chaston, J. C.: Plat. Met. Rev. 9 (1965) 126.
61 Norman, J. H.; Stally, H. G.; Bell, W. E.: J. Phys. Chem. 68 (1964) 662.
62 Alcock, C. B.; Hooper, G. W.: Proc. Roy. Soc. (London) A 254 (1960) 551.
63 Phillips, W. L.: Trans. ASM 57 (1964) 33.
64 Sieverts, A.; Jurisch, E.; Melz, A.: Z. anorg. allgem. Chem. 92 (1915) 329.
65 Sieverts, A.; Brüning, K.: Z. phys. Chem. 168 A (1934) 411.
66 Sieverts, A.; Hagen, H.: Z. phys. Chem. 174 A (1935) 247.
67 Rodina, A. A.; Gurevich, M. A.; Doronicheva, N. I.: Zhur. Fiz. Khim. 42 (1968) 1822.
68 Holleck, G.; Wicke, E.: Z. phys. Chem. N. F. 56 (1967) 155.
69 Küssner, A.: Z. Naturforsch. 21a (1966) 51.
70 Szafranski, A. W.; Baranowski, B.: Phys. stat. sol. (a) 9 (1972) 435.
71 Carson, A. W.; Flanagan, T. B.; Lewis, F. A.: Trans. Faraday Soc. 56 (1960) 363.
72 Brodowsky, H.; Husemann, H.: Z. Elektrochem. 70 (1966) 626.
73 Gurevich, M. A.; Doronicheva, N. I.: Zhur. Fiz. Khim. 41 (1967) 2382.
74 Lewis, F. A.; Schurter, W. H.: Naturwissensch. 47 (1960) 177.
75 Carson, A. W.; Lewis, F. A.; Schurter, W. H.: Trans. Faraday Soc. 63 (1967) 1447.
76 Züchner, H.: Z. Naturforsch. 25a (1970) 1490.
77 Hickmann, R. G.: J. Less-Common Metals 19 (1969) 369.
78 Rubin, L. R.: Engelhard Ind. Techn. Bull. VII (1966) 55.
79 Ackermann, F. J.; Koskinas, G. J.: J. Chem. Eng. Data 17 (1972) 51.
80 Gallagher, P. T.; Oates, W. A.: Phys. Chem. Solids 32 (1971) 2105.
81 Maeland, A.; Flanagan, T. B.: J. Phys. Chem. 69 (1965) 3575.
82 Maeland, A.; Flanagan, T. B.: J. Phys. Chem. 71 (1967) 1950.
83 Maeland, A.: Can. J. Phys. 46 (1968) 21.
84 Allard, K.; Flanagan, T. B.; Maeland, A.; Simson, J. W.: J. Phys. Chem. 72 (1968) 136.
85 Allard, K. D.; Flanagan, T. B.; Wicke, E.: J. Phys. Chem. 74 (1970) 298.
86 Piper, J.: J. Appl. Phys. 37 (1966) 715.
87 Vykhodets, V. B.; Gol'tsov, V. A.; Geld, P. V.: Fiz. Met. Metallov. 26 (1958) 933.
88 Rodina, A. A.; Gurevich, M. A.; Doronicheva, N. I.: Zhur. Fiz. Khim. 45 (1971) 1110.

89 Gol'tsov, V. A.; Geld, P. V. et al.: Fiz. Khim. Mekh. Mater. 7 (1971) no. 3, 56.
90 Brodowsky, H.: Z. Naturforsch. 22a (1967) 130.
91 Arons, R. R.; Tuyn, C.; de Vries, G.: Acta Met. 15 (1967) 1673.
92 Sieverts, A.; Jurich, E.: Ber. Dtsch. Chem. Ges. 45 (1912) 221.
93 Ebisuzaki, Y.; Kass, W. J.; O'Keeffe, M.: J. Chem. Phys. 49 (1968) 3329.
94 Ham, W. R.: J. Chem. Phys. 1 (1933) 476.
95 Jouan, R.: J. Phys. Radium 7 (1936) 101.
96 Gileadi, E.; Fullenwider, M. A.; Bockris, J. M.: J. Electrochem. Soc. 113 (1966) 926.
97 Rhee, S. K.: Plat. Met. Rev. 11 (1967) 112.
98 Raub, E.; Falkenburg, G.: Z. Metallkde. 55 (1964) 190.
99 Chaston, J. C.: Plat. Met. Rev. 8 (1964) 50.
100 Elliott, R. P.: Constitution of Binary Alloys, First Supplement, New York: McGraw-Hill 1965.
101 Shunk, F. A.: Constitution of Binary Alloys, Second Supplement, New York: McGraw-Hill 1969.
102 Norton, F. J.: J. Appl. Phys. 29 (1958) 1122.
103 Hoare, J. P.: J. Electrochem. Soc. 116 (1969) 1390.
104 Wöhler, L.; Frey, W.: Z. Elektrochem. 15 (1909) 129.
105 Schäfer, H.; Tebben, A.: Z. anorg. allgem. Chem. 304 (1960) 317.
106 Chaston, J. C.: Plat. Met. Rev. 9 (1965) 51.
107 Norman, J. H.; Staley, H. G.; Bell, W. E.: J. Phys. Chem. 68 (1964) 662.
108 Wöhler, L.: Ber. Dtsch. Chem. Ges. 36 (1903) 3499.
109 Fryburg, G. F.: J. Chem. Phys. 24 (1955) 175.
110 Feußner, O.: Heraeus-Festschrift (1930) 8.
111 Raub, E.; Falkenburg, G.: Metall 27 (1973) 669.
112 Bronger, W.: Dissertation, Universität Münster, 1961.
113 Mercuri, R. A.; Criscione, J. M.: Plat. Met. Rev. 14 (1970) 31.
114 Clewley, J. D.; Curran, T.; Flanagan, T. B.; Oates, W. A.: Trans. Faraday Soc. 69 (1973) 449.
115 Schmahl, N. G.; Schneider, W.: Z. phys. Chem. N. F. 57 (1968) 218.
116 Schmahl, N. G.; Minzl, E.: Z. phys. Chem. N. F. 41 (1964) 78.
117 Holleck, H.: Ber. KFK 1260 (1970).
118 Van der Auwera-Mathieu, A.; Drowart, J.: Chem. Phys. Lett. 1 (1967) 311.
119 Kempter, C. P.; Nadler, M. R.: J. Chem. Phys. 33 (1960) 1580.
120 Kempter, C. P.: J. Chem. Phys. 41 (1964) 1515.
121 Burilew, B. P.: Izv. VUZ Tsvet. Met. (1969) no, 5, 112.
122 Bell, W. E.; Tagami, M.: J. Phys. Chem. 67 (1963) 2432.
123 Schäfer, H.; Heitland, H.-J.: Z. anorg. allgem. Chem. 304 (1960) 249.
124 Schäfer, H.; Tebben, A.; Gerhardt, W.: Z. anorg. allgem. Chem. 321 (1963) 41.
125 Schäfer, H.; Schneidereit, G.; Gerhardt, W.: Z. anorg. allgem. Chem. 319 (1963) 325.
126 Grimley, R. T.; Burns, R. P.; Inghram, M. G.: J. Chem. Phys. 33 (1960) 308.
127 Lunde, G. L.: Z. anorg. allgem. Chem. 163 (1927) 345.
128 Arnoult, W. J.; McLellan, R. B.: Scripta Met. 6 (1972) 1013.
129 Velho, L. R.; Bartlett, R. W.: Met. Trans. 3 (1972) 65.
130 Tödt, F.; Freier, R.; Schwarz, W.: Z. Elektrochem. 53 (1949) 132.
131 McLellan, R. B.; Oates, W. A.: Acta Met. 21 (1973) 181.
132 Skoskiewicz, T.: Phys. stat. sol. 11 (a) (1972) 123.
133 Stritzker, B.; Buckel, W.: Z. Phys. 257 (1972) 1.
134 Bennemann, K. H.: Bull. Am. Phys. Soc. II 18 (1973) 326.
135 Witherspoon, T. C.; McFall, W. D.; Lewis, F. A.: Nature Phys. Sci. 242 (1973) 45.
136 Lewis, F. A.; McFall, W. D.; Witherspoon, T. C.: Z. phys. Chem. N. F. 84 (1973) 31.
137 McFall, W. D.; Witherspoon, T. C.; Lewis, F. A.: J. C. S. Chem. Comm. (1973) 102.

Ib-Metalle

Kupfer

(Abb. S. 668, Lit. S. 675)

W. Dürrschnabel und H. Voßkühler †

Die handelsüblichen Kupfersorten werden nach ihrem Sauerstoffgehalt unterteilt in sauerstoffreie und sauerstoffhaltige (DIN 1708 und 1787). Darüber hinaus wird noch unterschieden, ob die Abwesenheit von Sauerstoff durch die Anwendung von Desoxidationsmitteln beim Schmelzen erzielt oder ob reines sauerstoffreies Kupfer (z. B. Kathodenkupfer) unter inerter oder reduzierender Atmosphäre erschmolzen und vergossen wurde (ISO-R-1337, DIN 1708, 1787). Bei den sauerstoffhaltigen Sorten liegt Sauerstoff überwiegend in Form von Cu_2O-Einschlüssen vor.

Für die Desoxidation wird in der Praxis vorzugsweise Phosphor angewandt, daneben kommen auch noch Beryllium, Bor, Kalzium als CaC_2 oder CaB_6 und Lithium in Betracht. Auch kleine Mengen Zink und Zinn werden manchmal zu diesem Zweck eingesetzt [1, 2]. Wenn Sauerstoff vollständig beseitigt werden soll, muß das Desoxidationsmittel im Überschuß zugegeben werden. Dabei sind jedoch dessen Einflüsse auf die Eigenschaften, insbesondere auf die Leitfähigkeit des Kupfers, zu berücksichtigen. Bei mit Phosphor desoxidiertem Kupfer unterscheidet man Sorten mit geringem (0,0024 bis 0,007 At.-% P bzw. 0,005 bis 0,014 Gew.-% P) und merklichem Phosphorüberschuß (0,007 bis 0,020 At.-% bzw. ca. 0,015 bis 0,040 Gew.-% P). Hier bleiben öfter Phosphatschlackenteilchen im Metall.

Niedrig legiertes Kupfer und die technisch gebräuchlichen Kupferlegierungen enthalten neben den erwähnten Elementen Be, B, Sn und Zn noch Ag, Al, As, Cd, Cr, Fe, Mg, Mn, Ni, P, Pb, Se, Te und Zr. Bis auf Silber bilden diese Elemente Oxide von höherer Stabilität als Cu_2O, so daß in industriell hergestellten Legierungen Kupferoxid meist nicht auftritt.

Für die Dichte von Gußstücken ist neben dem Sauerstoff auch noch der Wasserstoffgehalt der Schmelze wichtig, da beim Erstarren infolge der Reaktion $2\,H(\text{in Cu}) + O(\text{in Cu}) = H_2O(g)$ Poren entstehen [3]. Sorten mit hohem Sauerstoffgehalt ($\approx 1{,}6$ At.-% bzw. 0,4 Gew.-% O) enthalten wenig Wasserstoff, weshalb ein dichter und nahezu porenfreier Guß entsteht. Bei sauerstoffärmeren Sorten wirkt die Wasserdampfbildung der Schrumpfung beim Erstarren entgegen, so daß die Oberfläche des Gußblockes beim Erstarren nicht wie bei völlig gasfreiem Metall oder bei sauerstoffreichen Schmelzen „fällt“, sondern „steht“ oder sogar „steigt“. Stehen wird beobachtet bei ca. 0,06 bis 1,0 At.-% O bzw. 0,015 bis 0,25 Gew.-% O [4]. In der Praxis wird sauerstoffhaltiges Kupfer für Halbzeuge mit 0,020 bis 0,16 At.-% O hergestellt (DIN 1787). Beim Desoxidieren von Kupferschmelzen muß also auch der Wasserstoff entfernt werden. Gewöhnlich tritt bei der industriellen Desoxidation tatsächlich auch eine allgemeine Entgasung ein, wobei der Mechanismus, der zur Entfernung des Wasserstoffs führt, noch nicht in allen Fällen verstanden wird. Bei der Entgasung mit Lithium wird angenommen, daß Li_2O und LiOH [3, 4] bzw. LiH [5] entstehen. Werden Schmelzen im Vakuum oder durch Spülen mit Stickstoff entgast, so genügen zur Entfernung des Wasserstoffs wegen dessen hoher Beweglichkeit schon Arbeitszeiten von wenigen Minuten [5].

Kupfer-Wasserstoff

Konstitution. Phasen: Cu kfz; CuH hex., kann nicht direkt aus Cu und H_2 sondern nur naßchemisch hergestellt werden, zersetzt sich bei R. T., wird oberhalb 130 °C nicht mehr beobachtet [6, 7].

Löslichkeit. Cu(s) [8—10, 19], Cu(l) [10, 12—17] s. Abb. 1.
H in Cu(s): $\log c = 1/2 \log p_{H_2} - 1{,}59 - 2560/T$ (500—1083 °C [8])
$\sqrt{p}$-Gesetz gilt bis 8 atm H_2 [18]. Kaltverformtes Cu löst erheblich mehr H [11]. Die Löslichkeit für D_2 ist ca. 20% kleiner als für H_2 [19].
H in Cu(l): $\log c = 1/2 \log p_{H_2} - 1{,}29 - 2270/T$ (1083—1550 °C, b. [12—17])
$\sqrt{p}$-Gesetz gilt bis 1 atm H_2 [18].

Thermodynamische Daten [8—20]
$1/2\, H_2 = H(\text{in Cu(s)})$: $\Delta G^0 = 11710 + 9{,}8\, T$ (500—1083 °C [8])
$1/2\, H_2 = H(\text{in Cu(l)})$: $\Delta G^0 = 10400 + 8{,}5\, T$ (1083—1550 °C, b. [12—17])

Diffusion [19, 21, 22, 24, 124]
H in Cu(s): $D = 1{,}15 \cdot 10^{-2} \exp(-9750/RT)$ (400—650 °C, Entgasung [19])
D in Cu(s): $D = 6{,}2 \cdot 10^{-3} \exp(-9040/RT)$ (400—650 °C, Entgasung [19])
In stark kaltverformtem Cu ($\psi = 97\%$) ist bei 160 °C $D \approx 10^{-16}$ cm²/s [11] gegenüber 10^{-12} cm²/s bei geglühtem Material [19, 21], weil die H-Beweglichkeit durch Reaktionen mit Fehlstellen eingeschränkt ist. An von hohen Temperaturen in H_2 sehr rasch mit $1{,}2 \cdot 10^4$—$12 \cdot 10^4$ °C/s abgeschreckten Cu-Drähten zeigt sich bei Widerstandsmessungen, daß bei Temperaturen zwischen —50 und +400 °C H an Punktfehler gebunden wandert, ohne daß sich die Bewegungsenergien der Fehler merklich ändern [23].
H in Cu(l): $D = 1{,}09 \cdot 10^{-2} \exp(-2148/RT)$ (1100—1450 °C, Absorption [24])
Elektrotransport s. Tab. B 2

Permeation [25—27, 124] in Torr l · cm^{-1} · s^{-1} · Torr$^{-1/2}$
H durch Cu(s): $P = 2{,}8 \cdot 10^{-5} \exp(-12500/RT)$ (350—500 °C [25])
Bei spektroskopisch reinem Cu wird eine Aktivierungsenergie von 17,4 kcal/mol festgestellt (450—1050 °C). O-Verunreinigungen bewirken eine Erhöhung des Druckeinflusses [27]. Zugbeanspruchung erhöht, Druckbeanspruchung erniedrigt die Permeation [28].

Entgasung. Für die Desorption von H aus Cu(s) wird die Diffusion als geschwindigkeitsbestimmend angenommen [15, 19, 21]. Bei kaltverformtem Material erfolgt sie besonders rasch, wenn die Temperaturen der primären und sekundären Rekristallisation erreicht werden, weil bei Abbau der Gitterfehler der H beweglicher wird und seine Löslichkeit abnimmt [11].

Eigenschaftsänderungen. Eigenschaftsänderungen durch gelösten H sind nicht feststellbar, wenn *c* dem Gleichgewicht bei 760 Torr entspricht. Werden durch Begasen bei hohen Drücken und Temperaturen mehr als $5{,}6 \cdot 10^{-2}$ At.-% H in Cu(s) eingebracht, so tritt Versprödung auf [29]. Nach dem Strangpressen von O-freien Gußblöcken mit $3 \cdot 10^{-3}$—$9 \cdot 10^{-3}$ At.-% H werden mit steigender Umformung zunehmend Porenzeilen an den Korngrenzen beobachtet [30]. Die Entstehung von Poren beim Glühen bei hohen Temperaturen durch Leerstellenagglomeration wird durch gelösten H und O gefördert [31].
Die Stapelfehlerwahrscheinlichkeit von reinem Cu ($3 \cdot 10^{-3}$) wird durch gelösten H erhöht und beträgt bei $1 \cdot 10^{-2}$ At.-% H etwa $6 \cdot 10^{-3}$ [32].

Kupfer-Kohlenstoff

Konstitution. Ein stabiles Karbid scheint nicht zu existieren [33]. Darstellung von Cu_2C und CuC_2 erwähnt [34].

Löslichkeitsgrenze [35, 36] s. Abb. 1
C in Cu(s): $\log c = 0{,}38 - 2510/T$ (700—1083 °C [35])
C in Cu(l): $\log c = 4{,}53 - 12500/T$ (1450—1800 °C [36])

Thermodynamische Daten [35—37]
C = C(in Cu(s)): $\Delta G^0 = 11480 + 7{,}4\,T$ (700—1083 °C [35])
C = C(in Cu(l)): $\Delta G^0 = 57200 - 11{,}6\,T$ (1450—1800 °C [36])

Diffusion im festen Zustand nicht merklich [37].

Kupfer-Stickstoff

N ist in Cu bis 1400 °C nicht merklich löslich [5]. Am Smp. (1083 °C) ist für Cu(l) $c < 5 \cdot 10^{-2}$ At.-% bei 140 atm und $c < 5 \cdot 10^{-3}$ At.-% N bei 1 atm [41]. Es tritt bis mindestens 900 °C keinerlei Reaktion auf [38, 39], abgesehen von einer unter elektrischer Anregung möglichen Adsorption [40]. Cu_3N (kub., ReO_3-Typ) kann aus NH_3 und feinverteiltem CuO, Cu_2O oder Cu bei 250 bis 280 °C hergestellt werden, es entsteht auch bei einer elektrischen Entladung in einer N_2-Atmosphäre, $\Delta H^0_{298} = 17{,}8$ kcal/mol [42].

Kupfer-Sauerstoff

Konstitution [38, 43—46] s. Abb. 2. Phasen: Cu_2O kub.; CuO monoklin [38]. Der Verlauf der Mischungslücke in der Schmelze oberhalb 1216 °C wird durch Fremdoxide stark beeinflußt, welche aus dem Tiegelmaterial gelöst werden. Die Darstellung in Abb. 2 entspricht einer sehr reinen Schmelze in ZrO_2 bzw. $MgAl_2O_4$-Tiegeln. Bei CaO- und LiO_2-Verunreinigungen wird die Mischungslücke erweitert [43].

Löslichkeit [44, 45] s. Abb. 3
O in Cu(s): $\log c = 1/2 \log p - 1{,}53 + 1860/T$ (750—1030 °C, b. [42, 45])

Da die Löslichkeit für O sehr gering ist, enthalten sog. O-haltige Cu-Sorten (nach DIN 1787 mit O-Gehalten vorzugsweise zwischen 0,02 und 0,16 At.-%) das Oxid Cu_2O. Dieses ist bei der metallographischen Prüfung im ungeätzten Schliff unter polarisiertem Licht an seiner roten Farbe leicht zu erkennen.

O in Cu(l): $\log c = 1/2 \log p - 1{,}46 + 3953/T - (5{,}3 \cdot 10^{-2} - 129/T) \cdot c$
(< 18 At.-% O, 1065—1400 °C [44])
und: $\log c = 1/2 \log p - 1{,}46 + 3953/T$
(< 1 At.-% O, 1065—1400 °C [44])
oder: $\log c = 1/2 \log p - 2{,}0 + 4720/T$ (1150—1250 °C [130])

Löslichkeitsgrenze [38, 45, 46] s. Abb. 1 und 2
O in Cu(s): $\log c_{max} = 3{,}41 - 6600/T$ (750—1030 °C [45])
O in Cu(l): $\log c_{max} = 7{,}15 - 9260/T$ (1065—1216 °C, b. [46])
und: $\log c_{max} = 4{,}59 - 5390/T$ (1216—1325 °C, b. [46])

Zersetzungsdruck von Cu_2O [42, 44]
$\log p_{O_2} = 9{,}9 - 16900/T$ (25—1065 °C [42])
$\log p_{O_2} = 11{,}65 - 19380/T$ (1065—1216 °C [42])

Thermodynamische Daten [44, 45, 47—49, 130]
$1/2\ O_2 = O$ in Cu(s): $\Delta G^0 = -8500 + 9{,}55\ T$ (750—1065 °C, b. [42, 45])
$1/2\ O_2 = O$ in Cu(l): $\Delta G^0 = -18080 + 9{,}23\ T - (590 - 0{,}24\ T) \cdot c$
(< 18 At.-% O, 1063—1400 °C [44])
oder: $\Delta G^0 = -21600 + 11{,}7\ T$ (1150—1250 °C [130])
Cu_2O = O(in Cu(s)) + 2Cu(s): $\Delta G^0 = 30200 - 6{,}47\ T$ (750—1065 °C [45])
Cu_2O = O(in Cu(l)) + 2Cu(l): $\Delta G^0 = 42350 - 23{,}55\ T$
(1065—1216 °C, b. [46])
2Cu(s) + $1/2\ O_2 = Cu_2O$(s): $\Delta G^0 = -38700 + 16{,}0\ T$ (25—1065 °C [42])
2Cu(l) + $1/2\ O_2 = Cu_2O$(s): $\Delta G^0 = -44320 + 20{,}06\ T$ (1065—1216 °C [42])
Die für 1065—1216 °C aus der O-Aktivität und der Sättigungskonzentration der Schmelze nach [44] berechneten ΔH^0- und ΔS^0-Werte für die Bildung von Cu_2O liegen beträchtlich über dem hier angegebenen Literaturwert, die ΔG^0-Werte stimmen jedoch gut überein.

Diffusion [45, 50, 51]
O in Cu(s): $D = 1{,}7 \cdot 10^{-2} \exp(-16000/RT)$ (750—1050 °C, EMK [45])
O in Cu(l): $D = 2{,}6 \cdot 10^{-2} \exp(-16700/RT)$ (1100—1400 °C, EMK [51])
oder: $D = 6{,}9 \cdot 10^{-3} \exp(-12900/RT)$ (1100—1350 °C, EMK [130])

Entgasung. Der geschwindigkeitsbestimmende Schritt bei der O-Abgabe von Cu(s) bei etwa 700 °C im Vakuum ist eine nicht näher bekannte Oberflächenreaktion [52]. Wird in CO-Atmosphäre geglüht, so läuft die Reaktion CO(g) + O(in Cu(s)) = CO_2(g) an der Metalloberfläche so rasch ab, daß die Diffusion von O in Cu(s) die Geschwindigkeit bestimmt [52].

Oxidation. Die Zunderung von Cu an Luft verläuft oberhalb von 520 °C nach einem parabolischen Zeitgesetz. Bei 200—315 °C gilt zu Anfang ein parabolisches Gesetz, das nach einiger Zeit (1—4 h) in ein kubisches Gesetz übergeht. Das kubische Gesetz wird bei 100—256 °C auch schon bei kürzeren Zeiten beobachtet. Bei 420—470 °C erfolgt die Oxidation ungleichmäßig. Unterhalb von 520 °C sind die Oxidschichten spröde und bilden Risse und Poren [53—56, 58]. Konstanten des parabolischen Reaktionsverlaufs s. Abb. 4 [54]. Es gilt (k_p in $mg^2 \cdot cm^{-4} \cdot h^{-1}$).

$k_p = 9{,}6 \cdot 10^6 \exp(-37700/RT)$ ($> 580\,°C$ [53])

$k_p = 5{,}4 \cdot 10^4 \exp(-20140/RT)$ ($< 580\,°C$ [53])

Für die Reaktionskonstante des kubischen Zeitgesetzes k_c in $mg^3 \cdot cm^{-6} \cdot h^{-1}$ gilt [54]

$k_c = 2{,}5 \cdot 10^7 \exp(-28300/RT)$.

Feuchtigkeit in der Luft verlangsamt die Oxidation unterhalb von 400 °C und wirkt beschleunigend bei 520 °C. In O_2 ist die Reaktion unterhalb von 520 °C langsamer, darüber rascher als in Luft [53, 54]. Kaltverformtes Blech verzundert zwischen 200 und 420 °C langsamer als weich geglühtes [54]. Die Zunderschichten bestehen hauptsächlich aus Cu_2O und haben meist nur eine dünne Schicht aus CuO, auch dann, wenn im Temperatur- und Druckbereich des CuO gearbeitet wird [55, 57]. Das Existenzgebiet von CuO-Filmen geht aus Abb. 5 hervor [57]. Unterhalb von 100 °C gelten logarithmische oder reziprok logarithmische Gesetze. Die Angaben verschiedener Autoren vermitteln unterhalb von 350 °C kein einheitliches Bild der Reaktionskinetik. Hier scheinen der Zustand und die Vorbehandlung der Proben eine wichtige Rolle zu spielen [57].

Auf Legierungen von Cu mit Be (1—3 At.-%), Al (2—10 At.-%) oder Mg (etwa 2 At.-%) bilden sich vor weiterer Zunderung schützende Filme aus BeO, Al_2O_3 oder MgO. Bei komplexen Legierungen ist jedoch der Aufbau der Zunderschicht von den Versuchsbedingungen abhängig [58, 59]. Auch Ni, Zn und Sn setzen oberhalb eines Mindestgehalts die Zundergeschwindigkeit herab. Dieser beträgt für Ni 25 At.-%, für Zn 10—15 At.-% und für Sn 8 At.-% [58, 59]. Unter dieser Grenze verhalten sich Legierungen wie reines Cu, darüber ist die Oxidation wesentlich langsamer, da hauptsächlich NiO bzw. ZnO oder SnO_2 gebildet werden [58, 59]. Verhalten eines Messings mit 40% Zn s. Abb. 4. Weitere vergleichende Angaben für verschiedene Legierungen finden sich in derselben Arbeit [53].

Tabelle 1. Einfluß von O auf die Dichte γ, Zugfestigkeit σ_B, Bruchdehnung δ, Querschnittsverminderung ψ, Kerbschlagzähigkeit a_K und elektrische Leitfähigkeit $1/\varrho$ (100% IACS $= 58 \cdot 10^4\,\Omega^{-1}\,cm^{-1}$) von Cu [2].

	Guß	gewalzt + geglüht, 30 min, 700 °C					
c in At.-% O	γ in g/cm^3	γ in g/cm^3	$1/\varrho$ in % IACS	σ_B in kp/mm^2	δ in %	ψ in %	a_K in mkp
0,060	8,434	8,912	102,1	22,8	54	77	6,36
0,16	8,369	8,905	101,6	22,5	50	72	6,36
0,24	8,910	8,901	101,5	22,8	56	70	6,63
0,36	8,565	8,882	100,6	23,2	53	65	6,22
0,68	8,824	8,842	99,0	24,2	49	57	4,28
1,13	8,740	8,80	97,4	—	—	—	—
1,44	8,770	8,75	96,2	26,0	35	39	2,21

Elektrischer Widerstand. Gelöster O bewirkt eine Widerstandserhöhung von $\Delta\varrho = 5{,}3\,\mu\Omega \cdot cm$ pro At.-% O [60]. Bei unreinen Cu-Sorten wird in älteren Untersuchungen eine Widerstandsabnahme bei kleinen O-Gehalten und ein Wiederanstieg der (ϱ,c)-Kurve bei größeren O-Konzentrationen festgestellt. Dies ist auf die Entfernung von Verunreinigungen aus dem Mischkristall in Form von Oxiden zurückzuführen [131]. Enthält Cu mehr O, als der Löslichkeit entspricht, so nimmt ϱ ebenfalls zu, s. Tab. 1.

Innere Reibung. Der durch Glühen von oxidierten Drähten aus O-freiem Cu bei 600 bzw. 700 °C in den Mischkristall eingebrachte O verkleinert das bei 1 Hz und etwa 300 °C auftretende Dämpfungsmaximum der Korngrenzenviskosität und ruft ein schwaches zweites Maximum bei etwa 500 °C hervor [61].

Rekristallisation. Beim Glühen von O-freiem Cu in einem Cu_2O—Cu-Gemisch wird das Kornwachstum durch gelösten O gegenüber in Argon geglühtem Material vermindert [62]. Treten Cu_2O-Partikel im Gefüge auf, so wird die Rekristallisationstemperatur erhöht und das Kornwachstum ebenfalls behindert [2].

Mechanische Eigenschaften. Veröffentlichte Angaben beziehen sich alle auf zweiphasige Legierungen (Cu + Cu_2O). Beispiele für Meßergebnisse s. Tab. 1 und Abb. 6. Hieraus geht hervor, daß insbesondere die Verformungsfähigkeit durch Cu_2O beeinträchtigt wird [2].

Polierbarkeit. Einschlüsse von Cu_2O rufen beim elektrolytischen Polieren lokale Störungen hervor [64].

Dichte. γ wird durch O in Cu(s) erhöht [2], s. Tab. 1, und in Cu(l) erniedrigt [65], s. Abb. 7.

Viskosität. η wird durch O erhöht [66, 67]. In der Nähe der eutektischen Zusammensetzung tritt ein Minimum in der (η,c)-Kurve auf [67] (s. Abb. 7). Die Aktivierungsenergie $Q = 4{,}6$ kcal/mol der Viskosität in $\eta = B \cdot \exp(-Q/RT)$ ist bis ca. 2,5 At.-% O gleich dem Wert für reines Cu, ermittelt nach der Schwingtiegelmethode, wobei der Einfluß des O-Gehaltes auf die Dichte nicht berücksichtigt ist [67].

Oberflächenspannung. σ von Cu(l) wird durch O erniedrigt [67—69] (s. Abb. 7, 8). Der negative Temperaturkoeffizient von σ des reinen Metalls wird mit steigendem O-Gehalt zunehmend positiv (Abb. 8). O ist in Cu kapillaraktiv und reichert sich in der Oberfläche an (Abb. 9). Eine Oberflächenkonzentration von 10^{-9} mol/cm^2 entspricht etwa einer monomolekularen Schicht O_2. Oberhalb von 1 At.-% O soll die Adsorption an der Oberfläche wieder abnehmen [69]. Die Adsorptionswärme beträgt 20,3 kcal/mol O_2 [67].

Ternäre Systeme

Cu—H—O. Dieses System hat erhebliche praktische Bedeutung, weil beim Erhitzen (Weichglühen, Löten, Schweißen) von O-haltigem Cu (O gelöst oder als Cu_2O [30]) in einer H_2 enthaltenden Atmosphäre die Reaktion

O(in Cu) bzw. $Cu_2O + 2\,H(\text{in Cu}) = H_2O$

abläuft. Da Wasserdampf im Cu-Gitter nicht löslich und nicht beweglich ist, führt der sich aufbauende Druck zum Aufreißen des Gefüges, vorzugsweise entlang der Korngrenzen. Damit ist eine Versprödung des Metalls verbunden, die als Wasserstoffkrankheit (engl. hydrogen embrittlement) bezeichnet wird [3]. Für die praktische Anwendung von Cu ist daher zu beachten, daß in Fällen, wo eine Erwärmung in H-haltiger Atmosphäre auf über 350 °C vorgesehen ist, nur O-freie bzw. desoxidierte Kupfersorten eingesetzt werden. Die Erscheinung der

Rißbildung, oder bei geringeren O-Gehalten der Porenbildung entlang der Korngrenzen, kann andererseits zur qualitativen oder bei Verwendung von Richtreihen auch zur halbquantitativen Bestimmung von O in Cu dienen. Die Proben werden bei 800—900 °C im H_2-Strom geglüht und anschließend mikroskopisch untersucht. O-Gehalte von etwa 0,004 At.-% sind so noch zu erkennen [70]. Anstelle der mikroskopischen Prüfung kann auch eine Biegeprüfung treten (ASTM-B 577—73).

H_2O-*Gleichgewichtsdruck* [71—73]. Nach den für Cu—H und Cu—O angegebenen Daten berechnet sich p_{H_2O} wie folgt:

Cu(s): $\log p_{H_2O} = 2 \log c_H + \log c_O + 0{,}41 + 16130/T \quad (T < 1065\,°C)$
$= \log p_{H_2} + \log c_O - 2{,}77 + 11000/T$

Cu(s) + Cu_2O: $\log p_{H_2O} = \log p_{H_2} + 0{,}64 + 4400/T$

Cu(l): $\log p_{H_2O} = 2 \log c_H + \log c_O - 0{,}26 + 13460/T$
$= \log p_{H_2} + \log c_O - 2{,}84 + 8920/T$
(1065—1216 °C, s. Abb. 10)

Cu(l) + Cu_2O: $\log p_{H_2O} = \log p_{H_2} + 4{,}31 - 343/T$

Die Beziehungen für Cu(l) stimmen mit dem von [74] bei 1150 °C gefundenen Wert für reines Cu und Cu—6,7 At.-% Sn überein, wobei Sn die Gleichgewichtskonstante kaum verändert, und stehen auch im Einklang mit den von [72] aus älteren Messungen von [71] ermittelten Daten, s. Abb. 10. Eine Analyse des H_2O-Gleichgewichtes für 1150—1350 °C, die auch die Reaktion $H_2O(g) = HO(g) + 1/2\, H_2$ einschließt, gibt [73].

Entgasung. Die Kinetik der Desoxidation von festem Cu in H_2-haltigen Atmosphären und der Grad der Schädigung hängt von dem O-Gehalt des Metalls, der Temperatur und dem H_2-Anteil in der Atmosphäre ab. Unterhalb von 300 °C verläuft die Reaktion sehr langsam, eine merkliche Versprödung ist bei 250 °C erst nach mehr als 2, bei 200 °C nach mehr als 10 Jahren zu erwarten [75]. Oberhalb 400 °C tritt die *Wasserstoffkrankheit* in Zeiträumen auf, die für die Praxis wichtig sind. Der zeitliche Ablauf erfolgt in zwei Stufen, einer Desoxidation an der Oberfläche und einer Reaktion im Metallinnern. Zu Anfang, vor allem oberhalb von 600 °C, diffundiert O an die Metalloberfläche und wird durch die Reaktion mit adsorbiertem H entfernt. Im Metall bilden sich in dieser Periode keine Poren [76]. Sie dauert um so länger, je mehr O das Metall enthält und je weniger H_2 in der Atmosphäre ist. Genügt die O-Anlieferung an die Grenzfläche bei fortgeschrittener Desoxidation nicht mehr, dann erfolgt zunehmend eine Diffusion von H ins Metall und Rißbildung [76, 77]. Während die erste Periode der O-Diffusion zur Oberfläche mit einer Aktivierungsenergie von 42 kcal/mol erfolgt [76], werden für das zweite Stadium der Reaktion im Metallinnern für das Fortschreiten der Rißfront Aktivierungsenergien von 14 [76] und 15,6 kcal/mol [78] gefunden. Da diese Werte etwas über denen für die H-Diffusion (Desorptionsmessungen) liegen und zudem die Reaktionsgeschwindigkeit linear von p_{H_2} abzuhängen scheint [77], wird vermutet, daß für die Versprödungsreaktion der Durchtritt von H durch die Phasengrenzfläche geschwindigkeitsbestimmend ist. Aus einem Vergleich der Aktivierungsenergien für Desorption (Diffusion), Permeation und Versprödung kann diese Frage zur Zeit wegen der zu großen Streuung der Werte nicht sicher entschieden werden. Bei tieferen Temperaturen tritt wegen der geringen Beweglichkeit von O schon von Anfang an Eindiffundieren von H und Rißbildung im Metall ein. Der Einfluß von T und p_{H_2} auf die Versprödung von Cu mit 0,08 bis

0,24 At.-% O geht aus Abb. 11 hervor [77]. Es besteht demnach ein Temperaturgebiet, in dem O-haltiges Cu ohne Gefahr der Schädigung in einer schwach H-haltigen Atmosphäre geglüht werden kann. Die Tiefe der Schädigung ist von der Korngröße abhängig, sie ist bei grobkörnigem Material größer [78]. H kann bei der Glühung auch durch Zersetzung von Schmiermittelrückständen gebildet werden, so daß die Wasserstoffkrankheit auch nach einer Vakuumglühung beobachtet werden kann [76].

Cu—H—S. *Gleichgewichtskonstante* der Reaktion [79]

$S(\text{in Cu(l)}) + H_2 = H_2S(g)$:

$\log K_p = \log p_{H_2S} - \log p_{H_2} - \log c_S = -1{,}19 - 2056/T$

Aus der *Kinetik* der Auf- und Entschwefelung von Cu in H_2—H_2S-Gemischen ergibt sich ein *Diffusionskoeffizient* von

S in Cu(s): $D = 0{,}6 \exp(-39200/RT)$ (850—1000 °C [91])

Cu—C—O. *Gleichgewichtskonstante* der Reaktion $CO_2 = CO + O(\text{in Cu(l)})$:

$\log K_p = \log p_{CO} + \log c_O - \log p_{CO_2} = 2{,}39 - 7810/T$ (1090—1300 °C [80])

Aus Analysenwerten im System Cu—C—O—S von [81] berechnete K_p-Werte für 1200 und 1300 °C liegen etwa um den Faktor 2—3 höher. Abschätzung der O-Aktivität über C-gesättigten Cu-Schmelzen [82].

O-*Entgasung* durch CO. Zwischen 600 und 950 °C ist bei der Reaktion

$CO + O(\text{in Cu(s)}) = CO_2$

die O-Diffusion in Cu(s) geschwindigkeitsbestimmend [52]. In Cu(l) wird durch hindurchströmendes CO bei 1135 °C in 30 min der O-Gehalt von 0,2 At.-% O nach einer Reaktion erster Ordnung um ein bis zwei Zehnerpotenzen abgesenkt (abhängig von der Strömungsgeschwindigkeit) [92].

Cu—O—P. O-Aktivität in P-haltigen Schmelzen [84, 85]

$$\log\left[\frac{c_O}{\sqrt{p_{O_2}}}\Big/\frac{c_O(c_P=0)}{\sqrt{p_{O_2}}}\right] = -0{,}4 \cdot c_P \quad (1200\,°\text{C},\ c_P < 2\ \text{At.-\%, EMK [85]})$$

$$\log\left[\frac{c_O}{\sqrt{p_{O_2}}}\Big/\frac{c_O(c_P=0)}{\sqrt{p_{O_2}}}\right] = -0{,}25 \cdot c_P \quad (1300\,°\text{C},\ c_P < 2\ \text{At.-\%, EMK [85]})$$

Gleichgewicht mit P-haltiger Schlacke [83, 84, 86] s. Abb. 12

$\log c_P + 2{,}5 \log c_O = 10{,}43 - 24200/T$ (1083—1250 °C [83])

für Cu mit 0,15—0,75 At.-% Cd gilt

$\log c_P + 6 \log c_O = -11{,}98$ (1200 °C [86])

Die Verbindung, die bei der Reduktion von O(in Cu(l)) durch P entsteht, ist nicht genau bekannt. Es handelt sich jedoch sicher um ein Cu-Phosphat [83]. Die Angaben für den Exponenten x im Löslichkeitsprodukt $c_P \cdot c_O^x = \text{konst.}$ sind nicht einheitlich und liegen bei 2,0 [86] bzw. 2,5 [127].

In Cu(s) sind P und O als $x\,Cu_2O \cdot y\,P_2O_5$, wahrscheinlich in Form von $Cu_4P_2O_7$ [87] ausgeschieden. Ist das Verhältnis c_O/c_P größer als 3,5, wie es dieser Verbindung entspricht, dann tritt noch Cu_2O als zweite Ausscheidungsphase auf und das Material ist anfällig für die Wasserstoffkrankheit [87]. Allerdings läßt sich auch das nach $6\,Cu_2O + 2\,P = 2\,CuPO_3 + 10\,Cu$ hergestellte Phosphat mit der nominellen Zusammensetzung $CuPO_3$, welches bei tiefen Temperaturen als Gemisch von Cu mit Cu^{II}-Metaphosphat vorliegt [88], durch H_2 reduzieren [89]. Überschüssiger P bleibt in Cu gelöst, er erniedrigt die Leitfähigkeit [87] $1/\varrho$ (s. Abb. 13) und erhöht die Zugfestigkeit σ_B und Bruchdehnung δ [90].

Cu—C—O—S. Für die Reaktion $SO_2(g) + 2\,CO(g) = S(\text{in Cu(l)}) + 2\,CO_2(g)$ läßt sich $K_p = c_S \cdot p^2_{CO_2}/(p^2_{CO} \cdot p_{SO_2})$ nach [81] abschätzen zu $K_p = 126$ bei 1200 °C und 192 bei 1300 °C. Zusammenhang zwischen dem S-Gehalt der Schmelze und dem Verhältnis CO_2/CO in der Gasphase s. Abb. 14. Dieses Gleichgewicht ist für die S-Aufnahme von Cu aus Flammgasen von Bedeutung [70].

Cu—O—S. Gleichgewichtskonstante der Reaktion
$SO_2(g) = S(\text{in Cu(l)}) + 2\,O(\text{in Cu(l)})$:
$\log K_p = \log c_S + 2 \log c_O - \log p_{SO_2} = 1{,}39 - 6520/T$ (1100—1300 °C [81])
Wird S-haltiges Cu an Luft geschmolzen und vergossen, so kann wegen dieser Reaktion Porosität auftreten. Auch bei geringem S- und O-Gehalt kann beim Erstarren eine Anreicherung der Verunreinigungen in der Restschmelze auftreten, die dann durch diese Reaktion eine Lockerung des Korngrenzengefüges verursachen kann [83]. Die Reaktion von SO_2 mit flüssigem Cu erfolgt bei Temperaturen um 1400 °C nach einem Zeitgesetz 1. Ordnung mit einer Halbwertszeit von etwa 50 s und einer Absorptionswahrscheinlichkeit der Größenordnung $1 \cdot 10^{-3}$ [94]. Da S in Cu(s) an Korngrenzen angereichert bzw. ausgeschieden ist, findet dort bei der Hochtemperaturoxidation bevorzugt Oxidbildung und demzufolge eine oberflächliche Versprödung statt [99, 100]. Der zulässige S-Gehalt für O-freies Cu(OFHC) ist $3 \cdot 10^{-3}$ At.-%.

Ternäre Wasserstoff-Systeme

Zusammenfassend ist die Beeinflussung der H-Löslichkeit in Cu(l) durch Legierungszusätze in Abb. 15 und 16 für 1250 °C dargestellt, wobei gilt

$$\log \left[\frac{c_H\,(\text{in Leg})}{\sqrt{p_{O_2}}} \Big/ \frac{c_H\,(\text{in Cu(l)})}{\sqrt{p_{O_2}}} \right] = -\log \gamma^i_H$$

Bei Cu—Sn scheint bei etwa 25 At.-% Sn eine Unstetigkeit aufzutreten. Diese könnte man auf den besonderen Zustand der Schmelze bei der Zusammensetzung Cu_3Sn zurückführen [13]. Der Einfluß der Zusätze läßt sich qualitativ mit der Elektronenkonzentration bzw. dem Potential der Elektronen im Metall deuten [102]. Erniedrigt der Zusatz das Elektronenpotential (Zusätze mit niedrigerer Wertigkeit z. B. Ni), so erhöht sich die Wasserstofflöslichkeit und umgekehrt.

Cu—Al—H. Löslichkeit [10] s. Abb. 15. In Cu(l) wird ΔH kaum verändert, in Cu(s) ist $\Delta H = 14$ kcal/ 1/2 mol H_2.
Erreichen die Legierungen bei höheren Al-Gehalten und Temperaturen den $(\alpha + \beta)$-Zustand, so scheint die Löslichkeit gegenüber dem α-Zustand zuzunehmen [10].

Cu—Au—H. Löslichkeit, Permeation und Diffusion in Cu_3Au, 300—600 °C [126].

Cu—Co—H. Nach [95] setzt Co die H-Löslichkeit so stark herab, daß für feste Cu—Co-Legierungen an der Grenze des Mischkristallgebietes bei etwa 7,5 At.-% Co die H-Löslichkeit verschwindet. Schmelzen s. Abb. 16.

Cu—Mg—H. Mg erhöht die H-Löslichkeit in Cu(s) erheblich [96], s. Abb. 17. H-Löslichkeit in $MgCu_2$ [2, 97].

Cu—Ni—H. Ni erhöht die H-Löslichkeit in Cu(s) und Cu(l) [15, 18, 98, 132]. Abhängigkeit von T und c_{Ni} s. Abb. 15, 18 und 19. Lösungswärme s. Tab. 2.

Cu—Sn—H. Sn vermindert die H-Löslichkeit in Cu(l) [13], s. Abb. 15 und 16. Im Konzentrationsbereich technischer Sn-Bronzen bleibt die Lösungswärme gegenüber reinem Cu nahezu unverändert. Bei Sn-Gehalten von etwa 40 At.-% ist sie größer, $\Delta H = 15$ kcal/1/2 mol H_2.

Tabelle 2. Lösungswärme für 1/2 mol H_2 in Cu—Ni-Legierungen.

Ni in At.-%	ΔH in kcal/1/2 mol H_2
fest: [18]	
0	9,8
10	4,6
20	3,2
50	1,6
flüssig: [15]	
0	8,5
5	8,5
13	6,6
15	6,0
26	6,2
52	4,6

Cu—Sn—H—O. Nach [74] ist die Gleichgewichtskonstante des H_2O-Gleichgewichtes für Cu—6,7 At.-% Sn bei 1150 °C dieselbe wie für reines Cu (Abb. 10).

Cu—Zn—H. Zn setzt die H-Löslichkeit in Cu(s) herab [101, 102], s. Abb. 17, ΔH scheint erniedrigt [102] bzw. nicht verändert [101] zu werden. β-Messing soll mehr H in Lösung aufnehmen können als die α-Phase [102]. Da der Zn-Dampfdruck über Messingschmelzen mit T rasch ansteigt und schließlich 1 atm erreicht, findet eine starke Badbewegung statt, die zu einer weitgehenden H-Entgasung führt [103].

Ternäre Kohlenstoff-Systeme

Cu—Ni—C. C-Löslichkeit in festen und flüssigen Legierungen [105, 106], s. Abb. 20.

Cu—Mn—C. C-Löslichkeit in Cu(l) [105], s. Abb. 20.

Ternäre Sauerstoff-Systeme

Der Einfluß von Zusätzen auf die O-Aktivität in Cu(l) ist zusammenfassend in Abb. 21 und 22 gezeigt, wobei gilt

$$\log\left[\frac{c_O\,(\text{in Leg})}{\sqrt{p_{O_2}}}\Big/\frac{c_O\,(\text{in Cu(l)})}{\sqrt{p_{O_2}}}\right] = -\log \gamma_O^i$$

Beim Oxidationsverhalten von Cu-Legierungen ist zu beachten, daß neben der Lösung und der Deckschichtenbildung in Systemen, deren Zusatzelemente stabile Oxide bilden ($\Delta G^0 < \Delta G^0$ (von Cu_2O bzw. CuO)), eine innere Oxidation erfolgt. Hierbei diffundiert O in die Legierung ein und bildet, von der Oberfläche nach innen fortschreitend, eine Zone mit Oxidausscheidungen [107—110]. Zunderverhalten s. unter Cu—O.

Cu—Ag—O. O-Löslichkeit in der Schmelze [47, 49, 112, 114] s. Abb. 21 und 22. Entgasung von Cu—32 At.-% Ag durch CO bei 1235 °C [115], verhält sich ähnlich wie reines Cu(l).

Cu—Al—O. Oxidationsverhalten von Cu—1,9 At.-% Al an Luft bei 900—1000 °C [110].

Cu—Au—O. O-Löslichkeit in der Schmelze [112] s. Abb. 21.

Cu—Be—O. Oxidationsverhalten bei 850 °C an Luft [111].

Cu—Co—O. O-Löslichkeit in der Schmelze [125] s. Abb. 21 und 22.

Cu—Cr—O. Oxidation von Cu—0,32 At,-% Cr und Cu—0,18 At.-% Cr bei 900 bis 1000 °C an Luft [110].

Cu—Mn—O. Oxidation von Cu—1,2 At.-% Mn und Cu—1,8 At.-% Mn bei 900 bis 1000 °C an Luft [110], Oxidation von Cu—23 At.-% Mn [116] und Cu—46 At.% Mn [128] bei 800 °C.

Cu—Ni—O. Konstitution [117] s. Abb. 23. O-Löslichkeit in der Schmelze [112, 118] s. Abb. 21 und 22.

Cu—P—O s. S. 664.

Cu—Pb—O. O-Löslichkeit in der Schmelze [85, 119] s. Abb. 21 und 22.

Cu—Pt—O. O-Löslichkeit in der Schmelze [85, 112] s. Abb. 21 und 22.

Cu—S—O s. S. 665.

Cu—Se—O und Cu—Te—O. Konstitution [120, 121]. Isobarer Schnitt für 1250 °C, c_O bis 30 At.-%, c_{Se} bzw. c_{Te} bis 15 At.-% [120].

Cu—Si—O. Oxidationsverhalten von Cu mit bis zu 9 At.-% Si bei 700—950 °C [113].

Cu—Sn—O. O-Löslichkeit in der Schmelze [47, 49, 114] s. Abb. 21 und 22. Die Felder der Primärkristallisation in der Cu-Ecke des Systems zeigt Abb. 24 [122]. Der Schnitt Cu—SnO_2 ist quasibinär. Die Bildung von SnO_2-Kristallen aus der Schmelze erfolgt bei Sn-reicheren Legierungen (Bronzen) schon bei sehr kleinen O-Gehalten, bei 1,0 At.-% Sn genügen z. B. bereits 0,025 At.-% O um das Kristallisationsfeld des SnO_2 zu erreichen. SnO_2 erscheint im Schliff erstarrter Proben in Form von graubraunen Nadeln. Dieses Oxid ist auch mit den festen metallischen Phasen der Bronzen im Gleichgewicht. Zur Desoxidation wird Bronzeschmelzen P zugesetzt. In Abb. 12 ist der Zusammenhang zwischen O- und P-Gehalt für eine Bronze mit 10 Gew.-% Sn (5,6 At.-% Sn) bei 1050 °C Gießtemperatur wiedergegeben [123]. Der kleinste O-Gehalt von ca. 0,008 At.-% wird bei etwa 0,04 At.-% P erreicht. Dichte und Zugfestigkeit von Gußstücken nehmen bei P-Gehalten unter dieser Grenze stark ab [129]. Der Zusammenhang zwischen P- und O-Gehalt in Cu mit 5,2 Gew.-% Sn (2,85 At.-% Sn) entspricht etwa den Verhältnissen bei reinem Cu.

Cu—Zn—O. Zunderverhalten [54] s. Abb. 4.

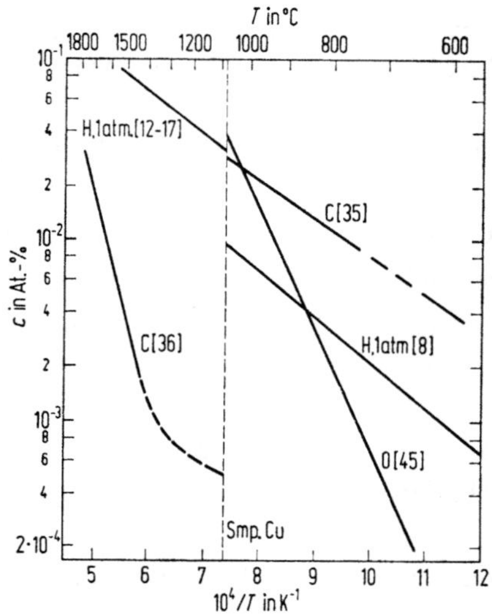

Abb. 1. Löslichkeitsgrenze für C und O und isobare Löslichkeit von H in Cu.

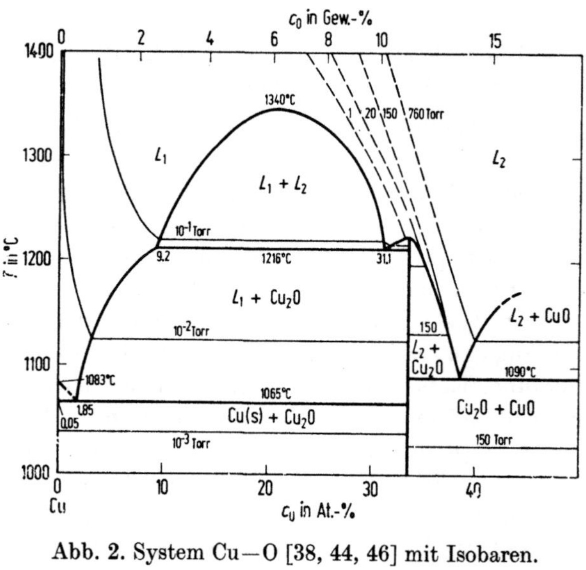

Abb. 2. System Cu—O [38, 44, 46] mit Isobaren.

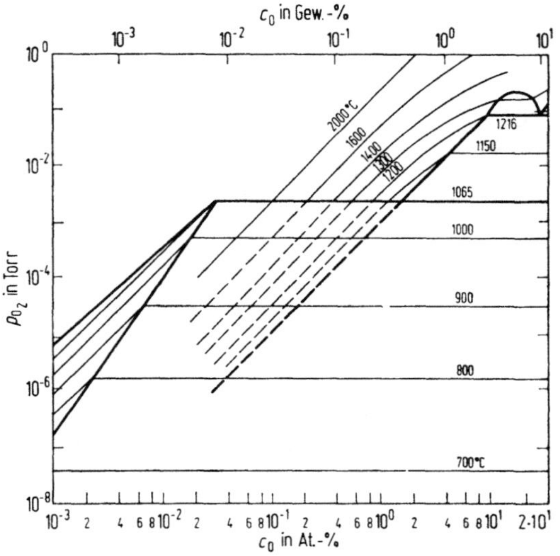

Abb. 3. (p,c)-Isothermen im System Cu—O, nach [42, 44, 45].

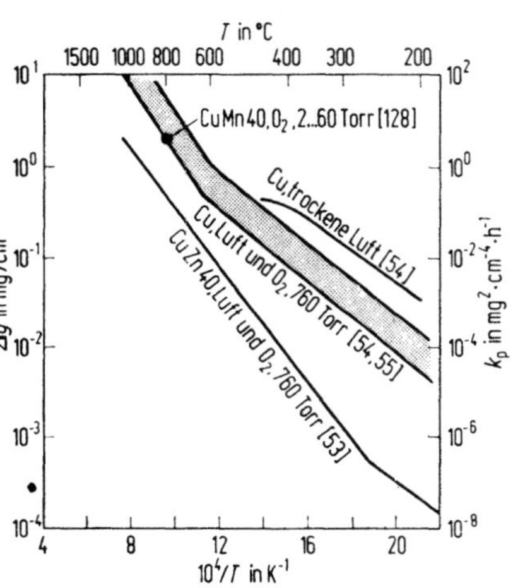

Abb. 4. Gewichtszunahme Δg von Cu und Cu-Legierungen in O_2 und Luft in 1 h.

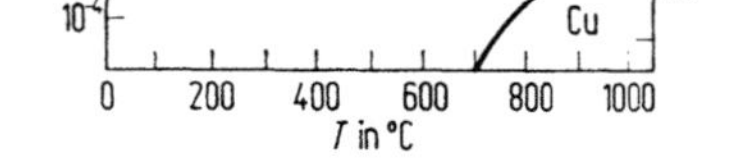

Abb. 5. Temperatur- und Druckbereiche der Cu_2O- und CuO-Bildung [57].

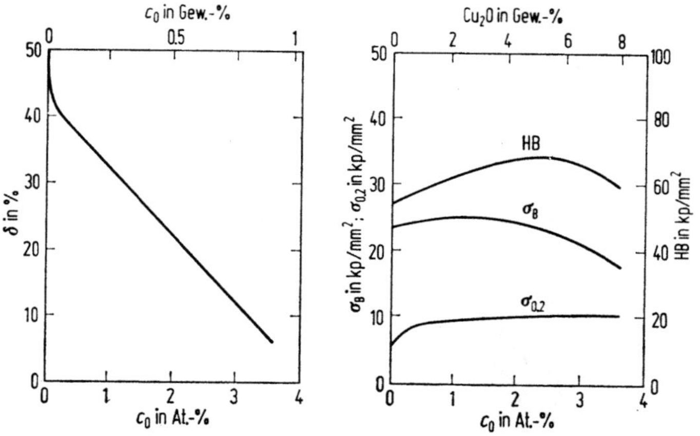

Abb. 6. Einfluß von O auf die Bruchdehnung δ, die Zugfestigkeit σ_B, die Streckgrenze $\sigma_{0,2}$ und die Härte HB von Cu [2].

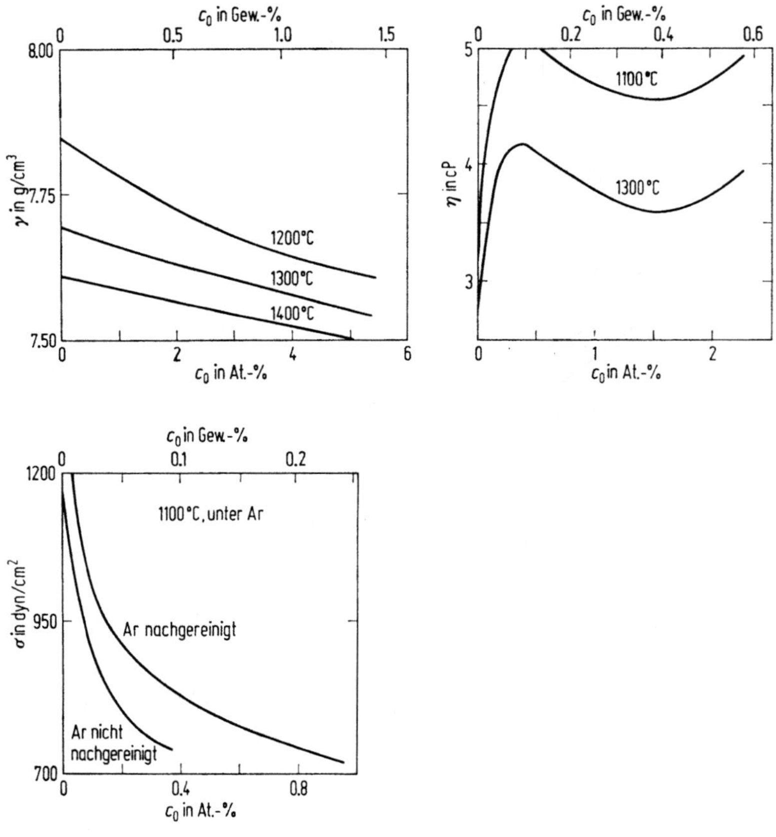

Abb. 7. Einfluß von O auf die Dichte γ [65], die Viskosität η [67] und die Oberflächenspannung σ [67] von Cu(l).

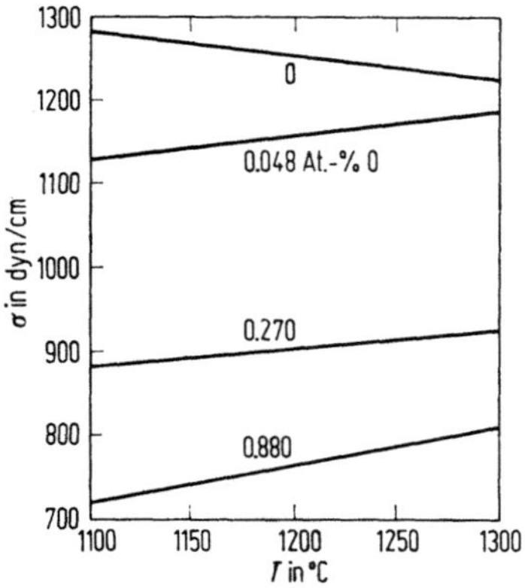

Abb. 8. Einfluß der Temperatur auf die Oberflächenspannung σ von O-haltigem Cu(l) [67].

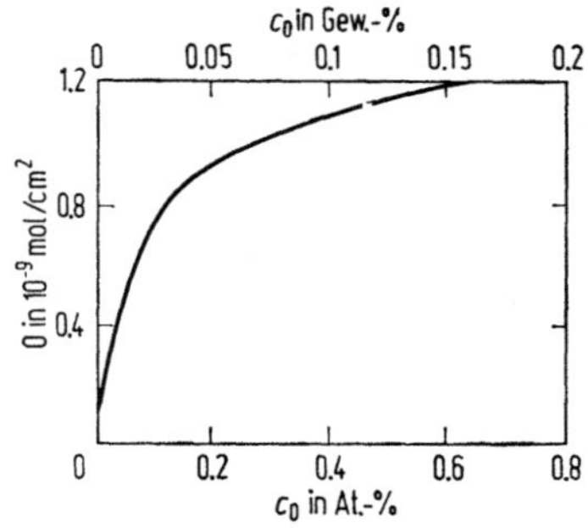

Abb. 9. Einfluß von O(in Cu(l)) auf die O-Oberflächenkonzentration von Cu(l) bei 1100 °C [67].

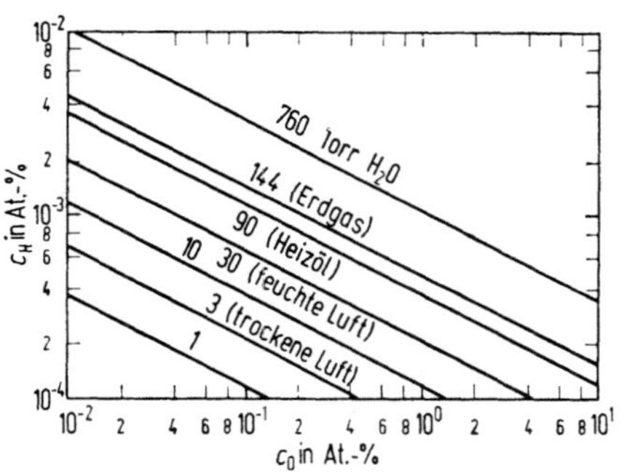

Abb. 10. Gleichgewicht zwischen Cu(l) und Wasserdampf bei 1200 °C [72].

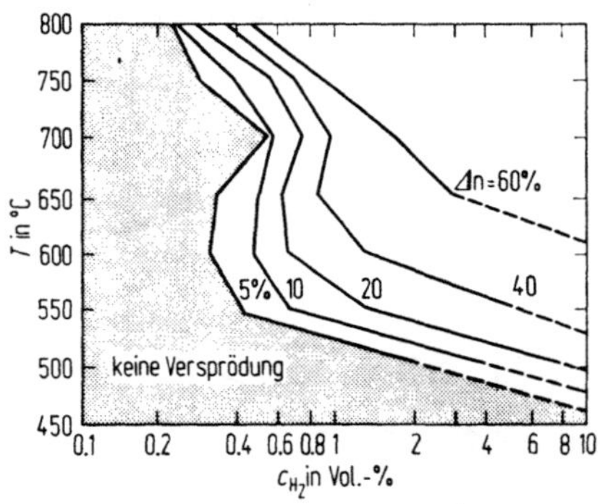

Abb. 11. Versprödung von Cu mit 0,08–0,24 At.-% O nach 2 h Glühdauer in H_2-haltiger Atmosphäre (Versprödung ermittelt aus Biegeversuchen: $\Delta n = 100\,(n_N - n_H)/n_N$, mit n_N = Biegezahl nach Glühung in N_2, n_H = Biegezahl nach Glühung in H_2) [77].

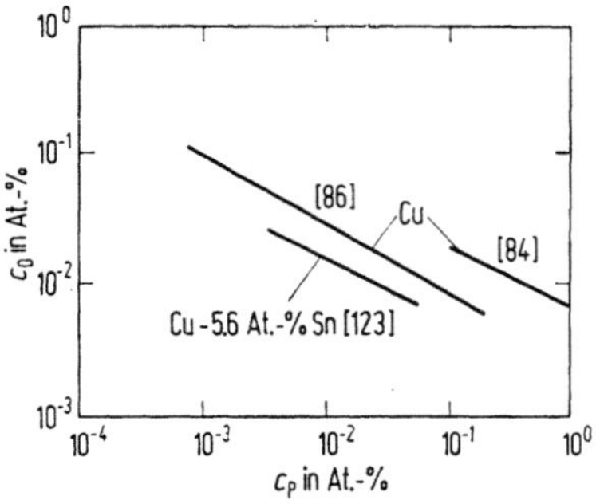

Abb. 12. Gleichgewicht zwischen P und O in Cu (1200 °C) und Zinnbronze (Gießtemperatur 1050 °C bei Anwesenheit von P-haltigen Schlacken).

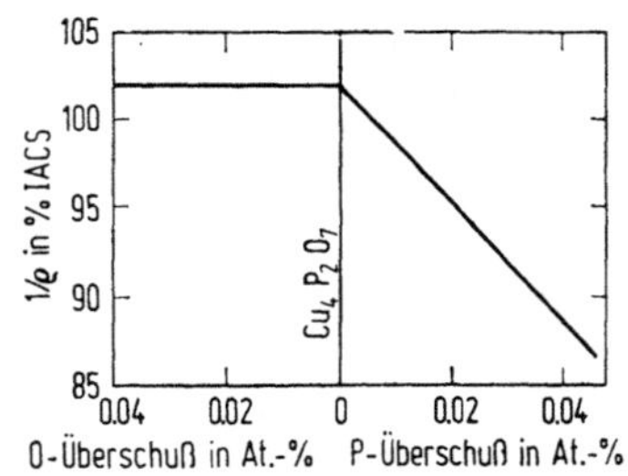

Abb. 13. Einfluß von P und O auf die elektrische Leitfähigkeit $1/\varrho$ von Cu (100% IACS $= 58 \cdot 10^4\,\Omega^{-1}\,\mathrm{cm}^{-1}$) [87].

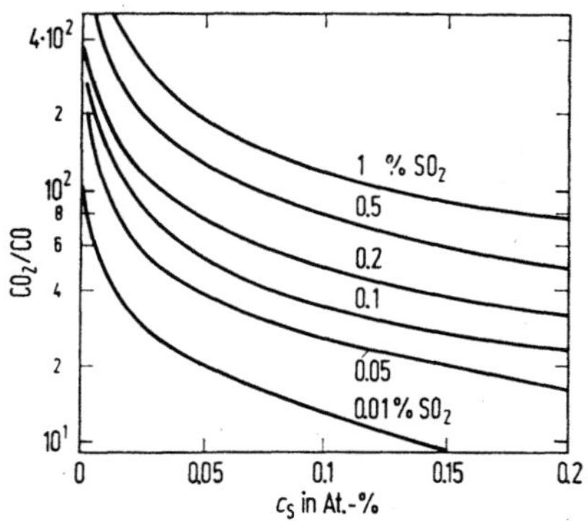

Abb. 14. Gleichgewicht zwischen CO_2/CO in der Gasphase und S(in Cu(l)) bei 1200 °C, berechnet [70].

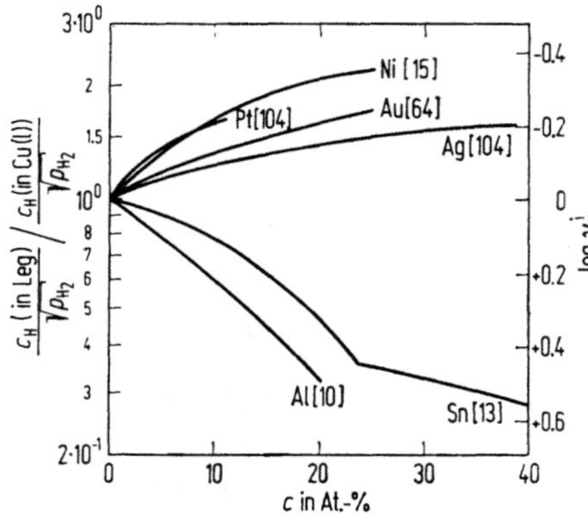

Abb. 15. Einfluß ternärer Zusätze auf die H-Löslichkeit von Cu(l) bei 1250 °C.

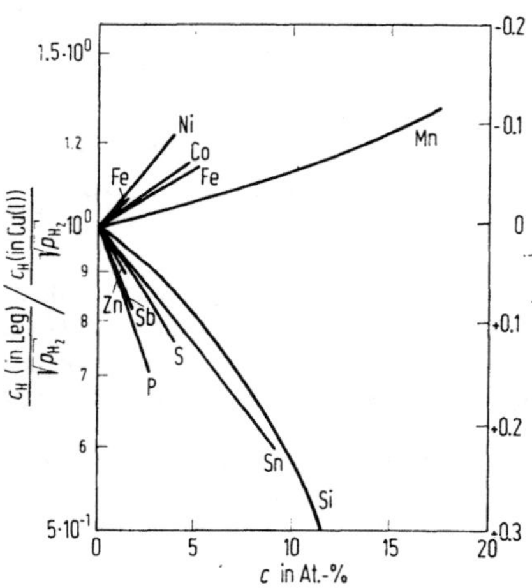

Abb. 16. Einfluß ternärer Zusätze auf die H-Löslichkeit von Cu(l) bei 1150 °C, nach [16].

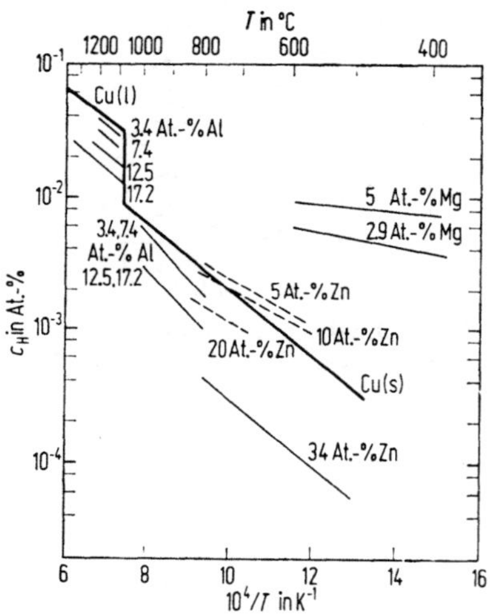

Abb. 17. Einfluß der Temperatur auf die H-Löslichkeit von Cu-Legierungen bei 760 Torr H_2 (Cu—Al, Cu—Zn [101]; Cu—Mg [96]).

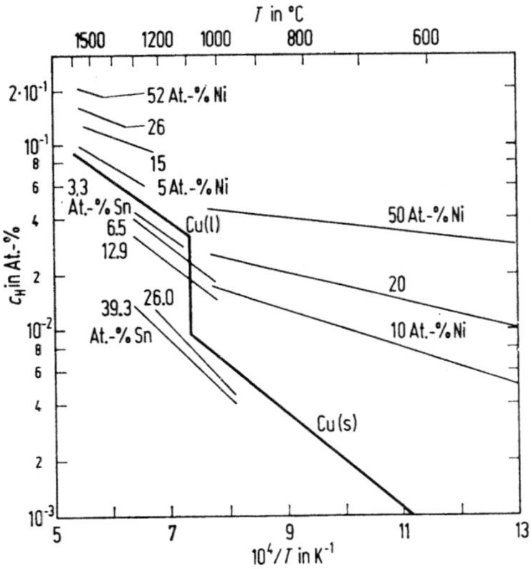

Abb. 18. Einfluß der Temperatur auf die H-Löslichkeit von Cu-Legierungen bei 760 Torr H_2 (Cu—Ni [15, 18]; Cu—Sn [13]).

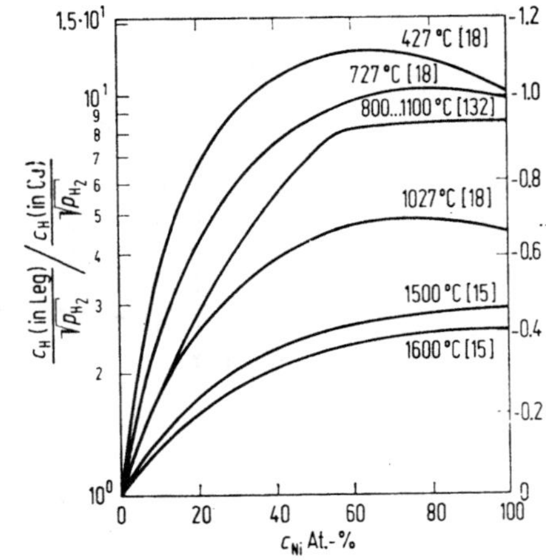

Abb. 19. Einfluß von Ni auf die H-Löslichkeit von Cu.

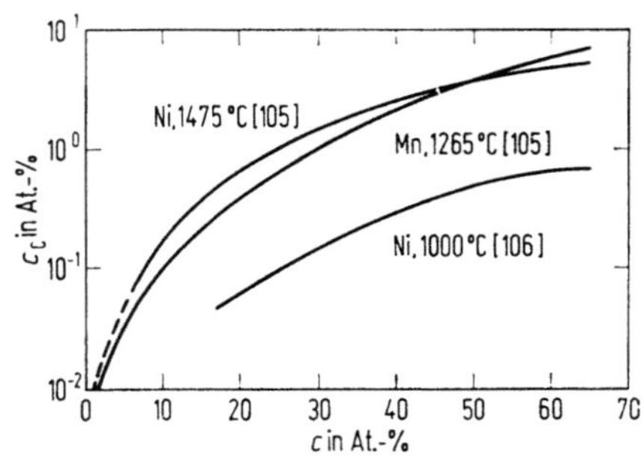

Abb. 20. Einfluß von Mn und Ni auf die Löslichkeitsgrenze für C in Cu(l) und Cu(s) (1000 °C).

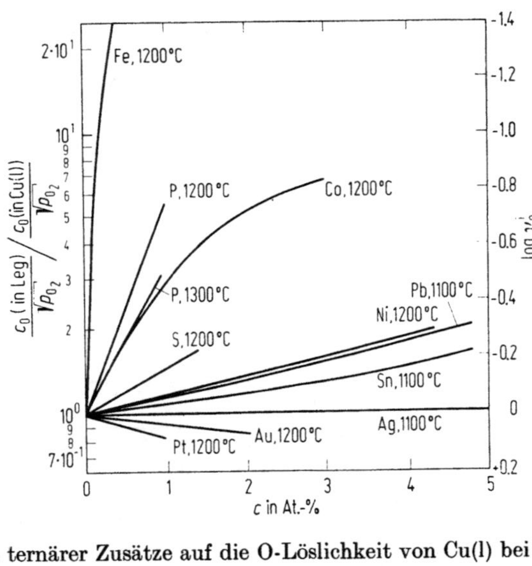

Abb. 21. Einfluß ternärer Zusätze auf die O-Löslichkeit von Cu(l) bei 1200 °C, nach [85].

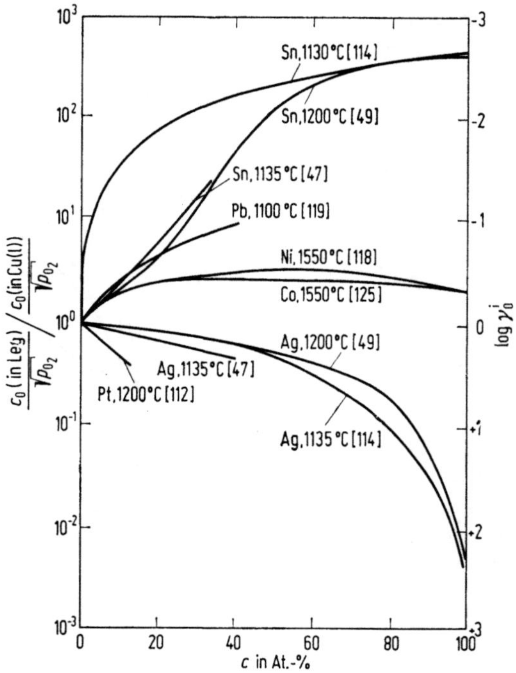

Abb. 22. Einfluß ternärer Zusätze auf die O-Löslichkeit von Cu(l).

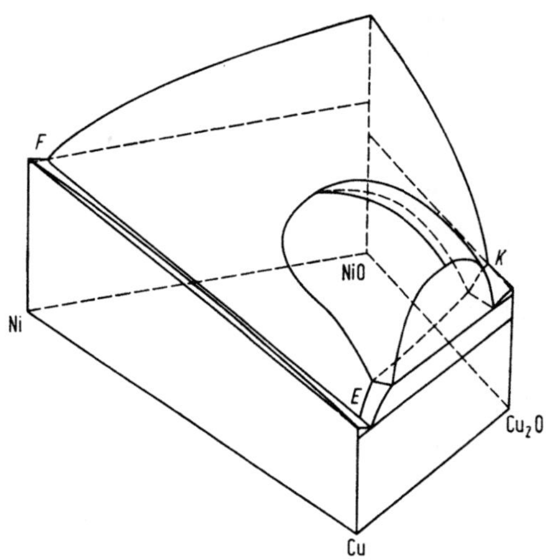

	Cu Gew.-%	Cu At.-%	Ni Gew.-%	Ni At.-%	O Gew.-%	O At.-%	T °C
E	98.8...99.4	95	0.3...0.7	4	0.3...0.5	1	1050...1060
F	——		99.67	99.16	0.23	0.84	1065
K	85.36	63.4	3.06	2.3	11.58	34.3	1218

Abb. 23. Aufbau des Systems Cu—Ni—O, nach [117].

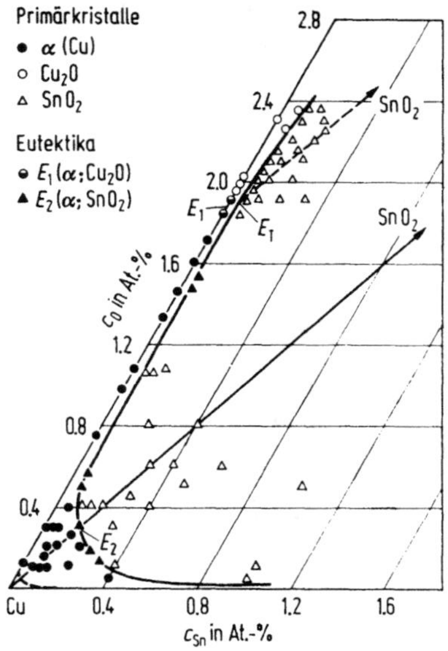

Abb. 24. Felder der Primärkristallisation in der Cu-Ecke des Systems Cu—Sn—O [122].

Literatur zu Kupfer

1 Gmelins Handbuch der anorg. Chemie, System Nr. 60, Teil A, Weinheim: Verlag Chemie 1955, 352.
2 Dies, K.: Kupfer und Kupferlegierungen in der Technik, Berlin, Heidelberg, New York: Springer 1967.
3 Klare, P.: Kupfer—Sauerstoff—Wasserstoff. Schriften d. Ges. Deutscher Metallhütten- und Bergleute e. V., Clausthal-Zellerfeld, Heft 11 (1962).
4 Klare, P.; Kohlmeyer, J.: Met. Erz. 41 (1944) 178.
5 Wallace, J. F.; Kissling, R. J.: Foundry 90 (1962) no. 12, 36; 91 (1963) no. 1, 64.
6 Warf, J. C.; Feitknecht, W.: Helv. Chim. Acta 33 (1950) 613.
7 Goedkamp, J. A.; Andresen, A. F.: Acta Cryst. 8 (1955) 118.
8 Thomas, C. L.: Trans. AIME 239 (1967) 485.
9 Lieser, K. H.; Witte, H.: Z. phys. Chem. 202 (1954) 321.
10 Röntgen, P.; Möller, F.: Metallwirtschaft 13 (1934) 81.
11 Carnuth, W.: Z. angew. Phys. 15 (1963) 291.
12 Sieverts, A.: Z. phys. Chem. 77 (1911) 591.
13 Bever, M. B.; Floe, C. F.: Trans. AIME 156 (1944) 149.
14 Weinstein, M.; Elliott, J. E.: Trans. AIME 227 (1963) 285.
15 Schenck, H.; Lange, K. W.: Arch. Eisenhüttenw. 37 (1966) 739.
16 Kato, E.; Ueno, H.; Orino, T.: Trans. Jap. Inst. Metals 11 (1970) 351.
17 Degtyarev, Yu. V.; Lincherovski, B. V.; Chursin, V. M.: Izv. Akad. Nauk SSSR, Metally (1970) no. 4, 42; Russ. Metallurgy (1970) no. 4, 30.
18 Blakemore, J. S.; Oates, W. A.; Hall, E. A.: Trans. AIME 242 (1968) 332.
19 Eichenauer, W.; Löser, W.; Witte, H.: Z. Metallkde. 56 (1965) 287.
20 Schenck, H.; Lange, K. W.: Arch. Eisenhüttenw. 37 (1966) 633.
21 Ransley, C. W.; Talbot, D. E. J.: Z. Metallkde. 46 (1955) 328.
22 Nikulin, V. K.; Poteklima, N. D.: Fiz. Met. Metallov. 23 (1967) 563.
23 Cazade, M.; Luccasson, A.; Luccasson, P.: Mém. Sci. Rev. Met. 63 (1966) 835.
24 Sacris, E. M.; Parlee, A. D.: Met. Trans. 1 (1970) 3377.
25 Rudd, D. W.; Vose, D. W.; Johnson, S.: J. Phys. Chem. 65 (1961) 1018.
26 Smithells, C. J.: Gases and Metals, London (1937).

27 Ham, W. R.: J. Chem. Phys. 7 (1939) 903.
28 Kripyakevich, R. I. et al.: Fiz. Khim. Mekh. Mater. 6 (1970) 103.
29 Moroz, S. S.; Kolgatin, N. N.; Theodorovich, V. P.: Fiz. Met. Metallov. 16 (1963) 737.
30 Aschan, L. J.: Z. Metallkde. 57 (1966) 763.
31 Clarebrough, L. M.; Humble, P.; Loretto, M. H.: Acta Met. 15 (1967) 1007.
32 Ruddee, M. L.; Huggins, R. A.: phys. stat. sol. 4 (1964) K 101.
33 Gmelins Handbuch der anorg. Chemie, Teil B, Lief. 2, Weinheim: Verlag Chemie 1961, S. 632.
34 Shunk, F. A.: Constitution of Binary Alloys, Second Supplement, New York: McGraw-Hill 1969.
35 McLellan, R. B.: Scripta Met. 3 (1969) 389.
36 Bever, M. B.; Floe, C. F.: Trans. AIME 166 (1946) 128.
37 Baukloh, W.; Springorum, F.: Z. anorg. Chem. 230 (1937) 315.
38 Hansen, M.; Anderko, K.: Constitution of Binary Alloys, New York: McGraw-Hill 1958.
39 Rpt. 4. Internat. Copper Development Council, June 29 (1964).
40 Lee, R. N.; Farnsworth, H. E.: Surface Sci. 7 (1966) 633.
41 Baker, E. H.: J. Inst. Metals 99 (1971) 228.
42 Kubaschewski, O.; Evans, E. Ll.; Alcock, C. B.: Metallurgical Thermochemistry, 4th ed., Oxford: Pergamon 1967.
43 Kuxmann, U.; Kurre, K.: Erzmetall 21 (1968) 199.
44 Osterwald, J.; Reimann, G.; Stichel, W.: Z. phys. Chem. 66 (1969) 1.
45 Pastorek, R. L.; Rapp, R. A.: Trans. AIME 245 (1969) 1711.
46 Osterwald, J.: Z. Metallkde. 59 (1968) 573.
47 Block, U.; Stüwe, H. P.: Z. Metallkde. 60 (1969) 709.
48 El-Naggar, M. M. A.; Parlee, N. A. D.: Met. Trans. 1 (1970) 2975.
49 Nanda, C. R.; Geiger, G. H.: Met. Trans. 1 (1970) 1235.
50 Rickert, H.; El-Miligy, A. A.: Z. Metallkde. 59 (1968) 635.
51 Gerlach, J. et al.: Metall 20 (1966) 1272.
52 Ransley, C. E.: J. Inst. Metals 65 (1939) 147.
53 Tylecote, R. F.: J. Inst. Metals 78 (1950/51) 259.
54 Tylecote, R. F.: J. Inst. Metals 81 (1952/53) 681.
55 Heller, J.: Ber. Bunsenges. 73 (1969) 1050.
56 Bridges, D. W. et al.: J. Electrochem. Soc. 103 (1956) 475.
57 Rönnquist, A.; Fischmeister, H.: J. Inst. Metals 89 (1960/61) 65.
58 Hauffe, K.: Oxidation of Metals and Alloys, New York: Plenum 1965.
59 Hauffe, K.; Ofulue, E.: Werkstoffe u. Korrosion 23 (1972) 351.
60 Hess, E. G.; Pawlek, F.: Z. Metallkde. 50 (1959) 57.
61 Rotherham, L.; Pearson, S.: J. Metals 8 (1956) 881.
62 Wood, D. L.: J. Metals 9 (1957) 406.
63 Broniewski, W.; Jaslan, S.: Compt. Rend. 196 (1933) 174.
64 Benedicks, C.; Ljunggren, B.: Korr. u. Metallschutz 16 (1940) 17.
65 Königer, A.: Der Maschinenmarkt 66 (1960), April, 7.
66 Königer, A.: Gießerei Techn.-Wiss. Beih. 24 (1959) 1307.
67 Gans, W.; Pawlek, F.; Röpenack, A. V.: Z. Metallkde. 54 (1963) 147.
68 Kaizo Moma, Hajima Suto: Nippon Kinzoku Gakkai-Si 24 (1960) 377.
69 Eremko, V. N.: Zhur. Fiz. Khim. 34 (1960) 1018.
70 Reinbach, R.: Erzmetall 12 (1959) 100.
71 Allen, N. P.; Hewitt, T.: J. Inst. Metals 51 (1933) 257.
72 Phillips, A. J.: Trans. AIME 171 (1947) 17.
73 Brukner, B. W.: Erzmetall 22 (1969) 541.
74 Hofmann, W.; Schneider, H. J.: Erzmetall 13 (1960) 484.
75 Harper, S. et al.: J. Inst. Metals 90 (1961/62) 414.
76 Mattsson, E.; Schückher, F.: J. Inst. Metals 87 (1958/59) 241; Prometall 13 (1960) 281.
77 Harper, S.; Callcutt, V. A.; Townsend, T. W.: J. Inst. Metals 90 (1961/62) 423.
78 Franqué, O.; Lindau, E.: Metall 20 (1966) 1140.
79 Hirakoso, S.; Tanaka, T.; Watanabe, K.: Mem. Fac. Engg. Hokkaido Imp. Univ. 9 (1952) 125, s. auch [33].

80 Girardi, D. J.; Siebert, C. A.: Trans. AIME 188 (1950) 1168.
81 Gerlach, J.; Kantzer, K. P.; Pawlek, F.: Metall 17 (1963) 1096.
82 Frohberg, M. G.; Middendorf, H. W.; Pötschke, J.: Metall 23 (1969) 1045.
83 Oelsen, W.: Gießerei-Techn.-Wiss. Beih. 6/8 (1952) 383.
84 Frohberg, G. et al.: Metall 25 (1971) 1256.
85 Jacob, K. T.; Jeffes, J. H. E.: Trans. Inst. Min. Met. 80 (1971) 181.
86 Michael, A. D.; Ruddle, R. W.; Cibula, A.: J. Inst. Metals 85 (1956/57) 506.
87 Horrigan, V. M.; Wilson, F. H.; Schoff, H. A.: Mater. Res. Stand. 6 (1966) 219.
88 Gmelins Handbuch der anorg. Chemie, in [33] S. 929.
89 Rönigk, B.; Möck, E.: private Mitteilung.
90 Harris, R. C.: Modern Casting 33 (1958) 69.
91 Wang, S.-J.; Grabke, H. J.: Z. Metallkde. 61 (1970) 597.
92 Nanda, C. R.; Geiger, G. H.: Met. Trans. 2 (1971) 1101.
93 Floe, C. F.; Chipman, J.: Trans. AIME 147 (1942) 28.
94 Mager, K.: Dissertation, TU Berlin 1965.
95 Fukushima, M.; Mitui, S.: Sci. Rept. Res. Inst. Tohoku Univ., K. Honda Anniversary Vol. (1936) 40.
96 Siegelin, W.; Lieser, K. H.; Witte, H.: Z. Elektrochem. 6 (1957) 359.
97 Lieser, K. H.; Witte, H.: Z. phys. Chem. 202 (1954) 321.
98 Bagshaw, T.; Mitchell, A.: J. Iron Steel Inst. 204 (1966) 87.
99 Saarivirta, M. J.: ASM Trans. Quart. 57 (1964) 133.
100 Blank, H. A.: Met. Ind. (London) 104 (1964) 768.
101 Eborall, R.; Swain, H. J.: J. Inst. Metals 81 (1952/53) 497.
102 Himmler, W.: Z. phys. Chem. 195 (1950) 244.
103 Boswinkel, H.: Metalen 11 (1956) 559.
104 Sieverts, A.: Z. Metallkde. 21 (1929) 37.
105 Anderson, R.; Bever, M. B.: Trans. AIME 171 (1947) 119.
106 Nicholson, M. E.: Trans. AIME 224 (1962) 533.
107 Rhines, F. N. et al.: Trans. AIME 205 (1942) 205.
108 Rapp, R. A.: Corrosion 21 (1965) 382.
109 Ohmann, H.; Schreiner, H.; Dietz, H.: Metall 24 (1970) 1.
110 Frohberg, M. G.; Pöschke, J.; Mathew, P. M.: Z. Naturforsch. 25a (1970) 260.
111 Maak, F.: Z. Metallkde. 52 (1961) 545.
112 El-Naggar, M. M. A.; Parlee, N. A. D.: Met. Trans. 2 (1971) 909.
113 Kapteijn, J.; Couperus, S. A.; Meijering, J. L.: Acta Met. 17 (1969) 1311.
114 Fruehan, R. J.; Richardson, F. D.: Trans. AIME 245 (1969) 1721.
115 Nanda, C. R.; Geiger, G. H.: Met. Trans. 2 (1971) 1101.
116 Panda, P. K.; Lahiri, A. K.; Banerjee, T.: Corrosion 28 (1972) 55.
117 Nestler, H.: Freiberger Forschungshefte Leipzig (1967) 75.
118 Tankins, E. S.; Erthal, J. F.; Thomas, M. K.: J. Electrochem. Soc. 112 (1965) 446.
119 Jacob, K. T.: Trans. Inst. Min. Met. 80 (1971) C 33.
120 Gerlach, J.; Pawlek, F. et al.: Metall 17 (1963) 1103.
121 Eborall, R.: J. Inst. Metals 70 (1944) 435.
122 Hofmann, W.; Klein, M.: Z. Metallkde. 58 (1966) 385.
123 Baker, W. A.; Child, F. C.: J. Inst. Metals 70 (1944) 349.
124 Perkins, W. G.; Begal, D. R.: Ber. Bunsenges. 76 (1972) 863.
125 Belton, R.; Tankins, E. S.: Trans. AIME 233 (1965) 1892.
126 Gol'tsov, V. A.: Gel'd, P. V. et al.: Fiz. Met. Metallov. 30 (1970) 657.
127 Baker, W. A.: Proc. First World Metallurgical Congr. 1951, ASM, Cleveland/Ohio (1952) 268.
128 Panda, P. K.; Lahiri, A. K.; Banerjee, T.: Scripta Met. 5 (1971) 8.
129 Hanson, D.; Pell-Walpole, W. T.: Chill Cast Tin Bronzes, London (1951) 118.
130 Oberg, K. E.; Freidman, L. M.; Boorstein, W. M.; Rapp, R. A.: Met. Trans. 4 (1973) 61.
131 Pawlek, F.; Viessmann, K.; Wendt, H.: Z. Metallkde. 47 (1956) 357.
132 Johnes, F. G.; Pehlke, R. D.: Met. Trans. 2 (1971) 2655.

Silber

(Abb. S. 682, Lit. S. 686)

E. Raub

Silber-Wasserstoff

Löslichkeit [1—5] s. Abb. 1
H in Ag(s): $\log c = 1/2 \log p - 1{,}66 - 3600/T$ (550— 961 °C [5])
H in Ag(l): $\log c = 1/2 \log p - 1{,}30 - 3512/T$ (961—1200 °C [1])
Nach neueren Messungen von [1, 5] liegt die isobare Löslichkeit wesentlich tiefer als bisher angenommen worden ist [2—4].

Thermodynamische Daten [1—5]
$1/2\ H_2 = H(\text{in Ag(s)})$: $\Delta G^0 = 16470 + 10{,}15\ T$ (550— 961 °C [5])
$1/2\ H_2 = H(\text{in Ag(l)})$: $\Delta G^0 = 16060 + 8{,}51\ T$ (961—1200 °C [1])

Diffusion
H in Ag(s): $D = 2{,}82 \cdot 10^{-3} \exp(-7500/RT)$ (200— 780 °C, Entgasung [7])
H in Ag(l): $D = 4{,}54 \cdot 10^{-2} \exp(-1359/RT)$ (980—1250 °C, Absorption [6])

Permeation. Bei 760 °C findet [8] $P = 1 \cdot 10^{-8}$ Torr l · cm^{-1} · s^{-1} · Torr$^{-1/2}$.

Silber-Kohlenstoff

Konstitution. Phasen: Ag kfz, Smp. 961 °C; Ag_2C_2 auf chemischem Wege darstellbar [12].

Löslichkeitsgrenze [9] s. Abb. 1
C in Ag(s): $\log c = 1{,}25 - 3317/T$ (780 — 961 °C [9])

Thermodynamische Daten
$C = C(\text{in Ag(s)})$: $\Delta G^0 = 15170 + 3{,}4\ T$ (780—961 °C [9])

Silber-Stickstoff

Konstitution [10—12, 23]. Phasen: Ag_3N orthorh., zersetzt sich im Vakuum oberhalb von R. T.; AgN_3 kfz, Smp. 250 °C, explodiert bei 300 °C. Die Herstellung der Nitride ist auf chemischem Wege möglich. Bis 1300 °C wird keine N-Löslichkeit beobachtet.

Silber-Sauerstoff

Konstitution [10—15] s. Abb. 2 bis 4. Phasen: Ag_2O kub., C_3-Typ, zersetzt sich bei 190 °C und 1 atm O_2; AgO monoklin; sowie evtl. Ag_2O_3 und Ag_4O_3, kfz. Wegen der geringen O-Löslichkeit in Ag(s) und der z. T. hohen Gleichgewichtsdrücke wird anstelle eines $(1/T, c)$-Diagramms in Abb. 2 eine $(1/T, \log c)$-Darstellung gewählt und in Abb. 3 zusätzlich der isobare (T, c)-Schnitt bei 1 atm O_2 wiedergegeben.

Löslichkeit [15—22, 49] s. Abb. 1 bis 4
O in Ag(s): $\log c = 1/2 \log p - 0{,}61 - 2590/T$ (400— 900 °C [17])
O in Ag(l): $\log c = 1/2 \log p - 1{,}74 + 780/T$ (1000—1200 °C [16])
[16] findet eine schwache Konzentrationsabhängigkeit der Gleichgewichtskonstanten bei 1060 °C.

Löslichkeitsgrenze s. Abb. 1
O in Ag(s): $\log c_{max} = 4{,}07 - 4090/T$ (400—900 °C b. [14, 17])

Zersetzungsdruck von Ag_2O [14, 15]
$\log p_{O_2} = 9{,}37 - 2997/T$ (180—480 °C [14])

Thermodynamische Daten [15—22]
$1/2\ O_2 = O(\text{in } Ag(s))$: $\Delta G^0 = 11846 + 5{,}35\,T$ (400— 900 °C [17])
$1/2\ O_2 = O(\text{in } Ag(l))$: $\Delta G^0 = -3567 + 10{,}52\,T$ (1000—1200 °C [16])
$Ag_2O = O(\text{in } Ag(s)) + 2\ Ag(s)$: $\Delta G^0 = 18712 - 9{,}46\,T$
(400—900 °C, b. [14, 17])
$2\ Ag(s) + 1/2\ O_2 = Ag_2O$: $\Delta G^0 = -6854 + 14{,}84\,T$ (180—480 °C [14])

Diffusion [17, 21, 24]
O in Ag(s): $D = 2{,}72 \cdot 10^{-2} \exp(-11000/RT)$ (400—900 °C, Entgasung [17])
EMK-Messungen von [21] stimmen damit sehr gut überein.
O in Ag(l): $D = 3{,}0 \cdot 10^{-3} \exp(-8700/RT)$ (1000—1200 °C, EMK [24])
Gute Übereinstimmung mit mehreren neueren Arbeiten [24].
Elektrotransport s. Tab. B 2.

Oxidation. In Luft ist eine Oxidschicht auf Ag mehrfach nachgewiesen worden [25, 26]. Ihr Dickenwachstum ist sehr langsam und entspricht etwa dem der Passivschicht auf rostbeständigem Stahl [27]. Auch bei erhöhten Temperaturen und bei Drücken oberhalb des Zersetzungsdruckes von festem Ag_2O geht die Dicke der Oxidschicht nicht über 20—30 Å hinaus [28]. Aus dem Vergleich der Abdampfraten in O_2 bzw. Luft und in inerter Atmosphäre kann geschlossen werden, daß flüchtige Ag-Oxide existieren [29—34], die zu einer starken thermischen Ätzung führen [32]. Nach [34] sind bei 900 °C die Abdampfverluste in O_2 um 40% höher als in N_2 oder Ar.

Entgasung. Die Abgabe von O_2 aus Ag(l) ist nach [35] diffusionskontrolliert.

Spratzen. O-haltiges Ag erstarrt unter primärer Kristallisation eines Ag-Mischkristalls, der im Vergleich zur Schmelze O-arm ist (s. Abb. 2 und 3). Gleichzeitig steigt mit sinkender Temperatur der O_2-Gleichgewichtsdruck stark an, und es wird O_2 abgegeben. Im weiteren Verlauf der Erstarrung kommt es dann wegen der Entwicklung von gasförmigem O_2 zu den bekannten Spratzerscheinungen. Bei kleineren O-Gehalten der Schmelze ist je nach den Erstarrungsbedingungen nur eine stärkere oder schwächere Bildung von Gasporen festzustellen. Nach [36] erfolgen die Blasenbildung und Entgasung nicht bei der Gleichgewichtstemperatur von 940 °C, sondern erst bei 840—810 °C. Durch die von den Tiegelwandungen ausgehende Randerstarrung bildet sich zunächst eine feste Schale, die die Restschmelze und beim Erstarren freigewordenes O_2 einschließt, bis der steigende Gasdruck die Schale sprengt. Die Temperatur, bei der Spratzen erfolgt, ist unabhängig von der Abkühlungsgeschwindigkeit und dem Gasgehalt der Proben. Bei höherem O-Gehalt ist die Gasabgabe schnell und mit einem Ausbruch abgeschlossen, bei niedrigeren O-Gehalten vollzieht sie sich in mehreren Stößen. Bei größeren Versuchsschmelzen von 500 g Gewicht tritt das Spratzen nach 90%iger Erstarrung ein. Auf Grund thermodynamischer Überlegungen muß der O_2-Druck in der Schmelze beim Gasausbruch Werte um 50 atm erreichen [36].

Rekristallisation. Durch gelösten O wird das Kornwachstum bei der Kristallisation aus der Schmelze und bei der Rekristallisation verzögert [37, 38]. Bei O-freiem Ag wird nach Erstarrung bei einer kritischen Unterkühlung der Schmelze von mehr als 153—175 °C ein von den Schmelzbedingungen abhängiges feinkristallines Gefüge beobachtet. Ag-Proben, mit 0,8 At.-% O liefern schon nach einer Unterkühlung der Schmelze um mehr als 50 °C ein gleichmäßiges feinkörniges Gefüge, das nicht einer erhöhten Keimzahl bei der Kristallisation, sondern einer Rekristallisation des schon erstarrten Ag zuzuschreiben ist. Die erforderliche Unterkühlung für feinkörnige Rekristallisation ist um so kleiner, je höher der O-Gehalt der Schmelze ist [39].

Innere Reibung. In hochreinem Ag führt die Gegenwart von etwa 10 ppm O zum Auftreten von drei Spitzen im Verlauf der Temperaturkurve der inneren Reibung bei 130, 180 und 270 K mit Aktivierungsenergien von 8,5; 11,5 und 15,5 kcal/mol [41, 45].

Mechanische Eigenschaften. Die *Warmhärte* und *Warmzugfestigkeit* von O-freiem Ag sind gegenüber O-haltigem Ag geringer [38]. Bei der Auslagerung von Ag-Blechen bei 300—500 °C tritt in Gegenwart eines ausreichenden O-Gehaltes eine *Aushärtung* auf, die sich in einer starken Zunahme der Streckgrenze und einer geringfügigen Erhöhung des elektrischen Widerstandes äußert. Die Aushärtung ist von der Abkühlungsgeschwindigkeit nach dem Glühen in O_2-haltiger Atmosphäre abhängig und ist durch Übersättigung mit O und ihre Aufhebung beim Anlassen zu deuten [40].

Die *Plastizität* von Ag-Einkristallen wird schon durch sehr kleine O-Mengen ($3 \cdot 10^{-3}$—$4 \cdot 10^{-3}$ At.-% O) stark geändert [43]. So ist die kritische Schubspannung von entgasten Einkristallen im Gegensatz zu O-haltigen erniedrigt und kaum stärker temperaturabhängig als der Schubmodul. Für die starken Änderungen der Verfestigungskurven durch sehr kleine O-Mengen werden als wahrscheinliche Ursache Ausscheidungen von Fremdmetall-O-Komplexen genannt.

Kriechversuche an hochreinem Ag bei 10^{-7} Torr ergaben innerhalb der Fehlergrenze gleiche Kriechgeschwindigkeit und Bruchzeit, ohne nachweisbaren Einfluß einer Glühung in Luft zwischen zwei Vakuumversuchen. Bei diesen Versuchen reichen die bei der Glühung an Luft aufgenommenen O-Mengen offenbar nicht aus, eine Änderung der Reibungs- und Blockierungskräfte wirksam werden zu lassen [44]. Dagegen beobachtet [42] einen Einfluß von O auf das Kriechverhalten von Ag.

Insgesamt gesehen ist die Wirkung des O komplex und nicht immer einwandfrei zu erklären. Die nicht zeitabhängigen Eigenschaften, wie Härte, Zugfestigkeit und das Verhalten im Kurzzeitkriechversuch, werden durch gelösten O beeinflußt. Weiterhin werden die Korngrenzengleitung und die Wanderung der Korngrenzen behindert. Die freie Oberflächenenergie wird bei einem O_2-Druck von 1 atm auf 1/3 des in He-Atmosphäre gemessenen Wertes herabgesetzt. Im Dauerversuch entstehen deshalb an der Oberfläche kleinere Risse, die sich rasch ausbreiten.

Schließlich kann die Bildung von molekularem O_2 das Wachstum von Hohlräumen in Ag fördern, was sich ebenso wie die Behinderung der Korngrenzenwanderung günstig auf das Dauerstandsverhalten auswirkt [42].

Ternäre Systeme

Ag—H—O. Löslichkeit und Diffusion von O und H in Ag(s) können wegen der Bildung von Wasserdampf zu der bekannten Wasserstoffkrankheit führen. Diese tritt auch bei spektralreinem Ag auf. [46] stellt bei Einkristallen unter bestimmten Bedingungen große Blasen und Risse fest, während in polykristallinem Ag durch die Wasserstoffkrankheit Korngrenzenrisse beobachtet werden. Für Form und Größe ist das Zusammentreffen benachbarter Wasserdampfporen wichtig. Der H_2O-Dampfdruck kann abgeschätzt werden nach der Beziehung

$\log p_{H_2O} = 2 \log c_H + \log c_O + 0{,}37 + 22640/T$ (600—900 °C, b. [5, 17])

Ag(s) und Ag(l) reagieren nicht mit H_2O(g)

Ag—C—O. Ag(s) und Ag(l) reagieren nicht mit CO und CO_2.

Ag—Cd—H. Die Löslichkeit von H_2 in Ag—Cd-Legierungen fällt im Bereich der α-Phase sehr rasch und ist bei 40 At.-% Cd schon unmeßbar klein [13].

Ag—Mg—H. Im System Ag—Mg ist eine Zunahme der H-Löslichkeit mit steigendem Mg-Gehalt beobachtet worden. Im Bereich der α-Phase steigt sie auf das 5- bis 6fache und wächst in der β-Phase weiter bis auf etwa das 10fache des Wertes für unlegiertes Ag. Sie durchläuft dann ein Maximum und fällt danach bis zur Mg-reichen Phasengrenze wieder ab [3, 47].

Ag—Me—O. Einfluß ternärer Zusätze auf die O-*Löslichkeit* in Schmelzen s. Abb. 5 und Tab. 1 [48, 51]. Es gilt

$$\log \left[\frac{c_O\,(\text{in Leg})}{\sqrt{p_{O_2}}} \Big/ \frac{c_O\,(\text{in Ag(l)})}{\sqrt{p_{O_2}}} \right] = -\log \gamma_O^i = -4{,}34 \cdot 10^{-3}\, \varepsilon_O^i \cdot c_i$$

Tabelle 1. Wirkungsparameter ε_O^i für Systeme Ag—Zusatz i—O.

i	ε_O^i	c_i in At.-%	T in °C	Lit.
Au	$1{,}78 + 6907/T$	< 40	1000—1200	[16, 49]
Cu	$166 - 267700/T$	< 1	1030—1150	[50]
Cu	−16	< 15	1200	[51]
O	3,9		1060	[16]
Pd	$-1{,}43 + 11930/T$	< 20	1000—1200	[16, 49]
Pt	$0{,}66 + 8480/T$	< 20	1000—1200	[16, 49]
Sn	−45	< 10	1200	[51]

Die *Flüchtigkeit* von festem Ag kann sich in Legierungen mit Unedelmetallen erst dann in einem Gewichtsverlust auswirken, wenn die zumeist rasch ablaufende innere Oxidation abgeschlossen ist, die eine Gewichtszunahme herbeiführt. Bei längerer Glühdauer wird eine mit der Zeit linear zunehmende Gewichtsabnahme beobachtet, wie sie in Abb. 6 für eine Reihe von Legierungen mit kleinen Gehalten einer zweiten Komponente dargestellt ist. Infolge der in O_2 sofort einsetzenden Verflüchtigung von Ag erreicht die anfängliche Gewichtszunahme nicht den aus der Bildung der betreffenden Unedelmetalloxide zu errechnenden Wert [32, 61]. Auf die zahlreichen Untersuchungen zur *inneren Oxidation* von Ag-Legierungen und ihre technische Bedeutung kann hier nicht eingegangen werden.

Ag—Au—O. *Löslichkeit* in der Schmelze [16, 49, 52] s. Abb. 5 und Tab. 1. Löslichkeit bei der jeweiligen Schmelztemperatur der Legierung für 1 atm O_2 [48] s. Abb. 7, *Diffusion* in der Schmelze [53]. In Ag—Au-Legierungen beruht die *Gewichtsabnahme* in O_2 bei höherer Temperatur ausschließlich auf Verdampfung von Ag und Bildung von gasförmigem Ag-Oxid. Die Diffusionsgeschwindigkeit des Ag in den Legierungen ist bei den in Frage kommenden Temperaturen relativ hoch. Die Gewichtsabnahme nimmt linear mit der Zeit zu [61], s. Abb. 8.

Ag—Cu—O. *Löslichkeit* in der Schmelze [50, 51] s. Abb. 5 und Tab. 1; s. auch Cu-Systeme. *Gewichtsänderung* in 1 atm O_2 bei 850 °C s. Abb. 6.

Ag—Pd—O. *Löslichkeit* in der Schmelze [16, 49] s. Abb. 5 und Tab. 1. Löslichkeit bei der jeweiligen Schmelztemperatur und 1 atm O_2 s. Abb. 7 [48]. *Diffusion* von O in der Schmelze [53]; s. auch Pd-Systeme.

Ag—Pt—O. *Löslichkeit* in der Schmelze [16, 49] s. Abb. 5 und Tab. 1. Löslichkeit bei der jeweiligen Schmelztemperatur und 1 atm O_2 s. Abb. 7 [48]. *Diffusion* von O in der Schmelze [53].

Ag—S—O. Ag(s) und Ag(l) reagieren nicht mit SO_2 in Abwesenheit von O_2.

Ag—Sn—O. Löslichkeit in der Schmelze s. Abb. 5.

Ag—Cu—Sn—O. O-Aktivität bei 1200 °C einschließlich der Randsysteme [51, 63].

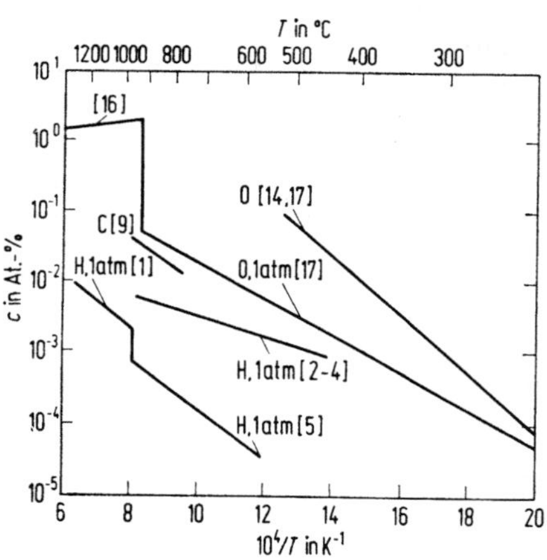

Abb. 1. Löslichkeitsgrenzen und isobare Löslichkeit für H, C und O in Ag.

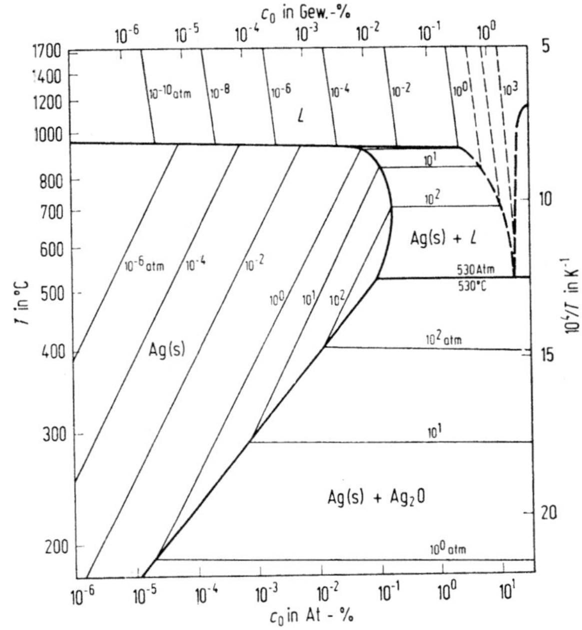

Abb. 2. $(1/T, \log c)$-Diagramm des Systems Ag—O mit Isobaren, nach [13—17].

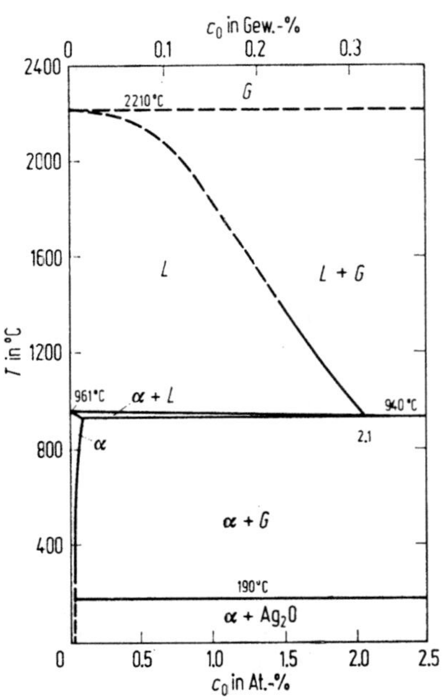

Abb. 3. Schnitt durch das System Ag—O für $p \leq 1$ atm [13].

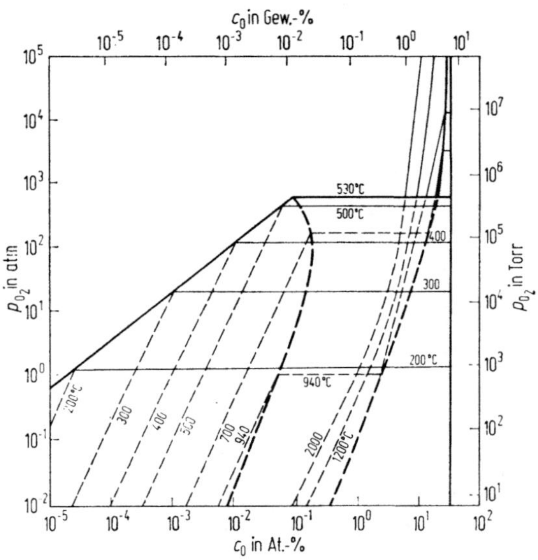

Abb. 4. (p,c)-Isothermen im System Ag—O, nach [14, 16, 17].

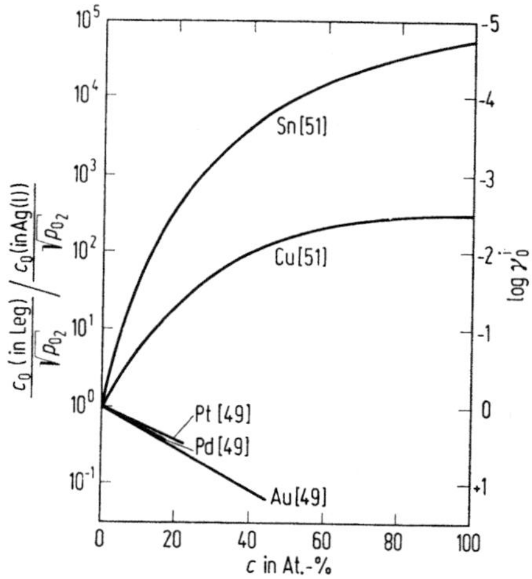

Abb. 5. Einfluß ternärer Zusätze auf die O-Löslichkeit von Ag(l) bei 1200°C.

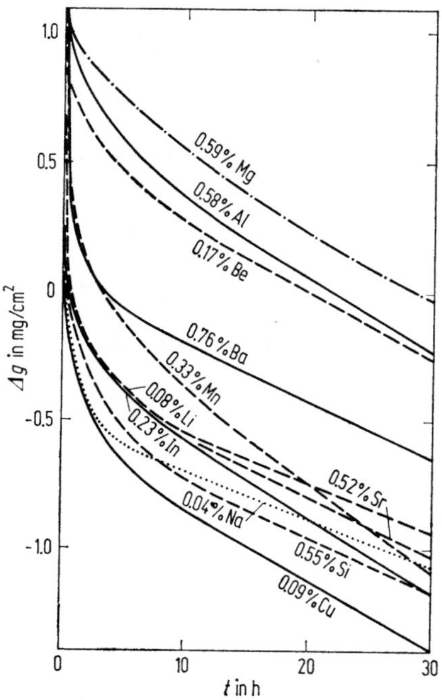

Abb. 6. Gewichtsänderung Δg von Ag-Legierungen in O_2 bei 1 atm und 850°C (Zusätze in Gew.-%) [61].

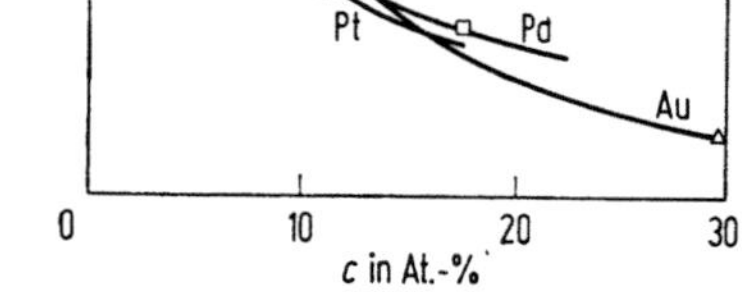

Abb. 7. Einfluß von Pd, Pt und Au auf die O-Löslichkeit von Ag(l) bei 1 atm O_2 und der jeweiligen Schmelztemperatur T_S [48].

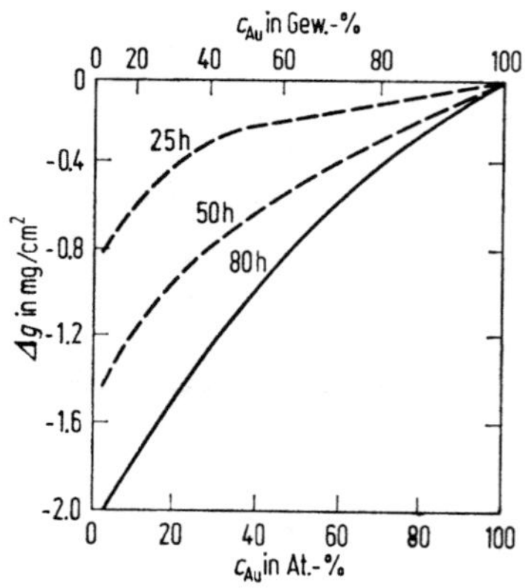

Abb. 8. Gewichtsabnahme Δg von Ag—Au-Legierungen in O_2 bei 1 atm und 930°C [61].

Gold

(Abb. S. 686, Lit. S. 686)

E. Raub

Gold-Wasserstoff

Löslichkeit [5, 54] s. Abb. 1
H in Au(s): $\log c = 1/2 \log p - 3{,}31 - 1880/T$ (700–900 °C [5])
[54] findet etwas höhere Werte.

Thermodynamische Daten
$1/2\ H_2 = H(\text{in } Au(s))$: $\Delta G^0 = 8600 + 17{,}7\ T$ (700–900 °C [5])

Gold-Kohlenstoff

Konstitution. Au kfz, Smp. 1063 °C; Au_2C_2 kann chemisch hergestellt werden [12].

Löslichkeit s. Abb. 1.
C in Au(s): $\log c = 2{,}22 - 4407/T$ (810–1027 °C [9])
In Au(l) wird bei 2900 °C eine stärkere C-Aufnahme beobachtet [10].

Thermodynamische Daten
$C = C(\text{in } Au(s))$: $\Delta G^0 = -20160 + 1{,}0\ T$ (810–1027 °C [9])

Gold-Stickstoff

Keine Löslichkeit bis 1300 °C festgestellt [10, 55].

Gold-Sauerstoff

Löslichkeit. Eine O-Löslichkeit in Au(s) und Au(l) [54, 56, 57] ist nicht nachweisbar und liegt bei 900 °C unter 10^{-5} At.-% O [54].

Oxidation. Die Bildung einer Oxidschicht in Luft ist bei Au sichergestellt. Ihr Vorhandensein kann aus dem anodischen Verhalten in Salzsäure abgeleitet werden [58]. Auf Grund von Elektronenbeugungsaufnahmen an Au-Folien [59] und chemischer Nachweisverfahren [60] wird nach Glühung bei 450 °C ebenfalls Oxid nachgewiesen. Als Bildungsenthalpie für Au_2O_3 gibt [64] $\Delta H = -3 \pm 0{,}6$ kcal/mol an. Im O_2-Strom bei 1 atm zeigt Au selbst nach langem Glühen dicht unter dem Schmelzpunkt keine Verflüchtigung [61] und die Gewichtsverluste von flüssigem Au bei 1550 °C in O_2 und N_2 sind gleich groß [62].

Ternäre Systeme

Siehe Pt-Metalle, Cu, Ag.

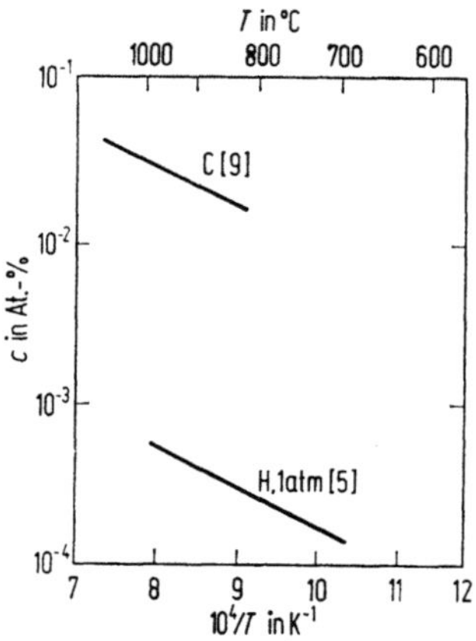

Abb. 1. Löslichkeitsgrenze für C und isobare Löslichkeit von H in Au(s).

Literatur zu Silber und Gold

1 Bagshaw, T.; Mitschell, A.: Trans. AIME 242 (1968) 343.
2 Steacie, E. W. R.; Johnson, F. M. G.: Proc. Roy. Soc. A 117 (1928) 662.
3 Siegelin, W.; Lieser, K. H.; Witte, H.: Z. Elektrochem. 61 (1957) 359.
4 Eichenauer, W.; Künzig, H.: Pebler, A.: Z. Metallkde. 49 (1958) 220.
5 Thomas, C. L.: Trans. AIME 239 (1967) 485.
6 Sacris, E. M.; Parlee, N. A. D.: Met. Trans. 1 (1970) 3377.
7 Eichenauer, W.; Künzig, H.; Pebler, A.: Z. Metallkde. 49 (1958) 220.
8 Zvezdin, Yu. V.; Belyakov, Yu. I.: Fiz. Khim. Mekh. Mater. 3 (1967) 349.
9 McLellan, R. B.: Scripta Met. 3 (1969) 389.
10 Hansen, M.; Anderko, K.: Constitution of Binary Alloys, New York: McGraw-Hill 1958.
11 Elliott, R. P.: Constitution of Binary Alloys, First Supplement, New York: McGraw-Hill 1965.
12 Shunk, F. A.: Constitution of Binary Alloys, Second Supplement, New York: McGraw-Hill 1969.
13 Vacher, H. C.: Metals Handbook, ASM, Metals-Park, Ohio (1948) 1132.
14 Otto, E. M.: J. Elektrochem. Soc. 113 (1966) 643.
15 Baker, E. H.; Talukdar, M. I.: Trans. Inst. Min. Met. C 77 (1968) 742.
16 Lupis, C. H. P.; Elliott, J. F.: Trans. AIME 242 (1968) 929.
17 Eichenauer, W.; Müller, G.: Z. Metallkde. 53 (1962) 321.
18 McLellan, R. B.: Trans. AIME 230 (1964) 1468.
19 Parlee, N. A.; Sacris, E.: Trans. AIME 233 (1965) 1918.
20 Podgurski, H. H.; Davis, F. N.: Trans. AIME 230 (1964) 731.
21 Ramanarayanan, T. A.; Rapp, R. A.: Met. Trans. 3 (1972) 3239.
22 Diaz, C.; Mason, C. R.; Richardson, F. D.: Trans. Inst. Min. Met. C 75 (1965) 183.
23 Baker, E. H.; Talukdar, M. I.: Trans. Inst. Min. Met. C 77 (1968) 128.
24 Sano, N.; Honma, S.; Matsushita, Y.: Met. Trans. 1 (1970) 301.
25 Tammann, G.; Arntz, F.: Z. anorg. allgem. Chem. 191 (1930) 45.
26 Tronstadt, L.: Höverstad, T.: Trans. Faraday Soc. 30 (1934) 1117.
27 Tödt, F.; Freier, R.; Schwarz, W.: Z. Elektrochem. 53 (1949) 132.
28 Raub, E.; von Polaczek-Wittek, A.: Z. Metallkde. 34 (1942) 275.
29 Brinkmann, G.: Dissertation, Münster 1928.
30 von Wartenberg, H.: Z. Elektrochem. 19 (1913) 489.
31 Lange, G.: Dissertation, Breslau 1935.
32 Leroux, I. A. A.; Raub, E.: Z. anorg. allgem. Chem. 181 (1930) 205.
33 Love, R. M.: Acta Met. 12 (1964) 1111.
34 Fox, P. G.; Esdaile, R. J.: Acta Met. 11 (1963) 1363.
35 Utine, T.; Parlee, N. A. D.: Trans. AIME 242 (1968) 1458.

36 Meixner, O.: Z. Metallkde. 59 (1968) 114.
37 Chaston, J. C.: J. Metals 71 (1945) 23.
38 Price, E.: Acta Met. 11 (1963) 161.
39 Powell, G. L. F.; Hogan, L. N.: Trans. AIME 245 (1969) 407.
40 Böhm, H.: Metall 17 (1963) 706.
41 Pearson, S.; Rotherham, L.: Trans. AIME 206 (1956) 894.
42 Price, C. E.: Acta Met. 14 (1966) 1787.
43 Ahlers, M.: Z. Metallkde. 56 (1965) 741.
44 Schröder, K.; Giannuzzi, A. J.; Gorsta, G.: Acta Met. 16 (1968) 469.
45 Papazian, J. M.: Rpt. UCRL-1107 (1963).
46 Klush, R. L.; Mulins, W. W.: Trans. AIME 242 (1968) 237.
47 Lieser, K. H.; Witte, H.: Z. Elektrochem. 61 (1957) 367.
48 Shah, I. D.; Parlee, N. A. D: Trans. AIME 242 (1968) 2015.
49 Shah, I. D.; Parlee, N. A. D.: Trans. AIME 242 (1968) 869.
50 Parlee, N. A. D.; Sacris, E. M.: Trans. AIME 239 (1967) 2005.
51 Block, U.; Stüwe, H.-P.: Z. Metallkde. 60 (1969) 709.
52 Kunze, H. D.; Parlee, N. D.; Schürmann, E.: Met. Trans. 2 (1971) 2623.
53 Shah, J. D.; Parlee, N. D.: High Temp. Sci. 1 (1969) 184.
54 Eichenauer, W.; Liebscher, D.: Z. Naturforsch. 17a (1962) 355.
55 Sieverts, A.; Krumbhaar, W.: Ber. Dtsch. Chem. Ges. 43 (1910) 893.
56 Toole, F. J.; Johnson, F. M. G.: J. Phys. Chem. 37 (1933) 331.
57 Baker, E. H.; Talukdar, M. I.: Trans. Inst. Min. Met. C 77 (1968) 128.
58 Müller, W. J.; Löw, E.: Ber. Dtsch. Chem. Ges. (1935) 989.
59 Clark, G. L.; Wolthund, E.: J. Appl. Phys. 8 (1937) 630.
60 Thiessen, P. A.; Schütze, H.: Z. anorg. allgem. Chem. 245 (1940) 59.
61 Raub, E.; Plate, W.: Z. Metallkde. 48 (1957) 529.
62 Alcock, B.; Hooper, G. W.: Proc. Roy. Soc. A 254 (1960) 551.
63 Tankins, E. S.; Gokcen, N. A.: High Temp. Sci. 4 (1972) 393.
64 Ashcroft, S. J.; Schwarzmann, E.: Trans. Faraday Soc. I 68 (1972) 1360.

Leichtmetalle

Beryllium

(Abb. S. 691, Lit. S. 692)

F. Aldinger und G. Petzow

Beryllium-Wasserstoff

Konstitution. Phasen: α-Be hdP, Umw. 1254 °C, β-Be krz, Smp. 1285 °C; BeH_2 instabil, zersetzt sich oberhalb von 125 °C [1—6]; BeH ist ein instabiles Gas [7, 8].

Löslichkeit

H in α-Be: $\log c = 1/2 \log p - 4{,}6 + 95/T$ (250—850 °C, mit Tritium [16])

Löslichkeitsgrenze. Die Löslichkeit von H in Be ist sehr klein [9—13]. Durch Protonenbeschuß und eine anschließende Wärmebehandlung ist gezeigt worden, daß sie zwischen 350 und 1050 °C $< 7{,}5 \cdot 10^{-4}$ At.-% ist [14, 15].

Thermodynamische Daten

$1/2\, H_2 = H(\text{in } \alpha\text{-Be})$: $\Delta G^0 = -440 + 23{,}6\, T$ (250—850 °C [16])

Bildungsenthalpie ΔH von BeH_2(s) ist nach theoretischen Überlegungen möglicherweise endotherm [8] bzw. nach [5] + 54 kcal/mol. BeH_2(g): $\Delta H^0_{298} = 30$ kcal/mol [17]. BeH(g): $\Delta H^0_{298} = 78{,}1$ kcal/mol [7, 18], $S^0_{298} = 40{,}84$ cal · K^{-1} · mol^{-1} [18]. Dissoziationsenergie für $BeH_2(g) = BeH(g) + H$ bei 25 °C 100 kcal/mol [17]. Dissoziationsenergie für BeH(g) 53 kcal/mol [19].

Diffusion

H in α-Be: $D = 2{,}3 \cdot 10^{-7} \exp(-4400/RT)$ (200—1000 °C, Tracer [16])

$D \approx 10^{-9}$ cm²/s (800—900 °C, mikroskopisch aus Gasblasenverteilung [14]).

Entgasung. Der H-Gehalt in Be kann durch eine Glühung im Vakuum bei 1000 °C auf einen vernachlässigbar kleinen Wert reduziert werden [9, 11, 12].

Gitterparameter. Leichte Zunahme bei H-Aufnahme beobachtet [20].

Mechanische Eigenschaften. Bruchdehnung δ, Querschnittsverminderung ψ, Streckgrenze $\sigma_{0,2}$ und Zugfestigkeit σ_B werden durch eine H-Begasung zwischen 200 und 800 °C (Einleiten von H_2 in eine Be-Schmelze, $c_H \approx 2$ Gew.-ppm) und durch eine elektrolytische H_2-Abscheidung nicht beeinflußt [12]. Die kritische Schubspannung für Basisgleiten nimmt durch eine Zonenreinigung in einem H_2/He-Gemisch um den Faktor 3,7 zu [13].

Beryllium-Kohlenstoff

Konstitution. Phasen: Be_2C kub., CaF_2-Typ [21—35], zersetzt sich bei 2150 °C [36], Smp. 2400 °C [37]; Acetylid BeC_2.

Löslichkeitsgrenze. Die Löslichkeit von C ist sehr klein [29, 32]. Legierungen mit 0,01 At.-% (C + O) sind einphasig [38].

Thermodynamische Daten

$2\,Be + C = Be_2C$: $\Delta G^0 = -21800 + 0{,}24\, T$ (25 °C [39])

$\Delta H^0_{298} = -27060$ [94]

Mechanische Eigenschaften. Die *kritische Schubspannung* für Basisgleiten bei R. T. erhöht sich in zonengereinigtem Be durch C-Zusatz (Glühung bei 1000°C in Kontakt mit Graphit) von 0,28 auf 0,76 kp/mm² [40—42]. An vielkristallinem Be wird die *Zugfestigkeit* σ_B bei R. T. durch einen Zusatz von 0,4 bzw. 1 At.-% C erniedrigt [43]. Die *Bruchdehnung* δ und *Querschnittsverminderung* ψ sind in C-haltigem Be bis 300 °C praktisch gleich 0 und zeigen für Legierungen mit 0,4 At.-% C bei 600 °C ein Maximum [43]. Be_2C-Dispersionen führen zu einer starken Verfestigung von Be, die stärker ist als bei O-Zusätzen [44, 45]. Be_2C-Zusätze von 5; 10 und 20% führen zwischen 600 und 950 °C zu einer Erhöhung der Zugfestigkeit σ_B [46]. Die *Dauerstandfestigkeit* von Be nimmt zwischen 400 und 850 °C mit zunehmendem C-Gehalt zu [43, 44, 47]. Die Wirkung des Karbids ist bei erhöhter Temperatur größer als die des Oxids [44].

Reaktion mit Gasen. Der C-Gehalt einer Legierung mit 1,25 At.-% C wird bei 700 °C in feuchtem H_2 (H_2 + 100 ppm H_2O) nach 80 h auf 0,7 At.-% abgesenkt [48]. In trockenem und feuchtem CO_2 nimmt Be bei 725 °C nach 600 h 0,075 At.-%

C auf [48]. Die Oxidationsgeschwindigkeit von reinem Be in feuchtem CO_2 wird durch C erniedrigt [49]. Wegen der Hydrolyse von Be_2C werden Legierungen mit zunehmendem Be_2C-Gehalt an Luft bruchempfindlich [36, 44].

Beryllium-Stickstoff

Konstitution. Phasen: α-Be_3N_2 kub., Mn_2O_3-Typ [50, 51]; β-Be_3N_2 hex., Up. 1400 °C, BaS_3Ti-Typ [52, 53], Smp. ≈ 2200 °C, zersetzt sich und verdampft oberhalb von 1400 °C [24, 51, 54, 55]; BeN [56]. N erniedrigt den Schmelzpunkt und die α-β-Umwandlung von Be [14].

Löslichkeit von N in Be ist sehr klein [57], sie beträgt bei 1000 °C etwa 0,004 At.-% und nimmt zwischen 500 und 1000 °C mit steigender Temperatur zu [14, 58].

Zersetzungsdruck von Be_3N_2 [55]
$\log p_{N_2} = 9{,}39 - 19520/T$ (1370–1700 °C [55])

Thermodynamische Daten [55, 59–64, 90]
$3/2\ Be(s) + 1/2\ N_2 = 1/2\ Be_3N_2$: $\Delta G^0 = -67350 + 20{,}3\ T$ (25–730 °C [64])
$3/2\ Be(l) + 1/2\ N_2 = 1/2\ Be_3N_2$: $\Delta G^0 = -44642 + 14{,}88\ T$
(1370–1700 °C [55])

Diffusion. Aus Diffusionspaaren Be_3N_2/Be folgt: $D = 5 \cdot 10^{-10}$ cm²/s bei 1025 °C [14]. Dieser Wert ist im Vergleich zur H-Diffusion wahrscheinlich zu hoch. Aus Gitterparametermessungen wird geschlossen, daß N bis 300 °C nicht in Be eindiffundiert [20].

Absorption. Ein erkennbarer Nitridfilm bildet sich erst oberhalb von 700 °C [65]. Die N-Aufnahme von Be bei 76 Torr N_2 folgt für 725–925 °C anfänglich einem parabolischen Zeitgesetz mit einer Aktivierungsenergie von 75 kcal/mol, s. Abb. 1 [54]. Bei 980–1070 °C (600 Torr N_2) zeigt die Reaktion für $t > 100$ min einen linearen Verlauf mit einer Aktivierungsenergie von 50 kcal/mol, s. Abb. 2 [66].

Gitterparameter. a und c sowie das c/a-Verhältnis nehmen durch eine Begasung an Luft zwischen 0 und 900 °C zu [58].

Mechanische Eigenschaften. Die kristische *Schubspannung* für Basisgleiten wird durch eine Glühbehandlung an Luft nicht beeinflußt [13, 40, 42]. Die ***Festigkeit*** von Be kann zwischen R. T. und 900 °C durch feine Be_3N_2-Ausscheidungen erhöht werden [45].

Beryllium-Sauerstoff

Konstitution. Phasen: α-BeO hex. [67–75]; β-BeO tetr. >2100 °C [76–79]; Smp. zwischen 2300 und 2570 °C [24, 72, 79–84], Sdp. 4120 ± 170 °C [85]; Be_2O kub., CaF_2-Typ [86]; BeO_2 instabil [87, 88]. Eine Legierung mit 0,1 At.-% O zeigt ein eutektisches Netzwerk aus Be und BeO [29], das von [32] nicht bestätigt wird.

Löslichkeitsgrenze. Die O-Löslichkeit liegt unter 5 At.-ppm [44, 89]; nach [14] liegt sie zwischen 0,001 und 0,01 At.-%. Bei 1200–1250 °C lösen sich wahrscheinlich einige At.-% O in Be [58].

Thermodynamische Daten [90—93]
$Be(s) + 1/2\ O_2 = BeO(s)$: $\Delta G^0 = -142900 + 22{,}5\ T$ (25—1286 °C [90])
$Be(l) + 1/2\ O_2 = BeO(s)$: $\Delta G^0 = -143925 + 23{,}5\ T$ (1286—1750 °C [90])
Die Dissoziationsenergie von BeO(g) ist 106 kcal/mol [95]. Die Gasphase über BeO enthält zwischen 1600 und 2100 °C hauptsächlich Be, O, O_2, $(BeO)_3$ und $(BeO)_4$. Die Verdampfungsenthalpien von $(BeO)_3$ und $(BeO)_4$ werden bei 1800 °C mit 164 bzw. 181 kcal/mol angegeben [95].

Diffusion. Durch Gitterparametermessungen ist gezeigt worden, daß O unterhalb von 300 °C nicht in Be eindiffundiert [20].

Oxidation. Stellvertretend für zahlreiche Untersuchungen [3, 96—115] ist in Abb. 3 das Oxidationsverhalten von Be dargestellt. Bei einem O_2-Druck von 76 Torr folgt die Oxidation nach einem Initialschritt einem parabolischen Zeitgesetz. Unterhalb von 600 °C bildet sich eine dünne, gut haftende Oxidschicht, die das Be vor weiterer Oxidation schützt. Die Druckabhängigkeit der Oxidation ist verhältnismäßig gering, was darauf schließen läßt, daß der geschwindigkeitsbestimmende Schritt die Diffusion der Be-Ionen durch die Oxidschicht ist [54].

Gitterparameter ändert sich durch O-Zusatz nicht [20, 116] bzw. nur in der 4. Stelle nach dem Komma [32]. Neuere Untersuchungen an hochreinem Be zeigen, daß nach einer Begasung in Luft die Gitterparameter zwischen R. T. und 900 °C um ca. 0,02 Å zunehmen [58].

Mechanische Eigenschaften. Die *kritische Schubspannung* für die Basisgleitung in Be-Einkristallen wird durch eine Glühbehandlung (1000 °C, 250 Torr Luft) nicht beeinflußt [42]. Die *Streckgrenze* $\sigma_{0,2}$ nimmt mit steigendem BeO-Gehalt zu [45, 117]. Die *Zugfestigkeit* σ_B wird bei 0—800 °C durch einen BeO-Zusatz von 1,13 At.-% etwas erniedrigt, die *Bruchdehnung* δ und *Querschnittsverminderung* ψ werden bei R. T. erniedrigt, oberhalb von 100 °C jedoch erhöht [43]. Oberhalb von 550 °C wird der Abfall des *E-Moduls* durch zunehmenden Oxidgehalt verringert [117]. Die *Zeitstandfestigkeit* (100 h) nimmt mit zunehmendem Oxidgehalt zwischen 400 und 800 °C zu [43, 44, 117], wobei allerdings die Verteilung des Oxids eine entscheidende Rolle spielt [44, 47].

Ternäre Systeme

Be—C—N. Oberhalb von 1000 °C reagiert Be_2C mit N_2 unter Bildung von Be_3N_2 und C. Bei 1100 °C sind Be_3N_2 und Be_2C nebeneinander stabil. Bei höheren Temperaturen verläuft die Reaktion in umgekehrter Richtung, d. h. Be_3N_2 tendiert zur Dissoziation [118]. Bei 2100 °C nimmt Be_2C N auf [36].

Be—C—O. Legierungen mit 0,01 At.-% (O + C) sind einphasig [38]. Die Oxidation von Be wird durch C (0,08 At.-% C) bei 600—700 °C beschleunigt [112]. Be_2C reagiert bei Temperaturen oberhalb 1000 °C mit O_2 [36, 119].

Be—N—O. Die *Oxidation* von Be in verschiedenen O_2/N_2-Gemischen folgt unterhalb 1000 °C im wesentlichen einem logarithmischen Zeitgesetz. Ein Minimum der Oxidationsgeschwindigkeit liegt bei einem O-Gehalt des Gemisches von 0,1—2%. Die Oxidschicht besteht aus etwa 50% BeO und 50% Be_3N_2. Oberhalb von 1000 °C tritt zunächst ein logarithmisches, dann ein parabolisches Zeitgesetz auf [114]. Die *Gitterparameter* von BeO werden durch gelösten N verändert [106, 114].

Be—B—C. Be bildet drei Borokarbide: Be_2CB_6C [120, 121], BeC_2B_2 und BeC_2B_{12} [122].

Be—Si—C. Das ternäre System enthält zwei quasibinäre Systeme, Si—Be_2C und SiC—Be_2C. Legierungen des Systems Si—Be_2C schmelzen erst oberhalb von 1400 °C. Bei 1000 °C liegen die folgenden Dreiphasengleichgewichte vor: C + SiC + Be_2C; SiC + Be_2C + Si und Be + Be_2C + Si [35].

Be—U—C. Das System hat drei quasibinäre Systeme: UC—UBe_{13}, UBe_{13}—Be_2C und UC—Be_2C, in denen keine ternären Verbindungen auftreten. UC—UBe_{13} und UC—Be_2C sind eutektisch [123]. Der isotherme Schnitt für 1700 °C des Teilsystems UC—UC_2—Be_2C weist ein Dreiphasengleichgewicht (UC + UC_2 + Be_2C) auf [124].

Be—Si—N. In diesem System tritt eine ternäre Phase $BeSiN_2$ mit einer orthorh. Struktur auf [125].

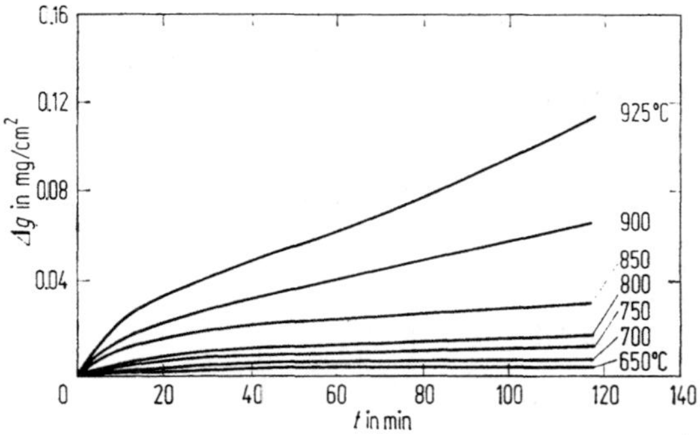

Abb. 1. Gewichtszunahme Δg von Be in N_2 bei 76 Torr und verschiedenen Temperaturen [54].

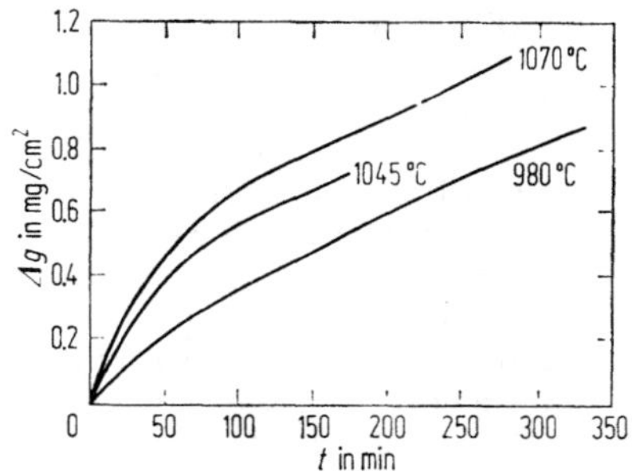

Abb. 2. Gewichtszunahme Δg von Be in N_2 bei 76 Torr und verschiedenen Temperaturen [66].

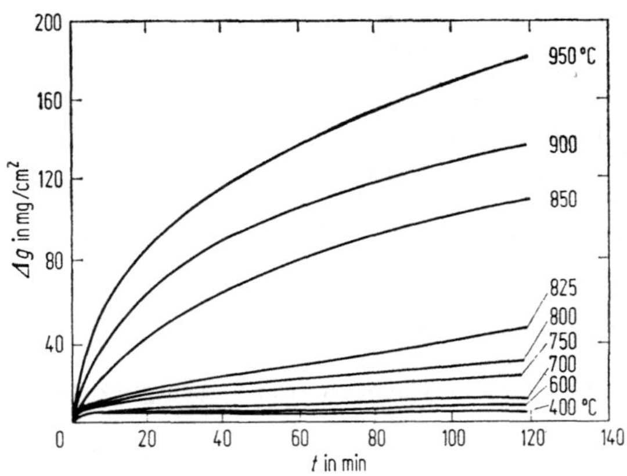

Abb. 3. Gewichtszunahme Δg von Be in O_2 bei 76 Torr und verschiedenen Temperaturen [54].

Literatur zu Beryllium

1 Barbaras, G. D. et al.: J. Amer. Chem. Soc. 73 (1951) 4585.
2 Coates, G. E.; Glocking, F.: J. Chem. Soc. 76 (1954) 2526.
3 Holley, C. E.; Lemmons, J. F.: Rpt. LA-1660 (1954).
4 Head, E. L.; Holley, C. E.; Rabideau, S. W.: J. Amer. Chem. Soc. 79 (1957) 3687.
5 Lemmons, J. F.; Lewis, W. B.: Rpt. LA-1659 (1953).
6 Rpt. NBS-6645 (1960).
7 Kury, J. W.: Rpt. UCRL-4519 (1956).
8 Mueller, W. M.; Blackledge, J. P.; Libowitz, G. G.: Metal Hydrides, New York: Academic Press 1968.
9 Martin, A. J.: Atomic Energy Research Establishment, unveröffentlichte Arbeit.
10 Ells, C. E.; Evans, W.: Rpt. AECL-1347 (1961).
11 Evans, C.; Herrington, J.: Determination of Hydrogen in Metals by Isotopic Dilution with Tritium, Radioisotopics in the Physical Sciences and Industry, AEA, Wien 1962.
12 Cotterill, P.; Goosey, R. E.; Martin, A. J. In The Metallurgy of Beryllium, London: Chapman and Hall (1963) 220.
13 Schaub, B.; Kuentz, R.; Nolin, J. P.: Conférence Internationale sur la Métallurgie du Beryllium, Grenoble: Presses Universitaires de France (1965) 81.
14 Pemsler, J. P.; Anderson, R. W.; Rapperport, E. J.: Rpt. ASD/TDR/62-1018 (1963).
15 Pemsler, J. P.; Rapperport, E. J.: Trans. AIME 230 (1964) 90.
16 Jones, P. M. S.; Gibson, R.: Rpt. AWRE 0-2/67 (1967).
17 O'Brien, C. J. et al.: In G. S. Bahn, E. Zuckowsky: Kinetics, Equilibria and Performance of High Temperatures Systems, London: Butterworths 1960.
18 Rossini, F. D.; Wagman, D. D.; Evans, W. H.; Levine, S.; Jaffee, J.: Selected Values of Chemical Thermodynamic Properties, Nat. Bur. Stand. Circ. 500 (1952).
19 Gaydon, A. G.: Dissociation Energies and Spectra of Diatomic Molecules, London: Chapman and Hall 953.
20 Moore, A.; Cheer, D. A.: Rpt. AWRE-0-51/57 (1957).
21 Lebeau, P.: Compt. Rend. 121 (1895) 496.
22 Lebeau, P.: Ann. Chim. Phys. 16 (1899) 476, 479.
23 Brunner, E.: Dissertation, Basel 1915.
24 Fichter, F.; Brunner, E.: Z. anorg. Chem. 93 (1915) 84.
25 Oesterheld, G.: Z. anorg. Chem. 97 (1916) 7.
26 Messerknecht, C.; Biltz, W.: Z. anorg. Chem. 148 (1925) 153.
27 Schmidt, J. M.: Bull. Soc. Chim. 43 (1928) 49.
28 v. Stackelberg, M.: Z. Elektrochem. 37 (1931) 542.
29 Sloman, H. A.: J. Inst. Metals 49 (1932) 365.
30 Steckelberg, M. V.; Qatram, F.: Z. phys. Chem. B 27 (1934) 50.
31 Teitel, R. J.: Rpt. AECD-2251 (1948).
32 Kaufmann, A. R.; Gordon, P.; Lillie, D. W.: Trans. ASM 42 (1950) 785.
33 Staritzky, E.: Anal. Chem. 28 (1956) 915.
34 Vol, A. E.: Constitution and Properties of Binary Metallic Systems, Vol. I, Moscow: Gosudarst. Izdatel 1959, S. 579.
35 Matyushenko, N. N.; Rosen, A. A.; Pugachov, N. S.: Poroshk. Met. 4 (1966) 61.
36 Quirk, J. F.: Rpt. AECD-3647 (1955) 95.
37 Mallet, M. W.; Durbin, E. A.; Udy, M. C.; Vaughan, D. A.; Center, E. J.: Rpt. BMI/MWM/5 (1953).
38 Sinelnikov, K. D.; Ivanov, V. E.; Amonenko, V. M.; Tikhinsky, G. F.: In The Metallurgy of Beryllium, London: Chapman and Hall 1963, S. 264.
39 Pollok, B. D.: J. Phys. Chem. 63 (1959) 587.
40 Tristem, C. E. R.; Moore, A.: Beryllium Physical Metallurgy Conference, Gatlinburg, USA (1960).
41 Beasley, D.; Moore, A.: Beryllium Physical Metallurgy Conference, Gatlinburg, USA (1960).
42 Tristem, C. E. R.: Conférence Internationale sur la Metallurgie du Beryllium, Grenoble: Presses Universitaires de France (1965) 249.

43 Vachet, P.; Logerot, J. M. In: The Metallurgy of Beryllium, London: Chapman and Hall 1963, S. 263.
44 Greenspan, J.: Rpt. TID-7526 (1957).
45 Beaver, W. W.: Rpt. BBC-TR-242 (1968).
46 Beaver, W. W. In D. W. White, J. E. Burke: The Metal Beryllium, ASM, Cleveland 1955.
47 Greenspan, J.: Rpt. NMJ-1227 (1960).
48 Werner, W. J.: Rpt. ORNL-3166 (1961).
49 Dewanckel, B.; Leclere, D.; Darras, R.: Conférence de Internationale sur la Métallurgie du Beryllium, Grenoble: Presses Universitaires de France (1965) 171.
50 v. Stackelberg, M.; Paulus, R.: Z. phys. Chem. B 22 (1933) 305.
51 Chietti, P.: J. Amer. Ceram. Soc. 35 (1952) 123.
52 Rabenau, A.; Eckerlin, P.: Special Ceramics (Proceedings Symposium British Ceramic Research Association), Stoke-on-Trent 1959, New York: Academic Press 1960, S. 136.
53 Eckerlin P.; Rabenau, A.: Z. anorg. allgem. Chem. 304 (1960) 218.
54 Gulbranson, E. A.; Andrew, K. F.: J. Electrochem. Soc. 97 (1950) 383.
55 Hoenig, C. L.; Searcy, A. W.: J. Amer. Ceram. Soc. 50 (1967) 460.
56 JANAF Thermochemical Tables, Dow Chemical Company, Midland, Michigan (1971).
57 Udy, M. C.; Manuing, G. K.; Eastwood, L. W.: Met. Trans. 185 (1949) 779.
58 Amonenko, V. M.; Ivanov, V. E.; Tikhinsky, G. F.; Finkel, F. A.: Fiz. Met. Metallov. 14 (1962) 852.
59 Neumann, B.; Kroger, C.; Haebler, H.: Z. anorg. allgem. Chem. 204 (1932) 81.
60 Neumann, B.; Kroger, C.; Kunze, H.: Z. anorg. allgem. Chem. 218 (1934) 379.
61 Apin, A. Ya.; Lebedev, Yu. A.; Nefedova, O. J.: Zhur. Fiz. Khim. 32 (1958) 819.
62 Yates, R. E.; Greenbaum, M. A.; Farber, M.: J. Phys. Chem. 68 (1964) 2682.
63 Gross, P. et al.: Trans. Faraday Soc. 62 (1966) 2719.
64 Kelley, K. K.: Bull. U. S. Bur. Mines no. 407 (1937).
65 English, J. L.: In D. W. White, J. E. Burke (Ed.): The Metal Beryllium, Cleveland/Ohio: ASM 1955.
66 Bradshaw, W. G.; Wright, E. S.: In The Metallurgy of Beryllium, London: Chapman and Hall 1963, S. 314.
67 Strukturbericht, 1 (1913—1928) 115—117.
68 Bragg, W. L.: Phil. Mag., 40 (1920) 180.
69 Gmelins Handbuch der anorganischen Chemie, Berlin: Verlag Chemie 1930, S. 82.
70 Swanson, H. E.; Tage, E.: Standard Y-ray, Powder Diffraction Patterns, Nat. Bur. Standards Circ. 539 (I) (1953) 36.
71 Jeffrey, G. A.; Parry, G. S.; Mozzi, R. L.: J. Chem. Phys. 25 (1956) 1024.
72 Long, R. E.; Shofield, H. Z.: In Reactor Handbook, Vol. 3, Rpt. AECD-3647 (1955).
73 Norton, J. J.; Griffits, W. R.; Wilmarth, V. R.: Proc. U. N. Intern. Conf. Peaceful Uses At. Energy, 2., Genf, 5 (1958) 345.
74 Rau, R. C.: Crystal Front 2 (1961) 10.
75 Burkholz, A.: Rpt. EUR-3054 (1966).
76 Smith, D. K.; Cline, C. F.; Frechette, V. D.: J. Nucl. Mater. 6 (1962) 265.
77 Smith, D. K.; Cline, C. F.; Auserman, S. B.: J. Nucl. Mater. 8 (1964) 237.
78 Elston, J. et al.: 6. Colloque de Metallurgie, Saclay (1966).
79 Latta, R. F. et al.: Rpt. GEMP-736 (1970).
80 Ruff, O.; Seiferheld, H.; Suda, J.: Z. anorg. Chem. 82 (1913) 375.
81 Thiede, E.; Birnbräuer, E.: Z. anorg. Chem. 87 (1914) 155.
82 Ruff, O.; Lauschke, G.: Z. anorg. Chem. 97 (1916) 80.
83 Olshanskii, Ya. J.: Dokl. Akad. Nauk SSSR 59 (1958) 1105.
84 Kandyba, V. V. et al.: Dokl. Akad. Nauk SSSR 131 (1960) 566.
85 Erway, N. D.; Seifert, R. L.: J. Electrochem. Soc. 98 (1950) 83.
86 Amonenko, V. M. et al.: Dokl. Akad. Nauk SSSR 128 (1959) 977.
87 Tzentnershver, M.; Blumenthal, M.: Bull. intern. acad. polon. sci. Classe sci. math. nat. (1935 A) 540.
88 Budnikov, P. P.; Balyaev, R. A.: Zhur. Prikl. Khim. 33 (1960) 1921.
89 Bunshah, R. F.; Juntz, R. S.: Rpt. UCRL-7591 (1964).

90 Kubaschewski, O.; Evans, E. Ll.; Alcock, C. B.: Metallurgical Thermochemistry, 4th ed., Oxford: Pergamon 1967.
91 Cosgrove, L. A.; Snyder, P. E.: J. Amer. Chem. Soc. 75 (1953) 1227, 3102.
92 Coughlin, J. P.: U. S. Bur. Mines. Bull. 542 (1954).
93 Glassner, A.: Rpt. ANL 5750 (1959).
94 Blachnik, R. O. G. et al.: Trans. Faraday Soc. 66 (1970) 1058.
95 Chupka, W. A.; Berkowitz, J.; Giese, C. F.: J. Chem. Phys. 30 (1959) 827.
96 Terem, H. N.: Bull. Soc. Chim. 6 (1939) 664.
97 Krylova, T. N.: Izv. Akad. Nauk SSSR, OTN 10 (1938) 85; Khim. Referat. Zhur 6 (1939) 122.
98 De Kay Thompson, M.: The Total and Free Energies of Formation of the Oxides of Thirty-Two Metals, The Electrochem. Soc., New York (1942).
99 Terem, H. N.: Rev. Faculte sci. univ. Istanbul, 8 A (1943) 9.
100 Yamaguchi, S.: Bull. Chem. Soc. Japan 18 (1943) 53.
101 Natl. Bur. Stand. Tables of Selected Values of Thermodynamics Properties, Washington (1949).
102 Cubicciotti, D.: J. Amer. Ceram. Soc. 72 (1950) 2084.
103 Kerr, J. S.; William, H.: J. Inst. Metals 84 (1955—56) 379.
104 Scott, V. D.: Acta Cryst. 12 (1959) 136.
105 Nakata, H. H.: Rpt. NAA-SR-4737 (1960).
106 Bradshaw, W.; Wright, E. S.: Rpt. LMSD-288232 (1961).
107 Draycott, A. et al.: Rpt. AAEC/E-83 (1961).
108 Aylmore, D. W.; Gregg, S. J.; Jepson, W. E.: J. Nucl. Mater. 3 (1961) 190.
109 Jepson, W. B.: Research 15 (1962) 288.
110 Higgins, J. K.; Antill, J. E.: J. Nucl. Mater. 5 (1962) 67.
111 Sinelnikov, K. D.; Ivanov, V. E.; Vasyutinsky, B. M. In The Metallurgy of Beryllium, London: Chapman and Hall 1963, S. 355.
112 Jepson, W. B.; Warburton, J. B.; Myatt, B. L.: J. Nucl. Mater. 10 (1963) 127.
113 Ivanov, B. E. et al.: Conférence internationale sur la Métallurgie du Beryllium, Grenoble: Presses Universitaires de France (1965) 163.
114 Rieck, K.: Diplomarbeit, TH Stuttgart, 1966.
115 Gulbransen, E. A.; Hickman, J. W.; Ruka, R.: unveröff. Arbeiten.
116 Jeager, F. M.; Zanstra, J. E.: Proc. Acad. Sci. (Amsterdam) 92 (1935) 474.
117 O'Rourke, R. G.; Hurd, J. N.; Wikle, K. G.; Beaver, W. W.: Rpt. COO-312 (1956).
118 Mallett, M. W.; Thomas, D. G.: Rpt. NEPA 813 (1948).
119 Collins, C. G.; Sansville, J. W.: Rpt. NEPA 672 (1948).
120 Lebeau, P.: Compt. Rend. 126 (1898) 1347.
121 Lebeau, P.: Ann. Chim. Phys. 16 (1899) 481.
122 Markovskii, L. Ya. et al.: Zhur. Prikl. Khim. 39 (1966) 13.
123 Ivanov, O. S.; Badajeva, T. A.: 2nd UN Conf. Peaceful Uses of Atomic Energy, Rpt. A/Conf. 15, [P] 2043 (1958).
124 Burdick, M. D.; Lang, S. M.: Rpt. NBS-D-125 (1954).
125 Vaipolin, A. A. et al.: Izv. Akad. Nauk SSSR, Neorg. Mater. 3 (1967) 260.

Magnesium

(Abb. S. 698, Lit. S. 699)

W. Mannchen † und G. Wolf

Neben geringen Mengen an CO und CO_2 sind in technischem Magnesium und in Magnesium-Legierungen meist zwischen 0,02 und 0,5 At.-% Wasserstoff gelöst. Der relativ starke Einfluß geringer Gasgehalte auf die physikalischen, mechanischen und metallurgischen Eigenschaften könnte u. a. auch durch die Beteiligung von Wasserstoff in Wechselwirkung mit geringen Mengen stets vorhandener Hydridbildner (insbesondere Silizium) am Mechanismus der Keimbildung beim Erstarrungsvorgang [1] bedingt sein. Durch sekundäre Einflußgrößen und geringfügige Verunreinigungen kann der Gasgehalt in Magnesium und Magnesium-Legierungen stark verändert werden [2, 4]. Zur Bestimmung der Gasgehalte sind neben modernen Heißextraktionsmethoden [5] zahlreiche spezielle, meist ältere, Meßverfahren [6—11] bekannt. Auch für die Verminderung oder Erzielung geringer Gasgehalte sind unterschiedliche Methoden erarbeitet worden, wie z. B. Einleiten von Chlorgas oder Helium in flüssiges Magnesium [3, 9, 11—14, 25].

Magnesium-Wasserstoff

Konstitution [3, 15, 34, 36]. Phasen: Mg hdP, Smp. 650 °C; MgH_2 tetr., Rutil-Typ [16, 17, 27, 28, 30].

Löslichkeit [6, 7, 17—21] s. Tab. 1, Abb. 1 und 2. Nach [3] ist sie in Mg(s) geringer als in Mg(l). Aus Daten von [22] (s. Tab. 1) läßt sich folgende Beziehung abschätzen, die jedoch bei 760 Torr wahrscheinlich zu hohe Werte liefert.
H in Mg(s): $\log c = 1/2 \log p - 0{,}93 - 776/T$ (440—560 °C [22])
H in Mg(l): Zwischen 650 und 1000 °C 0,05 — 0,15 At.-% [6, 7, 10, 11] s. Abb. 1, stark abhängig von äußeren Bedingungen [3, 13, 17].

Löslichkeitsgrenze s. Abb. 1
H in Mg(s): $\log c_{max} = 4{,}03 - 2710/T$ (440—560 °C [22])
Sie liegt für D etwas höher [22].

Zersetzungsdrücke [15, 22, 29, 30]
MgH_2: $\log p_{H_2} = 10{,}0 - 3888/T$ (300—580 °C [22])
MgD_2: $\log p_{H_2} = 10{,}0 - 3820/T$ (300—580 °C [22])

Thermodynamische Daten [15, 22]
$1/2\ MgH_2 = H(\text{in } Mg(s)) + 1/2\ Mg(s)$: $\Delta G^0 = 12400 - 9{,}3\ T$ (440—560 °C [22])
$1/2\ Mg(s) + 1/2\ H_2 = 1/2\ MgH_2$: $\Delta G^0 = -8890 + 16{,}2\ T$ (300—580 °C [22])
$1/2\ Mg(s) + 1/2\ D_2 = 1/2\ MgD_2$: $\Delta G^0 = -8736 + 16{,}2\ T$ (300—580 °C [22])

Absorption und Entgasung. Molekularer H_2 wird von Mg(s) nicht oder nur sehr langsam aufgenommen [6, 18], atomarer oder ionisierter H dagegen schnell [18, 23, 24]. H_2O-Dampf führt unter Zersetzung an der Metalloberfläche auch bei R. T. zu einer wesentlichen Erhöhung des H-Gehaltes (0,02 bis 0,2 At.-% H in wenigen Stunden [13, 19]). Die Geschwindigkeit der H-Aufnahme hängt von der Teilchengröße ab. Nach [18] kann feindisperses Mg bis zu 7 Atome H pro Mg-Atom aufnehmen. Kinetik der Hydridzersetzung s. [29].

Eigenschaftsänderungen. Die *Gitterkonstanten* nehmen nach 4 h kathodischer Beladung mit H um etwa 1% und der *elektrische Widerstand* um etwa 20% zu [13]. Eine zusammenfassende Übersicht über qualitative Untersuchungen zur Veränderung physikalischer, mechanischer und metallurgischer Eigenschaften als Folge der H-Aufnahme wird in [2, 3] gegeben. Atomwärme von Mg in Abhängigkeit vom H-Gehalt bei kleinen Si-Gehalten (< 0,11 At.-% Si) s. [26]. Eigenschaften von MgH_2 s. [30—33].

Magnesium-Kohlenstoff

Konstitution [34]. Phasen: Mg_2C_3 hex.; MgC_2 tetr.; beide Karbide zersetzen sich bei 600—660 °C.

Thermodynamische Daten
$2/3\ Mg(s) + C = 1/3\ Mg_2C_3(s)$: $\Delta G^0 = 6000$ (0—650 °C [35])
$2/3\ Mg(l) + C = 1/3\ Mg_2C_3(s)$: $\Delta G^0 = 4567 + 1{,}6\ T$ (650—1120 °C [35])

Magnesium-Stickstoff

Konstitution [34, 36]. Phasen: Mg_3N_2 kub., 3 Modifikationen ($\alpha < 550$, $\beta < 788$, $\gamma < 1520$ °C).

Thermodynamische Daten [35, 37]
$3/2\ Mg(s) + 1/2\ N_2 = 1/2\ Mg_3N_2(s)$: $\Delta G^0 = -54800 + 23{,}72\ T$ (0—650 °C [37])
$3/2\ Mg(l) + 1/2\ N_2 = 1/2\ Mg_3N_2(s)$: $\Delta G^0 = -57980 + 27{,}15\ T$ (650— 788 °C [37])
und: $\Delta G^0 = -57870 + 27{,}05\ T$ (788—1020 °C [37])

Nitridbildung. Die Reaktion von Mg(s) mit N_2 setzt oberhalb von 300 °C ein. Nach einer Anfangsperiode von etwa 20 min findet [48] für 30—60 min ein lineares Zeitgesetz (k_1 in $mg \cdot cm^{-2} \cdot h^{-1}$)
$k_1 = 4{,}9 \cdot 10^{-3} \exp(-19200/RT)$ (1,2 Torr N_2, 300—500 °C [48])
Druckabhängigkeit $p^{1/4}$ für 1—400 Torr N_2. Für sehr lange Zeiten mit dicken Nitridschichten wird der Prozeß diffusionskontrolliert mit parabolischem Zeitgesetz [49, 50]. Nach [3] wird Mg_3N_2 erst oberhalb des Smp. mit merklicher Geschwindigkeit gebildet.

Magnesium-Sauerstoff

Konstitution [34, 36]. Phasen: MgO kub., NaCl-Typ, Smp. 2825 °C; MgO_2 kub.

Thermodynamische Daten [35, 37]
$Mg(s) + 1/2\ O_2 = MgO(s)$: $\Delta G^0 = -145670 + 24{,}5\ T$ (0— 650 °C [37])
$Mg(l) + 1/2\ O_2 = MgO(s)$: $\Delta G^0 = -145220 + 26{,}1\ T$ (650—1111 °C [37])

Diffusion. Aus der Zunderkonstante für die innere Oxidation von Mg—0,12 At.-% Zr in CO_2 bei 500—600 °C und 40 atm kann für $D \cdot c_O$ ein Wert von etwa 10^{-12} cm²/s abgeschätzt werden (c_O = O-Gleichgewichtskonzentration in At.-%) [38].

Oxidation. Bei 500—600 °C und 1 atm O_2 lineares Zeitgesetz (k_l in mg · cm^{-2} · h^{-1})
$k_l = 6{,}2 \cdot 10^{12} \exp(-50000/RT)$
In Luft etwa 5mal größere Gewichtszunahme [3].

Ternäre Systeme

Mg—Me—H. H-Löslichkeit in binären System s. Tab. 2 und Abb. 3.

Mg—Al—H. H-*Löslichkeit* s. [2, 3, 11, 13, 39]. Bei 1 atm H_2 und 760 °C gilt in Mg(l)
$\log c_H = -1{,}00 - 1{,}51 \cdot 10^{-2} \cdot c_{Al}$
Löslichkeit im festen Zustand s. Abb. 3. Mit steigendem H-Gehalt nimmt die *Zugfestigkeit* σ_B und *Bruchdehnung* δ der Legierung Mg—9,5 At.-% Al (8,5 Gew.-% Al) ab und der mittlere Korndurchmesser zu [3, 13].

Mg—Mn—H. H-*Löslichkeit* im festen Mg—4,4 At.-% Mn 0,04 bis 0,07 At.-% H [20]. Die H-Löslichkeit nimmt für die Legierung Mg—3,3 At.-% Mn mit dem Korndurchmesser zu. Die *Festigkeitseigenschaften* ändern sich nicht [13].

Mg—Si—H. H-Löslichkeit in At.-% nach [39] bei 760 °C und 1 atm H_2 in Abhängigkeit vom Si-Gehalt
$\log c_H = -1{,}1 - 8{,}16 \cdot 10^{-2} c_{Si} + 6{,}4 \cdot 10^{-4} c_{Si}^2$

Mg—Zn—H. Die H-*Löslichkeit* beträgt bei 760 °C und 1 atm H_2 für 0—5 At.-% Zn ungefähr 0,04 At.-% H [2] und bei 30 At.-% Zn ungefähr 0,02 At.-% H [2, 11]. Mit zunehmendem H-Gehalt nimmt für eine Legierung mit etwa 1 At.-% Zn der Korndurchmesser ab und die *Zugfestigkeit* σ_B, *Streckgrenze* $\sigma_{0,2}$ und *Bruchdehnung* δ zu [12, 41].

Mg—Zr—H. H-Gehalt infolge *innerer Hydridbildung* [42] nicht quantitativ erfaßbar. Der durch Zr in Mg bewirkte Kornfeinungseffekt [43] wird beim Einleiten von H_2 nicht beobachtet. Eine Wärmebehandlung in einer H_2-Atmosphäre führt zur Erhöhung der *Festigkeit* und einer Änderung der *elektrischen Leitfähigkeit* [44].

Höhere Systeme

Mg—Al—Zn(Mn). H-*Löslichkeit* nach [13, 20] für Legierungen mit 3—9 At.-% Al, 0,2—8 At.-% Zn, 0—1 At.-% Mn im flüssigen Zustand $c_H \approx 0{,}06$ At.-% und im festen Zustand $c_H \approx 0{,}02$—0,04 At.-%. Nach [13] ist die H-Löslichkeit der Mg—Al—Zn-Legierungen im homogenen Zustand etwas größer als im heterogenen Zustand. *Zugfestigkeit* σ_B und *Bruchdehnung* δ nehmen mit steigendem H-Gehalt ab (s. Abb. 4) und das Gefüge wird grobkörnig [13, 45]. Der *elektrische Widerstand* der entgasten Legierung Mg, 10 Gew.-% Al, 1,7 Gew.-% Zn, 0,2 Gew.-% Mn steigt beim Lagern an feuchter Luft infolge des Einbaues von H von 13 auf 17 μΩ · cm an.

Mg—Ag—Nd—Zr. Die Festigkeit von Nd-haltigen Legierungen fällt beim Glühen in H-haltiger Atmosphäre ab [46] und die Ausscheidung von MgH_2 macht sich im Widerstandsverhalten bemerkbar [47].

Tabelle 1. Löslichkeitsgrenze für H in Mg(s) [22].

c in At.-% H	T in °C	p_{H_2} in atm
2	440	38
3,2	470	65
2,6	505	108
3,5	510	117
10,2	560	233

Tabelle 2. H-Löslichkeit in binären Mg-Legierungen.

System	Zusatz in At.-%	H-Löslichkeit in At.-%		Wärmebehandlung	Lit.
		flüssig	fest		
Mg—Ag	0,5—3,5		0,07	466 °C, 72 h	[13]
Mg—Bi	0,25—0,8		0,09	538 °C, 72 h	[13]
Mg—Cd	1,1—6,0		0,06	510 °C, 72 h	[13]
Mg—Hg	0,15—0,85		0,04	427 °C, 72 h	[13]
Mg—Sn	0,25—3,8		0,09	438 °C, 72 h	[13]
Mg—Li	17—40,5		0,1—0,6	500 °C in H_2	[19]
Mg—Pb	0—100	$2 \cdot 10^{-3}$—0,1		760 °C, 72 h	[39]
			$3 \cdot 10^{-3}$—0,07	482 °C, 72 h	[13, 40]

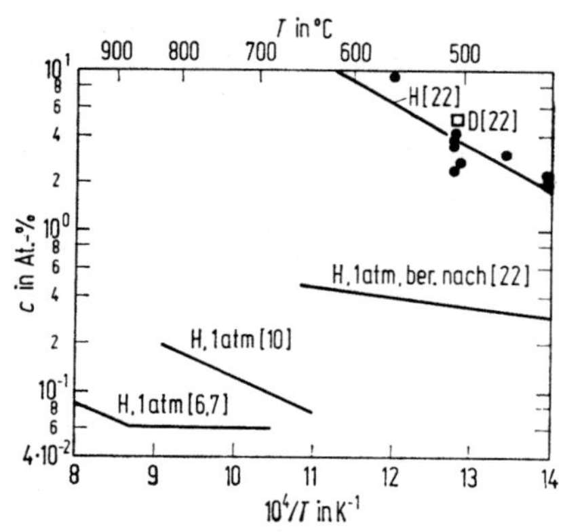

Abb. 1. Löslichkeitsgrenze und isobare Löslichkeit für H und D in Mg.

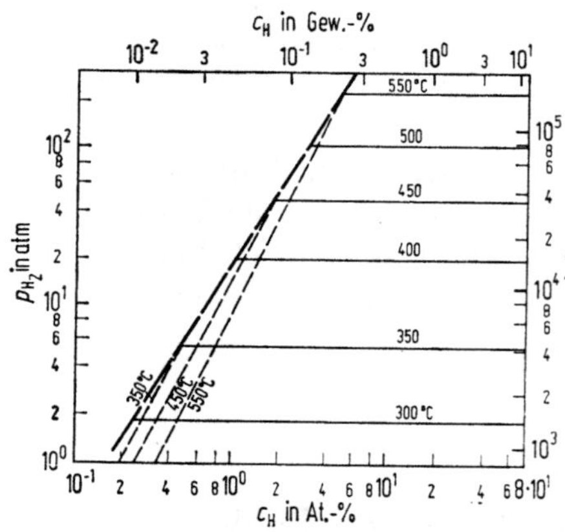

Abb. 2. (p,c)-Isothermen im System Mg—H (Löslichkeitsgrenze und Bereich der α-Mischkristalle unsicher) [22].

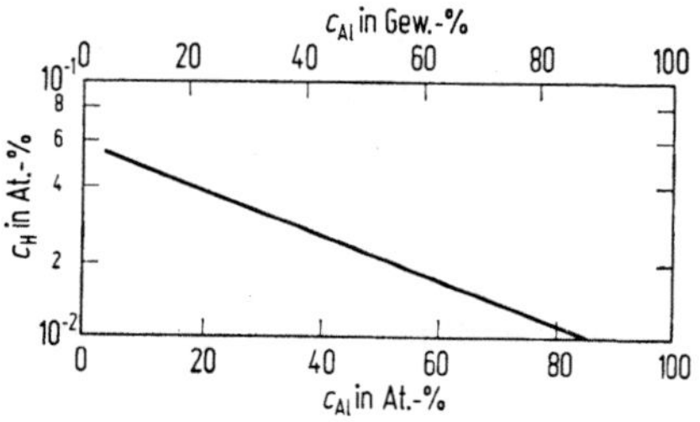

Abb. 3. H-Löslichkeit in festen Mg—Al-Legierungen [13].

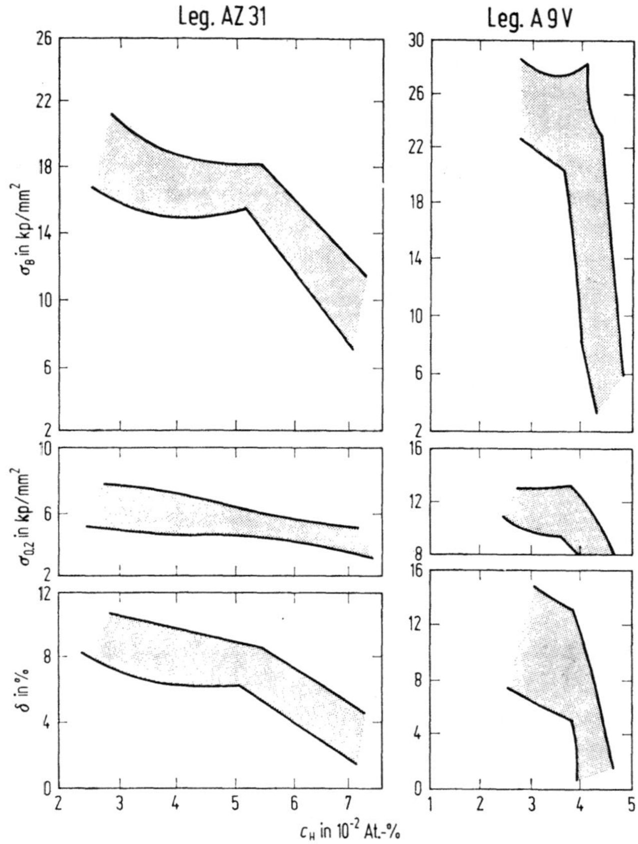

Abb. 4. Einfluß von H auf die Zugfestigkeit σ_B, die Streckgrenze $\sigma_{0,2}$ und die Bruchdehnung δ von Mg—Al—Zn-Legierungen (AZ31: Mg—3Al—1Zn—0,2Mn; A9V: Mg—9Al—0,7Zn—0,4Mn; Zusätze in Gew.-%), nach [45].

Literatur zu Magnesium

1 Mannchen, W.: Z. Metallkde. 58 (1967) 381.
2 Scharow, M. W.; Morosow, B. S.; Pletenew, W. M.: Litejnoe proizvod 6 (1953) 16.
3 Raynor, G. V.: The Physical Metallurgy of Mg and its Alloys, London: Pergamon 1959.
4 Kecin, V. A. et al.: Litejn, proiz.-vometalloved i obrabotka met. davleniem Vyp 6 (1972) 48 (Krasnojarsk).
5 Vidlate, J.: Rev. Met. Cenim 8 (1972) 252.
6 Winterhager, H.: Aluminium Archiv 12 (1938).
7 Röntgen, P.; Winterhager, R.: Z. Aluminium 21 (1939) 210.
8 Mannchen, W.: Metallkdl. Ber. 23 (1951), Berlin: Verlag Technik.
9 Sauerwald, F.: Z. anorg. Chemie 256 (1948) 217.
10 Koeneman, J.: Trans. ASM 51 (1959) 1072.
11 Sauerwald, F.: Z. anorg. Chemie 258 27 (1949).
12 Mannchen, W.: Z. Metallkde. 41 (1950) 255.
13 Busk, R. S.; Bobalek, E. G.: AIME Techn. Publ. 2105 (1946) 1.
14 Kecin, V. A. et al.: Izv. VUZ Tsvet. Met. 5 (1973) 52.
15 Mueller, W. M.; Blackledge, J. P.; Libowitz, G. G.: Metal Hydrides, New York: Academic Press 1968.

16 Zachariasen, W. H.; Holley, C. E.; Stampfer, J. F.: Acta Cryst. 16 (1963) 352.
17 Galaktinowa, V.: Vordrod v metallach, Metallurgiedat 1959.
18 Reimann, A. L.: Phil. Mag. 16 (1933) 673.
19 Mallet, M. W.; Gerds, A. F.; Griffith, C. B.: Anal. Chem. 25 (1953) 116.
20 Bobalek, E. G.; Shrader, S. A.: Ind. Eng. Chem. Analyt. Ed. 17 (1945) 544.
21 Herenguel, J.; Boghen, J.; Lelong, P.: Compt. Rend. 245 (1957) 2272.
22 Stampfer, J. F.; Holley, C. E.; Suttle, J. F.: J. Amer. Chem. Soc. 82 (1960) 3504.
23 Masaki, O.; Morimoto, Y.: J. Sci. Hiroshima Univ. A 8 (1938) 113.
24 Ehrke, L. F.; Slack, C. M.: J. Appl. Phys. 11 (1940) 129.
25 Gyula, E.: Femipari Kut. intez. Közl. 10 (1971) 157.
26 Mannchen, W.; Wolf, G.: Z. Naturforsch. 21a (1966) 1216.
27 Wieberg, E. et al.: Z. Naturforsch. 7 (1950) 5.
28 Barbaras, C. et al.: J. Amer. Chem. Soc. 73 (1951) 4585.
29 Kenneley, J. A.; Varwig, J. W.; Myers, H. W.: J. Phys. Chem. 64 (1960) 703.
30 Ellinger, F. H.; Holley, C. E.; McInter, B. B.: J. Amer. Chem. Soc. 77 (1955) 2647.
31 Wiberg, E. et al.: Z. Naturforsch. 6b (1951) 394.
32 Wiberg, E. et al.: Chem. Ber. 85 (1952) 593.
33 Freundlich, W. et al.: Bull. soc. chim. France 967 (1956).
34 Hansen, M.; Anderko, K.: Constitution of Binary Alloys, New York: McGraw-Hill 1958.
35 Elliot, J. F.; Gleiser, M.: Thermochemistry for Steelmaking, Reading/Mass.: Addison-Wesley 1960.
36 Elliot, R. B.: Constitution of Binary Alloys, First Supplement, New York: McGraw-Hill 1965.
37 Kubaschewski, O.; Evans, Ll.; Alcock, C. B.: Metallurgical Thermochemistry, 4th ed., Oxford: Pergamon 1967.
38 Pegoud, J.; Gillaumin, J.; Millet, P.: J. Nucl. Mater. 41 (1971) 51.
39 Burylew, B. P.: Litejnoje proizvod 9 (1965) 25.
40 Mannchen, W.: Metall 9 (1955) 686.
41 Müller, J.; Obmann, H.: Freiberger Forschungshefte 38 (1955) 57.
42 Renner, J.; Grabke, H. J.: Z. Metallkde. 63 (1972) 289.
43 Sauerwald, F.: Z. Metallkde. 45 (1954) 257.
44 Taschow, H.; Sauerwald, F.: Z. Metallkde. 52 (1961) 135.
45 Siebel, G.: Z. Metallkde. 39 (1948) 97.
46 Kent, R. P.; Wells, T. C.: J. Nucl. Mater. 8 (1963) 198.
47 Harris, J.; Patridge, G. P.; Eeles, W. T.: J. Nucl. Mater. 9 (1963) 339.
48 Kodymavá-Turkova, J.; Láska, L.; Krejči, V.: J. Electrochem. Soc. 121 (1974) 943.
49 Makolkin, I. A. et al.: Zh. Prikl. Khimii 33 (1960) 824.
50 Murgulescu, J. G.; Cismaru, D.: Rev. Chim. Acad. Populaire Roumaine 4 (1960) 251.

Aluminium

(Abb. S. 706, Lit. S. 707)

D. G. Altenpohl, G. Ibe und H. Wittig

Aluminium-Wasserstoff

Konstitution [1—7]. Phasen: α kfz, Smp. 660 °C; AlH instabil; AlH_3 bzw. AlD_3 trig., metastabil [8, 9], zersetzt sich oberhalb von 120 °C; AlH_3(g) und Al_2H_6(g) wird ebenfalls beobachtet [3].

Löslichkeit [3—8, 10] s. Abb. 1 und 2

H in Al(s): $\log c = 1/2 \log p - 1{,}95 - 3300/T$ (400—630 °C [7])

D in Al(s): $\log c = 1/2 \log p - 1{,}74 - 3560/T$ (400—630 °C [7])

Ältere Angaben für H [3—6] liegen z. T. bis zu einem Faktor 3 höher, was nach [7] auf einer zusätzlichen Lösung in Korngrenzen oder Gitterfehlstellen beruhen dürfte.

H in Al(l): $\log c = 1/2 \log p - 1{,}08 - 3086/T$ (660—1050 °C [4])

und: $\log c = 1/2 \log p - 3{,}32 - 2190/T + 1/2 \log (760 - p_{Al})$ (1400—2300 °C [5])

Die zweite Gleichung gibt die H-Löslichkeit bei extrem hohen Temperaturen an, wo sich offenbar der Al-Dampfdruck störend bemerkbar macht und durch einen Zusatzterm berücksichtigt werden muß.

Thermodynamische Daten [4—8, 10—12, 19]

$1/2\, H_2 = H(\text{in Al(s)})$: $\Delta G^0 = 15100 + 11{,}5\, T$ (400— 630 °C [7])

$1/2\, D_2 = D(\text{in Al(s)})$: $\Delta G^0 = 16300 + 10{,}5\, T$ (400— 630 °C [7])

$1/2\, H_2 = H(\text{in Al(l)})$: $\Delta G^0 = 14100 + 7{,}5\, T$ (660—1050 °C [4])

AlH_3(s): $\Delta H^0_{298} = 2{,}73$ kcal/mol [11]

AlH(s): $\Delta H^0_{298} = 2{,}4 \pm 3{,}6$ kcal/mol [12]

Diffusion [4, 13—15]

H in Al(s): $D = 0{,}11 \exp(-9780/RT)$ (360—630 °C, Entgasung [4, 7])

[14] findet Werte, die um etwa eine Größenordnung kleiner sind.

H in Al(l): $D = 3{,}8 \cdot 10^{-2} \exp(-4600/RT)$ (700—1000 °C (16])

oder: $D = 2{,}34 \cdot \exp(-15000/RT)$ (700—1000 °C [17])

Nach [17] würde die Aktivierungsenergie in Al(l) größer sein als in Al(s).

Elektrotransport s. Tab. B 2.

Permeation [18, 20] in Torr $l \cdot cm^{-1} \cdot s^{-1} \cdot Torr^{-1/2}$

H durch Al(s): $P = 1{,}1 \cdot 10^{-2} \exp(-24880/RT)$ (400—600 °C, b. [4, 7])

Experimentell werden an Al 99,0 bei 500 °C von [18] Werte gefunden, die je nach Oberflächenbehandlung zwischen dem theoretischen und einem bis zu drei Zehnerpotenzen kleineren Wert liegen. Beschichtungen mit edleren Metallen oder Behandlungen mit Halogenverbindungen ergeben hohe Permeationswerte, während alkalische Beizen, Glänzbehandlungen und Heißdampfbehandlung die Permeation verringern, offenbar infolge dichter Oberflächenschichten (Oxide und Hydroxide). „Natürliche Oxidhäute" erwiesen sich als gut permeabel. Bei diesen Messungen ist die Mitwirkung von Spuren an Wasserdampf im H_2 nicht auszuschließen. Permeationsdaten bei tieferen Temperaturen liegen nicht vor. Messungen von [20] bei 20 °C geben offensichtlich Desorptionsraten an, da die Aktivierungsenergien denen der Diffusion entsprechen.

Absorption und Entgasung. Al(s): [15, 20, 21]. Die Geschwindigkeit der H-Aufnahme und -Abgabe wird nach [15] weitgehend durch die Diffusion von H in Al(s) bestimmt, dünnere natürliche Oxidhäute haben keinen merklichen Einfluß auf die Kinetik. Sehr dicke oder dichte Oxidschichten, wie sie z. B. durch anodische Oxidation (Sperrschichten) oder durch Oxidation in trockenem O_2 erhalten werden, verhindern jedoch weitgehend den H-Durchtritt [22]. Für Rein-Al beträgt die maximale Gasabgaberate bei Vakuumentgasung im Bereich 20—200 °C etwa $2{,}1 \cdot 10^{-10}$—$3{,}5 \cdot 10^{-10}$ mg · cm^{-2} · min^{-1} und bei 300 °C etwa $7 \cdot 10^{-10}$ mg · cm^{-2} × min^{-1} [21]. Eine Voroxidation von 15 h bei 250 °C an Luft reduziert die Gasabgaberate bei 20 °C auf etwa $2{,}8 \cdot 10^{-12}$ mg · cm^{-2} · min^{-1} [13].

Al(l): [23—27]. In H_2- oder H_2O-haltigen Atmosphären stellt sich die Gleichgewichtskonzentration in Schmelzen, bei denen durch ständiges Rühren die Bildung einer Oxidhaut verhindert wird, bei 700—750 °C nach 30—60 min und bei 800—1000 °C nach 15 min ein [27]. Eine dichte Oxidhaut verhindert dagegen eine meßbare H-Aufnahme [23]. Die H-Abgabe aus Al(l) ins Vakuum erfolgt zwischen 660 und 1050 °C nach einem Zeitgesetz erster Ordnung, d. h., sie ist oberflächenkontrolliert. Für das Entgasungsgesetz $c/c_0 = \exp(-kt/h)$ ergeben sich zwei Bereiche (Badhöhe $h \lesssim 100$ mm, t in min) [23]

$k_1 = 1{,}4 \cdot 10^{-2} \exp(-3700/RT)$ $(< 820\,°\mathrm{C})$

$k_2 = 7{,}1 \cdot 10^{-2} \exp(-2700/RT)$ $(> 820\,°\mathrm{C})$

Wasserstoff-Ausscheidung. In der Praxis liegen die H-Gehalte in Al(l) je nach Schmelzbehandlung bei etwa 0,08—0,45, meistens bei 0,12—0,25 cm³ H_2/100 g Al (1 cm³/100 g = $2{,}4 \cdot 10^{-3}$ At-% H) [27]. Wie aus Abb. 1 und 2 hervorgeht, sinkt die H-Löslichkeit mit fallender Temperatur und erfährt am Smp. des Reinmetalls bzw. bei Legierungen einen sprunghaften Abfall von etwa einer Zehnerpotenz. Für den in Al(l) atomar gelösten H ergeben sich bei der Abkühlung mehrere Ausscheidungsmöglichkeiten, die durch die Erstarrungsgeschwindigkeit beeinflußt werden, und zwar die molekulare Ausscheidung vor der Erstarrungsfront, verbunden mit Blasenbildung in der Schmelze, molekulare Ausscheidung an der Erstarrungsfront unter Ausbildung der sogenannten primären Porosität im Gußgefüge und der Einbau ins Metallgitter in übersättigter Lösung auf Zwischengitterplätzen. Dieser Wasserstoff scheidet sich bei einer anschließenden Glühbehandlung molekular in Form der sogenannten sekundären Porosität aus.

Die *molekulare Ausscheidung von H_2 in der Schmelze*, verbunden mit einem Entweichen durch aufsteigende Blasen, ist um so stärker, je kleiner die Erstarrungsgeschwindigkeit ist. Dieser Fall tritt aber in der Praxis nennenswert nur bei Sandguß auf, während bei den anderen Gießverfahren in erster Linie die primäre und sekundäre Porosität [29] maßgebend sind.

Die *primäre Porosität* entsteht im teilweise erstarrten Gefüge, d. h. an der Erstarrungsfront [29]. Die einzelnen Poren haben Durchmesser von etwa 5 bis 1000 µm und sind meist nesterförmig an Korngrenzen und teilweise auch zwischen

Dendritenarmen angeordnet [10, 30]. Primäre Porosität tritt nur auf, wenn der H-Gehalt der Schmelze oberhalb eines gewissen Schwellwertes liegt, der bei gegebener Erstarrungsgeschwindigkeit vom Legierungstyp abhängt [29] s. Abb. 3. Die *sekundäre Porosität* entsteht im Gegensatz dazu erst im festen Zustand, entweder unmittelbar nach der Erstarrung oder während einer thermischen Behandlung [29]. Dabei scheiden sich gelöste H-Atome als H_2-Moleküle aus und bilden kugelige Hohlräume von 1—5 µm Durchmesser, die bei längerem Glühen bis etwa 50 µm anwachsen [29, 31, 32]. Diese Ausscheidung erfolgt nur an den sogenannten „Blasenkeimen", so daß die H-Atome in bereits vorhandene Hohlräume der primären Porosität, an Oxide, Korngrenzen, Versetzungslinien bzw. in andere Gitterfehlstellen diffundieren müssen [29, 33, 34]. Die Entstehung der Blasenkeime kann damit erklärt werden, daß sich während der Glühung an Fehlstellen metastabile Leerstellenansammlungen, also sehr kleine Hohlräume, ausbilden, die durch die H_2-Ausscheidung stabilisiert werden [35—37]. Durch Eindiffusion und weitere Ausscheidung von H_2 bzw. von zusätzlichen Leerstellen wachsen die Poren [38]. H_2-Ausscheidungen nach Art der sekundären Porosität können in Al(s) mit geringen H-Gehalten auch entstehen, wenn beim Glühen unmittelbar an der Metalloberfläche ein ausreichendes H-Angebot vorliegt, z. B. durch Reaktion von H_2O aus der Glühatmosphäre oder nach Abspalten von H aus dem Walzöl. Die sich dabei bildenden Mikroporen (etwa 3—30 µm) sind identisch mit der sekundären Porosität, die Poren haben jedoch z. T. eine eckige Form [38]. Nach dem Beschuß mit schnellen Protonen (10 bis 200 keV) und einer nachfolgenden Wärmebehandlung werden wegen der erreichbaren höheren Übersättigung zahlreiche sehr kleine kugelförmige Poren von etwa 0,5—5 µm im Abstand der mittleren Eindringtiefe gefunden [31, 39].

Da die *Drücke bei der* H_2-*Ausscheidung* etwa zwischen 10 und 100 atm liegen [22], kann der Gasdruck in den Poren größer als die Festigkeit des umgebenden Materials werden, was Werkstoffehler verursachen kann. Liegen die Poren in Oberflächennähe, so können beim Glühen Blasen entstehen. Die Gefahr der Blasenbildung ist bei dünnen Blechen besonders groß [33]. Tieferliegende Poren wirken bei der Verformung, wie z. B. beim Warmwalzen im Gefüge, als Kerbstellen und sind, insbesondere bei hochfesten Legierungen, Ausgangspunkt von Rissen.

Die *Verhinderung der Porenbildung* wird durch eine Verringerung des Gas- und Oxidgehaltes (Blasenkeime) der Schmelze erreicht, wobei möglichst beides gleichzeitig erfolgen sollte. Man kann dabei folgende technische Maßnahmen anwenden:

1. Behinderung der Gleichgewichtseinstellung zwischen dem in der Gasphase vorhandenen H_2 bzw. H_2O und gelöstem H in Al(l), z. B. durch eine Salzschicht auf dem Schmelzbad.

2. Möglichst niedriger H_2-Partialdruck in der Gasphase durch

a) Fernhalten jeglicher Feuchtigkeit, weil H_2O mit Al bei höherer Temperatur zu H_2 und Al_2O_3 reagiert (s. Al—H—O [27]). Neben einem Ansteigen des H-Gehalts ergibt sich dabei noch eine zusätzliche Verunreinigung durch Al_2O_3.

b) Durchspülen der Schmelze mit H-freien Gasen (insbesondere Cl_2-Gas). Diese Methode hat den Vorteil, daß man relativ schnell ein Entgasungsgleichgewicht erreicht und gleichzeitig die Oxidteilchen von den Gasblasen an die Oberfläche getragen werden.

c) Vakuumbehandlung der Schmelze. Hier erfolgt die Gas-Ausscheidung vorwiegend in den oberen Schichten der Schmelze, so daß die Annäherung an den Gleichgewichtszustand längere Zeit benötigt.

Mechanische Eigenschaften [41–45]. Mit steigendem H-Gehalt ($3 \cdot 10^{-4}$ bis $7 \cdot 10^{-4}$ At.-% H) fällt die *Bruchdehnung* δ von 3 auf 1%, die *Zugfestigkeit* σ_B von 42 auf 38 kp/mm². Die *Kerbschlagzähigkeit* a_K geht ebenfalls stark zurück [42]. Die *Dauerstandsfestigkeit* wird bei Wechselbeanspruchung in H_2 [41] bzw. durch gelösten H [45] stark erhöht.

Erholung und Rekristallisation. Die Beweglichkeit der Korngrenzen und damit das Kornwachstum wird durch Poren in den Korngrenzen herabgesetzt. Bei der Korngrenzenverschiebung während eines Glühprozesses werden die einzelnen Poren durch die wandernde Korngrenze aufgesammelt [38, 46], und es kann zur Bildung größerer Hohlräume kommen [32]. Geschieht dies nahe der Oberfläche, so wird die Blasenbildung gefördert, die Rekristallisationsschwelle wird aber nicht beeinflußt [47].

Aluminium-Kohlenstoff

Konstitution [1, 2, 48–50] s. Abb. 4. Phasen: Al_4C_3, trig., zerfällt bei 2050 bis 2135 °C in C und Al(l); Hinweise auf Al_2C_2 bei [49].

Löslichkeit [1, 2, 48–50] s. Abb. 1 und 4
C in Al(l): $\log c = 8{,}9 - 18000/T$ (1000–2000 °C [50])
Die in [1, 2, 48, 49] angegebenen C-Löslichkeiten für Al(l) bei Temperaturen unter 1600 °C und Al(s) liegen dagegen im Bereich von 10^{-1}–10^{-2} At.-% C.

Thermodynamische Daten
$4/3\ Al(s) + C = 1/3\ Al_4C_3$: $\Delta G^0 = -17200 + 3{,}3\,T$ (0– 660 °C [51])
$4/3\ Al(l) + C = 1/3\ Al_4C_3$: $\Delta G^0 = -21200 + 7{,}7\,T$ (660–1700 °C [51])

Aluminium-Stickstoff

Konstitution [1, 2, 48]. Phase: AlN hex., sublimiert bei 2450 °C. N ist in Al(s) und Al(l) praktisch unlöslich ($c < 10^{-2}$ At.-% N).

Thermodynamische Daten
$Al(s) + 1/2\ N_2 = AlN$: $\Delta G^0 = -77000 + 22{,}2\,T$ (0–660 °C [51])

Aluminium-Sauerstoff

Konstitution [1, 2, 48, 52]. O ist in Al(l) und Al(s) praktisch unlöslich. Phasen: α-Al_2O_3, trig., Smp. 2044 °C, weiterhin werden γ-Al_2O_3 sowie Suboxide angegeben [2]. Außerdem existiert noch Al_2O(g) [2, 53].

Dampfdruck von Al_2O über Al_2O_3(s) + Al(l)
$\log p_{Al_2O} = 15{,}8 - 26700/T$ (1100–1300 °C [53])

Thermodynamische Daten

$3/2\ Al(s) + 1/2\ O_2 = 1/3\ Al_2O_3(s)$: $\Delta G^0 = -133300 + 24{,}98\ T$ (0—660 °C [51])

$3/2\ Al(l) + 1/2\ O_2 = 1/3\ Al_2O_3(s)$: $\Delta G^0 = -134564 + 26{,}30\ T$ (660—1500 °C [51])

Ternäre Systeme

Al—H—O. Die H-*Aufnahme* von Al in H_2O-haltigen Atmosphären ist von großer technischer Bedeutung, weil sie H_2-Ausscheidungen (s. Al—H) und damit die Blasenbildung, vor allem in dünnen Blechen, hervorrufen kann.

Für die Reaktion $H_2O(g) + 1/2\ Al(l) = H_2 + 1/3\ Al_2O_3$

gilt mit den oben angegebenen Daten der binären Systeme Al—H und Al—O

$\log p_{H_2} = \log p_{H_2O} - 2{,}87 + 16550/T$

d. h. das Gleichgewicht liegt auf der Seite der H_2-Bildung. Glühen oder Schmelzen in H_2O-haltigen Atmosphären ist daher bzgl. der H_2-Aufnahme vergleichbar mit einer entsprechenden Behandlung in H_2 [24, 25, 54]. [24] findet zwischen 700 und 750 °C die Beziehung (p in Torr, c_H in $cm^3/100\ g$)

$\log c_H = 1/2 \log p_{H_2O} + 4{,}58 - 5800/T$ (700—750 °C)

oder (p in Torr, c_H in At.-% H)

$\log c_H = 1/2 \log p_{H_2O} + 1{,}97 - 5800/T$ (700—750 °C)

Die Einstelldauer des stationären Zustandes beträgt bei 710 °C etwa 30 min, wenn die Oxidhaut regelmäßig entfernt wird. In Al(s) ist die in H_2O-Dampf aufgenommene H-Menge wegen der Al_2O_3-Deckschicht nur wenig vom H_2O-Partialdruck abhängig [55]. Bei 600 °C klingt die H-Aufnahme nach etwa 10 min ab, weil sich die Al_2O_3-Deckschicht verstärkt [11, 55]. Bei hohen H_2O-Partialdrücken findet [56] in bewegtem Al(l) bei 750 °C bis zu hohen Gehalten ein lineares Zeitgesetz für die H-Aufnahme mit 0,2—0,5 cm^3 H_2/100 g Al ($5 \cdot 10^{-4}$—$1 \cdot 10^{-3}$ At.-% H) pro h.

Die Blasenbildung beim Schmelzen von Al tritt verstärkt bei einer relativen Luftfeuchtigkeit (30 °C) von mehr als 80% auf [33]. Weitere Angaben zur Blasenbildung s. Al—H sowie [33, 57, 58].

Al—C—O. Konstitution und Thermochemie [59], Thermodynamik [60], Reaktion von Al_2O_3 mit C [61].

Al—Me—H. Es wird folgender Einfluß auf die H-Löslichkeit in Al(l) zwischen 600 und 1000 °C angegeben [62, 63], wobei die Daten z. T. stark streuen:

Keinen eindeutigen Einfluß haben: Fe (bis 8 At.-%), Ni (bis 0,5 At.-%), Mg (bis 8 At.-%), Mn (bis 2 At.-%), Ti (bis 0,1 At.-%). Erhöhend wirken: Ce (Faktor 2 bei 7,5 At.-%), Cr (Faktor 1,5 bei 1 bis 5 At.-%), Th (Faktor 2 bei 8 At.-%). Erniedrigend wirken: Cu (Faktor 3—5 bei 30 At.-%, Faktor 10 oder mehr bei 65 At.-%), Si (Faktor 3 bei 20 At.-%).

Al—Co—H. Die H-Löslichkeit bei 1430—1630 °C nimmt bis 40 At.-% Co um den Faktor 2 ab und steigt dann wieder auf den Wert für reines Co (85% von Al) an [40].

Al—Cu—O. Oxidation, 475—575 °C, 76 Torr O_2, 0,05—2 At.-% Cu [64].

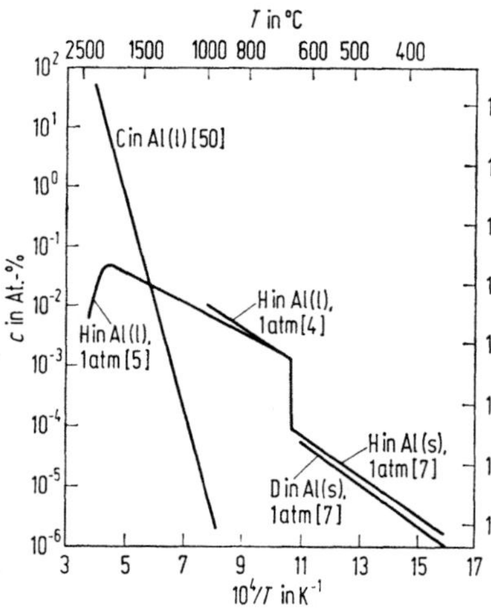

Abb. 1. Löslichkeitsgrenze für C und isobare Löslichkeit für D und H in Al.

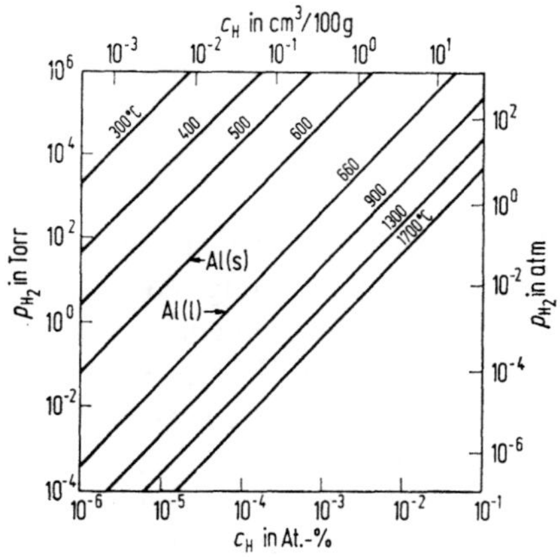

Abb. 2. (p,c)-Isothermen im System Al—H [4, 5, 7].

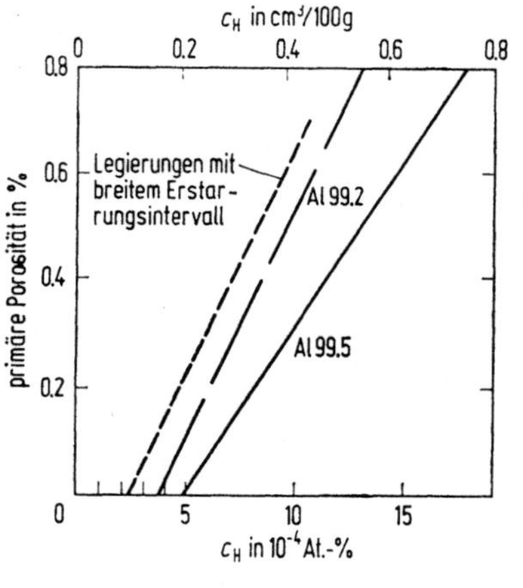

Abb. 3. Primäre Porosität P von Strangguß-Barren in Abhängigkeit vom H-Gehalt verschiedener Al-Werkstoffe im flüssigen Zustand (die Angaben gelten für die typischen Erstarrungsbedingungen beim Stranggießen von Walzbarren, Erstarrungsgeschwindigkeit 2—10 cm/min) [29].

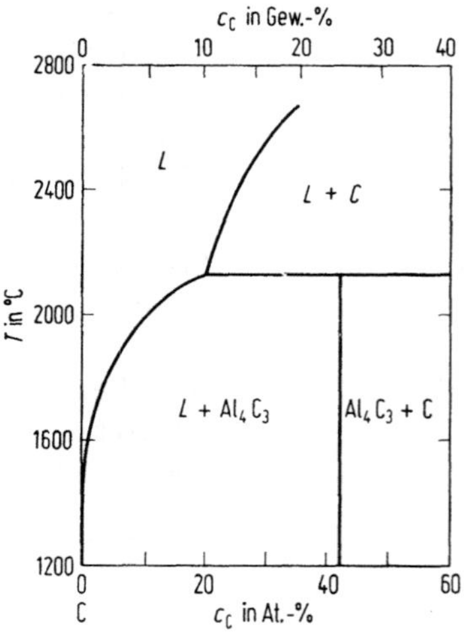

Abb. 4. System Al—C [50].

Literatur zu Aluminium

1 Hansen, M.; Anderko, K.: Constitution of Binary Alloys, New York: McGraw-Hill 1958.
2 Elliott, R. P.: Constitution of Binary Alloys, First Supplement, New York: McGraw-Hill 1965.
3 Mueller, W. M.; Blackledge, J. P.; Libowitz, G. G.: Metal Hydrides, New York: Academic Press 1968.
4 Eichenauer, W.; Hattenbach, K.; Pebler, A.: Z. Metallkde. 52 (1961) 682.
5 Grigorenko, G. M.; Lakomski, V. J.: Automatic Welding 20 (1967) no. 12, 27.
6 Grigorenko, G. M.; Lakomski, V. J.: Metody Opud. Issled, Sostyaniya Gazow Metal, 1968.
7 Eichenauer, W.: Z. Metallkde. 59 (1968) 613.
8 Nöth, H.; Wiberg, E.: Fortschritte der Chemischen Forschung 8 (1967) 321.
9 Turley, J. W.; Rinn, H. W.: Inorg. Chem. 8 (1969) 18.
10 Kostron, H.: Z. Metallkde. 43 (1952) 269; 373.
11 Kirpichev, E. P.; Rubtsov, Ju. J.; Manelis, G. B.: Russ. J. Phys. Chem. 45 (1971) 860.
12 Zeemann, P. B.; Pitter, G. J.: Can. J. Phys. 82 (1954) 555.
13 Young, J. R.: J. Vac. Sci. Technol. 6 (1969) 398.
14 Matsuo, S.; Hirata, T.: Trans. Nat. Res. Inst. Met. Japan 11 (1969) 2, 88.
15 Eichenauer, W.; Pebler, A.: Z. Metallkde. 48 (1957) 373.
16 Eichenauer, W.; Markopoulos, J.: Z. Metallkde. 65 (1974) 649.
17 Vashechenko, K. J.; Chernega, D. F.; Remizov, G. A.; Byalik, O. M.: Izv. VUZ Tsvet. Met. (1972) 1.
18 Cochran, C. N.: J. Electrochem. Soc. 108 (1961) 317.
19 Rubtsov, Yu. J.; Kirpichev, E. P.; Manelis, G. B.: Russ. J. Phys. Chem. 43 (1969) 788.
20 Fidelle, J.; Allemand, L.; Rapin, M.; Hocheid, B.: Colloque sur l'hydrogène dans les métaux, Valdue 1967, publ. (1969) 209.
21 Zyabrev, A. A.; Makarova, V. J.: Izv. VUZ Mashinostr. (1969) no. 8, 118.
22 Altenpohl, D.: Aluminium und Aluminiumlegierungen, Berlin, Heidelberg, New York: Springer 1965.
23 Eichenauer, W.; Hattenbach, K.; Witte, H.: Z. Metallkde. 54 (1963) 402.
24 Danilkin, V. A.; Grigoreva, A. A.: Soviet Journ. Non-Ferrous Metals 10 (1969) no. 12, 52.
25 Imabayashi, M.: J. Jap. Inst. Light Metals 22 (1972) 120.
26 Ivanov, V. P.: Litejuoe Proizvodstvo (1967) no. 6, 31.
27 Danilkin, V. A.; Grigoreva, A. G.: Tekhn. Legk. Splavov Nauch. Tekhn. Byul. Vses. Inst. Legk. Splavov (1967) no. 3, 101.
28 Altenpohl, D.; Fornerod, R.-C.; Steinegger, A.: Z. Metallkde. 60 (1969) 576.
29 Altenpohl, D.: Z. Metallkde. 56 (1965) 653.
30 Whittenberger, E. J.; Rhines, F. N.: J. Metals 4 (1952) 409.
31 Ells, C. E.; Evans, W.: Trans. AIME 227 (1963) 438.
32 Agrawal, A. N.; Höffler, E.; Ginsberg, H.: Z. Metallkde. 57 (1966) 265.
33 Kawashima, N.; Yamada, H.; Sato, Y.: Light Metals (Tokyo) 13 (1963) 231; 13 (1963) 307; 14 (1964) 231.
34 Foster, L. M.; Gillespie, A. S.; Jack, T. H.; Hill, W. W.: Nucleonics 21 (1963) no. 4, 53.
35 Kiritani, M.; Shimomura, Y.: Sho Yoshida: J. Phys. Soc. Japan 19 (1964) 1624.
36 Huntington, H. B.; Seitz, F.: Phys. Rev. 61 (1942) 315.
37 Huntington, H. B.; Seitz, F.: Phys. Rev. 76 (1949) 1728.
38 Scharf, G.; Schippers, M.; Gruhl, W.; Ibe, G.; Cordier, H.: Metall 23 (1969) 205.
39 Milacek, L. H.; Danfels, R. D.; Cooley, J. A.: J. Appl. Phys. 39 (1968) 2803.
40 Levin, E. S. et al.: Izv. VUZ Tsvet. Met. 16 (1973) no. 1, 12.
41 Wright, M. A.; Hordon, M. J.: Trans. AIME 242 (1968) 713.
42 Turner, A. N.; Bryant, A. J.: J. Inst. Metals 95 (1967) 353.
43 Vosskühler, H.: Aluminium 26 (1944) 168.
44 Troiano, A. R.: Trans. ASM 52 (1960) 54.
45 Ansell, G. S.; Kirn, H. S.; Rogers, H. C.: ASM Trans. Quart. 59 (1966) 630.
46 Zasypkin, V. A.; Semenov, A. E.: Alyumin. Splavy 4 (1966) 291.
47 Ells, C. E.; Evans, W.: Rpt. CRGM-1008 (1961).

48 Shunk, F.: Constitution of Binary Alloys, Second Supplement, New York: McGraw-Hill 1969.
49 Ginsberg, H.; Sparwald, V.: Aluminium 41 (1965) 181.
50 Dorward, R. C.: Aluminium 49 (1973) 686.
51 Kubaschewski, O.; Evans, E. Ll.; Alcock, C. B.: Metallurgical Thermochemistry, 4th ed., Oxford: Pergamon 1967.
52 Yanagida, H.; Kröger, F. A.: J. Amer. Ceram. Soc. 51 (1968) 700.
53 Kuliefeev, V. K.; Uklinov, C. A.: Izv. VUZ Tsvet. Met. 12 (1969) no. 2, 72.
54 Fochenkov, V. A.; Yanchuk, M. N.: Tekhn. Legk. Splavov. Nauch.-Tekh. Byul. Vses, Inst. Legk. Splavov (1971) no. 1, 48.
55 Zhukhovitskii, A. A.; Gelman, B. G.; Andreev, L. A.: Dokl. Akad. Nauk SSSR 202 (1972) 1363.
56 Lovtsoo, D. P.; Volkhontsev, J. B.: Lite, Obrabotka Splavov Cheru, Tsvetn. Metal. Dokl. Nauchn. Tekhn. Konf. Krasnoyarsk, USSR (1965) 55.
57 Winter, F.; Gruhl, W.: DGM-Symposium „Wärmebehandlung" 18.—19. Oktober 1973, Bad Nauheim.
58 Plate, H.; Tappen, W.: Gießerei 55 (1968) 239.
59 Sigbjorn Gjerstad: Dissertation Techn. Hochschule Trontheim (1968), Rpt. N 69-33086.
60 Khrushchev, M. S.: Izv. Akad. Nauk SSSR, Metally (1969) no. 6, 46.
61 Elutin, W. P. et al.: Izv. VUZ Tsvet. Met. 11 (1968) No 7, 5.
62 Baukloh, W.; Oesterlen, F.: Z. Metallkde. 30 (1938) 386.
63 Baukloh, W.; Retjali, M.: Metallwirtschaft 21 (1942) 683.
64 Brock, A. J.; Pryor, M. J.: Corrosion Sci. 13 (1973) 199.

Weitere Hauptgruppenmetalle

Zink

(Abb. S. 710, Lit. S. 710)

U. Heubner

Die geringe Löslichkeit für Gase und die niedrige Oxidationsgeschwindigkeit gehören zu den kennzeichnenden Eigenschaften des Zinks. Beide Eigenschaften tragen wesentlich zur guten Verarbeitbarkeit des Zinks und seiner Legierungen bei. Darüber hinaus ist das Zinkoxid ZnO von erheblicher technischer Bedeutung.

Zink-Wasserstoff

Konstitution [1, 2]. Phasen: Zn hex., Smp. 419,5 °C; ZnH_2, zersetzt sich im Vakuum bei 90 °C.

Löslichkeit [3—5]

H in Zn(s): $\log c = 1/2 \log p - 2{,}25 - 808/T$ (200—400 °C, b. [3])

Dieser Wert ist wahrscheinlich zu hoch, weil [4, 5] in Zn(l) bei 516 °C nur $1 \cdot 10^{-5}$ At.-% H finden.

Thermodynamische Daten [6]

ZnH_2: $\Delta H^0_{298} = -44000 \pm 15000$

Diffusion
H in Zn 99,99(s): $D = 5{,}8 \cdot 10^{-3} \exp(-1400/RT)$ (50—250 °C [7])
H in Zn 99,9(s): $D = 4{,}2 \cdot 10^{-3} \exp(-2200/RT)$ (50—250 °C [7])

Permeation [8, 9]
H durch Zn(s): $P = 6{,}9 \cdot 10^{-9}$ und $2{,}8 \cdot 10^{-8}$ Torr l · cm^{-1} · s^{-1} · Torr$^{-1/2}$ bei 305 und 375 °C (1 atm H_2, 0,5 mm Probendicke).

Zink-Kohlenstoff

Konstitution ZnC_2 ist dargestellt worden [10—12].

Löslichkeit Am Sdp. (905 °C) geringe, aber merkliche Löslichkeit [13].

Zink-Stickstoff

Konstitution [14—18]. Phase: Zn_3N_2, kub. [14, 15], beständig im Vakuum bis 350 °C [16, 17], an Luft bis 500 °C [15], unter N_2 bis 550 °C [18].

Löslichkeit [4, 5, 19]. Nach [19] keine meßbare Löslichkeit bis 600 °C, nach [4, 5] in Zn(l) bei 448 °C etwa $1 \cdot 10^{-5}$ At.-% N.

Thermodynamische Daten [15—23]
Zn_3N_2: $\Delta H^0_{298} = -5300 \pm 2000$ [22].

Zink-Sauerstoff

Konstitution [24—38]. Phasen: ZnO, Normalform hex. [24—28], z. T. unterstöchiometrische Zusammensetzung mit Zn-Überschuß [29] und entsprechender Veränderung der Gitterparameter [25, 30, 31], daneben kub. und andere Modifikationen [32—35] sowie kub. Hochdruckmodifikation [36], Smp. 1970 °C [22]; ZnO_2, kub., Pyrit-Typ [33, 37]; Zn_3O_5 (oder $2\,ZnO_2 \cdot ZnO$) ist dargestellt worden [38].

Löslichkeit. Bei technischen Zinksorten liegt der O-Gehalt bei $4 \cdot 10^{-4}$—$1{,}2 \cdot 10^{-3}$ At.-% [5].

Thermodynamische Daten [22, 35, 39—41]
$Zn(s) + 1/2\,O_2 = ZnO(s)$: $\Delta G^0 = -\;82720 + 22{,}64\,T$ (25— 419 °C [22])
$Zn(g) + 1/2\,O_2 = ZnO(s)$: $\Delta G^0 = -108510 + 44{,}84\,T$ (900—1700 °C [22])

Oxidation [42—56]. Im Vergleich zu anderen Metallen ist die Oxidationsgeschwindigkeit von Zn sehr klein [44, 45]. Es werden ZnO-Schichten gebildet, die als Elektronenüberschuß-Halbleiter um so besser schützen, je mehr höherwertige Verunreinigungen sie enthalten [56]. Deshalb ist die Oxidationsgeschwindigkeit von reinem Zn meist höher als von verunreinigtem Zn [54, 56]. Bei Temperaturen unterhalb von 370 °C wird bei O_2-Drücken bis 400 Torr ein z. T. mehrstufiges logarithmisches Zeitgesetz gefunden [43, 46—49]. In verunreinigter Luft wird ein lineares Zeitgesetz gefunden [50, 51]. Bei 370—400 °C wird ein parabolisches Zeitgesetz beobachtet [43, 52] mit einer Zunderkonstanten bei 1 atm O_2 und 400 °C von $k_p = 1{,}18 \cdot 10^{-4}$ mg^2 · cm^{-4} · h^{-1} und $k_p \sim p_{O_2}^{1/4}$ [52].

H_2O-Chemisorptionsschichten behindern die Oxidation [47], eine positive Aufladung der Zn/ZnO-Grenzfläche im Vergleich zur ZnO/O_2-Grenzfläche beschleunigt die Deckschichtbildung [55]. Die Oxidation von Zn(l) bei 600—700 °C gehorcht ebenfalls einem parabolischen Zeitgesetz und hängt stark von Verunreinigungen ab [54].

Die *Verkrätzung* von schmelzflüssigem Zn wird durch Mg- und Li-Zusatz stark erhöht und durch Al-Zusatz vermindert. Zusätze von Sb, Mn und Th erhöhen die Verkrätzung bewegter Schmelzen in geringem Ausmaß. Keinen oder nur geringen Einfluß haben Zusätze von Pb, Cd, Sn, Bi, Tl, Fe, Cu und Ca (s. Abb. 1). Bei der Oxidation ruhender Schmelzen führen Zusätze von Pb und Tl zur Ausbildung eines zweistufigen Zeitgesetzes [54]. In technischen Legierungen wird der Einfluß von Mg ganz oder teilweise durch Al kompensiert [54].

Zink-Krypton

Die oberflächennahen Bereiche von Zn nehmen bei 200 bis 300 °C und 59,5 bis 63 atm innerhalb von 88 h meßbare Mengen ^{85}Kr auf [57].

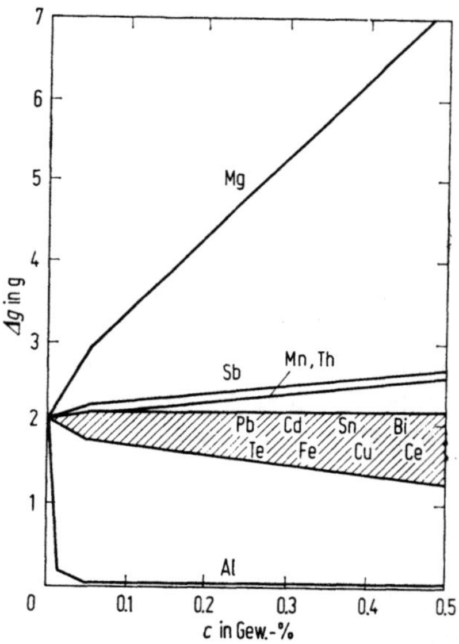

Abb. 1. Einfluß ternärer Zusätze auf die Gewichtszunahme Δg von Zn 99,995(l) (1000 g) beim Einblasen von Luft (35 h, 500°C) [54].

Literatur zu Zink

1 Barbaras, G. D.; Dillard, C.; Finholt, A. E.; Wartik, T.; Wilzbach, K. E.; Schlesinger, H. I.: J. Amer. Chem. Soc. 73 (1951) 4585.
2 Wiberg, E.; Henle, W.: Z. Naturforsch. 6b (1951) 393.
3 Iwasé, K.: Science Repts. Tôhoku Univ. 15 (1926) 531.
4 Hofmann, W.; Maatsch, J.: Z. Metallkde. 47 (1956) 89.
5 Hofmann, W.; Maatsch, J.: Neue Hütte 2 (1957) 648.
6 Wilcox, D. E.; Bromley, L. A.: Ind. Eng. Chem. 55 (1963) (7) 32.
7 Moon, I. H.: J. Korean Inst. Metals 9 (1971) 158.
8 Deming, H. G.; Hendricks, B. C.: J. Amer. Chem. Soc. 45 (1923) 2857.

9 Hendricks, B. C.; Ralston, R. R.: J. Amer. Chem. Soc. 51 (1929) 3278.
10 Durand, J. F.: Bull. Soc. Chim. France 35 (1924) 161 und 1141.
11 D.P. 745269, Deutsche Edelstahlwerke AG, C. Ballhausen (1943).
12 Frad, W. A.: Rpt. IS-722 (1963).
13 Ruff, O.; Bergdahl, B.: Z. anorg. Chem. 106 (1919) 91.
14 Juza, R.; Hahn, H.: Z. anorg. Chemie 244 (1940) 125.
15 Lyutaya, M. D.; Vdovenko, S. A.: In G. V. Samsonov: Khim. Fiz. Nitridov, Naukova Dumka, Kiew (1968) 101.
16 Juza, R.; Hahn, H.: Z. anorg. Chem. 244 (1940) 133.
17 Masłowski, M.; Regulski, H.: Sprawozdania Prace Polsk Towarz. Fiz 3 (1927) 87.
18 Juza, R.; Neuber, A.; Hahn, H.: Z. anorg. Chem. 239 (1938) 273.
19 Sieverts, A.; Krumbhaar, W.: Ber. deut. chem. Ges. 43 (1910) 894.
20 van Arkel, A. E.: Research 2 (1949) 307.
21 Rossini, F. D. et al.: Circ. Bur. Stand. No. 500 (1952) 182.
22 Kubaschewski, O.; Evans, E. Ll.; Alcock, C. B.: Metallurgical Thermochemistry, 4th ed., New York: Pergamon 1967.
23 Juza, R.: Chemie 58 (1945) 25.
24 Pearson, W. B.: Handbook of Lattice Spacings and Structures of Metals and Alloys, New York: Pergamon 1958, S. 1036.
25 Molanty, G. P.; Azaroff, L. V.: J. Chem. Phys. 35 (1961) 1268.
26 Nitz, V. V.; Papulova, Z. G.; Sosnowska, I.; Sosnowski, E.: Fiz. Tverd. Tela 6 (1964) 1369, Rpt. JINR-P-1440 (1963).
27 Kondrashev, Yu. D.; Omelchenko, Yu. A.: Zh. Neorgan. Khim. 9 (1964) 937; Russ. J. Inorg. Chem. 9 (1964) 512.
28 Khan, A. A.: Acta Cryst. A 24 (1968) 403.
29 Faivre, R.: Ann. Chim. 19 (1944) 58.
30 Cimino, A.; Mazzone, G.; Porta, P.: Z. phys. Chem. (Frankfurt) 41 (1964) 154.
31 Shalimova, K. V.; Satybaev, N. M.; Dmitriev, V. A.: Izv. Akad. Nauk SSSR, Neorg. Mater. 9 (1973) 502.
32 Bragg, W. H.; Darbyshire, J. A.: Rpt. COO-181, 1953; J. Metals 6 (1954) 238.
33 Gmelins Handbuch der anorg. Chemie, 8. Aufl., Zink-Ergänzungsband, Weinheim: Verlag Chemie 1956.
34 Radczewski, O. E.; Schicht, R. F.: Naturwiss. 56 (1969) 514.
35 Deren, J.; Nedoma, J.; Nowok, J.: Z. Kristallogr. 136 (1972) 315.
36 Bates, C. H.; White, W. B.; Roy, R.: Science 137 (1962) 993.
37 Vannerberg, N. G.: Arkiv Kemi 14 (1959) 119.
38 Boiko, V. F.: Nauk Doklady Vysshii Shkoly, Khim i Khim Tekhnol. 1959, no. 1, 57.
39 Petit, J.-C.; Larher, Y.: J. Chim. Phys. 65 (1968) 1551.
40 Olette, M.; Ancey-Moret, M. F.: Rev. Mét. 60 (1963) 569.
41 Oprea, F.: Metalurgia (Bucuresti) 19 (1967) 159.
42 Moore, W. J.; Lee, J. K.: Trans. Faraday Soc. 47 (1951) 501.
43 Engell, H. J.; Hauffe, K.: Metall 6 (1952) 285.
44 Wagner, C.: In G. Masing: Handbuch der Metallphysik, Bd. 1, Tl. 2, Leipzig 1940, S. 135.
45 Wagner, C.: Corros. Materials Protection 5 (1948) 9.
46 Ponitz, H.: Wiss. Z. Techn. Hochschule Karl-Marx-Stadt 10 (1968) 229.
47 Mikhailovski, Yu. N.; Strekalov, P. V.: Zashch. Metal. 8 (1972) 146.
48 Nwoko, V. N. O.; Uhlig, H. H.: J. Electrochem. Soc. 112 (1965) 1181.
40 Vernon, W. H. J.; Akeroyd, E. I.; Stroud, E. G.: J. Inst. Metals 65 (1939) 301.
50 Vernon, W. H. J.: Trans. Faraday Soc. 19 (1923) 839; 23 (1927) 113.
51 Evans, U. R.: Trans. Electrochem. Soc. 91 (1947) 547.
52 Margulescu, G.; Cismaru, D.: J. Chim. Phys. 58 (1961) 181.
53 Krupkowski, A.; Balicki, S.: Métaux Corros. 13 (1937) 89.
54 Gebhardt, E.: Z. Metallkde. 37 (1946) 87.
55 Jorgensen, P. J.: J. Electrochem. Soc. 110 (1963) 461.
56 Gensch, Ch.; Hauffe, K.: Z. phys. Chem. 196 (1950) 427.
57 Chleck, D. J.; Maehl, R.; Cucchiara, O.; Patel, R.; Carnevale, E. H.: Rpt. NYO-9720 (1962).

Zinn

(Abb. S. 714, Lit. S. 714)

U. Heubner und A. Melin

Zinn-Wasserstoff

Konstitution [1, 2]. Phasen: Sn tetr.rz, unterhalb von 13,2 °C kub. A 4, Smp. 232 °C; SnH_4 stabil unterhalb von −150 °C, verdampft bei 59 °C (sehr giftig) [1, 2]; SnH_6, zersetzt sich bei R. T. und Normaldruck [2]; Sn_2H_2 und SnH_2 sind eventuell möglich.

Löslichkeit [3, 4, 5] s. Abb. 1

H in Sn(l): $\log c = 1/2 \log p + 0{,}29 - 6540/T$ (1000–1300 °C [5])

Die älteren Werte von [4] liegen wesentlich höher. Nach [3] keine Löslichkeit von H in Sn(s) und Sn(l) bei 25 –800 °C.

Thermodynamische Daten [6–12]

SnH_2: $\Delta H^0_{298} = -17000 \pm 15000$ [11], $\Delta G^0_{298} = -51000 \pm 15000$ [12]

SnH_4: $\Delta H^0_{298} = 38900$ [6, 7], $\Delta G^0_{298} = 45000$ [7]

Diffusion [13]

H in Sn(l): $D = 0{,}1-1\ cm^2/s$ bei 1000–1300 °C

Permeation von H durch Sn-Kathoden beobachtet [14].

Zinn-Kohlenstoff

Am Sdp. (2600 °C) merkliche Löslichkeit [15, 16].

Zinn-Stickstoff

Sn_3N_4 Präparation durch Zerstäuben von Sn (Glimmentladung) oder aus $Sn(NH_2)_3Cl$ durch Erhitzen im Vakuum [18–21], sehr unbeständig [21, 22].

Sn_3N_2 Präparation durch Erhitzen von SnNH im Vakuum auf 340 °C [17].

Nach [3, 4] keine N-Löslichkeit im Sn(s) und Sn(l) bei 25 –800 °C.

Zinn-Sauerstoff

Konstitution [2, 23–46]. Phasen: SnO I tetr. [23, 24]; SnO I orthorh. [25–28]; SnO II, rhomb., entsteht >15 kbar aus SnO I [29, 30]; SnO, Smp. 977 °C, ist oberhalb 1100 °C stabil [44], Zerfall bei 175 °C in Sn und SnO_2 [26]; Sn_5O_6 [31]; Sn_3O_4, triklin [32, 33]; Sn_2O_3, wahrscheinlich triklin [33]; α-SnO_2, tetr., Rutil-Typ [34–38]; β-SnO_2, Umw. 450 °C [39–40], Smp. wahrscheinlich 1630 °C [45, 46]; ferner noch Hochdruckmodifikation [41] und gasförmiges Auftreten von SnO_2 [42]. Möglicherweise sind — zumindest zwischen 300 und 1127 °C — SnO_2(s) und SnO(g) die einzigen stabilen Oxidphasen [43].

Löslichkeit
O in Sn(l): $\log c = 1/2 \log p - 2{,}90 + 9460/T$ (500—1000 °C, b. [59])

Löslichkeitsgrenze s. Abb. 1
O in Sn(l): $\log c_{max} = 4{,}24 - 5780/T$ (536—1100 °C, b. [44, 47])
Gleichgewichtsphase ist SnO_2(s).

Thermodynamische Daten [2, 43, 44, 47—61]
$1/2\ O_2$ = O(in Sn(l)): $\Delta G^0 = -43260 + 15{,}82\ T$ (500—1000 °C [59])
Sn(s) + $1/2\ O_2$ = SnO(s): $\Delta G^0 = -68300 + 23{,}16\ T$ (25— 232 °C [55])
Sn(l) + $1/2\ O_2$ = SnO(s): $\Delta G^0 = -69690 + 26{,}02\ T$ (232—1000 °C [55])
Sn(l) + $1/2\ O_2$ = SnO(l): $\Delta G^0 = -64400 + 21{,}38\ T$ (> 880 °C [44])
Sn(s) + $1/2\ O_2$ = SnO(g): $\Delta G^0 = -\ 1170 - 17{,}98\ T$ (25— 232 °C [55])
Sn(l) + $1/2\ O_2$ = SnO(g): $\Delta G^0 = -\ 4700 - 11{,}58\ T$ (232—1000 °C [55])
1/2 Sn(s) + $1/2\ O_2$ = $1/2\ SnO_2$(s): $\Delta G^0 = -68865 + 24{,}27\ T$
(25—232 °C [55])
1/2 Sn(l) + $1/2\ O_2$ = $1/2\ SnO_2$(s): $\Delta G^0 = -69250 + 24{,}46\ T$
(232—1625 °C [55])
1/2 Sn(l) + $1/2\ O_2$ = $1/2\ SnO_2$(l): $\Delta G^0 = -61275 + 20{,}15\ T$
(1625—1750 °C [55])

Diffusion
O in Sn(l): $D = 9{,}9 \cdot 10^{-4} \exp(-6300/RT)$ (750— 950 °C [63])
oder: $D = 1{,}97 \cdot 10^{-3} \exp(-19600/RT)$ (700—1000 °C [62])

Oxidation [64—73]. Überblick [64, 65]. Bei der Oxidation an Luft wird bei 30 °C [66, 67] und bis zu 300 °C [68] ein logarithmisches Zeitgesetz gefunden und zwischen 180 und 450 °C [66, 69] ein parabolisches Wachstumsgesetz. Dabei gilt für 325—450 °C [65, 71] (k_p in $mg^2 \cdot cm^{-4} \cdot h^{-1}$)
$k_p = 6{,}1 \cdot 10^4 \exp(-20000/RT)$
Oberhalb 475 °C wird der Oxidationsverlauf unregelmäßig [69, 70] und eher linear als parabolisch [71]. Bei 1—500 Torr O_2 und 150—220 °C folgt die Oxidationskinetik einem vierstufigen Zeitgesetz, bei $p_{O_2} < 1$ Torr nimmt die Oxidationsgeschwindigkeit mit der Zeit zu [72]. Sb, Bi, Pb und Cu beeinflussen die Oxidationskinetik von Sn(l) nicht wesentlich [69], Pb hemmt eher die Oxidation [71]. Mg, Li und Na erhöhen die Oxidationsgeschwindigkeit beträchtlich [69], während Zusätze von Zn, P, In und insbesondere Al die Oxidationsgeschwindigkeit verringern [66, 69]. Bei Sn(s) erhöhen Zusätze von Sb und Tl die Oxidationsgeschwindigkeit stark [73].

Zinn-Krypton

Löslichkeit [74—76]
Kr in Sn(l): $\log c = 1{,}28 - 10300/T$ (1 atm Kr, 1100—1300 °C, b. [74])
Bei 200—300 °C und 59,5—63 atm nehmen die oberflächennahen Bereiche innerhalb von 5—88 h meßbare Mengen ^{85}Kr auf [75].

Ternäre Systeme

Sn—Ag—O. O-Löslichkeit bei 1200 °C [60] s. Abb. 2

Sn—Cu—O. O-Löslichkeit bei 1200 °C [60, 77] s. Abb. 2

Sn—Pb—O. O-Löslichkeit 550—950 °C [61] s. Abb. 2

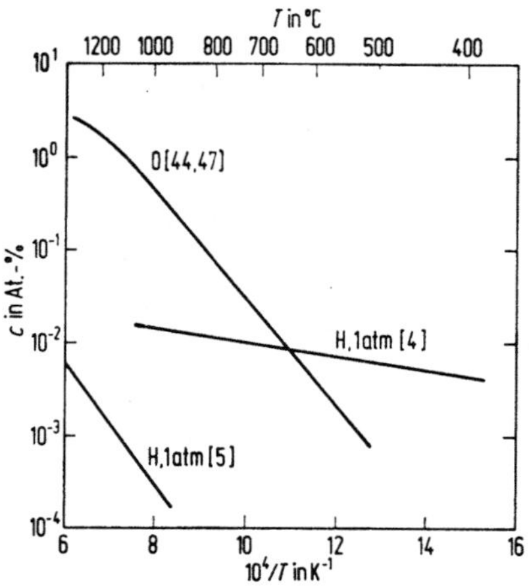

Abb. 1. Isobare Löslichkeit von H und Löslichkeitsgrenze für O in Sn(l).

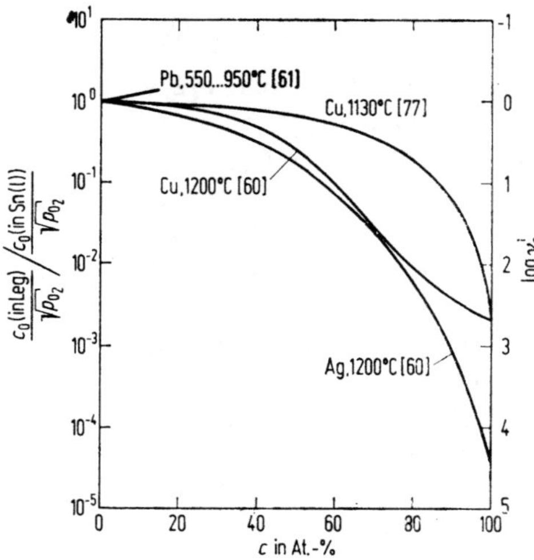

Abb. 2. Einfluß ternärer Zusätze auf die O-Löslichkeit in Sn(l).

Literatur zu Zinn

1 Weast, R. C.: Handbook of Chemistry and Physics, 45. Aufl., Chemical Rubber Co., Cleveland/Ohio (1964—1965) B-232.
2 Gmelins Handbuch der anorganischen Chemie, 8. Aufl., Zinn, Teil C 1, Weinheim: Verlag Chemie 1972.
3 Sieverts, A.; Krumbhaar, W.: Ber. Deut. Chem. Ges. 43 (1910) 896.
4 Iwasé, K.: Science Repts. Tôhoku Univ. 15 (1926) 531.
5 Bever, M. B.; Floe, C. F.: Trans. AIME 156 (1944) 149.
6 Gunn, S. R.; Green, L. G.: J. Phys. Chem. 65 (1961) 779.
7 Wagman, D. D.; Evans, W. H.; Halow, I.; Parker, U. B.; Bailey, S. M.; Schumm, R. H.: Natl. Bur. Std. (U.S.), Techn. Note 270-3 (1968) 181.
8 Saalfeld, F. E.; Svec, H. J.: Inorg. Chem. 2 (1963) 46.
9 Jeffes, J. H. E.; McKerrell, H.: J. Iron Steel Inst. 202 (1964) 666.
10 Saalfeld, F. E.; Svec, H. J.: Inorg. Chem. 2 (1963) 50.
11 Wilcox, D. E.; Bromley, L. A.: Ind. Eng. Chem. 55 (1963) no. 7, 32.
12 Wilcox, D. E.: Rpt. UCRL-10397 (1962) 1.
13 Sacris, E. M.; Parlee, N.-A. D.: Met. Trans. 1 (1970) 3377.
14 Alekseev, D.; Savinina, L.: J. Russ. Phys. Chem. Soc. 56 (1924) 560.
15 Moissan, H.: Compt. Rend. 125 (1898) 840.
16 Ruff, O.; Bergdahl, B.: Z. anorg. Chem. 106 (1919) 91.
17 Bergstrom, F. W.: J. Phys. Chem. 32 (1928) 433.
18 Janeff, W.: Z. Physik 142 (1955) 619.
19 Berraz, G.: An. Inst. Invest. Cient. Tecnol. 5/6 (1937) 78.
20 Berraz, G.: An. Soc. Cient. Arg. Seccion Santa Fe 7 (1935) 6.

21 Schwarz, R.; Jeanmaire, A.: Ber. Deut. Chem. Ges. 65 (1932) 1443.
22 Fischer, F.; Iliovici, G.: Ber. Deut. Chem. Ges. 41 (1908) 3802, 4449; 42 (1909) 527.
23 Moore, W. J.; Pauling, L.: J. Amer. Chem. Soc. 63 (1941) 1392.
24 Rundle, R. E.; Olson, D. H.: Inorg. Chem. 3 (1964) 596.
25 Fremy, E.: Compt. Rend. 15 (1842) 1106, Ann. Chim. Phys. 12 (1844) 457.
26 Berezina, L. G. et al.: Zh. Neorg. Khim. 9 (1964) 1760.
27 Partington, J. R.; Moser, W.: Nature 154 (1944) 643.
28 Donaldson, J. D.; Moser, W.; Simpson, W. B.: J. Chem. Soc. (1961) 839.
29 Jamieson, J.; Lawson, A. W.: J. Appl. Phys. 33 (1962) 776.
30 Serebryanaya, N. R.; Kabalkina, S. S.; Vereshchagin, L. F.: Dokl. Akad. Nauk SSSR 187 (1969) 307; Sov. Phys.-Dokl. 14 (1970) 672.
31 Decroly, C.; Ghodsi, M.: Compt. Rend. 261 (1965) 2659.
32 Lawson, F.: Nature 215 (1967) 955.
33 Trömel, M.; Murken, G.: Abstracts Chemiedozententagung, Heidelberg 1972, 122.
34 Vegard, L.: Phil. Mag. 32 (1916) 65.
35 Baur, W. H.: Acta Cryst. 9 (1956) 515.
36 Swanson, H. E.; Tatge, E.: Natl. Bur. Std. (U.S.) Circ. No. 539, Bd. 1 (1962) 54.
37 Frounfelker, R. E.; Hirthe, W. M.: Trans. AIME 224 (1962) 196.
38 Savina, E. V.: Sb. Akad. Nauk. Tr., Gos. Nauk.-Issled. Inst. Tsvet. Metal. (1967), no. 27, 89.
39 Lashchenko, P. N.; Kompanskii, D. I.: Zh. Prikl. Khim. 8 (1935) 628.
40 Forestier, H.; Kiehl, J. P.: Compt. Rend. 230 (1950) 2288.
41 Clendenen, R. L.; Drickamer, H. G.: J. Chem. Phys. 44 (1966) 4223.
42 Sun, K.-H.: Glass Ind. 27 (1946) 552, 580.
43 Platteeuw, J. C.; Meyer, G.: Trans. Faraday Soc. 52 (1956) 1066.
44 Carbó Nóver, J.; Richardson, F. D.: Trans. Inst. Min. Met. 81 (1972) C 63.
45 Barczak, V. J.; Insley, R. H.: J. Amer. Ceram. Soc. 45 (1962) 144.
46 Schneider, S. J.: Natl. Bur. Std. (U.S.), Monograph 68 (1963).
47 Belford, T. N.; Alcock, C. B.: Trans. Faraday Soc. 61 (1965) 443.
48 Rossini, F. D., Wagman, D. D.; Evans, W. H.; Levine, S.; Jaffe, I.: Natl. Bur. Std. (U.S.) Circ. No. 500 (1952).
49 Brewer, L.: Chem. Rev. 52 (1953) 1.
50 Schwarz, C. V.: Arch. Eisenhüttenw. 24 (1953) 285.
51 Humphrey, G. L.; O'Brien, C. J.: J. Amer. Chem. Soc. 75 (1953) 2805.
52 Wagman, D. D.; Evans, W. H.; Parker, V. B.; Halow, I.; Bailey, S. M.; Schumm, R. H.: Natl. Bur. Std. (U.S.), Tech. Note 270-3 (1968) 181.
53 Garrett, A. B.; Heiks, R. E.: J. Amer. Chem. Soc. 63 (1941) 562.
54 Kubaschewski, O.; Evans, E. Ll.; Alcock, C. B.: Metallurgical Thermochemistry, 4th ed., New York: Pergamon 1967.
55 Coughlin, J. P.: U.S. Bur. Mines Bull. No. 542 (1954).
56 Wicks, C. E.; Block, F. E.: U.S. Bur. Mines Bull. No. 605 (1963).
57 Olette, M.; Ancey-Moret, M. F.: Rev. Mét. 60 (1963) 569.
58 Fischer, W. A.; Ackermann, W.: Arch. Eisenhüttenw. 37 (1966) 697.
59 Jacob, K. T.; Seshadri, S. K.: Richardson, F. D.: Trans. Inst. Min. Met. 79 (1970) C 274.
60 Block, U.; Stüwe, H.-P.: Z. Metallkde. 60 (1969) 709.
61 Jacob, K. T.; Jeffes, J. H. E.: Trans. Inst. Min. Met. 80 (1971) C 79.
62 Shurigyn, P. M.; Kryuk, V. I. Izv. VUZ Tsvetn. Met. 6 (1963) no. 3,58
63 Ramanarayanan, T. A.; Rapp, R. A.: Met. Trans. 3 (1972) 3239.
64 Gmelins Handbuch der anorg. Chemie, 8. Aufl., Zinn, Teil B, Weinheim: Verlag Chemie 1971, S. 349.
65 Kubaschewski, O.; Hopkins, B. E.: Oxidation of Metals and Alloys, 2nd ed., London: Butterworths 1962.
66 Britton, S. C.; Bright, K.: Metallurgia Manchr. 56 (1957) 163.
67 Katz, W.: Stahl und Eisen 76 (1956) 1672.
68 Voitovich, R. F.: Izv. Akad. Nauk SSSR, OTN, Met. i Topl. (1961) no. 3, 90.
69 Gruhl, W.; Gruhl, U.: Metall 6 (1952) 177.
70 Bilbrey, J. H.; Wilson, D. A.; Spendlove, M. J.: Rpt. BM-RI 5181 (1955).

71 Spinedi, P.: Gazz. chim. ital. 86 (1956) 579, 588.
72 Boggs, W. E.; Kachik, R. H.; Trozzo, P. S.; Pellissier, G. E. J.: J. Electrochem. Soc. 108 (1961) 6, 13.
73 Boggs, W. E.; Kachik, R. H.; Pellissier, G. E.: J. Electrochem. Soc. 110 (1963) 4.
74 Johnson, G. W.; Shuttleworth, R.: Phil. Mag. 4 (1959) 957.
75 Chleck, D. J.; Maehl, R.; Cucchiara, O.; Patel, R.; Carnevale, E. H.: Rpt. NYO-9720 (1962).
76 Johnson, G. W.: Phil. Mag. 6 (1961) 943.
77 Fruehan, R. J.; Richardson, F. D.: Trans. AIME 245 (1969) 1721.

Blei

(Abb. S. 718, Lit. S. 720)

U. Heubner

Von besonderer technischer Bedeutung sind die Verbindungen von Blei mit Sauerstoff. Probleme ergeben sich bisweilen aus dem Oxidationsverhalten von Bleischmelzen und aus dem im metallischen Blei vorhandenen Sauerstoff. Er kann immer dann störend wirken, wenn die Sauerstofflöslichkeit überschritten wird. So können gröbere Oxiddispersionen die mechanischen Eigenschaften und die Korrosionsbeständigkeit von Bleiwerkstoffen beeinträchtigen und Schwierigkeiten beim Homogenverbleien verursachen. Betriebsstörungen durch Oxidabscheidungen in Rohrleitungssystemen, beispielsweise von Patentierbädern oder Akkugitter-Gießanlagen können auftreten, wenn durch Temperaturungleichmäßigkeiten der Sauerstoffgehalt die Löslichkeitsgrenze örtlich überschreitet.

Blei-Wasserstoff

Konstitution [1—5]. Phasen: Pb, kfz, Smp. 327 °C; PbH_4, Sdp. wahrscheinlich zwischen —17 und —13 °C [2—5].

Löslichkeit [1, 6] kleiner als $1{,}8 \cdot 10^{-6}$ At.-% H bei 600 °C [6].

Thermodynamische Daten

$1/4\,Pb(s) + 1/2\,H_2 = 1/4\,PbH_4$: $\Delta G^0 = 14800 + 5{,}9\ T$ (25— 327 °C [7])

$1/4\,Pb(l) + 1/2\,H_2 = 1/4\,PbH_4$: $\Delta G^0 = 14000 + 7{,}25\ T$ (327—1700 °C [7])

Diffusion [8, 9]. H in Pb(s): $D = 1{,}2 \cdot 10^{-7}$—$8{,}7 \cdot 10^{-7}\ cm^2/s$ bei 25 °C, aus Permeationsmessungen von elektrolytisch erzeugtem H, abhängig von der kathodischen Stromdichte [8].

Permeation [10—12]. H durch Pb(s): $P = 3 \cdot 10^{-9}$ Torr l $\cdot$ $cm^{-1} \cdot s^{-1} \cdot Torr^{-1/2}$ bei 265 °C (1 atm H_2, 0,862 mm Probendicke [10]). Keine Permeation von elektrolytisch erzeugtem H bei R. T. [11].

Blei-Kohlenstoff

PbC_2 ist dargestellt worden [13]. Löslichkeitsgrenze für C in Pb(l) 0,41; 0,79 und 1,6 At.-% bei 1170, 1415 und 1555 °C [14].

Blei-Stickstoff

Pb_3N_2 und Pb_3N_4 sind durch kathodische Zerstäubung dargestellt worden [15, 16]. Keine N-Löslichkeit bis 600 °C [17, 18].

Blei-Sauerstoff

Konstitution [1, 20—41] s. Abb. 1. Phasen: PbO < 540 °C tetr., > 540 °C orthorh., evtl. weitere Modifikationen [24—26]; Pb_3O_4 (Mennige) tetr. [24, 25]; $Pb_{12}O_{17}$ (β-PbO_X) unsicher [1, 20, 25, 27] und Pb_2O_3 pseudokub., monoklin, kub. oder orthorh.; $Pb_{12}O_{19}$ (α-PbO_X, Pb_6O_{10}, Pb_7O_{11}, Pb_5O_8) pseudokub., monoklin [25, 27, 28], kub. oder tetr. [1]; α-PbO_2 rhomb., β-PbO_2 tetr., Homogenitätsbereich bis herab zu $PbO_{1,66}$ [24, 25, 29]; Pb_2O_5 unsicher [1].

Löslichkeit
O in Pb(l): $\log c = 1/2 \log p - 2{,}4 + 6430/T$ (330—1150 °C, b. [49, 53, 61])
Das $\sqrt{p}$-Gesetz ist bei 700 °C erfüllt [50].

Löslichkeitsgrenze [41—56] s. Abb. 2
O in Pb(l): $\log c_{max} = 4{,}67 - 5350/T$ (327— 540 °C, b. [49, 50, 54])
und: $\log c_{max} = 4{,}57 - 5260/T$ (540— 850 °C, b. [49, 50])
und: $\log c_{max} = 3{,}01 - 3510/T$ (850—1300 °C, b. [49])

Thermodynamische Daten [1, 49, 50, 53, 57—65]
$1/2\ O_2 = O(\text{in Pb(l)})$: $\Delta G^0 = -29400 + 13{,}5\ T$ (330—1150 °C [49, 53, 61])
$PbO(s) = O(\text{in Pb(l)}) + Pb(l)$: $\Delta G^0 = 24470 - 12{,}2\ T$
(327—540 °C, b. [49, 50, 54])
und: $\Delta G_0 = 24060 - 11{,}8\ T$ (540—850 °C, b. [49, 50])
$PbO(l) = O(\text{in Pb(l)}) + Pb(l)$: $\Delta G^0 = 16050 - 4{,}6\ T$ (850—1300 °C, b. [49])
$Pb(s) + 1/2\ O_2 = PbO(s)$: $\Delta G^0 = -52215 + 23{,}8\ T$ (25— 327 °C [61])
$Pb(l) + 1/2\ O_2 = PbO(s)$: $\Delta G^0 = -53750 + 26{,}3\ T$ (327— 540 °C [61])
und: $\Delta G^0 = -53300 + 25{,}7\ T$ (540— 850 °C [61])
$Pb(l) + 1/2\ O_2 = PbO(l)$: $\Delta G^0 = -45650 + 17{,}9\ T$ (850—1150 °C [53])

Diffusion [51, 66—70]
O in Pb(l): $D = 6{,}6 \cdot 10^{-5} \exp(-3860/RT)$ (700—1100 °C [66—68])

Oxidation [71—83]. Überblick bei [71, 72]. Für Pb 99,99 wird an Luft zwischen 254 und 321 °C ein parabolisches Zeitgesetz gefunden [73, 74] s. Abb. 3. Die Oxidation einer ruhenden Schmelze (> 327 °C) folgt im wesentlichen ebenfalls einem parabolischen Zeitgesetz [75—77]. Zwischen 425 und 600 °C werden bis zu 3 zeitlich aufeinanderfolgende Stufen beobachtet, entsprechend der zeitlich aufeinanderfolgenden Bildung von Pb_3O_4, Pb_3O_4 + PbO und PbO [74], wobei jedoch auch eine andere Abfolge beobachtet wird [75]. In 1 h werden 10^{-2}—10 mg/cm² aufgenommen. Oberhalb 550 °C [75] oder 800 °C [74] Übergang zu linearem Zeitgesetz. Es existieren zahlreiche Untersuchungen über den Einfluß von Zusätzen auf ruhende und bewegte Schmelzen [75, 76, 78—83], die in Abb. 4 qualitativ durch einen Multiplikationsfaktor F charakterisiert werden.

Blei-Krypton

Löslichkeit [19, 84, 85]

$\log c = -1{,}74 - 7314/T$ (1 atm Kr, 820—1300 °C [84])

Bei 200—300 °C und 59,5—63 atm nehmen die oberflächennahen Bereiche innerhalb von 5 bis 88 h meßbare Mengen ^{85}Kr auf [85].

Ternäre Systeme

Pb—As—O. Geringe As-Zusätze setzen den O-Gehalt von Pb(l) stark herab [44].

Pb—Cu—O. Konstitution, quasibinärer Schnitt Cu_2O—PbO, Schmelzgleichgewichte [41]. O-Löslichkeit in Pb(l), 750—1100 °C, 0—14 At.-% Cu [53] s. Abb. 5.

Pb—Sb—O. Konstitution [30—40]. Es existieren Mischoxide $x\,PbO \cdot y\,Sb_2O_3$. Geringe Sb-Zusätze setzen den O-Gehalt von Pb(l) stark herab [44].

Pb—Sn—O. [42, 44] O-Löslichkeit in Pb(l), 750—1100 °C, 0—14 At.-% Sn [65] s. Abb. 5.

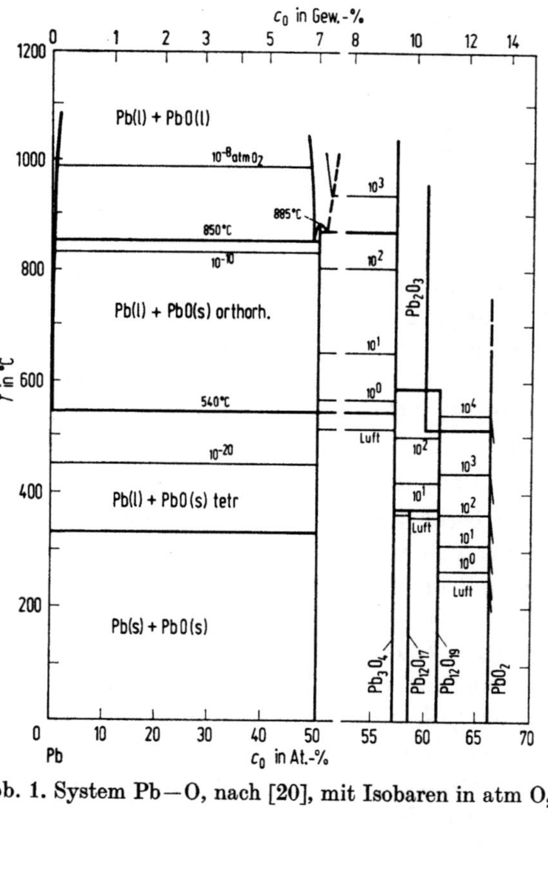

Abb. 1. System Pb—O, nach [20], mit Isobaren in atm O_2.

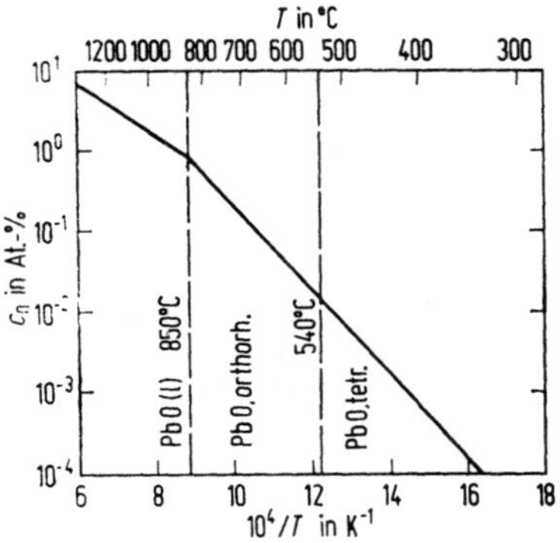

Abb. 2. Löslichkeitsgrenze für O in Pb(l) [49, 50], unterhalb von 540 °C extrapoliert [54].

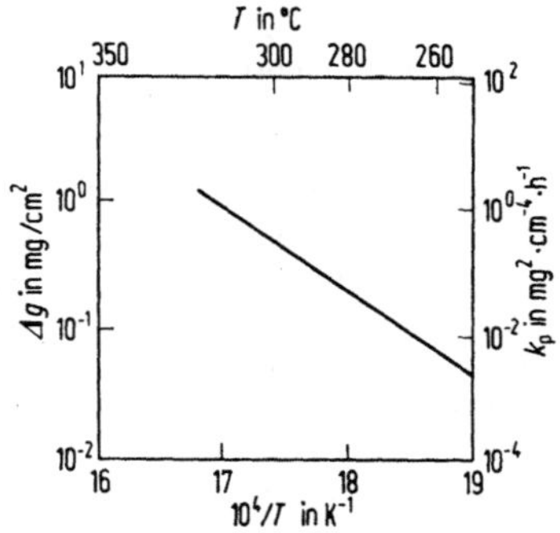

Abb. 3. Gewichtszunahme Δg von Pb(s) in Luft in 1 h [74].

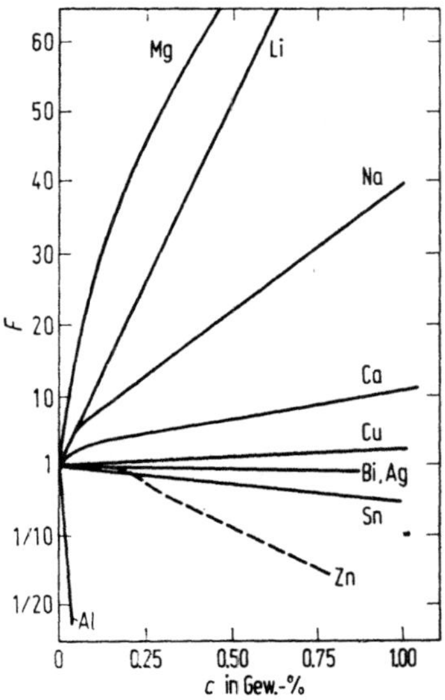

Abb. 4. Einfluß ternärer Zusätze auf die Oxidation von ruhenden Pb-Schmelzen bei 500 °C [71], nach [75].

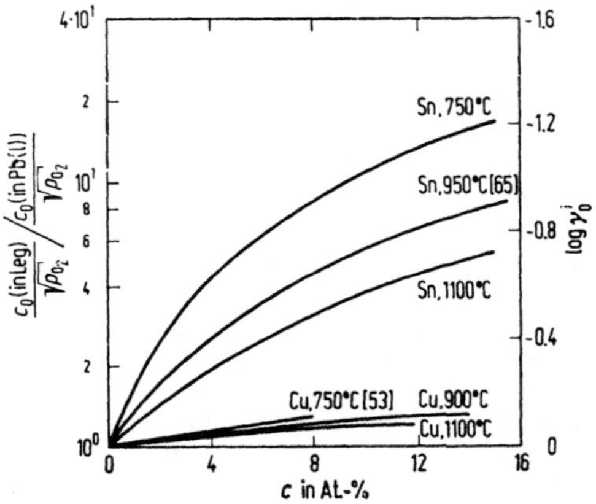

Abb. 5. Einfluß von Sn und Cu auf die O-Löslichkeit in Pb(l).

Literatur zu Blei

1 Gmelins Handbuch der anorganischen Chemie, 8. Aufl., Blei, Teil C, Lieferung 1, Weinheim: Verlag Chemie 1969.
2 Paneth, F.; Rabinowitsch, E.: Ber. Deut. Chem. Ges. 58 (1925) 1138.
3 English, W. D.: J. Amer. Chem. Soc. 74 (1952) 2927.
4 Lewis, D. T.: J. Chem. Soc. (1938) 1056.
5 Pearson, T. G.; Robinson, P. L.: J. Chem. Soc. (1934) 736.
6 Hofmann, W.; Maatsch, J.: Z. Metallkde. 47 (1956) 89; Neue Hütte 2 (1957) 648.
7 Jeffes, J. H. E.; McKerrell, H.: J. Iron Steel Inst. 202 (1964) 666.
8 Cadersky, I.; Muju, B. L.; Smith, F. R.: Can. J. Chem. 48 (1970) 1789.
9 Ives, D. J. G.; Smith, F. R.: Trans. Faraday Soc. 63 (1967) 217.
10 Deming, H. G.; Hendricks, B. C.: J. Amer. Chem. Soc. 45 (1923) 2857.
11 Alekseev, D.; Savinina, L.: J. Russ. Phys.-Chem. Soc. 56 (1924) 560.
12 Muju, B. L.; Smith, F. R.: Can. J. Chem. 49 (1971) 2406.
13 Durand, J. F.: Compt. Rend. 177 (1923) 693.
14 Ruff, O.; Bergdahl, B.: Z. anorg. Chem. 106 (1919) 91.
15 Berraz, G.: Anales Inst. Invest. Cient. Tecnol. 3/4 (1932/33) 93; Anales Soc. Cient. Arg. 5 (1933) 54.
16 Janeff, W.: Z. Physik 142 (1955) 619.
17 Sieverts, A.; Krumbhaar, W.: Ber. Deut. Chem. Ges. 43 (1910) 894.
18 Iwasé, K.: Science Repts. Tôhoku Univ. 15 (1926) 557.
19 Johnson, G. W.: Phil. Mag. 6 (1961) 943.
20 Roy, R.: Colloq. Intern. Centre Natl. Rech. Sci. (Paris) No. 149 (Bordeaux 1964), (1965) 27; Bull. Soc. Chim. France (1965) 1065.
21 Hansen, M.; Anderko, K.: Constitution of Binary Alloys, New York: McGraw-Hill 1958.
22 White, W. B.; Dachille, F.; Roy, R.: J. Am. Ceram. Soc. 44 (1961) 170.
23 Shunk, F. A.: Constitution of Binary Alloys, Second Supplement, New York: McGraw-Hill 1969.
24 Katz, T.: Ann. Chim. (Paris) 5 (1950) 5.
25 Byström, A.: Arkiv Kemi Mineral. Geol. A 20 (1945) no. 11, 1.
26 Schneider, S. J.: Natl. Bur. Std. (U.S.) Monograph 68 (1963).
27 Anderson, J. S.; Sterns, M.: J. Inorg. Nucl. Chem. 11 (1959) 272.
28 White, W. B.; Roy, R.: J. Amer. Chem. Soc. 47 (1964) 242.
29 Le Blanc, M.; Eberius, E.: Z. physik. Chem. A 160 (1932) 69.
30 Maier, C. A.; Hincke, H. B.: Trans. AIME 102 (1932) 97.
31 Henning, H.; Kohlmeyer, E. J.: Erzmetall 10 (1957) 8, 64.
32 Barthel, J.: Freiberger Forschungshefte B 29 (1958) 5.
33 Gerlach, J.; Hennig, U.; Kurz, R.; Pawlek, F.: Metall 22 (1968) 15.
34 Pelzel, E.: Erzmetall 12 (1959) 558.
35 Gerlach, J.; Herrmann, G.: Erzmetall 15 (1962) 132.
36 Zunkel, A. D.; Larson, A. H.: Trans. AIME 239 (1967) 473.
37 Urazov, G. G.; Speranskaya, E. I.: Zhur. Neorg. Khim. 1 (1956) 1418.
38 Stuckert, L.: Sprechsaal 68 (1935) 321, 327, 369.
39 Magnéli, A.: Arkiv Kemi Mineral. Geol. 15 B (1941) no. 3.
40 Kuznetsov, V. G.; Kozmin, P. A.: Zhur. Neorg. Khim. 3 (1958) 2361.
41 Gebhardt, E.; Obrowski, W.: Z. Metallkde. 45 (1954) 332.
42 Worner, H. W.: J. Inst. Metals 66 (1940) 131.
43 Grosheim-Krysko, K.; Hofmann, W.; Hanemann, H.: Z. Metallkde. 36 (1944) 91.
44 Bartelt, K.; Hofmann, W.: Erzmetall 5 (1952) 102.
45 Fischer, J.; Bechtel, H.; Schulz, E.: zitiert nach [21].
46 Sano, K.; Minowa, S.: Mem. Fac. Eng. Nagoya Univ. 5 (1953) 80.
47 Dannat, C. W.; Richardson, F. D.: Metal Ind. (London) 83 (1953) 63.
48 Bartelt, K.: Dissertation, TH Braunschweig, 1955, nach W. Hofmann, Blei und Bleilegierungen, 2. Aufl., Berlin, Göttingen, Heidelberg: Springer 1962, S. 80.
49 Richardson, F. D.; Webb, L. E.: Bull. Inst. Min. Met. no. 584 (1955) 529.

50 Alcock, C. B.; Belford, T. N.: Trans. Faraday Soc. 60 (1964) 822.
51 Swarc, R.; Oberg, K. E.; Rapp, R. A.: High Temp. Science 4 (1972) 347.
52 Lundquist, S.; Lundin, B.-E.; Erikson, S.: Lead oxide in cable sheathing, Beitrag zur 4. Int. Bleikonferenz, Hamburg 1971, Lead Development Association, London.
53 Jacob, K. T.; Jeffes, J. H. E.: Trans. Inst. Min. Metall. 80 (1971) C 32.
54 Knacke, O.; Prescher, K. E.: Erzmetall 17 (1964) 28.
55 Hofmann, W.: Lead and Lead Alloys, Engl. Transl. of 2nd German ed., Berlin, Heidelberg, New York: Springer 1970.
56 Krug, H.: Z. Metallkde. 65 (1974) 337
57 Rossini, F. D.; Wagman, D. D.; Evans, W. H.; Levine, S.; Jaffe, I.: Natl. Bur. Std. (U.S.) Circ. no. 500 (1952).
58 Espada, L.; Pilcher, G.; Skinner, H. A.: J. Chem. Thermodynamics 2 (1970) 647.
59 Warner, A. E. M.; Roye, M. P.; Jeffes, J. H. E.: Mitteilung zitiert bei [53].
60 Rodigina, E. N.; Gomelskii, K. Z.; Luginina, V. F.: Zhur. Fiz. Khim. 35 (1961) 1799.
61 Kubaschewski, O.; Evans, E. Ll.; Alcock, C. B.: Metallurgical Thermochemistry, 4th ed., Oxford: Pergamon 1967.
62 Olette, M.; Ancey-Moret, F. M.: Rev. Mét. 60 (1963) 569.
63 Kelley, K. K.: Bull. U.S. Bur. Mines, no. 477 (1950).
64 Fischer, W. A.; Ackermann, W.: Arch. Eisenhüttenw. 37 (1966) 697.
65 Jacob, K. T.; Jeffes, J. H. E.: Trans. Inst. Min. Met. 80 (1971) C 79.
66 Arcella, F. G.: J. Metals 20 (1969), no. 12, 47a.
67 Honma, S.; Sano, N.; Matsushita, Y.: Met. Trans. 2 (1971) 1494.
68 Arcella, F. G.; Fitterer, G. R.: Unveröffentlichte Untersuchungen von 1968, zitiert bei [67].
69 Harvey, F. J.: Thesis, University of Pennsylvania 1969.
70 Bandyopadhyay, G. K.; Ray, H. S.: Met. Trans. 2 (1971) 3055.
71 Kubaschewski, O.; Hopkins, B. E.: Oxidation of Metals and Alloys, 2nd ed., London: Butterworths 1962.
72 Gmelins Handbuch der anorganischen Chemie, 8. Aufl., Blei, Teil B 1, Weinheim: Verlag Chemie 1972.
73 Pilling, N. B.; Bedworth, R. E.: J. Inst. Metals 29 (1923) 529.
74 Weber, E.; Baldwin, W. M. jr.: J. Metals 4 (1952) 854.
75 Gruhl, W.: Z. Metallkde. 40 (1949) 225.
76 Hofmann, W.; Mahlich, K. H.: Werkstoffe und Korrosion 2 (1951) 55.
77 Archbold, T. F.; Grace, R. E.: Trans. AIME 212 (1958) 658.
78 Burkhardt, A.: Metallwirtschaft 14 (1935) 525.
79 Erdmann-Jesnitzer, F.; Hadamovski, H. F.; Görner, R. Z.: Z. Metallkde. 49 (1958) 133.
80 Spinedi, P.: Gazz. chim. ital. 86 (1956) 579, 588.
81 Hartmann, H.; Hofmann, W.; Stahl, W.: Erzmetall 11 (1958) 151.
82 Drews, T.; Gerlach, J.: Metall 17 (1963) 804.
83 Gerlach, J.; Müller, E. A.: Metall 18 (1964) 807.
84 Johnson, G. W.; Shuttleworth, R.: Phil. Mag. 4 (1959) 957.
85 Chleck, D. J.; Maehl, R.; Cucchiara, O.; Patel, R.; Carnevale, E. H.: Rpt. NYO-9720 (1962).

Wismut

(Abb. S. 723, Lit. S. 723)

U. Heubner und A. Melin

Wismut-Wasserstoff

Konstitution [1, 3—6]. Bi trig., Smp. 271 °C. Sicher nachgewiesen ist nur die gasförmige Verbindung BiH ($\Delta H^0_{298} = 40 \pm 5$ kcal/mol [3, 4]). BiH_3(g) ist dargestellt worden.

Löslichkeit. Nach [2] wird H bis 600 °C weder in Bi(s) noch in Bi(l) gelöst.

Wismut-Kohlenstoff

Konstitution keine Verbindungen [1]

Löslichkeitsgrenze [7—9] s. Abb. 1

C in Bi(l): $\log c = -2{,}0 - 358/T$ (300—750 °C, b. [7])

Thermodynamische Daten

C = C(in Bi(l)): $\Delta G^0 = 1640 + 18{,}2\, T$ (300—700 °C [7])

Wismut-Stickstoff

BiN ist dargestellt worden [9—11]. N wird bis 600 °C weder in Bi(s) noch in Bi(l) gelöst [2].

Wismut-Sauerstoff

Konstitution [1, 12—30]. Bei der Oxidation von Bi-Filmen werden folgende Oxide beobachtet: BiO hex. [12—14]; $Bi_2O_{2,3-2,4}$, tetr. [13—15]; $Bi_2O_{2,5}$ [16]; $Bi_2O_{2,7-2,8}$ tetr. [13, 14, 17, 18]. Bi_2O_3, zahlreiche Modifikationen, stabil sind vier (α—δ) [19—27], Smp. 825 °C [19, 20, 28], oberhalb 950 °C merkbar flüchtig, Sdp. vermutlich bei etwa 1890 °C [29]; Bi_3O_5, strukturell wahrscheinlich verwandt mit β-Bi_2O_3, wandelt sich bei tieferen Temperaturen unter O_2-Abspaltung in dieses um [19, 30]. Weiterhin sind die Oxide Bi_4O_7, Bi_6O_{13} und Bi_2O_5 dargestellt worden [1].

Löslichkeit

O in Bi(l): $\log c = 1/2 \log p - 3{,}64 + 6390/T$ (400—700 °C, b. [7, 36])

Löslichkeitsgrenze s. Abb. 1

O in Bi(l): $\log c_{\max} = 2{,}42 - 3370/T$ (400—750 °C [7]).

Gleichgewichtsphase ist Bi_2O_3 [7, 31].

Thermodynamische Daten [3, 5, 7, 32–44]
$1/2\ O_2 = O(\text{in } Bi(l))$: $\Delta G^0 = -29230 + 19{,}2\ T$ (400–700 °C [7, 36])
$1/3\ Bi_2O_3(s) = 2/3\ Bi(l) + O(\text{in } Bi(l))$: $\Delta G^0 = 15400 - 1{,}92\ T$
(400–750 °C [7])
$2/3\ Bi(l) + 1/2\ O_2 = 1/3\ Bi_2O_3(s)$: $\Delta G^0 = -50160 + 26{,}6\ T$ (500–700 °C [35])
oder: $\Delta G^0 = -44630 + 21{,}1\ T$ (500–750 °C [36])

Oxidation [45, 46]. An aufgedampften dünnen Schichten wird ein parabolisches Dickenwachstum der $Bi_2O_{2,7-2,8}$-Schichten gefunden (k_p in $mg^2 \cdot cm^{-4} \cdot h^{-1}$)
$k_p = 2{,}5 \cdot 10^{-8} \exp(-28000/RT)$ (30 Torr O_2, 175–250 °C [46])

Wismut-Edelgase

Helium. Die Bildung einer BiH_3-ähnlichen Verbindung wird bei Einwirkung von ortho-He auf ^{214}Bi angenommen [47]. Keine Löslichkeit [48].
Argon. Keine Löslichkeit [48].
Xenon. Löslichkeit bei 500 °C und 1 atm $7{,}7 \cdot 10^{-5}$ At.-% Xe [48] bzw. $1 \cdot 10^{-8}$–$2 \cdot 10^{-8}$ At.-% Xe [49]
Xe in Bi(l): $\log c = -7{,}019 - 1071/T$ (1 atm, 332–504 °C [50])

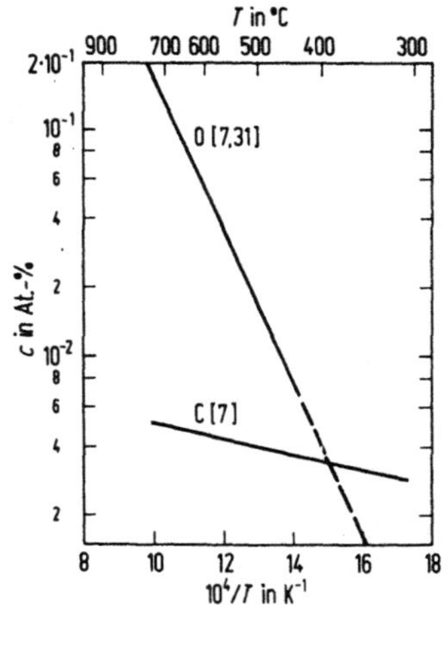

Abb. 1. Löslichkeitsgrenze für C und O in Bi(l).

Literatur zu Wismut

1 Gmelins Handbuch der anorganischen Chemie, 8. Aufl., Wismut-Ergänzungsband, Weinheim: Verlag Chemie 1964.
2 Sieverts, A.; Krumbhaar, W.: Ber, Deut. Chem. Ges. 43 (1910) 896.
3 Rossini, F. D.; Wagman, D. D.; Evans, W. H.; Levine, S.; Jaffe, I.: Nat. Bur. Stand. Circ. no. 500 (1952).
4 Karapetjanc, M. C.: Zhur. Fiz. Khim. 28 (1954) 353.
5 van Muylder, J.; Pourbaix, M.: Centre Belge Etude Corros. Rapp. techn. no. 48 (1957) 1.
6 Emeléus, H. J.; Anderson, J. S.: Ergebnisse und Probleme der modernen anorganischen Chemie, 2. Aufl., Berlin 1954, S. 270.
7 Griffith, C. B.; Mallett, M. W.: J. Amer. Chem. Soc. 75 (1953) 1832.
8 Collins, J. F.: Rpt. NEPA-1800 (1951).

9 Janeff, W.: Z. Physik 142 (1955) 619.
10 Franklin, E. C.: J. Amer. Chem. Soc. 27 (1905) 820.
11 Fischer, F.; Schröter, F.: Ber. Deut. Chem. Ges. 43 (1910) 1465.
12 Zavyalova, A. A.; Imanov, R. M.; Pinsker, Z. G.: Kristallografiya 9 (1964) 480.
13 Zavyalova, A. A.; Imamov, R. M. In I. I. Kornilov: Metallidy-Str., Svoistva, Primen, Moskau: 1971, S. 105.
14 Zavyalova, A. A.; Imamov, R. M.: Zhur. Strukt. Khim 13 (1972) 869.
15 Zavyalova, A. A.; Imamov, R. M.: Kristallografiya 13 (1968) 49.
16 Zavyalova, A. A.; Imamov, R. M.: Kristallografiya 16 (1971) 516.
17 Zavyalova, A. A.; Imamov, R. M.; Pinsker, Z. G.: Kristallografiya 9 (1964) 857; Soviet Phys.-Cryst. 9 (1965) 724.
18 Hapase, M. G.; Tare, V. B.; Biswas, A. B.: Indian J. Pure Appl. Phys. 5 (1967) 401.
19 Gattow, G.; Schröder, H.: Z. anorg. allgem. Chem. 318 (1962) 176.
20 Levin, E. M.; Roth, R. S.: J. Res. Natl. Bur. Std. (U.S.) A 68 (1964) 189.
21 Sillén, L. G.: Arkiv Kemi Mineral. Geol. 12 A (1937) no. 18, 1.
22 Sillén, L. G.: Z. Krist. A 103 (1941) 274.
23 Malmros, G.: Acta Chem. Scand. 24 (1970) 384.
24 Gattow, G.; Schütze, D.: Naturwiss. 50 (1963) 546.
25 Gattow, G.; Schütze, D.: Z. anorg. allgem. Chem. 328 (1964) 44.
26 Zavyalova, A. A.; Imamov, R. M.: Kristallografiya 14 (1969) 331.
27 Schumb, W. C.; Rittner, E. S.: J. Amer. Chem. Soc. 65 (1943) 1055.
28 Levin, E. M.; McDaniel, C. L.: J. Amer. Ceram. Soc. 45 (1962) 355.
29 Feiser, J.: Metall u. Erz 27 (1930) 585.
30 Gattow, G.; Fricke, H.: Naturwiss. 48 (1961) 620.
31 Shephard, O. C.; Morgan, J. R.; Parkman, R.; Seibel, R. D.: Rpt. AECU-2794 (1953).
32 Brewer, L.; Chandrasekharian, M. S.: Rpt. UCRL-8713 (1959).
33 Kelley, K. K.: U.S. Bur. Mines Bull. 584 (1960).
34 Plekhotkin, V. F.: Zhur. Prikl. Khim. 41 (1968) 2337.
35 Rao, A. V. R.; Tare, V. B.: Scripta Met. 5 (1971) 807.
36 Chatterji, D.; Smith, J. K.: J. Electrochem. Soc. 120 (1973) 889.
37 Krupkowski, A.: Hutnické Listy 3 (1948) 357.
38 Kubaschewski, O.; Evans, E. Ll.; Alcock, C. B.: Metallurgical Thermochemistry, 4th ed., Oxford: Pergamon 1967.
39 Wicks, C. E.; Block, F. E.: U.S. Bur. Mines Bull. 605 (1963).
40 Mah, A. D.: U.S. Bur. Mines Rpt. 5676 (1961).
41 Levin, E. M.; McDaniel, C. L.: J. Res. Natl. Bur. Std. 69 A (1965) 237.
42 Kelley, K. K.: U.S. Bur. Mines Bull. 393 (1936).
43 Westermann, J.: Metall u. Erz 27 (1930) 613.
44 Latimer, W. M.: Oxidation Potentials, 2nd ed., New York 1952, S. 125.
45 Brauer, K. H.: Z. Elektrochem. 63 (1961) 80.
46 Hapase, M. G.; Tare, V. B.; Biswas, A. B.: Acta Met. 15 (1967) 131.
47 Morrison, D. M.: Nature 120 (1927) 224, Proc. Cambridge Phil. Soc. 24 (1928) 268.
48 Rasemann, C. J.; Susskind, H.; Waide, C. H.: Rpt. NBL-303 (1957).
49 Lacey, J. A.; Lyall, E.: J. Nucl. Energy B 1 (1960) 167.
50 Mitra, C.: Thesis, Columbia University (1959).

Cadmium, Quecksilber

(Lit. S. 726)

H. Jehn

Wasserstoff-Systeme

Cd: hdP, Smp. 321 °C
Hg: trig, Smp. —38,9 °C, Sdp. 357 °C
H wird weder in Cd(s), Cd (l, 400 °C) [12], noch in Hg(s, l) [2—4] gelöst. Für Cd wird ein Hydrid CdH_2 gefunden, das unterhalb von —20 °C stabil ist [2, 4, 5]. Das entsprechende Hydrid HgH_2 ist unterhalb von —125 °C stabil [2, 4, 5].

Kohlenstoff-Systeme

Cd löst selbst am Sdp. (765 °C) nur äußerst geringe Mengen von C, die beim Abkühlen als Graphit ausgeschieden werden [6, 7].
Im System Hg—C ist die Karbidphase HgC_2 dargestellt worden [4, 8].

Stickstoff-Systeme

In Cd(s) und Cd(l) wird bis 400 °C keine N-Löslichkeit gefunden [1, 7]. Das krz Cd_3N_2 zersetzt sich bei 320 °C [9, 10] und das orthorhomb. Azid $Cd(N_3)_2$ zerfällt explosionsartig [10, 11].
Im System Hg—N werden folgende Verbindungen gefunden: Hg_3N, Hg_3N_2, HgN_3 und $Hg(N_3)_2$ (orthorhomb.) [4, 10].

Sauerstoff-Systeme

Konstitution [4, 7, 10]. Phasen: CdO kfz, NaCl-Typ, Sublimation bei Erhitzung unter Atmosphärendruck, Smp. oberhalb 1500 °C [47]; CdO_2 kub., Pyrit-Typ; CdO_4.
HgO orthorh., stabile Form und hex. [10, 13, 14]; α-HgO_2 kub.; β-HgO_2 orthorh. [10, 12]; außerdem wird über die Existenz von Hg_2O_2 berichtet [4].

Thermodynamische Daten [15]

$Cd(s) + 1/2\ O_2 = CdO(s)$: $\Delta G^0 = -61100 + 23{,}7\ T$ (25 °C, b.)
$Cd(g) + 1/2\ O_2 = CdO(s)$: $\Delta G^0 = -87250 + 50\ T$ (970—1150 °C)
$Hg(l) + 1/2\ O_2 = HgO(s, rot)$: $\Delta G^0 = -21700 + 25{,}9\ T$ (25 °C, b.)

Eigenschaftsänderungen. Versetzungskonfiguration während der Oxidation von Cd-Einkristallen an Luft (R. T., 4—43 Tage, Röntgentopographie) [16].

Ternäre Systeme

Cd—Te—O. *Diffusion* [17]

O in CdTe (p- und n-Typ): $D = 6 \cdot 10^{-10} \exp(-6600/RT)$ (650—850 °C)
O in CdTe (p-Typ): $D = 2 \cdot 10^{-9} \exp(-19000/RT)$ (200—650 °C)

O in CdTe (n-Typ): $D = 5{,}6 \cdot 10^{-9} \exp(-29000/RT)$ (200—650 °C)
D nimmt mit steigender O-Konzentration etwas zu (etwa 10—40% für $1{,}8 \cdot 10^{-2}$ bis $4{,}1 \cdot 10^{-2}$ At.-% O entspr. $5{,}2 \cdot 10^{18}$—$1{,}2 \cdot 10^{19}$ O-Atome je cm^3 CdTe). Die oben angegebenen D-Werte gelten für $3{,}1 \cdot 10^{-2}$ At.-% O ($9 \cdot 10^{18}$ O-Atome je cm^3 CdTe).

Oxidation und Adsorption. In O_2 bei 200—850 °C bilden sich Oxidschichten, hauptsächlich aus CdO und TeO_2. Die Lösung von O in oberflächlich oxidiertem CdTe erfolgt diffusionskontrolliert, Konzentrationsprofile für 200—750 °C und 1—100 h [17].

Literatur zu Cadmium und Quecksilber

1 Sieverts, A.; Krumbhaar, W.: Ber. dt. chem. Gesellsch. 43 (1910) 896.
2 Mueller, W. M.; Blackledge, J. P.; Libowitz, G. G.: Metal Hydrides, New York: Academic Press 1968.
3 Kbashkhozbev, M. Sh.: Metallurgy (1939) no. 12, 19; Chem. Abs. 36 (1942) 6068.
4 Shunk, F.: Constitution of Binary Alloys, Second Supplement, New York: McGraw-Hill 1969.
5 Wiberg, E.; Heuler, W.: Z. Naturforsch. 6b (1951) 461.
6 Ruff, O.; Bergdahl, B.: Z. anorg. Chem. 106 (1919) 91.
7 Hansen, M.; Anderko, K.: Constitution of Binary Alloys, New York: McGraw-Hill 1958.
8 Frad, W. A.: Rpt. USAEC 15-722 (1963).
9 Juza, R.; Hahn, H.: Z. anorg. allg. Chem. 244 (1940) 125.
10 Elliott, R. P.: Constitution of Binary Alloys, First Supplement, New York: McGraw-Hill 1965.
11 Ehl, R. G.; Sime, R. J.; Margrave, J. L.: Rpt. WADC-TN-59-115 (1959).
12 Vannerberg, N. G.: Arkiv Kemi 13 (1959) 515.
13 Laruell, M. P.: Compt. Rend. 241 (1955) 802.
14 Aurivillius, K.: Acta Chem. Scand. 18 (1964) 1305.
15 Kubaschewski, O.; Evans, E. Ll.; Alcock, C. B.: Metallurgical Thermochemistry, 4th ed., Oxford: Pergamon 1967.
16 G'Sell, C.; Champier, G.: Mat. Sci. Eng. 12 (1973) 203.
17 Vodovatov, F. F.; Indenbaum, G. V.; Vanyukov, A. V.: Fiz. Tverd. Tela 12 (1970) 22; Sov. Phys.-Solid State 12 (1970) 17.

Gallium, Indium, Thallium

(Lit. S. 728)

H. Jehn

Wasserstoff-Systeme

Konstitution [1]. Phasen: Ga orthorhomb., Smp. 29,8 °C; GaH_3 zersetzt sich bei R. T.; Ga_2H_6 Smp. −21,4 °C [22]; GaH(g).
In tetr. fz, Smp. 156,8 °C; InH_3 bzw. dessen Polymere zersetzen sich bereits bei R. T. langsam unter Bildung von H_2 und $(InH)_x$, das sich oberhalb von 340 °C weiter in die Elemente zersetzt.
α-Tl hdP, β-Tl krz, Umw. 234 °C, Smp. 303 °C; $(TlH_3)_x$ ist instabil und zersetzt sich schnell unter Bildung von H_2 und $(TlH)_x$, das sich oberhalb von 240 °C weiter in die Elemente zersetzt.

Löslichkeit. Über die H-Löslichkeit in Ga und In ist nichts bekannt, in Tl(s, l) löst sich bei 600 °C kein H [2].

Thermodynamische Daten [1]
GaH(g): $\Delta H^0_{298} = 52000$
InH(g): $\Delta H^0_{298} = 51000$, $S^0_{298} = 49{,}6$
TlH(g): $\Delta H^0_{298} = 48000$, $S^0_{298} = 51{,}5$

Kohlenstoff-Systeme

Tl besitzt keine meßbare C-Löslichkeit; für Ga und In ist nichts bekannt [3].

Stickstoff-Systeme

Konstitution. Phasen: GaN hex., Wurtzit-Typ, sublimiert oberhalb von 800 °C unzersetzt [2, 4—7]. Weiterhin wird über ein $Ga(N_3)_3$ berichtet [8].
InN hex., Wurtzit-Typ, zersetzt sich in In(l) und N_2 bei etwa 680 °C [5, 6, 9].
TlN [9, 10], instabiles Acid TlN_3 [10].

Löslichkeit. In Tl wird bis 600 °C keine N-Löslichkeit gefunden [2], für Ga und In ist nichts bekannt.

Zersetzungsdruck
GaN(s) [18—20]: $\log p_{N_2} = 13{,}7 - 14450/T$ (900—1600 °C, b. [18])
Nach [18] können die Drücke bis zu 2 Größenordnungen niedriger liegen und stimmen dann mit [19] und [20] gut überein.
InN(s): $\log p_{N_2} = 16{,}2 - 14260/T$ (510 — 590°C, b. [29])

Thermodynamische Daten [18, 22]
Ga(s) + 1/2 N_2 = GaN(s): $\Delta G^0 = -24870 + 9{,}5\,T$ (25 °C, b.)
Ga(l) + 1/2 N_2 = GaN(s): $\Delta G^0 = -33060 + 24{,}8\,T$ (900—1600 °C, b. [18])
In(s) + 1/2 N_2 = InN(s): $\Delta G^0 = -32600 + 30{,}6\,T$ (510—590°C [29])

Nitridbildung. Zwischen 500 und 1000 °C reagiert Ga nicht mit N_2. Die Nitridbildung von Ga erfolgt in NH_3 bei etwa 1000 °C [3—5], dünne Schichten (1000 Å, 750—900 °C, 15—20 min) [21]. TlN entsteht im Lichtbogen zwischen Tl-Elektroden [9, 10].

Sauerstoff-Systeme

Konstitution. Phasen: β-Ga_2O_3 monoklin, bis zum Smp. 1795 °C stabil [7, 10—12]. Daneben werden noch Ga_2O und GaO gefunden [7].
In_2O_3 krz, Smp. 1910 °C [12, 13].
Tl_4O_3 monoklin [16]; Tl_2O Smp. 300 °C [22]; Tl_2O_3 krz, Smp. 716 °C, Sdp. 1169 °C, zersetzt sich in Tl_2O und O_2 [10, 14]; Tl_xO_2(g) wird in nicht-dissoziativer Reaktion von O_2 mit Tl gebildet [17].

Zersetzungsdruck
Ga_2O_3: $\log p_{O_2} = 14{,}26 - 37780/T$ (550— 880 °C, EMK [23])
In_2O_3: $\log p_{O_2} = 13{,}4 - 31420/T$ (600—1000 °C, EMK [24])
Zersetzung von In_2O_3 in In_2O und O_2 [24].
Zersetzung von Tl_2O_3 in Tl_2O und O_2 [15].
Tl_2O-Druck über Tl_2O(s) [30].

Thermodynamische Daten [22—25]
$2/3\ Ga(s) + 1/2\ O_2 = 1/3\ Ga_2O_3(s)$: $\Delta G^0 = -86270 + 27{,}5\ T$ (25 °C, b. [26])
$2/3\ Ga(l) + 1/2\ O_2 = 1/3\ Ga_2O_3(s)$: $\Delta G^0 = -86450 + 26{,}04\ T$
(550—800 °C, EMK [23])
$Ga_2O(s)$: $\Delta H^0_{298} = -83000$ [26]
$2/3\ In(s) + 1/2\ O_2 = 1/3\ In_2O_3(s)$: $\Delta G^0 = -72170 + 28{,}4\ T$ (25 °C, b. [22])
$2/3\ In(l) + 1/2\ O_2 = 1/3\ In_2O_3(s)$: $\Delta G^0 = -71850 + 24{,}2\ T$
(600—1000 °C, EMK [24])
$2\ Tl(s) + 1/2\ O_2 = Tl_2O(s)$: $\Delta G^0 = -42500 + 16{,}2\ T$ (25 °C, b. 22])
$Tl_2O_3(s)$: $\Delta H^0_{298} = -83000$ [22]

Diffusion
O in Ga(l): $D = 3{,}68 \cdot 10^{-3} \exp(-8370/RT)$ (750—950 °C [27])
O in In(l): $D = 8{,}22 \cdot 10^{-4} \exp(-1260/RT)$ (750—950 °C [27])

Ternäre Systeme

In—H—O. Gleichgewichte
$2/3\ In(l) + H_2O = 1/3\ In_2O_3(s) + H_2$: $\Delta G^0 = -14500 + 12{,}7\ T$
$\log(p_{H_2O}/p_{H_2}) = 2{,}78 - 3170/T$ (600—900 °C, b. [25])

Ga—As—O. Diffusion, O in GaAs: $D = 2 \cdot 10^{-3} \exp(-25300/RT)$ (effektiver Diffusionskoeffizient, 700—900 °C, Entgasung [28])

Literatur zu Gallium, Indium, Thallium

1 Mueller, W. M.; Blackledge, J. P.; Libowitz, G. G.: Metal Hydrides, NewYork: Academic Press 1968.
2 Sieverts, A.; Krumbhaar, W.: Ber. dt. chem. Gesellsch. 43 (1910) 896.
3 Hansen, M.; Anderko, K.: Constitution of Binary Alloys, New York: McGraw-Hill 1958.
4 Johnson, W. C.; Parson, J. B.; Crew, M. C.: J. Phys. Chem. 36 (1932) 2651.

5 Juza, R.; Hahn, H.: Z. anorg. Chem. 239 (1938) 282.
6 Alekseevskii, N. E.; Samsonov, G. V.; Shulisova, O. I.: Zhur. Eksp. Teor. Fiz. 44 (1963) 1413; Sov. Phys. JETP 17 (1963) 950.
7 Shunk, F.: Constitution of Binary Alloys, Second Supplement, New York: McGraw-Hill 1969.
8 Wiberg, E.; Michaud, H.: Z. Naturforsch. 9b (1954) 502.
9 Juza, R.; Hahn, H.: Z. anorg. allg. Chem. 244 (1940) 133.
10 Elliott, R. P.: Constitution of Binary Alloys, First Supplement, New York: McGraw-Hill 1965.
11 Roy, R.; Hill, V. G.; Osborn, E. F.: J. Amer. Chem. Soc. 74 (1952) 719.
12 Schneider, S. J.; Waring, J. L.: J. Res. Natl. Bur. Stand. A 67 (1963) 19.
13 Schneider, S. J.: J. Res. Natl. Bur. Stand. A 65 (1961) 429.
14 Shchukarev, S. A.; Semenev, G. A.; Ratkovskii, I. A.: Zhur. Neorg. Khim. 6 (1961) 2817; Russ. J. Inorg. Chem. 6 (1961) 1423.
15 Toropova, T. G.; Pogorelyi, A. D.: Tr. Severo. Kavkazsk. Goromet. Inst. (1961) no. 17, 38; Chem. Abstr. 61 (1964) 1293.
16 Tournoaux, M.; Marchaud, R.; Bouchama, M.: Compt. Rend. C 269 (1969) 1201.
17 Ogden, I. S.; Hinchcliffe, A. J.; Anderson, J. S.: Nature 226 (1970) 940.
18 Thurmond, C. D.; Logan, R. A.: J. Electrochem. Soc. 119 (1972) 622.
19 Mac Chesney, J. B.; Bridenbaugh, P. M.; O'Conner, P. B.: Mater. Res. Bull. 5 (1970) 783
20 Lorenz, M. R.; Binkowski, B. B.: J. Electrochem. Soc. 109 (1962) 24.
21 Testian, L.; Deschamps, J.; Trillot, J. J.: Compt. Rend. B 272 (1971) 573.
22 D'Ans-Lax: Taschenbuch für Chemiker und Physiker, Berlin, Heidelberg, New York: Springer 1967.
23 Smith, J. V.; Chatterji, D.: J. Amer. Ceram. Soc. 56 (1973) 288.
24 Chatterji, D.; Vest, R. W.: J. Amer. Ceram. Soc. 55 (1972) 575.
25 Stubbs, M. F.; Schufle, J. A.; Thompson, A. J.: J. Amer. Chem. Soc. 74 (1952) 6201.
26 Kubaschewski, O.; Evans, E. Ll.; Alcock, C. B.: Metallurgical Thermochemistry, 4th ed., Oxford: Pergamon 1967.
27 Klinedinst, K. A.; Stevenson, D. A.: J. Electrochem. Soc. 120 (1973) 304.
28 Rachmann, J.; Biermann, R.: Solid State Comm. 7 (1969) 1771.
29 Vorob'ev, G. V.; Evseeva, G. V.; Zenkevich, L. V.: Zhur. Fiz. Khim. 47 (1973); Russ. J. Phys. Chem. 47 (1973) 1616.
30 Cubicciotti, D.: High Temp. Sci. 2 (1970) 213.

Halbleiter

Silizium

(Abb. S. 733, Lit. S. 734)

E. Biedermann

Silizium zählt ebenso wie Germanium nicht mehr zu den metallischen Werkstoffen. Wegen seiner großen technischen Bedeutung in der Halbleiterindustrie sollen jedoch hier trotzdem die wichtigsten bekannten Daten über Wasserstoff, Kohlenstoff, Stickstoff und Sauerstoff sowie Helium in Silizium angegeben werden. Die Löslichkeit im festen Silizium ist in allen Systemen sehr gering und wird in der Literatur üblicherweise in Molekülen bzw. Atomen pro cm^3 angegeben (Umrechnungsfaktor: 1 At.-% $= 5{,}0 \cdot 10^{20}$ Atome/cm^3 bzw. bei zweiatomigen

Gasen 1 At.-% = $2{,}5 \cdot 10^{20}$ Moleküle/cm^3). Demzufolge sind Angaben über gelöste Gase und Kohlenstoff z. T. mit erheblichen Unsicherheiten behaftet, zumal in vielen Fällen die Abhängigkeit der Löslichkeit des einen Elementes von anderen Verunreinigungen, sowie die verschiedenen Möglichkeiten der Komplexbildung mit Leerstellen noch nicht hinreichend untersucht sind.

Silizium-Wasserstoff

Konstitution. Verbindungen, Silane Si_nH_{2n+2}, für kleine n gasförmig [1].

Löslichkeit [2, 3] s. Abb. 1

H in Si(s): $\log c = 1/2 \log p - 0{,}46 - 9400/T$ (1000—1200 °C, Permeation [2])

oder: $\log c = 1/2 \log p + 3{,}87 - 12700/T$ (1250—1400 °C, Volumetrie [3])

Die Löslichkeit nach [3] ist etwa 100mal höher als bei [2]. Das $\sqrt{p}$-Gesetz ist erfüllt [2].

H in Si(l): $\log c = 1/2 \log p + 0{,}63 - 5780/T$ (>1420 °C [3])

Massenspektrometrisch werden bis zu $7 \cdot 10^{-2}$ At.-% H nachgewiesen [4].

Thermodynamische Daten [5, 6, 7]

SiH_4: $\Delta H^0_{298} = 7300$, $S^0_{298} = 48{,}7$

Diffusion

H in Si(s): $D = 9{,}4 \cdot 10^{-3} \exp(-11000/RT)$ (1000—1200 °C [21])

Permeation in Torr l · $cm^{-1} \cdot s^{-1} \cdot Torr^{-1/2}$

H durch Si(s): $P = 2{,}3 \cdot 10^{-2} \exp(-54000/RT)$ (1000—1200 °C [2])

Elektrischer Widerstand. ϱ wird durch gelösten H nicht beeinflußt. Deshalb wird angenommen, daß H als Atom, eventuell z. T. auch als H_2-Molekül, an O oder Leerstellen gebunden vorliegt [54, 55], jedoch nicht als Ion.

Silizium-Kohlenstoff

Konstitution [8, 9, 56, 57] s. Abb. 2 und 3. Phasen [9]: Si kub. A4, Smp. 1414 °C; α-SiC, hex.; β-SiC kub., Up. ≈2000 °C; (T, c)-Diagramm s. Abb. 2; nach [56] ist das System eutektisch mit $c_e = 8 \cdot 10^{-3}$ At.-% C; (T, c)-Schnitt für $p \leqq 1$ atm s. Abb. 3.

Löslichkeitsgrenze [10—13, 58] s. Abb. 1

C in Si(s): $\log c = 3{,}2 - 10400/T$ (1100—1350 °C [58])

C in Si(l): $\log c = 5{,}3 - 12900/T$ (1414—2300 °C [11])

Am Smp. nach [59] in Si(s) $6{,}5 \cdot 10^{-4}$ At.-%, in Si(l) $9 \cdot 10^{-3}$ At.-% C.

Thermodynamische Daten [6, 40, 47, 50]

Si(s) + C = SiC: $\Delta G^0 = -13550 + 1{,}26\,T$ (25—1414 °C [6])

Si(l) + C = SiC: $\Delta G^0 = -24900 + 8{,}1\,T$ (1414—1630 °C [6])

SiC(s) = C(in Si(s)) + Si(s): $\Delta G^0 = 47570 - 5{,}5\,T$ (1000—1400 °C, b. [58])

SiC(s) = C(in Si(l)) + Si(l): $\Delta G^0 = 59000 - 15{,}1\,T$ (1414—2300 °C, b. [11])

Gasphase im Gleichgewicht mit SiC bei 1400—6000 °C, thermodynamische Berechnungen s. [15, 47].

Diffusion [14]
C in Si(s): $D = 2{,}0 \exp(-72700/RT)$
Die hohe Aktivierungsenergie deutet auf substitutionellen Einbau von C hin.

Gitterparameter. a fällt bis $3 \cdot 10^{-4}$ At.-% C linear ab,
$\Delta a/a = 3{,}57 \cdot 10^{-3} \cdot c$ [16].

Elektrische und optische Eigenschaften. Gelöster C ist elektrisch neutral und verursacht eine IR-Absorption bei $\lambda = 16{,}5$ µm [17, 18].

Silizium-Stickstoff

Konstitution [9, 19]. Phasen: Si_3N_4, orthorh., Präparation bei 1400 °C; eventuell noch SiN, Si_2N_3.

Löslichkeit. Am Smp. nach [19] $4 \cdot 10^{-2}$ At.-% in Si(l), nach [59] in Si(s) $9 \cdot 10^{-6}$, in Si(l) $7 \cdot 10^{-2}$ At.-% N.

Thermodynamische Daten [6, 20]
$3/4\ Si(s) + 1/2\ N_2 = 1/4\ \alpha\text{-}Si_3N_4$: $\Delta G^0 = -4325 + 18{,}8\ T$ (1400 °C [20])
$3/4\ Si(l) + 1/2\ N_2 = 1/4\ \alpha\text{-}Si_3N_4$: $\Delta G^0 = -5225 + 24{,}2\ T$
(1400—1700 °C [20])

Permeation. P von N durch Si(s) ist kleiner als 10^{-8} Torr l $\cdot$ cm^{-1} $\cdot$ s^{-1} $\cdot$ Torr$^{-1/2}$ bei 1 atm und 1200 °C [2].

Nitridbildung. Kinetik der Si_3N_4-Herstellung aus Si-Pulver [21].

Elektrischer Widerstand. Sättigung mit N erniedrigt ϱ von 10000 Ω · cm auf 7000 Ω · cm [19].

Silizium-Sauerstoff

Konstitution [9, 22] s. Abb. 4. Phasen: SiO_2 (zahlreiche Modifikationen), evtl. bei $T > 1180$ °C SiO, wahrscheinlich nicht stabil [22].

Löslichkeitsgrenze [18, 24, 59, 60] s. Abb. 1
O in Si(s): $\log c_{max} = 0{,}5 - 4830/T$ (1000—1400 °C [18])
oder: $\log c_{max} = 1{,}8 - 7000/T$ (1000—1400 °C [58])
Am Smp. findet [59] in Si(s) $5{,}6 \cdot 10^{-3}$ und in Si(l) $4{,}5 \cdot 10^{-3}$ At.-% O. Die O-Bestimmungen mittels α-Aktivierungsanalyse deuten darauf hin, daß IR-Bestimmungen [18, 58] niedrigere O-Werte ergeben [60].

Thermodynamische Daten
$1/2\ SiO_2(s) = O(\text{in } Si(s)) + 1/2\ Si(s)$: $\Delta G^0 = 22100 + 6{,}9\ T$ (1000—1400 °C [18])
$1/2\ Si(s) + 1/2\ O_2 = 1/2\ SiO_2(s)$: $\Delta G^0 = -107800 + 20{,}7\ T$ (430—1405 °C [6])
$1/2\ Si(l) + 1/2\ O_2 = 1/2\ SiO_2(s)$: $\Delta G^0 = -113850 + 24{,}3\ T$ (1405—1700 °C [6])
$1/2\ SiO_2(s) + 1/2\ Si(s) = SiO(g)$: $\Delta G^0 = 82500 - 40{,}4\ T$ (0—1405 °C [6])

Diffusion [25—27]
O in Si(s): $D = 0{,}21 \exp(-58800/RT)$ (400—1400 °C, innere Reibung [26, 27])

Oxidation [28, 29, 50—53] s. Abb. 5, Übersichtsarbeit [50]. Diffusionskontrolliertes Aufwachsen einer SiO_2-Schicht (k_p in mg^2 $\cdot$ cm^{-4} $\cdot$ h^{-1}, p in atm)

in trockenem O_2:
$k_p = p_{O_2}^{5/2} \cdot 852 \cdot \exp(-40000/RT)$ ($p < 1$ atm, $T < 1000$ °C [28])
in reinem H_2O(g):
$k_p = p_{H_2O}^{8/5} \cdot 2{,}6 \cdot 10^5 \cdot \exp(-40000/RT)$ (50—120 atm, 500—800 °C [28])
In feuchtem O_2, 20—100% Feuchtigkeit, 0,02—0,7 atm, 800—1300 °C s. [29], Abb. 5.

Gitterkonstante. $3{,}6 \cdot 10^{-3}$ At.-% O erhöhen a von 5,430710 auf 5,430747 Å [30].

IR-Absorption. Im Einkristall ist O auf Zwischengitterplätzen eingebaut und verursacht eine IR-Absorption bei $\lambda = 9$ µm, die zur Konzentrationsbestimmung herangezogen werden kann [18, 24, 31].

Elektrische Eigenschaften. Im Einkristall gelöster O ist nach [30] elektrisch unwirksam. Glühbehandlung von O-haltigen Si-Kristallen im Bereich 350—500 °C führt zur Bildung von Donatoren 0,03 und 0,13 eV unter dem Leitungsband in Konzentrationen bis zu $4 \cdot 10^{-10}$ At.-% O, vermutlich in der Form von SiO_2- und SiO_4-Komplexen, die bei anschließender Glühung oberhalb 500 °C wieder verschwinden [42]. Anlassen bei 800—1000 °C führt zu größeren SiO_2-Ausscheidungen, die sich bei etwa 1350 °C und darüber wieder auflösen [23, 39, 42—46, 48].

Wechselwirkung mit Störstellen. Nach [29] scheint O auch an H gebunden (d. h. als H_2O-Molekül) im Si-Einkristall vorzukommen. Paarbildung zwischen O-Atom und Leerstelle im Si-Gitter führt zu einem Akzeptorniveau von 0,16 eV unter dem Leitungsband [32, 49, 61—64]. Oberhalb 600 °C bildet sich mit Li der als Donator wirkende LiO^+-Komplex [32—34]. Wechselwirkung von O mit Gruppe-III-Akzeptoren führt zu Komplexen mit Donatorcharakter, mit Al werden auch neutrale Komplexe gebildet [35]. Bei der Wechselwirkung O—Au werden die Donatoroberflächenniveaus der Si—SiO_2-Grenzfläche in Akzeptoren verwandelt [36]. Auch die Komplexbildung von O mit C im Si-Gitter ist nachgewiesen worden [37—40]. Die Akzeptor- bzw. Donatorniveaus von Versetzungslinien in n- bzw. p-Si werden durch O neutralisiert [41].

Silizium-Helium

Löslichkeit
He in Si(s): $\log c = -5{,}9 - 2400/T$ (1 atm He, 970—1200 °C, Permeation [2])
Diffusion
He in Si(s): $D = 0{,}11 \exp(-29000/RT)$ (970—1200 °C [2])
Permeation in Torr l · cm^{-1} · s^{-1} · Torr^{-1}
He durch Si(s): $P = 2{,}6 \cdot 10^{-9} \exp(-40000/RT)$ (970—1200°C [2])
Eigenschaften. Helium macht sich im Einkristall elektrisch nicht bemerkbar [2].

Ternäre Systeme

Si—C—O. Phasengleichgewichte und Kinetik der Reaktion von C mit SiO_2 (CO, SiO-Abgabe), 1600—1700 °C [65].

Si—Cr—H. H-Löslichkeit in Si—Cr-Schmelzen [66], 1500—1800 °C, s. Abb. 6.

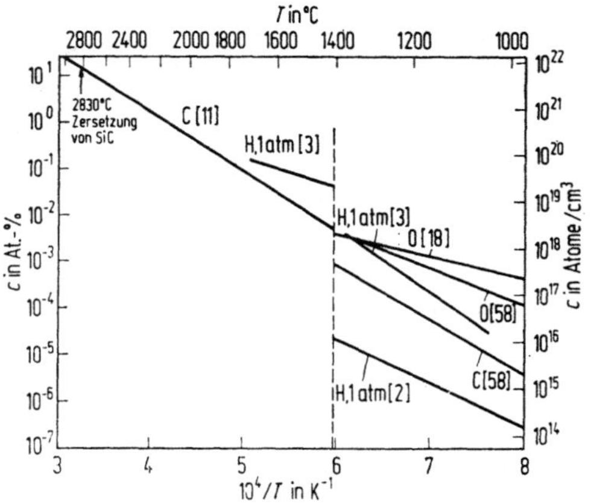

Abb. 1. Löslichkeitsgrenze für C und O sowie isobare Löslichkeit für H in Si.

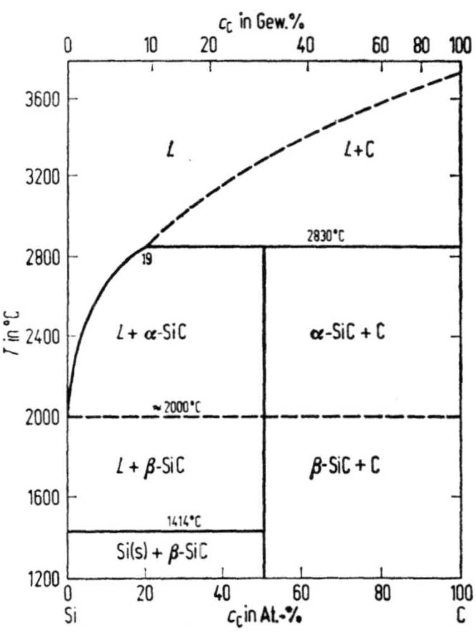

Abb. 2. System Si—C, nach [8, 9].

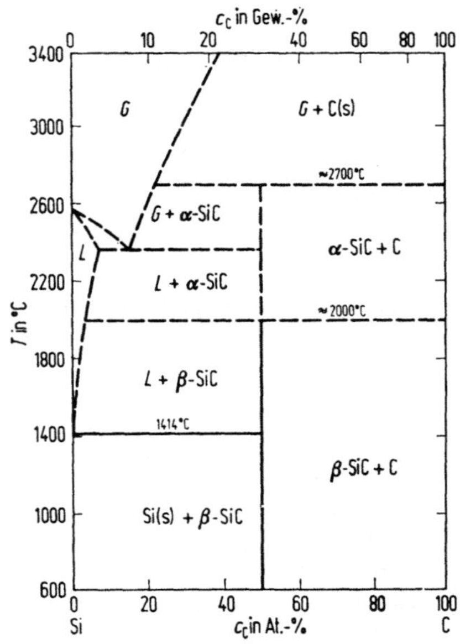

Abb. 3. System Si—C für $p \leq 1$ atm [8].

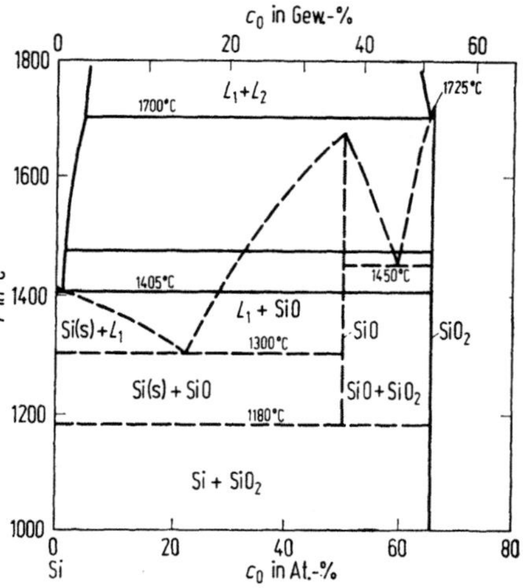

Abb. 4. System Si—O [22] (– – – ältere Angaben, nach [9]).

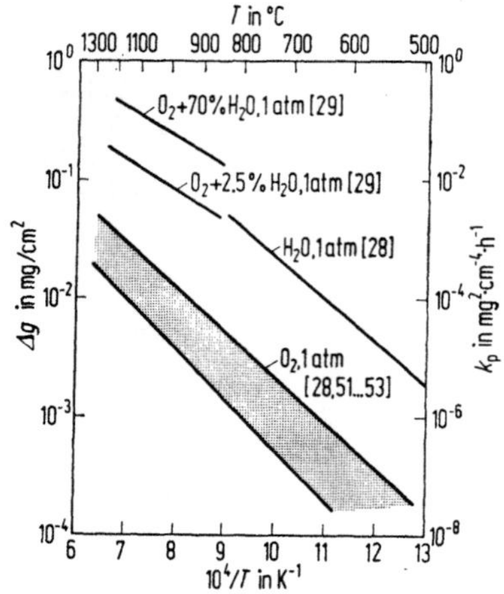

Abb. 5. Gewichtszunahme Δg in O_2, H_2O und O_2/H_2O-Gemischen in 1 h.

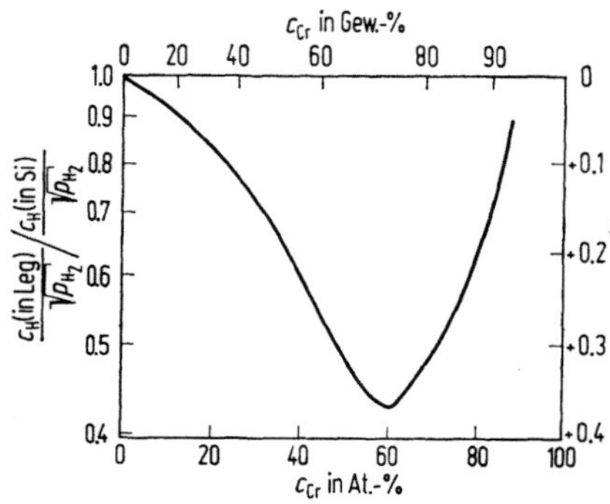

Abb. 6. Einfluß von Cr auf die Löslichkeit von H in Si(l) bei 1500—1600 °C [66].

Literatur zu Silizium

1 Mueller, W. M.; Blackledge, J. P.; Libowitz, G. G.: Metal Hydrides, New York: Academic Press 1968, S. 585.
2 van Wieringen, A.; Warmolz, N.: Physica 22 (1956) 849.
3 Kostina, T. K. et al.: Izv. Akad. Nauk SSSR, Neorg. Mater. 6 (1970) no. 1, 117.
4 Papazian, H. A.; Wolsky, J. W.: J. Appl. Phys. 27 (1956) 1561.
5 Harper, H. J.; Lewis, T. J.: Rpt. AD 641310 (1966).
6 Kubaschewski, O.; Evans, E. Ll.; Alcock, C. B.: Metallurgical Thermochemistry, 4th ed., Oxford: Pergamon 1967.
7 Weiser, K.: J. Phys. Chem. Sol. 17 (1960) 149.
8 Wright, W. V.; Bartels, F. T. C. In J. R. O'Connor, J. Smiltens: Silicon Carbide, A High Temperature Semiconductor, Oxford: Pergamon 1960.
9 Shunk, F. A.: Constitution of Binary Alloys, Second Supplement, New York: MacGraw-Hill 1969.
10 Schink, N.: Solid State Electr. 8 (1965) 767.
11 Scace, R. J.; Slack, G. A.: J. Chem. Phys. 30 (1959) 1551.
12 Hall, R. N.: J. Appl. Phys. 29 (1958) 914.
13 Dash, W. C.: J. Appl. Phys. 30 (1959) 459.
14 Bullough, R.; Newman, R. C.: Progress in Semiconductors, Vol. 7, London 1963.

15 Krieger, F. J.: Rpt. AD 670151 (1968).
16 Baker, J. A.; Tucker, T. N.: J. Appl. Phys. 39 (1968) 4365.
17 Newman, R. C.; Willis, J. B.: J. Phys. Chem. Solids 26 (1965) 373.
18 Hrostowski, H. J.; Kaiser, R. H.: J. Phys. Chem. Solids 9 (1959) 214.
19 Kaiser, W.; Thurmond, C. D.: J. Appl. Phys. 30 (1959) 427.
20 Pehlke, R. D.; Elliot, J. F.: Trans. AIME 215 (1959) 781.
21 Funke, V. F.; Samsonov, G. V.: J. Gen. Chem. 28 (1958) 269.
22 Johnson, R. E.; Muan, A.: J. Amer. Ceram. Soc. 51 (1968) 430.
23 Hrostowski, H. J.; Adler, B. J.: J. Chem. Phys. 33 (1960) 980.
24 Kaiser, W.; Keck, P. H.: J. Appl. Phys. 28 (1957) 882.
25 Logan, R. A.; Peters, A. J.: J. Appl. Phys. 30 (1959) 1627.
26 Haas, C.: J. Phys. Chem. Solids 15 (1960) 108.
27 Corbett, J. W. et al.: J. Phys. Chem. Solids 25 (1964) 873.
28 Atalla, M. M. In H. C. Gatos, Met. Soc. Conf. 5 (1959) 163, New York: Interscience.
29 Bishop, B. A.; Hogarth, C. A.: Int. J. Electronics 22 (1967) 455.
30 Bond, W.; Kaiser, W.: J. Phys. Chem. Solids 16 (1960) 44.
31 Kaiser, W.; Keck, P. H.; Lange, C. F.: Phys. Rev. 101 (1956) 1264.
32 Pell, E. M.: J. Phys. Chem. Solids 3 (1957) 74, 77.
33 Ferman, J. W.: J. Appl. Phys. 39 (1968) 3771.
34 Fang, P. H.; Carter, J. R.: Appl. Phys. Letters 12 (1968) 57.
35 Fuller, C. S.: Chem. Rev. 59 (1959) 65.
36 Nassibian, A. G.: Solid State Electronics 10 (1967) 879.
37 Vook, F. L.; Stein, H. J.: Appl. Phys. Letters 13 (1968) 343.
38 Baker, J. A. In R. R. Haberecht; E. L. Kern: Semiconductor Silicon, The Electrochem. Soc. (1969) 566.
39 Shulpina, I. L.: Sov. Phys.-Solid State 10 (1968) 1070.
40 Whan, R. E.: Appl. Phys. Letters 8 (1966) 131.
41 Glänzer, R. H.; Jordan, A. G.: Phil. Mag. 14 (1968) 717.
42 Fuller, C. S.; Logan, R. A.: J. Appl. Phys. 28 (1957) 1427.
43 Kaiser, W.: Phys. Rev. 105 (1957) 1751.
44 Morin, F. J. et al.: Phys. Rev. 96 (1954) 833.
45 Kaiser, W. et al.: Phys. Rev. 112 (1958) 1546.
46 Shulpina, I. L.: Sov. Phys.-Solid State 9 (1967) 1291.
47 Drowart, J.; de Maria, G. In J. R. O'Connor; J. Smiltens: Silicon Carbide, A High Temperature Semiconductor, Oxford: Pergamon 1960.
48 Batavin, V. V.: Sov. Phys.-Crystallography 15 (1970) no. 1, 100.
49 Watkins, G. et al.: J. Appl. Phys. 30 (1959) 1198.
50 Arslambekov, V. A. et al.: Russ. Chem. Rev. 41 (1972) no. 1, 36.
51 Evitts, H. C. et al.: J. Electrochem. Soc. 111 (1964) 688.
52 Lukes, F.; Schmidt, E.: J. Phys. Chem. Solids 26 (1965) 1353.
53 Deal, B. E.; Grove, A. S.: J. Appl. Phys. 36 (1965) 3770.
54 Yukimoto, Y.: Jap. J. Appl. Phys. 7 (1968) 348.
55 DeKock, A. J. R.: Philips Res. Rpt. Suppl. 1973 no. 1.
56 Nozaki, T.; Yatsurugi, Y.; Akiyama, N.: J. Electrochem. Soc. 117 (1970) 1566.
57 Voltmer, F. W.; Padovani, F. A. In H. R. Huff; R. R. Burgess: Semiconductor Silicon, Electronics Division of the Electrochem. Soc. 1973.
58 Bean, A. R.; Newman, R. C.: J. Phys. Chem. Solids 32 (1971) 1211.
59 Yatsurugi, Y. et al.: J. Electrochem. Soc. 120 (1973) 975.
60 Gross, C.; Gaetano, G.; Tucker, T. N.; Baker, J. A.: J. Electrochem. Soc. 116 (1969) 2480.
61 Watkins, G. D. In P. Baruch: Radiation Damage in Semiconductors, Internat. Conf. Physics of Semiconductors, Paris: Dunod 1965.
62 Watkins, G. D.: Phys. Rev. 155 (1967) 802.
63 Corbett, J. W. et al.: Phys. Rev. 135 (1964) A 1381.
64 Corell, J. C. et al.: J. Appl. Phys. 36 (1965) 1787.
65 Rostovtsev, S. T. et al.: Russ. Metallurgy (1972) no. 6, 24.
66 Baum, B. A. et al.: Izv. Akad. Nauk SSSR Metally (1970) no. 5, 79; Russ. Metallurgy (1970) no. 5, 60.

Germanium

(Abb. S. 738, Lit. S. 739)

E. Biedermann

Wegen der sehr geringen Löslichkeit liegen fast nur abgeschätzte Daten vor. Umrechnungsfaktor: 1 At.-% = $4,4 \cdot 10^{20}$ Atome/cm³ = $2,2 \cdot 10^{20}$ Moleküle/cm³.

Germanium-Wasserstoff

Konstitution. Nach [2] existiert GeH als dunkles, leicht explosives Pulver, weiterhin sind Germane Ge_nH_{2n+2} wie Ge_2H_4, Ge_2H_6, bekannt, die für kleine n flüchtig sind [1].

Löslichkeit. Bei Heißextraktionsanalysen von Einkristallen [3] werden bis zu $9 \cdot 10^{-3}$ At.-% H gefunden, die elektrisch unwirksam und möglicherweise als H_2O- oder als H_2-Moleküle im Kristall enthalten sind [4, 5]. Aus Permeationsmessungen von Ge-Kristallen wird eine H-Löslichkeit bei 860 °C von weniger als $2 \cdot 10^{-6}$ At.-% H und eine Diffusionskonstante von über $5 \cdot 10^{-5}$ cm²/s ermittelt [6]. Diese Angabe ist in guter Übereinstimmung mit Diffusionsuntersuchungen von [7], wonach bei 800 °C die H-Löslichkeit nicht größer als $1,5 \cdot 10^{-7}$ At.-% H ist.

Permeation in Torr $l \cdot cm^{-1} \cdot s^{-1} \cdot Torr^{-1/2}$

H durch Ge(l): $P = 2,36 \cdot 10^{-2} \exp(-47000/RT)$ (960—1200 °C [6])

Eigenschaften. H_2-Glühung von SiO_2-bedecktem Germanium führt zu Oberflächen-Akzeptorniveaus nahe der Mitte der verbotenen Zone [8].

Germanium-Kohlenstoff

Konstitution s. Abb. 1. Feste Verbindungen sind bisher nicht nachgewiesen worden, es existieren jedoch gasförmige Verbindungen [1].

Löslichkeitsgrenze. Aus Messungen oberhalb des Smp. wird eine Löslichkeit am Smp. (937 °C) in Ge(l) von $2,3 \cdot 10^{-1}$ At.-% C abgeschätzt [9]. Mittels ³He-Aktivierung werden in Ge-Einkristallen C-Konzentrationen von $7 \cdot 10^{-4}$ bis $7 \cdot 10^{-2}$ At.-% C gefunden [10], während massenspektrometrisch $5,2 \cdot 10^{-3}$ At.-% C festgestellt werden [11].

Germanium-Stickstoff

Konstitution. Beim Glühen (700—750 °C) in N_2 oder NH_3 bildet sich Ge_3N_4. Über die Bildung von Ge_3N_2 wird berichtet [12].

Löslichkeit. Bei massenspektrometrischer Analyse von Ge-Kristallen wird kein N gefunden [11].

Thermodynamische Daten [13]
Ge_3N_4: $\Delta H^0_{298} = -15600$, $S^0_{298} = 40$

Permeation. P von N durch Ge-Einkristalle bei 900 °C wird auf kleiner als 10^{-8} Torr l · cm^{-1} · s^{-1} bei 1 atm geschätzt [6].

Germanium-Sauerstoff

Konstitution [1, 14] s. Abb. 2. Phasen: Ge kub. A4, Smp. 937 °C; α-GeO_2 tetr., Tieftemperaturmodifikation; β-GeO_2 hex., Hochtemperaturmodifikation; GeO metastabil.

Löslichkeitsgrenze s. Abb. 3
O in Ge(s): $\log c_{max} = 2{,}70 - 6050/T$ (580–800 °C [15])
Mittels Heißextraktion [16] und ^{3}He-Aktivierung [10] werden z. T. höhere O-Konzentrationen gefunden ($4{,}5 \cdot 10^{-3}$ bzw. $23 \cdot 10^{-3}$ At.-%), über deren Einbauart aber keine Angaben gemacht werden können. Die gleichzeitige Anwesenheit von doppelt so viel H wie O läßt jedoch vermuten, daß H und O in wassermoleküähnlicher Form aneinander gebunden vorliegen.

Thermodynamische Daten [13, 15, 18, 19]
GeO_2(s) = O(in Ge(s)) + Ge(s): $\Delta G^0 = 27700 - 3{,}2\,T$ (580–800 °C, b. [15])
1/2 Ge(s) + 1/2 GeO_2(s) = GeO(g): $\Delta G^0 = 53040 - 40{,}1\,T$ (25–580 °C [13])
GeO_2(s, hex): $\Delta H^0_{298} = -132000$, $S^0_{298} = 13{,}2$ [13]
GeO(g): $\Delta H^0_{298} = -10800$, $S^0_{298} = 53{,}5$ [13]

Diffusion
O in Ge(s): $D = 0{,}17 \cdot \exp(-46567/RT)$ (300–940 °C, Dämpfung 800 °C [17])
oder: $D = 0{,}4 \cdot \exp(-47700/RT)$
(spannungsinduzierter Dichroismus bei 200 °C [20])

Elektrische und optische Eigenschaften. Nach [15] befindet sich der im Ge-Einkristall gelöste O auf Zwischengitterplätzen, ist elektrisch neutral und verursacht eine IR-Absorption bei 11,7 μm, die zur Konzentrationsbestimmung herangezogen werden kann. Einfluß von O–O-Komplexen und O–Sb-Komplexen auf den elektrischen Widerstand von n-Ge in starken Magnetfeldern s. [24].

Wechselwirkung mit Störstellen. Beim Anlassen (350–500 °C) bilden sich ähnlich wie in Si GeO_2- und GeO_4-Komplexe, die als Donatoren wirken und sich bei höheren Temperaturen wieder auflösen [21]. Paarbildung von O mit C im Ge-Kristall wurde von [22] mittels IR-Absorptionsmessungen festgestellt. Die Reaktion von O mit gelöstem B und Al in der Ge-Schmelze und der Einbau der Oxidationsprodukte in den Einkristall in elektrisch neutraler Form werden von [23] untersucht. Eine Reaktion von O mit P, Sb, Bi, In, Ga ist dabei nicht gefunden worden. Cu, das im Ge-Kristall einen dreifach geladenen Akzeptor bildet, scheint nach [21] mit zwei O-Atomen und Ge einen neutralen Komplex zu bilden, der stabiler als der Ge_2O- bzw. Ge_4O-Komplex ist.

Germanium-Helium

Löslichkeit
He in Ge(s): $\log c = -5{,}2 - 2840/T$ (1 atm He, 790–870 °C [6])

Diffusion
He in Ge(s): $D = 6{,}1 \cdot 10^{-3} \exp(-16000/RT)$ (790–870 °C [6])
Permeation in Torr l · cm⁻¹ · s⁻¹ · Torr⁻¹
He durch Ge(s): $P = 3{,}15 \cdot 10^{-10} \exp(-29000/RT)$ (790–870 °C [6])

Ternäre Systeme

Ge—H—S. Kinetik der Reaktion von H_2S mit Ge, logarithmisches Zeitgesetz [25].
Ge—C—O. *Thermochemische Analyse* des Systems zwischen 800 und 1700 °C unter besonderer Berücksichtigung des Gleichgewichtes mit den Gasmolekülen CO, CO_2 und GeO [26]. Effekt von CO auf die *Oberflächenleitfähigkeit* von Ge [27].

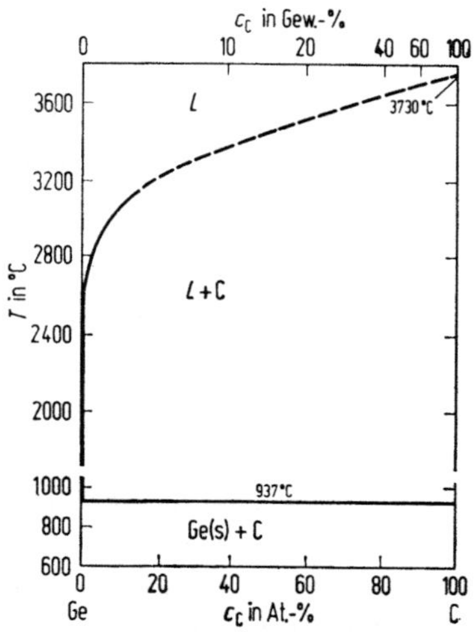

Abb. 1. System Ge—C [9].

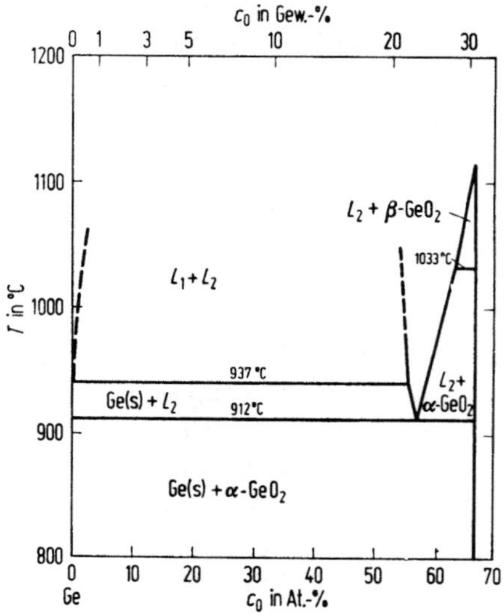

Abb. 2. System Ge—O [1].

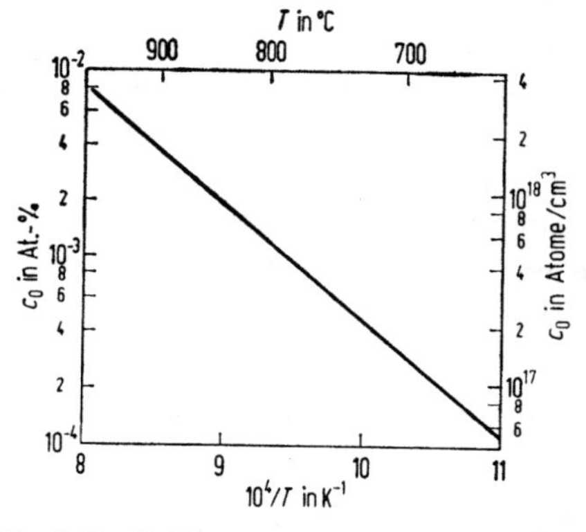

Abb. 3. Löslichkeitsgrenze für O in Ge(s) [15].

Literatur zu Germanium

1 Elliott, R. P.: Constitution of Binary Alloys, First Supplement, New York: McGraw-Hill 1965.
2 Gmelins Handbuch der Anorganischen Chemie, Germanium, Berlin: Verlag Chemie 1931, Ergänzungsband 1958.
3 Thurmond, C. D.; Guldner, W. G.; Beach, A. L.: J. Electrochem. Soc. 103 (1956) 603.
4 Weiser, K.: J. Phys. Chem. Solids 17 (1960) 149.
5 Crawford, J. H. et al.: J. Appl. Phys. 27 (1956) 839.
6 van Wieringen, A.; Warmoltz, N.: Physica 22 (1956) 849.
7 Frank, R. C.; Thomas, J. E.: Bull. Amer. Phys. Soc. Ser. 2 (1959) no. 4, 411.
8 Sedgwick, T. O.: J. Appl. Phys. 39 (1968) 5066.
9 Scace, R. I.; Slack, G. A.: J. Chem. Phys. 30 (1959) 1551.
10 Holm, D. et al.: 14th Nuclear Science Symposium, IEEE Trans. Nuc. Soc. 15 (1968) 438.
11 Papzian, H. A.; Wolsky, J. P.: J. Appl. Phys. 27 (1956) 1561.
12 Hansen, M.; Anderko, K.: Constitution of Binary Alloys, New York: McGraw-Hill 1958.
13 Kubaschewski, O.; Evans, E. Ll.; Alcock, C. B.: Metallurgical Thermochemistry, 4th ed., Oxford: Pergamon 1967.
14 Glazow, V. M.; Zemskov, V. S.: Physicochemical Principles of Semiconductor Doping, English Translation from Israel Program for Scientific Translation, Jerusalem 1968.
15 Kaiser, W.; Thurmond, C. D.: J. Appl. Phys. 32 (1961) 115.
16 Thurmond, C. D. et al.: J. Electrochem. Soc. 103 (1956) 603.
17 Haas, C.: J. Phys. Chem. Solids 15 (1960) 108.
18 Lever, R. F. In A. Gabor; I. Somorjai: The Structure and Chemistry of Solid Surfaces, New York: Wiley 1968, S. 79.
19 Roth, W. A.; Schwartz, O.: Z. phys. Chem. 134 (1928) 463.
20 Corbett, J. W. et al.: J. Phys. Chem. Solids 25 (1964) 873.
21 Fuller, C. S.: J. Phys. Chem. Solids 19 (1961) 18.
22 Whan, R. E.: Phys. Rev. 140 (1965) 960.
23 Edwards, W. D.: J. Appl. Phys. 39 (1968) 1784.
24 Babich, V. M. et al.: phys. stat. sol. 42 (1970) K 23.
25 Vasileva, L. L. et al.: Zhur Fiz. Khim 45 (1971) no. 5, 1132.
26 Tanutrov, I. N.; Okunev, A. I.: Zhur Fiz. Khim 43 (1969) no. 12, 3073.
27 Bykova, T. B.; Tsypkina, N. S.: Sov. Phys. Semiconductors 5 (1971) no. 2, 224.

Sachverzeichnis

DG 721/5/76

GPSR Compliance

The European Union's (EU) General Product Safety Regulation (GPSR) is a set of rules that requires consumer products to be safe and our obligations to ensure this.

If you have any concerns about our products, you can contact us on ProductSafety@springernature.com

In case Publisher is established outside the EU, the EU authorized representative is:

Springer Nature Customer Service Center GmbH
Europaplatz 3
69115 Heidelberg, Germany

Batch number: 10683525

Printed by Printforce, the Netherlands